DELIUS KLASING

WARTUNG UND REPARATUR

Matthew Coombs · Phil Mather

PIAGGIO VESPA

Modelle:

Piaggio Sfera 50	50 cm³	1991	bis	1998
Piaggio Sfera 80	80 cm³	1993	bis	1998
Piaggio Sfera 125	125 cm³	1996	bis	1998
Piaggio Typhoon 50	50 cm³	1993	bis	2009
Piaggio Typhoon 80	80 cm³	1994	bis	1998
Piaggio Typhoon 125	125 cm³	1995	bis	2004
Piaggio Zip 2T	50 cm³	1993	bis	2009
Piaggio Zip SP	50 cm³	1997	bis	2005
Piaggio Zip RS	50 cm³	2009		
Piaggio Zip 4T	50 cm³	2001	bis	2008
Piaggio Zip 100	100 cm³	2007	bis	2008
Piaggio Zip 125	125 cm³	2001	bis	2004
Piaggio Fly 50 2T	50 cm³	2005	bis	2009
Piaggio Fly 50 4T	50 cm³	2006	bis	2009
Piaggio Fly 100	100 cm³	2007	bis	2009
Piaggio Fly 125	125 cm³	2005	bis	2009
Piaggio Skipper	125 cm³	1993	bis	2000
Piaggio Skipper ST	125 cm³	2001	bis	2004
Piaggio Hexagon	125 cm³	1994	bis	2000
Piaggio Super Hexagon	125 cm³	2001	bis	2003
Piaggio Liberty 50 2T	50 cm³	1997	bis	2009
Piaggio Liberty 50 4T	50 cm³	2001	bis	2008
Piaggio Liberty 125	125 cm³	2000	bis	2009
Piaggio NRG MC2	50 cm³	1997	bis	2000
Piaggio NRG MC3 DT	50 cm³	2001	bis	2004
Piaggio NRG MC3 DD	50 cm³	2001	bis	2004
Piaggio NRG Power DT	50 cm³	2005	bis	2009
Piaggio NRG Power DD	50 cm³	2005	bis	2009
Piaggio B125/Beverly	125 cm³	2002	bis	2006
Piaggio X9 125	125 cm³	2001	bis	2008
Piaggio X8 125	125 cm³	2005	bis	2008
Vespa ET2 2T	50 cm³	1997	bis	2004
Vespa ET2 4T	50 cm³	2001	bis	2004
Vespa ET4 125	125 cm³	1996	bis	2004
Vespa LX2 50 (LX50 2T)	50 cm³	2005	bis	2009
Vespa LX4 50 (LX50 4T)	50 cm³	2005	bis	2009
Vespa LXV50	50 cm³	2008	bis	2009
Vespa LX125	125 cm³	2005	bis	2009
Vespa LXV125	125 cm³	2008	bis	2009
Vespa S50	50 cm³	2007	bis	2009
Vespa S125	125 cm³	2007	bis	2009
Vespa GT125	125 cm³	2003	bis	2007
Vespa GTS125	125 cm³	2008		
Vespa GTV125	125 cm³	2007	bis	2009
Vespa GT200	200 cm³	2003	bis	2006

Delius Klasing Verlag

Originaltitel:
»Haynes Service and Repair Manual« Piaggio/Vespa Scooters

Bibliografische Information der Deutschen Nationalbibliothek
Die Deutsche Nationalbibliothek verzeichnet diese Publikation in der Deutschen Nationalbibliografie; detaillierte bibliografische Daten sind im Internet über »http://dnb.dnb.de« abrufbar.

6. Auflage
ISBN 978-3-667-10839-5
Die Rechte für die deutsche Ausgabe liegen beim
Delius Klasing Verlag GmbH, Bielefeld

Übertragen und bearbeitet von Udo Stünkel
Einbandgestaltung: Ekkehard Schonart
Layout: Hans Kock Buch- und Offsetdruck GmbH, Bielefeld
Gesamtherstellung: Print Consult, München
Printed in Czech Republic 2024

Vertrieb: Delius Klasing Verlag GmbH, Siekerwall 21, D-33602 Bielefeld
Tel.: 0521/559-0, Fax: 0521/559-115
E-Mail: info@delius-klasing.de
www.delius-klasing.de

Inhalt

Die Piaggio-Geschichte

von Julian Ryder

Außerhalb Italiens ist die Firma Piaggio in einer recht eigenartigen Position: Jeder kennt ihre Produkte, aber vergleichsweise wenigen ist der Name des Herstellers bekannt. Dieses Produkt ist natürlich die Vespa – der erste in großen Stückzahlen gebaute Motorroller, das Fahrzeug, mit dem Italien nach dem Zweiten Weltkrieg mobil wurde, und das Gerät, das weltweit eine ganze Fahrzeug-Gattung begründete.

Die erste Vespa wurde nach nur drei Monaten Entwicklungsarbeit im April 1946 vom talentierten Flugzeug-Konstrukteur Corradino d'Ascanio vorgestellt. Die Firma selbst war bereits 1884 vom gerade 20 Jahre alten Rinaldo Piaggio gegründet worden, um Komponenten für den Schiffs- und Eisenbahnbau zu fertigen. Beim Ausbruch des Ersten Weltkriegs stieg Piaggio auch in den Bau von Flugzeugteilen ein, und 1923 stellte man seine erste eigene Maschine vor – ein Eindecker-Kampfflugzeug. Piaggio gründete auch Italiens erste Fluglinie und wurde Mitglied des Senats. 1924 übernahm er die Firma Pontedera aus Pisa, um Wasserflugzeuge und Bomber bauen zu können. Heute ist dieser Betrieb die größte Fabrik des Piaggio-Konzerns.

Als Rinaldo Piaggio 1938 starb, über-nahmen seine Söhne Armando und Enrico die Firma, und es war Enrico, der mit d'Ascanio die erste Vespa entwickelte. Er war verantwortlich für den Wiederaufbau des Pontedera-Werkes, das sowohl von den abrückenden Deutschen gesprengt als auch von den anrückenden Alliierten bombardiert worden war. Er erkannte, dass Italien wieder mobilisiert werden musste, und er wusste, dass dies unter den gegebenen Umständen möglichst billig, einfach und robust ausfallen musste. Enrico hatte bereits vor Kriegsende über dieses Problem nachgedacht und mit einem kleinen Motorrad für Fallschirmjäger begonnen, das er mit allerdings unbefriedigenden Ergebnissen modifizierte. Diesen Prototypen – MP5 oder *Paparino* (italienischer Name für Donald Duck) genannt – übergab er d'Ascanio, der Motorräder wegen ihrer großen Masse, des schwierigen Radwechsels und der offen laufenden und verschmutzenden Antriebskette nicht mochte.

Die Sportausführung der Vespa 150 von 1964.

Nach nur etwa drei Monaten hatte d'Ascanio seine Ideen umgesetzt und ein absolut neues und originelles Fahrzeug entwickelt, das in heutigen Rollern immer noch wiederzuerkennen ist. Er flanschte den Motor an eine stabile Einarmschwinge, sodass er direkt das Hinterrad antrieb, er verlegte die Schaltung an den Lenker, er setzte die von Flugzeug-Fahrwerken bekannten Radaufhängungen ein, um vorne und hinten schnelle Radwechsel zu ermöglichen, und er verkleidete das ganze Gerät mit einer leichten Karosserie, um den Passagieren einen guten Wetterschutz zu bieten.

Als Piaggio den Prototyp mit seinem bauchigen Heck und der schmalen Taille sah, stand für ihn der Name fest – das Gerät musste Wespe heißen.

Die Form gab der Vespa den Namen

Die erste 98 cm^3-Vespa war ein sofortiger Erfolg. Noch 1946 wurden 2484 Fahrzeuge verkauft, im Jahr darauf waren es 10 535, und 1948 knapp unter 20 000 Stück. Piaggio verkaufte die erste Nachbau-Lizenz 1950 nach Deutschland an die Firma Hoffmann, und schon bald wurde die Vespa zum Kultobjekt. 1953 gab es weltweit bereits über 10 000 Piaggio-Händler, und die Jahresproduktion überschritt die Halbmillion-Marke. Die millionste Vespa lief im Juni 1956 vom Band, die zweimillionste 1960 und die viermillionste 1970. Zehn Jahre später verließ die zehnmillionste Wespe das Werk und inzwischen sind es über 17 Millionen Vespas in 140 verschiedene Varianten geworden. Unter vielen anderen Motorrollern der Firma Piaggio ist die Vespa heute noch das meistverkaufte Modell.

Dies heißt nicht, dass es Piaggio ohne Vespa nicht gäbe. 1967 begann man mit dem Bau von Mopeds, und zwei Jahre später übernahm man mit Gilera eine große Marke der italienischen Motorradindustrie. 1980 wurde mit Bianchi einer der größten Fahrradhersteller (und ehemaliger Motorradproduzent) aufgekauft. Sieben Jahre später kam die österreichische Firma Puch hinzu und 2001 der spanische Hersteller Derbi. 2004 übernahm man schließlich den ins Wanken geratenen Motorrad- und Roller-Hersteller Aprilia und damit auch die bekannte Marke Moto Guzzi. Außerdem ist Piaggio heute unter anderem in der Chemie-, Textil- und Maschinenbau-Industrie vertreten.

Die Fahrzeugsparte Piaggio Veicoli Europei SpA ist heute der größte europäische Zwei- und Dreiradhersteller – und der drittgrößte der Welt. Piaggio hält 25% am zweitgrößten indischen Roller-Hersteller LML und 51% von P&D SpA, eines Joint-Ventures mit dem japanischen Hersteller Daihatsu, das leichte Drei- und Vierrad-Transportfahrzeuge produziert. In manchen Ländern werden diese als Daihatsu, in anderen als Piaggio verkauft.

Piaggio ist heute ein weltweiter Großkonzern, doch alle Wurzeln lassen sich auf den revolutionären kleinen Motorroller zurückführen – die Vespa.

Natürlich hat sich die ursprüngliche 98er Vespa über die Jahre hinweg reichlich weiterentwickelt. Schon 1948 wurde sie zu einer 125er, und das 150er-Modell von 1955 war der erste wirklich moderne Roller. Einige Jahre später kamen Motorroller in Deutschland und anderen Ländern etwas aus der Mode, doch in Südeuropa erfreuten sie sich stetiger Beliebtheit, weil man erkannt hatte, dass Individualverkehr kaum preiswerter und in Städten auch kaum schneller erreichbar war. In vielen Entwicklungs- und Schwellenländern sind Roller heute noch das Hauptverkehrsmittel für die ganze Familie. Doch seit einigen Jahren erkennt man auch in Nordeuropa die Vorzüge des Motorrollers.

Großer Dank hierfür gilt der italienischen Zweiradindustrie im Allgemeinen und Piaggio im Besonderen. In Europa und Nordamerika hatten sich die vier großen japanischen Motorradhersteller aus dem Geschäft für »Brot-und-Butter«-Fahrzeuge weitgehend zurückgezogen und boten nur noch teure High-Tech-Freizeitartikel an. Die »Nicest People« saßen längst nicht mehr auf einer Honda.

Anfang der 1990er-Jahre erteilte Piaggio dem Rest der Zweiradindustrie eine Lektion in gutem Marketing. Überall vertrat man die Meinung, dass Nordeuropäer wegen des regnerischen Wetters nicht mit Zweirädern fahren wollten, doch Piaggio schaffte es mit minimalem Aufwand und gezielter Werbung, die Leute davon zu überzeugen, dass moderne Roller die bequemsten Verkehrsmittel für die Innenstädte seien, welche jemals erfunden wurden. Abgesehen davon seien sie erschwinglich, zuverlässig und sauber.

Piaggio lud diverse Vertreter der Presse ein, die nichts mit Motorrädern zu tun hatten, um mit ihren Automatik-Rollern zu fahren – und bald verbreiteten sich Artikel in der Morgenzeitung und in Zeitschriften, die noch nie über motorisierte Zweiräder berichtet hatten. Anscheinend kamen erst jetzt viele Leute auf die Idee, dass ein Roller ein ganz vernünftiges Verkehrsmittel sein kann. Seit

Motorroller gehören heute in ganz Europa zum alltäglichen Stadtbild.

Die PX-Reihe steht für traditionelle halbautomatische Motorroller.

dieser Zeit boomen die *Scooter* (wie sie nicht nur in Englisch, sondern auch seit jeher in Italien heißen) in allen europäischen Städten. Heute sieht man nicht nur Vespas, sondern auch Italjets, Malaguttis, Peugeots sowie einige japanische und koreanische Geräte durch die Straßen drängeln und in langen Reihen auf den Bürgersteigen parken. Viele Zweiradhäuser konnten nur dank des stetig wachsenden Rollermarktes das schrumpfende Motorradgeschäft abfangen.

Immer größere Umweltprobleme betreffen nicht nur Städte in Deutschland. Besonders in Italien leiden viele mittelalterliche Stadtkerne unter den Abgasen des modernen Straßenverkehrs, sodass Fahrzeuge mit Verbrennungsmotoren aus den Zentren verbannt wurden. Also brachte Piaggio eines der ersten käuflichen Hybrid-Fahrzeuge auf den Markt. Der »Zip & Zip« sah aus wie jeder andere 50er-Roller, doch er besaß neben dem konventionellen Zweitaktmotor noch einen Elektromotor. Mit einem Schalter am Lenker entscheidet der Fahrer, mit welchem Aggregat er fahren möchte – spätestens am Eingang zur für Kfz gesperrten Innenstadt wird auf Elektrobetrieb umgeschaltet. Zum 50. Firmenjubiläum enthüllte man bei Piaggio 1996 die ET2 Injection – einen Versuch, Zweitaktmotoren mit einer Einspritzung sauberer zu machen. Zwar hat sich die Einspritzung bislang nur auf wenigen europäischen Märkten durchgesetzt, doch dies zeigt deutlich, dass man keine 150 PS-Raketen bauen muss, um in der Zweirad-Technologie vorne mit dabei zu sein.

Der Sfera 125 war Piaggios erster Roller mit Viertaktmotor.

Motorroller sind nicht die Fahrzeuge, die man mit Sport in Verbindung bringt, doch es gibt nicht nur in Italien eine rege Scooter-Rennszene. Mit Maschinen der Marke Gilera feierte Piaggio in den 1980er- und 1990er-Jahren große Erfolge in der Einzylinderklasse bei der Rallye Paris–Dakar. Eine Rückkehr der Marke in die Viertelliterklasse des Grandprix-Sports scheiterte zwar, doch wird man es möglicherweise mit dem Neuerwerb Aprilia erneut versuchen.

Allerdings sind dies für Piaggio nur Randgebiete, denn der Schwerpunkt liegt bei Rollern – und diese baut man in einer scheinbar verwirrenden Vielfalt. Die gute alte Vespa gibt es als 50er, 80er, 125er und 200er, außerdem als spezielle Classic-Ausgabe für den japanischen Markt, wo sie das meistverkaufte europäische Zweirad darstellt. Moderne Vespas ähneln stark ihren Urahnen, doch heutzutage sind sie natürlich mit Elektrostartern und elektronischen Zündanlagen ausgerüstet. Alle PX-Modelle basieren weiterhin auf einem selbsttragenden Stahlblechrahmen, wogegen neuere Konstruktionen seit der Sfera-Reihe auf einen Rahmen aus Rohren und Blechen vertrauen, der mit Kunststoffteilen verkleidet ist. Die originale Handschaltung am linken Lenkerende ist noch bei einigen 200er- und 125er-Modellen erhältlich, doch alle in diesem Buch behandelten Fahrzeuge sind mit einer modernen Automatik ausgerüstet, die das Fahren besonders im Stadtverkehr erleichtert.

Der Sfera 50 von 1991 war der erste Roller der neuen Generation, und obwohl er keine radikale Konstruktion war, gewann er den Compasso d'Oro – einen wichtigen Design-Preis. Die Modelle Zip und Free aus dem Jahre 1993 waren preiswerte Modelle, dabei richtete sich der Zip mit seinem geringeren Gewicht vorwiegend an die weibliche Kundschaft. Im gehobenen Bereich der 50er-Roller wurde im gleichen Jahr der Typhoon angeboten, der als erstes Piaggio-Fahrzeug mit Rallyestreifen und Breitreifen ein wirklich radikales Aussehen hatte. Damit wurde er nicht nur in Fahrerlagern von Sportveranstaltungen das bevorzugte Transportmittel. 80er-Versionen des Sferas und Typhoons erschienen 1993 und 1994, doch der nächste Meilenstein war der Skipper 125, der als erster Roller der Achtelliterklasse über ein Automatikgetriebe verfügte. Alle diese Fahrzeuge waren mit luftgekühlten Zweitaktmotoren ausgerüstet.

Der Quartz 50 von 1993 war der erste Piaggio-Roller mit Wasserkühlung. 1994 folgte das neue Topmodell Hexagon 125 – ebenfalls mit wassergekühltem Zweitaktmotor. Dieses luxuriöse Gefährt sollte die gereifte Kundschaft eher ansprechen als die bunten 50er, die sich primär an den italienischen Teenager wendeten.

Der Hexagon hatte einen längeren Radstand, eine entspanntere Sitzposition, bequeme ausgeformte Sitze, klappbare Beifahrer-Fußrasten und ein gepolstertes Fach für zwei Sturzhelme.

Die nächste technische Änderung kam mit der Verwendung eines Viertaktmotors im neuen Sfera 125 sowie der Vespa ET4 – ja, eine Viertakt-Vespa! Während Piaggio seine Forschung bei der Einspritzung bei Zweitaktern fortsetzte, ging man gleichzeitig zu sauberen und leisen Viertaktern über. Sportliche Rollerfahrer mussten sich keine Sorgen machen, denn es gab noch den Zip 50 SP (für *Sport Production*) – ein Gerät, das sich stark vom Serien-Zip unterschied. Mit dem Malossi Race-Kit kann man preiswert ernsthaften Sport betreiben.

Die Viertakt-Entwicklung ging 1999 mit der Einführung des 125er LEADER-Motors einen Schritt weiter, denn dieses Akronym stand für ***L**ow **E**mission **AD**vanced **E**ngine **R**ange* (was für »Abgasarmes fortschrittliches Motorenprogramm« steht). Diese allesamt die EURO 3-Abgasnorm erreichenden Aggregate werden als luftgekühlte Zweiventiler und wassergekühlte Vierventiler produziert und in allen aktuellen Modellen mit 125 cm^3 Hubraum angeboten.

Der 50 cm^3-Zweitaktmotor findet sich nur noch in wenigen Modellen und wird generell zusammen mit Katalysator und Sekundärluftsystem angeboten, um der EURO 2-Abgasnorm zu entsprechen. Zwar wurde ein »Purejet« genannter Einspritzungs-Zweitakter entwickelt, doch der gegenüber der Vergaser-Version sehr hohe Preis steht einer weiten Verbreitung im Wege. Das als Alternative angebotene Zweiventil-Viertakt-Triebwerk ist hingegen nicht besonders leistungsstark.

Angesichts der Tradition der Marke Vespa wurden Retro-Versionen der LX und GT entwickelt, die in alter Manier ihren Scheinwerfer auf dem Kotflügel (GTV) oder oben am Lenker trugen (LXV). Ledersitze sowie verchromte Lenker und Gepäckträger vollendeten die klassische Optik. Die S 50- und S 125-Modelle bildeten die Basis der sportlich gehaltenen Zafferano-Reihe.

Der Zip gehört zu Piaggios preiswerten Fahrzeugen.

Danksagung

Unser Dank gilt Fowlers Motorcycles aus Bristol, South West Scooters aus Yeovil, Bridge Motorcycles aus Exeter und Atkins aus Taunton, die uns mit Fahrzeugen unterstützten. Danke an die Firma NGK für die Farbfotos der Zündkerzen und an Draper Tools für die gezeigten Werkzeuge.

Spezieller Dank gilt Piaggio UK Ltd für die Zurverfügungstellung von Wartungsplänen, technischer Unterstützung und Modell-Fotos, sowie Piaggio VE SpA, Italien für die Erlaubnis, Abbildungen aus ihren Publikationen verwenden zu dürfen.

Über dieses Handbuch

Der Sinn dieses Buches ist es, Ihnen zu helfen, mit Ihrem Motorroller viel Freude zu haben. Diese Hilfe kann auf verschiedenen Wegen geschehen: Sie können entscheiden, welche Arbeiten erledigt werden müssen und was Sie davon selbst ausführen können; Ihnen werden Informationen zur Instandhaltung und Pflege Ihrer Maschine gegeben; es werden Ihnen Diagnosen und Reparatur-Reihenfolgen angeboten, um Störungen zu beseitigen.

Wir wünschen uns, dass Sie mit diesem Handbuch viele Arbeiten selbst erledigen können. Bei vielen simplen Arbeiten kann es einfacher sein, sie selbst auszuführen, als einen Werkstatt-Termin auszumachen und das Fahrzeug zum Händler zu bringen und wieder abzuholen. Noch wichtiger ist, dass man schon viel Geld sparen kann, wenn man auch nur einige Vorarbeiten erledigt, noch mehr, wenn man alle Reparaturen selbst erledigt. Ebenfalls ein wichtiger Punkt ist das gute Gefühl, das entsteht, wenn man eine Arbeit erfolgreich zu Ende gebracht hat.

Angaben für die rechte oder linke Seite beziehen sich – soweit nicht anders angegeben – auf die Fahrtrichtung.

Wir sind stets sehr um die Richtigkeit der Informationen in allen unseren Büchern bemüht, doch es kommt immer wieder vor, dass Motorradhersteller während der Produktion technische Veränderungen vornehmen, von denen wir nichts wissen. Autor und Verlag können deshalb keine Verantwortung für fehlende Informationen übernehmen, die dem Kunden Schaden oder Verletzungen zugefügt haben.

Rahmen- und Motornummern

Die Rahmennummer ist in den Rahmen geschlagen – das Fahrerhandbuch gibt nähere Hinweise – und findet sich wieder auf dem darüberliegenden Typenschild. Die Motornummer ist rechts hinten in das Antriebsgehäuse eingeschlagen. Die Rahmennummer steht in den Fahrzeugpapieren. Um der Polizei das Wiederfinden einer gestohlenen Maschine zu erleichtern, sollte man sich auch die Motornummer notieren, falls diese von der Rahmennummer abweicht.

Die Rahmennummer erleichtert auch den Ersatzteilkauf und sollte deswegen beim Händler immer vorgelegt werden. Die ersten Zeichen der Rahmennummer geben das Modell an (siehe Kapitel 1).

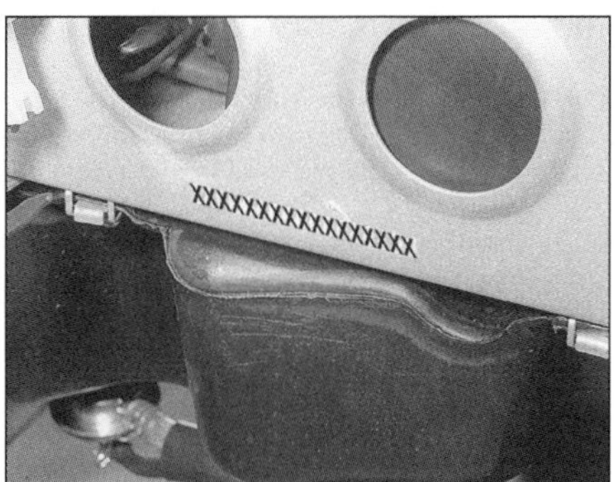

Die Rahmennummer ist in den Rahmen geschlagen . . .

. . . und sitzt manchmal hinter einer leicht demontierbaren Abdeckung.

Die Rahmennummer findet sich auch auf dem Typenschild.

Die Motornummer ist hinten in das Antriebsgehäuse geschlagen.

Ersatzteilkauf

Sobald Sie alle Identifikationsnummern gefunden haben, sollten Sie sie zur Erleichterung beim Ersatzteilkauf notieren. Da der Hersteller technische Daten, Teile und Ausführungen ändert, ist das Bereithalten der Nummern die sicherste Methode, die richtigen Teile zu erhalten. Zur Identifikation müssen die Angaben in Kapitel 1 beachtet werden. Piaggio verwendet für einige jüngere Modelle die Bezeichnung RST, was für Restyle steht – diese Abkürzung wird auch im Handbuch verwendet.

Wenn möglich, sollten immer die defekten Teile mitgebracht werden, um sie mit den Neuteilen zu vergleichen. Bei modifizierten Teilen muss genau darauf geachtet werden, ob sie passen oder auch benachbarte Teile ersetzt werden müssen. Ebenfalls ist zu berücksichtigen, dass es auf dem Weg vom Hersteller zum Teileregal des Händlers viele Möglichkeiten gibt, Nummern zu verwechseln oder falsch zu notieren.

Die zwei Quellen neuer Ersatzteile für Ihren Motorroller – der Zubehörhandel und der Vertragshändler – unterscheiden sich in den Teilen, die sie bereithalten. Während der Piaggio-Vertragshändler jedes aufgelistete Einzelteil Ihrer Maschine besorgen kann, bietet der Zubehörhändler zumeist nur normale Verschleißteile wie Zündkerzen, Reifen, Dichtungssätze oder Tuningteile wie Stoßdämpfer und Auspuffanlagen an – hier ist auf ein mögliches Erlöschen der Fahrzeug-Garantie zu achten.

Oftmals ist es möglich, von darauf spezialisierten Geschäften Gebrauchtteile zu kaufen, die grob gesagt etwa die Hälfte von Neuteilen kosten. Dafür weiß man nie genau, was man erhält. Auch hier sollten zum Vergleich immer die defekten Teile mitgebracht werden.

Egal, ob neue, gebrauchte oder überholte Teile gekauft werden sollen, sollte man sich immer an jemanden wenden, der sich auf Piaggio-Teile spezialisiert hat.

Sicherheit geht vor!

Mechaniker lernen im Rahmen ihrer Ausbildung viel über Arbeitssicherheit. Doch auch der Enthusiast sollte bei seinen Tätigkeiten sicherstellen, dass er sich nicht unnötig in Gefahr begibt. Eine kurze Unachtsamkeit kann genauso zu einem Unfall führen wie die Nichtbeachtung simpler Vorsichtsmaßnahmen.
Es gibt unendlich viele Möglichkeiten, einen Unfall herbeizuführen – und es kann hier keine umfassende Liste aller Gefahren wiedergegeben werden; vielmehr soll auf das Risiko hingewiesen und auf eine sichere Herangehensweise an alle Arbeiten am Motorrad aufmerksam gemacht werden.

Asbest

● Verschiedene Isolierungen und andere Dinge wie Brems- und Kupplungsbeläge, Kopfdichtungen, Hitzeschilde, usw. können Asbest enthalten. Absolute Vorsicht ist beim Einatmen des Staubs solcher Teile geboten, da dieser äußerst gesundheitsschädlich ist. Im Zweifel immer davon ausgehen, dass Asbest enthalten ist.

Feuer

● Benzin ist leicht entflammbar! Rauchen Sie niemals bei der Arbeit am Fahrzeug, und lassen Sie keine Flammen in die Nähe kommen. Hiermit ist das Feuerrisiko jedoch noch nicht gebannt – ein elektrischer Kurzschluss, das Aufeinanderschlagen zweier Metallteile, der unbedachte Einsatz von Werkzeugen oder gar die statische Aufladung der Kleidung kann Benzindämpfe entzünden, die sich in geschlossenen Räumen zu einem hochexplosiven Gemisch entwickeln. Benzin darf niemals als Reinigungsmittel verwendet werden – besorgen Sie sich stattdessen ein geeignetes Lösungsmittel.

● Trennen Sie vor jeder Arbeit am Kraftstoff- oder Zündsystem den Masseanschluss (–) von der Batterie. Lassen Sie niemals Benzin auf den heißen Motor oder Auspuff tropfen.

● Halten Sie bei der Arbeit einen für brennende Flüssigkeiten geeigneten Feuerlöscher griffbereit. Löschen Sie niemals brennendes Benzin oder unter Strom stehende Teile mit Wasser!

Dämpfe

● Manche Dämpfe sind hochgiftig und führen schnell zur Bewusstlosigkeit oder gar zum Tod, wenn sie in hoher Dosis eingeatmet werden. Benzindämpfe gehören genauso dazu wie Dämpfe von Lösungsmitteln wie Trichlor-Ethylen. Jeglicher Umgang mit flüchtigen Stoffen darf nur in gut belüfteten Bereichen geschehen.

● Lesen Sie bei der Verwendung von Reinigungs- oder Lösungsmitteln stets die Anwendungshinweise durch. Benutzen Sie nie unbekannte Stoffe, und mischen Sie niemals verschiedene an sich harmlose Lösungsmittel – sie können giftige Dämpfe freisetzen.

● Niemals darf man einen Verbrennungsmotor in geschlossenen Räumen laufen lassen. Auspuffgase enthalten giftiges Kohlenmonoxid. Muss ein Motor gestartet werden, hat dies möglichst im Freien oder in gut gelüfteten Räumen zu geschehen.

Batterie

● Setzen Sie die Batterie nie offenem Feuer oder Funken aus, da sie immer etwas Wasserstoff abgibt, der hochexplosiv ist.

● Trennen Sie vor der Arbeit am Kraftstoff- oder Zündsystem den Masseanschluss (–) von der Batterie – außer, die Stromzufuhr wird ausdrücklich verlangt.

● Lockern Sie beim Laden der Batterie die Einfüllstopfen. Laden der Batterie mit einer zu hohen Rate beschädigt sie.

● Vorsicht beim Auffüllen, Reinigen und Tragen der Batterie! Batteriesäure ist auch im verdünnten Zustand stark ätzend. Haut- und Augenkontakt sind durch das Tragen von Gummihandschuhen und einer Schutzbrille mit Mundschutz zu vermeiden. Beim Vorbereiten der Batteriesäure darf nur die Säure langsam dem Wasser zugefügt werden – niemals das Wasser der Säure!

Strom

● Beim Einsatz von Werkzeugen, Lampen, usw. muss immer ein korrekter Stromanschluss sichergestellt sein. Verwenden Sie keine Elektrogeräte in feuchter Umgebung oder in der Nähe von Benzin oder Benzindämpfen. Alle Geräte und das Stromnetz müssen den Sicherheitsstandards entsprechen.

● Einen starken Stromschlag kann man beim Berühren bestimmter Teile der elektrischen Anlage bekommen, z. B. beim Anfassen der Zündkabel bei laufendem Motor – und besonders, wenn Bauteile feucht sind oder eine defekte Isolierung haben. Bei elektronischen Zündanlagen kann die Zündspannung lebensgefährlich sein!

Niemals ...

✘ den Motor starten, ohne geprüft zu haben, dass sich das Getriebe im Leerlauf befindet.
✘ das Motorrad mit gewagten Konstruktionen abstützen, wenn Räder oder Fahrwerkteile demontiert werden.
✘ plötzlich den Deckel eines heißen Kühlsystems entfernen – sondern ihn mit Lappen abdecken und langsam den Druck ablassen, um sich nicht durch austretendes Kühlmittel zu verbrühen.
✘ aus einem heißen Motor Öl ablassen, sondern ihn erst etwas abkühlen lassen, um sich nicht zu verbrennen.
✘ Teile eines heißen Motors oder Auspuffs anfassen, um sich nicht zu verbrennen.
✘ Bremsflüssigkeit oder Kühlmittel auf Lack oder Kunststoffteile gelangen lassen.
✘ giftige Flüssigkeiten wie Benzin, Bremsflüssigkeit oder Frostschutzmittel mit dem Mund ansaugen oder auf die Haut gelangen lassen.
✘ Staub einatmen, der gesundheitsschädlich sein kann (siehe oben unter Asbest).
✘ Öl oder Fett auf dem Boden belassen, sondern es aufwischen, bevor jemand darauf ausrutscht.
✘ verschlissene Werkzeuge benutzen, da man damit abrutschen und sich verletzen kann.
✘ schwere Dinge wie Motoren alleine heben, sondern einen Assistenten zu Hilfe holen.
✘ in Zeitnot arbeiten oder die Arbeit auf gefährliche Weise abkürzen.
✘ Kindern oder Tieren ermöglichen, sich in der Nähe eines unbeobachteten Fahrzeugs aufzuhalten.
✘ einen Reifen über den erlaubten Maximaldruck aufpumpen. Abgesehen von der Überlastung der Karkasse kann er in Extremfällen platzen.

Stets ...

✔ dafür sorgen, dass die Maschine sicher steht. Extrem wichtig ist dies, wenn die Maschine für den Ausbau eines Rades oder einer Radaufhängung aufgebockt wird.
✔ festsitzende Schrauben oder Muttern vorsichtig lockern. An einem Schlüssel zu ziehen ist immer besser als ihn zu drücken, damit man beim Abrutschen nicht auf die Maschine fällt.
✔ beim Einsatz von Bohrern, Schleifern und anderen Maschinen eine Schutzbrille tragen.
✔ beim Arbeiten in schmutzigen Bereichen die Hände mit Schutzcreme versehen, die nicht nur vor Infektionen schützt, sondern auch das Reinigen erleichtert. Längerer Kontakt mit Motoröl kann ein Gesundheitsrisiko sein. Passen Sie auf, dass die Hände durch die Creme nicht rutschig werden.
✔ Kleidungsstücke, Ärmel, Halstücher und Haare außerhalb des Arbeitsbereichs beweglicher Teile halten.
✔ Schmuck und Uhren vor der Arbeit ablegen.
✔ den Arbeitsbereich sauber und geordnet halten, um nicht über herumliegende Teile zu fallen.
✔ beim Zusammendrücken von Federn für den Aus- oder Einbau vorsichtig sein. Spannen und entspannen Sie Federn nur mit geeigneten Werkzeugen, die kein Wegspringen erlauben.
✔ Hebevorrichtungen mit ausreichender Tragkraft einsetzen. Jemanden regelmäßig die Arbeit kontrollieren lassen, wenn man alleine am Fahrzeug arbeitet.
✔ die Arbeit in der korrekten Reihenfolge ausführen und anschließend prüfen, ob alles richtig montiert und gesichert ist.
✔ daran denken, dass die Sicherheit des Fahrzeugs auch Ihre eigene Sicherheit und die anderer bedeutet. Bei jedem Zweifel muss professioneller Rat eingeholt werden.

● **Da man sich trotz des Befolgens aller Hinweise verletzen kann, muss sichergestellt werden, dass immer jemand (nötigenfalls per Telefon) erreichbar ist, der einem zu Hilfe kommen kann.**

Tägliche Kontrollen (Vor jeder Fahrt)

Anmerkung: Die in der Bedienungsanleitung und auf den folgenden Seiten beschriebenen Kontrollen sollten vor jeder Fahrt durchgeführt werden.

Kontrolle des Motorölpegels – Viertaktmodelle

Vor Beginn

✔ Das Fahrzeug muss auf einer ebenen Fläche auf dem Hauptständer stehen.

✔ Das vorgeschriebene Motoröl muss in ausreichender Menge vorrätig sein.

✔ Der Ölpegel muss bei kaltem Motor überprüft werden. Lief der Motor kurz, muss fünf Minuten gewartet werden.

Vorsichtsmaßnahmen

- Wenn regelmäßig Öl nachgefüllt werden muss, sollten die Gründe für den Verlust gefunden werden. Tritt das Öl nicht an Dichtflächen aus, wird es wahrscheinlich im Motor verbrannt.

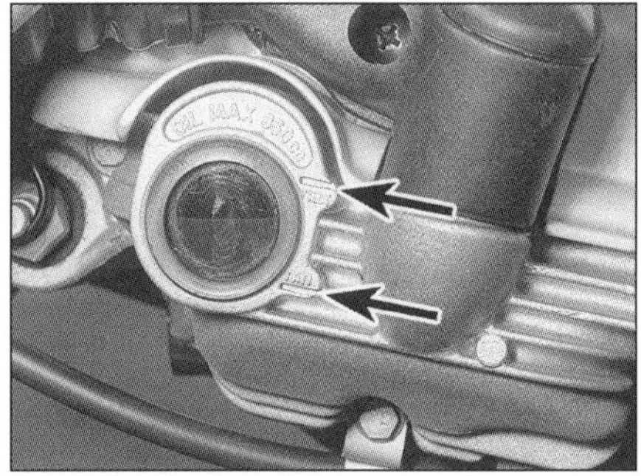

1 Manche Motoren haben links ein Schauglas. Das Fenster muss nötigenfalls gereinigt werden. Der Ölpegel muss zwischen den Markierungen für MAX und MIN liegen.

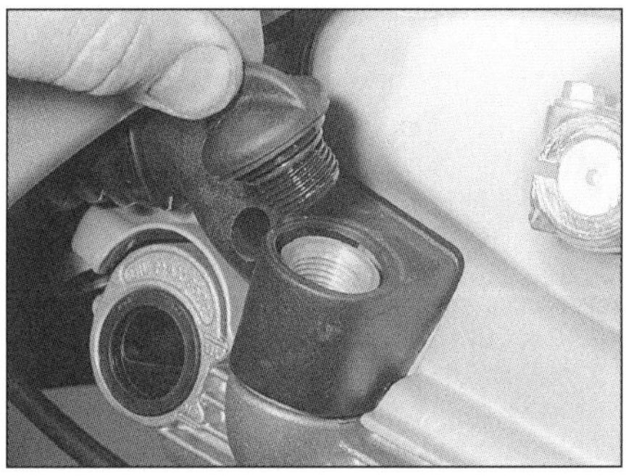

2 Steht das Öl unterhalb der MIN-Linie, muss der Einfülldeckel gelöst werden.

3 Jetzt wird der Motor nötigenfalls mit dem vorgeschriebenen Öl bis zur MAX-Linie am Schauglas aufgefüllt. Füllen Sie nicht zu viel Öl auf!.

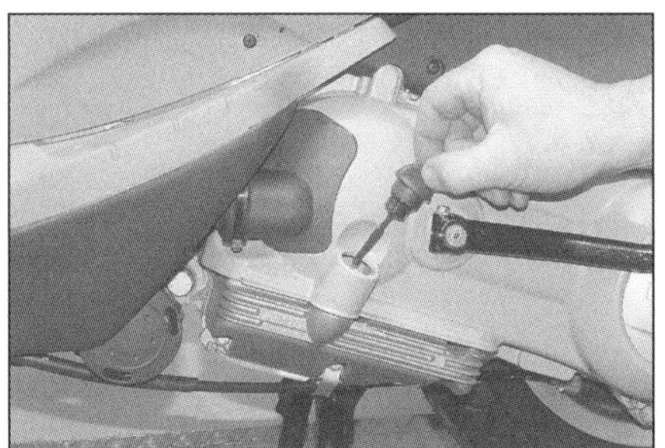

4 Manche Motoren haben an dem Einfülldeckel einen Peilstab. Lösen Sie den Deckel, und wischen Sie den Peilstab ab. Stecken Sie den sauberen Peilstab in den Motor, und schrauben Sie den Deckel ein.

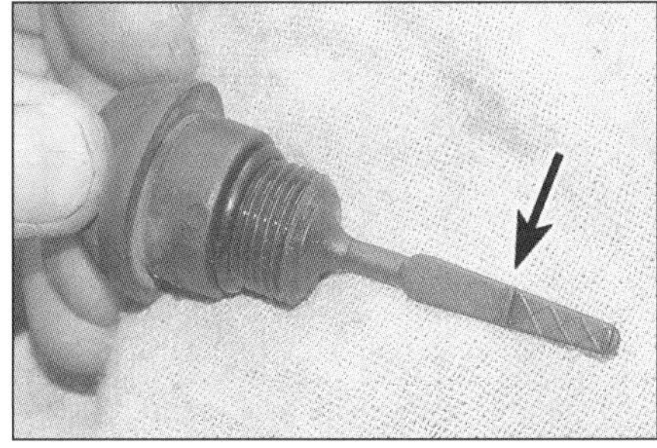

5 Drehen Sie den Deckel wieder heraus – der Ölpegel muss an der oberen (MAX-) Markierung stehen.

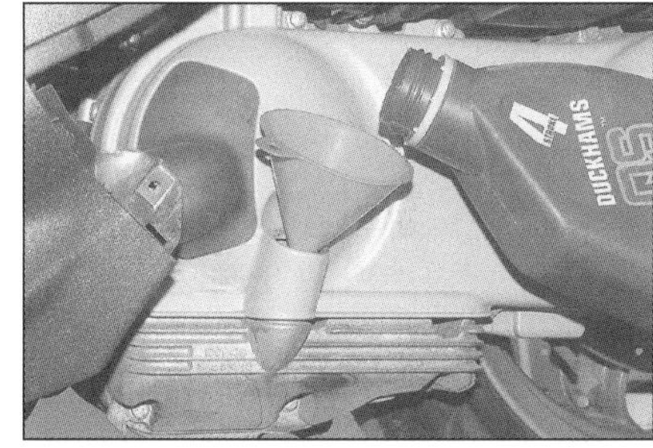

6 Jetzt wird der Motor nötigenfalls mit dem vorgeschriebenen Öl bis zur MAX-Linie am Schauglas aufgefüllt. Füllen Sie nicht zu viel Öl auf!

Kraftstoff- und Öl-Kontrolle – Zweitaktmotor

Kraftstoff

- Es mag überflüssig klingen, aber überprüfen Sie, ob für die bevorstehende Fahrt genügend Benzin im Tank ist. Tritt irgendwo Benzin aus, muss die Ursache sofort beseitigt werden.
- Piaggio schreibt bei allen Modellen Super bleifrei (95 Oktan) vor.

Zweitaktöl

- Bei allen Zweitaktmodellen muss geprüft werden, ob die Öl-Warnlampe nach dem Start des Motors erlischt. Bleibt sie an oder leuchtet sie während der Fahrt auf, muss der Öltank aufgefüllt werden.
- Bei der Ölfüllung darf man sich nicht nur auf die Warnlampe verlassen. Man sollte es sich zur Gewohnheit machen, den Öltank bei jedem Tankstopp zu kontrollieren.
- Läuft der Motor auch nur kurze Zeit ohne Öl, muss mit größten Schäden gerechnet werden. Für Notfälle sollte immer eine kleine Flasche Zweitaktöl mitgeführt werden.

Der Öltank muss immer mit einem hochwertigen Zweitaktöl befüllt sein, das für Getrenntschmierung geeignet ist.

Kontrolle des Kühlmittel-Pegels – wassergekühlte Motoren

Warnung: Kühlmittel darf nicht offen gelagert werden, da es giftig ist.

Vor Beginn

✔ Stellen Sie sicher, dass eine aus je einer Hälfte destilliertem Wasser und korrosionshemmendem Ethylen-Glykol bestehende Kühlflüssigkeit vorrätig ist. Nur im Notfall darf (möglichst weiches) Leitungs- oder Regenwasser verwendet werden.

✔ Der Kühlmittelpegel darf nur bei kaltem Motor kontrolliert werden.

✔ Zur Kontrolle muss der Roller auf einer ebenen Fläche aufrecht stehen.

Vorsichtsmaßnahmen

- Es darf nur die vorgeschriebene Kühlflüssigkeit verwendet werden. Das Frostschutzmittel muss das ganze Jahr über verwendet werden – nicht nur im Winter. Auffüllen mit reinem Wasser würde den Frostschutz-Gehalt verringern.
- Der bei allen Modellen hinter der Verkleidung sitzende Ausgleichsbehälter darf nicht überfüllt werden. Liegt der Pegel ständig deutlich oberhalb der UPPER oder MAX-Linie, muss die überschüssige Flüssigkeit abgesaugt oder abgelassen werden, damit sie nicht herausgedrückt wird.
- Fällt der Kühlmittelpegel stetig ab, muss das System auf Undichtigkeiten überprüft werden (siehe Kapitel 1). Finden sich keine Lecks, kann es sein, dass die Flüssigkeit ins Motorinnere gelangt – für eine Kontrolle muss das Fahrzeug in einer Werkstatt einer Druckprüfung unterzogen werden.

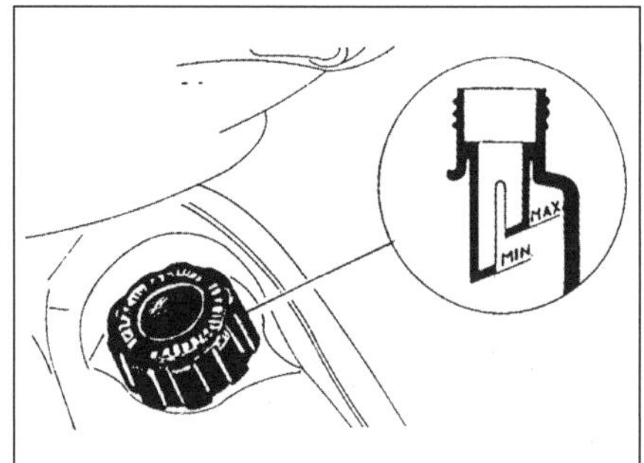

1 Bei allen Hexagon-, B125-, X8- und X9-Modellen sind die Linien der MAX- und MIN-Markierungen für das Kühlmittel beim Blick in den Einfüllstutzen zu erkennen.

2 Nötigenfalls ist der Behälter mit dem korrekten Kühlmittel aufzufüllen.

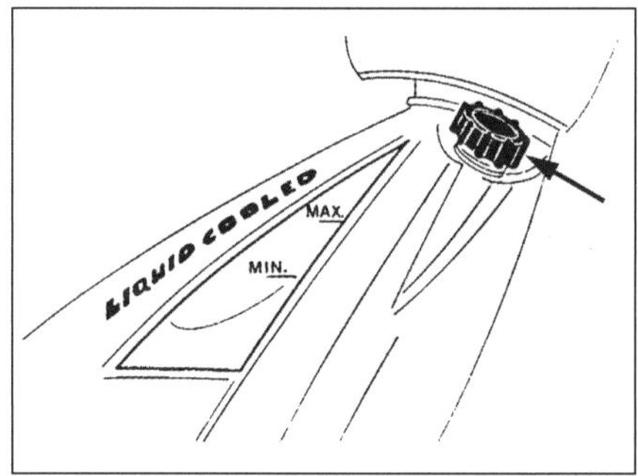

3 Bei den NRG MC²- und MC³-Modellen kann der Pegel durch den Ausschnitt links in der Frontverkleidung erkannt und nötigenfalls nach dem Entfernen des Deckels aufgefüllt werden.

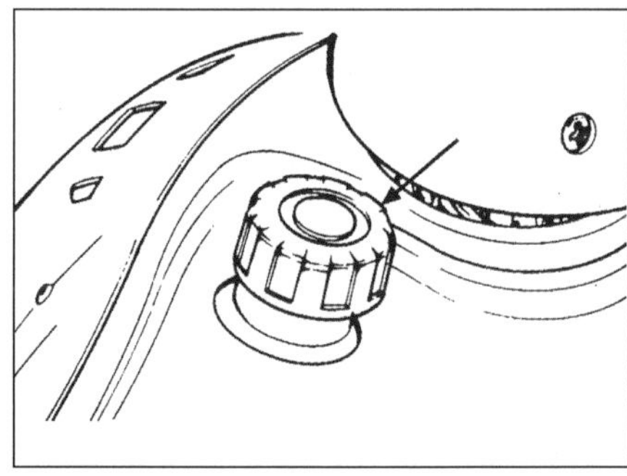

4 Bei Zip SP/RS and NRG Power DD-Modellen muss der in der Innenverkleidung sitzende Einfülldeckel gelöst werden.

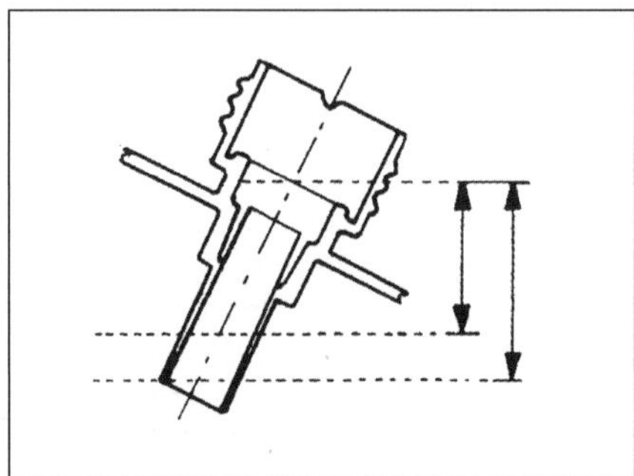

5 Dann wird kontrolliert, ob der Pegel innerhalb des Einfüllstutzens liegt.

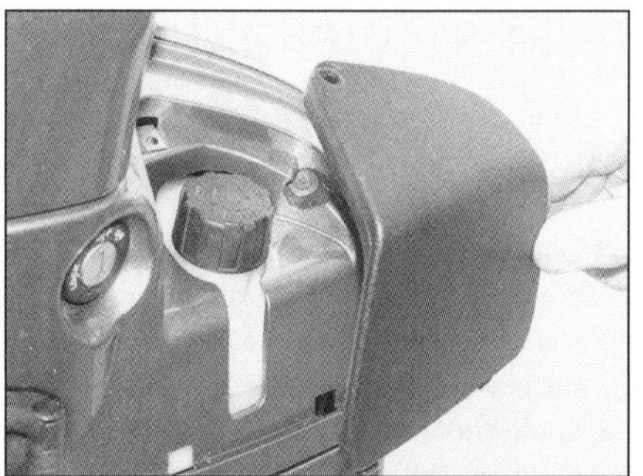

6 Bei Vespa GT/GTV/GTS-Modellen muss die Abdeckung entfernt , . . .

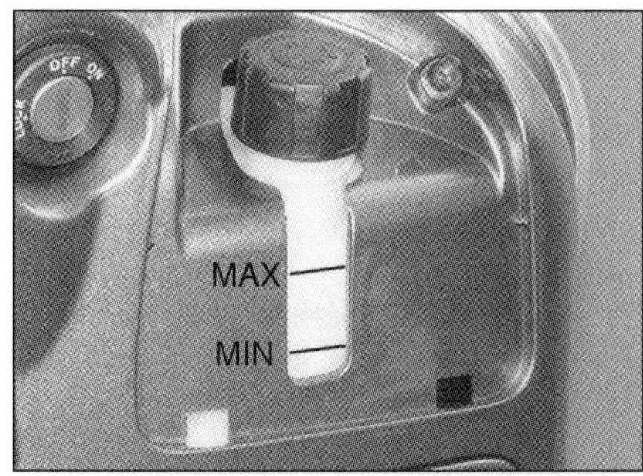

7 . . . und geprüft werden, ob der Pegel zwischen den Markierungen liegt.

Bremsflüssigkeits-Kontrolle – Modelle mit Scheibenbremsen

⚠ Warnung: Bremsflüssigkeit kann zu Augenverletzungen führen und Lackoberflächen angreifen – beim Umgang hiermit ist also größte Vorsicht geboten. Beim Eingießen sollten gefährtete Teile mit Lappen bedeckt werden. Hat Bremsflüssigkeit längere Zeit offen gestanden, darf sie nicht mehr verwendet werden – sie absorbiert Wasser aus der Luft, was im Betrieb zu einem gefährlichen Verlust an Bremswirkung führen kann.

Vor Beginn

✔ Das Fahrzeug muss senkrecht stehen.

✔ Es muss die korrekte Bremsflüssigkeit vom Typ DOT 4 vorrätig sein.

✔ Um den Behälter sollte ein Lappen gewickelt sein, damit keine Spritzer auf Kunststoffe oder Lackoberflächen geraten können.

Vorsichtsmaßnahmen

- Der Bremsflüssigkeitspegel sinkt beim Verschleißen der Bremsbeläge leicht ab.
- Muss der Behälter wiederholt aufgefüllt werden, hat das Bremssystem ein Leck, das sofort repariert werden muss.
- Die Leitungen und Bauteile der Bremse müssen auf Schäden und Undichtigkeiten überprüft – und nötigenfalls sofort repariert oder ersetzt werden.
- Vor jeder Fahrt muss die Funktion der Bremse überprüft werden. Wird ein schwammiges Gefühl festgestellt, ist Luft eingedrungen – das System muss entlüftet werden (Kapitel 8).

1 Sitzt der Handbremszylinder am Lenker, kann der Pegel der Bremsflüssigkeit durch das Schauglas im Gehäuse überprüft werden – nötigenfalls ist eine Abdeckung zu entfernen (Kapitel 7). Der Pegel muss über der MIN-Markierung liegen.

2 Liegt der Pegel unter der MIN-Markierung, müssen die zwei Schrauben des Behälterdeckels entfernt werden, um diesen samt der Platte und der Manschette abzunehmen.

3 Der Ausgleichsbehälter wird mit Bremsflüssigkeit vom Typ DOT 4 aufgefüllt, bis der Pegel über der MIN-Markierung liegt – Spritzer sind zu vermeiden.

4 Die Manschette muss korrekt sitzen, bevor die Platte und der Deckel montiert werden.

5 Wird der Handbremszylinder per Bowdenzug betätigt, kann der Pegel im Ausgleichsbehälter durch ein Schauloch in der Innenverkleidung betrachtet werden – er muss über der MIN-Linie liegen.

6 Liegt der Pegel unter der MIN-Linie, muss der Behälterdeckel abgeschraubt und damt Platte und Manschette entfernt werden.

7 Der Ausgleichsbehälter wird mit Bremsflüssigkeit vom Typ DOT 4 aufgefüllt, bis der Pegel über der MIN-Markierung liegt – Spritzer sind zu vermeiden.

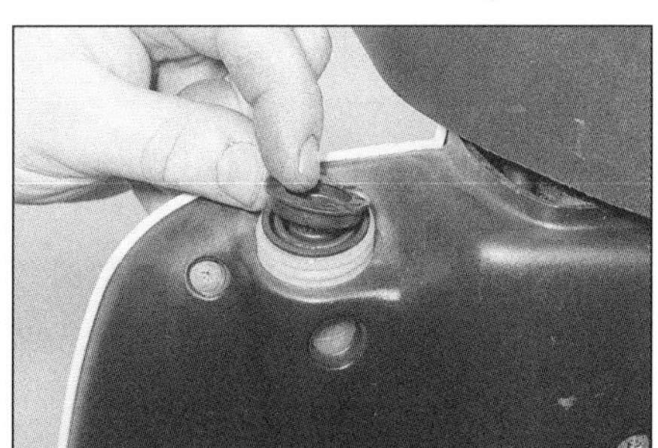

8 Die Manschette muss korrekt sitzen, bevor die Platte und der Deckel montiert werden. Der Deckel ist sorgfältig anzuziehen.

9 Beim NRG MC^2 sitzt der Ausgleichsbehälter rechts hinter der Frontverkleidung, die Pegel-Kontrolle erfolgt durch den Ausschnitt – zum Auffüllen ist die Verkleidung zu entfernen.

Kontrolle der Reifen

Der richtige Luftdruck

- Der Luftdruck muss bei kalten Reifen kontrolliert werden, nicht direkt nach einer längeren Fahrt – hierbei wird der Reifen warm und der Druck steigt. Extrem niedriger Luftdruck kann einen Reifen auf der Felge rutschen und sogar abspringen lassen. Zu hoher Druck lässt Reifen unnormal verschleißen und verschlechtert das Fahrverhalten sowie den Komfort.
- Es ist ein genaues Messgerät zu benutzen.
- Der korrekte Luftdruck erhöht die Lebensdauer der Reifen und sorgt für gutes Handling und Fahrkomfort.
- In den technischen Daten von Kapitel 1 finden sich die korrekten Luftdruckwerte Ihres Modells.

Vorsichtsmaßnahmen

- Die Reifen müssen sorgfältig auf Risse, Schnitte, eingedrungene Teile und erhöhte Abnutzung überprüft werden. Mit extrem verschlissenen Reifen zu fahren ist sehr gefährlich, da sich die Traktion und die Straßenlage verschlechtern – außerdem wird es bei einer Polizeikontrolle teuer.
- Das Reifenventil muss in Ordnung und mit einer Staubkappe versehen sein.
- Im Profil sitzende Steine und Nägel müssen entfernt werden, damit sie nicht weiter eindringen.
- Liegt ein Schaden vor oder verliert ein Reifen Luft, ist unverzüglich Rat bei einem Reifenhändler zu suchen.

Reifenprofiltiefe

- Zurzeit müssen Reifen eine Mindestprofiltiefe von 1,6 mm (an der abgefahrendsten Stelle) aufweisen. Aus Sicherheitsgründen wird eine Profiltiefe von 2 mm empfohlen.
- Viele Reifen besitzen Profiltiefen-Indikatoren, auf die an den Flanken mit Dreiecken oder der Bezeichnung »TWI« hingewiesen wird. Diese Indikatoren müssen allerdings nicht den vorgeschriebenen 1,6 mm entsprechen! Die Profiltiefe ist an der am stärksten verschlissenen Stelle zu ermitteln – die Polizei wird es bei einer Kontrolle ebenso tun. Das rechtzeitige Ersetzen eines abgefahrenen Reifens erhöht die Sicherheit und schützt gleichzeitig vor Strafe.

1 Der Luftdruck muss bei kalten Reifen geprüft werden.

2 Die Profiltiefe wird an der abgefahrendsten Stelle des Reifens ermittelt.

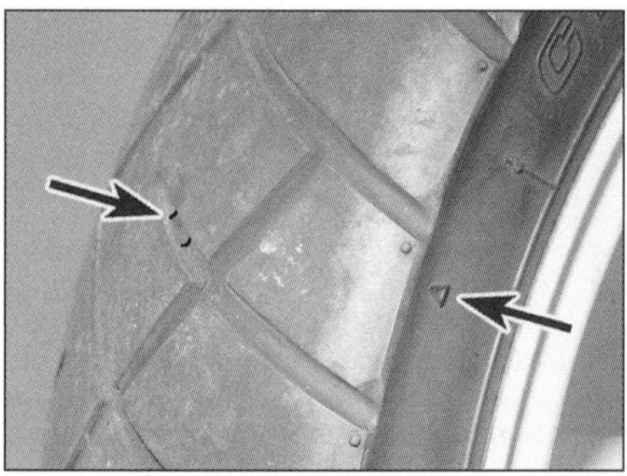

3 Der Profiltiefen-Indikator und der Hinweis-Pfeil auf der Reifenflanke.

Kontrolle von Federung und Lenkung

- Vorder- und Hinterradfederung müssen weich und ohne zu klemmen arbeiten.
- Die Hinterradfederung muss den Anforderungen entsprechend eingestellt sein.
- Die Lenkung muss sich sanft von Anschlag zu Anschlag bewegen lassen.

Ordnungsgemäßer Zustand und Sicherheit

Licht und Signale

- Der Scheinwerfer, das Rück- und Bremslicht, die Instrumentenbeleuchtung und die Blinker müssen vor jeder Fahrt überprüft werden.
- Die Funktion der Hupe ist zu testen.
- Ein funktionierender Tachometer ist gesetzlich vorgeschrieben.

Sicherheit

- Der Gasgriff muss sich in allen Lenkerstellungen sanft bewegen und von alleine wieder schließen.
- Der Ständer muss im eingeklappten Zustand sicher von den Federn am Fahrzeug gehalten werden.
- Der Motor muss ausgehen, sobald der Notschalter betätigt wird.
- Die Spiegel müssen korrekt eingestellt sein.
- Beide Bremsen müssen korrekt funktionieren und nach dem Lösen die Räder wieder frei drehen lassen.

Kapitel 1
Routine-Instandhaltung und Kontrolle

Inhalt

Schwierigkeitsgrade

Leicht. Für Anfänger mit wenig Erfahrung geeignet 	**Relativ leicht.** Für Anfänger mit etwas Erfahrung geeignet 	**Relativ schwierig.** Geeignet für geübte Selbstschrauber 	**Schwer.** Geeignet für Selbstschrauber mit viel Erfahrung 	**Sehr schwer.** Geeignet nur für Experten und Profis 

Einleitung

Dieses Kapitel soll dem Selbstschrauber helfen, seinen Motorroller immer in einem sicheren und technisch guten Zustand zu halten, sodass er immer voll leistungsfähig ist und eine lange Lebensdauer erreicht.

Die Entscheidung, wo und wann man mit den Routinekontrollen anfangen soll, hängt von verschiedenen Faktoren ab. Wenn die Garantieperiode Ihres Fahrzeugs gerade abgelaufen ist und bisherige Inspektionen von einer Werkstatt vorgenommen wurden, kann man mit der nächsten Routinekontrolle bis zum nächsten vorgeschriebenen Kilometerstand oder Zeitablauf warten. Wenn Sie den Roller schon einige Zeit haben, aber lange keine Inspektion mehr haben machen lassen, sollten Sie mit dem nächsten Intervall beginnen und einige zusätzliche Kontrollen vornehmen, um sicherzugehen, dass nichts übersehen wurde. Wenn Sie gerade eine große Motorüberholung hatten, sollten Sie die Service-Intervalle von Anfang an beginnen. Wenn ein gebrauchtes Fahrzeug erworben wurde und kein Wissen über seine Geschichte und Wartung vorhanden ist, empfiehlt sich eine Komplettkontrolle aller Punkte und das Fortfahren mit den normalen Intervallen.

Vor Beginn jeglicher Wartungsarbeiten sollte das Fahrzeug sorgfältig gereinigt werden – besonders an den Motor- und Gehäusedeckeln. Saubere Teile schützen davor, dass während der Arbeit kein Schmutz in den Motor gelangt, außerdem lassen sich Verschleiß und Beschädigungen besser erkennen.

Wichtige Wartungshinweise sind oft auf Aufklebern vermerkt, die am Fahrzeug angebracht sind. Wenn diese Informationen von denen im Buch abweichen, sollte man sich nach denen am Fahrzeug richten

Anmerkung 1: *Die in der Einleitung dieses Buchs beschriebenen Täglichen Kontrollen sollten vor jeder Fahrt durchgeführt werden. Natürlich gehören sie auch zu jeder in diesem Kapitel aufgeführten Wartung dazu,*

Anmerkung 2: *Normalerweise wird die Erstinspektion (nach den ersten 1000 km) von einer Piaggio-Werkstatt ausgeführt. Danach sollte der Roller entsprechend der folgenden Pläne gewartet werden. Die dort angegebenen Intervalle sind vom Hersteller für die in diesem Buch beschriebenen Modelljahre vorgegeben. Im Handbuch Ihres Fahrzeugs können andere Intervalle angegeben sein.*

Anmerkung 3: *Alle Punkte der »kleinen Inspektionen« (alle 4000 km) müssen auch bei den »großen Inspektionen« (alle 8000 km) ausgeführt werden.*

Anmerkung 4: *Die Wartungsintervalle wurden im Jahre 1996 von 4000, 8000 und 16 000 km auf 5000, 10 000 und 20 000 km verlängert. Die korrekten Intervalle Ihres Modells sind im beigefügten Garantieheft angegeben.*

Piaggio Sfera 50/80

Modell-Identifikation

Motor .... 50 oder 80 cm³ Zweitakt-Einzylinder, luftgekühlt
Antrieb .... Variable Automatik, Riemenantrieb
Zündung .... Elektronisch
Federung
  vorne .... Gezogene Schwinge und Monostoßdämpfer
  hinten .... Schwinge und Monostoßdämpfer
Bremsen .... Trommel (vorne und hinten)
Motornummer-Prefix .... NSL 1M (50 cm³), NS8 1M (80 cm³)
Rahmennummer-Prefix .... NSL 1T (50 cm³), NS8 1T (80 cm³)
Radstand .... 1200 mm
Gesamtlänge .... 1705 mm
Gesamtbreite .... 700 mm
Gesamthöhe (ohne Spiegel) .... 1070 mm
Trockengewicht .... 81 kg
Kraftstofftank-Kapazität
  Gesamt .... 5,2 Liter
  Reserve .... 1,4 Liter
Modelleinführung .... Juli 1991 (50 cm³), Feb. 1993 (80 cm³)
Modifikationen
  November 1994 (Modell MAQ2) ..... Gepäckträger, neue Sitzbank

Wartungsdaten und Schmiermittel

Zündkerzentyp .... Champion N2C oder NGK B9ES
Zündkerzen-Elektrodenabstand .... 0,5 bis 0,6 mm
Standgasdrehzahl .... 1800 bis 2000 U/min
Reifengröße 90/90-10
Reifenluftdruck vorne .... 1,1 bis 1,2 bar
Reifenluftdruck hinten
  nur Fahrer .... 1,6 bis 1,7 bar
  mit Passagier .... 2,5 bar
Kraftstofftyp .... Super bleifrei (mind. 95 Oktan)
Motoröltyp .... Zweitaktöl, für Getrenntschmierung geeignet
Öltank-Kapazität
  Gesamt .... 1,42 Liter
  Reserve .... 0,38 Liter
Getriebeöltyp .... 80W90 oder 85W90 Getriebeöl
Getriebeöl-Füllmenge .... ca. 85 cm³
Luftfilter-Element .... Synthetiköl (z. B. Selenia HI 2T)
Riemenautomatik .... Lithiumfett (NLGI 3)
Tachometerantrieb .... Lithiumfett (NLGI 3)
Bremshebel .... Calcium-Schmierfett (NLGI 1-2)
Bowdenzüge .... Synthetiköl (z. B. Selenia HI 2T)

Wartungsintervalle – Piaggio Sfera 50/80

Anmerkung: *Vor jeder Inspektion müssen die »Täglichen Kontrollen« durchgeführt werden – siehe Einleitung dieses Handbuches.*

	Text-Sektion in diesem Kapitel	Alle 4000 km oder 12 Monate	Alle 8000 km oder 2 Jahre	Alle 16000 km oder 3 Jahre
Luftfilter – Reinigen	1	✔		
Batterie – Kontrolle	2	✔		
Bremsbowdenzüge – Kontrolle und Schmieren	5	✔		
Bremshebel – Schmieren	7	✔		
Bremsbeläge – Verschleißkontrolle	8	✔		
Bremssystem – Kontrolle	3	✔		
Zylinderkopf – Ablagerungen entfernen	11			✔
Antriebsriemen – Kontrolle	12	✔		
Kraftstoffsystem – Kontrolle	14	✔		
Getriebeölstand – Kontrolle	15	✔		
Getriebeöl – Wechsel	16		✔	
Scheinwerfer – Kontrolle und Einstellung	17		✔	
Standgasdrehzahl – Kontrolle und Einstellung	18	✔		
Muttern und Schrauben – Festigkeitskontrolle	19		✔	
Ölpumpen-Antriebsriemen – Ersetzen	20			✔
Zündkerze – Kontrolle und Einstellung	22	✔		
Zündkerze – Ersetzen	23		✔	
Tachowelle und Antrieb – Schmieren	24		✔	
Ständer – Kontrolle und Schmieren	25		✔	
Lenkkopflager – Kontrolle und Einstellung	26		✔	
Federung – Kontrolle	27		✔	
Gas- u. Ölpumpenbowdenzug – Kontrolle u. Einstellung	28	✔		
Riemenautomatik und Kupplung – Kontrolle	30	✔ Riemenautomatik		✔ Kupplung
Räder und Reifen – Kontrolle	31	✔		
Radlager – Kontrolle	32		✔	

1

Piaggio Sfera 50/80 (RST – überarbeitet)

Modell-Identifikation

Motor .... 50 oder 80 cm^3 Zweitakt-Einzylinder, luftgekühlt
Antrieb .... Variable Automatik, Riemenantrieb
Zündung .... Elektronisch
Federung
- vorne .... Gezogene Schwinge und Monostoßdämpfer
- hinten .... Schwinge und Monostoßdämpfer

Bremsen .... Scheibe vorne, Trommel hinten
Motornummer-Prefix .... CO 11M (50 cm^3)
Rahmennummer-Prefix . ZAP CO1000 (50 cm^3), ZAP MO3000 (80 cm^3)
Radstand .... 1230 mm
Gesamtlänge .... 1760 mm
Gesamtbreite .... 700 mm
Gesamthöhe (ohne Spiegel) .... 1080 mm
Trockengewicht .... 90 kg
Kraftstofftank-Kapazität
- Gesamt .... 8,0 Liter
- Reserve .... 1,8 Liter

Modelleinführung .... August 1995

Wartungsdaten und Schmiermittel

Zündkerzentyp .... Champion N2C oder NGK B9ES
Zündkerzen-Elektrodenabstand .... 0,5 bis 0,6 mm
Standgasdrehzahl .... 1600 bis 1800 U/min
Reifengröße vorne 100/80-10
Reifengröße hinten 110/80-10
Reifenluftdruck vorne .... 1,5 bar
Reifenluftdruck hinten
- nur Fahrer .... 1,8 bar
- mit Passagier .... 2,2 bis 2,3 bar

Kraftstofftyp .... Super bleifrei (mind. 95 Oktan)
Motoröltyp .... Zweitaktöl, für Getrenntschmierung geeignet
Öltank-Kapazität
- Gesamt .... 1,42 Liter
- Reserve .... 0,38 Liter

Getriebeöltyp .... 80W90 oder 85W90 Getriebeöl
Getriebeöl-Füllmenge .... ca. 75 cm^3
Bremsflüssigkeit .... DOT 4
Luftfilter-Element .... Synthetiköl (z. B. Selenia HI 2T)
Riemenautomatik .... Lithiumfett (NLGI 3)
Tachometerantrieb .... Lithiumfett (NLGI 3)
Bremshebel .... Calcium-Schmierfett (NLGI 1-2)
Bowdenzüge .... Synthetiköl (z. B. Selenia HI 2T)

Wartungsintervalle – Piaggio Sfera 50/80 (RST – überarbeitet)

Anmerkung: *Vor jeder Inspektion müssen die »Täglichen Kontrollen« durchgeführt werden – siehe Einleitung dieses Handbuches.*

	Text-Sektion in diesem Kapitel	Alle 4000 km oder 12 Monate	Alle 8000 km oder 2 Jahre	Alle 16 000 km oder 3 Jahre
Luftfilter – Reinigen	1	✔		
Batterie – Kontrolle	2	✔		
Bremsbowdenzüge – Kontrolle und Schmieren	5	✔		
Bremsflüssigkeit – Wechseln	4		✔*	
Bremsleitung – Ersetzen	6			✔*
Bremshebel – Schmieren	7	✔		
Bremsbeläge – Verschleißkontrolle	8	✔		
Bremssystem – Kontrolle	3	✔		
Zylinderkopf – Ablagerungen entfernen	11			✔
Antriebsriemen – Kontrolle	12	✔		
Kraftstoffsystem – Kontrolle	14	✔		
Getriebeölstand – Kontrolle	15	✔		
Getriebeöl – Wechsel	16		✔	
Scheinwerfer – Kontrolle und Einstellung	17		✔	
Standgasdrehzahl – Kontrolle und Einstellung	18	✔		
Muttern und Schrauben – Festigkeitskontrolle	19		✔	
Ölpumpen-Antriebsriemen – Ersetzen	20			✔
Zündkerze – Kontrolle und Einstellung	22	✔		
Zündkerze – Ersetzen	23		✔	
Tachowelle und Antrieb – Schmieren	24		✔	
Ständer – Kontrolle und Schmieren	25		✔	
Lenkkopflager – Kontrolle und Einstellung	26		✔	
Federung – Kontrolle	27		✔	
Gas- u. Ölpumpenbowdenzug – Kontrolle u. Einstellung	28	✔		
Riemenautomatik und Kupplung – Kontrolle	30	✔ Riemenautomatik		✔ Kupplung
Räder und Reifen – Kontrolle	31	✔		
Radlager – Kontrolle	32		✔	

** Die Bremsflüssigkeit muss alle 2 Jahre und die Bremsleitung alle 3 Jahre ersetzt werden – ungeachtet der Kilometerleistung.*

1

Piaggio Sfera 125

Modell-Identifikation

Motor .... 125 cm^3 Viertakt-Einzylinder, luftgekühlt
Antrieb .... Variable Automatik, Riemenantrieb
Zündung .... Elektronisch
Federung
vorne .... Gezogene Schwinge und Monostoßdämpfer
hinten .... Schwinge und Monostoßdämpfer
Bremsen .... Scheibe vorne, Trommel hinten
Motornummer-Prefix .... MO 11M
Rahmennummer-Prefix .... ZAP MO 1000
Radstand .... 1230 mm
Gesamtlänge .... 1760 mm
Gesamtbreite .... 700 mm
Gesamthöhe (ohne Spiegel) .... 1080 mm
Trockengewicht .... 104 kg
Kraftstofftank-Kapazität
Gesamt .... 7,5 Liter
Reserve .... 1,5 Liter
Modelleinführung .... Januar 1996

Wartungsdaten und Schmiermittel

Zündkerzentyp .... Champion RG4 HC oder NGK CR8E
Zündkerzen-Elektrodenabstand .... 0,5 bis 0,6 mm
Standgasdrehzahl .... 1500 bis 1700 U/min
Ventilspiel (**kalter** Motor) .... 0,12 bis 0,15 mm
Reifengröße vorne 100/80-10
Reifengröße hinten 130/70-10
Reifenluftdruck vorne .... 1,5 bar
Reifenluftdruck hinten
nur Fahrer .... 1,8 bar
mit Passagier .... 2,0 bar
Kraftstofftyp .... Super bleifrei (mind. 95 Oktan)
Motoröltyp .... 20W50 Mehrbereichsöl
Motoröl-Füllmenge .... 0,85 Liter (bei trockenem Motor)
Reserve .... 0,38 Liter
Getriebeöltyp .... 80W90 oder 85W90 Getriebeöl
Getriebeöl-Füllmenge .... ca. 90 cm^3
Bremsflüssigkeit .... DOT 4
Luftfilter-Element .... Luftfilteröl
Riemenautomatik .... Lithiumfett (NLGI 3)
Tachometerantrieb .... Lithiumfett (NLGI 3)
Bremshebel .... Calcium-Schmierfett (NLGI 1-2)
Bowdenzüge .... Synthetiköl (z. B. Selenia HI 2T)

Wartungsintervalle – Piaggio Sfera 125

Anmerkung: *Vor jeder Inspektion müssen die »Täglichen Kontrollen« durchgeführt werden – siehe Einleitung dieses Handbuches.*

	Text-Sektion in diesem Kapitel	Alle 4000 km oder 12 Monate	Alle 8000 km oder 2 Jahre	Alle 16 000 km oder 3 Jahre
Luftfilter – Reinigen	1	✔		
Batterie – Kontrolle	2	✔		
Bremsbowdenzug – Kontrolle und Schmieren	5	✔		
Bremsflüssigkeit – Wechsel	4		✔*	
Bremsleitung – Ersetzen	6			✔*
Bremshebel – Schmieren	7	✔		
Bremsbeläge – Verschleißkontrolle	8	✔		
Bremssystem – Kontrolle	3	✔		
Antriebsriemen – Kontrolle	12	✔		
Motoröl – Wechseln und Sieb reinigen	13	✔		
Motorölfilter – Wechseln	13		✔	
Kraftstoffsystem – Kontrolle	14	✔		
Getriebeölpegel – Kontrolle	15	✔		
Getriebeöl – Wechseln	16		✔	
Scheinwerfer – Kontrolle und Einstellung	17		✔	
Standgasdrehzahl – Kontrolle und Einstellung	18	✔		
Muttern und Schrauben – Festigkeitskontrolle	19		✔	
Zündkerze – Kontrolle und Einstellung	22	✔		
Zündkerze – Ersetzen	23		✔	
Tachowelle und Antrieb – Schmierung	24		✔	
Ständer – Kontrolle und Schmierung	25		✔	
Lenkkopflager – Kontrolle und Einstellung	26		✔	
Federung – Kontrolle	27		✔	
Gasbowdenzug – Kontrolle und Einstellung	28	✔		
Ventilspiel – Kontrolle und Einstellung	29		✔	
Riemenautomatik – Kontrolle	30	✔		
Räder und Reifen – Allgemeine Kontrolle	31	✔		
Radlager – Kontrolle	32		✔	

** Die Bremsflüssigkeit muss alle 2 Jahre und die Bremsleitung alle 3 Jahre ersetzt werden – ungeachtet der Kilometerleistung.*

1

Piaggio Typhoon 50 (1993 bis 2006), Typhoon 80

Modell-Identifikation

Motor	50 oder 80 cm^3 Zweitakt-Einzylinder, luftgekühlt
Antrieb	Variable Automatik, Riemenantrieb
Zündung	Elektronisch
Federung	
vorne	Upside-Down-Teleskopgabel
hinten	Schwinge und Monostoßdämpfer
Bremsen	Scheibe vorne, Trommel hinten
Motornummer-Prefix	TEC 1M (50 cm^3), TE8 1M (80 cm^3)
Rahmennummer-Prefix	TEC 1T (50 cm^3), TE8 1T (80 cm^3)
Radstand	1280 mm
Gesamtlänge	1800 mm
Gesamtbreite	700 mm
Gesamthöhe (ohne Spiegel)	1085 mm
Trockengewicht	83 kg (50 cm^3), 94 kg (80 cm^3)
Kraftstofftank-Kapazität	
Gesamt	5,5 Liter (50 cm^3), 8,0 Liter (80 cm^3)
Reserve	1,5 Liter (50 cm^3), 2,0 Liter (80 cm^3)
Modelleinführung	Feb. 1993 (50 cm^3), Juli 1994 (80 cm^3)
Modifikationen	
August 1995	Starterdüse im Vergaser (nur 50 cm^3)

Wartungsdaten und Schmiermittel

Zündkerzentyp	Champion N2C oder NGK B9ES
Zündkerzen-Elektrodenabstand	0,5 bis 0,6 mm
Standgasdrehzahl	1800 bis 2000 U/min
Reifengröße	120/90-10
Reifenluftdruck vorne	1,2 bis 1,3 bar
Reifenluftdruck hinten	
nur Fahrer	1,7 bis 1,8 bar
mit Passagier	2,2 bis 2,3 bar
Kraftstofftyp	Super bleifrei (mind. 95 Oktan)
Motoröltyp	Zweitaktöl, für Getrenntschmierung geeignet
Öltank-Kapazität	
Gesamt	1,5 Liter
Reserve	0,5 Liter
Getriebeöltyp	80W90 oder 85W90 Getriebeöl
Getriebeöl-Füllmenge	ca. 85 cm^3
Bremsflüssigkeit	DOT 4
Luftfilter-Element	Synthetiköl (z. B. Selenia HI 2T)
Riemenautomatik	Lithiumfett (NLGI 3)
Tachometerantrieb	Lithiumfett (NLGI 3)
Bremshebel	Calcium-Schmierfett (NLGI 1-2)
Bowdenzüge	Synthetiköl (z. B. Selenia HI 2T)

Wartungsintervalle – Piaggio Typhoon 50 (bis 2006), Typhoon 80

Anmerkung: *Vor jeder Inspektion müssen die »Täglichen Kontrollen« durchgeführt werden – siehe Einleitung dieses Handbuches.*

	Text-Sektion in diesem Kapitel	Alle 4000 km oder 12 Monate	Alle 8000 km oder 2 Jahre	Alle 16 000 km oder 3 Jahre
Luftfilter – Reinigen	1	✔		
Batterie – Kontrolle	2	✔		
Bremsbowdenzug – Kontrolle und Schmierung	5	✔		
Bremsflüssigkeit – Wechseln	4		✔*	
Bremsleitung – Ersetzen	6			✔*
Bremshebel – Schmierung	7	✔		
Bremsbeläge – Verschleißkontrolle	8	✔		
Bremssystem – Kontrolle	3	✔		
Zylinderkopf – Ablagerungen entfernen	11			✔
Antriebsriemen – Kontrolle	12	✔		
Kraftstoffsystem – Kontrolle	14	✔		
Getriebeöl-Pegel – Kontrolle	15	✔		
Getriebeöl – Wechseln	16		✔	
Scheinwerfer – Kontrolle und Einstellung	17		✔	
Standgasdrehzahl – Kontrolle und Einstellung	18	✔		
Muttern und Schrauben – Festigkeitskontrolle	19		✔	
Ölpumpen-Antriebsriemen – Ersetzen	20			✔
Sekundärluftsystem (KAT-Modelle) – Reinigen	21			✔
Zündkerze – Kontrolle und Einstellung	22	✔		
Zündkerze – Ersetzen	23		✔	
Tachowelle und Antrieb – Schmierung	24		✔	
Ständer – Kontrolle und Schmierung	25		✔	
Lenkkopflager – Kontrolle und Einstellung	26		✔	
Federung – Kontrolle	27		✔	
Gas- u. Ölpumpenbowdenzug – Kontrolle u. Einstellung	28	✔		
Riemenautomatik und Kupplung – Kontrolle	30	✔ Riemenautomatik		✔ Kupplung
Räder und Reifen – Allgemeine Kontrolle	31	✔		
Radlager – Kontrolle	32		✔	

* *Die Bremsflüssigkeit muss alle 2 Jahre und die Bremsleitung alle 3 Jahre ersetzt werden – ungeachtet der Kilometerleistung.*

1

Piaggio Typhoon 50 (ab 2007)

Modell-Identifikation

Motor	50 cm³ Zweitakt-Einzylinder (HI-PER 2), luftgekühlt
Antrieb	Variable Automatik, Riemenantrieb
Zündung	Elektronisch
Federung	
vorne	Upside-Down-Teleskopgabel
hinten	Schwinge und Monostoßdämpfer
Bremsen	Scheibe vorne, Trommel hinten
Motornummer-Prefix	C 216 M
Rahmennummer-Prefix	ZAP C 29
Radstand	1260 mm
Gesamtlänge	1820 mm
Gesamtbreite	730 mm
Gesamthöhe (ohne Spiegel)	1160 mm
Trockengewicht	84 kg
Kraftstofftank-Kapazität	
Gesamt	5,5 Liter
Reserve	2,0 Liter
Modelleinführung	2007

Wartungsdaten und Schmiermittel

Zündkerzentyp	Champion RN2C
Zündkerzen-Elektrodenabstand	0,6 bis 0,7 mm
Standgasdrehzahl	1700 bis 1900 U/min
Reifengröße	120/90-10
Reifenluftdruck vorne	1,2
Reifenluftdruck hinten	
nur Fahrer	1,7 bar
mit Passagier	1,9 bar
Kraftstofftyp	Super bleifrei (mind. 95 Oktan)
Motoröltyp	Synthetisches Zweitaktöl bis JASO SF
Öltank-Kapazität	
Gesamt	1,5 Liter
Reserve	0,5 Liter
Getriebeöltyp	80W90 Getriebeöl
Getriebeöl-Füllmenge	ca. 80 cm³
Bremsflüssigkeit	DOT 4
Luftfilter-Element	Synthetiköl (z. B. Selenia HI 2T)
Tachometerantrieb	Lithiumfett (NLGI 3)
Bremshebel	Calcium-Schmierfett (NLGI 1-2)
Bowdenzüge	Synthetiköl (z. B. Selenia HI 2T)

Wartungsintervalle – Piaggio Typhoon 50 (ab 2007)

Anmerkung: *Vor jeder Inspektion müssen die »Täglichen Kontrollen« durchgeführt werden – siehe Einleitung dieses Handbuches.*

	Text-Sektion in diesem Kapitel	Alle 5000 km	Alle 10 000 km	Alle 15 000 km
Luftfilter – Reinigen	1	✔		
Batterie – Kontrolle	2	✔		
Bremsbowdenzug – Kontrolle und Schmierung	5		✔	
Bremsflüssigkeit – Wechseln	4			alle 20 000 km
Bremsleitung – Ersetzen	6			alle 20 000 km
Bremshebel – Schmierung	7	✔		
Bremsbeläge – Verschleißkontrolle	8	✔		
Bremssystem – Kontrolle	3	✔		
Antriebsriemen – Kontrolle	12		✔	
Antriebsriemen – Ersetzen	12			✔
Kraftstoffsystem – Kontrolle	14	✔		
Getriebeöl-Pegel – Kontrolle	15	✔		
Getriebeöl – Wechseln	16		✔	
Scheinwerfer – Kontrolle und Einstellung	17		✔	
Standgasdrehzahl – Kontrolle und Einstellung	18		✔	
Muttern und Schrauben – Festigkeitskontrolle	19		✔	
Ölpumpen-Antriebsriemen – Ersetzen	20			alle 20 000 km
Sekundärluftsystem – Reinigen	21			✔
Zündkerze – Kontrolle und Einstellung	22	✔		
Zündkerze – Ersetzen	23		✔	
Tachowelle und Antrieb – Schmierung	24		✔	
Ständer – Kontrolle und Schmierung	25		✔	
Lenkkopflager – Kontrolle und Einstellung	26		✔	
Federung – Kontrolle	27		✔	
Gas- u. Ölpumpenbowdenzug – Kontrolle u. Einstellung	28	✔		
Wandlerrollen – Ersetzen	30		✔	
Räder und Reifen – Allgemeine Kontrolle	31	✔		
Radlager – Kontrolle	32		✔	

* *Die Bremsflüssigkeit muss alle 2 Jahre und die Bremsleitung alle 3 Jahre ersetzt werden – ungeachtet der Kilometerleistung.*

Piaggio Typhoon 125

Modell-Identifikation

Motor	125 cm³ Zweitakt-Einzylinder, luftgekühlt
Antrieb	Variable Automatik, Riemenantrieb
Zündung	Elektronisch
Federung	
vorne	Upside-Down-Teleskopgabel
hinten	Schwinge und Monostoßdämpfer
Bremsen	Scheibe vorne, Trommel hinten
Motornummer-Prefix	CO 21M, RST-Modell: MO 21M
Rahmennummer-Prefix	ZAP CO 2000, RST-Modell: ZAP MO 2000
Radstand	1280 mm
Gesamtlänge	1800 mm
Gesamtbreite	700 mm
Gesamthöhe (ohne Spiegel)	1085 mm
Trockengewicht	106 kg
Kraftstofftank-Kapazität	
Gesamt	8,0 Liter, RST-Modell: 5,2 Liter
Reserve	1,5 Liter, RST-Modell: 1,2 Liter
Modelleinführung	Juni 1995, RST-Modell: Aug. 1997

Wartungsdaten und Schmiermittel

Zündkerzentyp	Champion N2C oder NGK B9ES
Zündkerzen-Elektrodenabstand	0,5 bis 0,6 mm
Standgasdrehzahl	1600 bis 1800 U/min
Reifengröße	120/90-10
Reifenluftdruck vorne	1,3 bar
Reifenluftdruck hinten	
nur Fahrer	1,8 bar
mit Passagier	2,5 bar
Kraftstofftyp	Super bleifrei (mind. 95 Oktan)
Motoröltyp	Zweitaktöl, für Getrenntschmierung geeignet
Öltank-Kapazität	
Gesamt	1,5 Liter
Reserve	0,5 Liter
Getriebeöltyp	80W90 oder 85W90 Getriebeöl
Getriebeöl-Füllmenge	ca. 85 cm³
Bremsflüssigkeit	DOT 4
Luftfilter-Element	Synthetiköl (z. B. Selenia HI 2T)
Riemenautomatik	Lithiumfett (NLGI 3)
Tachometerantrieb	Lithiumfett (NLGI 3)
Bremshebel	Calcium-Schmierfett (NLGI 1-2)
Bowdenzüge	Synthetiköl (z. B. Selenia HI 2T)

Wartungsintervalle – Piaggio Typhoon 125

Anmerkung: *Vor jeder Inspektion müssen die »Täglichen Kontrollen« durchgeführt werden – siehe Einleitung dieses Handbuches.*

	Text-Sektion in diesem Kapitel	Alle 4000 km oder 12 Monate	Alle 8000 km oder 2 Jahre	Alle 16 000 km oder 3 Jahre
Luftfilter – Reinigen	1	✔		
Batterie – Kontrolle	2	✔		
Bremsbowdenzug – Kontrolle und Schmierung	5	✔		
Bremsflüssigkeit – Wechseln	4		✔*	
Bremsleitung – Ersetzen	6			✔*
Bremshebel – Schmierung	7	✔		
Bremsbeläge – Verschleißkontrolle	8	✔		
Bremssystem – Kontrolle	3	✔		
Zylinderkopf – Ablagerungen entfernen	11			✔
Antriebsriemen und Kupplung – Kontrolle	12	✔		
Kraftstoffsystem – Kontrolle	14	✔		
Getriebeöl-Pegel – Kontrolle	15	✔		
Getriebeöl – Wechseln	16		✔	
Scheinwerfer – Kontrolle und Einstellung	17		✔	
Standgasdrehzahl – Kontrolle und Einstellung	18	✔		
Muttern und Schrauben – Festigkeitskontrolle	19		✔	
Ölpumpen-Antriebsriemen – Ersetzen	20			✔
Zündkerze – Kontrolle und Einstellung	22	✔		
Zündkerze – Ersetzen	23		✔	
Tachowelle und Antrieb – Schmierung	24		✔	
Ständer – Kontrolle und Schmierung	25		✔	
Lenkkopflager – Kontrolle und Einstellung	26		✔	
Federung – Kontrolle	27		✔	
Gas- u. Ölpumpenbowdenzug – Kontrolle u. Einstellung	28	✔		
Riemenautomatik und Kupplung – Kontrolle	30	✔ Riemenautomatik		✔ Kupplung
Räder und Reifen – Allgemeine Kontrolle	31	✔		
Radlager – Kontrolle	32		✔	

** Die Bremsflüssigkeit muss alle 2 Jahre und die Bremsleitung alle 3 Jahre ersetzt werden – ungeachtet der Kilometerleistung.*

1

Piaggio Zip/Zip 50

Modell-Identifikation

Motor	50 cm³ Zweitakt-Einzylinder, luftgekühlt	
Antrieb	Variable Automatik, Riemenantrieb	
Zündung	Elektronisch	
Federung		
vorne	Teleskopgabel	
hinten	Schwinge und Monostoßdämpfer	
Bremsen		
vorne	Trommel (Zip), Scheibe (Zip 50)	
hinten	Trommel	
Motornummer-Prefix		
Zip	NSL 1M	
Zip 50	C25 1M, Euro 2-Modell: C25 EM	
Rahmennummer-Prefix		
Zip	SSL 1T, RST-Modell: ZAP CO 6000	
Zip 50	ZAP C25, Euro 2-Modell: LBMC25EO	
Radstand		
Zip	1160 mm	
Zip 50	1180 mm	
Gesamtlänge		
Zip	1630 mm	
Zip 50	1690 mm	
Gesamtbreite		
Zip	640 mm	
Zip 50	630 mm	
Gesamthöhe (ohne Spiegel)		
Zip	1050 mm	
Zip 50	1070 mm	
Trockengewicht		
Zip	71 kg	
Zip 50	84 kg	
Kraftstofftank-Kapazität	Gesamt	Reserve
Zip	4,0 Liter	0,9 Liter
Zip 50	6,0 Liter	1,5 Liter
Modelleinführung	1993, RST-Modell: 1997, Zip 50: 2000	

Wartungsdaten und Schmiermittel

Zündkerzentyp	
Zip	Champion N2C oder NGK B9ES
Zip 50	Champion RN2C
Zündkerzen-Elektrodenabstand	
Zip	0,5 bis 0,6 mm
Zip 50	0,6 bis 0,7 mm
Standgasdrehzahl	
Zip	1800 bis 2000 U/min
Zip 50	1700 bis 1900 U/min
Reifengröße	
Zip	90/90-10
Zip 50	100/80-10 (vorne), 120/70-10 (hinten)
Reifenluftdruck vorne	
Zip	1,1 bis 1,2 bar
Zip 50	1,3 bar
Reifenluftdruck hinten	
Zip	1,6 bis 1,7 bar
Zip 50	1,8 bis 2,0 bar
Kraftstofftyp	Super bleifrei (mind. 95 Oktan)
Motoröltyp	Zweitaktöl, für Getrenntschmierung geeignet
Öltank-Kapazität	
Gesamt	1,15 Liter
Reserve	0,5 Liter
Getriebeöltyp	80W90 oder 85W90 Getriebeöl
Getriebeöl-Füllmenge	ca. 85 cm³
Bremsflüssigkeit	DOT 4
Gabelöl	20 W Gabelöl
Gabelöl-Füllmenge	30 cm³
Luftfilter-Element	Synthetiköl (z. B. Selenia HI 2T)
Riemenautomatik	Lithiumfett (NLGI 3)
Tachometerantrieb	Lithiumfett (NLGI 3)
Bremshebel	Calcium-Schmierfett (NLGI 1-2)
Bowdenzüge	Synthetiköl (z. B. Selenia HI 2T)

Wartungsintervalle – Piaggio Zip/Zip 50

Anmerkung: *Vor jeder Inspektion müssen die »Täglichen Kontrollen« durchgeführt werden – siehe Einleitung dieses Handbuches.*

	Text-Sektion in diesem Kapitel	Alle 4000 km oder 12 Monate	Alle 8000 km oder 2 Jahre	Alle 16 000 km oder 3 Jahre
Luftfilter – Reinigen	1	✔ (Zip)	✔ (Zip 50)	
Batterie – Kontrolle	2	✔		
Bremsbowdenzugs – Kontrolle und Schmierung	5	✔		
Bremsflüssigkeit (Zip 50) – Wechseln	4		✔*	
Bremsleitung (Zip 50) – Ersetzen	6			✔*
Bremshebel – Schmierung	7	✔		
Bremsbeläge – Verschleißkontrolle	8	✔		
Bremssystem – Kontrolle	3	✔		
Zylinderkopf – Ablagerungen entfernen	11			✔
Antriebsriemen – Kontrolle	12	✔ (Zip)		✔ (Zip 50)
Kraftstoffsystem – Kontrolle	14	✔		
Getriebeöl-Pegel – Kontrolle	15	✔		
Getriebeöl – Wechseln	16		✔	
Scheinwerfer – Kontrolle und Einstellung	17		✔	
Standgasdrehzahl – Kontrolle und Einstellung	18	✔ (Zip)	✔ (Zip 50)	
Muttern und Schrauben – Festigkeitskontrolle	19		✔	
Ölpumpen-Antriebsriemen – Ersetzen	20			✔
Sekundärluftsystem (Zip 50) – Reinigen	21			✔
Zündkerze – Kontrolle und Einstellung	22	✔		
Zündkerze – Ersetzen	23	✔ (Zip 50)	✔ (Zip)	
Tachowelle und Antrieb – Schmierung	24		✔	
Ständer – Kontrolle und Schmierung	25		✔	
Lenkkopflager – Kontrolle und Einstellung	26		✔	
Federung – Kontrolle	27		✔	
Gas- u. Ölpumpenbowdenzug – Kontrolle u. Einstellung	28	✔		
Riemenautomatik und Kupplung (Zip) – Kontrolle	30	✔ Riemenautomatik		✔ Kupplung
Riemenautomatik und Kupplung (Zip 50) – Kontrolle	30			✔
Räder und Reifen – Allgemeine Kontrolle	31	✔		
Radlager – Kontrolle	32		✔	

** Die Bremsflüssigkeit muss alle 2 Jahre und die Bremsleitung alle 3 Jahre ersetzt werden – ungeachtet der Kilometerleistung.*

1

Piaggio Zip SP/RS

Modell-Identifikation

Motor .... 50 cm^3 Zweitakt-Einzylinder, wassergekühlt
Antrieb .... Variable Automatik, Riemenantrieb
Zündung .... Elektronisch
Federung
vorne ....gezogene Schwinge, Mono-Stoßdämpfer
hinten .... Schwinge und Monostoßdämpfer
Bremsen .... Scheibe vorne, Trommel hinten
Motornummer-Prefix .... C 111M, Euro 2-Modell: C25 AM
Rahmennummer-Prefix ..... ZAP 11000, Euro 2-Modell: ZAPC 25000
Radstand .... 1160 mm
Gesamtlänge .... 1630 mm
Gesamtbreite .... 640 mm
Gesamthöhe (ohne Spiegel) .... 1050 mm
Trockengewicht .... 77 kg
Kraftstofftank-Kapazität
Gesamt .... 4,0 Liter
Reserve .... 0,9 Liter
Modelleinführung .... April 1997, Euro 2-Modell: 2006,
limitierte RS-Ausführung: 2009

Wartungsdaten und Schmiermittel

Zündkerzentyp ....Champion N2C oder NGK B9ES
Zündkerzen-Elektrodenabstand ....0,5 bis 0,6 mm
Standgasdrehzahl ....1800 bis 2000 U/min
Reifengröße 100/80-10
Reifenluftdruck vorne .... 1,4 bar
Reifenluftdruck hinten
nur Fahrer .... 1,8 bar
mit Passagier .... 2,6 bar
Kraftstofftyp .... Super bleifrei (mind. 95 Oktan)
Motoröltyp .... Zweitaktöl, für Getrenntschmierung geeignet
Öltank-Kapazität
Gesamt .... 1,5 Liter
Reserve .... 0,5 Liter
Kühlmittel ....50% destilliertes Wasser,
50% Ethylen-Glykol-Frostschutz
Kühlmittel-Füllmenge ....ca. 1 Liter
Getriebeöltyp .... 80W90 Getriebeöl
Getriebeöl-Füllmenge .... ca. 80 cm^3
Bremsflüssigkeit ....DOT 4
Luftfilter-Element ....Synthetiköl (z. B. Selenia HI 2T)
Riemenautomatik .... Lithiumfett (NLGI 3)
Tachometerantrieb .... Lithiumfett (NLGI 3)
Bremshebel .... Calcium-Schmierfett (NLGI 1-2)
Bowdenzüge ....Synthetiköl (z. B. Selenia HI 2T)

Wartungsintervalle – Piaggio Zip SP/RS

Anmerkung: *Vor jeder Inspektion müssen die »Täglichen Kontrollen« durchgeführt werden – siehe Einleitung dieses Handbuches.*

	Text-Sektion in diesem Kapitel	Alle 4000 km oder 12 Monate	Alle 8000 km oder 2 Jahre	Alle 16 000 km oder 3 Jahre
Luftfilter – Reinigen	1	✔		
Batterie – Kontrolle	2	✔		
Bremsbowdenzug – Kontrolle und Schmierung	5	✔		
Bremsflüssigkeit – Wechseln	4		✔*	
Bremsleitung – Ersetzen	6			✔*
Bremshebel – Schmierung	7	✔		
Bremsbeläge – Verschleißkontrolle	8	✔		
Bremssystem – Kontrolle	3	✔		
Kühlsystem – Kontrolle	9	✔		
Kühlsystem – Ablassen, spülen und auffüllen	10			✔**
Zylinderkopf – Ablagerungen entfernen	11			✔
Antriebsriemen – Kontrolle	12	✔		
Kraftstoffsystem – Kontrolle	14	✔		
Getriebeöl-Pegel – Kontrolle	15	✔		
Getriebeöl – Wechseln	16		✔	
Scheinwerfer – Kontrolle und Einstellung	17		✔	
Standgasdrehzahl – Kontrolle und Einstellung	18	✔		
Muttern und Schrauben – Festigkeitskontrolle	19		✔	
Sekundärluftsystem (Euro 2) – Reinigen	21			✔
Ölpumpen-Antriebsriemen – Ersetzen	20			✔
Zündkerze – Kontrolle und Einstellung	22	✔		
Zündkerze – Ersetzen	23		✔	
Tachowelle und Antrieb – Schmierung	24		✔	
Ständer – Kontrolle und Schmierung	25		✔	
Lenkkopflager – Kontrolle und Einstellung	26		✔	
Federung – Kontrolle	27		✔	
Gas- u. Ölpumpenbowdenzug – Kontrolle u. Einstellung	28	✔		
Riemenautomatik und Kupplung – Kontrolle	30	✔ Riemenautomatik		✔ Kupplung
Räder und Reifen – Allgemeine Kontrolle	31	✔		
Radlager – Kontrolle	32		✔	

** Die Bremsflüssigkeit muss alle 2 Jahre und die Bremsleitung alle 3 Jahre ersetzt werden – ungeachtet der Kilometerleistung.*
*** Das Kühlmittel muss alle 3 Jahre ersetzt werden – ungeachtet der Kilometerleistung.*

1

Piaggio Zip 50/100 4T

Modell-Identifikation

Motor .... 50/100 cm³ Viertakt-Einzylinder, luftgekühlt
Antrieb .... Variable Automatik, Riemenantrieb
Zündung .... Elektronisch
Federung
  vorne .... Teleskopgabel
  hinten .... Schwinge und Monostoßdämpfer
Bremsen .... Scheibe vorne, Trommel hinten
Motornummer-Prefix
  50 cm³ .... C252M (später: C252CM)
  100 cm³ M252M
Rahmennummer-Prefix
  Zip 50 .... ZAPM44302 (später: LBMC25C)
  Zip 100.................................... LEMM252
Radstand.................. Zip 50: 1180 mm; Zip 100: 1200 mm
Gesamtlänge............... Zip 50: 1690 mm; Zip 100: 1700 mm
Gesamtbreite............... Zip 50: 1070 mm; Zip 100: 1060 mm
Gesamthöhe (ohne Spiegel) .... 1070 mm
Trockengewicht.................... Zip 50: 84 kg; Zip 100: 89 kg
Kraftstofftank-Kapazität
  Gesamt .... Zip 50: 8,5 Liter; Zip 100: 7 Liter
  Reserve .... Zip 50: 2,0 Liter; Zip 100: 1,2 Liter
Modelleinführung................... Zip 50: 2001; Zip 100: 2007

Wartungsdaten und Schmiermittel

Zündkerzentyp ..... Champion RG4 HC oder PHP oder NGK CR9EB
Zündkerzen-Elektrodenabstand ....0,7 bis 0,8 mm
Standgasdrehzahl . Zip 50: 1900 bis 2000 U/min; ZIP 100: 1500 U/min
Ventilspiel (**kalter** Motor)
  Einlass ....0,10 mm
  Auslass ....0,15 mm
Reifengröße vorne 100/80-10
Reifengröße hinten 120/70-10
Reifenluftdruck vorne .... 1,3 bar
Reifenluftdruck hinten
  nur Fahrer .... 1,6 bar
  mit Passagier...................................... 1,8 bar
Kraftstofftyp...................... Super bleifrei (mind. 95 Oktan)
Motoröltyp.......................... 5W40 API SL-Synthetiköl
Motoröl-Füllmenge .... 0,85 Liter
Getriebeöltyp........................ 80W90 API GL3 Getriebeöl
Getriebeöl-Füllmenge .... ca. 80 cm³
Bremsflüssigkeit ....DOT 4
Luftfilter-Element....................................Luftfilteröl
Riemenautomatik .... Lithiumfett (NLGI 3)
Tachometerantrieb......................... Lithiumfett (NLGI 3)
Bremshebel .... Calcium-Schmierfett (NLGI 1-2)
Bowdenzüge .... Synthetiköl (z. B. Selenia HI 2T)

Wartungsintervalle – Piaggio Zip 50/100 4T

Anmerkung: *Vor jeder Inspektion müssen die »Täglichen Kontrollen« durchgeführt werden – siehe Einleitung dieses Handbuches.*

	Text-Sektion in diesem Kapitel	Alle 4000 km oder 12 Monate	Alle 8000 km oder 2 Jahre	Alle 16 000 km oder 3 Jahre
Luftfilter – Reinigen	1	✔		
Batterie – Kontrolle	2	✔		
Bremsbowdenzug – Kontrolle und Schmierung	5	✔		
Bremsflüssigkeit – Wechseln	4		✔*	
Bremsleitung – Ersetzen	6			✔*
Bremshebel – Schmierung	7	✔		
Bremsbeläge – Verschleißkontrolle	8	✔		
Bremssystem – Kontrolle	3	✔		
Antriebsriemen – Wechseln	12		✔	
Motoröl – Wechseln und Sieb reinigen	13	✔		
Kraftstoffsystem – Kontrolle	14	✔		
Getriebeöl-Pegel – Kontrolle	15	✔		
Getriebeöl – Wechseln	16			Alle 24 000 km
Scheinwerfer – Kontrolle und Einstellung	17		✔	
Standgasdrehzahl – Kontrolle und Einstellung	18		✔	
Muttern und Schrauben – Festigkeitskontrolle	19		✔	
Zündkerze – Kontrolle	22		✔	
Tachowelle und Antrieb – Schmierung	24		✔	
Ständer – Kontrolle und Schmierung	25		✔	
Lenkkopflager – Kontrolle und Einstellung	26		✔	
Federung – Kontrolle	27		✔	
Gasbowdenzug – Kontrolle und Einstellung	28		✔	
Ventilspiel – Kontrolle und Einstellung	29			Alle 24 000 km
Riemenautomatik – Kontrolle	30	✔		
Räder und Reifen – Allgemeine Kontrolle	31	✔		
Radlager – Kontrolle	32		✔	

* *Die Bremsflüssigkeit muss alle 2 Jahre und die Bremsleitung alle 3 Jahre ersetzt werden – ungeachtet der Kilometerleistung.*

1

Piaggio Zip 125

Modell-Identifikation

Motor .... 125 cm³ Viertakt-Einzylinder (LEADER), luftgekühlt
Antrieb .... Variable Automatik, Riemenantrieb
Zündung .... Elektronisch
Federung
vorne
Modelle ab 2001 ......gezogene Schwinge, Mono-Stoßdämpfer
Modelle ab 2002 .... Teleskopgabel
hinten .... Schwinge und Monostoßdämpfer
Bremsen .... Scheibe vorne, Trommel hinten
Motornummer-Prefix .... M 251M
Rahmennummer-Prefix .... ZAP M25
Radstand .... 1220 mm
Gesamtlänge .... 1695 mm
Gesamtbreite .... 680 mm
Gesamthöhe (ohne Spiegel) .... 1115 mm
Trockengewicht .... 95 kg
Kraftstofftank-Kapazität
Gesamt .... 7,5 Liter
Reserve .... 1,2 Liter
Modelleinführung..................................... 2001

Wartungsdaten und Schmiermittel

Zündkerzentyp ....Champion RG4 PHP oder NGK CR 7EB
Zündkerzen-Elektrodenabstand ....0,7 bis 0,8 mm
Standgasdrehzahl .... 1600 bis 1700 U/min
Ventilspiel (**kalter** Motor)
Einlass ....0,10 mm
Auslass ....0,15 mm
Reifengröße vorne 100/80-10
Reifengröße hinten 120/70-10
Reifenluftdruck vorne .... 1,3 bar
Reifenluftdruck hinten
nur Fahrer .... 1,8 bar
mit Passagier .... 2,0 bar
Kraftstofftyp..................... Super bleifrei (mind. 95 Oktan)
Motoröltyp.......................... 5W40 API SJ-Synthetiköl
Motoröl-Füllmenge ....ca. 1 Liter
Getriebeöltyp........................ 80W90 API GL3 Getriebeöl
Getriebeöl-Füllmenge .... ca. 150 cm³
Bremsflüssigkeit ....DOT 4
Luftfilter-Element.................................Luftfilteröl
Riemenautomatik .... Lithiumfett (NLGI 3)
Tachometerantrieb......................... Lithiumfett (NLGI 3)
Bremshebel .... Calcium-Schmierfett (NLGI 1-2)
Bowdenzüge ....Synthetiköl (z. B. Selenia HI 2T)

Wartungsintervalle – Piaggio Zip 125

Anmerkung: *Vor jeder Inspektion müssen die »Täglichen Kontrollen« durchgeführt werden – siehe Einleitung dieses Handbuches.*

	Text-Sektion in diesem Kapitel	Alle 4000 km oder 12 Monate	Alle 8000 km oder 2 Jahre	Alle 16 000 km oder 3 Jahre
Luftfilter – Reinigen	1		✔	
Batterie – Kontrolle	2	✔		
Bremsbowdenzug – Kontrolle und Schmierung	5	✔		
Bremsflüssigkeit – Wechseln	4		✔*	
Bremsleitung – Ersetzen	6			✔*
Bremshebel – Schmierung	7	✔		
Bremsbeläge – Verschleißkontrolle	8	✔		
Bremssystem – Kontrolle	3	✔		
Antriebsriemen – Ersetzen	12		✔	
Motoröl und Ölfilter – Wechseln	13	✔		
Kraftstoffsystem – Kontrolle	14	✔		
Getriebeöl-Pegel – Kontrolle	15	✔		
Getriebeöl – Wechseln	16			✔
Scheinwerfer – Kontrolle und Einstellung	17		✔	
Standgasdrehzahl – Kontrolle und Einstellung	18		✔	
Muttern und Schrauben – Festigkeitskontrolle	19		✔	
Zündkerze – Kontrolle und Einstellung	22	✔		
Zündkerze – Ersetzen	23		✔	
Tachometer-Antriebsrad – Schmierung	24		✔	
Ständer – Kontrolle und Schmierung	25		✔	
Lenkkopflager – Kontrolle und Einstellung	26		✔	
Federung – Kontrolle	27		✔	
Gasbowdenzug – Kontrolle und Einstellung	28		✔	
Ventilspiel – Kontrolle und Einstellung	29			✔
Riemenautomatik – Kontrolle	30	✔		
Räder und Reifen – Allgemeine Kontrolle	31	✔		
Radlager – Kontrolle	32		✔	

** Die Bremsflüssigkeit muss alle 2 Jahre und die Bremsleitung alle 3 Jahre ersetzt werden – ungeachtet der Kilometerleistung.*

1

Piaggio Skipper

Modell-Identifikation

Motor .... 125 cm³ Zweitakt-Einzylinder, luftgekühlt
Antrieb .... Variable Automatik, Riemenantrieb
Zündung .... Elektronisch
Federung
vorne .... Gezogene Schwinge und Monostoßdämpfer
hinten .... Schwinge und Monostoßdämpfer
Bremsen .... Scheibe vorne, Trommel hinten
Motornummer-Prefix .... CSM 1M
Rahmennummer-Prefix .... CSM 1T
Radstand .... 1250 mm
Gesamtlänge .... 1750 mm
Gesamtbreite .... 710 mm
Gesamthöhe (ohne Spiegel) .... 1120 mm
Trockengewicht .... 95 kg
Kraftstofftank-Kapazität
Gesamt .... 8,0 Liter
Reserve .... 1,5 Liter
Modelleinführung .... November 1993

Wartungsdaten und Schmiermittel

Zündkerzentyp .... Champion N2C oder NGK B9ES
Zündkerzen-Elektrodenabstand .... 0,5 bis 0,6 mm
Standgasdrehzahl .... 1600 bis 1800 U/min
Reifengröße vorne 100/80-10
Reifengröße hinten 110/80-10
Reifenluftdruck vorne .... 1,2 bis 1,3 bar
Reifenluftdruck hinten
nur Fahrer .... 1,7 bis 1,8 bar
mit Passagier .... 2,2 bis 2,3 bar
Kraftstofftyp .... Super bleifrei (mind. 95 Oktan)
Motoröltyp .... Zweitaktöl, für Getrenntschmierung geeignet
Öltank-Kapazität .... 1,5 Liter
Reserve .... 0,5 Liter
Getriebeöltyp .... 80W90 Getriebeöl
Getriebeöl-Füllmenge .... ca. 100 cm³
Bremsflüssigkeit .... DOT 4
Luftfilter-Element .... Synthetiköl (z. B. Selenia HI 2T)
Riemenautomatik .... Lithiumfett (NLGI 3)
Tachometerantrieb .... Lithiumfett (NLGI 3)
Bremshebel .... Calcium-Schmierfett (NLGI 1-2)
Bowdenzüge .... Synthetiköl (z. B. Selenia HI 2T)

Wartungsintervalle – Piaggio Skipper

Anmerkung: *Vor jeder Inspektion müssen die »Täglichen Kontrollen« durchgeführt werden – siehe Einleitung dieses Handbuches.*

	Text-Sektion in diesem Kapitel	Alle 4000 km oder 12 Monate	Alle 8000 km oder 2 Jahre	Alle 16000 km oder 3 Jahre
Luftfilter und Getriebefilter – Reinigen	1	✔		
Batterie – Kontrolle	2	✔		
Bremsbowdenzug – Kontrolle und Schmierung	5	✔		
Bremsflüssigkeit – Wechseln	4		✔*	
Bremsleitung – Ersetzen	6			✔*
Bremshebel – Schmierung	7	✔		
Bremsbeläge – Verschleißkontrolle	8	✔		
Bremssystem – Kontrolle	3	✔		
Zylinderkopf – Ablagerungen entfernen	11			✔
Antriebsriemen – Kontrolle	12	✔		
Kraftstoffsystem – Kontrolle	14	✔		
Getriebeöl-Pegel – Kontrolle	15	✔		
Getriebeöl – Wechseln	16		✔	
Scheinwerfer – Kontrolle und Einstellung	17		✔	
Standgasdrehzahl – Kontrolle und Einstellung	18	✔		
Muttern und Schrauben – Festigkeitskontrolle	19		✔	
Ölpumpen-Antriebsriemen – Ersetzen	20			✔
Zündkerze – Kontrolle und Einstellung	22	✔		
Zündkerze – Ersetzen	23		✔	
Tachowelle und Antrieb – Schmierung	24		✔	
Ständer – Kontrolle und Schmierung	25		✔	
Lenkkopflager – Kontrolle und Einstellung	26		✔	
Federung – Kontrolle	27		✔	
Gas- u. Ölpumpenbowdenzug – Kontrolle u. Einstellung	28	✔		
Riemenautomatik und Kupplung – Kontrolle	30	✔ Riemenautomatik		✔ Kupplung
Räder und Reifen – Allgemeine Kontrolle	31	✔		
Radlager – Kontrolle	32		✔	

** Die Bremsflüssigkeit muss alle 2 Jahre und die Bremsleitung alle 3 Jahre ersetzt werden – ungeachtet der Kilometerleistung.*

1

Piaggio Skipper ST 125

Modell-Identifikation

Motor	125 cm^3 Viertakt-Einzylinder (LEADER), luftgekühlt
Antrieb	Variable Automatik, Riemenantrieb
Zündung	Elektronisch
Federung	
vorne	Upside-Down-Telegabel
hinten	Schwinge und Monostoßdämpfer
Bremsen	Scheibe vorne, Trommel hinten
Motornummer-Prefix	M 121M
Rahmennummer-Prefix	ZAP M
Radstand	1291 mm
Gesamtlänge	1855 mm
Gesamtbreite	680 mm
Sitzhöhe	815 mm
Trockengewicht	108 kg
Kraftstofftank-Kapazität	
Gesamt	9,5 Liter
Reserve	1,5 Liter
Modelleinführung	2001

Wartungsdaten und Schmiermittel

Zündkerzentyp	Champion RG4 HC
Zündkerzen-Elektrodenabstand	0,7 bis 0,8 mm
Standgasdrehzahl	1600 bis 1700 U/min
Ventilspiel (**kalter** Motor)	
Einlass	0,10 mm
Auslass	0,15 mm
Reifengröße vorne	120/70-12
Reifengröße hinten	130/70-12
Reifenluftdruck vorne	1,4 bis 1,5 bar
Reifenluftdruck hinten	
nur Fahrer	1,6 bis 1,7 bar
mit Passagier	1,8 bar
Kraftstofftyp	Super bleifrei (mind. 95 Oktan)
Motoröltyp	5W40 API SJ-Synthetiköl
Motoröl-Füllmenge	ca. 1 Liter
Getriebeöltyp	80W90 API GL3 Getriebeöl
Getriebeöl-Füllmenge	ca. 150 cm^3
Bremsflüssigkeit	DOT 4
Luftfilter-Element	Luftfilteröl
Tachometerantrieb	Lithiumfett (NLGI 3)
Bremshebel	Calcium-Schmierfett (NLGI 1-2)
Bowdenzüge	Synthetiköl (z. B. Selenia HI 2T)

Wartungsintervalle – Piaggio Skipper ST 125

Anmerkung: *Vor jeder Inspektion müssen die »Täglichen Kontrollen« durchgeführt werden – siehe Einleitung dieses Handbuches.*

	Text-Sektion in diesem Kapitel	Alle 4000 km oder 12 Monate	Alle 8000 km oder 2 Jahre	Alle 16 000 km oder 3 Jahre
Luftfilter – Reinigen	1	✔		
Batterie – Kontrolle	2	✔		
Bremsbowdenzug – Kontrolle und Schmierung	5	✔		
Bremsflüssigkeit – Wechseln	4		✔*	
Bremsleitung – Ersetzen	6			✔*
Bremshebel – Schmierung	7	✔		
Bremsbeläge – Verschleißkontrolle	8	✔		
Bremssystem – Kontrolle	3	✔		
Antriebsriemen – Ersetzen	12		✔	
Motoröl und Ölfilter – Wechseln	13	✔		
Kraftstoffsystem – Kontrolle	14	✔		
Getriebeöl-Pegel – Kontrolle	15	✔		
Getriebeöl – Wechseln	16		✔	
Scheinwerfer – Kontrolle und Einstellung	17		✔	
Standgasdrehzahl – Kontrolle und Einstellung	18	✔		
Muttern und Schrauben – Festigkeitskontrolle	19		✔	
Zündkerze – Kontrolle und Einstellung	22	✔		
Zündkerze – Ersetzen	23		✔	
Ständer – Kontrolle und Schmierung	25		✔	
Lenkkopflager – Kontrolle und Einstellung	26		✔	
Federung – Kontrolle	27		✔	
Gasbowdenzug – Kontrolle und Einstellung	28	✔		
Ventilspiel – Kontrolle und Einstellung	29		✔	
Riemenautomatik – Kontrolle	30	✔		
Räder und Reifen – Allgemeine Kontrolle	31	✔		
Radlager – Kontrolle	32		✔	

** Die Bremsflüssigkeit muss alle 2 Jahre und die Bremsleitung alle 3 Jahre ersetzt werden – ungeachtet der Kilometerleistung.*

1

Piaggio Hexagon

Modell-Identifikation

Motor .... 125 cm³ Zweitakt-Einzylinder, wassergekühlt
Antrieb .... Variable Automatik, Riemenantrieb
Zündung .... Elektronisch
Federung
vorne .... gezogene Schwinge, Mono-Stoßdämpfer
hinten .... Schwinge und Monostoßdämpfer
Bremsen .... Scheibe vorne, Trommel hinten
Motornummer-Prefix .... EXS 1M
Rahmennummer-Prefix .... EXS 1T
Radstand .... 1400 mm
Gesamtlänge .... 1960 mm
Gesamtbreite .... 725 mm
Gesamthöhe (ohne Spiegel) .... 1170 mm
Trockengewicht .... 138 kg
Kraftstofftank-Kapazität
Gesamt .... 10,0 Liter
Reserve .... 2,0 Liter
Modelleinführung .... Juli 1994

Wartungsdaten und Schmiermittel

Zündkerzentyp .... Champion N2C oder NGK B9ES
Zündkerzen-Elektrodenabstand .... 0,5 bis 0,6 mm
Standgasdrehzahl .... 1600 bis 1800 U/min
Reifengröße
vorne 100/80-10
hinten 130/70-10
Reifenluftdruck vorne .... 1,8 bar
Reifenluftdruck hinten
nur Fahrer .... 2,3 bar
mit Passagier .... 2,5 bar
Kraftstofftyp .... Super bleifrei (mind. 95 Oktan)
Motoröltyp .... Zweitaktöl, für Getrenntschmierung geeignet
Öltank-Kapazität
Gesamt .... 1,5 Liter
Reserve .... 0,5 Liter
Kühlmittel .... 50% destilliertes Wasser, 50% Ethylen-Glykol-Frostschutz
Kühlmittel-Füllmenge .... ca. 1 Liter
Getriebeöltyp .... 80W90 Getriebeöl
Getriebeöl-Füllmenge .... ca. 85 cm³
Bremsflüssigkeit .... DOT 4
Luftfilter-Element .... Synthetiköl (z. B. Selenia HI 2T)
Riemenautomatik .... Lithiumfett (NLGI 3)
Tachometerantrieb .... Lithiumfett (NLGI 3)
Bremshebel .... Calcium-Schmierfett (NLGI 1-2)
Bowdenzüge .... Synthetiköl (z. B. Selenia HI 2T)

Wartungsintervalle – Piaggio Hexagon

Anmerkung: *Vor jeder Inspektion müssen die »Täglichen Kontrollen« durchgeführt werden – siehe Einleitung dieses Handbuches.*

	Text-Sektion in diesem Kapitel	Alle 4000 km oder 12 Monate	Alle 8000 km oder 2 Jahre	Alle 16 000 km oder 3 Jahre
Luftfilter und Getriebefilter – Reinigen	1	✔		
Batterie – Kontrolle	2	✔		
Bremsbowdenzug – Kontrolle und Schmierung	5	✔		
Bremsflüssigkeit – Wechseln	4		✔*	
Bremsleitung – Ersetzen	6			✔*
Bremshebel – Schmierung	7	✔		
Bremsbeläge – Verschleißkontrolle	8	✔		
Bremssystem – Kontrolle	3	✔		
Kühlsystem – Kontrolle	9	✔		
Kühlsystem – Ablassen, spülen und auffüllen	10			✔**
Zylinderkopf – Ablagerungen entfernen	11			✔
Antriebsriemen – Kontrolle	12	✔		
Kraftstoffsystem – Kontrolle	14	✔		
Getriebeöl-Pegel – Kontrolle	15	✔		
Getriebeöl – Wechseln	16		✔	
Scheinwerfer – Kontrolle und Einstellung	17		✔	
Standgasdrehzahl – Kontrolle und Einstellung	18	✔		
Muttern und Schrauben – Festigkeitskontrolle	19		✔	
Ölpumpen-Antriebsriemen – Ersetzen	20			✔
Zündkerze – Kontrolle und Einstellung	22	✔		
Zündkerze – Ersetzen	23		✔	
Tachowelle und Antrieb – Schmierung	24		✔	
Ständer – Kontrolle und Schmierung	25		✔	
Lenkkopflager – Kontrolle und Einstellung	26		✔	
Federung – Kontrolle	27		✔	
Gas- u. Ölpumpenbowdenzug – Kontrolle u. Einstellung	28	✔		
Riemenautomatik und Kupplung – Kontrolle	30	✔ Riemenautomatik		✔ Kupplung
Räder und Reifen – Allgemeine Kontrolle	31	✔		
Radlager – Kontrolle	32		✔	

** Die Bremsflüssigkeit muss alle 2 Jahre und die Bremsleitung alle 3 Jahre ersetzt werden – ungeachtet der Kilometerleistung.*
*** Das Kühlmittel muss alle 3 Jahre ersetzt werden – ungeachtet der Kilometerleistung.*

1

Piaggio Super Hexagon

Modell-Identifikation

Motor ..... 124 cm³ Viertakt-Einzylinder (LEADER), wassergekühlt
Antrieb .... Variable Automatik, Riemenantrieb
Zündung .... Elektronisch
Federung
vorne ....gezogene Schwinge, Mono-Stoßdämpfer
hinten .... Schwinge und Monostoßdämpfer
Bremsen .... Scheibe vorne und hinten
Motornummer-Prefix M201M
Rahmennummer-Prefix .... ZAP M20
Radstand .... 1450 mm
Gesamtlänge .... 2012 mm
Gesamtbreite .... 730 mm
Gesamthöhe (ohne Spiegel) .... 1462 mm
Trockengewicht .... 139 kg
Kraftstofftank-Kapazität
Gesamt .... 11,4 Liter
Reserve .... 2,0 Liter
Modelleinführung 2001

Wartungsdaten und Schmiermittel

Zündkerzentyp ....Champion RG4 HC oder NGK CR 9EB
Zündkerzen-Elektrodenabstand ....0,7 bis 0,8 mm
Standgasdrehzahl .... 1570 bis 1630 U/min
Ventilspiel (**kalter** Motor)
Einlass ....0,10 mm
Auslass ....0,15 mm
Reifengröße vorne 120/70-11
Reifengröße hinten 130/70-11
Reifenluftdruck vorne .... 1,8 bar
Reifenluftdruck hinten
nur Fahrer .... 2,2 bar
mit Passagier .... 2,5 bar
Kraftstofftyp .... Super bleifrei (mind. 95 Oktan)
Motoröltyp ....SAE 5W40 Synthetiköl
Motoröl-Füllmenge ....ca. 1 Liter
Kühlmittel ....50% destilliertes Wasser, 50% Ethylen-Glykol-Frostschutz
Kühlmittel-Füllmenge ....ca. 1 Liter
Getriebeöltyp .... 80W90 API GL3 Getriebeöl
Getriebeöl-Füllmenge .... ca. 150 cm³
Bremsflüssigkeit ....DOT 4
Luftfilter-Element ....Luftfilteröl
Tachometerantrieb .... Lithiumfett (NLGI 3)
Bremshebel .... Calcium-Schmierfett (NLGI 1-2)
Bowdenzüge ....Synthetiköl (z. B. Selenia HI 2T)

Wartungsintervalle – Piaggio Super Hexagon

Anmerkung: *Vor jeder Inspektion müssen die »Täglichen Kontrollen« durchgeführt werden – siehe Einleitung dieses Handbuches.*

	Text-Sektion in diesem Kapitel	Alle 4000 km oder 12 Monate	Alle 8000 km oder 2 Jahre	Alle 16 000 km oder 3 Jahre
Luftfilter – Reinigen	1		✔	
Batterie – Kontrolle	2	✔		
Bremsbowdenzug – Kontrolle und Schmierung	5	✔		
Bremsflüssigkeit – Wechseln	4		✔*	
Bremsleitung – Ersetzen	6			✔*
Bremshebel – Schmierung	7	✔		
Bremsbeläge – Kontrolle	8	✔		
Bremssystem – Kontrolle	3	✔		
Kühlsystem – Kontrolle	9	✔		
Kühlsystem – Ablassen, spülen und auffüllen	10		✔**	
Antriebsriemen – Kontrolle	12	✔		
Antriebsriemen – Ersetzen	12		✔	
Motoröl und Ölfilter – Wechseln	13	✔		
Kraftstoffsystem – Kontrolle	14	✔		
Getriebeöl-Pegel – Kontrolle	15	✔		
Getriebeöl – Wechseln	16		✔	
Scheinwerfer – Kontrolle und Einstellung	17		✔	
Standgasdrehzahl – Kontrolle und Einstellung	18	✔		
Muttern und Schrauben – Festigkeitskontrolle	19		✔	
Zündkerze – Kontrolle und Einstellung	22	✔		
Zündkerze – Ersetzen	23		✔	
Ständer – Kontrolle und Schmierung	25		✔	
Lenkkopflager – Kontrolle und Einstellung	26		✔	
Federung – Kontrolle	27		✔	
Gasbowdenzug – Kontrolle und Einstellung	28	✔		
Ventilspiel – Kontrolle und Einstellung	29			✔
Riemenautomatik – Kontrolle	30	✔		
Räder und Reifen – Allgemeine Kontrolle	31	✔		
Radlager – Kontrolle	32		✔	

** Die Bremsflüssigkeit muss alle 2 Jahre und die Bremsleitung alle 3 Jahre ersetzt werden – ungeachtet der Kilometerleistung.*
*** Das Kühlmittel muss alle 3 Jahre ersetzt werden – ungeachtet der Kilometerleistung.*

1

Piaggio Liberty 50

Modell-Identifikation

Motor	50 cm^3 Zweitakt-Einzylinder, luftgekühlt
Antrieb	Variable Automatik, Riemenantrieb
Zündung	Elektronisch
Federung	
vorne	Teleskopgabel
hinten	Schwinge und Monostoßdämpfer
Bremsen	Scheibe vorne, Trommel hinten
Motornummer-Prefix	C151M (RST-Modell: C421M)
Rahmennummer-Prefix	ZAPC 15 (RST-Modell: ZAPC 42100)
Radstand	1285 mm (RST-Modell: 1330 mm)
Gesamtlänge	1885 mm (RST-Modell: 1960 mm)
Gesamtbreite	670 mm (RST-Modell: 735 mm)
Gesamthöhe (ohne Spiegel)	1100 mm (RST-Modell: 1340 mm)
Trockengewicht	88 kg (RST-Modell: 95 kg)
Kraftstofftank-Kapazität	
Gesamt	5,5 Liter (RST-Modell: 6 Liter)
Reserve	1,2 Liter (RST-Modell: 1,0 Liter)
Modelleinführung	
Standardmodell	1997 (ersetzt durch überarb. RST-Modell)
Liberty S-Modell	2007

Wartungsdaten und Schmiermittel

Zündkerzentyp	Champion N2C
Zündkerzen-Elektrodenabstand	0,5 bis 0,6 mm
Standgasdrehzahl	1700 bis 1900 U/min
Reifengröße	
vorne	70/90-16 (RST-Modell: 90/80-16)
hinten	90/80-16 (RST-Modell: 110/80-14)
Reifenluftdruck vorne	1,8 bar (RST-Modell: 2,0 bar)
Reifenluftdruck hinten	2,0 bar (RST-Modell: 2,2 bar)
Kraftstofftyp	Super bleifrei (mind. 95 Oktan)
Motoröltyp	Zweitaktöl, für Getrenntschmierung geeignet
Öltank-Kapazität	
Gesamt	1,7 Liter
Reserve	0,4 Liter
Getriebeöltyp	80W90 oder 85W90 Getriebeöl
Getriebeöl-Füllmenge	ca. 100 cm^3
Bremsflüssigkeit	DOT 4
Luftfilter-Element	Synthetiköl (z. B. Selenia HI 2T)
Riemenautomatik	Lithiumfett (NLGI 3)
Tachometerantrieb	Lithiumfett (NLGI 3)
Bremshebel	Calcium-Schmierfett (NLGI 1-2)
Bowdenzüge	Synthetiköl (z. B. Selenia HI 2T)

Wartungsintervalle – Piaggio Liberty 50

Anmerkung: *Vor jeder Inspektion müssen die »Täglichen Kontrollen« durchgeführt werden – siehe Einleitung dieses Handbuches.*

	Text-Sektion in diesem Kapitel	Alle 4000 km oder 12 Monate	Alle 8000 km oder 2 Jahre	Alle 16 000 km oder 3 Jahre
Luftfilter – Reinigen	1	✔		
Batterie – Kontrolle	2	✔		
Bremsbowdenzug – Kontrolle und Schmierung	5	✔		
Bremsflüssigkeit – Wechseln	4		✔*	
Bremsleitung – Ersetzen	6			✔*
Bremshebel – Schmierung	7	✔		
Bremsbeläge – Verschleißkontrolle	8	✔		
Bremssystem – Kontrolle	3	✔		
Zylinderkopf – Ablagerungen entfernen	11			✔
Antriebsriemen – Kontrolle	12			✔
Kraftstoffsystem – Kontrolle	14	✔		
Getriebeöl-Pegel – Kontrolle	15	✔		
Getriebeöl – Wechseln	16		✔	
Scheinwerfer – Kontrolle und Einstellung	17		✔	
Standgasdrehzahl – Kontrolle und Einstellung	18		✔	
Muttern und Schrauben – Festigkeitskontrolle	19		✔	
Ölpumpen-Antriebsriemen – Ersetzen	20			✔
Sekundärluftsystem – Reinigen	21			✔
Zündkerze – Kontrolle und Einstellung	22	✔		
Tachowelle und Antrieb – Schmierung	24		✔	
Ständer – Kontrolle und Schmierung	25		✔	
Lenkkopflager – Kontrolle und Einstellung	26		✔	
Federung – Kontrolle	27		✔	
Gas- u. Ölpumpenbowdenzug – Kontrolle u. Einstellung	28	✔		
Riemenautomatik und Kupplung – Kontrolle	30			✔
Räder und Reifen – Allgemeine Kontrolle	31	✔		
Radlager – Kontrolle	32		✔	

** Die Bremsflüssigkeit muss alle 2 Jahre und die Bremsleitung alle 3 Jahre ersetzt werden – ungeachtet der Kilometerleistung.*

1

Piaggio Liberty 50 4T

Modell-Identifikation

Motor .... 50 cm³ Viertakt-Einzylinder, luftgekühlt
Antrieb .... Variable Automatik, Riemenantrieb
Zündung .... Elektronisch
Federung
vorne .... Teleskopgabel
hinten .... Schwinge und Monostoßdämpfer
Bremsen .... Scheibe vorne, Trommel hinten
Motornummer-Prefix .... C282M (RST-Modell: C422M)
Rahmennummer-Prefix . . ZAPC 28 / ZAPC282 (RST-Modell: ZAPC422)
Radstand .... 1285 mm (RST-Modell: 1330 mm)
Gesamtlänge .... 1885 mm (RST-Modell: 1960 mm)
Gesamtbreite .... 670 mm (RST-Modell: 735 mm)
Gesamthöhe (ohne Spiegel) .... 1100 mm (RST-Modell: 1340 mm)
Trockengewicht .... 88 kg
Kraftstofftank-Kapazität
Gesamt .... 7,0 Liter (RST-Modell: 6,0 Liter)
Reserve .... 1,5 Liter (RST-Modell: 1,0 Liter)
Modelleinführung.... 2001 (ersetzt durch überarbeitetes RST-Modell)

Wartungsdaten und Schmiermittel

Zündkerzentyp .... Champion RG4 PHP oder Champion RG4 HC
Zündkerzen-Elektrodenabstand .... 0,7 bis 0,8 mm
Ventilspiel (**kalter** Motor)
Einlass .... 0,10 mm
Auslass .... 0,15 mm
Standgasdrehzahl .... 1700 bis 1900 U/min
Reifengröße vorne .... 70/90-16 (RST-Modell: 90/80-16)
Reifengröße hinten .... 90/80-16 (RST-Modell: 110/80-14)
Reifenluftdruck vorne .... 1,8 bar (RST-Modell: 2,0 bar)
Reifenluftdruck hinten .... 2,0 bar (RST-Modell: 2,2 bar)
Kraftstofftyp .... Super bleifrei (mind. 95 Oktan)
Motoröltyp .... SAE 5W40 Synthetiköl
Motoröl-Füllmenge .... ca. 0,85 Liter
Getriebeöltyp .... 80W90 API GL3 Getriebeöl
Getriebeöl-Füllmenge .... ca. 80 cm³
Bremsflüssigkeit .... DOT 4
Luftfilter-Element .... Luftfilteröl
Riemenautomatik .... Lithiumfett (NLGI 3)
Tachometerantrieb .... Lithiumfett (NLGI 3)
Bremshebel .... Calcium-Schmierfett (NLGI 1-2)
Bowdenzüge .... Synthetiköl (z. B. Selenia HI 2T)

Wartungsintervalle – Piaggio Liberty 50 4T

Anmerkung: *Vor jeder Inspektion müssen die »Täglichen Kontrollen« durchgeführt werden – siehe Einleitung dieses Handbuches.*

	Text-Sektion in diesem Kapitel	Alle 4000 km oder 12 Monate	Alle 8000 km oder 2 Jahre	Alle 16 000 km oder 3 Jahre
Luftfilter – Reinigen	1		✔	
Batterie – Kontrolle	2	✔		
Bremsbowdenzug – Kontrolle und Schmierung	5	✔		
Bremsflüssigkeit – Wechseln	4		✔*	
Bremsleitung – Ersetzen	6			✔*
Bremshebel – Schmierung	7	✔		
Bremsbeläge – Verschleißkontrolle	8	✔		
Bremssystem – Kontrolle	3	✔		
Antriebsriemen – Wechseln	12		✔	
Motoröl – Wechseln und Sieb reinigen	13	✔		
Kraftstoffsystem – Kontrolle	14	✔		
Getriebeöl-Pegel – Kontrolle	15	✔		
Getriebeöl – Wechseln	16			✔
Scheinwerfer – Kontrolle und Einstellung	17		✔	
Standgasdrehzahl – Kontrolle und Einstellung	18		✔	
Muttern und Schrauben – Festigkeitskontrolle	19		✔	
Zündkerze – Ersetzen	22		✔	
Tachowelle und Antrieb – Schmierung	24		✔	
Ständer – Kontrolle und Schmierung	25		✔	
Lenkkopflager – Kontrolle und Einstellung	26		✔	
Federung – Kontrolle	27		✔	
Gasbowdenzug – Kontrolle und Einstellung	28		✔	
Ventilspiel – Kontrolle und Einstellung	29			✔
Riemenautomatik – Kontrolle	30	✔		
Räder und Reifen – Allgemeine Kontrolle	31	✔		
Radlager – Kontrolle	32		✔	

* *Die Bremsflüssigkeit muss alle 2 Jahre und die Bremsleitung alle 3 Jahre ersetzt werden – ungeachtet der Kilometerleistung.*

Piaggio Liberty 125

Modell-Identifikation

Motor .... 125 cm³ Viertakt-Einzylinder, luftgekühlt
Antrieb .... Variable Automatik, Riemenantrieb
Zündung .... Elektronisch
Federung
  vorne .... Teleskopgabel
  hinten .... Schwinge und Monostoßdämpfer
Bremsen .... Scheibe vorne, Trommel hinten
Motornummer-Prefix
  vor LEADER-Motor M111M
  LEADER-Motor – 2000 bis 2003 .... M222M
  LEADER-Motor – 2004 bis 2007 .... M381M
  LEADER-Motor – 2008 .... M389M
  LEADER-Motor – ab 2009 .... M671M
Rahmennummer-Prefix
  vor LEADER-Motor .... ZAPM 11
  LEADER-Motor – 2000 bis 2003 .... ZAPM 22
  LEADER-Motor – 2004 bis 2007 .... ZAPM 381
  LEADER-Motor – 2008 .... M38600
  LEADER-Motor – ab 2009 .... M67100
Radstand .... 1285 mm (ab 2004: 1325 mm)
Gesamtlänge .... 1885 mm (ab 2004: 1930 mm)
Gesamtbreite .... 670 mm (ab 2004: 740 mm)
Trockengewicht .... 97 kg (ab 2004: 114 kg)
Kraftstofftank .... 7,0 Liter (ab 2004: 6,0 Liter); 1,5 Liter Reserve
Modelleinführung .... 2000; überabeitet: 2004

Wartungsdaten und Schmiermittel

Zündkerzentyp
  vor LEADER-Motor .... Champion RGH4 HC oder NGK CR8E
  LEADER-Motor .... Champion RGH4 6YC oder NGK CR7EB
Zündkerzen-Elektrodenabstand
  vor LEADER-Motor .... 0,5 bis 0,6 mm
  LEADER-Motor .... 0,7 bis 0,8 mm
Standgasdrehzahl
  vor LEADER-Motor .... 1500 bis 1700 U/min
  LEADER-Motor .... 1600 bis 1700 U/min
Ventilspiel (**kalter** Motor)
  vor LEADER-Motor .... 0,12 bis 0,15 mm
  LEADER-Motor
    Einlass .... 0,10 mm
    Auslass .... 0,15 mm
Reifengröße vorne .... 80/80-16 (ab 2004: 90/80-16)
Reifengröße hinten 110/80-16
Reifenluftdruck vorne .... 1,8 bar (ab 2004: 2,0 bar)
Reifenluftdruck hinten
  nur Fahrer .... 2,0 bar (ab 2004: 2,2 bar)
  mit Passagier .... 2,2 bis 2,5 bar (ab 2004: 2,5 bar)
Kraftstofftyp .... Super bleifrei (mind. 95 Oktan)
Motoröltyp
  vor LEADER-Motor .... 20W50 Mehrbereichsöl
  LEADER-Motor .... SAE 5W40 Synthetiköl
Motoröl-Füllmenge
  vor LEADER-Motor .... ca. 0,85 Liter
  LEADER-Motor .... ca. 1 Liter
Getriebeöltyp .... 80W90 API GL3 Getriebeöl
Getriebeöl-Füllmenge
  vor LEADER-Motor .... 80 bis 90 cm³
  LEADER-Motor .... ca. 200 cm³
Bremsflüssigkeit .... DOT 4
Luftfilter-Element .... Luftfilteröl
Tachometerantrieb .... Lithiumfett (NLGI 3)
Bremshebel .... Calcium-Schmierfett (NLGI 1-2)
Bowdenzüge .... Synthetiköl (z. B. Selenia HI 2T)

Wartungsintervalle – Piaggio Liberty 125

Anmerkung: *Vor jeder Inspektion müssen die »Täglichen Kontrollen« durchgeführt werden – siehe Einleitung dieses Handbuches.*

	Text-Sektion in diesem Kapitel	Alle 4000 km oder 12 Monate	Alle 8000 km oder 2 Jahre	Alle 16 000 km oder 3 Jahre
Luftfilter (vor LEADER Motor) – Reinigen	1	✔		
Luftfilter (LEADER Motor) – Reinigen	1		✔	
Batterie – Kontrolle	2	✔		
Bremsbowdenzug – Kontrolle und Schmierung	5	✔		
Bremsflüssigkeit – Wechseln	4		✔*	
Bremsleitung – Ersetzen	6			✔*
Bremshebel – Schmierung	7	✔		
Bremsbeläge – Verschleißkontrolle	8	✔		
Bremssystem – Kontrolle	3	✔		
Antriebsriemen (vor LEADER Motor) – Kontrolle	12	✔		
Antriebsriemen (LEADER Motor) – Wechseln	12		✔	
Motoröl – Wechseln und Sieb reinigen (vor LEADER Motor)	13	✔		
Motorölfilter (vor LEADER Motor) – Wechseln	13		✔	
Motoröl und Filter (LEADER Motor) – Wechseln	13	✔		
Kraftstoffsystem – Kontrolle	14	✔		
Getriebeöl-Pegel – Kontrolle	15	✔		
Getriebeöl (vor LEADER Motor) – Wechseln	16		✔	
Getriebeöl (LEADER Motor) – Wechseln	16			✔
Scheinwerfer – Kontrolle und Einstellung	17		✔	
Standgasdrehzahl – Kontrolle und Einstellung	18	✔		
Muttern und Schrauben – Festigkeitskontrolle	19		✔	
Zündkerze – Kontrolle und Einstellung	22	✔		
Zündkerze – Ersetzen	23		✔	
Tachowelle und Antrieb – Schmierung	24		✔	
Ständer – Kontrolle und Schmierung	25		✔	
Lenkkopflager – Kontrolle und Einstellung	26		✔	
Federung – Kontrolle	27		✔	
Gasbowdenzug – Kontrolle und Einstellung	28		✔	
Ventilspiel (vor LEADER Motor) – Kontrolle und Einstellung	29		✔	
Ventilspiel (LEADER Motor) – Kontrolle und Einstellung	29			✔
Riemenautomatik – Kontrolle	30	✔		
Räder und Reifen – Allgemeine Kontrolle	31	✔		
Radlager – Kontrolle	32		✔	

* *Die Bremsflüssigkeit muss alle 2 Jahre und die Bremsleitung alle 3 Jahre ersetzt werden – ungeachtet der Kilometerleistung.*

1

Piaggio Fly 50

Modell-Identifikation

Motor	50 cm³ Zweitakt-Einzylinder, luftgekühlt
Antrieb	Variable Automatik, Riemenantrieb
Zündung	Elektronisch
Federung	
vorne	Teleskopgabel
hinten	Schwinge und Monostoßdämpfer
Bremsen	Scheibe vorne, Trommel hinten
Motornummer-Prefix	C44 1M
Rahmennummer-Prefix	ZAPM 44100
Radstand	1340 mm
Gesamtlänge	1880 mm
Gesamtbreite	735 mm
Gesamthöhe (ohne Spiegel)	1150 mm
Trockengewicht	97 kg
Kraftstofftank-Kapazität	
Gesamt	7,2 Liter
Reserve	1,5 Liter
Modelleinführung	2005

Wartungsdaten und Schmiermittel

Zündkerzentyp	Champion RGN2C
Zündkerzen-Elektrodenabstand	0,6 bis 0,7 mm
Standgasdrehzahl	1800 bis 2000 U/min
Reifengröße	120/70-12
Reifenluftdruck vorne	1,8 bar
Reifenluftdruck hinten	
nur Fahrer	2,0 bar
mit Passagier	2,3 bar
Kraftstofftyp	Super bleifrei (mind. 95 Oktan)
Motoröltyp	Getrenntschmierungs-Zweitaktöl (z. B. Selenia HI 2T)
Öltank-Kapazität	1,2 Liter
Getriebeöltyp	75W85 API GL4 Getriebeöl
Getriebeöl-Füllmenge	ca. 85 cm³
Bremsflüssigkeit	DOT 4
Luftfilter-Element	Synthetiköl (z. B. Selenia HI 2T)
Tachometerantrieb	Lithiumfett (NLGI 3)
Bremshebel	Calcium-Schmierfett (NLGI 1-2)
Bowdenzüge	Synthetiköl (z. B. Selenia HI 2T)
Riemen-Antriebsradwelle	Molybdän-Bisulfitfett

Wartungsintervalle – Piaggio Fly 50

Anmerkung: *Vor jeder Inspektion müssen die »Täglichen Kontrollen« durchgeführt werden – siehe Einleitung dieses Handbuches.*

	Text-Sektion in diesem Kapitel	Alle 4000 km oder 12 Monate	Alle 8000 km oder 2 Jahre	Alle 16 000 km oder 3 Jahre
Luftfilter – Reinigen	1	✔		
Batterie – Kontrolle	2	✔		
Bremsbowdenzug – Kontrolle und Schmierung	5		✔	
Bremsflüssigkeit – Wechseln	4		✔*	
Bremsleitung – Ersetzen	6			✔*
Bremshebel – Schmierung	7	✔		
Bremsbeläge – Verschleißkontrolle	8	✔		
Bremssystem – Kontrolle	3	✔		
Kühlsystem – Kontrolle	9			✔
Antriebsriemen – Kontrolle	12		✔	Riemen ersetzen
Getriebeöl-Pegel – Kontrolle	15	✔		
Getriebeöl – Wechseln	16		✔	
Scheinwerfer – Kontrolle und Einstellung	17		✔	
Standgasdrehzahl – Kontrolle und Einstellung	18		✔	
Muttern und Schrauben – Festigkeitskontrolle	19		✔	
Ölpumpen-Antriebsriemen – Ersetzen	20			Alle 20 000 km
Sekundärluftsystem – Reinigen	21			✔
Zündkerze – Kontrolle und Einstellung	22	✔		
Zündkerze – Ersetzen	23		✔	
Tachowelle und Antrieb – Schmierung	24		✔	
Lenkkopflager – Kontrolle und Einstellung	26		✔	
Federung – Kontrolle	27		✔	
Gas- u. Ölpumpenbowdenzug – Kontrolle u. Einstellung	28	✔		
Riemenautomatik	30		Rollen ersetzen	
Räder und Reifen – Allgemeine Kontrolle	31	✔		

** Die Bremsflüssigkeit muss alle 2 Jahre und die Bremsleitung alle 3 Jahre ersetzt werden – ungeachtet der Kilometerleistung.*

Piaggio Fly 50/100 4T

Modell-Identifikation

Motor	50 cm³ Viertakt-Einzylinder, luftgekühlt
Antrieb	Variable Automatik, Riemenantrieb
Zündung	Elektronisch
Federung	
vorne	Teleskopgabel
hinten	Schwinge und Monostoßdämpfer
Bremsen	Scheibe vorne, Trommel hinten
Motornummer-Prefix	
Fly 50	C442M (ab 2007: C445M)
Fly 100	M531M
Rahmennummer-Prefix	
Fly 50	ZAPM44200 (ab 2007: LBMC44500)
Fly 100	LBMM53100
Radstand	1340 mm
Gesamtlänge	1880 mm
Gesamtbreite	735 mm
Gesamthöhe (ohne Spiegel)	1150 mm
Trockengewicht	105 kg
Kraftstofftank-Kapazität	
Gesamt	7,2 Liter
Reserve	1,5 Liter
Modelleinführung	Fly 50: 2006; Fly 100: 2007

Wartungsdaten und Schmiermittel

Zündkerzentyp	NGK CR8EB
Zündkerzen-Elektrodenabstand	0,7 bis 0,8 mm
Standgasdrehzahl	1900 bis 2000 U/min
Ventilspiel (**kalter** Motor)	
Einlass	0,10 mm
Auslass	0,15 mm
Reifengröße	120/70-12
Reifenluftdruck vorne	1,8 bar
Reifenluftdruck hinten	
nur Fahrer	2,0 bar
mit Passagier	2,3 bar
Kraftstofftyp	Super bleifrei (mind. 95 Oktan)
Motoröltyp	5W40 API SJ Synthetiköl
Motoröl-Füllmenge	0,85 Liter
Getriebeöltyp	80W90 API GL3 Getriebeöl
Getriebeöl-Füllmenge	ca. 85 cm³
Bremsflüssigkeit	DOT 4
Luftfilter-Element	Luftfilteröl
Tachometerantrieb	Lithiumfett (NLGI 3)
Bremshebel	Calcium-Schmierfett (NLGI 1-2)
Bowdenzüge	Synthetiköl (z. B. Selenia HI 2T)

Wartungsintervalle – Piaggio Fly 50/100 4T

Anmerkung: *Vor jeder Inspektion müssen die »Täglichen Kontrollen« durchgeführt werden – siehe Einleitung dieses Handbuches.*

	Text-Sektion in diesem Kapitel	Alle 4000 km oder 12 Monate	Alle 8000 km oder 2 Jahre	Alle 16 000 km oder 3 Jahre
Luftfilter – Reinigen	1		✔	
Batterie – Kontrolle	2	✔		
Bremsbowdenzug – Kontrolle und Schmierung	5		✔	
Bremsflüssigkeit – Wechseln	4		✔*	
Bremsleitung – Ersetzen	6			✔*
Bremshebel – Schmierung	7		✔	
Bremsbeläge – Verschleißkontrolle	8	✔		
Bremssystem – Kontrolle	3	✔		
Kühlsystem – Kontrolle	9			✔
Antriebsriemen – Wechseln	12		✔	
Motoröl – Wechseln und Sieb reinigen	13	✔		
Getriebeöl – Kontrolle	15		✔	
Getriebeöl – Wechseln	16			✔
Scheinwerfer – Kontrolle und Einstellung	17		✔	
Standgasdrehzahl – Kontrolle und Einstellung	18		✔	
Sekundärluftsystem – Reinigen	21		✔	
Zündkerze – Kontrolle	22	✔		
Tachowelle und Antrieb – Schmierung	24		✔	
Lenkkopflager – Kontrolle und Einstellung	26	✔		
Federung – Kontrolle	27		✔	
Gasbowdenzug – Kontrolle und Einstellung	28	✔		
Ventilspiel – Kontrolle und Einstellung	29			✔
Riemenautomatik – Kontrolle	30	✔		
Räder und Reifen – Allgemeine Kontrolle	31	✔		

** Die Bremsflüssigkeit muss alle 2 Jahre und die Bremsleitung alle 3 Jahre ersetzt werden – ungeachtet der Kilometerleistung.*

1

Piaggio Fly 125

Modell-Identifikation

Motor .... 125 cm³ Viertakt-Einzylinder (LEADER), luftgekühlt
Antrieb .... Variable Automatik, Riemenantrieb
Zündung .... Elektronisch
Federung
vorne .... Teleskopgabel
hinten .... Schwinge und Monostoßdämpfer
Bremsen .... Scheibe vorne, Trommel hinten
Motornummer-Prefix M421M
Rahmennummer-Prefix .... ZAPM 42100
Radstand.. 1330 mm
Gesamtlänge..................................... 1870 mm
Gesamtbreite...................................... 735 mm
Sitzhöhe .... 785 mm
Trockengewicht .... 112 kg
Kraftstofftank-Kapazität
Gesamt .... 7,2 Liter
Reserve .... 1,5 Liter
Modelleinführung...................................... 2005

Wartungsdaten und Schmiermittel

Zündkerzentyp .... Champion RG 6YC oder NGK CR8EB
Zündkerzen-Elektrodenabstand .... 0,7 bis 0,8 mm
Standgasdrehzahl .... 1600 bis 2000 U/min
Ventilspiel (**kalter** Motor)
Einlass .... 0,10 mm
Auslass .... 0,15 mm
Reifengröße 120/70-12
Reifenluftdruck vorne .... 1,8 bar
Reifenluftdruck hinten
nur Fahrer .... 2,0 bar
mit Passagier...................................... 2,3 bar
Kraftstofftyp...................... Super bleifrei (mind. 95 Oktan)
Motoröltyp.......................... 5W40 API SG Synthetiköl
Motoröl-Füllmenge .... ca. 1 Liter
Getriebeöltyp........................ 80W90 API GL3 Getriebeöl
Getriebeöl-Füllmenge .... ca. 200 cm³
Bremsflüssigkeit .... DOT 4
Luftfilter-Element.................................. Luftfilteröl
Tachometerantrieb......................... Lithiumfett (NLGI 3)
Bremshebel .... Calcium-Schmierfett (NLGI 1-2)
Bowdenzüge .... Synthetiköl (z. B. Selenia HI 2T)

Wartungsintervalle – Piaggio Fly 125

Anmerkung: *Vor jeder Inspektion müssen die »Täglichen Kontrollen« durchgeführt werden – siehe Einleitung dieses Handbuches.*

	Text-Sektion in diesem Kapitel	Alle 4000 km oder 12 Monate	Alle 8000 km oder 2 Jahre	Alle 16 000 km oder 3 Jahre
Luftfilter – Reinigen	1	✔		
Batterie – Kontrolle	2	✔		
Bremsbowdenzug – Kontrolle und Schmierung	5	✔		
Bremsflüssigkeit – Wechseln	4		✔*	
Bremsleitung – Ersetzen	6			✔*
Bremshebel – Schmierung	7	✔		
Bremsbeläge – Verschleißkontrolle	8	✔		
Bremssystem – Kontrolle	3	✔		
Kühlsystem – Kontrolle	9			✔
Antriebsriemen – Kontrolle	12	✔	Riemen ersetzen	
Motoröl und Ölfilter – Wechseln	13	✔		
Getriebeöl-Pegel – Kontrolle	15	✔		
Getriebeöl – Wechseln	16			✔
Scheinwerfer – Kontrolle und Einstellung	17		✔	
Standgasdrehzahl – Kontrolle und Einstellung	18	✔		
Muttern und Schrauben – Festigkeitskontrolle	19		✔	
Sekundärluftsystem – Reinigen	21		✔	
Zündkerze – Kontrolle und Einstellung	22	✔		
Zündkerze – Ersetzen	23		✔	
Tachowelle und Antrieb – Schmierung	24		✔	
Ständer – Kontrolle und Schmierung	25	✔		
Lenkkopflager – Kontrolle und Einstellung	26		✔	
Federung – Kontrolle	27		✔	
Gasbowdenzug – Kontrolle und Einstellung	28		✔	
Ventilspiel – Kontrolle und Einstellung	29	✔		
Riemenautomatik – Kontrolle	30	✔	Rollen ersetzen	
Räder und Reifen – Allgemeine Kontrolle	31	✔		

* *Die Bremsflüssigkeit muss alle 2 Jahre und die Bremsleitung alle 3 Jahre ersetzt werden – ungeachtet der Kilometerleistung.*

1

Piaggio NRG MC²/MC³ DD

Modell-Identifikation

Motor .... 50 cm³ Zweitakt-Einzylinder, wassergekühlt
Antrieb .... Variable Automatik, Riemenantrieb
Zündung .... Elektronisch
Federung
  vorne .... Upside-Down-Teleskopgabel
  hinten .... Schwinge und Monostoßdämpfer
Bremsen
  MC² .... vorne Scheibe, hinten Trommel
  MC³ DD .... vorne/hinten Scheibe
Motornummer-Prefix .... CO 41M
Rahmennummer-Prefix
  MC² .... ZAP CO 4000
  MC³ DD .... ZAP C1800
Radstand
  MC² .... 1260 mm
  MC³ DD .... 1280 mm
Gesamtlänge
  MC² .... 1830 mm
  MC³ DD .... 1870 mm
Gesamtbreite
  MC² .... 700 mm
  MC³ DD .... 720 mm
Gesamthöhe (ohne Spiegel)
  MC² .... 1080 mm
  MC³ DD .... 1140 mm
Trockengewicht .... 94 kg
Kraftstofftank-Kapazität
  Gesamt
    MC² .... 5,5 Liter
    MC³ DD .... 7,5 Liter
  Reserve .... 2,0 Liter
Modelleinführung
  MC² .... März 1997
  MC³ DD 2001

Wartungsdaten und Schmiermittel

Zündkerzentyp
  MC² .... Champion N84 oder Bosch W2CC
  MC³ DD .... Champion RN2C oder NGK BR9 ES
Zündkerzen-Elektrodenabstand .... 0,5 bis 0,6 mm
Standgasdrehzahl
  MC² .... 1800 bis 2000 U/min
  MC³ DD .... 1700 bis 1900 U/min
Reifengröße 130/60-13
Reifenluftdruck vorne .... 1,2 bis 1,3 bar
Reifenluftdruck hinten .... 1,6 bis 1,7 bar
Kraftstofftyp.................... Super bleifrei (mind. 95 Oktan)
Motoröltyp........... Zweitaktöl, für Getrenntschmierung geeignet
Öltank-Kapazität
  Gesamt .... 1,3 Liter
  Reserve .... 0,5 Liter
Kühlmittel .... 50% destilliertes Wasser,
50% Ethylen-Glykol-Frostschutz
Kühlmittel-Füllmenge .... ca. 1 Liter
Getriebeöltyp........................... 80W90 Getriebeöl
Getriebeöl-Füllmenge .... ca. 80 cm³
Bremsflüssigkeit .... DOT 4
Gabelöl .... 20 W Gabelöl
Gabelöl-Füllmenge .... 30 cm³
Luftfilter-Element................ Synthetiköl (z. B. Selenia HI 2T)
Riemenautomatik (MC²)...................... Lithiumfett (NLGI 3)
Tachometerantrieb.......................... Lithiumfett (NLGI 3)
Bremshebel..................... Calcium-Schmierfett (NLGI 1-2)
Bowdenzüge.................... Synthetiköl (z. B. Selenia HI 2T)

Wartungsintervalle – Piaggio NRG MC²/MC³ DD

Anmerkung: *Vor jeder Inspektion müssen die »Täglichen Kontrollen« durchgeführt werden – siehe Einleitung dieses Handbuches.*

	Text-Sektion in diesem Kapitel	Alle 4000 km oder 12 Monate	Alle 8000 km oder 2 Jahre	Alle 16 000 km oder 3 Jahre
Luftfilter – Reinigen	1	✔		
Batterie – Kontrolle	2	✔		
Bremsbowdenzug (NRG MC²) – Kontrolle u. Schmierung	5	✔		
Bremsflüssigkeit – Wechseln	4		✔*	
Bremsleitung – Ersetzen	6			✔*
Bremshebel – Schmierung	7	✔		
Bremsbeläge – Verschleißkontrolle	8	✔		
Bremssystem – Kontrolle	3	✔		
Kühlsystem – Kontrolle	9	✔		
Kühlsystem – Ablassen, spülen und auffüllen	10			✔**
Zylinderkopf – Ablagerungen entfernen	11			✔
Antriebsriemen (NRG MC²) – Kontrolle	12	✔		
Antriebsriemen (NRG MC³) – Ersetzen	12			Alle 15 000 km ersetzen
Kraftstoffsystem – Kontrolle	14	✔		
Getriebeöl-Pegel – Kontrolle	15	✔		
Getriebeöl – Wechseln	16		✔	
Scheinwerfer – Kontrolle und Einstellung	17		✔	
Standgasdrehzahl – Kontrolle und Einstellung	18	✔		
Muttern und Schrauben – Festigkeitskontrolle	19		✔	
Ölpumpen-Antriebsriemen – Ersetzen	20			✔
Sekundärluftsystem (KAT-Modelle) – Reinigen	21			✔
Zündkerze – Kontrolle und Einstellung	22	✔		
Zündkerze – Ersetzen	23		✔	
Tachowelle und Antrieb – Schmierung	24		✔	
Ständer – Kontrolle und Schmierung	25		✔	
Lenkkopflager – Kontrolle und Einstellung	26		✔	
Federung – Kontrolle	27		✔	
Gas- u. Ölpumpenbowdenzug – Kontrolle u. Einstellung	28	✔		
Riemenautomatik, Kupplung (NRG MC²) – Kontrolle	30	✔ Riemenautomatik		✔ Kupplung
Riemenautomatik. Kupplung (NRG MC³) – Kontrolle	30		✔ Riemenautomatik	✔ Kupplung
Räder und Reifen – Allgemeine Kontrolle	31	✔		
Radlager – Kontrolle	32		✔	

* *Die Bremsflüssigkeit muss alle 2 Jahre und die Bremsleitung alle 3 Jahre ersetzt werden – ungeachtet der Kilometerleistung.*
** *Das Kühlmittel muss alle 3 Jahre ersetzt werden – ungeachtet der Kilometerleistung.*

1

Piaggio NRG MC³ DT

Modell-Identifikation

Motor	50 cm³ Zweitakt-Einzylinder, luftgekühlt
Antrieb	Variable Automatik, Riemenantrieb
Zündung	Elektronisch
Federung	
vorne	Upside-Down-Teleskopgabel
hinten	Schwinge und Monostoßdämpfer
Bremsen	Scheibe vorne, Trommel hinten
Motornummer-Prefix	C215M
Rahmennummer-Prefix	ZAP C2100
Radstand	1280 mm
Gesamtlänge	1870 mm
Gesamtbreite	720 mm
Gesamthöhe (ohne Spiegel)	1180 mm
Trockengewicht	96 kg
Kraftstofftank-Kapazität	
Gesamt	7,5 Liter
Reserve	2,0 Liter
Modelleinführung	2001

Wartungsdaten und Schmiermittel

Zündkerzentyp	Champion RN2C oder NGK BR9 ES
Zündkerzen-Elektrodenabstand	0,5 bis 0,6 mm
Standgasdrehzahl	1700 bis 1900 U/min
Reifengröße	130/60-13
Reifenluftdruck vorne	1,3 bar
Reifenluftdruck hinten	1,8 bis 2,0 bar
Kraftstofftyp	Super bleifrei (mind. 95 Oktan)
Motoröltyp	Getrenntschmierungs-Zweitaktöl (z. B. Selenia HI 2T)
Öltank-Kapazität	1,3 Liter
Getriebeöltyp	80W90 API GL3 Getriebeöl
Getriebeöl-Füllmenge	ca. 85 cm³
Bremsflüssigkeit	DOT 4
Luftfilter-Element	Synthetiköl (z. B. Selenia HI 2T)
Tachometerantrieb	Lithiumfett (NLGI 3)
Bremshebel	Calcium-Schmierfett (NLGI 1-2)
Bowdenzüge	Synthetiköl (z. B. Selenia HI 2T)

Wartungsintervalle – Piaggio NRG MC³ DT

Anmerkung: *Vor jeder Inspektion müssen die »Täglichen Kontrollen« durchgeführt werden – siehe Einleitung dieses Handbuches.*

	Text-Sektion in diesem Kapitel	Alle 4000 km oder 12 Monate	Alle 8000 km oder 2 Jahre	Alle 16 000 km oder 3 Jahre
Luftfilter – Reinigen	1		✔	
Batterie – Kontrolle	2	✔		
Bremsbowdenzug – Kontrolle und Schmierung	5	✔		
Bremsflüssigkeit – Wechseln	4		✔*	
Bremsleitung – Ersetzen	6			✔*
Bremshebel – Schmierung	7	✔		
Bremsbeläge – Verschleißkontrolle	8	✔		
Bremssystem – Kontrolle	3	✔		
Zylinderkopf – Ablagerungen entfernen	11			✔
Antriebsriemen – Ersetzen	12			Alle 15 000 km ersetzen
Kraftstoffsystem – Kontrolle	14	✔		
Getriebeöl-Pegel – Kontrolle	15	✔		
Getriebeöl – Wechseln	16		✔	
Scheinwerfer – Kontrolle und Einstellung	17		✔	
Standgasdrehzahl – Kontrolle und Einstellung	18	✔		
Muttern und Schrauben – Festigkeitskontrolle	19		✔	
Ölpumpen-Antriebsriemen – Ersetzen	20			✔
Sekundärluftsystem (KAT-Modelle) – Reinigen	21			✔
Zündkerze – Kontrolle und Einstellung	22	✔		
Zündkerze – Ersetzen	23		✔	
Tachowelle und Antrieb – Schmierung	24		✔	
Ständer – Kontrolle und Schmierung	25		✔	
Lenkkopflager – Kontrolle und Einstellung	26		✔	
Federung – Kontrolle	27		✔	
Gas- u. Ölpumpenbowdenzug – Kontrolle u. Einstellung	28	✔		
Riemenautomatik und Kupplung – Kontrolle	30		✔ Riemenautomatik	✔ Kupplung
Räder und Reifen – Allgemeine Kontrolle	31	✔		
Radlager – Kontrolle	32		✔	

* *Die Bremsflüssigkeit muss alle 2 Jahre und die Bremsleitung alle 3 Jahre ersetzt werden – ungeachtet der Kilometerleistung.*

1

Piaggio NRG Power DD

Modell-Identifikation

Motor	49 cm³ Zweitakt-Einzylinder, wassergekühlt
Antrieb	Variable Automatik, Riemenantrieb
Zündung	Elektronisch
Federung	
vorne	Upside-Down-Teleskopgabel
hinten	Schwinge und Monostoßdämpfer
Bremsen	Scheibe vorne und hinten
Motornummer-Prefix	C451M
Rahmennummer-Prefix	ZAP C45100
Radstand	1270 mm
Gesamtlänge	1790 mm
Gesamtbreite	850 mm
Gesamthöhe (ohne Spiegel)	1170 mm
Trockengewicht	96 kg
Kraftstofftank-Kapazität	
Gesamt	6,5 Liter
Reserve	1,5 Liter
Modelleinführung	2005

Wartungsdaten und Schmiermittel

Zündkerzentyp	Champion RN1C
Zündkerzen-Elektrodenabstand	0,6 bis 0,7 mm
Standgasdrehzahl	1800 bis 2000 U/min
Reifengröße vorne	120/70-13
Reifengröße hinten	140/60-13
Reifenluftdruck vorne	1,2 bar
Reifenluftdruck hinten	
nur Fahrer	1,7 bar
mit Passagier	1,9 bar
Kraftstofftyp	Super bleifrei (mind. 95 Oktan)
Motoröltyp	API TC Getrenntschmierungs-Zweitaktöl
Öltank-Kapazität	
Gesamt	1,3 Liter
Reserve	0,5 Liter
Kühlmittel	50% destilliertes Wasser, 50% Ethylen-Glykol-Frostschutz
Kühlmittel-Füllmenge	ca. 1 Liter
Getriebeöltyp	75W85 API GL4 Getriebeöl
Getriebeöl-Füllmenge	ca. 85 cm³
Bremsflüssigkeit	DOT 4
Luftfilter-Element	Synthetiköl (z. B. Selenia HI 2T)
Tachometerantrieb	Lithiumfett (NLGI 3)
Bremshebel	Calcium-Schmierfett (NLGI 1-2)
Bowdenzüge	Synthetiköl (z. B. Selenia HI 2T)

Wartungsintervalle – Piaggio NRG Power DD

Anmerkung: *Vor jeder Inspektion müssen die »Täglichen Kontrollen« durchgeführt werden – siehe Einleitung dieses Handbuches.*

	Text-Sektion in diesem Kapitel	Alle 4000 km oder 12 Monate	Alle 8000 km oder 2 Jahre	Alle 16 000 km oder 3 Jahre
Luftfilter – Reinigen	1	✔		
Batterie – Kontrolle	2	✔		
Bremsflüssigkeit – Wechseln	4		✔*	
Bremsleitung – Ersetzen	6			✔*
Bremshebel – Schmierung	7	✔		
Bremsbeläge – Verschleißkontrolle	8	✔		
Bremssystem – Kontrolle	3	✔		
Kühlsystem – Kontrolle	9	✔		
Kühlsystem – Ablassen, spülen und auffüllen	10		✔**	
Antriebsriemen – Kontrolle	12		✔	Riemen ersetzen
Getriebeöl-Pegel – Kontrolle	15	✔		
Getriebeöl – Wechseln	16		✔	
Scheinwerfer – Kontrolle und Einstellung	17		✔	
Standgasdrehzahl – Kontrolle und Einstellung	18		✔	
Muttern und Schrauben – Festigkeitskontrolle	19		✔	
Ölpumpen-Antriebsriemen – Ersetzen	20			Nach 20 000 km
Sekundärluftsystem – Reinigen	21			✔
Zündkerze – Kontrolle und Einstellung	22	✔		
Zündkerze – Ersetzen	23		✔	
Tachowelle und Antrieb – Schmierung	24		✔	
Lenkkopflager – Kontrolle und Einstellung	26		✔	
Federung – Kontrolle	27		✔	
Gas- u. Ölpumpenbowdenzug – Kontrolle u. Einstellung	28	✔		
Riemenautomatik	30		Rollen ersetzen	
Räder und Reifen – Allgemeine Kontrolle	31	✔		

** Die Bremsflüssigkeit muss alle 2 Jahre und die Bremsleitung alle 3 Jahre ersetzt werden – ungeachtet der Kilometerleistung.*
*** Das Kühlmittel muss alle 3 Jahre ersetzt werden – ungeachtet der Kilometerleistung.*

Piaggio NRG Power DT

Modell-Identifikation

Motor	49 cm³ Zweitakt-Einzylinder, luftgekühlt
Antrieb	Variable Automatik, Riemenantrieb
Zündung	Elektronisch
Federung	
vorne	Upside-Down-Teleskopgabel
hinten	Schwinge und Monostoßdämpfer
Bremsen	Scheibe vorne und hinten
Motornummer-Prefix	C453M
Rahmennummer-Prefix	ZAP C45300
Radstand	1270 mm
Gesamtlänge	1790 mm
Gesamtbreite	850 mm
Sitzhöhe	795 mm
Trockengewicht	95 kg
Kraftstofftank-Kapazität	
Gesamt	6,5 Liter
Reserve	1,5 Liter
Modelleinführung	2005

Wartungsdaten und Schmiermittel

Zündkerzentyp	Champion RN2C
Zündkerzen-Elektrodenabstand	0,6 bis 0,7 mm
Standgasdrehzahl	1800 bis 2000 U/min
Reifengröße vorne	120/70-13
Reifengröße hinten	140/60-13
Reifenluftdruck vorne	1,2 bar
Reifenluftdruck hinten	
nur Fahrer	1,7 bar
mit Passagier	1,9 bar
Kraftstofftyp	Super bleifrei (mind. 95 Oktan)
Motoröltyp	Getrenntschmierungs-Zweitaktöl
Öltank-Kapazität	
Gesamt	1,2 Liter
Reserve	0,5 Liter
Getriebeöltyp	75W85 API GL4 Getriebeöl
Getriebeöl-Füllmenge	ca. 85 cm³
Bremsflüssigkeit	DOT 4
Luftfilter-Element	Synthetiköl (z. B. Selenia HI 2T)
Tachometerantrieb	Lithiumfett (NLGI 3)
Bremshebel	Calcium-Schmierfett (NLGI 1-2)
Bowdenzüge	Synthetiköl (z. B. Selenia HI 2T)

Wartungsintervalle – Piaggio NRG Power DT

Anmerkung: *Vor jeder Inspektion müssen die »Täglichen Kontrollen« durchgeführt werden – siehe Einleitung dieses Handbuches.*

	Text-Sektion in diesem Kapitel	Alle 4000 km oder 12 Monate	Alle 8000 km oder 2 Jahre	Alle 16 000 km oder 3 Jahre
Luftfilter – Reinigen	1		✔	
Batterie – Kontrolle	2	✔		
Bremsbowdenzug – Kontrolle und Schmierung	5		✔	
Bremsflüssigkeit – Wechseln	4		✔*	
Bremsleitung – Ersetzen	6			✔*
Bremshebel – Schmierung	7	✔		
Bremsbeläge – Verschleißkontrolle	8	✔		
Bremssystem – Kontrolle	3	✔		
Kühlsystem – Kontrolle	9			nach 20 000 km
Antriebsriemen – Kontrolle	12		✔	✔ Ersetzen
Getriebeöl-Pegel – Kontrolle	15	✔		
Getriebeöl – Wechseln	16		✔	
Scheinwerfer – Kontrolle und Einstellung	17		✔	
Standgasdrehzahl – Kontrolle und Einstellung	18		✔	
Muttern und Schrauben – Festigkeitskontrolle	19		✔	
Ölpumpen-Antriebsriemen – Ersetzen	20			nach 20 000 km
Sekundärluftsystem – Reinigen	21			✔
Zündkerze – Kontrolle und Einstellung	22	✔		
Zündkerze – Ersetzen	23		✔	
Tachowelle und Antrieb – Schmierung	24		✔	
Lenkkopflager – Kontrolle und Einstellung	26		✔	
Federung – Kontrolle	27		✔	
Gas- u. Ölpumpenbowdenzug – Kontrolle u. Einstellung	28	✔		
Riemenautomatik	30		Rollen ersetzen	
Räder und Reifen – Allgemeine Kontrolle	31	✔		
Radlager – Kontrolle	32		✔	

* *Die Bremsflüssigkeit muss alle 2 Jahre und die Bremsleitung alle 3 Jahre ersetzt werden – ungeachtet der Kilometerleistung.*

Piaggio B125 Beverly

Modell-Identifikation

Motor ..... 124 cm³ Viertakt-Einzylinder (LEADER), wassergekühlt
Antrieb ..... Variable Automatik, Riemenantrieb
Zündung ..... Elektronisch
Federung
  vorne ..... Teleskopgabel
  hinten ..... Schwinge und 2 Stoßdämpfer
Bremsen ..... Scheibe vorne und hinten
Motornummer-Prefix ..... M281M und M284M
  Euro 3-Modell M28FM
Rahmennummer-Prefix ..... ZAP M281 und M284
  Euro 3-Modell ..... ZAP M289
Radstand
  Rahmen M281 ..... 1475 mm
  Rahmen M284 ..... 1455 mm
  Rahmen M289 (Euro 3) ..... 1470 mm
Gesamtlänge
  Rahmen M281 ..... 2120 mm
  Rahmen M284 ..... 2100 mm
  Rahmen M289 (Euro 3) ..... 2110 mm
Gesamtbreite
  Rahmen M281 ..... 785 mm
  Rahmen M284 (über Rückspiegel) ..... 837 mm
  Rahmen M289 (Euro 3) ..... 770 mm
Trockengewicht
  Rahmen M281 und M284 ..... 149 kg
  Rahmen M289 (Euro 3) ..... 161 kg
Kraftstofftank-Kapazität
  Gesamt ..... 10,0 Liter
  Reserve ..... 2,5 Liter
Modelleinführung ..... 2002 (Euro 3: 2007)

Wartungsdaten und Schmiermittel

Zündkerzentyp ..... NGK CR8 EB
Zündkerzen-Elektrodenabstand ..... 0,7 bis 0,8 mm
Standgasdrehzahl ..... 1600 bis 1700 U/min
Ventilspiel (**kalter** Motor)
  Einlass ..... 0,10 mm
  Auslass ..... 0,15 mm
Reifengröße vorne 110/70-16
Reifengröße hinten 140/70-16
Reifenluftdruck vorne ..... 2,0 bar
Reifenluftdruck hinten
  nur Fahrer ..... 2,2 bar
  mit Passagier ..... 2,5 bar
Kraftstofftyp ..... Super bleifrei (mind. 95 Oktan)
Motoröltyp ..... 5W40 Synthetiköl
Motoröl-Füllmenge ..... ca. 1 Liter
Kühlmittel ..... 50% destilliertes Wasser, 50% Ethylen-Glykol-Frostschutz
Kühlmittel-Füllmenge ..... ca. 1 Liter
Getriebeöltyp ..... 80W90 API GL3 Getriebeöl
Getriebeöl-Füllmenge ..... ca. 150 cm³
Bremsflüssigkeit ..... DOT 4
Luftfilter-Element ..... Luftfilteröl
Bremshebel ..... Calcium-Schmierfett (NLGI 1-2)
Bowdenzüge ..... Synthetiköl (z. B. Selenia HI 2T)

Wartungsintervalle – Piaggio B125 Beverly

Anmerkung: *Vor jeder Inspektion müssen die »Täglichen Kontrollen« durchgeführt werden – siehe Einleitung dieses Handbuches.*

	Text-Sektion in diesem Kapitel	Alle 4000 km oder 12 Monate	Alle 8000 km oder 2 Jahre	Alle 16 000 km oder 3 Jahre
Luftfilter – Reinigen	1		✔	
Batterie – Kontrolle	2	✔		
Bremsflüssigkeit – Wechseln	4		✔*	
Bremsleitung – Ersetzen	6			✔*
Bremshebel – Schmierung	7	✔		
Bremsbeläge – Verschleißkontrolle	8	✔		
Bremssystem – Kontrolle	3	✔		
Kühlsystem – Kontrolle	9			
Kühlsystem – Ablassen, spülen und auffüllen	10		✔**	
Antriebsriemen – Kontrolle	12	✔		
Antriebsriemen – Ersetzen	12		✔	
Motoröl und Ölfilter – Wechseln	13	✔		
Kraftstoffsystem – Kontrolle	14	✔		
Getriebeöl-Pegel – Kontrolle	15	✔		
Getriebeöl – Wechseln	16			✔
Scheinwerfer – Kontrolle und Einstellung	17		✔	
Standgasdrehzahl – Kontrolle und Einstellung	18		✔	
Muttern und Schrauben – Festigkeitskontrolle	19		✔	
Zündkerze – Kontrolle und Einstellung	22	✔		
Zündkerze – Ersetzen	23		✔	
Ständer – Kontrolle und Schmierung	25		✔	
Lenkkopflager – Kontrolle und Einstellung	26		✔	
Federung – Kontrolle	27		✔	
Gasbowdenzug – Kontrolle und Einstellung	28	✔		
Ventilspiel – Kontrolle und Einstellung	29			✔
Riemenautomatik – Kontrolle	30	✔		
Räder und Reifen – Allgemeine Kontrolle	31	✔		
Radlager – Kontrolle	32		✔	

** Die Bremsflüssigkeit muss alle 2 Jahre und die Bremsleitung alle 3 Jahre ersetzt werden – ungeachtet der Kilometerleistung.*
*** Das Kühlmittel muss alle 3 Jahre ersetzt werden – ungeachtet der Kilometerleistung.*

1

Piaggio X8 125

Modell-Identifikation

Motor ..... 124 cm³ Viertakt-Einzylinder (LEADER), wassergekühlt
Antrieb .... Variable Automatik, Riemenantrieb
Zündung .... Elektronisch
Federung
vorne .... Teleskopgabel
hinten .... Schwinge und 2 Stoßdämpfer
Bremsen .... Scheibe vorne und hinten
Motornummer-Prefix .... M363M (Euro 3: M368M)
Rahmennummer-Prefix .... ZAPM363 (Euro 3: ZAPM366)
Radstand .... 1490 mm
Gesamtlänge .... 2050 mm (Euro 3: 2070 mm)
Gesamtbreite .... 760 mm
Gesamthöhe (ohne Spiegel) .... 1370 mm
Trockengewicht .... 157 kg (Euro 3: 161 kg)
Kraftstofftank-Kapazität
Gesamt .... 9,5 Liter (Euro 3: 12 Liter)
Reserve .... 2,0 Liter
Modelleinführung .... 2005 (Premium X8 Euro 3: 2007)

Wartungsdaten und Schmiermittel

Zündkerzentyp .... Champion RG4 HC
Zündkerzen-Elektrodenabstand .... 0,7 bis 0,8 mm
Standgasdrehzahl .... 1600 bis 1700 U/min
Ventilspiel (**kalter** Motor)
Einlass .... 0,10 mm
Auslass .... 0,15 mm
Reifengröße vorne 120/70-14
Reifengröße hinten 130/70-12
Reifenluftdruck vorne .... 2,0 bar (Euro 3: 2,3 bar)
Reifenluftdruck hinten
nur Fahrer .... 2,2 bar (Euro 3: 2,6 bar)
mit Passagier .... 2,6 bar
Kraftstofftyp .... Super bleifrei (mind. 95 Oktan)
Motoröltyp .... 5W40 API SG Synthetiköl
Motoröl-Füllmenge .... ca. 1 Liter
Kühlmittel .... 50% destilliertes Wasser, 50% Ethylen-Glykol-Frostschutz
Kühlmittel-Füllmenge .... ca. 2 Liter
Getriebeöltyp .... 80W90 API GL3 Getriebeöl
Getriebeöl-Füllmenge .... ca. 150 cm³
Bremsflüssigkeit .... DOT 4
Luftfilter-Element .... Luftfilteröl
Bremshebel .... Calcium-Schmierfett (NLGI 1-2)
Bowdenzüge .... Synthetiköl (z. B. Selenia HI 2T)

Wartungsintervalle – Piaggio X8 125

Anmerkung: *Vor jeder Inspektion müssen die »Täglichen Kontrollen« durchgeführt werden – siehe Einleitung dieses Handbuches.*

	Text-Sektion in diesem Kapitel	Alle 4000 km oder 12 Monate	Alle 8000 km oder 2 Jahre	Alle 16 000 km oder 3 Jahre
Luftfilter – Reinigen	1	✔		
Batterie – Kontrolle	2	✔		
Bremsflüssigkeit – Wechseln	4		✔*	
Bremsleitung – Ersetzen	6			✔*
Bremshebel – Schmierung	7		✔	
Bremsbeläge – Verschleißkontrolle	8	✔		
Bremssystem – Kontrolle	3	✔		
Kühlsystem – Kontrolle	9	✔		
Kühlsystem – Ablassen, spülen und auffüllen	10		✔**	
Antriebsriemen – Kontrolle	12	✔		
Antriebsriemen – Ersetzen	12		✔	
Motoröl und Ölfilter – Wechseln	13	✔		
Getriebeöl-Pegel – Kontrolle	15	✔		
Getriebeöl – Wechseln	16			✔
Scheinwerfer – Kontrolle und Einstellung	17		✔	
Standgasdrehzahl – Kontrolle und Einstellung	18		✔	
Muttern und Schrauben – Festigkeitskontrolle	19		✔	
Sekundärluftsystem – Reinigen	21		✔***	
Zündkerze – Kontrolle und Einstellung	22	✔		
Zündkerze – Ersetzen	23		✔	
Lenkkopflager – Kontrolle und Einstellung	26		✔	
Federung – Kontrolle	27		✔	
Gasbowdenzug – Kontrolle und Einstellung	28		✔	
Ventilspiel – Kontrolle und Einstellung	29	Erstmals nach 6000 km		Danach alle 24 000 km
Riemenautomatik – Kontrolle	30	✔		
Räder und Reifen – Allgemeine Kontrolle	31	✔		

* *Die Bremsflüssigkeit muss alle 2 Jahre und die Bremsleitung alle 3 Jahre ersetzt werden – ungeachtet der Kilometerleistung.*
** *Das Kühlmittel muss alle 3 Jahre ersetzt werden – ungeachtet der Kilometerleistung.*
*** *Der Sekundärluftsystem-Luftfilter muss alle 2 Jahre gereinigt werden – ungeachtet der Kilometerleistung.*

1

Piaggio X9 125

Modell-Identifikation

Motor ..... 124 cm³ Viertakt-Einzylinder (LEADER), wassergekühlt
Antrieb .... Variable Automatik, Riemenantrieb
Zündung .... Elektronisch
Federung
  vorne .... Teleskopgabel
  hinten .... Schwinge und 2 Stoßdämpfer
Bremsen .... vorne Doppel-Scheibe, hinten Scheibe
Motornummer-Prefix .... M223M (Euro 3: M482M)
Rahmennummer-Prefix .... ZAPM23 (Euro 3: ZAPM481)
Radstand .... 1495 mm (Euro 3: 1500 mm)
Gesamtlänge .... 2100 mm (Euro 3: 2130 mm)
Gesamtbreite .... 865 mm (Euro 3: 910 mm)
Gesamthöhe (ohne Spiegel) .... 1350 mm (Euro 3: 1450 mm)
Trockengewicht .... 159 kg (Euro 3: 172 kg)
Kraftstofftank-Kapazität
  Gesamt .... 14,5 Liter
  Reserve .... 2,5 Liter
Modelleinführung .... 2001 (Euro 3: 2007)

Wartungsdaten und Schmiermittel

Zündkerzentyp .... NGK CR8 EB
Zündkerzen-Elektrodenabstand .... 0,7 bis 0,8 mm
Standgasdrehzahl .... 1600 bis 1700 U/min
Ventilspiel (**kalter** Motor)
  Einlass .... 0,10 mm
  Auslass .... 0,15 mm
Reifengröße vorne 120/70-14
Reifengröße hinten 140/70-14
Reifenluftdruck vorne .... 2,1 bar
Reifenluftdruck hinten
  nur Fahrer .... 2,3 bar
  mit Passagier .... 2,5 bar
Kraftstofftyp .... Super bleifrei (mind. 95 Oktan)
Motoröltyp .... 5W40 Synthetiköl
Motoröl-Füllmenge .... ca. 1 Liter
Kühlmittel .... 50% destilliertes Wasser, 50% Ethylen-Glykol-Frostschutz
Kühlmittel-Füllmenge .... ca. 1 Liter
Getriebeöltyp .... 80W90 API GL3 Getriebeöl
Getriebeöl-Füllmenge .... ca. 150 cm³
Bremsflüssigkeit .... DOT 4
Luftfilter-Element .... Luftfilteröl
Bremshebel .... Calcium-Schmierfett (NLGI 1-2)
Bowdenzüge .... Synthetiköl (z. B. Selenia HI 2T)

Wartungsintervalle – Piaggio X9 125

Anmerkung: *Vor jeder Inspektion müssen die »Täglichen Kontrollen« durchgeführt werden – siehe Einleitung dieses Handbuches.*

	Text-Sektion in diesem Kapitel	Alle 4000 km oder 12 Monate	Alle 8000 km oder 2 Jahre	Alle 16 000 km oder 3 Jahre
Luftfilter – Reinigen	1	✔		
Batterie – Kontrolle	2	✔		
Bremsflüssigkeit – Wechseln	4		✔*	
Bremsleitung – Ersetzen	6			✔*
Bremshebel – Schmierung	7		✔	
Bremsbeläge – Verschleißkontrolle	8	✔		
Bremssystem – Kontrolle	3	✔		
Kühlsystem – Kontrolle	9	✔		
Kühlsystem – Ablassen, spülen und auffüllen	10		✔**	
Antriebsriemen – Kontrolle	12	✔		
Antriebsriemen – Ersetzen	12		✔	
Motoröl und Ölfilter –Wechseln	13	✔		
Kraftstoffsystem – Kontrolle	14	✔		
Getriebeöl-Pegel – Kontrolle	15	✔		
Getriebeöl – Wechseln	16			✔
Scheinwerfer – Kontrolle und Einstellung	17		✔	
Standgasdrehzahl – Kontrolle und Einstellung	18		✔	
Muttern und Schrauben – Festigkeitskontrolle	19		✔	
Zündkerze – Kontrolle und Einstellung	22	✔		
Zündkerze – Ersetzen	23		✔	
Ständer – Kontrolle und Schmierung	25		✔	
Lenkkopflager – Kontrolle und Einstellung	26		✔	
Federung – Kontrolle	27		✔	
Gasbowdenzug – Kontrolle und Einstellung	28		✔	
Ventilspiel – Kontrolle und Einstellung	29	Erstmals nach 6000 km		Danach alle 24 000 km
Riemenautomatik – Kontrolle	30	✔		
Räder und Reifen – Allgemeine Kontrolle	31	✔		
Radlager – Kontrolle	32		✔	

** Die Bremsflüssigkeit muss alle 2 Jahre und die Bremsleitung alle 3 Jahre ersetzt werden – ungeachtet der Kilometerleistung.*
*** Das Kühlmittel muss alle 3 Jahre ersetzt werden – ungeachtet der Kilometerleistung.*

1

Vespa ET2

Modell-Identifikation

Motor	50 cm³ Zweitakt-Einzylinder, luftgekühlt
Antrieb	Variable Automatik, Riemenantrieb
Zündung	Elektronisch
Federung	
vorne	gezogene Schwinge, Monostoßdämpfer
hinten	Schwinge und Monostoßdämpfer
Bremsen	Scheibe vorne, Trommel hinten
Motornummer-Prefix	C161M000
Rahmennummer-Prefix	ZAP C16000
Radstand	1260 mm
Gesamtlänge	1780 mm
Gesamtbreite	710 mm
Gesamthöhe (ohne Spiegel)	1100 mm
Trockengewicht	98 kg
Kraftstofftank-Kapazität	
Gesamt	8,6 Liter
Reserve	1,5 Liter
Modelleinführung	Juli 1997

Wartungsdaten und Schmiermittel

Zündkerzentyp	Champion N2C oder NGK B9 ES
Zündkerzen-Elektrodenabstand	0,5 bis 0,6 mm
Standgasdrehzahl	1600 bis 1800 U/min
Reifengröße vorne	100/80-10
Reifengröße hinten	120/70-10
Reifenluftdruck vorne	1,3 bar
Reifenluftdruck hinten	
nur Fahrer	1,8 bar
mit Passagier	2,0 bar
Kraftstofftyp	Super bleifrei (mind. 95 Oktan)
Motoröltyp	Getrenntschmierungs-Zweitaktöl
Öltank-Kapazität	
Gesamt	1,35 Liter
Reserve	0,4 Liter
Getriebeöltyp	80W90 Getriebeöl
Getriebeöl-Füllmenge	ca. 85 cm³
Bremsflüssigkeit	DOT 4
Luftfilter-Element	Synthetiköl (z. B. Selenia HI 2T)
Riemenautomatik	Lithiumfett (NLGI 3)
Tachometerantrieb	Lithiumfett (NLGI 3)
Bremshebel	Calcium-Schmierfett (NLGI 1-2)
Bowdenzüge	Synthetiköl (z. B. Selenia HI 2T)

Wartungsintervalle – Vespa ET2

Anmerkung: *Vor jeder Inspektion müssen die »Täglichen Kontrollen« durchgeführt werden – siehe Einleitung dieses Handbuches.*

	Text-Sektion in diesem Kapitel	Alle 4000 km oder 12 Monate	Alle 8000 km oder 2 Jahre	Alle 16 000 km oder 3 Jahre
Luftfilter – Reinigen	1	✔		
Batterie – Kontrolle	2	✔		
Bremsbowdenzug – Kontrolle und Schmierung	5	✔		
Bremsflüssigkeit – Wechseln	4		✔*	
Bremsleitung – Ersetzen	6			✔*
Bremshebel – Schmierung	7	✔		
Bremsbeläge – Verschleißkontrolle	8	✔		
Bremssystem – Kontrolle	3	✔		
Zylinderkopf – Ablagerungen entfernen	11			✔
Antriebsriemen – Kontrolle	12	✔		
Kraftstoffsystem – Kontrolle	14	✔		
Getriebeöl-Pegel – Kontrolle	15	✔		
Getriebeöl – Wechseln	16		✔	
Scheinwerfer – Kontrolle und Einstellung	17		✔	
Standgasdrehzahl – Kontrolle und Einstellung	18	✔		
Muttern und Schrauben – Festigkeitskontrolle	19		✔	
Ölpumpen-Antriebsriemen – Ersetzen	20			✔
Zündkerze – Kontrolle und Einstellung	22	✔		
Zündkerze – Ersetzen	23		✔	
Tachowelle und Antrieb – Schmierung	24		✔	
Ständer – Kontrolle und Schmierung	25		✔	
Lenkkopflager – Kontrolle und Einstellung	26		✔	
Federung – Kontrolle	27		✔	
Gas- u. Ölpumpenbowdenzug – Kontrolle u. Einstellung	28	✔		
Riemenautomatik und Kupplung – Kontrolle	30	✔ Riemenautomatik		✔ Kupplung
Räder und Reifen – Allgemeine Kontrolle	31	✔		
Radlager – Kontrolle	32		✔	

** Die Bremsflüssigkeit muss alle 2 Jahre und die Bremsleitung alle 3 Jahre ersetzt werden – ungeachtet der Kilometerleistung.*

1

Vespa ET4 50

Modell-Identifikation

Motor . . . . . 50 cm³ Viertakt-Einzylinder, luftgekühlt
Antrieb . . . . . Variable Automatik, Riemenantrieb
Zündung . . . . . Elektronisch
Federung
  vorne . . . . . gezogene Schwinge, Monostoßdämpfer
  hinten . . . . . Schwinge, Monostoßdämpfer
Bremsen . . . . . vorne Scheibe, hinten Trommel
Motornummer-Prefix C382M
Rahmennummer-Prefix ZAPC382
Radstand . . . . . 1275 mm
Gesamtlänge . . . . . 1780 mm
Gesamtbreite . . . . . 710 mm
Gesamthöhe (ohne Spiegel) . . . . . 1090 mm
Trockengewicht . . . . . 105 kg
Kraftstofftank-Kapazität
  Gesamt . . . . . 9,0 Liter
  Reserve . . . . . 2,3 Liter
Modelleinführung 2001

Wartungsdaten und Schmiermittel

Zündkerzentyp . . . . . Champion RG4 PHP oder Champion RG4 HC
Zündkerzen-Elektrodenabstand . . . . . 0,7 bis 0,8 mm
Standgasdrehzahl . . . . . 1900 bis 2000 U/min
Ventilspiel (**kalter** Motor)
  Einlass . . . . . 0,10 mm
  Auslass . . . . . 0,15 mm
Reifengröße vorne 100/80-10
Reifengröße hinten . . . . . 120/70-10 oder 130/70-10
Reifenluftdruck vorne . . . . . 1,3 bar
Reifenluftdruck hinten
  nur Fahrer . . . . . 1,8 bar
  mit Passagier . . . . . 2,0 bar
Kraftstofftyp . . . . . Super bleifrei (mind. 95 Oktan)
Motoröltyp . . . . . 5W40 API SJ Synthetiköl
Motoröl-Füllmenge . . . . . 0,85 Liter
Getriebeöltyp . . . . . 80W90 API GL3 Getriebeöl
Getriebeöl-Füllmenge . . . . . ca. 80 cm³
Bremsflüssigkeit . . . . . DOT 4
Luftfilter-Element . . . . . Luftfilteröl
Tachometerantrieb . . . . . Lithiumfett (NLGI 3)
Bremshebel . . . . . Calcium-Schmierfett (NLGI 1-2)
Bowdenzüge . . . . . Synthetiköl (z. B. Selenia HI 2T)

Wartungsintervalle – Vespa ET4 50

Anmerkung: *Vor jeder Inspektion müssen die »Täglichen Kontrollen« durchgeführt werden – siehe Einleitung dieses Handbuches.*

	Text-Sektion in diesem Kapitel	Alle 4000 km oder 12 Monate	Alle 8000 km oder 2 Jahre	Alle 16 000 km oder 3 Jahre
Luftfilter – Reinigen	1		✔	
Batterie – Kontrolle	2	✔		
Bremsbowdenzug – Kontrolle und Schmierung	5	✔		
Bremsflüssigkeit – Wechseln	4		✔*	
Bremsleitung – Ersetzen	6			✔*
Bremshebel – Schmierung	7	✔		
Bremsbeläge – Verschleißkontrolle	8	✔		
Bremssystem – Kontrolle	3	✔		
Antriebsriemen – Wechseln	12		✔	
Motoröl – Wechseln und Sieb reinigen	13	✔		
Kraftstoffsystem – Kontrolle	14	✔		
Getriebeöl-Pegel – Kontrolle	15	✔		
Getriebeöl – Wechseln	16			✔
Scheinwerfer – Kontrolle und Einstellung	17		✔	
Standgasdrehzahl – Kontrolle und Einstellung	18		✔	
Muttern und Schrauben – Festigkeitskontrolle	19		✔	
Zündkerze – Ersetzen	22		✔	
Tachowelle und Antrieb – Schmierung	24		✔	
Ständer – Kontrolle und Schmierung	25		✔	
Lenkkopflager – Kontrolle und Einstellung	26		✔	
Federung – Kontrolle	27		✔	
Gasbowdenzug – Kontrolle und Einstellung	28		✔	
Ventilspiel – Kontrolle und Einstellung	29			✔
Riemenautomatik – Kontrolle	30	✔		
Räder und Reifen – Allgemeine Kontrolle	31	✔		
Radlager – Kontrolle	32		✔	

* *Die Bremsflüssigkeit muss alle 2 Jahre und die Bremsleitung alle 3 Jahre ersetzt werden – ungeachtet der Kilometerleistung.*

Vespa ET4 125

Modell-Identifikation

Motor .. 125 cm³ Viertakt-Einzylinder (später: LEADER), luftgekühlt
Antrieb .... Variable Automatik, Riemenantrieb
Zündung .... Elektronisch
Federung
- vorne .... gezogene Schwinge, Monostoßdämpfer
- hinten .... Schwinge und Monostoßdämpfer

Bremsen .... Scheibe vorne, Trommel hinten
Motornummer-Prefix .... MO 41M
Rahmennummer-Prefix
- 1996 bis 1998 .... ZAP MO4000
- LEADER-Motor .... ZAPM 19

Radstand .... 1275 mm
Gesamtlänge .... 1780 mm
Gesamtbreite .... 710 mm
Gesamthöhe (ohne Spiegel) .... 1090 mm
Trockengewicht .... 109 kg
Kraftstofftank-Kapazität
- Gesamt .... 9,0 Liter
- Reserve .... 2,3 Liter

Modelleinführung .... September 1996

Wartungsdaten und Schmiermittel

Zündkerzentyp .... Champion RGH4 HC oder NGK CR8E
Zündkerzen-Elektrodenabstand .... 0,7 bis 0,8 mm
Standgasdrehzahl
- 1996 bis 1998 .... 1570 bis 1630 U/min
- LEADER-Motor .... 1600 bis 1800 U/min

Ventilspiel (**kalter** Motor)
- 1996 bis 1998 .... 0,15 mm
- LEADER-Motor
  - Einlass .... 0,10 mm
  - Auslass .... 0,15 mm

Reifengröße vorne 100/80-10
Reifengröße hinten .... 120/70-10 oder 130/70-10
Reifenluftdruck vorne .... 1,3 bar
Reifenluftdruck hinten
- nur Fahrer .... 1,8 bar
- mit Passagier .... 2,0 bar

Kraftstofftyp .... Super bleifrei (mind. 95 Oktan)
Motoröltyp
- 1996 bis 1998 .... 20W50 Mehrbereichsöl
- LEADER-Motor .... SAE 5W40 Synthetiköl

Motoröl-Füllmenge
- 1996 bis 1998 .... ca. 0,85 Liter
- LEADER-Motor .... ca. 1 Liter

Getriebeöltyp .... 80W90 API GL3 Getriebeöl
Getriebeöl-Füllmenge .... 90 bis 100 cm³
Bremsflüssigkeit .... DOT 4
Luftfilter-Element .... Luftfilteröl
Riemenautomatik (1996 bis 1998) .... Lithiumfett (NLGI 3)
Tachometerantrieb .... Lithiumfett (NLGI 3)
Bremshebel .... Calcium-Schmierfett (NLGI 1-2)
Bowdenzüge .... Synthetiköl (z. B. Selenia HI 2T)

Wartungsintervalle – Vespa ET4 125

Anmerkung: *Vor jeder Inspektion müssen die »Täglichen Kontrollen« durchgeführt werden – siehe Einleitung dieses Handbuches.*

	Text-Sektion in diesem Kapitel	Alle 4000 km oder 12 Monate	Alle 8000 km oder 2 Jahre	Alle 16 000 km oder 3 Jahre
Luftfilter – Reinigen	1	✔		
Batterie – Kontrolle	2	✔		
Bremsbowdenzug – Kontrolle und Schmierung	5	✔		
Bremsflüssigkeit – Wechseln	4		✔*	
Bremsleitung – Ersetzen	6			✔*
Bremshebel – Schmierung	7		✔	
Bremsbeläge – Verschleißkontrolle	8	✔		
Bremssystem – Kontrolle	3	✔		
Antriebsriemen – Kontrolle (Modelle bis1998)	12	✔		
Antriebsriemen – Wechseln (LEADER Motor)	12		✔	
Motoröl – Wechseln und Sieb reinigen (Modelle bis 1998)	13	✔		
Motorölfilter – Wechseln (Modelle bis1998)	13		✔	
Motoröl und Filter – Wechseln (LEADER Motor)	13	✔		
Kraftstoffsystem – Kontrolle	14	✔		
Getriebeöl-Pegel – Kontrolle	15	✔		
Getriebeöl (Modelle bis1998) – Wechseln	16		✔	
Getriebeöl (LEADER Motor) – Wechseln	16			✔
Scheinwerfer – Kontrolle und Einstellung	17		✔	
Standgasdrehzahl – Kontrolle und Einstellung	18	✔		
Muttern und Schrauben – Festigkeitskontrolle	19		✔	
Zündkerze – Kontrolle und Einstellung	22	✔		
Zündkerze – Ersetzen	23		✔	
Tachowelle und Antrieb – Schmierung	24		✔	
Ständer – Kontrolle und Schmierung	25		✔	
Lenkkopflager – Kontrolle und Einstellung	26		✔	
Federung – Kontrolle	27		✔	
Gasbowdenzug – Kontrolle und Einstellung	28	✔		
Ventilspiel – Kontrolle und Einstellung	29			✔
Riemenautomatik – Kontrolle	30	✔		
Räder und Reifen – Allgemeine Kontrolle	31	✔		
Radlager – Kontrolle	32		✔	

** Die Bremsflüssigkeit muss alle 2 Jahre und die Bremsleitung alle 3 Jahre ersetzt werden – ungeachtet der Kilometerleistung.*

1

Vespa LX2 50 und LXV 50

Modell-Identifikation

Motor	50 cm³ Zweitakt-Einzylinder, luftgekühlt
Antrieb	Variable Automatik, Riemenantrieb
Zündung	Elektronisch
Federung	
vorne	gezogene Schwinge, Monostoßdämpfer
hinten	Schwinge und Monostoßdämpfer
Bremsen	Scheibe vorne, Trommel hinten
Motornummer-Prefix	C38 1M
Rahmennummer-Prefix	
LX2 50	ZAP C38101
LXV 50	ZAPC38102
Radstand	1280 mm
Gesamtlänge	LX2: 1755 mm; LXV: 1800 mm
Gesamtbreite	740 mm
Gesamthöhe (ohne Spiegel)	LX2: 1140 mm; LXV: 1180 mm
Trockengewicht	LX2: 96 kg; LXV: 98 kg
Kraftstofftank-Kapazität	
Gesamt	8,6 Liter
Reserve	2,0 Liter
Modelleinführung	LX2: 2005; LXV: 2008

Wartungsdaten und Schmiermittel

Zündkerzentyp	Champion RN2C
Zündkerzen-Elektrodenabstand	0,6 bis 0,7 mm
Standgasdrehzahl	1800 bis 2000 U/min
Reifengröße vorne	110/70-11
Reifengröße hinten	120/70-10
Reifenluftdruck vorne	1,6 bar
Reifenluftdruck hinten	2,0 bar
Kraftstofftyp	Super bleifrei (mind. 95 Oktan)
Motoröltyp	Synthetisches-Zweitaktöl bis JASO FC
Öltank-Kapazität	1,2 Liter
Getriebeöltyp	80W80 API GL3 Getriebeöl
Getriebeöl-Füllmenge	ca. 85 cm³
Bremsflüssigkeit	DOT 4
Luftfilter-Element	Synthetiköl (z. B. Selenia HI 2T)
Tachometerantrieb	Lithiumfett (NLGI 3)
Bremshebel	Calcium-Schmierfett (NLGI 1-2)
Bowdenzüge	Synthetiköl (z. B. Selenia HI 2T)
Riemenrad-Welle	Molybdän-Bisulfitfett

Wartungsintervalle – Vespa LX2 50 und LXV 50

Anmerkung: *Vor jeder Inspektion müssen die »Täglichen Kontrollen« durchgeführt werden – siehe Einleitung dieses Handbuches.*

	Text-Sektion in diesem Kapitel	Alle 4000 km oder 12 Monate	Alle 8000 km oder 2 Jahre	Alle 16 000 km oder 3 Jahre
Luftfilter – Reinigen	1	✔		
Batterie – Kontrolle	2	✔		
Bremsbowdenzug – Kontrolle und Schmierung	5		✔	
Bremsflüssigkeit – Wechseln	4		✔*	
Bremsleitung – Ersetzen	6			✔*
Bremshebel – Schmierung	7	✔		
Bremsbeläge – Verschleißkontrolle	8	✔		
Bremssystem – Kontrolle	3	✔		
Kühlsystem – Kontrolle	9			✔
Antriebsriemen – Kontrolle	12		✔	Riemen ersetzen
Getriebeöl-Pegel – Kontrolle	15	✔		
Getriebeöl – Wechseln	16		✔	
Scheinwerfer – Kontrolle und Einstellung	17		✔	
Standgasdrehzahl – Kontrolle und Einstellung	18		✔	
Muttern und Schrauben – Festigkeitskontrolle	19		✔	
Ölpumpen-Antriebsriemen – Ersetzen	20		20 000 km	Alle
Sekundärluftsystem – Reinigen	21			✔
Zündkerze – Ersetzen	23	✔		
Tachowelle und Antrieb – Schmierung	24		✔	
Lenkkopflager – Kontrolle und Einstellung	26		✔	
Federung – Kontrolle	27		✔	
Gas- u. Ölpumpenbowdenzug – Kontrolle u. Einstellung	28	✔		
Riemenautomatik	30		Rollen ersetzen	
Räder und Reifen – Allgemeine Kontrolle	31	✔		

** Die Bremsflüssigkeit muss alle 2 Jahre und die Bremsleitung alle 3 Jahre ersetzt werden – ungeachtet der Kilometerleistung.*

Vespa LX4 50

Modell-Identifikation

Motor . . . . 50 cm³ Viertakt-Einzylinder, luftgekühlt
Antrieb . . . . Variable Automatik, Riemenantrieb
Zündung . . . . Elektronisch
Federung
  vorne . . . . gezogene Schwinge, Monostoßdämpfer
  hinten . . . . Schwinge, Monostoßdämpfer
Bremsen . . . . vorne Scheibe, hinten Trommel
Motornummer-Prefix C383M
Rahmennummer-Prefix ZAPC38300
Radstand . . . . 1290 mm
Gesamtlänge . . . . 1755 mm
Gesamtbreite . . . . 710 mm
Gesamthöhe (ohne Spiegel) . . . . 1140 mm
Trockengewicht . . . . 102 kg
Kraftstofftank-Kapazität
  Gesamt . . . . 8,5 Liter
  Reserve . . . . 2,0 Liter
Modelleinführung 2006

Wartungsdaten und Schmiermittel

Zündkerzentyp . . . . NGK CR8 EB
Zündkerzen-Elektrodenabstand . . . . 0,7 bis 0,8 mm
Standgasdrehzahl . . . . 1900 bis 2000 U/min
Ventilspiel (**kalter** Motor)
  Einlass . . . . 0,10 mm
  Auslass . . . . 0,15 mm
Reifengröße vorne 110/70-11
Reifengröße hinten 120/70-10
Reifenluftdruck vorne . . . . 1,6 bar
Reifenluftdruck hinten . . . . 2,0 bar
Kraftstofftyp . . . . Super bleifrei (mind. 95 Oktan)
Motoröltyp . . . . 5W40 API SJ Synthetiköl
Motoröl-Füllmenge . . . . 0,85 Liter
Getriebeöltyp . . . . 75W85 API GL4 Getriebeöl
Getriebeöl-Füllmenge . . . . ca. 85 cm³
Bremsflüssigkeit . . . . DOT 4
Luftfilter-Element . . . . Luftfilteröl
Tachometerantrieb . . . . Lithiumfett (NLGI 3)
Bremshebel . . . . Calcium-Schmierfett (NLGI 1-2)
Bowdenzüge . . . . Synthetiköl (z. B. Selenia HI 2T)
Riemenrad-Welle . . . . Molybdän-Bisulfitfett

Wartungsintervalle – Vespa LX4 50

Anmerkung: *Vor jeder Inspektion müssen die »Täglichen Kontrollen« durchgeführt werden – siehe Einleitung dieses Handbuches.*

	Text-Sektion in diesem Kapitel	Alle 4000 km oder 12 Monate	Alle 8000 km oder 2 Jahre	Alle 16 000 km oder 3 Jahre
Luftfilter – Reinigen	1		✔	
Batterie – Kontrolle	2	✔		
Bremsbowdenzug – Kontrolle und Schmierung	5		✔	
Bremsflüssigkeit – Wechseln	4		✔*	
Bremsleitung – Ersetzen	6			✔*
Bremshebel – Schmierung	7		✔	
Bremsbeläge – Verschleißkontrolle	8	✔		
Bremssystem – Kontrolle	3	✔		
Kühlsystem – Kontrolle	9			✔
Antriebsriemen – Wechseln	12		✔	
Motoröl – Wechseln und Sieb reinigen	13	✔		
Getriebeöl – Kontrolle	15	✔		
Getriebeöl – Wechseln	16			✔
Scheinwerfer – Kontrolle und Einstellung	17		✔	
Standgasdrehzahl – Kontrolle und Einstellung	18		✔	
Sekundärluftsystem – Reinigen	21		✔	
Zündkerze – Kontrolle	22	✔		
Tachowelle und Antrieb – Schmierung	24		✔	
Lenkkopflager – Kontrolle und Einstellung	26		✔	
Federung – Kontrolle	27		✔	
Gasbowdenzug – Kontrolle und Einstellung	28	✔		
Ventilspiel – Kontrolle und Einstellung	29			✔
Riemenautomatik – Kontrolle	30	✔		
Räder und Reifen – Allgemeine Kontrolle	31	✔		

** Die Bremsflüssigkeit muss alle 2 Jahre und die Bremsleitung alle 3 Jahre ersetzt werden – ungeachtet der Kilometerleistung.*

1

Vespa LX 125 und LXV 125

Modell-Identifikation

Motor	125 cm^3 Viertakt-Einzylinder, luftgekühlt
Antrieb	Variable Automatik, Riemenantrieb
Zündung	Elektronisch
Federung	
vorne	gezogene Schwinge, Monostoßdämpfer
hinten	Schwinge, Monostoßdämpfer
Bremsen	vorne Scheibe, hinten Trommel
Motornummer-Prefix	MXXXM1001
Rahmennummer-Prefix	
LX 125	ZAPM 44100 (Euro 3: ZAPM44300)
LXV 125	ZAPM44301
Radstand	1280 mm
Gesamtlänge	1800 mm
Gesamtbreite	740 mm
Sitzhöhe	785 mm
Trockengewicht	110 kg (Euro 3 und LXV: 114 kg)
Kraftstofftank-Kapazität	
Gesamt	8,6 Liter
Reserve	2,0 Liter
Modelleinführung	LX: 2005; LXV: 2008

Wartungsdaten und Schmiermittel

Zündkerzentyp	Champion RG6YC oder NGK CR7 EB
Zündkerzen-Elektrodenabstand	0,7 bis 0,8 mm
Standgasdrehzahl	1650 U/min
Ventilspiel (**kalter** Motor)	
Einlass	0,10 mm
Auslass	0,15 mm
Reifengröße	
Vorderrad	110/70-11
Hinterrad	120/70-10
Reifenluftdruck vorne	1,6 bar
Reifenluftdruck hinten	
nur Fahrer	2,0 bar
mit Beifahrer	2,3 bar
Kraftstofftyp	Super bleifrei (mind. 95 Oktan)
Motoröltyp	5W40 API SL JASO MA Synthetiköl
Motoröl-Füllmenge	ca. 1 Liter
Getriebeöltyp	80W90 API GL3 Getriebeöl
Getriebeöl-Füllmenge	ca. 100 cm^3
Bremsflüssigkeit	DOT 4
Luftfilter-Element	Luftfilteröl
Tachometerantrieb	Lithiumfett (NLGI 3)
Bremshebel	Calcium-Schmierfett (NLGI 1-2)
Bowdenzüge	Motoröl

Wartungsintervalle – Vespa LX 125 und LXV 125

Anmerkung: *Vor jeder Inspektion müssen die »Täglichen Kontrollen« durchgeführt werden – siehe Einleitung dieses Handbuches.*

	Text-Sektion in diesem Kapitel	Alle 4000 km oder 12 Monate	Alle 8000 km oder 2 Jahre	Alle 16 000 km oder 3 Jahre
Luftfilter – Reinigen	1	✔		
Batterie – Kontrolle	2	✔		
Bremsbowdenzug – Kontrolle und Schmierung	5	✔		
Bremsflüssigkeit – Wechseln	4		✔*	
Bremsleitung – Ersetzen	6			✔*
Bremshebel – Schmierung	7		✔	
Bremsbeläge – Verschleißkontrolle	8	✔		
Bremssystem – Kontrolle	3	✔		
Kühlsystem – Kontrolle	9			✔
Antriebsriemen – Kontrolle	12	✔	Riemen ersetzen	
Motoröl und Ölfilter – Wechseln	13	✔		
Getriebeöl-Pegel – Kontrolle	15	✔		
Getriebeöl – Wechseln	16			✔
Scheinwerfer – Kontrolle und Einstellung	17		✔	
Standgasdrehzahl – Kontrolle und Einstellung	18		✔	
Muttern und Schrauben – Festigkeitskontrolle	19		✔	
Sekundärluftsystem – Reinigen	21		✔	
Zündkerze – Kontrolle und Einstellung	22	✔		
Zündkerze – Ersetzen	23		✔	
Tachowelle und Antrieb – Schmierung	24		✔	
Ständer – Kontrolle und Schmierung	25		✔	
Lenkkopflager – Kontrolle und Einstellung	26		✔	
Federung – Kontrolle	27		✔	
Gasbowdenzug – Kontrolle und Einstellung	28		✔	
Ventilspiel – Kontrolle und Einstellung	29	Erstmals nach 6000 km		Danach alle 35 000 km
Riemenautomatik – Kontrolle	30	✔	Rollen ersetzen	
Räder und Reifen – Allgemeine Kontrolle	31	✔		

** Die Bremsflüssigkeit muss alle 2 Jahre und die Bremsleitung alle 3 Jahre ersetzt werden – ungeachtet der Kilometerleistung.*

1

Vespa GT 125/200

Modell-Identifikation

Motor	124/198 cm³ Viertakt-Einzylinder (LEADER), wassergekühlt
Antrieb	Variable Automatik, Riemenantrieb
Zündung	Elektronisch
Federung	
vorne	gezogene Schwinge, Monostoßdämpfer
hinten	Schwinge, Monostoßdämpfer
Bremsen	vorne und hinten Scheibe
Motornummer-Prefix	
GT 125	M311M1001
GT 200	M312M1001
Rahmennummer-Prefix	
GT 125	ZAPM311000000
GT 200	ZAPM312000000
Radstand	1395 mm
Gesamtlänge	1940 mm
Gesamtbreite	755 mm
Sitzhöhe	800 mm
Trockengewicht	138 kg
Kraftstofftank-Kapazität	
Gesamt	10,0 Liter
Reserve	2,0 Liter
Modelleinführung	2003

Wartungsdaten und Schmiermittel

Zündkerzentyp	
GT 125	NGK CR8 EB
GT 200	Champion RG6YC
Zündkerzen-Elektrodenabstand	0,7 bis 0,8 mm
Standgasdrehzahl	1600 bis 1700 U/min
Ventilspiel (**kalter** Motor)	
Einlass	0,10 mm
Auslass	0,15 mm
Reifengröße vorne	120/70-12
Reifengröße hinten	130/70-12
Reifenluftdruck vorne	1,8 bar
Reifenluftdruck hinten	
nur Fahrer	2,0 bar
mit Beifahrer	2,2 bar
Kraftstofftyp	Super bleifrei (mind. 95 Oktan)
Motoröltyp	5W40 API SJ Synthetiköl
Motoröl-Füllmenge	ca. 1 Liter
Kühlmittel	50% destilliertes Wasser, 50% Ethylen-Glykol-Frostschutz
Kühlmittel-Füllmenge	ca. 2 Liter
Getriebeöltyp	80W90 API GL3 Getriebeöl
Getriebeöl-Füllmenge	ca. 150 cm³
Bremsflüssigkeit	DOT 4
Luftfilter-Element	Luftfilteröl
Tachometerantrieb	Lithiumfett (NLGI 3)
Bremshebel	Calcium-Schmierfett (NLGI 1-2)
Bowdenzüge	Synthetiköl (z. B. Selenia HI 2T)

Wartungsintervalle – Vespa GT 125/200

Anmerkung: *Vor jeder Inspektion müssen die »Täglichen Kontrollen« durchgeführt werden – siehe Einleitung dieses Handbuches.*

	Text-Sektion in diesem Kapitel	Alle 4000 km oder 12 Monate	Alle 8000 km oder 2 Jahre	Alle 16 000 km oder 3 Jahre
Luftfilter – Reinigen	1	✔		
Batterie – Kontrolle	2	✔		
Bremsflüssigkeit – Wechseln	4		✔*	
Bremsleitung – Ersetzen	6			✔*
Bremshebel – Schmierung	7		✔	
Bremsbeläge – Verschleißkontrolle	8	✔		
Bremssystem – Kontrolle	3	✔		
Kühlsystem – Kontrolle	9	✔		
Kühlsystem – Ablassen, spülen und auffüllen	10		✔**	
Antriebsriemen – Kontrolle	12	✔		
Motoröl und Ölfilter – Wechseln	13	✔		
Getriebeöl-Pegel – Kontrolle	15	✔		
Getriebeöl – Wechseln	16			✔
Scheinwerfer – Kontrolle und Einstellung	17		✔	
Standgasdrehzahl – Kontrolle und Einstellung	18		✔	
Muttern und Schrauben – Festigkeitskontrolle	19		✔	
Sekundärluftsystem – Reinigen	21		✔***	
Zündkerze – Kontrolle und Einstellung	22	✔		
Lenkkopflager – Kontrolle und Einstellung	26		✔	
Federung – Kontrolle	27		✔	
Gasbowdenzug – Kontrolle und Einstellung	28		✔	
Ventilspiel – Kontrolle und Einstellung (125)	29	Erstmals nach 6000 km		Danach alle 24 000 km
Ventilspiel – Kontrolle und Einstellung (200)	29	Erstmals nach 6000 km		Danach alle 35 000 km
Riemenautomatik – Kontrolle	30	✔		
Räder und Reifen – Allgemeine Kontrolle	31	✔		

** Die Bremsflüssigkeit muss alle 2 Jahre und die Bremsleitung alle 3 Jahre ersetzt werden – ungeachtet der Kilometerleistung.*
*** Das Kühlmittel muss alle 3 Jahre ersetzt werden – ungeachtet der Kilometerleistung.*
**** Der Sekundärluftsystem-Luftfilter muss alle 2 Jahre gereinigt werden – ungeachtet der Kilometerleistung.*

1

Vespa GTS/GTV 125

Modell-Identifikation

Motor	124 cm³ Viertakt-Einzylinder (LEADER), wassergekühlt
Antrieb	Variable Automatik, Riemenantrieb
Zündung	Elektronisch
Federung	
vorne	gezogene Schwinge, Monostoßdämpfer
hinten	Schwinge, Monostoßdämpfer
Bremsen	vorne und hinten Scheibe
Motornummer-Prefix	
GTS 125	M315M1001
GTV 125	M312M1001
Rahmennummer-Prefix	
GTS 125	ZAPM31300
GTV 125	ZAPM31301
Radstand	1395 mm
Gesamtlänge	1940 mm
Gesamtbreite	GTS: 755 mm; GTV: 770 mm
Trockengewicht	GTS: 145 kg; GTV: 148 kg
Kraftstofftank-Kapazität	
Gesamt	GTS: 10,0 Liter; GTV: 9,5 Liter
Reserve	2,0 Liter
Modelleinführung	GTS: 2007; GTV: 2008

Wartungsdaten und Schmiermittel

Zündkerzentyp	Champion RG4 HC oder NGK CR8EB
Zündkerzen-Elektrodenabstand	0,8 mm
Standgasdrehzahl	1650 U/min
Ventilspiel (**kalter** Motor)	
Einlass	0,10 mm
Auslass	0,15 mm
Reifengröße vorne	120/70-12
Reifengröße hinten	130/70-12
Reifenluftdruck vorne	1,8 bar
Reifenluftdruck hinten – GTS	2,2 bar
Reifenluftdruck hinten – GTV	
nur Fahrer	2,0 bar
mit Beifahrer	2,2 bar
Kraftstofftyp	Super bleifrei (mind. 95 Oktan)
Motoröltyp	5W40 API SJ Synthetiköl
Motoröl-Füllmenge	ca. 1 Liter
Kühlmittel	50% destilliertes Wasser, 50% Ethylen-Glykol-Frostschutz
Kühlmittel-Füllmenge	ca. 2 Liter
Getriebeöltyp	80W90 API GL3 Getriebeöl
Getriebeöl-Füllmenge	ca. 150 cm³
Bremsflüssigkeit	DOT 4
Luftfilter-Element	Luftfilteröl
Tachometerantrieb	Lithiumfett (NLGI 3)
Bremshebel	Calcium-Schmierfett (NLGI 1-2)
Bowdenzüge	Synthetiköl (z. B. Selenia HI 2T)

Wartungsintervalle – Vespa GTS/GTV 125

Anmerkung: *Vor jeder Inspektion müssen die »Täglichen Kontrollen« durchgeführt werden – siehe Einleitung dieses Handbuches.*

	Text-Sektion in diesem Kapitel	Alle 6000 km	Alle 12 000 km	Alle 15 000 km
Luftfilter – Reinigen	1	✔		
Batterie – Kontrolle	2	✔		
Bremsflüssigkeit – Wechseln	4		✔*	
Bremsleitung – Ersetzen	6			✔*
Bremshebel – Schmierung	7		✔	
Bremsbeläge – Verschleißkontrolle	8	✔		
Bremssystem – Kontrolle	3	✔		
Kühlsystem – Kontrolle	9	✔**		
Antriebsriemen – Kontrolle	12	✔		
Antriebsriemen – Ersetzen	12		✔	
Motoröl und Ölfilter – Wechseln	13	✔		
Getriebeöl-Pegel – Kontrolle	15	✔		
Getriebeöl – Wechseln	16			✔
Scheinwerfer – Kontrolle und Einstellung	17		✔	
Standgasdrehzahl – Kontrolle und Einstellung	18		✔	
Muttern und Schrauben – Festigkeitskontrolle	19		✔	
Zündkerze – Kontrolle und Einstellung	22	✔		
Zündkerze – Ersetzen	23		✔	
Lenkkopflager – Kontrolle und Einstellung	26		✔	
Federung – Kontrolle	27		✔	
Gasbowdenzug – Kontrolle und Einstellung	28		✔	
Ventilspiel – Kontrolle und Einstellung	29	Erstmals nach 6000 km		✔
Riemenautomatik – Kontrolle	30	✔		
Räder und Reifen – Allgemeine Kontrolle	31	✔		

** Die Bremsflüssigkeit muss alle 2 Jahre und die Bremsleitung alle 36 000 km ersetzt werden.*
*** Das Kühlmittel muss alle 3 Jahre ersetzt werden – ungeachtet der Kilometerleistung.*
Der Sekundärluftsystem-Luftfilter muss alle 2 Jahre gereinigt werden – ungeachtet der Kilometerleistung.

1

Vespa S 50

Modell-Identifikation

Motor	50 cm³ Zweitakt-Einzylinder (HI-PER 2), luftgekühlt
Antrieb	Variable Automatik, Riemenantrieb
Zündung	Elektronisch
Federung	
vorne	gezogene Schwinge, Monostoßdämpfer
hinten	Schwinge, 2 Stoßdämpfer
Bremsen	vorne Scheibe, hinten Trommel
Motornummer-Prefix	C381M
Rahmennummer-Prefix	ZAPC38103
Radstand	1290 mm
Gesamtlänge	1755 mm
Gesamtbreite	740 mm
Gesamthöhe (ohne Spiegel)	1140 mm
Trockengewicht	96 kg
Kraftstofftank-Kapazität	
Gesamt	8,5 Liter
Reserve	2,0 Liter
Modelleinführung	2007

Wartungsdaten und Schmiermittel

Zündkerzentyp	Champion RN3C
Zündkerzen-Elektrodenabstand	0,6 bis 0,7 mm
Standgasdrehzahl	1800 U/min
Reifengröße vorne	110/70-11
Reifengröße hinten	120/70-10
Reifenluftdruck vorne	1,4 bar
Reifenluftdruck hinten	2,0 bar
Kraftstofftyp	Super bleifrei (mind. 95 Oktan)
Motoröltyp	Synthetisches Zweitaltöl bis JASO FC
Motoröl-Füllmenge	
Gesamt	1,5 Liter
Reserve	0,5 Liter
Getriebeöltyp	80W90 API GL3 Getriebeöl
Getriebeöl-Füllmenge	ca. 80 cm³
Bremsflüssigkeit	DOT 4
Luftfilter-Element	Synthetiköl (z. B. Selenia HI 2T)
Tachometerantrieb	Lithiumfett (NLGI 3)
Bremshebel	Calcium-Schmierfett (NLGI 1-2)
Bowdenzüge	Synthetiköl (z. B. Selenia HI 2T)

Wartungsintervalle – Vespa S 50

Anmerkung: *Vor jeder Inspektion müssen die »Täglichen Kontrollen« durchgeführt werden – siehe Einleitung dieses Handbuches.*

	Text-Sektion in diesem Kapitel	Alle 5000 km	Alle 10000 km	Alle 15000 km
Luftfilter – Reinigen	1	✔		
Batterie – Kontrolle	2	✔		
Bremsbowdenzug – Kontrolle und Schmierung	5		✔	
Bremshebel – Schmierung	7	✔		
Bremsbeläge – Verschleißkontrolle	8	✔		
Bremssystem – Kontrolle	3	✔		
Antriebsriemen – Kontrolle	12		✔	
Antriebsriemen – Wechseln	12		✔	✔
Kraftstoffsystem – Kontrolle	14	✔		
Getriebeöl-Pegel – Kontrolle	15	✔		
Getriebeöl – Wechseln	16		✔	
Scheinwerfer – Kontrolle und Einstellung	17		✔	
Standgasdrehzahl – Kontrolle und Einstellung	18		✔	
Muttern und Schrauben – Festigkeitskontrolle	19		✔	
Ölpumpenriemen – Ersetzen	20			Alle 20000 km
Sekundärluftsystem – Reinigen	21			✔
Zündkerze – Kontrolle und Einstellung	22	✔		
Zündkerze – Ersetzen	23		✔	
Tachowelle und Antrieb – Schmierung	24		✔	
Ständer – Kontrolle und Schmierung	25		✔	
Lenkkopflager – Kontrolle und Einstellung	26		✔	
Federung – Kontrolle	27		✔	
Gasbowdenzüge – Kontrolle und Einstellung	28	✔		
Wandlerrollen – Ersetzen	30		✔	
Räder und Reifen – Allgemeine Kontrolle	31	✔		
Radlager – Kontrolle	32		✔	

Die Bremsflüssigkeit muss alle 2 Jahre und die Bremsleitung alle 3 Jahre ersetzt werden – ungeachtet der Kilometerleistung.

1

Vespa S 125

Modell-Identifikation

Motor .... 124 cm³ Viertakt-Einzylinder (LEADER), luftgekühlt
Antrieb .... Variable Automatik, Riemenantrieb
Zündung .... Elektronisch
Federung
  vorne ....gezogene Schwinge, Monostoßdämpfer
  hinten ....Schwinge, 2 Stoßdämpfer
Bremsen ....vorne Scheibe, hinten Trommel
Motornummer-Prefix.................................M444M
Rahmennummer-Prefix ZAPM44302
Radstand.. 1280 mm
Gesamtlänge..................................... 1800 mm
Gesamtbreite..................................... 740 mm
Trockengewicht.................................... 114 kg
Kraftstofftank-Kapazität
  Gesamt .... 8,5 Liter
  Reserve .... 2,0 Liter
Modelleinführung.................................... 2007

Wartungsdaten und Schmiermittel

Zündkerzentyp .... Champion RG6 YC oder NGK CR7EB
Zündkerzen-Elektrodenabstand ....0,7 bis 0,8 mm
Standgasdrehzahl .... 1650 U/min
Ventilspiel (**kalter** Motor)
  Einlass.......................................0,10 mm
  Auslass ....0,15 mm
Reifengröße vorne 110/70-11
Reifengröße hinten 120/70-10
Reifenluftdruck vorne .... 1,6 bar
Reifenluftdruck hinten
  nur Fahrer .... 2,0 bar
  mit Beifahrer .... 2,3 bar
Kraftstofftyp..................... Super bleifrei (mind. 95 Oktan)
Motoröltyp...........................5W40 API SL Synthetiköl
Motoröl-Füllmenge .... ca. 1,1 Liter
Getriebeöltyp....................... 80W90 API GL3 Getriebeöl
Getriebeöl-Füllmenge .... ca. 100 cm³
Bremsflüssigkeit ....DOT 4
Luftfilter-Element...............................Luftfilteröl
Tachometerantrieb......................... Lithiumfett (NLGI 3)
Bremshebel .... Calcium-Schmierfett (NLGI 1-2)
Bowdenzüge ....Synthetiköl (z. B. Selenia HI 2T)

Wartungsintervalle – Vespa S 125

Anmerkung: *Vor jeder Inspektion müssen die »Täglichen Kontrollen« durchgeführt werden – siehe Einleitung dieses Handbuches.*

	Text-Sektion in diesem Kapitel	Alle 6000 km	Alle 12 000 km	Alle 15 000 km
Luftfilter – Reinigen	1	✔		
Batterie – Kontrolle	2	✔		
Bremshebel – Schmierung	7		✔	
Bremsbeläge – Verschleißkontrolle	8	✔		
Bremssystem – Kontrolle	3	✔		
Antriebsriemen – Kontrolle	12	✔		
Antriebsriemen – Ersetzen	12		✔	
Motoröl und Ölfilter – Wechseln	13	✔		
Getriebeöl-Pegel – Kontrolle	15	✔		
Getriebeöl – Wechseln	16			✔
Scheinwerfer – Kontrolle und Einstellung	17		✔	
Standgasdrehzahl – Kontrolle und Einstellung	18		✔	
Muttern und Schrauben – Festigkeitskontrolle	19		✔	
Sekundärluftsystem – Reinigen	21		✔	
Zündkerze – Kontrolle und Einstellung	22	✔		
Zündkerze – Ersetzen	23		✔	
Lenkkopflager – Kontrolle und Einstellung	26		✔	
Federung – Kontrolle	27		✔	
Gasbowdenzug – Kontrolle und Einstellung	28		✔	
Ventilspiel – Kontrolle und Einstellung	29	Erstmals nach 6000 km		Danach alle 36 000 km
Riemenautomatik – Kontrolle	30	✔		
Räder und Reifen – Allgemeine Kontrolle	31	✔		

** Die Bremsflüssigkeit muss alle 2 Jahre und die Bremsleitung alle 3 Jahre ersetzt werden – ungeachtet der Kilometerleistung.*
*** Das Kühlmittel muss alle 3 Jahre ersetzt werden – ungeachtet der Kilometerleistung.*
**** Der Sekundärluftsystem-Luftfilter muss alle 2 Jahre gereinigt werden – ungeachtet der Kilometerleistung.*

1 Luftfilter und Antriebsgehäusefilter Reinigen

Achtung: Wird das Fahrzeug oft in feuchter oder staubiger Umgebung gefahren, muss der Filter öfter gereinigt werden.

1 Entfernen Sie alle notwendigen Verkleidungsteile, um an das links über dem Antriebsgehäuse liegende Luftfiltergehäuse zu gelangen (siehe Kapitel 7).

2 Nach dem Lösen der Schrauben kann der Luftfilterdeckel entfernt werden (siehe Abbildungen).

3 Bei Modellen mit Papierfilter-Element wird die Schraube des Filters gelöst, um diesen aus dem Gehäuse nehmen zu können. Jetzt wird der Filter leicht gegen eine saubere Oberfläche geklopft, um Schmutzteile zu lösen. Falls vorhanden, sollte der Filter mit Druckluft gereinigt werden. Ein beschädigter oder stark verschmutzter Filter muss ersetzt werden. Der Einbau entspricht der umgekehrten Ausbaureihenfolge.

4 Bei Modellen mit Schaumstoff-Filterelement muss der Filter ausgebaut und mit heißem Seifenwasser gereinigt werden (siehe Abbildungen). Zum Trocknen sollte Druckluft verwendet werden – niemals darf er ausgewrungen werden, da dies den Schaumstoff zerstört.

5 Die meisten Modelle sind am Riemendeckel oder Belüftungsdeckel mit einem Filterelement ausgerüstet – der Ansaugstutzen muss vorsichtig entfernt werden (siehe Abbildungen). An dem von uns fotografierten NRG Power DT saß in der Riemendeckel-Kappe kein Filter, und der Ansaugstutzen war verstopft. Bei den Zweitakt-Skippern muss der Filter oben aus dem Riemendeckel entfernt werden, nachdem zunächst die Filterkappe demontiert wurde (siehe Abbildung). Reinigen Sie den Filter wie oben beschrieben, aber ölen Sie den Antriebsgehäuse-Filter nicht ein.

6 Wenn es trocken ist, wird das Schaumstoff-Filterelement entweder mit einem speziellen

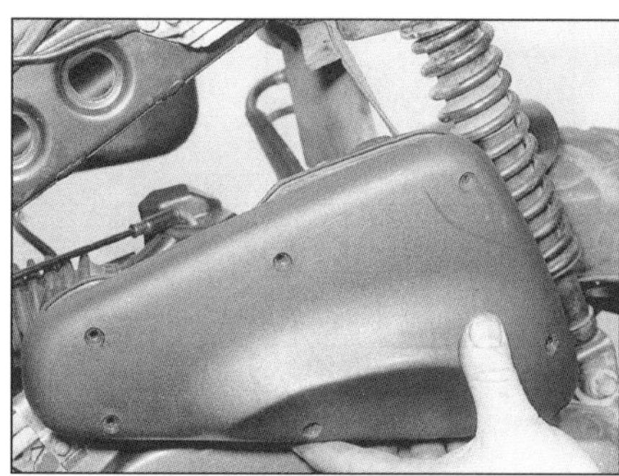

1.2a Nach dem Lösen der Schrauben können der Luftfilterdeckel . . .

1.2b . . . und das Filterelement entfernt werden – Typhoon 50/80 und NRG-Modelle.

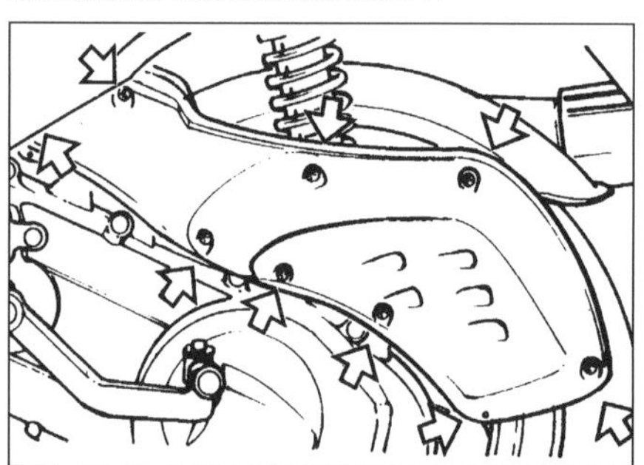

1.2c Luftfilterdeckel – Zip SP und spätere Zip-Modelle

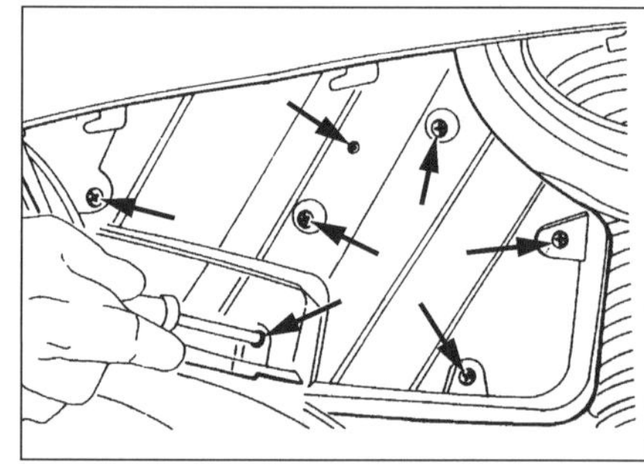

1.2d Luftfilterdeckel – Hexagon-Modelle

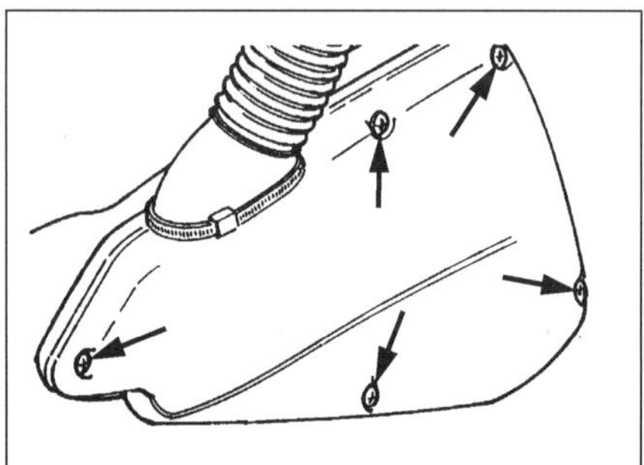

1.2e Luftfilterdeckel – Sfera 125

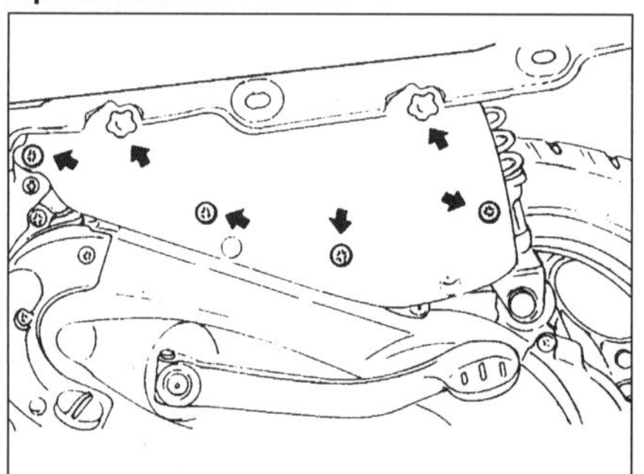

1.2f Luftfilterdeckel – ET2, ET4

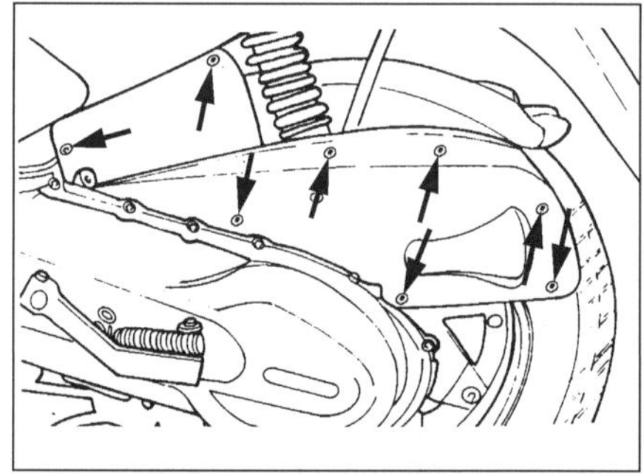

1.2g Luftfilterdeckel – Skipper und Typhoon 125

1.2h Luftfilter – X9

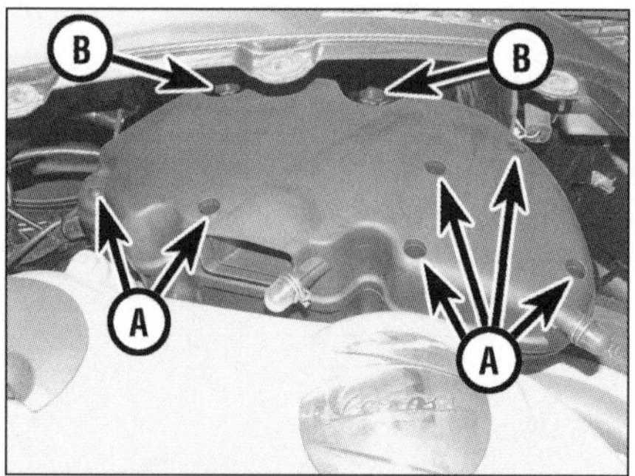

1.2i Luftfilterdeckelschrauben (A) und Rändelmuttern (B) – Vespa GT-Modelle

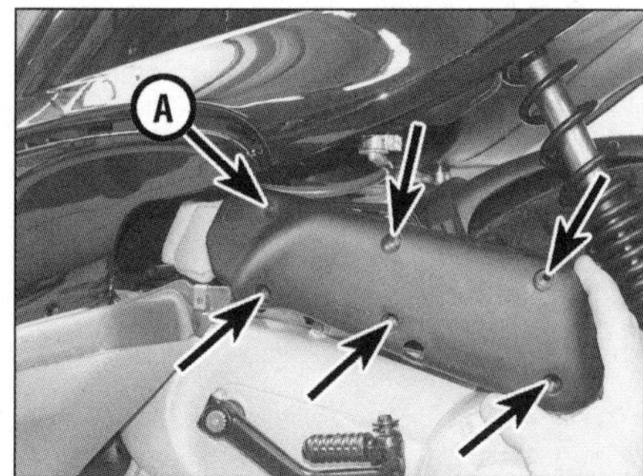

1.2j Beim Fly 50 ist Schraube A nur mit einem Winkel-Schraubendreher erreichbar.

1.4a Das Schaumstoff-Element wird aus dem Deckel . . .

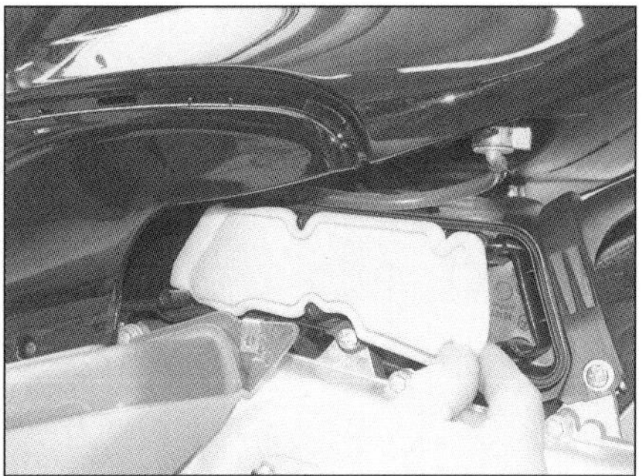

1.4b . . . oder dem Filtergehäuse genommen.

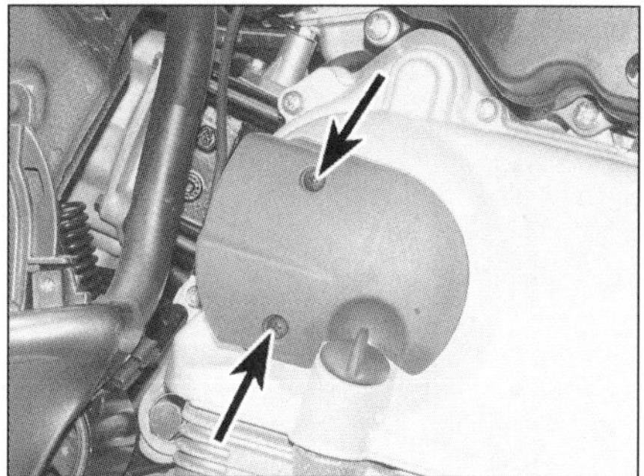

1.5a Falls vorhanden, werden die Schrauben gelöst . . .

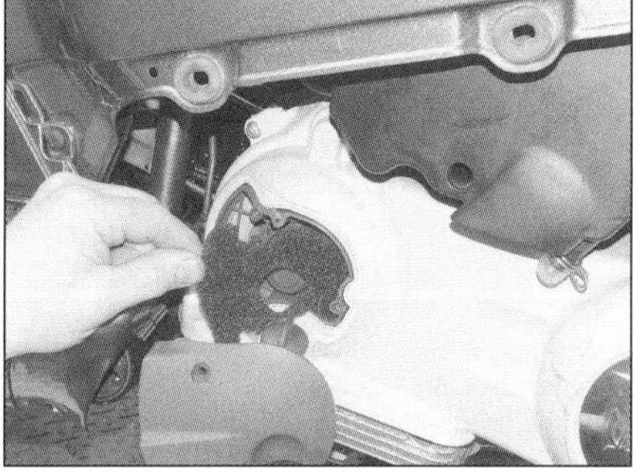

1.5b . . . um den Ansaugstutzen und das Filterelement entfernen zu können.

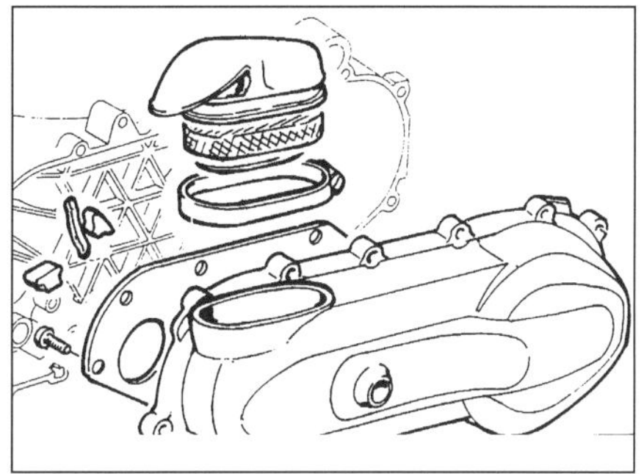

1.5c Filterdeckel bei Skipper-Modellen

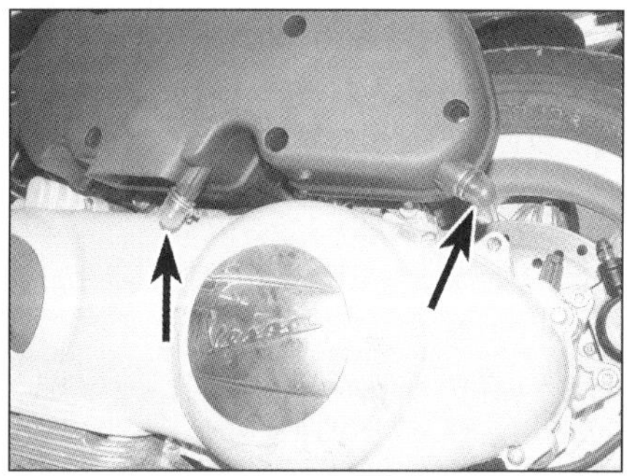

1.7 Nötigenfalls werden die Kappen entfernt, um überschüssiges Öl abzulassen.

Luftfilteröl oder einem Gemisch aus gleichen Teilen Zweitaktöl und Benzin getränkt und überschüssige Flüssigkeit vorsichtig herausgedrückt, ohne den Filter zu beschädigen. Beim Zweitakt-Hexagon darf nur das kleine (graue) Element eingeölt werden.

7 Nachdem der Filter getrocknet ist, wird er wieder ins Gehäuse gesetzt und der Deckel montiert – die Gehäusedichtung muss in einem guten Zustand sein. Falls vorhanden, können die mit überschüssigem Öl gefüllten Kappen entleert werden (siehe Abbildung).

8 Ein beschädigter oder stark verschmutzter Filter muss unverzüglich ersetzt werden.

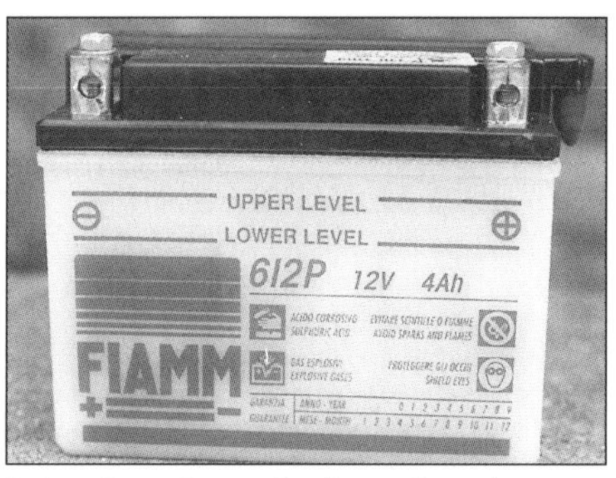

2.1 Der Batteriesäure-Stand muss zwischen den Markierungslinien liegen.

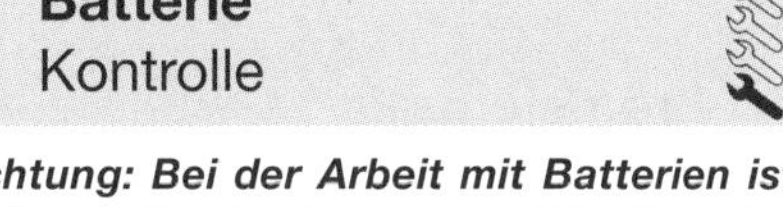

2 Batterie
Kontrolle

Achtung: Bei der Arbeit mit Batterien ist äußerste Vorsicht geboten. Die Säure ist stark ätzend, und beim Laden entsteht explosives Knallgas.

Konventionelle Batterie

1 Entfernen Sie den Batteriedeckel, und heben Sie die Batterie teilweise aus ihrem Halter (siehe Kapitel 9). Durch das transparente Batteriegehäuse ist eine Kontrolle des Säurepegels möglich – er muss zwischen den UPPER- und LOWER-Linien liegen (siehe Abbildung).

2 Ist der Säurestand zu niedrig, werden die Batterieanschlüsse getrennt (Kapitel 9) und die Batterie ausgebaut. Entfernen Sie die Deckel der einzelnen Zellen und füllen Sie diese mit destilliertem Wasser bis zur oberen Markierung auf – nicht darüber hinaus. Nur im Notfall darf Regenwasser verwendet werden. Aufgrund der kleinen Löcher kann eine Spritzflasche hilfreich sein. Nach dem Installieren der Deckel wird die Batterie wieder eingebaut (siehe Kapitel 9).

Wartungsfreie Batterie

3 Eine geschlossene *Maintenance-free*-Batterie kann und darf **NICHT** geöffnet werden, um den Säurestand zu prüfen. Mit Gewalt geöffnet, wird die Batterie beschädigt und muss ersetzt werden. Als einzige Wartung bleibt das Reinigen der Anschlüsse. Weitere Details finden sich in Kapitel 9.

3 Bremssystem
Kontrolle

1 Eine regelmäßige Kontrolle des Bremssystems stellt sicher, dass Probleme erkannt werden, bevor die Sicherheit des Fahrers auf dem Spiel steht. In den Sektionen 4 bis 8 werden genauere Informationen gegeben.

2 Kontrollieren Sie die Bremsbowdenzüge und -hebel auf lockere Teile, Schwergängigkeit, übermäßiges Spiel und Defekte. Schadhafte Teile müssen ersetzt werden (siehe Kapitel 8).

3 Alle Bremsenteile müssen fest sitzen. Bremsbeläge sind regelmäßig auf Verschleiß zu überprüfen (siehe Sektion 8), bei Modellen mit Scheibenbremsen muss der Bremsflüssigkeitsstand korrekt sein (siehe *Tägliche Kontrollen*). Die Bremsleitung und ihre Anschlüsse sind auf Lecks zu untersuchen. Bei einem schwammigen Bremsgefühl muss die Bremse entlüftet werden (siehe Kapitel 8).

4 Das Bremslicht muss beim Betätigen beider Bremsen leuchten. Die Bremslichtschalter sind nicht einstellbar – eine Kontrolle ist in Kapitel 9 beschrieben.

4 Bremsflüssigkeit
Wechsel

1 Bremsflüssigkeit altert mit der Zeit und muss regelmäßig gewechselt werden – ebenso nach einer Bremsen-Überholung. Hierfür ist in Kapitel 8 der Entlüftungs-Sektion zu folgen, um die Bremse zu entlüften.

5.1a Einsteller des Vorderrad-Bremsbowdenzugs

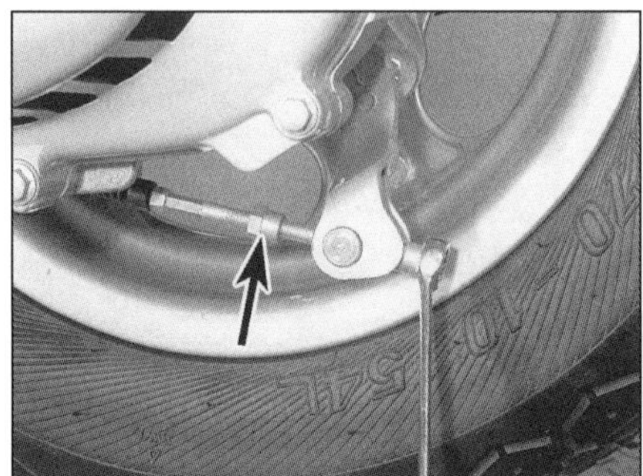

5.1b Kontermutter (Pfeil) und Einsteller des Hinterrad-Bremsbowdenzugs

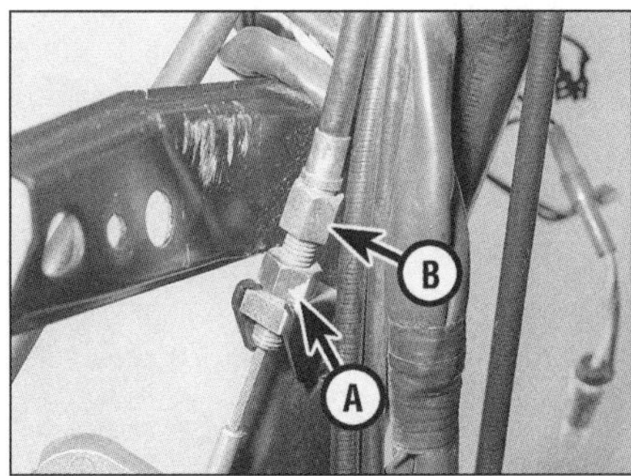

5.2 Lockern Sie die Kontermutter (A), und verdrehen Sie den Einsteller (B).

5 Bremsbowdenzüge
Kontrolle, Einstellung und Schmieren

Trommelbremse

1 Im Bremshebel darf nicht allzu viel Spiel bestehen, bevor die Bremse wirkt. Bei gelöster Bremse muss sich das Rad frei drehen, doch nach dem Betätigen muss die Bremse bald arbeiten. Das tatsächliche Spiel ist nicht vorgeschrieben und kann individuell bestimmt werden. Zur Verringerung des Spiels muss die Kontermutter (falls vorhanden) gelöst und der Einsteller am Ende des Bowdenzuges aufgeschraubt werden, bis das Spiel gering genug ist (siehe Abbildungen). Auf keinen Fall darf die Bremse ohne betätigten Hebel schleifen.

Scheibenbremse

2 Wird der Hydraulikzylinder durch einen Bowdenzug betätigt, muss die Verkleidung entfernt werden (siehe Kapitel 7), dann wird kontrolliert, ob im Bowdenzug kein Spiel besteht. Ist Spiel vorhanden, muss die Kontermutter gelockert und der Einsteller gegen den Uhrzeigersinn verdreht werden, bis das Spiel eliminiert ist, der Hebel das System aber noch nicht unter Druck setzt (siehe Abbildung). Schleift die Bremse bei nicht betätigtem Hebel, muss der Einsteller im Uhrzeigersinn gedreht werden, bis der Hebel am Anschlag liegt, aber noch kein Spiel im Bowdenzug herrscht. Die Kontermutter muss schließlich sorgfältig angezogen werden.

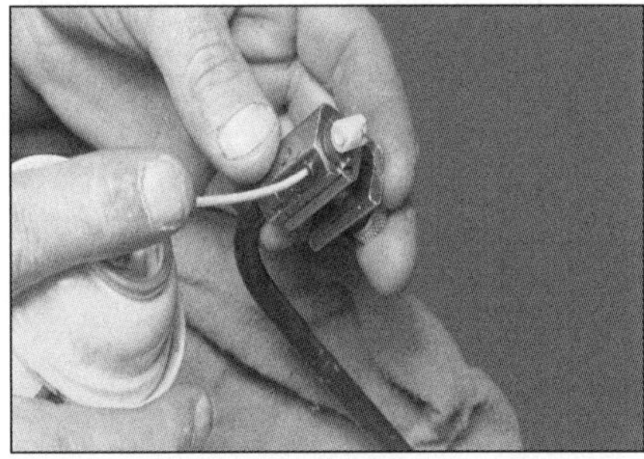

5.4a Bowdenzug-Schmierung mit Druck-Adapter. Dieser muss dicht anliegen. Waffenöl (Ballistol) ist ein guter Schmierstoff.

Bowdenzug – Kontrolle und Schmieren

3 Bowdenzüge müssen regelmäßig geschmiert werden, um sanft und fehlerfrei zu funktionieren.

4 Zum Schmieren muss der entsprechende Zug am oberen Ende ausgehängt werden; dann wird er entweder mit einem Druck-Adapter oder einer selbst gebauten Vorrichtung geschmiert (siehe Abbildungen).

5 Die Hülle des Bowdenzuges ist auf Knicke und Risse zu untersuchen, der Zug selbst auf abgerissene Litzen. Der Zug muss sich sanft in der Hülle bewegen – ersetzen Sie den Bowdenzug nötigenfalls (siehe Kapitel 8).

6 Bremsleitung (Scheibenbremse)
Ersetzen

1 Bremsleitungen werden mit der Zeit porös und müssen regelmäßig ersetzt werden.

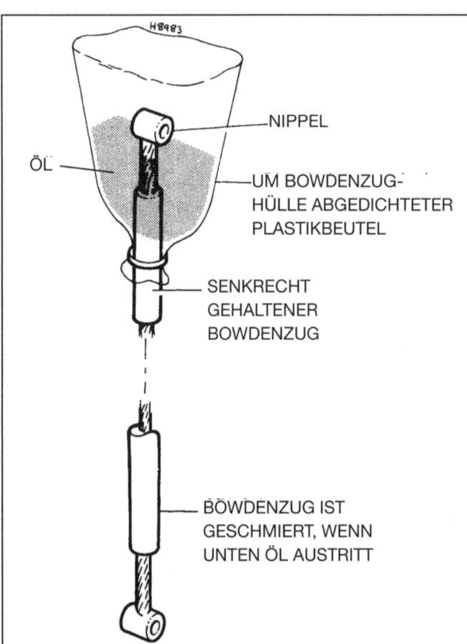

5.4b Bowdenzug-Schmierung per selbst gebautem Trichter und Motoröl

2 Trennen Sie die Bremsleitung vom Bremszylinder und Bremssattel. Alle Dichtscheiben sind durch Neuteile zu ersetzen.

7 Bremshebelzapfen
Schmieren

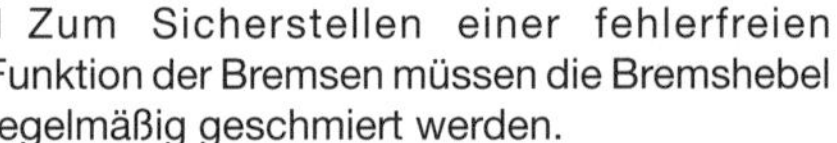

1 Zum Sicherstellen einer fehlerfreien Funktion der Bremsen müssen die Bremshebel regelmäßig geschmiert werden.

2 Wird nicht mit Ketten- oder Kriechöl geschmiert, sollten die Hebel demontiert werden (siehe Kapitel 6). Motoröl oder Fett sollte sparsam eingesetzt werden, da daran haftender Schmutz den Verschleiß beschleunigt. **Anmerkung**: *Eines der besten Schmiermittel ist Trockenfilm.*

8 Bremsbacken und -beläge
Verschleißkontrolle

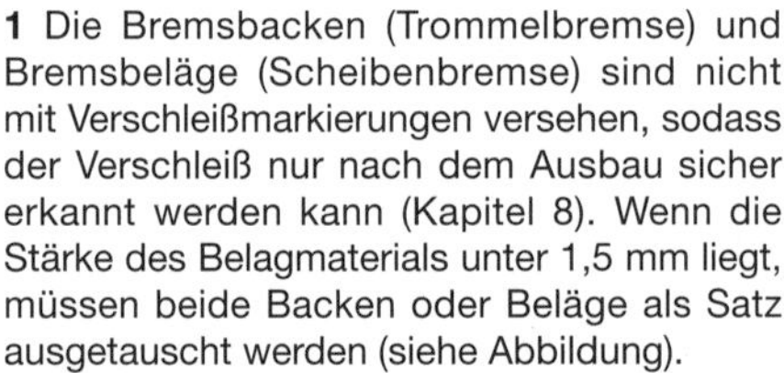

1 Die Bremsbacken (Trommelbremse) und Bremsbeläge (Scheibenbremse) sind nicht mit Verschleißmarkierungen versehen, sodass der Verschleiß nur nach dem Ausbau sicher erkannt werden kann (Kapitel 8). Wenn die Stärke des Belagmaterials unter 1,5 mm liegt, müssen beide Backen oder Beläge als Satz ausgetauscht werden (siehe Abbildung).

2 Die vordere Bremstrommel der Zip- und Sfera 50/80-Modelle kann mit einer Verschleißanzeige am inneren Ende des Bremshebels und einer Markierung an der Bremsankerplatte ausgerüstet sein (siehe Abbildung). Wird der Bowdenzug mit steigendem Verschleiß nachgestellt, bewegt sich der Pfeil des Hebels auf die Markierung zu – fluchten die beiden, sind die Bremsbacken verschlissen.

3 Bei Modellen mit LEADER-Motor und Hinterrad-Trommelbremse finden sich ein Pfeil am Hebel und zwei Markierungen am Getriebegehäuse (siehe Abbildung). Die Bremsbacken sind verschlissen, wenn der Pfeil die untere Markierung erreicht hat. Lassen Sie für die Kontrolle einen Helfer kräftig die Bremse betätigen. Entfernen Sie nötigenfalls für die Kontrolle das Hinterrad (siehe Kapitel 8).

9 Kühlsystem
Kontrolle

Luftgekühlte Motoren

1 Bei luftgekühlten Motoren sitzt auf dem Lichtmaschinenrotor ein Ventilator, der dem Zylinder und Zylinderkopf mithilfe von Leitblechen Kühlluft zuführt.

2 Kontrollieren Sie, ob das Gitter vor dem Gebläse frei ist und die Luftleitbleche korrekt sitzen und befestigt sind (siehe Abbildung). **Anmerkung**: *Wenn auch nur ein Teil der Luftleitbleche fehlt, wird der Motor nicht korrekt gekühlt.*

3 Entfernen Sie die Gebläseabdeckung, und inspizieren Sie den Ventilator (siehe Abbildung). Ist einer der Flügel gebrochen, muss der Ventilator ersetzt werden. Prüfen Sie die Festigkeit der Ventilator-Schrauben – sind die Schrauben locker oder ihre Bohrungen ausgeschlagen, kann das Gebläse unrund laufen und Motorvibrationen hervorrufen.

Wassergekühlte Motoren

Warnung: Der Motor muss abgekühlt sein, bevor mit den Kontrollen begonnen wird.

4 Kontrollieren Sie den Kühlmittel-Pegel (siehe *Tägliche Kontrollen*).

5 Das gesamte Kühlsystem muss auf Anzeichen von Lecks überprüft werden. Alle Schläuche und Leitungen müssen sorgfältig untersucht werden – hierzu sind diverse Verkleidungsteile zu entfernen. Die Schläuche sind auf Scheuerstellen, Risse und andere Schäden zu untersuchen. Gummischläuche müssen sich fest aber flexibel anfühlen und nach dem Verformen wieder in ihre originale Form zurückkehren. Ausgehärtete Schläuche sind zu ersetzen.

6 Alle Anschlüsse des Kühlsystems sind auf Lecks zu überprüfen. Die Schlauchschellen müssen sorgfältig angezogen sein. Bei älteren Modellen muss die Ablassschraube (links am Motor) auf Lecks untersucht werden (siehe Kapitel 3). Bei LEADER-Motoren muss der Bereich unterhalb der Wasserpumpe auf Anzeichen von Lecks begutachtet werden. Bei einem Defekt des inneren Pumpen-Dichtrings wird unten aus dem Lichtmaschinendeckel Kühlmittel austreten.

7 Kontrollieren Sie den Kühler auf Lecks und andere Schäden. Ein leckender Kühler verrät sich durch Ablagerungen von verdampftem Kühlmittel um die schadhafte Stelle herum. Ein leckender Kühler kann vielleicht von einer Fachwerkstatt repariert werden – ansonsten ist er zu ersetzen.

Achtung: Lecks dürfen nicht mit Kühler-Dichtmittel repariert werden!

8 Kontrollieren Sie die Verrippung des Kühlers auf starke Verschmutzung durch Insekten oder Straßenschmutz. Hierdurch kann die Kühlwirkung beeinträchtigt werden.

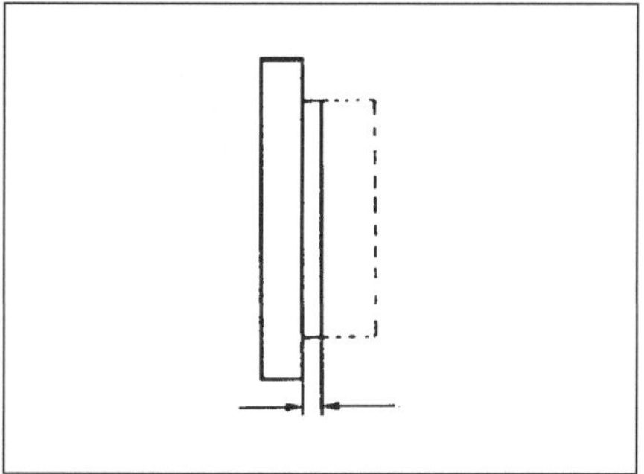

8.1 Bremsbelag-Verschleißgrenze

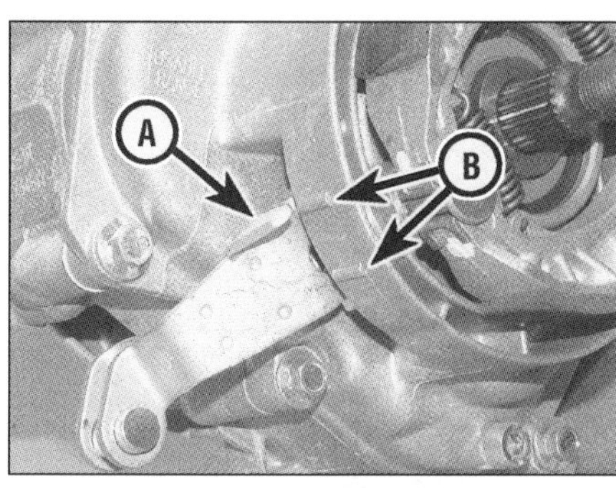

8.3 Pfeil (A) und Markierungen (B) zur Kontrolle des Bremsbackenverschleißes

Der Kühler muss in diesem Fall ausgebaut (siehe Kapitel 3) und mit einem schwachen Wasserstrahl von der Rückseite her gereinigt werden. Verbogene Rippen können vorsichtig mit einem Schraubendreher gerichtet werden. Sind mehr als ein Drittel aller Rippen beschädigt, muss der Kühler ersetzt werden.

9 Kontrollieren Sie den Zustand des Kühlmittels im Ausgleichsbehälter. Ist es rostbraun oder mit Ablagerungen versetzt, muss das Kühlsystem abgelassen, gespült und neu befüllt werden (siehe Sektion 10).

10 Kontrollieren Sie den Frostschutzgehalt des Kühlmittels mit einem Hydrometer (siehe Abbildung). Ist der Frostschutzanteil zu gering, muss das System entleert, gespült und neu befüllt werden (siehe Sektion 10).

11 Starten Sie den Motor, und kontrollieren Sie das System auf Lecks, wenn er Betriebstemperatur erreicht hat.

12 Sinkt der Kühlmittelpegel kontinuierlich ab, obwohl kein Leck gefunden wurde, muss das Kühlsystem in einer Piaggio-Werkstatt einer Druckprüfung unterzogen werden.

9.3 Der Ventilator ist auf gebrochene Flügel und fest sitzende Schrauben zu prüfen.

8.2 Verschleißanzeige der Vorderrad-bremstrommel

9.2 Gebläseverkleidung (A) und Luftleitbleche (B) und (C)

1

10 Kühlsystem
Entleeren, Spülen und Befüllen

Warnung: Lassen Sie den Motor vor dieser Arbeit vollständig abkühlen. Frostschutzmittel darf nicht mit der Haut, Lack- oder Kunststoffteilen in Kontakt kommen – falls doch, muss es unverzüglich mit reichlich Wasser abgewaschen werden. Frostschutzmittel ist hochgiftig! Es darf niemals in offenen Behältern oder für Kinder und Tiere zugänglich gelagert werden, da diese durch den süßlichen Geruch zum Trinken verlockt werden.

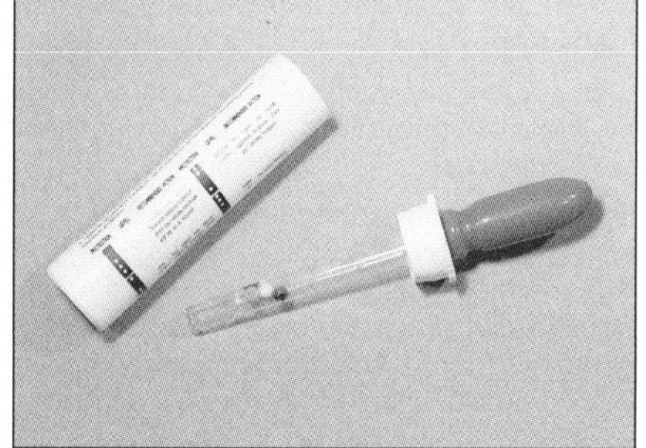

9.10 Für die Kontrolle des Frostschutzgehalts im Kühlmittel ist ein Hydrometer nötig.

10.1 Entfernen Sie den Deckel des Kühlmittel-Ausgleichsbehälters.

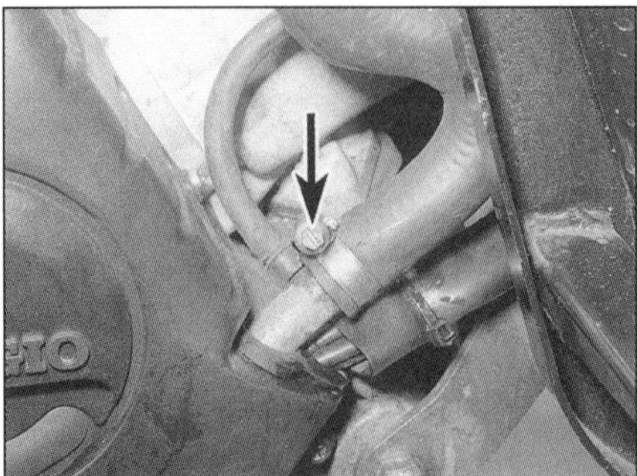
10.2a Lockern Sie die Schelle (Pfeil), und ziehen Sie den Kühlerschlauch ab.

10.2b Ziehen Sie bei LEADER-Motoren den unteren Schlauch ab.

Altes Frostschutzmittel gehört in den Sondermüll. Frostschutzmittel ist brennbar, sodass es nicht in der Nähe offener Flammen gelagert werden darf.

Entleeren

1 Entfernen Sie den Deckel des Ausgleichsbehälters (siehe Abbildung). Hört man dabei ein Zischen (das noch bestehenden Druck anzeigt), muss gewartet werden, bis es aufhört.

2 Jetzt wird rechts vorne unter den Motor ein geeigneter Behälter gestellt. Bei Zweitaktmodellen muss die Schelle des Kühlerschlauchs an der Seite des Motors gelockert werden, dann wird der Schlauch abgezogen und das Kühlmittel kann vollständig auslaufen (siehe Abbildung). Bei Modellen mit LEADER-Motoren wird die Schelle des unteren Schlauchs an der Wasserpumpe gelockert und dieser abgezogen, um das Kühlmittel ablaufen zu lassen (siehe Abbildung). **Anmerkung**: *Altes Kühlmittel darf nicht in die Kanalisation gelangen. Es muss in einem stabilen und verschließbaren Kanister gesammelt und beim Sondermüll entsorgt werden – siehe Warnung am Anfang dieser Sektion.*

Spülen

3 Das Kühlsystem wird gespült, indem man einen Gartenschlauch in den Einfüllstutzen des Ausgleichsbehälters einführt. Jetzt wird so lange Leitungswasser eingeleitet, bis es sauber und klar aus dem abgezogenen Schlauch austritt. Werden große Mengen Rost oder Ablagerungen herausgespült, muss der Kühler demontiert und separat gespült werden (siehe Kapitel 3).

4 Der Kühlerschlauch wird mit dem Stutzen oder der Wasserpumpe verbunden und mit der Schelle gesichert (siehe Schritt 2).

5 Füllen Sie das Kühlsystem über den Ausgleichsbehälter mit frischem Wasser und Kühler-Spülmittel auf (das für Aluminium-Bauteile geeignet ist), und folgen Sie sorgfältig der beigefügten Anleitung. Setzen Sie den Deckel des Ausgleichsbehälters auf.

6 Starten Sie den Motor, und lassen Sie ihn Betriebstemperatur erreichen. Lassen Sie ihn dazu etwa 5 Minuten laufen.

7 Schalten Sie den Motor aus. Lassen Sie ihn eine Weile abkühlen, und entfernen Sie den Deckel des Ausgleichsbehälters.

8 Spülen Sie das Kühlsystem erneut (siehe Schritt 3).

9 Befüllen Sie das Kühlsystem mit sauberem Wasser, und wiederholen Sie die Schritte 6 bis 8.

Befüllen

Modelle mit LEADER-Motor

10 Verbinden Sie den Kühlerschlauch mit der Wasserpumpe, und sichern Sie ihn mit der Schelle.

11 Füllen Sie das korrekt gemischte Kühlmittel (siehe Technische Daten) bis zur MAX-Markierung am Einfüllstutzen des Ausgleichsbehälters auf. Installieren Sie den Behälterdeckel. **Anmerkung**: *Füllen Sie das Kühlmittel nur langsam ein, um möglichst wenig Luft ins Kühlsystem eindringen zu lassen.*

12 Starten Sie den Motor, und lassen Sie ihn 2 bis 3 Minuten im Standgas laufen. Bringen Sie den Motor mit 3 bis 4 Gasstößen kurz auf Drehzahl. Spätere Modelle sind an dem am Zylinderkopfsitzenden Thermostatgehäuse mit einer Entlüftungsschraube ausgerüstet (siehe Abbildung); Verschaffen Sie sich ggf. durch den Ausbau des Staufachs oder der Motorabdeckung Zugang, und entfernen Sie die Gummikappe von der Schraube. Stecken Sie einen passenden Schlauch über den Schraubenkopf, und halten Sie sein anderes Ende in den Kühlmittel-Ausgleichsbehälter. Lockern Sie die Schraube mithilfe eines Maulschlüssels um etwa zwei Umdrehungen, bis sämtliche Luft entwichen ist und Kühlwasser austreten will – ziehen Sie sie dann wieder an, und stecken Sie die Kappe auf. Ziehen Sie die Schraube nicht zu fest - Piaggio schreibt lediglich 3 Nm vor. Schalten Sie den Motor dann wieder ab.

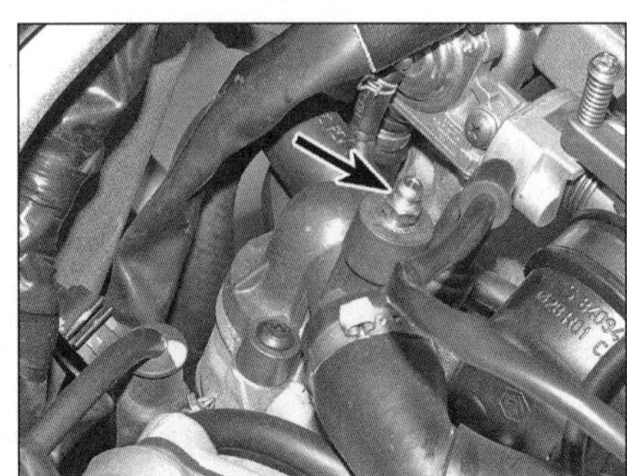
10.12 Entlüftungsschraube – spätere LEADER-Motoren

Warnung: Der Roller muss auf dem Hauptständer stehen, sodass das Hinterrad nicht den Boden berührt – ansonsten würde sich das Fahrzeug beim Gasgeben selbstständig machen!

13 Lassen Sie den Motor abkühlen, und entfernen Sie dann den Deckel des Ausgleichsbehälters. Prüfen Sie, ob der Kühlmittelpegel noch an der MAX-Markierung steht – füllen Sie gegebenenfalls nach. Setzen Sie den Deckel auf.

14 Kontrollieren Sie das System auf Lecks.

Zweitakt-Modelle

15 Verbinden Sie den Kühlerschlauch mit dem Stutzen, und sichern Sie ihn mit der Schelle.

16 Entfernen Sie den Motordeckel (siehe Kapitel 7). Die jetzt vollständig zu lockernde Entlüftungsschraube sitzt entweder am vorderen Rand des Zylinderkopfes oder an benachbarten Verkleidungsteilen (siehe Abbildung). Auf die Schraube wird nun ein transparenter Schlauch gesteckt, dessen anderes Ende in den Ausgleichsbehälter führt.

17 Füllen Sie das korrekt gemischte Kühlmittel (siehe Technische Daten) bis zur MAX-Markierung am Einfüllstutzen des Aus-

10.16 Kühlsystem-Entlüftungsschraube – Hexagon

gleichsbehälters auf. **Anmerkung**: *Füllen Sie das Kühlmittel nur langsam ein, um möglichst wenig Luft ins Kühlsystem eindringen zu lassen.* Beim Auffüllen werden an der Entlüftungsschraube Luftblasen aufsteigen.

18 Ist das Kühlsystem befüllt und es treten keine Luftblasen mehr aus, werden die Entlüftungsschraube angezogen und der Ausgleichsbehälterdeckel installiert.

19 Starten Sie den Motor, und lassen Sie ihn 2 bis 3 Minuten im Standgas laufen. Bringen Sie den Motor mit 3 bis 4 Gasstößen kurz auf Drehzahl; schalten Sie ihn dann wieder ab.

Warnung: Der Roller muss auf dem Hauptständer stehen, sodass das Hinterrad nicht den Boden berührt – ansonsten würde sich das Fahrzeug beim Gasgeben selbstständig machen!

20 Lassen Sie den Motor abkühlen, und entfernen Sie dann den Deckel des Ausgleichsbehälters. Prüfen Sie, ob der Kühlmittelpegel noch an der MAX-Markierung steht – füllen Sie gegebenenfalls nach. Setzen Sie den Deckel auf.

21 Kontrollieren Sie das System auf Lecks.

11 Zylinderkopf
Ablagerungen entfernen (Zweitaktmotor)

Achtung: Wird das Fahrzeug regelmäßig auf Kurzstrecken bewegt, bei denen der Motor nicht die normale Betriebstemperatur erreicht, müssen die Ablagerungen im Zylinderkopf öfter entfernt werden als im Wartungsplan angegeben.

1 Entfernen Sie den Zylinderkopf (siehe Kapitel 2A oder 2B).

2 Entfernen Sie Kohleablagerungen äußerst vorsichtig und nur mit stumpfen Werkzeugen.

Achtung: Der Kolben und der Zylinderkopf bestehen aus relativ weichem Aluminium. Beim Benutzen eines Schabers muss aufgepasst werden, keine Oberflächen zu beschädigen.

3 Drehen Sie die Kurbelwelle so, dass der Kolben an seinem höchsten Punkt steht. Schmieren Sie Fett um den Rand des Kolbens, damit Kohleablagerungen daran haften bleiben; dann wird der Kolbenboden gereinigt, ohne ihn oder die Zylinderbohrung zu beschädigen.

4 Entfernen Sie alle gelösten Ablagerungen, drehen Sie die Kurbelwelle, um den Kolben abzusenken, und wischen Sie das Fett samt daran verbliebener Partikel ab. Kratzen oder wischen Sie auch die Ein- und Auslasskanäle des Zylinders. Ist der Auslasskanal stark verkohlt, wird auch die Auspuffanlage eine Reinigung nötig haben (siehe Kapitel 4).

Praxis TiPP ***Beenden Sie die Reinigung des Kolbenbodens und des Brennraums mit dem Polieren der Oberfläche. Glänzendes Metall ist widerstandsfähiger gegen Kohleablagerungen.***

5 Installieren Sie den Zylinderkopf (siehe Kapitel 2A und 2B).

12 Antriebsriemen
Kontrolle und Ersetzen

1 Wechseln Sie nach Kapitel 2G, entfernen Sie die Riemenabdeckung, inspizieren Sie den Riemen wie beschrieben, und ersetzen Sie ihn nötigenfalls

13 Motoröl und Ölfilter
Wechsel (Viertaktmotoren)

Anmerkung: *Bei älteren Motoren (vor LEADER) wird bei jeder Inspektion das Motoröl gewechselt und das Sieb gereinigt. Der Ölfilter wird bei jedem zweiten Interval getauscht. Bei LEADER-Motoren sollte bei jedem Ölwechsel auch der Ölfilter ausgewechselt werden.*

Warnung: Beim Ablassen des Motoröls muss darauf geachtet werden, sich nicht am heißen Auspuff, Motor oder dem Öl selbst zu verbrennen.

1 Ein regelmäßiger Wechsel des Motoröls und des Ölfilter ist die wichtigste Wartungsarbeit, die man einem Viertaktmotor zukommen lassen kann. Das Öl schmiert nicht nur die inneren Teile des Motors, sondern es fungiert auch als Kühl- und Reinigungsmittel, es dichtet ab und es schützt vor Korrosion. Um diese Anforderungen erfüllen zu können, muss das mit der Zeit verschleißende Öl regelmäßig durch Frischöl der gleichen Qualität ersetzt werden.

2 Wärmen Sie den Motor zunächst auf, damit das Öl besser abfließen kann. Schalten Sie den Motor ab, und stellen Sie das Fahrzeug auf den Hauptständer. Stellen Sie einen geeigneten und ausreichend großen Behälter unter den Motor.

3 Lösen Sie links am Motor den Einfüllstopfen – einmal zur Belüftung und zum anderen zur Erinnerung, dass sich kein Öl im Motor befindet (siehe Abbildung).

Nicht-LEADER-Motor

4 Lösen Sie die Ölablassschraube an der Motorunterseite, und lassen Sie das Öl vollständig in den Behälter ablaufen (siehe Abbildung). Entsorgen Sie den Dichtring der Ablassschraube – beim Einbau muss ein neuer verwendet werden.

5 Entfernen Sie den Auspuff-Hitzeschild (siehe Abbildung). Lösen Sie den Ölsieb-Stopfen unterhalb des Lichtmaschinendeckels rechts am Motor (siehe Abbildung). Ziehen Sie das Sieb heraus, reinigen Sie es mit Lösungsmittel, und entfernen Sie Ablagerungen aus den Maschen (siehe Abbildung). Kontrollieren Sie das Sieb auf Risse oder Löcher, und ersetzen Sie es nötigenfalls. Installieren Sie das Sieb, rüsten Sie dabei den Stopfen nötigenfalls mit einem neuen Dichtring aus. Ziehen Sie den Stopfen sorgfältig an.

6 Wenn das Öl vollständig abgelaufen ist, wird die Ablassschraube mit einer neuen Dichtung ausgerüstet und mit einem Drehmoment von 26 Nm angezogen. Zu festes Anziehen würde das Gewinde beschädigen!

7 Jetzt wird der Ölbehälter unter den Ölfilter gestellt. Lösen Sie die zwei Schrauben des Ölfilterdeckels und entfernen Sie diesen samt der Feder und dem Filter (siehe Abbildung). Sämtliches Öl muss mit dem Behälter aufgefangen werden. Die O-Ringe des Deckels

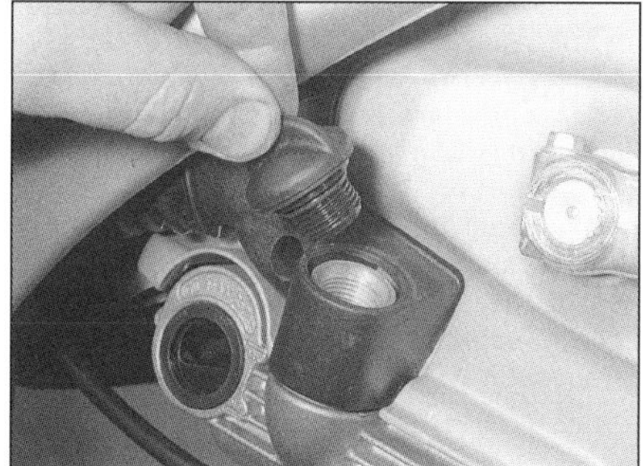

13.3 Entfernen Sie den Öleinfüllstopfen.

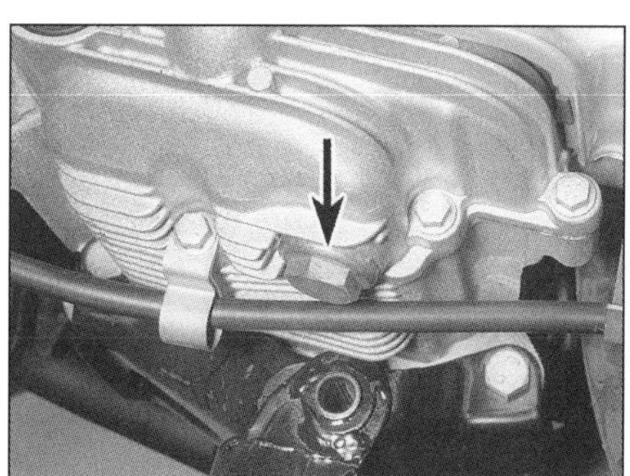

13.4 Entfernen Sie die Ölablassschraube.

13.5a Entfernen Sie die Schrauben, und nehmen Sie den Schild ab.

13.5b Lösen Sie den Stopfen, . . .

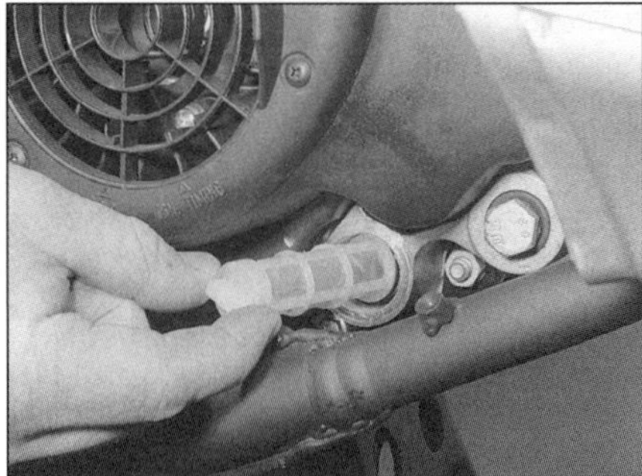
13.5c . . . und ziehen Sie das Sieb heraus.

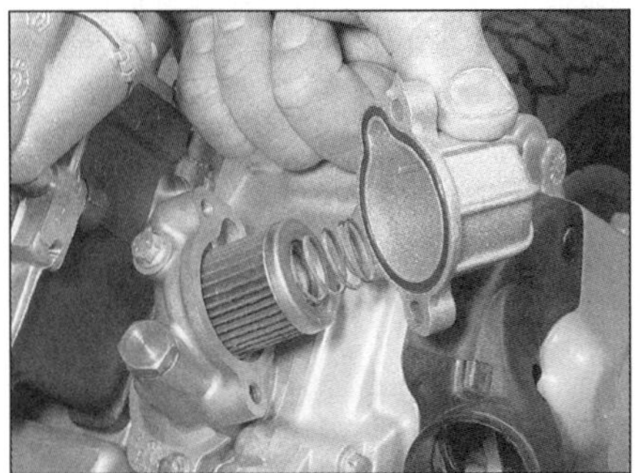
13.7a Lösen Sie die Deckelschrauben, entfernen Sie den Deckel samt Feder und Filter.

13.7b Die O-Ringe müssen durch Neuteile ersetzt werden.

und des Filtergehäuses müssen durch Neuteile ersetzt werden (siehe Abbildung).

8 Nachdem der neue Gehäuse-O-Ring installiert wurde, wird der Filter, die Feder und der Deckel (ebenfalls mit einem neuen O-Ring) installiert (siehe Abbildung 13.7b). Ziehen Sie die Deckelschrauben mit 12 Nm an.

9 Füllen Sie den Motor mit dem vorgeschriebenen Öl bis zum korrekten Pegel auf (siehe *Tägliche Kontrollen*) – weil immer etwas Öl im Motor verbleibt, muss nicht die vorgegebene Trocken-Füllmenge eingefüllt werden, sondern wahrscheinlich nur 0,6 bis 0,65 Liter. Installieren Sie den Einfüllstopfen und ziehen Sie ihn handfest an. Starten Sie den Motor, und lassen Sie ihn 2 bis 3 Minuten laufen. Nach dem Abschalten wird 5 Minuten gewartet, bevor der Ölpegel kontrolliert wird. Nötigenfalls wird Öl aufgefüllt, bis der Pegel im Schauglas stimmt. Der Bereich um die Ablassschraube und das Ölsieb muss auf Lecks untersucht werden.

LEADER-Motoren

10 Lösen Sie die Ölablassschraube unterhalb des Lichtmaschinendeckels an der rechten Motorseite, und lassen Sie das Öl in den Behälter ablaufen (siehe Abbildung). Ziehen Sie das Sieb heraus, reinigen Sie es mit Lösungsmittel, und entfernen Sie Ablagerungen aus den Maschen (siehe Abbildung). Kontrollieren Sie das Sieb auf Risse oder Löcher, und ersetzen Sie es nötigenfalls.

11 Lösen SIe den Ölfilter, und lassen Sie verbliebenes Öl in den Behälter ablaufen (siehe Abbildung). Benetzen Sie den Dichtring des neuen Ölfilters mit frischem Motoröl und ziehen Sie ihn handfest an (siehe Abbildung).

12 Installieren Sie das Sieb, rüsten Sie die Ablassschraube nötigenfalls mit einem neuen Dichtring aus und ziehen Sie sie mit einem Drehmoment von 24 bis 30 Nm an.

13 Füllen Sie den Motor mit dem vorgeschriebenen Öl bis zum korrekten Pegel auf (siehe *Tägliche Kontrollen*) – weil immer etwas Öl im Motor verbleibt, muss nicht die vorgegebene Trocken-Füllmenge eingefüllt werden, sondern wahrscheinlich nur 0,6 bis 0,65 Liter. Installieren Sie den Einfüllstopfen und ziehen Sie ihn handfest an. Starten Sie den Motor, und lassen Sie ihn 2 bis 3 Minuten laufen. Nach dem Abschalten wird 5 Minuten gewartet, bevor der Ölpegel kontrolliert wird. Nötigenfalls wird Öl aufgefüllt, bis der Pegel im Schauglas stimmt. Der Bereich um die Ablassschraube und das Ölsieb muss auf Lecks untersucht werden.

Alle Motoren

14 Altöl kann nicht wiederverwendet und muss in einen auslaufsicheren Behälter gefüllt werden. Jeder Händler, der technische Öle verkauft, ist verpflichtet, entsprechende Mengen Altöl zurückzunehmen und fachgerecht zu entsorgen. Altöl darf nicht in die Kanalisation gelangen oder im Boden versickern!

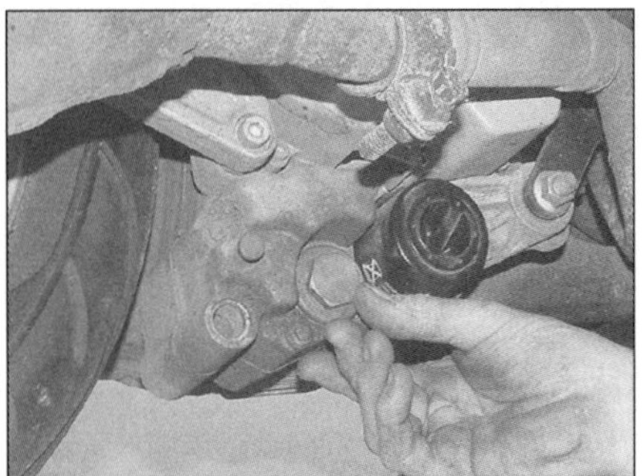
13.10a Lösen Sie die Ölablassschraube . . .

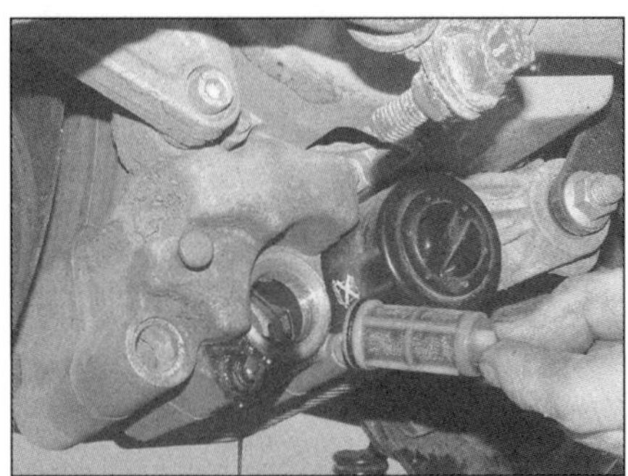
13.10b . . . und ziehen Sie das Sieb heraus.

Altöl sollte sorgfältig kontrolliert werden – wenn es stark metallisch schimmert, können es Spuren vom Einfahren eines neuen Motors sein oder aber Anzeichen ungenügender Schmierung. Finden sich Metallsplitter im Öl, läuft im Motor etwas entschieden falsch, und die Maschine muss zur Inspektion und Reparatur zelegt werden.

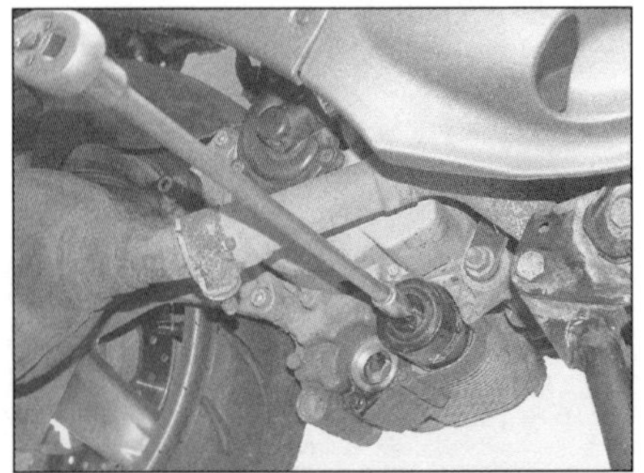
13.11a Lösen Sie den Ölfilter.

13.11b Die Dichtung des Filters muss eingeölt werden, bevor er angezogen wird.

14 Kraftstoffsystem
Kontrolle

Warnung: Benzin ist leicht entflammbar! Treffen Sie vor Arbeiten am Kraftstoffsystem besondere Vorsichtsmaßnahmen. Rauchen Sie nicht, und lassen Sie keine offenen Flammen oder elektrischen Geräte in die Nähe kommen. Arbeiten Sie nicht in geschlossenen Garagen mit Heizgeräten. Auf die Haut geratenes Benzin muss unverzüglich mit Seifenwasser abgewaschen werden. Bei Arbeiten an der Kraftstoffanlage muss immer eine Schutzbrille getragen und ein geeigneter Feuerlöscher bereitgehalten werden.

Kontrolle

1 Entfernen Sie entsprechende Teile der Verkleidung, um an den Kraftstofftank, den Benzinhahn, die Benzinpumpe (falls vorhanden) und den Vergaser zu gelangen. Kontrollieren Sie den Tank, den Hahn, die Pumpe sowie die Kraftstoff- und Unterdruckleitungen auf Anzeichen von Lecks, Alterung und Beschädigungen. Alle porösen oder ausgehärteten Schläuche müssen ersetzt werden.

2 Lecken der Benzinhahn oder die Pumpe, müssen die Baugruppen ersetzt werden – Einzelteile sind nicht erhältlich.

3 Leckt der Vergaser, muss er zerlegt und mit neuen Dichtungen wieder zusammengebaut werden (siehe Kapitel 4).

Reinigung des Filters

4 Nach einer hohen Laufleistung empfiehlt sich das Reinigen oder Austauschen des Benzinfilters – ebenso wenn eine mangelnde Kraftstoffzufuhr vermutet wird.

5 Hexagon- und manche mit LEADER-Motoren ausgerüstete Modelle sind mit integrierten Filtern ausgerüstet – in Kapitel 4 finden sich Details für deren Austausch.

6 Bei allen anderen Modellen ist der Filter in den Benzinhahn integriert und sitzt im Tank. Entfernen Sie den Hahn (siehe Kapitel 4). Reinigen Sie das Sieb, und entfernen Sie Ablagerungen. Kontrollieren Sie das Sieb auf Löcher, und ersetzen Sie gegebenenfalls den Benzinhahn. Auch der O-Ring muss überprüft und nötigenfalls ersetzt werden.

15.1a Getriebeöl-Einfüllstopfen mit Peilstab

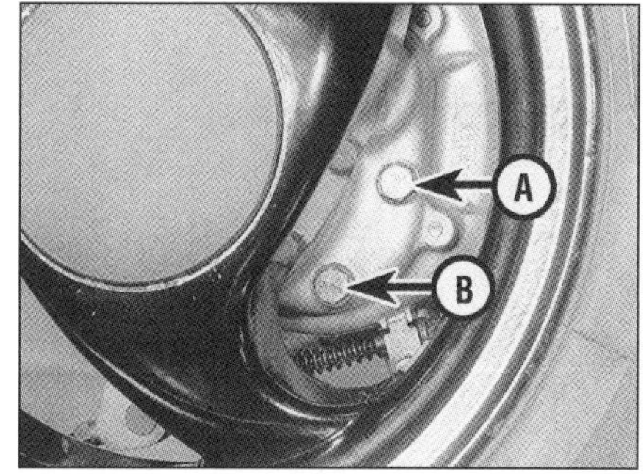

15.1b Getriebeöl-Kontrollschraube (A) und Ablassschraube (B)

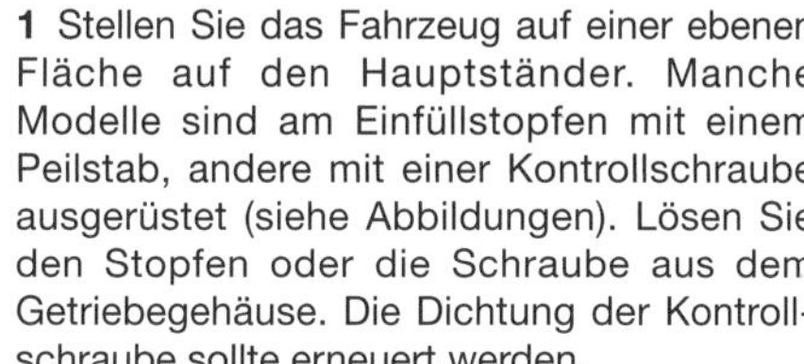

15 Getriebeölpegel
Kontrolle

1 Stellen Sie das Fahrzeug auf einer ebenen Fläche auf den Hauptständer. Manche Modelle sind am Einfüllstopfen mit einem Peilstab, andere mit einer Kontrollschraube ausgerüstet (siehe Abbildungen). Lösen Sie den Stopfen oder die Schraube aus dem Getriebegehäuse. Die Dichtung der Kontrollschraube sollte erneuert werden.

2 Ein Peilstab muss mit einem Lappen oder Tuch abgewischt werden. Piaggio verwendet unterschiedliche Markierungen – es ist wichtig, aus dem Handbuch oder beim Händler die korrekten Informationen über die Kontrolle an einem speziellen Fahrzeug zu erhalten. Ebenfalls ist wichtig, ob der Peilstab für die Kontrolle eingeschraubt oder nur eingesteckt werden muss.

Warnung: Zu wenig Öl führt zu Getriebeschäden, zu viel kann auf den Riemen oder das Hinterrad geraten.

3 Bei Modellen mit Kontrollschraube wird der korrekte Ölpegel am unteren Rand der Gewindebohrung sichtbar sein (siehe Abbildung 15.1b).

4 Liegt der Ölpegel unterhalb der Markierung am Peilstab oder unterhalb der Kontrollbohrung, muss das Getriebe mit dem vorgeschriebenen Öl (siehe Technische Daten) aufgefüllt werden. Bei Getrieben mit Kontrollschraube muss mit einer Pumpflasche aufgefüllt werden (siehe Abbildungen). Das Getriebe darf nicht überfüllt werden!

5 Installieren Sie den Einfüllstopfen handfest, oder rüsten Sie die Kontrollschraube mit einer neuen Dichtung aus, und ziehen Sie sie sorgfältig an.

16 Getriebeöl
Wechsel

1 Entfernen Sie den Auspuff (siehe Kapitel 4).

2 Entfernen Sie das Hinterrad (siehe Kapitel 8) – bei Modellen mit Scheibenbremse muss aufgepasst werden, dass kein Öl auf die Scheibe gelangt (nötigenfalls entfernen).

3 Stellen Sie einen geeigneten Behälter unter das Getriebe. Lösen Sie den Einfüllstopfen oder die Kontrollschraube – einmal zur Belüftung und zum anderen zur Erinnerung, dass sich kein Öl im Motor befindet.

4 Lösen Sie die Ablassschraube aus dem Getriebe (siehe Abbildung) – bei Modellen mit Kontroll- und Ablassschraube ist die Ablassschraube die untere (siehe Abbildung 15.1b). Lassen Sie das Öl vollständig ablaufen. Die Dichtungen der Kontroll- und Ablassschraube müssen erneuert werden.

5 Nachdem das Öl abgetropft ist, wird die mit einer neuen Dichtung versehene Ablassschraube sorgfältig angezogen. Bei

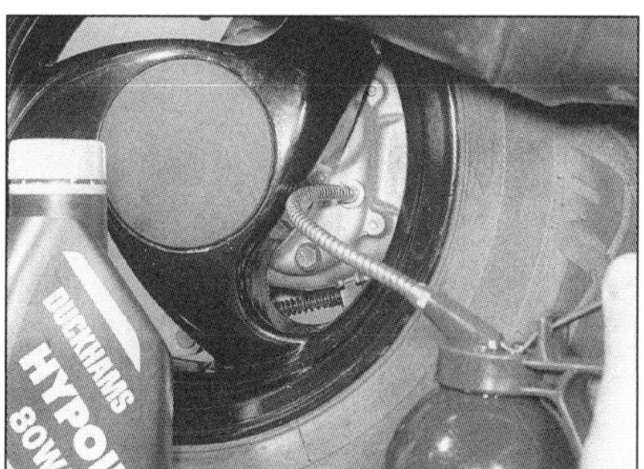

15.4a Es wird so viel Öl aufgefüllt, . . .

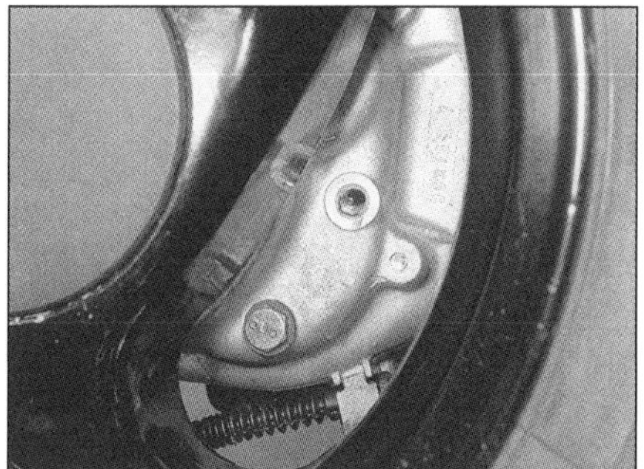

15.4b . . . bis der Pegel am unteren Rand der Bohrung steht.

16.4 Lösen Sie die Getriebeöl-Ablassschraube.

17.2a Scheinwerfer-Einstellschraube – Modelle mit lenkerfestem Scheinwerfer

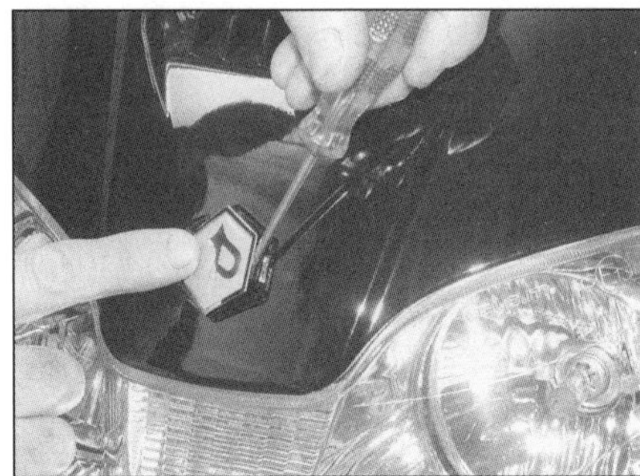

17.2b Entfernen Sie das Firmenlogo, . . .

17.2c . . . um an die Einstellschraube zu gelangen – gezeigt am X8.

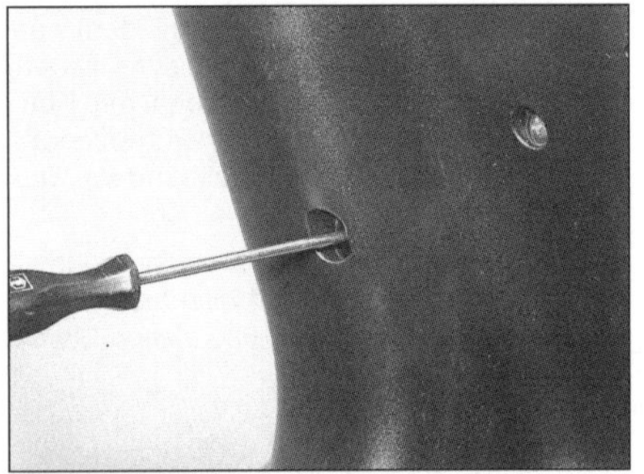

17.2d Bei anderen Modellen ist die Schraube durch die Innenverkleidung zugänglich.

17.2e Bei GTV-Modellen ist die Schraube nach dem Entfernen der Plastiabdeckung . . .

17.2f . . . mit einem langen Schraubendreher von unten durch den Kotflügel erreichbar

LEADER-Motoren wird sie mit 15 bis 17 Nm angezogen.

6 Füllen Sie das Getriebe mit dem vorgeschriebenen Öl bis zum korrekten Pegel auf (siehe Sektion 15). Installieren Sie den Einfüllstopfen handfest, oder rüsten Sie die Kontrollschraube mit einer neuen Dichtung aus, und ziehen Sie sie sorgfältig an.

7 Kontrollieren Sie nach einer kurzen Fahrt den Getriebeölpegel erneut, und füllen Sie nötigenfalls Öl nach. Überprüfen Sie den Bereich um die Kontroll- und Ablassschrauben auf Lecks.

8 Altöl kann nicht wiederverwendet und muss in einen auslaufsicheren Behälter gefüllt werden. Jeder Händler, der technische Öle verkauft, ist verpflichtet, entsprechende Mengen Altöl zurückzunehmen und fachgerecht zu entsorgen. Altöl darf nicht in die Kanalisation gelangen oder im Boden versickern!

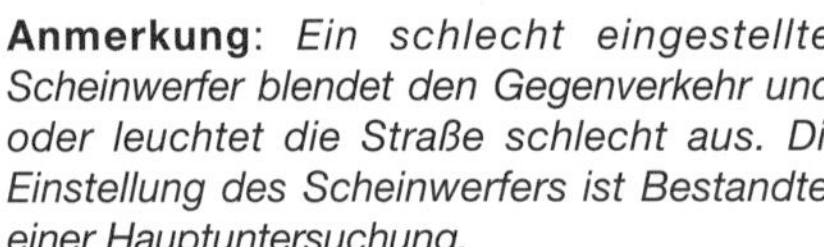

17 Scheinwerfer
Kontrolle und Einstellung

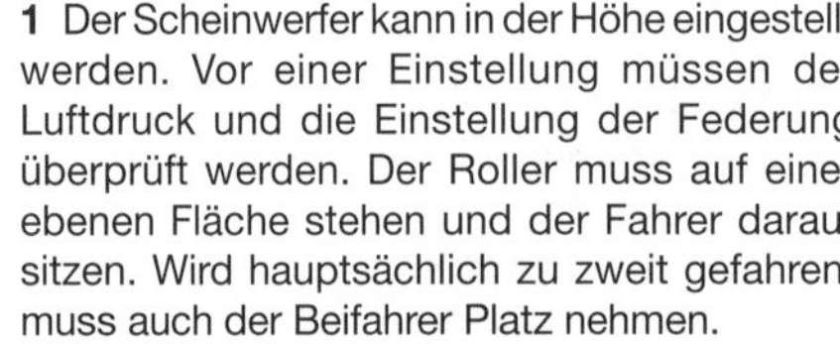

Anmerkung: *Ein schlecht eingestellter Scheinwerfer blendet den Gegenverkehr und/oder leuchtet die Straße schlecht aus. Die Einstellung des Scheinwerfers ist Bestandteil einer Hauptuntersuchung.*

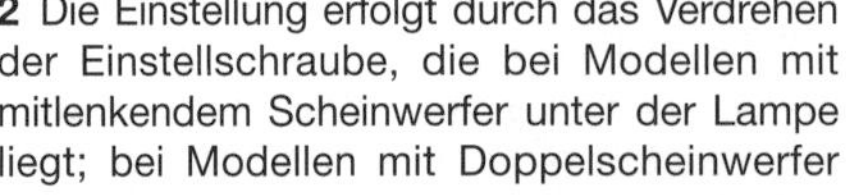

1 Der Scheinwerfer kann in der Höhe eingestellt werden. Vor einer Einstellung müssen der Luftdruck und die Einstellung der Federung überprüft werden. Der Roller muss auf einer ebenen Fläche stehen und der Fahrer darauf sitzen. Wird hauptsächlich zu zweit gefahren, muss auch der Beifahrer Platz nehmen.

2 Die Einstellung erfolgt durch das Verdrehen der Einstellschraube, die bei Modellen mit mitlenkendem Scheinwerfer unter der Lampe liegt; bei Modellen mit Doppelscheinwerfer findet sie sich zwischen den Lampen oder hinter einer Bohrung in der Innenverkleidung (siehe Abbildungen). Durch Drehen im Uhrzeigersinn wird der Lichtkegel höher, durch Drehen gegen den Uhrzeigersinn wird er abgesenkt. Bei LXV-Klassikmodellen mit am Lenker montiertem Scheinwerfer erfolgt die Einstellung der Lampenschale nach dem Lockern des unteren Durchgangsbolzens

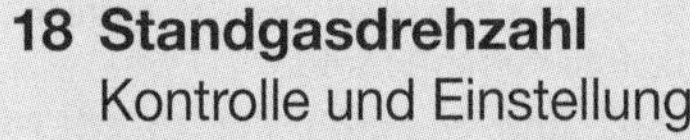

18 Standgasdrehzahl
Kontrolle und Einstellung

1 Die Standgasdrehzahl muss kontrolliert und eingestellt werden, wenn sie offensichtlich zu hoch oder zu niedrig ist. Vor einer Einstellung müssen das Ventilspiel (Viertakter) und der Zündkerzenabstand korrekt sein. Auch muss der Lenker bewegt werden, um zu prüfen, ob sich die Drehzahl dabei ändert – in diesem Fall ist der Gasbowdenzug nicht korrekt eingestellt

18.3a Der Standgasdrehzahl-Einsteller sitzt seitlich . . .

18.3b . . . oder oben am Vergaser, . . .

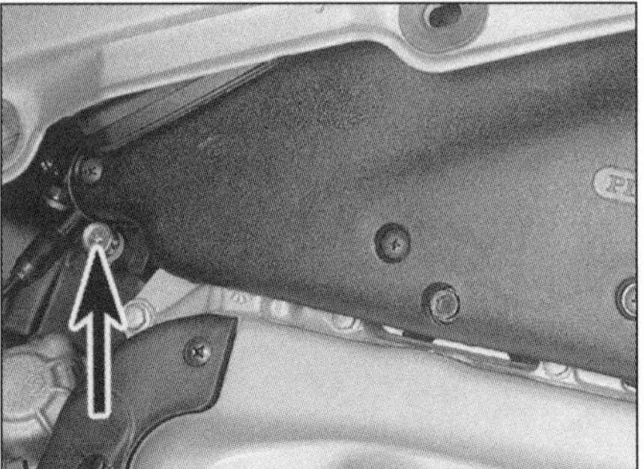

18.3c . . . oder er sitzt am Luftfiltergehäuse.

21.3a Lösen Sie die Schlauchschelle, . . .

21.3b . . . lösen Sie dann die Schrauben, . . .

21.3c . . . und nehmen Sie das Zungenventil-Gehäuse ab.

21.4a Heben Sie den Deckel . . .

21.4b . . . und das Filterelement ab.

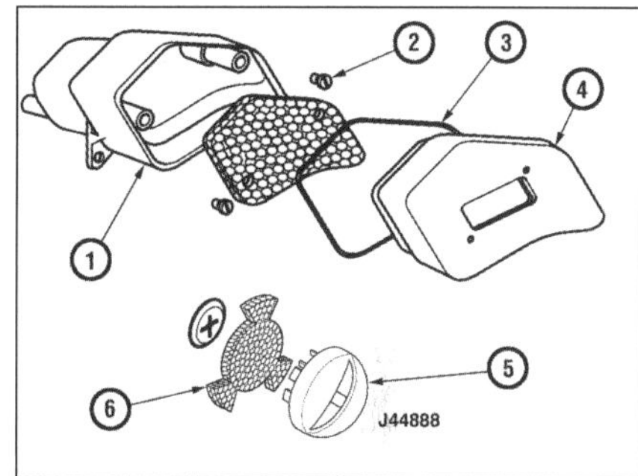

21.4c Bauteile des Sekundärluftsystem-Filters

1 Gehäuse
2 Filter
3 O-Ring
4 Deckel
5 Belüftungs-Kappe
6 Riemengehäuse-Filter

oder verlegt. Dieser gefährliche Zustand muss unverzüglich abgestellt werden.

2 Der Motor muss auf Betriebstemperatur sein, wie sie normalerweise nach 10 bis 15 Minuten Stadtfahrt auftritt. Stellen Sie das Fahrzeug auf den Hauptständer, sodass das Hinterrad nicht den Boden berührt. Zwar gibt es keinen Drehzahlmesser, um die Standgasdrehzahl an die Vorgaben anzupassen, doch darf die Drehzahl weder zu stark abfallen noch so hoch sein, dass die Automatik zu greifen beginnt.

3 Die Standgasdrehzahl-Einstellschraube sitzt entweder direkt am Vergaser oder ist vorne an das Luftfiltergehäuse geklemmt (siehe Abbildungen). Bei laufendem Motor wird die Schraube im Uhrzeigersinn gedreht, um die Standgasdrehzahl zu erhöhen – und entgegengesetzt, um sie zu verringern.

4 Öffnen Sie einige Male das Gas, und lassen Sie es zurückschnappen, dann wird die Standgasdrehzahl erneut kontrolliert. Falls nötig, wird die Einstellung wiederholt.

5 Falls kein gleichmäßiges Standgas erreicht werden kann, wird das Kraftstoff-Luftgemisch nicht in Ordnung sein oder der Vergaser muss überholt werden (siehe Kapitel 4).

6 Ist die Standgasdrehzahl korrekt eingestellt, muss das Spiel des Gasbowdenzugs erneut überprüft werden (siehe Sektion 28).

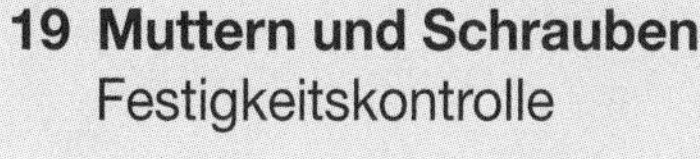

19 Muttern und Schrauben
Festigkeitskontrolle

1 Da sich durch Vibrationen der Maschine Befestigungen lockern können, müssen alle Muttern, Schrauben und Bolzen regelmäßig auf Festigkeit überprüft werden.

2 Besondere Beachtung müssen dabei finden:
Zündkerze
Vergaserschellen
Motoröl-Ablassschraube (Viertaktmotoren)
Ständerbolzen
Motor-Befestigungsschrauben
Federung und Schwingenbolzen
Lenkerhebel-Klemmschrauben
Radbefestigungen
Bremssattel- und Bremsscheibenschrauben
Bremsleitungs-Anschlussschrauben
Schrauben/Muttern der Auspuffanlage.

3 Es ist immer sinnvoll, einen Drehmomentschlüssel zu benutzen und sich an die in den technischen Daten gegebenen Drehmomentangaben zu halten.

20 Ölpumpenriemen (Zweitaktmotor)
Ersetzen

1 Wechseln Sie nach Kapitel 2A oder 2B, bauen Sie die Ölpumpe aus, und ersetzen Sie den Riemen.

21 Sekundärluftsystem
Reinigen

1 Das Sekundärluftsystem findet sich an allen Zwei- und Viertakternn mit Hi-Per2- und Hi-Per4-Motoren sowie späteren LEADER-Motoren. Alle diese Modelle sind mit einem Katalysator ausgerüstet (siehe Kapitel 4, Sektion 12).

2 Die Komponenten des Systems sitzen rechts am Motor am Lichtmaschinendeckel. Entfernen Sie nötigenfalls die rechten Verkleidungsteile, um Zugang zu erhalten (siehe Kapitel 7).

Hi-Per2-Motoren

3 Lösen Sie die Schelle, die den Schlauch am Ventilgehäuse sichert, lösen Sie die Gehäuseschrauben und nehmen Sie es ab (siehe Abbildungen). Die Lage des Zungenventils im Gehäuse ist zu beachten.

4 Heben Sie die Plastikabdeckung und das Filterelement ab (siehe Abbildungen). Beachten Sie die Position des Deckel-O-Rings – ist er beschädigt, muss er ersetzt werden.

5 Hebeln Sie mit einem kleinen Schraubendreher die Belüftungskappe aus der Riemenabdeckung, und ziehen Sie sorgfältig den Filter aus der Kappe (siehe Abbildungen). Bei dem von uns fotografierten NRG Power DT saß in der Kappe kein Filter, und der Einlassbereich war verstopft (siehe Abbildung). Der Luftauslass hinten am Deckel war teilweise verstopft. Die Stopfen sitzen sehr fest, und wenn sie entfernt sind, können Wasser und Schmutz eindringen (siehe Abbildung).

6 Waschen Sie die Filter mit warmem Wasser, und trocknen Sie sie mit Druckluft – Auswringen würde sie zerstören. Lassen sich die Filter nicht mehr reinigen, oder sind sie schadhaft, müssen sie ersetzt werden.

1

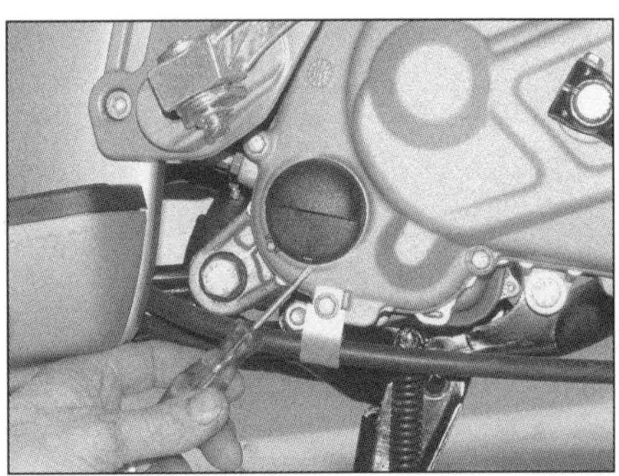

21.5a Nachdem die Belüftungskappe abgehebelt wurde, . . .

21.5b . . . kann vorsichtig das Filterelement entnommen werden.

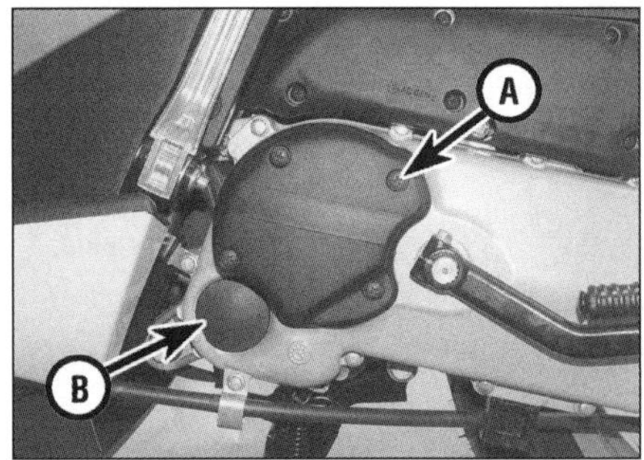

21.5c Gehäuse-Belüftung (A) und Abdeckung (B) sind verstopft – NRG Power DT.

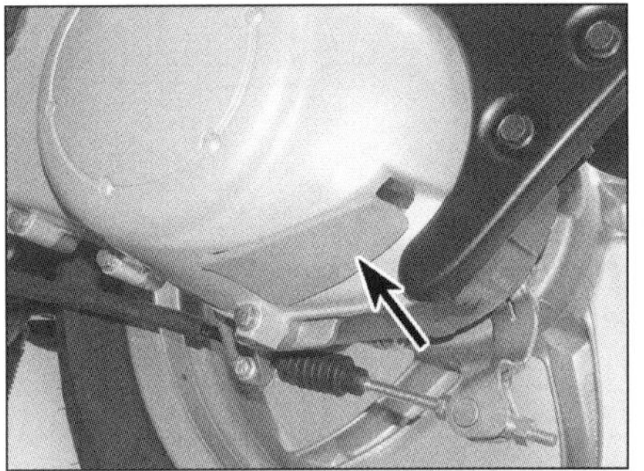

21.5d Falls vorhanden, muss die Abdeckung fest sitzen.

7 Heben Sie das Zungenventil aus dem Gehäuse – merken Sie sich die Einbaulage (siehe Abbildung). Zur Kontrolle des Zungenventils muss es gegen das Licht gehalten werden – es muss geschlossen sein. Ist ein Lichtstrahl sichtbar, muss ein neues Venti montiert werden (siehe Abbildung). Reinigen Sie die Zunge und ihren Anschlag sorgfältig mit Lösungsmittel, um Ablagerungen zu entfernen.

8 Der Einbau entspricht der umgekehrten Ausbaureihenfolge. Falls nötig, wird der Filtergehäusedeckel mit einem neuen O-Ring ausgerüstet. Die Schlauchschelle muss mit einer Zange gesichert werden (siehe Abbildung).

Hi-Per4-Motoren

9 Lösen Sie die Schelle, die den Schlauch am Ventilgehäuse sichert, lösen Sie die Gehäuseschrauben und nehmen Sie es ab. Die Lage der Gehäusedichtung ist zu beachten – eine schadhafte Dichtung muss ersetzt werden.

10 Entfernen Sie das Filterelement aus dem Gehäuse, waschen Sie es in warmem Seifenwasser und trocknen Sie es mit Druckluft – Auswringen würde es zerstören. Sind die Filter stark verschmutzt und lassen sich nicht reinigen, oder sind sie schadhaft, müssen sie ersetzt werden.

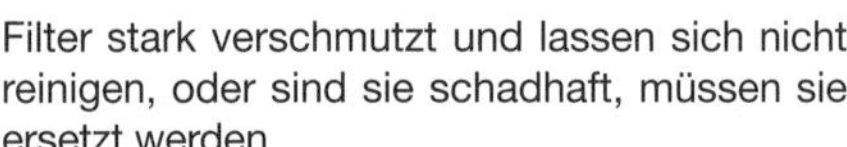

11 Heben Sie das Zungenventil unter Beachtung seiner Lage aus dem Gehäuse. Folgen Sie für die Kontrolle und Reinigung den Anweisungen in Schritt 7.

12 Der Einbau entspricht der umgekehrten Ausbaureihenfolge. Falls nötig, wird der Filtergehäusedeckel mit einer neuen Dichtung ausgerüstet. Die Schlauchschelle muss mit einer Zange gesichert werden (siehe Abbildung 21.7).

LEADER-Motoren

13 Entfernen Sie den Schalldämpfer (siehe Kapitel 4). Falls nötig, müssen die Benzinpumpe und die Filter-Baugruppe beiseite genommen werden, um den Zugang zum Zungenventil-Gehäuse zu verbessern (siehe Abbildung).

14 Bei wassergekühlten Motoren wird anhand der Anleitung in Sektion 10 das Kühlmittel abgelassen, dann werden die Schrauben gelöst, die das Wasserpumpengehäuse am Lichtmaschinendeckel sichern und die Pumpe abgenommen. Der Gehäuse-O-Ring muss durch ein Neuteil ersetzt werden (siehe Kapitel 3).

15 Entfernen Sie das Gepäckfach, um Zugang zur Oberseite des Ventilgehäuses zu erhalten (siehe Kapitel 7).

16 Lösen Sie die Schelle, die den Unterdruckschlauch an der Sekundärlift-Membrane sichert, und trennen Sie den Schlauch (siehe Abbildung).

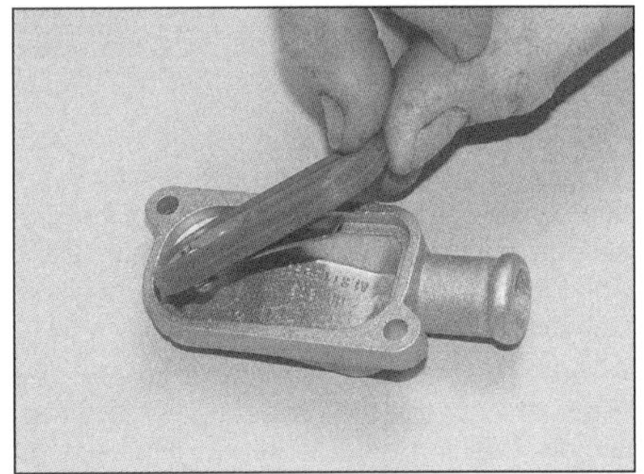

21.7a Das Zungenventil kann herausgehoben werden.

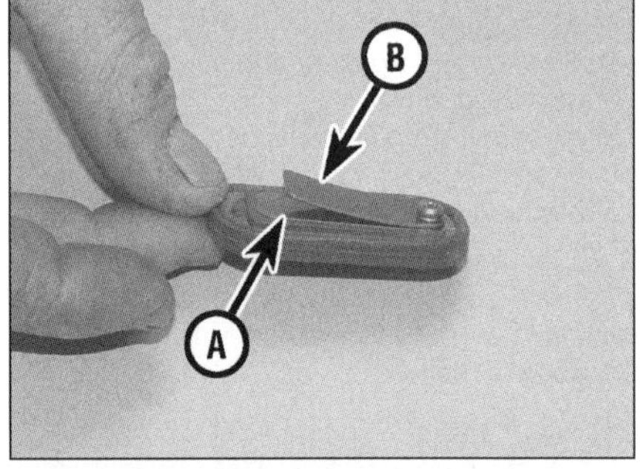

21.7b Die Lage der Zunge (A) und des Anschlags (B) muss kontrolliert werden

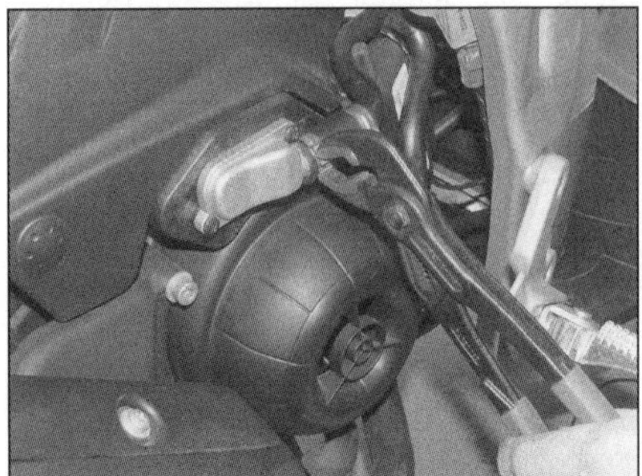

21.8 Die Schlauchschelle muss fest sitzen.

21.13 Die Benzinpumpe sitzt an der Tank-Unterseite – gezeigt an der Vespa GT.

21.16 Trennen Sie den Schlauch (A) von der Sekundärluft-Membrane (B).

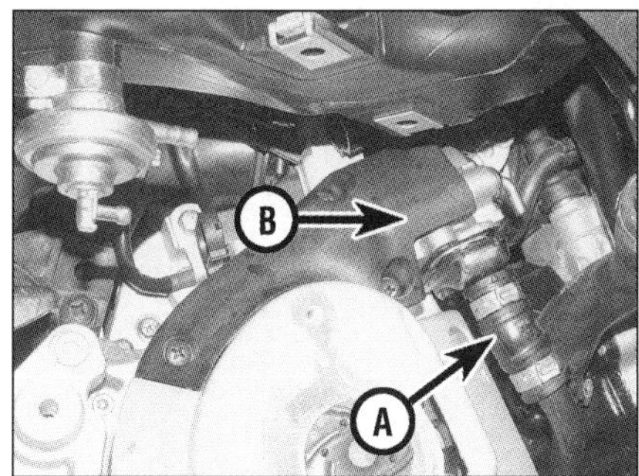

21.17a Trennen Sie das obere Ende des Sekundärluft-Rohres (A) vom Zungenventil-Gehäuse (B), . . .

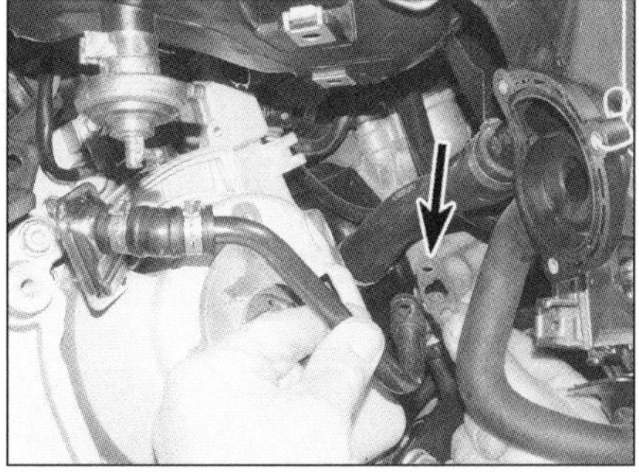

21.17b . . . und nehmen Sie das Rohr ab. Beachten Sie die Dichtung (Pfeil).

21.18a Lösen Sie die 3 Schrauben an der rechten Seite . . .

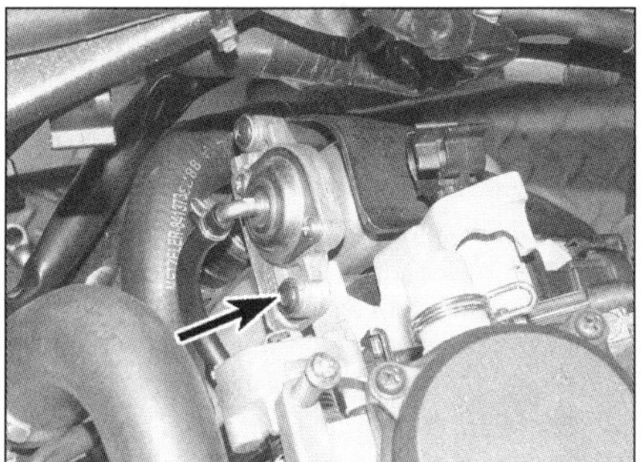

21.18b . . . und die Schraube vorne, . . .

21.18c . . . und entfernen Sie das Zungenventil-Gehäuse.

17 Lösen Sie die Schrauben, die das untere Ende des Sekundärluft-Rohres am Zylinderkopf sichern, und trennen Sie das Rohr – die Dichtung muss erneuert werden. Entweder werden die Schrauben entfernt, die die Ventilabdeckung am oberen Ende des Sekundärluft-Rohres am Zungenventil-Gehäuse sichern, oder die Rohrschelle wird gelöst; dann wird das Rohr entfernt (siehe Abbildungen). Wenn die Ventilabdeckung entfernt wurde, muss auf den Deckel-O-Ring aufgepasst werden.

18 Bei wassergekühlten Modellen werden die Schrauben des Ventilgehäuses gelöst und dieses abgenommen (siehe Abbildungen). Beachten Sie die Deckeldichtung.

19 Bei luftgekühlten Modellen wird nach dem Lösen der Schrauben der äußere Lichtmaschinendeckel entfernt.

20 Entfernen Sie das Filterelement aus dem Lichtmaschinendeckel (siehe Abbildung). Waschen Sie den Filter mit warmem Wasser, und trocknen Sie ihn mit Druckluft – Auswringen würde ihn zerstören. Ist der Filter stark verschmutzt und lässt sich nicht reinigen, oder ist er schadhaft, muss er ersetzt werden.

21 Bei wassergekühlten Modellen sitzt innerhalb des Lichtmaschinendeckels ein zweiter Filter. Entfernen Sie den Lichtmaschinendeckel (siehe Kapitel 2F). Hebeln Sie den Filterdeckel heraus, und entfernen Sie das Filterelement unter Beachtung seiner Lage (siehe Abbildung). Folgen Sie der Prozedur

21.20 Heben Sie das Filterelement heraus.

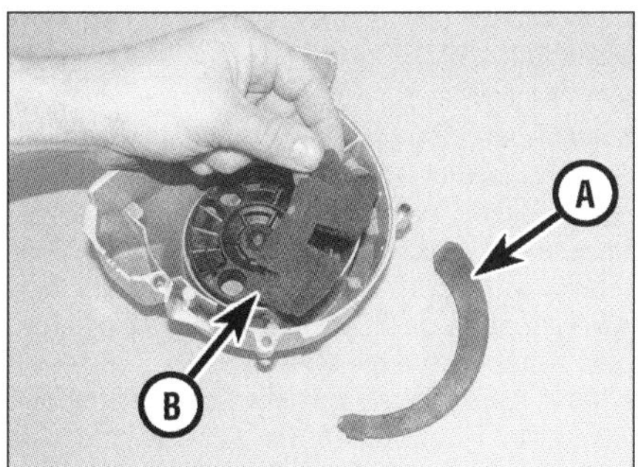

21.21a Entfernen Sie die Abdeckung (A), und entfernen Sie das innere Filterelement (B).

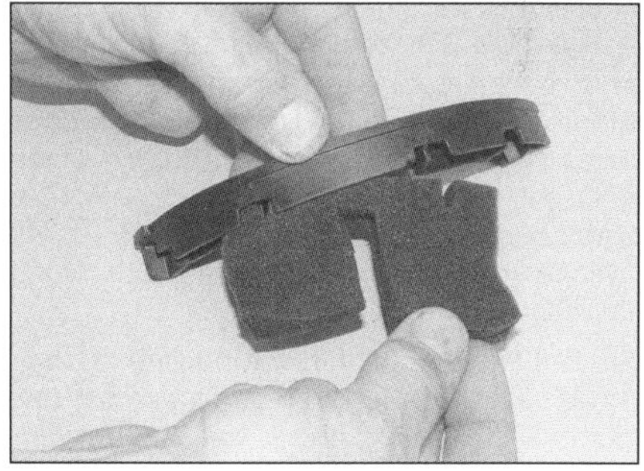

21.21b Der Filter muss korrekt in seinem Deckel sitzen, . . .

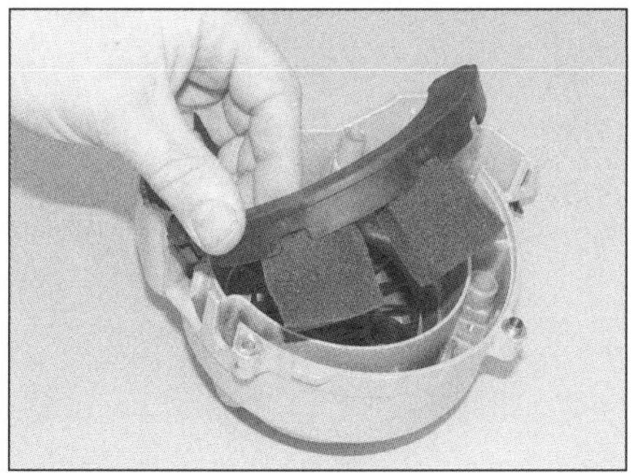

21.21c . . . dann wird er zum Ausschnitt des Lichtmaschinendeckels ausgerichtet, . . .

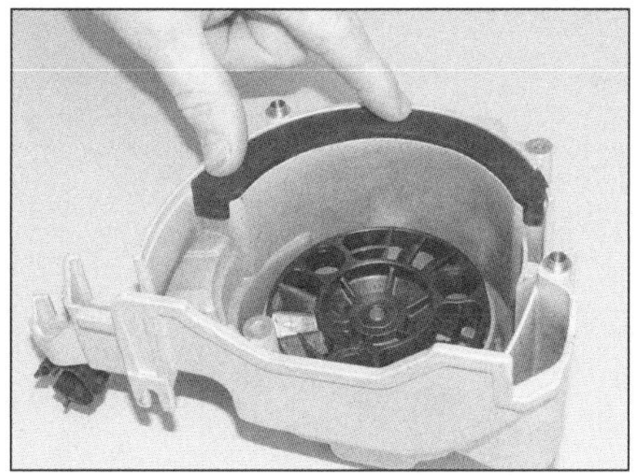

21.21d . . . und in seine Position gedrückt.

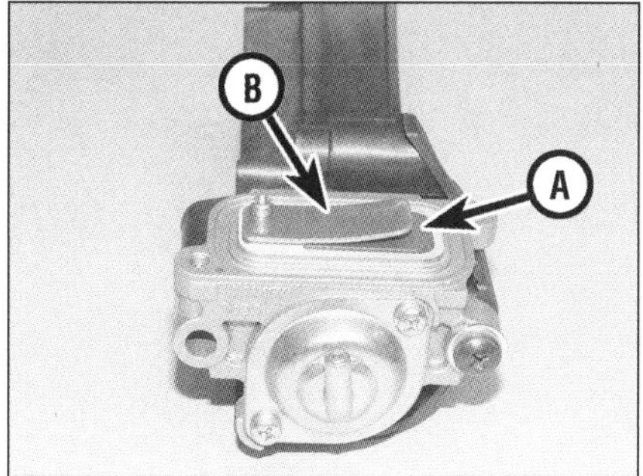

21.22 Zungenventil (A) und Anschlagplatte (B) – wassergekühlte LEADER-Motoren

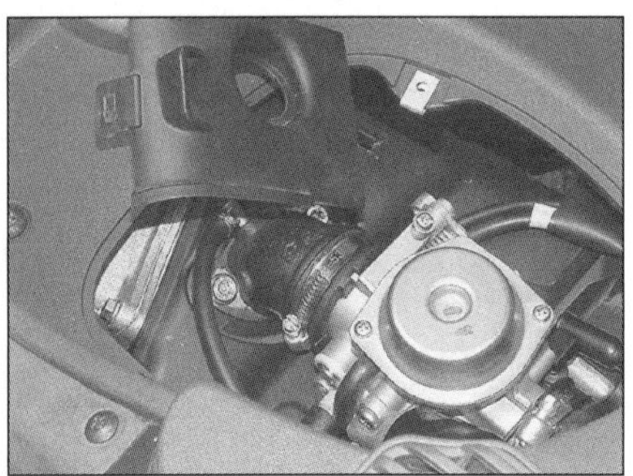

22.1 Bei luftgekühlten LEADER-Modellen ist die Zündkerzen-Abdeckung zu entfernen.

22.2a Entfernen Sie den Zündkerzenstecker, . . .

22.2b . . . und schrauben Sie die Zündkerze heraus.

in Schritt 20, um den Filter zu reinigen. Der getrocknete Filter wird richtigherum in den Deckel installiert und beide Teile korrekt ausgerichtet in den Lichtmaschinendeckel gedrückt (siehe Abbildungen). Installieren Sie den Lichtmaschinendeckel (siehe Kapitel 2F).

22 Bei luftgekühlten Modellen werden im inneren Lichtmaschinendeckel die Schrauben des Ventilgehäuses gelöst und dieses herausgezogen. Bei allen Modellen werden die Schrauben der Zungenventil-Abdeckung gelöst und das Ventil unter Beachtung seiner Lage herausgehoben (siehe Abbildung). Folgen Sie Schritt 7, und kontrollieren und reinigen Sie das Zungenventil. Bei LEADER-Motoren ist das Zungenventil nicht als separates Ersatzteil aufgeführt, sodass bei einem Defekt ein komplettes Ventilgehäuse beschafft werden muss.

23 Der Einbau entspricht der umgekehrten Aubaureihenfolge. Der Ventilgehäusedeckel und der Filtergehäusedeckel müssen nötigenfalls mit neuen O-Ringen ausgerüstet werden. Die Schelle des Sekundärluft-Rohres muss mit einer Zange gesichert werden (siehe Abbildung 21.8). Der Unterdruckschlauch muss vollständig auf seinem Stutzen sitzen und mit der Schelle gesichert sein. Die Verbindung zwischen Sekundärluft-Rohr und Zylinderkopf muss mit einer neuen Dichtung versehen werden.

24 Bei wassergekühlten Modellen ist den Anweisungen in Kapitel 3 zu folgen, um den Lichtmaschinendeckel und das Wasserpumpengehäuse zu installieren, anschließend wird das Kühlsystem aufgefüllt (siehe Sektion 10).

22 Zündkerze
Kontrolle und Einstellung

Warnung: Der Zugang zur Zündkerze ist bei einigen Modellen sehr beengt. Der Motor muss abgekühlt sein, bevor versucht wird, die Kerze zu entfernen.

1 Zunächst muss sichergestellt werden, dass der Zündkerzenschlüssel die richtige Größe hat – ein geeignetes Werkzeug sollte dem Bordwerkzeug beigefügt sein. Falls nötig und vorhanden, müssen entsprechende Abdeckungen entfernt werden (siehe Kapitel 7). Bei luftgekühlten LEADER-Motoren muss zunächst die Schraube der Abdeckung entfernt und diese aus dem Luftleitblech befreit werden (siehe Abbildung).

2 Ziehen Sie den Zündkerzenstecker von der Kerze, und schrauben Sie diese aus dem Zylinderkopf (siehe Abbildungen).Bei wassergekühlten LEADER-Motoren kann der Zugang schwierig sein.

3 Inspizieren Sie die Elektroden auf Verschleiß. Sowohl die Mittel- als auch die Masse-Elektrode dürfen nicht abgerundet sein. Die Masseelektrode muss gleichmäßig dick sein. An der Mittelelektrode dürfen sich keine übermäßigen Ablagerungen gebildet oder Teile des Isolators gelöst haben. Vergleichen Sie die Zündkerze mit den Abbildungen auf der inneren Umschlag-Rückseite. Kontrollieren Sie das Gewinde, den Dichtring und den Keramik-Isolator auf Risse und andere Schäden.

4 Wenn die Elektroden nicht zu stark verschlissen sind und die Ablagerungen sich leicht mit einer Kupferdrahtbürste entfernen lassen, kann die Zündkerze wiederverwendet werden. Im Zweifel über ihren Zustand sollte sie ersetzt werden – Zündkerzen sind nicht teuer.

5 Das Reinigen der Zündkerze mit einem Sandstrahlgebläse sollte unterbleiben, da auch nach sorgfältigster Reinigung Sandkörner darin verbleiben und in den Motor geraten können.

6 Vor dem Einbau muss der Elektrodenabstand der Zündkerze überprüft werden – die korrekten Werte finden sich in den technischen Daten. Biegen Sie die Masseelektrode nötigenfalls vorsichtig nach (siehe Abbildungen). Achten Sie vor dem Einbau der Kerze darauf, dass der Dichtring vorhanden ist.

7 Der Zylinderkopf besteht aus Aluminium, das weich und empfindlich ist. Die Kerze muss so weit wie möglich von Hand eingedreht werden, erst zum Schluss wird sie vorsichtig mit dem Werkzeug angezogen (siehe Abbildung). Ziehen Sie die Kerze nicht zu fest an!

Zündkerzen können für viele Symptome wie schlechtes Anspringen, ungleichmäßiges Standgas, Fehlzündungen, hohen Verbrauch, mangelnde Leistung, usw. verantwortlich sein. Ein Kerzenwechsel bewirkt oft wahre Wunder.

Ausgerissene Kerzengewinde können mit Gewindeeinsätzen wieder repariert werden.

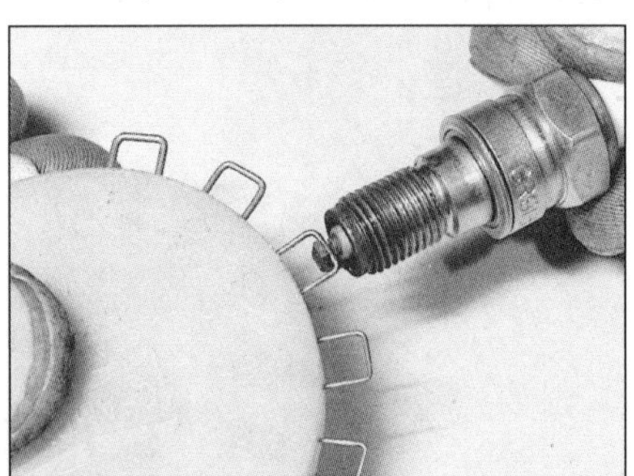

22.6a Der Elektrodenabstand sollte mit einer Draht-Lehre gemessen werden.

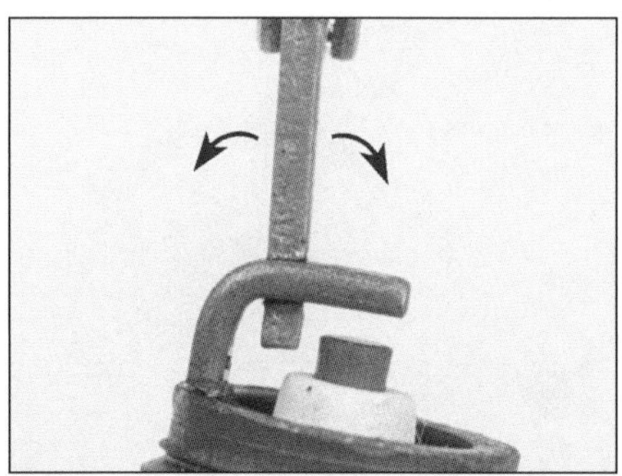

22.6b Der Abstand darf nur durch vorsichtiges Biegen der Masseelektrode verändert werden.

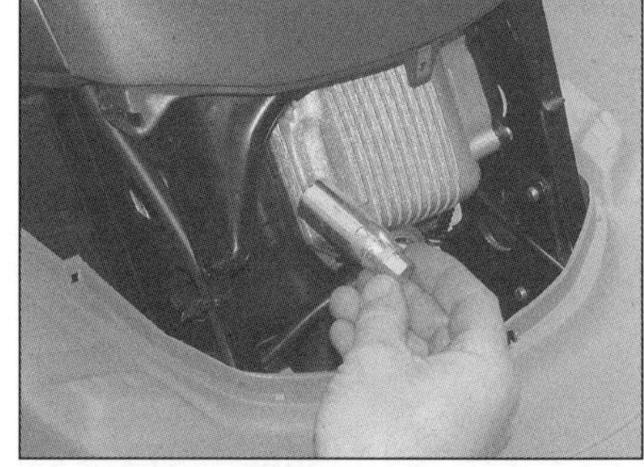

22.7 Die Zündkerze muss mit dem korrekten Schlüssel angezogen werden.

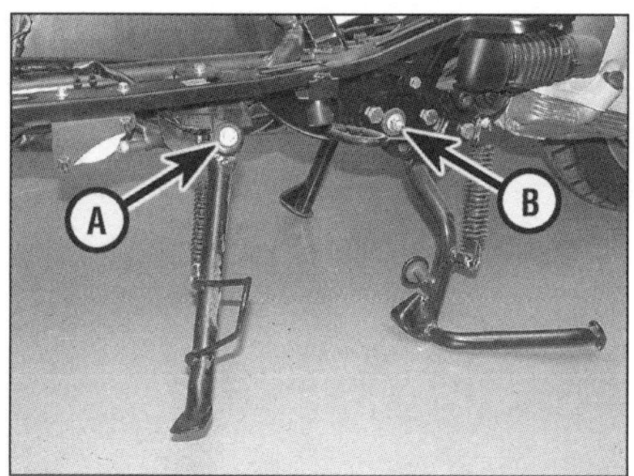

25.1 Schmieren Sie die Zapfen des Seitenständers (A) und des Hauptständers (B).

26.4 Kontrollieren Sie das Spiel des Lenkkopflagers.

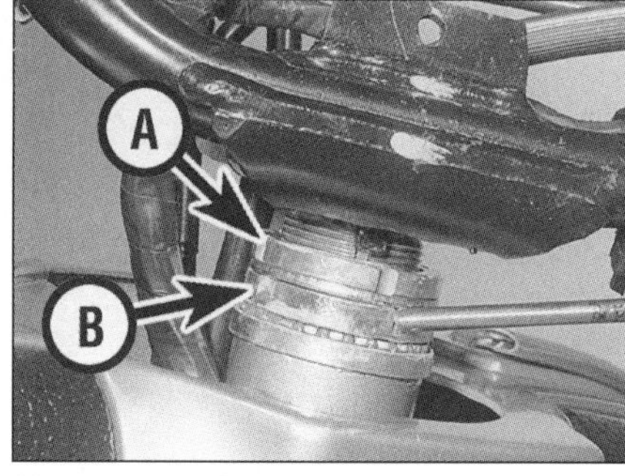

26.6 Lockern Sie den Konterring (A), und drehen Sie den Einsteller (B) mithilfe eines Hakenschlüssels oder Treibdorns.

23 Zündkerze
Ersetzen

1 Die neue Zündkerze muss vom vorgeschriebenen Typ sein und den korrekten Elektrodenabstand haben (siehe Technische Daten am Anfang dieses Kapitels sowie Sektion 22). Entfernen Sie die alte Zündkerze wie in Sektion 22 beschrieben, und installieren Sie die neue.

24 Tachowelle und Antrieb
Schmieren

Anmerkung: *Einige neuere Modelle sind mit elektronischen Tachometern ausgerüstet. Hier darf nicht versucht werden, das Kabel vom Antriebsgehäuse zu trennen.*

1 Bauen Sie die Tachowelle aus (siehe Kapitel 9).

2 Ziehen Sie die Antriebswelle aus der Hülle, und schmieren Sie sie mit Motoröl oder einem anderen Schmiermittel – die oberen zehn Zentimeter müssen dabei ausgelassen werden, damit das Schmiermittel nicht in das Instrument eindringt.

3 Bei Modellen mit einseitig aufgehängtem Vorderrad wird der Antrieb entfernt (siehe Kapitel 9). Bei Modellen mit Teleskopgabel muss das Vorderrad ausgebaut werden, um das Antriebsgehäuse entfernen zu können (siehe Kapitel 8). Befreien Sie das Rad oder Gehäuse von alten Fettresten, schmieren Sie das Teil mit frischem Fett, und montieren Sie es wie in Sektion 13 von Kapitel 8 beschrieben.

25 Ständer
Kontrolle und Schmieren

1 Um eine sichere Funktion der Ständer zu gewährleisten, müssen sie regelmäßig geschmiert werden (siehe Abbildung).

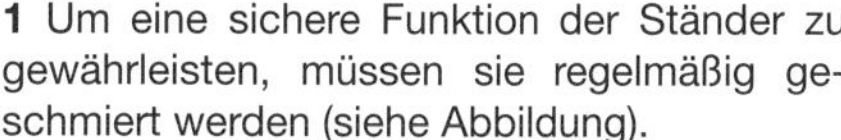

2 Damit das Schmiermittel möglichst gut zugeführt werden kann, sollte der Ständer demontiert werden; wird allerdings Kettenöl oder Sprühöl verwendet, kann es auch an die Gelenkstellen gegeben werden, von wo es sich in die Lagerungen arbeitet. Motoröl oder Fett dürfen nur sehr sparsam verwendet werden, da sie Schmutz binden, der den Verschleiß erhöhen kann.

3 Die Ständerfedern müssen in der Lage sein, den Ständer vollständig und sicher im eingeklappten Zustand zu sichern. Eine ermüdete oder gebrochene Feder muss unverzüglich ersetzt werden, da ein ausgeklappter Ständer ein Sicherheitsrisiko darstellt.

26 Lenkkopflager
Kontrolle und Einstellung

1 Die in diesem Buch behandelten Motorroller sind entweder mit Kugel- oder Kegelrollenlagern ausgerüstet – beide können sich im normalen Gebrauch lockern, rau laufen oder sich eindrücken. Verschlissene Lager können das Fahrverhalten verschlechtern – ein gefährlicher Zustand!

Kontrolle

2 Das Fahrzeug wird auf den Hauptständer gestellt und das Vorderrad angehoben – entweder durch einen das Heck belastenden Helfer oder durch Stützen unter dem Rahmen. Anmerkung: Der Roller darf nicht unter Verkleidungsteilen abgestützt werden – diese sind zu entfernen (siehe Kapitel 7).

3 Das Vorderrad wird zunächst geradeaus gestellt, dann wird die Lenkung langsam von einer Seite zur anderen bewegt – ein rau laufendes oder eingedrücktes Lager ist im Lenker fühlbar. Schadhafte Lenkkopflager sind unverzüglich zu ersetzen (siehe Kapitel 6).

4 Jetzt wird versucht, die Radachse vor und zurück zu bewegen (siehe Abbildung). Spiel im Lenkkopflager wird als Bewegung der Vorderradführung fühlbar. Spiel in den Lenkkopflagern kann folgendermaßen eingestellt werden:

Einstellung

5 Entfernen Sie die Lenkerverkleidungen (siehe Kapitel 7).

6 Lockern Sie den Konterring des Einstellers entweder mit einem passenden Hakenschlüssel oder einem Dorn (siehe Abbildung).

7 Jetzt wird wieder mit dem Hakenschlüssel oder dem Dorn der Einsteller etwas gelockert, um Druck von den Lagern zu nehmen; dann wird er so weit angezogen, bis sich die Radaufhängung nicht mehr vor und zurück bewegen, aber noch leicht lenken lässt. Ziel ist es, die Lager nur unter sehr leichten Druck zu setzen, bis gerade das Spiel verschwunden ist.

Achtung: Eine auch nur kurz ausgeübte zu feste Einstellung kann die Lager dauerhaft schädigen.

8 Ist das Lenkkopflager korrekt eingestellt, wird der Einsteller vor dem Verdrehen gesichert und der Konterring sorgfältig angezogen. Piaggio schreibt beim X9 ein Anzugsdrehmoment von 33 Nm und bei allen anderen Modellen 40 Nm vor. Hierfür wird jedoch entweder das Piaggio-Werkzeug Nr. 020055Y oder ein aus einer alten Steckschlüsselnuss selbst angefertigtes Werkzeug nötig, zudem muss der Lenker demontiert werden (siehe Kapitel 6).

9 Kontrollieren Sie erneut das Lagerspiel, und stellen Sie es nötigenfalls nach.

10 Das Fett in den Lagern härtet mit der Zeit aus oder wird herausgewaschen. Zum Nachfetten müssen die Lager ausgebaut werden (siehe Kapitel 6).

27 Federung
Kontrolle

1 Die Federelemente müssen in einem guten Zustand sein, um die Sicherheit des Fahrers gewährleisten zu können. Lockere, verschlissene oder schadhafte Teile der Federung verschlechtern das Fahrverhalten und die Straßenlage.

Vorderradfederung

2 Während man neben dem Roller steht, wird die Vorderradbremse betätigt und der Lenker mehrmals nach unten gedrückt – dabei muss sich die Federung sanft komprimieren lassen und ebenso sanft wieder ausfedern. Klemmt die Federung, muss sie zerlegt und inspiziert werden (siehe Kapitel 6).

3 Bei Modellen mit einseitiger Radaufhängung wird der Stoßdämpfer auf Öldichtigkeit und

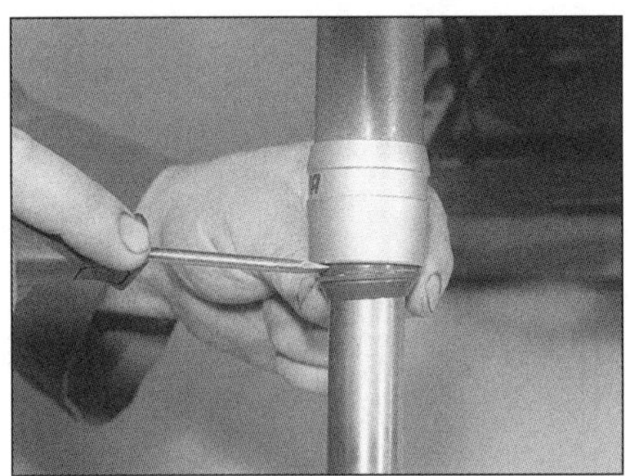

27.4a Hebeln Sie den Dichtring ab, . . .

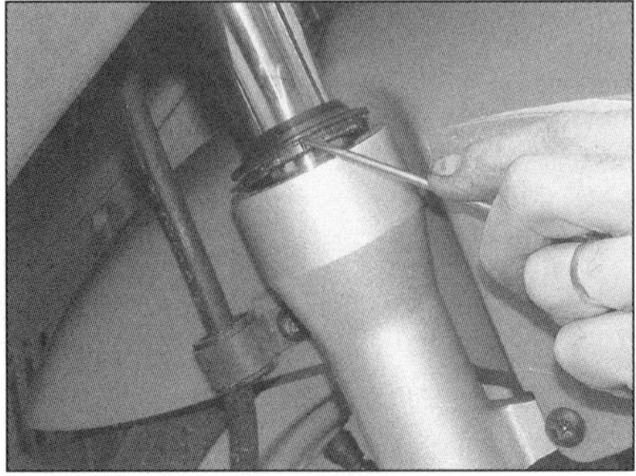

27.4b . . . und kontrollieren Sie das Standrohr auf Korrosion.

27.4c Korrosion wie diese zerstört Dichtungen.

feste Verbindungen überprüft. Ein leckender Dämpfer muss ersetzt werden (Kapitel 6).

4 Bei Modellen mit Telekskopgabel müssen die Bereiche um die Staubdichtungen auf Anzeichen austretenden Öls begutachtet werden. Mit einem Schraubendreher können die Staubdichtungen vorsichtig abgehebelt werden, um die Bereiche dahinter zu inspizieren (siehe Abbildungen). Hat eindringendes Wasser für Korrosion gesorgt, müssen die Dichtringe ersetzt werden (siehe Kapitel 6). Die Chromschicht der Gabel neigt zum Korrodieren und Bilden von Rostpickeln, daher ist es ratsam, den Bereich möglichst sauber zu halten und regelmäßig mit Rostumwandler einzusprühen – ansonsten werden die Dichtringe nicht lange halten (siehe Abbildung). Roststellen müssen so früh wie möglich behandelt werden, damit sie sich nicht ausbreiten.

5 Die Festigkeit aller Bolzen und Muttern der Federelemente ist zu überprüfen.

Hinterradfederung

Anmerkung: *Ist bei Modellen mit zwei Stoßdämpfern einer defekt, müssen immer beide Dämpfer als Satz ausgetauscht werden.*

6 Der/die Stoßdämpfer ist/sind auf Öldichtigkeit und feste Verbindungen zu überprüfen. Ein leckender Dämpfer muss ersetzt werden (siehe Kapitel 6).

7 Während ein Helfer das Fahrzeug hält, wird das Heck mehrmals heruntergedrückt – es muss sich sanft und frei auf und ab bewegen. Klemmende Teile sind zu lokalisieren und zu reparieren. Das Problem kann am Stoßdämpfer oder dem Silentblock-Lager zwischen der Antriebseinheit und dem Rahmen liegen.

8 Nachdem das Fahrzeug so abgestützt ist, dass das Hinterrad nicht den Boden berührt, wird versucht, das Ende der Antriebseinheit seitlich zu bewegen – dabei darf zwischen Motor und Rahmen kein fühlbares Spiel festgestellt werden; falls doch, müssen die Festigkeit des Silentblocks und der Motorbolzen überprüft werden (hierzu sind die Drehmomentangaben am Anfang von Kapitel 2 und 6 zu beachten). Wird immer noch Spiel festgestellt, ist/sind die untere(n) Stoßdämpferaufnahme(n) zu lösen – hierdurch wird das Spiel deutlicher. Gegebenenfalls ist die Silentblock-Baugruppe auf Verschleiß zu überprüfen (siehe Kapitel 6).

9 Als Nächstes wird versucht, das Hinterrad nach oben zu ziehen – es sollte kein Spiel fühlbar sein, bevor die Federung zu arbeiten beginnt (siehe Abbildung) – ansonsten ist eine (oder mehrere) Stoßdämpferaufnahme(n) ausgeschlagen. Verschlissene Komponenten sind zu ersetzen (siehe Kapitel 6).

28 Gas- und Ölpumpen-Bowdenzug
Kontrolle und Einstellung

Zweitaktmotoren

1 Bei ausgeschaltetem Motor muss geprüft werden, ob sich der Gasgriff bei verschiedenen Lenkerstellungen sanft und leicht öffnen lässt. Beim Loslassen muss der Gasgriff selbstständig wieder schließen.

2 Ein klemmender Gasgriff ist wahrscheinlich auf einen defekten Gasbowdenzug zurückzuführen. Alle Bowdenzüge sind zu demontieren und zu schmieren (siehe Sektion 5). Bleibt das Problem trotz eines geschmierten (und korrekt verlegten) Bowdenzuges bestehen, muss der Zug ersetzt werden. In ganz seltenen Fällen kann das Problem am Vergaser oder der Ölpumpe liegen (siehe Kapitel 4 bzw. 2)

3 Ein korrekt funktionierender Gasgriff muss etwas Spiel aufweisen, bevor der Vergaser betätigt wird (siehe Abbildung). Bei unzureichendem oder übermäßigem Spiel muss die Kontermutter des Einstellers gelockert und der Einsteller entsprechend verdreht werden, bis gerade etwas Spiel vorhanden ist. Die Kontermutter ist wieder anzuziehen (siehe Abbildung). **Anmerkung**: *Zum Erreichen des Bowdenzug-Einstellers kann es nötig sein, die Lenkerabdeckungen zu entfernen (siehe Kapitel 7).* Ist eine Einstellung nicht mehr möglich, muss der Bowdenzug ersetzt werden (siehe Kapitel 4). Lässt sich die Standgasdrehzahl nicht korrekt einstellen, kann dies an einem unkorrekt eingestellten Gasbowdenzug liegen – verändert sich die Drehzahl durch Eindrehen des Einstellers, war dies das Problem.

4 Im Bowdenzug zwischen dem Verteiler und dem Vergaser darf kein Spiel bestehen – ansonsten ist am Vergaser die Gummiabdeckung zurückzuziehen, die Kontermutter zu lockern und der Einsteller so zu verdrehen, bis jegliches Spiel gerade aufgehoben ist, der Vergaser aber noch nicht betätigt wird (siehe Abbildung). Zur Kontrolle der exakten Position wird

27.9 Kontrollieren Sie das Spiel an den Aufhängungen der Federung.

28.3a Der Gasgriff muss etwas Spiel haben, bevor der Vergaser betätigt wird.

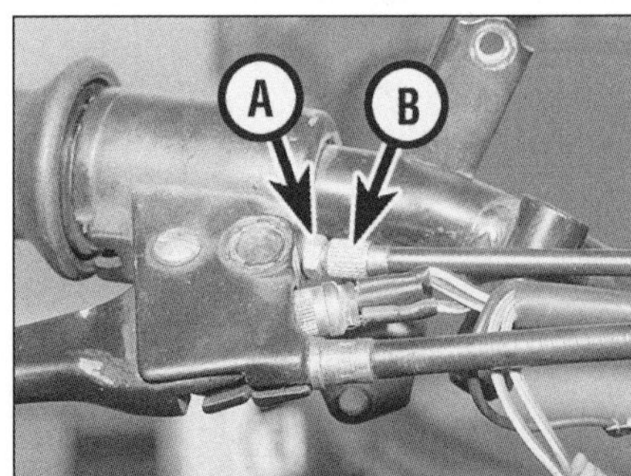

28.3b Lockern Sie die Kontermutter (A) und drehen Sie den Einsteller (B), bis das gewünschte Spiel erreicht ist.

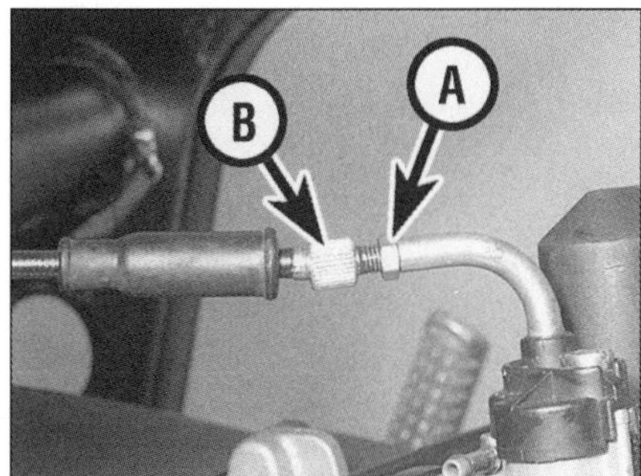

28.4 Lockern Sie die Kontermutter (A), und drehen Sie den Einsteller (B).

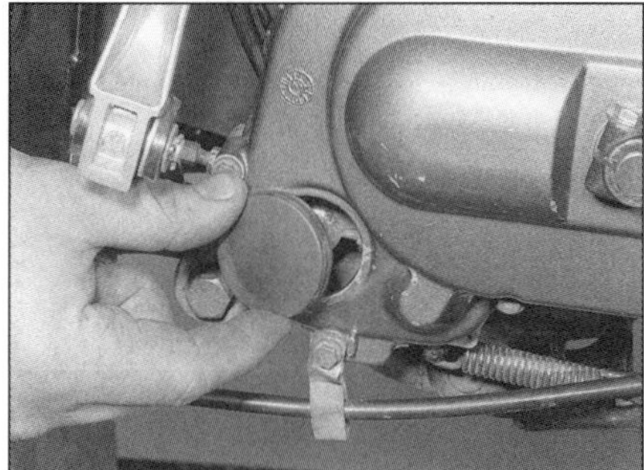

28.5a Entfernen Sie den Stopfen aus dem Antriebsgehäuse-Deckel.

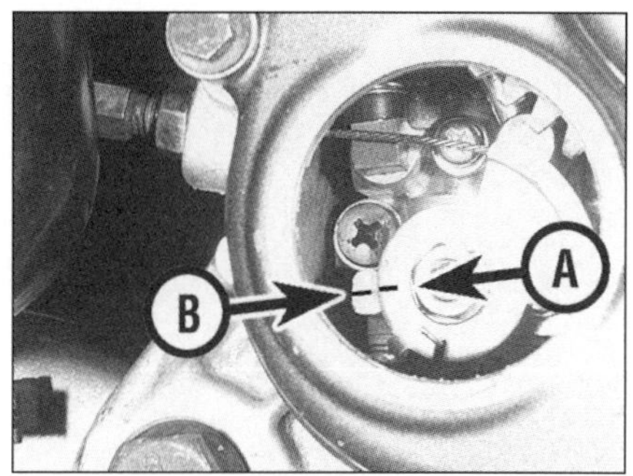

28.5b Die Linie an der Betätigung (A) muss mit der am Gehäuse (B) fluchten.

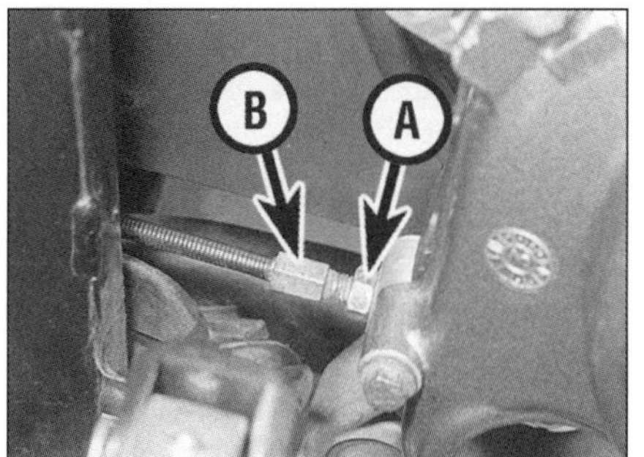

28.5c Lockern Sie die Kontermutter (A), und drehen Sie den Einsteller (B).

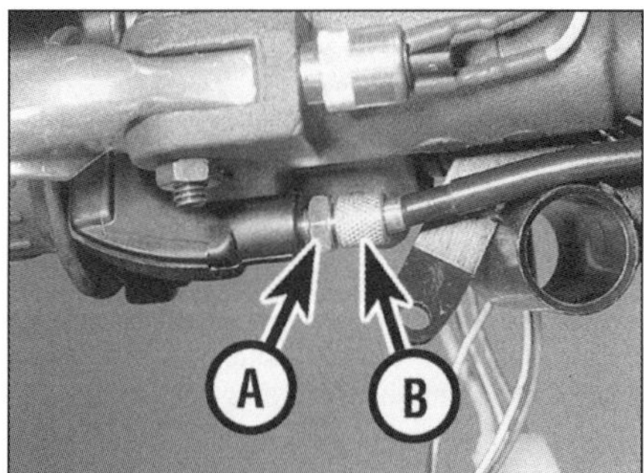

28.9a Lockern Sie die Kontermutter (A) und drehen Sie den Einsteller (B), bis das gewünschte Spiel erreicht ist.

28.9b Sechskant-Einsteller eines Gasbowdenzuges

die Kontermutter gelockert und der Einsteller eingeschraubt, bis gerade Spiel festgestellt werden kann, dann wird er wieder zurückgedreht, bis es gerade aufgehoben ist.

5 Entfernen Sie die Gummiabdeckung aus dem Antriebsgehäusedeckel (siehe Abbildung). Bei geschlossenem Gasgriff wird geprüft, ob der Bowdenzug zwischen dem Verteiler und der Ölpumpe korrekt eingestellt ist, sodass die Markierungen am Drehmechanismus und an der Pumpe zueinander fluchten (siehe Abbildung). Sind sie nicht ausgerichtet, muss die Kontermutter des Bowdenzugeinstellers am Antriebsgehäuse gelockert und der Einsteller entsprechend verdreht werden, bis sie fluchten. Die Kontermutter ist wieder anzuziehen (siehe Abbildung).

6 Starten Sie den Motor, und prüfen Sie, ob sich die Standgasdrehzahl beim Lenken nicht verändert; ist dies der Fall, wird ein Bowdenzug falsch verlegt sein. Beheben Sie dieses Problem vor der ersten Fahrt.

Viertaktmotoren

7 Bei ausgeschaltetem Motor muss geprüft werden, ob sich der Gasgriff bei verschiedenen Lenkerstellungen sanft und leicht öffnen lässt. Beil Loslassen muss der Gasgriff selbstständig wieder schließen.

8 Ein klemmender Gasgriff ist wahrscheinlich auf einen defekten Gasbowdenzug zurückzuführen. Alle Bowdenzüge sind zu demontieren und zu schmieren (siehe Sektion 5). Bleibt das Problem trotz eines geschmierten (und korrekt verlegten) Bowdenzuges bestehen, muss der Zug ersetzt werden. In ganz seltenen Fällen kann das Problem am Vergaser liegen (siehe Kapitel 4).

9 Ein korrekt funktionierender Gasgriff muss etwas Spiel aufweisen, bevor der Vergaser betätigt wird (siehe Abbildung 28.3a). Bei unzureichendem oder übermäßigem Spiel muss die Kontermutter des Einstellers gelockert und der Einsteller entsprechend verdreht werden, bis gerade etwas Spiel vorhanden ist. Die Kontermutter ist wieder anzuziehen (siehe Abbildungen). **Anmerkung**: *Zum Erreichen des Bowdenzug-Einstellers kann es nötig sein, die Lenkerabdeckungen zu entfernen (siehe Kapitel 7).* Ist eine Einstellung nicht mehr möglich, muss der Bowdenzug ersetzt werden (siehe Kapitel 4). Lässt sich die Standgasdrehzahl nicht korrekt einstellen, kann dies an einem unkorrekt eingestellten Gasbowdenzug liegen – verändert sich die Drehzahl durch Eindrehen des Einstellers, war dies das Problem.

10 Starten Sie den Motor, und prüfen Sie, ob sich die Standgasdrehzahl beim Lenken nicht verändert; ist dies der Fall, wird ein Bowdenzug falsch verlegt sein. Beheben Sie dieses Problem vor der ersten Fahrt.

29 Ventilspiel
Kontrolle und Einstellung (Viertaktmotoren)

1 Für diese Arbeit muss der Motor vollständig abgekühlt sein – am besten über Nacht. Es müssen alle Verkleidungsteile entfernt werden, um an die Lichtmaschine und den Zylinderkopf zu gelangen (siehe Kapitel 7).

2 Entfernen Sie die Zündkerze (Sektion 22).

3 Entfernen Sie den Ventildeckel (siehe Kapitel 2). Die Deckeldichtung muss durch ein Neuteil ersetzt werden.

4 Der Motor wird im Uhrzeigersinn gedreht, bis die Markierung am Nockenwellenritzel mit der am Lagerbock fluchtet (siehe Abbildung) – dies kann geschehen, indem man den Lichtmaschinendeckel entfernt und die Kurbelwelle an der Rotormutter dreht. **Anmerkung**: *Bei wassergekühlten Motoren ist es für die Demontage des Deckels nicht nötig, die Wasserpumpe zu entfernen oder den Schlauch abzuziehen.* Bei LEADER-Motoren finden sich zwei Markierungen am Nockenwellenritzel – eine für Zweiventilmotoren (2V) und eine für Vierventi-

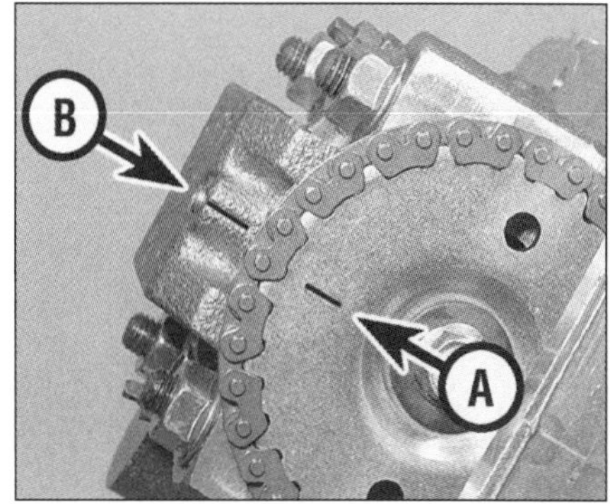

29.4a Die Ritzelmarkierung (A) muss zur Linie am Lagerbock (B) ausgerichtet sein.

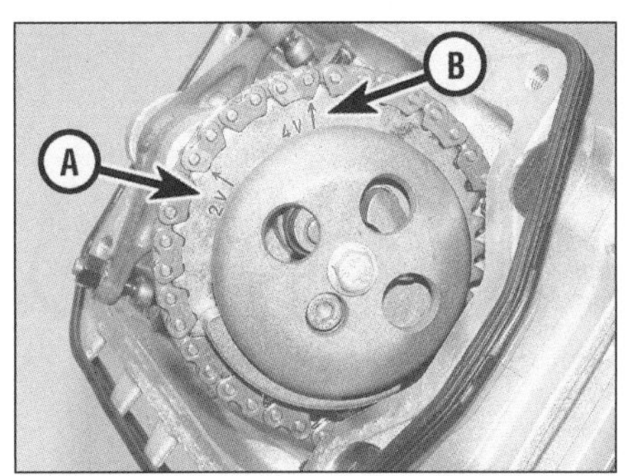

29.4b Steuerzeitenmarkierung für Zweiventil- (A) und Vierventil-LEADER Motoren (B)

29.6 Kontrollieren Sie das Spiel der Ventile mit einer Fühlerlehre.

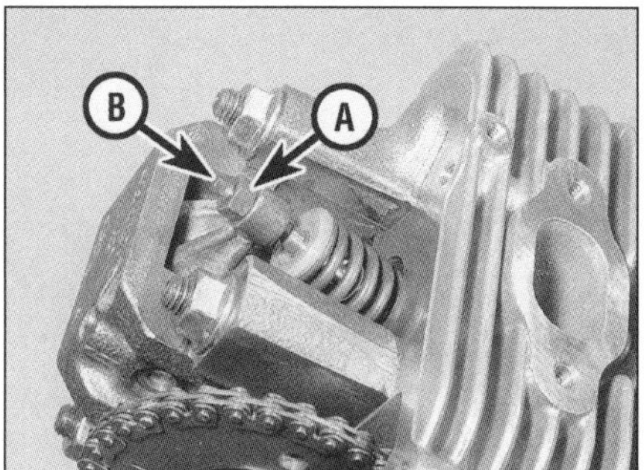

29.7a Lockern Sie die Kontermutter (A), und drehen Sie den Einsteller (B), . . .

ler (4V) (siehe Abbildung) – je nach Motor ist die entsprechende Markierung zu verwenden.

5 Das Ventilspiel wird kontrolliert, wenn der Kolben im oberen Totpunkt (OT) des Verdichtungstaktes steht – die Ventile also geschlossen sind und an jedem Kipphebel etwas Spiel festzustellen sein sollte. Befindet sich der Motor nicht im Verdichtungs-OT, muss die Kurbelwelle eine ganze Umdrehung (360°) gedreht werden, bis die Markierungen wieder fluchten.

6 Jetzt wird eine dem vorgeschriebenen Ventilspiel (siehe Technische Daten) entsprechende Fühlerlehre zwischen den Kipphebel und den Ventilschaft geschoben – das Blatt sollte sich mit leichten Druck hindurchziehen lassen (siehe Abbildung).

7 Ist das Spiel zu klein oder zu groß, muss am Kipphebel die Kontermutter gelockert und die Einstellschraube entsprechend verdreht werden, bis das Spiel korrekt ist. Anschließend wird die Schraube gehalten und die Kontermutter angezogen (siehe Abbildungen). Die Kontrolle muss wiederholt werden.

8 Vor der Montage des (mit einer neuen Dichtung ausgerüsteten) Ventildeckels sollte der Ventiltrieb mit frischem Motoröl versehen werden. Alle Bauteile sind in der entgegengesetzten Ausbaureihenfolge zu montieren.

30 Riemenantrieb und Kupplung – Kontrolle

Keilriemenantrieb

1 Entfernen Sie den Keilriemenantrieb (siehe Kapitel 2G). Zerlegen Sie den Riemenantrieb wie beschrieben und kontrollieren Sie ihn auf Verschleiß. Falls nötig, müssen die Rollen und ihre Laufflächen im Gehäuse gefettet werden.

Kupplung

2 Entfernen Sie bei Zweitaktmotoren die aus der Kupplung und dem Riemenrad bestehende Baugruppe (siehe Kapitel 2G). Zerlegen und kontrollieren Sie die Kupplung wie beschrieben auf Verschleiß – besondere Beachtung hat den Lagerflächen der äußeren und inneren Riemenrad-Hälften sowie dem Nadellager zu gelten.

31 Räder und Reifen Kontrolle

Räder

1 Die hier verwendeten Gussräder sind praktisch wartungsfrei; allerdings sollten sie regelmäßig gereinigt und auf Risse und andere Schäden untersucht werden. Ebenfalls sind die Räder auf Unrundlauf und die Ausrichtung zueinander zu überprüfen (siehe Kapitel 8). Schadhafte Gussräder können nicht repariert, sondern müssen ersetzt werden.

2 Das Reifenventil ist auf Schäden und Alterungserscheinungen zu überprüfen. Die Ventilkappe muss fest aufgeschraubt sein. Auswuchtgewichte sind auf festen Sitz zu überprüfen (siehe Abbildung).

Reifen

3 Kontrollieren Sie Reifen auf korrekte Profiltiefe und Schäden (siehe *Tägliche Kontrollen*).

32 Radlager Kontrolle

1 Radlager verschleißen mit der Zeit und können zu Fahrwerksunruhen führen.

2 Bei auf dem Hauptständer stehendem Fahrzeug werden die Räder durch Ziehen und Drücken gegen die Nabe auf Lagerspiel untersucht (siehe Abbildung). Beim Drehen dürfen die Räder nicht rumpeln oder klemmen.

3 Wird an der Nabe Spiel festgestellt oder dreht sich ein Rad nicht frei (und ist dies nicht auf die Bremse oder den Antrieb zurückzuführen), ist das Rad auszubauen und die Lager müssen kontrolliert werden. Zuerst ist zu prüfen, ob das Spiel nicht durch lockere Radaufnahmen hervorgerufen wurde.

4 Die Vorderradlager sitzen bei Modellen mit Teleskopgabeln in der Radnabe – bei Modellen mit einseiter Radaufhängung finden sie sich in der separaten Nabe (Kapitel 8). Im Hinterrad gibt es keine Lager – hier ist die Antriebswelle im Gehäuseblock gelagert (Kapitel 2G).

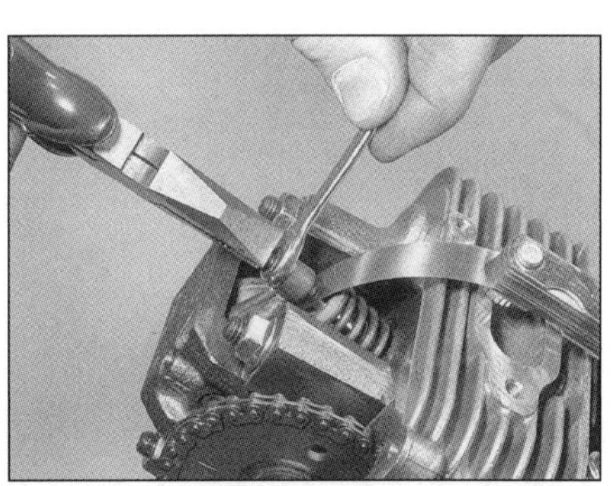

29.7b . . . bis das Ventilspiel korrekt ist.

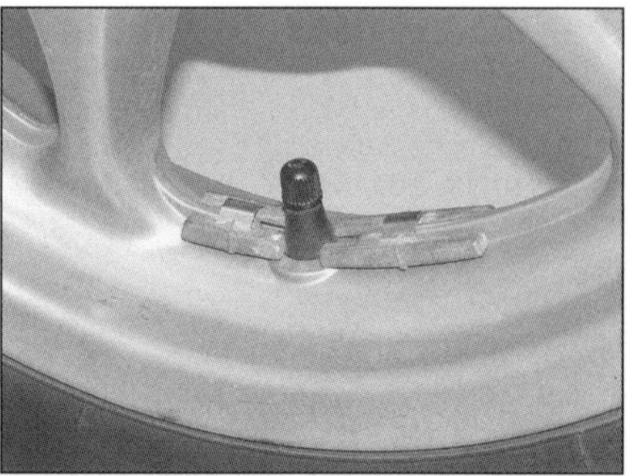

31.2 Kontrollieren Sie, ob die Auswuchtgewichte fest sitzen.

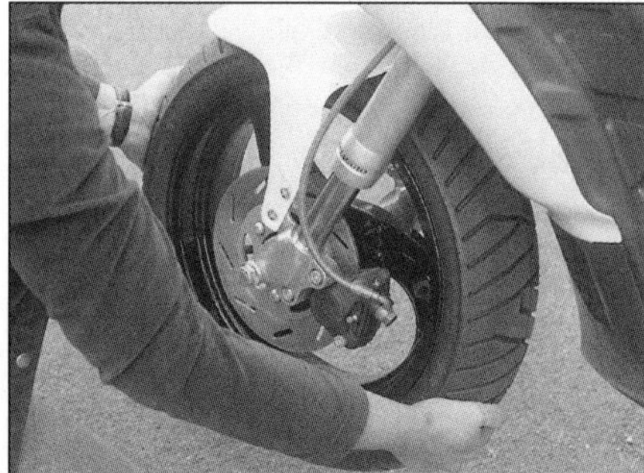

32.2 Kontrollieren Sie die Radlager auf Spiel.

Kapitel 2A
Luftgekühlte Zweitaktmotoren (Sfera 50/80, alle Typhoons, Zip und Zip 50, Vespa ET2, NRG MC³ DT, Liberty 50, NRG Power DT, Fly 50, Vespa LX2 50, LXV 50, S 50, Skipper)

Details zur Modell-Identifikation finden sich am Anfang von Kapitel 1

Inhalt

Schwierigkeitsgrade

Leicht. Für Anfänger mit wenig Erfahrung geeignet	**Relativ leicht.** Für Anfänger mit etwas Erfahrung geeignet 	**Relativ schwierig.** Geeignet für geübte Selbstschrauber 	**Schwer.** Geeignet für Selbstschrauber mit viel Erfahrung 	**Sehr schwer.** Geeignet nur für Experten und Profis 

Technische Daten

Sfera 50, Typhoon 50 (1993 bis 2005), Zip, ET2, NRG MC³ DT 50, Liberty 50

Allgemein

Typ	Einzylinder-Zweitaktmotor
Hubraum	49,4 cm³
Bohrung	40,0 mm
Hub	39,3 mm
Verdichtungsverhältnis	10,9 zu 1

Zylinderbohrung

Standard

Größenmarkierung A	39,995 mm
Größenmarkierung B	40,000 mm
Größenmarkierung C	40,005 mm
Größenmarkierung D	40,010 mm
Größenmarkierung E	40,015 mm
1. Übermaß	40,195 bis 40,215 mm
2. Übermaß	40,395 bis 40,415 mm

Pleuelstange

Innendurchmesser oberes Pleuelauge

Größe I	17,007 bis 17,011 mm
Größe II	17,003 bis 17,007 mm
Größe III	17,001 bis 17,003 mm

Kolben

Kolbendurchmesser (gemessen 25 mm unterhalb der unteren Ringnut und 90° zum Kolbenbolzen)

Standard

Größenmarkierung A	39,940 mm
Größenmarkierung B	39,945 mm
Größenmarkierung C	39,050 mm
Größenmarkierung D	39,955 mm
Größenmarkierung E	39,960 mm
1. Übermaß	40,140 bis 40,160 mm
2. Übermaß	40,340 bis 40,360 mm
Kolbenspiel in Zylinder	0,050 bis 0,060 mm
Kolbenbolzen-Durchmesser	11,999 bis 12,005 mm

Kolbenringe

Stoßspiel (eingebaut)	0,10 bis 0,25 mm

Kurbelwelle

Verzug (max.)

Mitte und links	0,03 mm
rechts	0,02 mm
Axialspiel	0,03 bis 0,09 mm

Anzugsdrehmomente

Vorderer Motorhaltebolzen	33 bis 41 Nm
Untere Stoßdämpferaufnahme	33 bis 41 Nm
Zylinderkopfmuttern	10 bis 11 Nm
Motorgehäuseschrauben	12 bis 13 Nm
Lichtmaschinenrotor-Mutter	40 bis 44 Nm

Hi-Per2-Motor: Zip 50, Fly 50, Typhoon 50 (ab 2007), S 50, Liberty 50 ab Rahmennummer ZAPC 37200, NRG Power DT, Vespa ET2 ab Rahmennummer ZAPC 38100, Vespa LX2 50, LXV 50

Allgemein

Typ	Einzylinder-Zweitaktmotor
Hubraum	49,4 cm³
Bohrung	40,0 mm
Hub	39,3 mm
Verdichtungsverhältnis	10,3 zu 1

Zylinderbohrung

Standard

Größenmarkierung M	40,005 bis 40,012 mm
Größenmarkierung N	40,012 bis 40,019 mm
Größenmarkierung O	40,019 bis 40,026 mm
Größenmarkierung P	40,026 bis 40,033 mm
1. Übermaß	40,205 bis 40,233 mm
2. Übermaß	40,405 bis 40,433 mm

Pleuelstange

Innendurchmesser oberes Pleuelauge

Standard	17,001 bis 17,011 mm
Verschleißgrenze	17,060 mm

Kolben

Kolben-Durchmesser (gemessen 25 mm unterhalb der unteren Ringnut und 90° zum Kolbenbolzen)

Standard	
Größenmarkierung M	39,943 bis 39,950 mm
Größenmarkierung N	39,950 bis 39,957 mm
Größenmarkierung O	39,957 bis 39,964 mm
Größenmarkierung P	39,964 bis 39,971 mm
1. Übermaß	40,143 bis 40,171 mm
2. Übermaß	40,343 bis 40,371 mm
Kolbenspiel in Zylinder	0,055 bis 0,069 mm
Kolbenbolzen-Durchmesser	12,001 bis 12,005 mm
Kolbenbolzenbohrung in Kolben	12,007 bis 12,012 mm

Kolbenringe

Stoßspiel (eingebaut)	0,10 bis 0,25 mm

Kurbelwelle

Verzug (max.)	
Mitte und links	0,03 mm
rechts	0,02 mm
Axialspiel	0,03 bis 0,09 mm

Anzugsdrehmomente

Vorderer Motorhaltebolzen	33 bis 41 Nm
Untere Stoßdämpferaufnahme	33 bis 41 Nm
Zylinderkopfmuttern	10 bis 11 Nm
Motorgehäuseschrauben	12 bis 13 Nm
Lichtmaschinenrotor-Mutter	40 bis 44 Nm

Sfera 80, Typhoon 80

Allgemein

Typ	Einzylinder-Zweitaktmotor
Hubraum	74,7 cm³
Bohrung	46,5 mm
Hub	44,0 mm
Verdichtungsverhältnis	10,4 zu 1

Zylinder

Bohrung	46,495 bis 46,525 mm

Pleuelstange

Innendurchmesser oberes Pleuelauge	
Größe I	17,007 bis 17,011 mm
Größe II	17,003 bis 17,007 mm
Größe III	17,001 bis 17,003 mm

Kolben

Kolbendurchmesser (gemessen 25 mm unterhalb der unteren Ringnut und 90° zum Kolbenbolzen)

Standard	46,465 bis 46,495 mm
Kolbenspiel im Zylinder	0,025 bis 0,035 mm
Kolbenbolzen-Durchmesser	11,999 bis 12,005 mm

Kolbenringe

Stoßspiel (eingebaut)	0,10 bis 0,25 mm

Kurbelwelle

Verzug (max.)	
Mitte und links	0,03 mm
rechts	0,02 mm
Axialspiel	0,03 bis 0,09 mm

Anzugsdrehmomente

Vorderer Motorhaltebolzen	33 bis 41 Nm
Untere Stoßdämpferaufnahme	33 bis 41 Nm
Zylinderkopfmuttern	10 bis 11 Nm
Motorgehäuseschrauben	12 bis 13 Nm
Lichtmaschinenrotor-Mutter	40 bis 44 Nm

Typhoon 125, Skipper

Allgemein

Typ	Einzylinder-Zweitaktmotor
Hubraum	124 cm^3
Bohrung	55,0 mm
Hub	52,0 mm
Verdichtungsverhältnis	10,2 zu 1

Zylinderbohrung

Standard	
Größenmarkierung A	54,990 bis 54,995 mm
Größenmarkierung B	54,995 bis 55,000 mm
Größenmarkierung C	55,000 bis 55,005 mm
Größenmarkierung D	55,005 bis 55,010 mm
Größenmarkierung E	55,010 bis 55,015 mm
Größenmarkierung F	55,015 bis 55,020 mm
Größenmarkierung G	55,020 bis 55,025 mm
Größenmarkierung H	55,025 bis 55,030 mm
Größenmarkierung I	55,030 bis 55,035 mm

Pleuelstange

Innendurchmesser oberes Pleuelauge	
Größe I	20,009 bis 20,013 mm
Größe II	20,005 bis 20,010 mm
Größe III	19,999 bis 20,006 mm
Größe IIII	19,997 bis 20,002 mm

Kolben

Kolbendurchmesser (gemessen 35 mm unterhalb der unteren Ringnut und 90° zum Kolbenbolzen)

Standard	
Größenmarkierung A	54,945 bis 54,950 mm
Größenmarkierung B	54,950 bis 54,955 mm
Größenmarkierung C	54,955 bis 54,960 mm
Größenmarkierung D	54,960 bis 54,965 mm
Größenmarkierung E	54,965 bis 54,970 mm
Größenmarkierung F	54,970 bis 54,975 mm
Größenmarkierung G	54,975 bis 54,980 mm
Größenmarkierung H	54,980 bis 54,985 mm
Größenmarkierung I	54,985 bis 54,990 mm
Kolbenspiel in Zylinder	0,040 bis 0,050 mm
Kolbenbolzen-Durchmesser	15,999 bis 16,006 mm

Kolbenringe

Stoßspiel (eingebaut)	0,20 bis 0,35 mm

Kurbelwelle

Verzug (max.)	0,03 mm
Axialspiel	0,03 bis 0,09 mm

Anzugsdrehmomente

Vorderer Motorhaltebolzen	33 bis 41 Nm
Untere Stoßdämpferaufnahme	33 bis 41 Nm
Zylinderkopfmuttern	22 bis 23 Nm
Motorgehäuseschrauben	13 Nm
Lichtmaschinenrotor-Mutter	52 bis 56 Nm

1 Allgemeine Informationen

Diese Modelle sind mit Einzylinder-Zweitaktmotoren ausgerüstet, die per Gebläse gekühlt werden. Der Ventilator sitzt auf dem Lichtmaschinenrotor, der rechts auf die Kurbelwelle montiert ist. Die Kurbelwelle ist mit dem Hubzapfen verpresst, der das auf einem Nadellager (Pleuelfußlager) laufende Pleuel führt. Der Kolben ist über den Kolbenbolzen ebenfalls per Nadellager mit dem oberen Pleuelauge verbunden. Die Kurbelwelle selbst läuft in Kugellagern (Hauptlager). Das Motorgehäuse ist vertikal geteilt.

2 Arbeiten, die bei eingebautem Motor möglich sind

Außer der Kurbelwelle samt Pleuel und Lagern können alle Bauteile des Motors ohne dessen Ausbau erreicht werden. Wenn allerdings an mehreren Komponenten gearbeitet werden soll, empfiehlt sich der Ausbau des Motors aus dem Fahrzeug, da dies den Zugang erleichtert.

3 Arbeiten, die den Ausbau des Motors erfordern

Um an die Kurbelwelle, das Pleuel und die Hauptlager zu gelangen, muss die Antriebseinheit aus dem Fahrzeug gebaut und getrennt werden.

4 Motorüberholung
Allgemeine Bemerkungen

1 Es ist nicht immer leicht zu bestimmen, ob oder wann ein Motor komplett überholt werden sollte, da eine Anzahl von Faktoren berücksichtigt werden muss.

2 Eine hohe Laufleistung bedeutet nicht notwendigerweise, dass eine Motorüberholung nötig ist – genauso garantieren wenige Kilometer nicht für einen gut erhaltenen Motor. Regelmäßige Wartung ist das Wichtigste, was Sie Ihrem Motor antun können. Ein Motor, der regelmäßig gewartet und dessen Einstellungen vorschriftsmäßig kontrolliert worden sind, wird Ihnen lange Zeit und viele Kilometer Freude bereiten, wogegen mangelnde Wartung und schlechtes Einfahren das schnelle Ende der besten Maschine bedeuten.

3 Wenn der Motor klopfende oder rumpelnde Geräusche von sich gibt, sind wahrscheinlich das Pleuelfuß- und/oder Kurbelwellen-Hauptlager defekt.

4 Mangelnde Leistung, rauer Lauf, extreme Geräusche und hoher Benzinverbrauch weisen auf eine notwendige Überholung hin – besonders wenn alle Symptome zur gleichen Zeit auftreten. Wenn eine Motorinspektion keine Fortschritte bringt, wird eine große Überholung die einzige Lösung sein.

5 Eine Motorüberholung beinhaltet eine Rückführung der inneren Komponenten in den Neuzustand. Kolbenringe und Haupt- und Pleuellager werden ebenso ersetzt wie Zylinderbohrungen gehont oder gegebenenfalls nachgebohrt (Übermaßkolben sind nur für 50 cm³-Modelle erhältlich). Das Endresultat sollte wie ein neuer Motor viele pannenfreie Kilometer gewährleisten.

6 Bevor Sie mit der Motorüberholung beginnen, sollten Sie die relevanten Kapitel durchlesen und sich mit dem gesamten Umfeld und den Erfordernissen der Arbeit vertraut machen. Die Überholung des Motors ist nicht das ganze Problem – man braucht auch Zeit dafür. Prüfen Sie die Verfügbarkeit von Ersatzteilen, und besorgen Sie sich jegliches notwendige Spezialwerkzeug und andere Geräte.

7 Viel Arbeit kann mit üblichem Werkzeug erledigt werden, doch werden auch eine Reihe von Präzisions-Messinstrumenten benötigt, um den Zustand von Bauteilen zu begutachten. Oftmals kann ein Händler den Zustand von Ersatzteilen begutachten und entscheiden, ob es noch brauchbar, reparierbar oder zu ersetzen ist. Allgemein ist zu sagen, dass Zeit ein wichtiger Kostenfaktor ist, sodass es sich nicht lohnt, verschlissene oder angegriffene Teile wieder einzubauen.

8 Schließlich muss alles sorgfältig und in sauberer Umgebung zusammengebaut werden, um ein langes und fehlerfreies neues Motorleben zu garantieren.

5 Motor/Antriebseinheit
Ausbau und Einbau

Achtung: Die Antriebseinheit ist nicht sehr schwer, sollte jedoch trotzdem mithilfe eines Assistenten aus- und eingebaut werden. Ein herunterfallender Motor kann zu Verletzungen und Schäden führen.

Ausbau

1 Der Motorroller muss senkrecht abgestützt werden. Eine Hebebühne erleichtert die Arbeit. Das Fahrzeug muss stabil und kippsicher stehen.

2 Entfernen Sie alle nötigen Verkleidungsteile (siehe Kapitel 7).

3 Zunächst sollte der Motor sorgfältig gereinigt werden. Dies erleichtert die Arbeit und schützt davor, dass Schmutz in den Motor gerät.

4 Trennen Sie das Massekabel (–) der Batterie (siehe Kapitel 9). Verfolgen Sie das/die Kabel aus dem Lichtmaschinendeckel, und trennen Sie den/die Stecker. Befreien Sie das/die Kabel aus allen Befestigungen am Motor. Ziehen Sie den Zündkerzenstecker ab.

5 Entweder muss der Vergaser vom Motor getrennt werden, sodass alle Leitungen und der Gasbowdenzug angeschlossen bleiben können – oder die Schläuche und Züge werden vom Vergaser getrennt und dieser am Motor belassen (siehe Kapitel 4). Falls vorhanden, muss der Kabelstecker der Kaltstartautomatik getrennt werden. Ebenso sind die Ölleitung vom Öltank und der Ölpumpen-Bowdenzug von der Pumpe zu trennen (siehe Kapitel 4). Bei 80er und 125er Typhoon-Modellen muss der Unterdruckschlauch der Benzinpumpe vom Motor getrennt werden.

6 Entweder wird der Anlasser ausgebaut oder seine Kabel müssen getrennt werden (siehe Kapitel 9).

7 Entfernen Sie das Luftfiltergehäuse (siehe Kapitel 4). Falls vorhanden, wird der vorne am Antriebsgehäuse sitzende Ansaugstutzen entfernt. Bei manchen Modellen ist eine Feder mit der Motorhalterung vorne unter der Riemenabdeckung verbunden – diese muss gelöst werden.

8 Bauen Sie den Auspuff ab (siehe Kapitel 4).

9 Falls nötig, wird das Hinterrad ausgebaut (siehe Kapitel 8). **Anmerkung:** *Das Hinterrad bildet zusammen mit dem Hauptständer eine gute Stütze für die aus dem Rahmen befreite Antriebseinheit. Es ist jedoch sinnvoll, vor dem Ausbau der Hinterradbremse die Achsmutter zu lockern.*

10 Trennen Sie den Bowdenzug von der Hinterradbremse (siehe Kapitel 8).

11 Lösen Sie den Bolzen, der den Stoßdämpfer am Antriebsgehäuse sichert, und senken Sie dieses vorsichtig ab (siehe Abbildung). Wenn das Hinterrad bereits ausgebaut ist, muss das Gehäuse mit Hölzern abgestützt werden. Lösen Sie die Mutter der oberen Stoßdämpferaufnahme, und trennen Sie den Dämpfer vom Rahmen.

12 Nachdem überprüft ist, dass alle Kabel, Züge und Schläuche getrennt sind, wird der vordere Motorbolzen entfernt und die Antriebseinheit aus dem Fahrwerk manövriert (siehe Abbildungen nächste Seite).

Einbau

13 Der Einbau entspricht der umgekehrten Ausbaureihenfolge – dabei ist Folgendes zu beachten:

a) Beim Einbau dürfen keine Kabel, Züge und Schläuche zwischen Antriebsgehäuse und Rahmen eingeklemmt werden.

b) Der Motorbolzen und die Stoßdämpferaufnahme müssen mit den vorgeschriebenen Drehmomenten angezogen werden.

c) Rüsten Sie den Krümmerflansch mit einer neuen Dichtung aus, und ziehen Sie die (mit Kupferpaste bestrichenen) Auspuffmuttern sorgfältig an.

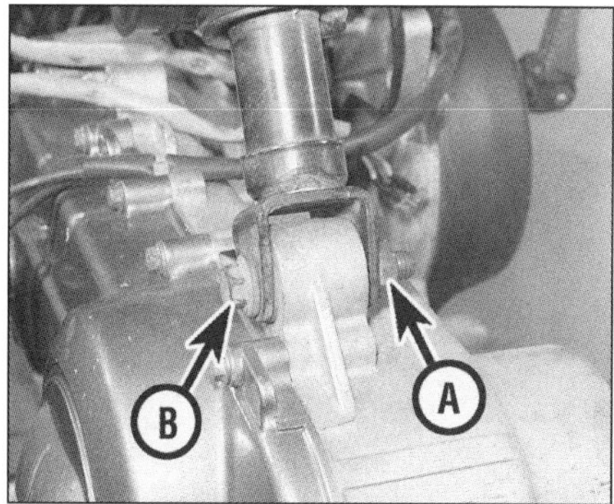

5.11 Lösen Sie die Mutter (A), und ziehen Sie den Stoßdämpferbolzen (B) heraus.

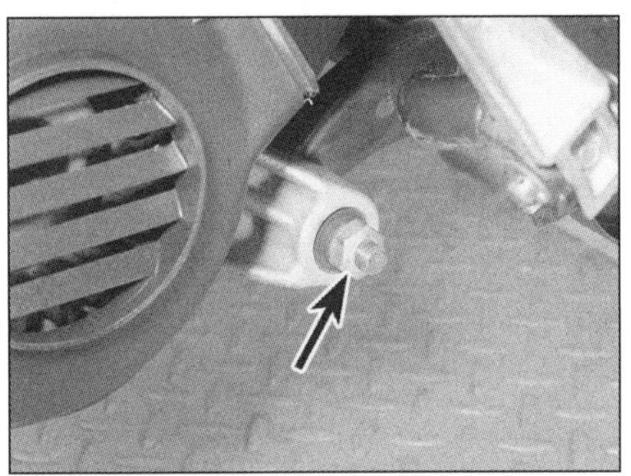

5.12a Entfernen Sie die Mutter, . . .

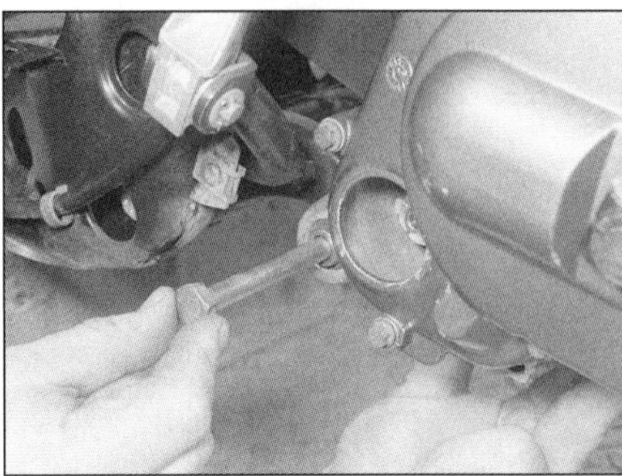

5.12b . . . und ziehen Sie den Bolzen heraus.

vorgeschriebenen Anzugsdrehmoments einer bestimmten Schraube zeigt an, wie fest sie sitzt und wie viel Kraft zum Lösen gebraucht wird). In vielen Fällen, in denen sich Teile hartnäckig weigern, auseinander zu gehen, liegt ein unkorrekter Versuch der Demontage vor. Bei jedem Zweifel sollte im Text nachgelesen werden.

d) Alle Kabel, Züge und Schläuche müssen korrekt verlegt, gesichert und angeschlossen sein.

e) Die Gas-, Ölpumpen- und Bremsbowdenzüge müssen exakt eingestellt sein (siehe Kapitel 1).

6 Zerlegung und Montage
Allgemeine Informationen

Zerlegen

1 Vor dem Zerlegen des Motors muss dieser ordentlich gereinigt und äußerlich entfettet werden. Hiermit wird einer Verschmutzung der Motorinnereien vorgebeugt und außerdem ein leichteres und sauberes Arbeiten ermöglicht. Mit einem schwer entflammbaren Lösungsmittel (Petroleum oder Kerosin) oder besser noch einem spezielles Maschinen-Entfettungsmittel und alten Pinseln oder Zahnbürsten werden die verschiedenen Ecken und Winkel gereinigt. Passen Sie auf, dass kein Lösungsmittel oder Wasser an elektrische Teile oder in die Ein- und Auslasskanäle gerät.

Warnung: Aufgrund des hohen Entzündungs- und Gesundheitsrisikos sollte auf Benzin als Reinigungsmittel verzichtet werden.

2 Nach der Reinigung wird der Motor auf die Werkbank gehoben, auf der genügend sauberer Platz zum Arbeiten ist. Halten Sie eine Ansammlung von Behältern und Plastiktüten bereit, damit zusammengehörige Einzelteile in übersichtlichen Gruppen gelagert werden können. Papier und Stift sollten für Notizen und Markierungen ebenso vorhanden sein wie ein Vorrat an sauberen, saugfähigen Lappen.

3 Vor Beginn der Arbeit sollte man sich die entsprechenden Sektionen vollständig durchlesen, um eine genaue Vorstellung von den auszuführenden Tätigkeiten zu erhalten. Bei der Zerlegung der verschiedenen Motorkomponenten ist zu beachten, dass große Kraftanstrengung kaum nötig ist, außer dies ist extra erwähnt (das Überprüfen des vorgeschriebenen Anzugsdrehmoments einer bestimmten Schraube zeigt an, wie fest sie sitzt und wie viel Kraft zum Lösen gebraucht wird). In vielen Fällen, in denen sich Teile hartnäckig weigern, auseinander zu gehen, liegt ein unkorrekter Versuch der Demontage vor. Bei jedem Zweifel sollte im Text nachgelesen werden.

4 Beim Zerlegen des Motors müssen »Paare«, die im Motor zusammenarbeiten, zusammengepackt werden. Diese »Paare« dürfen nur als Satz erneuert oder wiederverwendet werden.

5 Die Zerlegung der Motor/Getriebe-Einheit sollte nach den folgenden generellen Regeln und unter Berücksichtigung der entsprechenden Sektionen (Details für den Antrieb finden sich in Kapitel 2G) vorgenommen werden:

Entfernen Sie den Zylinderkopf.
Entfernen Sie den Zylinder.
Entfernen Sie den Kolben.
Entfernen Sie die Lichtmaschine.
Entfernen Sie die Riemenautomatik (Kapitel 2G).
Entfernen Sie den Anlassermotor (Kapitel 9).
Entfernen Sie die Ölpumpe samt Riemen.
Entfernen Sie den Membraneinlass (Kapitel 4).
Trennen Sie die Motorgehäusehälften.
Entfernen Sie die Kurbelwelle.

Zusammenbau

6 Der Zusammenbau des Motors erfolgt in der umgekehrten Zerlegungsreihenfolge.

7 Zylinderkopf – Ausbau, Kontrolle und Einbau

Anmerkung: *Der Zylinderkopf kann demontiert werden, während sich der Motor im Rahmen befindet. Ist der Motor ausgebaut, müssen nicht zutreffende Schritte ignoriert werden.*

Achtung: Der Motor muss vollständig abgekühlt sein, da sich der Zylinderkopf sonst verziehen kann.

Ausbau

1 Entfernen Sie die Motorabdeckung und nötigenfalls die Seitenverkleidungen (Kapitel 7).

2 Befreien Sie den Clip, der die Ölleitung an der Zylinderkopf-Abdeckung sichert (siehe Abbildung). Entfernen Sie die zwei Schrauben, und heben Sie die Abdeckung unter Beachtung ihrer Einbaulage vom Zylinderkopf (siehe Abbildung). Falls vorhanden, wird der Kühlluft-Ansaugstutzen vom Ventilatorgehäuse befreit.

3 Lösen Sie die vier Zylinderkopf-Muttern schrittweise und über Kreuz, bis alle locker sind, dann wird der Kopf von den Stehbolzen gehoben (siehe Abbildungen) – wenn er klemmt, muss er vorsichtig mit einem weichen Hammer abgeklopft werden. Der Versuch, ihn mit einem Schraubendreher abzuhebeln, würde zu beschädigten Dichtflächen führen. Die Positionen der Muttern müssen beachtet werden, da sie sich unterscheiden.

4 Serienmäßig findet sich unter dem Zylinderkopf keine Dichtung – Zubehör-Zylindersätze können jedoch damit ausgerüstet sein; eine solche Dichtung ist auszutauschen.

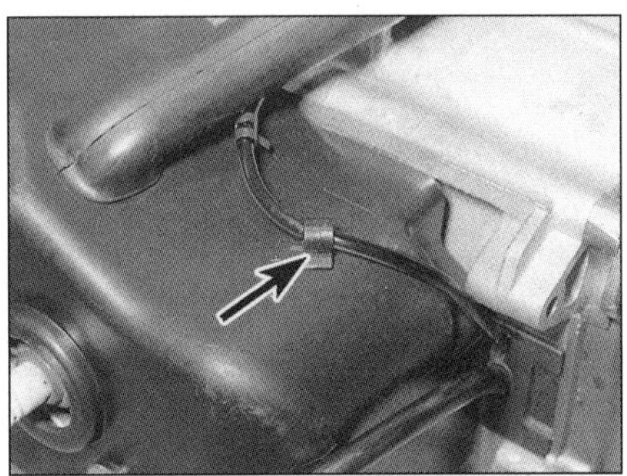

7.2a Befreien Sie die Ölleitungsklemme von der Zylinderkopfabdeckung, . . .

7.2b . . . und lösen Sie die Schrauben, um die Abdeckung zu entfernen.

7.3a Lösen Sie die Zylinderkopfmuttern, . . .

7.3b . . . und ziehen Sie den Kopf vom Zylinder.

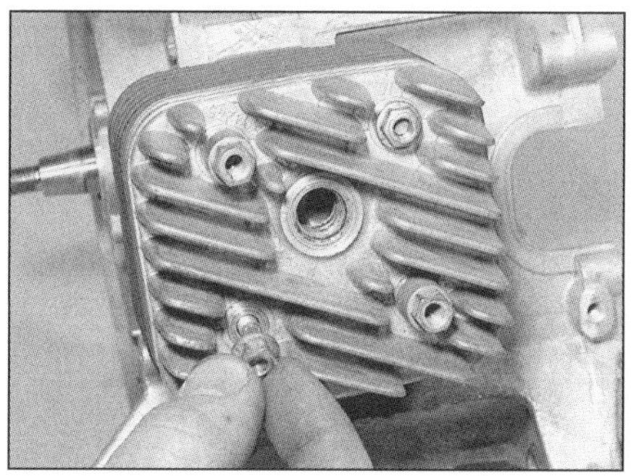

7.12a **Drehen Sie die Muttern auf die Stehbolzen, . . .**

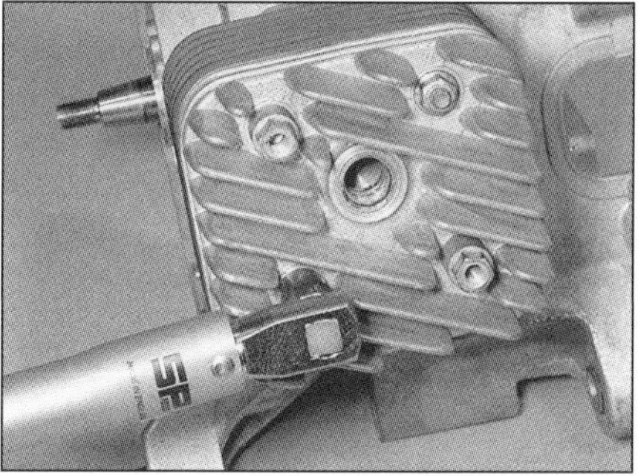

7.12b **. . . und ziehen Sie sie schrittweise und über Kreuz an.**

Kontrolle

5 Wechseln Sie nach Kapitel 1, Sektion 11, und befreien Sie den Brennraum von Kohleablagerungen.

6 Inspizieren Sie den Zylinderkopf sorgfältig auf Risse und andere Schäden. Ein gerissener Kopf muss ersetzt werden.

7 Die Dichtflächen des Kopfes und des Zylinders müssen auf Undichtigkeiten untersucht werden, die auf einen Verzug hinweisen.

8 Mit einem Präzisions-Lineal kann die Dichtfläche des Kopfes auf Verzug untersucht werden. Prüfen Sie die Fläche in verschiedenen Richtungen.

Einbau

9 Schmieren Sie die Zylinderbohrung mit dem vorgeschriebenen Zweitaktöl.

10 Stellen Sie sicher, dass die Dichtflächen des Zylinders und des Kopfes absolut sauber sind.

11 Setzen Sie den Zylinderkopf vorsichtig auf den Zylinder (siehe Abbildung 7.3b)

12 Installieren Sie die Muttern so, dass die zwei Spezialmuttern die Schrauben der Abdeckung aufnehmen können. Nachdem die Muttern handfest angezogen wurden, werden sie schrittweise und über Kreuz bis zum vorgeschriebenen Drehmoment angezogen (siehe Abbildung).

13 Montieren Sie die Zylinderkopfabdeckung (sie muss korrekt am Lichtmaschinendeckel anliegen), und sichern Sie die Ölleitung daran (siehe Abbildungen 7.2b und a). Installieren Sie die Motorabdeckung und ggf. demontierte Verkleidungsteile (siehe Kapitel 7).

8 **Zylinder –** Ausbau, Kontrolle und Einbau

Anmerkung: *Der Zylinder kann demontiert werden, während der Motor im Rahmen sitzt.*

Ausbau

1 Demontieren Sie die Auspuffanlage (siehe Kapitel 4) und den Zylinderkopf (Sektion 7).

2 Heben Sie den Zylinder von den Stehbolzen – stützen Sie dabei den dabei frei werdenden Kolben ab (siehe Abbildung) – wenn der Zylinder klemmt, muss er vorsichtig mit einem weichen Hammer abgeklopft werden. Der Versuch, ihn mit einem Schraubendreher abzuhebeln, würde zu beschädigten Dichtflächen führen. Nachdem der Zylinder abgezogen ist, wird ein sauberer Lappen um den Kolben in die Motoröffnung gestopft, um nichts in den Motor gelangen zu lassen.

3 Entfernen Sie die Zylinderfußdichtung – beim Einbau wird eine neue benötigt (siehe Abbildung).

Inspektion – 50 cm³-Motoren

4 Die Zylinderbohrung muss sorgfältig auf Riefen und Kratzer untersucht werden. Ein verschlissener Zylinder kann aufgebohrt und mit einem Übermaßkolben ausgerüstet werden (siehe Schritt 7).

5 Mithilfe geeigneter Messgeräte werden die Innenmaße des Zylinders gemessen, um den Grad des Verschleißes, des Ovallaufes und der Kegelförmigkeit zu ermitteln. Messen Sie die Bohrung oben (aber noch unterhalb des oberen Totpunktes des ersten Kolbenringes), in der Mitte und unten (aber oberhalb des unteren Totpunktes des unteren Kolbenringes) sowohl parallel zur Kurbelwelle, als auch in Fahrtrichtung (siehe Abbildung). Vergleichen Sie die Ergebnisse mit den Technischen Daten am Anfang des Kapitels.

6 Berechnen Sie das Kolben-Einbauspiel, indem der Kolben-Durchmesser (siehe Sektion 9) vom Zylinder-Durchmesser abgezogen wird. Ist der Zylinder in Ordnung, und liegt das Spiel im Toleranzbereich, können Kolben und Zylinder weiter verwendet werden.

7 Wenn Werte außerhalb der Toleranzen liegen oder die Wände stark zerkratzt oder riefig sind, muss der Zylinder aufgebohrt und ein Übermaßkolben samt Ringen beschafft werden. War der Zylinder bereits zweimal aufgebohrt worden oder ist anderweitig beschädigt, muss ein neuer Zylinder samt entsprechendem Kolben beschafft werden. **Anmerkung**: *Alle Kolben und Zylinder werden bei der Herstellung mit Größenmarkierungen versehen, die aufeinander abgestimmt sein müssen. Piaggio listet für den luftgekühlten 50 cm³-Zweitaktmotor fünf Größen (A bis E) und für den Hi-Per2-Motor vier Größen (M bis P) auf – siehe technische Daten am Anfang dieses Kapitels. Die Größenangabe ist oben oder unten am Zylinder in die Dichtfläche sowie in den Kolbenboden geschlagen. Bei der Beschaffung eines neuen Zylinders oder Kolbens muss diese Größenangabe beachtet werden.*

2A

8 Alle Zylinder-Stehbolzen müssen fest in die Gehäusehälften geschraubt sein. Ist ein Bolzen locker, muss er herausgedreht, gereinigt und mit frischer Gewindesicherungspaste wieder eingeschraubt werden – das Anziehen kann mit zwei gegeneinander verkonterten Muttern geschehen.

Inspektion – 80, 125 und 200 cm³-Motoren

9 Bei diesen Motoren ist die Zylinderbohrung mit extrem hartem Nikasil beschichtet, das im Normalfall nicht verschleißt.

10 Die Zylinderbohrung muss trotzdem sorgfältig auf Riefen und Kratzer untersucht werden. Ein schadhafter Zylinder muss von einer Fachwerkstatt untersucht und nötigenfalls samt Kolben ausgetauscht werden. **Anmerkung**: *Alle Kolben und Zylinder werden bei der Herstellung mit Größenmarkierungen versehen, die aufeinander abgestimmt sein müssen. Piaggio listet für ältere luftgekühlte 125 cm³-*

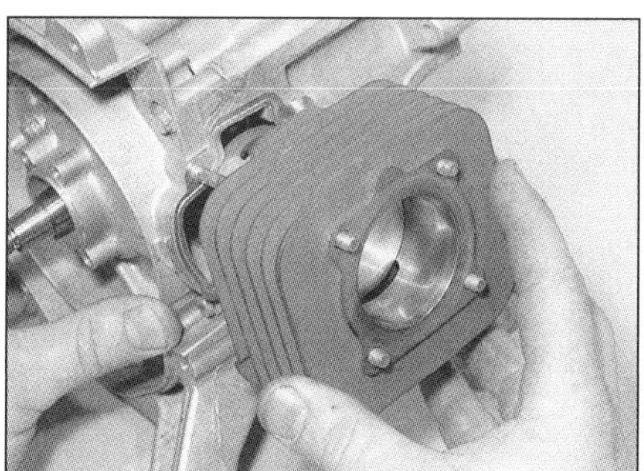

8.2 **Ziehen Sie den Zylinder von den Stehbolzen.**

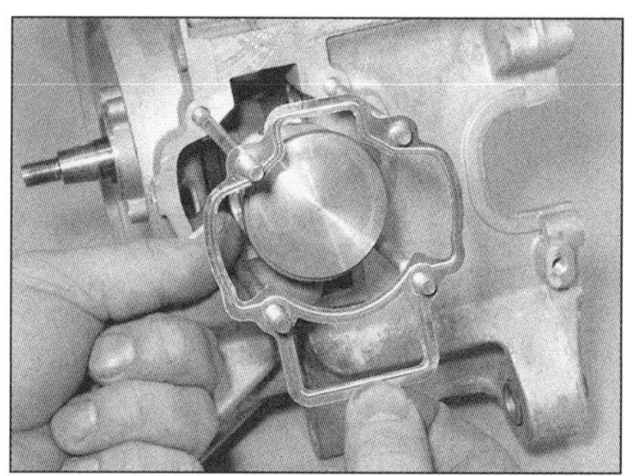

8.3 **Die Zylinderfußdichtung muss durch ein Neuteil ersetzt werden.**

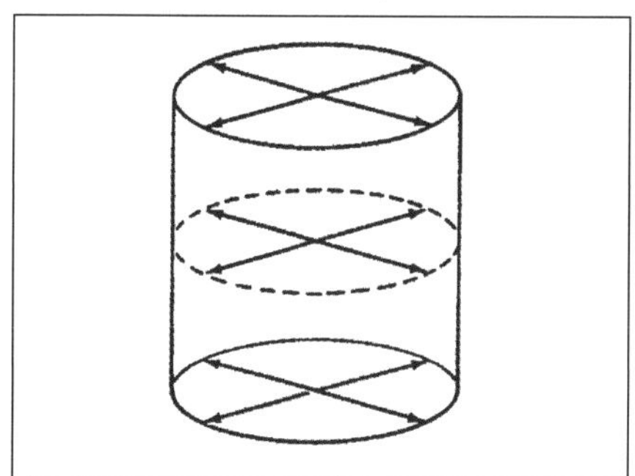

8.5 **Die Zylinderbohrung wird an den gezeigten Stellen vermessen.**

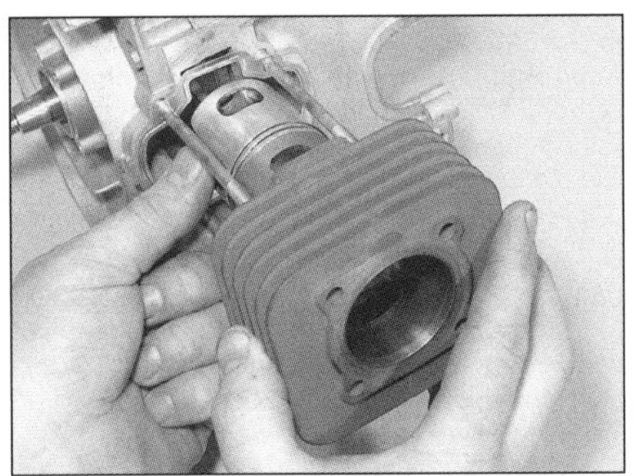

8.14 Schieben Sie den Zylinder über den Kolben.

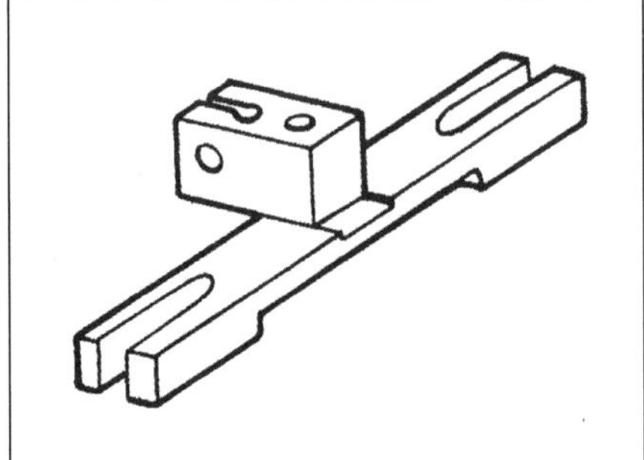

8.18 Messuhr-Halterung

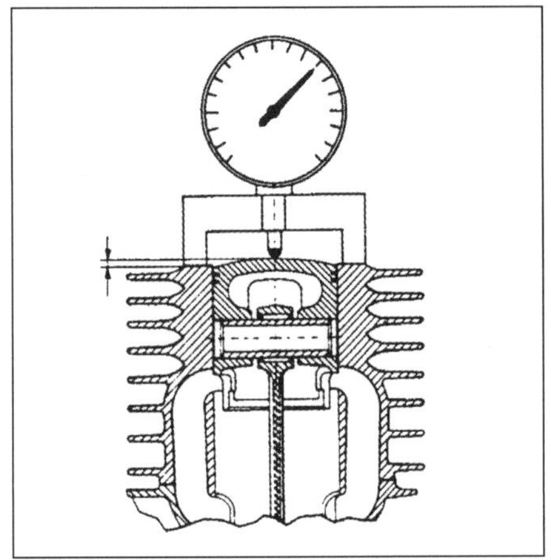

8.21 Messen Sie die Höhe des Kolbenbodens zur Zylinder-Dichtfläche.

Zweitaktmotoren neun Größen (A bis I) – siehe technische Daten am Anfang dieses Kapitels. Die Größenangabe ist oben oder unten am Zylinder in die Dichtfläche sowie in den Kolbenboden geschlagen. Bei der Beschaffung eines neuen Zylinders oder Kolbens muss diese Größenangabe beachtet werden. Details über die Größenangaben neuerer 125er- und 80er-Motoren sind nicht erhältlich – trotzdem müssen die Markierungen zueinander passen.

11 Berechnen Sie das Kolben-Einbauspiel, indem der Kolben-Durchmesser (siehe Sektion 9) vom Zylinder-Durchmesser abgezogen wird. Ist der Zylinder in Ordnung und liegt das Spiel im Toleranzbereich, können Kolben und Zylinder weiter verwendet werden.

12 Alle Zylinder-Stehbolzen müssen fest in die Gehäusehälften geschraubt sein. Ist ein Bolzen locker, muss er herausgedreht, gereinigt und mit frischer Gewindesicherungspaste wieder eingeschraubt werden – das Anziehen kann mit zwei gegeneinander verkonterten Muttern geschehen.

Einbau

Anmerkung: *Bei Typhoon 125 und Skipper-Modellen sind Zylinderfußdichtungen in verschiedenen Stärken erhältlich, um den Abstand zwischen dem Kolbenboden und dem Zylinderkopf auf dem vorgeschriebenen Wert von 2,99 ± 0,05 mm zu halten (siehe Abbildung 8.21). Montieren Sie den Zylinder wie unten beschrieben – aber ohne Zylinderfußdichtung –, und messen Sie den Abstand mit einer auf einer geeigneten Vorrichtung montierten Messuhr (siehe Schritte 18 bis 22).*

13 Entfernen Sie den Lappen aus der Zylinderbohrung, und legen Sie eine neue Fußdichtung richtigherum auf (siehe Abbildung 8.3) – die alte darf niemals wiederverwendet werden!

14 Achten Sie darauf, dass die Kolbenringe richtig positioniert sind und die Öffnungen über den Arretierstiften liegen (siehe Abbildung 10.6). Schmieren Sie die Zylinderbohrung, den Kolben und die Kolbenringe sowie beide Pleuellager mit Zweitaktöl. Schieben Sie dann den Zylinder über die Stehbolzen bis auf den Kolbenboden (siehe Abbildung).

15 Drücken Sie den Zylinder vorsichtig herunter – dabei muss der Kolben senkrecht eintreten und darf nicht verkanten. Die Kolbenringe müssen vorsichtig zusammengedrückt und in die Bohrung geführt werden. Nötigenfalls kann der Zylinder vorsichtig mit einem weichen Hammer heruntergeklopft werden – mit zu viel Gewalt würden der Kolben und/oder die Ringe beschädigt.

16 Wenn der Kolben etwa bis zur Hälfte im Zylinder steckt, kann dieser auf die Fußdichtung gedrückt werden.

17 Bei 50er- und 80er-Modellen wird jetzt der Zylinderkopf montiert (siehe Sektion 7).

18 Bei 125er Typhoon- und Skipper-Modellen schreibt Piaggio vor, dass zunächst der Abstand zwischen der Dichtfläche und dem Kolbenboden gemessen wird (siehe Anmerkung oben). Hierfür werden eine Messuhr und eine geeignete Befestigung benötigt, die von Piaggio als Spezialteil 020268Y angeboten wird (siehe Abbildung).

19 Nachdem die Messuhr an der Halterung montiert ist, wird sie auf einer ebenen Fläche genullt.

20 Befestigen Sie die Messvorrichtung diagonal über dem Zylinder an zwei Stehbolzen, und ziehen Sie die Stehbolzenmuttern mit 20 bis 22 Nm an, um sicherzustellen, dass der Zylinder fest gegen das Motorgehäuse gedrückt wird.

21 Drehen Sie die Kurbelwelle mit der Rotormutter, bis der Kolben an seinem höchsten Punkt (OT) angelangt ist; jetzt wird die Messuhr abgelesen (siehe Abbildung). Das Ergebnis ist der Abstand zwischen der oberen Zylinder-Dichtfläche und dem Kolbenboden. Nachdem man den vorgegebenen Wert (2,99 ± 0,05 mm) davon abgezogen hat, erhält man die Stärke der benötigten Zylinderfußdichtung. Diese Dichtungen sind in sieben verschiedenen Stärken von 0,2 bis 0,8 mm erhältlich.

22 Montieren Sie den Zylinderkopf.

9 Kolben – Ausbau, Kontrolle und Einbau

Anmerkung: *Der Kolben kann ausgebaut werden, während sich der Motor im Rahmen befindet.*

Ausbau

1 Entfernen Sie den Zylinder (siehe Sektion 8). Falls noch nicht erledigt, müssen saubere Lappen um die Pleuel in die Motorgehäusebohrungen gesteckt werden, um das Herunterfallen von Sicherungsringen oder anderen Teilen in das Gehäuse zu verhindern.

2 Bevor der Kolben ausgebaut wird, muss seine Einbaurichtung festgestellt werden. Auf dem Kolbenboden befindet sich ein Pfeil, der allerdings erst nach dem Entfernen der Ablagerungen sichtbar wird.

3 Bauen Sie vorsichtig mit einer Spitzzange oder einem kleinen Schraubenzieher, den Sie in die Nut einführen, auf einer Seite des Kolbens den Sicherungsring aus (siehe Abbildung). Drücken Sie von der anderen Seite den Kolbenbolzen heraus, und nehmen Sie den Kolben vom Pleuel (siehe Abbildung). Entfernen Sie auch den anderen Sicherungsring, da beim Einbau immer zwei neue Ringe verwendet werden müssen. Nötigenfalls kann der Kolbenbolzen mit einer Steckschlüssel-Verlängerung herausgedrückt werden.

Um den Sicherungsring nicht davonfliegen oder ins Motorgehäuse fallen zu lassen, wird ein Schraubendreher oder eine Stange mit einem größeren Durchmesser als die Ringöffnung eingeschoben – so bleibt der Ring darauf gefangen.

Sitzt der Kolbenbolzen fest im Kolben, kann vorsichtiges Erhitzen mit einem Heißluftgebläse die Bohrung weiten, sodass sich der Bolzen löst.

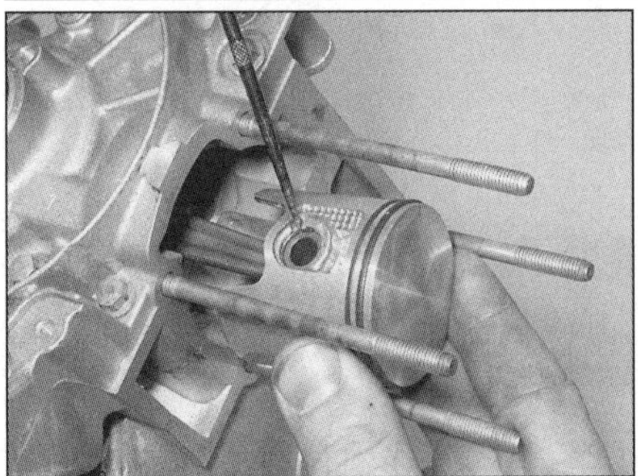

9.3a Entfernen Sie den Sicherungsring, . . .

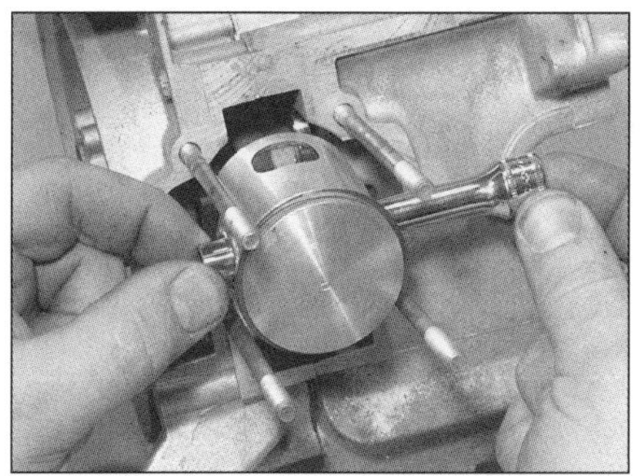
9.3b . . . und drücken Sie den Kolbenbolzen heraus – nötigenfalls mit einem Werkzeug.

9.5a Entfernen Sie vorsichtig die Kolbenringe mit den Fingern . . .

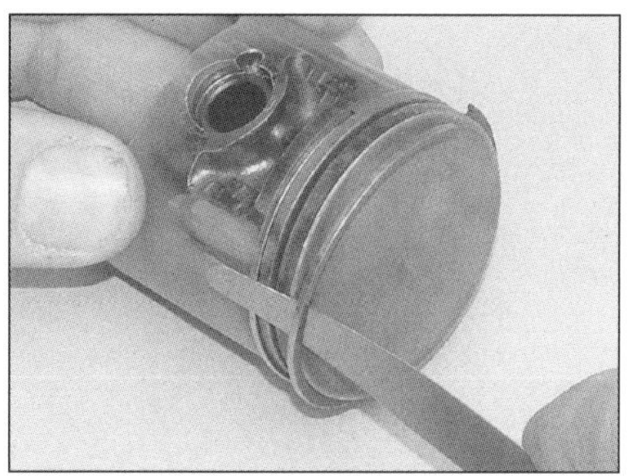
9.5b . . . oder einem dünnen Fühlerlehrenblatt.

Kontrolle

4 Zunächst muss der Kolben gereinigt und von den Kolbenringen befreit werden. Wenn der Zylinder aufgebohrt werden muss, kann man sich die Kontrolle des Kolbens sparen, da ein neuer beschafft werden muss.

5 Mithilfe Ihrer Finger oder einem alten Fühlerlehrenblatt werden die Ringe vorsichtig von den Kolben genommen (siehe Abbildungen). Hierbei darf der Kolben nicht eingeschnitten oder eingekerbt werden. Beachten Sie die Einbaulage der einzelnen Ringe, wenn Sie sie wiederverwenden wollen. Die Oberseiten beider Ringe sind an einem Ende markiert.

6 Schaben Sie die Ölkohle vom Kolbenboden. Eine weiche Drahtbürste oder feines Schmirgelleinen können zur Nacharbeit verwendet werden. Benutzen Sie keinesfalls einen Drahtbürstenaufsatz auf einer Bohrmaschine, denn das Kolbenmaterial ist sehr weich und würde abgetragen werden.

7 Die Kolbenring-Nuten können mit einem Spezialwerkzeug, aber auch mit einem abgebrochenen Stück eines alten Kolbenringes von Kohleresten befreit werden. Seien Sie vorsichtig, dass kein Kolben-Metall entfernt wird oder die Seiten der Nut eingeschnitten oder eingekerbt werden.

8 Wenn die Kohleablagerungen entfernt sind, wird der Kolben mit Lösungsmittel gereinigt und anschließend getrocknet.

9 Begutachten Sie den Kolben sorgfältig auf Brüche am Hemd, an den Bolzenaugen und um die Kolbenringnuten. Überprüfen Sie außerdem, ob die Nuten der Sicherungsringe nicht beschädigt sind.

10 Normaler Kolbenverschleiß zeigt sich in vertikalen Spuren auf der Lauffläche und leichtem Spiel des oberen Kolbenringes in seiner Nut. Wenn das Hemd Klemm- oder Fressspuren zeigt, kann der Motor an Überhitzung gelitten haben, und/oder eine unnormale Verbrennung sorgte für extrem hohe Arbeitstemperatur.

11 Ein Loch im Kolbenboden ist ein Zeichen für abnormale Verbrennung (durch Frühzündung). Verbrannte Stellen am Rand des Bodens weisen auf Klingeln oder Klopfen hin. Wenn eines dieser Probleme existiert, müssen die Gründe beseitigt werden, damit die Schäden nicht erneut auftreten.

12 Kontrollieren Sie das Spiel zwischen Kolben und Zylinder durch Vermessen des Zylinders (siehe Sektion 8) und des Kolbendurchmessers. Messen Sie den Kolben 25 mm unterhalb der Kolbenbolzenbohrung und 90° zum Kolbenbolzen am Kolbenhemd (siehe Abbildung). Ziehen Sie den Kolbendurchmesser vom Zylinderdurchmesser ab, und errechnen Sie so das Spiel. Wenn es über dem Toleranzwert liegt, muss der Kolben ersetzt werden (vorausgesetzt, der Zylinder ist in Ordnung – ansonsten ist der Zylinder zu ersetzen oder aufzubohren und ein neuer (Übermaß-) Kolben zu beschaffen).

13 Geben Sie frisches Zweitaktöl auf den Kolbenbolzen, schieben Sie ihn in den Kolben, und fühlen Sie, ob Spiel vorhanden ist (siehe Abbildung). Messen Sie gegebenenfalls den Außendurchmesser des Kolbenbolzens und den Innendurchmesser des Kolbenbolzenauges im Kolben (siehe Abbildung) mit exakten Messgeräten. Berechnen Sie die Differenz – jetzt haben Sie das Kolbenbolzenspiel im Kolben, welches mit den Toleranzwerten der technischen Daten übereinstimmen sollte. Verschlissene Teile sind zu ersetzen.

14 Das Nadellager im oberen Pleuelauge muss kontrolliert werden (siehe Abbildung nächste Seite). Ein verschlissenes Kolbenbolzenlager erzeugt im Betrieb ein metallisches Rattern – besonders unter Last und bei hohen Drehzahlen. Dies darf nicht mit einem verschlissenen Pleuelfußlager verwechselt werden, das ein kräftiges Klopfen erzeugt. Der Kolbenbolzen darf im oberen Pleuellager kein fühlbares Spiel aufweisen. Der Durchmesser des Pleuelauges kann mit den technischen Daten verglichen werden – ist er zu groß, muss die gesamte Kurbelwelle ausgetauscht werden (siehe Sektion 15). Sind Bolzen und Pleuel in Ordnung, muss das Lager ersetzt werden.

2A

15 Ein neues Kolbenbolzenlager muss entsprechend der Markierung am Pleuel ausgewählt werden. Das Pleuel ist mit I, II, III oder IIII markiert, das Lager muss entweder genauso oder mit folgenden Farben markiert sein:

Pleuelstange: I – Lager: Kupfer oder Gold
Pleuelstange: II – Lager: blau
Pleuelstange: III – Lager: weiß oder silber
Pleuelstange: IIII – Lager: grün

16 Muss ein neuer Kolben montiert werden, ist sicherzustellen, dass er in der richtigen Größe bestellt wird. Anhand der technischen Daten am Anfang dieses Kapitels kann ermittelt werden, ob der vorhandene Kolben Standardmaß oder bereits eine Übergröße hat. Der Größen-Code des Kolbens ist auf dem Kolbenboden eingeschlagen – der gleiche Code findet sich auf der oberen oder unteren Dichtfläche des Zylinders.

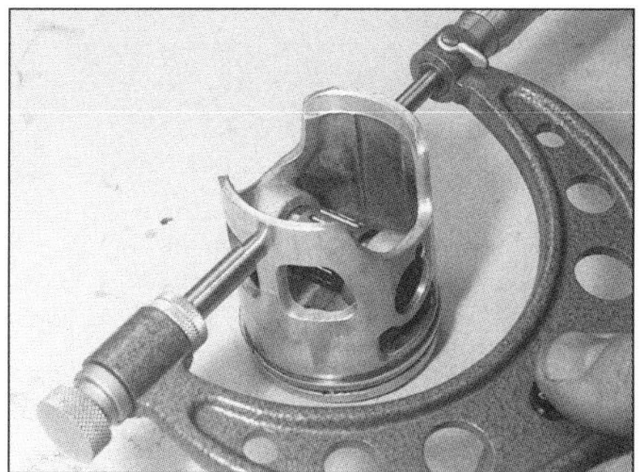
9.12 Messen Sie den Kolbendurchmesser an der vorgegebenen Stelle unterhalb der Kolbenringe mit einer Mikrometerschraube.

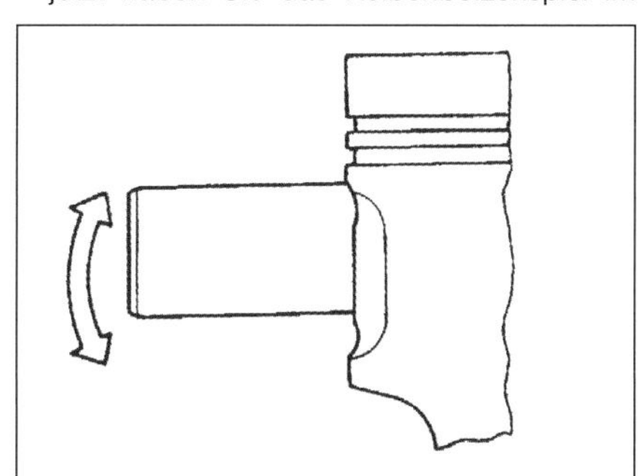
9.13a Lässt sich der Bolzen im Kolben spürbar kippen, müssen Kolben und Bolzen ersetzt werden.

9.13b Messen Sie den Außendurchmesser des Kolbenbolzens.

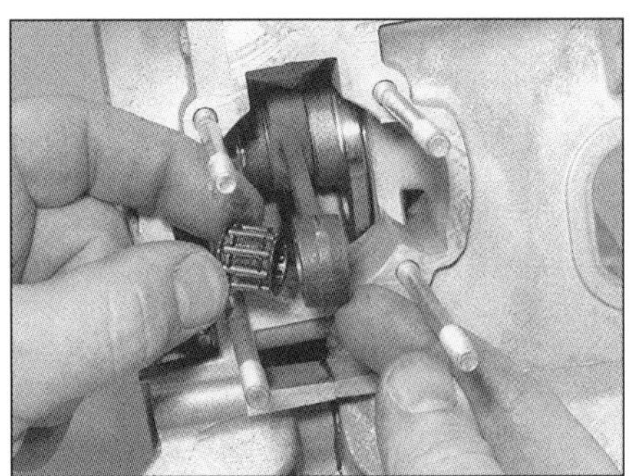

9.14 Entfernen Sie das Nadellager, und kontrollieren Sie seinen Zustand.

9.18a Der Pfeil auf dem Kolbenboden muss zum Auslasskanal zeigen.

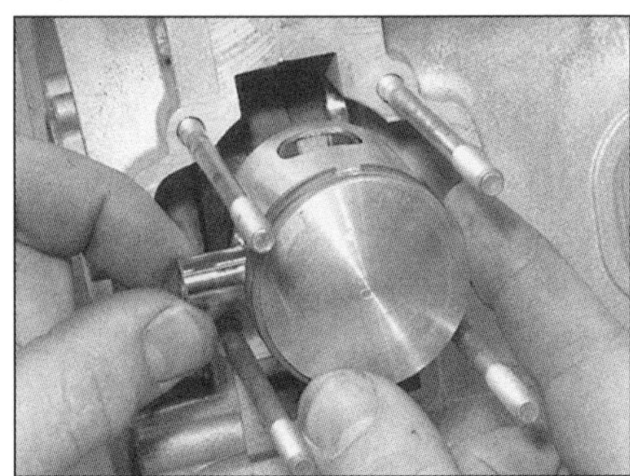

9.18b Richten Sie den Kolben aus, schieben Sie den Bolzen ein, . . .

Einbau

17 Die Kolbenringe werden nach der Inspektion (siehe Sektion 10) montiert.

18 Schmieren Sie den Kolbenbolzen, seine Bohrungen im Kolben und das obere Pleuelauge samt Lager mit Zweitaktöl. Installieren Sie einen neuen Sicherungsring in eine Seite des Kolbens – gebrauchte Ringe dürfen nicht wiederverwendet werden. Bringen Sie den mit dem Pfeil nach unten (zum Auslass) ausgerichteten Kolben in Flucht zum Pleuelauge, und schieben Sie den Kolbenbolzen von der anderen Seite her ein (siehe Abbildungen). Sichern Sie den Kolbenbolzen mit dem zweiten neuen Sicherungsring. Die Sicherungsringe dürfen beim Einbau nicht stärker als nötig zusammengedrückt werden, zudem darf ihre Öffnung nicht in der Ausbau-Nut liegen.

19 Montieren Sie den Zylinder (Sektion 8).

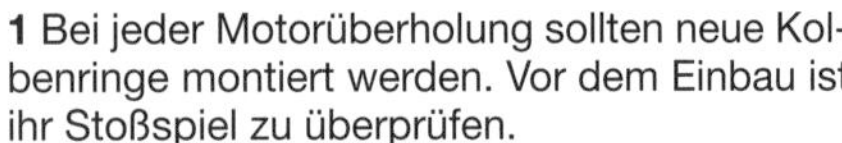

10 Kolbenringe
Kontrolle und Einbau

1 Bei jeder Motorüberholung sollten neue Kolbenringe montiert werden. Vor dem Einbau ist ihr Stoßspiel zu überprüfen.

2 Der obere Ring wird von unten in den Zylinder geschoben und mit dem Kolben etwa 20 mm oberhalb des unteren Zylinderrandes in eine senkrechte Position gebracht. Der Abstand der Enden wird jetzt mit einer Fühlerlehre ermittelt und der Wert mit den Angaben in den technischen Daten verglichen (siehe Abbildung).

3 Entspricht das Stoßspiel nicht den Vorgaben, muss geprüft werden, ob man die richtigen Ringe beschafft hat.

4 Übermäßiges Spiel (bis zu 0,7 mm) ist nicht so schlimm wie ein zu geringer Abstand, da dieser im Betrieb zu schweren Schäden führen kann.

5 Wiederholen Sie die Messung mit dem zweiten Ring.

6 Wenn das Stoßspiel in Ordnung ist, werden die Ringe an den Kolben montiert. Zunächst muss der Arretierstift in der Kolbenringnut beachtet werden, der die Position der Ringöffnung bestimmt (siehe Abbildung).

7 Die Oberseiten der Ringe sind an einem Ende mit einem Buchstaben markiert. Der untere Ring wird zuerst in die untere Kolbennut montiert – dabei darf er nicht übermäßig gespreizt werden (siehe Abbildungen 9.5a und b).

8 Jetzt wird der obere Ring auf die gleiche Weise montiert – auch hier muss der Buchstabe oben liegen.

9 Wenn die Ringe korrekt installiert sind, wird kontrolliert, ob ihre Öffnungen über den Arretierstiften liegen.

11 Kühlventilator
Ausbau und Einbau

Anmerkung: *Der Ventilator kann bei im Rahmen sitzendem Motor demontiert werden.*

Ausbau

1 Entfernen Sie entsprechende Verkleidungsteile (siehe Kapitel 7).

2 Befreien Sie den Clip, der die Ölleitung an der Zylinderkopf-Abdeckung sichert (siehe Abbildung 7.2a). Entfernen Sie die zwei Schrauben, und heben Sie die Abdeckung unter Beachtung ihrer Einbaulage vom Zylinderkopf (siehe Abbildung 7.2b). Falls vorhanden, wird der Kühlluft-Ansaugstutzen vom Ventilatorgehäuse befreit. Falls vorhanden, wird das Sekundärluftsystem vom Lichtmaschinendeckel befreit (siehe Kapitel 1, Sektion 21).

3 Entfernen Sie die drei Schrauben des Lichtmaschinendeckels, und nehmen Sie diesen vom Motor (siehe Abbildung).

4 Lösen Sie die drei Schrauben, die den Ventilator am Lichtmaschinenrotor sichern, und nehmen Sie diesen ab (siehe Abbildung).

9.18c . . . und sichern Sie ihn mit dem neuen Sicherungsring

Einbau

5 Der Einbau entspricht der umgekehrten Ausbaureihenfolge.

12 Lichtmaschinenrotor und Stator
Ausbau und Einbau

Anmerkung: *Die Lichtmaschine kann bei im Rahmen sitzendem Motor demontiert werden.*

Ausbau

1 Entfernen Sie den Kühlventilator (siehe Sektion 11).

2 Verfolgen Sie die Lichtmaschinen- und Zündgeberspulen-Kabel, und trennen Sie sie an den Steckern. Befreien Sie die Kabel aus

10.2 Messen Sie das Stoßspiel des eingebauten Kolbenrings.

10.6 Jeder Arretierstift muss in der Öffnung des Kolbenrings liegen.

11.3 Entfernen Sie den Lichtmaschinendeckel.

11.4 Der Ventilator ist mit drei Schrauben gesichert.

allen Klemmen und Führungen, und führen Sie sie zur Lichtmaschine durch.

3 Zum Lösen der Rotormutter muss der Rotor blockiert werden. Dies kann mit einem Bandschlüssel geschehen, doch darf dabei die Zündgeberspule nicht beschädigt werden; oder man baut sich ein Werkzeug, mit dem man in die Nuten des Rotors greifen kann (siehe Werkzeug-Tipp) (siehe Abbildung). Ist der Rotor sicher blockiert, kann die Mutter gelöst werden.

Werkzeug TiPP ***Ein Rotor-Haltewerkzeug kann leicht aus zwei Stahlbändern angefertigt werden, die in der Mitte mit einem Scharnier verbunden und an einem Ende mit zwei Bolzen ausgerüstet werden, die in die Rotornuten greifen können. Diese Bolzen dürfen nicht zu lang sein, damit sie nicht die Rotorwicklungen beschädigen.***

12.3 Ist der Rotor blockiert, kann die Rotormutter (Pfeil) gelöst werden.

4 Um den Rotor von der Welle ziehen zu können, ist entweder ein spezieller Piaggio-Abzieher (Teilenummer 020162Y) (siehe Abbildung) oder ein Zweiarmabzieher nötig. Die Hülse des Piaggio-Werkzeugs wird in das Gewinde des Rotors geschraubt, dann wird sie mit einem Maulschlüssel gesichert und der Bolzen angezogen, um den Rotor vom Konus zu ziehen. Bei einem Zweiarmabzieher greifen die Arme durch die Nuten den Rotor, während der Bolzen gegen den Kurbelwellenstumpf gedreht wird (siehe Abbildung). Nachdem der Rotor abgezogen ist, wird ggf. der Keil sichergestellt, falls er locker in seiner Nut sitzt (siehe Abbildung).

5 Um den Stator vom Motorgehäuse zu entfernen, ist auch die Zündgeberspule zu lösen, da beide Teile eine Baugruppe bilden. Lösen Sie die drei Schrauben des Stators und die zwei Schrauben der Spule, um beide Teile entnehmen zu können (siehe Abbildung). Ziehen Sie den Gummistopfen aus der Kabelführung im Motorgehäuse, und führen Sie vorsichtig die Kabel durch die Bohrung, ohne die Stecker abzureißen (siehe Abbildung).

2A

Einbau

6 Führen Sie die Kabel durch die Bohrung des Motorgehäuses, und drücken Sie den Gummistopfen hinein. Montieren Sie dann den Stator und die Zündgeberspule an das Gehäuse (sie-

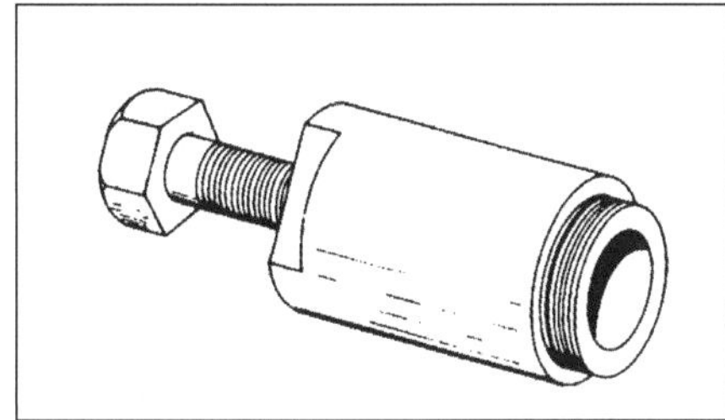

12.4a Der Piaggio-Rotorabzieher

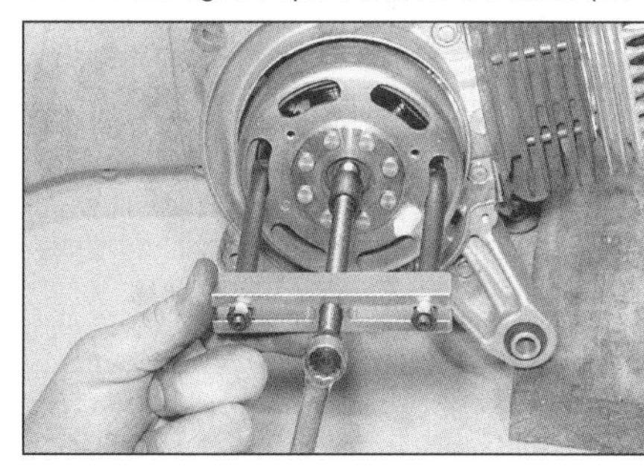

12.4b Der Rotor kann auch mit einem Zweiarmabzieher entfernt werden.

12.4c Der im Konus sitzende Keil kann sichergestellt werden.

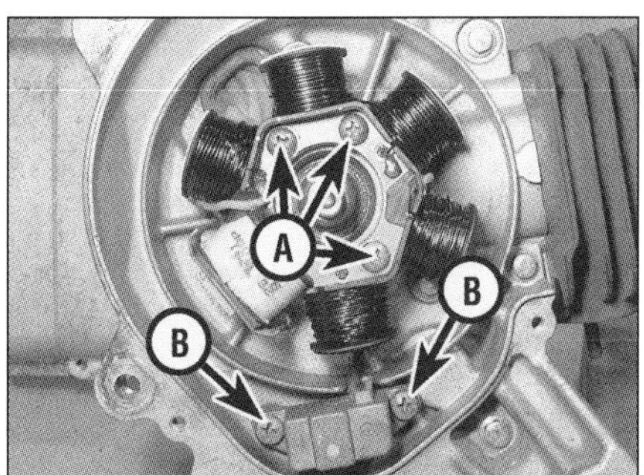

12.5a Lösen Sie die Schrauben des Stators (A) und der Zündgeberspule (B), . . .

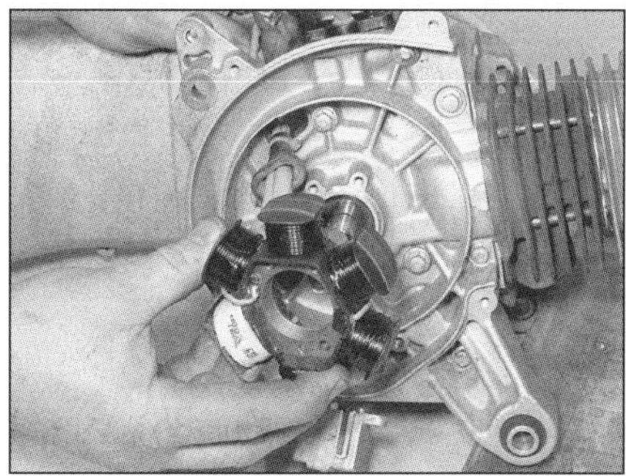

12.5b . . . um die Baugruppe abzuziehen – führen Sie dabei die Kabel durchs Gehäuse.

12.6a Führen Sie die Kabel durch die Gehäusebohrung, . . .

12.6b . . . und installieren Sie den Stator sowie die Zündgeberspule.

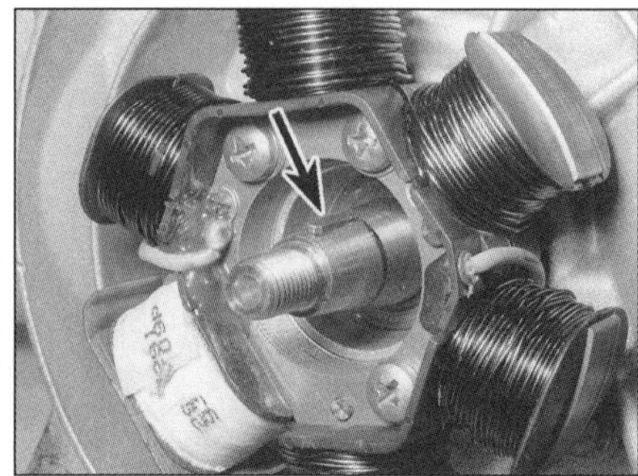

12.7a Stecken Sie den Keil in die Konus-Nut, . . .

12.7b . . . und richten Sie die Rotornut dazu aus, um ihn aufzuschieben

12.8a Legen Sie die Scheibe auf, drehen Sie die Mutter auf die Kurbelwelle, . . .

12.8b . . . und ziehen Sie sie bei blockiertem Rotor mit dem korrekten Drehmoment an.

he Abbildung) – die Statorschrauben müssen mit dauerelastischer Schraubensicherung versehen werden (siehe Abbildung).

7 Reinigen Sie den Kurbelwellenkonus und den Sitz des Rotors mit Lösungsmittel. An den Magneten im Innern des Rotors dürfen keine Metallteile haften. Setzen Sie gegebenenfalls den Keil in die Konus-Nut, und schieben Sie den korrekt ausgerichteten Rotor darüber (siehe Abbildungen).

8 Setzen Sie die Rotormutter samt Scheibe an, und ziehen Sie sie bei blockiertem Rotor mit dem in den technischen Daten angegebenen Drehmoment an (siehe Abbildungen).

9 Verbinden Sie die Kabelstecker, und sichern Sie alle Kabel in den entsprechenden Aufnahmen.

10 Montieren Sie den Kühlventilator (siehe Sektion 11).

13 Anlasserfreilauf
Ausbau, Kontrolle, Einbau

Anmerkung: *Der Anlasserfreilauf kann bei im Rahmen sitzendem Motor demontiert werden.*

Ausbau

1 Entfernen Sie die Antriebsriemenabdeckung (siehe Kapitel 2G).

2 Ziehen Sie den Anlasserfreilauf unter Beachtung der Einbaulage aus dem Gehäuse (siehe Abbildung).

Kontrolle

3 Kontrollieren Sie die Baugruppe auf Schäden und Verschleiß – besonders an den Zähnen der Zahnräder.

4 Drehen Sie das äußere Zahnrad, und prüfen Sie, ob es sich auf der Welle sanft auf und ab bewegt und leicht wieder in seine Ausgangslage zurückkehrt (siehe Abbildung).

5 Der Anlasserfreilauf ist eine Baugruppe, für die keine Einzelteile erhältlich sind, sodass sie bei einem Defekt komplett ausgetauscht werden muss.

6 Der Mechanismus des Anlasserfreilaufs darf nicht geschmiert werden – nur die beiden Enden der Welle sollten mit etwas Fett versehen werden.

Einbau

7 Der Einbau entspricht der umgekehrten Ausbaureihenfolge – dabei muss das innere Zahnrad in das Anlasserrad greifen.

14 Ölpumpe und Riemen
Ausbau, Kontrolle, Einbau und Entlüften

Anmerkung: *Die Ölpumpe kann bei im Rahmen sitzendem Motor demontiert werden.*

Ausbau

1 Entfernen Sie die Antriebsriemenabdeckung. Um an den Ölpumpenriemen zu gelangen, muss auch der Keilriemenantrieb entfernt werden (siehe Kapitel 2G). Entfernen Sie den Anlasserfreilauf (siehe Sektion 13). Soll die Pumpe nicht nur für das Ersetzen des Riemens abgenommen, sondern ganz entfernt werden, müssen die beiden Schläuche entweder von der Pumpe (siehe Abbildung 14.3a) – beachten Sie die Positionen – oder vom Vergaser und dem Öltank abgezogen werden. Der Öltank oder dessen Schlauch müssen verstopft

13.2 Entfernen Sie den Anlasserfreilauf aus dem Motorgehäuse.

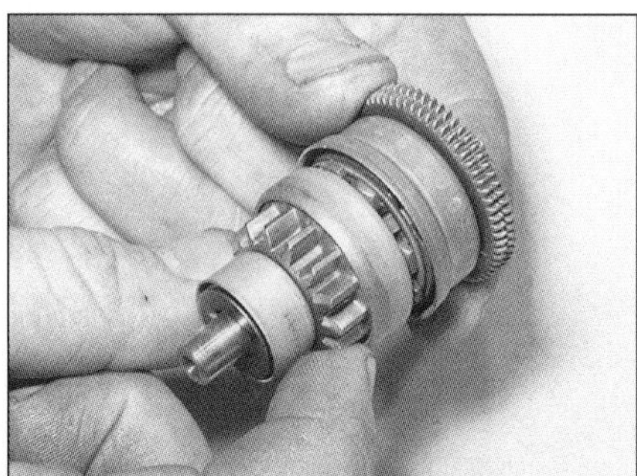

13.4 Kontrollieren Sie die Baugruppe wie beschrieben.

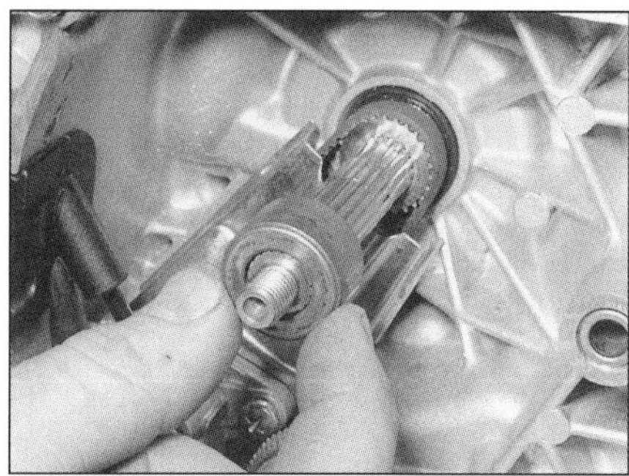

14.2 Ziehen Sie die Distanzbuchse von der Kurbelwelle.

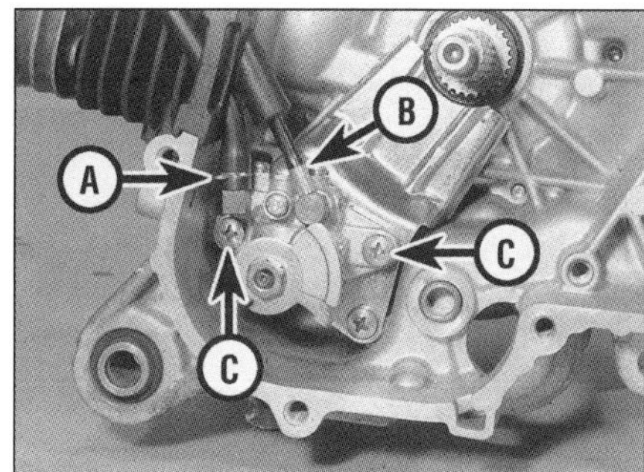

14.3a Einlass-Schlauch (A). Auslass-Schlauch (B). Lösen Sie die zwei Schrauben (C), . . .

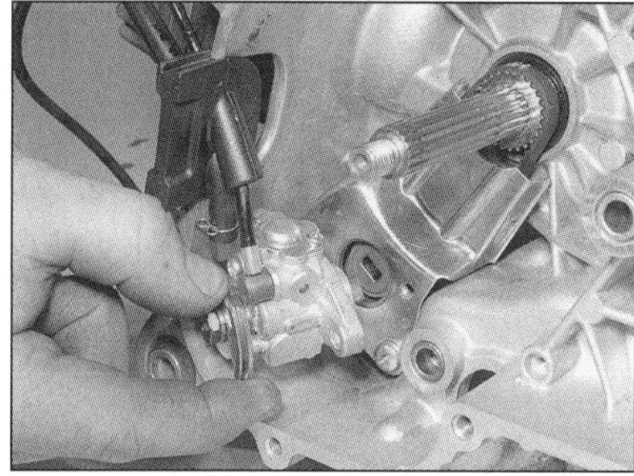

14.3b . . . und entfernen Sie die Pumpe ggf. mit den angeschlossenen Schläuchen.

14.4a Lösen Sie die Schraube der Schutzplatte, . . .

14.4b . . . und entfernen Sie die innere Platte.

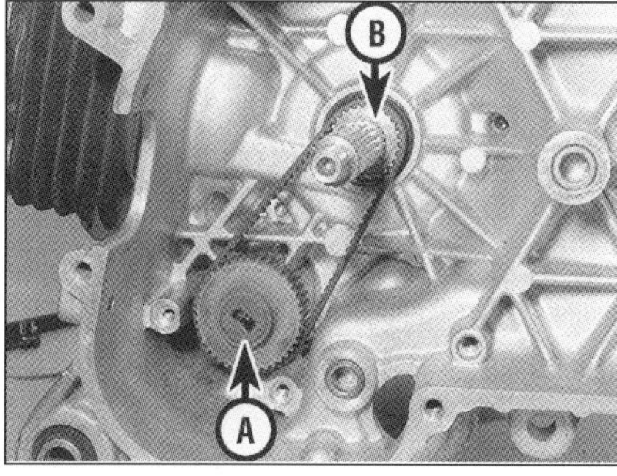

14.4c Entfernen Sie den Riemen, das Pumpenrad (A) samt Scheibe und das Antriebsrad (B).

2A

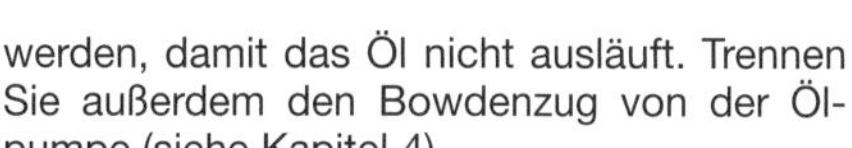

werden, damit das Öl nicht ausläuft. Trennen Sie außerdem den Bowdenzug von der Ölpumpe (siehe Kapitel 4).

2 Wenn neben der Pumpe auch der Riemen entfernt werden soll, ziehen Sie die Distanzhülse von der Welle (siehe Abbildung).

3 Lösen Sie die zwei Schrauben, die die Ölpumpe sichern, und entfernen Sie diese. Falls die Schläuche an der Pumpe verbleiben, muss dabei der sie sichernde Gummistopfen aus dem Gehäuse-Ausschnitt befreit werden (siehe Abbildungen). Beachten Sie, wie die Antriebslasche an der Rückseite der Pumpe in die Nut des Antriebsrades greift.

4 Lösen Sie die verbliebene Schraube, um die Schutzplatte sowie die dahinter liegende innere Platte zu entfernen (siehe Abbildungen). Ziehen Sie den Antriebsriemen von den Riemenrädern, entfernen Sie das Pumpenrad sowie die dahinter liegende Anlaufscheibe, und ziehen Sie das Antriebsrad von der Welle (siehe Abbildung).

Kontrolle

5 Überprüfen Sie die Pumpe auf sichtbare Schäden. Drehen Sie die Antriebslasche von Hand, um zu prüfen, ob sich die Pumpe sanft und frei dreht (siehe Abbildung). Kontrollieren Sie außerdem, ob sich die Bowdenzugbetätigung sanft drehen lässt und unter Federdruck wieder in ihre Ausgangslage zurückkehrt (siehe Abbildung).

6 Wenn die Funktion der Pumpe zweifelhaft ist oder die Pumpe gereinigt werden soll, werden die Schrauben beider Deckelplatten gelöst und diese abgenommen. Reinigen Sie die Pumpe mit Lösungsmittel, und inspizieren Sie die inneren Bauteile auf Schäden und Verschleiß. Einzelteile der Ölpumpe sind nicht erhältlich, sodass bei einem Defekt die ganze Pumpe ausgetauscht werden muss.

7 Überprüfen Sie den Ölpumpenriemen auf Risse, Brüche und ausgebrochene Zähne – ersetzen Sie ihn gegebenenfalls. Ungeachtet seines Zustandes muss der Riemen entsprechend der Angaben in den Wartungsplänen (siehe Kapitel 1) ausgetauscht werden. Ein im Betrieb reißender Ölpumpenriemen zieht große Motorschäden nach sich!

Einbau

8 Schieben Sie das Antriebsrad mit der Bund-Seite nach innen auf die Kurbelwelle. Setzen

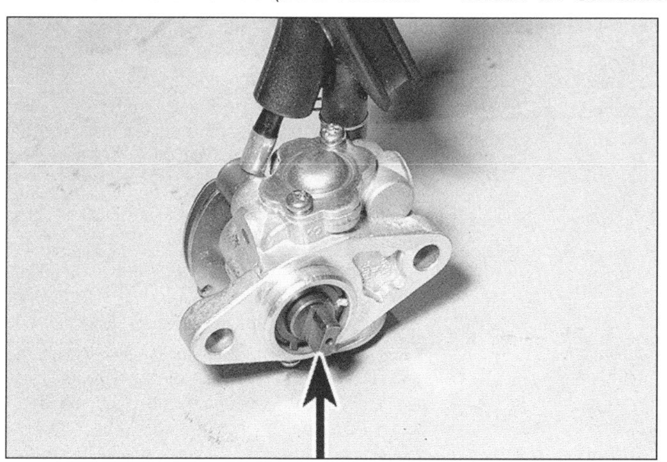

14.5a Drehen Sie die Antriebslasche der Pumpe . . .

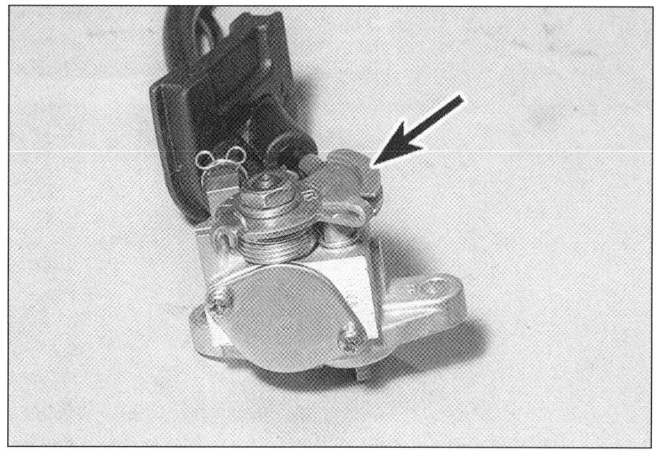

14.5b . . . und die Bowdenzugbetätigung von Hand.

14.8a Schieben Sie das Antriebsrad auf die Kurbelwelle, . . .

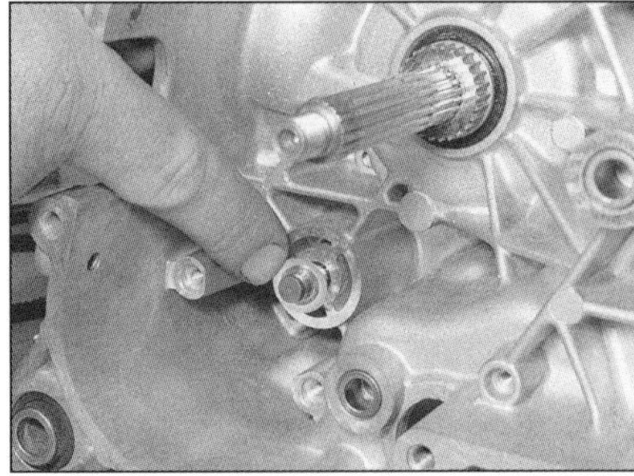

14.8b . . . und installieren Sie die Anlaufscheibe . . .

14.8c . . . und das Pumpenrad an die Pumpenwelle.

14.8d Legen Sie einen neuen Antriebsriemen auf.

14.9a Installieren Sie die innere Platte . . .

14.9b . . . und die Führungsplatte.

Sie die Anlaufscheibe und das Ölpumpenrad mit der Nut für die Ölpumpenlasche nach außen zeigend an (siehe Abbildungen). Legen Sie den Riemen auf – seine Zähne müssen in die Verzahnungen der Räder greifen (siehe Abbildung).

9 Die innere Platte wird mit den erhabenen Sektionen in die Schraubenbohrungen greifend aufgelegt (siehe Abbildung). Dann wird die Schutzplatte installiert und mit der einzelnen Schraube gesichert (siehe Abbildung).

10 Installieren Sie die Pumpe so, dass ihre Antriebslasche in die Nut des Antriebsrades greift und der Schlauch-Gummistopfen (falls entfernt) in seinen Ausschnitt gleitet (siehe Abbildung 14.3b). Sichern Sie die Pumpe mit den zwei Schrauben (siehe Abbildung).

11 Falls entfernt, werden die beiden Ölleitungen mit der Pumpe bzw. dem Öltank und dem Vergaser verbunden und ggf. mit den Schellen gesichert. Verbinden Sie den Bowdenzug mit der Ölpumpe (siehe Kapitel 4). Entlüften Sie die Pumpe wie unten beschrieben, und stellen Sie den Bowdenzug ein (siehe Kapitel 1).

Achtung: Die Bowdenzug-Einstellung ist sehr wichtig, damit die Pumpe je nach Lastzustand des Motors die dafür benötigte Ölmenge liefert.

12 Schieben Sie die Distanzhülse auf die Kurbelwelle (siehe Abbildung 14.2), installieren Sie dann den Keilriemenantrieb (siehe Kapitel 2G) und den Anlasserfreilauf (siehe Sektion 13).

Entlüften

13 Das Entlüften der Pumpe sorgt dafür, dass die Ölversorgung nicht durch Luftblasen behindert wird. Entfernen Sie dazu einfach die Entlüftungsschraube, und warten Sie, bis das austretende Öl keine Bläschen mehr enthält – dann wird die Schraube wieder angezogen (siehe Abbildung).

14 Die Ölleitungen müssen genauso entlüftet werden wie die Pumpe. Die Zündung muss ausgeschaltet sein. Trennen Sie dann die Ölleitung vom Vergaser, und drehen Sie den Motor mit dem Kickstarter durch, bis aus dem Schlauch blasenfrei Öl austritt; schließen Sie dann den Schlauch wieder an, und sichern Sie ihn mit der Schelle.

15 Motorgehäusehälften, Kurbelwelle, Pleuel und Lager

Anmerkung: *Zum Trennen des Motorgehäuses muss die Antriebseinheit aus dem Fahrzeug gebaut werden.*

Trennen

1 Um Zugang zur Kurbelwelle und den Hauptlagern zu erhalten, muss das Antriebsgehäuse getrennt werden.

2 Um das Antriebsgehäuse trennen zu können, muss es aus dem Fahrzeug gebaut werden (siehe Sektion 5). Vor dem Trennen sind folgende Baugruppen zu demontieren:

a) Zylinderkopf (Sektion 7)
b) Zylinder (Sektion 8)
c) Lichtmaschinenrotor und Stator (Sektion 12)
d) Sekundärluftventil (Kapitel 4)
e) Anlasser (Kapitel 9)
f) Ölpumpe und Antriebsriemen (Sektion 14)

3 Lösen Sie schrittweise und über Kreuz die acht Schrauben des Antriebsgehäuses, bis alle locker sind, und entfernen Sie sie dann (siehe Abbildung).

4 Heben Sie vorsichtig die rechte Gehäusehälfte von der linken. Piaggio bietet unter der

14.10 Installieren Sie die Pumpe, und sichern Sie sie mit den Schrauben.

14.13 Lösen Sie die Entlüftungsschraube (Pfeil), und lassen Sie alle Blasen austreten.

15.3 Das Antriebsgehäuse ist mit acht Schrauben verbunden.

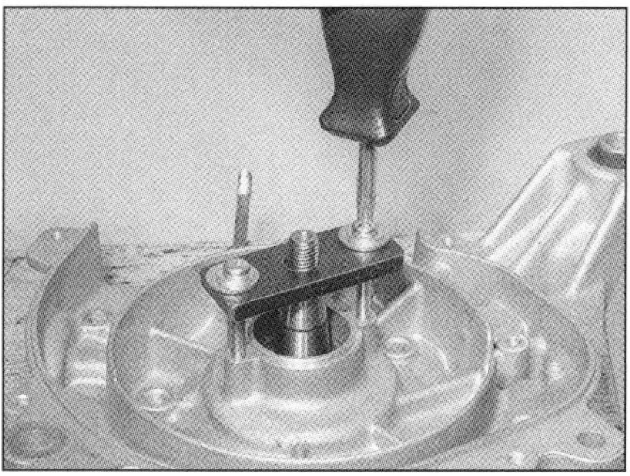
15.4a Ziehen Sie die rechte Gehäusehälfte von der Kurbelwelle.

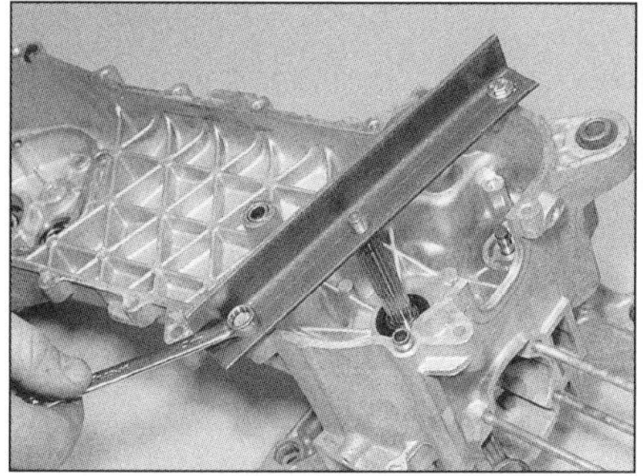
15.4b Pressen Sie die Kurbelwelle aus der linken Gehäusehälfte.

Teilenummer 020164Y ein Werkzeug an, das das Trennen erleichtert. Alternativ können der Bereich um das rechte Hauptlager erhitzt und/oder die gezeigten Aufbauten verwendet werden (siehe Abbildungen). Der Erste zieht die rechte Gehäusehälfte von der Kurbelwelle, die in der linken Hälfte verbleibt. Die Zweite drückt die Kurbelwelle aus der linken Gehäusehälfte. Mit einem weichen Hammer kann man auf den Kurbelwellenstumpf schlagen, um das Trennen zu erleichtern – hierbei darf keine übermäßige Gewalt eingesetzt und die Welle muss von einem Helfer gehalten werden, damit sie nicht herunterfällt. Die Kurbelwelle selbst ist verpresst, sodass starke Stöße oder zu viel Kraft die relativen Positionen der Wellen-Hälften verändern können. **Anmerkung**: *Wenn sich die Gehäusehälften nicht leicht trennen lassen, muss sichergestellt werden, dass alle Schrauben gelöst sind. Würde man versuchen, die Hälften mit Hebeln zu trennen, hätte dies einen Verzug und Undichtigkeit – und damit die völlige Zerstörung – zur Folge.*

5 Vor dem Ausbau der Simmerringe müssen ihre Einpresstiefen in beiden Gehäusehälften gemessen werden, damit die neuen Dichtringe korrekt positioniert werden können. Treiben Sie den alten Dichtring mit einem Dorn von innen heraus (siehe Abbildung).

6 Entfernen Sie die Kurbelwellen-Hauptlager – entweder von der Welle oder aus der Gehäusehälfte. Um ein Lager aus dem Gehäuse zu befreien, muss der Bereich des Lagersitzes mit einem Heißluftgebläse erwärmt werden, dann wird das Lager mit einem Innenabzieher ausgebaut (siehe Abbildung) – alternativ kann das Lager von außen nach innen herausgeschlagen werden. Um ein Lager von der Kurbelwelle zu befreien, muss es mit einem Außenabzieher entfernt werden. Kontrollieren Sie die Lager – wenn eines nicht frei, leise und ohne zu rumpeln dreht, muss es ersetzt werden. Es empfiehlt sich ein genereller Austausch, da neue Kugellager nicht teuer sind.

15.5 Treiben Sie die alten Simmerringe aus.

15.6 Entfernen Sie das Lager mithilfe eines Heißluftgebläses und eines Innenausziehers.

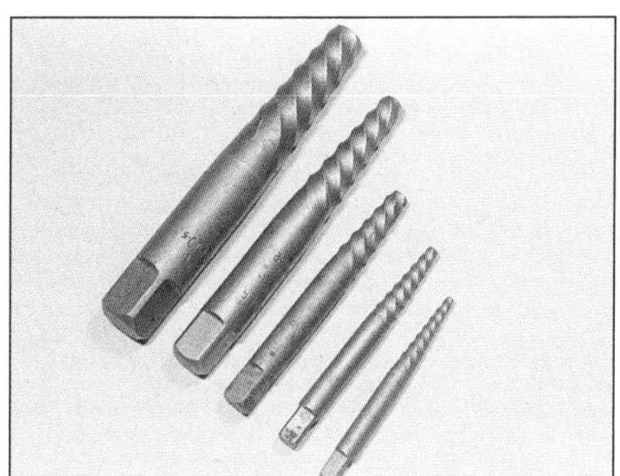
15.11a Der Umgang mit Linksausdrehern will geübt sein, . . .

15.11b . . . bevor man damit abgebrochene Schrauben ausdreht.

Kontrolle

7 Die Gehäusehälften sollten mit frischem Lösungsmittel gereinigt und mit Druckluft getrocknet werden.

8 Alte Dichtungsreste müssen von den Dichtflächen entfernt werden. Kleine Schäden an den Oberflächen können mit einer feinen Feile geschlichtet werden.

Achtung: Die Dichtflächen dürfen nicht eingekerbt oder abgetragen werden, da das Gehäuse dann nicht mehr abdichtet. Beide Gehäusehälften müssen genau auf Risse und andere Schäden untersucht werden.

9 Kleine Risse oder Ausbrüche können mit speziellen Reparaturstoffen geschlossen werden – größere Schäden müssen von Spezialisten geschweißt werden (hier sind die Preise für die Reparatur gegen die von Neu- oder Gebrauchtteilen abzuwägen). Antriebsgehäusehälften müssen immer als Satz ausgetauscht werden!

10 Beschädigte Innengewinde können ausgebohrt und mit Gewindeeinsätzen (z.B. von Heli-Coil) repariert werden.

11 Abgerissene Stehbolzen oder Schrauben können mit Linksausdrehern entfernt werden; hierfür müssen sie allerdings exakt angebohrt werden (siehe Abbildungen). Scheitert man beim Anbohren oder bricht gar den Linksausdreher ab, hat man ein ernsthaftes Problem. Im Zweifel sollte diese Arbeit einer Fachwerkstatt überlassen werden.

12 Im normalen Betrieb unterliegen die Gehäusehälften keinem Verschleiß. Die wahrscheinlichsten Probleme werden in verschlissenen Hauptlagern oder einem schadhaften Pleuelfußlager liegen – Schäden, die auf mangelnde Schmierung zurückzuführen sind. Defekte Hauptlager erzeugen im Betrieb ein starkes Rumpeln und heftige Vibrationen. Manchmal wird hierdurch auch der Simmerring beschädigt, sodass der Verlust an Kompression zu mangelnder Motorleistung führt.

13 Ein verschlissenes Pleuelfußlager erzeugt ein heftiges Klopfen, das unter Last und mit steigenden Drehzahlen lauter wird. Dies darf nicht mit einem verschlissenen Kolbenbol-

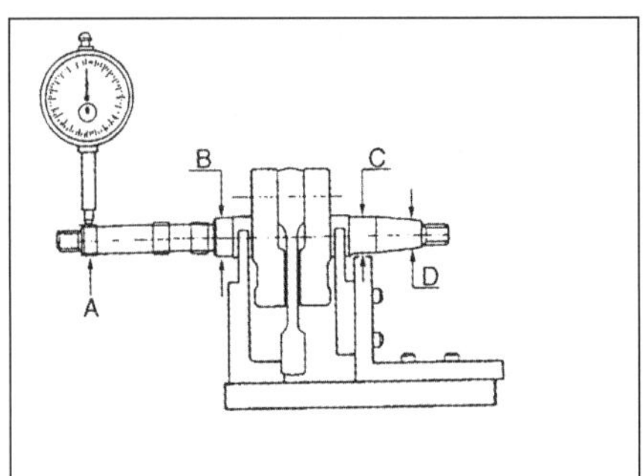

15.14 Prüfen Sie die Kurbelwelle an den Punkten A, B, C und D auf Verzug.

zenlager verwechselt werden, das ein helles metallisches Rattern verursacht. Zur Kontrolle des Pleuelfußlagers wird versucht, das Pleuel auf und ab zu bewegen – wird hierbei Spiel festgestellt, ist das Lager defekt, und die Kurbelwelle muss ausgetauscht werden. Der Pleuel darf auf dem Hubzapfen seitliches Spiel haben, das beim Prüfen nicht mit Radialspiel verwechselt werden darf. Die Kontrolle des Kolbenbolzens im oberen Pleuellager ist in Sektion 9 beschrieben.

14 Legen Sie die Kurbelwelle auf Prismenböcke, und prüfen Sie mit einer Messuhr den Rundlauf (siehe Abbildung) – ist dieser größer als in den technischen Daten als Toleranzwert angegeben, kann eine Fachwerkstatt versuchen, die Welle zu richten, ansonsten ist sie zu ersetzen.

Zusammenbau

15 Rüsten Sie die Gehäusehälften mit neuen Dichtringen aus, und treiben Sie sie mit einem geeigneten Werkzeug (z.B. einer Steckschlüsselnuss) senkrecht bis in die zuvor notierte Position (siehe Abbildungen).

16 Bevor die Hauptlager auf die Kurbelwelle geschoben werden, sollten sie mit einem Heißluftgebläse oder in einem Ölbad auf ca. 100 °C erhitzt werden, dann werden sie mit einem geeigneten Rohr, das nur den Innenring berührt, in Position getrieben. Schläge auf den Außenring würden ein Lager zerstören!

Warnung: Diese Arbeit muss aufgrund der großen Verletzungsgefahr sehr vorsichtig durchgeführt werden.

17 Schmieren Sie die Kurbelwelle – besonders an den Lagern – mit Zweitaktöl. Entfetten Sie mit einem lösungsmittelgetränkten Tuch die Dichtflächen beider Gehäusehälften.

18 Erhitzen Sie jetzt die rechte Gehäusehälfte im Bereich des Hauptlagersitzes, und setzen Sie die Kurbelwelle ein – ihr Hauptlager muss korrekt in seinem Sitz liegen (siehe Abbildungen). Nötigenfalls kann das Lager selbst mit Kältespray behandelt werden. Lassen Sie das Gehäuse abkühlen, und versehen Sie die Dichtflächen sparsam mit geeigneter Dichtmasse (siehe Abbildungen). Erhitzen Sie jetzt den Hauptlagersitz in der linken Gehäusehälfte, und setzen Sie die Gehäusehälften zusammen – nötigenfalls muss zuvor auch das linke Hauptlager mit Kältespray behandelt werden, um vollständig in seinen Sitz zu gleiten.

Achtung: Verwenden Sie das Dichtmittel nur sparsam, da es sich beim Verbinden des Gehäuses nicht nur nach außen, sondern auch nach innen herausdrückt.

19 Prüfen Sie, ob die Gehäusehälften korrekt zusammengesetzt sind. **Anmerkung**: *Wenn sie ausreichend erhitzt wurden, sollten die Hälften ohne Krafteinsatz zusammenzusetzen sein. Sollten bei der Montage Probleme auftreten, muss die rechte Gehäusehälfte demontiert und das Problem behoben werden. Es darf nicht versucht werden, die Hälften mit den Gehäuseschrauben zusammenzuziehen – dies würde das Gehäuse zerstören!*

20 Reinigen Sie die Gewinde der Gehäuseschrauben, und ziehen Sie sie zunächst nur handfest an. Ziehen Sie sie dann gleichmäßig und schrittweise über Kreuz bis zum vorgeschriebenen Drehmoment an (siehe Abbildung). Bei dieser Prozedur kann es vorkommen, dass die Kurbelwelle kurzzeitig klemmt – nach dem endgültigen Anziehen wird sie sich wieder frei drehen.

21 Prüfen Sie das Axialspiel der Kurbelwelle (indem eine Messuhr so angebracht wird,

15.15a Legen Sie die neuen Simmerringe auf, . . .

15.15b . . . und treiben Sie sie bis zur korrekten Tiefe ein.

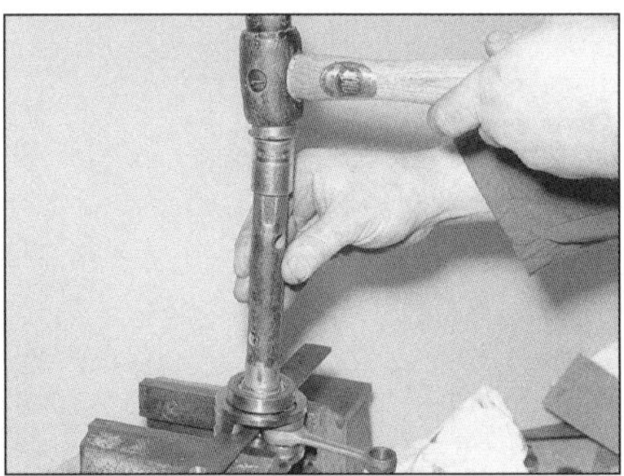

15.16 Treiben Sie das Lager auf die Kurbelwelle.

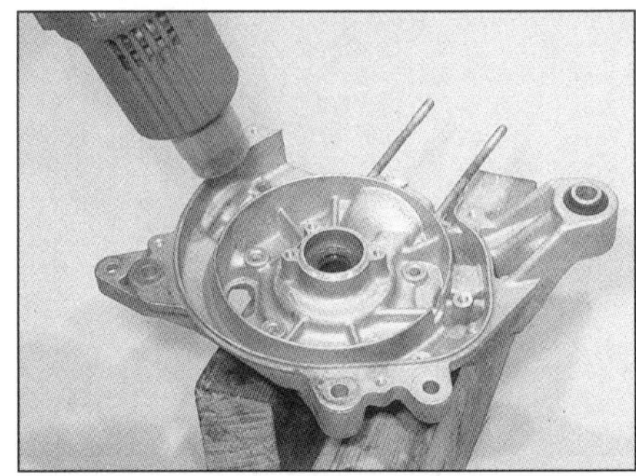

15.18a Erhitzen Sie den Lagersitz, . . .

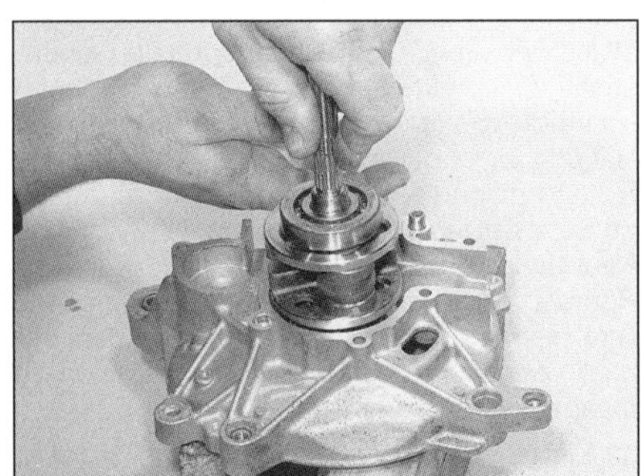

15.18b . . . und installieren Sie die Kurbelwelle.

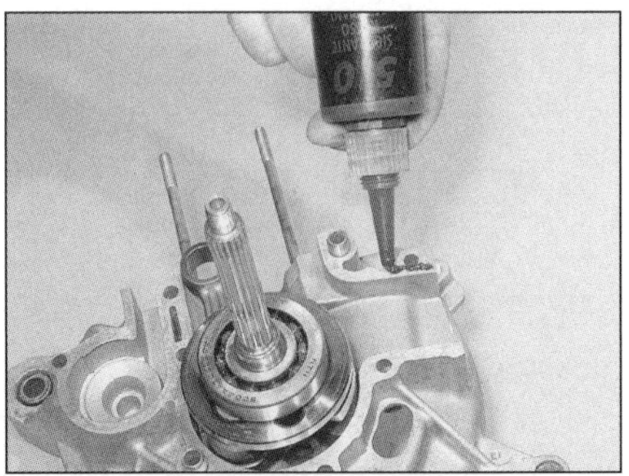

15.18c Versehen Sie die Kontaktflächen mit Dichtmittel, und verbinden Sie die Hälften.

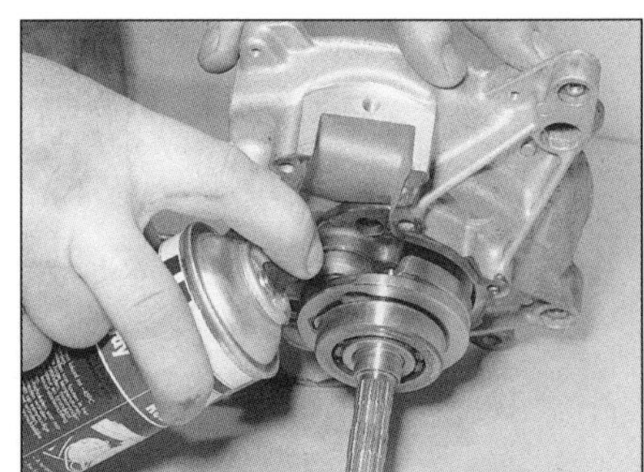

15.18d Der Einsatz von Kältespray erleichtert das Einpressen des Lagers.

15.20 Ziehen Sie die Gehäuseschrauben mit dem vorgeschriebenen Drehmoment an.

dass ihre Spitze gegen den Kurbelwellenstumpf drückt), und vergleichen Sie den Wert mit den Angaben in den technischen Daten. Ist das Spiel geringer als vorgeschrieben, kann der Kurbelwellenstumpf leicht mit einem weichen Hammer bearbeitet werden, bis das Spiel korrekt ist (siehe Abbildung). Drehen Sie die Kurbelwelle von Hand durch – jegliches Klemmen, rauer Lauf oder andere Probleme müssen beseitigt werden, bevor weitergemacht wird.

22 Installieren Sie alle demontierten Bauteile in der entgegengesetzten Ausbaureihenfolge (siehe Schritt 2).

15.21 Das korrekte Axialspiel der Kurbelwelle kann durch vorsichtiges Klopfen erreicht werden.

16 Erstinbetriebnahme nach Motorüberholung

1 Der Öltank muss mit Zweitaktöl gefüllt sein, die Ölpumpe korrekt eingestellt (siehe Kapitel 1) und entlüftet sein (siehe Sektion 14).

2 Im Kraftstofftank muss sich Benzin befinden.

3 Bei ausgeschalteter Zündung wird mehrmals der Kickstarter betätigt, um sicherzustellen, dass sich der Motor leicht durchdrehen lässt.

4 Schalten Sie die Zündung ein, starten Sie den Motor, und lassen Sie ihn bei Standgas Betriebstemperatur erreichen. Übermäßiger Rauch aus dem Auspuff ist normal, da das beim Montieren eingesetzte Öl verbrennt. Dies muss sich mit der Zeit geben.

5 Will der Motor nicht anspringen, muss die Zündkerze ausgeschraubt und untersucht werden, ob sie verölt ist. Nach dem Reinigen wird der Startversuch wiederholt. Springt der Motor immer noch nicht an, muss anhand der Fehlersuch-Tabellen am Ende dieses Buches das Problem gefunden und beseitigt werden.

17 Empfohlene Einfahrhinweise

1 Auf den ersten Kilometern muss der Motor äußerst vorsichtig behandelt werden, da sich neue Komponenten erst »setzen« müssen.

2 Wurde der Zylinder aufgebohrt und/oder die Kurbelwelle erneuert, ist das Fahrzeug wie eine Neumaschine zu behandeln. Die ersten 1000 km sollte also nur mit vorsichtiger Gashand gefahren werden, sodass der Motor nicht unter Volllast arbeiten muss. Beim Einfahren empfehlen sich wechselnde Drehzahlen und nur 80% der Höchstgeschwindigkeit (70% bei Skipper- und 125er Typhoon-Modellen). Wer seinen Roller kennt und ihn sensibel behandelt, merkt, wann der Motor frei läuft und wieder mit Vollgas betrieben werden kann.

Kapitel 2B
Wassergekühlte Zweitaktmotoren (NRG MC², NRG MC³ DD, NRG Power DD, Zip SP/RS, Hexagon)

Details zur Modell-Identifikation finden sich am Anfang von Kapitel 1

Inhalt

Schwierigkeitsgrade

Leicht. Für Anfänger mit wenig Erfahrung geeignet 	**Relativ leicht.** Für Anfänger mit etwas Erfahrung geeignet 	**Relativ schwierig.** Geeignet für geübte Selbstschrauber 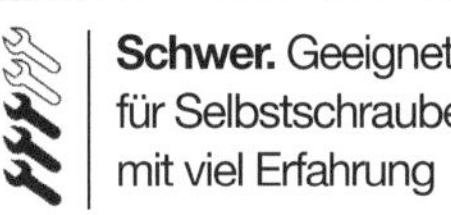	**Schwer.** Geeignet für Selbstschrauber mit viel Erfahrung 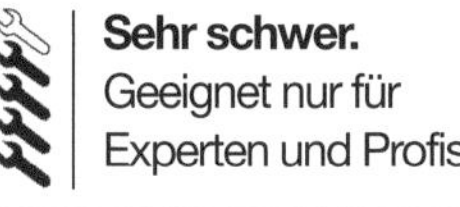	**Sehr schwer.** Geeignet nur für Experten und Profis 

Technische Daten

NRG MC², NRG MC³ DD, Zip SP/RS

Allgemein

Typ	Einzylinder-Zweitaktmotor
Hubraum	49,4 cm³
Bohrung	40,0 mm
Hub	39,3 mm
Verdichtungsverhältnis	10,9 zu 1

Zylinder

Bohrung	
Standard	39,99 bis 40,01 mm
1. Übermaß	40,19 bis 40,21 mm
2. Übermaß	40,39 bis 40,41 mm

Pleuelstange

Innendurchmesser oberes Pleuelauge	
Größe I	17,007 bis 17,011 mm
Größe II	17,003 bis 17,007 mm
Größe III	17,001 bis 17,003 mm

Kolben

Kolbendurchmesser (gemessen 25 mm unterhalb der unteren Kolbenringnut und 90° zum Kolbenbolzen)	
Standard	39,94 bis 39,96 mm
1. Übermaß	40,14 bis 40,16 mm
2. Übermaß	40,34 bis 40,36 mm
Kolbenspiel in Zylinder	0,045 bis 0,055 mm
Kolbenbolzen-Durchmesser	11,999 bis 12,005 mm

2B

Kolbenringe

Stoßspiel (eingebaut)	0,10 bis 0,25 mm

Kurbelwelle

Verzug (max.)	
Mitte und rechts	0,03 mm
links	0,02 mm
Axialspiel	0,03 bis 0,09 mm

Zylinderfußdichtung – Auswahl

Abstand zwischen oberer Zylinderdichtfläche und Kolbenboden	Dichtungs-Stärke
3,26 mm bis 3,45 mm	0,75 mm
3,10 mm bis 3,25 mm	0,5 mm
2,85 mm bis 3,09 mm	0,4 mm

Anzugsdrehmomente

Vorderer Motorhaltebolzen	33 bis 41 Nm
Untere Stoßdämpferaufnahme	33 bis 41 Nm
Zylinderkopfmuttern	10 bis 11 Nm
Motorgehäuseschrauben	12 bis 13 Nm
Lichtmaschinenrotor-Mutter	40 bis 44 Nm

NRG Power DD

Allgemein

Typ	Einzylinder-Zweitaktmotor
Hubraum	49,4 cm^3
Bohrung	40,0 mm
Hub	39,3 mm
Verdichtungsverhältnis	11,3 zu 1

Zylinderbohrung

Standard	
Größenmarkierung M	39,997 bis 40,004 mm
Größenmarkierung N	40,004 bis 40,011 mm
Größenmarkierung O	40,011 bis 40,018 mm
Größenmarkierung P	40,018 bis 40,025 mm
1. Übermaß	40,197 bis 40,225 mm
2. Übermaß	40,397 bis 40,425 mm

Pleuelstange

Innendurchmesser oberes Pleuelauge	
Standard	17,001 bis 17,011 mm
Verschleißgrenze	17,060 mm

Kolben

Kolbendurchmesser (gemessen 25 mm unterhalb der unteren Kolbenringnut und 90° zum Kolbenbolzen)

Standard	
Größenmarkierung M	39,943 bis 39,950 mm
Größenmarkierung N	39,950 bis 39,957 mm
Größenmarkierung O	39,957 bis 39,964 mm
Größenmarkierung P	39,964 bis 39,971 mm
1. Übermaß	40,143 bis 40,171 mm
2. Übermaß	40,343 bis 40,371 mm
Kolbenspiel in Zylinder	0,047 bis 0,061 mm
Kolbenbolzen-Durchmesser	12,001 bis 12,005 mm
Kolbenbolzen-Bohrung in Kolben	12,007 bis 12,012 mm

Kolbenringe

Stoßspiel (eingebaut)	0,10 bis 0,25 mm

Kurbelwelle

Verzug (max.)	
Mitte und rechts	0,03 mm
links	0,02 mm
Axialspiel	0,03 bis 0,09 mm

Zylinderfußdichtung – Auswahl

Abstand zwischen oberer Zylinderdichtfläche und Kolbenboden	Dichtungs-Stärke
3,24 mm bis 3,48 mm	0,8 mm
3,04 mm bis 3,24 mm	0,6 mm
2,80 mm bis 3,04 mm	0,4 mm

Anzugsdrehmomente

Vorderer Motorhaltebolzen	33 bis 41 Nm
Untere Stoßdämpferaufnahme	33 bis 41 Nm
Zylinderkopfmuttern	10 bis 11 Nm
Motorgehäuseschrauben	12 bis 13 Nm
Lichtmaschinenrotor-Mutter	40 bis 44 Nm

Hexagon

Allgemein

Typ	Einzylinder-Zweitaktmotor
Hubraum	124 cm³
Bohrung	55,0 mm
Hub	52,0 mm
Verdichtungsverhältnis	10,2 zu 1

Zylinderbohrung

Standard	
Größenmarkierung A	54,990 bis 54,995 mm
Größenmarkierung B	54,995 bis 55,000 mm
Größenmarkierung C	55,000 bis 55,005 mm
Größenmarkierung D	55,005 bis 55,010 mm
Größenmarkierung E	55,010 bis 55,015 mm
Größenmarkierung F	55,015 bis 55,020 mm
Größenmarkierung G	55,020 bis 55,025 mm
Größenmarkierung H	55,025 bis 55,030 mm
Größenmarkierung I	55,030 bis 55,035 mm
1. Übermaß	55,190 bis 55,235 mm
2. Übermaß	55,390 bis 55,435 mm
3. Übermaß	55,590 bis 55,610 mm

Pleuelstange

Innendurchmesser oberes Pleuelauge	
Größe I	20,009 bis 20,013 mm
Größe II	20,005 bis 20,010 mm
Größe III	19,999 bis 20,006 mm
Größe IIII	19,997 bis 20,002 mm

Kolben

Kolbendurchmesser (gemessen 25 mm unterhalb der unteren Kolbenringnut und 90° zum Kolbenbolzen)	
Standard	
Größenmarkierung A	54,935 bis 54,940 mm
Größenmarkierung B	54,940 bis 54,945 mm
Größenmarkierung C	54,945 bis 54,950 mm
Größenmarkierung D	54,950 bis 54,955 mm
Größenmarkierung E	54,955 bis 54,960 mm
Größenmarkierung F	54,960 bis 54,965 mm
Größenmarkierung G	54,965 bis 55,970 mm
Größenmarkierung H	54,970 bis 54,975 mm
Größenmarkierung I	54,975 bis 54,980 mm
1. Übermaß	55,135 bis 55,180 mm
2. Übermaß	55,335 bis 55,380 mm
3. Übermaß	55,535 bis 55,555 mm
Kolbenspiel in Zylinder	0,050 bis 0,060 mm
Kolbenbolzen-Durchmesser	15,999 bis 16,006 mm

Kolbenringe

Stoßspiel (eingebaut)	0,20 bis 0,35 mm

Kurbelwelle

Verzug (max.)	0,03 mm
Axialspiel	0,03 bis 0,09 mm

Anzugsdrehmomente

Vorderer Motorhaltebolzen	33 bis 41 Nm
Untere Stoßdämpferaufnahme	33 bis 41 Nm
Zylinderkopfmuttern	20 bis 22 Nm
Motorgehäuseschrauben	13 Nm
Lichtmaschinenrotor-Mutter	52 bis 56 Nm

1 Allgemeine Informationen

Diese Modelle sind mit wassergekühlten Einzylinder-Zweitaktmotoren ausgerüstet. Der Lichtmaschinenrotor sitzt rechts auf der Kurbelwelle. Die Kurbelwelle ist mit dem Hubzapfen verpresst, der das auf einem Nadellager (Pleuelfußlager) laufende Pleuel führt. Der Kolben ist über den Kolbenbolzen ebenfalls per Nadellager mit dem oberen Pleuelauge verbunden. Die Kurbelwelle selbst läuft in Kugellagern (Hauptlager). Das Motorgehäuse ist vertikal geteilt.

2 Arbeiten, die bei eingebautem Motor möglich sind

Außer der Kurbelwelle samt Pleuel und Lagern sowie dem Wasserpumpenrad können alle Bauteile des Motors ohne dessen Ausbau erreicht werden. Wenn allerdings an mehreren Komponenten gearbeitet werden soll, empfiehlt sich der Ausbau des Motors aus dem Fahrzeug, da dies den Zugang erleichtert.

3 Arbeiten, die den Ausbau des Motors erfordern

Um an die Kurbelwelle, das Pleuel, das Pleuelfußlager und die Hauptlager sowie das Wasserpumpenrad zu gelangen, muss der Motor ausgebaut und getrennt werden.

4 Motorüberholung
Allgemeine Bemerkungen

1 Es ist nicht immer leicht zu bestimmen, ob oder wann ein Motor komplett überholt werden sollte, da eine Anzahl von Faktoren berücksichtigt werden muss.

2 Eine hohe Laufleistung bedeutet nicht notwendigerweise, dass eine Motorüberholung nötig ist – genauso garantieren wenige Kilometer nicht für einen gut erhaltenen Motor. Regelmäßige Wartung ist das Wichtigste, was Sie Ihrem Motor antun können. Ein Motor, der regelmäßig gewartet und dessen Einstellungen vorschriftsmäßig kontrolliert worden sind, wird Ihnen lange Zeit und viele Kilometer Freude bereiten, wogegen mangelnde Wartung und schlechtes Einfahren das schnelle Ende der besten Maschine bedeuten.

3 Wenn der Motor klopfende oder rumpelnde Geräusche von sich gibt, sind wahrscheinlich die Pleuelfuß- und/oder Kurbelwellen-Hauptlager defekt.

4 Mangelnde Leistung, rauer Lauf, extreme Geräusche und hoher Benzinverbrauch weisen auf eine notwendige Überholung hin – besonders wenn alle Symptome zur gleichen Zeit auftreten. Wenn eine Motorinspektion keine Fortschritte bringt, wird eine große Überholung die einzige Lösung sein.

5 Eine Motorüberholung beinhaltet eine Rückführung der inneren Komponenten in den Neuzustand. Kolbenringe und Haupt- und Pleuellager werden ebenso ersetzt wie Zylinderbohrungen gehont oder gegebenenfalls nachgebohrt (Übermaßkolben sind nur für 50 cm³-Modelle erhältlich). Das Endresultat sollte wie ein neuer Motor viele pannenfreie Kilometer gewährleisten.

6 Bevor Sie mit der Motorüberholung beginnen, sollten Sie die relevanten Kapitel durchlesen und sich mit dem gesamten Umfeld und den Erfordernissen der Arbeit vertraut machen. Die Überholung des Motors ist nicht das ganze Problem – man braucht auch Zeit dafür. Prüfen Sie die Verfügbarkeit von Ersatzteilen, und besorgen Sie sich jegliches notwendige Spezialwerkzeug und andere Geräte.

7 Viel Arbeit kann mit üblichem Werkzeug erledigt werden, doch werden auch eine Reihe von Präzisions-Messinstrumenten benötigt, um den Zustand von Bauteilen zu begutachten. Oftmals kann ein Händler den Zustand von Ersatzteilen begutachten und entscheiden, ob es noch brauchbar, reparierbar oder zu ersetzen ist. Allgemein ist zu sagen, dass Zeit ein wichtiger Kostenfaktor ist, sodass es sich nicht lohnt, verschlissene oder angegriffene Teile wieder einzubauen.

8 Schließlich muss alles sorgfältig und in sauberer Umgebung zusammengebaut werden, um ein langes und fehlerfreies neues Motorleben zu garantieren.

5 Motor/Antriebseinheit
Ausbau und Einbau

Achtung: Die Antriebseinheit ist nicht sehr schwer, sollte jedoch trotzdem mithilfe eines Assistenten aus- und eingebaut werden. Ein herunterfallender Motor kann zu Verletzungen und Schäden führen.

Ausbau

1 Die Ausbau-Prozedur ist die gleiche wie bei luftgekühlten Modellen (siehe Kapitel 2A), nur muss zuvor das Kühlmittel abgelassen werden (siehe Kapitel 1). Lösen Sie die Schellen, die die Kühlerschläuche am Zylinderkopf und dem Stutzen rechts direkt unterhalb des Lichtmaschinendeckels sichern. Ziehen Sie die Schläuche unter Beachtung ihrer Positionen ab (siehe Abbildungen). Ziehen Sie ebenfalls die Gummiabdeckung am Kühltemperatursensor zurück, und trennen Sie den Stecker.

2 Wechseln Sie nach Kapitel 2A, Sektion 5, um den Motor auszubauen.

Einbau

3 Der Einbau entspricht der umgekehrten Ausbaureihenfolge, wie in Kapitel 2A beschrieben – dabei sind folgende zusätzliche Punkte zu beachten:

a) Die Kühlerschläuche müssen korrekt sitzen und gesichert sein (siehe Abbildungen 5.1a und b).

b) Füllen Sie das Kühlsystem auf (Kapitel 1).

6 Zerlegen und Montage
Allgemeine Hinweise

Zerlegen

1 Vor dem Zerlegen des Motors muss dieser ordentlich gereinigt und äußerlich entfettet werden. Hiermit wird einer Verschmutzung der Motorinnereien vorgebeugt und außerdem ein leichteres und sauberes Arbeiten ermöglicht. Mit einem schwer entflammbaren Lösungsmittel (Petoleum oder Kerosin) oder besser noch einem spezielles Maschinen-Entfettungsmittel und alten Pinseln oder Zahnbürsten werden die verschiedenen Ecken und Winkel gereinigt. Passen Sie auf, dass kein Lösungsmittel oder Wasser an elektrische Teile oder in die Ein- und Auslasskanäle gerät.

Warnung: Aufgrund des hohen Entzündungs- und Gesundheitsrisikos sollte auf Benzin als Reinigungsmittel verzichtet werden.

2 Nach der Reinigung wird der Motor auf die Werkbank gehoben, auf der genügend sauberer Platz zum Arbeiten ist. Halten Sie eine Ansammlung von Behältern und Plastiktüten bereit, damit zusammengehörige Einzelteile in übersichtlichen Gruppen gelagert werden können. Papier und Stift sollten für Notizen und Markierungen ebenso vorhanden sein wie ein Vorrat an sauberen, saugfähigen Lappen.

3 Vor Beginn der Arbeit sollte man sich die entsprechenden Sektionen vollständig durchlesen, um eine genaue Vorstellung von den auszuführenden Tätigkeiten zu erhalten. Bei der Zerlegung der verschiedenen Motorkomponenten ist zu beachten, dass große Kraftanstrengung kaum nötig ist, außer dies ist extra erwähnt (das Überprüfen des vorgeschriebe-

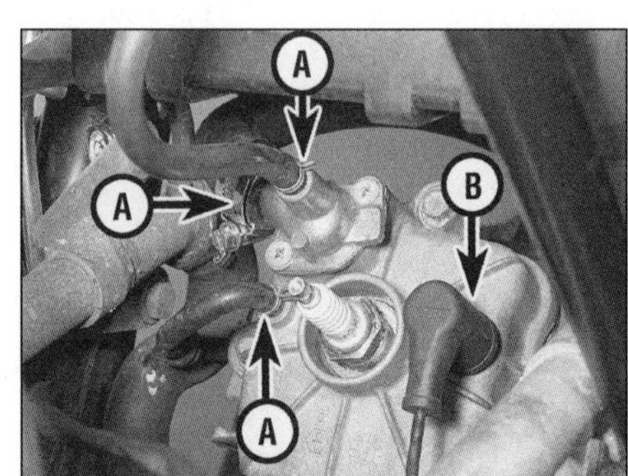

5.1a Ziehen Sie die Schläuche (A) von den Stutzen, und trennen Sie die Kabelstecker (B).

5.1b Ziehen Sie die Schläuche (A) von den Stutzen.

nen Anzugsdrehmoments einer bestimmten Schraube zeigt an, wie fest sie sitzt und wie viel Kraft zum Lösen gebraucht wird). In vielen Fällen, in denen sich Teile hartnäckig weigern, auseinander zu gehen, liegt ein unkorrekter Versuch der Demontage vor. Bei jedem Zweifel sollte im Text nachgelesen werden.

4 Beim Zerlegen des Motors müssen »Paare«, die im Motor zusammenarbeiten, zusammengepackt werden. Diese »Paare« dürfen nur als Satz erneuert oder wiederverwendet werden.

5 Die Zerlegung der Motor/Getriebe-Einheit sollte nach den folgenden generellen Regeln und unter Berücksichtigung der entsprechenden Sektionen (Details für den Antrieb finden sich in Kapitel 2G) vorgenommen werden:

Entfernen Sie den Zylinderkopf.
Entfernen Sie den Zylinder.
Entfernen Sie den Kolben.
Entfernen Sie die Lichtmaschine.
Entfernen Sie die Riemenautomatik (Kapitel 2G).
Entfernen Sie den Anlassermotor (Kapitel 9).
Entfernen Sie die Ölpumpe samt Riemen.
Entfernen Sie den Membraneinlass (Kapitel 4).
Entfernen Sie die Wasserpumpe (Kapitel 3).
Trennen Sie die Motorgehäusehälften.
Entfernen Sie die Kurbelwelle.

Zusammenbau

6 Der Zusammenbau des Motors erfolgt in der umgekehrten Zerlegungsreihenfolge.

7 Zylinderkopf – Ausbau, Kontrolle und Einbau

Anmerkung: *Der Zylinderkopf kann demontiert werden, während sich der Motor im Rahmen befindet. Ist der Motor ausgebaut, müssen nicht zutreffende Schritte ignoriert werden.*

Achtung: Der Motor muss vollständig abgekühlt sein, da sich der Zylinderkopf sonst verziehen kann.

Ausbau

1 Entfernen Sie entsprechende Verkleidungsteile (siehe Kapitel 7).

2 Entleeren Sie das Kühlsystem (Kapitel 1). Befreien Sie die Schellen, die die Kühlerleitungen am Zylinderkopf sichern, und ziehen Sie die Schläuche unter Beachtung ihrer Positionen ab (siehe Abbildung 5.1a). Ziehen Sie ebenfalls die Gummiabdeckung am Kühltemperatursensor zurück, und trennen Sie den Stecker. Entfernen Sie nötigenfalls den Thermostaten und sein Gehäuse (siehe Kapitel 3)

3 Entfernen Sie bei Hexagon-Modellen die vier Schrauben der Zylinderkopfabdeckung, und nehmen Sie diese ab (siehe Abbildung). Der O-Ring am Zündkerzensitz muss beim Zusammenbau durch ein Neuteil ersetzt werden (siehe Abbildung).

4 Lösen Sie die vier Zylinderkopf-Muttern schrittweise und über Kreuz, bis alle locker sind, dann wird der Kopf von den Stehbolzen gehoben (siehe Abbildungen) – wenn er klemmt, muss er vorsichtig mit einem weichen

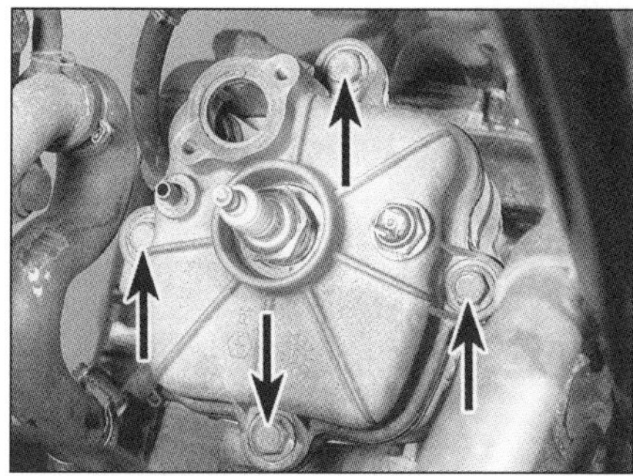

7.3a Lösen Sie die vier Schrauben, und entfernen Sie den Deckel.

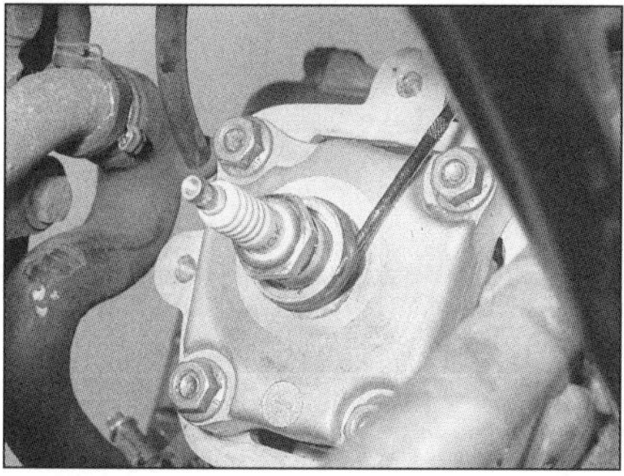

7.3b Der um den Zündkerzensitz liegende O-Ring muss später erneuert werden.

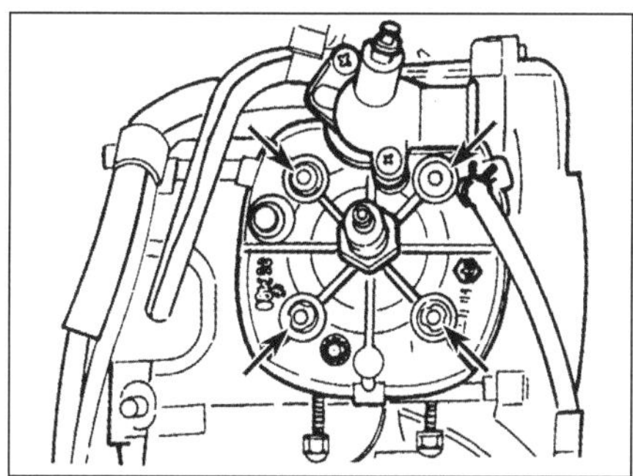

7.4a Zylinderkopf-Muttern (Pfeile) – 50 cm³-Motoren

7.4b Zylinderkopf-Muttern (Pfeile) – 125 cm³-Motoren

Hammer abgeklopft werden. Der Versuch, ihn mit einem Schraubendreher abzuhebeln würde zu beschädigten Dichtflächen führen. Der O-Ring und die Dichtung (falls vorhanden) des Zylinderkopfes sind beim Zusammenbau durch Neuteile zu ersetzen.

Kontrolle

5 Befreien Sie den Brennraum von Kohleablagerungen (siehe Kapitel 1, Sektion 11).

6 Inspizieren Sie den Zylinderkopf sorgfältig auf Risse und andere Schäden. Ein gerissener Kopf muss ersetzt werden.

7 Die Dichtflächen des Kopfes und des Zylinders müssen auf Undichtigkeiten untersucht werden, die auf einen Verzug hinweisen.

8 Mit einem Präzisions-Lineal kann die Dichtfläche des Kopfes auf Verzug untersucht werden. Prüfen Sie die Fläche in verschiedenen Richtungen.

Einbau

9 Schmieren Sie die Zylinderbohrung mit dem vorgeschriebenen Zweitaktöl.

10 Stellen Sie sicher, dass die Dichtflächen des Zylinders und des Kopfes absolut sauber sind.

11 Setzen Sie den Zylinderkopf unter Verwendung einer neuen Dichtung (falls vorhanden) und eines O-Ringes vorsichtig auf den Zylinder (siehe Abbildungen).

12 Installieren Sie die vier Muttern, und ziehen

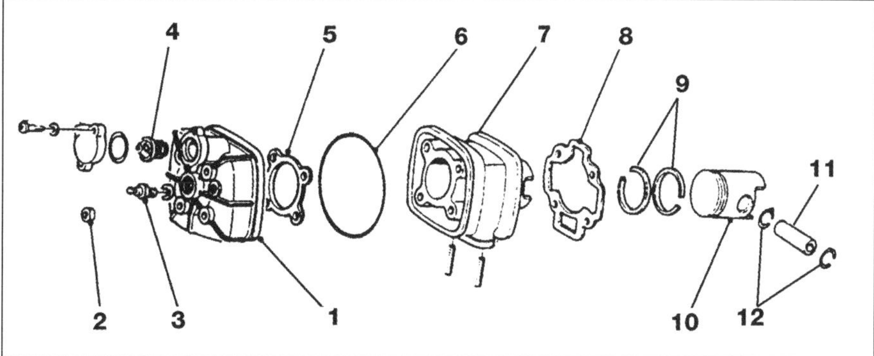

7.11a Zylinderkopf- und Zylinder-Komponenten – 50 cm³-Motoren

1 Zylinderkopf
2 Zylinderkopf-Mutter – 4 Stück
3 Temperatur-Geber
4 Thermostat
5 Zylinderkopfdichtung
6 O-Ring
7 Zylinder
8 Zylinderfußdichtung
9 Kolbenringe
10 Kolben
11 Kolbenbolzen
12 Sicherungsringe

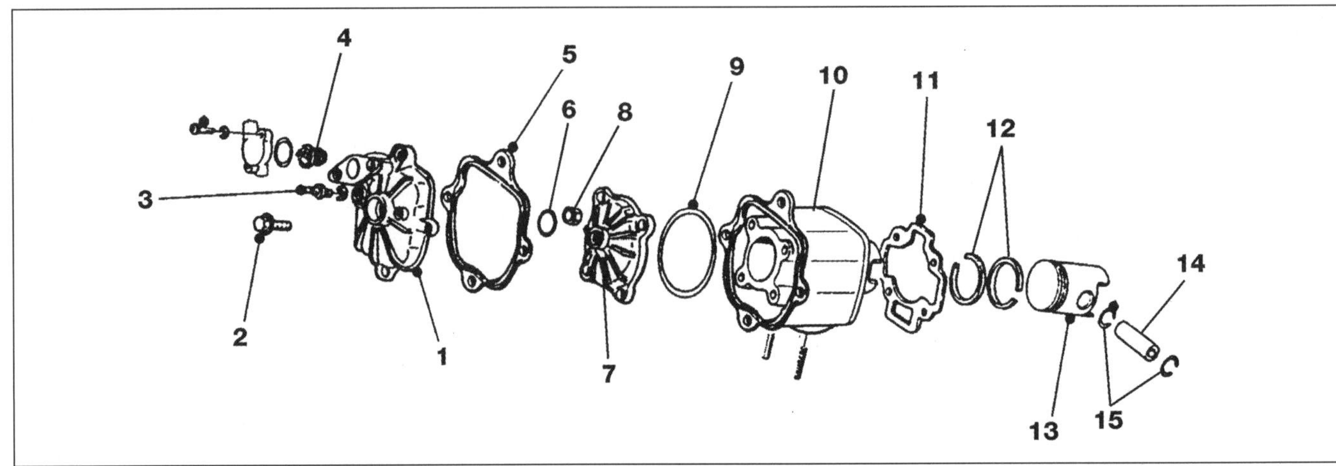

7.11b Zylinderkopf- und Zylinder-Komponenten – 50 cm³-Motoren

1 Zylinderkopf-Deckel
2 Deckelschrauben – 4 Stück
3 Temperatur-Geber
4 Thermostat
5 Deckeldichtung
6 O-Ring
7 Zylinderkopf
8 Zylinderkopfmuter – 4 Stück
9 O-Ring
10 Zylinder
11 Zylinderfußdichtung
12 Kolbenringe
13 Kolben
14 Kolbenbolzen
15 Sicherungsringe

Sie sie handfest an (siehe Abbildung 7.4a oder b), dann werden sie schrittweise und über Kreuz bis zum vorgeschriebenen Drehmoment angezogen.

13 Kontrollieren Sie bei Hexagon-Modellen die Dichtung der Zylinderkopfabdeckung, und benutzen Sie nötigenfalls eine neue (siehe Abbildung). Legen Sie einen neuen O-Ring um den Zündkerzensitz (siehe Abbildung 7.3b).

14 Montieren Sie die verbliebenen Komponenten entgegengesetzt der Ausbaureihenfolge – beachten Sie dabei die entsprechenden Sektionen und Kapitel.

15 Füllen Sie das Kühlsystem auf (Kapitel 1).

8 Zylinder – Ausbau, Kontrolle und Einbau

Anmerkung: *Der Zylinder kann demontiert werden, während der Motor im Rahmen sitzt.*

Ausbau

1 Demontieren Sie die Auspuffanlage (siehe Kapitel 4) und den Zylinderkopf (Sektion 7).

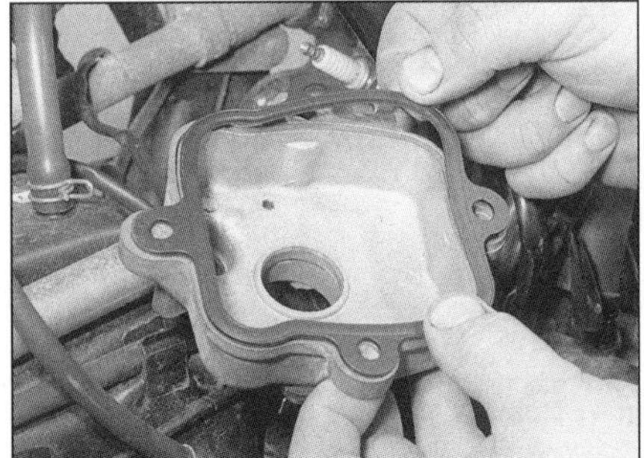

7.13 Eine schadhafte Deckeldichtung muss ersetzt werden

Ausbau, Kontrolle und Einbau des Zylinders entsprechen im Wesentlichen den Arbeiten bei luftgekühlten Motoren – beachten Sie dazu Kapitel 2A, Sektion 8.

2 Die Stärken der Zylinderfußdichtungen für wassergekühlte 50 cm³-Motoren müssen genauso berechnet werden wie die der 125er Modelle (siehe Schritt 4). Alle Zylinder und Kolben sind wie bei den luftgekühlten Motoren mit Größenmarkierungen versehen.

3 Manche wassergekühlte 125 cm³-Zylinder sind mit Stahlbuchsen ausgerüstet, die aufgebohrt werden können, andere sind mit Nikasil beschichtet und können nicht aufgebohrt werden. Angaben für mögliche Übermaß-Zylinder und Kolben finden sich in den technischen Daten dieses Kapitels. Um den Verschleiß beschichteter Zylinder und ihrer Kolben zu ermitteln, sind die Messergebnisse mit den Angaben für Standard-Zylinder und -Kolben zu vergleichen.

4 Für den korrekten Einbau des Zylinders sind verschiedene Fußdichtungen erhältlich. Für Zip SP/RS- und NRG-Modelle gibt es Dichtungen mit den Stärken 0,4 mm (nur frühere Modelle), 0,5 und 0,75 mm – für Hexagon-Modelle sind sieben verschiedene Stärken (0,2, 0,3, 0,4, 0,5, 0,6, 0,7 und 0,8 mm) erhältlich. Montieren Sie für das Ermitteln der korrekten Stärke den Zylinder wie unten beschrieben – aber ohne die Zylinderfußdichtung –, und messen Sie den Abstand wie in Kapitel 2A beschrieben mit einer auf einer geeigneten Vorrichtung montierten Messuhr. Bei Zip SP/RS- und NRG-Modellen werden für die Bestimmung der Dichtungsstärke die Angaben in den technischen Daten benötigt. Bei Hexagon-Modellen müssen vom Messergebnis 2,79 mm abgezogen werden, um die Stärke der benötigten Dichtung zu erhalten.

9 Kolben – Ausbau, Kontrolle und Einbau

Anmerkung: *Der Kolben kann ausgebaut werden, während sich der Motor im Rahmen befindet.*

1 Ausbau, Kontrolle und Einbau des Kolbens entsprechen den Arbeiten bei luftgekühlten Motoren – beachten Sie dazu Kapitel 2A, Sektion 9.

10 Kolbenringe – Kontrolle und Einbau

1 Kontrolle und Einbau der Kolbenringe entsprechen den Arbeiten bei luftgekühlten Motoren – beachten Sie dazu Kapitel 2A, Sektion 10.

11 Lichtmaschinenrotor und Stator Ausbau und Einbau

Anmerkung: *Die Lichtmaschine kann bei im Rahmen sitzendem Motor demontiert werden.*

1 Entfernen Sie ggf. das Sekundärluftsystem vom Lichtmaschinendeckel (siehe Kapitel 1, Sektion 21). Lösen Sie die Schrauben des Deckels, und entfernen Sie diesen unter Beachtung seiner Lage.

2 Ausbau, Kontrolle und Einbau der Lichtmaschine entsprechen den Arbeiten bei luftgekühlten Motoren (nur sitzt hier kein Kühlventilator am Rotor) – beachten Sie dazu Kapitel 2A, Sektion 12.

12 Anlasserfreilauf
Ausbau, Kontrolle und Einbau

Anmerkung: *Der Anlasserfreilauf kann bei im Rahmen sitzendem Motor demontiert werden.*

1 Ausbau, Kontrolle und Einbau des Anlasserfreilaufs entsprechen den Arbeiten bei luftgekühlten Motoren – beachten Sie dazu Kapitel 2A, Sektion 13.

13 Ölpumpe und Riemen
Ausbau, Kontrolle, Einbau und Entlüften

1 Ausbau, Kontrolle, Einbau und Entlüften der Ölpumpe entsprechen den Arbeiten bei luftgekühlten Motoren – beachten Sie dazu Kapitel 2A, Sektion 14.

14 Motorgehäusehälften, Kurbelwelle, Pleuel und Lager

Anmerkung: *Zum Trennen des Motorgehäuses muss die Antriebseinheit aus dem Fahrzeug gebaut werden.*

Trennen

1 Um Zugang zur Kurbelwelle und den Hauptlagern zu erhalten, muss das Antriebsgehäuse getrennt werden.

2 Um das Antriebsgehäuse trennen zu können, muss es aus dem Fahrzeug gebaut werden (siehe Sektion 5). Vor dem Trennen sind folgende Baugruppen zu demontieren:

a) Zylinderkopf (Sektion 7)
b) Zylinder (Sektion 8)
c) Lichtmaschinenrotor und Stator (Sektion 12)
d) Sekundärluftventil (Kapitel 4)
e) Anlasser (Kapitel 9)
f) Ölpumpe und Antriebsriemen (Sektion 14)

3 Das Trennen und Verbinden der Gehäusehälften sowie Ausbau, Kontrolle und Einbau der Kurbelwelle samt Pleuelstange entsprechen den Arbeiten bei luftgekühlten Motoren, nur sitzt bei wassergekühlten Motoren das Wasserpumpenrad innerhalb der linken Gehäusehälfte – beachten Sie dazu Kapitel 2A, Sektion 15. Entfernen Sie das Pumpenrad von der Kurbelwelle, nachdem die Gehäusehälften getrennt wurden – beachten Sie seine Einbaulage.

Zusammenbau

4 Vergessen Sie beim Montieren der Gehäusehälften nicht, das Wasserpumpenrad auf die Kurbelwelle zu setzen (siehe Kapitel 3).

15 Erstinbetriebnahme nach Motorüberholung

1 Der Öltank muss mindestens teilweise mit Zweitaktöl gefüllt sein, die Ölpumpe korrekt eingestellt (siehe Kapitel 1) und entlüftet sein (siehe Sektion 13).

2 Füllen Sie den Kühlmittel-Ausgleichsbehälter mit dem vorgeschriebenen Kühlmittel (siehe Kapitel 1).

3 Im Kraftstofftank muss sich Benzin befinden.

4 Bei ausgeschalteter Zündung wird mehrmals der Kickstarter betätigt, um sicherzustellen, dass sich der Motor leicht durchdrehen lässt.

5 Schalten Sie die Zündung ein, starten Sie den Motor, und lassen Sie ihn bei Standgas Betriebstemperatur erreichen. Übermäßiger Rauch aus dem Auspuff ist normal, da das beim Montieren eingesetzte Öl verbrennt. Dies muss sich mit der Zeit geben.

6 Will der Motor nicht anspringen, muss die Zündkerze ausgeschraubt und untersucht werden, ob sie verölt ist. Nach dem Reinigen wird der Startversuch wiederholt. Springt der Motor immer noch nicht an, muss anhand der Fehlersuch-Tabellen am Ende dieses Buches das Problem gefunden und beseitigt werden.

7 Nachdem der Motor abgekühlt ist, wird der Kühlmittelpegel kontrolliert und das Kühlsystem entlüftet, wie in Kapitel 1, Sektion 10 beschrieben.

16 Empfohlene Einfahrhinweise

1 Auf den ersten Kilometern muss der Motor äußerst vorsichtig behandelt werden, da sich neue Komponenten erst »setzen« müssen.

2 Wurde der Zylinder aufgebohrt und/oder die Kurbelwelle erneuert, ist das Fahrzeug wie eine Neumaschine zu behandeln. Die ersten 1000 km sollte also nur mit vorsichtiger Gashand gefahren werden, sodass der Motor nicht unter Volllast arbeiten muss. Beim Einfahren empfehlen sich wechselnde Drehzahlen und nur 80% der Höchstgeschwindigkeit. Wer seinen Roller kennt und ihn sensibel behandelt, merkt, wann der Motor frei läuft und wieder mit Vollgas betrieben werden kann.

Notizen

Kapitel 2C
Luftgekühlte 125 cm³-Viertaktmotoren (Sfera 125, Liberty 125, Vespa ET4 125)

Details zur Modell-Identifikation finden sich am Anfang von Kapitel 1

Inhalt

Schwierigkeitsgrade

Leicht. Für Anfänger mit wenig Erfahrung geeignet 

Relativ leicht. Für Anfänger mit etwas Erfahrung geeignet 

Relativ schwierig. Geeignet für geübte Selbstschrauber 

Schwer. Geeignet für Selbstschrauber mit viel Erfahrung 

Sehr schwer. Geeignet nur für Experten und Profis 

Technische Daten

Allgemein

Typ	Einzylinder-Viertaktmotor
Hubraum	124 cm³
Bohrung	57,0 mm
Hub	48,6 mm
Verdichtungsverhältnis	10,6 zu 1

Ventile, Führungen und Federn

Ventilspiel	siehe Kapitel 1
Einlassventil	
Schaftdurchmesser	
Standard	4,987 bis 4,972 mm
Verschleißgrenze (min.)	4,96 mm
Führungs-Innendurchmesser	
Standard	5,000 bis 5,012 mm
Verschleißgrenze (max.)	5,022 mm
Sitbreite	1,8 mm
Auslassventil	
Schaftdurchmesser	
Standard	4,975 bis 4,960 mm
Verschleißgrenze (min.)	4,96 mm
Führungs-Innendurchmesser	
Standard	5,000 bis 5,012 mm
Verschleißgrenze (max.)	5,022 mm
Sitzbreite	1,8 mm
Ventilfedern – freie Länge (Einlass und Auslass)	
Standard	29,9 mm
Verschleißgrenze (min.)	29,5 mm

Zylinderkopf

Verzug (max.) . . . . . . 0,05 mm

Zylinderbohrung

Standard
- Größenmarkierung A . . . . . . 56,990 bis 56,995 mm
- Größenmarkierung B . . . . . . 56,995 bis 57,000 mm
- Größenmarkierung C . . . . . . 57,000 bis 57,005 mm
- Größenmarkierung D . . . . . . 57,005 bis 57,010 mm
- Größenmarkierung E . . . . . . 57,010 bis 57,015 mm

1. Übermaß . . . . . . 56,190 bis 57,215 mm
2. Übermaß . . . . . . 57,390 bis 57,415 mm
3. Übermaß . . . . . . 57,590 bis 57,615 mm

Verschleißgrenze (alle Größen) . . . . . . 0,030 mm mehr als nomineller Durchmesser

Kolben

Kolbendurchmesser (gemessen 25 mm unterhalb der Ölring-Nut und 90° zum Kolbenbolzen)
- Standard
  - Größenmarkierung A . . . . . . 56,935 bis 56,939 mm
  - Größenmarkierung B . . . . . . 56,940 bis 56,944 mm
  - Größenmarkierung C . . . . . . 56,945 bis 56,949 mm
  - Größenmarkierung D . . . . . . 56,950 bis 56,954 mm
  - Größenmarkierung E . . . . . . 56,955 bis 56,959 mm
- 1. Übermaß . . . . . . 57,135 bis 57,159 mm
- 2. Übermaß . . . . . . 57,335 bis 57,359 mm
- 3. Übermaß . . . . . . 57,535 bis 57,559 mm

Kolbenspiel in (neuem) Zylinder . . . . . . 0,0505 bis 0,0606 mm

Kolbenbolzen-Durchmesser
- Größe A . . . . . . 14,000 bis 14,002 mm
- Größe B . . . . . . 13,998 bis 14,000 mm
- Verschleißgrenze (min.) . . . . . . 13,995 mm

Kolbenbolzenbohrung in Kolben (max.) . . . . . . 14,015 mm

Kolbenbolzen-Spiel in Kolben (max.) . . . . . . 0,02 mm

Kolbenringe

Stoßspiel (eingebaut)
- Oberer Ring
  - Standard . . . . . . 0,15 bis 0,30 mm
  - Verschleißgrenze (max.) . . . . . . 0,50 mm
- 2. Ring
  - Standard . . . . . . 0,10 bis 0,25 mm
  - Verschleißgrenze (max.) . . . . . . 0,40 mm
- Ölring
  - Standard . . . . . . 0,15 bis 0,30 mm
  - Verschleißgrenze (max.) . . . . . . 0,50 mm

Ringspiel in Nut (max.) . . . . . . 0,08 mm

Schmiersystem

Ölpumpe
- Spiel Innenrotor-Spitze zu Außenrotor (max.) . . . . . . 0,12 mm
- Spiel Außenrotor zu Gehäuse (max.) . . . . . . 0,20 mm
- Rotor-Axialspiel (max.) . . . . . . 0,09 mm

Überdruckventil – freie Federlänge (min.) . . . . . . 14,0 mm

Pleuelstange

Innendurchmesser oberes Pleuelauge
- Größe I . . . . . . 14,0085 bis 14,0120 mm
- Größe II . . . . . . 14,0050 bis 14,0085 mm
- Verschleißgrenze (max.) . . . . . . 14,020 mm

Pleuelfuß-Axialspiel
- Standard . . . . . . 0,14 bis 0,41 mm
- Verschleißgrenze (max.) . . . . . . 0,50 mm

Pleuelfuß-Radialspiel
- Standard . . . . . . 0,015 bis 0,025 mm
- Verschleißgrenze (max.) . . . . . . 0,35 mm

Kurbelwelle und Lager

Verzug (max.) . . . . . . 0,06 mm

Anzugsdrehmomente

Ventildeckelschrauben	12 Nm
Nockenwellenlager/Zylinderkopf-Muttern	29 Nm
Zylinderkopf-Schraube zu Zylinderblock	13 Nm
Ölkühler-Befestigungen	8 Nm
Ölkühler-Rohranschlüsse	13 Nm
Steuerkettenspanner-Verschluss	10 Nm
Steuerketten-Spannerschienen-Schraube	9 Nm
Nockenwellenritzel-Schraube	13 Nm
Kipphebelwellen-Anschlagschraube	6 Nm
Ölpumpen-Befestigungsschrauben	5,5 Nm
Ölpumpenrad-Schraube	13 Nm
Ölwannenschrauben	12 Nm
Lichtmaschinenrotor-Mutter	40 bis 44 Nm
Motorgehäuseschrauben	11 bis 13 Nm

1 Allgemeine Informationen

Diese Modelle sind mit Einzylinder-OHC-Viertaktmotoren ausgerüstet, die per Gebläse gekühlt werden. Der Ventilator sitzt auf dem Lichtmaschinenrotor, der rechts auf die Kurbelwelle montiert ist. Die oben liegende Nockenwelle wird auf der linken Seite von einer Kette angetrieben und steuert zwei Ventile über Kipphebel. Die Kurbelwelle ist mit dem Hubzapfen verpresst, auf dem das Pleuel läuft. Das Motorgehäuse ist vertikal geteilt.

2 Arbeiten, die bei eingebautem Motor möglich sind

Außer der Kurbelwelle samt Pleuel und Lagern können alle Bauteile des Motor ohne dessen Ausbau erreicht werden. Wenn allerdings an mehreren Komponenten gearbeitet werden soll, empfiehlt sich der Ausbau des Motors aus dem Fahrzeug, da dies den Zugang erleichtert.

3 Arbeiten, die den Ausbau des Motors erfordern

Um an die Kurbelwelle, das Pleuel sowie das Pleuelfußlager und die Hauptlager zu gelangen, muss der Motor ausgebaut und getrennt werden.

4 Motorüberholung
Allgemeine Bemerkungen

1 Es ist nicht immer leicht zu bestimmen, ob oder wann ein Motor komplett überholt werden sollte, da eine Anzahl von Faktoren berücksichtigt werden muss.

2 Eine hohe Laufleistung bedeutet nicht notwendigerweise, dass eine Motorüberholung nötig ist – genauso garantieren wenige Kilometer nicht für einen gut erhaltenen Motor. Regelmäßige Wartung ist das Wichtigste, was Sie Ihrem Motor antun können. Ein Motor, dessen Öl und Ölfilter regelmäßig gewechselt und dessen Einstellungen vorschriftsmäßig kontrolliert worden sind, wird Ihnen lange Zeit und viele Kilometer Freude bereiten, wogegen mangelnde Wartung und schlechtes Einfahren das schnelle Ende der besten Maschine bedeuten.

3 Auspuffqualm und starker Ölverbrauch (der sich nicht durch Ölflecken am Boden bemerkbar macht) weisen darauf hin, dass Kolbenringe und/oder Ventilschaftdichtungen verschlissen sind.

4 Gibt der Motor klopfende oder rumpelnde Geräusche von sich, sind wahrscheinlich die Pleuelfuß- und/oder Hauptlager defekt.

5 Mangelnde Leistung, rauer Lauf, extreme Geräusche und hoher Benzinverbrauch weisen auf eine notwendige Überholung hin – besonders wenn alle Symptome zur gleichen Zeit auftreten. Wenn eine Motorinspektion keine Fortschritte bringt, wird eine große Überholung die einzige Lösung sein.

6 Eine Motorüberholung beinhaltet eine Rückführung der inneren Komponenten in den Neuzustand. Kolbenringe und Haupt- und Pleuellager werden ebenso ersetzt wie Zylinderbohrungen gehont oder gegebenenfalls nachgebohrt. Die Ventilsitze werden eingeschliffen und neue Ventilfedern montiert. Ist das Pleuelfußlager schadhaft, muss eine neue Kurbelwelle installiert werden. Das Endresultat sollte wie ein neuer Motor viele pannenfreie Kilometer gewährleisten.

7 Bevor Sie mit der Motorüberholung beginnen, sollten Sie die relevanten Kapitel durchlesen und sich mit dem gesamten Umfeld und den Erfordernissen der Arbeit vertraut machen. Die Überholung des Motors ist nicht das ganze Problem – man braucht auch Zeit dafür. Planen Sie für eine komplette Motorüberholung mindestens zwei Wochen ein. Prüfen Sie die Verfügbarkeit von Ersatzteilen, und besorgen Sie sich jegliches notwendige Spezialwerkzeug und andere Geräte.

8 Viel Arbeit kann mit üblichem Werkzeug erledigt werden, doch werden auch eine Reihe von Präzisions-Messinstrumenten benötigt, um den Zustand von Bauteilen zu begutachten. Oftmals kann ein Händler den Zustand von Ersatzteilen begutachten und entscheiden, ob es noch brauchbar, reparierbar oder zu ersetzen ist. Allgemein ist zu sagen, dass Zeit ein wichtiger Kostenfaktor ist, sodass es sich nicht lohnt, verschlissene oder angegriffene Teile wieder einzubauen.

9 Schließlich muss alles sorgfältig und in sauberer Umgebung zusammengebaut werden, um ein langes und fehlerfreies neues Motorleben zu garantieren.

5 Motor/Antriebseinheit
Ausbau und Einbau

Achtung: Die Antriebseinheit ist nicht sehr schwer, sollte jedoch trotzdem mithilfe eines Assistenten aus- und eingebaut werden. Ein herunterfallender Motor kann zu Verletzungen und Schäden führen.

Ausbau

1 Die Ausbau-Prozedur ist die gleiche wie bei den luftgekühlten Zweitaktmodellen (siehe Kapitel 2A), nur muss nötigenfalls zuvor das Motoröl abgelassen werden (siehe Kapitel 1). **Anmerkung:** *Bei Viertaktmotoren gibt es keine externe Ölpumpe oder Ölzufuhr.*

2 Wechseln Sie nach Kapitel 2A, Sektion 5, um den Motor auszubauen.

Einbau

3 Der Einbau entspricht der umgekehrten Ausbaureihenfolge, wie in Kapitel 2A beschrieben. Wurde das Motoröl abgelassen oder ging bei der Arbeit verloren, muss der Motor entsprechend aufgefüllt werden (siehe technische Daten in Kapitel 1). Der Ölpegel ist wie in den täglichen Kontrollen beschrieben zu kontrollieren.

6 Zerlegen und Montage
Allgemeine Informationen

Zerlegen

1 Vor dem Zerlegen des Motors muss dieser ordentlich gereinigt und äußerlich entfettet werden. Hiermit wird einer Verschmutzung der Motorinnereien vorgebeugt und außerdem ein leichteres und sauberes Arbeiten ermöglicht. Mit einem schwer entflammbaren Lösungsmittel (Petoleum oder Kerosin) oder besser noch einem spezielles Maschinen-Entfettungsmittel und alten Pinseln oder Zahnbürsten werden die verschiedenen Ecken und Winkel gereinigt. Passen Sie auf, dass kein Lösungsmittel oder Wasser an elektrische Teile oder in die Ein- und Auslasskanäle gerät.

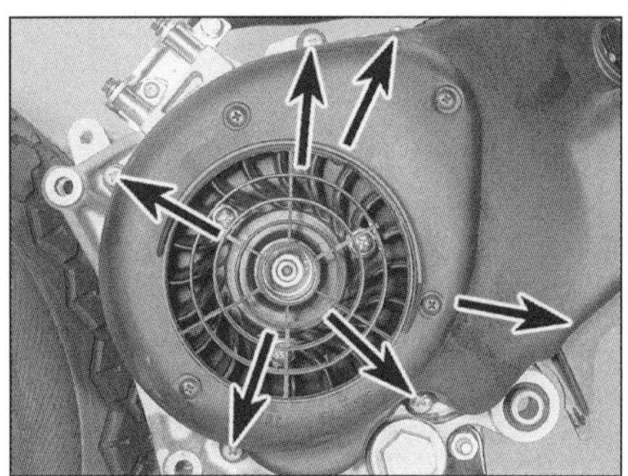

7.2 Lösen Sie die Schrauben des Lichtmaschinendeckels, . . .

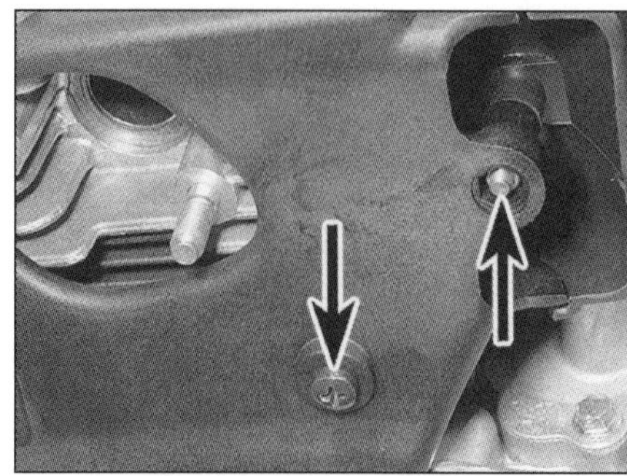

7.3 . . . und der unteren Motorabdeckung.

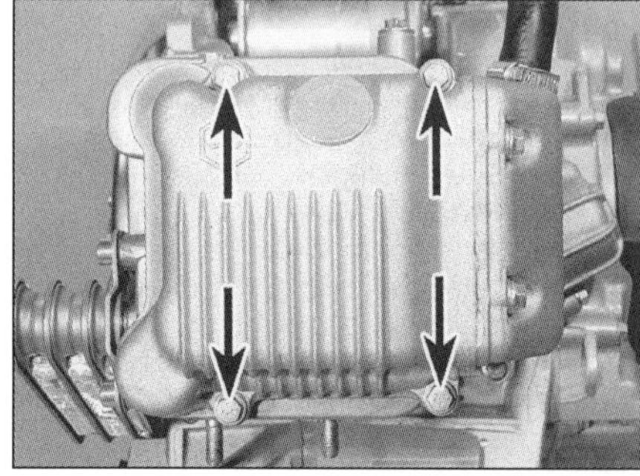

7.4 Der Ventildeckel ist mit vier Schrauben gesichert.

⚠ ***Warnung: Aufgrund des hohen Entzündungs- und Gesundheitsrisikos sollte aufdie Verwendung von Benzin als Reinigungsmittel verzichtet werden.***

2 Nach der Reinigung wird der Motor auf die Werkbank gehoben, auf der genügend sauberer Platz zum Arbeiten ist. Halten Sie eine Ansammlung von Behältern und Plastiktüten bereit, damit zusammengehörige Einzelteile in übersichtlichen Gruppen gelagert werden können. Papier und Stift sollten für Notizen und Markierungen ebenso vorhanden sein wie ein Vorrat an sauberen, saugfähigen Lappen.

3 Vor Beginn der Arbeit sollte man sich die entsprechenden Sektionen vollständig durchlesen, um eine genaue Vorstellung von den auszuführenden Tätigkeiten zu erhalten. Bei der Zerlegung der verschiedenen Motorkomponenten ist zu beachten, dass große Kraftanstrengung kaum nötig ist, außer dies ist extra erwähnt (das Überprüfen des vorgeschriebenen Anzugsdrehmoments einer bestimmten Schraube zeigt an, wie fest sie sitzt und wie viel Kraft zum Lösen gebraucht wird). In vielen Fällen, in denen sich Teile hartnäckig weigern, auseinander zu gehen, liegt ein unkorrekter Versuch der Demontage vor. Bei jedem Zweifel sollte im Text nachgelesen werden.

4 Beim Zerlegen des Motors müssen »Paare«, die im Motor zusammenarbeiten, zusammengepackt werden. Diese »Paare« dürfen nur als Satz erneuert oder wiederverwendet werden.

5 Die Zerlegung der Motor/Getriebe-Einheit sollte nach den folgenden generellen Regeln und unter Berücksichtigung der entsprechenden Sektionen (Details für den Antrieb finden sich in Kapitel 2G) vorgenommen werden:

Entfernen Sie den Ventildeckel.
Entfernen Sie Nockenwelle und Kipphebel.
Entfernen Sie den Zylinderkopf.
Entfernen Sie den Zylinder.
Entfernen Sie den Kolben.
Entfernen Sie die Lichtmaschine.
Entfernen Sie die Riemenautomatik (Kapitel 2G).
Entfernen Sie den Anlassermotor (Kapitel 9).
Entfernen Sie den Ölwannendeckel.
Entfernen Sie die Ölpumpe.
Trennen Sie die Motorgehäusehälften.
Entfernen Sie die Kurbelwelle.

Zusammenbau

6 Der Zusammenbau des Motors erfolgt in der umgekehrten Zerlegungsreihenfolge.

7 Ventildeckel
Ausbau und Einbau

Anmerkung: *Der Ventildeckel kann demontiert werden, während sich der Motor im Rahmen befindet. Ist der Motor ausgebaut, müssen nicht zutreffende Schritte ignoriert werden.*

Ausbau

1 Entfernen Sie alle nötigen Verkleidungsteile, um an den Motor zu gelangen (Kapitel 7).

2 Ziehen Sie den Kerzenstecker ab. Lösen Sie die Schrauben des Lichtmaschinendeckels, und entfernen Sie diesen (siehe Abbildung).

3 Lösen Sie die Schrauben der unteren Motorabdeckung, und entfernen Sie diese (siehe Abbildung).

4 Lösen Sie die vier Schrauben des Ventildeckels, und heben Sie diesen vom Zylinderkopf (siehe Abbildung) – wenn er klemmt, muss er vorsichtig mit einem weichen Hammer abgeklopft werden. Der Versuch, ihn mit einem Schraubendreher abzuhebeln, würde zu beschädigten Dichtflächen führen. Die Ventildeckeldichtung muss beim Einbau durch ein Neuteil ersetzt werden.

Einbau

5 Reinigen Sie die Dichtflächen des Zylinderkopfes und des Ventildeckels mit Verdünnung, Azeton oder Bremsenreiniger.

6 Legen Sie die neue Dichtung in die Nut des Ventildeckels (siehe Abbildung).

7 Achten Sie beim Aufsetzen des Ventildeckels darauf, dass die Dichtung in der Nut verbleibt (siehe Abbildung). Installieren Sie die Ventildeckelschrauben mit ihren Scheiben, und ziehen Sie sie schrittweise und über Kreuz bis zum Drehmoment von 12 Nm an.

8 Installieren Sie die verbliebenen Teile in der umgekehrten Ausbaureihenfolge.

8 Ölkühler und Leitungen
Ausbau und Einbau

Anmerkung: *Der Ölkühler kann demontiert werden, während sich der Motor im Rahmen befindet. Ist der Motor ausgebaut, müssen nicht zutreffende Schritte ignoriert werden.*

Ausbau

1 Entfernen Sie alle nötigen Verkleidungsteile, um an den Motor zu gelangen (Kapitel 7).

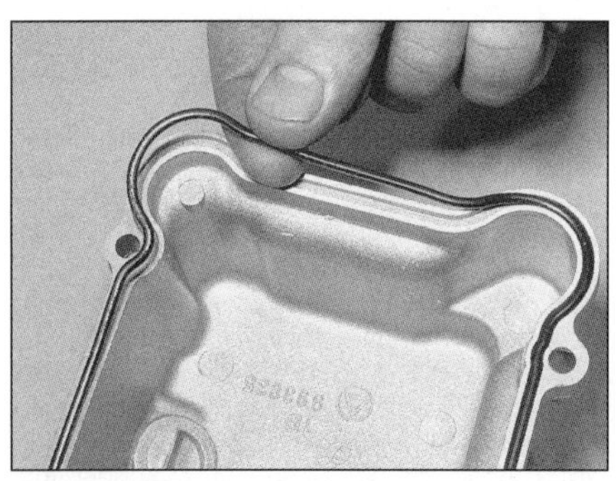

7.6 Legen Sie eine neue Dichtung in die Deckelnut, . . .

7.7 . . . und installieren Sie den Deckel.

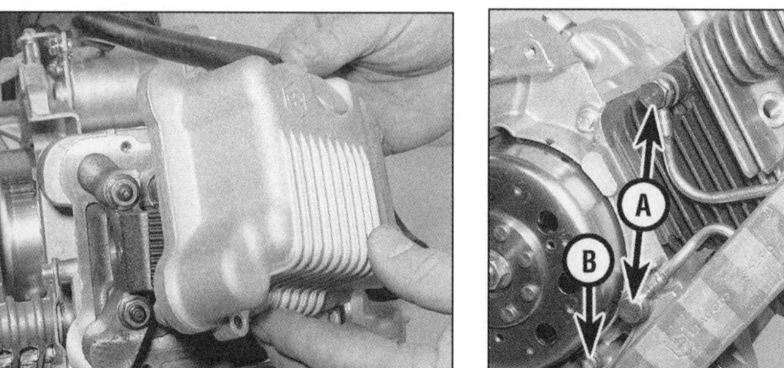

8.4 Ölleitungs-Anschlussschrauben (A) und Ölkühler-Befestigungsschrauben (B)

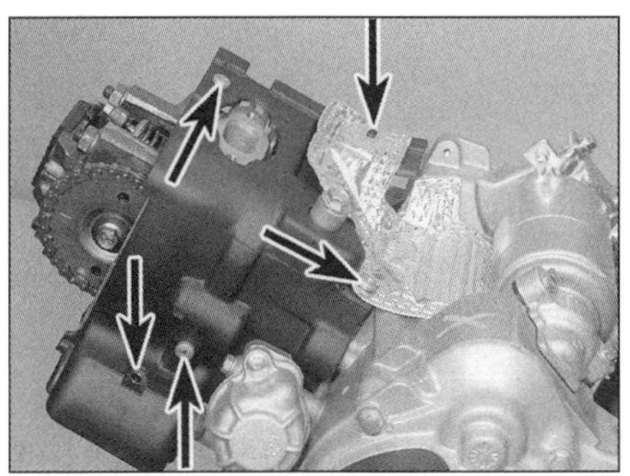

9.3a Lösen Sie die Schrauben, . . .

2 Lassen Sie das Motoröl ab (siehe Kapitel 1).

3 Lösen Sie die Schrauben des Lichtmaschinendeckels, und entfernen Sie diesen (siehe Abbildung 7.2).

4 Lösen Sie die zwei Ölleitungs-Anschlussschrauben am Zylinder und Motorgehäuse (siehe Abbildung). Lösen Sie jetzt die drei Ölkühlerschrauben – beachten Sie die Positionen der Scheiben –, und nehmen Sie den Kühler samt Leitungen ab. Lösen Sie nötigenfalls die Ölleitungs-Anschlussschrauben am Ölkühler, und trennen Sie die Leitungen. Die Dichtscheiben aller entfernten Anschlussschrauben müssen durch Neuteile ersetzt werden.

Einbau

5 Der Einbau entspricht der umgekehrten Ausbaureihenfolge – Folgendes ist zu beachten:

a) *Die Scheiben der Ölkühlerhalterung sind zu kontrollieren und ggf. zu ersetzen.*

b) *Die Dichtungen aller entfernten Anschlussschrauben sind durch Neuteile zu ersetzen.*

c) *Die Befestigungs- und Anschlussschrauben sind mit den am Anfang des Kapitels angegebenen Drehmomenten anzuziehen.*

d) *Der Motor muss mit Motoröl befüllt werden (siehe Tägliche Kontrollen).*

9 Steuerkettenspanner
Ausbau, Kontrolle, Einbau

Anmerkung: *Der Steuerkettenspanner kann bei eingebautem Motor demontiert werden.*

Ausbau

1 Entfernen Sie alle nötigen Verkleidungsteile, um an den Motor zu gelangen (Kapitel 7).

2 Demontieren Sie den Vergaser und den Ansaugstutzen (siehe Kapitel 4).

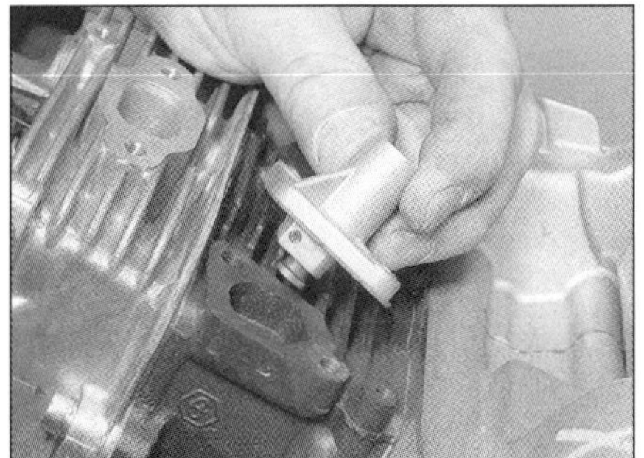

9.12 Installieren Sie den Steuerkettenspanner, . . .

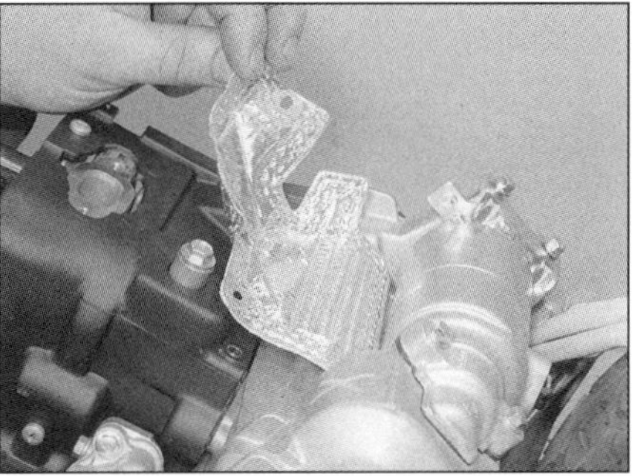

9.3b . . . heben Sie den Hitzeschild ab, . . .

3 Lösen Sie die Schrauben, die die untere Motorabdeckung an der oberen sichern (siehe Abbildung 7.3) und anschließend die Schrauben, welche die obere Abdeckung am Motor und Lichtmaschinendeckel sichern. Heben Sie dann den Hitzeschild ab, und entfernen Sie die obere Abdeckung (siehe Abbildungen).

4 Lösen Sie die zwei Schrauben des Steuerkettenspanners, und ziehen Sie diesen aus dem Zylinder (siehe Abbildung).

5 Entfernen Sie die Dichtung vom Spanner oder Zylinder – sie muss später erneuert werden.

Kontrolle

6 Lösen Sie die Verschlussschraube, und ziehen Sie die Feder aus dem Gehäuse (siehe Abbildung 9.4).

7 Begutachten Sie die Kettenspanner-Bauteile auf Verschleiß und Beschädigungen.

8 Lösen Sie den Ratschenmechanismus vom Spannerkolben, und prüfen Sie, ob dieser sich frei im Gehäuse bewegen lässt (siehe Abbildung 9.11).

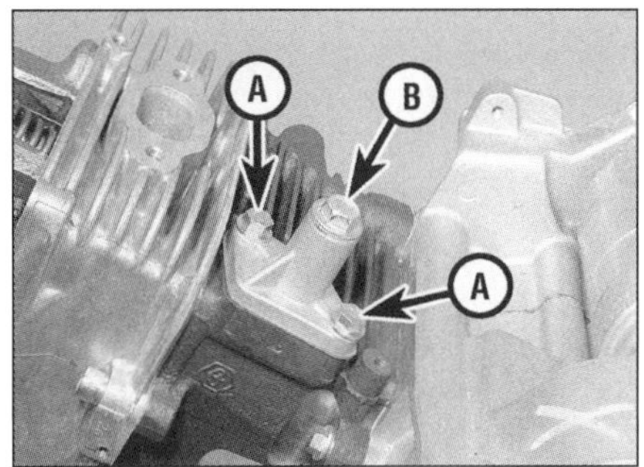

9.4 Befestigungs- (A) und Verschlussschraube (B) des Steuerkettenspanners

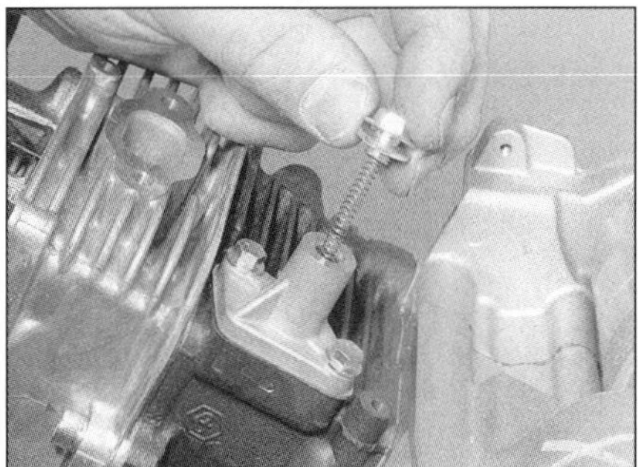

9.13a . . . legen Sie die Feder ein, drehen Sie die Verschlussschraube auf, . . .

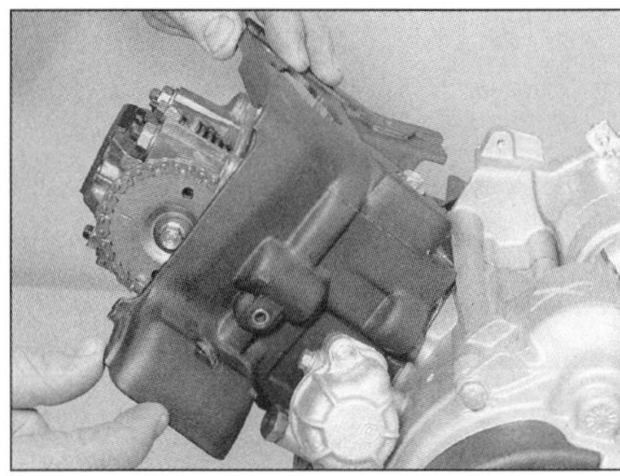

9.3c . . . und entfernen Sie den Deckel.

9 Wenn Teile des Steuerkettenspanners schadhaft sind, oder sich der Kolben nicht frei bewegen kann, muss die gesamte Baugruppe ersetzt werden – Einzelteile sind nicht erhältlich.

Einbau

10 Entfernen Sie den Kühlventilator (siehe Sektion18). Drehen Sie die Kurbelwelle an der Mutter des Lichtmaschinenrotors im Uhrzeigersinn. Hierdurch wird der vordere Trum der Steuerkette gespannt und der Kettendurchhang zum hinteren Trum verlagert, wo er vom Kettenspanner aufgenommen wird.

11 Lösen Sie den Ratschenmechanismus, und drücken Sie den Spannerkolben vollständig in das Gehäuse (siehe Abbildung).

12 Rüsten Sie den Kettenspanner mit einer neuen Dichtung aus, installieren Sie ihn an den Zylinder, und ziehen Sie die Schrauben an (siehe Abbildung).

13 Rüsten Sie die Verschlussschraube mit einer neuen Dichtung aus, stecken Sie die Feder in das Gehäuse und ziehen Sie die Schraube mit 10 Nm an (siehe Abbildungen).

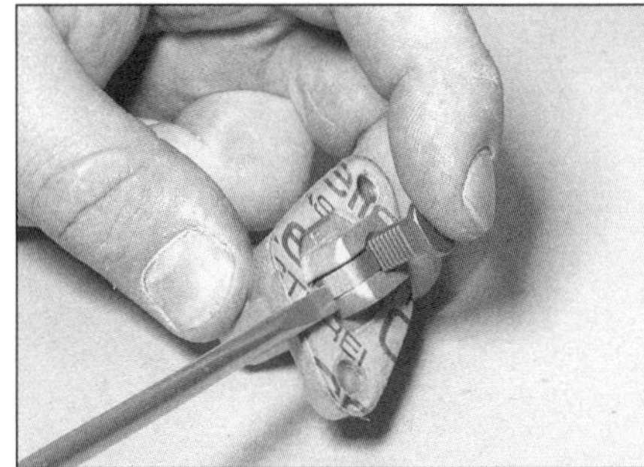

9.11 Lösen Sie die Ratsche, und drücken Sie den Kolben vollständig ein.

9.13b . . . und ziehen Sie diese mit 10 Nm an.

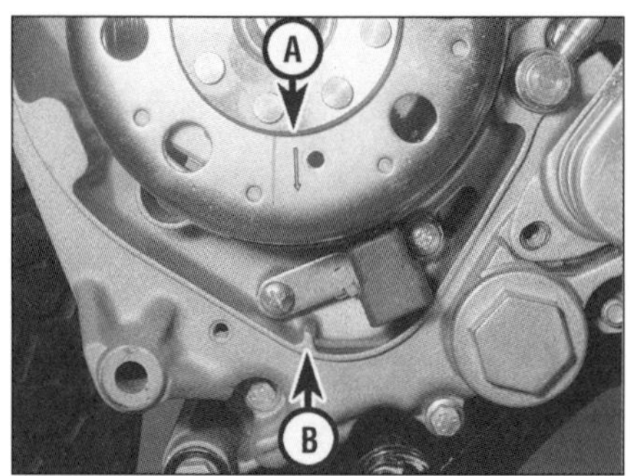

10.3a Drehen Sie den Rotor, bis der Pfeil (A) mit der Markierung (B) fluchtet, . . .

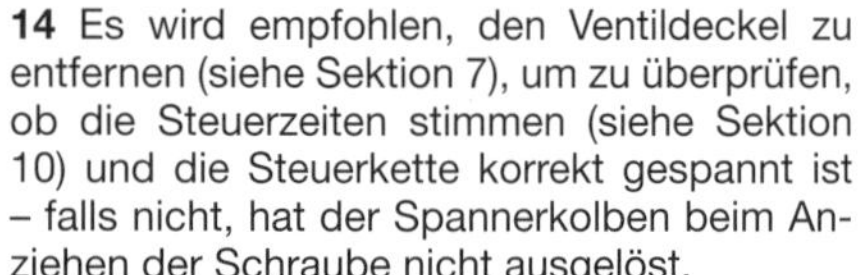

14 Es wird empfohlen, den Ventildeckel zu entfernen (siehe Sektion 7), um zu überprüfen, ob die Steuerzeiten stimmen (siehe Sektion 10) und die Steuerkette korrekt gespannt ist – falls nicht, hat der Spannerkolben beim Anziehen der Schraube nicht ausgelöst.

15 Montieren Sie den Kühlventilator (Sektion 18), die Motordeckel und den Vergaser samt Ansaugstutzen (siehe Kapitel 4).

10 Steuerkette, Schienen und Ritzel – Ausbau, Kontrolle und Einbau

Anmerkung: *Steuerkette und Ritzel können bei eingebautem Motor demontiert werden.*

Ausbau

1 Entfernen Sie den Ventildeckel (Sektion 7).

2 Wenn die Steuerkette oder Spannerschiene entfernt werden sollen, müssen das Ölpumpenritzel, die Ölpumpenkette und ihr Antriebsritzel entfernt werden (siehe Sektion 21).

3 Entfernen Sie den Kühlventilator (siehe Sektion 18). Drehen Sie die Kurbelwelle an der Lichtmaschinenmutter im Uhrzeigersinn, bis die Steuerzeitenmarkierung am Rotor mit der Markierung am Gehäuse und die Markierung am Nockenwellenritzel zu der am Lagerbock ausgerichtet sind (siehe Abbildungen) – jetzt befindet sich der Motor im oberen Totpunkt (OT) des Verdichtungstaktes, an dem beide Ventile geschlossen sind.

4 Entfernen Sie den Steuerkettenspanner (Sektion 9).

5 Lösen Sie die Schraube, die das Ritzel an der Nockenwelle sichert (siehe Abbildung). Um das Ritzel am Mitdrehen zu hindern, kann es mit dem Piaggio-Spezialwerkzeug 020565Y oder einem anderen Werkzeug, das in die Ritzelbohrung(en) gesteckt wird, blockiert werden. Schraube und Scheibe müssen beim Zusammenbau durch Neuteile ersetzt werden. Ziehen Sie das Ritzel von der Nockenwelle, und nehmen Sie es aus der Steuerkette (siehe Abbildung). Stellen Sie nötigenfalls die dahinter liegende Distanzhülse sicher (siehe Abbildung).

6 Entfernen Sie die Anlaufscheibe vom Ende der Kurbelwelle, senken Sie die Steuerkette in den Kettenschacht ab, befreien Sie sie vom Kurbelwellenritzel, und entfernen Sie sie aus dem Motor (siehe Abbildungen). Das Kurbelwellenritzel kann nötigenfalls abgezogen werden – beachten Sie die Position über dem Stift (siehe Abbildung).

7 Nötigenfalls kann die Schraube der Steuerketten-Spannerschine gelöst werden, um die Schiene unter Beachtung ihrer Einbaulage aus dem Motorgehäuse zu entfernen (siehe Abbildung). Auch die Führungsschiene kann entfernt werden (siehe Abbildung).

10.3b . . . und die Ritzelmarkierung (C) zur Linie am Lagerbock (D) ausgerichtet ist.

10.5a Blockieren Sie das Ritzel, lösen Sie die Schraube, . . .

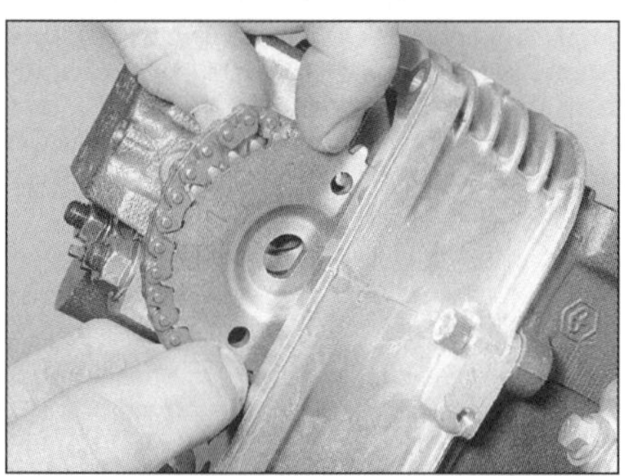

10.5b . . . ziehen Sie das Ritzel von der Nockenwelle, und heben Sie es aus der Kette.

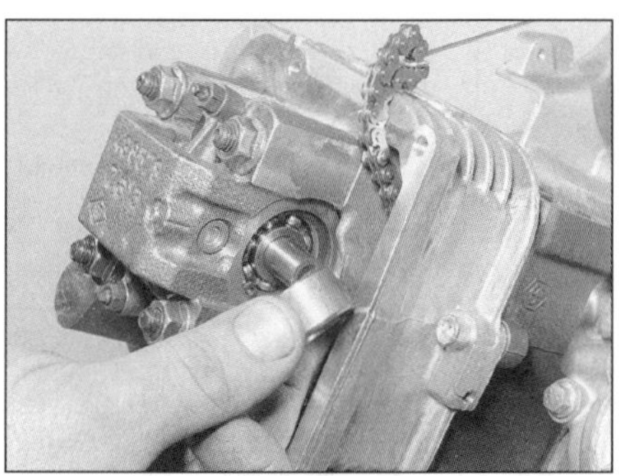

10.5c Stellen Sie nötigenfalls die Distanzbuchse sicher.

10.6a Entfernen Sie die Anlaufscheibe, . . .

10.6b . . . und ziehen Sie die Kette nach unten aus dem Motorgehäuse.

10.6c Beachten Sie, wie das Ritzel über dem Stift sitzt.

10.7a Die Steuerkettenspannerschiene sitzt auf einem Lagerzapfen.

10.7b Heben Sie die Führungsschiene heraus.

Kontrolle

8 Prüfen Sie die Ritzel auf Verschleiß, Ausbrüche und andere Schäden – ersetzen Sie sie gegebenenfalls. Sind die Ritzelzähne verschlissen, wird auch die Steuerkette schadhaft sein und muss ersetzt werden. In einem solchen Fall muss der komplette Motor für eine genaue Inspektion zerlegt werden.

9 Die Spanner- und Führungsschiene der Steuerkette müssen auf Verschleiß und Schäden untersucht und nötigenfalls ersetzt werden. Schadhafte Schienen weisen auf eine verschlissene oder nicht korrekt gespannte Steuerkette hin. Kontrollieren Sie die Funktion des Steuerkettenspanners (siehe Sektion 9).

Einbau

10 Falls entfernt, werden die Steuerkettenspanner- und Führungsschiene – richtigherum – installiert (siehe Abbildung). Ziehen Sie die Schraube der Spannerschiene mit 9 Nm an.

11 Falls entfernt, wird das Ritzel auf die Kurbelwelle geschoben – der Ausschnitt muss zum Stift ausgerichtet sein (siehe Abbildung 10.6c). Ebenfalls ist die Distanzhülse auf die Nockenwelle zu schieben (siehe Abbildung 10.5c).

12 Führen Sie die Steuerkette durch den Kettenschacht, und legen Sie sie auf das Kurbelwellenritzel (siehe Abbildung 10.6b). Legen Sie das Nockenwellenritzel oben in die Kette, und schieben Sie es auf die Nockenwelle – dabei muss sie zu deren Abflachung ausgerichtet werden. Wenn die Kette vorne stramm ist (der Durchhang sich im Bereich des Spanners befindet), müssen die Steuerzeitenmarkierungen wie in Schritt 3 beschrieben fluchten (siehe Abbildung 10.5b). Sichern Sie das Ritzel mit einer neuen Schraube samt Scheibe, blockieren Sie das Ritzel, und ziehen Sie die Schraube mit 13 Nm an (siehe Abbildungen). Legen Sie die Anlaufscheibe auf die Kurbelwelle (siehe Abbildung 10.6a), und installieren Sie den Ölpumpenantrieb (siehe Sektion 21).

10.10 Die Führungsschiene muss korrekt sitzen.

Achtung: Wenn die Steuerzeitenmarkierungen nicht exakt fluchten, ist der Ventiltrieb nicht korrekt montiert und die Ventile können im Betrieb den Kolben berühren, was zu schweren Motorschäden führt!

13 Installieren Sie den Steuerkettenspanner (siehe Sektion 9). Drehen Sie anschließend den Motor durch, und prüfen Sie erneut, ob alle Steuerzeitenmarkierungen fluchten (siehe Schritt 3) – falls nicht, muss das Nockenwellenritzel demontiert und korrekt ausgerichtet wieder installiert werden.

14 Installieren Sie die verbliebenen Teile in der umgekehrten Ausbaureihenfolge.

11 Nockenwelle, Kipphebel und Lager – Ausbau, Kontrolle und Einbau

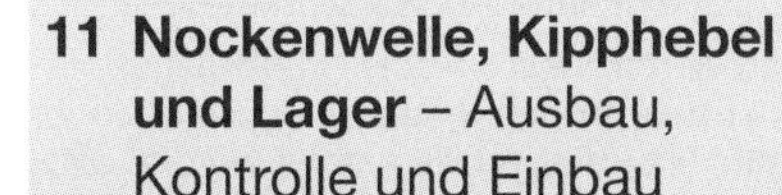

Anmerkung: *Der Nockenwelle und die Kipphebel können bei eingebautem Motor demontiert werden. Verstopfen Sie den Steuerkettenschacht mit Lappen, damit nichts in das Motorgehäuse geraten kann.*

Ausbau

1 Entfernen Sie den Ventildeckel (siehe Sektion 7). Entfernen Sie das Dämmgummi vom Lagerbock (siehe Abbildung).

2 Entfernen Sie den Kühlventilator (siehe Sektion 18). Drehen Sie die Kurbelwelle an der Lichtmaschinenmutter im Uhrzeigersinn, bis die Steuerzeitenmarkierung am Rotor mit der Markierung am Gehäuse und die Markierung am Nockenwellenritzel zu der am Lagerbock ausgerichtet sind (siehe Abbildungen 10.3a und b) – jetzt befindet sich der Motor im oberen Totpunkt (OT) des Verdichtungstaktes, an dem beide Ventile geschlossen sind.

10.12a Setzen Sie eine neue Schraube samt Scheibe an, . . .

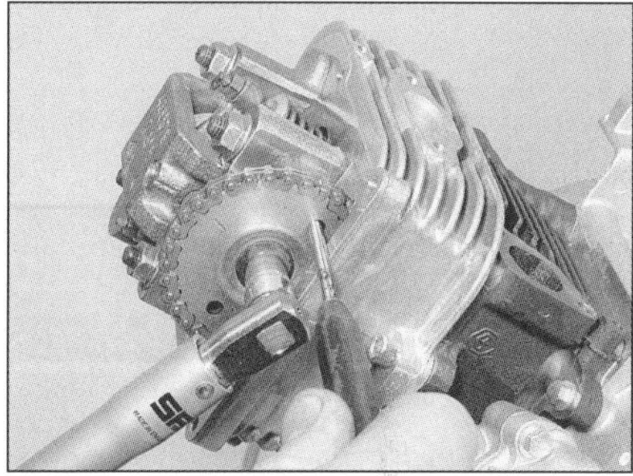

10.12b . . . und ziehen Sie sie mit 13 Nm an.

3 Entfernen Sie den Steuerkettenspanner (Sektion 9).

4 Lösen Sie die Schraube, die das Ritzel an der Nockenwelle sichert (siehe Abbildung 10.5a). Um das Ritzel am Mitdrehen zu hindern, kann es mit dem Piaggio-Spezialwerkzeug 020565Y oder einem anderen Werkzeug, das in die Ritzelbohrung(en) gesteckt wird, blockiert werden. Schraube und Scheibe müssen beim Zusammenbau durch Neuteile ersetzt werden. Ziehen Sie das Ritzel von der Nockenwelle, und nehmen Sie es aus der Steuerkette (siehe Abbildung 10.5b). Sichern Sie die Steuerkette, damit sie nicht in den Kettenschacht fällt.

5 Lockern Sie die Schraube, die den Zylinderkopf außen am Kettenschacht am Zylinder sichert (siehe Abbildung). Lösen Sie jetzt die Lagerbock-Muttern (die auch den Zylinder-

11.1 Entfernen Sie das Dämmgummi.

11.5a Lockern Sie die Schraube, . . .

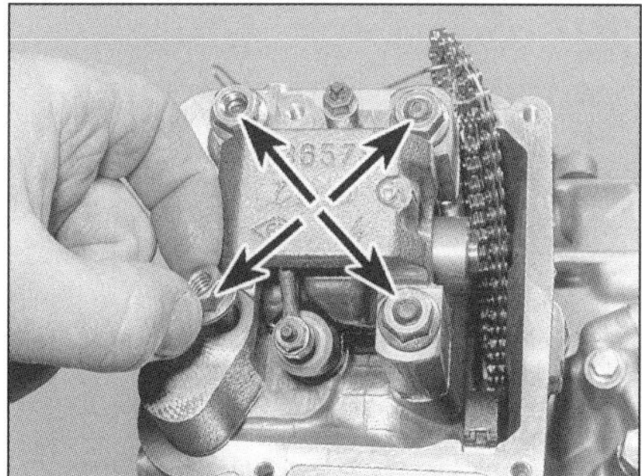

11.5b . . . und lösen Sie die Muttern, . . .

11.5c . . . um den Lagerbock zu entfernen.

11.6a Entfernen Sie die Distanzhülse . . .

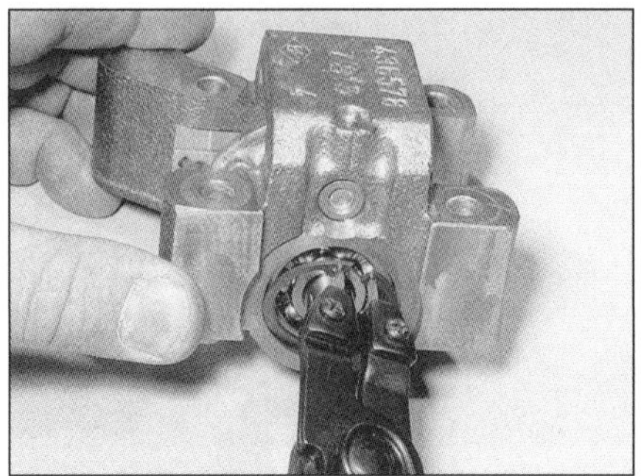

11.6b . . . und den Seegerring, . . .

11.6c . . . und ziehen Sie die Nockenwelle heraus.

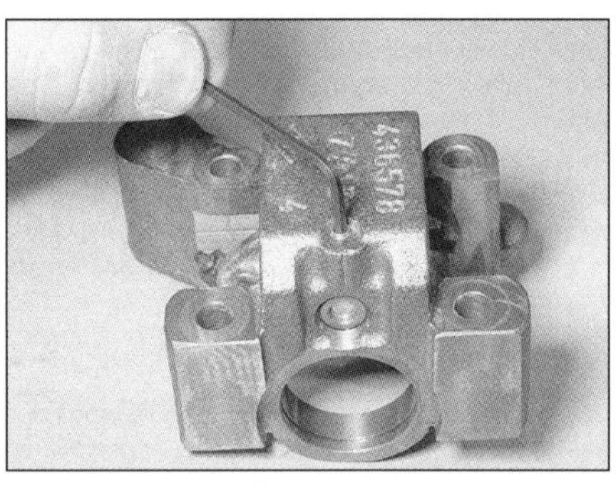

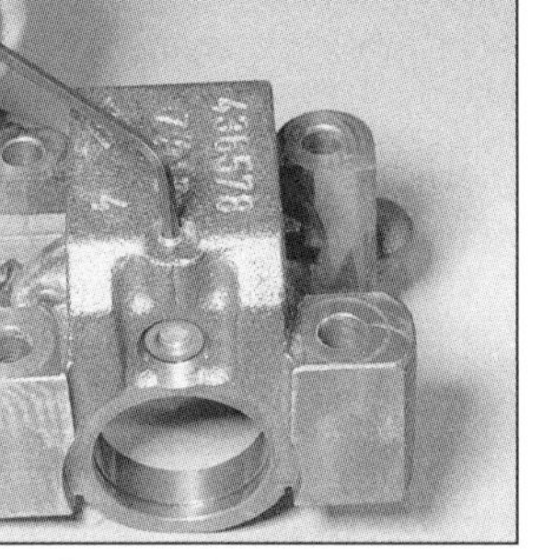

11.7a Lösen Sie die Anschlagschraube, . . .

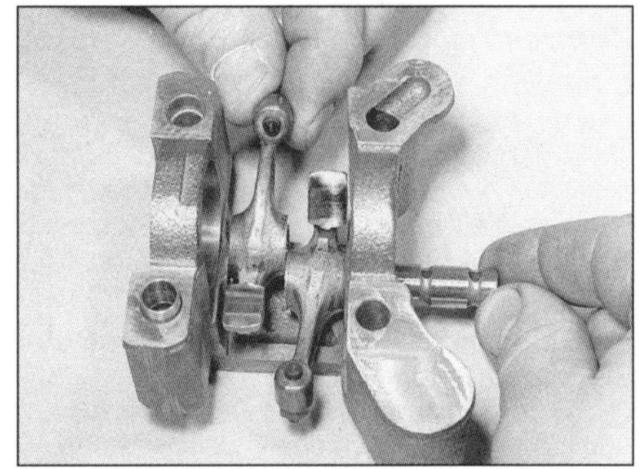

11.7b . . . und entfernen Sie die Kipphebelwelle sowie die Hebel.

kopf sichern) schrittweise und über Kreuz, bis alle locker sind (siehe Abbildung). Entfernen Sie die Muttern, und heben Sie den Lagerbock ab (siehe Abbildung).

6 Um die Nockenwelle aus dem Lagerbock zu befreien, muss die Distanzhülse abgezogen werden, dann wird der Seegerring entfernt, der das Lager im Bock sichert (siehe Abbildungen). Jetzt kann die Nockenwelle zusammen mit dem Lager herausgezogen werden (siehe Abbildung). Das rechte Lager wird im Lagerbock verbleiben.

7 Zum Entfernen der Kipphebel wird die Arretierschraube der Kipphebelwelle aus dem Lagerbock geschraubt (siehe Abbildung), dann wird die Welle herausgezogen und die Kipphebel können samt der dazwischen liegenden Scheibe entnommen werden – sie müssen später unbedingt an ihre ursprüngliche Position zurückkehren (siehe Abbildung).

Kontrolle

8 Reinigen Sie alle Komponenten mit Lösungsmittel, und trocknen Sie sie ab. Kontrollieren Sie die Nocken auf Anlassfarben durch Überhitzung (Blaufärbung), Kerben, Absplitterungen, Pitting und Risse (siehe Abbildung). Bei Beschädigungen oder starkem Verschleiß muss die Nockenwelle ersetzt werden.

9 Kontrollieren Sie die Nockenwellenlager. Haben sie übermäßiges Spiel, laufen sie rau oder klemmen sie, müssen sie ersetzt werden. Ziehen Sie das eine Lager mit einem Abzieher von der Nockenwelle, das andere kann mit einem geeigneten Rohr, das nur den äußeren Lagerring berührt, aus dem Bock getrieben werden. Beim Einbau des rechten Lagers ist der Bock zu erwärmen, damit es leichter einzutreiben ist. Das linke Lager sollte für eine leichte Montage auf die Nockenwelle ebenfalls erhitzt werden – hier muss ein Rohr verwendet werden, das nur den inneren Lagerring berührt.

Warnung: Beim Montieren erhitzter Bauteile muss aufgepasst werden, dass man sich nicht verbrennt!

10 Die Ölbohrungen der Kipphebel sind möglichst mit Druckluft auszublasen. Die Gleitflächen sind genau auf Riefen, Pitting und Ausbrüche zu untersuchen (siehe Abbildung). Bei schadhaften Gleitflächen an den Kipphebeln müssen sie samt der Nockenwelle als Satz ausgetauscht werden. Auch die Lagerbuchsen der Kipphebel und die Kontaktbereiche der Einstellschrauben sind zu kontrollieren. Die Einstellschrauben sind nötigenfalls einzeln erhältlich.

Einbau

11 Schmieren Sie die Kipphebelwelle mit Motoröl und schieben Sie mit der Nut zur Arretierschraube ausgerichtet langsam in den Lagerbock; dabei werden die – korrekt positionierten (siehe Abbildung 11.7b) – Kipphebel samt der dazwischen liegenden Scheibe aufgeschoben (siehe Abbildung). Ziehen Sie die Arretierschraube mit 6 Nm an (siehe Abbildung).

12 Schieben Sie die Nockenwelle in den La-

11.8 Kontrollieren Sie die Nockenwelle auf Verschleiß und Schäden.

11.10 Kontrollieren Sie die Kipphebel auf Verschleiß und Schäden.

11.11a Vergessen Sie nicht die Scheibe zwischen den Kipphebeln.

11.11b Installieren Sie die Anschlagschraube, und ziehen Sie sie mit 6 Nm an.

gerbock – ihr Lager muss dabei in den Sitz gedrückt werden (siehe Abbildung 11.6c). Der Seegerring muss korrekt in seine Nut einrasten, dann kann die Distanzhülse aufgeschoben werden (siehe Abbildungen 11.6b und a).

13 Der Lagerbock wird auf den Zylinderkopf gesetzt – die Ritzelaufnahme muss links über dem Kettenschacht liegen (siehe Abbildung 11.5c). Die Stehbolzenmuttern müssen schrittweise und über Kreuz bis zu einem Drehmoment von 29 Nm angezogen werden (siehe Abbildung 11.5b). Jetzt wird die außen am Kettenschacht liegende Schraube installiert und mit 13 Nm angezogen (siehe Abbildung 11.5a). Schmieren Sie alle Bauteile des Lagerbocks mit Motoröl (siehe Abbildung).

14 Legen Sie das Nockenwellenritzel oben in die Kette, und schieben Sie es auf die Nockenwelle – dabei muss sie zu deren Abflachung ausgerichtet werden. Wenn die Kette vorne stramm ist (der Durchhang sich im Bereich des Spanners befindet), müssen die Steuerzeitenmarkierungen wie in Schritt 2 beschrieben fluchten (siehe Abbildung 10.3b). Sichern Sie das Ritzel mit einer neuen Schraube samt Scheibe, blockieren Sie das Ritzel, und ziehen Sie die Schraube mit 13 Nm an (siehe Abbildungen 10.12a und b).

Achtung: Wenn die Steuerzeitenmarkierungen nicht exakt fluchten, ist der Ventiltrieb nicht korrekt montiert und die Ventile können im Betrieb den Kolben berühren, was zu schweren Motorschäden führt!

15 Installieren Sie den Steuerkettenspanner

11.13 Schmieren Sie alle Bauteile mit frischem Motoröl.

(siehe Sektion 9). Drehen Sie anschließend den Motor durch, und prüfen Sie erneut, ob alle Steuerzeitenmarkierungen fluchten (siehe Schritt 2) – falls nicht, muss das Nockenwellenritzel demontiert und korrekt ausgerichtet wieder installiert werden.

16 Kontrollieren Sie das Ventilspiel und justieren Sie es nötigenfalls (siehe Kapitel 1).

17 Installieren Sie die verbliebenen Teile in der umgekehrten Ausbaureihenfolge.

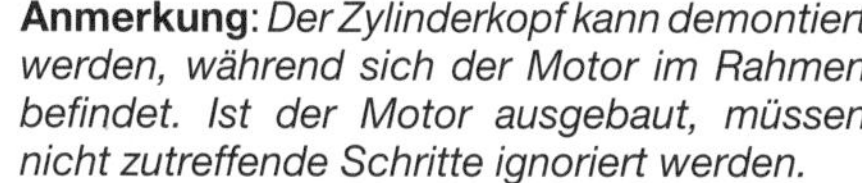

12 Zylinderkopf
Ausbau und Einbau

Anmerkung: *Der Zylinderkopf kann demontiert werden, während sich der Motor im Rahmen befindet. Ist der Motor ausgebaut, müssen nicht zutreffende Schritte ignoriert werden.*

Achtung: Der Motor muss vollständig abgekühlt sein, da sich der Zylinderkopf sonst verziehen kann.

Ausbau

1 Entfernen Sie den Ölkühler (Sektion 8).

2 Entfernen Sie die Auspuffanlage (Kapitel 4).

3 Entfernen Sie den Nockenwellen-Lagerbock (siehe Sektion 11).

4 Entfernen Sie die zuvor gelockerte Schraube außen am Kettenschacht (siehe Abbildung 11.5a), und ziehen Sie den Zylinderkopf vom Zylinder – wenn er klemmt, muss er vorsichtig mit einem weichen Hammer abgeklopft werden. Der Versuch, ihn mit einem Schraubendreher abzuhebeln, würde zu beschädigten Dichtflächen führen. Die alte Zylinderkopfdichtung muss auf jeden Fall durch ein Neuteil ersetzt werden (siehe Abbildungen).

5 Die Kopfdichtung sowie die Dichtflächen des Kopfes und des Zylinders müssen auf Undichtigkeiten untersucht werden, die auf einen Verzug hinweisen. Wechseln Sie nach Sektion 14, und prüfen Sie den Verzug des Zylinderkopfes.

6 Entfernen Sie alle Dichtungsreste von den Dichtflächen des Zylinderkopfes und des Zylinders – lassen Sie keine Partikel in den Motor oder Ölbohrungen gelangen.

Einbau

7 Schmieren Sie die Zylinderbohrung mit Motoröl.

8 Stellen Sie sicher, dass die Dichtflächen des Zylinders und des Kopfes absolut sauber sind, legen Sie dann eine neue Zylinderkopfdichtung so auf den Zylinder, dass alle Bohrungen fluchten (siehe Abbildung 12.4b) – verwenden Sie niemals eine alte Dichtung ein zweites Mal.

9 Setzen Sie den Zylinderkopf vorsichtig auf den Zylinder (siehe Abbildung 12.4a).

10 Installieren Sie den Nockenwellen-Lagerbock (siehe Sektion 11).

11 Installieren Sie die verbliebenen Teile in der umgekehrten Ausbaureihenfolge.

13 Ventile/Ventilsitze/Ventilführungen – Überholung

1 Aufgrund der Komplexität dieser Arbeit sowie der notwendigen Werkzeuge und Ausrüstungen müssen die meisten Rollerbesitzer Arbeiten an den Ventilen, Ventilsitzen und Ventilführungen einer professionellen Werkstatt überlassen. Allerdings kann man eine Abschätzung über die Dichtigkeit der Ventile und Sitze erhalten, indem man eine kleine Menge Lösungsmittel in jeden Ventilkanal füllt und beobachtet, ob diese am Ventil vorbei in den Brennraum sickert.

2 Der Hobbymechaniker kann zudem die Ventile ausbauen, die Bauteile reinigen und

12.4a Heben Sie den Zylinderkopf vom Zylinder, . . .

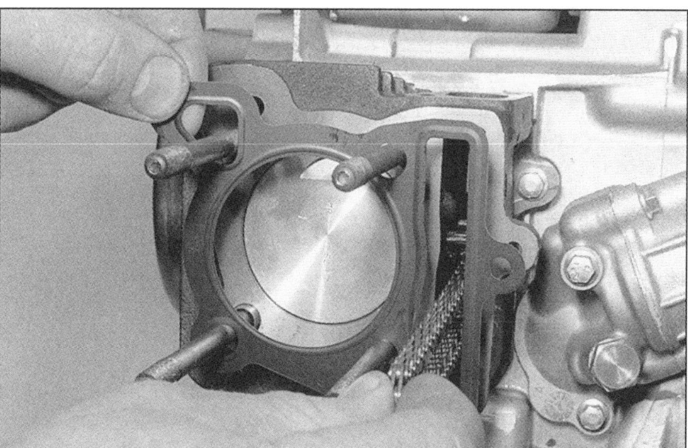

12.4b . . . und entfernen Sie die Kopfdichtung.

auf Verschleiß kontrollieren. Wenn die Ventile nur eingeschliffen werden müssen, kann man dieses selbst erledigen (siehe Sektion 14) und den Kopf wieder komplettieren.

3 Die Werkstatt wird die Ventile und Federn ausbauen, die Ventile und Ventilsitze überarbeiten oder austauschen, die Ventilführungen erneuern, die Ventilfedern, Keile und Federteller kontrollieren und nötigenfalls ersetzen, die Ventilschaftdichtungen austauschen und alles wieder montieren.

4 Nach erfolgter Ventilüberholung ist der Zylinderkopf in einem neuwertigem Zustand. Wenn Sie den Kopf zurückerhalten, sollten Sie ihn vor dem Einbau sorgfältig reinigen und von Metallspänen und Schleifmittelresten befreien, die von der Überholung stammen können. Wenn möglich, sollten alle Löcher und Kanäle mit Druckluft ausgeblasen werden.

14 Zylinderkopf und Ventile
Zerlegung, Kontrolle und Zusammenbau

1 Mit den entsprechenden Spezialwerkzeugen kann auch der Hobbyschrauber eine Zerlegung, Reinigung und Inspektion des Zylinderkopfes vornehmen. Dieser Weg kann viel Geld sparen, besonders wenn die Inspektion ergibt, dass eine Überholung noch gar nicht nötig ist.

2 Um sicherzustellen, dass beim Ausbau der Ventile keine Teile beschädigt werden, ist eine geeignete Ventilfederpresse absolut notwendig.

Zerlegung

3 Vor Arbeitsbeginn muss sichergestellt sein, dass die Ventile und ihre zugehörigen Bauteile so gelagert werden, dass später jedes Teil wieder genau an seinen Platz im Zylinderkopf gebaut werden kann (siehe Abbildung).

4 Der Zylinderkopf muss von allen Resten alter Dichtungen befreit werden. Wird ein Schaber benutzt, muss darauf geachtet werden, dass das weiche Aluminium nicht zerkratzt wird.

5 Drücken Sie die Federn des Einlassventils mit der Federpresse zusammen, achten Sie darauf, dass sie richtig sitzt und nicht auf das weiche Leichtmetall drückt. Pressen Sie die Federn nicht mehr als nötig, und entfernen Sie die Keile – entweder mit einer Spitzzange, einer Pinzette, einem Magneten oder einem mit Fett bestrichenen Schraubendreher (siehe Abbildung). Lösen sie vorsichtig die Federpresse, und entfernen Sie den Federteller – merken Sie sich die Einbaulage. Entfernen Sie die Feder und den Federsitz. Drücken Sie das Ventil nach unten, und ziehen Sie es aus dem Zylinderkopf. Wenn das Ventil in der Führung klemmt und sich nicht hindurchziehen lässt, drücken Sie es zurück und entgraten Sie den Bereich um die Keilnut mit einer sehr feinen Feile oder einem Nassschleifstein (siehe Abbildung). Wenn das Ventil ausgebaut ist, ziehen Sie mit einer Zange die Ventilschaftdichtungen von den Ventilführungen und entsorgen Sie sie (alte Dichtungen dürfen niemals wiederverwendet werden).

1 Dichtung
2 Ventile
3 Zylinderkopf
4 Keile
5 Federteller
6 Feder
7 Schaftdichtung
8 Federsitz
9 Ölauffang-behälter

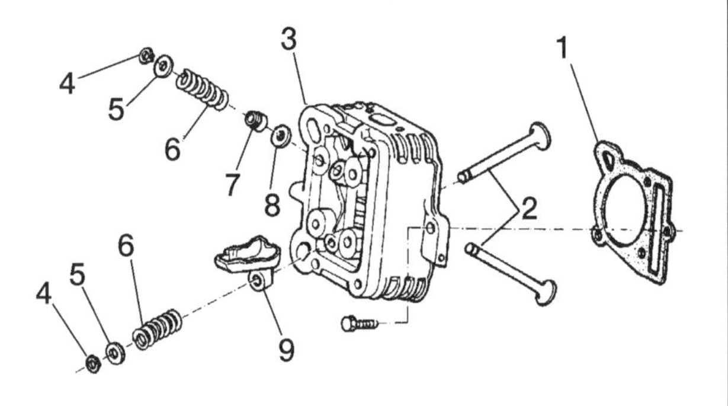

14.3 Zylinderkopf-Komponenten

14.5a Entfernen Sie die Keile (hier mit einem gefetteten Schraubendreher).

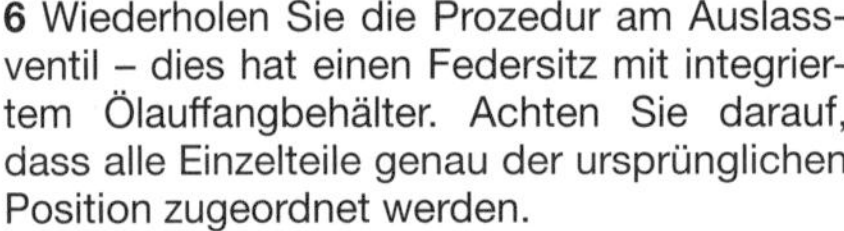

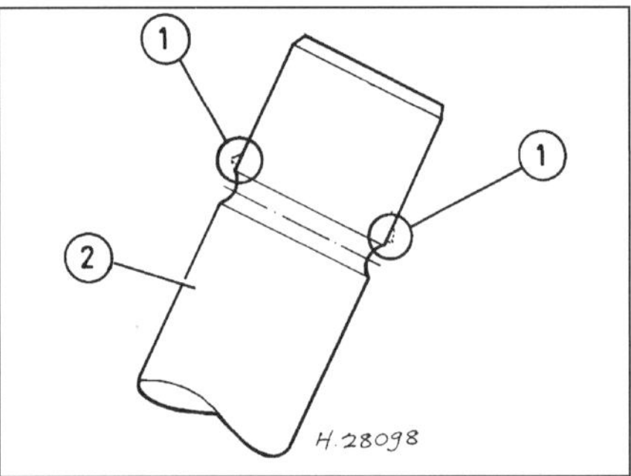

14.5b Grate (1) am Ventilschaft (2) müssen ggf. geglättet werden.

6 Wiederholen Sie die Prozedur am Auslassventil – dies hat einen Federsitz mit integriertem Ölauffangbehälter. Achten Sie darauf, dass alle Einzelteile genau der ursprünglichen Position zugeordnet werden.

7 Als Nächstes wird der Zylinderkopf mit Lösungsmittel gereinigt und sorgfältig getrocknet. Druckluft beschleunigt die Trocknung und sorgt dafür, dass alle Löcher und Ecken sauber werden.

8 Reinigen Sie die Ventilfedern, Keile, Federteller und Sitze mit Lösungsmittel, und trocknen Sie sie sorgfältig. Reinigen Sie zurzeit immer nur die Teile eines Ventils, um Verwechslung zu vermeiden.

9 Schaben Sie alle Kohleablagerungen von den Ventilen, reinigen Sie Ventilteller und Schaft anschließend mit einem Drahtbürstenaufsatz für die Bohrmaschine. Achten Sie darauf, dass die Ventile nicht durcheinander geraten.

Kontrolle

10 Inspizieren Sie den Zylinderkopf sorgfältig auf Risse und andere Beschädigungen. Wenn Risse festgestellt werden, muss der Zylinderkopf ausgetauscht werden.

11 Mit einem Richtwinkel und einem 0,05 mm-Fühlerlehrenblatt, die im Wert dem maximalen Verzug entspricht, wird die Dichtfläche des Zylinderkopfes in verschiedenen Richtungen vermessen. Wenn der Zylinderkopf verzogen ist, besteht eventuell die Möglichkeit, ihn in einer Fachwerkstatt planen zu lassen. Bei zu großem Verzug ist er zu ersetzen

12 Begutachten Sie die Ventilsitze im Brennraum. Wenn sie Ausbrüche, Risse oder Verbrennungen zeigen, übersteigt die notwendige Arbeit die Möglichkeiten eines Hobbyschraubers. Messen Sie die Breite des Ventilsitzes, und vergleichen Sie den Wert mit den Angaben in den technischen Daten (siehe Abbildung).

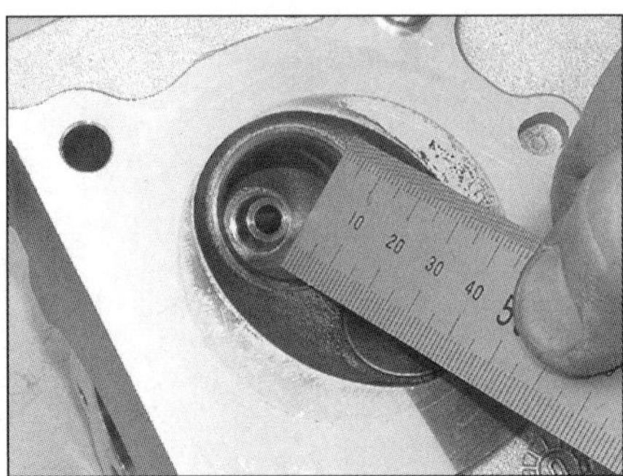

14.12 Messen Sie die Ventilsitzbreite.

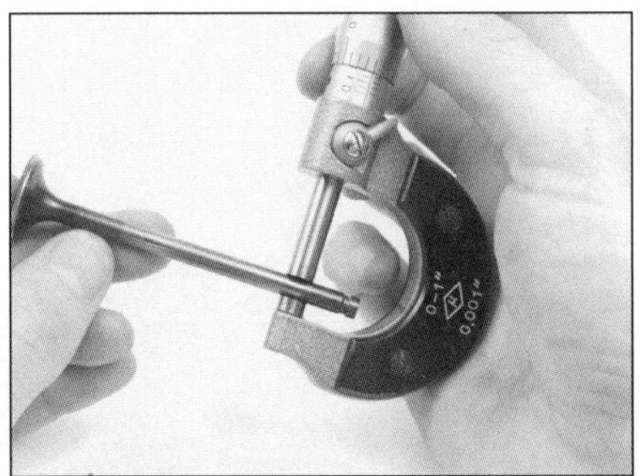

14.13a Messen Sie den Ventilschaft-Durchmesser.

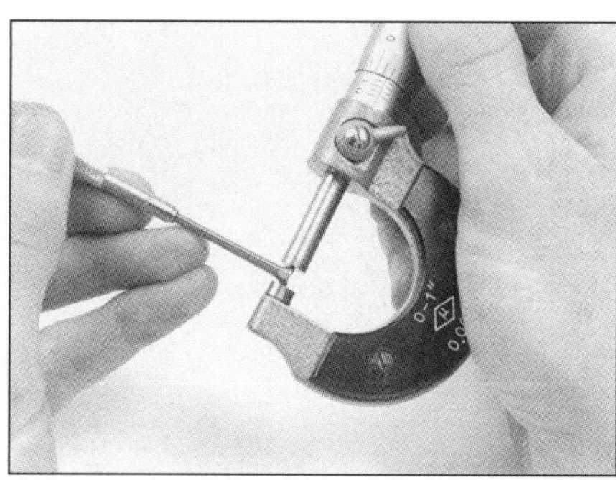

14.13b Ermitteln Sie mit einem Innenmessgerät den Verschleiß der Ventilführung.

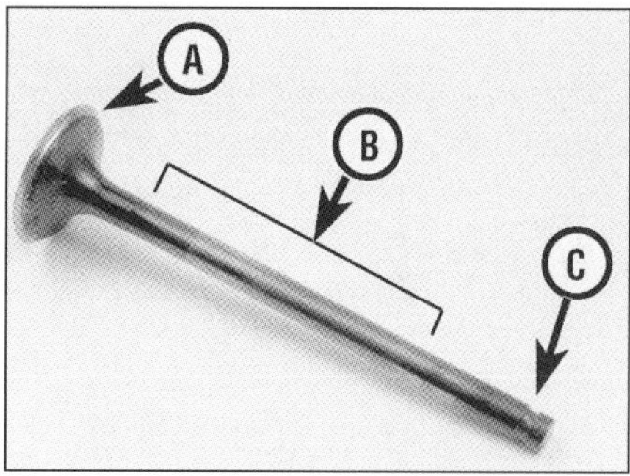

14.14 Kontrollieren Sie den Ventilteller (A), den Schaft (B) und die Keilnuten (C).

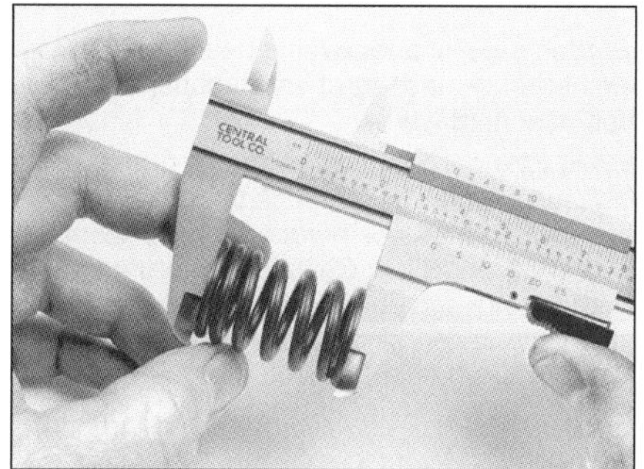

14.15a Messen Sie die freien Längen der Ventilfedern.

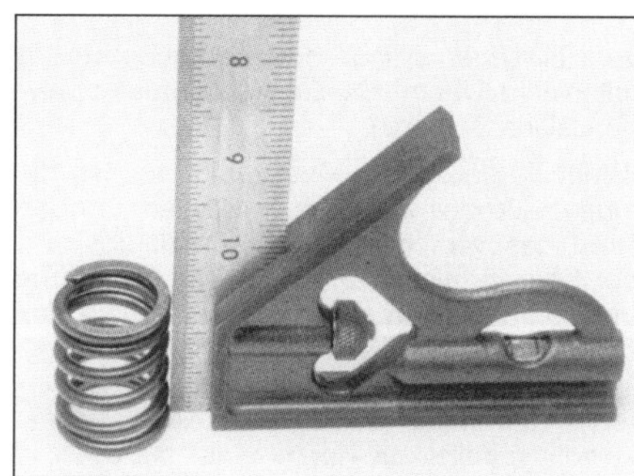

14.15b Prüfen Sie die Ventilfedern auf Verzug.

13 Messen Sie den Ventilschaftdurchmesser (siehe Abbildung). Ist der Schaft dünner als 4,96 mm, muss das Ventil ersetzt werden. Reinigen Sie die Ventilführungen und entfernen Sie die Ölkohle. Messen Sie den Innendurchmesser der Führung (an beiden Enden und der Mitte) mit einem Innen-Feinmessgerät (siehe Abbildung). Die Führung ist an den Enden und in der Mitte zu messen, um festzustellen, ob sie glockenförmig ausgeschlagen ist (mehr Verschleiß an den Enden hat). Piaggio führt keine Ventilführungen in den Ersatzteillisten, sodass nur ein Spezialbetrieb nachgebaute Führungen installieren kann – ansonsten ist der ganze Kopf zu ersetzen.

14 Kontrollieren Sie sorgfältig die Dichtflächen jedes Ventiltellers sowie den Schaft und die Keilnut auf Risse, Löcher und Brandspuren (siehe Abbildung). Drehen Sie das Ventil, und achten Sie auf Anzeichen von Krümmung. Prüfen Sie die Ventilschaft-Enden auf Ausbrüche und übermäßigen Verschleiß. Eines der oben beschriebenen Anzeichen ist ein klarer Hinweis auf eine Ventilüberholung. Wenn das Schaft-Ende eingeschlagen ist, muss auch der Einsteller am Kipphebel genau untersucht werden.

15 Kontrollieren Sie die Enden der Ventilfedern auf Verschleiß und Narben. Messen Sie die freie Länge der Federn, und vergleichen Sie die Werte mit den Angaben in den Technischen Daten (siehe Abbildung). Ist eine Feder kürzer als 29,5 mm, so ist sie erlahmt und muss ersetzt werden. Stellen Sie die Feder auf eine ebene Oberfläche, und kontrollieren Sie sie mithilfe eines Winkels auf Krümmung (siehe Abbildung). Wenn sie stark verbogen ist, muss sie ersetzt werden.

16 Kontrollieren Sie die Federsitze, Federteller und Keile auf sichtbaren Verschleiß und Brüche. Alle fragwürdigen Teile dürfen nicht wiederverwendet werden, da bei ihrem Ausfall im Motorbetrieb sehr großer Schaden entstehen kann.

17 Wenn die Inspektion erkennen lässt, dass keine Überholung notwendig ist, können die Bauteile des Ventiltriebs wieder in den Zylinderkopf installiert werden.

Zusammenbau

18 Unabhängig von einer vorangegangenen Ventilüberholung müssen die Ventile vor dem Einbau in den Kopf eingeschliffen (geläppt) werden, um die Dichtigkeit an den Ventilsitzen sicherzustellen. Für diese Arbeit benötigt man grobe und feine Ventilschleifpaste sowie einen Ventildreher. Wenn dieses Werkzeug nicht zur Hand ist, kann auch ein Stück Gummi- oder Plastikschlauch über den Ventilschaft geschoben (nachdem das Ventil in die Führung gesteckt wurde) und damit das Ventil gedreht werden.

19 Geben Sie etwas von der groben Schleifpaste auf die Ventildichtfläche, und stecken Sie das Ventil in die Führung (siehe Abbildung). **Anmerkung**: *Gehen Sie sicher, dass das Ventil in der richtigen Führung steckt und dass keine Schleifpaste an den Ventilschaft gerät.*

20 Befestigen Sie den Ventildreher (oder den Schlauch) am Ventil, und drehen sie ihn zwischen den Handflächen. Hin- und herdrehen ist dem Drehen in einer Richtung vorzuziehen (siehe Abbildung). Heben Sie das Ventil regelmäßig vom Sitz, und verteilen Sie die Paste ordentlich. Setzen Sie das Schleifen so lange fort, bis die Dichtflächen am Ventil und am Sitz eine gleichmäßige Breite und am ganzen Umfang keine Unterbrechungen aufweisen (siehe Abbildung).

21 Ziehen Sie vorsichtig das Ventil aus der Führung, und wischen Sie alle Schleifpasten-Reste ab. Reinigen Sie das Ventil mit Lösemittel, und wischen Sie es sorgfältig mit einem lösungsmittelgetränkten Tuch ab.

22 Wiederholen Sie den Arbeitsgang mit der Feinschleifpaste, verfahren Sie mit dem anderen Ventil genauso.

23 Legen Sie den Federsitz des Einlassventils in den Zylinderkopf, und drücken Sie eine neue Ventilschaftdichtung auf die Führung. Drücken Sie sie mithilfe eines richtig dimensionierten Steckschlüsseleinsatzes auf, bis ein Einrasten spürbar ist. Spannen oder Drehen der Dichtung sollte unterbleiben, da sonst die Abdichtung gegen den Ventilschaft beeinträchtigt werden kann. Ebenfalls dürfen sie nicht mehr demontiert werden, da sie davon beschädigt werden können.

14.19 Verteilen Sie die Schleifpaste sparsam auf der Dichtfläche.

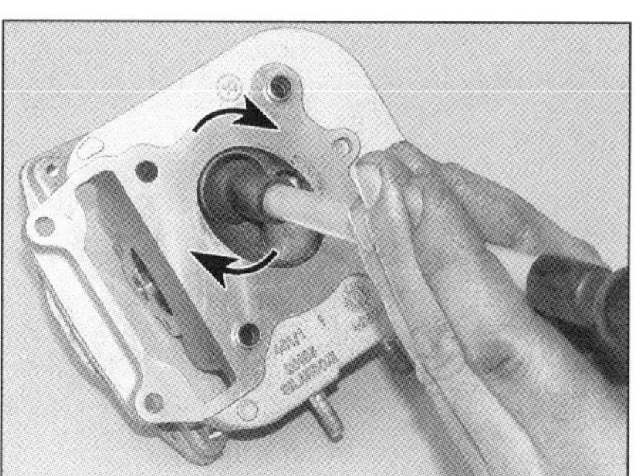

14.20a Drehen Sie das Ventil hin und her.

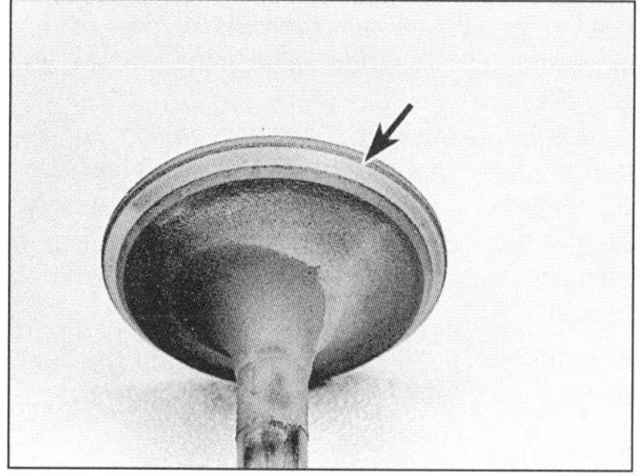

14.20b Die Dichtfläche des Ventils muss ein gleichförmiger, ununterbrochener Ring sein.

24 Schmieren Sie den Schaft des Einlassventils mit einem 1:1-Gemisch aus Molybdän-Paste und Motoröl ein, und stecken Sie ein Ventil in die Führung. Um Schäden an den Schaftdichtungen zu vermeiden, sollte das Ventil beim Durchführen langsam gedreht werden. Kontrollieren Sie, ob es sich frei auf und ab bewegen lässt. Als Nächstes wird die Feder eingesetzt – die engeren Windungen müssen dabei nach unten zeigen. Es folgt der Federteller mit dem Bund nach unten in die Feder.

25 Geben Sie etwas Fett innen an die Keile, um sie an das Ventil »kleben« zu können (siehe Abbildung). Drücken Sie die Feder mit der korrekt sitzenden Federpresse (siehe Abbildung 14.5a) nur so weit wie nötig zusammen, um die Keile einzubauen – achten Sie darauf, dass sie richtig in den Keilnuten sitzen.

26 Legen Sie beim Auslassventil den kleinen Ölsammelbehälter über die Ventilführung und wiederholen Sie die Schritte 24 und 25 an diesem Ventil.

27 Stützen Sie den Zylinderkopf so, dass die Ventile nicht die Werkbank berühren können, und schlagen Sie sehr sanft mit einem Kunststoffhammer auf die Ventilschäfte, damit die Keile sich besser in die Nuten setzen können.

Praxis TiPP ***Die Dichtigkeit der Ventile kann durch das Einfüllen von Lösungsmittel in den jeweiligen Kanal kontrolliert werden. Wenn die Flüssigkeit am Ventil vorbei in den Brennraum läuft, sollte der Einschleifvorgang bei diesem Ventil wiederholt werden.***

15 Zylinder – Ausbau, Kontrolle und Einbau

Anmerkung: *Der Zylinder kann demontiert werden, während sich der Motor im Rahmen befindet.*

Ausbau

1 Demontieren Sie den Zylinderkopf (siehe Sektion 12).

2 Lösen Sie die Schraube außen am Kettenschacht, die den Zylinder am Motorgehäuse sichert (siehe Abbildung).

3 Heben Sie den Zylinder von den Stehbolzen – stützen Sie dabei den dabei frei werdenden Kolben ab. Wenn der Zylinder klemmt, muss er vorsichtig mit einem weichen Hammer abgeklopft werden. Der Versuch, ihn mit einem Schraubendreher abzuhebeln, würde zu beschädigten Dichtflächen führen. Nachdem der Zylinder abgezogen ist, wird ein sauberer Lappen um den Kolben in die Motoröffnung gestopft, um nichts in den Motor gelangen zu lassen.

4 Entfernen Sie die Zylinderfußdichtung – beim Einbau wird eine neue benötigt.

Kontrolle

5 Die Zylinderbohrung muss sorgfältig auf Riefen und Kratzer untersucht werden. Ein verschlissener Zylinder kann aufgebohrt und mit einem Übermaßkolben ausgerüstet werden (siehe Schritt 7).

14.25 Die Keilnuten können mit etwas Fett an den Ventilschaft »geklebt« werden.

14.26 Der Ölauffangbehälter muss korrekt installiert sein.

6 Mithilfe geeigneter Messgeräte werden die Innenmaße des Zylinders gemessen, um den Grad des Verschleißes, des Ovallaufes und der Kegelförmigkeit zu ermitteln. Messen Sie die Bohrung oben (aber noch unterhalb des oberen Totpunktes des ersten Kolbenringes), in der Mitte und unten (aber oberhalb des unteren Totpunktes des unteren Kolbenringes, sowohl parallel zur Kurbelwelle, als auch in Fahrtrichtung (siehe Abbildung). Ermitteln Sie die Differenzen, um Ovalität oder Kegelförmigkeit zu ermitteln. Vergleichen Sie die Ergebnisse mit den Technischen Daten am Anfang des Kapitels. **Anmerkung:** *Alle Kolben und Zylinder werden bei der Herstellung mit Größenmarkierungen versehen, die aufeinander abgestimmt sein müssen. Piaggio listet für diese Motoren fünf Größen (A bis E) auf. Die Größenangabe ist oben oder unten am Zylinder in die Dichtfläche sowie in den Kolbenboden geschlagen. Bei der Beschaffung eines neuen Zylinders oder Kolbens muss diese Größenangabe beachtet werden.*

7 Berechnen Sie das Kolben-Einbauspiel, indem der Kolben-Durchmesser (siehe Sektion 16) vom Zylinder-Durchmesser abgezogen wird. Ist der Zylinder in Ordnung und liegt das Spiel im Toleranzbereich, können Kolben und Zylinder weiter verwendet werden.

8 Wenn Werte außerhalb der Toleranzen liegen oder die Wände stark zerkratzt oder riefig sind, muss der Zylinder aufgebohrt und ein Übermaßkolben samt Ringen beschafft werden. War der Zylinder bereits dreimal aufgebohrt worden oder ist anderweitig beschädigt, muss ein neuer Zylinder samt entsprechendem Kolben beschafft werden.

9 Alle Zylinder-Stehbolzen müssen fest in die Gehäusehälften geschraubt sein. Ist ein Bolzen locker, muss er herausgedreht, gereinigt und mit frischer Gewindesicherungspaste wieder eingeschraubt werden – das Anziehen kann mit zwei gegeneinander verkonterten Muttern geschehen.

Einbau

10 Die Dichtflächen des Zylinders und des Motorgehäuses müssen absolut sauber sein. Piaggio bietet Zylinderfußdichtungen in drei verschiedenen Stärken an. Um die benötigte Stärke zu ermitteln, muss der Zylinder wie unten beschrieben montiert werden – aber ohne Zylinderfußdichtung. Messen Sie die Höhe des Kolbens im Verhältnis zur Zylinderdichtfläche mit einer auf einer geeigneten Vorrichtung montierten Messuhr, wie in den Schritten 18 bis 21 in Sektion 8 von Kapitel 2A beschrieben (siehe Abbildung 8.18 in Kapitel 2A) – die Stehbolzenmuttern sind hierbei mit 30 Nm anzuziehen.

11 Drehen Sie die Kurbelwelle mit der Rotormutter, bis der Kolben an seinem höchsten Punkt (OT) angelangt ist; jetzt wird die Messuhr abgelesen (siehe Abbildung 8.21 in Kapitel 2A). Liegt das Ergebnis zwischen -0,1 und +0,2 mm, muss eine 0,7 mm starke Dichtung verwendet werden. Liegt es zwischen +0,1 und +0,3 mm, ist eine 0,6 mm starke Dichtung nötig, und bei Messungen zwischen +0,3 und +0,5 mm muss eine 0,4 mm starke Fußdichtung beschafft werden. Die Dichtung ist richtigherum auf das Motorgehäuse zu legen

15.2 Lösen Sie die Schraube, die den Zylinder am Motorgehäuse sichert.

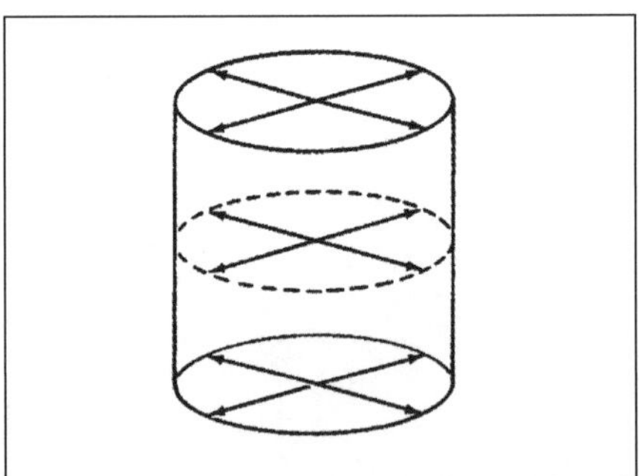

15.6 Messen Sie die Zylinderbohrung an den gezeigten Stellen.

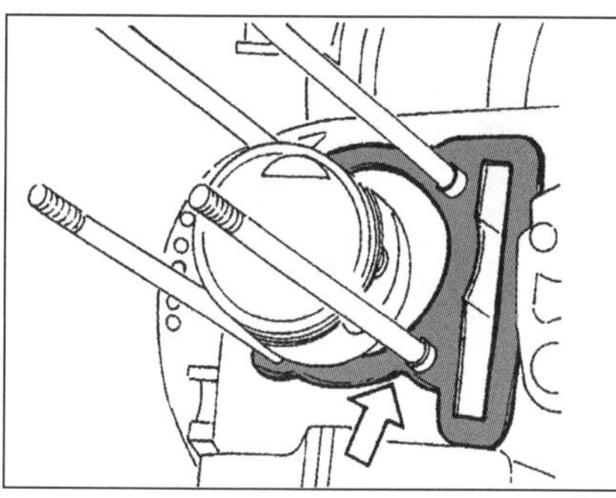
15.11 **Legen Sie eine neue Zylinderfußdichtung auf das Motorgehäuse.**

(siehe Abbildung) – eine alte Dichtung darf niemals wiederverwendet werden.

12 Zum leichteren Einführen des Kolbens können die Ringe mit einer speziellen Spannvorrichtung in ihre Nuten gedrückt werden, doch besitzt der Zylinder eine Fase, die dieses Werkzeug nicht unbedingt nötig macht – die Kolbenringe müssen nur etwas mit den Fingern zusammengedrückt werden (dabei sollte ein Assistent den Zylinder halten). Stellen Sie sicher, dass die Kolbenringe wie in Sektion 17 beschrieben ausgerichtet sind.

13 Schmieren Sie die Zylinderbohrung, den Kolben und die Kolbenringe sowie beide Pleuellager mit frischem Motoröl. Schieben Sie dann den Zylinder über die Stehbolzen bis auf den Kolbenboden.

14 Drücken Sie den Zylinder vorsichtig herunter – dabei muss der Kolben senkrecht eintreten und darf nicht verkanten. Die Kolbenringe müssen vorsichtig zusammengedrückt und in die Bohrung geführt werden. Nötigenfalls kann der Zylinder vorsichtig mit einem weichen Hammer heruntergeklopft werden – mit zu viel Gewalt würden der Kolben und/oder die Ringe beschädigt. Entfernen Sie ggf. das Kolbenring-Spannband, wenn alle Ringe im Zylinder stecken.

15 Wenn der Kolben etwa bis zur Hälfte im Zylinder steckt, kann dieser auf die Fußdichtung gedrückt werden.

16 Installieren Sie die Schraube außen am Kettenschacht, aber ziehen Sie sie zunächst nur handfest an (siehe Abbildung 15.2).

17 Montieren Sie den Zylinderkopf (siehe Sektion 12), und ziehen Sie zum Schluss die Zylinderfußschraube sorgfältig an.

16 Kolben – Ausbau, Kontrolle und Einbau

Anmerkung: *Der Kolben kann bei eingebautem Motor demontiert werden.*

Ausbau

1 Entfernen Sie den Zylinder (siehe Sektion 15). Falls noch nicht erledigt, müssen saubere Lappen um die Pleuel in die Motorgehäusebohrungen gesteckt werden, um das Herunterfallen von Sicherungsringen oder anderen Teilen in das Gehäuse zu verhindern. Bevor der Kolben ausgebaut wird, muss seine Einbaurichtung festgestellt werden. Auf dem Kolbenboden befindet sich ein Pfeil, der wahrscheinlich erst nach dem Entfernen der Ablagerungen sichtbar wird (siehe Abbildung).

2 Bauen Sie vorsichtig mit einer Spitzzange oder einem kleinen Schraubenzieher, den Sie in die Nut einführen, auf einer Seite des Kolbens den Sicherungsring aus (siehe Abbildung). Drücken Sie von der anderen Seite den Kolbenbolzen heraus, und nehmen Sie den Kolben vom Pleuel. Entfernen Sie auch den anderen Sicherungsring, da beim Einbau immer zwei neue Ringe verwendet werden müssen. Nötigenfalls kann der Kolbenbolzen mit einer Steckschlüssel-Verlängerung herausgedrückt werden.

Um den Sicherungsring nicht davonfliegen oder ins Motorgehäuse fallen zu lassen, wird ein Schraubendreher oder eine Stange mit einem größeren Durchmesser als die Ringöffnung eingeschoben – so bleibt der Ring darauf gefangen.

Sitzt der Kolbenbolzen fest im Kolben, kann vorsichtiges Erhitzen mit einem Heißluftgebläse die Bohrungen weiten, sodass sich der Bolzen löst.

Kontrolle

3 Zunächst muss der Kolben gereinigt und von den Kolbenringen befreit werden. Wenn der Zylinder aufgebohrt werden muss, kann man sich die Kontrolle des Kolbens sparen, da ein neuer zu beschaffen ist. Alle drei Kolbenringe können von Hand entfernt werden, bei den beiden Kompressionsringen kann auch eine Kolbenringzange zum Einsatz kommen – beim Ölring jedoch nicht (siehe Abbildung). Beim Ausbau darf der Kolben nicht eingeschnitten oder eingekerbt werden. Beachten Sie genau die Einbaulage der einzelnen Ringe, wenn Sie sie wiederverwenden wollen. Die Oberseiten aller Ringe sind an einem Ende markiert.

4 Schaben Sie die Ölkohle vom Kolbenboden. Eine weiche Drahtbürste oder feines Schmirgelleinen können zur Nacharbeit verwendet werden. Benutzen Sie keinesfalls einen Drahtbürstenaufsatz auf einer Bohrmaschine, denn das Kolbenmaterial ist sehr weich und würde abgetragen werden.

5 Die Kolbenring-Nuten können mit einem Spezialwerkzeug, aber auch mit einem abgebrochenen Stück eines alten Kolbenringes von Kohleresten befreit werden. Seien Sie vorsichtig, dass kein Kolben-Metall entfernt wird oder die Seiten der Nut eingeschnitten oder eingekerbt werden. Wenn die Kohleablagerungen entfernt sind, wird der Kolben mit Lösungsmittel gereinigt und anschließend getrocknet.

6 Begutachten Sie den Kolben sorgfältig auf Brüche am Hemd, an den Bolzenaugen und um die Kolbenringnuten. Normaler Kolbenverschleiß zeigt sich in vertikalen Spuren auf der Lauffläche und leichtem Spiel des oberen Kolbenringes in seiner Nut. Wenn das Hemd Klemm- oder Fressspuren zeigt, kann der Motor an Überhitzung gelitten haben, und/oder eine unnormale Verbrennung sorgte für extrem hohe Arbeitstemperatur. Überprüfen Sie außerdem, ob die Nuten der Sicherungsringe nicht beschädigt sind.

7 Ein Loch im Kolbenboden ist ein Zeichen für abnormale Verbrennung (durch Frühzündung). Verbrannte Stellen am Rand des Bodens weisen auf Klingeln oder Klopfen hin. Wenn eines dieser Probleme existiert, müssen die Gründe beseitigt werden, damit die Schäden nicht erneut auftreten.

8 Kontrollieren Sie das Spiel zwischen Kolben und Zylinder durch Vermessen des Zylinders (siehe Sektion 15) und des Kolbendurchmessers. Messen Sie den Kolben 25 mm unterhalb der Kolbenbolzenbohrung und 90° zum Kolbenbolzen am Kolbenhemd (siehe Abbildung). Ziehen Sie den Kolbendurchmesser vom Zylinderdurchmesser ab, und errechnen

2C

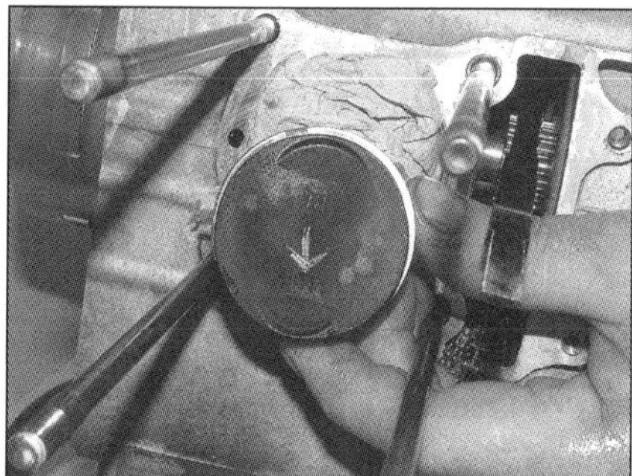
16.1 Markieren Sie den Kolben vor dem Ausbau.

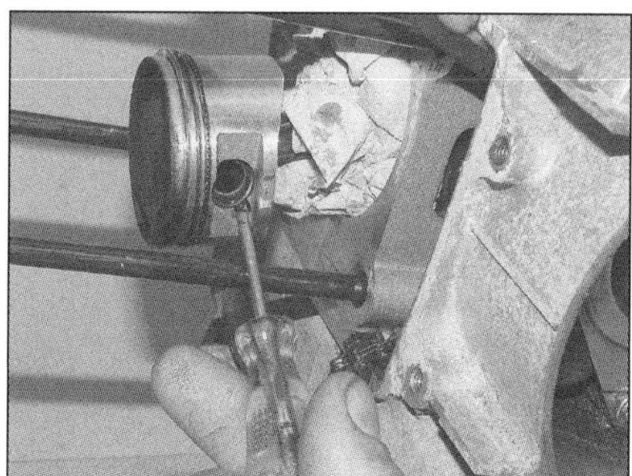
16.2 Hebeln Sie vorsichtig den Sicherungsring heraus.

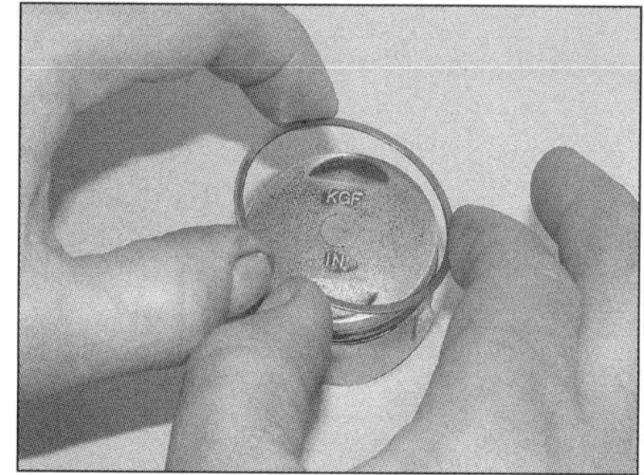

16.3 Entfernen Sie die Kolbenringe.

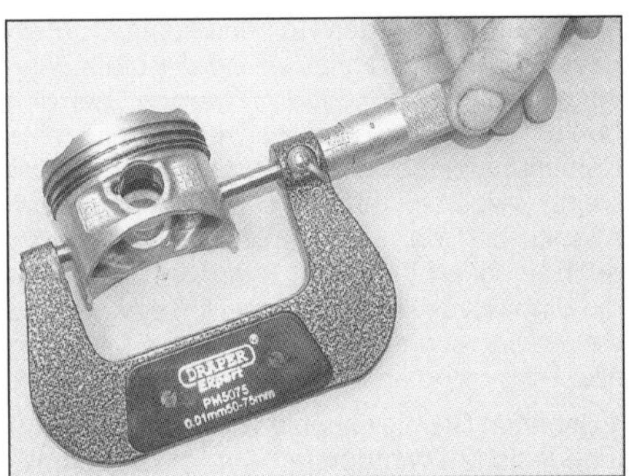

16.8 Messen Sie den Kolbendurchmesser.

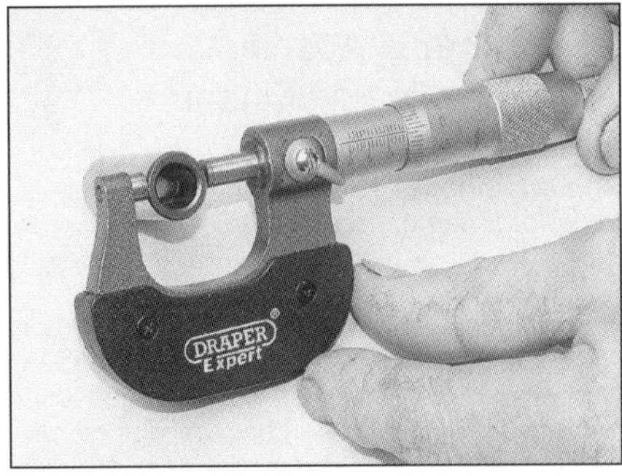

16.9a Messen Sie den Durchmesser des Kolbenbolzens an beiden Enden . . .

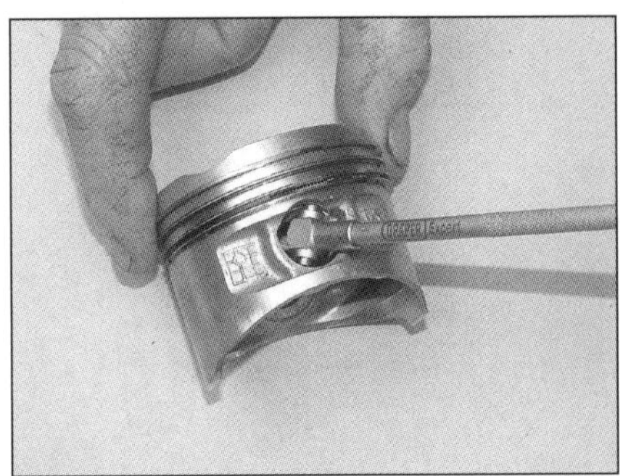

16.9b . . . sowie die Durchmesser seiner beiden Bohrungen im Kolben.

Sie das Spiel. Wenn es über dem Toleranzwert liegt, muss der Kolben ersetzt werden (vorausgesetzt, der Zylinder ist in Ordnung – ansonsten ist der Zylinder zu ersetzen oder aufzubohren und ein neuer (Übermaß-) Kolben zu beschaffen).

9 Messen Sie mit exakten Messgeräten den Außendurchmesser des Kolbenbolzens und den Innendurchmesser des Kolbenbolzenauges im Kolben. Berechnen Sie die Differenz – jetzt haben Sie das Kolbenbolzenspiel im Kolben, welches mit den Toleranzwerten der technischen Daten übereinstimmen muss (siehe Abbildungen). Verschlissene Teile sind zu ersetzen.

10 Um den Verschleiß in der Kolbenbolzenlagerung zu ermitteln, sind der Kolbenbolzen in der Mitte sowie das obere Pleuelauge zu vermessen (siehe Abbildungen). Der Kolbenbolzen ist in zwei Größen (A oder B) erhältlich, und das obere Pleuellager hat die Lagergrößen I oder II – achten Sie auf Markierungen an den Bauteilen, und teilen Sie diese dem Händler beim Beschaffen von Neuteilen mit.

11 Das Spiel der Kolbenringe in ihren Nuten kann mit einer Fühlerlehre ermittelt werden (siehe Abbildung) – es darf nicht über 0,08 mm liegen. Ist das Spiel auch mit neuen Ringen zu groß, muss auch der Kolben ersetzt werden.

Einbau

12 Die Kolbenringe werden nach der Inspektion (siehe Sektion 17) montiert.

13 Schmieren Sie den Kolbenbolzen, seine Bohrungen im Kolben und das obere Pleuelauge mit Motoröl. Installieren Sie einen neuen Sicherungsring in eine Seite des Kolbens – gebrauchte Ringe dürfen nicht wiederverwendet werden. Bringen Sie den mit dem Pfeil zum Auslass ausgerichteten Kolben in Flucht zum Pleuelauge, und schieben Sie den Kolbenbolzen von der anderen Seite her ein (siehe Abbildungen). Sichern Sie den Kolbenbolzen mit dem zweiten neuen Sicherungsring. Die Sicherungsringe dürfen beim Einbau nicht stärker als nötig zusammengedrückt werden, zudem darf ihre Öffnung nicht in der Ausbau-Nut liegen (siehe Abbildung).

14 Montieren Sie den Zylinder (Sektion 15).

17 Kolbenringe
Kontrolle und Einbau

1 Bei jeder Motorüberholung sollten neue Kolbenringe montiert werden. Vor dem Einbau ist ihr Stoßspiel zu überprüfen.

2 Der obere Ring wird von unten in den Zylinder geschoben und mit dem Kolben etwa 20 mm oberhalb des unteren Zylinderrandes in eine senkrechte Position gebracht. Der Abstand der Enden wird jetzt mit einer Fühlerlehre ermittelt und der Wert mit den Angaben in den technischen Daten verglichen (siehe Abbildung).

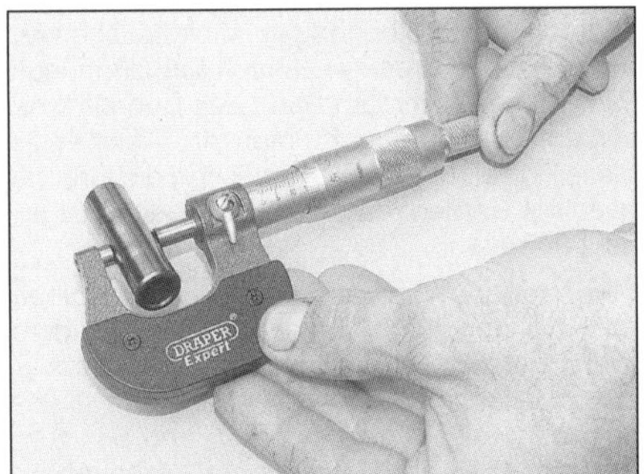

16.10a Messen Sie den Kolbenbolzen-Durchmesser in der Mitte . . .

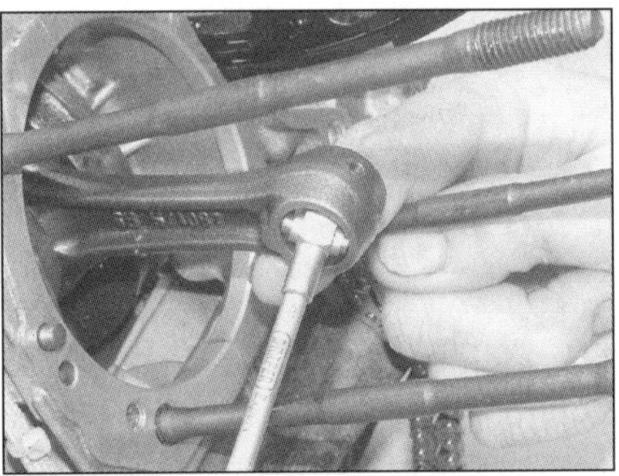

16.10b . . . und den Durchmesser des oberen Pleuelauges.

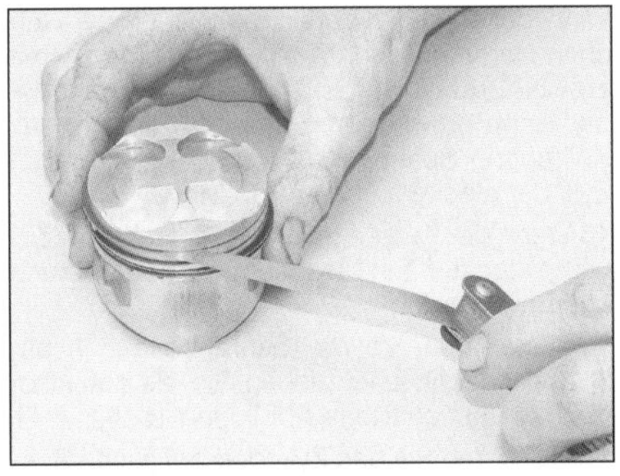

16.11 Messen Sie das Spiel der Kolbenringe in ihren Nuten.

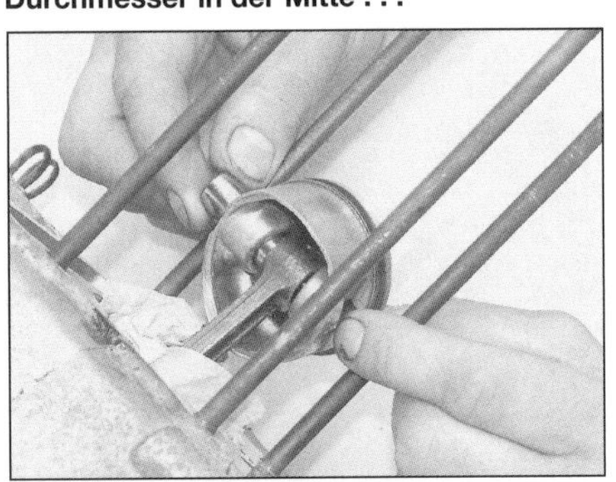

16.13a Schieben Sie den Kolbenbolzen ein, . . .

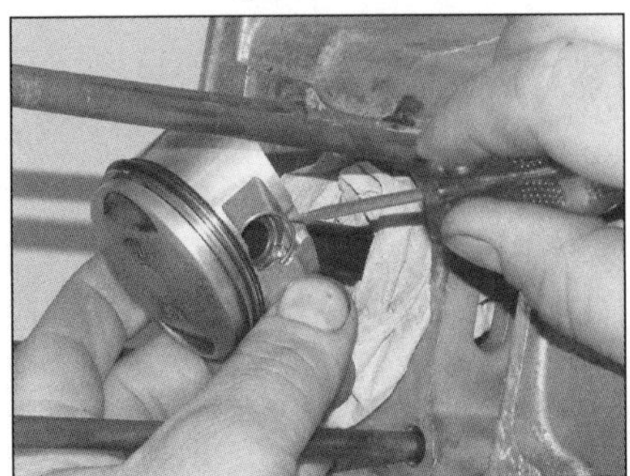

16.13b . . . und sichern Sie ihn mit einem neuen Sicherungsring.

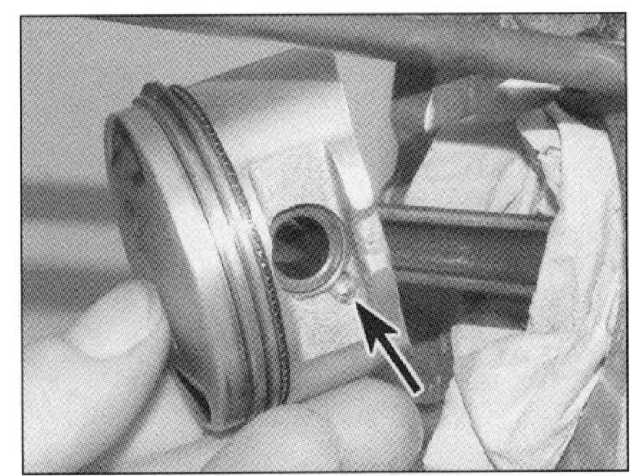

16.13c Die Öffnungen der Sicherungsringe dürfen nicht in den Nuten liegen.

17.2 **Messen Sie das Stoßspiel der eingebauten Kolbenringe.**

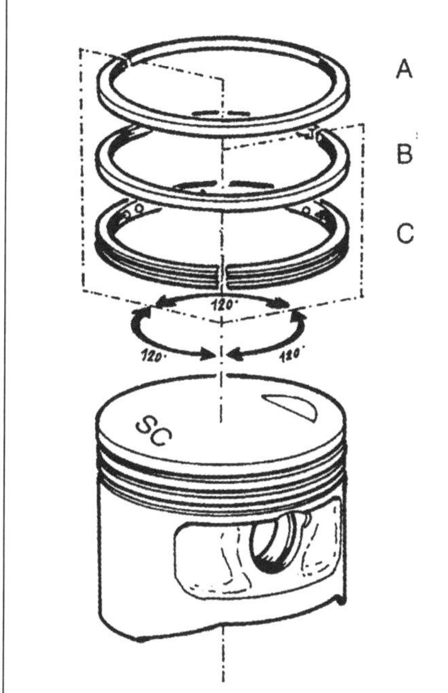

17.8 Die Ring-Öffnungen müssen 120° zueinander positioniert sein.
A Oberer Kompressionsring
B Zweiter Kompressionsring
C Ölring

3 Entspricht das Stoßspiel nicht den Vorgaben, muss geprüft werden, ob man die richtigen Ringe beschafft hat.

4 Übermäßiges Spiel (bis zur Verschleißgrenze) ist nicht so schlimm wie ein zu geringer Abstand, da dieser im Betrieb zu schweren Schäden führen kann.

5 Wiederholen Sie die Messung mit den anderen zwei Ringen.

6 Wenn das Stoßspiel in Ordnung ist, werden die Ringe an den Kolben montiert.

7 Der untere Ring (Ölring) wird zuerst in die untere Kolbennut montiert – dabei darf er nicht übermäßig gespreizt werden. Die Oberseiten der Kompressionsringe (die auch mit einer Kolbenringzange eingebaut werden können) sind an einem Ende mit einem Buchstaben markiert – montieren Sie zuerst den (mittleren) zweiten Kompressionsring und dann den oberen Ring.

8 Wenn die Ringe korrekt installiert sind, wird kontrolliert, ob sie sich frei bewegen lassen. Richten Sie die Ringöffnungen etwa 120° zueinander aus (siehe Abbildung).

18 Kühlventilator
Ausbau und Einbau

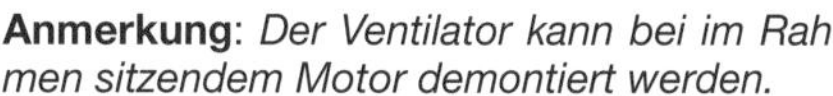

Anmerkung: *Der Ventilator kann bei im Rahmen sitzendem Motor demontiert werden.*

Ausbau

1 Entfernen Sie an der rechten Motorseite entsprechende Verkleidungsteile (Kapitel 7).

2 Lösen Sie die sechs Schrauben des Lichtmaschinendeckels, und entfernen Sie diesen (siehe Abbildung 7.2).

3 Lösen Sie die drei Schrauben, die den Ventilator am Lichtmaschinenrotor sichern, und nehmen Sie diesen ab (siehe Abbildung 11.4 in Kapitel 2A).

Einbau

4 Der Einbau entspricht der umgekehrten Ausbaureihenfolge.

19 Lichtmaschinenrotor und Stator
Ausbau und Einbau

Anmerkung: *Die Lichtmaschine kann bei im Rahmen sitzendem Motor demontiert werden.*

1 Entfernen Sie den Kühlventilator (Sektion 18).

2 Ausbau, Kontrolle und Einbau der Lichtmaschine entsprechen den Arbeiten an Zweitaktmotoren – beachten Sie dazu die Sektion 12 in Kapitel 2A.

20 Anlasserfreilauf
Ausbau, Kontrolle, Einbau

Anmerkung: *Der Anlasserfreilauf kann bei im Rahmen sitzendem Motor demontiert werden.*

1 Ausbau, Kontrolle und Einbau des Anlasserfreilaufs entsprechen den Arbeiten an Zweitaktmotoren – nur sitzt der Anlasser hier nicht unten, sondern oben im Motorgehäuse (siehe Abbildung). Beachten Sie dazu die Sektion 13 in Kapitel 2A.

21 Ölpumpe und Überdruckventil – Ausbau, Kontrolle und Einbau

Anmerkung: *Die Ölpumpe und das Überdruckventil können bei im Rahmen sitzendem Motor demontiert werden.*

Ölpumpe

Ausbau

1 Entfernen Sie das Luftfiltergehäuse (siehe Kapitel 4).

2 Entfernen Sie den Keilriemenantrieb (siehe Kapitel 2G).

3 Lösen Sie die drei Schrauben der Abdeckung des Ölpumpenantriebs, und entfernen Sie diese (siehe Abbildung). Die Deckeldichtung muss später durch ein Neuteil ersetzt werden.

20.1 Entfernen Sie den Anlasserfreilauf.

21.3 Der Deckel ist mit drei Schrauben gesichert.

4 Lösen Sie die Schrauben des Ölwannendeckels, und entfernen Sie diesen (siehe Abbildung).

5 Lösen Sie die Schrauben der Ölpumpenritzel-Abdeckung, und entfernen Sie diese unter Beachtung ihrer Einbaulage (siehe Abbildung).

6 Stecken Sie zum Blockieren einen Dorn oder Schraubendreher durch eine der Bohrungen im Ölpumpenritzel, und lösen Sie die Ritzelschraube (siehe Abbildung).

7 Ziehen Sie das Ritzel von der Pumpe, und befreien Sie es aus der Kette (siehe Abbildung). Ziehen Sie die Kette nötigenfalls nach oben ins Antriebsgehäuse, und heben Sie sie vom Antriebsritzel (siehe Abbildung). Ziehen Sie dann das Ritzel von der Kurbelwelle (siehe Abbildung).

8 Lösen Sie die zwei Schrauben der Ölpumpe, und entfernen Sie diese (siehe Abbildung) – die dahinter liegende Dichtung muss später durch ein Neuteil ersetzt werden.

Kontrolle

9 Lösen Sie die zwei Schrauben des Pumpendeckels, und nehmen Sie diesen ab (siehe Abbildungen).

10 Reinigen Sie die Pumpe mit Lösungsmittel, und inspizieren Sie die inneren Bauteile auf Schäden und Verschleiß. Einzelteile der Ölpumpe sind nicht erhältlich, sodass bei einem Defekt die ganze Pumpe ausgetauscht werden muss. Trocknen Sie die Pumpenteile mit Druckluft.

11 Messen Sie mit einer Fühlerlehre das Spiel zwischen den Spitzen des Innenrotors und der Wandung des Außenrotors (siehe Abbildung) – liegt es über 0,12 mm, muss die Pumpe ersetzt werden.

12 Messen Sie mit einer Fühlerlehre das Spiel zwischen dem Außenrotor und dem Pumpengehäuse (siehe Abbildung 21.11) – bei über 0,20 mm muss die Pumpe ersetzt werden.

21.4 Der Pumpendeckel ist mit sechs Schrauben gesichert.

21.5 Die Pumpenritzelplatte ist mit zwei Schrauben gesichert.

21.6 Blockieren Sie das Ritzel durch eines der Löcher, und lösen Sie die Ritzelschraube.

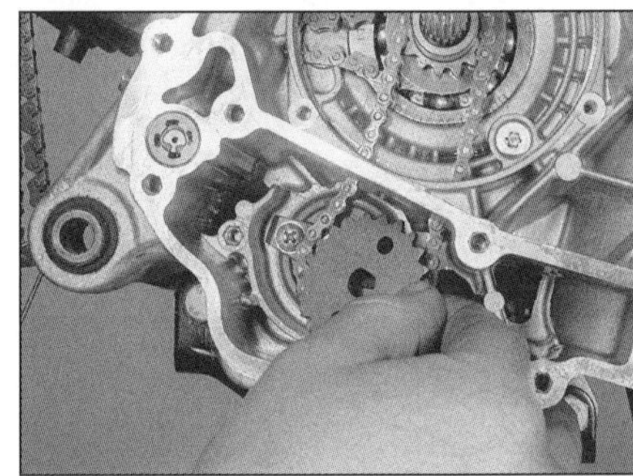

21.7a Entfernen Sie das Pumpenritzel, . . .

21.7b . . . die Kette . . .

21.7c . . . und das Antriebsritzel.

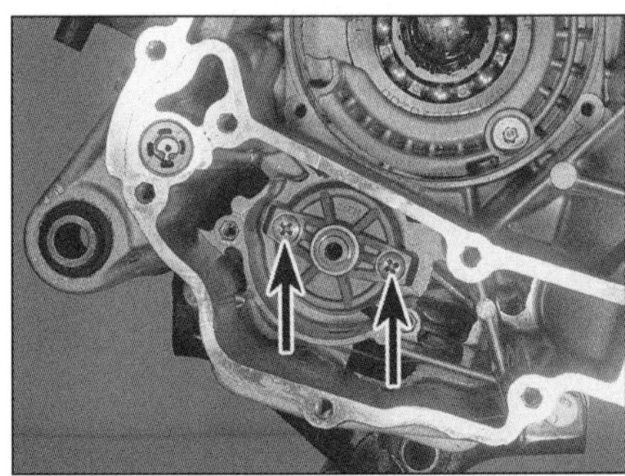

21.8 Die Ölpumpe ist mit zwei Schrauben gesichert.

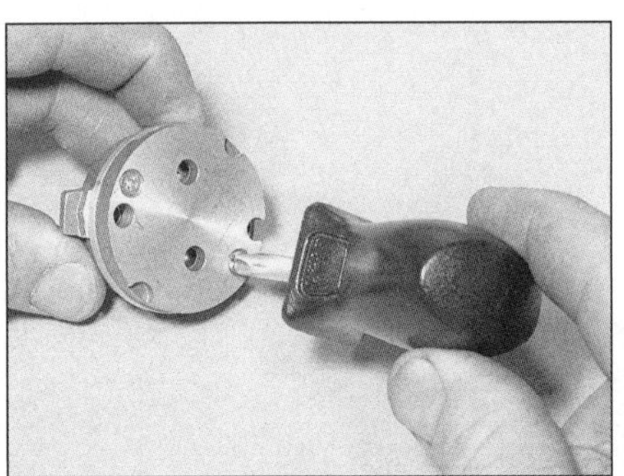

21.9a Lösen Sie die Schrauben, . . .

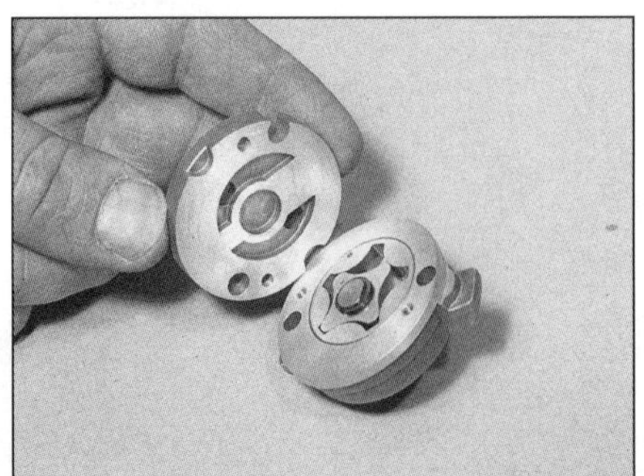

21.9b . . . und heben Sie den Pumpendeckel ab.

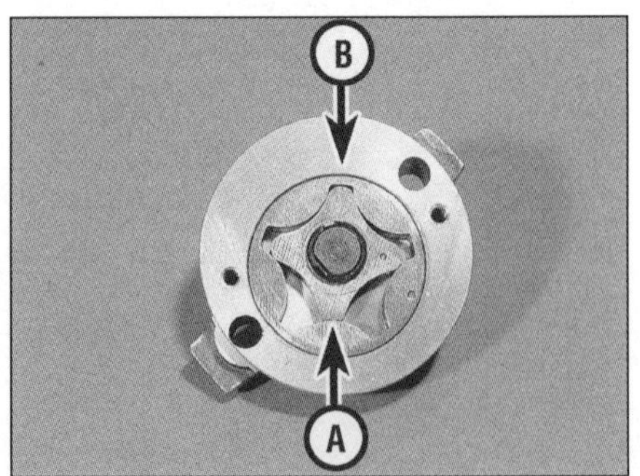

21.11 Messen Sie das Spiel zwischen Innenrotor und Außenrotor (A) sowie zwischen Außenrotor und Gehäuse (B).

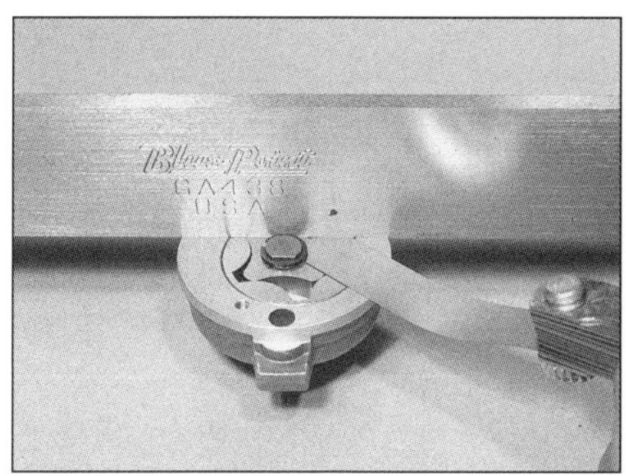

21.13 **Messen Sie das Axialspiel der Pumpenrotoren.**

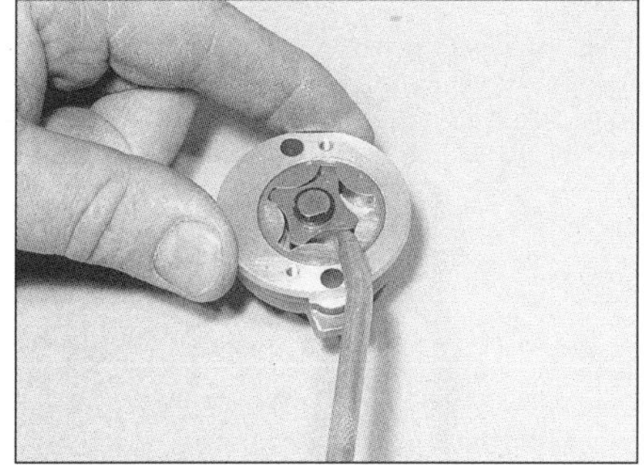

21.15 **Schmieren Sie die Ölpumpe mit frischem Motoröl.**

21.18 **Legen Sie eine neue Dichtung auf.**

21.19a **Installieren Sie die Pumpe, . . .**

21.19b **. . . und ziehen Sie ihre Schrauben mit 5,5 Nm an.**

21.21a **Legen Sie das Ritzel auf, und installieren Sie die Schraube, . . .**

13 Legen Sie einen Richtwinkel über die Rotoren und das Pumpengehäuse, und messen Sie mit einer Fühlerlehre das Axialspiel der Rotoren (also den Abstand der Rotoren zum Richtwinkel) (siehe Abbildung) – liegt es über 0,09 mm, muss die Pumpe ersetzt werden.

14 Überprüfen Sie die Kette und die Ritzel auf Risse, Brüche und ausgebrochene Zähne – ersetzen Sie gegebenenfalls alles als Satz.

15 Ist die Pumpe in Ordnung, müssen alle Bauteile sorgfältig gereinigt und mit frischem Motoröl geschmiert werden (siehe Abbildung).

16 Setzen Sie den Ölpumpendeckel auf (er kann nur in einer Position montiert werden), und ziehen Sie sorgfältig seine Schrauben an (siehe Abbildungen 21.9b und a).

17 Drehen Sie die Pumpenwelle von Hand, um zu prüfen, ob sich die Rotoren freigängig sind.

Einbau

18 Legen Sie eine neue Ölpumpendichtung zu den Bohrungen fluchtend auf das Motorgehäuse (siehe Abbildung).

19 Installieren Sie die Pumpe (sie kann nur in einer Position montiert werden), und ziehen Sie die Schrauben mit 5,5 Nm an – Piaggio weist darauf hin, dass die Einhaltung dieses Anzugsdrehmoments sehr wichtig ist (siehe Abbildungen).

20 Schieben Sie das Antriebsritzel mit dem Bund nach außen auf die Kurbelwelle (siehe Abbildung 21.7c). Legen Sie die Antriebskette darum, und führen Sie sie in die Ölwanne durch (siehe Abbildung 21.7b).

21 Legen Sie das Ölpumpenritzel in die Kette (siehe Abbildung 21.7a), und schieben Sie es korrekt ausgerichtet auf die Pumpe (siehe Abbildung). Installieren Sie die Ritzelschraube, blockieren Sie das Ritzel wie beim Ausbau, und ziehen Sie die Schraube mit 13 Nm an (siehe Abbildung).

22 Installieren Sie die Ölpumpenritzel-Abdeckung, und ziehen Sie die Schrauben sorgfältig an (siehe Abbildung).

23 Befreien Sie die Dichtflächen des Ölwannendeckels und des Motorgehäuses von alten Dichtungsresten (nötigenfalls vorsichtig mit einem Schaber) und reinigen Sie sie.

21.21b **. . . ziehen Sie diese mit 13 Nm an.**

21.22 **Installieren Sie die Ritzelplatte.**

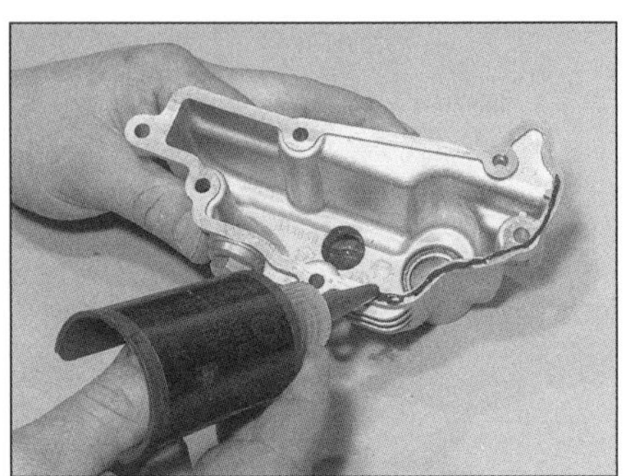

21.24a Tragen Sie sparsam Dichtmasse auf, . . .

21.24b . . . setzen Sie den Ölwannendeckel an, . . .

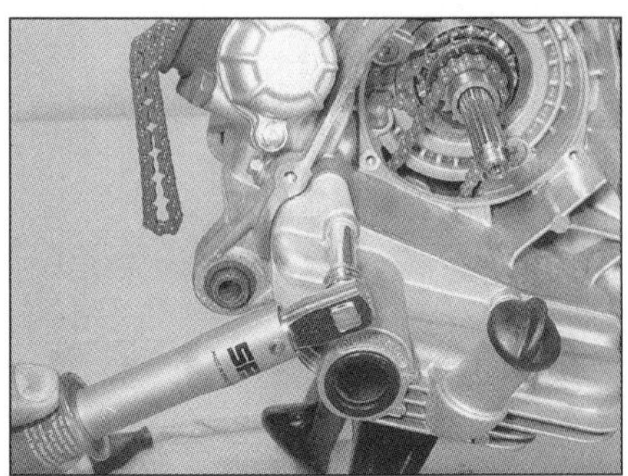

21.24c . . . und ziehen Sie seine Schrauben mit 12 Nm an.

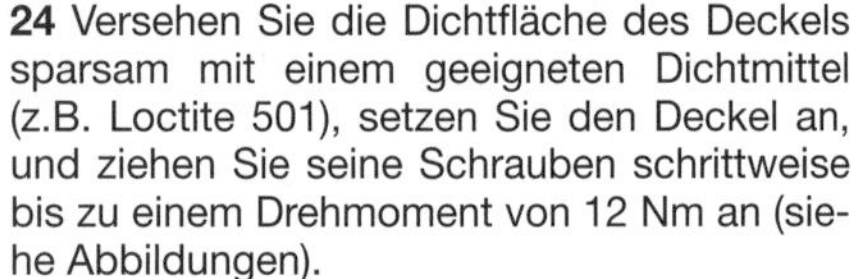

24 Versehen Sie die Dichtfläche des Deckels sparsam mit einem geeigneten Dichtmittel (z.B. Loctite 501), setzen Sie den Deckel an, und ziehen Sie seine Schrauben schrittweise bis zu einem Drehmoment von 12 Nm an (siehe Abbildungen).

25 Ersetzen Sie den O-Ring der Abdeckung des Ölpumpenantriebs – wenn die darin befindliche Kettenführung beschädigt ist, muss auch die Abdeckung ersetzt werden (siehe Abbildung). Installieren Sie die Abdeckung mit der Abflachung nach unten – die Kette muss korrekt um den Führungsschuh liegen. Ziehen Sie die Schrauben sorgfältig an (siehe Abbildung).

26 Installieren Sie den Keilriemenantrieb (siehe Kapitel 2G).

27 Montieren Sie das Luftfiltergehäuse (siehe Kapitel 4).

28 Füllen Sie Motoröl auf, starten Sie den Motor, und kontrollieren Sie den Bereich um die Ölwanne auf Lecks.

Überdruckventil

Ausbau

29 Entfernen Sie das Luftfiltergehäuse (siehe Kapitel 4).

30 Entfernen Sie die Riemenabdeckung (siehe Kapitel 2G)

31 Lösen Sie die Schrauben des Ölwannendeckels, und entfernen Sie diesen (siehe Abbildung 21.4).

32 Das Ventil ist in das Motorgehäuse gedrückt (siehe Abbildung). Nachdem es herausgezogen wurde, ist der O-Ring zu ersetzen.

Kontrolle

33 Drücken Sie von innen gegen die Kugel und den Kolben. Beide Teile müssen sich frei und sanft gegen den Federdruck bewegen können – ansonsten ist das gesamte Überdruckventil zu ersetzen, da keine Einzelteile erhältlich sind.

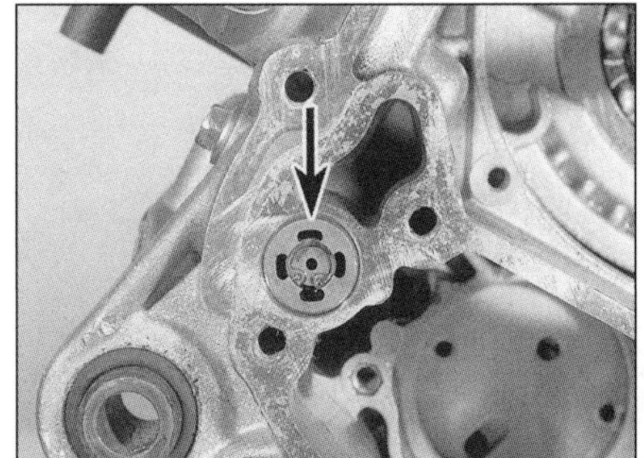

21.32 Öl-Überdruckventil

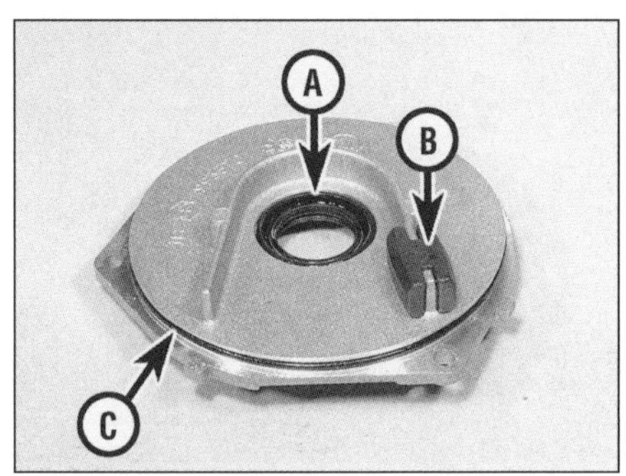

21.25a Ersetzen Sie ggf. den Dichtring (A) und die Kettenführung (B). Rüsten Sie den Deckel mit einem neuen O-Ring (C) aus.

34 Entfernen Sie vorsichtig den Seegerring außen am Ventil (das unter Federdruck steht). Ziehen Sie die Scheibe, die Feder, den Kolben und die Kugel heraus (siehe Abbildung). Inspizieren Sie alle Teile auf Verschleiß, und ersetzen Sie gegebenenfalls das Ventil.

35 Messen Sie die freie Länge der Feder – ist sie kürzer als 14 mm, muss das Ventil ersetzt werden.

Einbau

36 Stecken Sie die Kugel, den Kolben, die Feder und die Scheibe in das Ventilgehäuse, und sichern Sie alles mit dem Seegerring.

37 Benetzen Sie den neuen O-Ring mit frischem Motoröl, und installieren Sie ihn über die Nut des Ventilgehäuses. Drücken Sie das Ventil in seine Bohrung im Motorgehäuse (siehe Abbildung 21.32).

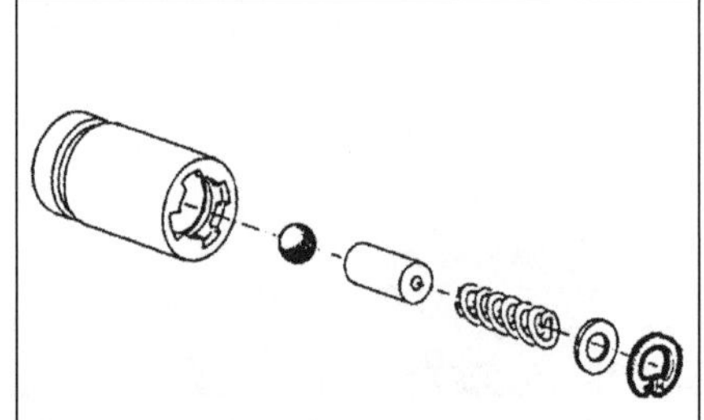

21.34 Bauteile des Überdruckventils

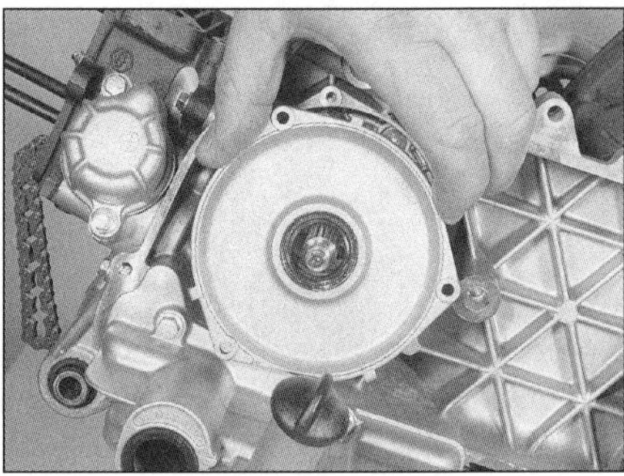

21.25b Installieren Sie den Deckel mit der abgeflachten Seite nach unten.

38 Versehen Sie die Dichtfläche des Ölwannendeckels sparsam mit einem geeigneten Dichtmittel (z.B. Loctite 501), setzen Sie den Deckel an, und ziehen Sie seine Schrauben schrittweise bis zu einem Drehmoment von 12 Nm an (siehe Abbildungen 21.24a, b und c).

39 Montieren Sie die Riemenabdeckung (siehe Kapitel 2G), und installieren Sie das Luftfiltergehäuse (siehe Kapitel 4).

22 Motorgehäusehälften, Kurbelwelle und Pleuel

Anmerkung: *Zum Trennen des Motorgehäuses muss die Antriebseinheit aus dem Fahrzeug gebaut werden.*

Trennen

1 Um Zugang zur Kurbelwelle und den Hauptlagern zu erhalten, muss das Antriebsgehäuse getrennt werden.

2 Um das Antriebsgehäuse trennen zu können, muss es aus dem Fahrzeug gebaut werden (siehe Sektion 5). Vor dem Trennen sind folgende Baugruppen zu demontieren:

- *a) Steuerkette samt Schienen und Ritzel (Sektion 10)*
- *b) Zylinderkopf (Sektion 12)*
- *c) Zylinder (Sektion 15)*
- *d) Lichtmaschinenrotor und Stator (Sektion 19)*
- *e) Riemenautomatik (Kapitel 2G)*
- *f) Anlasser (Kapitel 9)*
- *g) Ölpumpe (Sektion 21)*

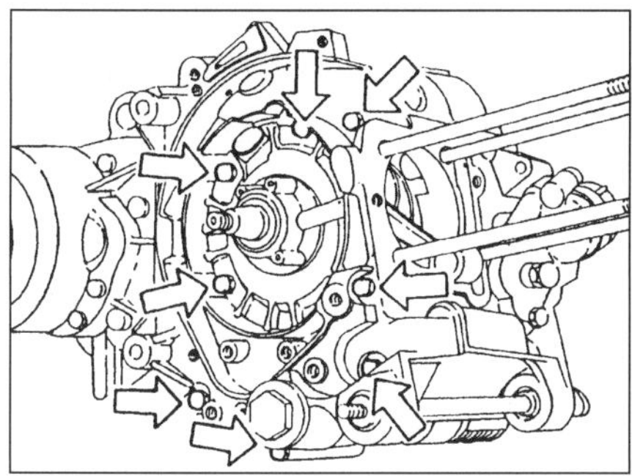
22.3 Lage der Motorgehäuseschrauben

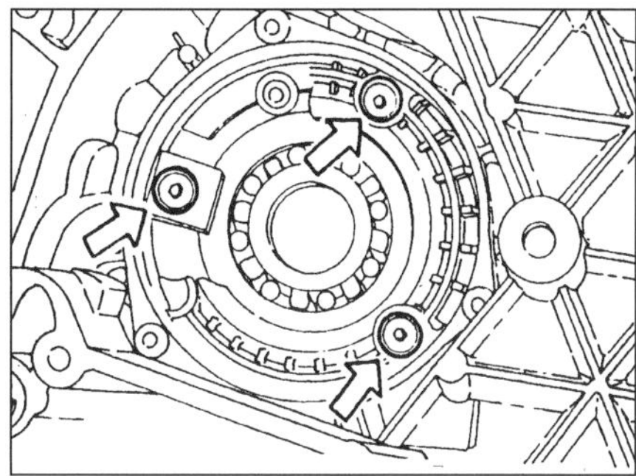
22.5 Schrauben des linken Lagersicherungs-Blechs

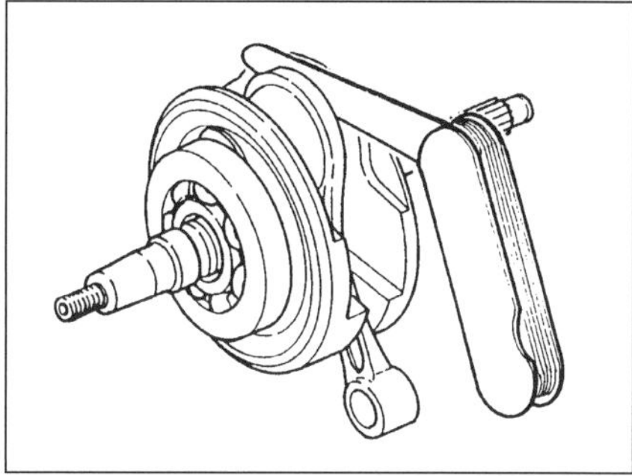
22.7 Prüfen Sie das Axialspiel des Pleuels auf dem Hubzapfen.

3 Lösen Sie schrittweise und über Kreuz die acht Schrauben des Antriebsgehäuses, bis alle locker sind – entfernen Sie sie dann (siehe Abbildung). Heben Sie vorsichtig die rechte Gehäusehälfte von der linken. Heben Sie die Kurbelwelle aus der linken Gehäusehälfte.

4 Entfernen Sie die Simmerringe aus beiden Gehäusehälften, nachdem Sie sich die Einbaulagen notiert haben.

Kontrolle

5 Kontrollieren Sie die Kurbelwellen-Hauptlager. Das rechte Hauptlager wird auf der Kurbelwelle sitzen, während das linke in der Gehäusehälfte verbleibt. Beide Lager müssen sich frei drehen und geräuschlos laufen – bei jedem Zweifel sind die Lager zu ersetzen (neue Kugellager sind nicht teuer). Das rechte Lager kann mit einem Abzieher von der Kurbelwelle gezogen werden. Vor der Demontage des linken Lagers müssen die drei Schrauben der Lagersicherung gelöst und diese vom Motorgehäuse getrennt werden (siehe Abbildung). Treiben Sie das Lager mit einem geeigneten Werkzeug aus dem Gehäuse – erhitzen Sie dieses nötigenfalls mit einem Heißluftgebläse, um den Ausbau zu erleichtern.

6 Kontrollieren Sie alle Bauteile wie in Sektion 15 von Kapitel 2A beschrieben – die Kurbelwelle darf einen maximalen Unrundlauf von 0,06 mm haben.

7 Prüfen Sie das Axialspiel des Pleuels mit einer Fühlerlehre (siehe Abbildung) – bei mehr als 0,5 mm Spiel ist die Kurbelwelle durch ein Neuteil zu ersetzen.

Zusammenbau

8 Rüsten Sie die Gehäusehälften mit neuen Dichtringen aus, und treiben Sie sie mit einem geeigneten Werkzeug (z.B. einer Steckschlüsselnuss), das nur den Außenrand berührt, senkrecht bis in die zuvor notierte Position.

9 Bevor das rechte Hauptlager auf die Kurbelwelle geschoben wird, sollte es mit einem Heißluftgebläse oder in einem Ölbad auf ca. 120 °C erhitzt werden, dann wird es mit einem geeigneten Rohr, das nur den Innenring berührt, auf die Welle getrieben (siehe Abbildung 15.16 in Kapitel 2A). Schläge auf den Außenring würden ein Lager zerstören! Vor dem Eintreiben des linken Lagers in seinen Sitz in der Gehäusehälfte muss diese ebenfalls mit einem Heißluftgebläse erhitzt werden. Das Lager darf nur mit einem Werkzeug, das den Außenring berührt, in seinen Sitz getrieben werden. Montieren Sie die Lagersicherung (dies geht nur in einer Position), und ziehen Sie die zuvor mit Gewindesicherung versehenen Schrauben sorgfältig an.

10 Falls noch nicht geschehen, müssen die Dichtflächen beider Gehäusehälften von allen Dichtungsresten befreit werden. Entfetten Sie mit einem lösungsmittelgetränkten Tuch die Dichtflächen beider Gehäusehälften.

11 Schmieren Sie alle Lager der Kurbelwelle mit frischem Motoröl, und stecken Sie die Welle in die linke Gehäusehälfte – das Pleuel muss dabei aus der Zylinderöffnung schauen. Versehen Sie beide Dichtflächen sparsam mit geeigneter Dichtmasse. Führen Sie die rechte Gehäusehälfte über die Kurbelwelle, und pressen Sie sie über das rechte Hauptlager. Das Aufpressen kann mit einem weichen Hammer vorsichtig unterstützt werden, doch darf hierbei keine Gewalt angewendet werden. **Anmerkung:** *Wenn die Gehäusehälften sich nicht zusammendrücken lassen, muss die rechte Gehäusehälfte demontiert und das Problem behoben werden. Es darf nicht versucht werden, die Hälften mit den Gehäuseschrauben zusammenzuziehen – dies würde das Gehäuse zerstören!*

12 Reinigen Sie die Gewinde der Gehäuseschrauben, und ziehen Sie sie zunächst nur handfest an. Ziehen Sie sie dann gleichmäßig und schrittweise über Kreuz bis zum vorgeschriebenen Drehmoment von 11 bis 13 Nm an – nach dem endgültigen Anziehen muss sich die Kurbelwelle frei drehen lassen.

13 Installieren Sie alle demontierten Bauteile entgegen der Ausbaureihenfolge (Schritt 2).

23 Erstinbetriebnahme nach Motorüberholung

1 Der Pegel des Motoröls muss korrekt sein (siehe Tägliche Kontrollen).

2 Im Kraftstofftank muss sich Benzin befinden.

3 Bei ausgeschalteter Zündung wird mehrmals der Kickstarter betätigt, um sicherzustellen, dass sich der Motor leicht durchdrehen lässt.

4 Schalten Sie die Zündung ein, starten Sie den Motor, und lassen Sie ihn bei Standgas Betriebstemperatur erreichen. Übermäßiger Rauch aus dem Auspuff ist normal, da das beim Montieren eingesetzte Öl verbrennt. Dies muss sich mit der Zeit geben.

5 Will der Motor nicht anspringen, muss die Zündkerze ausgeschraubt und untersucht werden, ob sie verölt ist. Nach dem Reinigen wird der Startversuch wiederholt. Springt der Motor immer noch nicht an, muss anhand der Fehlersuch-Tabellen am Ende dieses Buches das Problem gefunden und beseitigt werden.

6 Kontrollieren Sie sorgfältig alles auf austretendes Öl. Der Antrieb und besonders die Bremsen müssen korrekt funktionieren, bevor das Fahrzeug getestet wird. Beachten Sie die folgende Sektion.

7 Nachdem der Motor wieder abgekühlt ist, werden das Ventilspiel (siehe Kapitel 1) und der Ölpegel kontrolliert (siehe Tägliche Kontrollen).

24 Empfohlene Einfahrhinweise

1 Auf den ersten Kilometern muss der Motor äußerst vorsichtig behandelt werden, da sich neue Komponenten erst »setzen« müssen.

2 Wurde der Zylinder aufgebohrt und/oder die Kurbelwelle erneuert, ist das Fahrzeug wie eine Neumaschine zu behandeln. Die ersten 1000 km sollte also nur mit vorsichtiger Gashand gefahren werden, sodass der Motor nicht unter Volllast arbeiten muss. Beim Einfahren empfehlen sich wechselnde Drehzahlen und nur 80% der Höchstgeschwindigkeit. Wer seinen Roller kennt und ihn sensibel behandelt, merkt, wann der Motor frei läuft und wieder mit Vollgas betrieben werden kann.

3 Wird ein Defekt im Schmiersystem vermutet, muss der Motor unverzüglich ausgeschaltet werden, um nach dem Grund des Problems zu suchen. Wenn ein Motorroller auch nur kurze Zeit ohne Öl gefahren wird, entstehen schwerste Motorschäden.

Kapitel 2D
Luftgekühlte Viertaktmotoren (Vespa ET4 50, Liberty 50 4T, Zip 50/100 4T, Fly 50/100 4T, Vespa LX4 50)

Details zur Modell-Identifikation finden sich am Anfang von Kapitel 1

Inhalt

Schwierigkeitsgrade

Leicht. Für Anfänger mit wenig Erfahrung geeignet 	**Relativ leicht.** Für Anfänger mit etwas Erfahrung geeignet 	**Relativ schwierig.** Geeignet für geübte Selbstschrauber 	**Schwer.** Geeignet für Selbstschrauber mit viel Erfahrung	**Sehr schwer.** Geeignet nur für Experten und Profis 

2D

Technische Daten

Allgemein

Typ	Einzylinder-Viertaktmotor
Hubraum	
50 cm³-Motoren	49,9 cm³
100 cm³-Motoren	96,2 cm³
Bohrung	
50 cm³-Motoren	39,0 mm
100 cm³-Motoren	50,0 mm
Hub	
50 cm³-Motoren	41,8 mm
100 cm³-Motoren	49,0 mm
Verdichtungsverhältnis	
50 cm³-Motoren	11,5 bis 12,0 : 1
100 cm³-Motoren	10,5 bis 11,5 : 1

Nockenwelle

Höhe Einlass- und Auslass-Nocken	25,935 mm
Linker Lagerzapfen-Durchmesser	
Standard	12,002 bis 12,010 mm
Verschleißgrenze (min.)	11,98 mm
Rechter Lagerzapfen-Durchmesser	
Standard	15,977 bis 15,985 mm
Verschleißgrenze (min.)	15,96 mm
Nockenwellen-Axialspiel (max.)	0,50 mm

Zylinderkopf

Verzug (max.)	0,05 mm
Durchmesser linker Nockenwellen-Lagersitz	32,015 bis 32,025 mm
Durchmesser rechter Nockenwellen-Lagersitz	16,000 bis 16,018 mm
Durchmesser Kipphebelwellen-Lagersitz	11,000 bis 11,018 mm
Kipphebelwellen-Durchmesser (min.)	10,970 mm
Kipphebel-Innendurchmesser (max.)	11,030 mm

Ventile, Führungen und Federn

Ventilspiel	Siehe Kapitel 1
Einlassventil	
Gesamtlänge	70,1 mm
Schaftdurchmesser	
Standard	4,985 mm
Verschleißgrenze (min.)	4,970 mm
Ventilführungs-Durchmesser	
Standard	5,000 bis 5,012 mm
Verschleißgrenze (max.)	5,022 mm
Ventilteller-Breite	1,5 mm
Ventilsitz-Breite	1,6 mm
Auslassventil	
Gesamtlänge	69,2 mm
Schaftdurchmesser	
Standard	4,975 mm
Verschleißgrenze (min.)	4,960 mm
Ventilführungs-Durchmesser	
Standard	5,000 bis 5,012 mm
Verschleißgrenze (max.)	5,022 mm
Ventiltellersitz-Breite	1,6 mm
Ventilsitz-Breite	1,6 mm
Freie Ventilfederlänge (Einlass und Auslass)	keine Angaben

Zylinderbohrung – ET4 50, Liberty 50 4T, Zip 50 4T

Anmerkung: *Die folgenden Daten gelten für den Einführungszeitraum der Modelle ET4 50, Liberty 50 4T und Zip 50 4T. Die Daten späterer Modelle und Ersatzteile können sich unterscheiden (siehe Zylinderbohrung – Fly 50 4T, LX4 50).*

Standard	
Größenmarkierung A	38,986 bis 38,993 mm
Größenmarkierung B	38,993 bis 39,000 mm
Größenmarkierung C	39,000 bis 39,007 mm
Größenmarkierung D	39,007 bis 39,014 mm
1. Übermaß	39,186 bis 39,214 mm
2. Übermaß	39,386 bis 39,414 mm
3. Übermaß	39,586 bis 39,614 mm

Kolben – ET4 50, Liberty 50 4T, Zip 50 4T

Anmerkung: *Die folgenden Daten gelten für den Einführungszeitraum der Modelle ET4 50, Liberty 50 4T und Zip 50 4T. Die Daten späterer Modelle und Ersatzteile können sich unterscheiden (siehe Kolben – Fly 50 4T, LX4 50).*

Kolbendurchmesser (gemessen 27 mm unterhalb der Ölring-Nut und 90° zum Kolbenbolzen)	
Standard	
Größenmarkierung A	38,954 bis 38,961 mm
Größenmarkierung B	38,961 bis 38,968 mm
Größenmarkierung C	38,968 bis 38,975 mm
Größenmarkierung D	38,975 bis 38,982 mm
1. Übermaß	39,154 bis 39,182 mm
2. Übermaß	39,354 bis 39,382 mm
3. Übermaß	39,554 bis 39,582 mm
Kolbenspiel in (neuem) Zylinder	0,025 bis 0,039 mm
Kolbenbolzen-Durchmesser	
Standard	12,996 bis 13,000 mm
Verschleißgrenze (min.)	12,990 mm
Kolbenbolzenbohrung in Kolben	13,005 bis 13,010 mm

Zylinderbohrung – Fly 50 4T, LX4 50

Anmerkung: *Die folgenden Daten gelten für Originalteile der Modelle Fly 50 4T and LX4 50.*

Standard	
Größenmarkierung A	38,993 bis 39,000 mm
Größenmarkierung B	39,000 bis 39,007 mm
Größenmarkierung C	39,007 bis 39,014 mm
Größenmarkierung D	39,014 bis 39,021 mm
1. Übermaß	39,193 bis 39,221 mm
2. Übermaß	39,393 bis 39,421 mm
3. Übermaß	39,593 bis 39,621 mm

Kolben – Fly 50 4T, LX4 50

Anmerkung: *Die folgenden Daten gelten für Originalteile der Modelle Fly 50 4T and LX4 50.*

Kolbendurchmesser (gemessen 25 mm unterhalb der Ölring-Nut und 90° zum Kolbenbolzen)	
Asso-Kolben – Standard	
Größenmarkierung A	38,954 bis 38,961 mm
Größenmarkierung B	38,961 bis 38,968 mm
Größenmarkierung C (mit Asso-Zylinder)	38,968 bis 38,975 mm
Kolbenspiel in (neuem) Zylinder	0,032 bis 0,046 mm
Asso-Kolben – Standard	
Größenmarkierung C (mit Shiram-Zylinder)	38,963 bis 38,970 mm
Kolbenspiel in (neuem) Zylinder	0,037 bis 0,051 mm
Größenmarkierung D	keine Angaben
Shiram-Kolben – Standard	
Größenmarkierung A	38,949 bis 38,956 mm
Größenmarkierung B	38,956 bis 38,966 mm
Größenmarkierung C	keine Angaben
Größenmarkierung D (mit Shiram-Zylinder)	38,970 bis 38,977 mm
Kolbenspiel in (neuem) Zylinder	0,037 bis 0,051 mm
Shiram Kolben – Standard	
Größenmarkierung D (mit Asso-Zylinder)	38,975 bis 38,982 mm
Kolbenspiel in (neuem) Zylinder	0,032 bis 0,046 mm
1. Übermaß	39,154 bis 39,182 mm
2. Übermaß	39,354 bis 39,382 mm
3. Übermaß	39,554 bis 39,582 mm
Kolbenspiel in (neuem) Zylinder	0,032 bis 0,046 mm
Kolbenbolzen-Durchmesser (alle)	
Standard	12,996 bis 13,000 mm
Verschleißgrenze (min.)	12,990 mm
Kolbenbolzenbohrung in Kolben (alle)	13,005 bis 13,010 mm

Zylinderbohrung – Zip 100 4T, Fly 100 4T

Standard	
Größenmarkierung A	49,993 bis 50,000 mm
Größenmarkierung B	50,000 bis 50,007 mm
Größenmarkierung C	50,007 bis 50,014 mm
Größenmarkierung D	50,014 bis 50,021 mm
1. Übermaß	50,193 bis 50,221 mm
2. Übermaß	50,393 bis 50,421 mm
3. Übermaß	50,593 bis 50,621 mm

Kolben – Zip 100 4T, Fly 100 4T

Kolbendurchmesser (gemessen 27 mm unterhalb der Ölring-Nut und 90° zum Kolbenbolzen)	
Asso-Kolben – Standard	
Größenmarkierung A	49,948 bis 49,955 mm
Größenmarkierung B	49,955 bis 49,962 mm
Größenmarkierung C	49,962 bis 49,969 mm
Größenmarkierung D	49,969 bis 49,976 mm
1. Übermaß	50,148 bis 50,176 mm
2. Übermaß	50,348 bis 50,376 mm
3. Übermaß	50,548 bis 50,576 mm
Kolbenspiel in (neuem) Zylinder	0,038 bis 0,052 mm
Kolbenspiel in (neuem) Zylinder	0,032 bis 0,046 mm
Kolbenbolzen-Durchmesser	
Standard	12,996 bis 13,000 mm
Verschleißgrenze (min.)	12,990 mm
Kolbenbolzenbohrung in Kolben	13,005 bis 13,010 mm

Kolbenringe

Stoßspiel (eingebaut)
- Oberer Ring – 50 cm³-Motoren
  - Standard .... 0,08 bis 0,20 mm
  - Verschleißgrenze (max.) .... 0,35 mm
- Zweiter Ring
  - Standard .... 0,05 bis 0,20 mm
  - Verschleißgrenze (max.) .... 0,30 mm
- Oberer Ring – 100 cm³-Motoren
  - Standard .... 0,10 bis 0,25 mm
  - Verschleißgrenze (max.) .... 0,40 mm
- Zweiter Ring
  - Standard .... 0,10 bis 0,25 mm
  - Verschleißgrenze (max.) .... 0,35 mm
- Ölring – alle Motoren
  - Standard .... 0,20 bis 0,70 mm
  - Verschleißgrenze (max.) .... 0,80 mm

Ringspiel in Nut
- Oberer Ring
  - Standard .... 0,030 bis 0,065 mm
  - Verschleißgrenze (max.) .... 0,080 mm
- Zweiter Ring
  - Standard .... 0,020 bis 0,055 mm
  - Verschleißgrenze (max.) .... 0,070 mm
- Ölring
  - Standard .... 0,040 bis 0,160 mm
  - Verschleißgrenze (max.) .... 0,200 mm

Schmiersystem

Spiel Ölpumpen-Innenrotor-Spitze zu Außenrotor (max.) .... 0,15 mm
Spiel Ölpumpen-ußenrotor zu Gehäuse (max.) .... 0,20 mm
Ölpumpen-Rotor-Axialspiel (max.) .... 0,09 mm

Pleuelstange

Innendurchmesser oberes Pleuelauge
- Standard .... 13,015 bis 13,025 mm
- Verschleißgrenze (max.) .... 13,030 mm

Pleuelfuß-Axialspiel
- Standard .... 0,15 bis 0,30 mm
- Verschleißgrenze (max.) .... 0,50 mm

Pleuelfuß-Radialspiel
- Standard .... 0,006 bis 0,018 mm
- Verschleißgrenze (max.) .... 0,25 mm

Kurbelwelle

Gesamtbreite Schwungscheiben und Hubzapfen .... 45 mm
Verzug A (max.) .... 0,15 mm
Verzug B (max.) .... 0,02 mm
Verzug C (max.) .... 0,10 mm

Anzugsdrehmomente

Ventildeckelschrauben .... 8 bis 10 Nm
Steuerkettenspanner-Verschluss .... 5 bis 6 Nm
Steuerketten-Spannerschienen-Schraube .... 5 bis 7 Nm
Steuerkettenspanner-Befestigungsschrauben .... 8 bis 10 Nm
Nockenwellenritzel-Schraube .... 12 bis 14 Nm
Kipphebelwellen-Anschlagschraube .... 3 bis 4 Nm
Zylinderkopfmuttern
- Erstanzug .... 6 bis 7 Nm
- Endanzug .... +90° +90°

Zylinderkopf-Schraube zu Zylinderblock .... 8 bis 10 Nm
Ölpumpenrad-Schraube .... 8 bis 10 Nm
Ölpumpen-Befestigungsschrauben .... 5 bis 6 Nm
Ölpumpendeckel-Schrauben .... 0,7 bis 0,9 Nm
Lichtmaschinenrotor-Mutter .... 40 bis 44 Nm
Motorgehäuseschrauben .... 8 bis 10 Nm
Vorderer Motorhaltebolzen .... 33 bis 41 Nm
Untere Stoßdämpferaufnahme .... 33 bis 41 Nm

1 Allgemeine Informationen

Diese Modelle sind mit Einzylinder-OHC-Viertaktmotoren ausgerüstet, die per Gebläse gekühlt werden. Der Ventilator sitzt auf dem Lichtmaschinenrotor, der rechts auf die Kurbelwelle montiert ist. Die Kurbelwelle ist mit dem Hubzapfen verpresst, der den auf einem Nadellager (Pleuelfußlager) laufenden Pleuel führt. Die Kurbelwelle selbst läuft in Kugellagern (Hauptlager). Das Motorgehäuse ist vertikal geteilt.

Die oben liegende Nockenwelle wird auf der linken Seite von einer Kette angetrieben und steuert zwei Ventile über Kipphebel. Die Kurbelwelle ist mit dem Hubzapfen verpresst, auf dem der Pleuel läuft.

2 Arbeiten, die bei eingebautem Motor möglich sind

Außer der Kurbelwelle samt Pleuel und Lagern können alle Bauteile des Motor ohne dessen Ausbau erreicht werden. Wenn allerdings an mehreren Komponenten gearbeitet werden soll, empfiehlt sich der Ausbau des Motors aus dem Fahrzeug, da dies den Zugang erleichtert.

3 Arbeiten, die den Ausbau des Motors erfordern

Um an die Kurbelwelle, das Pleuel sowie das Pleuelfußlager und die Hauptlager zu gelangen, muss der Motor ausgebaut und getrennt werden.

4 Motorüberholung
Allgemeine Bemerkungen

1 Es ist nicht immer leicht zu bestimmen, ob oder wann ein Motor komplett überholt werden sollte, da eine Anzahl von Faktoren berücksichtigt werden muss.

2 Eine hohe Laufleistung bedeutet nicht notwendigerweise, dass eine Motorüberholung nötig ist – genauso garantieren wenige Kilometer nicht für einen gut erhaltenen Motor. Regelmäßige Wartung ist das Wichtigste, was Sie Ihrem Motor antun können. Ein Motor, dessen Öl und Ölfilter regelmäßig gewechselt und dessen Einstellungen vorschriftsmäßig kontrolliert worden sind, wird Ihnen lange Zeit und viele Kilometer Freude bereiten, wogegen mangelnde Wartung und schlechtes Einfahren das schnelle Ende der besten Maschine bedeuten.

3 Auspuffqualm und starker Ölverbrauch (der sich nicht durch Ölflecken am Boden bemerkbar macht) weisen darauf hin, dass Kolbenringe und/oder Ventilschaftdichtungen Aufmerksamkeit erfordern.

4 Wenn der Motor klopfende oder rumpelnde Geräusche von sich gibt, sind wahrscheinlich die Pleuelfuß- und/oder Kurbelwellen-Hauptlager defekt.

5 Mangelnde Leistung, rauer Lauf, extreme Geräusche und hoher Benzinverbrauch weisen auf eine notwendige Überholung hin – besonders wenn alle Symptome zur gleichen Zeit auftreten. Wenn eine Motorinspektion keine Fortschritte bringt, wird eine große Überholung die einzige Lösung sein.

6 Eine Motorüberholung beinhaltet eine Rückführung der inneren Komponenten in den Neuzustand. Kolbenringe und Haupt- und Pleuellager werden ebenso ersetzt wie Zylinderbohrungen gehont oder gegebenenfalls nachgebohrt. Die Ventilsitze werden eingeschliffen und neue Ventilfedern montiert. Ist das Pleuelfußlager schadhaft, muss eine neue Kurbelwelle installiert werden. Das Endresultat sollte wie ein neuer Motor viele pannenfreie Kilometer gewährleisten.

7 Bevor Sie mit der Motorüberholung beginnen, sollten Sie die relevanten Kapitel durchlesen und sich mit dem gesamten Umfeld und den Erfordernissen der Arbeit vertraut machen. Die Überholung des Motors ist nicht das ganze Problem – man braucht auch Zeit dafür. Planen Sie für eine komplette Motorüberholung mindestens zwei Wochen ein. Prüfen Sie die Verfügbarkeit von Ersatzteilen, und besorgen Sie sich jegliches notwendige Spezialwerkzeug und andere Geräte.

8 Viel Arbeit kann mit üblichem Werkzeug erledigt werden, doch werden auch eine Reihe von Präzisions-Messinstrumenten benötigt, um den Zustand von Bauteilen zu begutachten. Oftmals kann ein Händler den Zustand von Ersatzteilen begutachten, und entscheiden, ob es noch brauchbar, reparierbar oder zu ersetzen ist. Allgemein ist zu sagen, dass Zeit ein wichtiger Kostenfaktor ist, sodass es sich nicht lohnt, verschlissene oder angegriffene Teile wieder einzubauen.

9 Schließlich muss alles sorgfältig und in sauberer Umgebung zusammengebaut werden, um ein langes und fehlerfreies neues Motorleben zu garantieren.

5 Motor/Antriebseinheit
Ausbau und Einbau

Achtung: Die Antriebseinheit ist nicht sehr schwer, sollte jedoch trotzdem mithilfe eines Assistenten aus- und eingebaut werden. Ein herunterfallender Motor kann zu Verletzungen und Schäden führen.

Ausbau

1 Die Ausbau-Prozedur ist die gleiche wie bei den luftgekühlten LEADER-Modellen (siehe Kapitel 2E, Sektion 5) – nur müssen folgende Punkte beachtet werden:

2 Lösen Sie die drei Schrauben, die vorne am Riemendeckel den Belüftungsstutzen sichern, schrauben Sie dann den Öleinfüllstopfen heraus, und nehmen Sie den Stutzen beiseite (siehe Abbildungen).

3 Entfernen Sie die Batterie (siehe Kapitel 9). Verfolgen Sie das rote Kabel vom Anlasser zum rechts von der Batterie sitzenden Magnetschalter und trennen Sie es. Lösen Sie dann die Schraube, die das vom Motor kommende Massekabel sichert (siehe Abbildung). Schneiden Sie alle Kabelbinder auf; sichern Sie die Kabel am Motor.

4 Eine Vergaserheizung ist nicht vorhanden.

5 Der Bowdenzug für die Hinterradbremse ist hinten an der Riemenabdeckung angeklemmt (siehe Abbildung).

6 Stützen Sie den Rahmen vor der Motorhal-

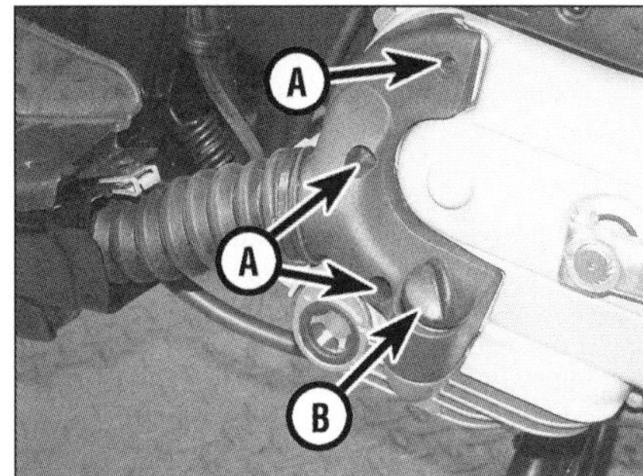

5.2a Lösen Sie die Schrauben (A) und die Kappe (B), . . .

5.2b . . . und nehmen Sie den Stutzen ab.

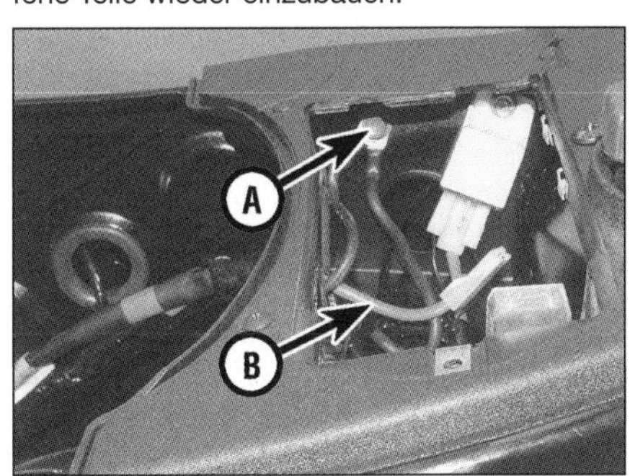

5.3 Motor-Massekabel (A) und Anlasser-Kabel (B)

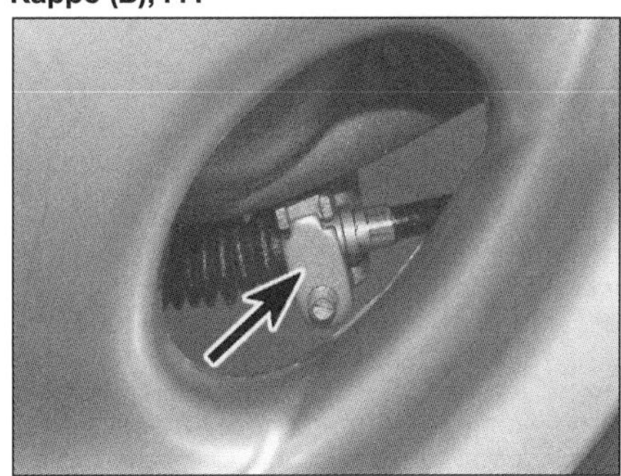

5.5 Bremsbowdenzug-Klemme

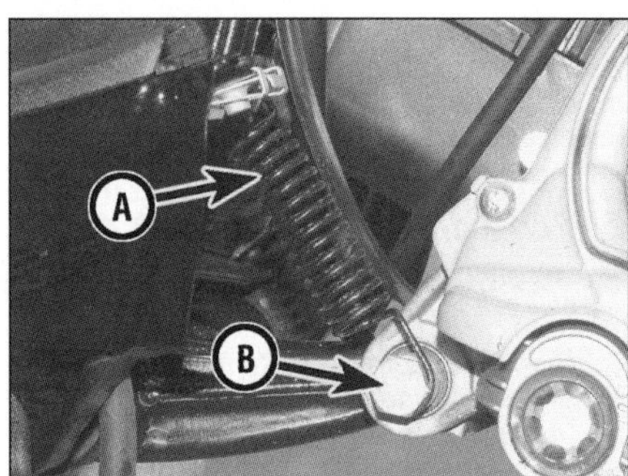

5.6 Trennen Sie die Feder (A) vom Motorbolzen (B).

5.8a Lösen Sie die Mutter des vorderen Motorbolzens, . . .

5.8b . . . und ziehen Sie diesen heraus – beachten Sie die Distanzbuchse (Pfeil).

5.8c Manövrieren Sie die Antriebseinheit aus dem Fahrzeug.

terung übergangsweise ab, lösen Sie das untere Ende der Feder vom Kopf des vorderen Motorhaltebolzens – beachten Sie ihre Lage (siehe Abbildung).

7 Entfernen Sie den Hinterradstoßdämpfer, und stützen Sie den Motorroller übergangsweise vorne ab.

8 Entfernen Sie den vorderen Motorbolzen, und manövrieren Sie den Motor aus dem Rahmen heraus (siehe Abbildungen) – beachten Sie die Distanzhülse am linken Motorbolzen.

Einbau

9 Der Einbau entspricht der umgekehrten Ausbaureihenfolge. Wenn das Motoröl abgelassen war oder bei der Arbeit verloren ging, muss der Motor entsprechend aufgefüllt werden (siehe Kapitel 1 – technische Daten). Der Ölpegel ist wie in den täglichen Kontrollen beschrieben zu überprüfen.

6 Zerlegen und Montage
Allgemeine Informationen

Zerlegen

1 Vor dem Zerlegen des Motors muss dieser ordentlich gereinigt und äußerlich entfettet werden. Hiermit wird einer Verschmutzung der Motorinnereien vorgebeugt und außerdem ein leichteres und sauberes Arbeiten ermöglicht. Mit einem schwer entflammbaren Lösungsmittel (Petroleum oder Kerosin) oder besser noch einem speziellen Maschinen-Entfettungsmittel und alten Pinseln oder Zahnbürsten werden die verschiedenen Ecken und Winkel gereinigt. Passen Sie auf, dass kein Lösungsmittel oder Wasser an elektrische Teile oder in die Ein- und Auslasskanäle gerät.

Warnung: Aufgrund des hohen Entzündungs- und Gesundheitsrisikos sollte auf die Verwendung von Benzin als Reinigungsmittel verzichtet werden.

2 Nach der Reinigung wird der Motor auf die Werkbank gehoben, auf der genügend sauberer Platz zum Arbeiten ist. Halten Sie eine Ansammlung von Behältern und Plastiktüten bereit, damit zusammengehörige Einzelteile in übersichtlichen Gruppen gelagert werden können. Papier und Stift sollten für Notizen und Markierungen ebenso vorhanden sein wie ein Vorrat an sauberen saugfähigen Lappen.

3 Vor Beginn der Arbeit sollte man sich die entsprechenden Sektionen vollständig durchlesen, um eine genaue Vorstellung von den auszuführenden Tätigkeiten zu erhalten. Bei der Zerlegung der verschiedenen Motorkomponenten ist zu beachten, dass große Kraftanstrengung kaum nötig ist, außer dies ist extra erwähnt (das Überprüfen des vorgeschriebenen Anzugsdrehmoments einer bestimmten Schraube zeigt an, wie fest sie sitzt und wie viel Kraft zum Lösen gebraucht wird). In vielen Fällen, in denen sich Teile hartnäckig weigern, auseinander zu gehen, liegt ein unkorrekter Versuch der Demontage vor. Bei jedem Zweifel sollte im Text nachgelesen werden.

4 Beim Zerlegen des Motors müssen »Paare«, die im Motor zusammenarbeiten, zusammengepackt werden. Diese »Paare« dürfen nur als Satz erneuert oder wiederverwendet werden.

5 Die Zerlegung der Motor/Getriebe-Einheit sollte nach den folgenden generellen Regeln und unter Berücksichtigung der entsprechenden Sektionen (Details für den Antrieb finden sich in Kapitel 2G) vorgenommen werden:

Entfernen Sie den Ventildeckel.
Entfernen Sie Nockenwelle und Kipphebel.
Entfernen Sie den Zylinderkopf.
Entfernen Sie den Zylinder.
Entfernen Sie den Kolben.
Entfernen Sie die Lichtmaschine.
Entfernen Sie den Anlassermotor (Kapitel 9).
Entfernen Sie den Ölwannendeckel.
Entfernen Sie die Ölpumpe.
Trennen Sie die Motorgehäusehälften.
Entfernen Sie die Kurbelwelle.

Zusammenbau

6 Der Zusammenbau des Motors erfolgt in der umgekehrten Zerlegungsreihenfolge.

7 Ventildeckel
Ausbau und Einbau

Anmerkung: *Der Ventildeckel kann demontiert werden, während sich der Motor im Rahmen befindet. Ist der Motor ausgebaut, müssen nicht zutreffende Schritte ignoriert werden.*

Ausbau

1 Entfernen Sie alle nötigen Verkleidungsteile, um an den Motor zu gelangen (Kapitel 7).

2 Lösen Sie die Schelle, die den Entlüftungsschlauch am Stutzen des Ventildeckels sichert, und ziehen Sie den Schlauch ab (siehe Abbildung 7.4).

3 Lösen Sie die Verschlussschraube des Steuerkettenspanners, und ziehen Sie die Feder aus dem Gehäuse (siehe Sektion 8). **Anmerkung**: *Eine Lasche innerhalb des Ventildeckels sichert die (untere) Steuerketten-Führungsschiene. Die Spannerfeder muss vor der Demontage des Ventildeckels entfernt und nach dessen Montage wieder installiert werden, damit die Steuerkette nicht zu stark gespannt wird.*

4 Lösen Sie die Schrauben des Ventildeckels, und heben Sie diesen vom Zylinderkopf (siehe Abbildung) – wenn er klemmt, muss er vorsichtig mit einem weichen Hammer abgeklopft werden. Der Versuch, ihn mit einem Schraubendreher abzuhebeln, würde zu beschädigten Dichtflächen führen. Die Ventildeckeldichtung muss beim Einbau erneuert werden.

7.4 Entfernen Sie den Ventildeckel – Entlüftungsschlauch-Stutzen (Pfeil).

8.4a Lösen Sie die 6 Schrauben des Lichtmaschinendeckels, . . .

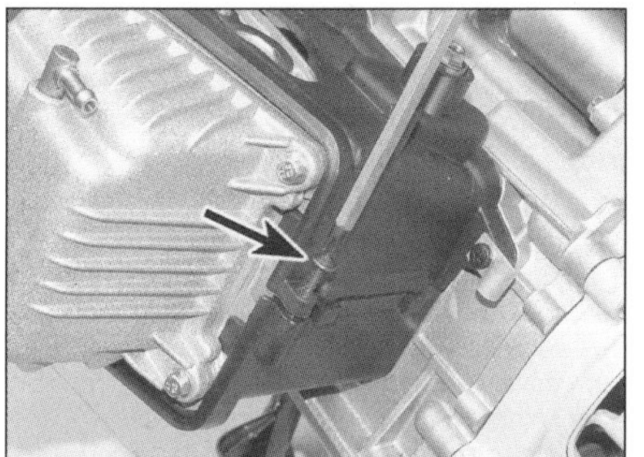

8.5b . . . und links mit Schrauben gesichert.

Einbau

5 Reinigen Sie die Dichtflächen des Zylinderkopfes und des Ventildeckels mit einem geeigneten Lösungsmittel.

6 Legen Sie die neue Dichtung in die Nut des Ventildeckels.

7 Achten Sie beim Aufsetzen des Ventildeckels darauf, dass die Dichtung in der Nut verbleibt. Installieren Sie die Ventildeckelschrauben, und ziehen Sie sie schrittweise und über Kreuz bis zum Drehmoment von 8 bis 10 Nm an.

8 Installieren Sie die Feder und Schraube des Steuerkettenspanners, und montieren Sie die verbliebenen Teile in der umgekehrten Ausbaureihenfolge.

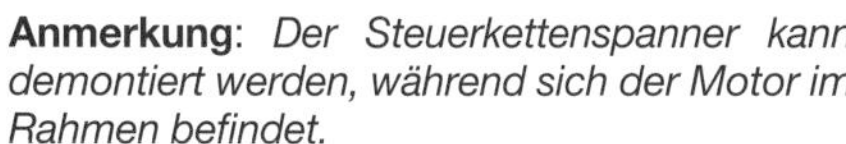

8 Steuerkettenspanner
Ausbau, Kontrolle und Einbau

Anmerkung: *Der Steuerkettenspanner kann demontiert werden, während sich der Motor im Rahmen befindet.*

Ausbau

1 Entfernen Sie alle nötigen Verkleidungsteile, um an den Motor zu gelangen (Kapitel 7).

2 Demontieren Sie den Vergaser und den Ansaugstutzen (siehe Kapitel 4).

3 Bei Modellen mit Sekundärluftsystem muss nach dem Lösen der Schelle der Schlauch von der Ventilabdeckung gezogen werden. Lösen Sie die Schelle des Schlauchs an der Rückseite, und ziehen Sie diesen ab.

4 Lösen Sie die Schrauben des Lichtmaschinendeckels, und heben Sie diesen ab (siehe Abbildung) – die obere Befestigung ist eine Rändelschraube (siehe Abbildung). Entfernen Sie den Kühlventilator (siehe Sektion 17).

8.4b . . . oben ist er mit einer Rändelschraube gesichert.

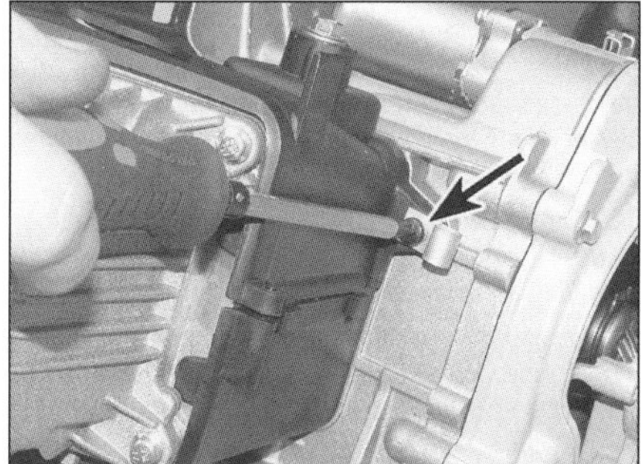

8.5c Die hintere Hälfte ist am Motorgehäuse befestigt – beachten Sie die Klemme.

8.5e . . . und befreien Sie vorsichtig die Abdeckungen.

5 Lösen Sie die Schrauben, die die hintere Hälfte der Zylinderverkleidung mit der vorderen und dem Motorgehäuse verbinden (siehe Abbildungen) – beachten Sie die von einer Schraube gesicherte Klemme des Vergaser-Entlüftungsschlauches (siehe Abbildung). Die zwei Verkleidungshälften sind zusammengesteckt – trennen Sie sie vorsichtig, und heben Sie die hintere ab (siehe Abbildungen).

6 Entfernen Sie den Ventildeckel (Sektion 7).

7 Drehen Sie den Motor mit der Lichtmaschinenmutter im Uhrzeigersinn, bis die zweite Steuerzeitenmarkierung des Rotors mit dem Abnehmer der Zündgeberspule sowie die Markierung des Nockenwellenritzels mit derjenigen am Lagerbock fluchten (siehe Abbildungen). Jetzt steht der Motor im oberen Totpunkt (OT) des Verdichtungstaktes – beide Ventile sind geschlossen.

8.5a Die Zylinder-Abdeckungen sind rechts . . .

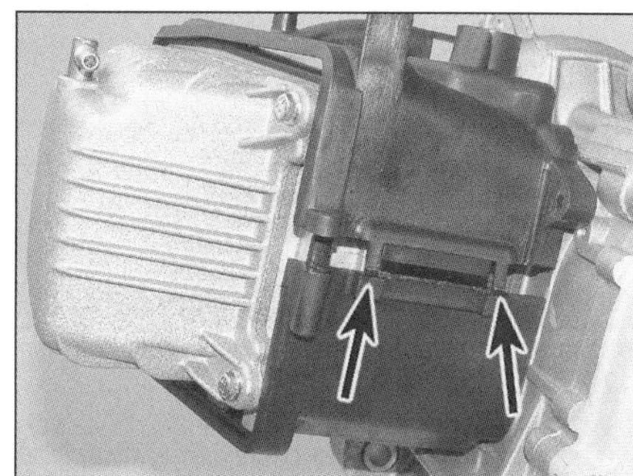

8.5d Lösen Sie die Klemmen, . . .

8.7a Die zweite Markierung am Rotor (A) muss mit der Zündgeberspule (B) fluchten.

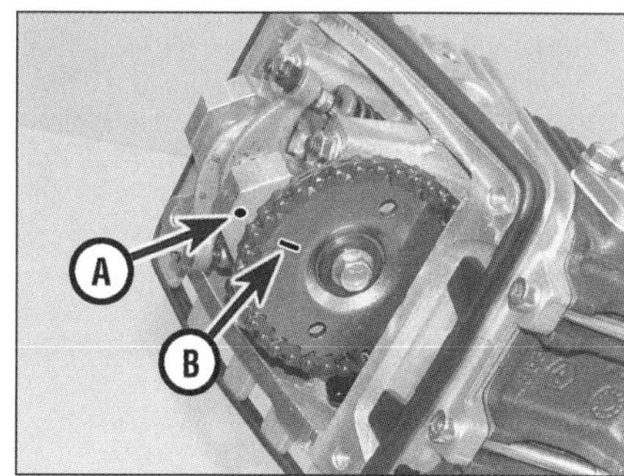

8.7b Die Markierung am Lagerbock (A) muss mit der Ritzelmarkierung (B) fluchten.

8 Lösen Sie die Spanner-Verschlussschraube, und ziehen Sie die Feder aus dem Spannergehäuse (siehe Abbildung).

9 Lösen Sie die zwei Befestigungsschrauben,

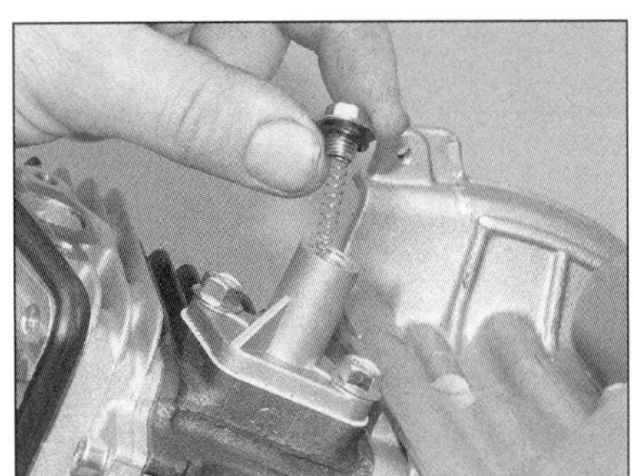

8.8 Entfernen Sie die Verschlussschraube und die Feder.

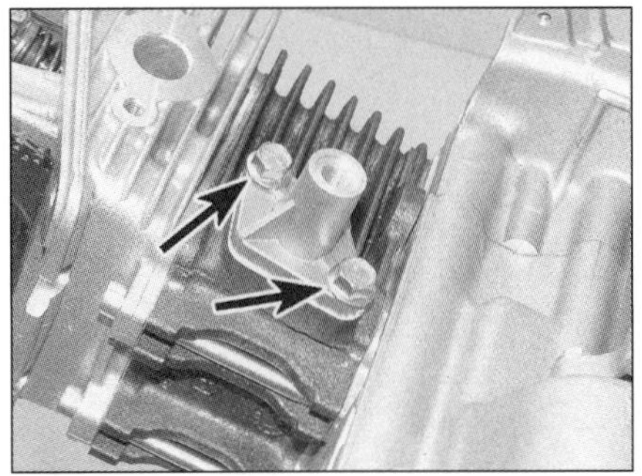

8.9 Der Steuerkettenspanner ist mit zwei Schrauben befestigt.

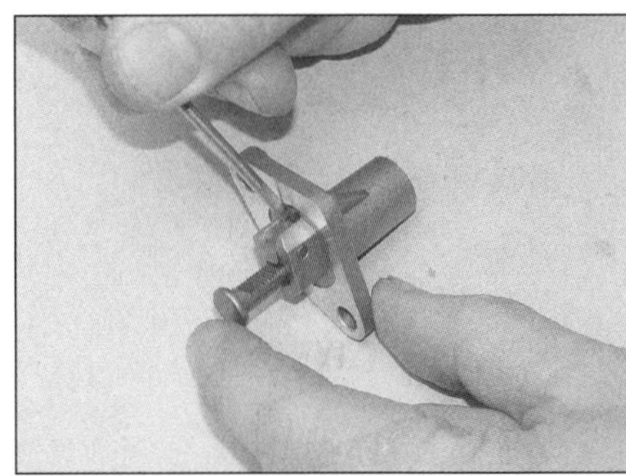

8.12 Prüfen Sie die Funktion von Ratsche und Kolben.

und ziehen Sie den Steuerkettenspanner aus dem Zylinder (siehe Abbildung).

10 Entfernen Sie die Dichtung – entweder vom Zylinder oder dem Spanner. Sie muss später durch ein Neuteil ersetzt werden.

Kontrolle

11 Begutachten Sie die Kettenspanner-Bauteile auf Verschleiß und Beschädigungen.

12 Lösen Sie den Ratschenmechanismus vom Spannerkolben, und prüfen Sie, ob sich der Kolben frei im Gehäuse bewegen kann (siehe Abbildung).

13 Wenn der Steuerkettenspanner oder eines seiner Bauteile schadhaft ist oder sich der Kolben nicht frei bewegen kann, muss die gesamte Baugruppe ersetzt werden – Einzelteile sind nicht erhältlich.

Einbau

14 Drehen Sie die Kurbelwelle an der Mutter des Lichtmaschinenrotors im Uhrzeigersinn. Hierdurch wird der vordere Trum der Steuerkette gespannt und der Kettendurchhang zum hinteren Trum verlagert, wo er vom Kettenspanner aufgenommen wird.

15 Lösen Sie den Ratschenmechanismus, und drücken Sie den Spannerkolben vollständig in das Gehäuse (siehe Abbildung 8.12).

16 Rüsten Sie den Kettenspanner mit einer neuen Dichtung aus, installieren Sie ihn an den Zylinder, und ziehen Sie die Schrauben mit 8 bis 10 Nm an (siehe Abbildung).

17 Installieren Sie den Ventildeckel (siehe Sektion 7). **Anmerkung**: *Eine Lasche innerhalb des Ventildeckels sichert die (untere) Steuerketten-Führungsschiene. Die Spannerfeder muss vor der Demontage des Ventildeckels entfernt und nach dessen Montage wieder installiert werden, damit die Steuerkette nicht zu stark gespannt wird.*

18 Rüsten Sie die Verschlussschraube mit einer neuen Dichtung aus, stecken Sie die Feder in das Gehäuse und ziehen Sie die Schraube mit 5 bis 6 Nm an (siehe Abbildung 8.8).

19 Montieren Sie die verbliebenen Bauteile in der entgegengesetzten Ausbaureihenfolge.

9 Steuerkette, Schienen und Ritzel – Ausbau, Kontrolle und Einbau

Anmerkung: *Die Steuerkette und ihre Ritzel können demontiert werden, während sich der Motor im Rahmen befindet.*

9.3 Blockieren Sie das Ritzel, und lösen Sie seine Schraube.

Ausbau

1 Entfernen Sie den Steuerkettenspanner (siehe Sektion 8).

2 Wenn die Steuerkette oder Spannerschiene entfernt werden sollen, muss die Ölpumpe samt Antrieb entfernt werden (Sektion 20).

3 Lösen Sie die Schraube, die das Ritzel an der Nockenwelle sichert (siehe Abbildung). Um das Ritzel am Mitdrehen zu hindern, kann es mit dem Piaggio-Spezialwerkzeug 020565Y oder einem anderen Werkzeug, das in die Ritzelbohrung(en) gesteckt wird, blockiert werden. Schützen Sie nötigenfalls die Dichtfläche des Zylinderkopfes mit einem Stück Holz.

4 Entfernen Sie die Ritzelschraube samt Tellerscheibe – merken Sie sich deren Einbaulage (siehe Abbildung).

5 Ziehen Sie das Ritzel von der Nockenwelle, und befreien Sie es aus der Kette (siehe Abbildungen). Stellen Sie die Distanzhülse sicher (siehe Abbildung).

9.4 Entfernen Sie die Schraube und die Tellerscheibe.

9.5a Ziehen Sie das Ritzel von der Nockenwelle, . . .

9.5b . . . und heben Sie es aus der Kette.

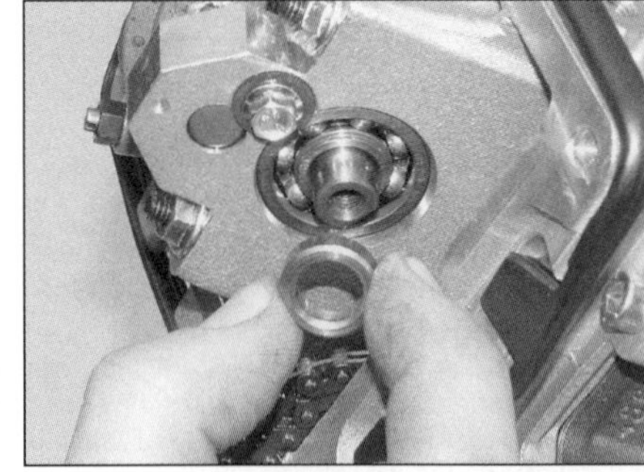

9.5c Entfernen Sie die Distanzhülse.

9.6a Entfernen Sie die Druckscheibe, . . .

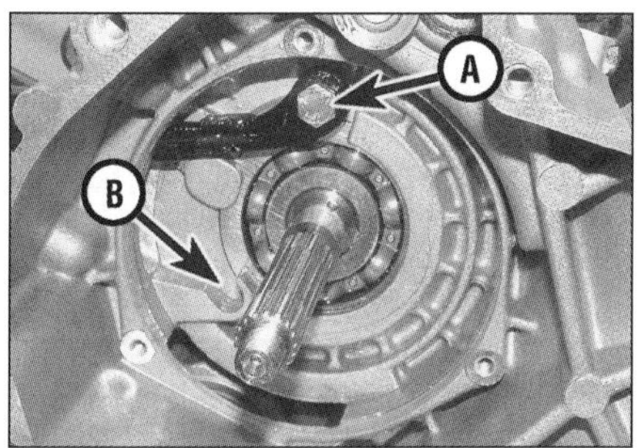

9.7 Die Spannerschiene ist mit einer Schraube (A) gesichert, die Führungsschiene sitzt in der Nut (B).

6 Sichern Sie die Steuerkette nötigenfalls davor, in den Motor zu fallen. Wenn die Kette wiederverwendet werden soll, muss ihre Außenseite markiert werden, um sie später wieder in die gleiche Richtung laufen zu lassen. Entfernen Sie die Anlaufscheibe vom Ende der Kurbelwelle, senken Sie die Steuerkette in den Kettenschacht ab, befreien Sie sie vom Kurbelwellenritzel, und entfernen Sie sie aus dem Motor (siehe Abbildungen). Das Kurbelwellenritzel kann nötigenfalls abgezogen werden – beachten Sie die Position über dem Stift (siehe Abbildung).

7 Nötigenfalls kann die Schraube der Steuerketten-Spannerschiene gelöst werden, um die Schiene unter Beachtung ihrer Einbaulage aus dem Motorgehäuse zu entfernen (siehe Abbildung). Auch die Führungsschiene kann entfernt werden (siehe Abbildung).

8 Die Steuerketten-Führungsschiene wird vom Zylinderkopf gehalten, sodass dieser für ihren Ausbau demontiert werden muss (siehe Sektion 11), dann kann die Schiene herausgehoben werden – beachten Sie dabei, wie ihr unteres Ende in der Nut des Motorgehäuses sitzt (siehe Abbildung 9.7).

Kontrolle

9 Prüfen Sie die Ritzel auf Verschleiß, Ausbrüche und andere Schäden – ersetzen Sie sie gegebenenfalls. Sind die Ritzelzähne verschlissen, wird auch die Steuerkette schadhaft sein und muss ersetzt werden. In einem solchen Fall muss der komplette Motor für eine genaue Inspektion zerlegt werden.

10 Spanner- und Führungsschiene der Steuerkette müssen auf Verschleiß und Schäden untersucht und nötigenfalls ersetzt werden. Schadhafte Schienen weisen auf eine ver-

9.6b . . . und nehmen Sie die Steuerkette unten aus dem Motor.

schlissene oder nicht korrekt gespannte Steuerkette hin. Kontrollieren Sie die Funktion des Steuerkettenspanners (siehe Sektion 8).

Einbau

11 Falls entfernt, werden die Steuerkettenspanner- und Führungsschiene – richtigherum – installiert. Ziehen Sie die Schraube der Spannerschiene mit 5 bis 7 Nm an.

12 Falls entfernt, wird das Ritzel auf die Kurbelwelle geschoben – der Ausschnitt muss zum Stift ausgerichtet sein (siehe Abbildung 9.6c). Schieben Sie die Distanzhülse auf die Nockenwelle (siehe Abbildung 9.5c).

13 Führen Sie die Steuerkette durch den Kettenschacht, und legen Sie sie auf das Kurbelwellenritzel. Wenn die alte Kette wiederverwendet wird, muss sie richtigherum installiert werden (siehe Schritt 6).

14 Stellen Sie sicher, dass die Steuerzeitenmarkierung am Lichtmaschinenrotor zur Zündgeberspule ausgerichtet ist (siehe Abbildung 8.7a). Legen Sie das Nockenwellenritzel oben in die Kette, und schieben Sie es auf die Nockenwelle – dabei muss sie zu deren Abflachung ausgerichtet werden (siehe Abbildung 9.5a). Wenn die Kette vorne stramm ist (der Durchhang befindet sich im Bereich des Spanners), müssen die Steuerzeitenmarkierungen des Nockenwellenritzels und des Lagerbocks fluchten (siehe Abbildung 8.7b). Sichern Sie das Ritzel mit Schraube samt Tellerscheibe (deren Außenrand gegen das Ritzel drücken muss). Stecken Sie einen langen Dorn oder ein ähnliches Werkzeug durch die Steuerkettenspannerbohrung im Zylinder, und drücken Sie damit gegen die Spannerschiene – jetzt müssen die Steuerzeitenmarkierungen zueinander ausgerichtet sein.

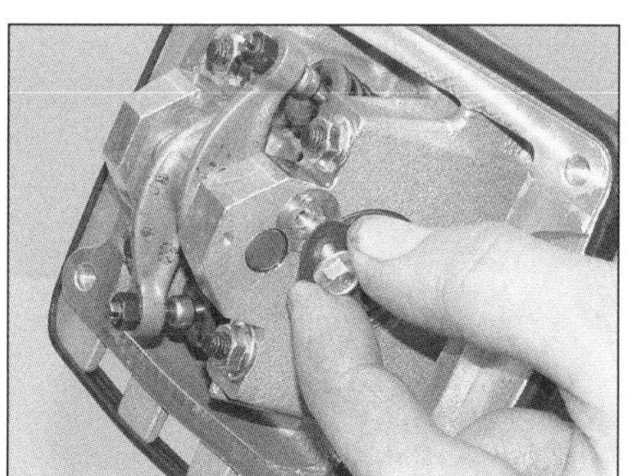

10.3 Entfernen Sie die Anschlagschraube samt Scheibe.

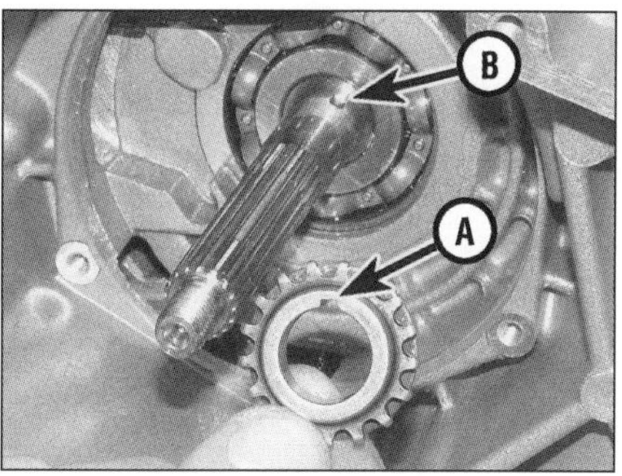

9.6c Die Nut des Ritzels muss über dem Stift der Kurbelwelle liegen.

Achtung: Wenn die Steuerzeitenmarkierungen nicht exakt fluchten, ist der Ventiltrieb nicht korrekt montiert und die Ventile können im Betrieb den Kolben berühren, was zu schweren Motorschäden führt!

15 Blockieren Sie das Ritzel wie beim Ausbau, und ziehen Sie die Ritzelschraube mit 12 bis 14 Nm an (siehe Abbildung 9.3).

16 Falls entfernt, legen Sie die Anlaufscheibe auf die Kurbelwelle (siehe Abbildung 9.6a), und installieren Sie den Ölpumpenantrieb (siehe Sektion 20).

17 Installieren Sie die verbliebenen Teile in der umgekehrten Ausbaureihenfolge.

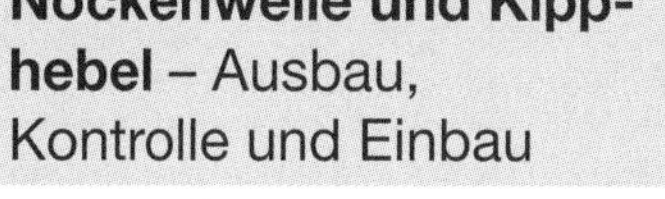

10 Nockenwelle und Kipphebel – Ausbau, Kontrolle und Einbau

2D

Anmerkung: *Nockenwelle und Kipphebel können demontiert werden, während sich der Motor im Rahmen befindet, allerdings ist der Zugang relativ beengt.*

Ausbau

1 Entfernen Sie den Ventildeckel (Sektion 7).

2 Entfernen Sie das Nockenwellenritzel (siehe Sektion 9). Sichern Sie die Steuerkette, damit sie nicht in den Kettenschacht fällt. Verstopfen Sie den Steuerkettenschacht mit Lappen, damit nichts in das Motorgehäuse geraten kann.

3 Lösen Sie die Arretierschraube der Kipphebelwelle, und entfernen Sie sie samt Scheibe (siehe Abbildung).

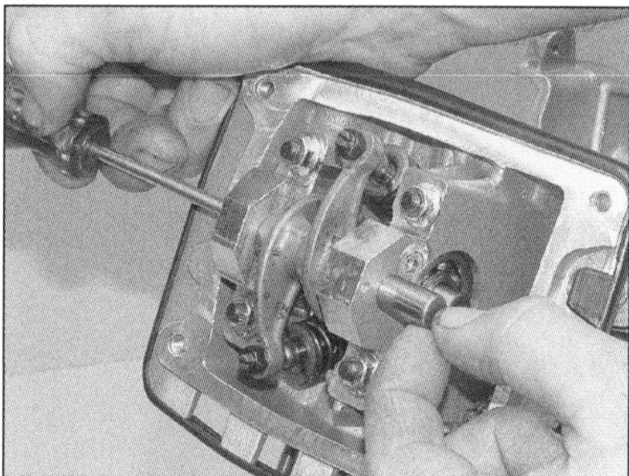

10.4a Drücken Sie die Kipphebelwelle heraus, . . .

10.4b . . . und entfernen Sie die Kipphebel.

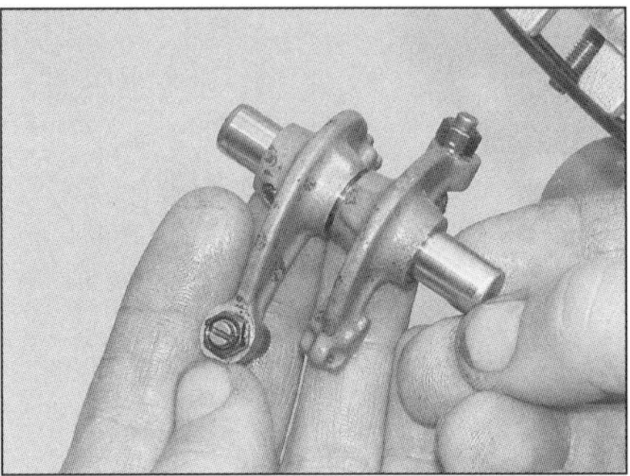
10.4c Kipphebel und Welle müssen später an ihre ursprünglichen Positionen gelangen.

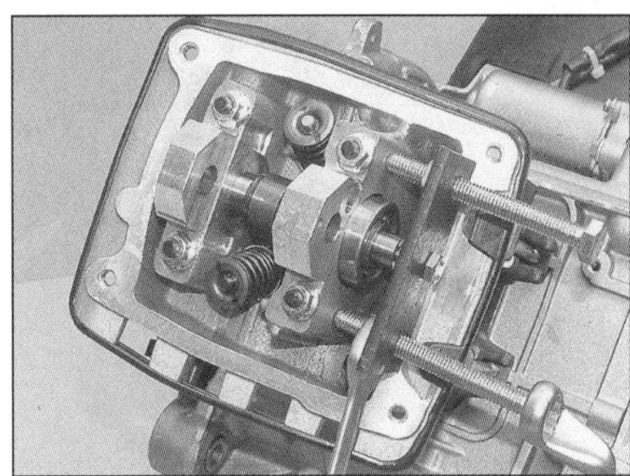
10.6a Setzen Sie das Werkzeug wie beschrieben an, . . .

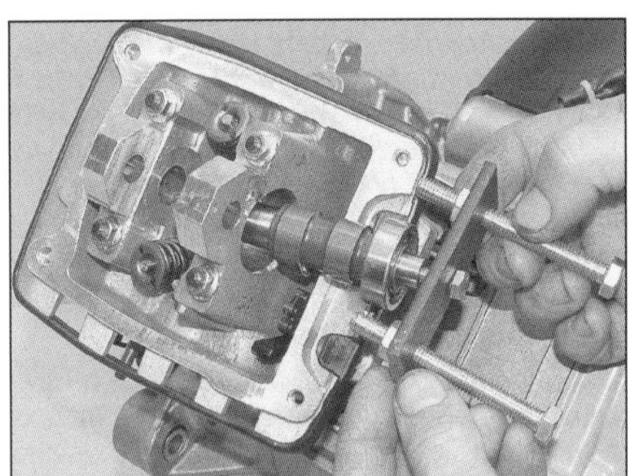
10.6b . . . um die Nockenwelle samt Lager zu entfernen.

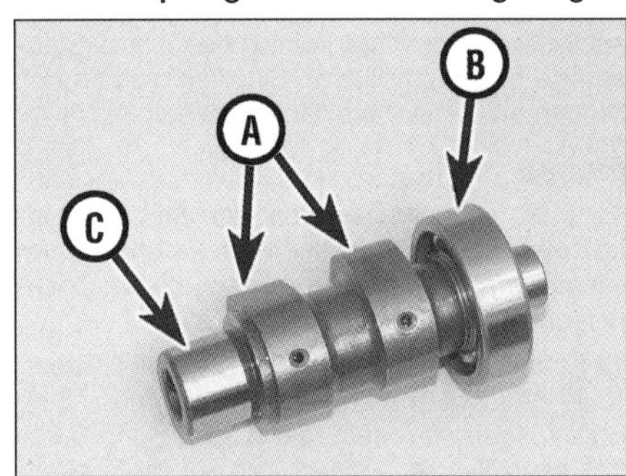

10.7 Inspizieren Sie die Nocken (A), das Lager (B) und den Lagerzapfen (C).

4 Markieren Sie die Kipphebel, damit sie später wieder in ihre ursprünglichen Positionen gelangen. Stecken Sie einen Schraubendreher von rechts in den Kipphebelbock, und drücken Sie die Welle heraus (siehe Abbildung). Halten Sie den (rechten) Auslass-Kipphebel, und entnehmen Sie ihn, wenn die Welle hindurchgeschoben ist (siehe Abbildung). Ziehen Sie die Welle heraus, und entnehmen Sie den Einlass-Kipphebel – beide Hebel können zur Sicherstellung ihrer Einbau-Positionen wieder auf die ausgebaute Welle geschoben werden (siehe Abbildung).

5 Bevor die Nockenwelle demontiert wird, sollte übergangsweise wieder die Anschlagschraube samt Scheibe montiert werden – so kann geprüft werden, ob die Welle kein fühlbares Radialspiel aufweist. Falls vorhanden, kann mit einer Messuhr das Axialspiel der Nockenwelle ermittelt werden – liegt es über 0,5 mm, müssen der Wellenzapfen, die Lager und die Lagersitze auf Verschleiß überprüft werden.

6 Entfernen Sie die Arretierschraube samt Scheibe. Die Nockenwelle muss samt Lager aus dem Lagerbock gezogen werden – Piaggio bietet hierfür unter der Teilenummer 020450Y ein Spezialwerkzeug an; alternativ kann sie mit dem gezeigten Aufbau demontiert werden (siehe Abbildung). Drehen Sie die zentrale Schraube vollständig in die Nockenwelle, dann werden die äußeren Schrauben schrittweise gegen den Lagerbock gedreht, um die Welle herauszuziehen (siehe Abbildung).

Kontrolle

7 Reinigen Sie alle Komponenten mit Lösungsmittel, und trocknen Sie sie ab. Kontrollieren Sie die Nocken auf Anlassfarben durch Überhitzung (Blaufärbung), Kerben, Absplitterungen, Pitting und Risse (siehe Abbildung). Messen Sie die Höhe beider Nocken mit einer Mikrometerschraube (siehe Abbildung 10.7b in Kapitel 2E) – liegen die Werte deutlich unter 25,935 mm oder sind Beschädigungen festzustellen, muss die Nockenwelle ersetzt werden.

8 Kontrollieren Sie das Nockenwellenlager (siehe Abbildung 10.7). Hat es übermäßiges Spiel, läuft es rau oder klemmt es, muss es ersetzt werden. Ziehen Sie das Lager mit einem Abzieher von der Nockenwelle. Beim Einbau des Lagers ist es zu erwärmen, damit es leichter aufzutreiben ist – hier muss ein Rohr verwendet werden, das nur den inneren Lagerring berührt.

9 Messen Sie den Lagerzapfen der Nockenwelle mit einer Mikrometerschraube, messen Sie möglichst auch den Lagersitz im Bock mit einem Innenmessgerät (siehe Abbildung). Vergleichen Sie die Ergebnisse mit den Angaben in den technischen Daten, und ersetzen Sie verschlissene Teile.

10 Die Ölbohrungen der Kipphebel sind möglichst mit Druckluft auszublasen. Die Gleitflächen sind genau auf Riefen, Pitting und Ausbrüche zu untersuchen (siehe Abbildung). Bei schadhaften Gleitflächen an den Kipphebeln müssen sie samt der Nockenwelle als Satz ausgetauscht werden. Auch die Lagerbuchsen der Kipphebel und die Kontaktbereiche der an den Einstellschrauben gelagerten Ventilbetätigungen sind zu kontrollieren (siehe Abbildung) – diese Teile müssen sich frei bewegen, dürfen aber kein Spiel aufweisen. Messen Sie den Innendurchmesser des Kipphebelwellensitzes und den Außendurchmesser der Welle – liegen die Werte außerhalb des in den technischen Daten angegebenen Toleranzbereichs oder werden Schäden festgestellt, ist das defekte Bauteil zu ersetzen.

Einbau

11 Schmieren Sie das Nockenwellenlager und den Wellenzapfen mit frischem Motoröl. Die

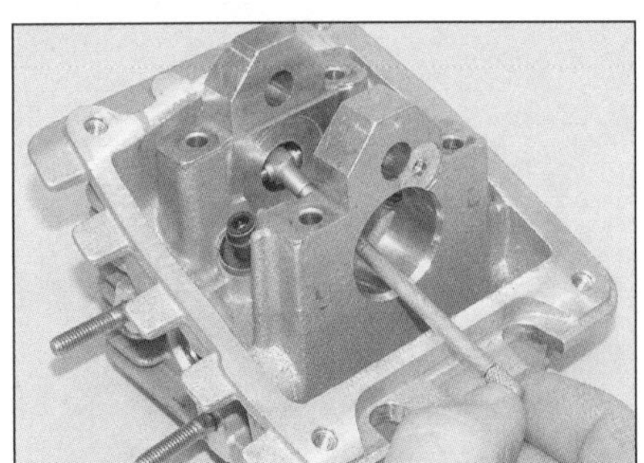
10.9 Messen Sie den Innendurchmesser der Nockenwellenlager.

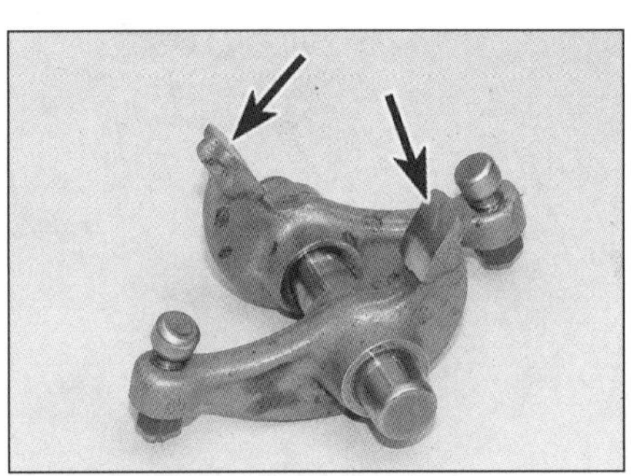
10.10a Inspizieren Sie die Kipphebel-Gleitflächen . . .

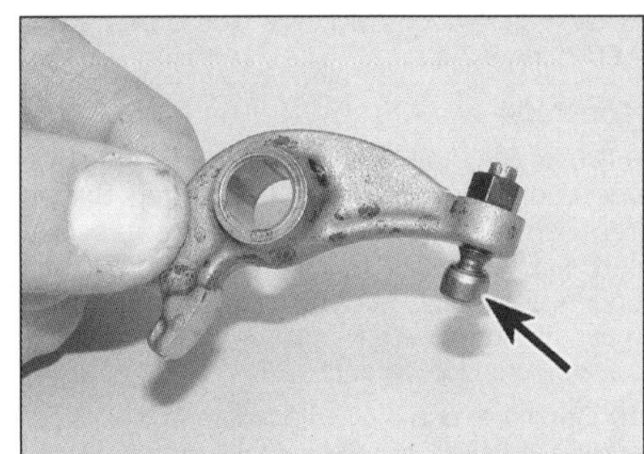
10.10b . . . und die beweglichen Teile der Einstellschrauben.

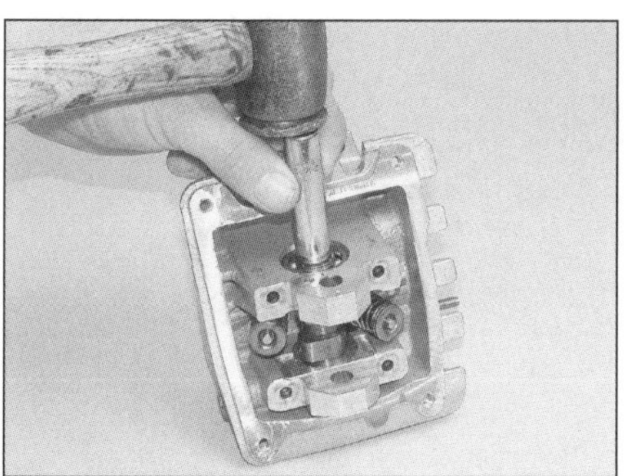
10.11a Die Nockenwelle muss vollständig in den Lagerbock gepresst sein.

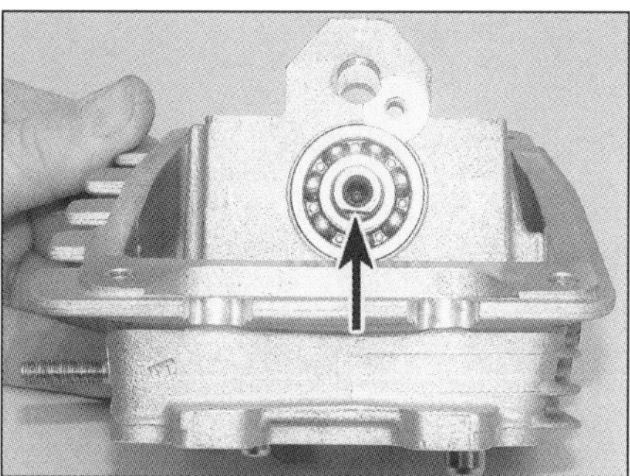
10.11b Die Abflachung muss nach unten zeigen.

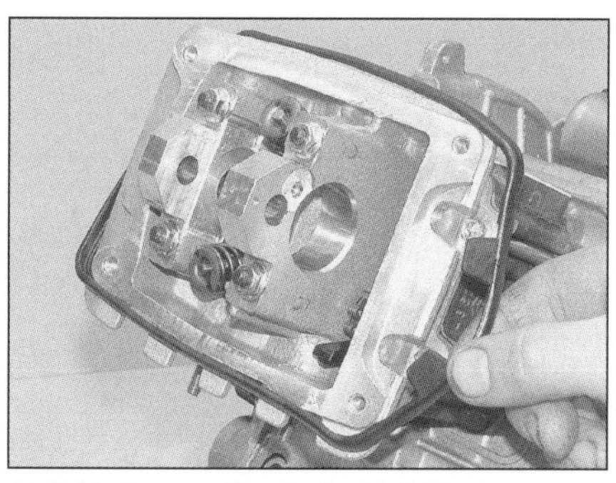
11.3 Entfernen Sie die Luftleitblech-Abdichtung.

11.4a Lösen Sie die äußeren Zylinderkopfschrauben, . . .

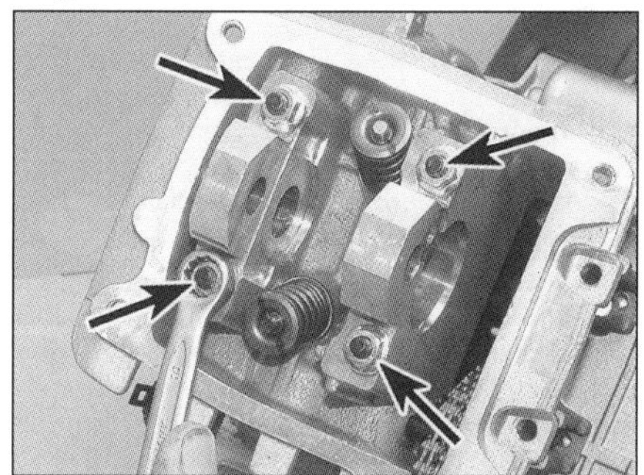
11.4b . . . und dann die inneren Zylinderkopfmuttern.

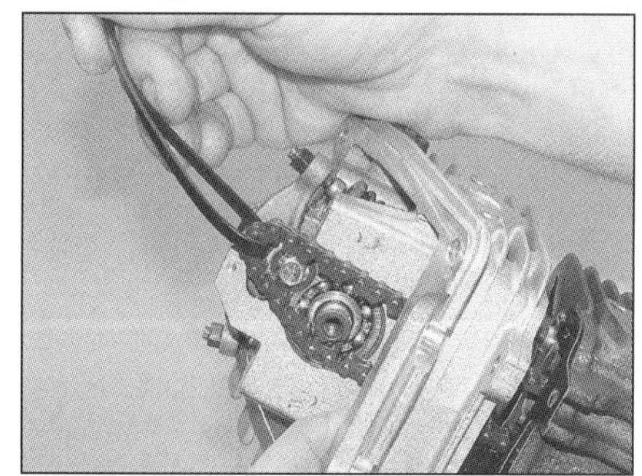
11.5 Sichern Sie die Steuerkette, und heben Sie den Zylinderkopf ab.

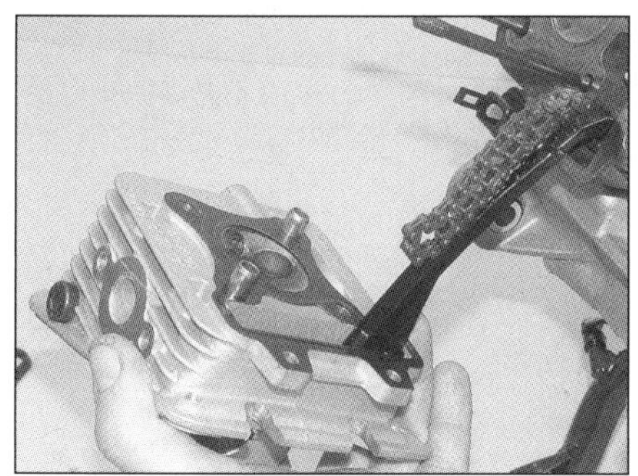
11.6a Merken Sie sich, wie die Führungsschiene sitzt, . . .

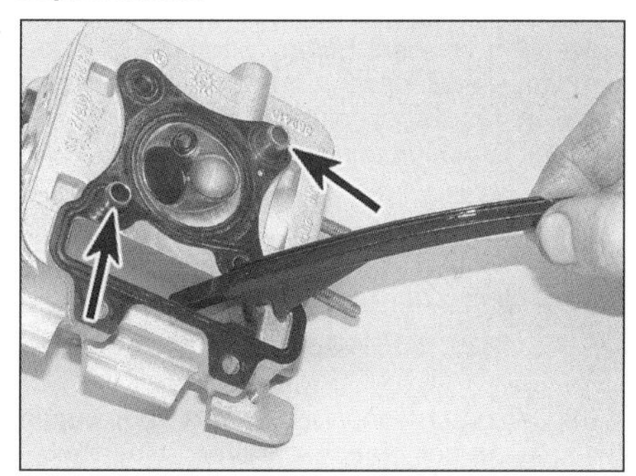
11.6b . . . und entfernen Sie sie aus dem Kopf. Beachten Sie die Passhülsen.

Nockenwelle muss vollständig in den Lagerbock gepresst werden – nötigenfalls ist sie mit einem Werkzeug, das nur den Außenring des Lagers berührt, einzutreiben (siehe Abbildung). Die Nockenwelle muss so gedreht werden, dass die Abflachung am Ritzelsitz nach unten zeigt (siehe Abbildung).

12 Schmieren Sie die Kipphebelwelle mit Motoröl, schieben Sie sie langsam in den Lagerbock; dabei werden die – korrekt positionierten (siehe Abbildung 10.4b) – Kipphebel aufgeschoben. Bei korrekt positionierter Nockenwelle darf kein Druck auf die Kipphebel ausgeübt werden. Installieren Sie die Arretierschraube mit 3 bis 4 Nm an.

13 Folgen Sie den Anweisungen in Sektion 9, um das Nockenwellenritzel zu installieren. Kontrollieren Sie dann die Steuerzeiten.

Achtung: Wenn die Steuerzeitenmarkierungen nicht exakt fluchten, ist der Ventiltrieb nicht korrekt montiert und die Ventile können im Betrieb den Kolben berühren, was zu schweren Motorschäden führt!

14 Kontrollieren Sie das Ventilspiel und justieren Sie es nötigenfalls (siehe Kapitel 1).

15 Installieren Sie die verbliebenen Teile in der umgekehrten Ausbaureihenfolge.

11 Zylinderkopf
Ausbau und Einbau

Anmerkung: *Der Zylinderkopf kann bei eingebautem Motor demontiert werden, allerdings ist der Zugang relativ beengt.*

Achtung: Der Motor muss vollständig abgekühlt sein – der Zylinderkopf kann sich sonst verziehen.

Ausbau

1 Entfernen Sie die Auspuffanlage (siehe Kapitel 4). Ziehen Sie den Zündkerzenstecker ab.

2 Entfernen Sie den Steuerkettenspanner (Sektion 8) und das Nockenwellenritzel (siehe Sektion 9). Sichern Sie die Steuerkette, damit sie nicht in den Kettenschacht fällt.

3 Entfernen Sie die Luftleitblech-Abdichtung – merken Sie sich ihre Lage (siehe Abbildung).

4 Lösen Sie die beiden Schrauben links außen am Kettenschacht (siehe Abbildung). Lösen Sie gleichmäßig und über Kreuz die vier Zylinderkopfmuttern, und entfernen Sie sie (siehe Abbildung).

2D

5 Ziehen Sie den Zylinderkopf vom Zylinder – führen Sie dabei die Steuerkette hindurch (siehe Abbildung). Wenn er klemmt, muss er vorsichtig mit einem weichen Hammer abgeklopft werden. Der Versuch, ihn mit einem Schraubendreher abzuhebeln, würde zu beschädigten Dichtflächen führen. **Anmerkung**: *Wenn der Zylinder nicht entfernt werden soll, muss darauf geachtet werden, dass er auf dem Motorgehäuse verbleibt – einmal angehoben muss er demontiert werden, um die Fußdichtung zu ersetzen.*

6 Die Steuerketten-Führungsschiene ist unten im Kettenschacht in den Kopf geklemmt – entfernen Sie die Schiene unter Beachtung ihrer Einbaulage (siehe Abbildungen). Beachten Sie die zwei Passhülsen, die entweder im Kopf oder dem Zylinder stecken, und stellen Sie sie nötigenfalls sicher.

7 Die alte Zylinderkopfdichtung muss auf jeden Fall durch ein Neuteil ersetzt werden (siehe Abbildung). Es gibt zwei verschiedene Dichtungen: eine (neu etwa 0,3 mm starke) Metalldichtung und eine (neu etwa 0,95 mm dicke) Faserdichtung – beschaffen Sie immer eine neue Dichtung aus dem vorhandenen Material.

8 Die Kopfdichtung sowie die Dichtflächen des Kopfes und des Zylinders müssen auf Undich-

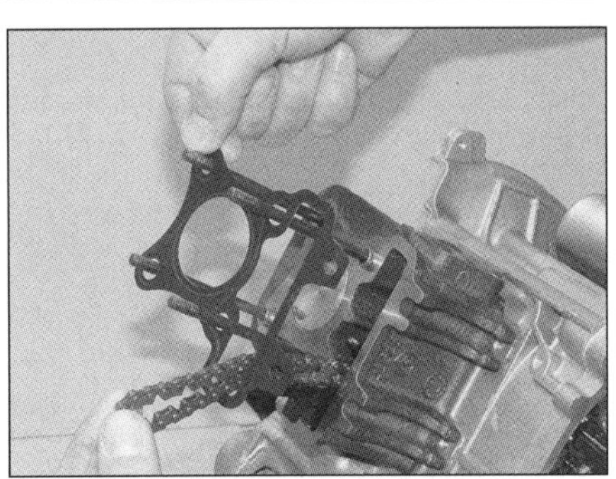

11.7 Entfernen Sie die Zylinderkopfdichtung – später wird eine neue benötigt.

11.10 Installieren Sie die Passhülsen in den Zylinder.

11.12 Für den Anzug der Zylinderkopfmuttern kann eine Gradscheibe verwendet werden.

tigkeiten untersucht werden, die auf einen Verzug hinweisen. Wechseln Sie nach Sektion 13, und prüfen Sie den Verzug des Zylinderkopfes.

9 Entfernen Sie alle Dichtungsreste von den Dichtflächen des Zylinderkopfes und des Zylinders – lassen Sie keine Partikel in den Motor oder Ölbohrungen gelangen.

Einbau

10 Stellen Sie sicher, dass die Dichtflächen des Zylinders und des Kopfes absolut sauber sind. Schieben Sie die Passhülsen über die Stehbolzen, und stecken Sie sie in den Zylinder (siehe Abbildung). Legen Sie dann eine neue Zylinderkopfdichtung so auf den Zylinder, dass alle Bohrungen fluchten – verwenden Sie niemals eine alte Dichtung ein zweites Mal.

11 Senken Sie den Zylinderkopf auf den Zylinder, führen Sie dabei die Steuerkette durch den Schacht (siehe Abbildung 11.5). Die Passhülsen müssen durch die Dichtung in den Kopf greifen.

12 Installieren Sie die Zylinderkopfmuttern zunächst handfest. Ziehen Sie sie dann schrittweise und über Kreuz bis zum Drehmoment von 6 bis 7 Nm an. Anschließend werden sie – ebenfalls über Kreuz – in einem Zug um weitere 90° angezogen (siehe Abbildung). Hierfür ist nicht unbedingt eine Gradscheibe nötig, da 90° einem Viertelkreis entsprechen, den man sich auch ohne Hilfsmittel vorstellen kann.

13 Installieren Sie die zwei Schrauben außen am Kettenschacht, und ziehen Sie sie mit 8 bis 10 Nm an (siehe Abbildung 11.4a).

14 Installieren Sie die verbliebenen Teile in der umgekehrten Ausbaureihenfolge.

12 Ventile/Ventilsitze/Ventilführungen – Überholung

1 Aufgrund der Komplexität dieser Arbeit sowie der notwendigen Werkzeuge und Ausrüstungen müssen die meisten Rollerbesitzer Arbeiten an den Ventilen, Ventilsitzen und Ventilführungen einer professionellen Werkstatt überlassen. Allerdings kann man eine Abschätzung über die Dichtigkeit der Ventile und Sitze erhalten, indem man eine kleine Menge Lösungsmittel in jeden Ventilkanal füllt und beobachtet, ob diese am Ventil vorbei in den Brennraum sickert.

2 Der Hobbymechaniker kann zudem die Ventile ausbauen, die Bauteile reinigen und auf Verschleiß kontrollieren. Wenn die Ventile nur eingeschliffen werden müssen, kann man dieses selbst erledigen (siehe Sektion 14) und den Kopf wieder komplettieren.

3 Die Werkstatt wird die Ventile und Federn ausbauen, die Ventile und Ventilsitze überarbeiten oder austauschen, die Ventilführungen erneuern, die Ventilfedern, Keile und Federteller kontrollieren und nötigenfalls ersetzen, die Ventilschaftdichtungen austauschen und alles wieder montieren.

4 Nach erfolgter Ventilüberholung ist der Zylinderkopf in einem neuwertigen Zustand. Sie sollten ihn vor dem Einbau sorgfältig reinigen und von Metallspänen und Schleifmittelresten befreien. Möglichst sollten alle Löcher und Kanäle mit Druckluft ausgeblasen werden.

13 Zylinderkopf und Ventile Zerlegung, Kontrolle und Zusammenbau

1 Mit den entsprechenden Spezialwerkzeugen kann auch der Hobbyschrauber eine Zerlegung, Reinigung und Inspektion des Zylinderkopfes vornehmen. Dieser Weg kann viel Geld sparen, besonders wenn die Inspektion ergibt, dass eine Überholung noch gar nicht nötig ist.

2 Um sicherzustellen, dass beim Ausbau der Ventile keine Teile beschädigt werden, ist eine geeignete Ventilfederpresse absolut notwendig.

3 Vor Arbeitsbeginn muss sichergestellt sein, dass die Ventile und ihre zugehörigen Bauteile so gelagert werden, dass später jedes Teil wieder genau an seinen Platz im Zylinderkopf gebaut werden kann (siehe Abbildung 13.3 in Kapitel 2E).

4 Das Zerlegen, Kontrollieren und Zusammenbauen der Zylinderkopf-Komponenten entspricht den Anweisungen für luftgekühlte LEADER-Motoren (siehe Kapitel 2E, Sektion 13) – folgende Zusätze sind zu beachten:

5 Beim Zusammendrücken der Ventilfedern kann es nötig sein, Distanzhülsen einzusetzen, damit die Presse nicht den Zylinderkopf beschädigt (siehe Abbildung).

6 Messen Sie die Ventilsitzbreite mit einem Messschieber, um genauere Ergebnisse zu erhalten (siehe Abbildung).

14 Zylinder – Ausbau, Kontrolle und Einbau

Anmerkung: *Der Zylinder kann demontiert werden, während der Motor im Rahmen sitzt – allerdings ist der Zugang relativ beengt.*

Ausbau

1 Demontieren Sie den Zylinderkopf (siehe Sektion 12).

2 Heben Sie den Zylinder von den Stehbolzen – führen Sie dabei die Steuerkette durch den Schacht, und stützen Sie den dabei frei werdenden Kolben ab (siehe Abbildung). Wenn

13.5 Setzen Sie die Ventilfederpresse mit einem Adapter (Pfeil) an.

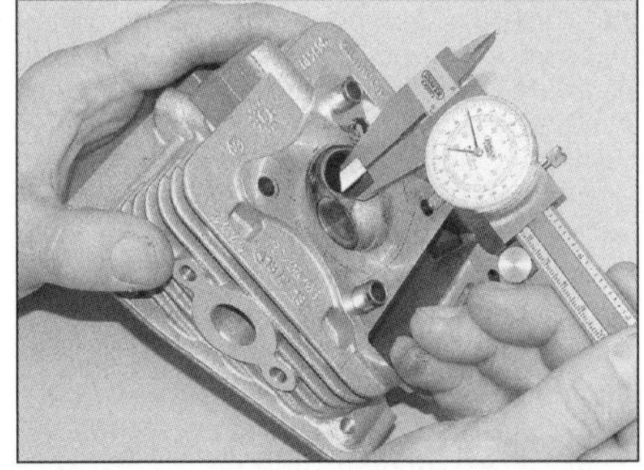

13.6 Messen Sie die Ventilsitzbreite mit einem Messschieber.

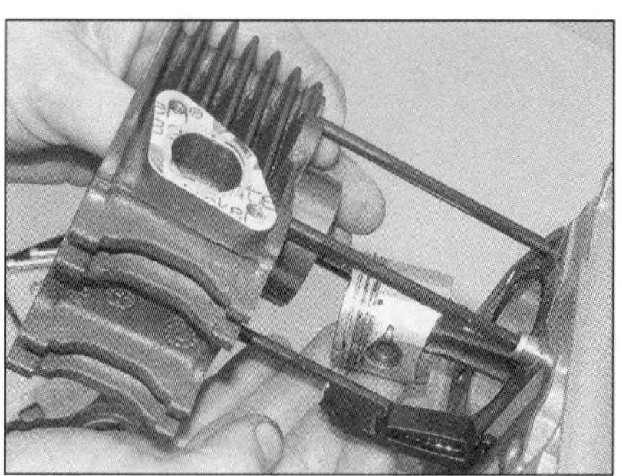

14.2 Stützen Sie den Kolben, während der Zylinder abgehoben wird.

14.4 Entfernen Sie vorsichtig die Zylinderfußdichtung.

14.7 Kolben und Zylinder sind mit einer Größenmarkierung versehen.

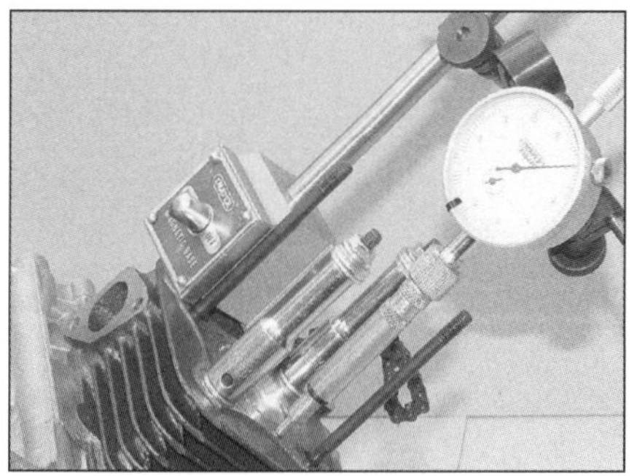

14.10 Nullen Sie die Messuhr an der Zylinder-Dichtfläche.

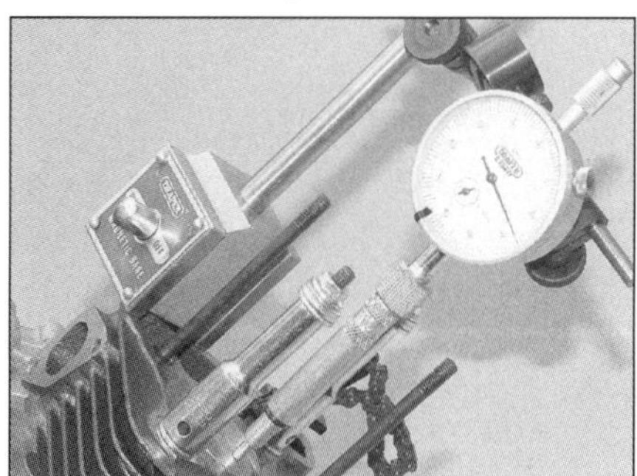

14.11 Der Kolben muss für ein akkurates Messergebnis exakt im OT stehen.

der Zylinder klemmt, muss er vorsichtig mit einem weichen Hammer abgeklopft werden. Der Versuch, ihn mit einem Schraubendreher abzuhebeln würde zu beschädigten Dichtflächen führen. Nachdem der Zylinder abgezogen ist, wird ein sauberer Lappen um den Kolben in die Motoröffnung gestopft, um nichts in den Motor gelangen zu lassen.

3 Beachten Sie die zwei Passhülsen im Motorgehäuse – falls sie locker sind, sollten sie sichergestellt werden.

4 Entfernen Sie vorsichtig die Zylinderfußdichtung (siehe Abbildung). Ist die Dichtung mit ihrer Stärke markiert (0,4 oder 0,5), sollte dieser Wert notiert werden. Soll der alte Zylinder samt Kolben wiederverwendet werden, muss eine Fußdichtung gleicher Stärke beschafft werden. Ist die Dichtung nicht markiert, muss vor dem Zusammenbau die Kolbenhöhe ermittelt werden (siehe Schritte 9 bis 11). Es wird auf jeden Fall eine neue Dichtung benötigt.

Kontrolle

5 Die Kontrolle des Zylinders entspricht den Anweisungen für luftgekühlte LEADER-Motoren (siehe Kapitel 2E, Sektion 14) – folgende Zusätze sind zu beachten:

6 Piaggio schreibt vor, die Bohrung 10, 30 und 50 mm unterhalb des oberen Zylinderrandes sowohl parallel zum Kolbenbolzen als auch im Winkel von 90° dazu zu messen.

7 Die Größenangabe des Zylinders ist in der Nähe des Steuerkettenspanners außen in den Zylinder geschlagen (siehe Abbildung).

Einbau

8 Der Einbau des Zylinders entspricht den Anweisungen für luftgekühlte LEADER-Motoren (siehe Kapitel 2E, Sektion 14) – folgende Zusätze sind zu beachten:

9 Piaggio bietet zwei verschieden dicke Fußdichtungen an. Wird der alte Zylinder samt Kolben wiederverwendet, muss eine Fußdichtung beschafft werden, die genauso dick ist wie die ursprüngliche (siehe Schritt 4). War die alte Dichtung nicht markiert oder kommen neue Komponenten zum Einsatz, müssen Kolben und Zylinder ohne Fußdichtung montiert werden, dann wird eine Messuhr montiert, um die Höhe des Kolbens im Zylinder zu ermitteln.

10 Ziehen Sie die Zylinderkopfmuttern mithilfe geeigneter Distanzhülsen gegen den Zylinder, um diesen gegen das Motorgehäuse zu drücken. Montieren Sie die Messuhr an die Halterung, und nullen Sie sie auf der Zylinder-Dichtfläche (siehe Abbildung). Drehen Sie die Kurbelwelle so, dass der Kolben nicht im OT steht.

11 Richten Sie die Messuhr jetzt zur Kolbenmitte aus, und drehen Sie die Kurbelwelle, sodass der Kolben exakt im OT steht – jetzt wird die Uhr abgelesen (siehe Abbildung). Je weiter der Kolben aus dem Zylinder ragt, desto dicker muss die Dichtung sein. Ist der Motor mit einer Zylinderkopfdichtung aus Metall ausgerüstet, und liegt das Messergebnis zwischen 0,15 und 0,25 mm, wird eine 0,4 mm starke Fußdichtung benötigt – zwischen 0,25 und 0,35 mm muss es eine 0,5 mm starke Dichtung sein. Ist der Motor mit einer Zylinderkopfdichtung aus Fasermaterial ausgerüstet, und liegt das Messergebnis zwischen 0,85 und 0,95 mm, wird eine 0,4 mm starke Fußdichtung benötigt – zwischen 0,95 und 1,05 mm muss es eine 0,5 mm starke Dichtung sein.

15 Kolben – Ausbau, Kontrolle und Einbau

2D

Anmerkung: *Der Kolben kann ausgebaut werden, während sich der Motor im Rahmen befindet – allerdings ist der Zugang relativ beengt.*

1 Ausbau, Kontrolle und Einbau des Kolbens entsprechen den Anweisungen für Viertaktmotoren, wie sie in Kapitel 2C, Sektion 16 beschrieben sind – folgende Zusätze sind zu beachten:

2 Um die Kolbenringe nicht zerbrechen zu lassen, sollten sie mit einem alten Fühlerlehrenblatt vom Kolben befreit werden (siehe Abbildung). Wenn die Kolbenringe wiederverwendet werden sollen, müssen sie – richtigherum – in ihre ursprünglichen Nuten gelangen. Die Oberseiten der Ringe sind an einem Ende markiert (siehe Abbildung).

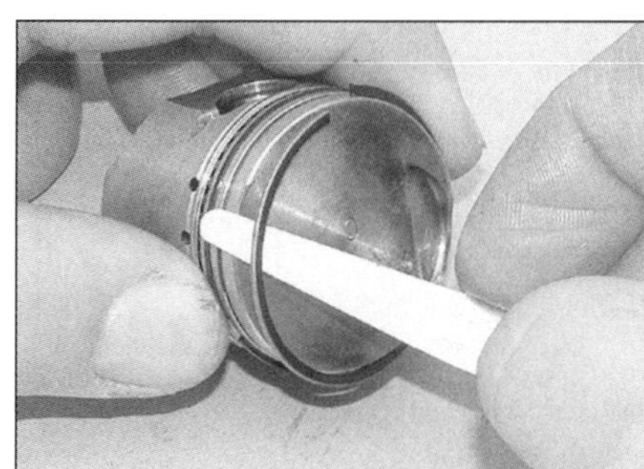

15.2a Die Kolbenringe können mit einem dünnen Fühlerlehrenblatt entfernt werden.

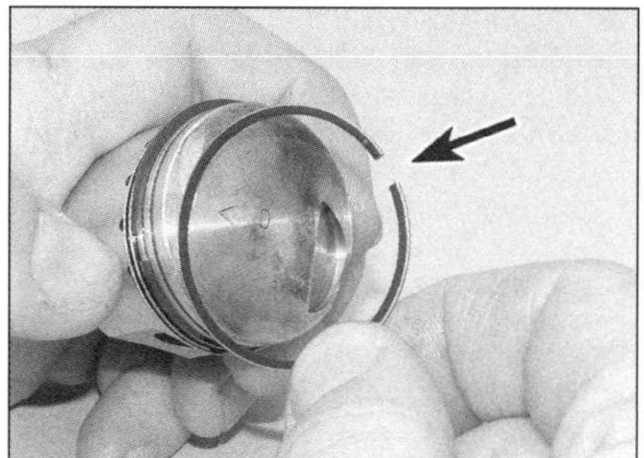

15.2b Jeder Kolbenring ist an der Oberseite an einem Ende markiert.

3 Soll das Spiel des Kolbens im Zylinder ermittelt werden, muss die Messung 27 mm unterhalb des oberen Zylinderrandes und 90° zum Kolbenbolzen erfolgen.

16 Kolbenringe
Kontrolle und Einbau

1 Kontrolle und Einbau der Kolbenringe entsprechen den Anweisungen für Viertaktmotoren, wie sie in Kapitel 2C, Sektion 17 beschrieben sind.

17 Kühlventilator
Ausbau und Einbau

Anmerkung: *Der Ventilator kann bei im Rahmen sitzendem Motor demontiert werden.*

1 Entfernen Sie an der rechten Motorseite entsprechende Verkleidungsteile (Kapitel 7).

2 Lösen Sie die sechs Schrauben des Lichtmaschinendeckels, und entfernen Sie diesen (siehe Abbildungen 8.3a und b).

3 Lösen Sie die drei Schrauben, die den Ventilator am Lichtmaschinenrotor sichern, und nehmen Sie diesen ab (siehe Abbildung).

4 Der Einbau entspricht der umgekehrten Ausbaureihenfolge. Die Schraubenbohrungen sind versetzt, sodass der Ventilator nur in einer Position an den Rotor montiert werden kann.

18 Lichtmaschinenrotor und Stator
Ausbau und Einbau

Anmerkung: *Die Lichtmaschine kann bei im Rahmen sitzendem Motor demontiert werden.*

1 Entfernen Sie den Kühlventilator (Sektion 17).

2 Zum Lösen der Rotormutter muss der Rotor blockiert werden. Dies kann mit dem Piaggio-Spezialwerkzeug (Teilenummer 020656Y) geschehen, oder man baut sich ein Werkzeug, mit dem man in die Nuten des Rotors greifen kann (siehe Praxis-Tipp). Ist der Rotor sicher blockiert, kann die Mutter gelöst werden.

Ein Rotor-Haltewerkzeug kann aus zwei Stahlbändern angefertigt werden, die in der Mitte mit einem Scharnier verbunden und an einem Ende mit zwei Bolzen ausgerüstet werden. Diese Bolzen greifen in die Rotornuten, dürfen aber nicht zu lang sein, damit sie nicht die Rotorwicklungen beschädigen.

3 Um den Rotor von der Welle ziehen zu können, ist entweder ein spezieller Piaggio-Abzieher (Teilenummer 020162Y) (siehe Abbildung) oder ein Zweiarmabzieher nötig. Die Hülse des Piaggio-Werkzeugs wird in das Gewinde des Rotors geschraubt (siehe Abbildung), dann wird sie mit einem Maulschlüssel gesichert und der Bolzen im Uhrzeigersinn angezogen,

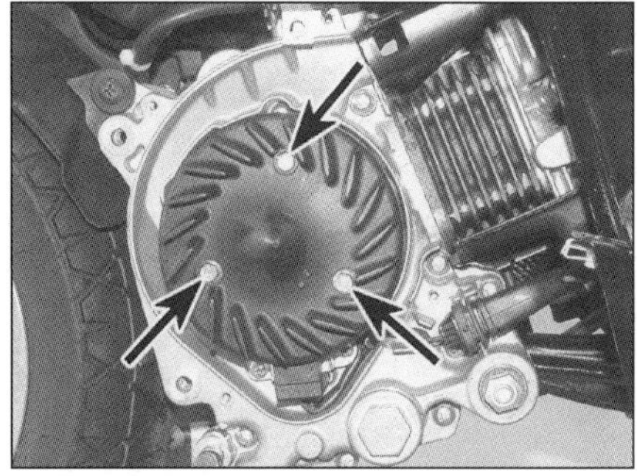

17.3 Der Kühlventilator ist mit drei Schrauben gesichert.

18.3a Der Piaggio-Abzieher wird in das Rotor-Gewinde geschraubt.

18.3c Einsatz eines Zweiarm-Abziehers

um den Rotor vom Konus zu ziehen (siehe Abbildung). Bei einem Zweiarmabzieher greifen die Arme durch die Nuten den Rotor, während der Bolzen gegen den Kurbelwellenstumpf gedreht wird (siehe Abbildung). Nachdem der Rotor abgezogen ist, wird ggf. der Keil sichergestellt, falls er locker in seiner Nut sitzt.

4 Um den Stator vom Motorgehäuse zu entfernen, ist auch die Zündgeberspule zu lösen, da beide Teile eine Baugruppe bilden. Trennen Sie den Mehrfachstecker der Lichtmaschinen-Kabel, und lösen Sie die Schrauben des Stators und der Spule, um beide Teile entnehmen zu können (siehe Abbildungen).

Einbau

5 Montieren Sie den Stator und die Zündgeberspule an das Gehäuse – der Mehrfachstecker muss korrekt positioniert sein. Ziehen Sie alle Schrauben sorgfältig an.

6 Reinigen Sie den Kurbelwellenkonus und den Sitz des Rotors mit Lösungsmittel. An den Magneten im Innern des Rotors dürfen keine

18.2 Blockieren Sie den Lichtmaschinenrotor, und lösen Sie die Mutter.

18.3b Einsatz des Piaggio-Rotorabziehers

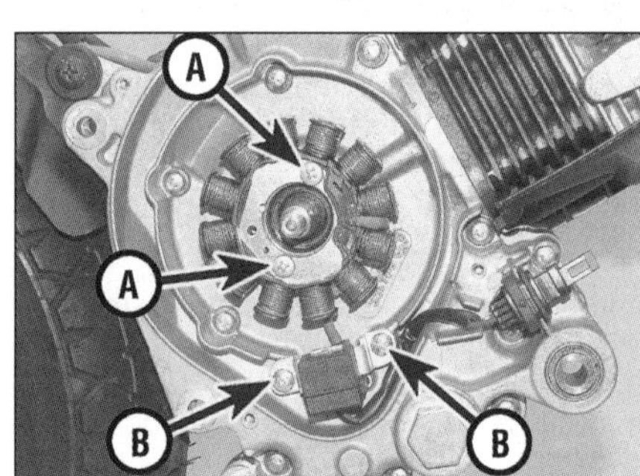

18.4a Schrauben des Lichtmaschinenstators (A) und der Zündgeberspule (B)

18.4b Heben Sie die Stator/Zündgeber-Baugruppe ab.

Metallteile haften. Setzen Sie nötigenfalls den Keil in die Konus-Nut, und schieben Sie den korrekt ausgerichteten Rotor darüber.

7 Setzen Sie die Rotormutter samt Scheibe an, und ziehen Sie sie bei blockiertem Rotor mit 40 bis 44 Nm an.

8 Montieren Sie alle anderen Komponenten in der umgekehrten Ausbaureihenfolge.

19.2 Heben Sie den Anlasserfreilauf heraus.

19 Anlasserfreilauf
Ausbau, Kontrolle, Einbau

Anmerkung: *Der Anlasserfreilauf kann bei im Rahmen sitzendem Motor demontiert werden.*

1 Folgen Sie den Anweisungen in Kapitel 2G, um die Keilriemenabdeckung und das Anlasser-Zwischenrad zu entfernen.

2 Halten Sie das Keilriemenrad auf der Kurbelwelle in Position, und heben Sie den Anlasserfreilauf unter Beachtung seiner Einbaulage aus dem Gehäuse (siehe Abbildung).

3 Kontrolle und Einbau des Anlasserfreilaufs entsprechen den Arbeiten an luftgekühlten LEADER-Motoren – beachten Sie dazu Kapitel 2E, Sektion 19.

4 Der Einbau entspricht der umgekehrten Ausbaureihenfolge – achten Sie darauf, dass das innere Zahnrad in die Anlasserverzahnung greift.

20 Ölpumpe – Ausbau, Kontrolle und Einbau

Anmerkung: *Die Ölpumpe kann bei im Rahmen sitzendem Motor demontiert werden.*

Ausbau

1 Lassen Sie das Motoröl ab (siehe Kapitel 1).

2 Entfernen Sie den Keilriemenantrieb (siehe Kapitel 2G).

3 Lösen Sie die Schrauben des Ölwannendeckels (beachten Sie die Halterung des hinteren Bremsbowdenzugs), und entfernen Sie diesen (siehe Abbildung). Seien Sie auf auslaufendes Öl vorbereitet. Die Dichtung muss später durch ein Neuteil ersetzt werden.

4 Lösen Sie die Schrauben der Ölpumpenketten-Abdeckung, und entfernen Sie diese vorsichtig (siehe Abbildung). Die Deckeldichtung muss später durch ein Neuteil ersetzt werden. Beachten Sie die Kettenführung an der Innenseite des Deckels (siehe Abbildung).

5 Lösen Sie die Schrauben der Ölpumpenritzel-Platte, und entfernen Sie diese unter Beachtung ihrer Einbaulage (siehe Abbildung).

6 Stecken Sie zum Blockieren einen Dorn oder Schraubendreher durch eine der Bohrungen im Ölpumpenritzel, und lösen Sie die Ritzelschraube (siehe Abbildung). Entfernen Sie die

20.3 Ölwannendeckelsschrauben

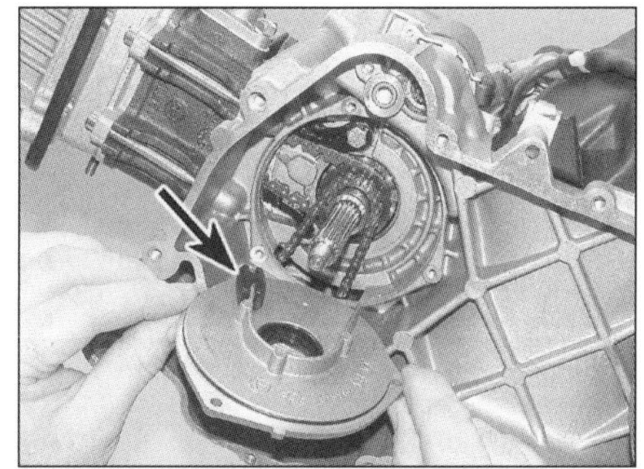

20.4b Beachten Sie die Lage der Steuerkettenführung.

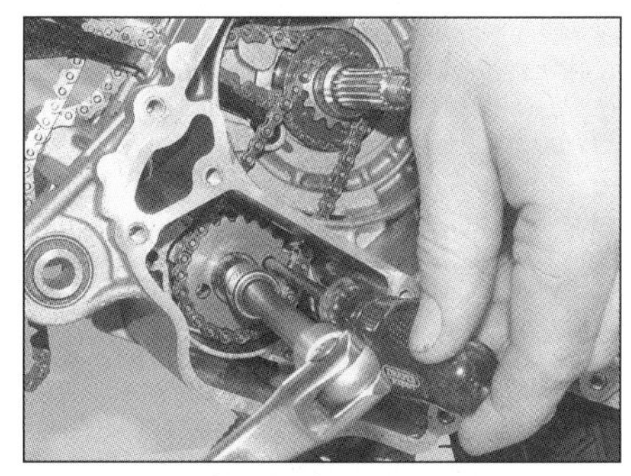

20.6a Lösen Sie die Schraube des Pumpenritzels.

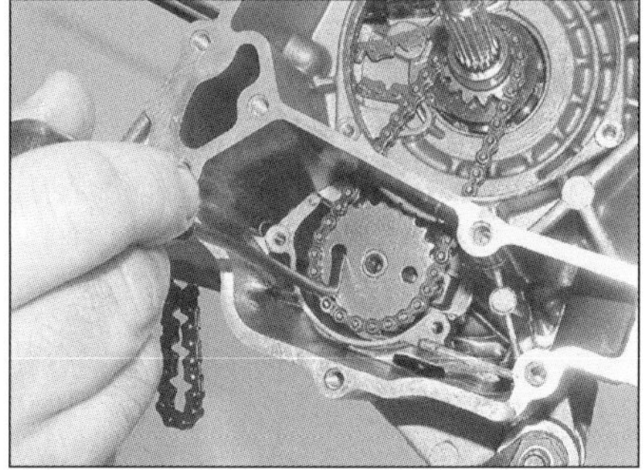

20.6c Ziehen Sie das Ritzel von der Pumpe.

Schraube und die Tellerscheibe (siehe Abbildung). Ziehen Sie das Ritzel von der Pumpe, und befreien Sie es aus der Kette (siehe Abbildung).

7 Ziehen Sie die Kette nötigenfalls nach oben ins Antriebsgehäuse, und heben Sie sie vom Antriebsritzel (siehe Abbildung). **Anmerkung:** *Markieren Sie die Kette vor dem Ausbau, damit sie in ihrer originalen Drehrichtung montiert werden kann.* Ziehen Sie dann das Ritzel von der Kurbelwelle (siehe Abbildung). Beachten Sie die Position des O-Rings, und ziehen Sie ihn von der Welle – später muss ein neuer installiert werden (siehe Abbildung).

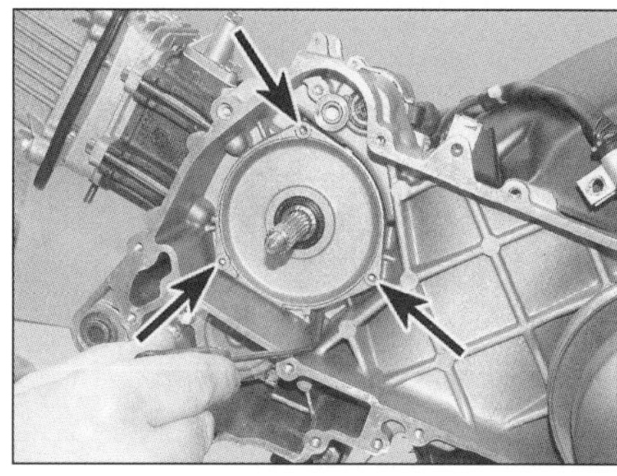

20.4a Lösen Sie die 3 Deckelschrauben, und heben Sie den Deckel ab.

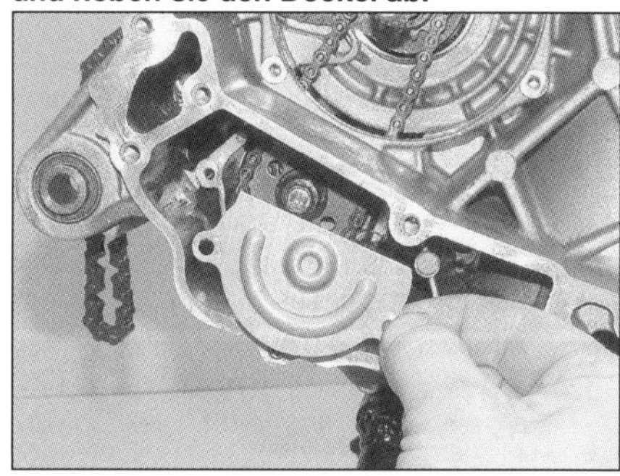

20.5 Entfernen Sie die Pumpenritzel-Abdeckung.

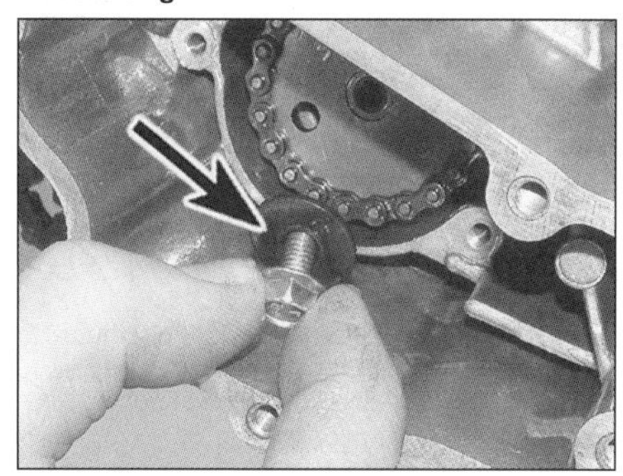

20.6b Entfernen Sie die Schraube und die Tellerscheibe.

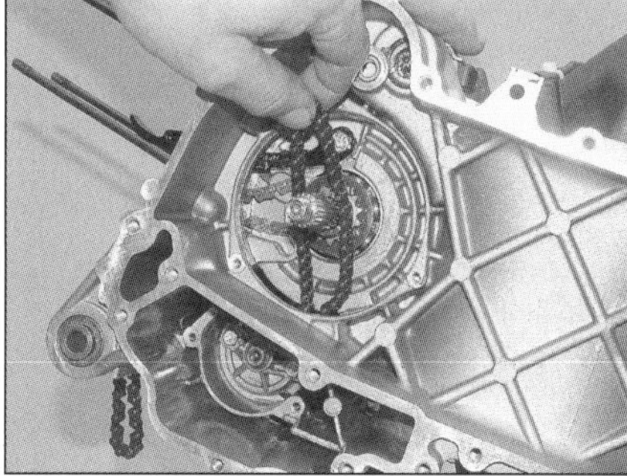

20.7a Entfernen Sie die Kette, . . .

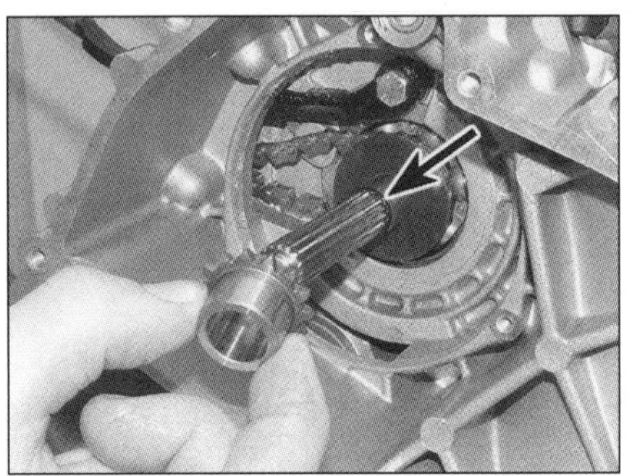

20.7b . . . und ziehen Sie das Ritzel von der Kurbelwelle – beachten Sie den O-Ring.

20.7c Ersetzen Sie den O-Ring durch ein Neuteil.

8 Lösen Sie die zwei Schrauben der Ölpumpe, und entfernen Sie diese (siehe Abbildung) – die dahinter liegende Dichtung muss später durch ein Neuteil ersetzt werden.

Kontrolle

Anmerkung: *Dieser Ölkreislauf ist nicht mit einem Überdruckventil ausgerüstet.*

9 Das Zerlegen und Inspizieren der Ölpumpe entspricht derjenigen bei luftgekühlten LEADER-Motoren (siehe Kapitel 2E. Sektion 20) Beachten Sie folgende Zusätze:

10 Der Simmerring in der Kettenabdeckung muss genau inspiziert werden – wenn er schadhaft ist oder Öl ins Antriebsriemengehäuse sickert, muss er ersetzt werden. Kontrollieren Sie die Kettenführung, und ersetzen Sie sie nötigenfalls (siehe Abbildung 20.4b).

Einbau

11 Der Einbau entspricht der umgekehrten Ausbaureihenfolge – beachten Sie dabei Folgendes:

a) Die Löcher in der Pumpendichtung müssen zu den Ölkanälen ausgerichtet sein.
b) Die Ölpumpen-Befestigungsschrauben sind mit 5 bis 6 Nm anzuziehen.
c) Der neue Kurbelwellen-O-Ring muss mit Öl benetzt und vorsichtig aufgeschoben werden, um ihn nicht zu beschädigen.
d) Das Kurbelwellenritzel muss mit dem Bund nach außen installiert werden.
e) Die Tellerscheibe der Pumpenritzelschraube muss mit dem Außenrand gegen das Ritzel drücken.
f) Die Pumpenritzelschraube muss mit 12 bis 14 Nm angezogen werden.
g) Die Antriebskettenabdeckung muss mit einem neuen O-Ring ausgerüstet werden.
h) Der Ölwannendeckel muss mit einer neuen Dichtung ausgerüstet werden.
i) Wenn der Motor vorschriftsmäßig mit Öl aufgefüllt ist (siehe Kapitel 1), wird er gestartet und auf Undichtigkeiten überprüft.

21 Motorgehäusehälften, Kurbelwelle und Pleuel

Anmerkung: *Zum Trennen des Motorgehäuses muss die Antriebseinheit aus dem Fahrzeug gebaut werden.*

Trennen

1 Um Zugang zur Kurbelwelle, dem Pleuel und den Hauptlagern zu erhalten, muss das Antriebsgehäuse getrennt werden.

2 Um das Antriebsgehäuse trennen zu können, muss es aus dem Fahrzeug gebaut werden (siehe Sektion 5). Vor dem Trennen sind folgende Baugruppen zu demontieren:

a) Steuerkette samt Schienen und Ritzel (Sektion 9)
b) Zylinderkopf (Sektion 11)
c) Zylinder (Sektion 14)
d) Lichtmaschinenrotor und Stator (Sektion 18)
e) Keilriemenantrieb (Kapitel 2G)
f) Anlasser (Kapitel 9)
g) Ölpumpe (Sektion 20)
h) Hauptständer (siehe Kapitel 7)

3 Lösen Sie schrittweise und über Kreuz die zehn Schrauben des Antriebsgehäuses, bis alle locker sind – entfernen Sie sie dann (siehe Abbildung). Heben Sie vorsichtig die rechte Gehäusehälfte von der linken. Heben Sie die Kurbelwelle aus der linken Hälfte. Stellen Sie nötigenfalls die zwei Passhülsen sicher.

4 Entfernen Sie den Simmerring aus der rechten Gehäusehälfte, nachdem Sie sich seine exakte Einbaulage notiert haben. Befreien Sie die Dichtflächen beider Gehäusehälften von alten Dichtungsresten – tragen Sie dabei nicht das weiche Aluminium ab.

Kontrolle

5 Wechseln Sie nach Kapitel 2E, Sektion 21, um Details über die Überprüfung des Motorgehäuses zu erfahren.

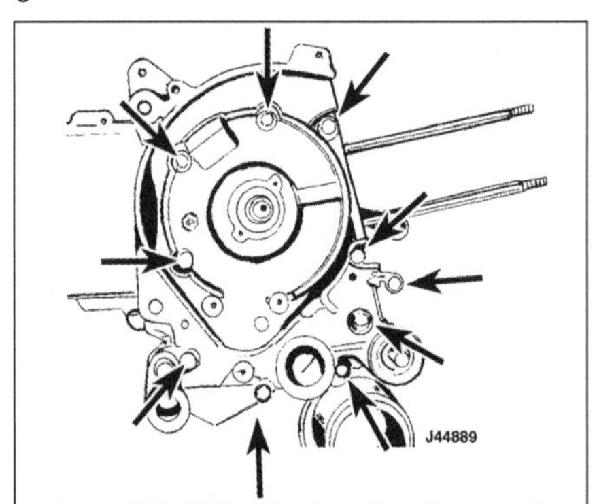

21.3 Lage der Motorgehäuseschrauben

6 Kontrollieren Sie die Kurbelwellen-Hauptlager. Das rechte Hauptlager wird auf der Kurbelwelle sitzen, während das linke in der Gehäusehälfte verbleibt. Beide Lager müssen sich frei drehen und geräuschlos laufen – bei jedem Zweifel sind die Lager zu ersetzen (neue Kugellager sind nicht teuer).

7 Das rechte Lager kann mit einem Abzieher von der Kurbelwelle gezogen werden. Drehen Sie die Rotormutter in die Kurbelwelle, um den Wellenstumpf zu schützen (siehe Abbildung). Merken Sie sich die Einbaulage des Lagers. Zur Montage eines neuen Lagers muss die Kurbelwelle mit dem rechten Ende nach oben zeigend gut gestützt werden. Erhitzen Sie das neue Lager in einem Ölbad auf 120 °C, und treiben Sie es mit einem Rohr, das nur den Innenring berührt, auf die Welle.

8 Vor der Demontage des linken Lagers muss das Motorgehäuse in diesem Bereich erwärmt werden – dann wird es mit einem geeigneten Werkzeug ausgetrieben – merken Sie sich seine Einbaulage. Erhitzen Sie das Gehäuse erneut, und pressen Sie das neue Lager mit einem geeigneten Werkzeug ein, das nur den Außenring berühren darf.

9 Prüfen Sie das Axialspiel des Pleuels mit einer Fühlerlehre (siehe Abbildung) – bei mehr als 0,5 mm Spiel ist die Kurbelwelle zu ersetzen. Messen Sie das Radialspiel des Pleuels sowie die Breite der Schwungscheiben (an mehreren Stellen) (siehe Abbildungen 21.17b und c in Kapitel 2E). Liegen die Messungen außerhalb der in den technischen Daten angegebenen Toleranzen, ist die Kurbelwelle zu ersetzen.

10 Legen Sie die Kurbelwelle auf Prismenböcke, und messen Sie den Unrundlauf an den Hauptlagerzapfen und den Zapfen-Enden (siehe Abbildung 21.18 in Kapitel 2E). **Anmerkung:** *Für diese Kontrolle muss das rechte Hauptlager von der Welle entfernt sein.* Liegen irgendwelche Messungen außerhalb der in den technischen Daten angegebenen Toleranzen, ist die Kurbelwelle zu ersetzen.

Zusammenbau

11 Rüsten Sie die rechte Gehäusehälfte mit einem neuen Dichtring aus, und treiben Sie ihn mit einem geeigneten Werkzeug (z.B. einer Steckschlüsselnuss), das nur den Außenrand berührt, senkrecht bis in die zuvor notierte Position.

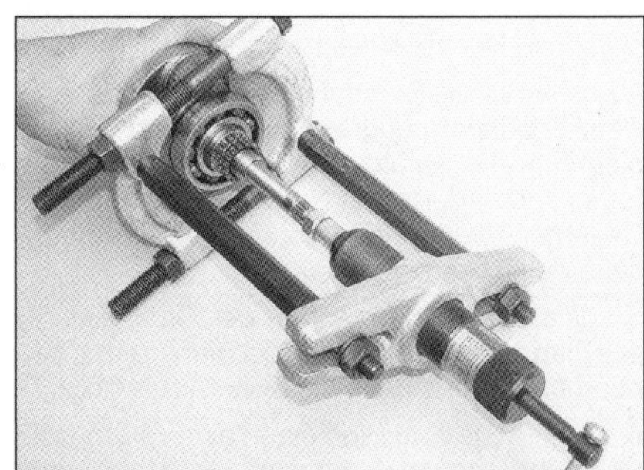

21.7 Ziehen Sie das Hauptlager von der Kurbelwelle.

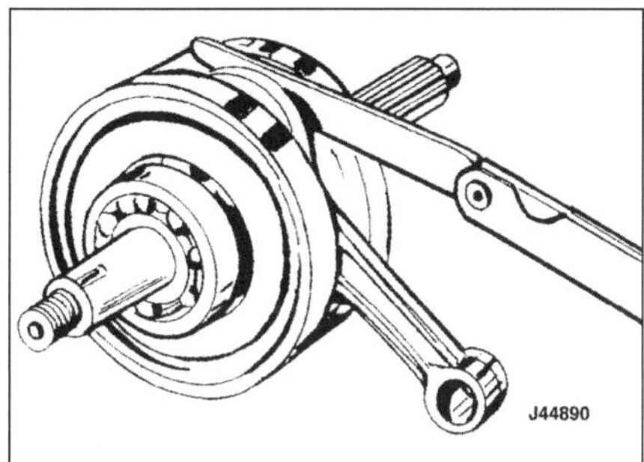

21.9 Kontrollieren Sie das Axialspiel des Pleuelfußes.

12 Schmieren Sie die Hauptlager und das Pleuelfußlager mit frischem Motoröl, und setzen Sie die Kurbelwelle in die linke Gehäusehälfte – das Pleuel muss dabei zur Zylinderöffnung ausgerichtet sein. Versehen Sie beide Dichtflächen sparsam mit geeigneter Dichtmasse. Führen Sie die rechte Gehäusehälfte über die Kurbelwelle, und pressen Sie sie über das rechte Hauptlager. Das Aufpressen kann mit einem weichen Hammer vorsichtig unterstützt werden, doch darf hierbei keine Gewalt angewendet werden. **Anmerkung:** *Wenn sich die Gehäusehälften nicht zusammendrücken lassen, muss die rechte Gehäusehälfte demontiert und das Problem behoben werden. Es darf nicht versucht werden, die Hälften mit den Gehäuseschrauben zusammenzuziehen – dies würde das Gehäuse zerstören!*

13 Reinigen Sie die Gewinde der Gehäuseschrauben, und ziehen Sie sie zunächst nur handfest an. Ziehen Sie sie dann gleichmäßig und schrittweise über Kreuz bis zum vorgeschriebenen Drehmoment von 8 bis 10 Nm an – nach dem endgültigen Anziehen muss sich die Kurbelwelle frei drehen lassen.

14 Installieren Sie alle demontierten Bauteile entgegen der Ausbaureihenfolge (Schritt 2).

22 Erstinbetriebnahme nach Motorüberholung

1 Der Pegel des Motoröls muss korrekt sein (siehe Tägliche Kontrollen).

2 Im Kraftstofftank muss sich Benzin befinden.

3 Bei ausgeschalteter Zündung wird mehrmals der Kickstarter betätigt, um sicherzustellen, dass sich der Motor leicht durchdrehen lässt.

4 Schalten Sie die Zündung ein, starten Sie den Motor, und lassen Sie ihn bei Standgas Betriebstemperatur erreichen. Übermäßiger Rauch aus dem Auspuff ist normal, da das beim Montieren eingesetzte Öl verbrennt. Dies muss sich mit der Zeit geben.

5 Will der Motor nicht anspringen, muss die Zündkerze ausgeschraubt und untersucht werden, ob sie verölt ist. Nach dem Reinigen wird der Startversuch wiederholt. Springt der Motor immer noch nicht an, muss anhand der Fehlersuch-Tabellen am Ende dieses Buches das Problem gefunden und beseitigt werden.

6 Kontrollieren Sie sorgfältig alles auf austretendes Öl. Der Antrieb und besonders die Bremsen müssen korrekt funktionieren, bevor das Fahrzeug getestet wird. Beachten Sie die folgende Sektion.

7 Nachdem der Motor wieder abgekühlt ist, werden das Ventilspiel (siehe Kapitel 1) und der Ölpegel kontrolliert (siehe Tägliche Kontrollen).

23 Empfohlene Einfahrhinweise

1 Auf den ersten Kilometern muss der Motor äußerst vorsichtig behandelt werden, da sich neue Komponenten erst »setzen« müssen.

2 Wurde der Zylinder aufgebohrt und/oder die Kurbelwelle erneuert, ist das Fahrzeug wie eine Neumaschine zu behandeln. Die ersten 1000 km sollte also nur mit vorsichtiger Gashand gefahren werden, sodass der Motor nicht unter Volllast arbeiten muss. Beim Einfahren empfehlen sich wechselnde Drehzahlen und nur 80% der Höchstgeschwindigkeit. Wer seinen Roller kennt und ihn sensibel behandelt, merkt, wann der Motor frei läuft und wieder mit Vollgas betrieben werden kann.

3 Wird ein Defekt im Schmiersystem vermutet, muss der Motor unverzüglich ausgeschaltet werden, um nach dem Grund des Problems zu suchen. Wenn ein Motorroller auch nur kurze Zeit ohne Öl gefahren wird, entstehen schwerste Motorschäden.

Notizen

Kapitel 2E
Luftgekühlte LEADER-Viertaktmotoren (Zip 125, Skipper ST, Liberty 125, Fly 125, Vespa ET4 125, Vespa LX4 125, S 125)

Details zur Modell-Identifikation finden sich am Anfang von Kapitel 1

Inhalt

Schwierigkeitsgrade

Leicht. Für Anfänger mit wenig Erfahrung geeignet 	**Relativ leicht.** Für Anfänger mit etwas Erfahrung geeignet 	**Relativ schwierig.** Geeignet für geübte Selbstschrauber 	**Schwer.** Geeignet für Selbstschrauber mit viel Erfahrung 	**Sehr schwer.** Geeignet nur für Experten und Profis 

2E

Technische Daten

Allgemein

Typ	Einzylinder-Viertaktmotor
Hubraum	124 cm³
Bohrung	57,0 mm
Hub	48,6 mm
Verdichtungsverhältnis	10,1 bis 11,1 : 1

Nockenwelle

Höhe Einlass- und Auslass-Nocken	
Zip 125, Skipper ST, Liberty 125, ET4	27,8 mm
Fly 125, LX 125 S 125	
Einlass	27,5 mm
Auslass	27,2 mm
Linker Lagerzapfen-Durchmesser	
Standard	32,50 mm
Verschleißgrenze (min.)	32,44 mm
Rechter Lagerzapfen-Durchmesser	
Standard	20,00 mm
Verschleißgrenze (min.)	19,95 mm
Nockenwellen-Axialspiel	
Standard	0,11 bis 0,41mm
Verschleißgrenze	0,42 mm

Zylinderkopf

Verzug (max.)	0,05 mm
Durchmesser linker Nockenwellen-Lagersitz	32,500 bis 32,525 mm
Durchmesser rechter Nockenwellen-Lagersitz	20,000 bis 20,021 mm
Durchmesser Kipphebelwellen-Lagersitz	12,000 bis 12,018 mm
Kipphebelwellen-Durchmesser	11,977 bis 11,985 mm
Kipphebel-Innendurchmesser	12,000 bis 12,011 mm
Ventilsitzbreite (max.)	1,6 mm

Ventile, Führungen und Federn

Ventilspiel	Siehe Kapitel 1
Einlassventil	
Gesamtlänge	80,6 mm
Schaftdurchmesser	
Verschleißgrenze (min.)	4,960 mm
Ventilführungs-Durchmesser	
Standard	5,022 mm
Ventilschaft-Spiel in Führung	
Standard	0,013 bis 0,040 mm
Verschleißgrenze	0,062 mm
Ventilteller-Breite	3,1 mm
Auslassventil	
Gesamtlänge	79,6 mm
Schaftdurchmesser	
Verschleißgrenze (min.)	4,950 mm
Ventilführungs-Durchmesser	
Standard	5,022 mm
Ventilschaft-Spiel in Führung	
Standard	0,025 bis 0,052 mm
Verschleißgrenze	0,072 mm
Ventilteller-Breite	3,0 mm
Freie Ventilfederlänge (Einlass und Auslass)	keine Angaben

Zylinderbohrung – Aluminium-Zylinder

Bohrungsdurchmesser (gemessen 38,5 mm unterhalb des oberen Zylinderrandes und 90° zum Kolbenbolzen)

Standard	
Größenmarkierung A	56,980 bis 56,987 mm
Größenmarkierung B	56,987 bis 56,994 mm
Größenmarkierung C	56,994 bis 57,001 mm
Größenmarkierung D	57,001 bis 57,008 mm
1. Übermaß	57,180 bis 57,208 mm
2. Übermaß	57,380 bis 57,408 mm
3. Übermaß	57,580 bis 57,608 mm

Kolben – Aluminium-Zylinder

Kolben-Durchmesser (gemessen 36,5 mm unterhalb des Kolbenbodens und 90° zum Kolbenbolzen)

Standard	
Größenmarkierung A	56,933 bis 56,940 mm
Größenmarkierung B	56,940 bis 56,947 mm
Größenmarkierung C	56,947 bis 56,954 mm
Größenmarkierung D	56,954 bis 56,961 mm
1. Übermaß	57,133 bis 57,161 mm
2. Übermaß	57,333 bis 57,361 mm
3. Übermaß	57,533 bis 57,561 mm
Kolbenspiel in (neuem) Zylinder	0,040 bis 0,054 mm
Kolbenbolzen-Durchmesser	14,996 bis 15,000 mm
Kolbenbolzenbohrung in Kolben	15,001 bis 15,006 mm

Zylinderbohrung – Gusseisen-Zylinder

Bohrungsdurchmesser (gemessen 38,5 mm unterhalb des oberen Zylinderrandes und 90° zum Kolbenbolzen)

Standard	
Größenmarkierung M	56,997 bis 57,004 mm
Größenmarkierung N	57,004 bis 57,011 mm
Größenmarkierung O	57,011 bis 57,018 mm
Größenmarkierung P	57,018 bis 57,025 mm
1. Übermaß	57,197 bis 57,225 mm
2. Übermaß	57,397 bis 57,425 mm
3. Übermaß	57,597 bis 57,625 mm

Kolben – Aluminium-Zylinder

Kolben-Durchmesser (gemessen 36,5 mm unterhalb des Kolbenbodens und 90° zum Kolbenbolzen)
Standard
Größenmarkierung M . . . . 56,944 bis 56,951 mm
Größenmarkierung N . . . . 56,951 bis 56,958 mm
Größenmarkierung O . . . . 56,958 bis 56,965 mm
Größenmarkierung P . . . . 56,965 bis 56,972 mm
1. Übermaß . . . . 57,144 bis 57,172 mm
2. Übermaß . . . . 57,344 bis 57,372 mm
3. Übermaß . . . . 57,544 bis 57,572 mm
Kolbenspiel in (neuem) Zylinder . . . . 0,046 bis 0,060 mm
Kolbenbolzen-Durchmesser . . . . 14,996 bis 15,000 mm
Kolbenbolzen-Bohrung in Kolben . . . . 15,001 bis 15,006 mm

Kolbenringe

Stoßspiel (eingebaut) – Zip 125, Skipper ST, Liberty 125, ET4
Oberer Ring
Standard . . . . 0,15 bis 0,30 mm
Verschleißgrenze (max.) . . . . 0,40 mm
Zweiter Ring
Standard . . . . 0,20 bis 0,40 mm
Verschleißgrenze (max.) . . . . 0,50 mm
Ölring
Standard . . . . 0,20 bis 0,40 mm
Verschleißgrenze (max) . . . . 0,50 mm
Stoßspiel (eingebaut) – Fly 125, LX 125, S 125
Oberer Ring
Standard . . . . 0,15 bis 0,30 mm
Verschleißgrenze (max.) . . . . 1,0 mm
Zweiter Ring
Standard . . . . 0,10 bis 0,30 mm
Verschleißgrenze (max.) . . . . 1,0 mm
Ölring
Standard . . . . 0,15 bis 0,30 mm
Verschleißgrenze (max.) . . . . 1,0 mm
Ringspiel in Kolbennut – alle Modelle
Oberer Ring
Standard . . . . 0,025 bis 0,070 mm
Verschleißgrenze (max.) . . . . 0,080 mm
Zweiter Ring
Standard . . . . 0,015 bis 0,060 mm
Verschleißgrenze (max.) . . . . 0,070 mm
Ölring
Standard . . . . 0,015 bis 0,060 mm
Verschleißgrenze (max.) . . . . 0,070 mm

Schmiersystem

Motoröldruck (bei 90 °C) . . . . 0,5 bis 1,2 bar bei 1650 U/min / 3,2 bis 4,2 bar bei 6000 U/min
Ölpumpe
Spiel Innenrotor-Spitze zu Außenrotor (max.) . . . . 0,12 mm
Spiel Außenrotor zu Gehäuse (max.) . . . . 0,20 mm
Rotor-Axialspiel (max.) . . . . 0,09 mm
Überdruckventil – freie Federlänge . . . . 54,2 mm

Pleuelstange

Innendurchmesser oberes Pleuelauge
Standard . . . . 15,015 bis 15,025 mm
Verschleißgrenze (max.) . . . . 15,030 mm
Pleuelfuß-Axialspiel
Standard . . . . 0,20 bis 0,50 mm
Pleuelfuß-Radialspiel
Standard . . . . 0,006 bis 0,018 mm
Verschleißgrenze (max.) . . . . 0,25 mm

Kurbelwelle

Gesamtbreite Schwungscheiben und Hubzapfen	51,4 mm
Verzug A (max.)*	0,15 mm
Verzug B (max.)*	0,01 mm
Verzug C (max.)*	0,10 mm
Axialspiel	0,15 bis 0,40 mm

** Siehe Abbildung 21.18 für Verzugs-Messpunkte*

Anzugsdrehmomente

Ventildeckelschrauben	11 bis 13 Nm
Steuerkettenspanner-Verschluss	5 bis 6 Nm
Steuerketten-Spannerschienen-Schraube	10 bis 14 Nm
Steuerkettenspanner-Befestigungsschrauben	11 bis 13 Nm
Nockenwellenritzel-Schraube	11 bis 15 Nm
Nockenwellen-Sicherungsplatten-Schrauben	4 bis 6 Nm
Dekompressionsmechanismus-Schrauben	7 bis 8,5 Nm
Zylinderkopfmuttern	
Erstanzug	7 Nm
Endanzug	+90° +90°
Zylinderkopf-Schraube zu Zylinderblock	11 bis 13 Nm
Öldruckschalter	12 bis 14 Nm
Ölpumpendeckel-Schrauben	0,7 bis 0,9 Nm
Ölpumpen-Befestigungsschrauben	5 bis 6 Nm
Ölpumpenritzel-Schraube	10 bis 14 Nm
Ölpumpenkettendeckel-Schrauben	3,5 bis 4,5 Nm
Ölwannendeckel-Schrauben	10 bis 14 Nm
Lichtmaschinenrotor-Mutter	52 bis 58 Nm
Lichtmaschinenstator/Zündgeberspulen-Schrauben	3 bis 4 Nm
Vorderer Motorhaltebolzen	33 bis 41 Nm
Motorgehäuseschrauben	11 bis 13 Nm

1 Allgemeine Informationen

Diese Modelle sind mit Einzylinder-OHC-Viertaktmotoren ausgerüstet, die per Gebläse gekühlt werden. Der Ventilator sitzt auf dem Lichtmaschinenrotor, der rechts auf die Kurbelwelle montiert ist. Die Kurbelwelle ist mit dem Hubzapfen verpresst, der das auf einem Bronze-Gleitlager (Pleuelfußlager) laufende Pleuel führt. Die Kurbelwelle selbst läuft ebenfalls in Gleitlagern (Hauptlager). Das Motorgehäuse ist vertikal geteilt.

Die oben liegende Nockenwelle wird auf der linken Seite von einer Kette angetrieben und steuert zwei Ventile über Kipphebel.

2 Arbeiten, die bei eingebautem Motor möglich sind

Außer der Kurbelwelle samt Pleuel und Lagern können alle Bauteile des Motor ohne dessen Ausbau erreicht werden. Der Zugang ist jedoch teilweise sehr beengt, und wenn an mehreren Komponenten gearbeitet werden soll, empfiehlt sich der Ausbau des Motors aus dem Fahrzeug, da dies den Zugang erleichtert.

3 Arbeiten, die den Ausbau des Motors erfordern

Um an die Kurbelwelle, den Pleuel sowie das Pleuelfußlager und die Hauptlager zu gelangen, muss der Motor ausgebaut und getrennt werden.

4 Motorüberholung
Allgemeine Bemerkungen

1 Es ist nicht immer leicht zu bestimmen, ob oder wann ein Motor komplett überholt werden sollte, da eine Anzahl von Faktoren berücksichtigt werden müssen.

2 Eine hohe Laufleistung bedeutet nicht notwendigerweise, dass eine Motorüberholung nötig ist – genauso garantieren wenige Kilometer nicht einen gut erhaltenen Motor. Regelmäßige Wartung ist das Wichtigste, was Sie Ihrem Motor antun können. Ein Motor, dessen Öl und Ölfilter regelmäßig gewechselt und dessen Einstellungen vorschriftsmäßig kontrolliert worden sind, wird Ihnen lange Zeit und viele Kilometer Freude bereiten, wogegen mangelnde Wartung und schlechtes Einfahren das schnelle Ende der besten Maschine bedeuten.

3 Auspuffqualm und starker Ölverbrauch (der sich nicht durch Ölflecken am Boden bemerkbar macht) weisen darauf hin, dass Kolbenringe und/oder Ventilschaftdichtungen Aufmerksamkeit erfordern.

4 Wenn der Motor klopfende oder rumpelnde Geräusche von sich gibt, sind wahrscheinlich die Pleuelfuß- und/oder Kurbelwellen-Hauptlager defekt.

5 Mangelnde Leistung, rauer Lauf, extreme Geräusche und hoher Benzinverbrauch weisen auf eine notwendige Überholung hin – besonders wenn alle Symptome zur gleichen Zeit auftreten. Wenn eine Motorinspektion keine Fortschritte bringt, wird eine große Überholung die einzige Lösung sein.

6 Eine Motorüberholung beinhaltet eine Rückführung der inneren Komponenten in den Neuzustand. Kolbenringe und Haupt- und Pleuellager werden ebenso ersetzt wie Zylinderbohrungen gehont oder gegebenenfalls nachgebohrt. Die Ventilsitze werden eingeschliffen und neue Ventilfedern montiert. Ist das Pleuelfußlager schadhaft, muss eine neue Kurbelwelle installiert werden. Das Endresultat sollte wie ein neuer Motor viele pannenfreie Kilometer gewährleisten.

7 Bevor Sie mit der Motorüberholung beginnen, sollten Sie die relevanten Kapitel durchlesen und sich mit dem gesamten Umfeld und den Erfordernissen der Arbeit vertraut machen. Die Überholung des Motors ist nicht das ganze Problem – man braucht auch Zeit dafür. Planen Sie für eine komplette Motorüberholung mindestens zwei Wochen ein. Prüfen Sie die Verfügbarkeit von Ersatzteilen, und besorgen Sie sich jegliches notwendige Spezialwerkzeug und andere Geräte.

8 Viel Arbeit kann mit üblichem Werkzeug erledigt werden, doch werden auch eine Reihe von Präzisions-Messinstrumenten benötigt, um den Zustand von Bauteilen zu begutachten. Oftmals kann ein Händler den Zustand von Ersatzteilen begutachten, und entscheiden, ob es noch brauchbar, reparierbar oder zu ersetzen ist. Allgemein ist zu sagen, dass Zeit ein wichtiger Kostenfaktor ist, sodass es sich nicht lohnt, verschlissene oder angegriffene Teile wieder einzubauen.

9 Schließlich muss alles sorgfältig und in sauberer Umgebung zusammengebaut werden, um ein langes und fehlerfreies neues Motorleben zu garantieren.

5 Motor/Antriebseinheit
Ausbau und Einbau

***Achtung:** Die Antriebseinheit ist nicht sehr schwer, sollte jedoch trotzdem mithilfe eines Assistenten aus- und eingebaut werden. Ein herunterfallender Motor kann zu Verletzungen und Schäden führen.*

Ausbau

1 Der Motorroller muss senkrecht abgestützt werden. Der Hauptständer ist am Motor befestigt, sodass nötigenfalls das Verkleidungsunterteil entfernt und der Rahmen auf Hölzern abgestützt werden muss. Eine Hebebühne erleichtert die Arbeit. Das Fahrzeug muss stabil und kippsicher stehen. Sollen die Ölwanne demontiert oder das Motorgehäuse getrennt werden, muss da Motoröl abgelassen werden (siehe Kapitel 1).

2 Entfernen Sie alle nötigen Verkleidungsteile (siehe Kapitel 7). Entfernen Sie den Auspuff-Schalldämpfer (siehe Kapitel 4).

3 Zunächst sollte der Motor sorgfältig gereinigt werden. Dies erleichtert die Arbeit und schützt davor, dass Schmutz in den Motor gerät.

4 Trennen Sie das Massekabel (–) der Batterie (siehe Kapitel 9). Verfolgen Sie das Kabel aus dem Lichtmaschinendeckel, und trennen Sie den Mehrfachstecker (siehe Abbildung). Befreien Sie das Kabel aus allen Befestigungen, und sichern Sie es am Motor. Ziehen Sie den Zündkerzenstecker ab. Lösen Sie die Mutter, die das Anlasserkabel am Anlasser sichert (siehe Abbildung).

5 Entweder muss der Vergaser vom Motor getrennt werden, sodass alle Leitungen und der Gasbowdenzug angeschlossen bleiben können – oder die Schläuche und Züge werden vom Vergaser getrennt und dieser am Motor belassen (siehe Kapitel 4). Soll der Vergaser am Motor verbleiben, müssen die Stecker der Startautomatik und der Vergaserheizung abgezogen werden (siehe Abbildung).

6 Falls noch nicht geschehen, muss übergangsweise die Schraube des Antriebsriemendeckels gelöst werden, die den Halter des Gasbowdenzuges sichert, sodass dieser samt Zug befreit werden kann (siehe Abbildung).

7 Schneiden Sie den Kabelbinder auf, der den Ansaugstutzen vorne am Antriebsriemendeckel sichert, und nehmen Sie den Stutzen ab.

5.4a Trennen Sie den Mehrfachstecker.

5.4b Trennen Sie die Stromzufuhr vom Anlasser-Anschluss.

5.5 Trennen Sie die Stecker der Kaltstartautomatik und der Vergaserheizung.

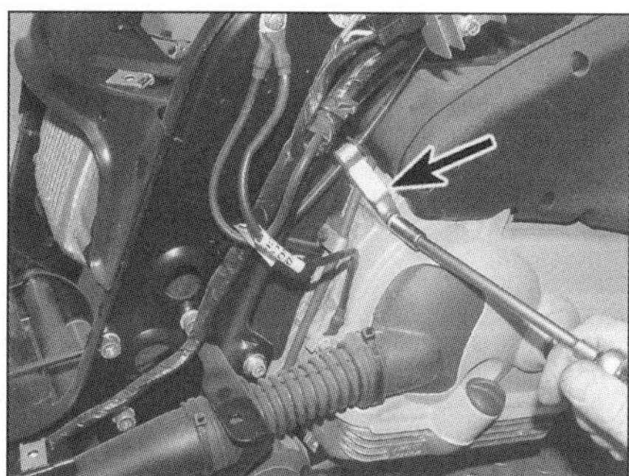

5.6 Lösen Sie die Gaszug-Klemme . . .

Lösen Sie dann die Schraube, die das Massekabel am Riemendeckel sichert (siehe Abbildungen).

8 Falls nötig, wird das Hinterrad ausgebaut (siehe Kapitel 8). **Anmerkung**: *Das Hinterrad bildet zusammen mit dem Hauptständer eine gute Stütze für die aus dem Rahmen befreite Antriebseinheit. Es ist jedoch sinnvoll, vor dem Ausbau der Hinterradbremse die Achsmutter zu lockern.*

9 Trennen Sie den Bowdenzug von der Hinterradbremse (siehe Kapitel 8), und befreien Sie ihn aus allen Befestigungen an der Unterseite des Riemendeckels (siehe Abbildung).

10 Lösen Sie den Bolzen, der den Stoßdämpfer am Antriebsgehäuse sichert, und senken Sie dieses vorsichtig ab (siehe Abbildung). Wenn das Hinterrad bereits ausgebaut ist, muss das Gehäuse mit Hölzern abgestützt werden. Lösen Sie die Mutter der oberen Stoßdämpferaufnahme, und trennen Sie den Dämpfer vom Rahmen (siehe Abbildungen nächste Seite).

11 Nachdem überprüft ist, dass alle Kabel, Züge und Schläuche getrennt sind, wird der vordere Motorbolzen entfernt und die Antriebseinheit aus dem Fahrwerk manövriert (siehe Abbildungen nächste Seite).

Einbau

12 Der Einbau entspricht der umgekehrten Ausbaureihenfolge – beachten Sie dabei Folgendes:

a) Beim Einbau dürfen keine Kabel, Züge und Schläuche zwischen Antriebsgehäuse und Rahmen eingeklemmt werden.

b) Der Motorbolzen muss mit 33 bis 41 Nm angezogen werden, das Anzugsdrehmoment der Stoßdämpferaufnahme ist in den technischen Daten von Kapitel 6 angegeben.

c) Alle Kabel, Züge und Schläuche müssen korrekt verlegt, gesichert und angeschlossen sein.

d) Die Gas- und Bremsbowdenzüge müssen exakt eingestellt sein (siehe Kapitel 1).

2E

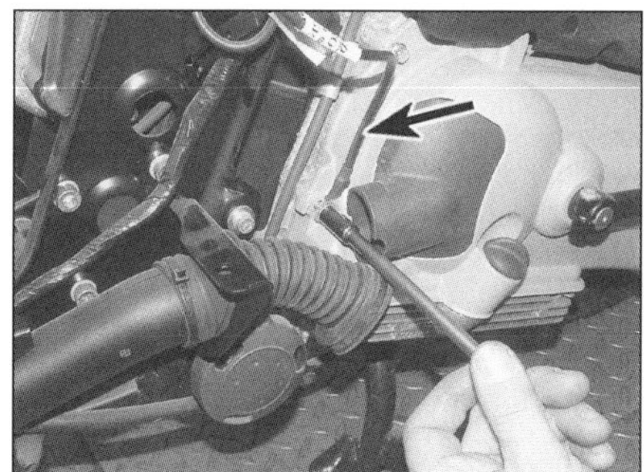

5.7 . . . und das Massekabel des Motors.

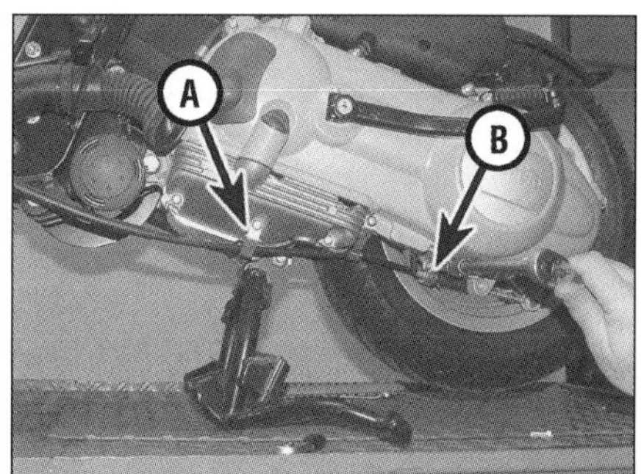

5.9 Befreien Sie den Bremsbowdenzug aus der Klemme (A) und der Halterung (B).

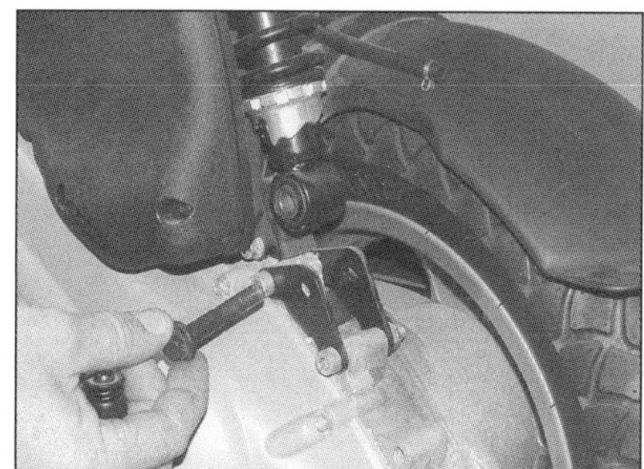

5.10a Lösen Sie den unteren Stoßdämpferbolzen.

5.10b Lösen Sie die obere Stoßdämpfer-Befestigung, . . .

5.10c . . . und entfernen Sie den Stoßdämpfer.

5.11a Lösen Sie die Mutter des vorderen Motorhaltebolzens, . . .

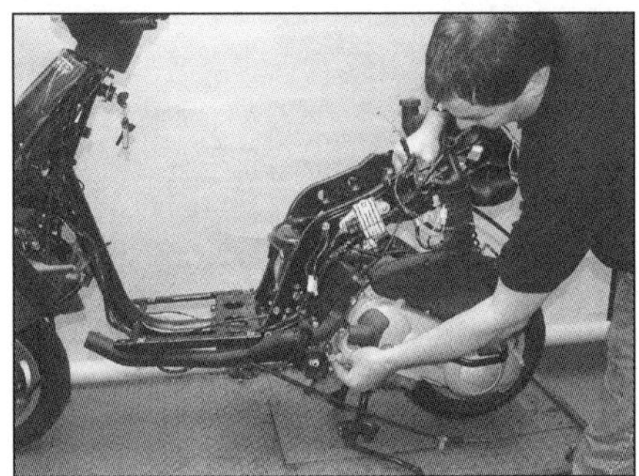

5.11b . . . stützen Sie den Rahmen ab, und ziehen Sie den Bolzen heraus.

e) Wenn das Motoröl abgelassen war oder bei der Arbeit verloren ging, muss der Motor entsprechend aufgefüllt werden (siehe Kapitel 1 – Technische Daten). Der Ölpegel ist wie in den täglichen Kontrollen beschrieben zu überprüfen.

6 Zerlegen und Montage
Allgemeine Informationen

Zerlegen

1 Vor dem Zerlegen des Motors muss dieser ordentlich gereinigt und äußerlich entfettet werden. Hiermit wird einer Verschmutzung der Motorinnereien vorgebeugt und außerdem ein leichteres und sauberes Arbeiten ermöglicht. Mit einem schwer entflammbaren Lösungsmittel (Petroleum oder Kerosin) oder besser noch einem speziellen Maschinen-Entfettungsmittel und alten Pinseln oder Zahnbürsten werden die verschiedenen Ecken und Winkel gereinigt. Passen Sie auf, dass kein Lösungsmittel oder Wasser an elektrische Teile oder in die Ein- und Auslasskanäle gerät.

Warnung: Aufgrund des hohen Entzündungs- und Gesundheitsrisikos sollte auf Benzin als Reinigungsmittel verzichtet werden.

2 Nach der Reinigung wird der Motor auf die Werkbank gehoben, auf der genügend sauberer Platz zum Arbeiten ist. Halten Sie eine Ansammlung von Behältern und Plastiktüten bereit, damit zusammengehörige Einzelteile in übersichtlichen Gruppen gelagert werden können. Papier und Stift sollten für Notizen und Markierungen ebenso vorhanden sein wie ein Vorrat an sauberen saugfähigen Lappen.

3 Vor Beginn der Arbeit sollte man sich die entsprechenden Sektionen vollständig durchlesen, um eine genaue Vorstellung von den auszuführenden Tätigkeiten zu erhalten. Bei der Zerlegung der verschiedenen Motorkomponenten sollte man sich merken, dass große Kraftanstrengung kaum nötig ist, außer es ist extra erwähnt (das Überprüfen des vorgeschriebenen Anzugsdrehmoments einer bestimmten Schraube zeigt an, wie fest sie sitzt und wie viel Kraft zum Lösen gebraucht wird). In vielen Fällen, in denen sich Teile hartnäckig weigern, auseinander zu gehen, liegt ein unkorrekter Versuch der Demontage vor. Bei jedem Zweifel sollte im Text nachgelesen werden.

4 Beim Zerlegen des Motors müssen »Paare«, die im Motor zusammenarbeiten, zusammengepackt werden. Diese »Paare« dürfen nur als Satz erneuert oder wiederverwendet werden.

5 Die Zerlegung der Motor/Getriebe-Einheit sollte nach den folgenden generellen Regeln und unter Berücksichtigung der entsprechenden Sektionen (Details für den Antrieb finden sich in Kapitel 2G) vorgenommen werden:

Entfernen Sie den Ventildeckel.
Entfernen Sie Nockenwelle und Kipphebel.
Entfernen Sie den Zylinderkopf.
Entfernen Sie den Zylinder.
Entfernen Sie den Kolben.
Entfernen Sie die Lichtmaschine.
Entfernen Sie den Anlassermotor (Kapitel 9).
Entfernen Sie den Ölwannendeckel.
Entfernen Sie die Ölpumpe.
Trennen Sie die Motorgehäusehälften.
Entfernen Sie die Kurbelwelle.

Zusammenbau

6 Der Zusammenbau des Motors erfolgt in der umgekehrten Zerlegungsreihenfolge.

7 Ventildeckel
Ausbau und Einbau

Anmerkung: *Der Ventildeckel kann demontiert werden, während sich der Motor im Rahmen befindet. Ist der Motor ausgebaut, müssen nicht zutreffende Schritte ignoriert werden.*

Ausbau

1 Entfernen Sie je nach Modell alle entsprechenden Verkleidungsteile, um an den Motor zu gelangen (siehe Kapitel 7).

2 Lösen Sie die Schrauben, die die Entlüftungseinheit am Ventildeckel sichern, und heben Sie diese ab (siehe Abbildung). Der O-Ring muss später durch ein Neuteil ersetzt werden.

3 Lösen Sie die Schrauben des Ventildeckels, und heben Sie diesen vom Zylinderkopf (siehe Abbildung) – wenn er klemmt, muss er vorsichtig mit einem weichen Hammer abgeklopft werden. Der Versuch, ihn mit einem Schraubendreher abzuhebeln, würde zu beschädigten Dichtflächen führen. Die Ventildeckeldichtung muss beim Einbau durch ein Neuteil ersetzt werden.

4 Lösen Sie nötigenfalls die Schelle, die die Entlüftungseinheit am Schlauch sichert, und trennen Sie die Bauteile – die Schelle muss später durch ein Neuteil ersetzt werden.

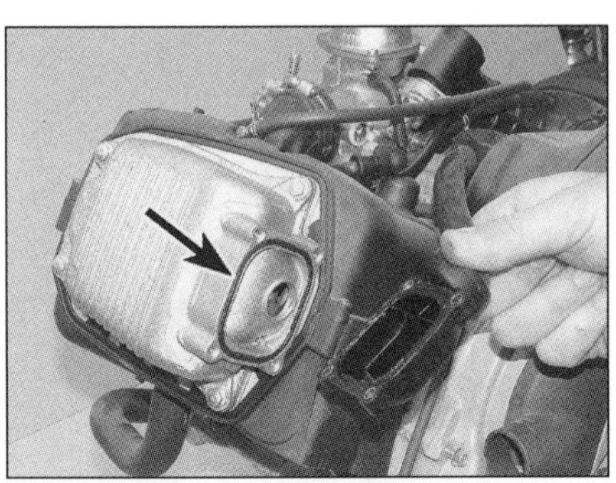

7.2 Entfernen Sie die Entlüftungseinheit - beachten Sie den O-Ring.

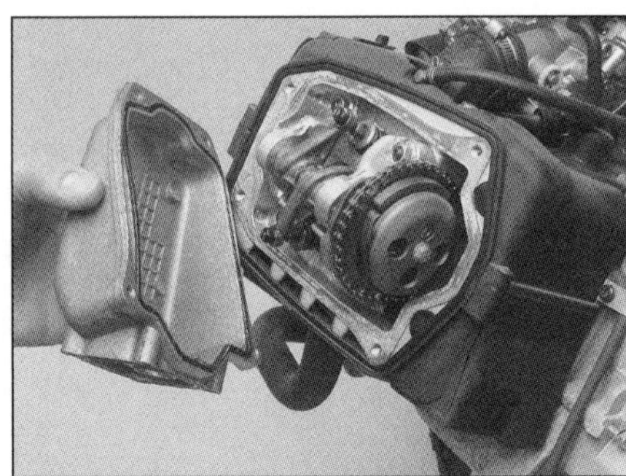

7.3 Heben Sie den Ventildeckel ab.

8.3 Lösen Sie die Schrauben.

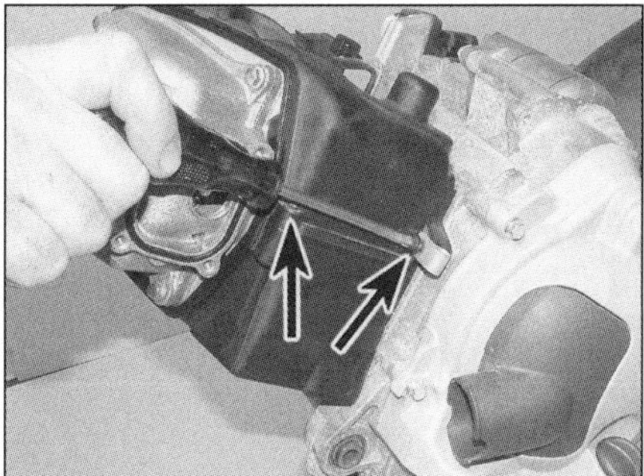

8.4 Lösen Sie die Schrauben.

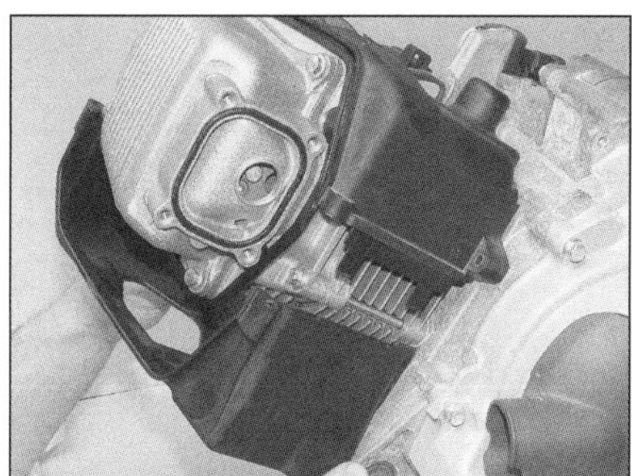

8.5 Trennen Sie vorsichtig die Luftleitbleche voneinander.

Einbau

5 Reinigen Sie die Dichtflächen des Zylinderkopfes und des Ventildeckels mit einem geeigneten Lösungsmittel.

6 Legen Sie die neue Dichtung in die Nut des Ventildeckels.

7 Achten Sie beim Aufsetzen des Ventildeckels darauf, dass die Dichtung in der Nut verbleibt. Installieren Sie die Ventildeckelschrauben, und ziehen Sie sie schrittweise und über Kreuz bis zum Drehmoment von 11 bis 13 Nm an.

8 Montieren Sie die verbliebenen Teile in der umgekehrten Ausbaureihenfolge.

8 Steuerkettenspanner
Ausbau, Kontrolle und Einbau

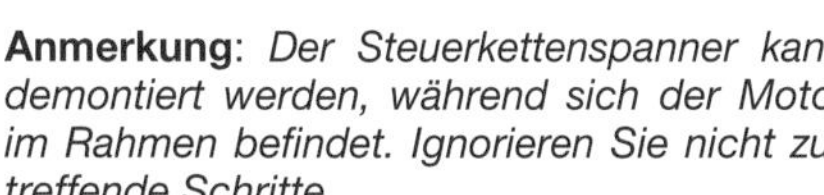

Anmerkung: *Der Steuerkettenspanner kann demontiert werden, während sich der Motor im Rahmen befindet. Ignorieren Sie nicht zutreffende Schritte.*

Ausbau

1 Entfernen Sie alle nötigen Verkleidungsteile, um an den Motor zu gelangen (Kapitel 7).

2 Demontieren Sie den Vergaser und den Ansaugstutzen (siehe Kapitel 4).

3 Lösen Sie rechts am Motor die Schrauben, die die hintere Hälfte der Zylinderverkleidung mit der vorderen und dem Motorgehäuse verbinden (siehe Abbildung) – beachten Sie die von einer Schraube gesicherte Klemme des Vergaser-Entlüftungsschlauches.

4 Lösen Sie links am Motor die Schrauben, die die hintere Zylinderverkleidung mit der vorderen und dem Gehäuse verbinden (siehe Abbildung). Beachten Sie die mit der Gehäuseschraube gesicherte Klemme des Vergaser-Entlüftungsschlauchs.

5 Die zwei Verkleidungshälften sind zusammengesteckt – trennen Sie sie vorsichtig, und heben Sie die hintere ab (siehe Abbildung).

6 Entfernen Sie den Ventildeckel (Sektion 7).

7 Entfernen Sie den Kühlventilator (siehe Sektion 17). Drehen Sie den Motor mithilfe der Lichtmaschinenmutter im Uhrzeigersinn, bis die Steuerzeitenmarkierung des Rotors mit der Markierung am Motorgehäuse sowie die 2V-Markierung des Nockenwellenritzels mit dem Punkt am Lagerbock fluchten (siehe Abbildungen 9.3a und b). Jetzt steht der Motor im oberen Totpunkt (OT) des Verdichtungstaktes, und beide Ventile sind geschlossen.

8 Lösen Sie die Steuerkettenspanner-Verschlussschraube, und ziehen Sie die Feder aus dem Spannergehäuse (siehe Abbildung) – die Dichtscheibe muss später durch ein Neuteil ersetzt werden.

9 Lösen Sie die zwei Befestigungsschrauben, und ziehen Sie den Steuerkettenspanner aus dem Zylinder (siehe Abbildung).

10 Entfernen Sie die Dichtung – entweder vom Zylinder oder dem Spanner. Sie muss später durch ein Neuteil ersetzt werden.

Kontrolle

11 Begutachten Sie die Kettenspanner-Bauteile auf Verschleiß und Beschädigungen.

12 Lösen Sie mit einem kleinen Schraubendreher den Ratschenmechanismus vom Spannerkolben, und prüfen Sie, ob sich der Kolben frei im Gehäuse bewegen kann (siehe Abbildung).

13 Wenn der Steuerkettenspanner oder eines seiner Bauteile schadhaft ist oder sich der Kolben nicht frei bewegen kann, muss die gesamte Baugruppe ersetzt werden – Einzelteile sind nicht erhältlich.

Einbau

14 Drehen Sie die Kurbelwelle an der Mutter des Lichtmaschinenrotors im Uhrzeigersinn. Hierdurch wird der vordere Trum der Steuerkette gespannt und der Kettendurchhang zum hinteren Trum verlagert, wo er vom Kettenspanner aufgenommen wird.

15 Lösen Sie den Ratschenmechanismus, und drücken Sie den Spannerkolben vollständig in das Gehäuse (siehe Abbildung 8.12).

16 Rüsten Sie den Kettenspanner mit einer neuen Dichtung aus, installieren Sie ihn an den Zylinder, und ziehen Sie die Schrauben mit 11 bis 13 Nm an (siehe Abbildung 8.9).

17 Rüsten Sie die Kettenspanner-Verschlussschraube mit einer neuen Dichtung aus, stecken Sie die Feder in das Gehäuse, und ziehen Sie die Schraube mit 5 bis 6 Nm an (siehe Abbildung 8.8).

18 Prüfen Sie, ob die Steuerkette gespannt ist – falls nicht, hat der Spannerkolben nicht ausgelöst, als die Verschlussschraube angezogen wurde. Demontieren Sie den Kettenspanner, und prüfen Sie seine Funktion.

19 Montieren Sie den Kühlventilator (siehe Sektion 17) und den Ventildeckel (siehe Sektion 7). Montieren Sie die verbliebenen Bauteile in der entgegengesetzten Ausbaureihenfolge.

8.8 Entfernen Sie die Verschlussschraube und die Feder.

8.9 Entfernen Sie den Steuerkettenspanner.

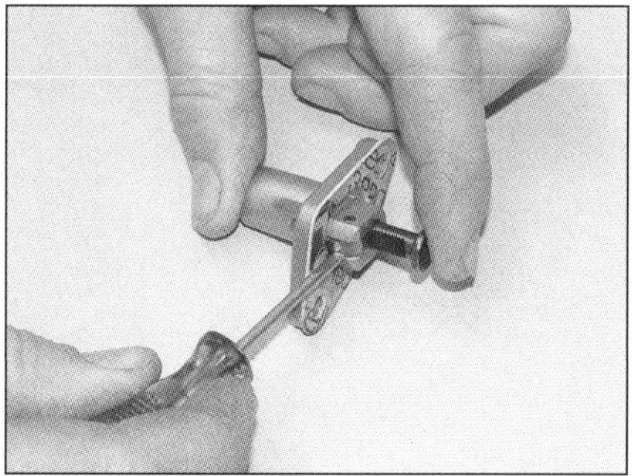

8.12 Prüfen Sie die Funktion der Ratsche und des Kolbens.

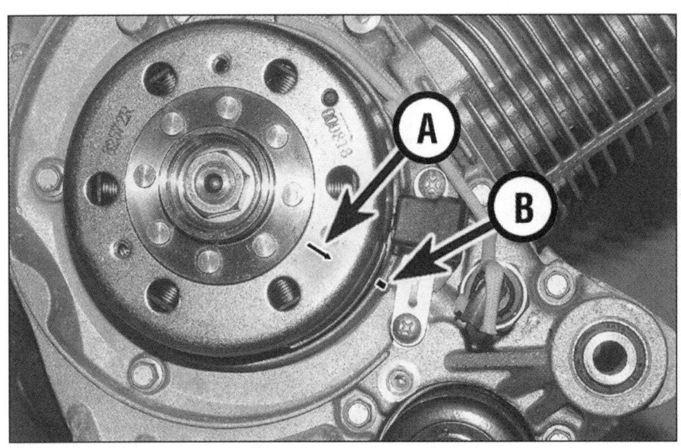

9.3a Rotormarkierung (A), Gehäusemarkierung (B)

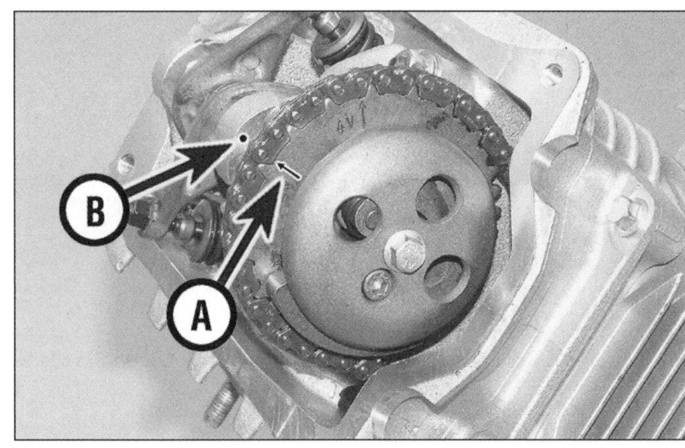

9.3b Richten Sie die 2V-Markierung (A) zum Körnerpunkt (B) aus.

9 Steuerkette, Schienen und Ritzel – Ausbau, Kontrolle und Einbau

Anmerkung 1: *Die Steuerkette und ihre Ritzel können demontiert werden, während sich der Motor im Rahmen befindet – allerdings ist der Zugang teilweise sehr beengt.*

Anmerkung 2: *Der in dieser Sektion abgebildete Motor war mit einem automatischen Dekompressionsmechanismus ausgerüstet, der bei späteren LEADER-Modellen entfiel. Für Modelle ohne diesen Mechanismus muss Kapitel 2F, Sektion 9 beachtet werden.*

Ausbau

1 Entfernen Sie den Ventildeckel (Sektion 7).

2 Wenn Steuerkette oder Spannerschiene entfernt werden sollen, muss die Ölpumpe samt Antrieb entfernt werden (Sektion 20).

3 Entfernen Sie den Kühlventilator (siehe Sektion 17). Drehen Sie den Motor mithilfe der Lichtmaschinenmutter im Uhrzeigersinn, bis die Steuerzeitenmarkierung des Rotors mit der Markierung am Motorgehäuse sowie die 2V-Markierung des Nockenwellenritzels mit dem Punkt am Lagerbock fluchten (siehe Abbildungen). Jetzt steht der Motor im oberen Totpunkt (OT) des Verdichtungstaktes, und beide Ventile sind geschlossen.

4 Lösen Sie die Schraube, die das Ritzel an der Nockenwelle sichert, und heben Sie nötigenfalls die Abdeckung des Dekompressionsmechanismus ab (siehe Abbildungen). Blockieren Sie den Lichtmaschinenrotor, um das Ritzel am Mitdrehen zu hindern.

5 Lösen Sie die Schraube des Dekompressionsmechanismus, halten Sie die Feder des Fliehkraftgewichts, und ziehen Sie die Schraube samt des festen Gewichts ab (siehe Abbildungen).

6 Heben Sie das Fliehkraftgewicht ab – beachten Sie die Nylonbuchse an seiner Rückseite und die Lage des Gewichts in der Nut des Ritzels (siehe Abbildung). Stellen Sie die Buchse sicher.

7 Entfernen Sie den Steuerkettenspanner (siehe Sektion 8).

8 Ziehen Sie das Ritzel samt seiner Platte von der Nockenwelle, und befreien Sie es aus der Kette (siehe Abbildungen).

9 Sichern Sie die Steuerkette nötigenfalls davor, in den Motor zu fallen. Wenn die Kette wiederverwendet werden soll, muss ihre Außenseite markiert werden, um sie später wieder in die gleiche Richtung laufen zu lassen. Entfernen Sie die Anlaufscheibe von der Kurbelwelle, senken Sie die Kette in den Kettenschacht ab, befreien Sie sie vom Kurbelwellenritzel, und entfernen Sie sie aus dem Motor (siehe Abbildungen 9.6a und b in Kapitel 2D). Das Kurbelwellenritzel kann nötigenfalls abgezogen werden – beachten Sie die Position über dem Stift (siehe Abbildung 9.6c in Kapitel 2D).

10 Nötigenfalls kann die Schraube der Steuerketten-Spannerschiene gelöst werden, um die Schiene und das Distanzstück aus dem Motorgehäuse zu entfernen. Die untere Steuerkettenschiene liegt in einer Nut vorne im Kettenschacht des Zylinders – um sie entfer-

9.4a Lösen Sie zentrale Schraube, . . .

9.4b . . . und entfernen Sie den Deckel des Dekompressionsmechanismus.

9.5a Lösen Sie die Schraube des Dekompressionsmechanismus, . . .

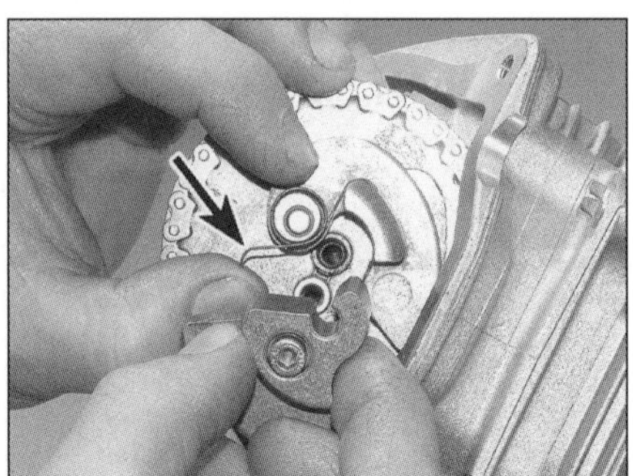
9.5b . . . und entfernen Sie das feste Gewicht. Beachten Sie die Feder.

9.6 Entfernen SIe das Fliehkraftgewicht. Beachten Sie die Position der Buchse.

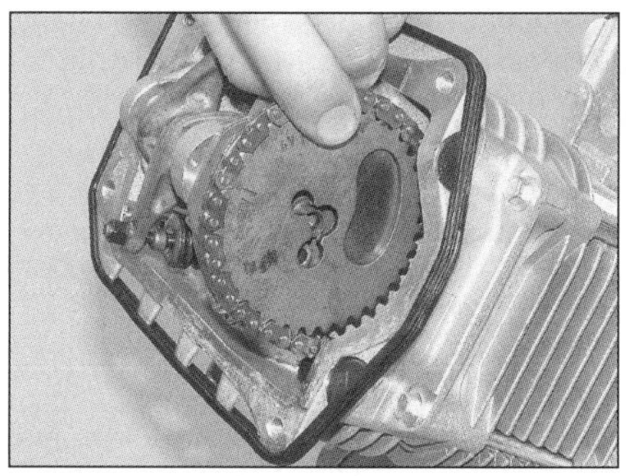
9.8a Nehmen Sie das Ritzel samt seiner Platte von der Nockenwelle, . . .

9.8b . . . und heben Sie es aus der Steuerkette.

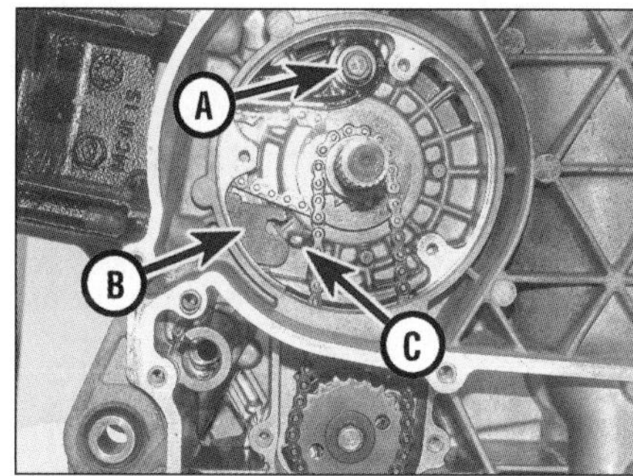

9.10 Die Spannerschiene ist mit einer Schraube (A) gesichert. Die untere Schiene (B) sitzt auf einem Stift (C).

nen zu können, muss der Zylinderkopf demontiert werden (siehe Sektion 11), dann kann die Schiene unter Beachtung ihrer Lage am Zapfen des Motorgehäuses herausgehoben werden (siehe Abbildung).

Kontrolle

11 Prüfen Sie die Ritzel auf Verschleiß, Ausbrüche und andere Schäden – ersetzen Sie sie gegebenenfalls. Sind die Ritzelzähne verschlissen, wird auch die Steuerkette schadhaft sein und muss ersetzt werden. In einem solchen Fall muss der komplette Motor für eine genaue Inspektion zerlegt werden.

12 Spanner- und Führungsschiene der Steuerkette müssen auf Verschleiß und Schäden untersucht und nötigenfalls ersetzt werden. Schadhafte Schienen weisen auf eine verschlissene oder nicht korrekt gespannte Steuerkette hin. Kontrollieren Sie die Funktion des Steuerkettenspanners (siehe Sektion 8).

13 Inspizieren Sie die Bauteile des Dekompressionsmechanismus. Wenn die Nylonbuchse verschlissen ist, muss sie ersetzt werden. Montieren Sie den Mechanismus übergangsweise an die Nockenwelle (siehe unten), und prüfen Sie seine Funktion – die Feder muss gespannt sein und das Gewicht darf nicht an der Abdeckung klemmen.

Einbau

14 Falls entfernt, wird die untere Steuerkettenschiene installiert (siehe Schritt 10). Falls entfernt, werden die Steuerkettenspannerschiene und ihr Distanzstück installiert. Ziehen Sie die Schraube der Spannerschiene mit 5 bis 6 Nm an. Beide Schienen müssen richtigherum montiert sein.

15 Falls entfernt, wird das Ritzel auf die Kurbelwelle geschoben – der Ausschnitt muss zum Stift ausgerichtet sein. Führen Sie die Steuerkette durch den Kettenschacht, und legen Sie sie auf das Kurbelwellenritzel. Wenn die alte Kette wiederverwendet wird, muss sie richtigherum installiert werden (siehe Schritt 9).

16 Stellen Sie sicher, dass die Steuerzeitenmarkierung am Lichtmaschinenrotor zum Motorgehäuse ausgerichtet ist und sich der Motor im Verdichtungs-OT befindet (siehe Schritt 3). Installieren Sie die Ritzelplatte auf die Nockenwelle (siehe Abbildung). Legen Sie das Nockenwellenritzel oben in die Kette, und schieben Sie es auf die Nockenwelle. Wenn die Kette vorne stramm ist (der Durchhang befindet sich im Bereich des Spanners), müssen die Steuerzeitenmarkierungen des Nockenwellenritzels und des Lagerbocks fluchten (siehe Abbildung). **Anmerkung**: *Um die Ritzelplatte während der Montage des Ritzels nicht abfallen zu lassen, muss die Klinge eines kleinen Schraubendrehers durch die zentrale Ritzelbohrung und durch die Platte in die Nockenwelle gesteckt werden.*

Achtung: Wenn die Steuerzeitenmarkierungen nicht exakt fluchten, ist der Ventiltrieb nicht korrekt montiert und die Ventile können im Betrieb den Kolben berühren, was zu schweren Motorschäden führt!

17 Fetten Sie die Nylonbuchse, und setzen Sie sie an das Fliehkraft-Gewicht; installieren Sie dieses, sodass die Buchse in der Nut des Ritzels liegt (siehe Abbildung).

18 Heben Sie die Fliehkraftgewicht-Feder an, und installieren Sie das Ausgleichsgewicht – die Feder muss darüberliegen (siehe Abbildung 9.5b). Ziehen Sie die Schraube des Dekompressionsmechanismuszunächsthandfest an. Überprüfen Sie die Funktion des Mechanismus – das Fliehkraftgewicht muss sich frei bewegen können und unter Federkraft wieder in seine Ausgangslage zurückkehren.

19 Montieren Sie die Dekompressionsmechanismus-Abdeckung – richten Sie ihre kleine Bohrung zum Kopf des Mechanismus aus. Installieren Sie die Ritzelschraube, und ziehen Sie sie handfest an (siehe Abbildung).

20 Installieren Sie den Steuerkettenspanner (Sektion 8).

21 Ziehen Sie die Ritzelschraube mit 11 bis 15 Nm und die Dekompressionsmechanismus-Schraube mit 7 bis 8,5 Nm an – blockieren Sie dabei den Lichtmaschinenrotor.

22 Falls entfernt, legen Sie die Anlaufscheibe auf die Kurbelwelle, und installieren Sie den Ölpumpenantrieb (siehe Sektion 20).

23 Installieren Sie die verbliebenen Teile in der umgekehrten Ausbaureihenfolge.

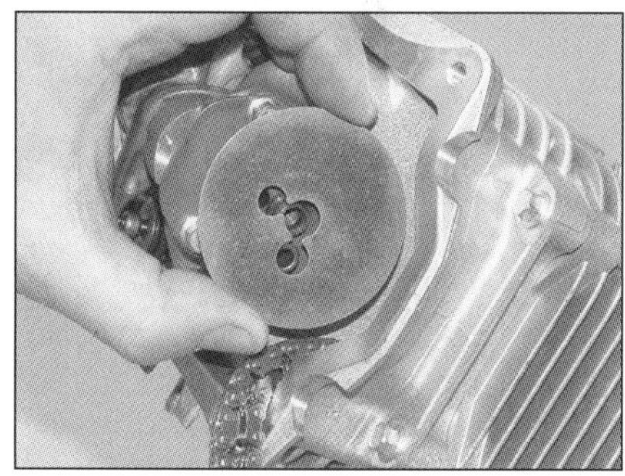
9.16a Installieren Sie die Ritzelplatte, . . .

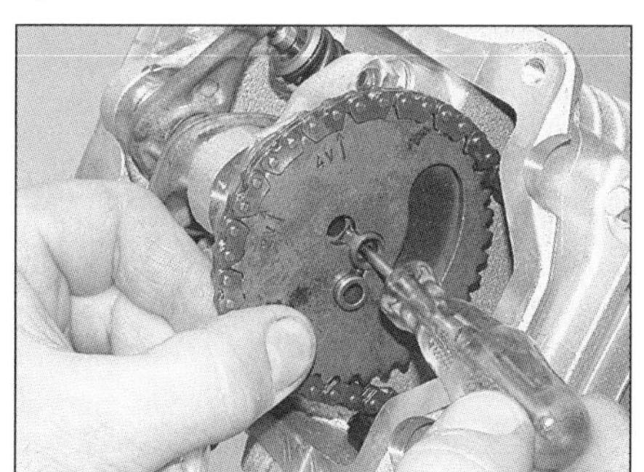
9.16b . . . und das Nockenwellenritzel.

9.17 Montieren Sie das Fliehkraftgewicht, . . .

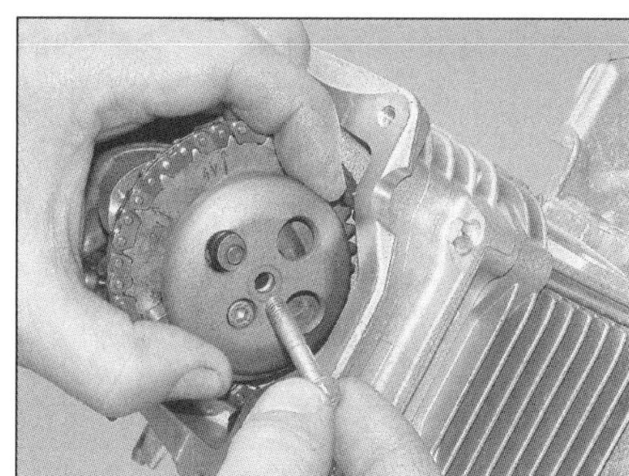
9.19 . . . sowie den Deckel samt Schraube.

10 Nockenwelle und Kipphebel – Ausbau, Kontrolle und Einbau

Anmerkung: *Nockenwelle und Kipphebel können demontiert werden, während sich der Motor im Rahmen befindet, allerdings ist der Zugang relativ beengt.*

Ausbau

1 Entfernen Sie den Ventildeckel (Sektion 7).

2 Entfernen Sie den Kühlventilator (siehe Sektion 17). Drehen Sie den Motor mithilfe der Lichtmaschinenmutter im Uhrzeigersinn, bis die Steuerzeitenmarkierung des Rotors mit der Markierung am Motorgehäuse sowie die 2V-Markierung des Nockenwellenritzels mit dem Punkt am Lagerbock fluchten (siehe Abbildungen 9.3a und b). Jetzt steht der Motor im oberen Totpunkt (OT) des Verdichtungstaktes, und beide Ventile sind geschlossen.

3 Falls vorhanden, muss der Dekompressionsmechanismus entfernt werden (Sektion 9).

4 Entfernen Sie das Nockenwellenritzel (siehe Sektion 9). Sichern Sie die Steuerkette, damit sie nicht in den Kettenschacht fällt. Verstopfen Sie den Steuerkettenschacht mit Lappen, damit nichts in das Motorgehäuse geraten kann.

5 Lösen Sie die zwei Schrauben der Nockenwellen-Halteplatte, und heben Sie diese ab (siehe Abbildungen). Merken Sie sich die Lage der Nockenwelle (im OT – beide Ventile geschlossen), und ziehen Sie sie aus dem Gehäuse (siehe Abbildung).

6 Markieren Sie die Kipphebel, damit sie später wieder in ihre ursprünglichen Positionen gelangen. Halten Sie den (rechten) Einlass-Kipphebel, und entnehmen Sie ihn, wenn die Welle hindurchgeschoben ist (siehe Abbildung). Entfernen Sie die zwischen den Hebeln liegende Anlaufscheibe. Ziehen Sie die Welle heraus, und entnehmen Sie den Auslass-Kipphebel – beide Hebel können zur Sicherstellung ihrer Einbau-Positionen wieder auf die ausgebaute Welle geschoben werden (siehe Abbildung sowie Abbildung 10.10).

Kontrolle

7 Reinigen Sie alle Komponenten mit Lösungsmittel, und trocknen Sie sie ab. Kontrollieren Sie die Nocken auf Anlassfarben durch Überhitzung (Blaufärbung), Kerben, Absplitterungen, Pitting und Risse (siehe Abbildung). Messen Sie die Höhe beider Nocken mit einer Mikrometerschraube (siehe Abbildung 10.7b in Kapitel 2E) – liegen die Werte deutlich unter den in den technischen Daten angegebenen Werten oder sind Beschädigungen festzustellen, muss die Nockenwelle ersetzt werden.

8 Kontrollieren Sie die Nockenwellen-Lagerzapfen und deren Gleitflächen im Zylinderkopf (siehe Abbildung 10.7a). Messen Sie die Zapfen und Lager mit Messinstrumenten (siehe Abbildung), und vergleichen Sie die Werte mit den Angaben in den technischen Daten. Ersetzen Sie nötigenfalls die Nockenwelle oder den Zylinderkopf.

9 Schmieren Sie die Lagerzapfen mit Motoröl, installieren Sie die Nockenwelle in den Kopf, und sichern Sie sie mit der Halteplatte. Die Welle muss sich frei drehen können ohne Radialspiel aufzuweisen. Messen Sie das Axialspiel der Welle mit einer Messuhr – wenn es über 0,42 mm liegt, müssen die Halteplatte und die Nut in der Nockenwelle auf Verschleiß überprüft und ggf. ersetzt werden.

10 Die Ölbohrungen der Kipphebel sind möglichst mit Druckluft auszublasen. Die Gleitflächen sind genau auf Riefen, Pitting und Ausbrüche zu untersuchen (siehe Abbildung). Bei schadhaften Gleitflächen an den Kipphebeln müssen sie samt der Nockenwelle als Satz ausgetauscht werden. Auch die Lagerbuchsen der Kipphebel und die Kontaktbereiche der an den Einstellschrauben gelagerten Ventilbetätigungen sind zu kontrollieren (siehe Abbildung) – diese Teile müssen sich frei bewegen, dürfen aber kein Spiel aufweisen. Messen Sie den Innendurchmesser des Kipphebelwellensitzes und den Außendurchmesser der Welle – liegen die Werte außerhalb des in den technischen Daten angegebenen Toleranzbereichs oder werden Schäden festgestellt, ist das defekte Bauteil zu ersetzen.

Einbau

11 Schmieren Sie den Nockenwellen-Lagerzapfen mit frischem Motoröl. Installieren Sie

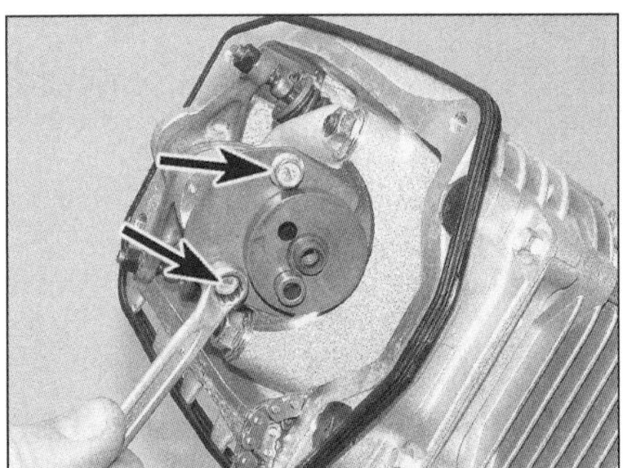

10.5a Lösen Sie die zwei Schrauben, . . .

10.5b . . . und heben Sie die Halteplatte ab.

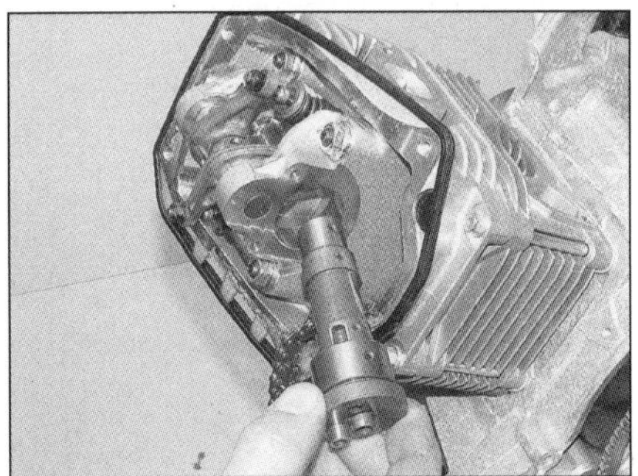

10.5c Ziehen Sie die Nockenwelle heraus.

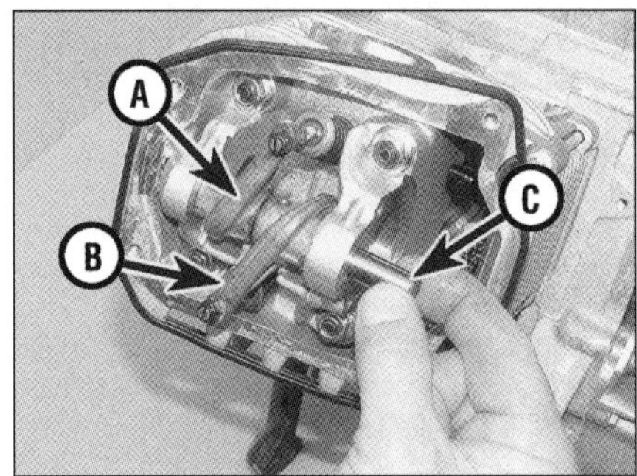

10.6a Einlass-Kipphebel (A), Auslass-Kipphebel (B) und Kipphebelwelle (C)

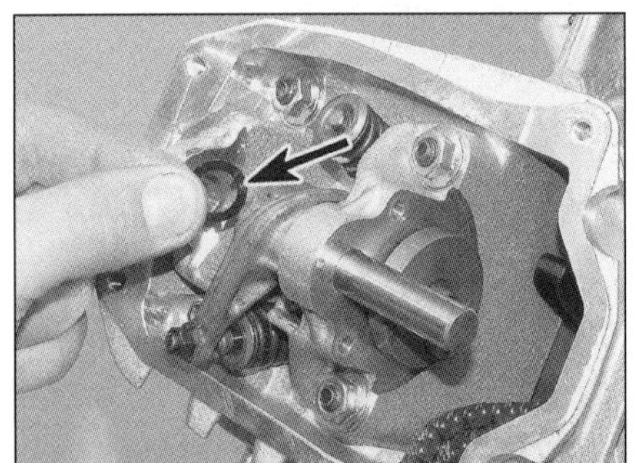

10.6b Die Anlaufscheibe liegt zwischen den Kipphebeln.

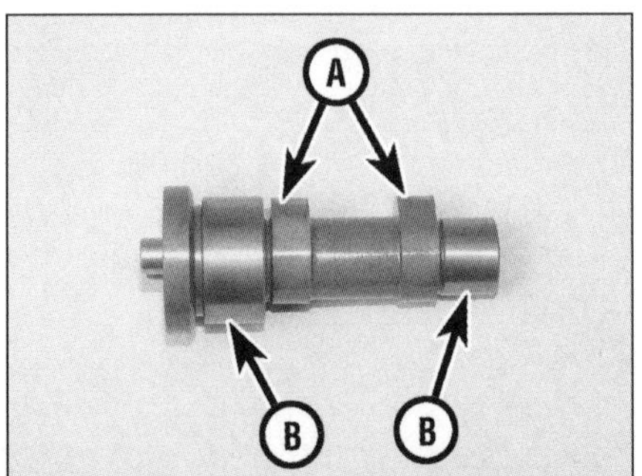

10.7a Inspizieren Sie die Nocken (A) und Lager-Gleitflächen (B).

10.7b Messen Sie die Höhe der Nocken.

10.8 Messen Sie den Innendurchmesser des Nockenwellenlagers im Kopf.

die Nockenwelle so in den Kopf, dass die Nocken nicht gegen die Kipphebel drücken (siehe Schritt 5).

12 Schmieren Sie die Kipphebelwelle mit Motoröl, schieben Sie langsam in den Lagerbock; dabei werden die – korrekt positionierten – Kipphebel samt der dazwischen liegenden Anlaufscheibe aufgeschoben. Bei korrekt positionierter Nockenwelle darf kein Druck auf die Kipphebel ausgeübt werden. Richten Sie die Nockenwellen-Halteplatte zur Nut der Welle aus, schieben Sie die Platte in ihre Position, und sichern Sie sie mit den Schrauben, die mit 4 bis 6 Nm anzuziehen sind.

13 Installieren Sie das Nockenwellenritzel, den Dekompressionsmechanismus und den Steuerkettenspanner (siehe Sektion 9). Kontrollieren Sie dann die Steuerzeiten.

Achtung: Wenn die Steuerzeitenmarkierungen nicht exakt fluchten, ist der Ventiltrieb nicht korrekt montiert und die Ventile können im Betrieb den Kolben berühren, was zu schweren Motorschäden führt!

14 Kontrollieren Sie das Ventilspiel und justieren Sie es nötigenfalls (siehe Kapitel 1).

15 Installieren Sie die verbliebenen Teile in der umgekehrten Ausbaureihenfolge.

11 Zylinderkopf
Ausbau und Einbau

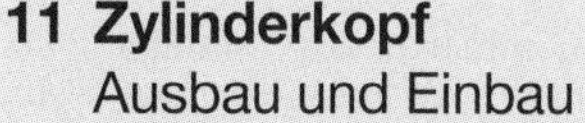

Anmerkung: *Der Zylinderkopf kann demontiert werden, während sich der Motor im Rahmen befindet, allerdings ist der Zugang relativ beengt. Ist der Motor ausgebaut, müssen nicht zutreffende Schritte ignoriert werden.*

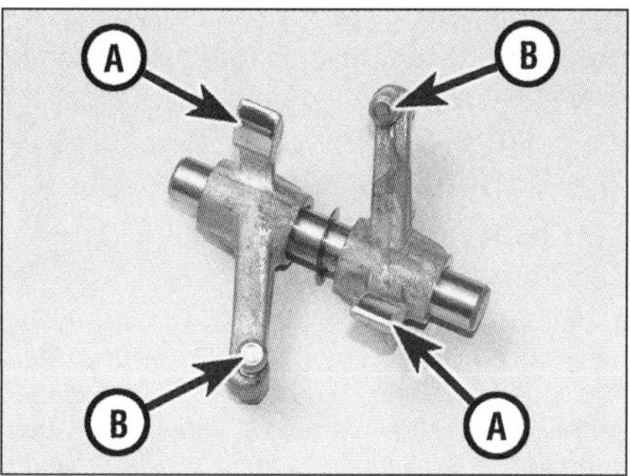

10.10 Inspizieren Sie die Kontaktflächen der Kipphebel (A) und der Einsteller (B).

Achtung: Der Motor muss vollständig abgekühlt sein, da sich der Zylinderkopf sonst verziehen kann.

Ausbau

1 Entfernen Sie die Auspuffanlage (siehe Kapitel 4) und den Kühlventilator (siehe Sektion 17). Ziehen Sie den Zündkerzenstecker ab.

2 Entfernen Sie die Luftleitbleche (Sektion 8).

3 Entfernen Sie den Ventildeckel (Sektion 7) und die Luftleitblech-Abdichtung (siehe Abbildung).

4 Falls vorhanden, muss der Dekompressionsmechanismus entfernt werden (Sektion 9).

5 Entfernen Sie das Nockenwellenritzel (siehe Sektion 9). Sichern Sie die Steuerkette, damit sie nicht in den Kettenschacht fällt.

6 Lösen Sie zuerst die beiden Schrauben links außen am Kettenschacht. Lösen Sie gleichmäßig und über Kreuz die vier Zylinderkopfmuttern, und entfernen Sie sie (siehe Abbildungen).

11.3 Entfernen SIe die Dichtung der Luftleitbleche.

7 Ziehen Sie den Zylinderkopf vom Zylinder – führen Sie dabei die Steuerkette hindurch. Wenn er klemmt, muss er vorsichtig mit einem weichen Hammer abgeklopft werden. Der Versuch, ihn mit einem Schraubendreher abzuhebeln, würde zu beschädigten Dichtflächen führen (siehe Abbildung). **Anmerkung:** *Wenn der Zylinder nicht entfernt werden soll, muss darauf geachtet werden, dass er auf dem Motorgehäuse verbleibt – einmal angehoben muss er demontiert werden, um die Fußdichtung zu ersetzen (siehe Sektion 14).*

8 Die alte Zylinderkopfdichtung muss auf jeden Fall durch ein Neuteil ersetzt werden (siehe Abbildung). Beachten Sie die zwei Passhülsen, die entweder im Kopf oder dem Zylinder stecken, und stellen Sie sie nötigenfalls sicher (siehe Abbildung).

9 Die Zylinderkopfdichtung sowie die Dichtflächen des Kopfes und des Zylinders müssen auf Undichtigkeiten untersucht werden, die auf einen Verzug hinweisen. Wechseln Sie

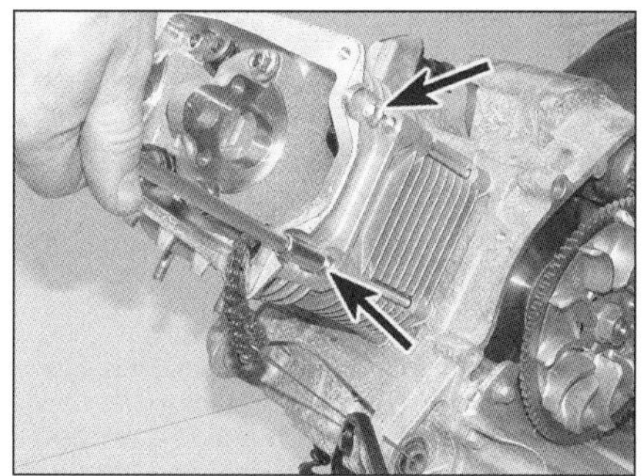

11.6a Lösen Sie erst die außen liegenden Zylinderkopf-Schrauben, . . .

11.6b . . . und dann die inneren Zylinderkopfmuttern.

11.7 Sichern Sie die Steuerkette, und heben Sie den Zylinderkopf ab.

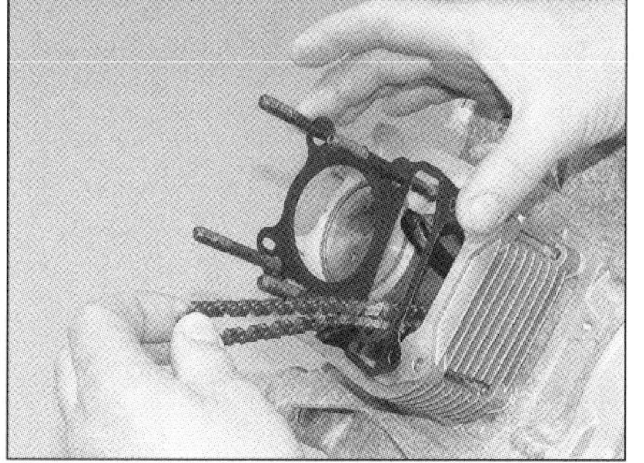

11.8a Entfernen Sie die Zylinderkopf-dichtung.

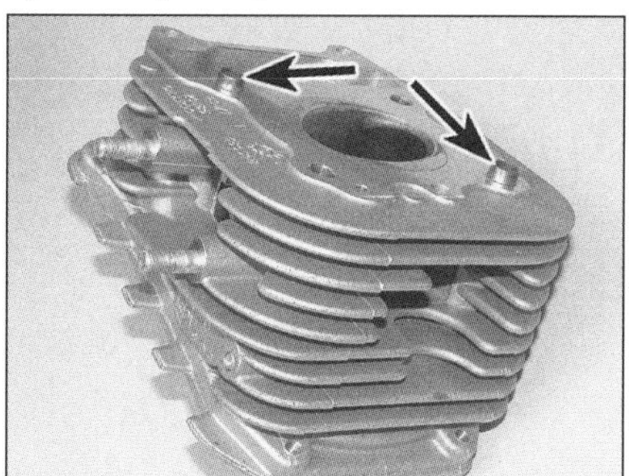

11.8b Die Passhülsen können unten im Zylinderkopf stecken.

11.13 Ziehen Sie die Zylinderkopfmuttern nötigenfalls mit einer Gradscheibe an.

nach Sektion 13, und prüfen Sie den Verzug des Zylinderkopfes.

10 Entfernen Sie alle Dichtungsreste von den Dichtflächen des Zylinderkopfes und des Zylinders – lassen Sie keine Partikel in den Motor oder Ölbohrungen gelangen.

Einbau

11 Stellen Sie sicher, dass die Dichtflächen des Zylinders und des Kopfes absolut sauber sind. Schieben Sie die Passhülsen über die Stehbolzen, und stecken Sie sie in den Zylinder (siehe Abbildung). Legen Sie dann eine neue Zylinderkopfdichtung so auf den Zylinder, dass alle Bohrungen fluchten – verwenden Sie niemals eine alte Dichtung ein zweites Mal.

12 Senken Sie den Zylinderkopf auf den Zylinder, führen Sie dabei die Steuerkette durch den Schacht (siehe Abbildung 11.8b). Die Passhülsen müssen durch die Dichtung in den Kopf greifen.

13 Installieren Sie die Zylinderkopfmuttern zunächst handfest auf die zuvor eingeölten Stehbolzen-Gewinde. Ziehen Sie sie dann schrittweise und über Kreuz bis zum Drehmoment von 7 Nm an. Anschließend werden sie – ebenfalls über Kreuz – in einem Zug um weitere 90° angezogen (siehe Abbildung). Nachdem alle vier so angezogen wurden, werden sie auf die gleiche Weise um weitere 90° angezogen. Hierfür ist nicht unbedingt eine Gradscheibe nötig, da 90° einem Viertelkreis entsprechen, den man sich auch ohne Hilfsmittel vorstellen kann.

14 Installieren Sie die zwei Schrauben außen am Kettenschacht, und ziehen Sie sie mit 11 bis 13 Nm an (siehe Abbildung 11.6a).

15 Installieren Sie das Nockenwellenritzel und die verbliebenen Teile in der umgekehrten Ausbaureihenfolge.

12 Ventile/Ventilsitze/Ventilführungen – Überholung

1 Aufgrund der Komplexität dieser Arbeit sowie der notwendigen Werkzeuge und Ausrüstungen müssen die meisten Rollerbesitzer Arbeiten an den Ventilen, Ventilsitzen und Ventilführungen einer professionellen Werkstatt überlassen. Allerdings kann man eine Abschätzung über die Dichtigkeit der Ventile und Sitze erhalten, indem man eine kleine Menge Lösungsmittel in jeden Ventilkanal füllt und beobachtet, ob diese am Ventil vorbei in den Brennraum sickert.

2 Der Hobbymechaniker kann zudem die Ventile ausbauen, die Bauteile reinigen und auf Verschleiß kontrollieren. Wenn die Ventile nur eingeschliffen werden müssen, kann man dieses selbst erledigen (siehe Sektion 14) und den Kopf wieder komplettieren.

3 Die Werkstatt wird die Ventile und Federn ausbauen, die Ventile und Ventilsitze überarbeiten oder austauschen, die Ventilführungen erneuern, die Ventilfedern, Keile und Federteller kontrollieren und nötigenfalls ersetzen, die Ventilschaftdichtungen austauschen und alles wieder montieren.

4 Nach erfolgter Ventilüberholung ist der Zylinderkopf in einem neuwertigem Zustand. Wenn Sie den Kopf zurückerhalten, sollten Sie ihn vor dem Einbau sorgfältig reinigen und von Metallspänen und Schleifmittelresten befreien, die von der Überholung stammen können. Wenn möglich, sollten alle Löcher und Kanäle mit Druckluft ausgeblasen werden.

13 Zylinderkopf und Ventile Zerlegung, Kontrolle und Zusammenbau

1 Mit den entsprechenden Spezialwerkzeugen kann auch der Hobbyschrauber eine Zerlegung, Reinigung und Inspektion des Zylinderkopfes vornehmen. Dieser Weg kann viel Geld sparen, besonders wenn die Inspektion ergibt, dass eine Überholung noch gar nicht nötig ist.

2 Um sicherzustellen, dass beim Ausbau der Ventile keine Teile beschädigt werden, ist eine geeignete Ventilfederpresse absolut notwendig.

Demontage

3 Vor Arbeitsbeginn muss sichergestellt sein, dass die Ventile und ihre zugehörigen Bauteile so gelagert werden, dass später jedes Teil wieder genau an seinen Platz im Zylinderkopf gebaut werden kann (siehe Abbildung).

4 Demontieren Sie die Nockenwelle und die Kipphebel (siehe Sektion 10). Der Zylinderkopf muss von allen Resten alter Dichtungen befreit werden. Wenn ein Schaber benutzt wird, muss darauf geachtet werden, dass das weiche Aluminium nicht zerkratzt wird.

5 Drücken Sie die Federn des Einlassventils mit der Federpresse zusammen, achten Sie darauf, dass sie richtig sitzt und nicht auf das weiche Leichtmetall drückt. Pressen Sie die Federn nicht mehr als nötig, und entfernen Sie die Keile – entweder mit einer Spitzzange, einer Pinzette, einem Magneten oder einem mit Fett bestrichenen Schraubendreher (siehe Abbildung). Lösen sie vorsichtig die Federpresse, und entfernen Sie den Federteller – merken Sie sich die Einbaulage. Entfernen Sie die Feder und den Federsitz. Drücken Sie das Ventil nach unten, und ziehen Sie es aus dem Zylinderkopf. Wenn das Ventil in der Führung klemmt und sich nicht hindurchziehen lässt, drücken Sie es zurück, und entgraten Sie den Bereich um die Keilnut mit einer sehr feinen Feile oder einem Nassschleifstein (siehe Abbildung). Wenn das Ventil ausgebaut ist, muss auf jeden Fall die Ventilschaftdichtung mit einer Zange von den Ventilführungen gezogen und später erneuert werden. Entfernen Sie den Federsitz

6 Wiederholen Sie die Prozedur am Auslassventil. Achten Sie darauf, dass alle Einzelteile genau der ursprünglichen Position zugeordnet werden.

7 Als Nächstes wird der Zylinderkopf mit Lösungsmittel gereinigt und sorgfältig getrocknet. Druckluft beschleunigt die Trocknung und sorgt dafür, dass alle Löcher und Ecken sauber werden.

8 Reinigen Sie die Ventilfedern, Keile, Federteller und Sitze mit Lösungsmittel, und trocknen Sie sie sorgfältig. Reinigen Sie zurzeit immer

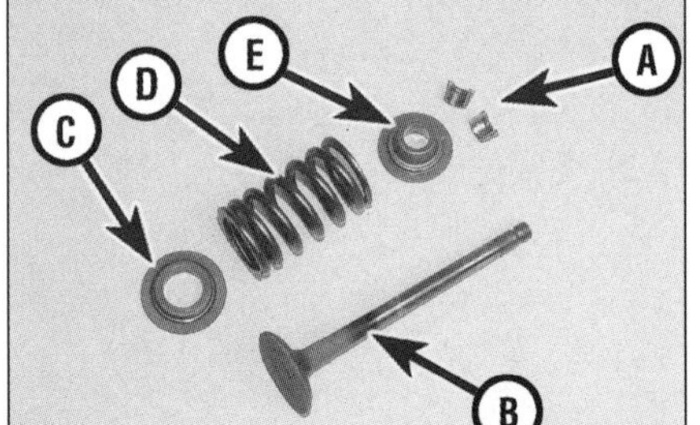

13.3 Ventilbauteile: Keile (A), Ventil (B), Federsitz (C), Feder (D) und Federteller (E)

13.5a Drücken Sie die Ventilfeder zusammen, und entfernen Sie die Keile.

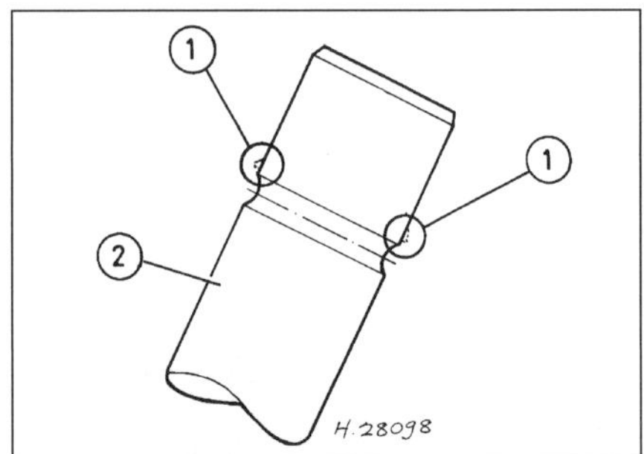

13.5b Lässt sich das Ventil nicht durch die Führung ziehen, müssen die Grate (1) an der Keilnut des Schafts (2) geglättet werden.

nur die Teile eines Ventils, um Verwechslung zu vermeiden.

9 Schaben Sie alle Kohleablagerungen von den Ventilen, reinigen Sie Ventilteller und Schaft anschließend mit einem Drahtbürstenaufsatz für die Bohrmaschine. Achten Sie darauf, dass die Ventile nicht durcheinander geraten.

Kontrolle

10 Inspizieren Sie den Zylinderkopf sorgfältig auf Risse und andere Beschädigungen. Wenn Risse festgestellt werden, muss der Zylinderkopf ausgetauscht werden.

11 Mit einem Präzisions-Richtwinkel und einer 0,05 mm-Fühlerlehre, die im Wert dem maximalen Verzug entspricht, wird die Dichtfläche des Zylinderkopfes in verschiedenen Richtungen vermessen. Wenn der Zylinderkopf verzogen ist, besteht eventuell die Möglichkeit, ihn in einer Fachwerkstatt planen zu lassen. Bei zu großem Verzug ist er durch einen neuen zu ersetzen.

12 Begutachten Sie die Ventilsitze im Brennraum. Wenn sie Ausbrüche, Risse oder Verbrennungen zeigen, übersteigt die notwendige Arbeit die Möglichkeiten eines Hobbyschraubers. Messen Sie die Breite des Ventilsitzes, und vergleichen Sie den Wert mit den Angaben in den technischen Daten (siehe Abbildung).

13 Messen Sie den Ventilschaftdurchmesser (siehe Abbildung). Ist der Schaft dünner als in den technischen Daten angegeben, muss das Ventil ersetzt werden. Reinigen Sie die Ventilführungen und entfernen Sie die Ölkohle. Messen Sie den Innendurchmesser der Führung (an beiden Enden und in der Mitte) mit einem Innen-Feinmessgerät (siehe Abbildung). Die Führung ist an den Enden und in der Mitte zu messen, um festzustellen, ob sie glockenförmig ausgeschlagen ist (mehr Verschleiß an den Enden hat). Piaggio führt keine Ventilführungen als Ersatzteile, sodass nur ein Spezialbetrieb nachgebaute Führungen installieren kann – ansonsten ist der ganze Kopf zu ersetzen.

14 Kontrollieren Sie sorgfältig die Dichtflächen jedes Ventiltellers sowie den Schaft und die Keilnut auf Risse, Löcher und Brandspuren (siehe Abbildung). Drehen Sie das Ventil, und achten Sie auf Anzeichen von Krümmung. Prüfen Sie die Ventilschaft-Enden auf Ausbrüche und übermäßigen Verschleiß. Eines der oben beschriebenen Anzeichen ist ein klarer

13.5c Ziehen Sie die Ventilschaftdichtung mit einer Zange ab.

Hinweis auf eine Ventilüberholung. Wenn das Schaft-Ende eingeschlagen ist, muss auch der Einsteller am Kipphebel genau untersucht werden.

15 Kontrollieren Sie die Enden der Ventilfedern auf Verschleiß und Narben. Stellen Sie die Feder auf eine ebene Oberfläche, und kontrollieren Sie sie mithilfe eines Winkels auf Krümmung (siehe Abbildung). Wenn sie stark verbogen ist, muss sie ersetzt werden. Piaggio macht über die freien Längen der Federn keine Angaben, doch es empfiehlt sich, sie bei jeder Demontage zu erneuern.

16 Kontrollieren Sie die Federsitze, Federteller und Keile auf sichtbaren Verschleiß und Brüche. Alle fragwürdigen Teile dürfen nicht wiederverwendet werden, da bei ihrem Ausfall im Motorbetrieb sehr großer Schaden entstehen kann.

17 Wenn die Inspektion erkennen lässt, dass keine Überholung notwendig ist, können die Bauteile des Ventiltriebs wieder in den Zylinderkopf installiert werden.

Zusammenbau

18 Unabhängig von einer vorangegangenen Ventilüberholung müssen die Ventile vor dem Einbau in den Kopf eingeschliffen (geläppt) werden, um die Dichtigkeit an den Ventilsitzen sicherzustellen. Für diese Arbeit benötigt man grobe und feine Ventilschleifpaste sowie einen Ventildreher. Wenn dieses Werkzeug nicht zur Hand ist, kann auch ein Stück Gummi- oder Plastikschlauch über den Ventilschaft geschoben (nachdem das Ventil in die Führung gesteckt wurde) und damit das Ventil gedreht werden.

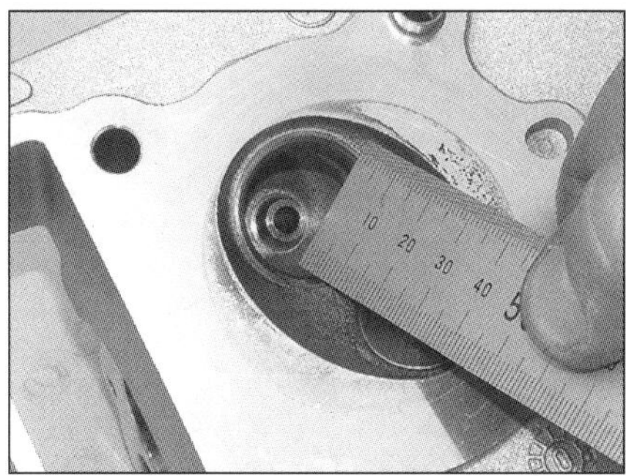

13.12 Messen Sie die Breite des Ventilsitzes.

19 Geben Sie etwas von der groben Schleifpaste auf die Ventildichtfläche, und stecken Sie das Ventil in die Führung (siehe Abbildung). **Anmerkung**: *Gehen Sie sicher, dass das Ventil in der richtigen Führung steckt und dass keine Schleifpaste an den Ventilschaft gerät.*

20 Befestigen Sie den Ventildreher (oder den Schlauch) am Ventil, und drehen sie ihn zwischen den Handflächen. Hin- und Herdrehen ist dem Drehen in einer Richtung vorzuziehen (siehe Abbildung). Heben Sie das Ventil regelmäßig vom Sitz und verteilen Sie die Paste ordentlich. Setzen Sie das Schleifen so lange fort, bis die Dichtflächen am Ventil und am Sitz eine gleichmäßige Breite und am ganzen Umfang keine Unterbrechungen aufweisen (siehe Abbildung).

21 Ziehen Sie vorsichtig das Ventil aus der Führung, und wischen Sie alle Schleifpasten-Reste ab. Reinigen Sie das Ventil mit Lösemittel, und wischen Sie es sorgfältig mit einem lösungsmittelgetränkten Tuch ab.

22 Wiederholen Sie den Arbeitsgang mit der Feinschleifpaste, verfahren Sie mit dem anderen Ventil genauso.

23 Legen Sie den Federsitz des Einlassventils in den Zylinderkopf, und drücken Sie eine neue Ventilschaftdichtung auf die Führung. Drücken Sie sie mithilfe eines richtig dimensionierten Steckschlüsseleinsatzes auf, bis ein Einrasten spürbar ist. Spannen oder Drehen der Dichtung sollten unterbleiben, da sonst die Abdichtung gegen den Ventilschaft beeinträchtigt werden kann. Ebenfalls darf sie nicht mehr demontiert werden, da sie dadurch beschädigt werden kann.

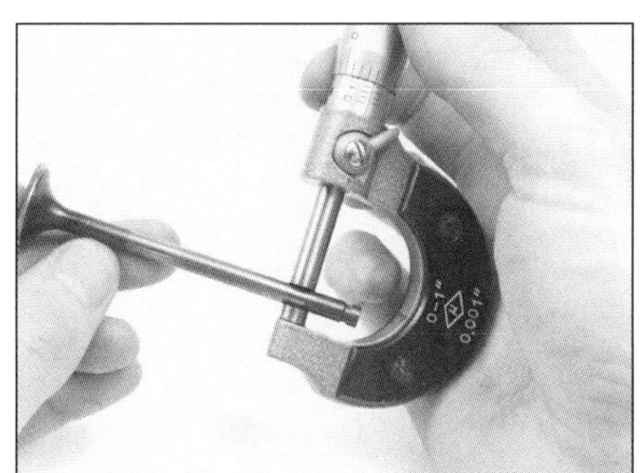

13.13 Messen Sie den Ventilschaft-Durchmesser.

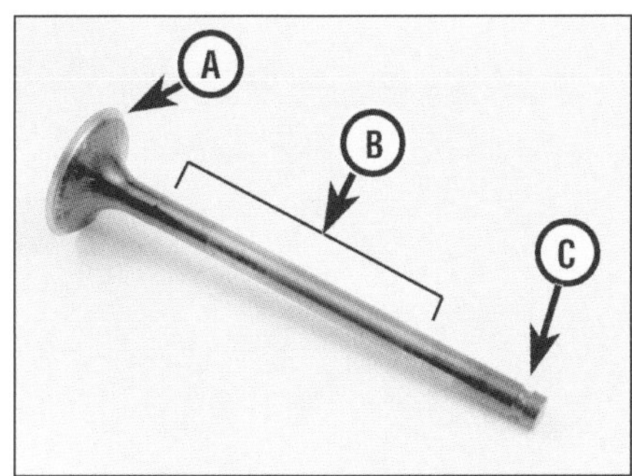

13.14 Kontrollieren Sie den Ventilteller (A), den Schaft (B) und die Keilnut (C).

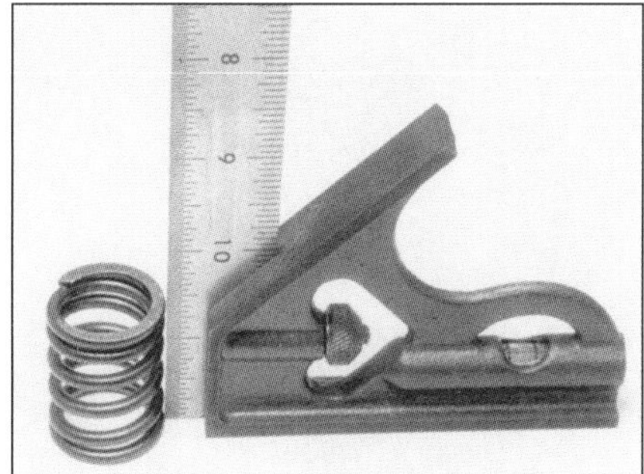

13.15 Prüfen Sie die Ventilfedern auf Verzug.

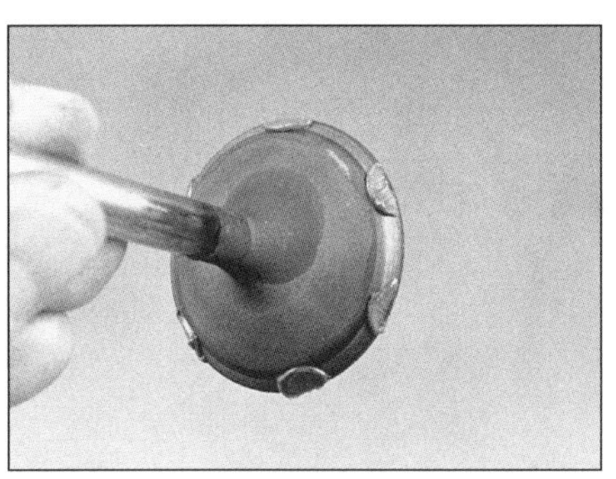

13.19 Verteilen Sie die Schleifpaste sparsam auf der Dichtfläche.

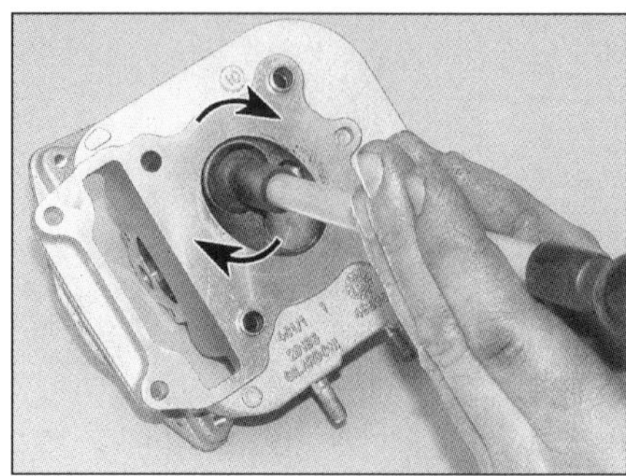

13.20a Drehen Sie das Ventil hin und her.

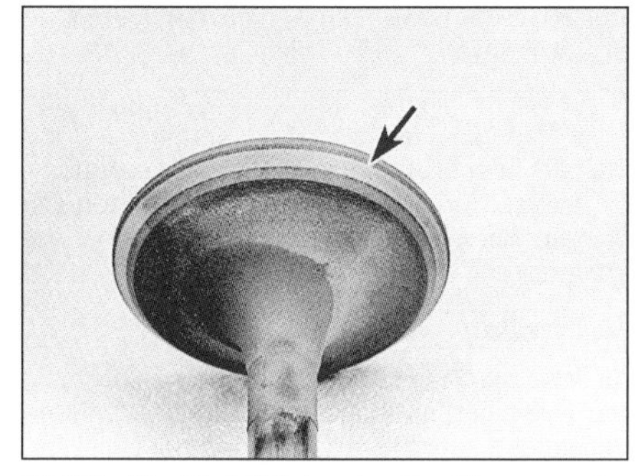

13.20b Die Dichtfläche des Ventils muss ein gleichförmiger, ununterbrochener Ring sein.

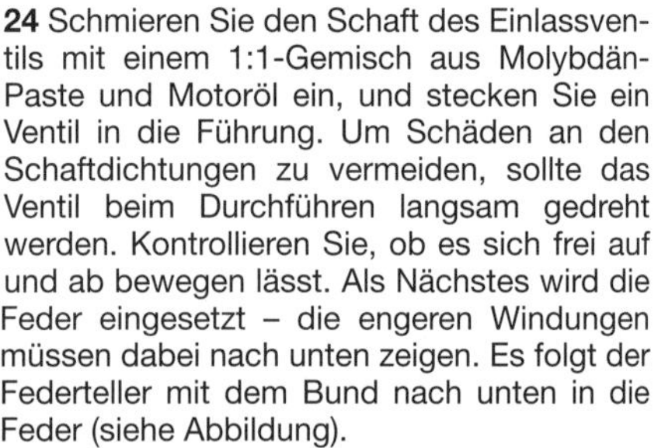

24 Schmieren Sie den Schaft des Einlassventils mit einem 1:1-Gemisch aus Molybdän-Paste und Motoröl ein, und stecken Sie ein Ventil in die Führung. Um Schäden an den Schaftdichtungen zu vermeiden, sollte das Ventil beim Durchführen langsam gedreht werden. Kontrollieren Sie, ob es sich frei auf und ab bewegen lässt. Als Nächstes wird die Feder eingesetzt – die engeren Windungen müssen dabei nach unten zeigen. Es folgt der Federteller mit dem Bund nach unten in die Feder (siehe Abbildung).

25 Geben Sie etwas Fett innen an die Keile, um sie an das Ventil »kleben« zu können. Drücken Sie die Feder mit der korrekt sitzenden Federpresse (siehe Abbildung 14.5a) nur so weit wie nötig zusammen, um die Keile einzubauen – achten Sie darauf, dass sie richtig in den Keilnuten sitzen.

26 Wiederholen Sie die Schritte 24 und 25 an diesem Ventil.

27 Stützen Sie den Zylinderkopf so, dass die Ventile nicht die Werkbank berühren können, und schlagen Sie sehr sanft mit einem Kunststoffhammer auf die Ventilschäfte, damit die Keile sich besser in die Nuten setzen können (siehe Abbildung).

Die Dichtigkeit der Ventile kann durch das Einfüllen von Lösungsmittel in den jeweiligen Kanal kontrolliert werden. Wenn die Flüssigkeit am Ventil vorbei in den Brennraum läuft, sollte der Einschleifvorgang bei diesem Ventil wiederholt werden.

14 Zylinder – Ausbau, Kontrolle und Einbau

Anmerkung: *Der Zylinder kann demontiert werden, während der Motor im Rahmen sitzt – allerdings ist der Zugang relativ beengt.*

Ausbau

1 Demontieren Sie den Zylinderkopf (siehe Sektion 12).

2 Beachten Sie, wie die untere Steuerkettenschine in einer Nut im vorderen Bereich des Kettenschachtes des Zylinders sitzt, und heben Sie sie unter Beachtung ihrer Einbaulage heraus.

3 Heben Sie den Zylinder von den Stehbolzen – führen Sie dabei die Steuerkette durch den Schacht, und stützen Sie den dabei frei werdenden Kolben ab. Wenn der Zylinder klemmt, muss er vorsichtig mit einem weichen Hammer abgeklopft werden. Der Versuch, ihn mit einem Schraubendreher abzuhebeln, würde zu beschädigten Dichtflächen führen. Nachdem der Zylinder abgezogen ist, wird ein sauberer Lappen um den Kolben in die Motoröffnung gestopft, um nichts in den Motor gelangen zu lassen.

4 Beachten Sie die zwei Passhülsen im Motorgehäuse – falls sie locker sind, sollten sie sichergestellt werden.

5 Entfernen Sie vorsichtig die Zylinderfußdichtung (siehe Abbildung). Ist die Dichtung mit ihrer Stärke markiert (0,4, 0,6 oder 0,8 mm), sollte dieser Wert notiert werden. Soll der alte Zylinder samt Kolben wiederverwendet werden, muss eine Fußdichtung gleicher Stärke beschafft werden. Es wird auf jeden Fall eine neue Dichtung benötigt.

Kontrolle

6 Die Zylinderbohrung muss sorgfältig auf Riefen und Kratzer untersucht werden. Ein verschlissener Zylinder kann aufgebohrt und mit einem Übermaßkolben ausgerüstet werden (siehe Schritt 7).

7 Mithilfe geeigneter Messgeräte werden die Innenmaße des Zylinders gemessen, um den Grad des Verschleißes, des Ovallaufes und der Kegelförmigkeit zu ermitteln. Messen Sie die Bohrung vom oberen Rand aus bei 10 sowie 38,5 und 75 mm Tiefe, sowohl parallel zur Kurbelwelle, als auch in Fahrtrichtung (siehe Abbildung). Ermitteln Sie die Differenzen, um Ovalität oder Kegelförmigkeit zu ermitteln. Vergleichen Sie die Ergebnisse mit den Technischen Daten am Anfang des Kapitels.

Anmerkung: *Alle Kolben und Zylinder werden bei der Herstellung mit Größenmarkierungen versehen, die aufeinander abgestimmt sein müssen. Piaggio listet für diese Motoren vier Größen (A bis D) auf. Die Größenangabe ist oben oder unten am Zylinder in die Dichtfläche sowie in den Kolbenboden geschlagen. Bei der Beschaffung eines neuen Zylinders oder Kolbens muss diese Größenangabe beachtet werden.*

8 Ermitteln Sie anhand der Messergebnisse, ob der Zylinder oval oder kegelförmig verschlissen ist. Piaggio gibt als Verschleißgrenze eine Differenz von 0,05 mm zwischen den Messungen an. Wenn Werte außerhalb der Toleranzen liegen oder die Wände stark

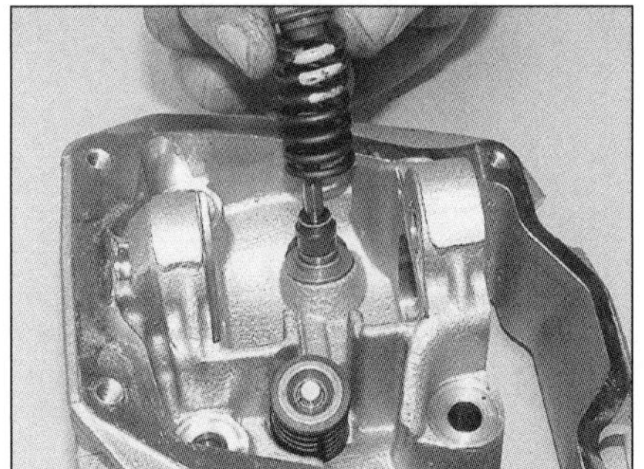

13.24 Setzen Sie die Feder mit dem engeren Ende nach unten in den Kopf.

13.27 Klopfen Sie auf den Federteller, damit sich die Keile setzen können.

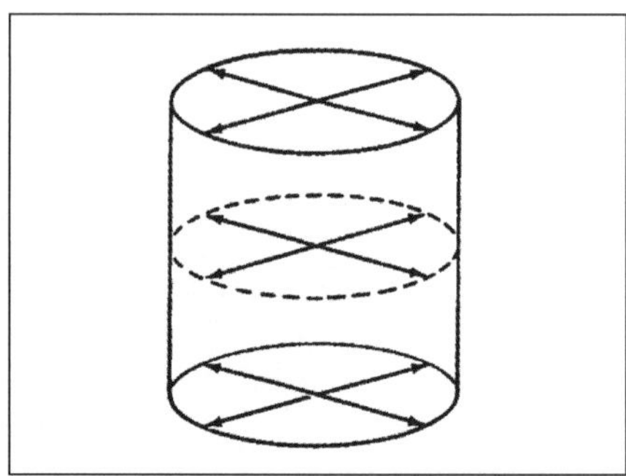

14.7 Messen Sie die Zylinderbohrung an den gezeigten Stellen.

zerkratzt oder riefig sind, muss der Zylinder aufgebohrt und ein Übermaßkolben samt Ringen beschafft werden. Ist der Zylinder bereits dreimal aufgebohrt worden oder anderweitig beschädigt, muss ein neuer Zylinder samt entsprechendem Kolben beschafft werden.

9 Berechnen Sie das Kolben-Einbauspiel, indem der Kolben-Durchmesser (siehe Sektion 15) vom 38,5 mm unterhalb des oberen Randes liegenden Zylinder-Durchmesser abgezogen wird. Ist der Zylinder in Ordnung und liegt das Spiel im Toleranzbereich, können Kolben und Zylinder weiterverwendet werden.

10 Alle Zylinder-Stehbolzen müssen fest in die Gehäusehälften geschraubt sein. Ist ein Bolzen locker, muss er herausgedreht, gereinigt und mit frischer Gewindesicherungspaste wieder eingeschraubt werden – das Anziehen kann mit zwei gegeneinander verkonterten Muttern geschehen.

Einbau

11 Die Dichtflächen des Zylinders und des Motorgehäuses müssen absolut sauber sein.

12 Piaggio bietet Zylinderfußdichtungen in drei verschiedenen Stärken an. Wird der alte Zylinder samt Kolben wiederverwendet, muss eine Fußdichtung beschafft werden, die genauso dick ist wie die ursprüngliche (siehe Schritt 4). War die alte Dichtung nicht markiert oder kommen neue Komponenten zum Einsatz, müssen Kolben und Zylinder ohne Fußdichtung montiert werden, dann wird eine Messuhr montiert, um die Höhe des Kolbens im Zylinder zu ermitteln.

13 Montieren Sie die Messuhr an die Halterung, und nullen Sie sie auf der Zylinder-Dichtfläche (siehe Abbildung). Drehen Sie die Kurbelwelle so, dass der Kolben nicht im OT steht.

14 Klemmen Sie die Halterung jetzt diagonal über den Zylinder, und sichern Sie sie mit den Stehbolzenmuttern, die mit 28 bis 30 Nm angezogen werden müssen.

15 Drehen Sie die Kurbelwelle so, dass der Kolben exakt im OT steht – jetzt wird die Uhr abgelesen (siehe Abbildung). Je näher der Kolben dem Zylinderrand kommt, desto dicker muss die Dichtung sein. Liegt das Messergebnis zwischen 0 und 0,1 mm, wird eine 0,8 mm starke Fußdichtung benötigt – zwischen 0,1 und 0,3 mm muss es eine 0,6 mm starke Dichtung sein, und nähert sich der Kolben nur 0,3 bis 0,4 mm dem Zylinderrand, ist eine 0,4 mm starke Dichtung erforderlich.

14.13 Nullen Sie die Messuhr auf der Zylinder-Dichtfläche.

16 Nachdem die korrekte Dichtungsstärke ermittelt ist, wird diese auf das Motorgehäuse gelegt (siehe Abbildung) – benutzen Sie niemals die alte weiter.

17 Zum leichteren Einführen des Kolbens können die Ringe mit einer speziellen Spannvorrichtung in ihre Nuten gedrückt werden, doch besitzt der Zylinder eine Fase, die dieses Werkzeug nicht unbedingt nötig macht – die Kolbenringe müssen nur etwas mit den Händen zusammengedrückt werden (dabei sollte ein Assistent den Zylinder halten). Stellen Sie sicher, dass die Kolbenringe wie in Sektion 16 beschrieben ausgerichtet sind.

18 Schmieren Sie die Zylinderbohrung, den Kolben und die Kolbenringe sowie beide Pleuellager mit frischem Motoröl. Schieben Sie dann den Zylinder über die Stehbolzen bis auf den Kolbenboden.

19 Drücken Sie den Zylinder vorsichtig herunter – dabei muss der Kolben senkrecht eintreten und darf nicht verkanten. Die Kolbenringe müssen vorsichtig zusammengedrückt und in die Bohrung geführt werden. Nötigenfalls kann der Zylinder vorsichtig mit einem weichen Hammer heruntergeklopft werden – mit zu viel Gewalt würden der Kolben und/oder die Ringe beschädigt. Entfernen Sie ggf. das Kolbenring-Spannband, wenn alle Ringe im Zylinder stecken.

20 Wenn der Kolben etwa bis zur Hälfte im Zylinder steckt, kann dieser auf die Fußdichtung gedrückt werden.

21 Setzen Sie die untere Steuerketten-Führungsschiene in den Kettenschacht (siehe Schritt 2), und installieren Sie den Zylinderkopf (siehe Sektion 11).

14.15 Der Kolben muss für die Messung exakt im oberen Totpunkt stehen.

14.16 Legen Sie eine neue Zylinderfußdichtung auf das Motorgehäuse.

15 **Kolben** – Ausbau, Kontrolle und Einbau

Anmerkung: *Der Kolben kann bei eingebautem Motor demontiert werden, allerdings ist der Zugang relativ beengt.*

Ausbau

1 Entfernen Sie den Zylinder (Sektion 14). Falls noch nicht erledigt, müssen saubere Lappen um die Pleuel in die Motorgehäusebohrungen gesteckt werden, um das Herunterfallen von Sicherungsringen oder anderen Teilen in das Gehäuse zu verhindern. Bevor der Kolben ausgebaut wird, muss seine Einbaurichtung festgestellt werden. Auf dem Kolbenboden befindet sich ein Pfeil, der wahrscheinlich erst nach dem Entfernen der Ablagerungen sichtbar wird (siehe Abbildung 16.1 in Kapitel 2C). Zudem ist an der Einlassseite eine Vertiefung (Ventiltasche) im Kolbenboden sichtbar.

2 Bauen Sie vorsichtig mit einer Spitzzange oder einem kleinen Schraubenzieher, den Sie in die Nut einführen, auf einer Seite des Kolbens den Sicherungsring aus (siehe Abbildung 16.2 in Kapitel 2C). Drücken Sie von der anderen Seite den Kolbenbolzen heraus, und nehmen Sie den Kolben vom Pleuel. Entfernen Sie auch den anderen Sicherungsring, da beim Einbau immer zwei neue Ringe verwendet werden müssen. Nötigenfalls kann der Kolbenbolzen mit einer Steckschlüssel-Verlängerung herausgedrückt werden.

Damit ein Sicherungsring nicht davonfliegen oder ins Motorgehäuse fallen kann, wird ein Schraubendreher oder eine Stange mit einem größeren Durchmesser als die Ringöffnung eingeschoben – so bleibt der Ring darauf gefangen.

Sitzt der Kolbenbolzen fest im Kolben, kann vorsichtiges Erhitzen mit einem Heißluftgebläse die Bohrungen weiten, sodass sich der Bolzen löst.

Kontrolle

3 Zunächst muss der Kolben gereinigt und von den Kolbenringen befreit werden. Wenn der Zylinder aufgebohrt werden muss, kann man sich die Kontrolle des Kolbens sparen, da ein neuer zu beschaffen ist. Alle drei Kolbenringe können von Hand entfernt werden, bei den beiden Kompressionsringen kann auch eine Kolbenringzange zum Einsatz kommen – beim Ölring jedoch nicht (siehe Abbildung 16.3 in Kapitel 2C). Beim Ausbau darf der Kolben nicht eingeschnitten oder eingekerbt werden. Beachten Sie genau die Einbaulage der einzelnen Ringe, wenn Sie sie wiederverwenden wollen. Die Oberseiten aller Ringe sind an einem Ende markiert.

4 Schaben Sie die Ölkohle vom Kolbenboden. Eine weiche Drahtbürste oder feines Schmirgelleinen können zur Nacharbeit verwendet werden. Benutzen Sie keinesfalls einen Drahtbürstenaufsatz auf einer Bohrmaschine, denn das Kolbenmaterial ist sehr weich und würde abgetragen werden.

5 Die Kolbenring-Nuten können mit einem Spezialwerkzeug, aber auch mit einem abgebrochenen Stück eines alten Kolbenringes von Kohleresten befreit werden. Seien Sie vorsichtig, dass kein Kolben-Metall entfernt oder die Seiten der Nut eingeschnitten oder eingekerbt werden. Wenn die Kohleablagerungen entfernt sind, wird der Kolben mit Lösungsmittel gereinigt und anschließend getrocknet.

6 Begutachten Sie den Kolben sorgfältig auf Brüche am Hemd, an den Bolzenaugen und um die Kolbenringnuten. Normaler Kolbenverschleiß zeigt sich in vertikalen Spuren auf der Lauffläche und leichtem Spiel des oberen Kolbenringes in seiner Nut. Wenn das Hemd Klemm- oder Fressspuren zeigt, kann der Motor an Überhitzung gelitten haben, und/oder eine unnormale Verbrennung sorgte für extrem hohe Arbeitstemperatur. Überprüfen Sie außerdem, ob die Nuten der Sicherungsringe nicht beschädigt sind.

7 Ein Loch im Kolbenboden ist ein Zeichen für abnormale Verbrennung (durch Frühzündung). Verbrannte Stellen am Rand des Bodens weisen auf Klingeln oder Klopfen hin. Wenn eines dieser Probleme existiert, müssen die Gründe beseitigt werden, damit die Schäden nicht erneut auftreten.

8 Kontrollieren Sie das Spiel zwischen Kolben und Zylinder durch Vermessen des Zylinders (siehe Sektion 14) und des Kolbendurchmessers. Messen Sie den Kolben 36,5 mm unterhalb der Kolbenbolzenbohrung und 90° zum Kolbenbolzen am Kolbenhemd (siehe Abbildung 16.8 in Kapitel 2C). Ziehen Sie den Kolbendurchmesser vom Zylinderdurchmesser ab, und errechnen Sie das Spiel. Wenn es über dem Toleranzwert liegt, muss der Kolben ersetzt werden (vorausgesetzt, der Zylinder ist in Ordnung – ansonsten ist der Zylinder zu ersetzen oder aufzubohren und ein neuer (Übermaß-) Kolben zu beschaffen).

9 Messen Sie mit exakten Messgeräten den Außendurchmesser des Kolbenbolzens und den Innendurchmesser des Kolbenbolzenauges im Kolben. Berechnen Sie die Differenz – jetzt haben Sie das Kolbenbolzenspiel im Kolben, welches mit den Toleranzwerten der technischen Daten übereinstimmen muss (siehe Abbildungen 16.9a und b in Kapitel 2C). Verschlissene Teile sind zu ersetzen.

10 Um den Verschleiß in der Kolbenbolzenlagerung zu ermitteln, sind der Kolbenbolzen in der Mitte sowie das obere Pleuelauge zu vermessen (siehe Abbildungen 16.10a und b in Kapitel 2C). Der Kolbenbolzen darf nicht dünner und das Pleuelauge nicht größer sein als in den technischen Daten angegeben. Ersetzen Sie gegebenenfalls den Kolbenbolzen oder die Kurbelwelle.

11 Das Spiel der Kolbenringe in ihren Nuten kann mit einer Fühlerlehre ermittelt werden – installieren Sie dazu die Ringe (siehe Sektion 16) (siehe Abbildung 16.11 in Kapitel 2C). Das Spiel darf nicht größer sein als in den technischen Daten angegeben. Ist das Spiel auch mit neuen Ringen zu groß, muss auch der Kolben ersetzt werden.

Einbau

12 Die Kolbenringe werden nach der Inspektion (siehe Sektion 16) montiert.

13 Schmieren Sie den Kolbenbolzen, seine Bohrungen im Kolben und das obere Pleuelauge mit Motoröl. Installieren Sie einen neuen Sicherungsring in eine Seite des Kolbens – gebrauchte Ringe dürfen nicht wiederverwendet werden. Bringen Sie den mit dem Pfeil zum Auslass ausgerichteten Kolben in Flucht zum Pleuelauge, und schieben Sie den Kolbenbolzen von der anderen Seite her ein (siehe Abbildung 16.13a in Kapitel 2C). Sichern Sie den Kolbenbolzen mit dem zweiten neuen Sicherungsring (siehe Abbildung 16.13b in Kapitel 2C). Die Sicherungsringe dürfen beim Einbau nicht stärker als nötig zusammengedrückt werden, zudem darf ihre Öffnung nicht in der Ausbau-Nut liegen (siehe Abbildung 16.13c in Kapitel 2C).

14 Montieren Sie den Zylinder (Sektion 14).

16 Kolbenringe
Kontrolle und Einbau

1 Bei jeder Motorüberholung sollten neue Kolbenringe montiert werden. Vor dem Einbau ist ihr Stoßspiel zu überprüfen.

2 Der obere Ring wird von unten in den Zylinder geschoben und mit dem Kolben etwa 15 mm oberhalb des unteren Zylinderrandes in eine senkrechte Position gebracht. Der Abstand der Enden wird jetzt mit einer Fühlerlehre ermittelt und der Wert mit den Angaben in den technischen Daten verglichen (siehe Abbildung 17.2 in Kapitel 2C).

3 Entspricht das Stoßspiel nicht den Vorgaben, muss geprüft werden, ob man die richtigen Ringe beschafft hat (zu Übermaßkolben gehören auch Übermaß-Kolbenringe).

4 Übermäßiges Spiel (bis zur Verschleißgrenze) ist nicht so schlimm wie ein zu geringer Abstand, da dieser im Betrieb zu schweren Schäden führen kann.

5 Wiederholen Sie die Messung mit den anderen zwei Ringen.

6 Wenn das Stoßspiel in Ordnung ist, werden die Ringe an den Kolben montiert.

7 Der untere Ring (Ölring) wird zuerst in die untere Kolbennut montiert – dabei darf er nicht übermäßig gespreizt werden. Die Oberseiten der Kompressionsringe (die auch mit einer Kolbenringzange eingebaut werden können) sind an einem Ende mit einem Buchstaben markiert – montieren Sie zuerst den (mittleren) zweiten Kompressionsring und dann den oberen Ring.

8 Wenn die Ringe korrekt installiert sind, wird kontrolliert, ob sie sich frei bewegen lassen. Richten Sie die Öffnungen etwa 120° zueinander aus (siehe Abbildung 17.8 in Kapitel 2C).

17 Kühlventilator
Ausbau und Einbau

Anmerkung: *Der Ventilator kann bei im Rahmen sitzendem Motor demontiert werden.*

Ausbau

1 Entfernen Sie an der rechten Motorseite entsprechende Verkleidungsteile, um an die Lichtmaschine zu gelangen (siehe Kapitel 7).

2 Entfernen Sie nötigenfalls die Auspuffanlage oder den Schalldämpfer, um den Lichtmaschinendeckel abziehen zu können (siehe Kapitel 4). Das Entfernen der Benzinpumpe und des Filters erleichtert die Arbeit ebenfalls (siehe Kapitel 4).

3 Bei Motoren mit Sekundärluftsystem müssen dessen Unterdruckschlauch und Rohr vom Ventilgehäuse getrennt werden (siehe Kapitel 1, Sektion 21).

4 Lösen Sie die Klemme, die den Kabelbaum oben am Lichtmaschinendeckel sichert, dann wird der Mehrfachstecker der Lichtmaschine getrennt (siehe Abbildung).

5 Lösen Sie die Schrauben des Lichtmaschinendeckels, und entfernen Sie diesen (siehe Abbildung).

6 Lösen Sie die drei Schrauben, die den Ventilator am Lichtmaschinenrotor sichern, und nehmen Sie diesen ab (siehe Abbildung).

Einbau

7 Der Einbau entspricht der umgekehrten Ausbaureihenfolge.

17.4 Befreien Sie den Stecker vom Lichtmaschinendeckel.

17.5 Heben Sie den Lichtmaschinendeckel ab.

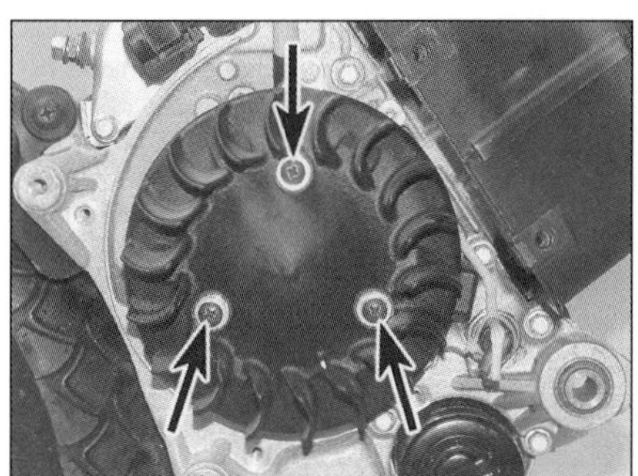

17.6 Der Kühlventilator ist mit drei Schrauben gesichert.

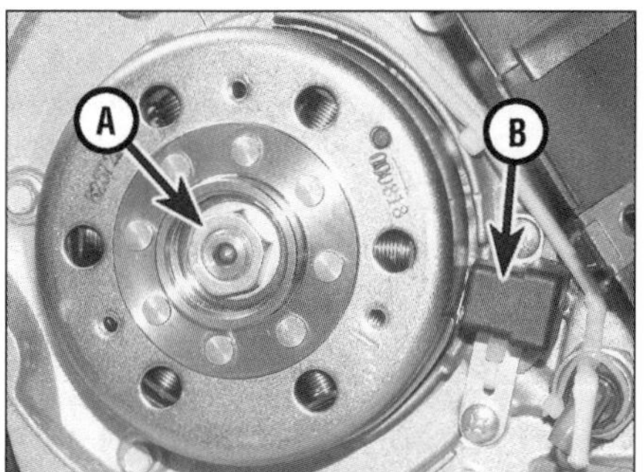

18.2 Lichtmaschinenrotor-Mutter (A). Beachten Sie die Zündgeberspule (B).

18.4 Anschluss des Öldruckschalters

18 Lichtmaschinenrotor und Stator
Ausbau und Einbau

Anmerkung: *Die Lichtmaschine kann bei im Rahmen sitzendem Motor demontiert werden.*

1 Entfernen Sie den Kühlventilator (Sektion 17).

2 Zum Lösen der Rotormutter muss der Rotor blockiert werden (siehe Abbildung). Dies kann mit dem Piaggio-Spezialwerkzeug (Teilenummer 020656Y) geschehen, oder man baut sich ein Werkzeug, mit dem man in die Nuten des Rotors greifen kann (siehe Werkzeug-Tipp) (siehe Abbildung 12.3 in Kapitel 2A). Auch kann ein Bandschlüssel verwendet werden, doch darf damit nicht die Zündgeberspule beschädigt werden. Ist der Rotor sicher blockiert, kann die Mutter gelöst werden.

Ein Rotor-Haltewerkzeug kann leicht aus zwei Stahlbändern angefertigt werden, die in der Mitte mit einem Scharnier verbunden und an einem Ende mit zwei Bolzen ausgerüstet werden, die in die Rotornuten greifen können. Diese Bolzen dürfen nicht zu lang sein, damit sie nicht die Rotorwicklungen beschädigen.

3 Um den Rotor von der Welle ziehen zu können, ist entweder ein spezieller Piaggio-Abzieher (Teilenummer 020162Y) (siehe Abbildung) oder ein Zweiarmabzieher nötig. Die Hülse des Piaggio-Werkzeugs wird in das Gewinde des Rotors geschraubt (siehe Abbildung 12.4 in Kapitel 2A), dann wird sie mit einem Maulschlüssel gesichert und der Bolzen im Uhrzeigersinn angezogen, um den Rotor vom Konus zu ziehen. Bei einem Zweiarmabzieher greifen die Arme durch die Nuten den Rotor, während der Bolzen gegen den Kurbelwellenstumpf gedreht wird (siehe Abbildung 12.4b in Kapitel 2A). Nachdem der Rotor abgezogen ist, wird ggf. der Keil sichergestellt, falls er locker in seiner Nut sitzt (siehe Abbildung 12.4c in Kapitel 2A).

4 Um den Stator vom Motorgehäuse zu entfernen, ist auch die Zündgeberspule zu lösen, da beide Teile eine Baugruppe bilden. Trennen Sie den Mehrfachstecker der Lichtmaschinen-Kabel, und lösen Sie die Schrauben des Stators und der Spule, um beide Teile entnehmen zu können. Trennen Sie den Stecker des Öldruckschalters (siehe Abbildung).

5 Lösen Sie erst die Schrauben der Zündgeberspule (siehe Abbildung 18.2), dann die des Stators. Entfernen Sie danach die Baugruppe.

Einbau

6 Montieren Sie den Stator und die Zündgeberspule an das Gehäuse – der Mehrfachstecker sowie der Stecker des Öldruckschalters müssen korrekt positioniert sein. Ziehen Sie die Schrauben mit 3 bis 4 Nm an.

7 Verbinden Sie den Stecker des Öldruckschalters und den Mehrfachstecker der Lichtmaschine. Installieren Sie die Kabelführung des Lichtmaschinenkabels.

8 Reinigen Sie den Kurbelwellenkonus und den Sitz des Rotors mit Lösungsmittel. An den Magneten im Innern des Rotors dürfen keine Metallteile haften. Setzen Sie nötigenfalls den Keil in die Konus-Nut, und schieben Sie den korrekt ausgerichteten Rotor darüber (siehe Abbildungen 12.7a und b in Kapitel 2A).

9 Drehen Sie die Rotormutter auf die Kurbelwelle, und ziehen Sie sie bei blockiertem Rotor mit 52 bis 58 Nm an.

10 Positionieren Sie den Rotor so, dass der vorstehende Teil zur Zündgeberspule fluchtet, messen Sie dann den Abstand zwischen Rotor und Spule mit einer Fühlerlehre – er muss zwischen 0,34 und 0,76 mm liegen. Bei anderen Ergebnissen muss die Spulenhalterung auf Schäden untersucht werden. Bei einem zu geringen Abstand kann der Rotor die Spule berühren und sie zerstören – bei zu großem Abstand können Störungen im Zündsystem auftreten.

11 Montieren Sie den Kühlventilator (siehe Sektion 17) sowie alle anderen Komponenten in der umgekehrten Ausbaureihenfolge.

19 Anlasserfreilauf
Ausbau, Kontrolle, Einbau

Anmerkung: *Der Anlasserfreilauf kann bei im Rahmen sitzendem Motor demontiert werden.*

1 Folgen Sie den Anweisungen in Kapitel 2G, um die Keilriemenabdeckung zu entfernen.

2 Heben Sie den Anlasserfreilauf unter Beachtung seiner Einbaulage aus dem Gehäuse (siehe Abbildung).

Kontrolle

3 Kontrollieren Sie die Baugruppe auf Schäden und Verschleiß – besonders an den Zähnen der Zahnräder.

4 Drehen Sie das äußere Zahnrad, und prüfen Sie, ob es sich auf der Welle sanft auf und ab bewegt und leicht wieder in seine Ausgangslage zurückkehrt (siehe Abbildung).

5 Der Anlasserfreilauf ist eine Baugruppe, für die keine Einzelteile erhältlich sind, sodass sie bei einem Defekt komplett ausgetauscht werden muss.

Einbau

6 Der Einbau entspricht der umgekehrten Ausbaureihenfolge – achten Sie darauf, dass das innere Zahnrad in die Anlasserverzahnung greift.

19.2 Lage des Anlasserfreilaufs

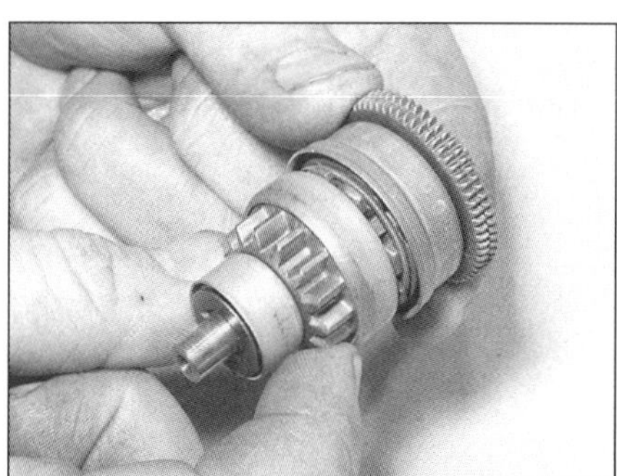

19.4 Kontrollieren Sie die Baugruppe wie im Text beschrieben.

20 Ölpumpe und Überdruckventil – Drucktest, Ausbau, Kontrolle und Einbau der Pumpe

Anmerkung: *Die Ölpumpe kann bei im Rahmen sitzendem Motor demontiert werden.*

Drucktest

1 Der Motor ist mit einem Öldruckschalter und einer Öldruck-Warnlampe ausgerüstet – die Funktion des Stromkreises ist in Kapitel 9 beschrieben.

2 Bei jedem Zweifel am Schmiersystem des Motors muss eine Öldruckkontrolle durchgeführt werden, die nützliche Informationen über die Motorschmierung gibt. Mangels geeigneter Gerätschaften kann man den Test in einer Fachwerkstatt durchführen lassen.

3 Für eine Öldruckkontrolle ist ein (ins Motorgehäuse zu schraubendes) Messgerät nötig, das Piaggio unter der Teilenummer 020193Y anbietet. Dazu wird ein Adapter (Teilenummer 020434Y) benötigt.

4 Kontrollieren Sie den Motorölstand, bringen Sie den Motor auf Betriebstemperatur, und schalten Sie ihn ab. Stützen Sie das Fahrzeug so ab, dass das Hinterrad nicht den Boden berührt.

5 Entfernen Sie den Lichtmaschinendeckel (siehe Sektion 17). Trennen Sie den Stecker des Öldruckschalters (siehe Abbildung 18.4), und schrauben Sie den Schalter aus dem Motorgehäuse, um ihn durch den Adapter zu ersetzen. Der Dichtring des Schalters muss später durch ein Neuteil ersetzt werden. Montieren Sie ggf. übergangsweise den Auspuff.

Warnung: Verbrennen Sie sich nicht am Motor, Motoröl oder Auspuff, während Sie den Adapter ins Motorgehäuse schrauben. Lassen Sie den Motor nicht in geschlossenen Räumen ohne Absauganlage laufen!

6 Starten Sie den Motor, und erhöhen Sie die Drehzahl langsam bis auf 6000 U/min (was nahezu Vollgas entspricht), während Sie das Messgerät beobachten. Der Öldruck muss dabei auf 3,2 bis 4,2 bar steigen.

7 Liegt der Druck deutlich unter 3 bar, sind entweder das Ölsieb oder der Filter blockiert, das Überdruckventil klemmt im geöffneten Zustand, die Ölpumpe ist defekt, die Öldüse (zur Kühlung des Kolbens) im Motorgehäuse ist locker oder die Kurbelwellenlager sind stark verschlissen. Beginnen Sie die Diagnose mit der Kontrolle des Ölfilters und des Siebes (siehe Kapitel 1), fahren Sie dann mit der Ölpumpe und dem Überdruckventil fort (siehe Schritte 11 bis 38). Sind diese Bauteile in Ordnung, muss das Motorgehäuse getrennt werden, um die Öldüse und die Hauptlager zu überprüfen (siehe Sektion 21).

8 Ist der Druck zu hoch, ist entweder ein Ölkanal verstopft, das Überdruckventil klemmt im geschlossenen Zustand oder die Viskosität des verwendeten Öls entspricht nicht den Vorgaben.

9 Schalten Sie den Motor ab, und schrauben Sie den Adapter samt Messgerät aus dem Gehäuse.

10 Rüsten Sie den Öldruckschalter mit einer neuen Dichtscheibe aus, und drehen Sie ihn ins Motorgehäuse. Kontrollieren Sie den Ölpegel (siehe Tägliche Kontrollen). **Anmerkung:** *Vor dem nächsten Motorstart müssen alle Probleme beseitigt werden, da sonst größte Schäden entstehen können.*

Ölpumpe

Ausbau

11 Lassen Sie das Motoröl ab (Kapitel 1).

12 Entfernen Sie den Keilriemenantrieb (siehe Kapitel 2G).

13 Lösen Sie die Schrauben der Ölpumpenketten-Abdeckung, und entfernen Sie diese (siehe Abbildungen). **Anmerkung:** *Die Abdeckung sitzt fest im Gehäuse und muss vorsichtig an den angegossenen Laschen herausgezogen werden.* Die Deckeldichtung muss später durch ein Neuteil ersetzt werden. Beachten Sie die Kettenführung an der Innenseite des Deckels (siehe Abbildung).

14 Lösen Sie die Schrauben des Ölwannendeckels (beachten Sie die Halterung des hinteren Bremsbowdenzugs), und entfernen Sie diesen (siehe Abbildungen). Die Dichtung muss später durch ein Neuteil ersetzt werden. Beachten Sie, wie die Feder des Überdruckventils an der Lasche innerhalb des Deckels eingehängt ist, und entfernen Sie sie vorsichtig. Ziehen Sie das Überdruckventil nötigenfalls aus seinem Sitz in der Ölwanne. Beachten Sie die Passhülsen, und stellen Sie sie nötigenfalls sicher.

15 Lösen Sie die Schrauben der Ölpumpenritzel-Platte, und entfernen Sie diese unter Beachtung ihrer Einbaulage (siehe Abbildung).

16 Stecken Sie zum Blockieren einen Dorn oder Schraubendreher durch eine der Bohrungen im Ölpumpenritzel, und lösen Sie die Rit-

20.13a Lösen Sie die drei Schrauben, . . .

20.13b . . . und ziehen Sie den Deckel des Ölpumpenantriebs ab.

20.13c Beachten Sie die Position der Kettenführung.

20.14a Lösen Sie die Schrauben des Ölwannendeckels, . . .

20.14b . . . und entfernen Sie diesen.

20.15 Entfernen Sie die Pumpenritzelplatte.

zelschraube (siehe Abbildung). Entfernen Sie die Schraube und die Tellerscheibe.

17 Ziehen Sie das Ritzel von der Pumpe, und befreien Sie es aus der Kette (siehe Abbildung 21.7a in Kapitel 2C). Ziehen Sie die Kette nötigenfalls nach oben ins Antriebsgehäuse, und heben Sie sie vom Antriebsritzel. **Anmerkung:** *Markieren Sie die Kette vor dem Ausbau, damit sie in ihrer originalen Drehrichtung montiert werden kann.* Ziehen Sie dann das Ritzel von der Kurbelwelle. (siehe Abbildung Abbildung 21.7a in Kapitel 2C).

18 Entfernen Sie das Kurbelwellenritzel – später muss sein O-Ring durch ein Neuteil ersetzt werden. Lösen Sie die zwei Schrauben der Ölpumpe, und entfernen Sie diese (siehe Abbildung 21.8 in Kapitel 2C) – die dahinterliegende Dichtung muss später durch ein Neuteil ersetzt werden.

Kontrolle

19 Reinigen Sie das Überdruckventil und seine Feder mit Lösungsmittel. Inspizieren Sie die Oberfläche des Ventils auf Riefen und Verschleiß, und ersetzen Sie es gegebenenfalls. Messen Sie die freie Länge der Feder – ist sie kürzer als 54,2 mm, muss sie ersetzt werden. Begutachten Sie das Ventilgehäuse im Motorgehäuse – alle Ablagerungen behindern seine Funktion und müssen vorsichtig beseitigt werden, ohne das Gehäuse zu beschädigen.

20 Lösen Sie die zwei Schrauben des Ölpumpendeckels, und entfernen Sie diesen von der Pumpe (siehe Abbildung).

21 Beachten Sie die Markierungen an den Rotoren. Ein Zerlegen der Pumpe zum Reinigen und Vermessen ist möglich – Einzelteile sind jedoch nicht erhältlich. Entfernen Sie nötigenfalls den Seegerring mit einer entsprechenden Zange, und nehmen Sie die Rotoren aus der Pumpe. Reinigen Sie das Gehäuse und die Rotoren mit Lösungsmittel, und trocknen Sie sie möglichst mit Druckluft. Begutachten Sie alle Teile auf Riefen und Verschleiß und ersetzen Sie nötigenfalls die Pumpe. Setzen Sie ansonsten die Rotoren so in die Pumpe, dass alle Markierungen sichtbar sind, und installieren Sie den Seegerring.

22 Messen Sie mit einer Fühlerlehre das Spiel zwischen den Spitzen des Innenrotors und der Wandung des Außenrotors (siehe Abbildung) – liegt es über 0,12 mm, muss die Pumpe ersetzt werden.

23 Messen Sie mit einer Fühlerlehre das Spiel zwischen dem Außenrotor und dem Pumpengehäuse (siehe Abbildung 20.22) – bei über 0,20 mm muss die Pumpe ersetzt werden.

24 Legen Sie einen Richtwinkel über die Rotoren und das Pumpengehäuse, und messen Sie mit einer Fühlerlehre das Axialspiel der Rotoren (also den Abstand der Rotoren zum Richtwinkel) (siehe Abbildung) – liegt es über 0,09 mm, muss die Pumpe ersetzt werden.

25 Überprüfen Sie die Ölpumpenkette und die Ritzel auf Risse und ausgebrochene Zähne – ersetzen Sie sie gegebenenfalls als Satz.

26 Ist die Pumpe in Ordnung, müssen alle Bauteile gereinigt und mit frischem Motoröl geschmiert werden (siehe Abbildung).

27 Setzen Sie den Ölpumpendeckel auf (er kann nur in einer Position montiert werden), und ziehen Sie sorgfältig seine Schrauben an (siehe Abbildungen 21.9b und a).

28 Drehen Sie die Pumpenwelle von Hand, um zu prüfen, ob sich die Rotoren frei und sanft bewegen.

Einbau

29 Legen Sie eine neue Ölpumpen-Dichtung auf das Motorgehäuse – ihre Löcher müssen mit den Ölkanälen fluchten.

30 Installieren Sie die Pumpe (sie kann nur in einer Position montiert werden). Die Befestigungsschrauben sind mit 5 bis 6 Nm anzuziehen. Rüsten Sie das Antriebsritzel mit einem neuen O-Ring aus, und installieren Sie es.

31 Das Kurbelwellenritzel muss mit dem Bund nach außen installiert werden, dann wird die Antriebskette – richtigherum – darübergelegt und zur Ölwanne durchgeführt (Schritt 17).

32 Legen Sie das Pumpenritzel in die Kette und schieben Sie es korrekt ausgerichtet auf die Pumpe. Die Tellerscheibe der Pumpenritzelschraube wird so aufgelegt, dass sie mit dem Außenrand gegen das Ritzel drückt, dann wird die Schraube installiert. Blockieren Sie das Ritzel wie beim Ausbau, und ziehen Sie die Ritzelschraube mit 10 bis 14 Nm an (siehe Abbildung).

33 Installieren Sie die Pumpenritzel-Platte, und ziehen Sie ihre Schrauben sorgfältig an.

34 Befreien Sie die Dichtflächen des Ölwannendeckels und des Motorgehäuses von alten Dichtungsresten (nötigenfalls vorsichtig mit einem Schaber) und reinigen Sie sie.

35 Schmieren Sie das Überdruckventil mit Motoröl, und installieren Sie es in das Gehäuse. Hängen Sie die Feder an der Lasche innerhalb des Ölwannendeckels ein (siehe Abbildung). Versehen Sie den Deckel mit einer neuen Dichtung, installieren Sie seine Schrauben samt Bowdenzug-Halterung, und ziehen Sie sie schrittweise und über Kreuz bis zu einem Drehmoment von 10 bis 14 Nm an.

2E

20.16 Lösen Sie die Ritzelschraube.

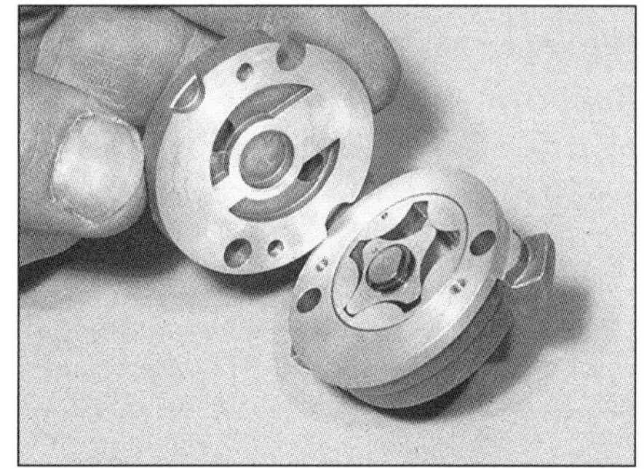

20.20 Entfernen Sie den Pumpendeckel.

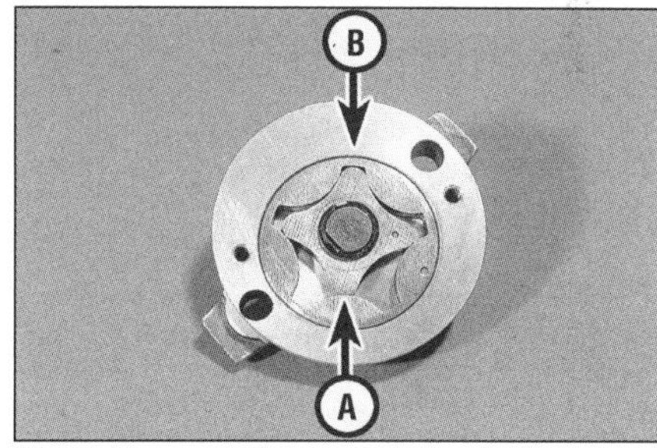

20.22 Messen Sie das Spiel zwischen den Rotoren (A) und zwischen Außenrotor und Gehäuse (B).

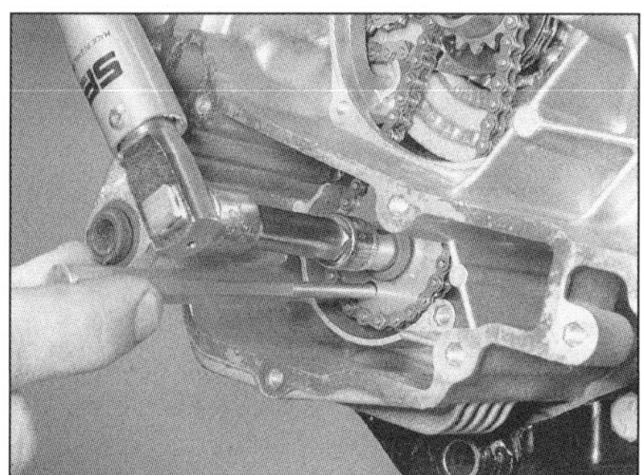

20.32 Blockieren Sie das Ritzel, und ziehen Sie die Schraube mit 10 bis 14 Nm an.

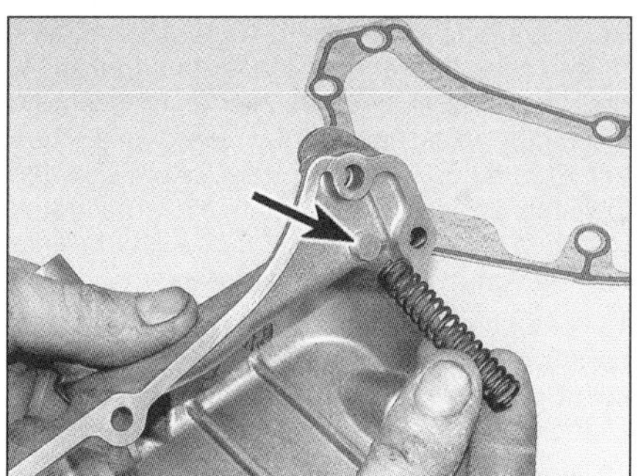

20.35 Die Feder des Überdruckventils ist an einer Lasche des Deckels eingehängt.

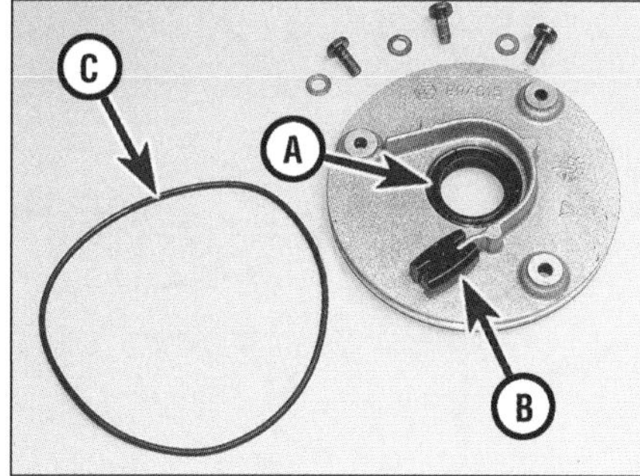

20.36 Pumpenantriebsdeckel-Dichtring (A), Kettenführung (B) und O-Ring (C)

36 Kontrollieren Sie den Simmerring in der Abdeckung des Ölpumpenantriebs (siehe Abbildung) – sind Schäden oder im Riemengehäuse Undichtigkeiten sichtbar, ist er zu ersetzen. Wenn die Kettenführung verschlissen ist, muss sie gelöst und umgedreht oder ausgetauscht werden. Fetten Sie den neuen O-Ring der Abdeckung und legen Sie ihn auf. Drücken Sie die Abdeckung vorsichtig über die Kurbelwelle, um den Simmerring nicht zu beschädigen; richten Sie die Befestigungsbohrungen aus, und installieren Sie die Schrauben zunächst handfest. Ziehen Sie die Schrauben dann schrittweise (um den Deckel ins Gehäuse zu ziehen) bis zu einem Drehmoment von 3,5 bis 4,5 Nm an.

37 Installieren Sie den Keilriemenantrieb (siehe Kapitel 2G).

38 Füllen Sie Motoröl auf, starten Sie den Motor, und kontrollieren Sie den Bereich um die Ölwanne auf Lecks.

21 Motorgehäusehälften, Kurbelwelle und Pleuel

Anmerkung: *Zum Trennen des Motorgehäuses muss die Antriebseinheit aus dem Fahrzeug gebaut werden.*

Trennen

1 Um Zugang zur Kurbelwelle, dem Pleuel und den Hauptlagern zu erhalten, muss das Antriebsgehäuse getrennt werden.

2 Um das Antriebsgehäuse trennen zu können, muss es aus dem Fahrzeug gebaut werden (siehe Sektion 5). Vor dem Trennen sind folgende Baugruppen zu demontieren:

a) Steuerkette, Schienen und Ritzel (Sektion 9)
b) Zylinderkopf (Sektion 11)
c) Zylinder (Sektion 14)
d) Lichtmaschinenrotor und Stator (Sektion 18)
e) Keilriemenantrieb (Kapitel 2G)
f) Anlasser (Kapitel 9)
g) Ölpumpe (Sektion 20)
h) Hauptständer (siehe Kapitel 7)

3 Messen Sie vor dem Trennen des Gehäuses mit einer Messuhr das Axialspiel der Kurbelwelle. Ein Wert von über 0,4 mm ist ein Hinweis auf Verschleiß an der Kurbelwelle oder im Gehäuse – dies ist nach dem Trennen des Gehäuses zu untersuchen.

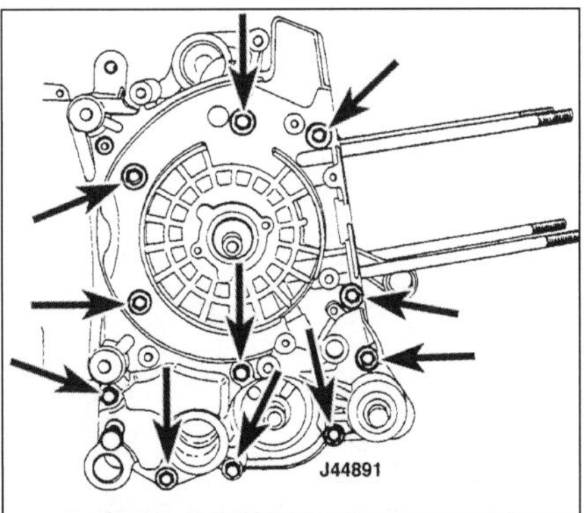

21.4 Lage der Motorgehäuseschrauben

4 Lösen Sie schrittweise und über Kreuz die 11 Schrauben des Antriebsgehäuses, bis alle locker sind – entfernen Sie sie dann (siehe Abbildung). Heben Sie vorsichtig die rechte Gehäusehälfte von der linken – wenn sie sich nicht lockert, muss sie vorsichtig mit einem weichen Hammer abgeklopft werden. **Anmerkung:** *Wenn sich die Gehäusehälften nicht leicht trennen lassen, muss sichergestellt werden, dass alle Schrauben gelöst sind. Würde man versuchen, die Hälften mit Hebeln zu trennen, hätte dies einen Verzug und Undichtigkeit – und damit die völlige Zerstörung – zur Folge.* Die zwei Passhülsen müssen nötigenfalls sichergestellt werden.

5 Heben Sie die Kurbelwelle aus der linken Gehäusehälfte, ohne die Lager zu beschädigen. Die Gehäusedichtung muss später durch ein Neuteil ersetzt werden.

6 Befreien Sie die Dichtflächen beider Gehäusehälften von alten Dichtungsresten – tragen Sie dabei nicht das weiche Aluminium ab. Reinigen Sie die Kurbelwellen-Baugruppe mit Lösungsmittel. **Anmerkung:** *Piaggio warnt davor, die Ölbohrungen des Pleuels mit Druckluft auszublasen, da dadurch die Gefahr besteht, dass Schmutz die Kanäle zum Pleuelfußlager blockiert.*

7 Reinigen Sie die Dichtflächen der Gehäusehälften mit Lösungsmittel, und entfernen Sie alle Dichtungsreste.

Achtung: Tragen Sie beim Entfernen der Dichtungsreste nicht das weiche Aluminium ab – dies würde zu Undichtigkeiten führen. Kontrollieren Sie beide Gehäusehälften sorgfältig auf Risse und andere Schäden.

8 Beachten Sie die Position des Kurbelwellen-Simmerrings in der rechten Gehäusehälfte, treiben Sie den Ring mit einem geeigneten Werkzeug aus, das nicht die Gleitflächen des Hauptlagers berührt.

Kontrolle

Motorgehäuse

9 Kleine Risse oder Ausbrüche können mit speziellen Reparaturstoffen geschlossen werden – größere Schäden müssen von Spezialisten geschweißt werden (hier sind die Preise für die Reparatur gegen die von Neu- oder Gebrauchtteilen abzuwägen). Antriebsgehäusehälften müssen immer als Satz ausgetauscht werden!

10 Beschädigte Innengewinde können ausgebohrt und mit Gewindeeinsätzen (z.B. von Heli-Coil) repariert werden. Abgerissene Stehbolzen oder Schrauben können mit Linksausdrehern entfernt werden; hierfür müssen sie allerdings exakt angebohrt werden. Scheitert man beim Anbohren oder bricht gar den Linksausdreher ab, hat man ein ernsthaftes Problem. Im Zweifel sollte diese Arbeit einer Fachwerkstatt überlassen werden.

11 Die Gehäusehälften müssen nach jeder Reparatur sorgfältig gewaschen werden, damit kein Schmutz oder Metallspäne darin zurückbleiben.

12 Begutachten Sie die Motorhaltebuchsen – wenn sie Alterungserscheinungen aufweisen, müssen alle als Satz ausgetauscht werden. Hierzu sind zunächst die Positionen der einzelnen Buchsen im Gehäuse zu notieren. Erhitzen Sie das Gehäuse mit einem Heißluftgebläse, stützen Sie es gut ab, und treiben Sie die Buchse mit einem Hammer und einer geeigneten Steckschlüsselnuss aus. Befreien Sie den Buchsensitz mit Stahlwolle von Korrosionsresten, erhitzen Sie den Sitz erneut, und treiben Sie die neue Buchse ein. **Anmerkung:** *Wird das Gehäuse bei dieser Arbeit nicht korrekt abgestützt, kann es beschädigt werden.*

13 Blasen Sie die Ölkanäle für die Ölpumpe, das Überdruckventil, die Hauptlager und die Kolben-Düse (in der Mitte der linken Gehäusehälfte) mit Druckluft aus (siehe Abbildung). Blasen Sie ebenso die Kanäle des Hauptlagers, der Zylinderkopfversorgung und des Dichtring-Ablaufs in der rechten Hälfte aus.

14 Prüfen Sie die Hauptlager in den beiden Gehäusehälften. Jedes Lager besteht aus zwei Hälften – die Oberfläche der unteren Hälfte ist glatt, wogegen sich in der oberen ein Ölkanal befindet. Die Oberflächen beider Hälften dürfen keine Riefen oder Ausbrüche aufweisen. Der Zustand der Lager und der entsprechenden Kurbelwellenzapfen ist für die Leistungsfähigkeit des Schmiersystems lebenswichtig. Sind die Lager verschlissen oder beschädigt, fällt der Öldruck ab, sodass die Ölversorgung des Pleuelfußlagers und des Zylinderkopfes nicht mehr optimal gewährleistet werden kann und auch hier Schäden und Verschleiß auftreten werden.

15 Messen Sie mithilfe von Präzisionsmessgeräten den Innendurchmesser beider Lager in drei Richtungen (siehe Abbildung) – jeweils in der Mitte der Sektionen auf beiden Seiten des Ölkanals. Die Lager sind mit Farbmarkierungen versehen – bei Zip 125-, Skipper ST-, Liberty 125- und ET4-Modellen sind sie rot, blau oder gelb, und bei Fly 125-, LX 125- und S 125-Modellen sind sie gelb, grün oder blau. Alle Messungen des jeweiligen Lagers müssen sich innerhalb der Toleranzangaben der Tabelle (siehe folgende Seite) befinden; ist eines der Lager stärker verschlissen, müssen beide Gehäusehälften ersetzt werden – im Zweifel ist ein Piaggio-Händler zu konsultieren.

Kurbelwelle

16 Kontrollieren Sie die Lagerzapfen – sie dürfen keine Riefen, Ausbrüche oder Abrieb aufweisen. Messen Sie mithilfe von Präzisionsmessgeräten den Außendurchmesser beider Zapfen an zwei Positionen (A und B) und in zwei Richtungen (siehe Abbildung). Die Kurbelwellenzapfen sind in zwei Größenkategorien unterteilt (Klasse 1 und Klasse 2), die zu den Farbmarkierungen der Gehäuselager passen müssen. Vergleichen Sie die Messergebnisse mit der entsprechenden Tabelle, und prüfen Sie, ob der Zapfendurchmesser innerhalb der Vorgaben für das entsprechende Lager ist. Sind die Lagerzapfen beschädigt oder übermäßig verschlissen, muss die Kurbelwelle ersetzt werden.

17 Prüfen Sie das Axialspiel des Pleuels mit einer Fühlerlehre (siehe Abbildung) – bei mehr als 0,5 mm Spiel ist die Kurbelwelle zu ersetzen. Messen Sie das Radialspiel des Pleuels sowie die Breite der Schwungscheiben (an

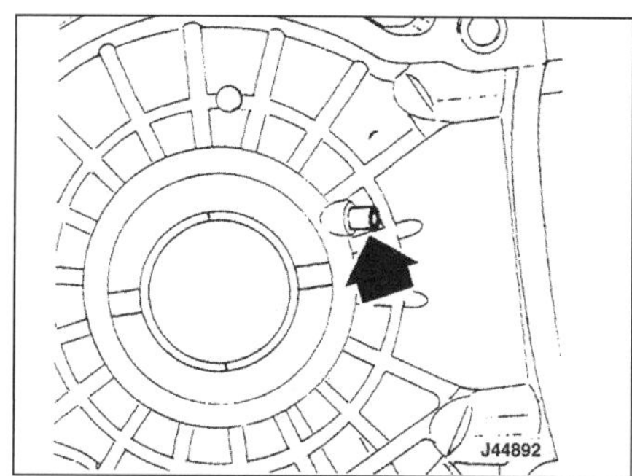
21.13 Öldüse der linken Gehäusehälfte

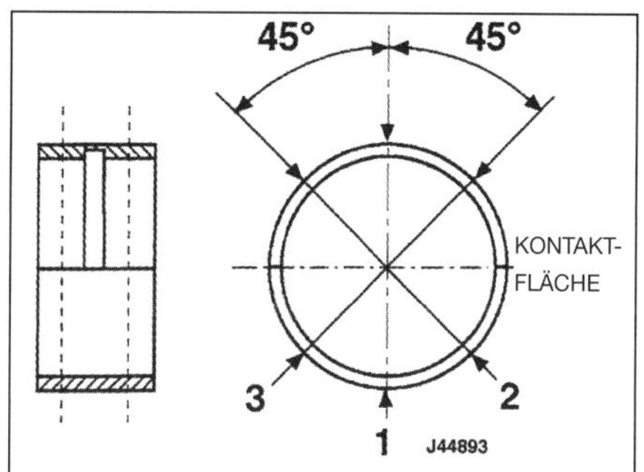

21.15 Messpunkte der Hauptlager

21.16 Messpunkte der Kurbelwellenlager

mehreren Stellen) (siehe Abbildungen). Liegen die Messungen außerhalb der in den technischen Daten angegebenen Toleranzen, ist die Kurbelwelle zu ersetzen.

18 Legen Sie die Kurbelwelle auf Prismenböcke, und messen Sie den Unrundlauf an den Hauptlagerzapfen und den Zapfen-Enden (siehe Abbildung). Liegen irgendwelche Messungen außerhalb der in den technischen Daten angegebenen Toleranzen, ist die Kurbelwelle zu ersetzen.

Zusammenbau

19 Legen Sie die linke Gehäusehälfte auf die Werkbank. Stellen Sie sicher, dass alle Dichtflächen sauber und alle Passhülsen in ihren Positionen sind. Rüsten Sie die Gehäusehälfte mit einer neuen Dichtung aus.

20 Schmieren Sie die Hauptlager und das Pleuelfußlager mit frischem Motoröl, und setzen Sie die Kurbelwelle in die linke Gehäusehälfte – das Pleuel muss dabei zur Zylinderöffnung ausgerichtet sein. Versehen Sie beide Dichtflächen sparsam mit geeigneter Dichtmasse. Führen Sie die rechte Gehäusehälfte über die Kurbelwelle, und pressen Sie sie über das rechte Hauptlager. Das Aufpressen kann mit einem weichen Hammer vorsichtig unterstützt werden, doch darf hierbei keine Gewalt angewendet werden. **Anmerkung:** *Wenn die Gehäusehälften sich nicht zusammendrücken lassen, muss die rechte Gehäusehälfte demontiert und das Problem behoben werden. Es darf nicht versucht werden, die Hälften mit den Gehäuseschrauben zusammenzuziehen – dies würde das Gehäuse zerstören!*

21 Reinigen Sie die Gewinde der Gehäuseschrauben, und ziehen Sie sie zunächst nur handfest an. Ziehen Sie sie dann gleichmäßig und schrittweise über Kreuz bis zum vorgeschriebenen Drehmoment von 11 bis 13 Nm an – nach dem endgültigen Anziehen muss sich die Kurbelwelle frei drehen lassen. Nötigenfalls ist an der Zylinder-Dichtfläche überstehendes Dichtungsmaterial mit einem scharfen Messer zu entfernen.

22 Schmieren Sie den neuen Kurbelwellen-Simmerring mit frischem Motoröl, und installieren Sie ihn in der zuvor notierten Position in die rechte Gehäusehälfte – treiben Sie ihn mit einem Werkzeug, das nur den Außenbereich berührt, senkrecht in Position. **Anmerkung:** *Pressen Sie den Dichtring nicht zu weit in das Gehäuse.*

23 Installieren Sie alle demontierten Bauteile entgegen der Ausbaureihenfolge.

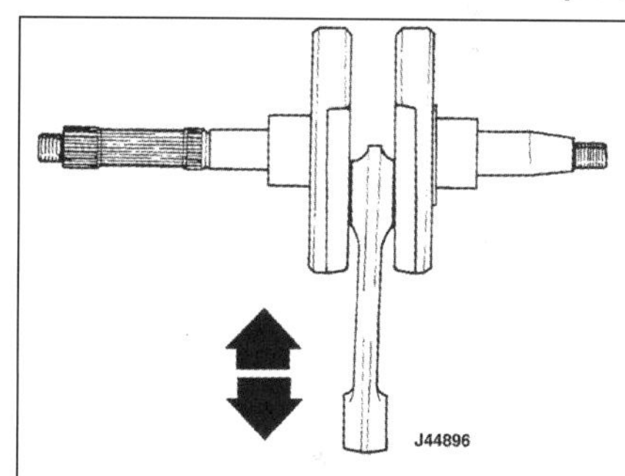
21.17a Kontrolle des Pleuelfuß-Axialspiels

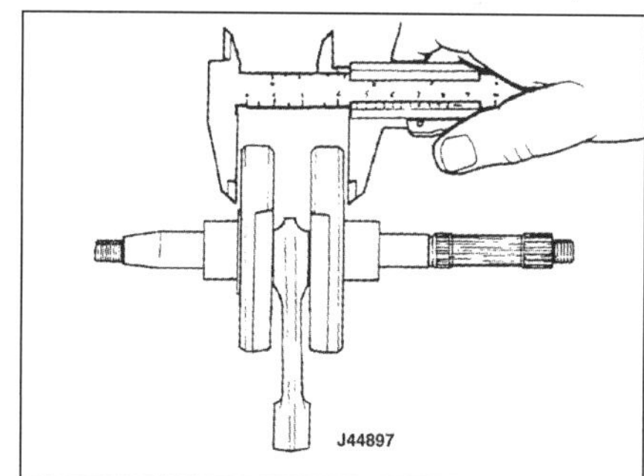
21.17b Kontrolle des Pleuelfuß-Axialspiels

2E

Tabelle 1: Kurbelwelle/Hauptlager-Passungen – Zip 125, Skipper ST, Liberty 125, ET4			
Motorgehäuse-Hauptlager		Kurbelwellenzapfen-Durchmesser	
Farbe	Innendurchmesser	Klasse	Außendurchmesser
Blau Rot	29,019 bis 29,034 mm 29,025 bis 29,040 mm	1	28,994 bis 29,000 mm
Gelb Blau	29,022 bis 29,037 mm 29,028 bis 29,043 mm	2	29,000 bis 29,006 mm

Tabelle 2: Kurbelwelle/Hauptlager-Passungen – Fly 125, LX4 125, S 125			
Motorgehäuse-Hauptlager		Kurbelwellenzapfen-Durchmesser	
Farbe	Innendurchmesser	Klasse	Außendurchmesser
Gelb Grün	28,999 bis 29,005 mm 28,999 bis 29,005 mm	1	28,998 bis 29,004 mm
Blau Gelb	29,005 bis 29,011 mm 29,005 bis 29,011 mm	2	29,004 bis 29,010 mm

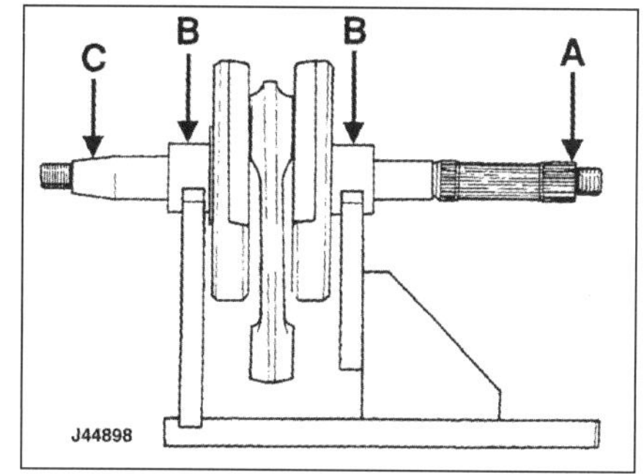

21.17c Breite der Schwungscheiben

21.18 Kontrolle des Kurbelwellen-Verzugs

22 Erstinbetriebnahme nach Motorüberholung

1 Der Pegel des Motoröls muss korrekt sein (siehe Tägliche Kontrollen).

2 Im Tank muss sich Benzin befinden.

3 Bei ausgeschalteter Zündung wird mehrmals der Kickstarter betätigt, um sicherzustellen, dass sich der Motor leicht durchdrehen lässt.

4 Schalten Sie die Zündung ein, starten Sie den Motor, und lassen Sie ihn bei Standgas Betriebstemperatur erreichen. Übermäßiger Rauch aus dem Auspuff ist normal, da das beim Montieren eingesetzte Öl verbrennt. Dies muss sich mit der Zeit geben.

5 Will der Motor nicht anspringen, muss die Zündkerze ausgeschraubt und untersucht werden, ob sie verölt ist. Nach dem Reinigen wird der Startversuch wiederholt. Springt der Motor immer noch nicht an, muss anhand der Fehlersuch-Tabellen am Ende dieses Buches das Problem gefunden und beseitigt werden.

6 Kontrollieren Sie sorgfältig alles auf austretendes Öl. Der Antrieb und besonders die Bremsen müssen korrekt funktionieren, bevor das Fahrzeug getestet wird. Beachten Sie die folgende Sektion.

7 Nachdem der Motor wieder abgekühlt ist, werden das Ventilspiel (Kapitel 1) und der Ölpegel kontrolliert (siehe Tägliche Kontrollen).

23 Empfohlene Einfahrhinweise

1 Auf den ersten Kilometern muss der Motor äußerst vorsichtig behandelt werden, da sich neue Komponenten erst »setzen« müssen.

2 Wurde der Zylinder aufgebohrt und/oder die Kurbelwelle erneuert, ist das Fahrzeug wie eine Neumaschine zu behandeln. Die ersten 1000 km sollte also nur mit vorsichtiger Gashand gefahren werden, sodass der Motor nicht unter Volllast arbeiten muss. Beim Einfahren empfehlen sich wechselnde Drehzahlen und nur 80% der Höchstgeschwindigkeit. Wer seinen Roller kennt und ihn sensibel behandelt, merkt, wann der Motor frei läuft und wieder mit Vollgas betrieben werden kann.

3 Wird ein Defekt im Schmiersystem vermutet, muss der Motor unverzüglich ausgeschaltet werden, um nach dem Grund des Problems zu suchen. Wenn ein Motorroller auch nur kurze Zeit ohne Öl gefahren wird, entstehen schwerste Motorschäden.

Kapitel 2F
Wassergekühlte LEADER-Viertaktmotoren (Super Hexagon, B125, X9 125, X8 125, Vespa GT 125, GTS 125, GTV 125, GT 200)

Details zur Modell-Identifikation finden sich am Anfang von Kapitel 1

Inhalt

2F

Schwierigkeitsgrade

Leicht. Für Anfänger mit wenig Erfahrung geeignet 	**Relativ leicht.** Für Anfänger mit etwas Erfahrung geeignet 	**Relativ schwierig.** Geeignet für geübte Selbstschrauber 	**Schwer.** Geeignet für Selbstschrauber mit viel Erfahrung 	**Sehr schwer.** Geeignet nur für Experten und Profis

Technische Daten

Allgemein

***Anmerkung**: Unterschiedliche Daten für GT 200 sind in Klammern gesetzt.*

Typ	Einzylinder-Viertaktmotor
Hubraum	124 cm³ (198 cm³)
Bohrung	57,0 mm (72,0 mm)
Hub	48,6 mm
Verdichtungsverhältnis	11,5 bis 13,0 : 1

Zylinderkopf

Verzug (max.)	0,05 mm
Durchmesser linker Nockenwellen-Lagersitz	37,000 bis 37,025 mm
Durchmesser rechter Nockenwellen-Lagersitz	20,000 bis 20,021 mm
Durchmesser Kipphebelwellen-Lagersitz	12,000 bis 12,018 mm
Kipphebelwellen-Durchmesser	11,977 bis 11,985 mm
Kipphebel-Innendurchmesser	12,000 bis 12,011 mm
Ventilsitzbreite (max.)	1,6 mm

Nockenwelle

Höhe Einlassnocken .... 30,285 mm
Höhe Auslassnocken........ 29,209 mm
Linker Lagerzapfen-Durchmesser
Standard .... 36,950 bis 36,975 mm
Verschleißgrenze (min.) .... 36,940 mm
Rechter Lagerzapfen-Durchmesser
Standard .... 19,959 bis 19,980 mm
Verschleißgrenze (min.) .... 19,950 mm
Nockenwellen-Axialspiel
Standard .... 0,11 bis 0,41 mm
Verschleißgrenze .... 0,42 mm

Ventile, Führungen und Federn

Ventilspiel .... Siehe Kapitel 1
Einlassventil
Gesamtlänge .... 94,6 mm
Schaftdurchmesser
Standard .... 4,972 bis 4,987 mm
Verschleißgrenze (min.) .... 4,960 mm
Ventilführungs-Durchmesser
Standard .... 5,000 bis 5,012 mm
Verschleißgrenze (max.)........ 5,022 mm
Ventilschaft-Spiel in Führung
Standard .... 0,013 bis 0,040 mm
Verschleißgrenze .... 0,062 mm
Ventilteller-Breite
Standard .... 0,99 to1,27 mm
Verschleißgrenze (max.)........ 1,6 mm
Auslassventil
Gesamtlänge .... 94,4 mm
Schaft-Durchmesser
Standard .... 4,960 bis 4,975 mm
Verschleißgrenze (min.) .... 4,950 mm
Ventilführungs-Durchmesserr
Standard .... 5,000 bis 5,012 mm
Verschleißgrenze (max.)........ 5,022 mm
Ventilschaft-Spiel in Führung
Standard .... 0,025 bis 0,052 mm
Verschleißgrenze .... 0,072 mm
Ventilteller-Breite .... 0,99 bis 1,27 mm
Freie Ventilfederlänge (Einlass und Auslass)........ keine Angaben

Zylinderbohrung – 125 cm³-Motoren

Bohrungsdurchmesser (gemessen 41,0 mm unterhalb des oberen Zylinderrandes und 90° zum Kolbenbolzen)
Standard
Größenmarkierung A .... 56,997 bis 57,004 mm
Größenmarkierung B .... 57,004 bis 57,011 mm
Größenmarkierung C .... 57,011 bis 57,018 mm
Größenmarkierung D .... 57,018 bis 57,025 mm
1. Übermaß .... 57,197 bis 57,225 mm
2. Übermaß .... 57,397 bis 57,425 mm
3. Übermaß .... 57,597 bis 57,625 mm

Kolben – 125 cm³-Motoren

Kolben-Durchmesser (gemessen 41,1 mm unterhalb des Kolbenbodens und 90° zum Kolbenbolzen)
Standard
Größenmarkierung A .... 56,945 bis 56,952 mm
Größenmarkierung B .... 56,952 bis 56,959 mm
Größenmarkierung C .... 56,959 bis 56,966 mm
Größenmarkierung D .... 56,966 bis 56,973 mm
1. Übermaß .... 57,145 bis 57,173 mm
2. Übermaß .... 57,345 bis 57,373 mm
3. Übermaß .... 57,545 bis 57,573 mm
Kolbenspiel in (neuem) Zylinder .... 0,045 bis 0,059 mm
Kolbenbolzen-Durchmesser .... 14,996 bis 15,000 mm
Kolbenbolzenbohrung in Kolben........ 15,001 bis 15,006 mm

Zylinderbohrung – 200 cm³-Motoren

Bohrungsdurchmesser (gemessen 33,0 mm unterhalb des oberen Zylinderrandes und 90° zum Kolbenbolzen)

Standard	
Größenmarkierung A	71,990 bis 71,997 mm
Größenmarkierung B	71,997 bis 72,004 mm
Größenmarkierung C	72,004 bis 72,011 mm
Größenmarkierung D	72,011 bis 72,018 mm

Kolben – 200 cm³-Motoren

Kolben-Durchmesser (gemessen 33,0 mm unterhalb des Kolbenbodens und 90° zum Kolbenbolzen)

Standard	
Größenmarkierung A	71,953 bis 71,960 mm
Größenmarkierung B	71,960 bis 71,967 mm
Größenmarkierung C	71,967 bis 71,974 mm
Größenmarkierung D	71,974 bis 71,981 mm
Kolbenspiel in (neuem) Zylinder	0,030 bis 0,044 mm
Kolbenbolzen-Durchmesser	14,996 bis 15,000 mm
Kolbenbolzenbohrung in Kolben	15,001 bis 15,006 mm

Kolbenringe

Stoßspiel (eingebaut) – 125 cm³-Motoren	
Oberer Ring	
Standard	0,15 bis 0,30 mm
Verschleißgrenze (max.)	1,0 mm
Zweiter Ring	
Standard	0,10 bis 0,30 mm
Verschleißgrenze (max.)	1,0 mm
Ölring	
Standard	0,15 bis 0,35 mm
Verschleißgrenze (max.)	1,0 mm
Stoßspiel (eingebaut) – 200 cm³-Motoren	
Oberer Ring	
Standard	0,15 bis 0,30 mm
Verschleißgrenze (max.)	1,0 mm
Zweiter Ring	
Standard	0,20 bis 0,40 mm
Verschleißgrenze (max.)	1,0 mm
Ölring	
Standard	0,20 bis 0,40 mm
Verschleißgrenze (max.)	1,0 mm
Ringspiel in Kolbennut	
Oberer Ring	
Standard	0,025 bis 0,070 mm
Verschleißgrenze (max.)	0,080 mm
Zweiter Ring	
Standard	0,015 bis 0,060 mm
Verschleißgrenze (max.)	0,070 mm
Ölring	
Standard	0,015 bis 0,060 mm
Verschleißgrenze (max.)	0,070 mm

Schmiersystem

Ölpumpe	
Spiel Innenrotor-Spitze zu Außenrotor (max.)	0,12 mm
Spiel Außenrotor zu Gehäuse (max.)	0,20 mm
Rotor-Axialspiel (max.)	0,09 mm
Überdruckventil – freie Federlänge	54,2 mm

Pleuelstange

Innendurchmesser oberes Pleuelauge	
Standard	15,015 bis 15,025 mm
Verschleißgrenze (max.)	15,030 mm
Pleuelfuß-Axialspiel	0,20 bis 0,50 mm
Pleuelfuß-Radialspiel	0,036 bis 0,054 mm

Kurbelwelle

Gesamtbreite Schwungscheiben und Hubzapfen	55,75 bis 55,90 mm
Verzug A (max.)*	0,15 mm
Verzug B (max.)*	0,01 mm
Verzug C (max.)*	0,10 mm
Axialspiel	0,15 bis 0,40 mm

** Siehe Abbildung 21.18 in Kapitel 2E für Verzugs-Messpunkte*

Anzugsdrehmomente

Ventildeckelschrauben	11 bis 13 Nm
Steuerkettenspanner-Verschluss	5 bis 6 Nm
Steuerketten-Spannerschienen-Schraube	10 bis 14 Nm
Steuerkettenspanner-Befestigungsschrauben	11 bis 13 Nm
Nockenwellenritzel-Schraube	11 bis 15 Nm
Nockenwellen-Sicherungsplatten-Schrauben	4 bis 6 Nm
Zylinderkopfmuttern	28 bis 30 Nm
Zylinderkopf-Schraube zu Zylinderblock	11 bis 13 Nm
Ölwannendeckel-Schrauben	10 bis 14 Nm
Öldruckschalter	12 bis 14 Nm
Ölpumpenkettendeckel-Schrauben	3,5 bis 4,5 Nm
Ölpumpenritzel-Schraube	10 bis 14 Nm
Ölpumpen-Befestigungsschrauben	5 bis 6 Nm
Ölpumpendeckel-Schrauben	0,7 bis 0,9 Nm
Lichtmaschinenrotor-Mutter	52 bis 58 Nm
Lichtmaschinenstator/Zündgeberspulen-Schrauben	3 bis 4 Nm
Motorgehäuseschrauben	11 bis 13 Nm

1 Allgemeine Informationen

Diese Modelle sind mit wassergekühlten Einzylinder-OHC-Viertaktmotoren ausgerüstet. Die Wasserpumpe sitzt auf dem Lichtmaschinenrotor, der rechts auf die Kurbelwelle montiert ist. Die Kurbelwelle ist mit dem Hubzapfen verpresst, der das auf einem Bronze-Gleitlager (Pleuelfußlager) laufende Pleuel führt. Die Kurbelwelle selbst läuft ebenfalls in Gleitlagern (Hauptlager). Das Motorgehäuse ist vertikal geteilt.

Die oben liegende Nockenwelle wird auf der linken Seite von einer Kette angetrieben und steuert vier Ventile über Kipphebel.

2 Arbeiten, die bei eingebautem Motor möglich sind

Außer der Kurbelwelle samt Pleuel und Lagern können alle Bauteile des Motor ohne dessen Ausbau erreicht werden – jedoch ist der Zugang oft sehr beengt. Wenn allerdings an mehreren Komponenten gearbeitet werden soll, empfiehlt sich der Ausbau des Motors aus dem Fahrzeug, da dies den Zugang erleichtert.

3 Arbeiten, die den Ausbau des Motors erfordern

Um an die Kurbelwelle, den Pleuel sowie das Pleuelfußlager und die Hauptlager zu gelangen, muss der Motor ausgebaut und getrennt werden.

4 Motorüberholung
Allgemeine Bemerkungen

1 Es ist nicht immer leicht zu bestimmen, ob oder wann ein Motor komplett überholt werden sollte, da eine Anzahl von Faktoren berücksichtigt werden müssen.

2 Eine hohe Laufleistung bedeutet nicht notwendigerweise, dass eine Motorüberholung nötig ist – genauso garantieren wenige Kilometer nicht einen gut erhaltenen Motor. Regelmäßige Wartung ist das Wichtigste, was Sie Ihrem Motor antun können. Ein Motor, dessen Öl und Ölfilter regelmäßig gewechselt und dessen Einstellungen vorschriftsmäßig kontrolliert worden sind, wird Ihnen lange Zeit und viele Kilometer Freude bereiten, wogegen mangelnde Wartung und schlechtes Einfahren das schnelle Ende der besten Maschine bedeuten.

3 Auspuffqualm und starker Ölverbrauch (der sich nicht durch Ölflecken am Boden bemerkbar macht) weisen darauf hin, dass Kolbenringe und/oder Ventilschaftdichtungen Aufmerksamkeit erfordern.

4 Wenn der Motor klopfende oder rumpelnde Geräusche von sich gibt, sind wahrscheinlich die Pleuelfuß- und/oder Kurbelwellen-Hauptlager defekt.

5 Mangelnde Leistung, rauer Lauf, extreme Geräusche und hoher Benzinverbrauch weisen auf eine notwendige Überholung hin – besonders wenn alle Symptome zur gleichen Zeit auftreten. Wenn eine Motorinspektion keine Fortschritte bringt, wird eine große Überholung die einzige Lösung sein.

6 Eine Motorüberholung beinhaltet eine Rückführung der inneren Komponenten in den Neuzustand. Kolbenringe und Haupt- und Pleuellager werden ebenso ersetzt wie Zylinderbohrungen gehont oder gegebenenfalls nachgebohrt. Die Ventilsitze werden eingeschliffen und neue Ventilfedern montiert. Ist das Pleuelfußlager schadhaft, muss eine neue Kurbelwelle installiert werden. Das Endresultat sollte wie ein neuer Motor viele pannenfreie Kilometer gewährleisten.

7 Bevor Sie mit der Motorüberholung beginnen, sollten Sie die relevanten Kapitel durchlesen und sich mit dem gesamten Umfeld und den Erfordernissen der Arbeit vertraut machen. Die Überholung des Motors ist nicht das ganze Problem – man braucht auch Zeit dafür. Planen Sie für eine komplette Motorüberholung mindestens zwei Wochen ein. Prüfen Sie die Verfügbarkeit von Ersatzteilen, und besorgen Sie sich jegliches notwendige Spezialwerkzeug und andere Geräte.

8 Viel Arbeit kann mit üblichem Werkzeug erledigt werden, doch werden auch eine Reihe von Präzisions-Messinstrumenten benötigt, um den Zustand von Bauteilen zu begutachten. Oftmals kann ein Händler den Zustand von Ersatzteilen begutachten, und entscheiden, ob es noch brauchbar, reparierbar oder zu ersetzen ist. Allgemein ist zu sagen, dass Zeit ein wichtiger Kostenfaktor ist, sodass es sich nicht lohnt, verschlissene oder angegriffene Teile wieder einzubauen.

9 Schließlich muss alles sorgfältig und in sauberer Umgebung zusammengebaut werden, um ein langes und fehlerfreies neues Motorleben zu garantieren.

5 Motor/Antriebseinheit
Ausbau und Einbau

Achtung: Die Antriebseinheit ist nicht sehr schwer, sollte jedoch trotzdem mithilfe eines Assistenten aus- und eingebaut werden. Ein herunterfallender Motor kann zu Verletzungen und Schäden führen.

5.7a Lösen Sie die Mutter des vorderen Motorbolzens, . . .

5.7b . . . stützen Sie den Motor, und ziehen Sie den Bolzen heraus.

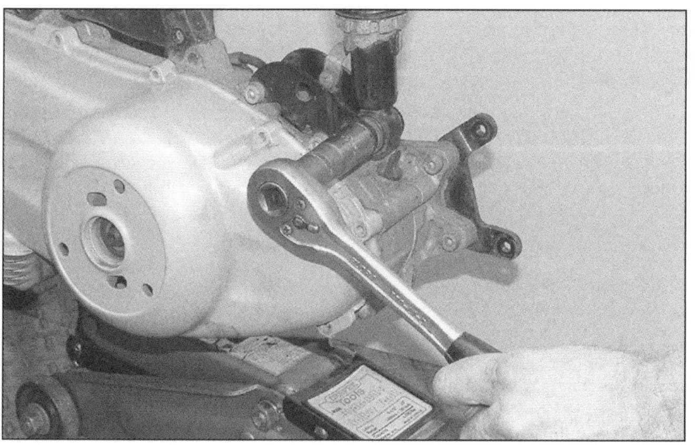
5.8a Lösen Sie den unteren Stoßdämpferbolzen, . . .

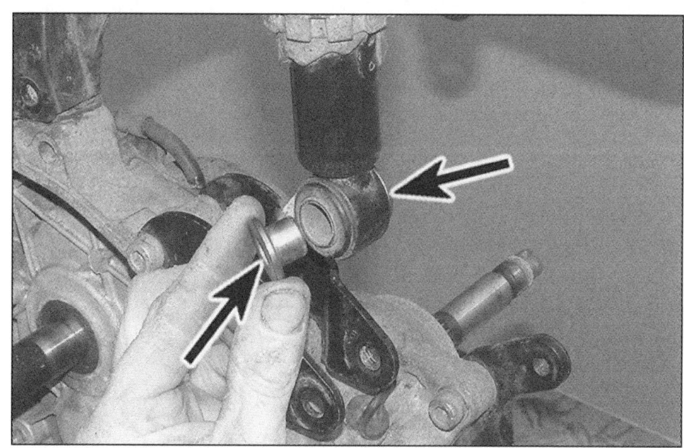
5.8b . . . beachten Sie die Positionen der Distanzbuchsen.

Ausbau

1 Die Ausbau-Prozedur ist die gleiche wie bei den luftgekühlten LEADER-Modellen (siehe Kapitel 2E, Sektion 5) – nur müssen folgende Punkte beachtet werden:

2 Der Hauptständer ist am Rahmen befestigt – bevor die vordere Motorbefestigung gelöst werden soll, muss für die Antriebseinheit eine entsprechende Stütze beschafft werden (siehe Schritt 7).

3 Nachdem alle nötigen Verkleidungsteile entfernt sind, müssen das Kühlsystem entleert (siehe Kapitel 1) und alle Kühlerschläuche von der Wasserpumpe und dem Thermostatgehäuse gezogen werden (siehe Kapitel 3). Trennen Sie den Stecker des Kühltemperatursensors.

4 Trennen Sie die Benzinleitung vom Vergaser und den Unterdruckschlauch vom Ansaugstutzen.

5 Sichern Sie den hinteren Scheibenbremssattel abseits der Antriebseinheit (siehe Kapitel 8). Ziehen Sie die Bremsscheibe und die Nabe von der Antriebswelle.

6 Entfernen Sie zur Erleichterung des Motorausbaus den rechten Stoßdämpfer (Kapitel 6).

7 Lösen Sie die Mutter vom vorderen Motorhaltebolzen (siehe Abbildung). Stützen Sie den Motor entsprechend ab, und entfernen Sie den vorderen Haltebolzen (siehe Abbildung).

8 Während ein Assistent den Motor stützt, wird die untere linke Stoßdämpferhalterung am Antriebsgehäuse gelöst (siehe Abbildung). Manövrieren Sie den Motor aus dem Rahmen heraus (siehe Abbildungen) – beachten Sie die Distanzhülsen in der linken Stoßdämpferaufnahme (siehe Abbildung).

Einbau

9 Der Einbau entspricht der umgekehrten Ausbaureihenfolge. Das Kühlsystem muss mit dem vorgeschriebenen Kühlmittel aufgefüllt werden (siehe Kapitel 1). Wenn das Motoröl abgelassen war oder bei der Arbeit verloren ging, muss der Motor entsprechend aufgefüllt werden (siehe Kapitel 1 – Technische Daten). Der Ölpegel ist wie in den Täglichen Kontrollen beschrieben zu überprüfen.

6 Zerlegen und Montage
Allgemeine Informationen

Zerlegen

1 Vor dem Zerlegen des Motors muss dieser ordentlich gereinigt und äußerlich entfettet werden. Hiermit wird einer Verschmutzung der Motorinnereien vorgebeugt und außerdem ein leichteres und sauberes Arbeiten ermöglicht. Mit einem schwer entflammbaren Lösungsmittel (Petroleum oder Kerosin) oder besser noch einem speziellen Maschinen-Entfettungsmittel und alten Pinseln oder Zahnbürsten werden die verschiedenen Ecken und Winkel gereinigt. Passen Sie auf, dass kein Lösungsmittel oder Wasser an elektrische Teile oder in die Ein- und Auslasskanäle gerät.

Warnung: Aufgrund des hohen Entzündungs- und Gesundheitsrisikos sollte auf Benzin als Reinigungsmittel verzichtet werden.

2 Nach der Reinigung wird der Motor auf die Werkbank gehoben, auf der genügend sauberer Platz zum Arbeiten ist. Halten Sie eine Ansammlung von Behältern und Plastiktüten bereit, damit zusammengehörige Einzelteile in übersichtlichen Gruppen gelagert werden können. Papier und Stift sollten für Notizen und Markierungen ebenso vorhanden sein wie ein Vorrat an sauberen saugfähigen Lappen.

3 Vor Beginn der Arbeit sollte man sich die entsprechenden Sektionen vollständig durchlesen, um eine genaue Vorstellung von den auszuführenden Tätigkeiten zu erhalten. Bei der Zerlegung der verschiedenen Motorkomponenten ist zu beachten, dass große Kraftanstrengung kaum nötig ist, außer dies ist extra erwähnt (das Überprüfen des vorgeschriebenen Anzugsdrehmoments einer bestimmten Schraube zeigt an, wie fest sie sitzt und wie viel Kraft zum Lösen gebraucht wird). In vielen Fällen, in denen sich Teile hartnäckig weigern,

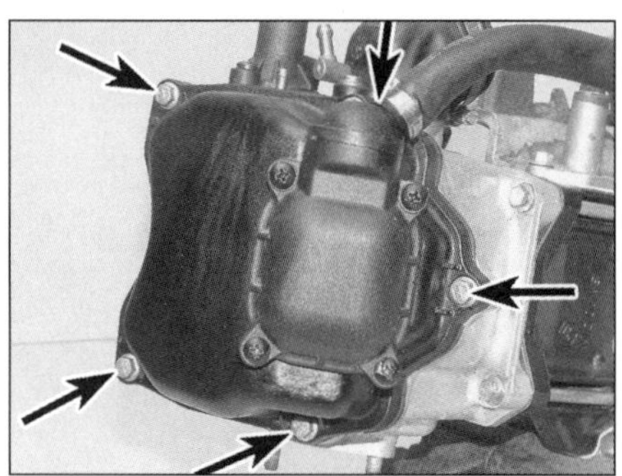

7.1a Lösen Sie die 5 Ventildeckelschrauben.

auseinander zu gehen, liegt ein unkorrekter Versuch der Demontage vor. Bei jedem Zweifel muss im Text nachgelesen werden.

4 Beim Zerlegen des Motors müssen »Paare«, die im Motor zusammenarbeiten, zusammengepackt werden. Diese »Paare« dürfen nur als Satz erneuert oder wiederverwendet werden.

5 Die Zerlegung der Motor/Getriebe-Einheit sollte nach den folgenden generellen Regeln und unter Berücksichtigung der entsprechenden Sektionen (Details für den Antrieb finden sich in Kapitel 2G) vorgenommen werden:

Entfernen Sie den Ventildeckel.
Entfernen Sie Nockenwelle und Kipphebel.
Entfernen Sie den Zylinderkopf.
Entfernen Sie den Zylinder.
Entfernen Sie den Kolben.
Entfernen Sie die Lichtmaschine.
Entfernen Sie den Anlassermotor (Kapitel 9).
Entfernen Sie den Ölwannendeckel.
Entfernen Sie die Ölpumpe.
Trennen Sie die Motorgehäusehälften.
Entfernen Sie die Kurbelwelle.

Zusammenbau

6 Der Zusammenbau des Motors erfolgt in der umgekehrten Zerlegungsreihenfolge.

7 Ventildeckel
Ausbau und Einbau

Anmerkung: *Der Ventildeckel kann demontiert werden, während sich der Motor im Rahmen befindet. Ist der Motor ausgebaut, müssen nicht zutreffende Schritte ignoriert werden.*

1 Ausbau und Einbau entsprechend den Prozeduren bei den luftgekühlten LEADER-Modellen (siehe Kapitel 2E, Sektion 7) – nur ist der Deckel bei wassergekühlten Motoren mit fünf Schrauben befestigt (siehe Abbildung). Achten Sie bei der Montage auf den korrekten Sitz der Dichtung (siehe Abbildung).

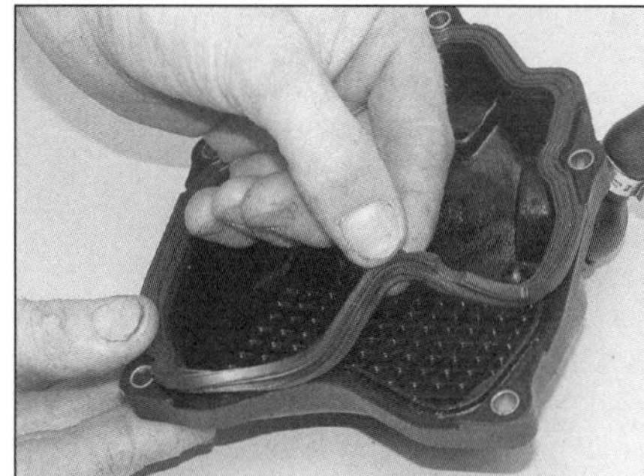

7.1b Die Ventildeckeldichtung muss korrekt in der Deckel-Nut liegen.

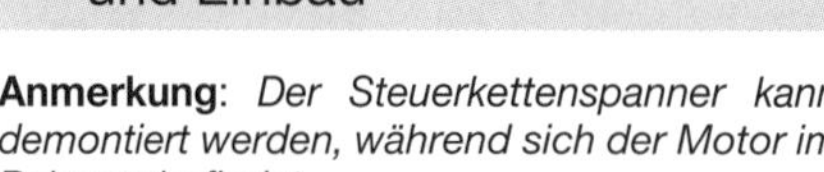

8 Steuerkettenspanner
Ausbau, Kontrolle und Einbau

Anmerkung: *Der Steuerkettenspanner kann demontiert werden, während sich der Motor im Rahmen befindet.*

1 Ausbau, Kontrolle und Einbau entsprechend den Prozeduren bei luftgekühlten LEADER-Modellen (siehe Kapitel 2E, Sektion 8), folgende Zusätze sind zu beachten:

2 Wassergekühlte Motoren haben keine Luftleitbleche, sodass Vergaser und Ansaugstutzen am Zylinderkopf verbleiben können.

3 Um den Motor mithilfe des Rotorbolzens durchdrehen zu können, muss zunächst der Lichtmaschinendeckel demontiert werden (siehe Sektion 17).

4 Bei dem von uns zerlegten Motor fand sich am Lichtmaschinenrotor keine Steuerzeitenmarkierung.

5 Bei wassergekühlten Vierventilmotoren ist »4V« die am Nockenwellenritzel zu beachtende Markierung (siehe Abbildung). Richten Sie diese 4V-Markierung zur Linie am Nockenwellenhalter aus, um den Motor in den Verdichtungs-OT zu bringen, bei dem alle Ventile geschlossen sind.

9 Steuerkette, Schienen und Ritzel – Ausbau, Kontrolle und Einbau

Anmerkung 1: *Die Steuerkette und ihre Ritzel können demontiert werden, während sich der Motor im Rahmen befindet. Allerdings ist der Zugang sehr beengt.*

Anmerkung 2: *Der in dieser Sektion abgebildete Motor war nicht mit einem automatischen Dekompressionsmechanismus ausgerüstet, der bei späteren LEADER-Modellen entfallen war. Für Modelle mit diesem Mechanismus muss Kapitel 2E, Sektion 9 beachtet werden.*

Ausbau

1 Entfernen Sie den Ventildeckel (Sektion 7).

2 Wenn Steuerkette oder Spannerschiene entfernt werden sollen, muss die Ölpumpe samt Antrieb entfernt werden (Sektion 19).

3 Entfernen Sie den Lichtmaschinendeckel (siehe Sektion 17). Drehen Sie die Kurbelwelle mithilfe der Rotormutter im Uhrzeigersinn, bis die Steuerzeitenmarkierung des Rotors zur Markierung am Motorgehäuse ausgerichtet ist (siehe Abbildung 9.3a in Kapitel 2E). **Anmerkung**: *Bei dem von uns zerlegten Motor war am Rotor keine Markierung zu finden. Zur Sicherstellung eines korrekten Zusammenbaus haben wir bei fluchtenden Nockenwellenmarkierungen am Rotor eine zur Gehäusemarkierung fluchtende Linie angebracht (siehe Abbildung).* Die 4V-Markierung des Nockenwellenritzels muss zur Markierung des Lagerbocks ausgerichtet sein (siehe Abbildung 8.5). Jetzt steht der Motor im oberen Totpunkt (OT) des Verdichtungstaktes, und alle Ventile sind geschlossen.

4 Lockern Sie die zentrale sowie die versetzt liegende Schraube des Nockenwellenritzels (siehe Abbildung 9.7a). Blockieren Sie dabei das Ritzel mithilfe des Lichtmaschinenrotors.

5 Entfernen Sie den Steuerkettenspanner (siehe Sektion 8).

6 Heben Sie die Steuerkette vom Nockenwellenritzel (siehe Abbildung). Sichern Sie die Steuerkette nötigenfalls davor, in den Motor zu fallen. Wenn die Kette wiederverwendet werden soll, muss ihre Außenseite markiert werden, um sie später wieder in die gleiche Richtung laufen zu lassen. Entfernen Sie die

8.5 4V (Vier-Ventil)-Steuerzeitenmarkierung am Nockenwellenritzel

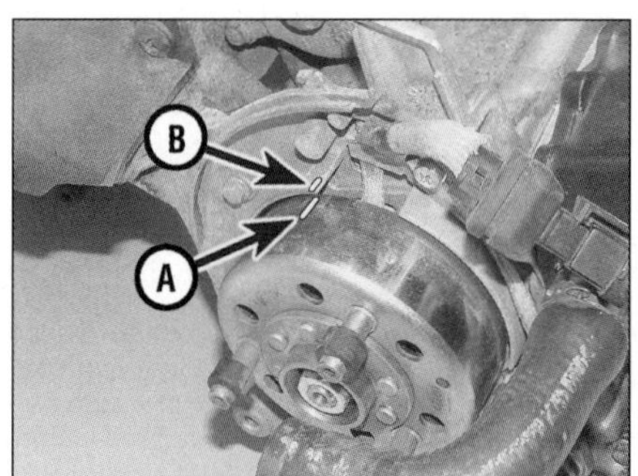

9.3 Die Farbmarkierung am Rotor (A) muss mit der Gehäusekante (B) fluchten.

9.6 Heben Sie die Steuerkette vom Ritzel.

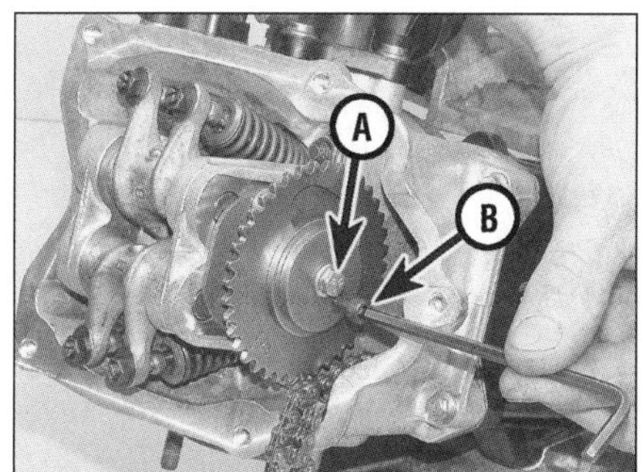

9.7a Lösen Sie die zentrale (A) und die versetzt angeordnete Schraube (B), . . .

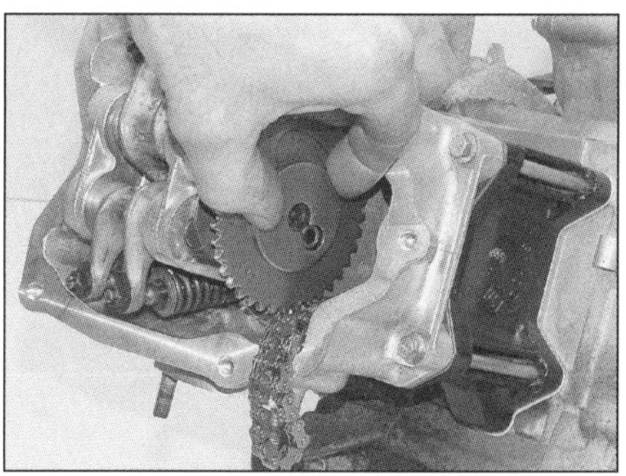
9.7b . . . und entfernen Sie die Distanzscheiben.

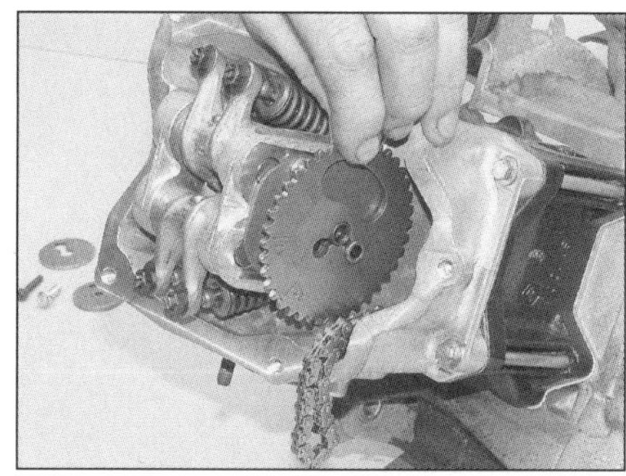
9.8a Heben Sie das Nockenwellenritzel . . .

Anlaufscheibe vom Ende der Kurbelwelle, senken Sie die Steuerkette in den Kettenschacht ab, befreien Sie sie vom Kurbelwellenritzel (siehe Abbildungen 9.6a und b in Kapitel 2D), und entfernen Sie sie aus dem Motor. Das Kurbelwellenritzel kann nötigenfalls abgezogen werden – beachten Sie die Position über dem Stift (siehe Abbildung 9.6c in Kapitel 2D).

7 Lösen Sie die Schrauben, die das Ritzel an der Nockenwelle sichern, und heben Sie die zwei Distanzscheiben unter Beachtung ihrer Lage ab (siehe Abbildungen).

8 Ziehen Sie das Ritzel samt der Ritzelplatte von der Nockenwelle (siehe Abbildungen).

9 Nötigenfalls kann die Schraube der Steuerketten-Spannerschiene gelöst werden, um die Schiene unter Beachtung ihrer Einbaulage samt Distanzstück aus dem Motorgehäuse zu entfernen. Die untere Steuerkettenschiene liegt in einer Nut vorne im Kettenschacht des Zylinders – um sie entfernen zu können, muss der Zylinderkopf demontiert werden (siehe Sektion 11), dann kann die Schiene unter Beachtung ihrer Lage am Zapfen des Motorgehäuses herausgehoben werden (siehe Abbildung 9.10 in Kapitel 2E).

Kontrolle

10 Prüfen Sie die Ritzel auf Verschleiß, Ausbrüche und andere Schäden – ersetzen Sie sie gegebenenfalls. Sind die Ritzelzähne verschlissen, wird auch die Steuerkette schadhaft sein und muss ersetzt werden (siehe Abbildung). In einem solchen Fall muss der komplette Motor für eine genaue Inspektion zerlegt werden.

11 Spanner- und Führungsschiene der Steuerkette müssen auf Verschleiß und Schäden untersucht und nötigenfalls ersetzt werden. Schadhafte Schienen weisen auf eine verschlissene oder nicht korrekt gespannte Steuerkette hin. Kontrollieren Sie die Funktion des Steuerkettenspanners (siehe Sektion 8).

Einbau

12 Falls entfernt, wird die untere Steuerkettenschiene installiert (siehe Schritt 10). Falls entfernt, werden die Steuerkettenspannerschiene und ihr Distanzstück installiert. Die Schraube der Spannerschiene ist mit 10 bis 14 Nm anzuziehen. Beide Schienen müssen richtigherum montiert sein.

13 Falls entfernt, wird das Ritzel auf die Kurbelwelle geschoben – der Ausschnitt muss zum Stift ausgerichtet sein. Führen Sie die Steuerkette durch den Kettenschacht, und legen Sie sie auf das Kurbelwellenritzel. Wenn die alte Kette wiederverwendet wird, muss sie richtigherum installiert werden (Schritt 6).

14 Stellen Sie sicher, dass die Steuerzeitenmarkierung am Lichtmaschinenrotor zur Markierung am Gehäuse ausgerichtet ist und sich der Motor im Verdichtungs-OT befindet (siehe Schritt 3). Installieren Sie die Ritzelplatte und das Nockenwellenritzel an die Nockenwelle (siehe Abbildungen 9.8b und a). Achten Sie darauf, dass die 4V-Markierung zur Linie am Lagerbock ausgerichtet ist.

15 Legen Sie die zwei Lochscheiben auf das Ritzel, und istallieren Sie die beiden Ritzelschrauben zunächst handfest (siehe Abbildung 9.7a).

16 Wenn die Kette vorne stramm ist (der Durchhang befindet sich im Bereich des Spanners), müssen die Steuerzeitenmarkierungen des Nockenwellenritzels (4V) und des Lagerbocks fluchten. Jetzt wird der Steuerkettenspanner montiert (siehe Sektion 8). Drehen Sie nach dem Einbau den Motor durch, und prüfen Sie erneut die Steuerzeiten.

Achtung: Wenn die Steuerzeitenmarkierungen nicht exakt fluchten, ist der Ventiltrieb nicht korrekt montiert und die Ventile können im Betrieb den Kolben berühren, was zu schweren Motorschäden führt!

17 Blockieren Sie den Lichtmaschinenrotor, und ziehen Sie die zentrale Ritzelschraube mit

2F

9.8b . . . und die Ritzelplatte von der Nockenwelle.

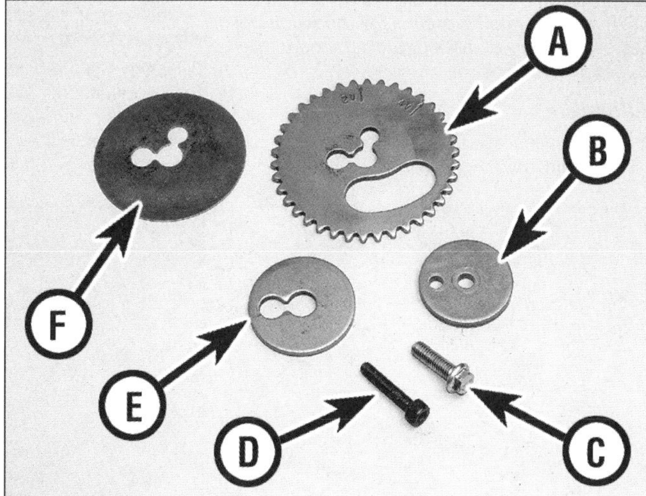

9.10 Bauteile des Nockenwellenritzels: Ritzel (A), äußere Distanzscheibe (B), zentrale Schraube (C), versetzte Schraube (D), innere Distanzscheibe (E) und Ritzelplatte (F)

10.3 Lage des Einlass- (A) und Auslass-Kipphebels (B)

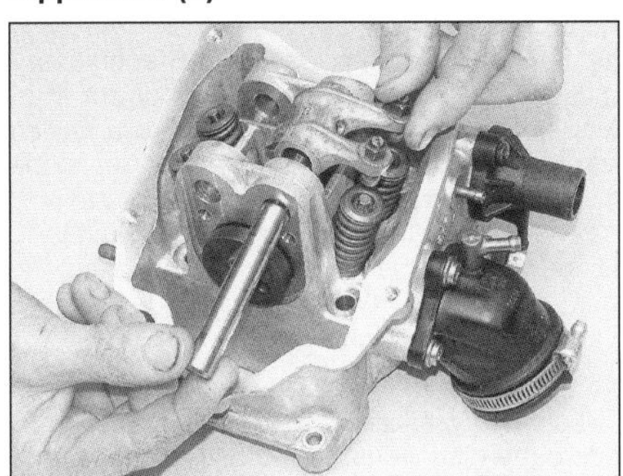

10.5a Ziehen Sie die Kipphebelwellen heraus.

11 bis 15 Nm an. Ziehen Sie dann die versetzt liegende Schraube sorgfältig an.

18 Falls entfernt, legen Sie die Anlaufscheibe auf die Kurbelwelle, und installieren Sie den Ölpumpenantrieb (siehe Sektion 19).

19 Installieren Sie die verbliebenen Teile in der umgekehrten Ausbaureihenfolge.

10 Nockenwelle und Kipphebel – Ausbau, Kontrolle und Einbau

Anmerkung: *Nockenwelle und Kipphebel können demontiert werden, während sich der Motor im Rahmen befindet, allerdings ist der Zugang relativ beengt.*

Ausbau

1 Die Arbeiten an der Nockenwelle und den Kipphebeln entsprechen denen bei luftgekühl-

10.4 Entfernen Sie die Nockenwellen-Sicherungsplatte.

10.5b Kipphebel und Welle müssen als Paar zusammenbleiben.

ten LEADER-Motoren (siehe Kapitel 2E, Sektion 10) – folgende Zusätze sind zu beachten:

2 Nach der Demontage des Lichtmaschinendeckels muss für Details zu den Steuerzeitenmarkierungen die Sektion 9 beachtet werden.

3 Die Kipphebel sind auf zwei Wellen gelagert (siehe Abbildung). Die Einlass-Kipphebelwelle sitzt an der Vergaser-Seite, die Auslass-Kipphebelwelle an der Auspuff-Seite des Zylinderkopfes. Markieren Sie die Kipphebel, um sie später wieder in ihren originalen Positionen installieren zu können.

4 Entfernen Sie die Nockenwellen-Sicherungsplatte, und markieren Sie die Kipphebelwellen, damit sie später wieder richtigherum eingesetzt werden können (siehe Abbildung).

5 Halten Sie die Kipphebel, und entnehmen Sie sie, wenn die Welle herausgezogen wird. Vertauschen Sie keine Kipphebel und Wellen, – sie müssen wieder in ihre ursprünglichen Positionen gelangen (siehe Abbildungen).

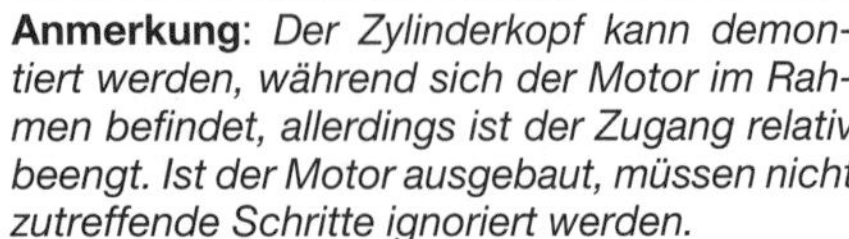

11 Zylinderkopf
Ausbau und Einbau

Anmerkung: *Der Zylinderkopf kann demontiert werden, während sich der Motor im Rahmen befindet, allerdings ist der Zugang relativ beengt. Ist der Motor ausgebaut, müssen nicht zutreffende Schritte ignoriert werden.*

Achtung: Der Motor muss vollständig abgekühlt sein, da sich der Zylinderkopf sonst verziehen kann.

Ausbau

1 Entfernen Sie den Vergaser und die Auspuffanlage (siehe Kapitel 4).

2 Entleeren Sie das Kühlsystem (Kapitel 1).

3 Lösen Sie die Schellen der Kühlerschläuche am Zylinderkopf, merken Sie sich die Positionen der Schläuche, und ziehen Sie sie von ihren Stutzen.

4 Trennen Sie den Stecker des Kühltemperatur-Sensors. Ziehen Sie den Zündkerzenstecker ab.

5 Entfernen Sie den Ventildeckel (Sektion 7).

6 Folgen Sie den Schritten 4 bis 10 in Sektion 11 von Kapitel 2E, um das Nockenwellenritzel und den Zylinderkopf zu entfernen. Beachten Sie bei wassergekühlten 125er-Motoren, dass es zwei verschiedene Zylinderkopfdichtungen gibt: eine im Neuzustand etwa 0,3 mm starke Metalldichtung oder eine 1,1 mm starke Dichtung aus Fasermaterial. Benutzen Sie beim Zusammenbau immer eine neue Kopfdichtung gleichen Typs.

Einbau

7 Stellen Sie sicher, dass die Dichtflächen des Zylinders und des Kopfes absolut sauber sind. Schieben Sie die Passhülsen über die entsprechenden Stehbolzen, und stecken Sie sie in den Zylinder (siehe Abbildung). Legen Sie dann eine neue Zylinderkopfdichtung so auf den Zylinder, dass alle Bohrungen fluchten (siehe Abbildung) – verwenden Sie niemals eine alte Dichtung ein zweites Mal.

8 Senken Sie den Zylinderkopf vorsichtig auf den Zylinder, führen Sie dabei die Steuerkette durch den Schacht (siehe Abbildung). Die Passhülsen müssen durch die Dichtung in den Kopf greifen.

9 Installieren Sie die Zylinderkopfmuttern zunächst handfest. Ziehen Sie sie dann schritt-

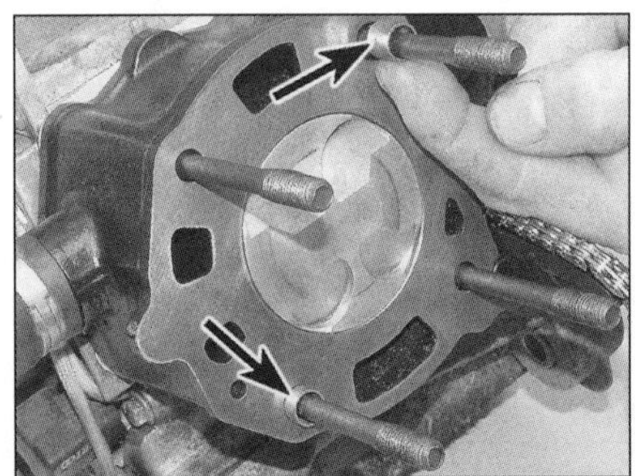

11.7a Die Passhülsen müssen in ihren Bohrungen stecken, . . .

11.7b . . . dann wird die Kopfdichtung aufgelegt, . . .

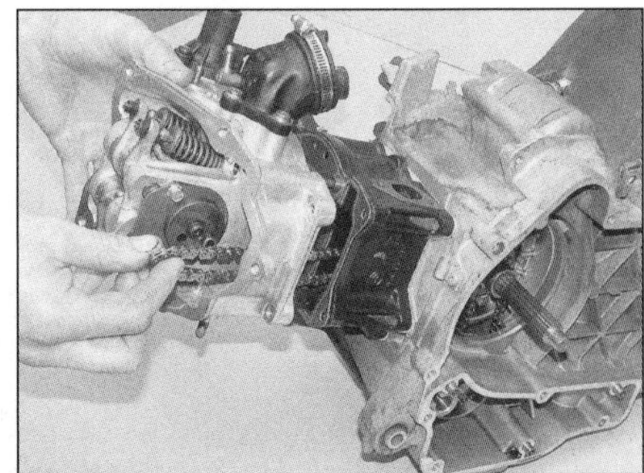

11.8 . . . und der Zylinderkopf aufgeschoben.

11.9 Ziehen Sie die Zylinderkopfmuttern schrittweise an.

weise und über Kreuz bis zum Drehmoment von 28 bis 30 Nm an (siehe Abbildung).

10 Installieren Sie die zwei Schrauben außen am Kettenschacht, und ziehen Sie sie mit 11 bis 13 Nm an.

11 Installieren Sie das Nockenwellenritzel und die verbliebenen Teile in der umgekehrten Ausbaureihenfolge.

12 Ventile/Ventilsitze/Ventilführungen – Überholung

1 Aufgrund der Komplexität dieser Arbeit sowie der notwendigen Werkzeuge und Ausrüstungen müssen die meisten Rollerbesitzer Arbeiten an den Ventilen, Ventilsitzen und Ventilführungen einer professionellen Werkstatt überlassen. Allerdings kann man eine Abschätzung über die Dichtigkeit der Ventile und Sitze erhalten, indem man eine kleine Menge Lösungsmittel in jeden Ventilkanal füllt und beobachtet, ob diese am Ventil vorbei in den Brennraum sickert.

2 Der Hobbymechaniker kann zudem die Ventile ausbauen, die Bauteile reinigen und auf Verschleiß kontrollieren. Wenn die Ventile nur eingeschliffen werden müssen, kann man dieses selbst erledigen (siehe Sektion 14) und den Kopf wieder komplettieren.

3 Die Werkstatt wird die Ventile und Federn ausbauen, die Ventile und Ventilsitze überarbeiten oder austauschen, die Ventilführungen erneuern, die Ventilfedern, Keile und Federteller kontrollieren und nötigenfalls ersetzen, die Ventilschaftdichtungen austauschen und alles wieder montieren.

4 Nach erfolgter Ventilüberholung ist der Zylinderkopf in einem neuwertigen Zustand. Wenn Sie den Kopf zurückerhalten, sollten Sie ihn vor dem Einbau sorgfältig reinigen und von Metallspänen und Schleifmittelresten befreien, die von der Überholung stammen können. Wenn möglich, sollten alle Löcher und Kanäle mit Druckluft ausgeblasen werden.

13 Zylinderkopf und Ventile Zerlegung, Kontrolle und Zusammenbau

1 Mit den entsprechenden Spezialwerkzeugen kann auch der Hobbyschrauber eine Zerlegung, Reinigung und Inspektion des Zylinderkopfes vornehmen. Dieser Weg kann viel Geld sparen, besonders wenn die Inspektion ergibt, dass eine Überholung noch gar nicht nötig ist.

2 Um sicherzustellen, dass beim Ausbau der Ventile keine Teile beschädigt werden, ist eine geeignete Ventilfederpresse absolut notwendig.

Zerlegen

3 Vor Arbeitsbeginn muss sichergestellt sein, dass die Ventile und ihre zugehörigen Bauteile so gelagert werden, dass später jedes Teil wieder genau an seinen Platz im Zylinderkopf gebaut werden kann (siehe Abbildung 13.3 in Kapitel 2E).

4 Demontieren Sie die Nockenwelle und die Kipphebel (siehe Sektion 10). Der Zylinderkopf muss von allen Resten alter Dichtungen befreit werden. Wenn ein Schaber benutzt wird, muss darauf geachtet werden, dass das weiche Aluminium nicht zerkratzt wird.

5 Drücken Sie die Federn des ersten Ventils mit der Federpresse zusammen, achten Sie darauf, dass sie richtig sitzt und nicht auf das weiche Leichtmetall drückt. Pressen Sie die Federn nicht mehr als nötig, und entfernen Sie die Keile – entweder mit einer Spitzzange, einer Pinzette, einem Magneten oder einem mit Fett bestrichenen Schraubendreher (siehe Abbildung). Lösen sie vorsichtig die Federpresse, und entfernen Sie den Federteller – merken Sie sich die Einbaulage. Entfernen Sie die Feder und den Federsitz. Drücken Sie das Ventil nach unten, und ziehen Sie es aus dem Zylinderkopf. Wenn das Ventil in der Führung klemmt und sich nicht hindurchziehen lässt, drücken Sie es zurück, und entgraten Sie den Bereich um die Keilnut mit einer sehr feinen Feile oder einem Nassschleifstein (siehe Abbildung 13.5b in Kapitel 2E). Wenn das Ventil ausgebaut ist, ziehen Sie mit einer Zange die Ventilschaftdichtungen von den Ventilführungen – später muss ein Neuteil verwendet werden. Entfernen Sie den Federsitz (siehe Abbildung).

6 Wiederholen Sie die Prozedur an den anderen Ventilen. Achten Sie darauf, dass alle Einzelteile genau der ursprünglichen Position zugeordnet werden.

7 Als Nächstes wird der Zylinderkopf mit Lösungsmittel gereinigt und sorgfältig getrocknet. Druckluft beschleunigt die Trocknung und sorgt dafür, dass alle Löcher und Ecken sauber werden.

8 Reinigen Sie die Ventilfedern, Keile, Federteller und Sitze mit Lösungsmittel, und trocknen Sie sie sorgfältig. Reinigen Sie zurzeit immer nur die Teile eines Ventils, um Verwechslung zu vermeiden.

9 Schaben Sie alle Kohleablagerungen von den Ventilen, reinigen Sie Ventilteller und Schaft anschließend mit einem Drahtbürstenaufsatz für die Bohrmaschine. Achten Sie darauf, dass die Ventile nicht durcheinander geraten.

Kontrolle und Zusammenbau

10 Das Kontrollieren und Zusammenbauen der Zylinderkopf-Komponenten entspricht den Anweisungen für luftgekühlte LEADER-Motoren (siehe Kapitel 2E, Sektion 13).

11 Montieren Sie das Thermostatgehäuse (siehe Kapitel 3).

13.5a Drücken Sie die Ventilfeder zusammen, und entfernen Sie die Keile.

13.5b Entfernen Sie den Federteller (A) und die Feder (B), . . .

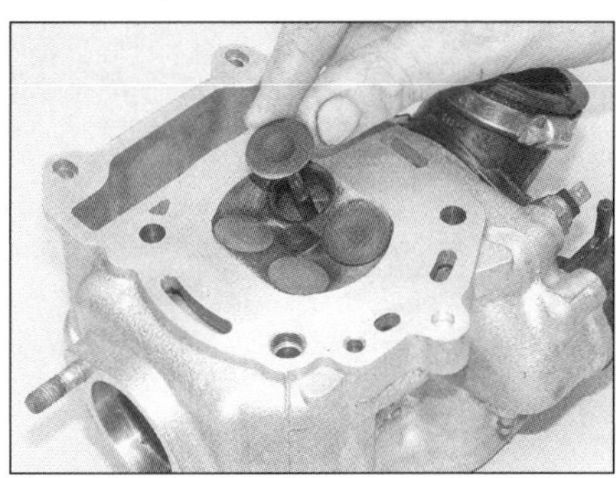

13.5c . . . und ziehen Sie das Ventil aus dem Zylinderkopf.

13.5d Ziehen Sie mit einer Zange die Ventilschaftdichtung ab.

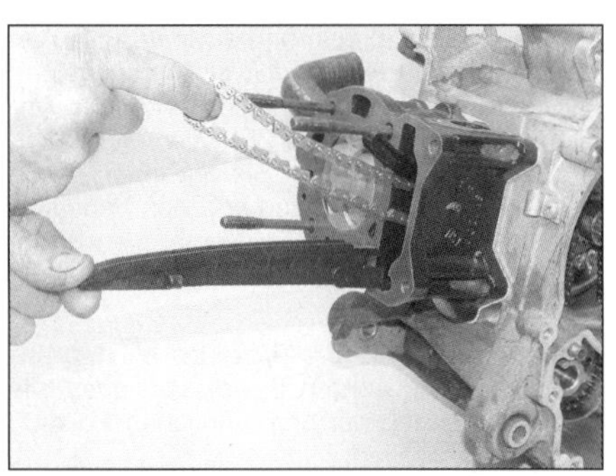

14.2 Heben Sie die untere Steuerkettenschiene heraus.

14.4a Senken Sie die Steuerkette durch den Zylinder ab, . . .

14.4b . . . und stützen Sie den Kolben, um ihn vor Schäden zu schützen.

14 Zylinder – Ausbau, Kontrolle und Einbau

Anmerkung: *Der Zylinder kann demontiert werden, während der Motor im Rahmen sitzt – allerdings ist der Zugang relativ beengt.*

Ausbau

1 Demontieren Sie den Zylinderkopf (siehe Sektion 11).

2 Beachten Sie, wie die untere Steuerkettenschiene in einer Nut im vorderen Bereich des Kettenschachtes des Zylinders sitzt, und heben Sie sie unter Beachtung ihrer Einbaulage heraus (siehe Abbildung).

3 Lösen Sie nötigenfalls die Schelle des Kühlerschlauchs am Zylinder, und ziehen Sie diesen von seinem Stutzen.

4 Heben Sie den Zylinder von den Stehbolzen – führen Sie dabei die Steuerkette durch den Schacht, und stützen Sie den dabei frei werdenden Kolben ab (siehe Abbildungen). Wenn der Zylinder klemmt, muss er vorsichtig mit einem weichen Hammer abgeklopft werden. Der Versuch, ihn mit einem Schraubendreher abzuhebeln, würde zu beschädigten Dichtflächen führen. Nachdem der Zylinder abgezogen ist, wird ein sauberer Lappen um den Kolben in die Motoröffnung gestopft, um nichts in den Motor gelangen zu lassen.

5 Beachten Sie die zwei Passhülsen im Motorgehäuse – falls sie locker sind, sollten sie sichergestellt werden.

6 Entfernen Sie vorsichtig die Zylinderfußdichtung (siehe Abbildung) – die Dichtung ist mit ihrer Stärke markiert (0,4, 0,6 oder 0,8 mm), dieser Wert sollte notiert werden. Soll der alte Zylinder samt Kolben wiederverwendet werden, muss eine Fußdichtung gleicher Stärke beschafft werden. Ist die Dichtung nicht markiert, muss vor dem Zusammenbau die Kolbenhöhe ermittelt werden. Es wird auf jeden Fall eine neue Dichtung benötigt.

Kontrolle

7 Die Kontrolle des Zylinders entspricht den Anweisungen für luftgekühlte LEADER-Motoren (siehe Kapitel 2E, Sektion 14) – folgende Zusätze sind zu beachten:

8 Piaggio schreibt vor, die Bohrung des Zylinders 6 mm, 41 mm und 78 mm unterhalb des oberen Randes sowohl parallel zum Kolbenbolzen als auch im Winkel von 90° dazu zu messen (siehe Abbildung). Ermitteln Sie die Differenzen, um Ovalität oder Kegelförmigkeit zu ermitteln – Piaggio gibt als Verschleißgrenze eine Differenz von 0,05 mm zwischen den Messungen an. Die Größenmarkierung des Zylinders ist am unteren Rand eingeschlagen, die des Kolbens in den Kolbenboden (siehe Abbildungen).

9 Messen Sie zur Bestimmung des Kolbenspiels die Zylinderbohrung der 125er-Motoren 41 mm unterhalb des oberen Randes, bei 200er-Motoren wird 33 mm unterhalb des Randes gemessen.

Einbau

10 Die Dichtflächen des Zylinders und des Motorgehäuses müssen absolut sauber sein. Die Messung der Kolbenhöhe und der Einbau des Zylinders entsprechen den Anweisungen für luftgekühlte LEADER-Motoren (siehe Kapitel 2E, Sektion 14) – folgende Zusätze sind zu beachten:

11 Bei 125er-Motoren rage der Kolben im OT aus dem Zylinder heraus – je weiter, desto dicker muss die Dichtung sein. Wenn bei Super-Hexagon-, B 125- und X9-Modellen der Kolben 2,25 bis 2,35 mm herausragt, muss eine 0,4 mm starke Dichtung verwendet werden, bei 2,35 bis 2,55 mm ist eine 0,6 mm starke Dichtung zu beschaffen, und bei 2,55 bis 2,65 mm wird eine 0,8 mm starke Dichtung nötig. Bei X8- und GT 125-Modellen mit Metalldichtung muss bei einem zwischen 1,40 und 1,65 mm herausragenden Kolben eine 0,4 mm starke Dichtung verwendet werden, bei 1,65 bis 1,90 mm ist eine 0,6 mm starke Dichtung zu beschaffen. Bei X8- und GT/GTS/GTV 125-Modellen mit aus Fasermaterial bestehender Dichtung muss bei einem zwischen 2,20 und 2,45 mm herausragenden Kolben eine 0,4 mm starke Dichtung verwendet werden, bei 2,45 bis 2,70 mm ist eine 0,6 mm starke Dichtung zu beschaffen.

12 Bei 200er-Motoren liegt der Kolben im OT unterhalb des Zylinderrandes – je tiefer der Kolben liegt, desto dünner muss die Dichtung sein. Wenn der Kolben 1,3 bis 1,4 mm tief liegt, muss eine 0,8 mm starke Dichtung verwendet werden, bei 1,4 bis 1,6 mm ist eine 0,6 mm starke Dichtung zu beschaffen, und bei 1,6 bis 1,7 mm wird eine 0,4 mm starke Dichtung nötig.

13 Falls entfernt, wird nach der Montage des Zylinders der Kühlerschlauch auf den Zylinder-Stutzen gesteckt und mit der Schelle gesichert.

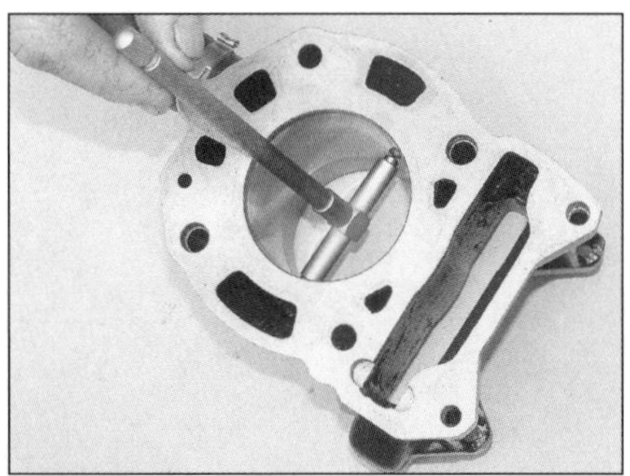

14.8a Messen Sie die Zylinderbohrung mit einem Innenmessgerät.

14.8b Die Zylinder-Größenmarkierung ist unten eingeschlagen.

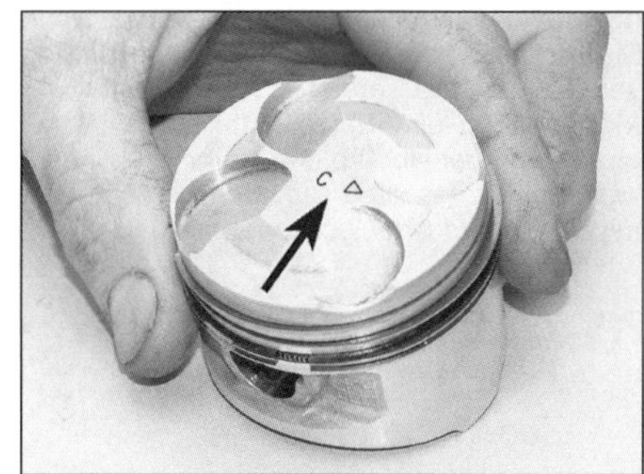

14.8c Die Kolben-Größenmarkierung ist im Kolbenboden eingeschlagen.

15.2 **Markieren Sie den Kolben vor dem Ausbau.**

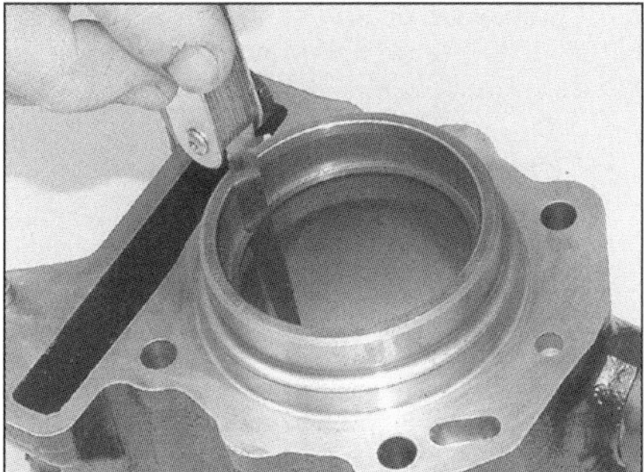

16.1a **Messen Sie das Stoßspiel der eingebauten Kolbenringe.**

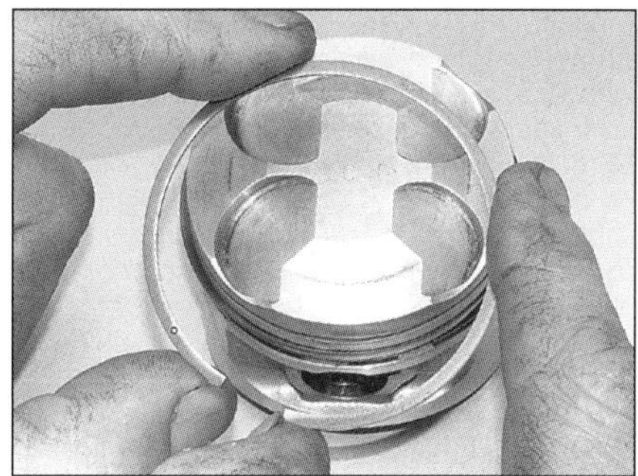

16.1b **Montieren Sie die neuen Kolbenringe mit den Händen.**

15 Kolben – Ausbau, Kontrolle und Einbau

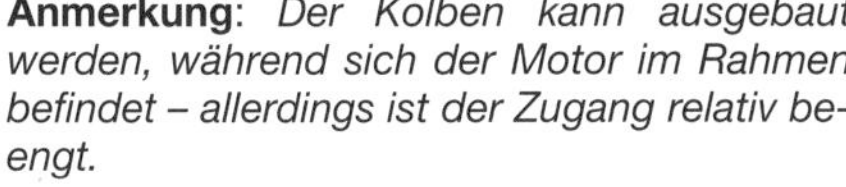

Anmerkung: *Der Kolben kann ausgebaut werden, während sich der Motor im Rahmen befindet – allerdings ist der Zugang relativ beengt.*

1 Ausbau, Kontrolle und Einbau des Kolbens entsprechen den Anweisungen für luftgekühlte LEADER-Motoren, wie sie in Kapitel 2E, Sektion 15 beschrieben sind – folgende Zusätze sind zu beachten:

2 Der Kolben muss markiert werden, um wieder richtigherum montiert werden zu können – er besitzt für alle vier Ventile Vertiefungen im Boden (siehe Abbildung).

3 Soll das Spiel des Kolbens im Zylinder ermittelt werden, muss die Messung 41 mm (bei 125er-Motoren) bzw. 33 mm (bei 200er-Motoren) unterhalb des oberen Zylinderrandes und 90° zum Kolbenbolzen erfolgen.

16 Kolbenringe Kontrolle und Einbau

1 Es wird empfohlen, bei jeder Motorüberholung neue Kolbenringe zu verwenden. Kontrolle und Einbau der Kolbenringe entsprechen den Anweisungen für luftgekühlte LEADER-Motoren, wie sie in Kapitel 2E, Sektion 16 beschrieben sind (siehe Abbildungen).

17 Lichtmaschinenrotor und Stator Ausbau und Einbau

Anmerkung: *Die Lichtmaschine kann bei im Rahmen sitzendem Motor demontiert werden.*

1 Entfernen Sie entsprechende Verkleidungsteile, um an den rechts am Motor sitzenden Lichtmaschinendeckel und die Wasserpumpe zu gelangen (siehe Kapitel 7).

2 Entfernen Sie nötigenfalls die Auspuffanlage oder den Schalldämpfer, um den Deckel von der Lichtmaschine ziehen zu können (Kapitel 4). Ebenfalls kann es nötig sein, die Benzinpumpe samt Filter zu entfernen (Kapitel 4).

3 Entleeren Sie das Kühlsystem, und trennen Sie die Schläuche von der Wasserpumpe (siehe Kapitel 1).

4 Bei Modellen mit Sekundärluftsystem müssen dessen Unterdruckschlauch und das Rohr vom Ventilgehäuse getrennt werden (siehe Kapitel 1, Sektion 21).

5 Lösen Sie die Klemme, die den Kabelbaum oben auf dem Lichtmaschinendeckel sichert.

6 Lösen Sie die Schrauben des Deckels, und ziehen Sie diesen ab, trennen Sie den Mehrfachstecker, und entfernen Sie den Deckel (siehe Abbildungen). Beachten Sie, wie die Dämpferelemente im Wasserpumpenantrieb liegen.

7 Der Rest des Ausbaus sowie die Kontrolle und der Einbau des Stators und Rotors entsprechen den Anweisungen für luftgekühlte LEADER-Motoren, wie sie in Kapitel 2E, Sektion 18 beschrieben sind – folgende Zusätze sind zu beachten:

8 Beim Montieren des Lichtmaschinendeckels muss sichergestellt werden, dass die am Rotor sitzenden Dämpfer mit dem Wasserpumpenantrieb fluchten.

9 Verbinden Sie den Unterdruckschlauch und das Rohr des Sekundärluftsystems mit dem Ventilgehäuse (siehe Kapitel 1, Sektion 21).

10 Verbinden Sie die Kühlerschläuche mit den Stutzen der Wasserpumpe, und füllen Sie das Kühlsystem wieder auf (Kapitel 1, Sektion 10).

18 Anlasserfreilauf – Ausbau, Kontrolle und Einbau

Anmerkung: *Der Anlasserfreilauf kann bei im Rahmen sitzendem Motor demontiert werden.*

1 Ausbau, Kontrolle und Einbau des Anlasserfreilaufs entsprechen den Arbeiten an luftgekühlten LEADER-Motoren – beachten Sie dazu Kapitel 2E, Sektion 19.

19 Ölpumpe und Überdruckventil – Drucktest, Ausbau, Kontrolle und Einbau der Pumpe

Anmerkung: *Die Ölpumpe und das Überdruckventil können bei im Rahmen sitzendem Motor demontiert werden.*

1 Die Kontrolle des Öldrucks entspricht den Arbeiten an luftgekühlten LEADER-Motoren

17.6a **Lösen Sie die 4 Schrauben des Lichtmaschinendeckels.**

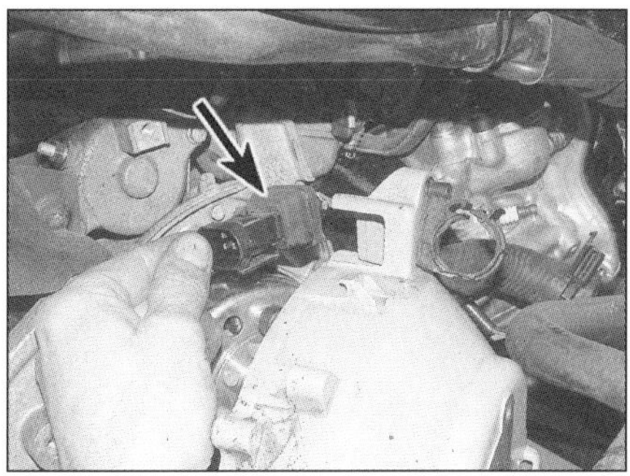

17.6b **Befreien Sie den Kabelstecker vom Deckel, . . .**

17.6c **. . . merken Sie sich die Lage der Wasserpumpen-Dämpfergummis.**

– beachten Sie dazu Kapitel 2E, Sektion 20. **Anmerkung**: *Der Lichtmaschinendeckel muss zum Anschließen des Messgeräts demontiert und kann bei angeschlossenem Messgerät auch nicht wieder montiert werden. Dadurch ist beim Test die Wasserpumpe nicht angeschlossen und man muss aufpassen, dass der Motor nicht überhitzt. Während der Motor läuft, dürfen die am Lichtmaschinenrotor sitzenden Antriebs-Dämpfer nicht den Deckel berühren.*

2 Zum Installieren des Öldruck-Messgerätes ist der Lichtmaschinendeckel zu entfernen (siehe Sektion 17).

3 Ausbau, Kontrolle und Einbau der Ölpumpe entsprechen den Arbeiten an luftgekühlten LEADER-Motoren – beachten Sie dazu Kapitel 2E, Sektion 20. Bei wassergekühlten Motoren sichert keine der Ölwannenschrauben eine Bremsbowdenzugführung.

20 Motorgehäusehälften, Kurbelwelle und Pleuel

Anmerkung: *Zum Trennen des Motorgehäuses muss die Antriebseinheit aus dem Fahrzeug gebaut werden.*

1 Trennen und Zusammenbauen der Gehäusehälften sowie Ausbau, Kontrolle und Einbau der Kurbelwelle entsprechen den Arbeiten an luftgekühlten LEADER-Motoren – beachten Sie dazu Kapitel 2E, Sektion 21.

21 Erstinbetriebnahme nach Motorüberholung

1 Die Pegel des Kühlmittels und des Motoröls müssen korrekt sein (siehe Tägliche Kontrollen).

2 Im Tank muss sich Benzin befinden.

3 Schalten Sie die Zündung ein, starten Sie den Motor, und lassen Sie ihn bei Standgas Betriebstemperatur erreichen. Übermäßiger Rauch aus dem Auspuff ist normal, da das beim Montieren eingesetzte Öl verbrennt. Dies muss sich mit der Zeit geben.

4 Will der Motor nicht anspringen, muss die Zündkerze ausgeschraubt und untersucht werden, ob sie verölt ist. Nach dem Reinigen wird der Startversuch wiederholt. Springt der Motor immer noch nicht an, muss anhand der Fehlersuch-Tabellen am Ende dieses Buches das Problem gefunden und beseitigt werden.

5 Kontrollieren Sie sorgfältig alles auf austretendes Öl. Der Antrieb und besonders die Bremsen müssen korrekt funktionieren, bevor das Fahrzeug getestet wird. Beachten Sie die folgende Sektion.

6 Nachdem der Motor wieder abgekühlt ist, werden das Ventilspiel (siehe Kapitel 1) und die Kühlmittel- und Ölpegel kontrolliert (siehe Tägliche Kontrollen).

22 Empfohlene Einfahrhinweise

1 Auf den ersten Kilometern muss der Motor äußerst vorsichtig behandelt werden, da sich neue Komponenten erst »setzen« müssen.

2 Wurde der Zylinder aufgebohrt und/oder die Kurbelwelle erneuert, ist das Fahrzeug wie eine Neumaschine zu behandeln. Die ersten 1000 km sollte also nur mit vorsichtiger Gashand gefahren werden, sodass der Motor nicht unter Volllast arbeiten muss. Beim Einfahren empfehlen sich wechselnde Drehzahlen und nur 80% der Höchstgeschwindigkeit. Wer seinen Roller kennt und ihn sensibel behandelt, merkt, wann der Motor frei läuft und wieder mit Vollgas betrieben werden kann.

3 Wird ein Defekt im Schmiersystem vermutet, muss der Motor unverzüglich ausgeschaltet werden, um nach dem Grund des Problems zu suchen. Wenn ein Motorroller auch nur kurze Zeit ohne Öl gefahren wird, entstehen schwerste Motorschäden.

Kapitel 2G
Kraftübertragung

Details zur Modell-Identifikation finden sich am Anfang von Kapitel 1

Inhalt

Schwierigkeitsgrade

Leicht. Für Anfänger mit wenig Erfahrung geeignet	**Relativ leicht.** Für Anfänger mit etwas Erfahrung geeignet	**Relativ schwierig.** Geeignet für geübte Selbstschrauber	**Schwer.** Geeignet für Selbstschrauber mit viel Erfahrung	**Sehr schwer.** Geeignet nur für Experten und Profis

Technische Daten

Keilriemengetriebe

Rollendurchmesser (min.)	
50, 80, 100 und 125 cm³-Modelle	18,5 mm
200 cm³-Modelle	20,0 mm
Buchsendurchmesser (min.)	
50/80/100 cm³-Zweitaktmotoren	19,95 mm
ET4 50, Liberty 50 4T, Zip 50 4T, Fly 50 4T, LX4 50	19,95 mm
ET4 125, Sfera 125, Liberty 125	21,90 mm
Typhoon 125, Skipper, Hexagon	25,93 mm
LEADER-Modelle	25,95 mm
Buchsendurchmesser (max.)	
50/80cm³-Zweitaktmotoren	26,10 mm
50/100cm³-Viertaktmotoren	20,12 mm
ET4 125, Sfera 125, Liberty 125	22,035 mm
Typhoon 125, Skipper, Hexagon	26,10 mm
LEADER-Modelle	26,12 mm

Kupplung und hinteres Riemenrad

Kupplungstrommel-Durchmesser (max.)	
50/80/100 cm³-Zweitaktmotoren	107,5 mm
ET4 125, Sfera 125, Liberty 125	120,6 mm
Typhoon 125, Skipper, Hexagon, LEADER-Modelle	134,5 mm
Kupplungstrommel-Unrundlauf (max.)	
LEADER-Modelle	0,15 mm
alle anderen Modelle	0,20 mm
Durchmesser innere Riemenradwelle (min.)	
Alle 50/80/100 cm³-Modelle	33,96 mm
ET4 125, Sfera 125, Liberty 125	40,955 mm
Typhoon 125, Skipper, Hexagon, LEADER-Modelle	40,96 mm
Durchmesser äußere Riemenradwelle (max.)	
Alle 50/80/100 cm³-Modelle	34,08 mm
ET4 125, Sfera 125, Liberty 125	41,035 mm
Typhoon 125, Skipper, Hexagon, LEADER-Modelle	41,08 mm
Freie Federlänge (min.)	
Alle 50/80/100 cm³-Modelle	110 mm
ET4 125, Liberty 125	127 mm
Sfera 125	121 mm
Typhoon 125, Skipper, Hexagon	136 mm
LEADER-Modelle	106 mm
Kupplungsbelag-Materialstärke (min.) – alle Modelle	1 mm

Antriebsriemen

Minimale Breite des Außenrandes	
Alle 50/80/100 cm³-Modelle	17,5 mm
ET4 125, Sfera 125, Liberty 125	17,2 mm
Typhoon 125, Skipper, Hexagon	21,0 mm
LEADER-Modelle	21,5 mm

Anzugsdrehmomente

Kickstarterhebel-Klemmschraube	12 bis 13 Nm
Antriebsriemendeckel-Schrauben	11 bis 13 Nm
Antriebsriemen-Stützrollen-Schraube	11 bis 13 Nm
Antriebsrad-Mutter	
50/80 cm³-Zweitaktmotoren	40 bis 44 Nm
50/100 cm³-Viertaktmodelle	20 Nm + 90°
ET4 125, Sfera 125, Liberty 125	40 bis 44 Nm
Skipper, Hexagon, Typhoon 125, LEADER	75 bis 80 Nm
Kupplungsbaugruppen-Mutter	
50/80 cm³-Modelle mit Getriebe hinter Kupplung	40 bis 44 Nm
50/100 cm³-Modelle mit Getriebe hinter Hinterrad	55 bis 60 Nm
125 cm³- und LEADER-Modelle	55 bis 60 Nm
Kupplungstrommel-Mutter	
50/80/100 cm³-Zwei- und Viertaktmotoren	40 bis 44 Nm
125 cm³-Zweitaktmodelle	50 bis 56 Nm
ET4 125, Sfera 125, Liberty 125	40 bis 44 Nm
Getriebeeingangswellen-Mutter	
LEADER-Modelle	54 bis 60 Nm
Getriebedeckel-Schrauben	
50/80 cm³-Modelle mit Getriebe hinter Kupplung	11 bis 13 Nm
50/100 cm³-Modelle mit Getriebe hinter Hinterrad	24 bis 26 Nm
Alle 125 cm³-Zweitaktmodelle	13 bis 15 Nm
ET4 125, Sfera 125, Liberty 125	11 bis 13 Nm
LEADER-Modelle	24 bis 27 Nm

1 Allgemeine Informationen

Alle Modelle sind mit einem vollautomatischen Antrieb ausgerüstet. Die Motorleistung wird über einen Keilriemen zum Hinterrad übertragen. Dieser Riemen läuft auf sich durch Fliehkräfte verstellenden Rädern, die so die Übersetzung ändern. Am hinteren Riemenrad sitzt eine Fliehkraftkupplung, die beim Anfahren den Kraftschluss sicherstellt. Vor der Radachse befindet sich ein Untersetzungsgetriebe.

Anmerkung: *Die internen Bauteile des Antriebs können sich leicht von den hier gezeigten unterscheiden. Merken Sie sich beim Zerlegen immer die Positionen und Einbaurichtungen aller Bauteile.*

2 Antriebsriemen und Kickstarter – Ausbau, Kontrolle und Einbau

Ausbau

1 Befindet sich die Antriebseinheit im Rahmen, müssen alle Verkleidungsteile entfernt werden, die den Zugang zum links sitzenden großen Deckel behindern (siehe Kapitel 7).

2 Entfernen Sie das Luftfiltergehäuse (siehe Kapitel 4).

3 Befreien Sie den hinteren Bremsbowdenzug und ggf. den Gasbowdenzug aus den Klemmen am Deckel. Falls vorhanden, wird der vorne sitzende Kühlluft-Ansaugstutzen entfernt (siehe Abbildung).

4 Bei Hexagon-Modellen, deren Deckel mit einer Plastikverkleidung versehen sind, werden die Klemmschraube des Kickstarters entfernt, der Hebel abgezogen und die Schrauben des Verkleidungsteils gelöst (siehe Abbildungen). Befestigen Sie den Kickstarter wieder auf der Welle, damit diese nicht versehentlich durch den Deckel gedrückt wird und so die Kickstarterfeder aushängt.

5 Bei späteren Modellen (auch ohne LEADER-Motor) ist die Getriebeeingangswelle durch die Riemenabdeckung geführt und darin gelagert. Um die äußere Mutter der Welle zu lösen, muss zunächst die Plastikkappe vom Kupplungslagersitz entfernt werden (siehe Abbildung). Die Kupplungstrommel muss nun gegen die Riemenabdeckung blockiert werden, um die Welle beim Lösen der Mutter am

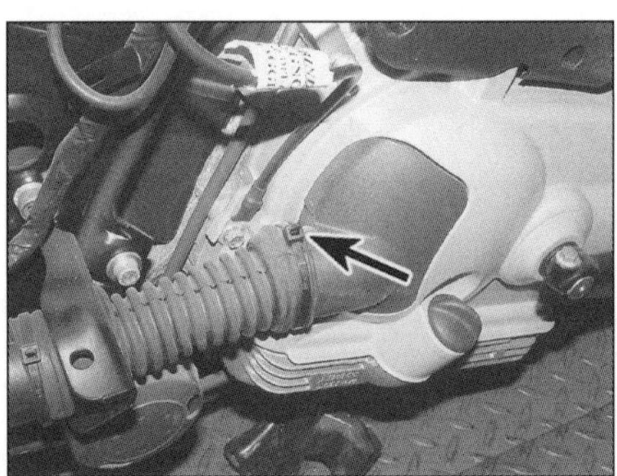

2.3 Schneiden Sie den Kabelbinder auf, und ziehen Sie den Ansaugstutzen ab.

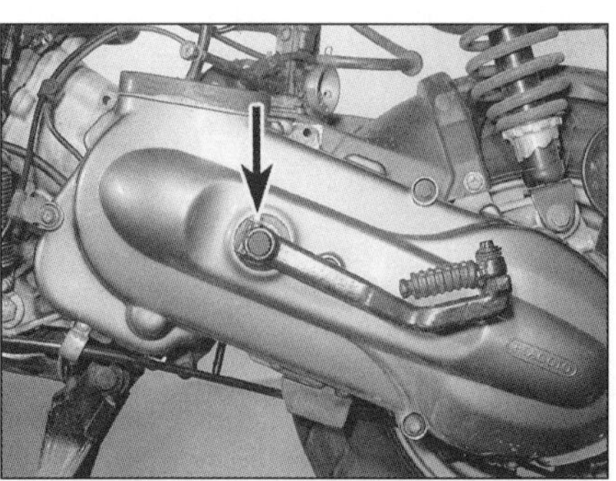

2.4a Entfernen Sie die Klemmschraube, und ziehen Sie den Kickstarter ab.

2.4b Lösen Sie die Schrauben, und entfernen Sie die Kunststoff-Abdeckung.

2.5a Entfernen Sie die Pastikkappe.

2.5b Blockieren Sie die Kupplungstrommel wie beschrieben, . . .

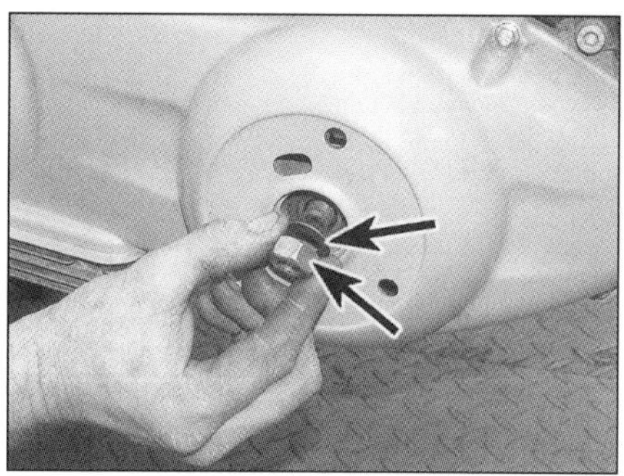
2.5c . . . und entfernen Sie die Mutter samt Scheibe.

Mitdrehen zu hindern; Piaggio bietet hierfür ein Spezialwerkzeug (Teilenummer 020423Y) an. Es können aber auch zwei große Schraubendreher durch die Löcher der Riemenabdeckung gesteckt und in die Bohrungen der Kupplungstrommel gesteckt werden. Während ein Assistent die Schraubendreher hält, wird die Mutter gelöst und samt Scheibe abgenommen (siehe Abbildungen). Bei LEADER-Motoren muss der Öleinfülldeckel entfernt werden (siehe Abbildung).

6 Lösen Sie die Schrauben der Riemenabdeckung, merken Sie sich die Positionen der mit Klemmen ausgerüsteten Schrauben, und entfernen Sie den Deckel (siehe Abbildung). Bei Modellen, deren Getriebeeingangswelle durch den Deckel geführt ist, muss die darauf sitzende Distanzscheibe beachtet werden (siehe Abbildung).

7 Bei 50er-Viertaktmotoren ist das Ende der Getriebewelle im Deckellager mit einem Federclip gesichert (siehe Abbildung) – die Position des Clips ist zu beachten, doch darf er nur entfernt werden, wenn er beschädigt ist und ersetzt werden muss.

Kontrolle

Anmerkung: *Der Kickstartmechanismus sollte nur zerlegt werden, wenn Bauteile ersetzt werden müssen – die Kickstarterfeder ist sehr schwer einzuhängen.*

8 Falls vorhanden, wird die innen am Riemendeckel sitzende Abdeckung des Kickstartmechanismus demontiert (siehe Abbildung). Entfernen Sie alle alten und ausgehärteten Fettreste. Betätigen Sie den Kickstarter von Hand, und prüfen Sie, ob er sich sanft bewegt und mit Federkraft in seine Ausgangslage zurückkehrt. Kontrollieren Sie die Zähne des Kickstarter-Antriebs und des Ratschenmechanismus auf Ausbrüche und Abrundungen (siehe Abbildung).

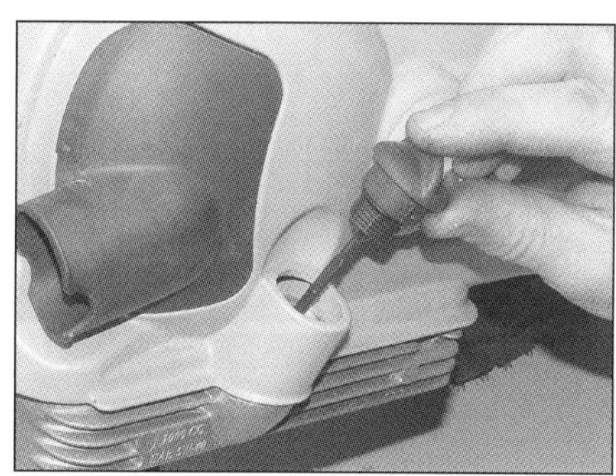
2.5d Entfernen Sie den Öleinfülldeckel.

9 Wenn die Funktion des Kickstarters gestört oder eines seiner Bauteile beschädigt ist, muss nach dem Lösen der Klemmschraube der Kickstarterhebel von der Welle gezogen

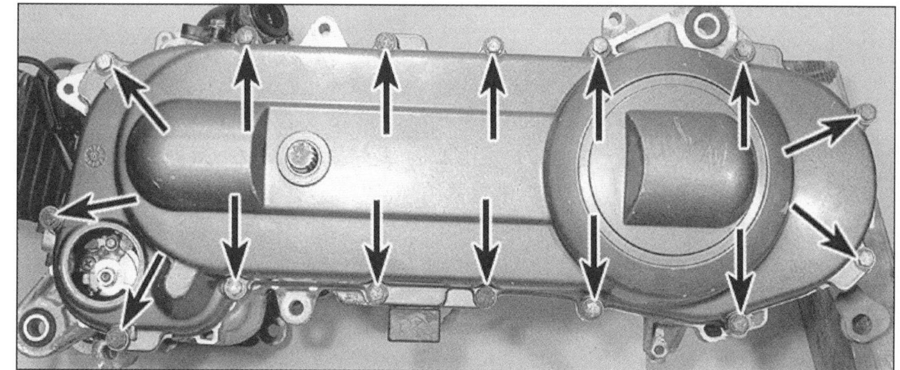
2.6a Schrauben des Antriebsgehäusedeckels – Typhoon

2.6b Distanzscheibe der Getriebewelle

2G

2.7 Beachten Sie den Federclip auf der Getriebewelle.

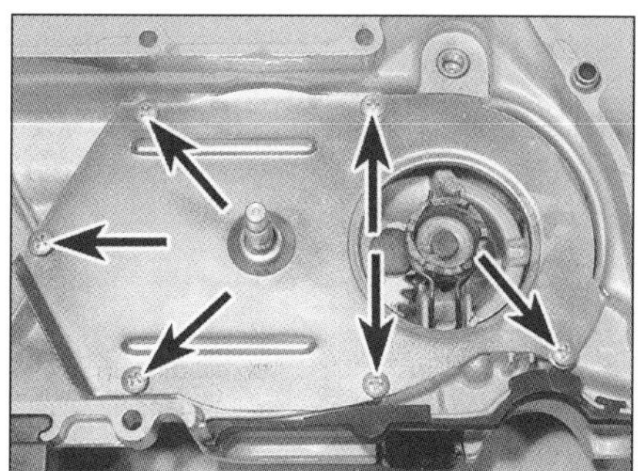
2.8a Entfernen Sie ggf. die Schrauben des Kickstartermechanismus-Deckels.

2.8b Kontrollieren Sie die Zähne des Kickstarterantriebs und des Ratschenmechanismus auf Verschleiß und Schäden.

werden (siehe Abbildung). Falls vorhanden, wird der Seegerring entfernt, der die Welle im Deckel sichert (siehe Abbildung). Heben Sie den Ratschenmechanismus aus dem Deckel – beachten Sie seine durch die Feder bestimmte Lage (siehe Abbildung). Beachten Sie, wie die Enden der Kickstarterfeder am Zahnsegmet der Welle und dem Deckel eingehängt sind und wie das unter Federdruck stehende Segment gegen den Gummi-Anschlag drückt. Ziehen Sie die Kickstarterwelle vorsichtig aus dem Deckel – die Feder wird beim Lösen vom Segment plötzlich zurückschlagen (siehe Abbildung). Nehmen Sie die Feder aus ihrem Sitz.

10 Reinigen Sie alle Bauteile mit Lösungsmittel. Kontrollieren Sie die Feder auf Brüche und Ermüdungserscheinungen sowie die Wellen und ihre Buchsen im Deckel auf Verschleiß. Prüfen Sie das Anschlaggummi. Ersetzen Sie alle schadhaften Teile.

11 Der Zusammenbau beginnt mit dem Einbau der Kickstarterfeder, die zunächst gegen den Vorsprung am Deckel gelegt wird (siehe Abbildung). Fetten Sie die Kickstarterwelle und ihre Buchse. Die Montage der Welle und das Vorspannen der Feder können schwierig werden. Piaggio bietet für diese Arbeit ein Spezialwerkzeug (Teilenummer 020261Y) an, doch kann man auch in das Ende einer Metallstange ein Loch bohren, das tief genug ist, um das hoch gebogene Federende aufzunehmen. Die Welle wird so in ihre Buchse geschoben, dass der Ausschnitt im Zahnsegment über dem Federende liegt, dann wird die Metallstange über das Ende gesteckt (siehe Abbildungen). Halten Sie die Stange gegen das Zahnsegment, und drehen Sie es gegen den Uhrzeigersinn, um die Feder zu spannen. Wenn das Segment das Anschlaggummi freigibt, wird es vollständig in die Buchse gedrückt oder geschlagen, sodass es gegen den Anschlag drückt (siehe Abbildungen). Ziehen Sie jetzt die Stange von der Feder, die sich automatisch in den Ausschnitt des Segmentes einhängt.

12 Fetten Sie den Zapfen des Ratschenmechanismus, und stecken Sie ihn in seine Buchse (siehe Abbildung 2.9c) – richten Sie dabei die Feder wie gezeigt aus (siehe Abbildung). Sichern Sie ggf. die Kickstarterwelle mit dem Seegerring (siehe Abbildung 2.9b). Schieben Sie den Kickstarterhebel auf die Welle, und ziehen Sie die Klemmschraube mit 12 bis 13 Nm

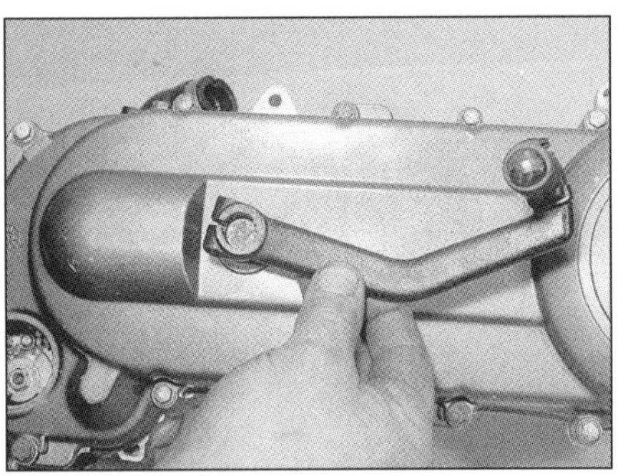

2.9a Lösen Sie die Klemmschraube, und entfernen Sie den Kickstarterhebel.

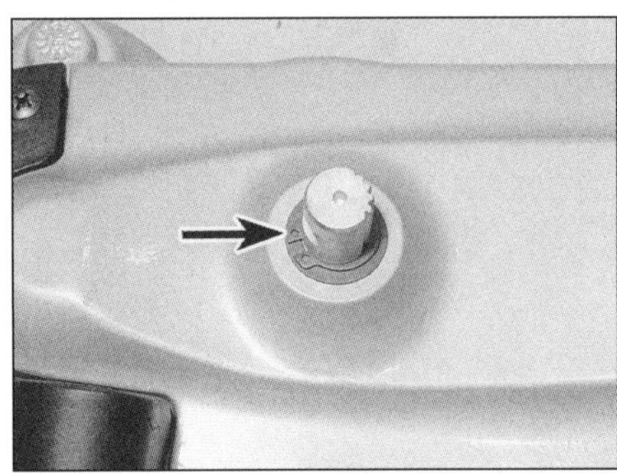

2.9b Entfernen Sie den Seegerring, der die Kickstarterwelle sichert.

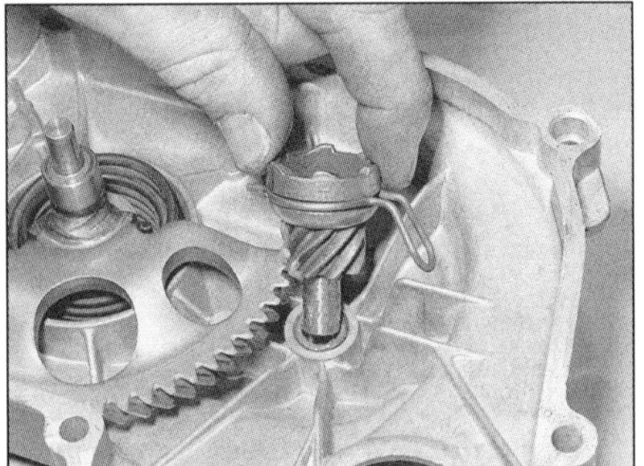

2.9c Entfernen Sie den Ratschenmechanismus – beachten Sie seine Einbaulage.

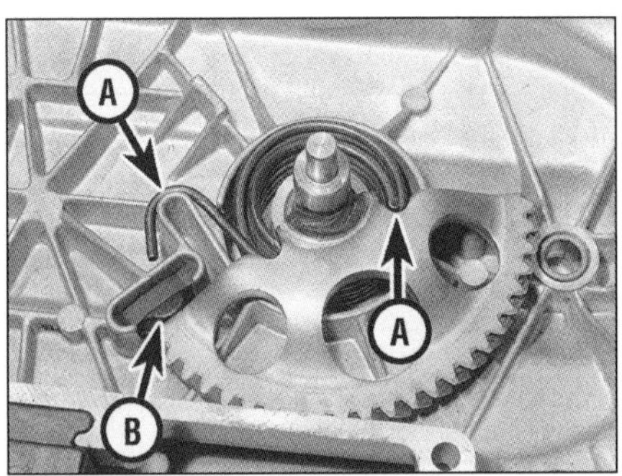

2.9d Beachten Sie, wie die Federenden (A) liegen und das Zahnsegment gegen das Gummi (B) drückt.

2.11a Installieren Sie die Kickstarterfeder, deren nach außen gebogenes Ende gegen den Gehäusevorsprung liegen muss.

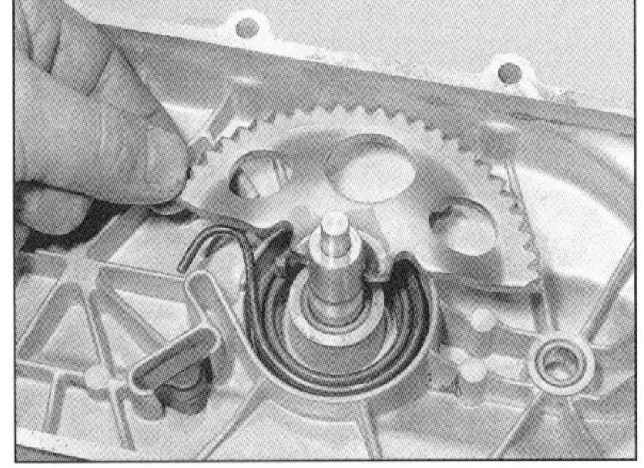

2.11b Installieren Sie das Zahnsegment wie gezeigt, . . .

2.11c . . . setzen Sie die Stange über die Feder und gegen das Segment, . . .

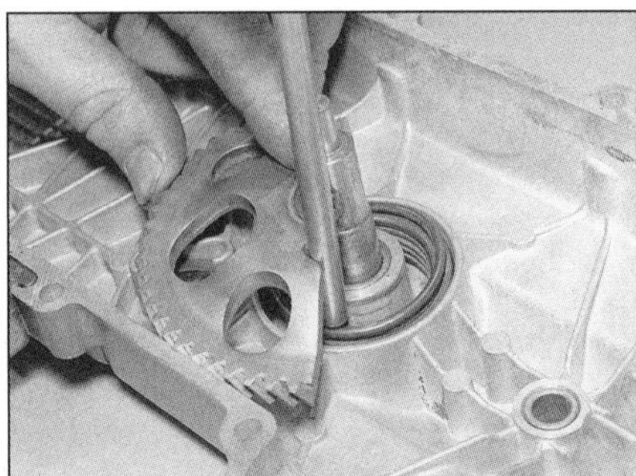

2.11d . . . und spannen Sie mit dem Segment die Feder vor, . . .

2.11e . . . bis es den Gummianschlag freigibt und herunter geklopft werden kann, um dagegen zu drücken.

2.12 Die installierte Baugruppe muss so aussehen – bei einigen Modellen ist der Bereich der Federaufnahme an einer anderen Stelle positioniert.

an (siehe Abbildung 2.9a). Prüfen Sie die Funktion des Mechanismus, und installieren Sie ggf. die Abdeckung (siehe Abbildung 2.8b).

13 Falls vorhanden, muss das im Deckel sitzende Lager untersucht werden. Wenn es sich nicht frei und sanft dreht oder übermäßiges Spiel hat, muss es ausgetauscht werden. Ist

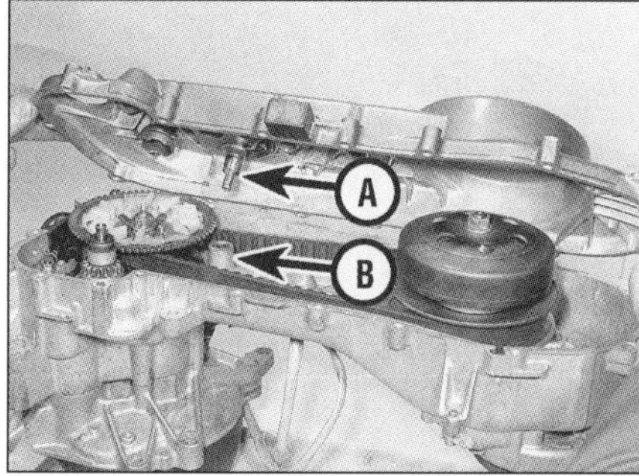

2.14 Die Welle (A) muss (falls vorhanden) in die Bohrung (B) greifen.

die Getriebeeingangswelle durch den Deckel geführt, muss der Sicherungsring an der Deckel-Innenseite gelöst und das Lager von außen her mit einer geeigneten Steckschlüsselnuss ausgetrieben werden – erwärmen Sie dazu das Gehäuse, um den Ausbau zu erleichtern. Merken Sie sich die Einbaurichtung des Lagers. Treiben Sie das neue Lager mit einer Steckschlüsselnuss ein, die nur den äußeren Ring berührt, und installieren Sie anschließend den Sicherungsring. Bei manchen Zweitaktmodellen sitzt das Lager in einem Sackloch und muss mit einem Innenabzieher und einem Zughammer ausgebaut werden. Mit etwas Glück fällt es alleine heraus, wenn man den Deckel im Bereich des Lagers mit einem Heißluftgebläse ausreichend erwärmt und vorsichtig auf die Werkbank schlägt. Beschädigen Sie hierbei nicht die Dichtfläche!

Einbau

14 Der Einbau entspricht der umgekehrten Ausbaureihenfolge. Die Kickstarterwelle muss ggf. in die Buchse nahe des Antriebsrades greifen (siehe Abbildung). Bei Modellen, deren Getriebewelle durch den Deckel geführt ist, muss zuvor die Distanzscheibe auf die Welle geschoben werden (siehe Abbildung 2.6b). Die Welle muss wie beim Zerlegen blockiert werden, um die Mutter (nach dem Auflegen der Scheibe) mit 54 bis 60 Nm anziehen zu können.

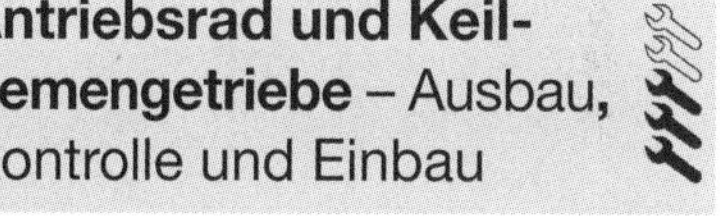

3 Antriebsrad und Keilriemengetriebe – Ausbau, Kontrolle und Einbau

Ausbau

1 Entfernen Sie den Antriebsgehäusedeckel (siehe Sektion 2).

2 Um die Mutter des Antriebsrades entfernen zu können, muss dieses am Mitdrehen gehindert werden. Hierfür bietet Piaggio Spezialwerkzeuge an (je nach Modell Teilenummer 020165Y oder 020451Y), die an das Antriebsgehäuse geschraubt werden und mit ihren Zahn-Sektionen in das Antriebsrad greifen (siehe Abbildung). Man kann auch einen großen Schlitzschraubendreher zwischen die Zähne des Anlasser-Antriebsrades stecken und das Rad so gegen das Motorgehäuse blockieren (siehe Abbildung). Ist das Zahnrad blockiert, werden die Mutter gelöst und die Platte der Kickstarter-Ratsche, die mit Plastikrippen versehene Platte (falls vorhanden) und das Anlasser-Antriebsrad von der Welle genommen (siehe Abbildungen). Piaggio schreibt vor, beim Zusammenbau eine neue Mutter zu verwenden.

3 Heben Sie den Keilriemen ab, und entfer-

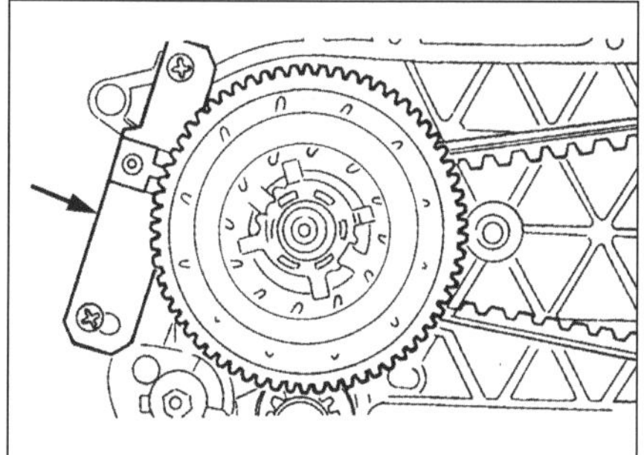

3.2a So wird mit dem Piaggio-Werkzeug das Antriebsrad blockiert.

3.2b Das Anlasser-Antriebsrad muss mit einem Schraubendreher blockiert werden.

3.2c Entfernen Sie die Mutter, . . .

3.2d . . . die Ratschen-Platte, . . .

3.2e . . . die Rippen-Platte . . .

3.2f . . . und das Anlasser-Antriebsrad.

3.2g Ratschenplatte (A) und Antriebsrad (B) bei X9 LEADER-Motoren

2G

3.3a Entfernen Sie die Scheibe . . .

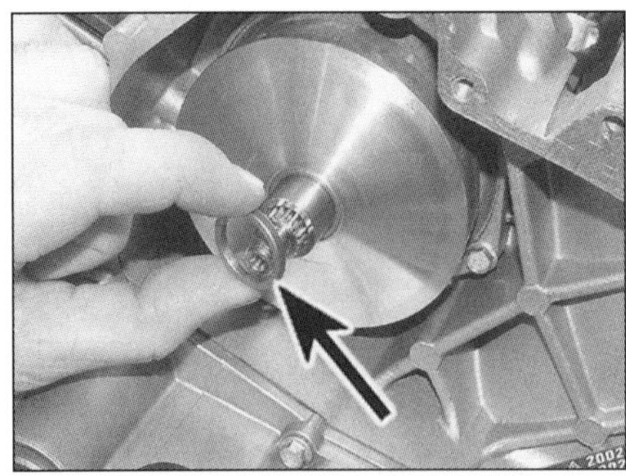
3.3b . . . oder Distanzbuchse.

3.3c Ziehen Sie die Buchse heraus, . . .

3.3d . . . und ziehen Sie das Antriebsrad von der Kurbelwelle.

nen Sie die Scheibe oder Distanzbuchse, um anschließend die Hülse und das Keilriemenrad abzuziehen (siehe Abbildungen). **Anmerkung:** *Es gibt zwei verschiedene Keilriemenantriebe: Bei frühen Modellen sind die Rollen des Antriebsrades gefettet und das Rad ist mit einem Deckel versehen; bei späteren Modellen sind die Rollen nicht gefettet und das Rad nicht abgedeckt.*

3.4a Entfernen Sie bei früheren Modellen die Schrauben, . . .

4 Um frühere Modelle zu zerlegen, müssen zuerst die drei Schrauben des Deckels gelöst werden, um diesen zu entfernen. Der O-Ring muss später durch ein Neuteil ersetzt werden (siehe Abbildungen). Bei allen Modellen muss die Anlaufplatte herausgehoben werden, dann werden die Rollen entfernt – sollen sie wiederverwendet werden, müssen sie in ihre ursprünglichen Positionen installiert werden (siehe Abbildungen). Alle Teile müssen gereinigt und ggf. entfettet werden.

Kontrolle

5 Überprüfen Sie die Rollen und die Anlauframpen im Riemenrad sowie die Anlaufplatte auf Schäden, Verschleiß und Abflachungen – ersetzen Sie defekte Teile (siehe Abbildung). Messen Sie den Durchmesser der Rollen – wenn sie nicht den Angaben in den technischen Daten entsprechen, müssen sie als Satz ausgetauscht werden (siehe Abbildung). **Anmerkung**: *Bei der Beschaffung neuer Rollen muss genau das Modelljahr angegeben werden. Neuere Rollen können in ein (sorgfältig gereinigtes) älteres Riemenrad installiert werden, dann darf dieses nicht wieder gefettet werden.*

6 Kontrollieren Sie die Hülse und ihre Buchse

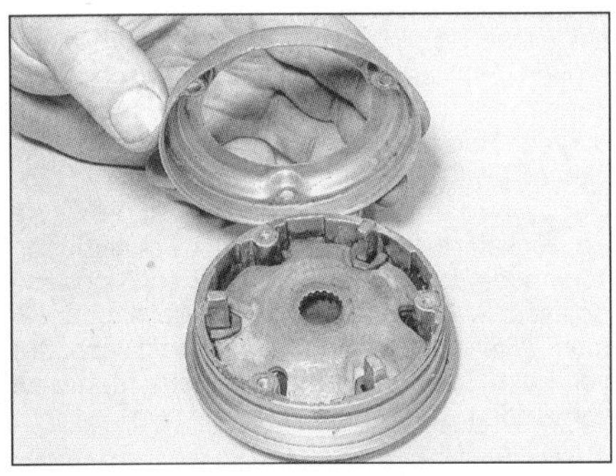
3.4b . . . und heben Sie den Deckel ab.

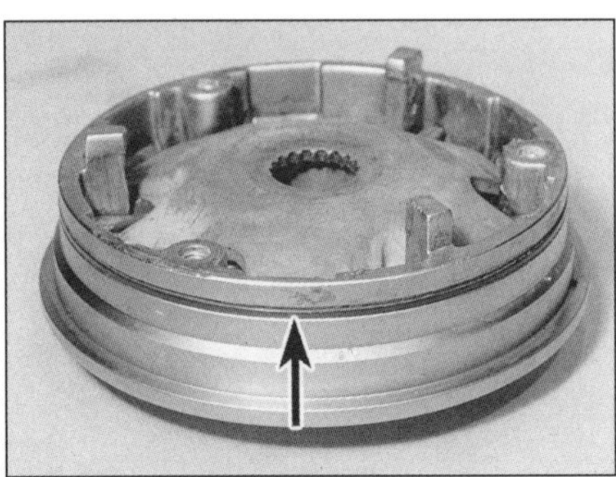
3.4c Entsorgen Sie den O-Ring.

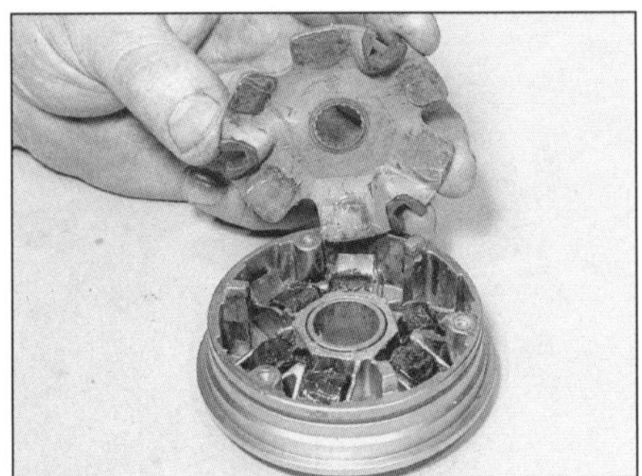
3.4d Heben Sie die Anlaufplatte heraus, . . .

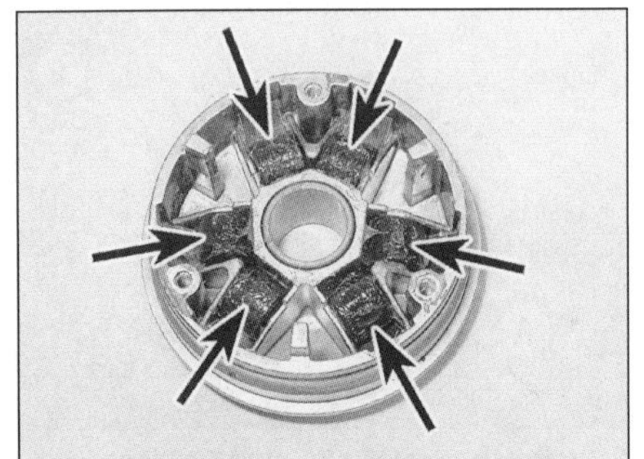
3.4e . . . und entfernen Sie die Rollen.

3.5a Prüfen Sie die Rampen auf Verschleiß.

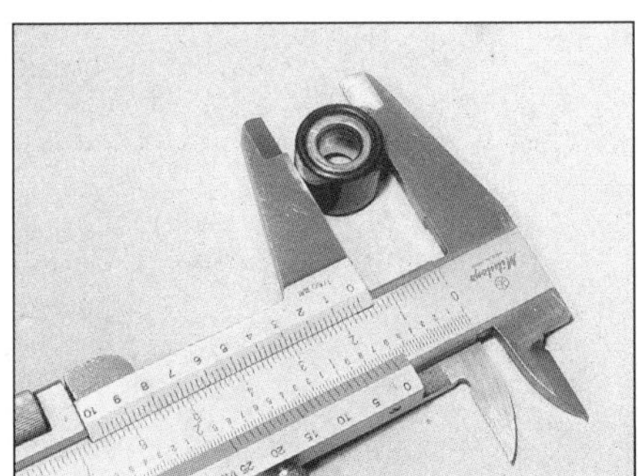
3.5b Messen Sie den Durchmesser der Rollen.

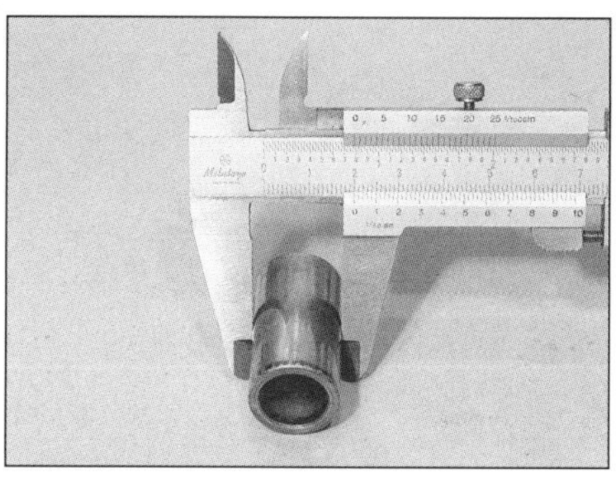

3.6a Messen Sie den Außendurchmesser der Hülse, . . .

3.6b . . . und den Innendurchmesser der Buchse.

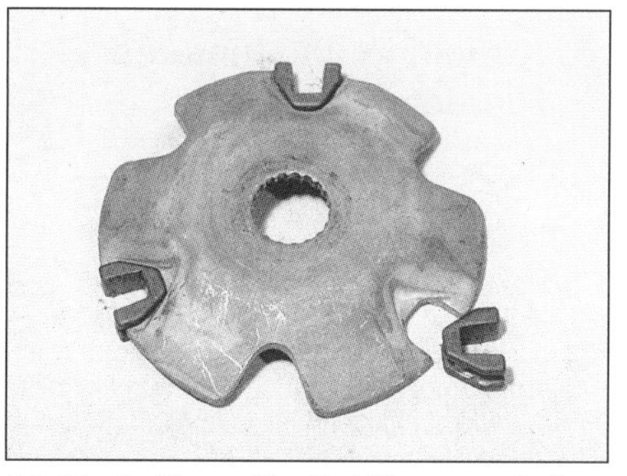

3.7 Kontrollieren Sie die Führungsschuhe, und ersetzen Sie sie nötigenfalls.

im Riemenrad auf Verschleiß und Schäden, und ersetzen Sie defekte Teile. Messen Sie den Außendurchmesser der Hülse und den Innendurchmesser der Buchse – wenn die Werte nicht den Angaben in den technischen Daten entsprechen, müssen entsprechende Teile ausgetauscht werden (siehe Abbildungen).

7 Prüfen Sie die Führungsschuhe an der Anlaufplatte, und ersetzen Sie sie nötigenfalls (siehe Abbildung). Kontrollieren Sie ebenfalls die Nuten der Platte, und ersetzen Sie diese, wenn sie verschlissen sind.

Einbau

8 Bei mit originalen Rollen bestückten früheren Modellen werden die Rollen und ihre Rampen mit Lithiumfett (NLGI 3) gefettet. Bei allen Modellen werden die Rollen in das Riemenrad gelegt (alte Rollen müssen an ihre ursprünglichen Positionen kommen) (siehe Abbildung). Legen Sie die mit den Führungsschuhen versehene Anlaufplatte auf (siehe Abbildung). Bei mit originalen Rollen bestückten früheren Modellen wird ein neuer O-Ring um das Riemenrad gelegt sowie der Deckel aufgelegt und mit den Schrauben gesichert (siehe Abbildungen 3.4c, b und a).

9 Greifen Sie das Riemenrad so, dass die Anlaufplatte darin verbleibt, und schieben Sie es auf die Kurbelwelle (siehe Abbildung). Installieren Sie die Hülse, und legen Sie die Scheibe oder Distanzbuchse auf (siehe Abbildungen 3.3c und a oder 3.3 b). **Anmerkung**: *Wenn die Anlaufplatte bewegt wird und die Rollen verrutschen, muss das Riemenrad wieder demontiert und neu bestückt aufgesetzt werden.*

10 Legen Sie den Keilriemen um die Welle (siehe Abbildung), schieben Sie das Anlasser-Antriebsrad, die verrippte Platte (falls vorhanden) und die Kickstarter-Ratsche auf die Welle (siehe Abbildungen 3.2g bis d) – die Kickstarter-Ratsche muss dabei korrekt positioniert sein (siehe Abbildung). Installieren Sie eine neue und mit Schraubensicherungspaste versehene Mutter, blockieren Sie das Rad wie beim Zerlegen, und ziehen Sie die Mutter mit dem in den technischen Daten angegebenen Drehmoment an (siehe Abbildungen 3.2a oder b). Bei manchen Modellen muss die Mutter um weitere 90° angezogen werden (siehe Abbildung). Hierfür ist nicht unbedingt eine Gradscheibe nötig, da 90° einem Viertelkreis entsprechen, den man sich auch ohne Hilfsmittel vorstellen kann. **Anmerkung:** *Es ist wichtig, dass die Mutter gegen die Kickstarter-Ratsche gezogen wird – und nicht gegen den Bund der Kurbelwelle.*

11 Montieren Sie den Antriebsgehäuse-Deckel (siehe Sektion 2).

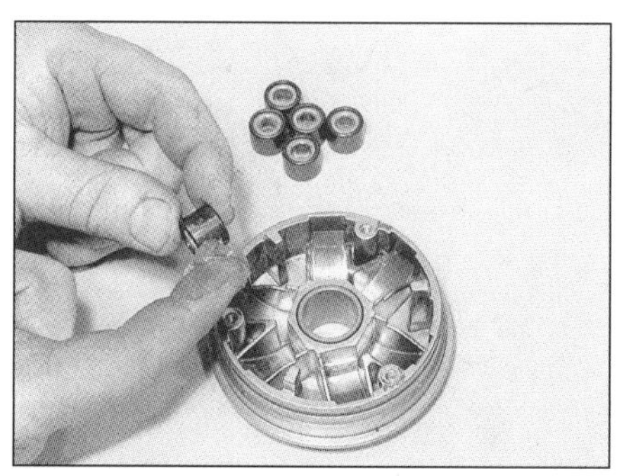

3.8a Bei frühen Modellen müssen die Rollen gefettet und ins Gehäuse gelegt werden.

3.8b Legen Sie die Anlaufplatte mit den Führungsschuhen wie gezeigt ein.

3.9 Halten Sie die Antriebsrad-Baugruppe zusammen, damit die Rollen in Position bleiben.

3.10a Legen Sie den Riemen über die Welle.

3.10b Die Laschen (Pfeile) müssen korrekt liegen.

3.10c Ziehen Sie die Mutter gegebenenfalls mithilfe einer Gradscheibe an.

4 Kupplung und hinteres Riemenrad – Ausbau, Kontrolle und Einbau

Ausbau

1 Entfernen Sie den Antriebsgehäuse-Deckel (siehe Sektion 2). Bei Modellen, deren Getriebeeingangswelle durch den Deckel geführt ist, muss die vor der Kupplung liegende Distanzhülse entfernt werden (siehe Abbildung 2.6b).

2 Um bei früheren Modellen die Kupplungstrommel entfernen zu können, muss die Kupplung am Mitdrehen gehindert werden. Piaggio bietet zu diesem Zweck ein Spezialwerkzeug (Teilenummer 020565Y) an, doch kann auch ein selbst gebautes Werkzeug (siehe Werkzeug-Tipp) zum Einsatz kommen. Ist die Trommel blockiert, wird die Mutter gelöst (siehe Abbildung 4.12b). Piaggio schreibt vor, beim Zusammenbau eine neue Mutter zu verwenden.

Werkzeug TiPP ***Ein Haltewerkzeug kann leicht aus zwei Stahlbändern angefertigt werden, die in der Mitte mit einem Scharnier verbunden und an einem Ende mit zwei Bolzen ausgerüstet werden, die in die Bohrungen der Kupplungstrommel greifen können.***

3 Entfernen Sie die Kupplungstrommel, und ziehen Sie die aus der Kupplung und dem hinteren Riemenrad bestehende Baugruppe von

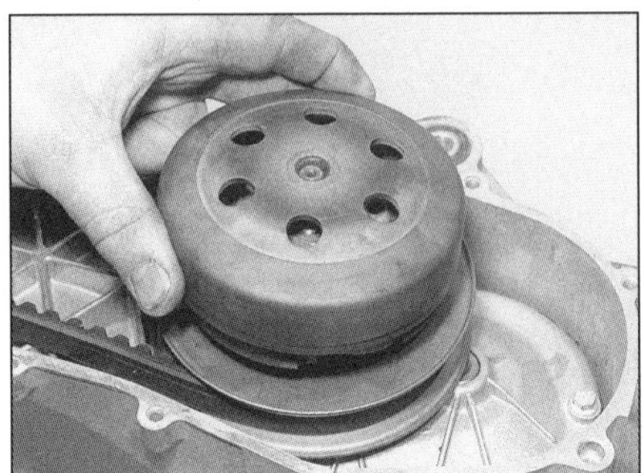

4.3a Entfernen Sie die Kupplungstrommel, . . .

der Welle. Entfernen Sie den Keilriemen (siehe Abbildungen).

4 Zum Zerlegen der Kupplungs-Riemenrad-Baugruppe muss diese gegen die Federkraft zusammengepresst werden, damit sie nicht beim Lösen der Mutter auseinander fliegt – der in Schritt 10 benutzte Aufbau kann hierfür verwendet werden. Ansonsten lässt man einen Helfer kräftig auf die Kupplung drücken. Nachdem die Mutter so entfernt wurde (siehe Abbildung), wird die Kupplung langsam gelöst, bis sich die Feder entspannt hat. Jetzt werden die Kupplung, der obere Federsitz (falls vorhanden) und die Feder entfernt. Entfernen Sie den unteren Federsitz, ziehen Sie die Führungsstifte heraus, und trennen Sie die Riemenrad-Hälften (siehe Abbildungen). Entfernen Sie den Dichtring und die O-Ringe von der äußeren Hälfte – später müssen Neuteile verwendet werden (siehe Abbildung). Entfetten und reinigen Sie alle Bauteile.

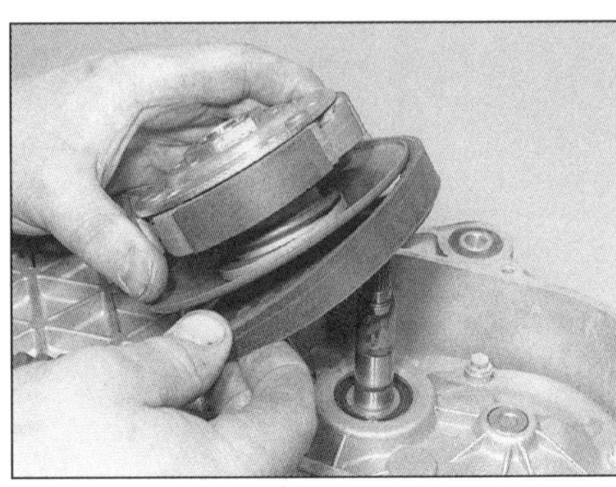

4.3b . . . ziehen Sie die Baugruppe von der Welle, und heben Sie den Riemen ab.

Kontrolle

5 Überprüfen Sie die Innenseite der Kupplungstrommel auf Schäden und Riefen – ersetzen Sie sie gegebenenfalls. Messen Sie den Innendurchmesser der Trommel an mehreren Stellen, um den Verschleiß und möglichen Unrundlauf zu ermitteln (siehe Abbildung). Liegen die Messergebnisse außerhalb der in den technischen Daten angegebenen Toleranzgrenzen, muss die Kupplungstrommel ersetzt werden.

6 Kontrollieren Sie die Stärke des Reibmaterials auf den Kupplungsbacken, und ersetzen Sie die gesamte Kupplung, wenn sie unter 1 mm liegt (siehe Abbildung). **Anmerkung:** *Einzelteile für die Kupplung sind nicht erhältlich, doch kann ein Spezialist möglicherweise neues Belagmaterial aufkleben.* Ein Zerlegen der Kupplung sollte unterbleiben, da sie nach der Montage feingewuchtet wurde und es nach dem erneu-

4.4a Drücken Sie kräftig auf die Kupplung, und lösen Sie die Mutter.

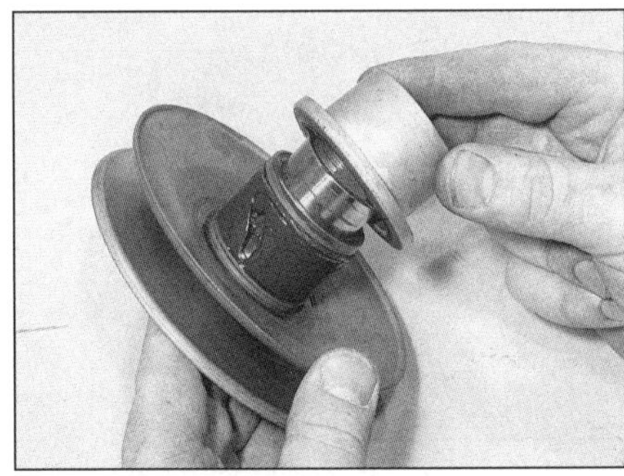

4.4b Entfernen Sie den unteren Federsitz, . . .

4.4c . . . ziehen Sie die Führungsstifte heraus, . . .

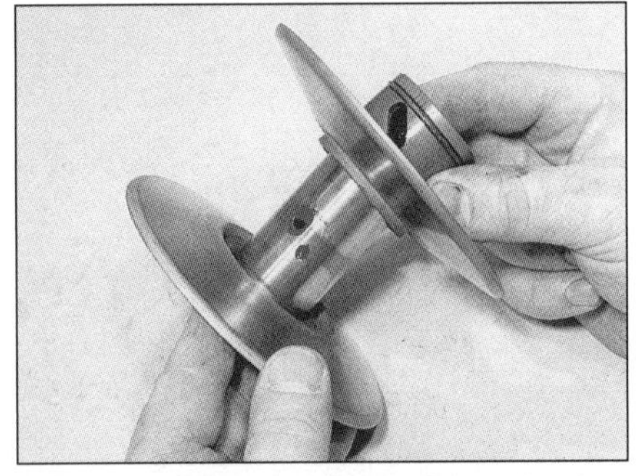

4.4d . . . und trennen Sie die Riemenrad-Hälften.

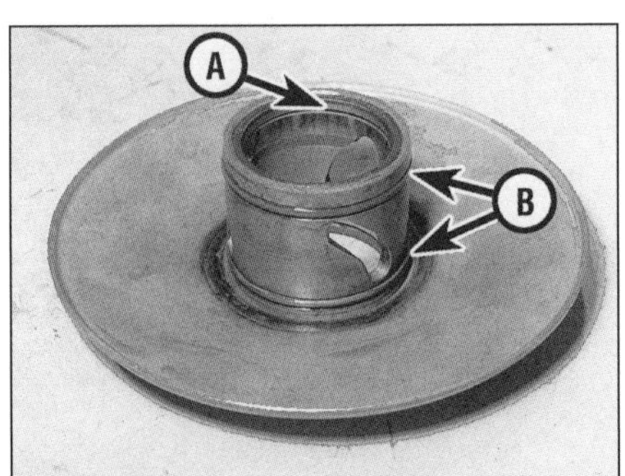

4.4e Hebeln Sie die Dichtung (A) heraus, und entfernen Sie die O-Ringe (B).

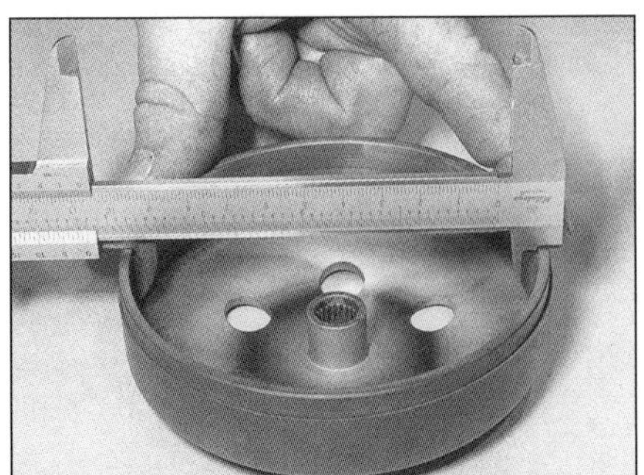

4.5 Messen Sie den Innendurchmesser der Trommel.

4.6a **Kontrollieren Sie das Belagmaterial der Kupplungsbacken auf Verschleiß, . . .**

4.6b **. . . und prüfen Sie die Federn und Lagerzapfen.**

ten Zusammenbau zu starken Vibrationen führen würde. Auch wenn die Kupplungsfedern verschlissen sind, muss die Kupplung ersetzt werden. Die Kupplungsbacken müssen sich auf ihren Zapfen bewegen können (dies kann von Hand oder mithilfe eines Hebels geprüft werden) und mit Seegerringen gesichert sein (siehe Abbildung).

7 Überprüfen Sie die Riemenradhälften auf Verschleiß und Schäden, und erneuern Sie sie nötigenfalls. Messen Sie den Außendurchmesser der Welle am inneren Rad und den Innendurchmesser der Bohrung im äußeren Rad, vergleichen Sie die Werte mit den Angaben in den technischen Daten, und ersetzen Sie übermäßig verschlissene Teile (siehe Abbildungen). Prüfen Sie auch das Nadellager in der inneren Hälfte, und ersetzen Sie es nötigenfalls (siehe Abbildung) – treiben Sie dazu das alte Lager mit einem geeigneten Werkzeug aus.

8 Kontrollieren Sie die Feder – wenn sie verbogen, ermüdet oder kürzer als in den technischen Daten angegeben ist, muss sie ersetzt werden (siehe Abbildung).

Einbau

9 Rüsten Sie die äußere Riemenradhälfte mit einem neuen Dichtring und zwei neuen O-Ringen aus (siehe Abbildung 4.4e). Fetten Sie die Welle der inneren Riemenradhälfte (siehe Abbildung). Setzen Sie die innere Hälfte in die Bohrung der äußeren, und stecken Sie die Führungsstifte in ihre Bohrungen (siehe Abbildungen 4.4d und c). Versehen Sie die Führungsstift-Nuten und den Bereich um die O-Ringe mit Fett (siehe Abbildung), und installieren Sie den unteren Federsitz (siehe Abbildung 4.4b).

10 Um die Kupplung und das Riemenrad zusammenbauen zu können, muss die Feder während des Anziehens der Mutter komprimiert werden. Dies kann mithilfe eines Assistenten geschehen, der die Kupplung herunterdrückt; ansonsten ist aus einer Gewindestange und einem Klauen-Ölfilterschlüssel ein Klemmwerkzeug herzustellen: Verkontern Sie zwei Muttern am unteren Ende der Gewindestange, legen Sie eine ausreichend große Schei-

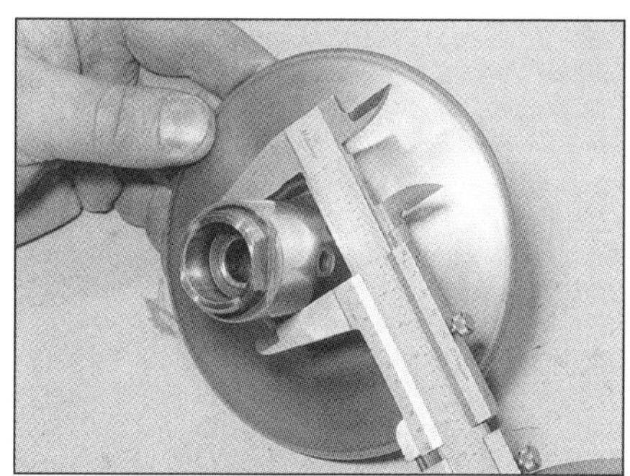

4.7a **Messen Sie den Durchmesser der inneren Riemenradwelle, . . .**

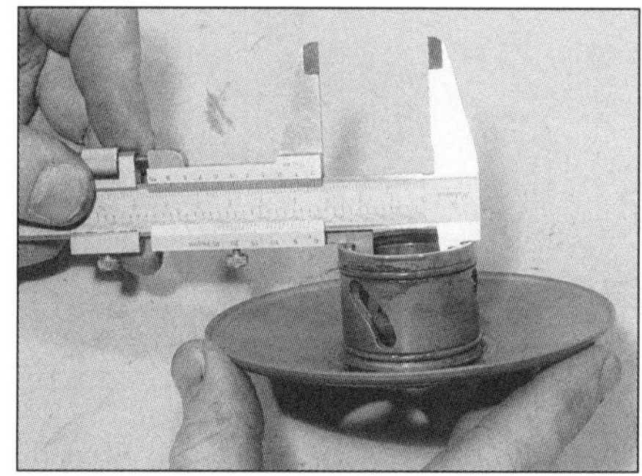

4.7b **. . . und den Innendurchmesser der Bohrung im äußeren Rad.**

4.7c **Prüfen Sie das Nadellager im inneren Riemenrad.**

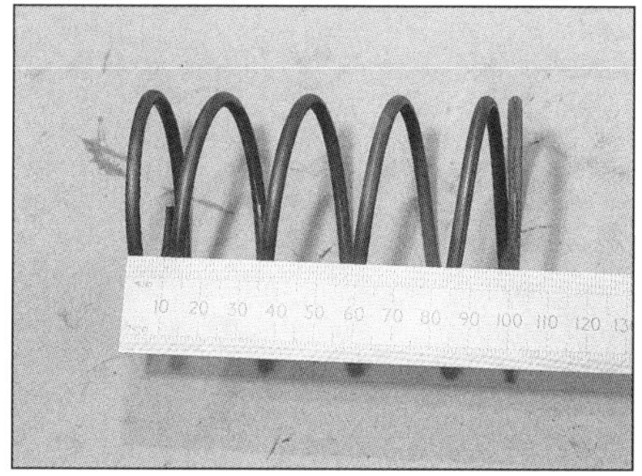

4.8 **Messen Sie die freie Federlänge.**

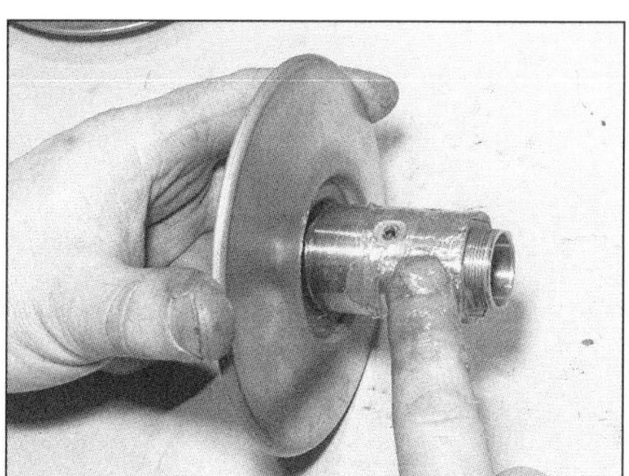

4.9a **Fetten Sie die innere Riemenradwelle.**

4.9b **Fetten Sie die Nuten und die Bereiche um die O-Ringe.**

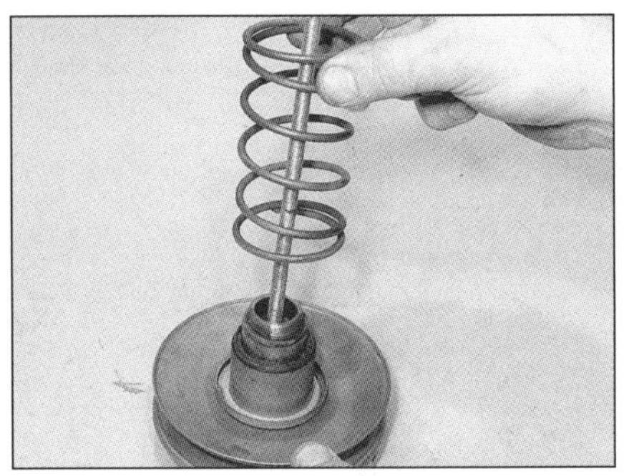

4.10a Installieren Sie die Feder, . . .

4.10b . . . den oberen Federsitz (falls vorhanden), . . .

4.10c . . . die Kupplung . . .

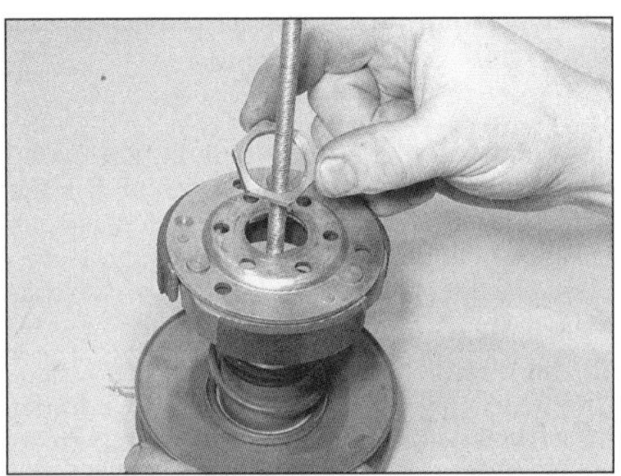

4.10d . . . und die Mutter.

4.10e Setzen Sie einen Ölfilterschlüssel an, . . .

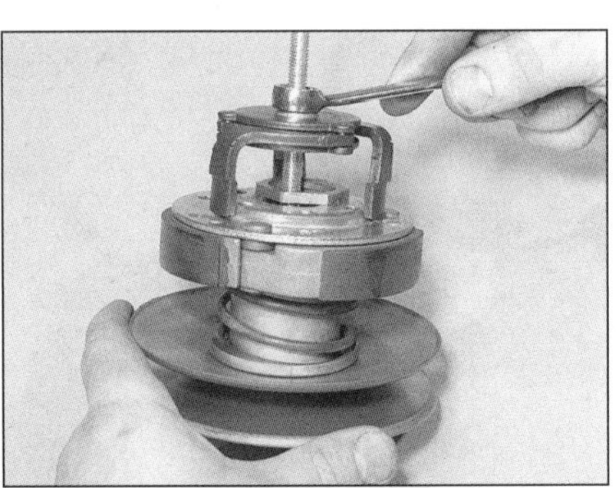

4.10f . . . und ziehen Sie die Mutter an, um die Feder zusammenzudrücken.

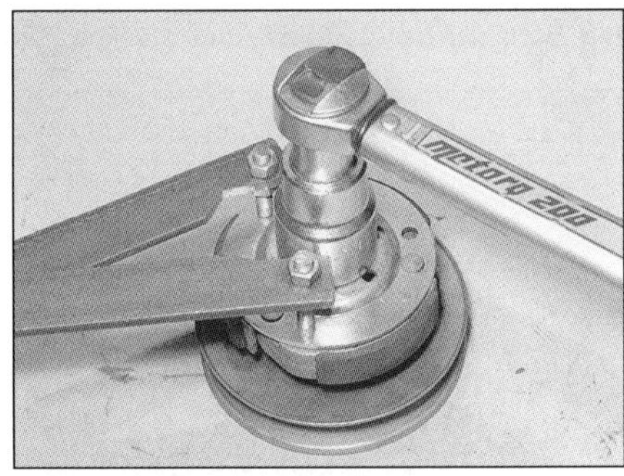

4.10g Halten Sie die Kupplung wie gezeigt, und ziehen Sie die Mutter mit dem vorgegebenen Drehmoment an.

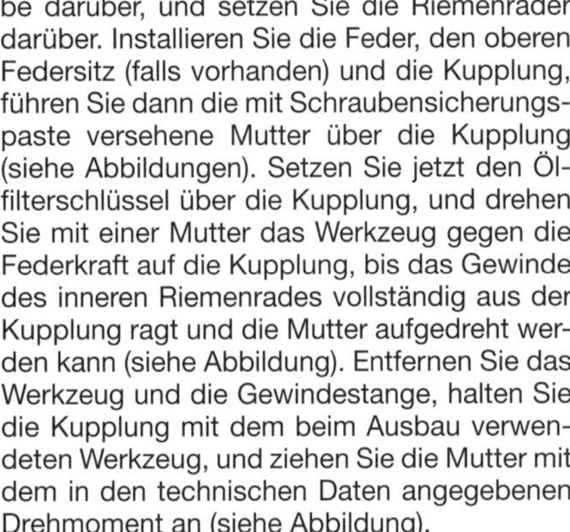

be darüber, und setzen Sie die Riemenräder darüber. Installieren Sie die Feder, den oberen Federsitz (falls vorhanden) und die Kupplung, führen Sie dann die mit Schraubensicherungspaste versehene Mutter über die Kupplung (siehe Abbildungen). Setzen Sie jetzt den Ölfilterschlüssel über die Kupplung, und drehen Sie mit einer Mutter das Werkzeug gegen die Federkraft auf die Kupplung, bis das Gewinde des inneren Riemenrades vollständig aus der Kupplung ragt und die Mutter aufgedreht werden kann (siehe Abbildung). Entfernen Sie das Werkzeug und die Gewindestange, halten Sie die Kupplung mit dem beim Ausbau verwendeten Werkzeug, und ziehen Sie die Mutter mit dem in den technischen Daten angegebenen Drehmoment an (siehe Abbildung).

11 Versehen Sie das in der inneren Riemenradhälfte sitzende Nadellager und die Getriebeeingangswelle mit Fett (siehe Abbildung). Legen Sie den Keilriemen um das Riemenrad, und zwingen Sie damit (falls er um das montierte vordere Riemenrad liegt) die Riemenradhälften auseinander, um ihn zu lockern und die Baugruppe auf die Welle schieben zu können (siehe Abbildungen).

12 Setzen Sie die Kupplungstrommel über die Kupplung. Versehen Sie bei früheren Modellen die Trommelmutter mit dauerelastischer Schraubensicherung, und ziehen Sie sie mit dem in den technischen Daten angegebenen Drehmoment an (siehe Abbildungen). Bei Modellen, deren Getriebeeingangswelle durch den Deckel geführt ist, muss die Distanzhülse aufgelegt werden (siehe Abbildung 2.6b).

13 Installieren Sie den Antriebsgehäuse-Deckel (siehe Sektion 2).

4.11a Versehen Sie das Lager und die Welle mit Fett, . . .

4.11b . . . und ziehen Sie den Riemen nötigenfalls in das Riemenrad,. . .

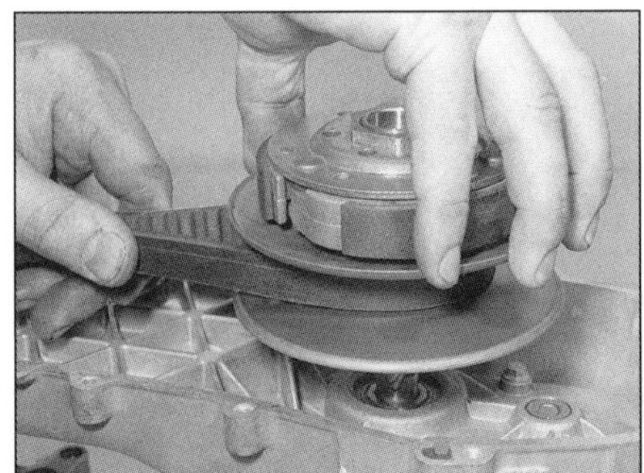

4.11c . . . um die Baugruppe auf die Welle schieben zu können.

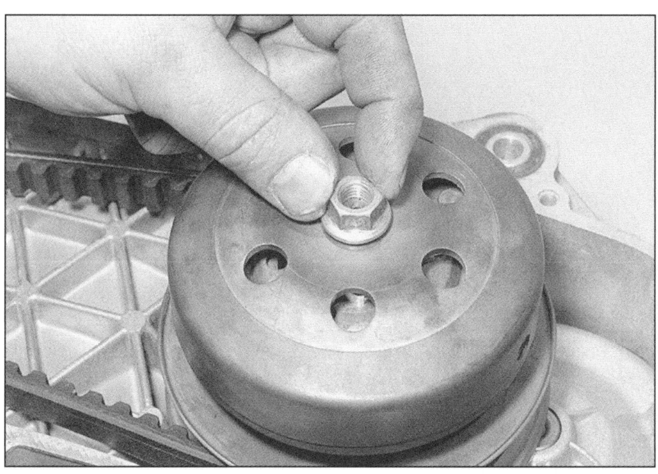

4.12a Installieren Sie die Kupplungstrommel und ihre Mutter, . . .

4.12b . . . und ziehen Sie diese mit dem vorgeschriebenen Drehmoment an.

5 Antriebsriemen und Stützrolle
Kontrolle und Ersetzen

Kontrolle

1 Entfernen Sie den Antriebsgehäuse-Deckel (siehe Sektion 2). Kontrollieren Sie den gesamten Keilriemen auf Risse, Ausbrüche und beschädigte Zähne, und ersetzen Sie ihn gegebenenfalls. Bei manchen Modellen muss er nach einer bestimmten Laufleistung im Zuge der entsprechenden Inspektion ausgetauscht werden (siehe Wartungstabellen in Kapitel 1).

2 Messen Sie die Breite des äußeren Riemenrandes, und vergleichen Sie das Ergebnis mit den Angaben in den technischen Daten (siehe Abbildung) – ein übermäßig verschlissener Riemen ist zu ersetzen.

3 Der Zahnriemen muss regelmäßig kontrolliert werden (siehe Kapitel 1). **Anmerkung:** *Öl oder Fett im Riemengehäuse würden den Keilriemen kontaminieren und dadurch durchrutschen lassen. Öl wird aus einem verschlissenen Dichtring – entweder an der Kurbelwelle oder der Getriebeeingangswelle – austreten, wogegen Fett durch verschlissene Dichtungen der Kupplung ins Gehäuse gelangt.*

4 Bei GT 200-Modellen sitzt zwischen den beiden Riemenrädern eine Stützrolle (siehe Abbildung) – wenn sie sich nicht sanft und frei dreht, ist ihr Kugellager verschlissen, und sie muss nach dem Lösen der Schraube entfernt werden (siehe Abbildung). Entfernen Sie den Seegerring, und pressen Sie das Lager von der Rückseite her mit einer geeigneten Steckschlüsselnuss aus – merken Sie sich seine Einbaurichtung. Pressen Sie das neue Lager mit einem Steckschlüssel, der nur den Außenrand berührt, in die Rolle, und sichern Sie es mit dem Seegerring.

Ersetzen

5 Folgen Sie den Anweisungen in Sektion 3, und entfernen Sie das Anlasser-Antriebsrad. **Anmerkung:** *Halten Sie das vordere Riemenrad dabei in Position, damit sich die Rollen nicht verschieben. Wenn die Anlaufplatte bewegt wird und die Rollen verrutschen, muss das Riemenrad wieder demontiert und neu bestückt aufgesetzt werden.*

6 Heben Sie den Keilriemen von der Kurbelwelle, und befreien Sie ihn vom Kupplungsrad – ziehen Sie dazu nötigenfalls die äußere Hälfte des hinteren Riemenrades gegen die Kupplung (siehe Abbildung). Manövrieren Sie den Riemen aus dem Gehäuse (siehe Abbildung).

7 Legen Sie den neuen Riemen auf – vorhandene Richtungspfeile müssen in die normale Drehrichtung zeigen (siehe Abbildung). Der Riemen muss locker genug sitzen, dass er bei

5.2 Messen Sie die Breite des Riemens, um den Verschleiß zu ermitteln.

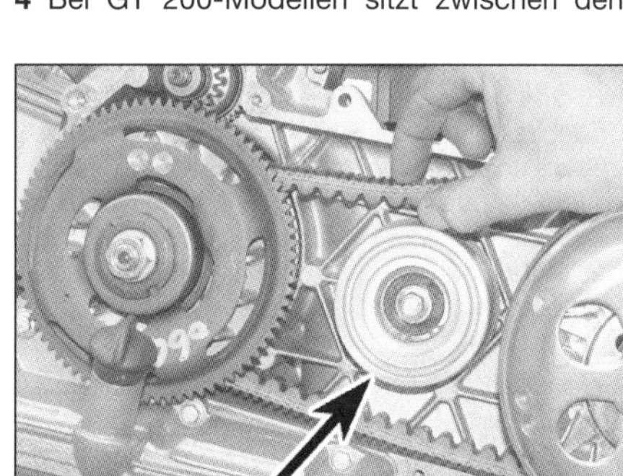

5.4a Lage des Riemen-Stützrades

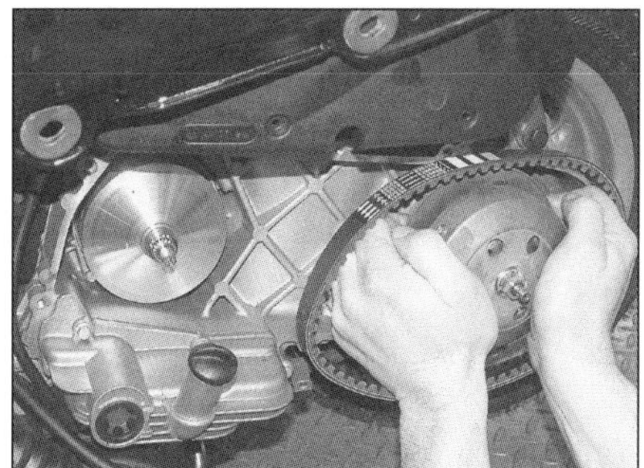

5.4b Rollen-Bolzen und Lager-Seegerring (Pfeil)

5.6 Ziehen Sie das Riemenrad auseinander, um den Riemen zu befreien.

5.7 Die Pfeile müssen in die normale Drehrichtung zeigen.

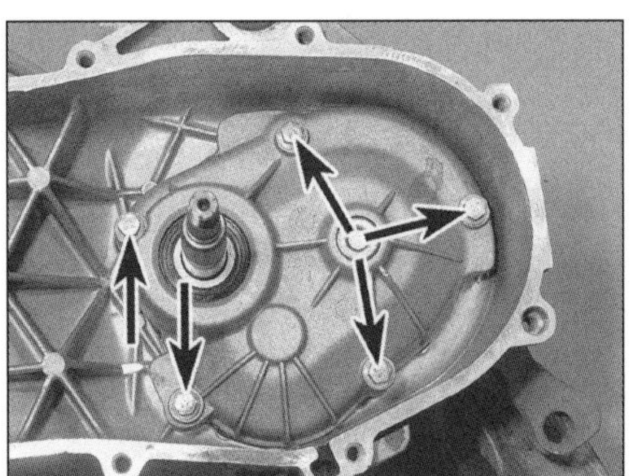
6.3a Lösen Sie die Schrauben, . . .

6.3b . . . und entfernen Sie den Getriebedeckel samt Eingangswelle.

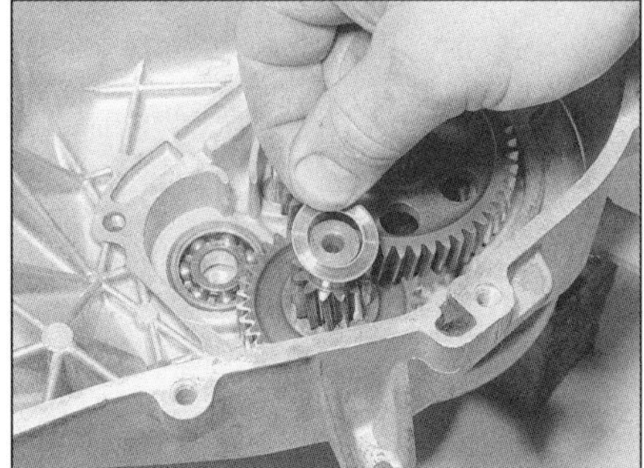
6.4a Entfernen Sie die äußere Anlaufscheibe, . . .

6.4b . . . die Ausgangswelle, . . .

6.4c . . . das Untersetzungsrad . . .

Montieren des Anlasser-Antriebsrades nicht eingeklemmt wird.

8 Installieren Sie das Anlasser-Antriebsrad (siehe Sektion 3) und den Antriebsgehäuse-Deckel (siehe Sektion 2).

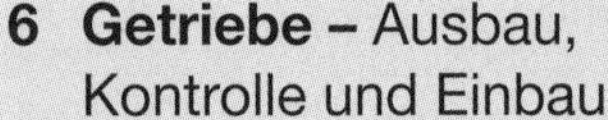

6 Getriebe – Ausbau, Kontrolle und Einbau

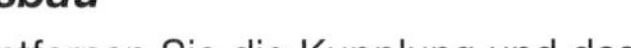

Ausbau

1 Entfernen Sie die Kupplung und das hintere Riemenrad (siehe Sektion 4). Bauen Sie das Hinterrad aus (siehe Kapitel 8).

2 Lassen Sie das Getriebeöl ab (Kapitel 1).

Getriebedeckel hinter Kupplung

3 Lösen Sie die Schrauben des Getriebedeckels, und entfernen Sie diesen samt der Getriebeeingangswelle (siehe Abbildungen).

4 Entfernen Sie die äußere Anlaufscheibe von der Untersetzungsrad-Welle, und entfernen Sie die Ausgangswelle sowie das Untersetzungsrad und die innere Anlaufscheibe (siehe Abbildungen).

5 Treiben Sie nötigenfalls die Eingangswelle mit einem weichen Hammer aus dem Getriebedeckel – dies erfordert das Erneuern des Lagers und des Simmerrings. Sind außen (hinter der Kupplung) keine Anzeichen von Lecks sichtbar und dreht sich die Welle sanft und frei sowie ohne übermäßiges Spiel, sollte die Demontage unterbleiben, solange keine Schäden festgestellt wurden.

Getriebedeckel hinter Hinterrad

6 Demontieren Sie den Bremssattel, und entfernen Sie die Hinterradnabe (siehe Kapitel 8).

7 Lösen Sie die Schrauben des Getriebedeckels, und entfernen Sie diesen (siehe Abbildung). Die Positionen der Schrauben müssen notiert werden, denn die drei rechten sind kürzer als die anderen. Auch die Lage der Führungen für den Getriebe-Entlüftungsschlauch ist zu beachten. Entfernen Sie die Deckeldichtung – sie muss später durch ein Neuteil ersetzt werden.

8 Heben Sie die Ausgangswelle und das Untersetzungsrad heraus. Pressen Sie nötigenfalls die Eingangswelle aus ihrem im Gehäuse sitzenden Lager, doch beachten Sie, dass beim Zusammenbau der Simmerring erneuert werden muss (siehe Schritt 5).

Kontrolle

9 Befreien Sie die Dichtflächen des Getriebes und seines Deckels von allen alten Dichtungsresten – beim Einsatz eines Schabers darf nicht das weiche Aluminium beschädigt werden. Waschen Sie alle Bauteile mit Lösungsmittel, und trocknen Sie sie.

10 Überprüfen Sie die Verzahnungen auf Ausbrüche, Risse und anderen Verschleiß, und ersetzen Sie entsprechende Teile. Kontrollieren Sie die Wellenverzahnungen auf Schäden und Verschleiß.

11 Riefen und Verfärbungen an den Zahnrädern und Wellen weisen auf Überhitzung durch mangelnde Schmierung hin. Ersetzen Sie alle schadhaften Teile. Entfernen Sie bei früheren Modellen den Seegerring, der das Zahnrad auf der Ausgangswelle sichert, und kontrollieren Sie die Verzahnungen der Welle und des Rades auf Schäden und Verschleiß (siehe Abbildung).

12 Alle Anlaufscheiben (falls vorhanden) müssen auf Verzug und Verschleiß überprüft und

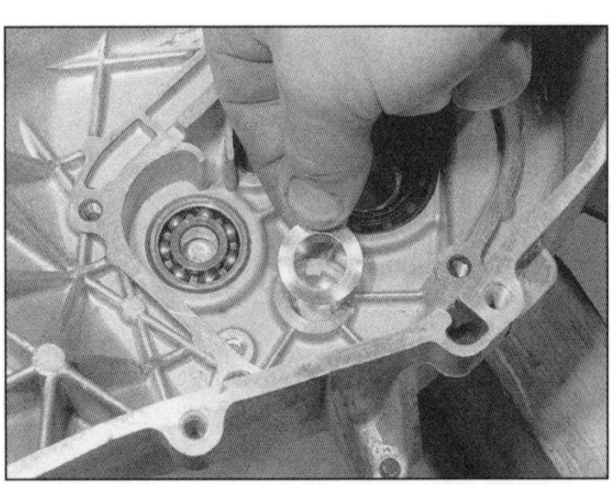
6.4d . . . und die innere Anlaufscheibe.

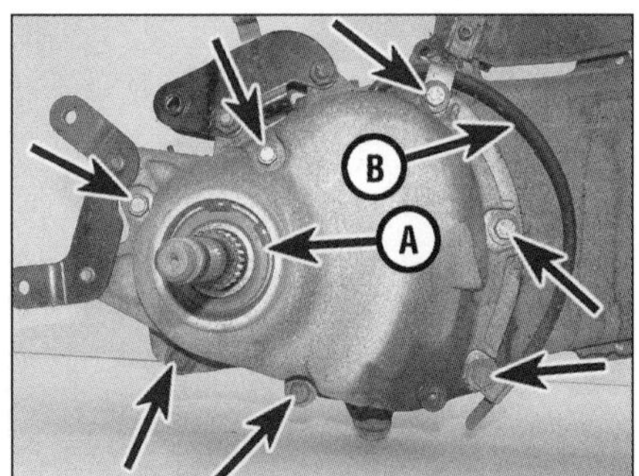

6.7 Lösen Sie die Schrauben. Lager-Seegerring (A), Entlüftungsschlauch (B)

6.11 Entfernen Sie den Seegerring. Ziehen Sie das Zahnrad von der Ausgangswelle.

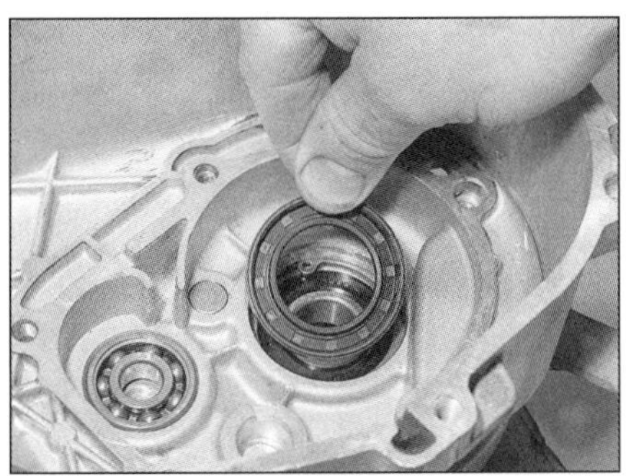

6.13a Hebeln Sie den alten Dichtring heraus, . . .

6.13b . . . und treiben Sie mit einer geeigneten Nuss einen neuen ein.

6.15 Das Ausgangswellenlager ist mit einem Seegerring gesichert.

nötigenfalls erneuert werden – dies sollte aus Sicherheitsgründen obligatorisch geschehen.

13 Merken Sie sich die Einbaurichtung des Ausgangswellen-Simmerringes, und hebeln Sie ihn heraus – später muss ein Neuteil verwendet werden (siehe Abbildung). Nachdem das Lager kontrolliert wurde (Schritt 14), wird der neue Dichtring mit einem geeigneten Steckschlüssel, der nur den Außenrand berührt, senkrecht in seinen Sitz getrieben (siehe Abbildung).

14 Prüfen Sie, ob sich alle Lager frei drehen und kein übermäßiges Spiel aufweisen. Die Lager müssen im Gehäuse einen festen Sitz haben; sitzt ein Lager locker, und ist der Sitz in Ordnung, kann es mit speziellem Lagerkleber eingesetzt werden. Bei einigen Modellen läuft das innere Ende der Ausgangswelle in einem Nadellager – begutachten Sie dessen Rollen auf Verschleiß und Ausbrüche, und ersetzen Sie das Lager nötigenfalls.

15 Um ein Lager zu erneuern, muss zunächst ggf. der Simmerring herausgehebelt werden (siehe Abbildung 6.13a). Ist das Lager mit einem Seegerring gesichert, muss dieser entfernt werden (siehe Abbildung). Merken Sie sich die Einbaurichtung des Lagers, erhitzen Sie seine Umgebung mit einem Heißluftgebläse, und treiben Sie das Lager mit einem geeigneten Werkzeug heraus. Erhitzen Sie den Sitz nötigenfalls erneut, und treiben Sie das neue Lager mit einer Steckschlüsselnuss, die nur seinen Außenring berührt, in Position. Installieren Sie ggf. den Seegerring und den Simmerring.

16 Ein in einem Sackloch sitzendes Lager muss mit einem Innenabzieher und einem Zughammer ausgebaut werden. Mit etwas Glück fällt es alleine heraus, wenn man den Sitz im Bereich des Lagers mit einem Heißluftgebläse ausreichend erwärmt und vorsichtig auf die Werkbank schlägt. Beschädigen Sie hierbei nicht die Dichtfläche!

Einbau

Getriebedeckel hinter Kupplung

17 Installieren Sie die innere Anlaufscheibe gefolgt vom Untersetzungsrad und der Ausgangswelle. Legen Sie dann die äußere Anlaufscheibe auf das Untersetzungsrad (siehe Abbildungen 6.4d bis a). Falls entfernt, wird die Eingangswelle in den Deckel installiert.

18 Versehen Sie die Dichtfläche des Deckels mit einem geeigneten Dichtmittel (wie Loctite 501), achten Sie auf den Sitz der Passhülsen (siehe Abbildung). Ziehen Sie die Deckelschrauben schrittweise und über Kreuz bis zum vorgeschriebenen Drehmoment an (siehe Abbildung). Prüfen Sie, ob sich alle Getriebewellen frei drehen lassen.

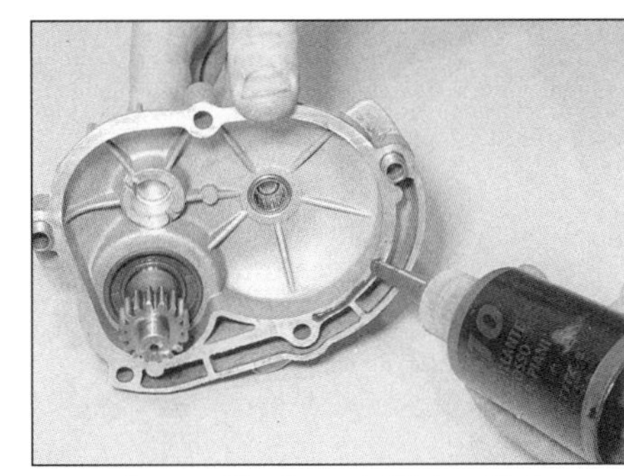

6.18a Setzen Sie den mit Dichtmittel versehenen Getriebedeckel auf, . . .

19 Montieren Sie die Kupplung samt hinterem Riemenrad (siehe Sektion 4) sowie das Hinterrad (siehe Kapitel 8).

20 Füllen Sie das Getriebe bis zum vorgeschriebenen Pegel mit dem korrekten Getriebeöl auf (siehe Kapitel 1).

Getriebedeckel hinter Hinterrad

21 Falls entfernt, wird die Eingangswelle in ihr Lager gepresst, dann werden das Untersetzungsrad und die Ausgangswelle installiert.

22 Legen Sie eine neue Dichtung über die Passhülsen auf das Getriebegehäuse, und setzen Sie den Deckel auf. Installieren Sie die Deckelschrauben mit den Führungen für den Entlüftungsschlauch (siehe Schritt 7). Ziehen Sie die Deckelschrauben schrittweise und über Kreuz bis zum vorgeschriebenen Drehmoment an (siehe Abbildung). Prüfen Sie, ob sich alle Getriebewellen frei drehen lassen. Folgen Sie dann den Schritten 19 und 20.

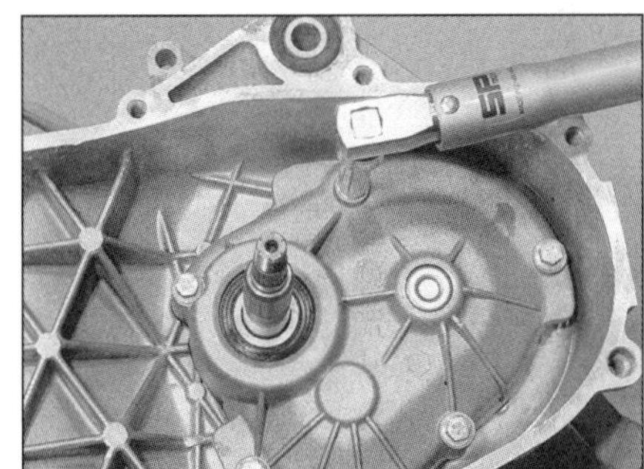

6.18b . . . und ziehen Sie die Deckelschrauben vorschriftsmäßig an.

Notizen

Kapitel 3
Kühlsystem (Wassergekühlte Motoren)

Details zur Modell-Identifikation finden sich am Anfang von Kapitel 1

Inhalt

Schwierigkeitsgrade

Leicht. Für Anfänger mit wenig Erfahrung geeignet 	**Relativ leicht.** Für Anfänger mit etwas Erfahrung geeignet 	**Relativ schwierig.** Geeignet für geübte Selbstschrauber 	**Schwer.** Geeignet für Selbstschrauber mit viel Erfahrung 	**Sehr schwer.** Geeignet nur für Experten und Profis 

Technische Daten

Thermostat

Öffnungs-Temperatur	69,5 bis 72,5 °C
Ventilhub	3,5 mm bei 80 °C

Anzugsdrehmomente

Temperatur-Geber	6 bis 8 Nm
Thermostatgehäuseschrauben	3 bis 4 Nm
Wasserpumpen-Befestigungsschrauben (LEADER-Modelle)	3 bis 4 Nm

1 Allgemeine Informationen

Das Kühlsystem arbeitet mit einem Wasser/Frostschutz-Gemisch, das die Aufgabe hat, die beim Verbrennungsvorgang entstehende Wärme abzuleiten. Dazu wird der Zylinder von Kühlmittel umspült, das durch den Thermostaten in den Kühler steigt und abgekühlt von dort zur Wasserpumpe gelangt, die es wieder zum Zylinder befördert. Die Pumpe sitzt bei früheren Modellen innerhalb des Antriebsgehäuses und wird von der Ölpumpe aus mit einer Welle angetrieben. Bei LEADER-Motoren sitzt die Wasserpumpe außen am Lichtmaschinendeckel.

Bei kaltem Motor wird der Kühlkreislauf durch den Thermostaten verkürzt, das Kühlmittel gelangt also nicht durch den Kühler und der Motor kann sich schneller erwärmen. Nachdem die Betriebstemperatur im inneren Kühlkreislauf erreicht ist, öffnet der Thermostat sein Ventil, und das Kühlmittel durchströmt die Kühler. Ein Kühltemperatur-Geber am Zylinderkopf gibt Informationen an die Temperaturanzeige im Cockpit weiter. Bei Hexagon-Modellen und allen Rollern mit LEADER-Motoren unterstützt ein durch einen Thermoschalter gesteuerter Ventilator, der hinter dem Kühler sitzt, das Kühlsystem in extremen Situationen. Bei LEADER-Motoren versorgt ein Kühlkreislauf vom Thermostatgehäuse aus die Vergaserheizung. die bei niedrigen Temperaturen vor dem Vereisen des Vergasers schützt (siehe Kapitel 4).

Warnung: Entfernen Sie nicht den Kühlerdeckel, wenn der Motor heiß ist. Kochendes Wasser und Dampf können unter Druck austreten und ernsthafte Verbrennungen verursachen.

Warnung: Frostschutzmittel darf nicht mit der Haut oder Lackoberflächen in Berührung kommen. Wischen Sie Spritzer unverzüglich mit reichlich Wasser ab. Frostschutz kann giftige und explosive Gase produzieren, wenn es in offenen Behältern gelagert oder auf den Boden verschüttet wird. Kinder und Tiere können durch den süßen Geschmack irritiert werden und das Mittel trinken. Fragen Sie Ihren Fachhändler, wo Sie altes Frostschutzmittel entsorgen können.

Achtung: Benutzen Sie immer das vorgeschriebene Frostschutzmittel (auch im Sommer!), und mixen Sie es im korrekten Verhältnis mit destilliertem Wasser. Das Frostschutzmittel enthält Korrosionsschutz-Substanzen, die das Kühlsystem schützen. Fehlen diese, kann Rost entstehen und die feinen Leitungen des Kühlsystems blockieren. Durch den Einsatz von destilliertem Wasser wird die Bildung von Kalkablagerungen verhindert, welche ebenfalls die Kühlwirkung beeinträchtigen können.

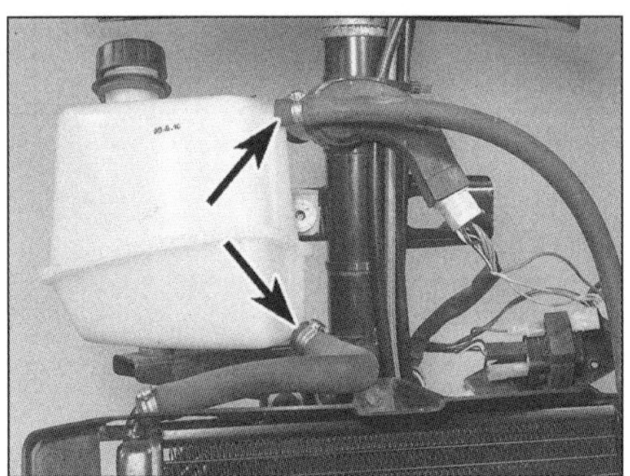

2.2 Trennen Sie die Schläuche, und entleeren Sie den Behälter.

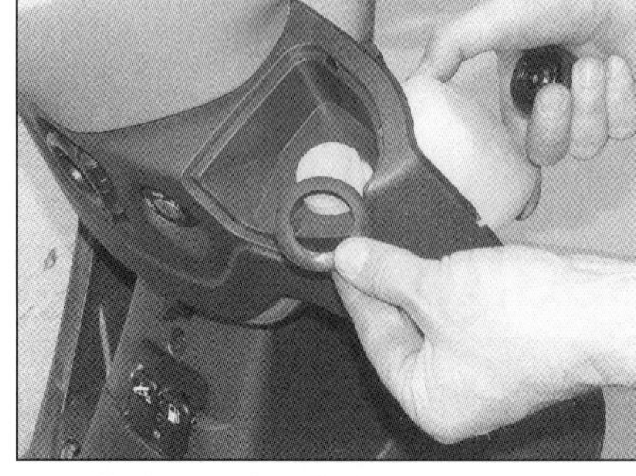

2.4a Entfernen Sie die Dichtung vom Einfüllstutzen.

2.4b Beachten Sie, wie die Laschen in den Ösen sitzen.

2 Ausgleichsbehälter
Ausbau und Einbau

Ausbau

Warnung: Der Motor muss abgekühlt sein, bevor am Ausgleichsbehälter gearbeitet werden kann.

1 Der Ausgleichsbehälter sitzt vorne innerhalb der Frontverkleidung – entfernen Sie diese, um Zugang zu erhalten (Kapitel 7).

2 Lösen Sie die Schelle, die den Schlauch oben am Behälter sichert, und ziehen Sie diesen ab (siehe Abbildung).

3 Stellen Sie einen geeigneten Behälter unter den Ausgleichsbehälter, lösen Sie die Schelle an der Unterseite, und ziehen Sie den Schlauch ab, um das Kühlmittel in den Behälter ablaufen zu lassen (siehe Abbildung 2.2).

4 Lösen Sie die Befestigungsschraube (falls vorhanden). Falls noch nicht geschehen, wird der Deckel des Behälters abgeschraubt und der Dichtring am Einfüllstutzen entfernt (siehe Abbildung). Heben Sie den Ausgleichsbehälter aus dem Fahrzeug – merken Sie sich, wie die Laschen in den Halter greifen (siehe Abbildung).

Einbau

5 Der Einbau entspricht der umgekehrten Ausbaureihenfolge. Die Schläuche müssen korrekt angeschlossen und mit ihren Schellen gesichert sein. Füllen Sie das Kühlsystem wie in Kapitel 1 beschrieben auf.

3 Ventilator, Motor und Schalter – Kontrolle und Ersetzen

Ventilator und Motor

Kontrolle

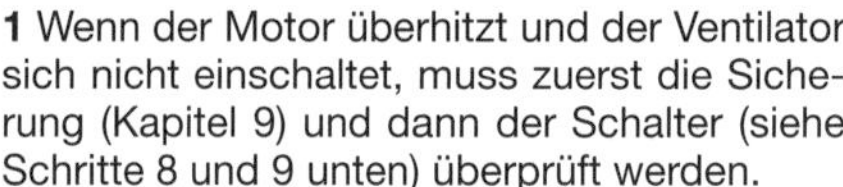

1 Wenn der Motor überhitzt und der Ventilator sich nicht einschaltet, muss zuerst die Sicherung (Kapitel 9) und dann der Schalter (siehe Schritte 8 und 9 unten) überprüft werden.

2 Wenn der Ventilator nicht anspringt (und der Ventilatorschalter in Ordnung ist), liegt der Fehler entweder im Ventilatormotor oder der Verkabelung. Kontrollieren Sie alle Kabel und Stecker (siehe Kapitel 9 und Schaltpläne).

3 Zum Testen des Ventilatormotors sind die entsprechenden Bauteile der Frontverkleidung zu entfernen (siehe Kapitel 7), dann werden eine geladene 12 Volt-Batterie und zwei Überbrückungskabel mit geeigneten Anschlüssen beschafft, und deren Plus-Klemme an das rot/schwarze Kabel des Ventilators sowie der Minus-Anschluss an das grüne Kabel angeschlossen – jetzt sollte der Ventilator laufen (siehe Abbildung). Arbeitet der Motor nicht, und die Kabel sind in Ordnung, kann der Ventilatormotor als defekt betrachtet werden. Einzelteile sind nicht erhältlich.

Ersetzen

Warnung: Der Motor muss vor dem Ausführen dieser Arbeit vollständig abgekühlt sein.

4 Trennen Sie das Minuskabel von der Batterie.

5 Entfernen Sie nötigenfalls den Kühler (siehe Sektion 6). Lösen Sie die Schrauben der Ventilator-Baugruppe, und trennen Sie diese vom Kühler (siehe Abbildung). Falls vorhanden, wird die Schelle der Ventilatormotor-Abdeckung gelockert und diese abgenommen.

6 Der Einbau entspricht der umgekehrten Ausbaureihenfolge.

7 Bauen Sie den Kühler ein (siehe Sektion 6). Schließen Sie das Massekabel der Batterie an.

Ventilatorschalter

Kontrolle

8 Wenn der Motor überhitzt und der Ventilator sich nicht einschaltet, muss zuerst die Sicherung überprüft werden (Kapitel 9) – ist sie durchgebrannt, muss der Ventilator-Stromkreis auf einen Masseschluss kontrolliert werden (siehe Schaltpläne am Ende von Kapitel 9).

9 Ist die Sicherung in Ordnung, muss zunächst die Frontverkleidung entfernt werden (siehe

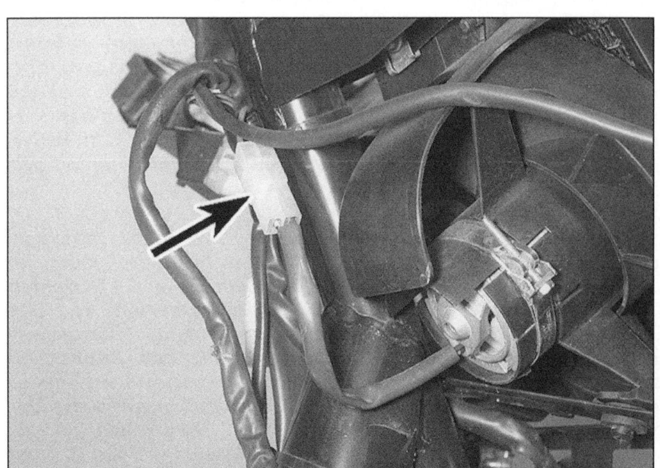

3.3 Trennen Sie den Ventilatorstecker.

3.5 Die Ventilator-Baugruppe ist mit vier Schrauben gesichert – gezeigt am Modell GT200.

Kapitel 7), dann werden die Kabelstecker des Ventilatorschalters getrennt. Bei allen Fahrzeugen außer den GT 125/200-Modellen sitzt der Schalter seitlich am Kühler (siehe Abbildung); bei allen GT-Modellen befindet er sich unter der Innenverkleidung am Kühleranschluss unterhalb des rechten Kühlers (siehe Abbildung). Verbinden Sie die Steckerkontakte miteinander – bei eingeschalteter Zündung sollte der Ventilator jetzt arbeiten. Läuft der Ventilator, liegt der Fehler im Schalter, andernfalls ist der Ventilator selbst zu testen (siehe Schritt 3).

10 Läuft der Ventilator ständig (auch bei kaltem Motor), muss der Stecker getrennt werden. Wenn der Ventilator dann abschaltet, ist der Schalter defekt und muss ersetzt werden. Läuft der Ventilator weiter, müssen die Kabel zwischen dem Schalter und dem Ventilator und der Ventilatormotor selbst kontrolliert werden.

Ersetzen

Warnung: Der Motor muss vor dem Ausführen dieser Arbeit vollständig abgekühlt sein.

11 Trennen Sie das Massekabel von der Batterie. Lassen Sie die Kühlflüssigkeit ab (Kapitel 1).

12 Entfernen Sie die Frontverkleidung, um an den Ventilatorschalter zu gelangen (siehe Kapitel 7). Trennen Sie die Kabelstecker vom Schalter, und schrauben Sie ihn aus dem Kühler oder Anschluss.

13 Versehen Sie das Schaltergewinde mit einem geeigneten Dichtmittel, und rüsten Sie den Schalter mit einer neuen Dichtung aus, bevor sie ihn sorgfältig anziehen – nicht zu fest, da der Kühler leicht zu beschädigen ist.

14 Schließen Sie das Schalterkabel an, und füllen Sie das Kühlsystem auf (Kapitel 1). Schließen Sie das Massekabel der Batterie an.

4 Temperaturanzeige/ Warnlampe und Geber Kontrolle und Ersetzen

Kontrolle

1 Dieser Stromkreis besteht aus dem am Zylinderkopf angebrachten Geber und der im Cockpit sitzenden Temperaturanzeige oder Warnlampe (je nach Modell). Wenn das System schlecht funktioniert, muss zuerst kontrolliert werden, ob die Batterie geladen ist und

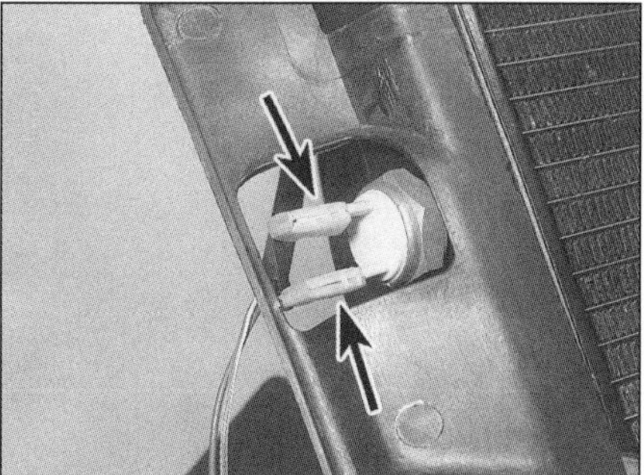

3.9a Trennen Sie die Stecker des Ventilatorschalters.

die Sicherungen in Ordnung sind. Bei Modellen mit Warnlampe muss geprüft werden, ob diese Lampe durchgebrannt ist (Kapitel 9).

2 Arbeitet die Temperaturanzeige nicht, oder soll der Warnlampen-Stromkreis getestet werden, muss zunächst die Motorabdeckung entfernt werden (Kapitel 7). Ziehen Sie die Gummiabdeckung vom Geber-Anschluss, und trennen Sie das Kabel (siehe Abbildungen). Schalten Sie die Zündung an. Die Temperaturanzeige muss auf C (Kalt) stehen bzw. die Warnlampe darf nicht leuchten. Verbinden Sie mithilfe eines Überbrückungskabels den Geber mit Masse – die Temperaturanzeige muss unverzüglich auf H (Heiß) steigen bzw. die Lampe muss leuchten. Wenn die Anzeige wie beschrieben arbeitet, ist sie in Ordnung und der Geber wird defekt sein und muss erneuert werden.

Achtung: Verbinden Sie den Geber nicht länger als nötig mit Masse, da die Temperaturanzeige beschädigt werden kann.

3 Wenn die Temperaturanzeige immer noch nicht arbeitet oder die Nadel sich nicht bis H bewegt, kann der Fehler im Geber oder der Anzeige selbst liegen – überprüfen Sie alle Kabel und Stecker (siehe Kapitel 9) – ist hier alles in Ordnung, muss die Temperaturanzeige erneuert werden. Leuchtet die Warnlampe nicht und ist auch nicht durchgebrannt, müssen ihre Kabel und Stecker kontrolliert werden.

Ersetzen

4 Die Temperaturanzeige ist in das Cockpit integriert, bei dem keine einzelnen Instrumente ersetzt werden können. Ist die Anzeige defekt, muss also das gesamte Cockpit ersetzt werden (siehe Kapitel 9). Der Austausch der Warnlampe ist in Kapitel 9 beschrieben.

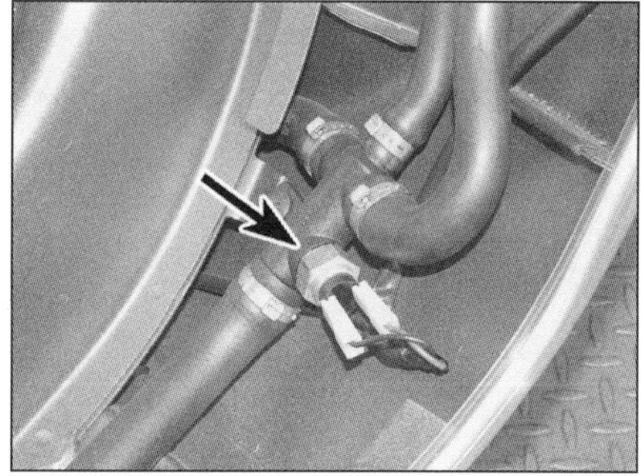

3.9b Lage des Ventilatorschalters bei GT-Modellen

Warnung: Der Motor muss vor dem Ausführen dieser Arbeit vollständig abgekühlt sein.

5 Zum Austausch des Gebers muss zunächst das Kühlsystem entleert werden (Kapitel 1). Trennen Sie das Massekabel von der Batterie.

6 Trennen Sie den Kabelstecker vom Geber (siehe Abbildung 4.2b). Schrauben Sie den Geber aus dem Zylinderkopf.

7 Versehen Sie das Gebergewinde mit einem geeigneten Dichtmittel, drehen Sie den Geber in den Zylinderkopf, und ziehen Sie ihn mit 6 bis 8 Nm an. Schließen Sie das Geberkabel an.

8 Füllen Sie das Kühlsystem auf (Kapitel 1). Schließen Sie das Massekabel der Batterie an.

5 Thermostat – Ausbau, Kontrolle und Einbau

Warnung: Der Motor muss vor dem Ausführen dieser Arbeit vollständig abgekühlt sein.

Ausbau

1 Der Thermostat arbeitet automatisch und normalerweise jahrelang zuverlässig. Im Falle eines Defektes kann das Ventil im offenen Zustand blockieren, dann dauert es wesentlich länger, bis der Motor Betriebstemperatur erreicht. Andererseits kann das Ventil auch im geschlossenen Zustand blockieren, dann fließt die Kühlflüssigkeit nicht durch den Kühler und der Motor kann überhitzen. Keiner dieser Zustände ist akzeptabel, und der Defekt muss unverzüglich behoben werden.

2 Entfernen Sie die Motorabdeckung (siehe

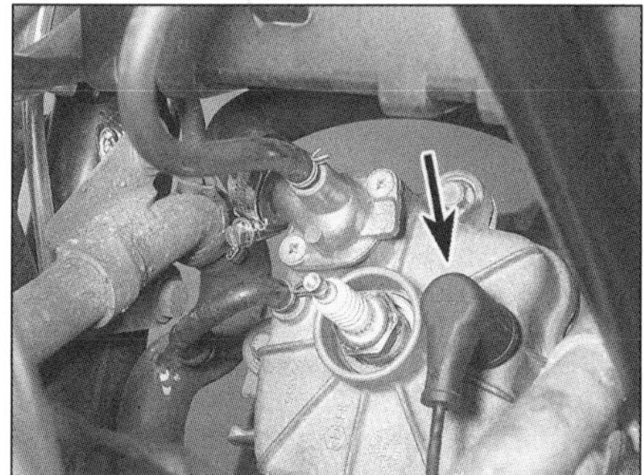

4.2a Heben Sie die Gummikappe ab, . . .

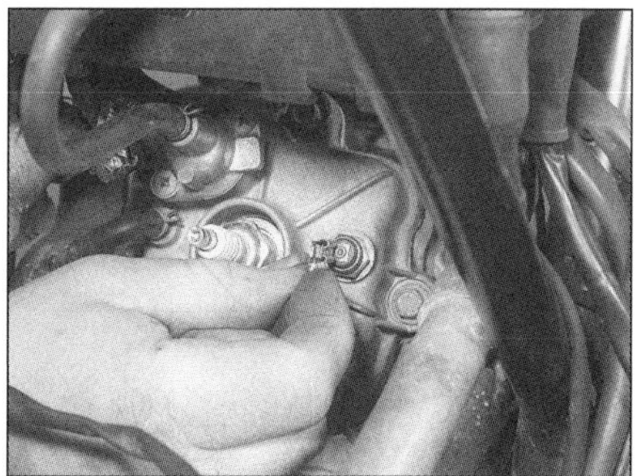

4.2b . . . und trennen Sie den Kabelstecker vom Geber.

4.2c Lage des Gebers am LEADER-Zylinderkopf

5.3a Entfernen Sie bei Zweitaktmotoren diese Schrauben.

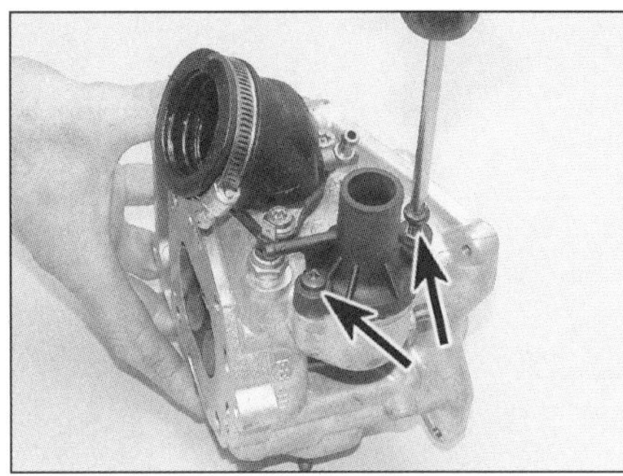

5.3b Entfernen Sie bei LEADER-Motoren diese Schrauben.

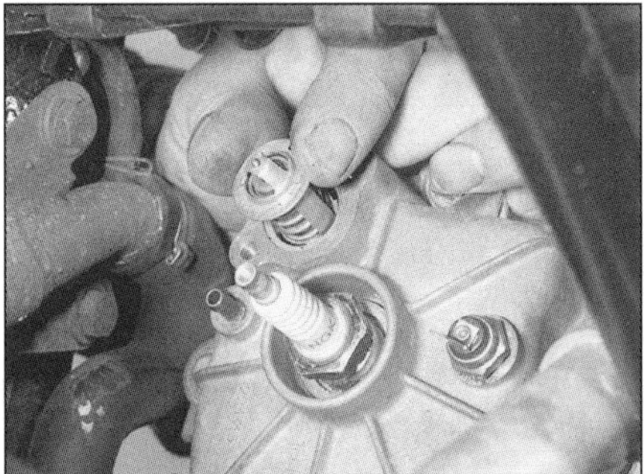

5.3c Ausbau des Thermostaten aus Zweitaktmotoren

5.3d Ausbau des Thermostaten aus LEADER-Motoren

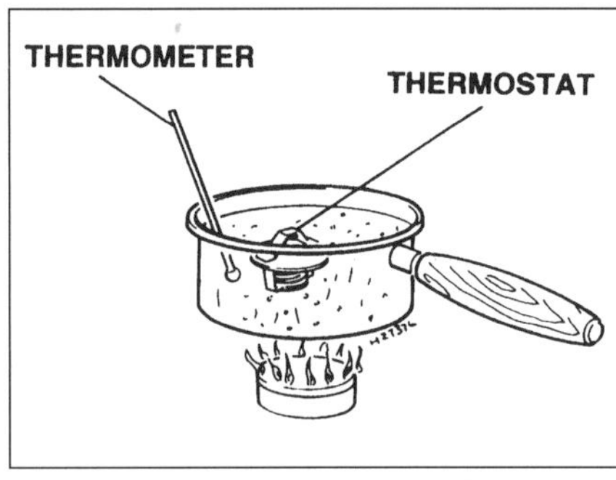

5.5 Aufbau für den Thermostat-Test

5.7 Bei Zweitaktmotoren muss der Ausschnitt über der Lasche liegen.

Kapitel 7), und lassen Sie die Kühlflüssigkeit ab (siehe Kapitel 1).

3 Der Thermostat sitzt am Zylinderkopf. Ziehen Sie nötigenfalls die Schläuche vom Thermostatgehäuse – erforderlich ist dies nicht. Lösen Sie die zwei Schrauben, die das Gehäuse sichern, und nehmen Sie dieses ab (siehe Abbildungen). Heben Sie den Thermostaten heraus – merken Sie sich seine Einbaulage (siehe Abbildungen). Falls das Gehäuse mit einem O-Ring abgedichtet ist, muss dieser später durch ein Neuteil ersetzt werden.

Kontrolle

4 Führen Sie vor dem Test eine Sichtkontrolle des Thermostates durch – bleibt er bei Raumtemperatur offen, muss er erneuert werden.

5 Halten Sie den Thermostaten mit einem Stück Draht in einen Topf mit kaltem Wasser. Halten Sie ein Thermometer (Messbereich bis 100 °C) in die Nähe des Thermostaten (siehe

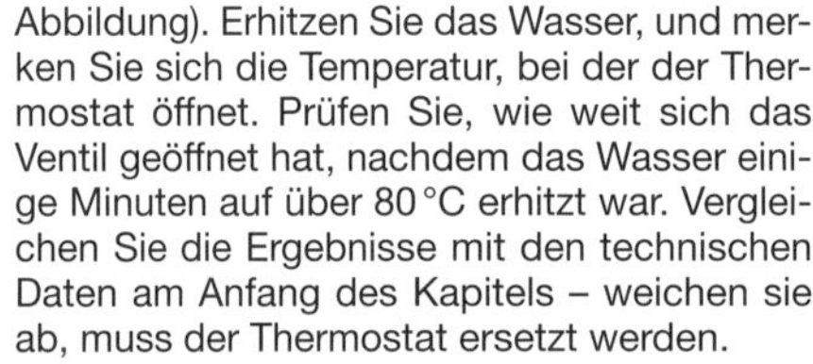

Abbildung). Erhitzen Sie das Wasser, und merken Sie sich die Temperatur, bei der der Thermostat öffnet. Prüfen Sie, wie weit sich das Ventil geöffnet hat, nachdem das Wasser einige Minuten auf über 80 °C erhitzt war. Vergleichen Sie die Ergebnisse mit den technischen Daten am Anfang des Kapitels – weichen sie ab, muss der Thermostat ersetzt werden.

6 Wenn das Ventil geschlossen klemmt, kann **im Notfall** der Thermostat ausgebaut und weitergefahren werden. **Anmerkung**: *Hierbei muss beachtet werden, dass die Warmlaufzeit des Motors erheblich länger als üblich ist.* Bauen Sie so schnell wie möglich einen neuen Thermostaten ein.

Einbau

7 Setzen Sie den Thermostaten in den Zylinderkopf; bei Zweitaktern muss sein Ausschnitt um die Lasche liegen (siehe Abbildung).

8 Falls vorhanden, muss das Gehäuse mit einem neuen O-Ring installiert werden; sichern Sie diesen mit etwas Fett in Position (siehe Abbildung).

9 Installieren Sie die Gehäuseschrauben, und ziehen Sie sie mit 3 bis 4 Nm an (siehe Abbildungen 5.3a oder b).

10 Füllen Sie das Kühlsystem auf (Kapitel 1).

6 Kühler
Ausbau und Einbau

Warnung: Der Motor muss vor Beginn dieser Arbeit vollständig abgekühlt sein.

Ausbau

1 Trennen Sie das Massekabel (–) von der Batterie. Entfernen Sie die Frontverkleidung (siehe Kapitel 7), und lassen Sie die Kühlflüssigkeit ab (siehe Kapitel 1).

2 Trennen Sie nötigenfalls den Stecker des Ventilators und den des Ventilatorschalters am Kühler (siehe Abbildungen 3.3 und 3.9a).

3 Lockern Sie die Schellen der Kühlerschläuche, und ziehen Sie diese von den Stutzen am Kühler (siehe Abbildung und Praxis-Tipp).

Achtung: Die Kühlerstutzen sind empfindlich – ziehen Sie die Schläuche also nicht mit Gewalt ab!

4 Lösen Sie die Schrauben, die den Kühler am Rahmen sichern (siehe Abbildung). Heben Sie den Kühler ab – bei manchen Modellen greifen Laschen am Kühler oder seiner Abdeckung in am Rahmen sitzende Ösen (siehe Abbildung).

5 Trennen Sie nötigenfalls den Ventilator vom Kühler (siehe Sektion 3).

5.8 Rüsten Sie die Nut des Gehäuses mit einem neuen O-Ring aus.

6.3 Lösen Sie die Schellen, und ziehen Sie die Schläuche ab.

Praxis TiPP ***Ein an seinem Stutzen festkorrodierter Kühlerschlauch wird mit einem scharfen Messer längs aufgeschnitten und abgezogen, um den Stutzen nicht zu beschädigen. Der Schlauch muss natürlich ersetzt werden.***

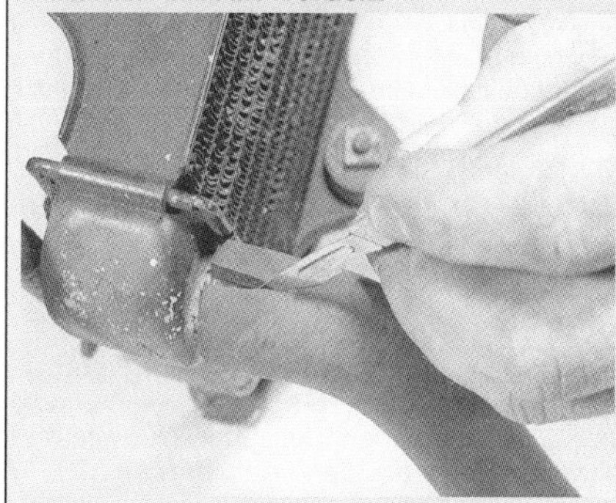

6 Inspizieren Sie den Kühler auf Schäden, und entfernen Sie jeglichen Schmutz, der die Kühlwirkung behindern kann (siehe Kapitel 1). Wenn die Kühlerrippen stark beschädigt oder gebrochen sind, muss der Kühler ersetzt werden. Prüfen Sie ebenfalls die Gummiösen, und erneuern Sie sie nötigenfalls.

Einbau

7 Der Einbau entspricht der umgekehrten Ausbaureihenfolge, beachten Sie dabei Folgendes:

a) *Die Buchsen müssen korrekt in die Gummiösen installiert sein.*
b) *Die Stecker des Ventilators und seines Schalters müssen korrekt angeschlossen sein.*
c) *Die Kühlerschläuche müssen in gutem Zustand sein (siehe Kapitel 1, Sektion 9) und mit den Schellen gesichert werden.*
d) *Das Kühlsystem muss wie in Kapitel 1 beschrieben aufgefüllt werden.*
e) *Schließen Sie das Batteriekabel an.*

7 **Wasserpumpe** – Kontrolle Ausbau und Einbau

Modelle ohne LEADER-Motoren

Kontrolle

1 Die Wasserpumpe sitzt innerhalb des Motorgehäuses. Sie wird von der Ölpumpe aus mit einer Welle angetrieben.

6.4a Entfernen Sie die Schraube, die den Kühler am Rahmen sichert.

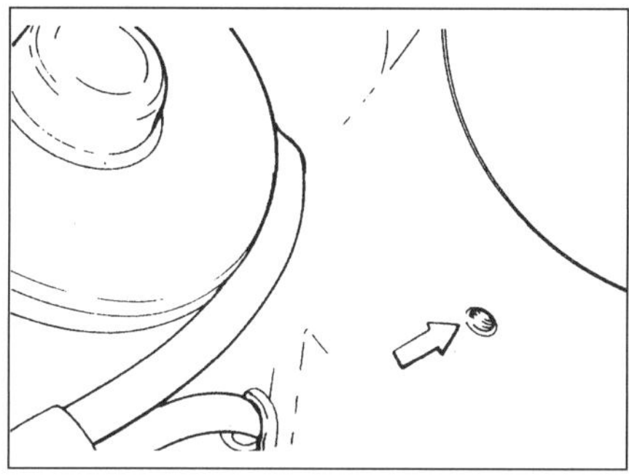

7.2 Die Wasserpumpen-Ablaufbohrung sitzt links im Motorgehäuse.

2 Ein Dichtring schützt davor, dass Kühlmittel in den Motor gelangt; sollte dieser defekt sein, kann das Kühlmittel durch eine Ablaufbohrung links im Motor austreten – sind an der Bohrung Spuren von Kühlmittel sichtbar, muss die Pumpenwelle entfernt werden, um den Dichtring ersetzen zu können (siehe Abbildung).

Ausbau

Anmerkung: *Sind die Motorgehäusehälften getrennt, kann anschließend die Wasserpumpe demontiert werden (siehe Kapitel 2B).*

3 Lassen Sie das Kühlmittel ab (siehe Kapitel 1), und entfernen Sie den Lichtmaschinendeckel (siehe Kapitel 2B).

4 Lösen Sie die Schraube(n) des Kühlrohrhalters, und ziehen Sie diesen aus seiner unterhalb der Lichtmaschine liegenden Bohrung in der rechten Gehäusehälfte (siehe Abbildung) – der O-Ring muss später durch ein Neuteil ersetzt werden.

5 Entfernen Sie die Ölpumpe samt Antrieb (siehe Kapitel 2B).

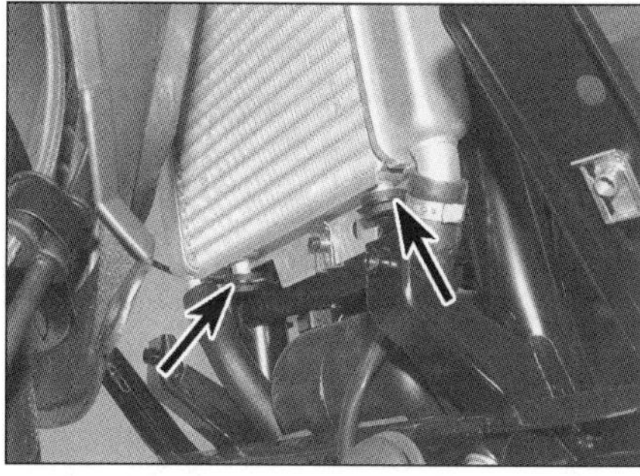

6.4b Der Kühler ist in Gummiösen gelagert – gezeigt am X8-Modell.

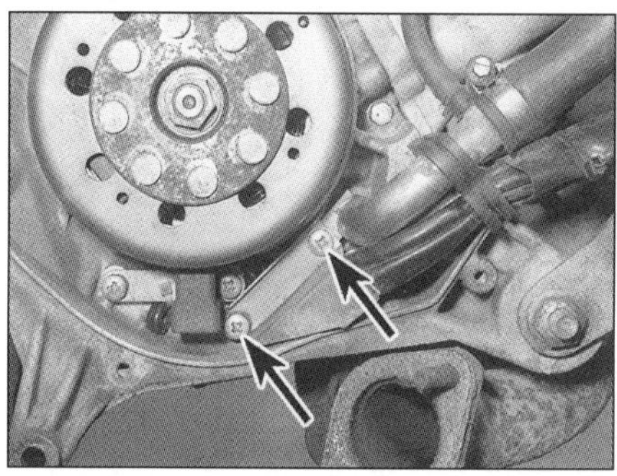

7.4 Entfernen Sie die Schrauben, und ziehen Sie das Kühlerrohr heraus.

6 Entfernen Sie den sternförmigen Clip von der Wasserpumpenwelle – später muss ein Neuteil verwendet werden. Entfernen Sie die dahinter liegende Scheibe (siehe Abbildung 7.9)

7 Führen Sie einen 8 mm-Steckschlüssel durch die Kühlrohr-Bohrung der rechten Gehäusehälfte zum Sechskant des Pumpenrades. Blockieren Sie das linke Ende der Pumpenwelle, und lösen Sie das mit einem Linksgewinde ausgerüstete Pumpenrad im Uhrzeigersinn (siehe Abbildung). Ziehen Sie die Welle samt ihrer Lager aus dem Motorgehäuse. Kontrollieren Sie die Lager – wenn sie sich nicht sanft und frei drehen, muss die Welle ersetzt werden, da die Lager nicht einzeln erhältlich sind (siehe Abbildung).

8 Entfernen Sie den Wasserpumpendichtring mit einem Innenabzieher und einem Zughammer (siehe Abbildung) – ersetzen Sie ihn später durch ein Neuteil.

9 Um das Wasserpumpenrad entfernen zu können, muss das Motorgehäuse getrennt werden (siehe Kapitel 2B). Das Pumpenrad

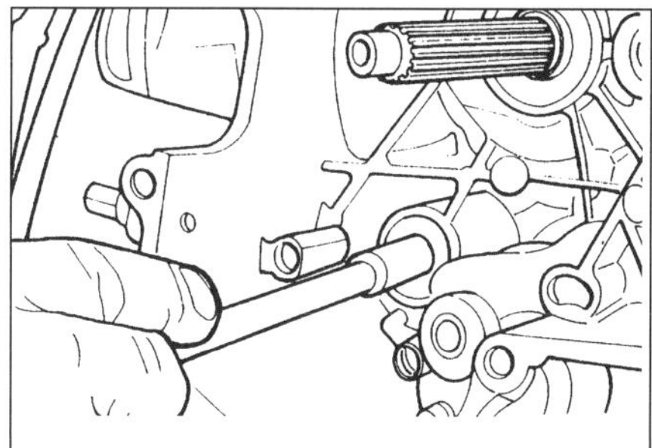

7.7a Die Wasserpumpenwelle muss im Uhrzeigersinn gelöst werden.

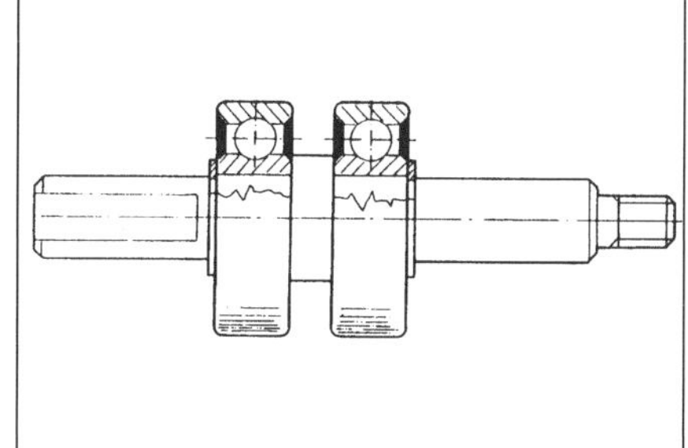

7.7b Querschnitt der Wasserpumpenwelle samt Lagern

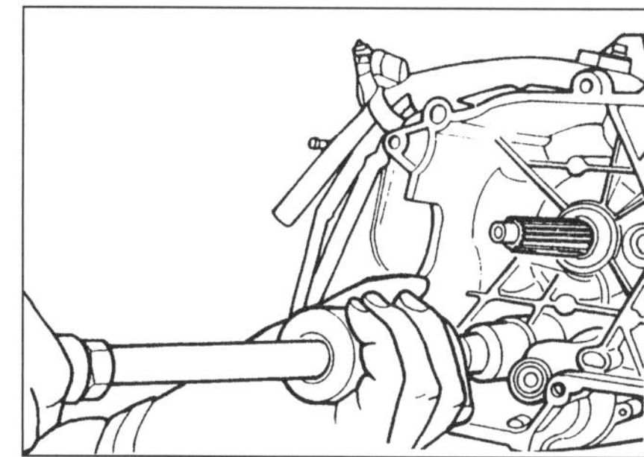

7.8 Der Wasserpumpendichtring kann nur mit einem Innenabzieher entfernt werden.

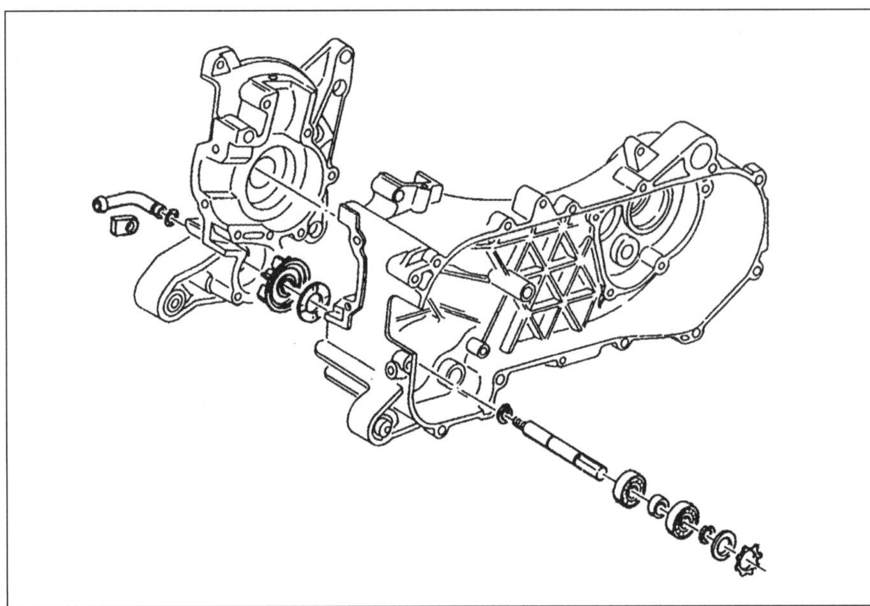

7.9 Wasserpumpen-Baugruppe für wassergekühlte Zweitaktmotoren

kann dann aus dem Gehäuse gehoben werden (siehe Abbildung).

Einbau

10 Falls das Motorgehäuse getrennt war, muss vor dem Zusammenbau die Wasserpumpe installiert werden (siehe Kapitel 2B).

11 War das Motorgehäuse nicht getrennt, muss zunächst dafür gesorgt werden, dass der Dichtring-Sitz sauber ist; dann wird der Dichtring mit Öl benetzt und senkrecht eingetrieben – hierfür darf nur ein Werkzeug benutzt werden, das seinen Außenrand berührt. Die Ablaufbohrung im Gehäuse darf nicht verschlossen sein.

12 Drücken Sie die Pumpenwelle samt ihrer Lager in das Motorgehäuse – stützen Sie das Pumpenrad wie beim Ausbau mit einem 8mm-Steckschlüssel, und richten Sie es zum Wellenende aus. Blockieren Sie die Welle wie beim Ausbau, und ziehen Sie das mit einem Linksgewinde ausgerüstete Pumpenrad gegen den Uhrzeigersinn an.

13 Rüsten Sie das Ende der Welle mit der Scheibe und einem neuen Stern-Clip aus.

14 Installieren Sie die Ölpumpe und ihren Antrieb (siehe Kapitel 2B).

15 Rüsten Sie das Kühlerrohr mit einem neuen O-Ring aus, stecken Sie es in seine Bohrung, und installieren Sie die Schraube(n) des Halters (siehe Abbildung 7.4).

16 Montieren Sie den Lichtmaschinendeckel, und füllen Sie das Kühlsystem auf (Kapitel 1).

LEADER-Motoren

Kontrolle

17 Die Wasserpumpe sitzt auf dem Lichtmaschinendeckel (siehe Abbildung) – sie wird vom Lichtmaschinenrotor über Dämpferelemente angetrieben (siehe Abbildung 7.29).

18 Das Pumpengehäuse ist mit einem O-Ring gegen den Lichtmaschinendeckel abgedichtet. Eine Gummidichtung und eine Dichtung aus Keramikmaterial sorgen dafür, dass kein Kühlmittel entlang der Antriebswelle in die Lichtmaschine sickert; sollten diese defekt sein, kann das Kühlmittel durch eine Ablaufbohrung unten im Deckel ablaufen – sind an der Bohrung Spuren von Kühlmittel sichtbar, muss die Pumpe entfernt werden, um den Dichtring ersetzen zu können

Ausbau

19 Entleeren Sie das Kühlsystem, und trennen Sie die Kühlerschläuche von der Wasserpumpe (siehe Kapitel 1). Lösen Sie die Schrauben des Pumpengehäuses, und heben Sie dieses vom Motor – der O-Ring muss später durch ein Neuteil ersetzt werden (siehe Abbildungen).

20 Entfernen Sie den Lichtmaschinendeckel (siehe Kapitel 2F).

21 Das Pumpenrad ist in das Pumpenlager gepresst (siehe Abbildung) – um es auszubauen, muss der Lichtmaschinendeckel mit der Außenseite nach unten so abgestützt werden, dass genügend Platz darunter besteht, um

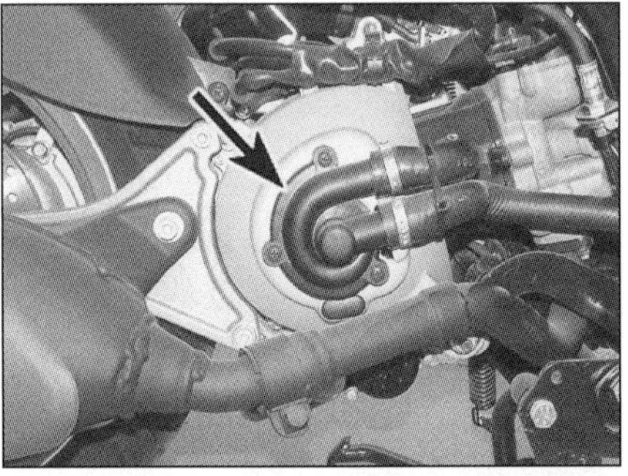

7.17 Lage der Wasserpumpe bei LEADER-Motoren

7.19a Beachten Sie die Lage des O-Rings im Pumpengehäuse.

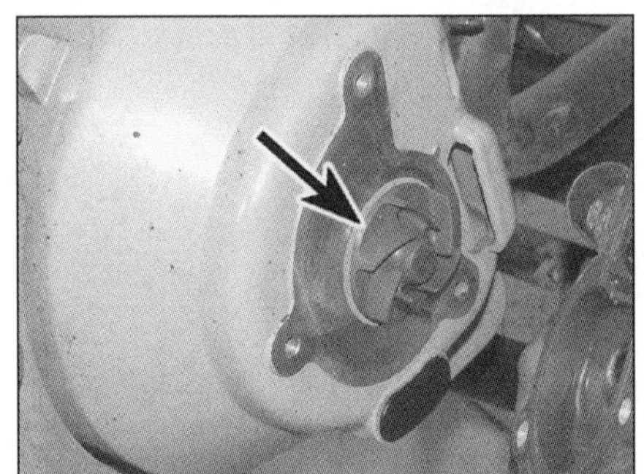

7.19b Das Pumpenrad sitzt im Lichtmaschinendeckel.

7.21a Lage der Pumpenradwelle

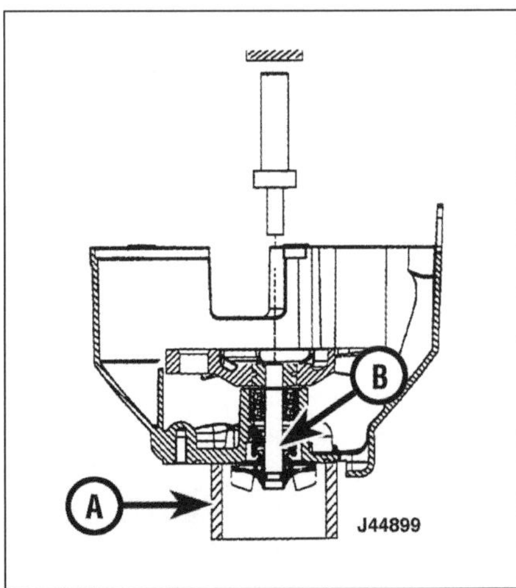

7.21b Wenn der Deckel abgestützt ist (A), wird das Pumpenrad (B) ausgetrieben.

das Pumpenrad austreiben zu können (siehe Abbildung). **Anmerkung**: *Treiben Sie das Pumpenrad vorsichtig mit einem Werkzeug aus Aluminium oder Bronze aus – beschädigen Sie hierbei nicht die Dichtfläche des Deckels.*

22 Drehen Sie den Deckel um, und hebeln Sie vorsichtig den Dichtring heraus (siehe Abbildung) – beschädigen Sie dabei nicht den Rand seines Sitzes. Heben Sie die Gummidichtung heraus. **Anmerkung**: *Der Dichtring und die Dichtung müssen nach dem Ausbau durch Neuteile ersetzt werden.*

23 Prüfen Sie die zwei Lager im Lichtmaschinendeckel – wenn sie rau laufen, müssen sie ersetzt werden. Merken Sie sich die Positionen der Lager: das innere sitzt bündig zum Innenrand des Lagersitzes im Deckel. Stützen Sie den Deckel so, dass er gerade liegt, und treiben Sie die Lager mit einem geeigneten Werkzeug aus (siehe Abbildung) – sitzen sie sehr fest, muss ihr Lagersitz mit einem Heißluftgebläse erwärmt werden. **Anmerkung**: *Erwärmen Sie den Deckel vorsichtig, um die Lackierung nicht zu beschädigen.*

24 Wenn der Lagersitz sauber ist, wird der Deckel erneut erwärmt, um den Einbau der neuen Lager zu erleichtern. Installieren Sie beide Lager von der Innenseite her, und sorgen Sie dafür, dass das erste (äußere) in seinem Sitz aufliegt, bevor das zweite eingetrieben wird.

25 Kontrollieren Sie das Pumpenrad auf Schäden und Verschleiß. Wenn die Welle verrostet ist, muss sie samt Pumpenrad ersetzt werden.

Einbau

26 Schmieren Sie die neue Dichtung und den Keramik-Dichtring mit Frostschutzmittel, und pressen Sie sie mit einem geeigneten Werkzeug sorgfältig in ihre Positionen.

27 Damit die Lager beim Einpressen der Pumpenwelle nicht aus ihrem Sitz gedrückt werden, müssen sie von unten mit einem geeigneten Rohr abgestützt werden, in das die Pumpenwelle passt. Pressen Sie die Welle vorsichtig von außen ein. Das Pumpenrad muss sich anschließend frei drehen lassen.

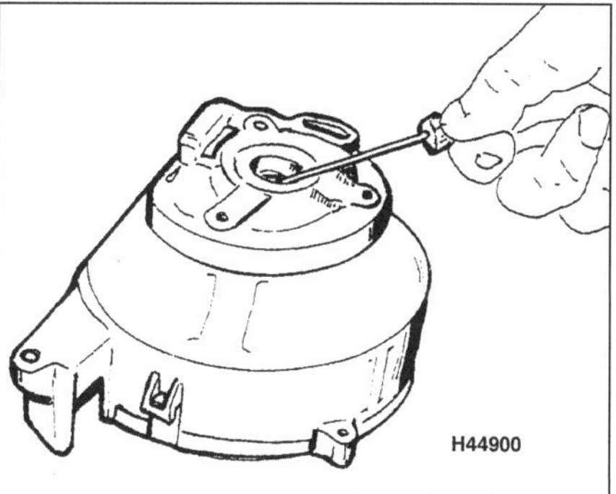

7.22 **Hebeln Sie den Dichtring heraus.**

28 Rüsten Sie die Nut des Pumpengehäuses mit einem neuen O-Ring aus, installieren Sie es, und ziehen Sie die Schrauben mit 3 bis 4 Nm an.

29 Richten Sie die Dämpfer des Lichtmaschinenrotors zum Pumpenantrieb aus, und installieren Sie den Lichtmaschinendeckel (siehe Abbildung).

30 Füllen Sie das Kühlsystem auf (Kapitel 1).

8 Schläuche
Ausbau und Einbau

Ausbau

1 Lassen Sie zuerst die Kühlflüssigkeit ab (siehe Kapitel 1).

2 Lösen oder lockern Sie die Schlauchschellen – je nach Ausführung entweder mit einem Schraubendreher oder einer Zange –, und ziehen Sie diese über den Schlauchstutzen zurück (siehe Abbildungen). **Anmerkung**: *Manche Schlauchschellen können nicht wiederverwendet werden – kontrollieren Sie dies, und beschaffen Sie nötigenfalls neue Schellen der richtigen Größe.*

3 Ziehen Sie den Schlauch von seinem Stutzen. Wenn ein Schlauch sich nicht lösen lässt, muss versucht werden, ihn drehend abzuziehen. Wenn das auch nicht klappt, muss mit einem scharfen Messer ein Längsschnitt über dem Flansch gezogen werden, so dass der Schlauch abgeschält werden kann. Es ist immer besser, nur einen neuen Schlauch zu beschaffen als den ganzen Kühler zu ersetzen.

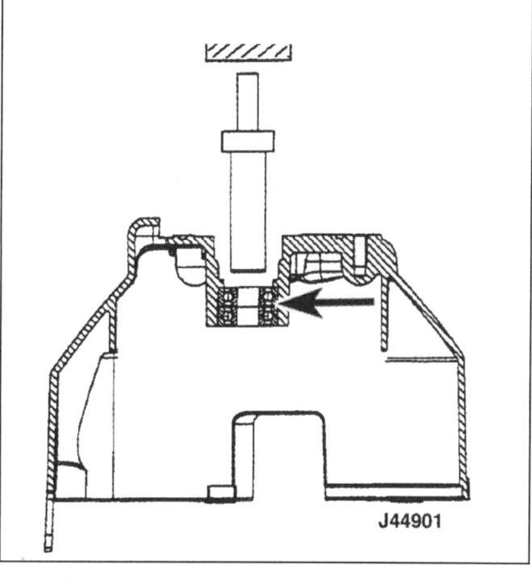

7.23 **Lage der Wasserpumpenlager**

Achtung: Die Kühlerflansche sind empfindlich. Ziehen Sie die Schläuche nicht mit zu viel Kraft ab.

Einbau

4 Schieben Sie die Schelle über den Schlauch und stecken Sie ihn auf den entsprechenden Stutzen.

Lässt sich der Schlauch schwer auf den Stutzen schieben, kann er in heißem Wasser eingeweicht oder mit etwas Seifenwasser geschmiert werden.

5 Drehen Sie den Schlauch in Position, bevor Sie die Schelle über den Stutzen schieben und anziehen.

7.29 **Richten Sie die Antriebsdämpfer aus.**

8.2a **Lösen Sie die Schelle mit einem Schraubendreher . . .**

8.2b **. . . oder einer Zange.**

3

Kapitel 4
Kraftstoff- und Auspuffanlage

Details zur Modell-Identifikation finden sich am Anfang von Kapitel 1

Inhalt

Schwierigkeitsgrade

Leicht. Für Anfänger mit wenig Erfahrung geeignet 	**Relativ leicht.** Für Anfänger mit etwas Erfahrung geeignet 	**Relativ schwierig.** Geeignet für geübte Selbstschrauber 	**Schwer.** Geeignet für Selbstschrauber mit viel Erfahrung	**Sehr schwer.** Geeignet nur für Experten und Profis

Technische Daten

Kraftstoff

Kraftstofftyp und Tankinhalt	siehe Kapitel 1

Kaltstartautomatik

Widerstand bei 20 °C	
Keihin-Vergaser	20 Ohm
Alle anderen Vergaser	30 bis 40 Ohm
Kolben-Austrittsweite	
Walbro Vergaser	
Anfangsposition bei 20 °C	12,5 bis 13,0 mm
Endposition (nach 5 Minuten Dauerleistung)	18,5 bis 19,0 mm
Keihin-Vergaser	10,0 mm
Alle anderen	
Anfangsposition bei 22 °C	10,9 bis 11,5 mm
Endposition (nach 5 Minuten Dauerleistung)	14,0 bis 15,0 mm

Sfera 50 mit Dell'Orto-Vergaser

Typ/Identifikationsnummer,	Dell'Orto PHVA 12
Standgasgemischschrauben-Einstellung (Umdrehungen heraus)	
mit 0,8 mm Gewindesteigung	2 bis 2 1/4 Umdrehungen heraus
mit 0,5 mm Gewindesteigung	3 1/2 bis 4 Umdrehungen heraus
Kraftstoff-Pegel	5 mm (nicht einstellbar)
Standgasdrehzahl	siehe Kapitel 1
Starterdüse	50
Leerlaufdüse	34
Hauptdüse	56
Nadel (Clip-Position)	SA2 (3. Kerbe von oben)

Sfera 50 (RST-Modell) mit Dell'Orto-Vergaser

Typ/Identifikationsnummer,	Dell'Orto PHVA 12
Standgasgemischschrauben-Einstellung (Umdrehungen heraus)	keine Angaben
Kraftstoff-Pegel	5 mm (nicht einstellbar)
Standgasdrehzahl	siehe Kapitel 1
Starterdüse	60
Leerlaufdüse	36
Hauptdüse	70
Nadel (Clip-Position)	A12 (2. Kerbe von oben)

Sfera 50 (RST-Modell) mit Weber-Vergaser

Typ/Identifikationsnummer,	Weber 12 OM
Standgasgemischschrauben-Einstellung (Umdrehungen heraus)	keine Angaben
Kraftstoff-Pegel	3,5 mm (nicht einstellbar)
Standgasdrehzahl	siehe Kapitel 1
Starterdüse	50
Leerlaufdüse	34
Hauptdüse	78
Nadel (Clip-Position)	F (3. Kerbe von oben)

Sfera 80 mit Dell'Orto-Vergaser

Typ/Identifikationsnummer,	Dell'Orto PHVA 17,5
Standgasgemischschrauben-Einstellung (Umdrehungen heraus)	keine Angaben
Kraftstoff-Pegel	5 mm (nicht einstellbar)
Standgasdrehzahl	siehe Kapitel 1
Starterdüse	50
Leerlaufdüse	34
Hauptdüse	65
Nadel (Clip-Position)	A7 (3. Kerbe von oben)

Sfera 125 mit Mikuni-Vergaser

Typ/Identifikationsnummer,	Mikuni BS24-1J
Standgasgemischschrauben-Einstellung (Umdrehungen heraus)	keine Angaben
Schwimmerhöhe	12,2 mm
Standgasdrehzahl	siehe Kapitel 1
Starterdüse	40
Leerlaufdüse	20
Hauptdüse	87,5
Nadel (Clip-Position)	4CZ6 (3. Kerbe von oben)

Typhoon 50 mit Dell'Orto-Vergaser

Typ/Identifikationsnummer,	Dell'Orto PHVA 12
Standgasgemischschrauben-Einstellung (Umdrehungen heraus)	keine Angaben
Kraftstoff-Pegel	5 mm (nicht einstellbar)
Standgasdrehzahl	siehe Kapitel 1
Starterdüse	60
Leerlaufdüse	36
Hauptdüse	70
Nadel (Clip-Position)	A12 (2. Kerbe von oben)

Typhoon 80 mit Dell'Orto-Vergaser

Typ/Identifikationsnummer,	Dell'Orto PHVA 17,5
Standgasgemischschrauben-Einstellung (Umdrehungen heraus)	4 1/2
Kraftstoff-Pegel	5 mm (nicht einstellbar)
Standgasdrehzahl	siehe Kapitel 1
Starterdüse	60
Leerlaufdüse	34
Hauptdüse	62
Nadel (Clip-Position)	A7 (4. Kerbe von oben)

Typhoon 125 mit Mikuni-Vergaser

Typ/Identifikationsnummer,	Mikuni VM 20-325
Standgasgemischschrauben-Einstellung (Umdrehungen heraus)	1 3/8
Kraftstoff-Pegel	3,5 ± 0,5 mm
Standgasdrehzahl	siehe Kapitel 1
Starterdüse	40
Leerlaufdüse	35
Hauptdüse	82,5
Nadel (Clip-Position)	3CK01 (3. Kerbe von oben)

Zip und frühe Zip RST mit Dell'Orto-Vergaser

Typ/Identifikationsnummer,	Dell'Orto PHVA 12 DD
Standgasgemischschrauben-Einstellung (Umdrehungen heraus)	keine Angaben
Kraftstoff-Pegel	5 mm (nicht einstellbar)
Standgasdrehzahl	siehe Kapitel 1
Starterdüse	60
Leerlaufdüse	38
Hauptdüse	70 (Zip), 72 (Zip RST)
Nadel (Clip-Position)	A15 (2. Kerbe von oben)

Spätere Zip RST mit Dell'Orto-Vergaser

Typ/Identifikationsnummer,	Dell'Orto PHVA 12 DD
Standgasgemischschrauben-Einstellung (Umdrehungen heraus)	keine Angaben
Kraftstoff-Pegel	5 mm (nicht einstellbar)
Standgasdrehzahl	siehe Kapitel 1
Starterdüse	60
Leerlaufdüse	35
Hauptdüse	72
Nadel (Clip-Position)	A29 (3. Kerbe von oben)

Zip SP mit Dell'Orto-Vergaser

Typ/Identifikationsnummer,	Dell'Orto PHV12 QD
Standgasgemischschrauben-Einstellung (Umdrehungen heraus)	keine Angaben
Kraftstoff-Pegel	5 mm (nicht einstellbar)
Standgasdrehzahl	siehe Kapitel 1
Starterdüse	50
Leerlaufdüse	34
Hauptdüse	75
Nadel (Clip-Position)	SA2 (3. Kerbe von oben)

Zip 50 und Typhoon 50 mit Dell'Orto-Vergaser

Typ/Identifikationsnummer,	Dell'Orto PHVA 17,5 RD
Standgasgemischschrauben-Einstellung (Umdrehungen heraus)	1 1/2
Kraftstoff-Pegel	5 mm (nicht einstellbar)
Standgasdrehzahl	siehe Kapitel 1
Starterdüse	50
Leerlaufdüse	32
Hauptdüse	56 (Zip), 53 (Typhoon)
Nadel (Clip-Position)	A22 (1. Kerbe von oben)

ET4 50, Liberty 50 4T und Zip 50 4T mit Keihin-Vergaser

Typ/Identifikationsnummer,	Keihin CVK 18
Standgasgemischschrauben-Einstellung (Umdrehungen heraus)	keine Angaben
Schwimmerhöhe	keine Angaben
Standgasdrehzahl	siehe Kapitel 1
Starterdüse	42
Leerlaufdüse	35
Hauptdüse	75
Nadel (Clip-Position)	NACA (nicht einstellbar)

Zip 100 4T und Fly 100 4T mit Keihin-Vergaser

Typ/Identifikationsnummer,	Keihin CVK 20
Standgasgemischschrauben-Einstellung (Umdrehungen heraus)	2 3/8
Schwimmerhöhe	keine Angaben
Standgasdrehzahl	siehe Kapitel 1
Starterdüse	48
Leerlaufdüse	45
Hauptdüse	75
Nadel (Clip-Position)	4REEG (nicht einstellbar)

Skipper mit Dell'Orto-Vergaser

Typ/Identifikationsnummer,	Dell'Orto PHVB 20,5
Standgasgemischschrauben-Einstellung (Umdrehungen heraus)	2 bis 2 1/4
Kraftstoff-Pegel	5,0 ± 0,5 mm
Standgasdrehzahl	siehe Kapitel 1
Starterdüse	60
Leerlaufdüse	45
Hauptdüse	86
Nadel (Clip-Position)	M6 (2. Kerbe von oben)

Skipper mit Mikuni-Vergaser

Typ/Identifikationsnummer,	Mikuni VM 20
Standgasgemischschrauben-Einstellung (Umdrehungen heraus)	1 3/8
Kraftstoff-Pegel	3,5 ± 0,5 mm
Standgasdrehzahl	siehe Kapitel 1
Starterdüse	50
Leerlaufdüse	35
Hauptdüse	82,5
Nadel (Clip-Position)	3CK01 (3. Kerbe von oben)

Skipper ST 125 und Zip 125 mit Walbro-Vergaser

Typ/Identifikationsnummer,	Walbro WVF/6A
Standgasgemischschrauben-Einstellung (Umdrehungen heraus)	keine Angaben
Schwimmerhöhe	siehe Sektion 8
Standgasdrehzahl	siehe Kapitel 1
Starterdüse	48
Leerlaufdüse	34
Hauptdüse	82
Nadel (Clip-Position)	52K (2./3. Kerbe von oben)

NRG MC^{2} mit Dell'Orto-Vergaser

Typ/Identifikationsnummer,	Dell'Orto PHVA 12DD
Standgasgemischschrauben-Einstellung (Umdrehungen heraus)	keine Angaben
Kraftstoff-Pegel	5 mm (nicht einstellbar)
Standgasdrehzahl	siehe Kapitel 1
Starterdüse	60
Leerlaufdüse	38
Hauptdüse	66
Nadel (Clip-Position)	A15 (2. Kerbe von oben)

NRG MC^{3} DT und DD, NRG Power DT und DD, Fly 50, LX2 50 und LXV 50 mit Dell'Orto-Vergaser

Typ/Identifikationsnummer,	Dell'Orto PHVA 17,5RD
Standgasgemischschrauben-Einstellung (Umdrehungen heraus)	1 1/2
Kraftstoff-Pegel	5 mm (nicht einstellbar)
Standgasdrehzahl	siehe Kapitel 1
Starterdüse	50
Leerlaufdüse	32
Hauptdüse	53
Nadel (Clip-Position)	A22 (1. Kerbe von oben)

Zip RST, Zip SP/RS und NRG MC^{2} mit Weber-Vergaser

Typ/Identifikationsnummer,	Weber 12 OM
Standgasgemischschrauben-Einstellung (Umdrehungen heraus)	keine Angaben
Kraftstoff-Pegel	3,5 mm (nicht einstellbar)
Standgasdrehzahl	siehe Kapitel 1
Starterdüse	50
Leerlaufdüse	34
Hauptdüse	75
Nadel (Clip-Position)	S (3. Kerbe von oben)

Hexagon mit Mikuni-Vergaser

Typ/Identifikationsnummer,	Mikuni VM 20-315
Standgasgemischschrauben-Einstellung (Umdrehungen heraus)	1 3/8
Kraftstoff-Pegel	3,5 ± 0,5 mm
Standgasdrehzahl	siehe Kapitel 1
Starterdüse	40
Leerlaufdüse	35
Hauptdüse	82,5
Nadel (Clip-Position)	3CK01 (3. Kerbe von oben)

Super Hexagon mit Walbro-Vergaser

Typ/Identifikationsnummer,	Walbro WVF/7A
Standgasgemischschrauben-Einstellung (Umdrehungen heraus)	3
Schwimmerhöhe	siehe Sektion 8
Standgasdrehzahl	siehe Kapitel 1
Starterdüse	50
Leerlaufdüse	34
Hauptdüse	108
Nadel (Clip-Position)	51c (2. Kerbe von oben)

Liberty 50 mit Weber-Vergaser

Typ/Identifikationsnummer,	Weber 12 OM
Standgasgemischschrauben-Einstellung (Umdrehungen heraus)	keine Angaben
Kraftstoff-Pegel	3,5 mm (nicht einstellbar)
Standgasdrehzahl	siehe Kapitel 1
Starterdüse	50
Leerlaufdüse	38 L
Hauptdüse	63
Nadel (Clip-Position)	V (2. Kerbe von oben)

Liberty 125 mit Walbro-Vergaser

Typ/Identifikationsnummer,	Walbro WVF/6B
Standgasgemischschrauben-Einstellung (Umdrehungen heraus)	keine Angaben
Schwimmerhöhe	siehe Sektion 8
Standgasdrehzahl	siehe Kapitel 1
Starterdüse	48
Leerlaufdüse	33
Hauptdüse	84
Nadel (Clip-Position)	52K (2./3. Kerbe von oben)

ET2 mit Weber-Vergaser

Typ/Identifikationsnummer,	Weber 12 OM
Standgasgemischschrauben-Einstellung (Umdrehungen heraus)	2 1/2 bis 3 1/2
Kraftstoff-Pegel	3,5 mm (nicht einstellbar)
Standgasdrehzahl	siehe Kapitel 1
Starterdüse	50
Leerlaufdüse	34
Hauptdüse	76
Nadel (Clip-Position)	V (2. Kerbe von oben)

Fly 50 4T und LX4 50 mit Keihin-Vergaser

Typ/Identifikationsnummer,	Keihin CVK 18
Standgasgemischschrauben-Einstellung (Umdrehungen heraus)	1 3/4
Schwimmerhöhe	keine Angaben
Standgasdrehzahl	siehe Kapitel 1
Starterdüse	40
Leerlaufdüse	35
Hauptdüse	75
Nadel	NGBA

ET4 125 mit Mikuni-Vergaser

Typ/Identifikationsnummer,	Mikuni BS24-J
Standgasgemischschrauben-Einstellung (Umdrehungen heraus)	keine Angaben
Schwimmerhöhe	12,2 mm
Standgasdrehzahl	siehe Kapitel 1
Starterdüse	35
Leerlaufdüse	20
Hauptdüse	87,5
Nadel (Clip-Position)	4CZ6 (2. Kerbe von oben)

Fly 125, LX4 125 und Liberty 125 bis 2007 mit Keihin-Vergaser

Typ/Identifikationsnummer,	Keihin CVEK 26
Standgasgemischschrauben-Einstellung (Umdrehungen heraus)	1 3/4
Schwimmerhöhe	keine Angaben
Standgasdrehzahl	siehe Kapitel 1
Starterdüse	42
Leerlaufdüse	35
Hauptdüse	82
Nadel	NELA

LX4 125 Euro 3 und LXV 125 mit Keihin-Vergaser

Typ/Identifikationsnummer,	Keihin CVEK 26
Standgasgemischschrauben-Einstellung (Umdrehungen heraus)	LX4: 2 1/2, LXV: 2
Schwimmerhöhe	keine Angaben
Standgasdrehzahl	siehe Kapitel 1
Starterdüse	35
Leerlaufdüse	42
Hauptdüse	82
Nadel	LX4: NJHA, LXV: NELA

Liberty 125 (ab 2008) mit Keihin-Vergaser

Typ/Identifikationsnummer,	Keihin CVEK 27
Standgasgemischschrauben-Einstellung (Umdrehungen heraus)	2 1/2
Schwimmerhöhe	keine Angaben
Standgasdrehzahl	siehe Kapitel 1
Starterdüse	42
Leerlaufdüse	42
Hauptdüse	82
Nadel	NJHA (nicht einstellbar)

X8 125 und GT125 mit Walbro-Vergaser

Typ/Identifikationsnummer,	Walbro WVF/7R
Standgasgemischschrauben-Einstellung (Umdrehungen heraus)	2 7/8
Schwimmerhöhe	siehe Sektion 8
Standgasdrehzahl	siehe Kapitel 1
Starterdüse	48
Leerlaufdüse	38
Hauptdüse	103
Nadel (Clip-Position)	653 (2. Kerbe von oben)

X8 Euro 3 mit Keihin-Vergaser

Typ/Identifikationsnummer,	Keihin CVK 30
Standgasgemischschrauben-Einstellung (Umdrehungen heraus)	1 1/2
Schwimmerhöhe	keine Angaben
Standgasdrehzahl	siehe Kapitel 1
Starterdüse	42
Leerlaufdüse	38
Hauptdüse	105
Nadel	305 D

X9 125 mit Walbro-Vergaser

Typ/Identifikationsnummer,	Walbro WVF/7C
Standgasgemischschrauben-Einstellung (Umdrehungen heraus)	keine Angaben
Schwimmerhöhe	siehe Sektion 8
Standgasdrehzahl	siehe Kapitel 1
Starterdüse	50
Leerlaufdüse	36
Hauptdüse	110
Nadel (Clip-Position)	51C (2. Kerbe von oben)

X9 Euro 3 mit Keihin-Vergaser

Typ/Identifikationsnummer,	Keihin CVK 30
Standgasgemischschrauben-Einstellung (Umdrehungen heraus)	2
Schwimmerhöhe	keine Angaben
Standgasdrehzahl	siehe Kapitel 1
Starterdüse	42
Leerlaufdüse	35
Hauptdüse	105
Nadel	NDYA (nicht einstellbar)

B125 mit Walbro-Vergaser

Typ/Identifikationsnummer,	Walbro WVF/7G
Standgasgemischschrauben-Einstellung (Umdrehungen heraus)	2 5/8
Schwimmerhöhe	siehe Sektion 8
Standgasdrehzahl	siehe Kapitel 1
Starterdüse	50
Leerlaufdüse	36
Hauptdüse	108
Nadel (Clip-Position)	51c (2. Kerbe von oben)

GT125, GTV 125 und B 125 mit Keihin-Vergaser

Typ/Identifikationsnummer,	Keihin CVEK 30
Standgasgemischschrauben-Einstellung (Umdrehungen heraus)	2
Schwimmerhöhe	keine Angaben
Standgasdrehzahl	siehe Kapitel 1
Starterdüse	42
Leerlaufdüse	38 (B 125: 35)
Hauptdüse	98 (B 125: 105)
Nadel	NDVA (B 125: 304 D)

GTS 125 mit Keihin-Vergaser

Typ/Identifikationsnummer,	Keihin CVEK 30
Standgasgemischschrauben-Einstellung (Umdrehungen heraus)	1
Schwimmerhöhe	keine Angaben
Standgasdrehzahl	siehe Kapitel 1
Starterdüse	42
Leerlaufdüse	38
Hauptdüse	108
Nadel	NDYB

GT200 mit Keihin-Vergaser

Typ/Identifikationsnummer,	Keihin CVEK 30
Standgasgemischschrauben-Einstellung (Umdrehungen heraus)	2 1/4
Schwimmerhöhe	keine Angaben
Standgasdrehzahl	siehe Kapitel 1
Starterdüse	42
Leerlaufdüse	38
Hauptdüse	92
Nadel	NDAA

GT200 mit Walbro-Vergaser

Typ/Identifikationsnummer,	Walbro WVF/7P
Standgasgemischschrauben-Einstellung (Umdrehungen heraus)	2
Schwimmerhöhe	siehe Sektion 8
Standgasdrehzahl	siehe Kapitel 1
Starterdüse	45
Leerlaufdüse	36
Hauptdüse	95
Nadel (Clip-Position)	495 (2. Kerbe von oben)

1 Allgemeine Informationen und Warnhinweise

Das Kraftstoffsystem besteht aus dem Benzintank, dem Benzinhahn mit integriertem Filter, dem Vergaser, Kraftstoffleitungen und Bedienungsbowdenzügen. Aufgrund der Position des Tanks benötigen die Modelle Hexagon, B125, X8, X9 sowie Power DD und DT eine Kraftstoffpumpe.

Der Benzinhahn arbeitet automatisch, d.h. er wird bei laufendem Motor vom Ansaug-Unterdruck geöffnet. Der Benzinfilter sitzt im Tank und ist ein Teil des Benzinhahns; bei manchen Modellen sitzt ein zusätzlicher Kraftstofffilter in der Benzinleitung.

Typhoon 80- und 125-Modelle sind mit zwei Tanks ausgerüstet; der Haupttank sitzt im Heck und der Zusatztank in der Frontverkleidung. Ein Ausgleichsrohr verbindet beide Tanks, und eine unter dem Trittbrett liegende Unterdruckpumpe fördert Benzin vom Zusatztank in den Haupttank.

Für den Kaltstart gibt es im Vergaser ein elektronisch gesteuertes Gemischanreicherungssystem (Choke). Manche Modelle sind mit einer Vergaserheizung ausgerüstet – einige mit einer elektrischen, andere mit einer Kühlwasserheizung.

Die für den Motorbetrieb benötigte Luft wird durch den oberhalb des Antriebsgehäuses sitzenden Luftfilter gesogen.

Die Auspuffanlage besteht aus dem Krümmerrohr und dem Schalldämpfer.

Viele der Kraftstoffsystem-Wartungsarbeiten sind regelmäßig auszuführen und in Kapitel 1 beschrieben.

Sicherheitshinweise

Warnung: Benzin ist leicht entflammbar, vor allem in Form von Dampf. Daher müssen unten stehende Vorsichtsmaßnahmen getroffen werden. Beachten Sie, dass Benzindampf schwerer ist als Luft und sich daher in schlecht belüfteten Ecken sammeln kann. Vermeiden Sie Hautkontakt, und suchen Sie einen Arzt auf, wenn Benzin in die Augen gelangt ist oder verschluckt wurde. Tragen Sie immer eine Sicherheitsbrille und haben Sie einen geeigneten Feuerlöscher zur Hand.

- Führen Sie Arbeiten am Benzinsystem nur in gut belüfteten Räumen durch.
- Stellen Sie sicher, dass sich keine offenen Flammen oder Funken (z.B. Zündanlage) in der Nähe befinden, wenn Sie mit Benzin hantieren.
- Beachten Sie absolutes Rauchverbot für jedermann bei Arbeiten am Benzinsystem. Denken Sie an die Gefahr, die von brennenden Zigaretten ausgeht, und entfernen Sie sich zum Rauchen weit genug vom Arbeitsplatz.
- Denken Sie daran, dass elektrische Geräte wie Schalter, Bohrmaschinen, Schleifböcke usw. Funken produzieren. Vermeiden Sie daher den Betrieb solcher Geräte bei Arbeiten am Benzinsystem, und lüften Sie den Raum gründlich, bevor Sie damit beginnen.
- Wischen Sie grundsätzlich verschüttetes Benzin auf und entsorgen Sie benzingetränkte Lappen und Tücher in einem feuersicheren Behälter (z.B. einem Stahlfass).
- Vorratshaltung an Benzin darf nur in dafür geprüften und luftdicht verschlossenen und beschrifteten Behältern erfolgen. Die Menge der Vorratshaltung in Wohnhäusern ist gesetzlich begrenzt. Bewahren Sie auch demontierte Benzintanks mit geschlossenem Tankdeckel sicher auf.
- Lesen Sie sorgfältig die »Sicherheit geht vor!«-Sektion vorne im Buch, bevor Sie mit der Arbeit beginnen.

2 Benzinhahn und Filter
Kontrolle, Ausbau, Einbau

Hexagon, B 125, X8, X9, NRG Power DT und DD, S 125 und spätere Liberty 125-Modelle

1 Diese Modelle besitzen keinen separaten Benzinhahn – stattdessen sorgt die Benzinpumpe dafür, dass nur bei laufendem Motor aus dem Tank Kraftstoff austritt. Manche Modelle sind mit einem Ventil ausgerüstet, das davor schützt, dass bei nicht laufendem Motor Benzin in den Tank zurückläuft (siehe Abbildung). Die Kontrolle und das Ersetzen der Benzinpumpe sind in Sektion 13 beschrieben.

2 Bei den Modellen Hexagon, X9, X8 und B125 ist ein Benzinfilter in die Benzinleitung integriert, wo er mit zwei Schellen gesichert ist (siehe Abbildung). Entfernen Sie alle nötigen Verkleidungsteile, und verfolgen Sie die Benzinleitung vom Vergaser zum Filter (siehe Kapitel 7). Bei einigen Fahrzeugen findet sich am Auslassstutzen des Tanks ein weiteres Filterelement (siehe Abbildung 2.8).

3 Inspizieren Sie den Filter auf Ablagerungen oder Verstopfung – der Filter kann nicht gereinigt, sondern muss ersetzt werden.

4 Zum Ausbau des Filters müssen beide Schellen gelockert werden – dabei kann Benzin austreten. Nachdem beide Schläuche abgezogen wurden, kann der Filter aus seiner Halterung befreit werden.

5 Installieren Sie den neuen Filter in seine Halterung – es sollte ein Pfeil darauf angebracht sein, der in die Flussrichtung des Benzins zeigen muss. Stecken Sie die Benzinleitungen auf, und sichern Sie sie mit ihren Schellen (eine schadhafte oder korrodierte Schelle muss ersetzt werden) (siehe Abbildung).

6 Bei NRG Power-, Liberty 125 und S 125-Modellen ist der Filter in den Auslassstutzen des Tanks integriert – entfernen Sie entsprechende Verkleidungsteile, um Zugang zum Tank zu erhalten (siehe Kapitel 7).

7 Vor dem Ausbau des Stutzens muss die Zufuhrleitung vom Tank zur Benzinpumpe an der Pumpe gelöst und in einen ausreichend großen Kanister geführt werden, um den Tank leerlaufen zu lassen (siehe Abbildung).

8 Lockern Sie die Schelle des Stutzens, und ziehen Sie ihn aus dem Tank (siehe Abbildung). Wenn der O-Ring in Ordnung ist, kann er wiederverwendet werden, doch es empfiehlt sich, ihn generell zu ersetzen.

9 Reinigen Sie den Gazefilter von allen Ablagerungen und Schmutzresten. Prüfen Sie das Gewebe auf Löcher – finden sich welche, muss ein neuer Stutzen beschafft werden, da der Filter nicht einzeln erhältlich ist.

10 Stecken Sie den Stutzen möglichst unter Verwendung eines neuen O-Rings wieder in den Tank, und ziehen Sie die Schelle sorgfältig an. Stecken Sie die Kraftstoffleitung auf die Pumpe, und sichern Sie sie mit der Schelle (eine schadhafte oder korrodierte Schelle muss ersetzt werden).

Alle anderen Modelle – Benzinhahn

Kontrolle

11 Der Benzinhahn sitzt an der Unterseite des Kraftstofftanks (siehe Abbildung 2.15). Entfernen Sie entsprechende Verkleidungsteile, um Zugang zum Tank zu erhalten (siehe Kapitel 7). Der Benzinhahn arbeitet automatisch, d.h. er wird bei laufendem Motor über die integrierte Membrane vom Ansaug-Unterdruck geöffnet. Ist der Benzinhahn defekt, muss er ersetzt werden – es handelt sich um ein versiegeltes Bauteil, für das keine Einzelteile erhältlich sind. Das wahrscheinlichste Problem wird ein Loch oder Riss in der Membrane sein.

12 Zur Kontrolle des Benzinhahns wird die Benzinleitung vom Vergaser getrennt und in einen geeigneten Behälter gehalten (siehe Abbildung). Trennen Sie dann je nach Modell den Unterdruckschlauch vom Ansaugstutzen oder Vergaser (siehe Abbildungen), und saugen Sie daran. Wenn Sie nicht sicher sind, welcher Schlauch welcher ist, müssen Sie sie vom Benzinhahn aus verfolgen (siehe Abbildung 2.15). Bei Unterdruck muss aus dem Benzinhahn Kraftstoff austreten und in den Behälter fließen – ansonsten ist die Membrane defekt (siehe Abbildung).

13 Bevor man den Benzinhahn ersetzt, muss kontrolliert werden, ob der Unterdruckschlauch sicher angeschlossen ist und keine Risse oder Brüche aufweist. Ersetzen Sie im Zweifel den Schlauch, und saugen Sie daran – wenn immer noch kein Benzin läuft, muss der Hahn ersetzt werden.

Ausbau

14 Der Benzinhahn sollte nicht unnötig vom Tank entfernt werden, da dabei der O-Ring und der Filter beschädigt werden können.

15 Vor der Demontage muss die Benzinleitung in einen ausreichend großen Kanister gehalten werden. Trennen Sie dann je nach Modell den Unterdruckschlauch vom Ansaugstutzen oder Vergaser (siehe Abbildung), und saugen Sie daran, um den Tankinhalt in den Behälter ablaufen zu lassen.

16 Lockern Sie die Schelle des Benzinhahns, und ziehen Sie die Baugruppe aus dem Tank (siehe Abbildung). Wenn der O-Ring in Ordnung ist, kann er wiederverwendet werden, doch es empfiehlt sich, ihn generell zu ersetzen.

17 Reinigen Sie den Gazefilter von allen Ablagerungen und Schmutzresten. Prüfen Sie das Gewebe auf Löcher – finden sich welche, muss ein neuer Benzinhahn beschafft werden, da der Filter nicht einzeln erhältlich ist.

Einbau

18 Stecken Sie den Benzinhahn möglichst unter Verwendung eines neuen O-Rings wieder

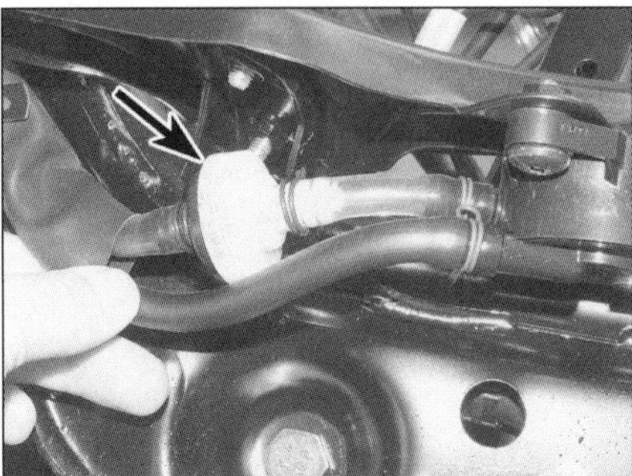

2.1 Rücklauf-Sicherungsventil – gezeigt am X8 125

2.2 Der Benzinfilter ist mit zwei Schlauchschellen gesichert.

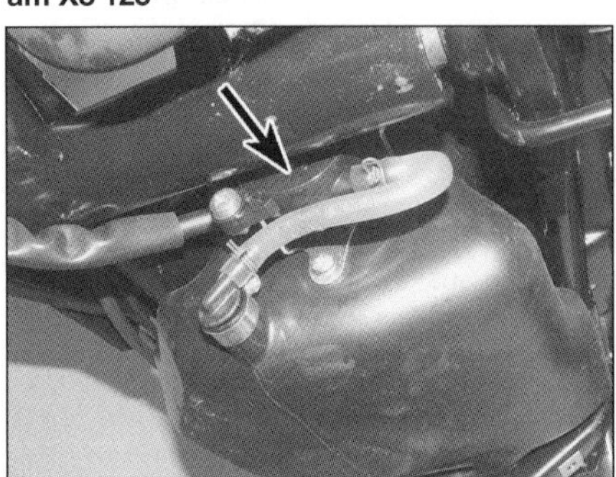

2.7 Trennen Sie den Zulaufschlauch von der Pumpe.

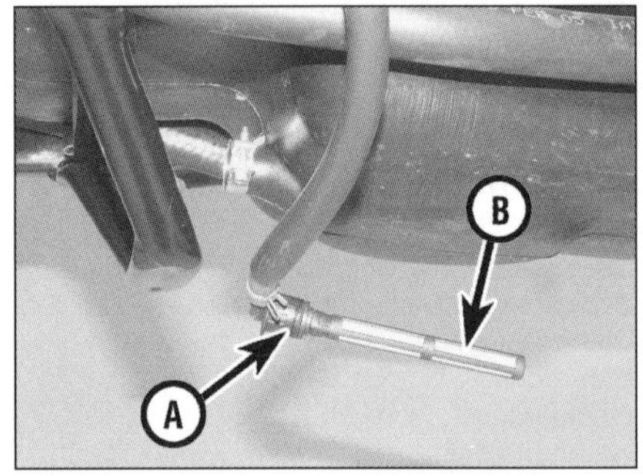

2.8 Ziehen Sie den Schlauchstutzen samt O-Ring (A) und Filter (B) aus dem Tank.

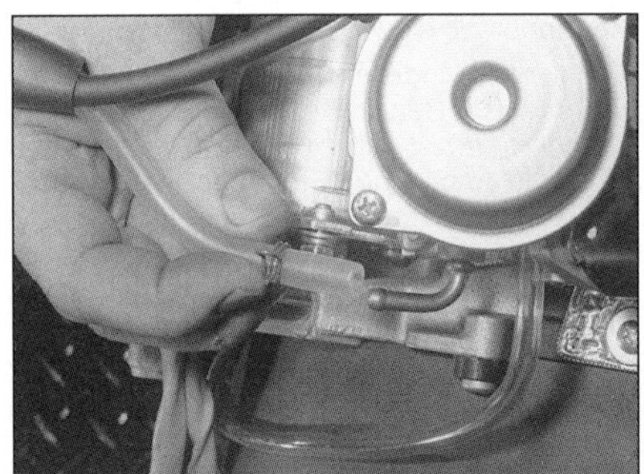

2.12a Ziehen Sie den Kraftstoffschlauch vom Vergaser.

2.12b Ziehen Sie den Unterdruckschlauch vom Ansaugstutzen. . . .

2.12c . . . oder vom Vergaser (je nach Modell).

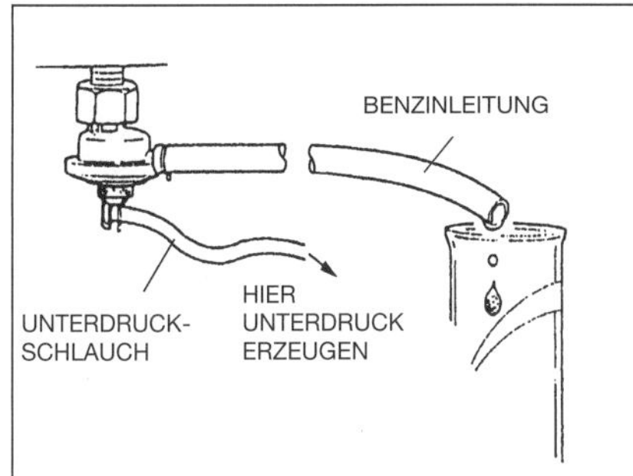

2.12d Halten Sie den Benzinschlauch in einen Behälter, und saugen Sie am Unterdruckschlauch.

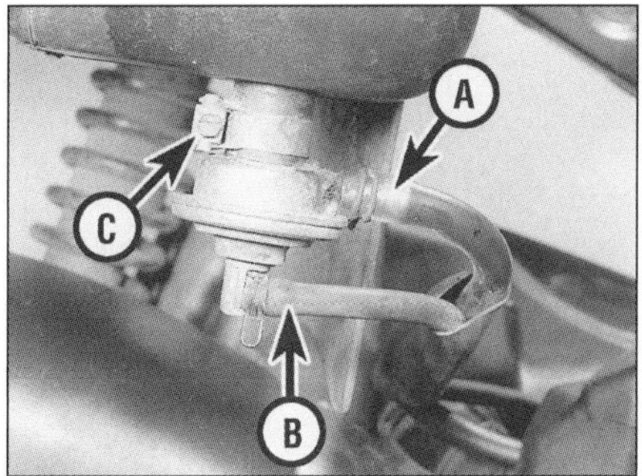

2.15 Benzinschlauch (A), Unterdruckschlauch (B), Benzinhahnschelle (C)

2.16 Ziehen Sie den Benzinhahn samt Filter aus dem Tank.

2.21a Ziehen Sie den Benzinschlauch vom Hahn.

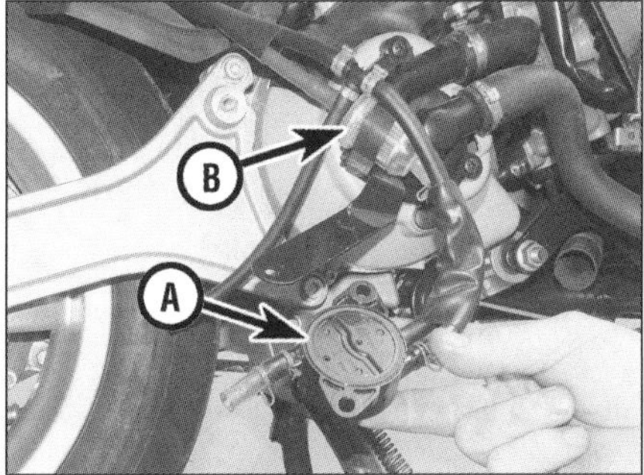

2.21b Befreien Sie die Benzinpumpe (A) und den Leitungs-Filter (B).

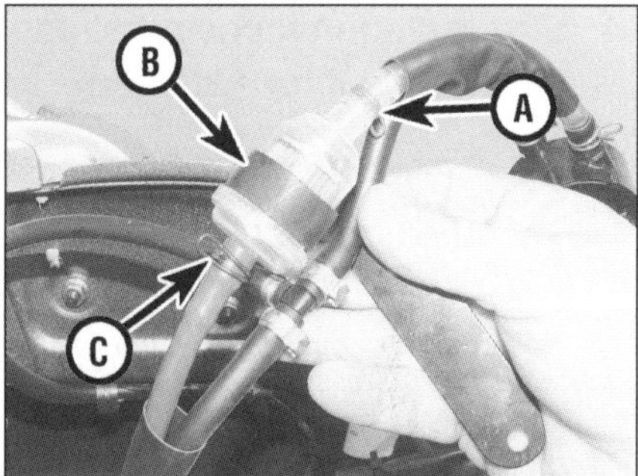

2.24 Der Filter ist mit zwei Schellen (A und C) sowie einer Klemme (B) gesichert.

in den Tank, und ziehen Sie die Schelle sorgfältig an.

19 Stecken Sie die Kraftstoffleitung und den Unterdruckschlauch auf ihre Stutzen, und sichern Sie sie mit den Schellen.

GT-, GTS- und GTV-Modelle

20 Diese Modelle besitzen neben dem Filter am Benzinhahn (GT und GTV) bzw. im Rohr-Anschluss des Tanks (GTS) einen weiteren, in die Benzinleitung zwischen der Pumpe und dem Vergaser integrierten Filter.

21 Entfernen Sie bei GT- und GTV-Modellen für den Zugang zunächst das rechte Verkleidungsteil. Lösen Sie die Klemme, die den Benzinschlauch am Hahn sichert, und ziehen Sie den Schlauch ab – seien Sie auf austretendes Benzin vorbereitet (siehe Abbildung). Lösen Sie die zwei Schrauben der Benzinpumpe an der Unterseite des Tanks, und nehmen Sie die Pumpe beiseite. Der Halter des Benzinfilters wird mit einer der Schrauben gesichert (siehe Abbildung).

22 Entfernen Sie bei GTS-Modellen das Gepäckfach unter dem Sitz, um Zugang zum Bezinfilter zu erhalten (siehe Abbildung 13.15)

23 Inspizieren Sie den Filter auf Ablagerungen oder Verstopfung – der Filter kann nicht gereinigt, sondern muss ersetzt werden.

24 Zum Ausbau des Filters müssen beide Schellen gelockert werden – Nachdem beide Schläuche abgezogen wurden (siehe Abbildung), kann der Filter aus seiner Halterung befreit werden.

25 Installieren Sie den neuen Filter in seine Halterung – es sollte ein Pfeil darauf angebracht sein, der in die Flussrichtung des Benzins zeigen muss. Stecken Sie die Benzinleitungen auf, und sichern Sie sie mit ihren Schellen. Manche Schellen können wiederverwendet werden, wenn sie nicht korrodiert oder beschädigt sind; verwenden Sie nötigenfalls neue Schellen und installieren Sie sie ggf. mit einer speziellen Klemmzange.

26 Montieren Sie alle Komponenten und Verkleidungsteile in der umgekehrten Ausbaureihenfolge.

27 Beachten Sie, dass GTS-Modelle im Schlauch zwischen der Pumpe und dem Tank mit einem Rückschlagventil ausgerüstet sind.

3 Luftfiltergehäuse
Ausbau und Einbau

Ausbau

1 Entfernen Sie nötigenfalls entsprechende Verkleidungsteile, um an das Filtergehäuse zu gelangen, welches sich links über dem Antriebsriemendeckel befindet. Lösen Sie die Schellen oder Kabelbinder, die die Einlass- und Auslass-Stutzen sowie – falls vorhanden – den Entlüftungsschlauch sichern, und ziehen Sie diese vom Gehäuse (siehe Abbildungen). Nötigenfalls muss der Standgaseinsteller aus seiner Halterung vorne am Gehäuse befreit werden.

2 Lösen Sie die Schrauben, die das Luftfiltergehäuse am Motor sichern, und manövrieren Sie es aus dem Fahrzeug (siehe Abbildungen).

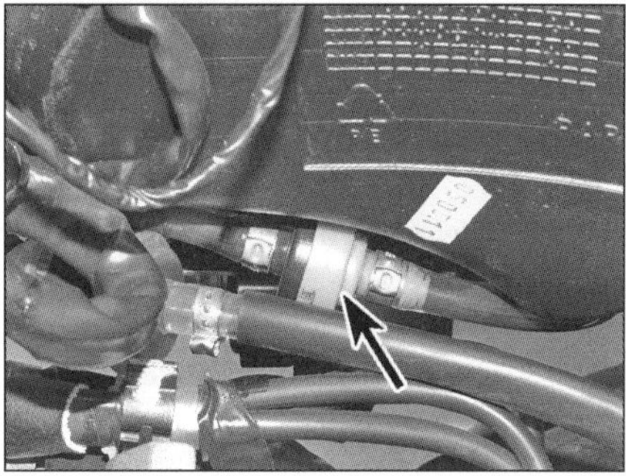

2.27 Der Filter ist mit zwei Schellen (A und C) sowie einer Klemme (B) gesichert.

Einbau

3 Der Einbau entspricht der umgekehrten Ausbaureihenfolge. Sichern Sie ggf. die Ein- und Auslassstutzen mit neuen Kabelbindern.

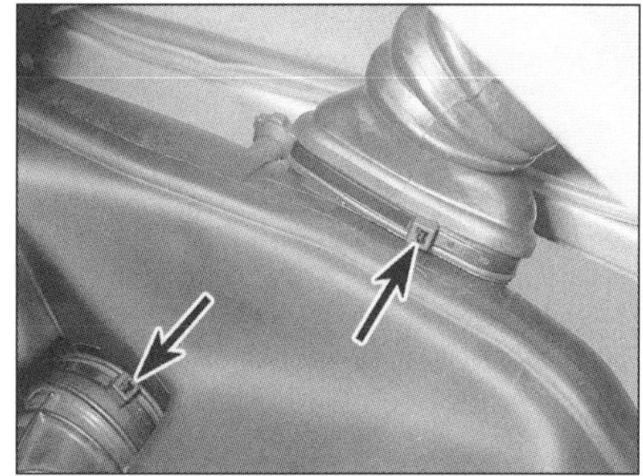

3.1a Die Stutzen des Luftfiltergehäuses sind mit Kabelbindern gesichert.

3.1b Der ggf. vorhandene Belüftungsschlauch ist mit einer Schelle gesichert.

3.2a Lösen Sie die Schrauben, . . .

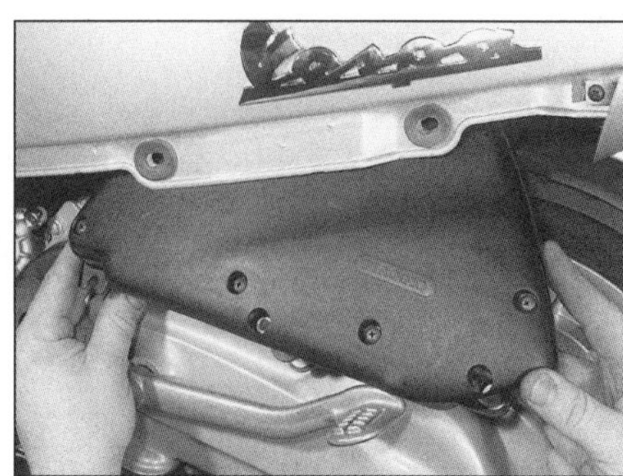

3.2b . . . und entfernen Sie das Gehäuse.

4 Standgasgemischeinstellung
Allgemeine Informationen

Warnung: Die Einstellung des Standgasgemischs erfolgt bei laufendem Motor. Um Unfälle durch ein den Boden berührendes Hinterrad zu vermeiden, muss sichergestellt sein, dass der Roller sicher auf dem Hauptständer steht und nötigenfalls unterlegt ist.

1 Das Standgasgemisch wird mithilfe der Einstellschraube am Vergaser justiert (siehe Abbildung 7.1 oder 8.1). Eine solche Einstellung ist normalerweise nicht nötig und muss nur erfolgen, wenn der Motor im Standgas sehr rau läuft und ständig ausgeht oder eine neue Einstellschraube installiert wurde.

2 Wenn die Gemischschraube im Zuge einer Vergaserüberholung entfernt werden soll, muss ihre Position ermittelt werden, indem man sie bis zum Anschlag einschraubt und sich genau die dafür benötigten Umdrehungen (auf einen achtel Kreis genau!) notiert. Beim Einbau wird die Schraube wieder bis zum Anschlag eingedreht und dann um den notierten Wert herausgeschraubt. Kommt eine neue Schraube zum Einsatz, muss sie nach dem Eindrehen um den in den technischen Daten angegebenen Wert herausgeschraubt werden.

3 Vor dem Einstellen der Standgasgemischschrauben muss der Motor auf Betriebstemperatur gebracht und dann wieder gestoppt werden. Bringen Sie die Standgasgemischschraube in die in den technischen Daten angegebene Position. Starten Sie den Motor, und bringen Sie die Standgasdrehzahl auf den in den technischen Daten angegebenen Wert (siehe Kapitel 1).

4 Drehen Sie die Standgasgemischschraube jetzt nicht mehr als eine Viertelumdrehung in den Vergaser – warten Sie einen Moment, und prüfen Sie, wie sich die Standgasdrehzahl verändert. Wiederholen Sie die Prozedur, aber drehen Sie sie jetzt heraus.

5 Das Standgasgemisch ist optimal eingestellt, wenn der Motor am ruhigsten und gleichmäßigsten läuft, aber die Fliehkraftkupplung noch nicht greift und der Roller nicht beim Öffnen des Gasgriffs ausgeht. **Anmerkung**: *Ein gleichmäßiges Standgas kann nicht mit einer verschmutzten oder falsch eingestellten Zündkerze oder einem verschmutzten Luftfilter erreicht werden. Bei Viertaktmotoren muss zudem das Ventilspiel in Ordnung sein.*

6 Nachdem ein befriedigendes Standgasgemisch erreicht ist, wird nötigenfalls die Standgasdrehzahl mit ihrer Einstellvorrichtung wieder auf den korrekten Wert gebracht (siehe Kapitel 1).

7 Ist nach dem Einstellen des Standgasgemischs die Standgasdrehzahl nicht mehr wie gewünscht einstellbar, muss eine Piaggio-Werkstatt das Standgasgemisch mithilfe eines Abgas-Analysegeräts einstellen.

5 Vergaserüberholung
Allgemeine Informationen

1 Schlechte Motorleistung, unrunder Lauf, schlechtes Startverhalten, Ausgehen, Absaufen und Fehlzündungen können Anzeichen von Vergaserproblemen sein.

2 So manche angebliche Vergaserprobleme können auch auf Fehlfunktionen von Motor oder Zündung zurückzuführen sein. Versuchen Sie vor einer Vergaserüberholung sicherzustellen, dass wirklich der Vergaser die Probleme verursacht.

3 Überprüfen Sie den Benzinhahn und -filter, die Kraftstoffleitung, die Benzinpumpe (falls vorhanden), die Schellen der Ansaugstutzen, den Luftfilter, das Zündsystem, die Zündkerze und bei Viertaktern das Ventilspiel, bevor Sie entscheiden, dass eine Vergaserüberholung notwendig ist.

4 Die meisten Vergaserprobleme werden durch Schmutz- oder Lackteilchen und andere Ablagerungen verursacht, die Benzin- oder Luftkanäle zusetzen. Mit der Zeit führen beschädigte Dichtungen und O-Ringe zu Undichtigkeiten, welche die Ursache schwacher Motorleistung sein können.

5 Beim Überholen wird der Vergaser komplett zerlegt, alle Teile mit Lösungsmittel gereinigt und mit gefilterter und ölfreier Druckluft getrocknet. Alle Luft- und Kraftstoffkanäle werden durchgeblasen, um nicht entfernten Schmutz herauszudrücken. Nach dem Reinigen wird die Überholung mit dem Einbau neuer Dichtungen und O-Ringe abgeschlossen.

6 Vor dem Zerlegen des Vergasers sollte ein Reparatursatz mit allen notwendigen Dichtungen, O-Ringen und anderen Teilen beschafft sein, außerdem Vergaserreiniger, Tücher und Geräte zum Ausblasen. Ein sauberer Arbeitsplatz ist selbstverständlich.

6 Vergaser
Ausbau und Einbau

Warnung: Lesen Sie die Sicherheitshinweise in Sektion 1, bevor Sie mit der Arbeit beginnen.

Ausbau

1 Entfernen Sie nötigenfalls entsprechende Verkleidungsteile, um an den Vergaser zu gelangen (siehe Kapitel 7). Entfernen Sie nötigenfalls die Vergaserabdeckung – merken Sie sich ihre Einbaulage (siehe Abbildung).

2 Verfolgen Sie das Kabel der Kaltstartautomatik, und trennen Sie es am Stecker (siehe Abbildung). Verfolgen Sie ggf. das Kabel der Vergaserheizung und trennen Sie es am Stecker (siehe Abbildung). Befreien Sie das Kabel aus allen Befestigungen. Lösen Sie bei NRG Power DD und wassergekühlten LEADER-Motoren die Schraube, welche das Heizelement seitlich am Vergaser sichert.

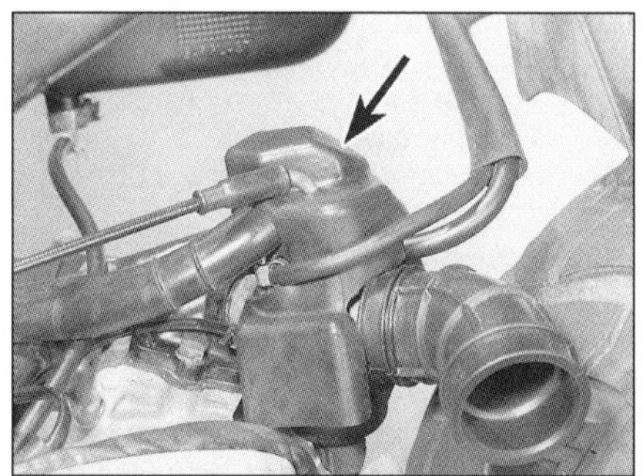

6.1 Entfernen Sie den Deckel unter Beachtung seiner Einbaulage.

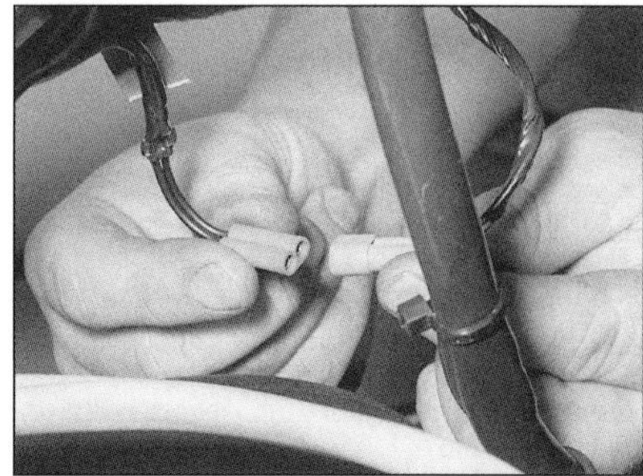

6.2a Trennen Sie den Stecker der Kaltstartautomatik.

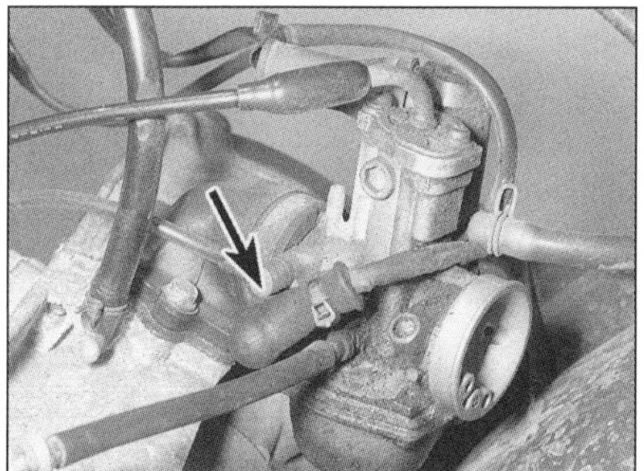

6.2b Verfolgen Sie das Kabel der Vergaserheizung.

6.5a Lösen Sie die Schelle oder den Kabelbinder, . . .

6.5b . . . und trennen Sie den Einlass-Stutzen vom Vergaser.

6.6 Trennen Sie ggf. die verschiedenen Schläuche vom Vergaser.

6.7 Vergaser-Ablassschraube

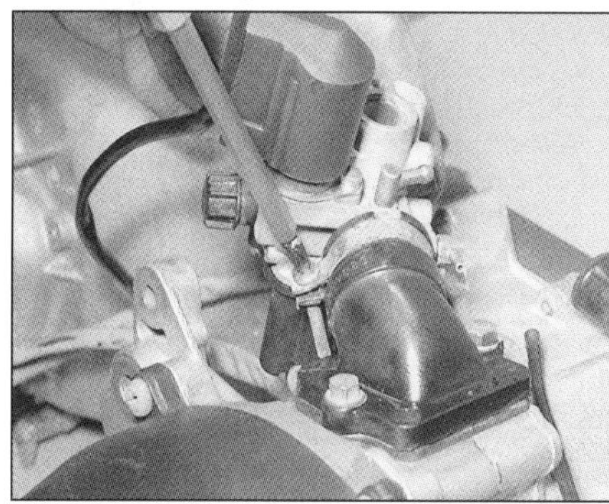

6.8a Lockern Sie entweder die Schelle, . . .

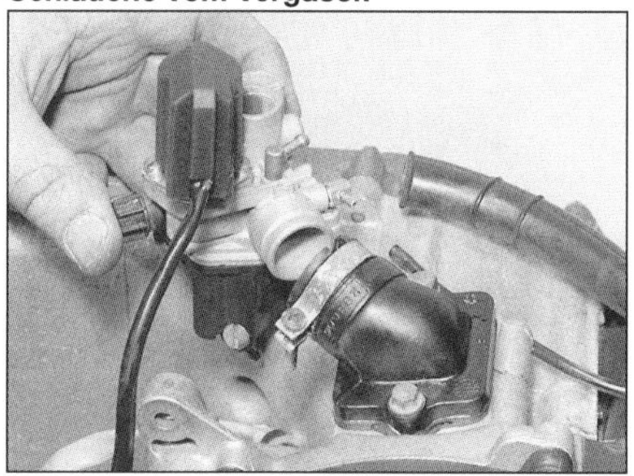

6.8b . . . um den Vergaser vom Ansaugstutzen zu ziehen, . . .

6.8c . . . oder entfernen Sie die Schrauben des Ansaugstutzens, . . .

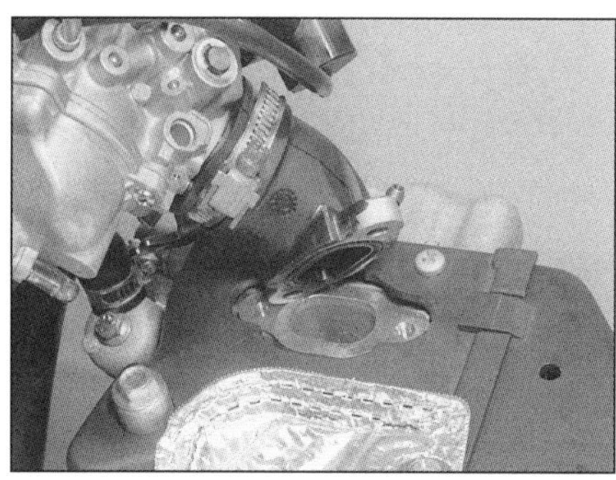

6.8d . . . um den Vergaser samt Stutzen zu entfernen.

3 Um bei Zweitaktmotoren den Gasbowdenzug vom Vergaser zu trennen, muss zuerst die Schraube der oberen Vergaserabdeckung gelöst werden – der Deckel steht unter Federspannung. Heben Sie den Deckel samt des Gasschiebers heraus (siehe Abbildungen 10.5a und b). Um bei Viertaktmotoren den Gasbowdenzug vom Vergaser zu trennen, muss zuerst die Mutter gelöst werden, die die Bowdenzughülle im Halter sichert, dann wird der Zug aus dem Halter befreit und der Nippel aus der Vergaserbetätigung gelöst (siehe Abbildungen 10.14a und b).

4 Befreien Sie bei Sfera 125- und ET4-Modellen den Standgasversteller aus seiner Halterung vorne am Luftfilterkasten, und führen Sie ihn bis zur Unterseite des Vergasers durch.

5 Lösen Sie die Schelle oder den Kabelbinder des Einlass-Stutzens, und ziehen Sie diesen vom Vergaser (siehe Abbildungen).

6 Lösen Sie die Schellen der Benzinleitung, des Unterdruckschlauchs und der Ölleitung (Zweitaktmotoren) – merken Sie sich deren Positionen (siehe Abbildung sowie Abbildung 2.7a und b). Seien Sie auf austretendes Benzin vorbereitet. Benzin- und Ölleitung müssen abgeklemmt werden, damit nicht mehr Flüssigkeit austritt (siehe Werkzeug-Tipp in Sektion 13). Die Belüftungs- und Überlaufschläuche können am Vergaser verbleiben und aus dem Fahrzeug gezogen werden, da sie unten nicht gesichert sind – merken Sie sich ihre Verlegung. **Anmerkung**: *Der Unterdruckschlauch kann am Ansaugstutzen verbleiben, wenn der Vergaser ohne ihn demontiert wird (siehe Schritt 8).*

7 Lösen Sie die Ablassschraube, und lassen Sie den Kraftstoff aus der Schwimmerkammer in einen geeigneten Behälter ablaufen (siehe Abbildung). Der O-Ring der Schraube muss später durch ein Neuteil ersetzt werden.

8 Lockern Sie entweder die Schelle, die den Vergaser am Ansaugstutzen sichert oder die Schrauben, die den Stutzen am Motor sichern. Entfernen Sie den Vergaser (ggf. samt Stutzen) (siehe Abbildungen).

Achtung: Stopfen Sie einen sauberen Lappen in den Ansaugbereich des Motors, damit nichts hineinfallen kann.

Einbau

9 Der Einbau entspricht der umgekehrten Ausbaureihenfolge – beachten Sie folgende Punkte:

a) *Der Vergaser muss vollständig im Ansaugstutzen stecken und mit der sorgfältig angezogenen Schelle gesichert sein.*
b) *Alle Schläuche müssen korrekt verlegt und angeschlossen sein. Sie dürfen nicht gequetscht oder geknickt sein.*
c) *Das Anschließen des Gasbowdenzuges ist in Sektion 10 beschrieben. Prüfen Sie die Funktion des Zuges, und stellen Sie ihn nötigenfalls ein (siehe Kapitel 1).*
d) *Bei wassergekühlten Motoren muss ggf. das Kühlsystem aufgefüllt werden.*
e) *Kontrollieren Sie die Standgasdrehzahl, und korrigieren Sie sie nötigenfalls (Kapitel 1).*

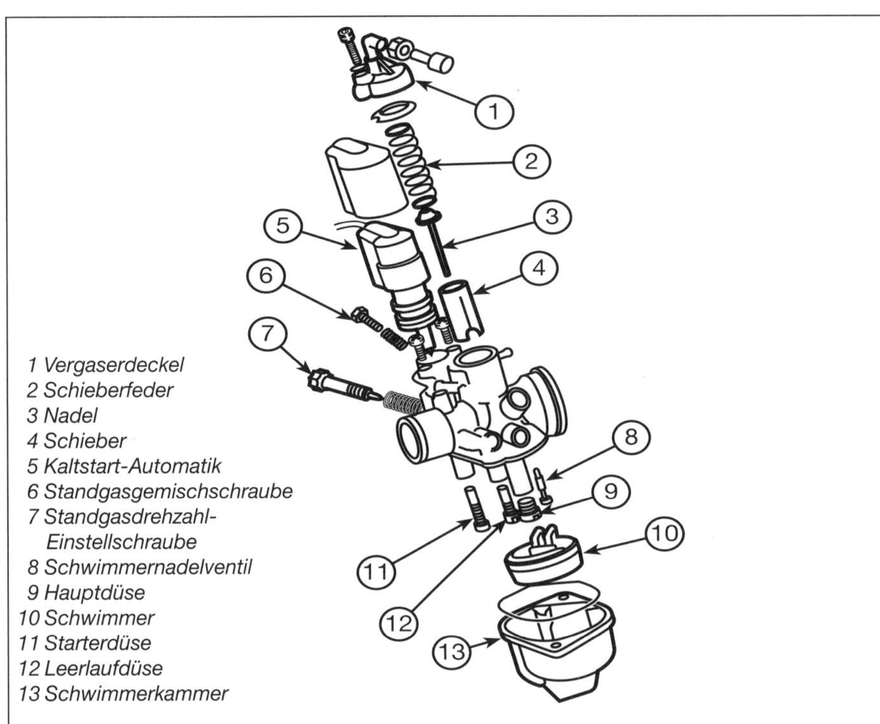

7.1 Bauteile eines Schiebervergasers

7 Vergaser (Zweitaktmotor) – Überholung

Anmerkung: *Die Vergaser von Zwei- und Viertaktmotoren unterscheiden sich in der Konstruktion: Bei Zweitaktern kommen Schiebervergaser zum Einsatz, wogegen Viertakter mit Gleichdruckvergasern ausgerüstet sind – stellen Sie sicher, dass sie der richtigen Prozedur in dieser oder Sektion 8 folgen.*

Warnung: Lesen Sie die Sicherheitshinweise in Sektion 1, bevor Sie mit der Arbeit beginnen.

Zerlegung

1 Bauen Sie den Vergaser aus (siehe Sektion 6). Merken Sie sich beim Zerlegen, wie die Bauteile positioniert waren und ob sie mit Federn oder Dichtungen ausgerüstet sein müssen (siehe Abbildung).

2 Entfernen Sie ggf. die Abdeckung der Kaltstartautomatik. Lösen Sie das Klemmstück, um das Bauteil zu entfernen – merken Sie sich die Einbaulage (siehe Abbildungen).

3 Der Vergaserdeckel wird bereits samt Schieber entfernt sein, um den Bowdenzug vom Vergaser zu trennen. Befreien Sie den Zug aus dem Schieber, entfernen Sie den Federsitz, die Feder und den Deckel vom Bowdenzug (siehe Sektion 10). Heben Sie die Nadel aus dem Schieber (siehe Abbildung).

4 Lösen Sie unten am Vergaser die Schrauben der Schwimmerkammer, und entfernen Sie diese (siehe Abbildungen) – die Schwimmerkammerdichtung muss später durch ein Neuteil ersetzt werden.

5 Ziehen Sie mit einer Spitzzange vorsichtig den Lagerstift des Schwimmers heraus (siehe Abbildung) – wenn er festsitzt, muss er mit einem kleinen Dorn oder Nagel herausgedrückt werden. Entfernen Sie den Schwimmer, und hängen Sie das Schwimmernadelventil aus – merken Sie sich seine Position an der Lasche des Schwimmers.

6 Lösen Sie die Leerlauf-, die Starter- und die Hauptdüse, und drehen Sie diese aus dem Vergaser (siehe Abbildung).

7 Die hinter der Hauptdüse sitzende Nadeldüse ist in den Vergaser gepresst – ziehen Sie sie nötigenfalls heraus.

8 Die Standgasgemischschraube kann nötigenfalls herausgeschraubt werden, doch zuvor muss ihre Einstellung notiert werden. Entfernen Sie die Schraube samt ihrer Feder und des O-Rings (falls vorhanden).

Um die Einstellung der Standgasgemischschraube zu ermitteln, muss ihre Position ermittelt werden, indem man sie bis zum Anschlag einschraubt und sich genau die dafür benötigten Umdrehungen (auf einen achtel Kreis genau!) notiert. Beim Einbau wird die Schraube wieder bis zum Anschlag eingedreht und dann um den notierten Wert herausgeschraubt.

Reinigung

Achtung: Verwenden Sie zum Reinigen der Vergaser nur Reinigungsmittel auf Petroleumbasis, benutzen Sie keine ätzenden Reinigungsmittel!

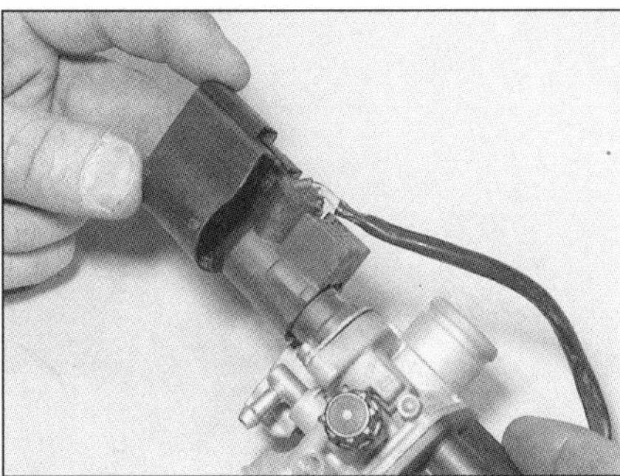

7.2a Entfernen Sie den Deckel der Kaltstartautomatik . . .

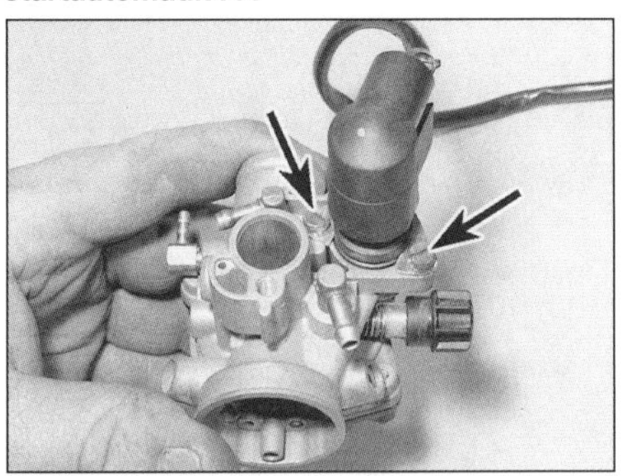

7.2b . . . und die Klemmschrauben,

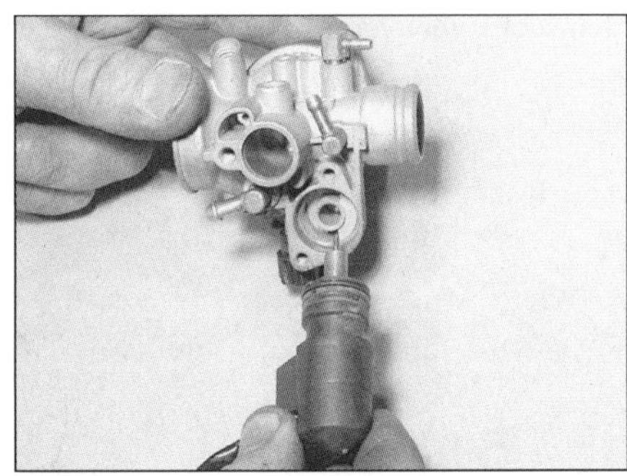

7.2c . . . um die Automatik abzuziehen.

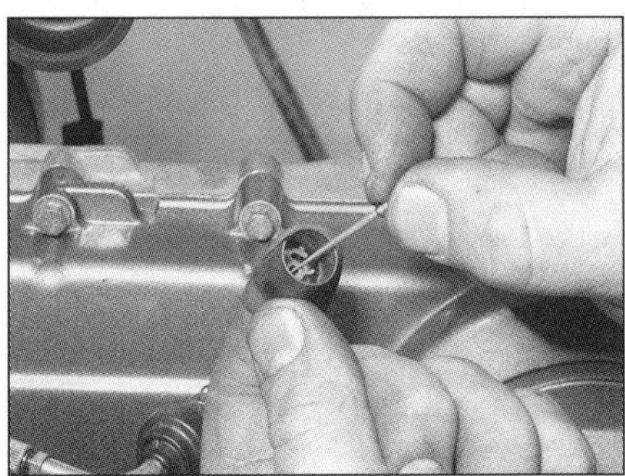

7.3 Ziehen Sie ggf. die Nadel aus dem Schieber.

9 Legen Sie die Metallteile für etwa 30 Minuten in die Reinigungsflüssigkeit (oder länger, wenn es erforderlich ist).

10 Nachdem der Vergaser lange genug eingeweicht ist, sodass sich die meisten Lackreste und Ablagerungen aufgelöst haben, entfernen Sie die übrigen Reste mit einer Bürste. Spülen

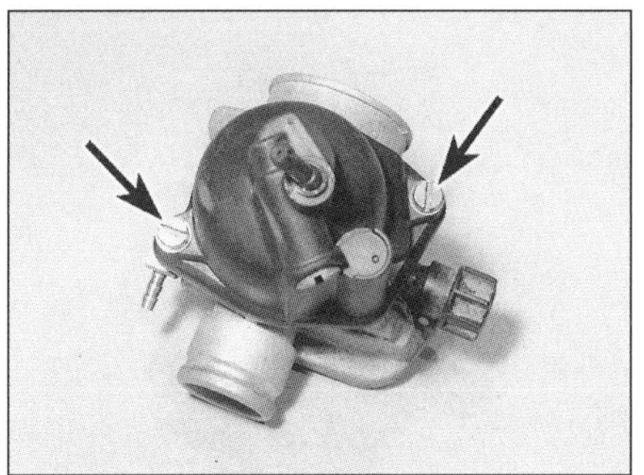
7.4a Lösen Sie die Schrauben, . . .

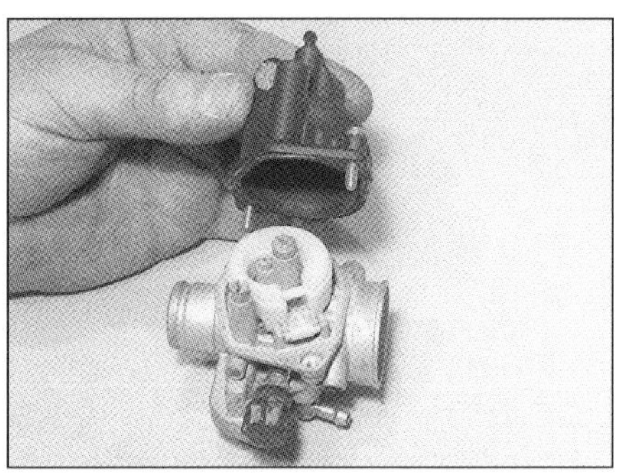
7.4b . . . und heben Sie die Schwimmerkammer ab.

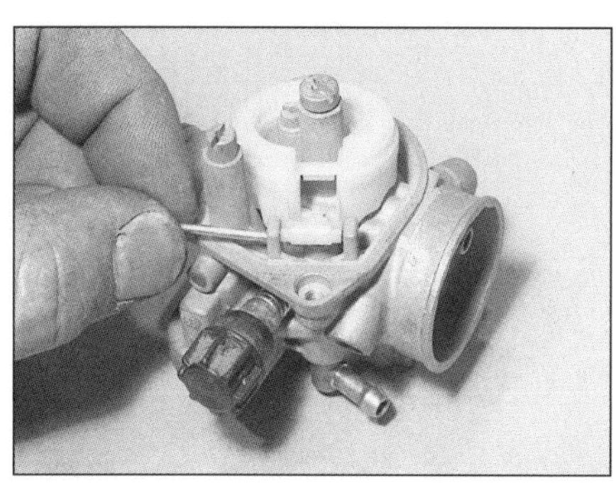
7.5 Ziehen Sie den Schwimmerstift heraus.

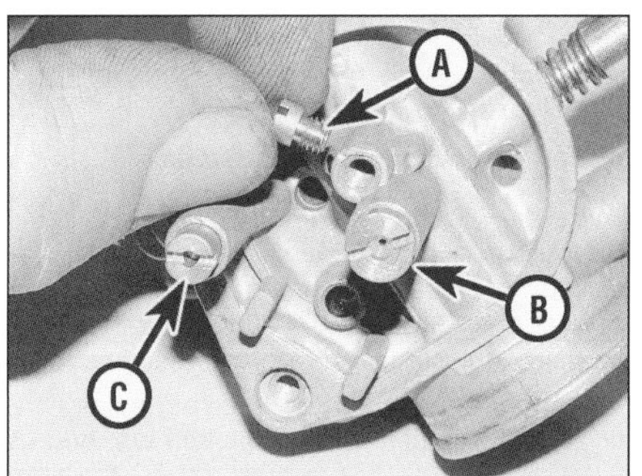

7.6 Leerlaufdüse (A), Hauptdüse (B) und Starterdüse (C)

Sie alles, und trocknen Sie es wenn möglich mit Druckluft.

11 Blasen Sie mit Druckluft alle Kraftstoff- und Luftkanäle des Vergasers durch. Vergessen Sie dabei nicht die Luftkanäle im Vergaser-Einlass.

Achtung: Reinigen Sie Kanäle und Düsen niemals mit Drahtstücken oder Bohrern, weil Sie sie dadurch vergrößern – das steigert den Benzinverbrauch und senkt die Motorleistung!

Kontrolle

12 Falls aus dem Vergaser entfernt, untersuchen Sie die Spitze der Standgasgemischschraube, prüfen Sie außerdem die Feder auf Verschleiß und Beschädigung. Ersetzen Sie auf jeden Fall den O-Ring.

13 Kontrollieren Sie das Vergasergehäuse, die Schwimmerkammer und den Deckel auf Brüche, verzogene Dichtflächen und andere Beschädigungen. Wenn Defekte gefunden worden sind, müssen die entsprechenden Komponenten oder der gesamte Vergaser ersetzt werden. Fragen Sie wegen der Beschaffung von Vergaser-Ersatzteilen Ihren Piaggio-Händler.

14 Setzen Sie den Schieber in den Vergaser, und kontrollieren Sie, ob er sich sanft auf und ab bewegen lässt. Begutachten Sie die Gleitfläche des Schiebers auf Verschleiß. Wenn sie extrem riefig ist oder der Schieber sich nicht leicht in der Führung bewegt, müssen die entsprechenden Komponenten ersetzt werden.

15 Kontrollieren Sie die Düsennadel durch Rollen auf einer ebenen Oberfläche (z.B. einem Spiegel) auf Biegungen. Beschaffen Sie Ersatz, wenn die Nadel verbogen oder ihre Spitze verschlissen ist. Prüfen Sie, in welcher Position der Clip sitzt, und vergleichen Sie diese Einstellung

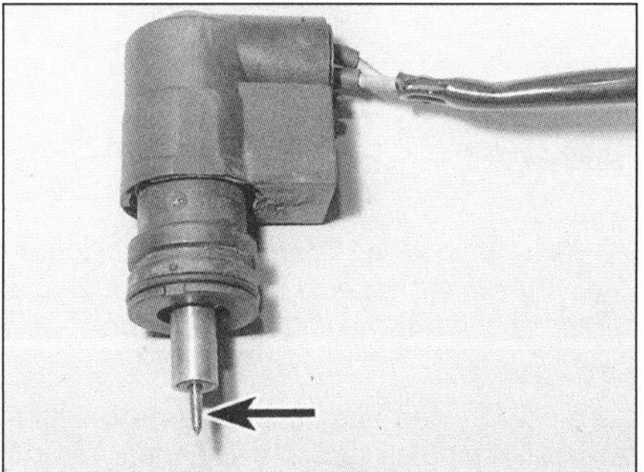
7.18a Prüfen Sie den Kolben und die Nadel der Kaltstartautomatik.

mit den Angaben in den technischen Daten.

16 Kontrollieren Sie die Spitze des Schwimmernadelventils und den Ventilsitz. Wenn Kerben, Kratzer oder anderer Verschleiß zu erkennen sind, müssen beide Teile als Satz ausgetauscht werden. **Anmerkung**: *Bei Hexagon-Modellen, deren Kraftstoffversorgung unter Druck steht, wird eine verschlissene oder verkehrte Schwimmernadel den Vergaser nicht vor dem Überfluten absichern können, was zu erhöhtem Benzinverbrauch führt.*

17 Kontrollieren Sie die Schwimmer auf Schäden. Normalerweise sind diese daran zu erkennen, dass sich Benzin in einem der Schwimmer befindet. Bei Beschädigungen muss die gesamte Schwimmerbaugruppe ersetzt werden.

18 Inspizieren Sie den Kolben und die Nadel der Kaltstartautomatik – ersetzen Sie nötigenfalls die gesamte Einheit (siehe Abbildung). Wenn der Motor Betriebstemperatur erreicht hat und ihm zehn Minuten zum Abkühlen gegeben wurden, kann mit einem Multimeter der Widerstand der Kaltstartautomatik ermittelt werden. Bei einer Umgebungstemperatur von 20°C wird der Kabelstecker von der Automatik abgezogen und der Widerstand zwischen ihren Anschlusskontakten gemessen (siehe Abbildung) – entspricht der Wert nicht den Angaben in den technischen Daten, muss die Kaltstartautomatik ersetzt werden. Um zu ermitteln, ob der Kolben nicht in seinem Gehäuse gefressen hat, muss zunächst gemessen werden, wie weit er herausragt. Dann wird eine geladene 12 Volt-Batterie mithilfe von Überbrückungskabeln an die Anschlüsse geklemmt und nach fünf Minuten erneut der Vorsprung des Kolbens gemessen – entsprechen die Werte nicht den Angaben in den technischen Daten, muss die Kaltstartautomatik ersetzt werden.

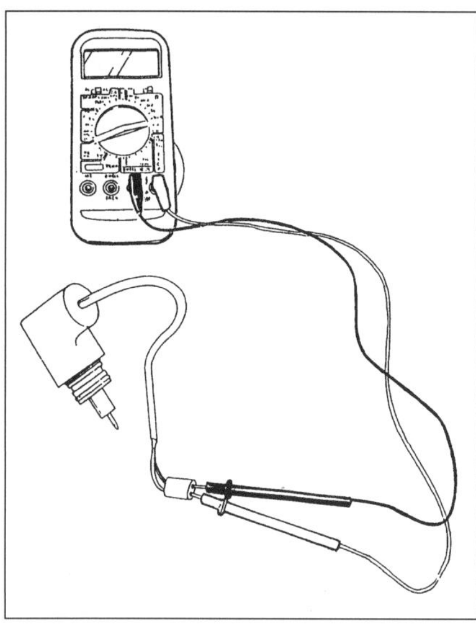
7.18b Funktionstest der Kaltstartautomatik

Zusammenbau und Kontrolle des Kraftstoffpegels

Anmerkung: *Benutzen Sie beim Zusammenbau des Vergasers neue O-Ringe und Dichtungen. Ziehen Sie die Düsen und Schrauben nicht zu fest, da Vergaserbauteile sehr empfindlich sind.*

19 Falls entfernt, wird die Standgasgemischschraube samt Feder und O-Ring installiert – ihre Einstellung sollte vor dem Ausbau ermittelt worden sein (siehe Schritt 8).

20 Falls entfernt, wird die Nadeldüse installiert – die Abflachung muss zum Stift im Vergaser ausgerichtet sein. Schrauben Sie die Hauptdüse in die Nadeldüse.

21 Installieren Sie die Leerlauf- und die Starterdüse (siehe Abbildung 7.6).

22 Hängen Sie das Schwimmernadelventil an die Lasche des Schwimmers, positionieren Sie die Baugruppe in den Vergaser, sodass das Ventil in seinen Sitz gleitet, und schieben Sie den Stift ein, um den Schwimmer zu sichern (siehe Abbildung 7.5).

23 Rüsten Sie die Schwimmerkammer mit einer neuen Dichtung aus – achten Sie auf denkorrekten Sitz in der Nut. Installieren Sie die Kammer, und ziehen Sie ihre Schrauben sorgfältig an (siehe Abbildungen 7.4b und a).

24 Jetzt sollte der Kraftstoffpegel im Verga-

4

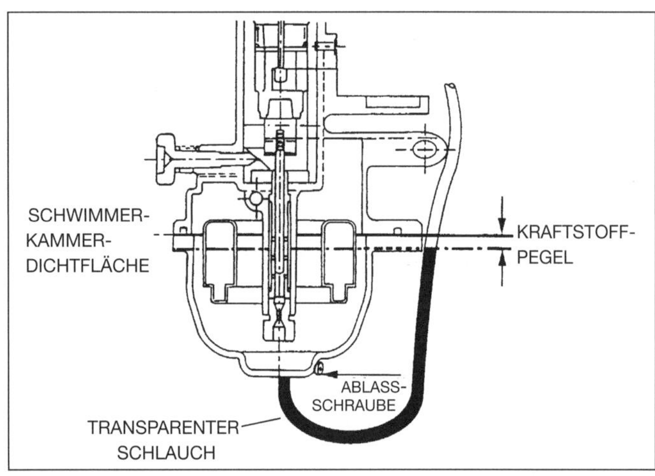

7.24 Testaufbau zum Messen des Kraftstoff-Pegels

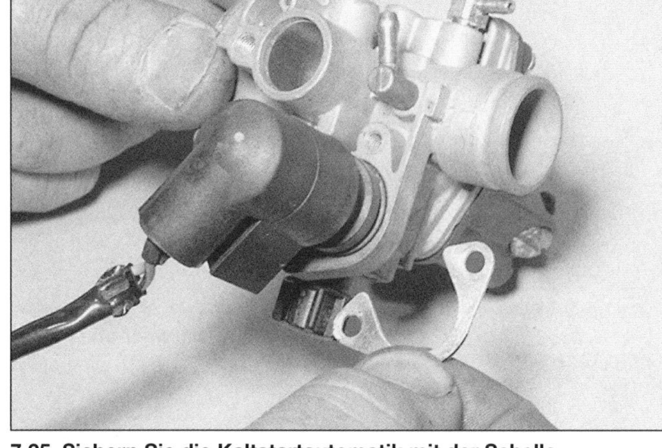

7.25 Sichern Sie die Kaltstartautomatik mit der Schelle.

ser kontrolliert werden, damit sichergestellt ist, dass der Schwimmer und das Nadelventil korrekt arbeiten. Klemmen Sie den Vergaser vorsichtig verkehrtherum in einen Schraubstock, und stecken Sie einen durchsichtigen Schlauch auf den Ablaufstutzen des Vergasers unten an der Schwimmerkammer. Sichern Sie den Schlauch seitlich am Vergaser, und markieren Sie ihn in Höhe der Schwimmerkammerdichtung (siehe Abbildung). Füllen Sie vorsichtig etwas Benzin über den Stutzen der Benzinleitung in den Vergaser, und öffnen Sie die Ablassschraube am Boden der Schwimmerkammer, bis das Benzin in den Schlauch austritt. Füllen Sie weiter Benzin in den Vergaser, bis das Schwimmernadelventil schließt – jetzt muss der Pegel im Schlauch an der in den technischen Daten angegebenen Position liegen – andernfalls (und wenn das Nadelventil und der Schwimmer in Ordnung sind) muss die Lasche des Schwimmers auf Verschleiß überprüft werden; besteht sie aus Metall, kann sie vorsichtig nachgebogen werden, ansonsten ist ein neuer Schwimmer zu beschaffen.

25 Installieren Sie die Kaltstartautomatik, und sichern Sie sie mit dem Klemmstück und den Schrauben (siehe Abbildung). Installieren Sie ggf. die Abdeckung.

26 Bauen Sie den Vergaser an (Sektion 6). Stecken Sie die Düsennadel in den Schieber, und folgen Sie den Anweisungen in Sektion 10, um die Schieber-Baugruppe mit dem Bowdenzug zu verbinden und in den Vergaser zu schieben. Montieren Sie den Vergaserdeckel.

8 Vergaser (Viertaktmotor) – Überholen

Anmerkung: *Die Vergaser von Zwei- und Viertaktmotoren unterscheiden sich in der Konstruktion: Bei Zweitaktern kommen Schiebervergaser zum Einsatz, wogegen Viertakter mit Gleichdruckvergasern ausgerüstet sind – stellen Sie sicher, dass Sie der richtigen Prozedur in dieser oder Sektion 7 folgen.*

Warnung: Lesen Sie die Sicherheitshinweise in Sektion 1, bevor Sie mit der Arbeit beginnen.

Zerlegung

1 Bauen Sie den Vergaser aus (siehe Sektion 6). Merken Sie sich beim Zerlegen, wie die Bauteile positioniert waren und ob sie mit Federn oder Dichtungen ausgerüstet sein müssen (siehe Abbildung).

2 Entfernen Sie ggf. die Abdeckung der Kaltstartautomatik. Lösen Sie das Klemmstück, um die Kaltstartautomatik zu entfernen – merken Sie sich die Einbaulage (siehe Abbildungen 7.2a und b). Bei Walbro- und Keihin-Vergasern müssen die Schrauben der Choke-Halterung gelöst und diese entfernt werden – ihre Dichtung muss später durch ein Neuteil ersetzt werden. Lösen Sie nötigenfalls die Schraube des Beschleunigerpumpenhebels, und entfernen Sie diesen samt der Feder (siehe Abbildung).

3 Lösen Sie die Schrauben des Vergaserdeckels, heben Sie diesen ab, und entfernen Sie die Feder aus dem Schieber (siehe Abbildungen). Pulen Sie vorsichtig die Membrane aus der Dichtungsnut, und ziehen Sie die Schieber-Baugruppe heraus (siehe Abbildung). Beachten Sie die Lasche der Membrane, die in den Ausschnitt des Vergasers greifen muss.

Achtung: Lösen Sie die Membrane nicht mit einem scharfkantigen Werkzeug, da sie leicht beschädigt werden kann.

4 Bei Walbro- und Mikuni-Vergasern wird der Nadelhalter abgeschraubt und samt Feder und Federsitz (falls vorhanden) entfernt (siehe Abbildung). Bei Keihin-Vergasern wird der Nadelhalter herausgehoben. Drücken Sie die Nadel von unten in den Schieber, und nehmen Sie sie oben heraus (siehe Abbildung).

5 Lösen Sie unten am Vergaser die Schrauben der Schwimmerkammer, und entfernen Sie diese (siehe Abbildung) – die Schwimmerkammerdichtung muss später durch ein Neuteil ersetzt werden.

6 Ziehen Sie bei Mikuni- und Keihin-Vergasern die Feder und den Kolben der Beschleunigerpumpe aus dem Vergaser (siehe Abbildung). Schrauben Sie bei Walbro-Vergasern die gesamte Beschleunigerpumpe aus der Schwimmerkammer (siehe Abbildung) – ihr O-Ring muss später durch ein Neuteil ersetzt werden.

7 Ziehen Sie mit einer Spitzzange vorsichtig den Lagerstift des Schwimmers heraus

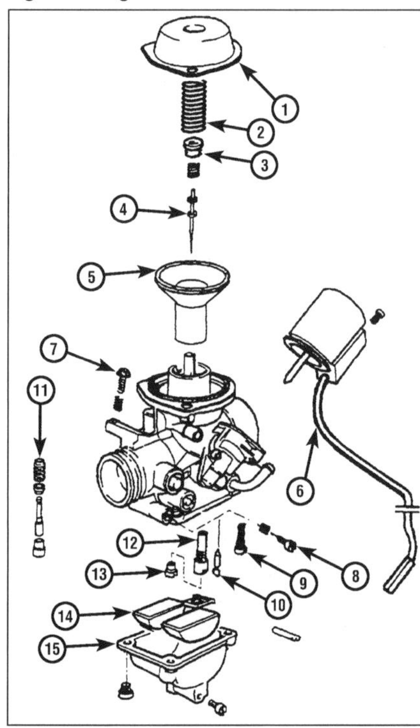

8.1 Bauteile eines Gleichdruckvergasers

1 Vergaserdeckel
2 Feder
3 Nadelhalter
4 Nadel
5 Membrane/ Schieber
6 Kaltstartautomatik
7 Standgasdrehzahl-Einstellschraube
8 Standgas-gemischschraube
9 Leerlaufdüse
10 Schwimmer-nadelventil
11 Beschleuniger-pumpe
12 Nadeldüse
13 Hauptdüse
14 Schwimmer
15 Schwimmer-kammer

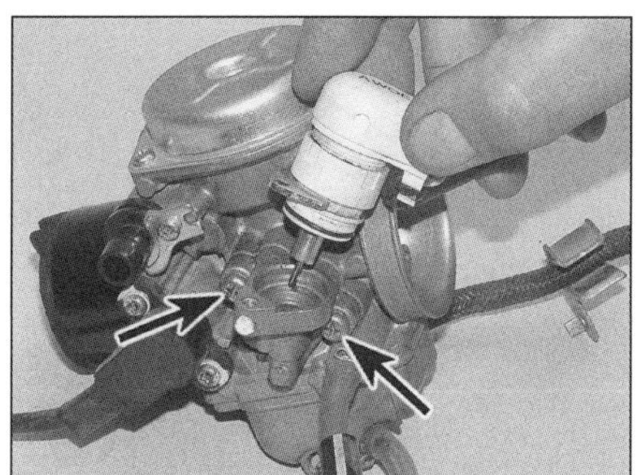
8.2 Entfernen Sie die mit Schrauben gesicherte Kaltstartautomatik.

8.3a Lösen Sie die Schrauben des Vergaserdeckels, heben Sie den Deckel ab, . . .

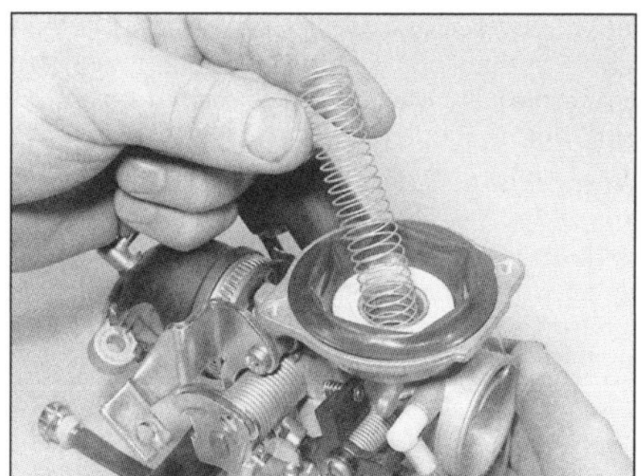
8.3b . . . ziehen Sie die Feder heraus, . . .

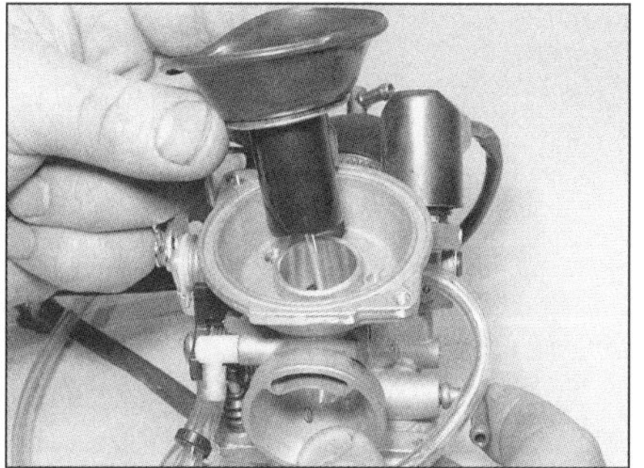
8.3c . . . und entfernen Sie die Manschette samt Schieber.

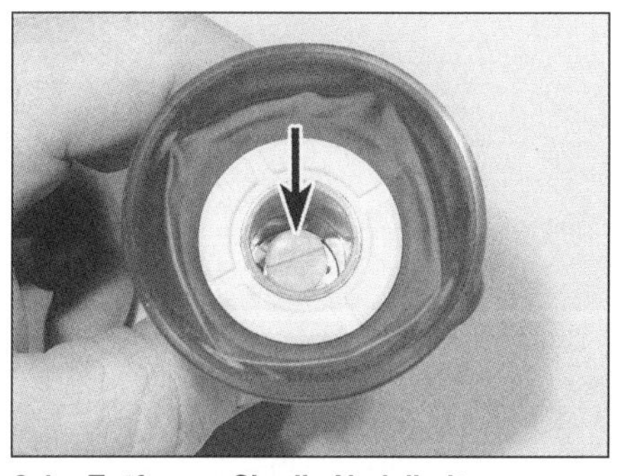
8.4a Entfernen Sie die Nadelhalterung.

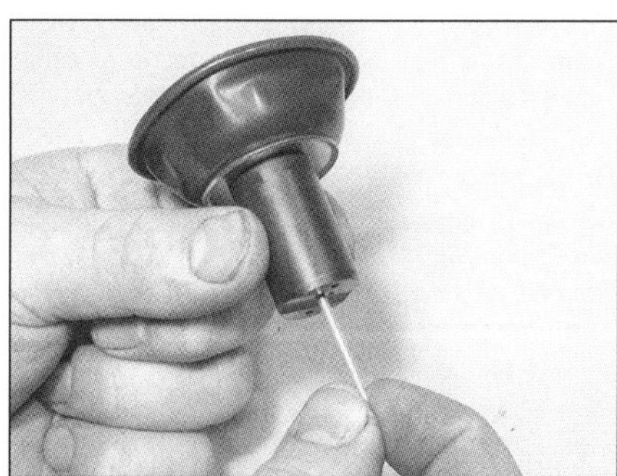
8.4b Drücken Sie die Nadel nach innen.

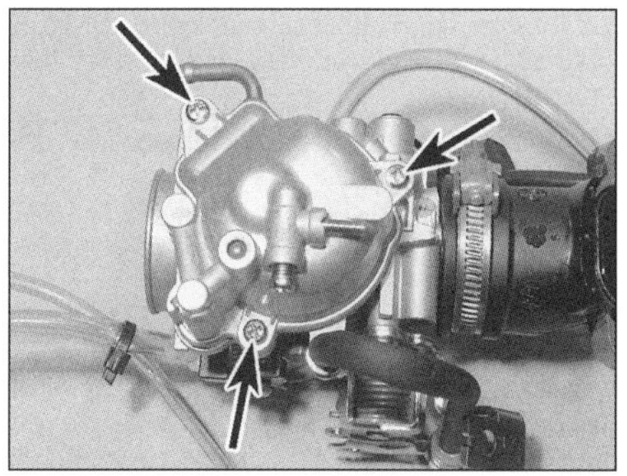
8.5 Schwimmerkammer-Schrauben

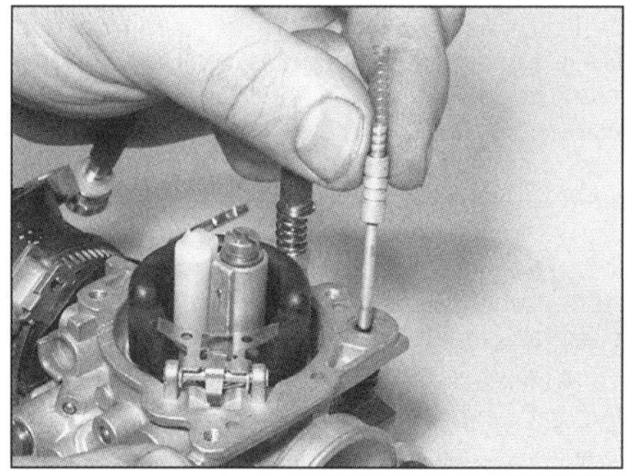
8.6a Ziehen Sie den Kolben der Beschleunigerpumpe heraus, . . .

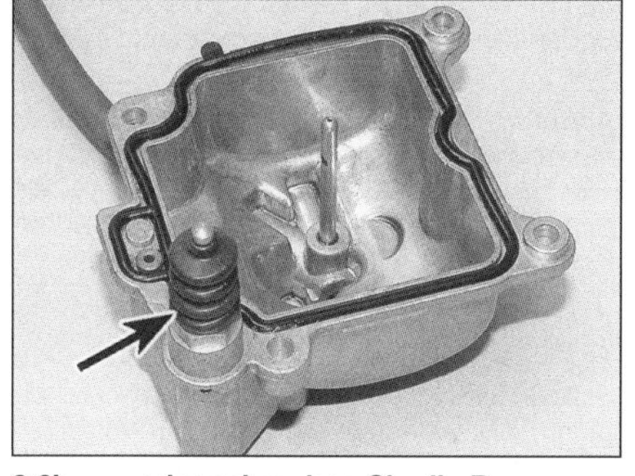
8.6b . . . oder schrauben Sie die Baugruppe aus der Schwimmerkammer.

– wenn er festsitzt, muss er mit einem kleinen Dorn oder Nagel herausgedrückt werden (siehe Abbildung). Entfernen Sie den Schwimmer, und hängen Sie das Schwimmernadelventil aus – merken Sie sich seine Position an der Lasche des Schwimmers (siehe Abbildung).

8 Lösen Sie die Schraube des Nadelventilsitz-Klemmstücks, und ziehen Sie den Sitz aus dem Vergaser (siehe Abbildungen) – der O-Ring muss später durch ein Neuteil ersetzt werden.

9 Entfernen Sie die Kunststoffabdeckung von der Starterdüse (siehe Abbildung). **Anmerkung:** *Die Starterdüse ist in den Vergaser gepresst und darf nicht entfernt werden (siehe Abbildung).* Bei Walbro- und Keihin-Vergasern wird die Nadeldüse herausgeschraubt. Der Zerstäuber wird mit der Nadeldüse gesichert – wenn er locker ist, sollte er sichergestellt werden.

10 Die Standgasgemischschraube kann nö-

4

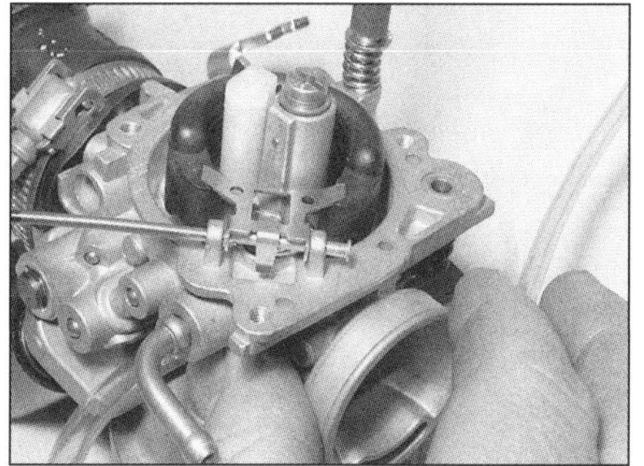
8.7a Entfernen Sie den Schwimmerstift.

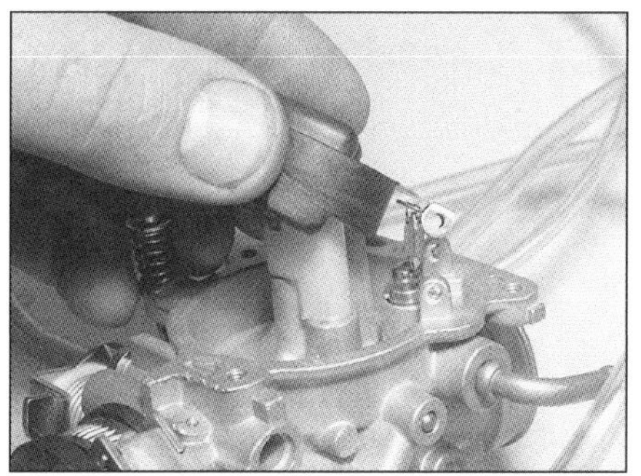
8.7b Heben Sie den Schwimmer heraus, . . .

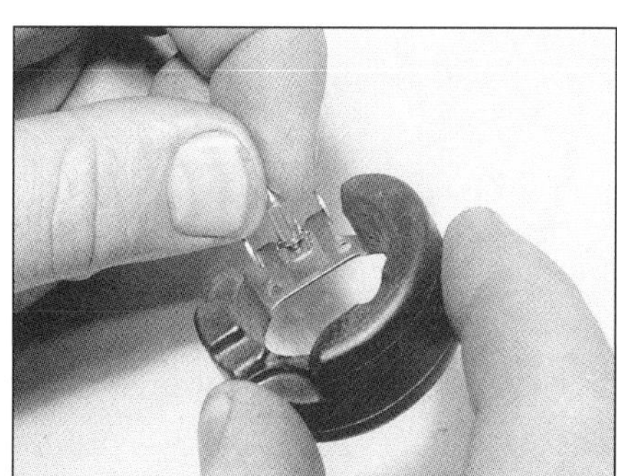
8.7c . . . und hängen Sie das Nadelventil aus.

tigenfalls herausgeschraubt werden, doch zuvor muss ihre Einstellung notiert werden. Entfernen Sie die Schraube samt ihrer Feder und des O-Rings (falls vorhanden).

Anmerkung: *Entfernen Sie nicht die Schrauben, die die Drosselklappen an ihrer Welle sichern.*

Praxis TiPP ***Um die Einstellung der Standgasgemischschraube zu ermitteln, muss ihre Position ermittelt werden, indem man sie bis zum Anschlag einschraubt und sich genau die dafür benötigten Umdrehungen (auf einen achtel Kreis genau!) notiert. Beim Einbau wird die Schraube wieder bis zum Anschlag eingedreht und dann um den notierten Wert herausgeschraubt.***

Reinigung

Achtung: Verwenden Sie zum Reinigen der Vergaser nur Reinigungsmittel auf Petroleumbasis, benutzen Sie keine ätzenden Reinigungsmittel!

11 Folgen Sie den Schritten 9 bis 11, um den Vergaser und seine Bauteile zu reinigen. Lösen Sie auch die Schwimmerkammer-Ablassschraube, und reinigen Sie die Kammer; beachten Sie dabei besonders die Zufuhr zur Beschleunigerpumpe, die mit einem Ventil ausgerüstet ist, das den Rücklauf sperrt. Blasen Sie die Zufuhr vom Boden des Vergasergehäuses aus mit Druckluft aus.

Achtung: Reinigen Sie Kanäle und Düsen niemals mit Drahtstücken oder Bohrern, weil Sie sie dadurch vergrößern – das steigert den Benzinverbrauch und senkt die Motorleistung!

Kontrolle

12 Falls aus dem Vergaser entfernt, untersuchen Sie die Spitze der Standgasgemischschraube, prüfen Sie außerdem die Feder auf Verschleiß und Beschädigung. Ersetzen Sie auf jeden Fall den O-Ring.

13 Kontrollieren Sie das Vergasergehäuse, die Schwimmerkammer und den Deckel auf Brüche, verzogene Dichtflächen und andere Beschädigungen. Wenn Defekte gefunden worden sind, müssen die entsprechenden Komponenten oder der gesamte Vergaser ersetzt werden. Fragen Sie wegen der Beschaffung von Vergaser-Ersatzteilen Ihren Piaggio-Händler.

8.8a Entfernen Sie die Klemmschraube, . . .

8.8b . . . und ziehen Sie den Ventilsitz heraus.

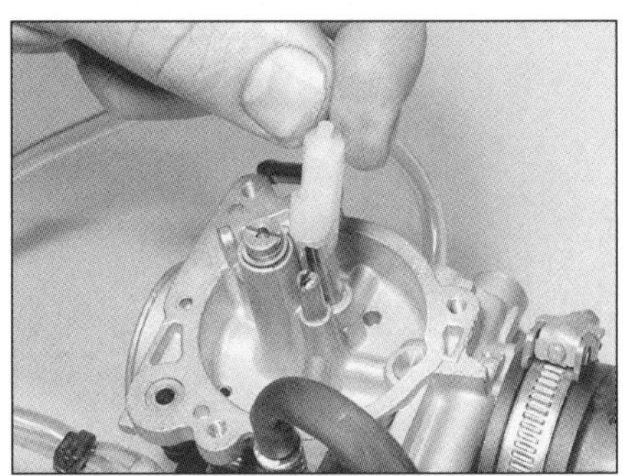

8.9a Entfernen Sie die Plastik-Düsenabdeckung.

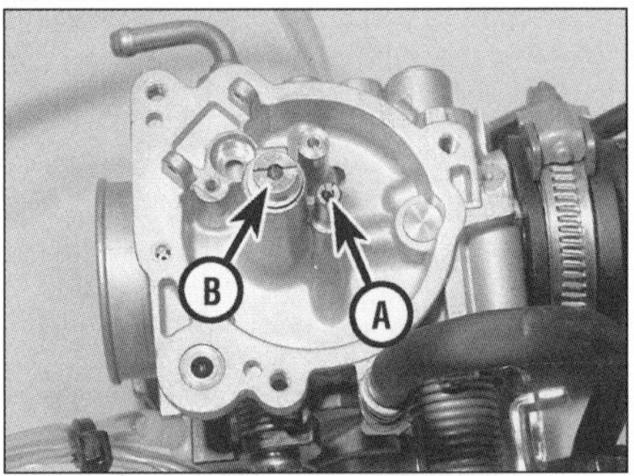

8.9b Leerlaufdüse (A), Hauptdüse (B)

14 Kontrollieren Sie die Schiebermembrane auf Risse, Löcher und Alterung. Halten Sie die Membrane gegen das Licht, um Schäden besser entdecken zu können. Setzen Sie den Schieber in den Vergaser, und kontrollieren Sie, ob er sich sanft auf und ab bewegen lässt. Begutachten Sie die Gleitfläche des Schiebers auf Verschleiß. Wenn sie extrem riefig ist oder der Schieber sich nicht leicht in der Führung bewegt, müssen die entsprechenden Komponenten ersetzt werden.

15 Kontrollieren Sie die Düsennadel durch Rollen auf einer ebenen Oberfläche (z.B. einem Spiegel) auf Biegungen. Beschaffen Sie Ersatz, wenn die Nadel verbogen oder ihre Spitze verschlissen ist.

16 Kontrollieren Sie die Spitze des Schwimmernadelventils und den Ventilsitz. Wenn Kerben, Kratzer oder anderer Verschleiß zu erkennen sind, müssen beide Teile als Satz ausgetauscht werden. **Anmerkung**: *Bei Modellen mit Benzinpumpe, deren Kraftstoffversorgung unter Druck steht, wird eine verschlissene oder verkehrte Schwimmernadel den Vergaser nicht vor dem Überfluten absichern können, was zu erhöhtem Benzinverbrauch führt.*

17 Betätigen Sie die Drosselklappenwelle, um zu prüfen, ob sich die Drosselklappe sanft öffnet und schließt – falls nicht, kann eine Reinigung der Betätigung helfen; ansonsten ist der Vergaser verschlissen und muss ersetzt werden.

18 Kontrollieren Sie die Schwimmer auf Beschädigung. Normalerweise ist eine solche daran zu erkennen, dass sich Benzin in einem der Schwimmer befindet. Bei Beschädigungen muss die gesamte Schwimmerbaugruppe ersetzt werden.

19 Folgen Sie den Anweisungen in Sektion 7, Schritt 18, um die Kaltstartautomatik zu kontrollieren.

20 Inspizieren Sie den Kolben der Beschleunigerpumpe und seinen Sitz in der Schwimmerkammer auf Verschleiß-Hinweise. Die Feder und die Gummikappe dürfen nicht beschädigt oder verformt sein, ansonsten müssen sie ersetzt werden.

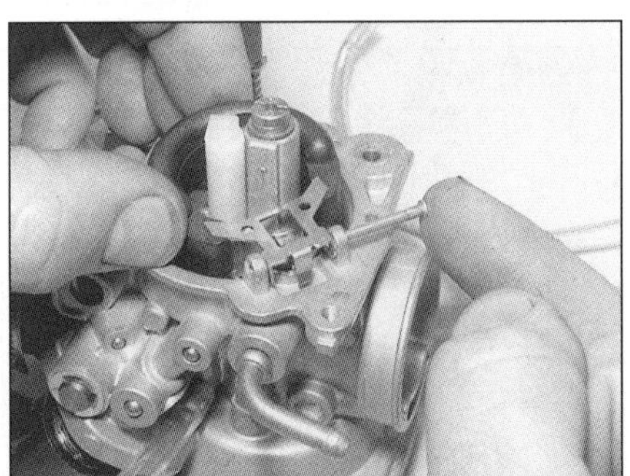

8.25 Installieren Sie den Schwimmerstift.

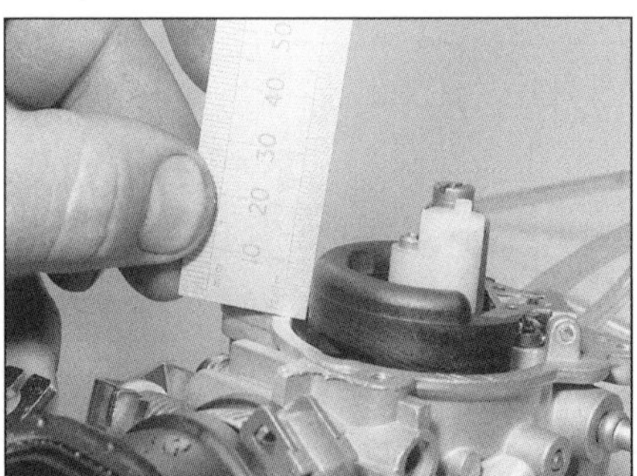

8.26a Messen Sie die Schwimmerhöhe.

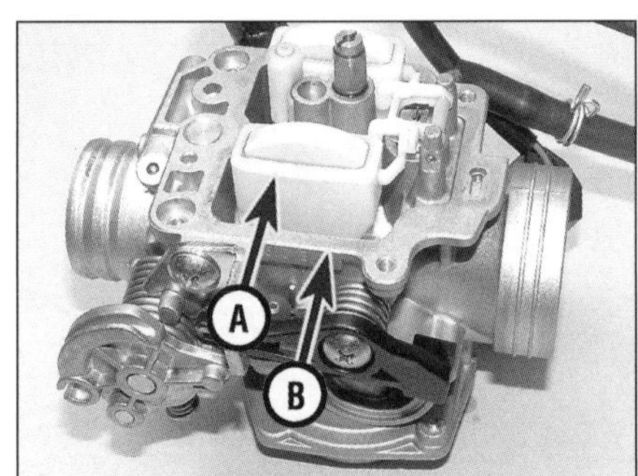

8.26b Die gerade Kante (A) muss parallel zur Dichtfläche (B) liegen.

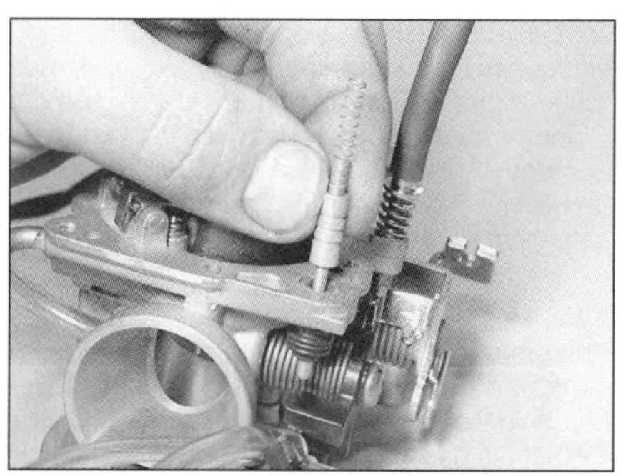
8.27a Installieren Sie den Kolben samt Feder.

8.27b Legen Sie die Schwimmerkammerdichtung korrekt auf.

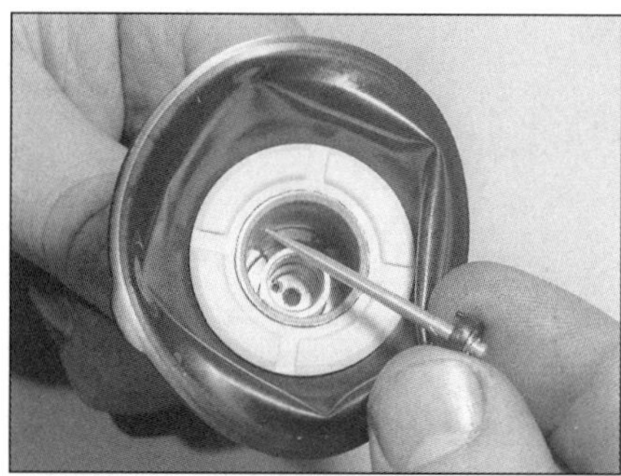
8.28a Installieren Sie die Düsenadel, . . .

Zusammenbau und Kontrolle der Schwimmerhöhe

Anmerkung: *Benutzen Sie beim Zusammenbau des Vergasers neue O-Ringe und Dichtungen. Ziehen Sie die Düsen und Schrauben nicht zu fest, da Vergaserbauteile sehr empfindlich sind.*

21 Falls entfernt, wird die Standgasgemischschraube samt Feder und O-Ring installiert – ihre Einstellung sollte vor dem Ausbau ermittelt worden sein (siehe Schritt 10).

22 Installieren Sie bei Walbro- und Keihin-Vergasern – falls entfernt – den Zerstäuber; montieren Sie dann die Nadeldüse.

23 Installieren Sie die Hauptdüse, und stecken Sie die Kunststoffabdeckung auf die Starterdüse (siehe Abbildungen 8.9b und a).

24 Installieren Sie den Nadelventilsitz mit einem neuen O-Ring, setzen Sie das Klemmstück an, und sichern Sie es mit der Schraube (siehe Abbildungen 8.8a und b).

25 Hängen Sie das Schwimmernadelventil an die Lasche des Schwimmers, positionieren Sie die Baugruppe in den Vergaser, sodass das Ventil in seinen Sitz gleitet (siehe Abbildungen 8.7c und b), und schieben Sie den Stift ein, um den Schwimmer zu sichern (siehe Abbildung).

26 Jetzt sollte die Schwimmerhöhe kontrolliert werden. Drehen Sie den Vergaser um, und messen Sie, wie hoch der untere Rand des Schwimmers über der Dichtfläche des Vergasers liegt (siehe Abbildung). Für Sfera- und ET4-Modelle sind in den technischen Daten Werte angegeben; bei allen LEADER-Motoren muss der untere Schwimmerrand parallel zur Dichtfläche liegen (siehe Abbildung). Ist die Schwimmerhöhe nicht korrekt, kann die Metalllasche vorsichtig in die entsprechende Richtung gebogen werden, bis die Höhe stimmt.

27 Bei Mikuni- und Keihin-Vergasern müssen die Feder und der Kolben der Beschleunigerpumpe in das Vergasergehäuse installiert werden (siehe Abbildung). Bei Walbro-Vergasern muss die Beschleunigerpumpe mit einem neuen O-Ring ausgerüstet und in die Schwimmerkammer geschraubt werden (siehe Abbildung 8.6b). Rüsten Sie die Schwimmerkammer mit einer neuen Dichtung aus – achten Sie auf den korrekten Sitz in der Nut. Installieren Sie die Kammer, und ziehen Sie ihre Schrauben sorgfältig an (siehe Abbildung).

28 Prüfen Sie, ob der Clip in der korrekten Position an der Düsennadel sitzt (siehe Technische Daten), und drücken Sie die Nadel in den Schieber

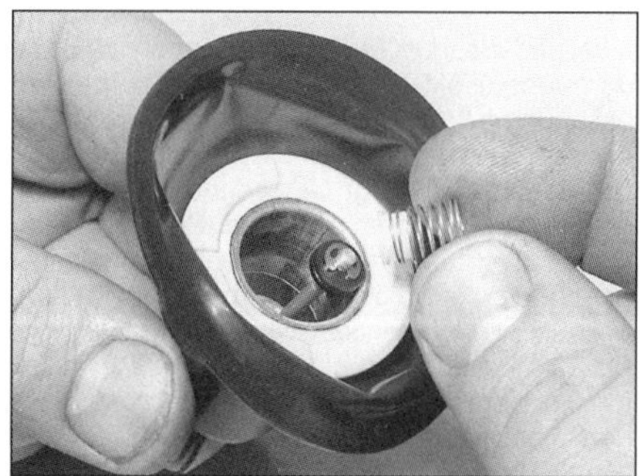
8.28b . . . die Feder samt Federsitz, . . .

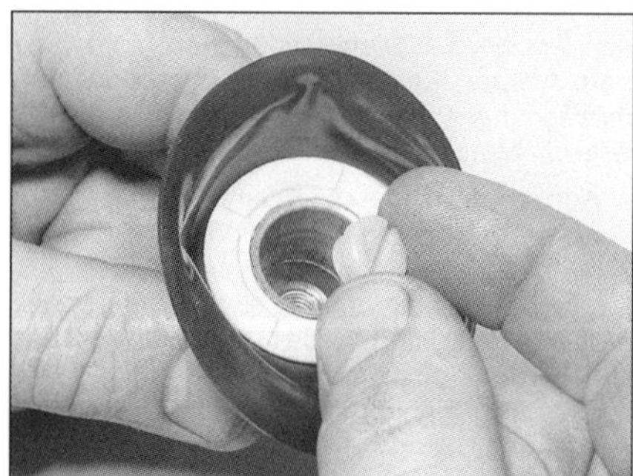
8.28c . . . und den Halter.

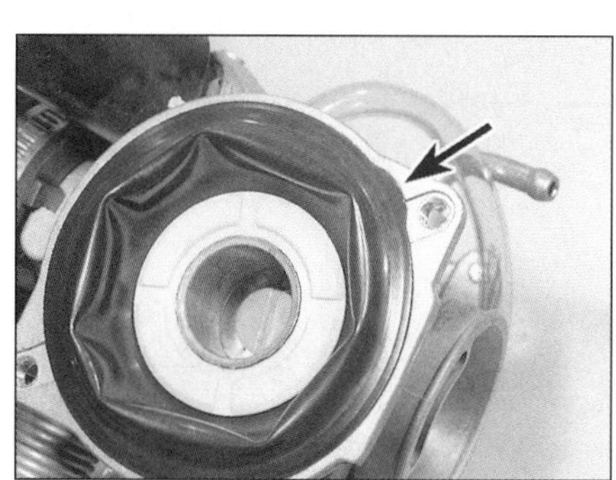
8.29 Die Lasche der Manschette muss in ihrem Ausschnitt liegen.

8.30 Setzen Sie den Deckel über die Feder und auf den Vergaser.

(siehe Abbildung). Bei Walbro- und Keihin-Vergasern werden die Feder und der Federsitz (falls vorhanden) installiert, bei allen Vergasern wird der Nadelhalter installiert (siehe Abbildungen).

29 Drücken Sie die Schieber-Baugruppe in den Vergaser – die Nadel muss dabei in die Nadeldüse gleiten (siehe Abbildung 8.3c). Richten Sie die Lasche der Membrane zum Ausschnitt des Vergasergehäuses aus, und drücken Sie ihren Rand in die Dichtungsnut (siehe Abbildung). Die Membrane darf nicht geknittert sein und der Schieber muss sich sanft auf und ab bewegen können.

30 Stecken Sie die Feder in den Schieber, setzen Sie den Deckel auf, und ziehen Sie seine Schrauben sorgfältig an (siehe Abbildung).

31 Bei Walbro- und Keihin-Vergasern wird die Halterung der Kaltstartautomatik mit einer neuen Dichtung installiert.

32 Installieren Sie die Kaltstartautomatik, und sichern Sie sie mit dem Klemmstück (siehe Abbildung 7.25). Falls vorhanden, wird ihre Abdeckung montiert.

33 Falls entfernt, werden der Hebel und die Feder der Beschleunigerpumpe installiert und mit der Schraube gesichert.

34 Bauen Sie den Vergaser an den Motor (siehe Sektion 6).

4

9 Einlassmembrane (Zweitaktmotor)
Ausbau, Kontrolle, Einbau

Ausbau

1 Demontieren Sie den Vergaser samt Ansaugstutzen (siehe Sektion 6).

2 Ziehen Sie die Einlassmembrane aus dem Motorgehäuse – merken Sie sich die Einbaurichtung (siehe Abbildung).

Kontrolle

3 Inspizieren Sie das Membrangehäuse auf Risse, Verformung und andere Schäden – be-

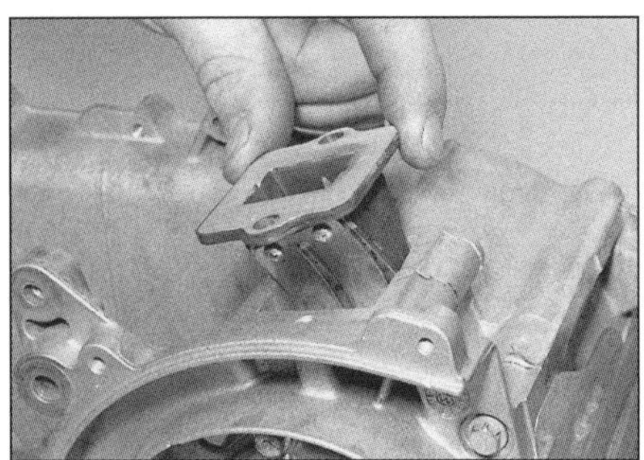

9.2 **Ziehen Sie den Membraneinlass aus dem Motorgehäuse.**

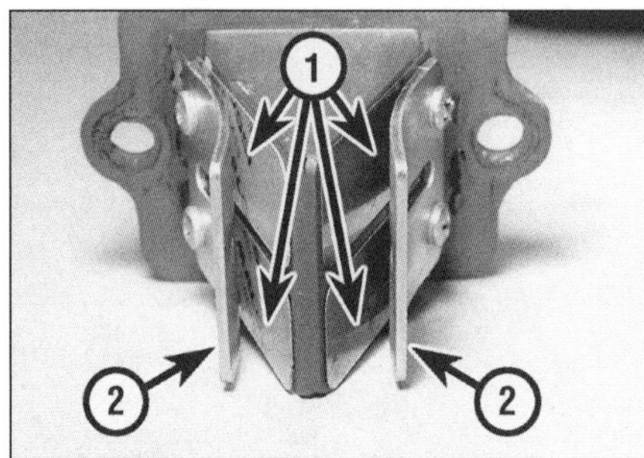

9.4 **Kontrollieren Sie, ob die Zungen (1) flach gegen das Gehäuse liegen. Anschlagplatten (2)**

sonders an den Dichtflächen zum Motor und dem Ansaugstutzen, denn die Komponenten müssen für eine optimale Motorleistung gut abgedichtet sein.

4 Kontrollieren Sie die Membranzungen auf Ausbrüche, Verformung und andere Schäden. Zwischen den Zungen und ihren Sitzen dürfen keine Schmutzpartikel sitzen. Die Zungen müssen flach gegen das Membrangehäuse liegen, um bei unter Druck stehendem Motorgehäuse gut abdichten zu können (siehe Abbildung). Nach langem Einsatz werden die Zungen verbiegen und nicht korrekt abdichten – dies lässt sich gegen das Licht gut kontrollieren (ist ein Spalt zwischen Zungen und Gehäuse sichtbar, werden sie nicht korrekt abdichten). Lässt sich der Motor nur schwer starten oder läuft er im Standgas nicht richtig, kann das Problem an den Zungen liegen. Fragen Sie Ihren Piaggio-Händler nach einzelnen Zungen, ansonsten muss die komplette Einlassmembrane erneuert werden.

Einbau

5 Der Einbau entspricht der umgekehrten Ausbaureihenfolge. Die Dichtflächen zum Motor und zum Ansaugstutzen müssen sauber und absolut glatt sein. Die Schrauben der Anschlagplatten müssen fest angezogen sein, da eine in den laufenden Motor geratene Schraube schwere Schäden anrichten kann.

10 Gasbowdenzug
Ausbau und Einbau

Warnung: Lesen Sie die Sicherheitshinweise in Sektion 1, bevor Sie mit der Arbeit beginnen.

Zweitaktmotoren

Ausbau

1 Bei Zweitaktmotoren sind drei verschiedene Bowdenzüge installiert – der Haupt-Bowdenzug verläuft vom Gasgriff zum unter der Innenverkleidung liegenden Verteiler; von hier aus geht je ein Zug zum Vergaser und zur Ölpumpe (siehe Abbildung). Wird ein Bowdenzug-Problem festgestellt, muss vor dem Austausch aller drei Bowdenzüge geprüft werden, welcher Zug schadhaft ist. Bei den in diesem Buch beschriebenen Modellen kommen zwei verschiedene Gasgriffe und zwei verschiedene Verteiler zum Einsatz. Bei manchen Maschinen findet sich ein Motorrad-Gasgriff, bei dem der Nippel des Bowdenzuges direkt in den Drehgriff gehängt wird; bei anderen kommt ein Gleitschuh zum Einsatz, der sich durch eine diagonale Führung innerhalb des Gasgriffes bewegt. Unter den zwei Verteilern gibt es einen, bei dem der Haupt-Bowdenzug an einer gedrehten Betätigung zieht, während bei der anderen ein Gleitstück zum Einsatz kommt. Merken Sie sich genau, welche Typen bei Ihrem Modell montiert sind, bevor Sie neue Züge kaufen. Vor dem Ausbau eines Bowdenzuges muss genau notiert werden, wie er verlegt ist.

2 Um an den Bowdenzug am Gasgriff zu gelangen, muss die vordere Lenkerverkleidung entfernt werden (siehe Kapitel 7). Um an sein Vergaser-Ende zu gelangen, sind das Gepäckfach und entsprechende Verkleidungsteile zu entfernen (siehe Kapitel 7). Um an den Bowdenzug an der Ölpumpe zu gelangen, muss der Gummistopfen aus dem Antriebsgehäusedeckel entfernt werden (siehe Abbildung). Um an den Verteiler zu gelangen, ist die Innenverkleidung zu demontieren (siehe Kapitel 7).

3 Bei Modellen mit Motorrad-Gasgriff muss die Kontermutter des Bowdenzug-Einstellers gelockert und der Einsteller vollständig in das Gehäuse geschraubt werden (siehe Abbildung). Ziehen Sie das Griffgummi zurück, lösen Sie die Schrauben der Drehgriff-Abdeckung, und entfernen Sie diese (siehe Abbildung). Befreien Sie den Bowdenzug-Nippel aus seinem Sitz, und entfernen Sie das Winkelstück (siehe Abbildungen). Drehen Sie jetzt den Einsteller aus dem Gehäuse, und entfernen Sie den Bowdenzug durch den Schlitz im Gehäuse (siehe Abbildung).

4 Bei Modellen mit Gleitschuh-Gasgriff wird die Schraube gelockert, die das Ende des Bowdenzuges im Gleitstück sichert, dann wird der Zug herausgezogen (siehe Abbildungen) – notieren Sie sich als Einbauhilfe, wie weit das Ende hinter der Schraube herausragt. Der Drahtzug selbst ist separat von der Hülle erhältlich. Zum Entfernen des Gleitschuhs muss die Madenschraube entfernt werden, die den Gasgriff am Gehäuse sichert – merken Sie sich, wie die Feder im Gehäuse und dem Gasgriff eingehängt ist (siehe Abbildung). Entfernen Sie den Gleitschuh – mer-

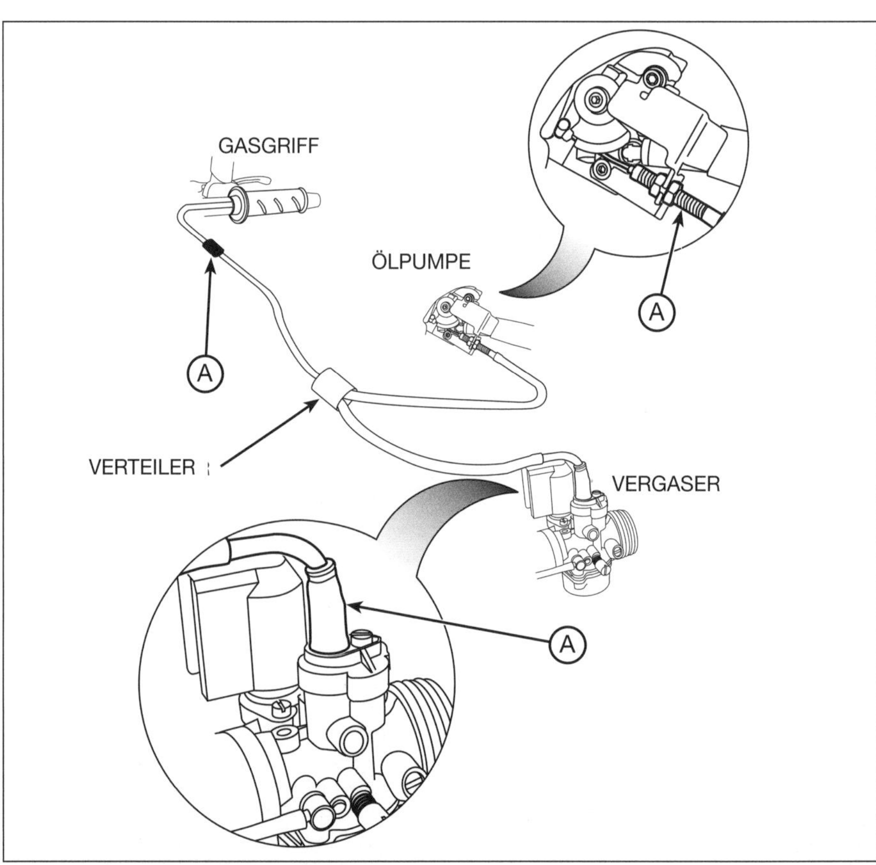

10.1 **Gasbowdenzugverlegung bei Zweitaktmotoren**

Positionen der Bowdenzug-Einsteller (A)

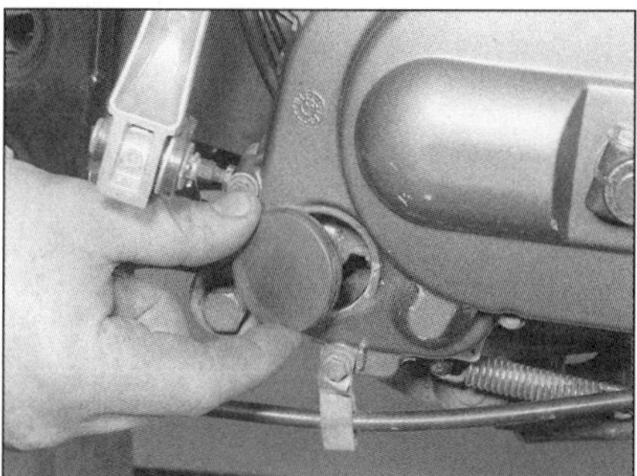
10.2 Entfernen Sie den Gummistopfen, um Zugang zum Ölpumpenzug zu erhalten.

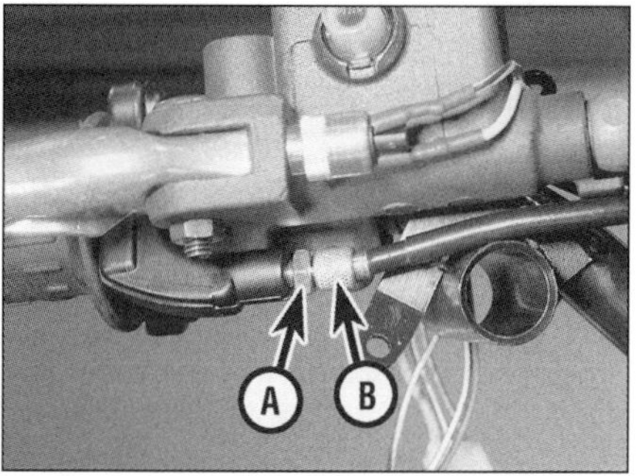

10.3a Lockern Sie den Konterring (A), und drehen Sie den Einsteller (B) vollständig ein.

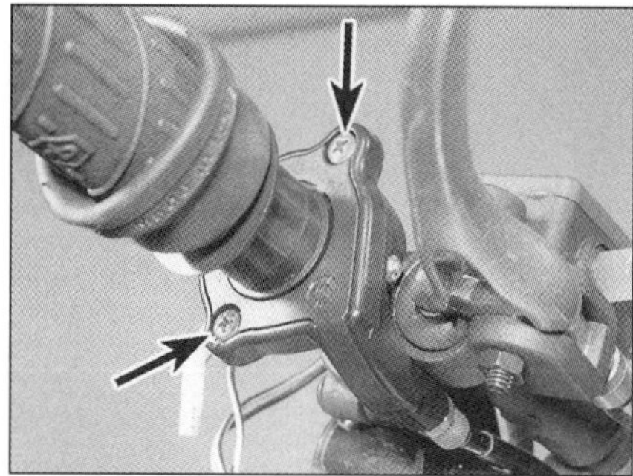
10.3b Die Platte ist mit zwei Schrauben gesichert.

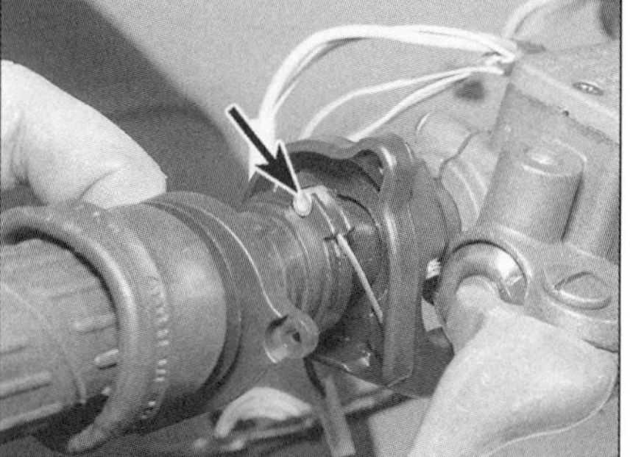
10.3c Trennen Sie den Nippel vom Gasgriff, . . .

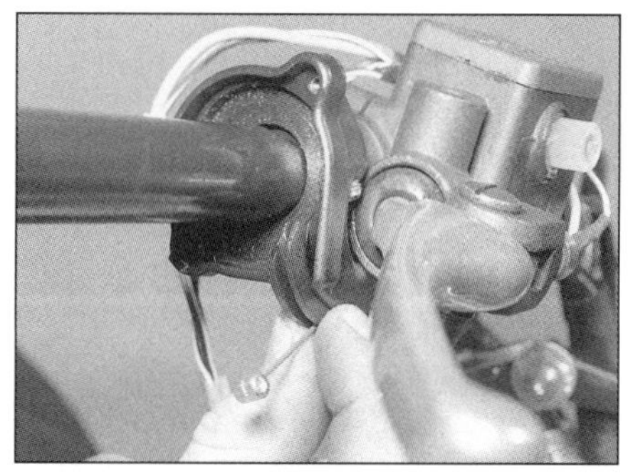
10.3d . . . entfernen Sie dann das Winkelstück, . . .

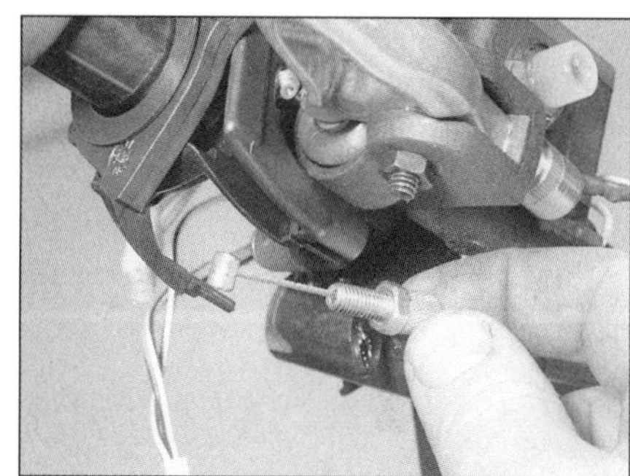
10.3e . . . und drehen Sie den Einsteller heraus.

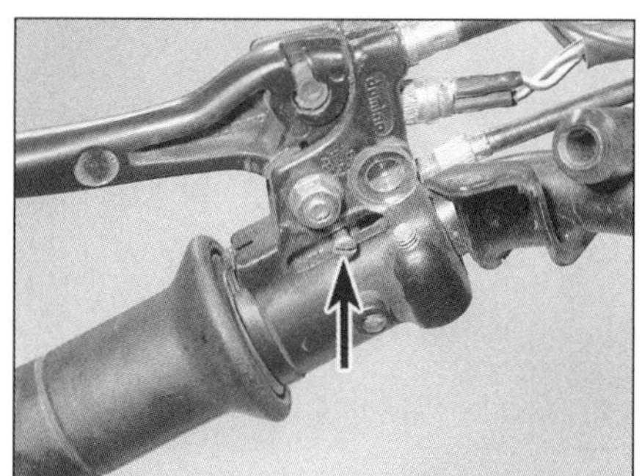
10.4a Lockern Sie die Bowdenzug-Klemmschraube, . . .

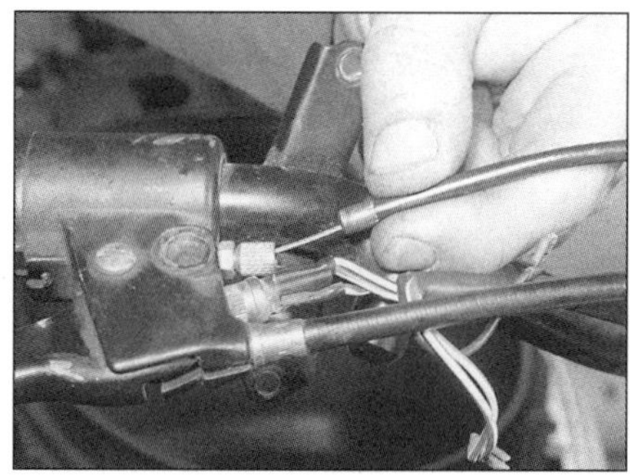
10.4b . . . und ziehen Sie den Zug heraus.

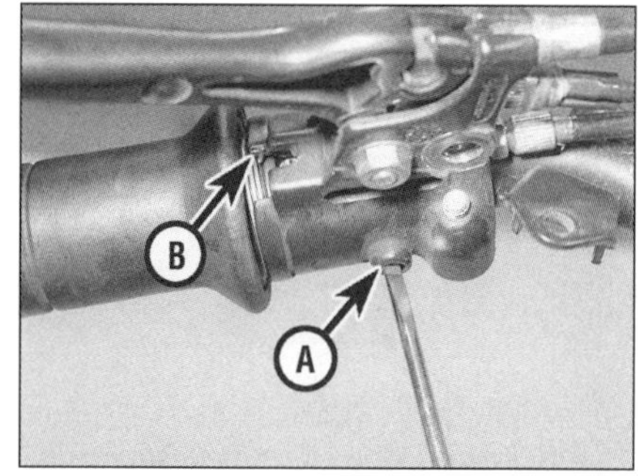

10.4c Lösen Sie die Madenschraube (A). Beachten Sie die Position der Feder (B).

ken Sie sich, wie er in der Führung im Gasgriff und im Gehäuse liegt (siehe Abbildung).

5 Um den Bowdenzug vom Vergaser zu trennen, muss die Schraube des Vergaserdeckels entfernt werden. Der unter Federdruck stehende Deckel wird dann abgehoben – dabei zieht sich der Schieber aus dem Vergaser (siehe Abbildungen). Halten Sie den Deckel, und drücken Sie den Schieber gegen die Feder, um im Bowdenzug Spiel zu erzeugen. Befreien Sie jetzt den Bowdenzugnippel aus der Nut unten im Schieber, und richten Sie ihn zum größeren Loch nebenan aus, sodass der Schieber vom Zug gezogen werden kann (siehe Abbildung). Entfernen Sie den Schieber und den Federsitz, entfernen Sie dann die Feder, und ziehen Sie den Bowdenzug aus dem Winkelstück oben am

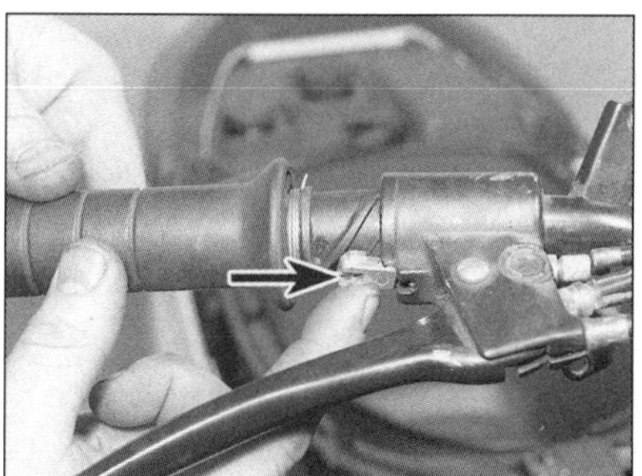
10.4d Ziehen Sie den Gasgriff ab – beachten Sie den Gleitschuh in seiner Nut.

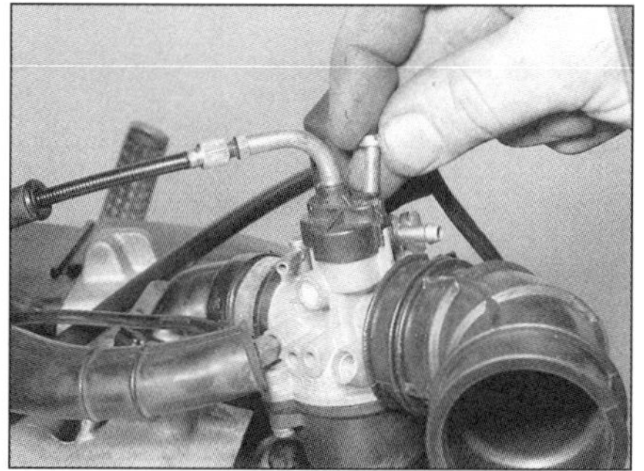
10.5a Entfernen Sie die Schraube, . . .

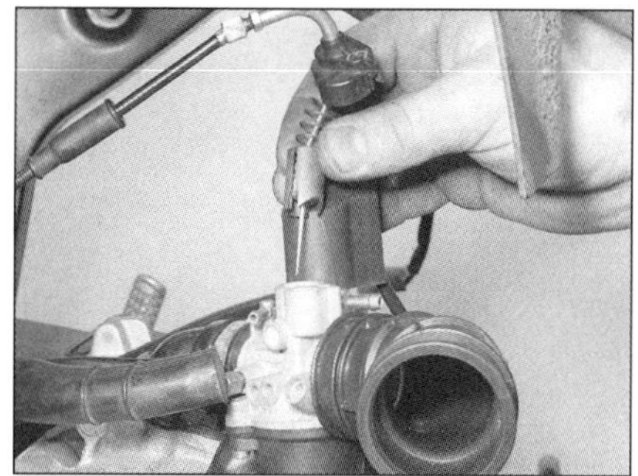
10.5b . . . und heben Sie den Vergaserdeckel samt Schieber heraus.

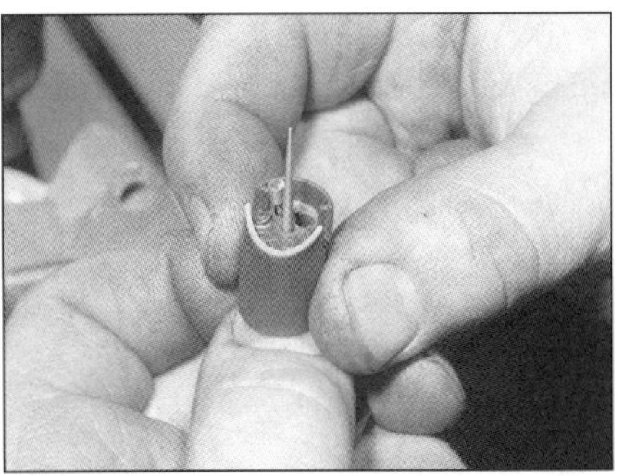

10.5c Befreien Sie den Nippel aus seiner Nut, . . .

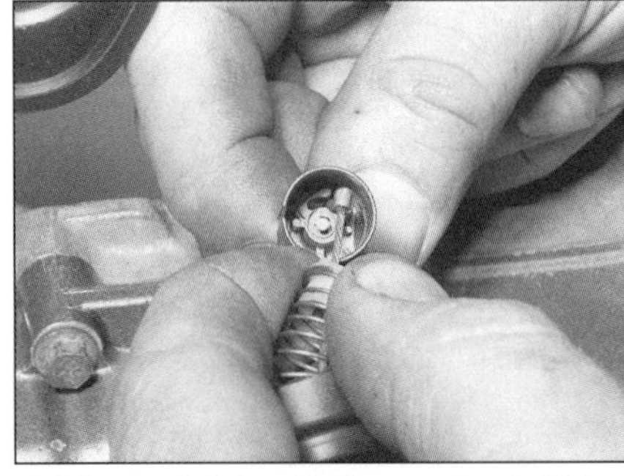

10.5d . . . und ziehen Sie ihn aus dem Schieber.

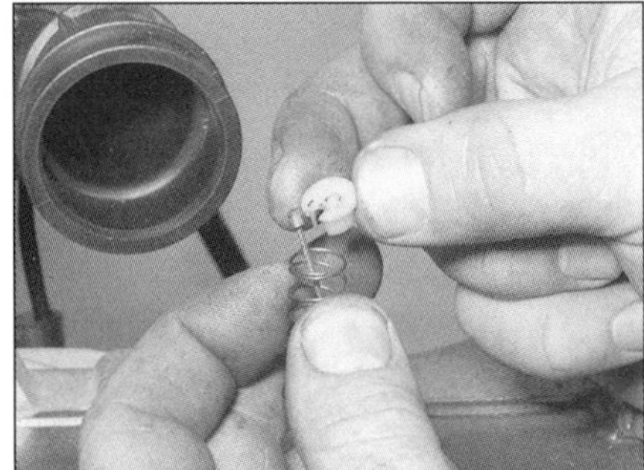

10.5e Entfernen Sie den Federsitz . . .

10.5f . . . und die Feder, . . .

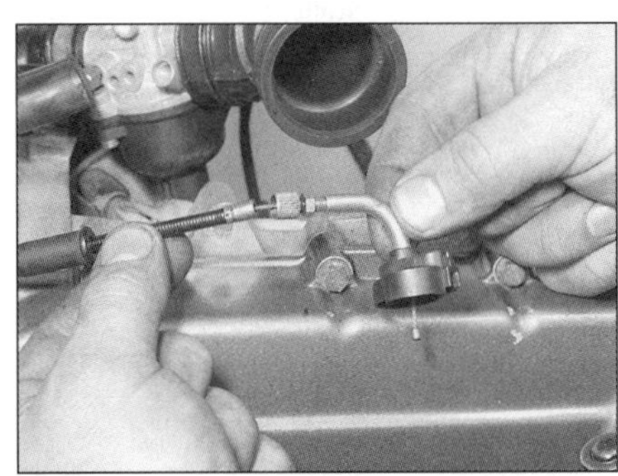

10.5g . . . und ziehen Sie den Zug aus dem Vergaserdeckel.

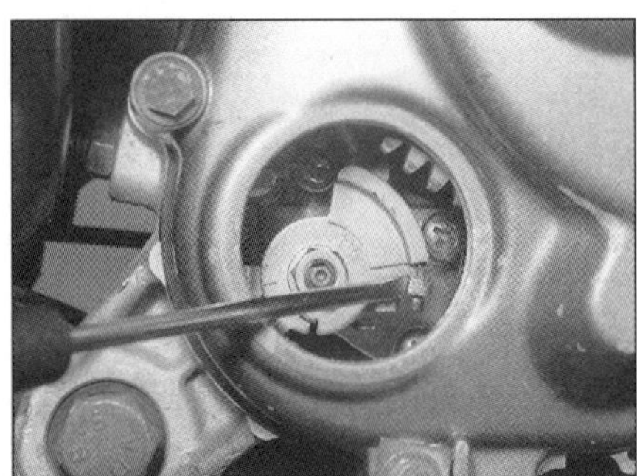

10.6a Hebeln Sie die Sicherungslasche hoch, . . .

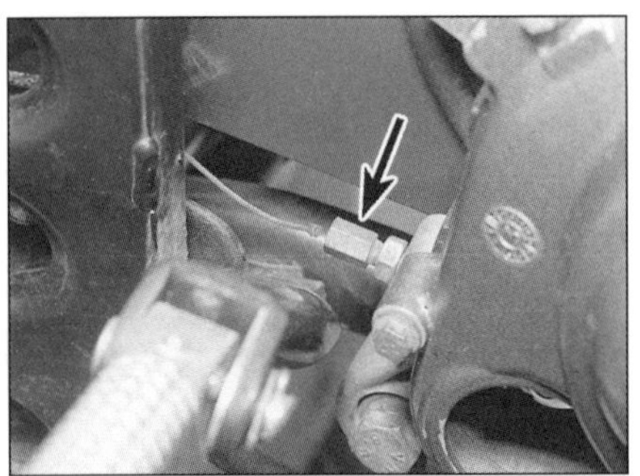

10.6b . . . und ziehen Sie den Bowdenzug aus dem Einsteller.

10.7a Ziehen Sie den Verteilerdeckel ab, . . .

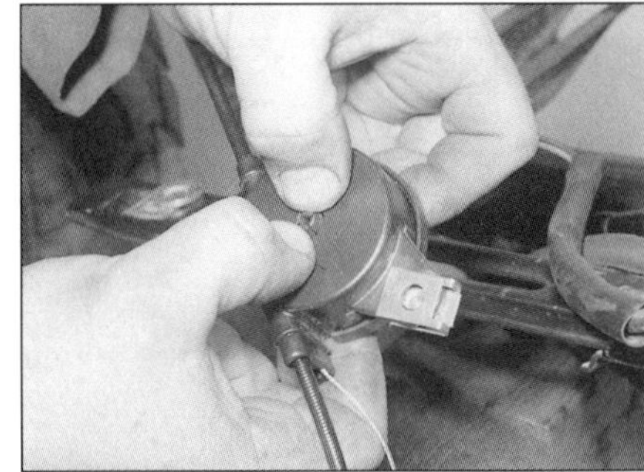

10.7b . . . drücken Sie die Laschen ein, . . .

Deckel (siehe Abbildungen).

6 Um den Bowdenzug von der Ölpumpe zu trennen, muss die Lasche hochgehebelt werden, die den Nippel sichert, befreien Sie dann den Zug aus seiner Führung, und ziehen Sie ihn vorne aus dem Antriebsgehäuse (siehe Abbildungen). Drehen Sie nötigenfalls die Ölpumpenbetätigung von Hand, um etwas Spiel im Zug zu erzeugen. Lockern Sie nötigenfalls die Kontermutter am Einsteller, und drehen Sie diesen aus dem Antriebsgehäuse.

7 Bei Modellen mit Drehverteiler muss zuerst der zu ersetzende Bowdenzug vom Gasgriff, Vergaser oder der Ölpumpe getrennt werden. Lösen Sie dann an der Unterseite der Bugverkleidung des Fahrzeugs die Schraube, die den Verteiler an seiner Halterung sichert. Ziehen Sie die Bowdenzug-Gummis vom Verteiler, drücken Sie die Laschen an der Unterseite des Stiftes zusammen, der die Abdeckung sichert, und ziehen Sie diese ab (siehe Abbildungen). Ziehen Sie die Bowdenzughüllen aus ihren Sockeln, und heben

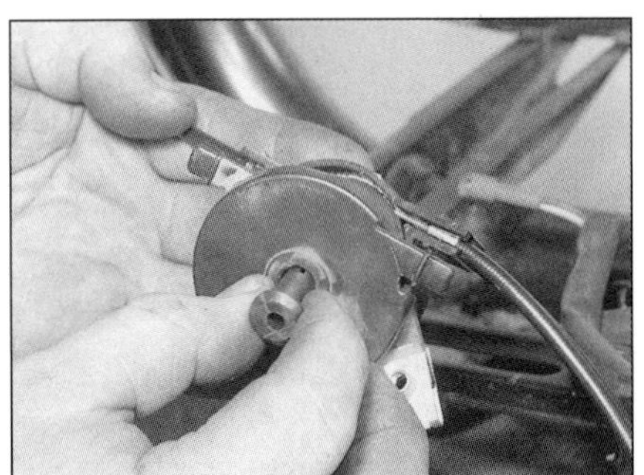

10.7c . . . ziehen Sie den Stift heraus, und entfernen Sie den Deckel.

10.7d Ziehen Sie die Bowdenzughüllen heraus, . . .

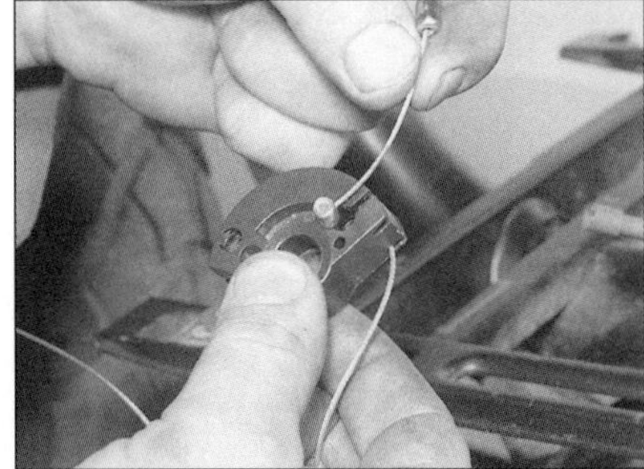

10.7e . . . entfernen Sie das Drehstück, und trennen Sie die Bowdenzüge.

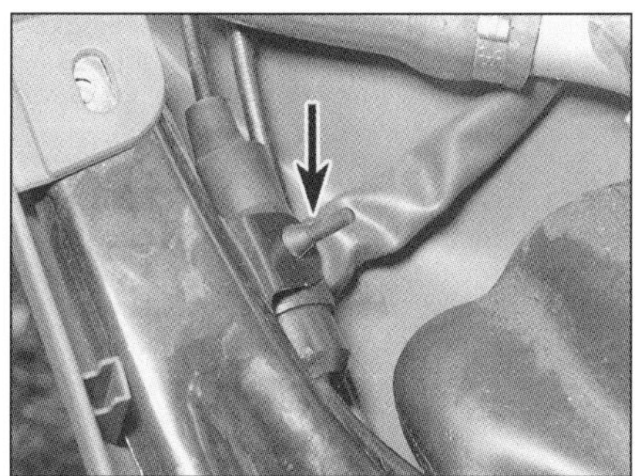

10.8a Befreien Sie den Verteiler aus seinem Halter, . . .

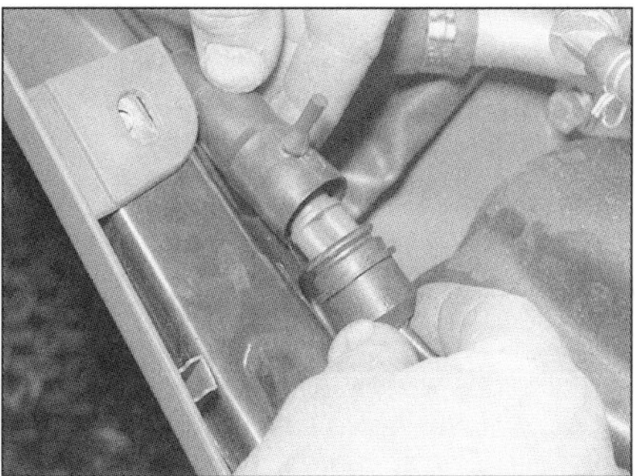

10.8b . . . und ziehen Sie die Abdeckungen ab.

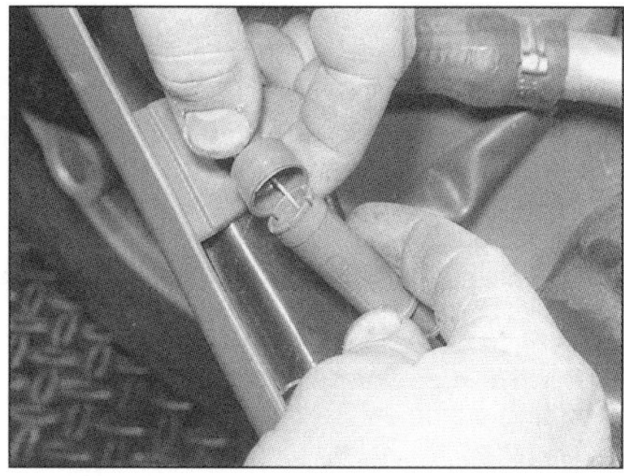

10.8c Entfernen Sie die Kappe, . . .

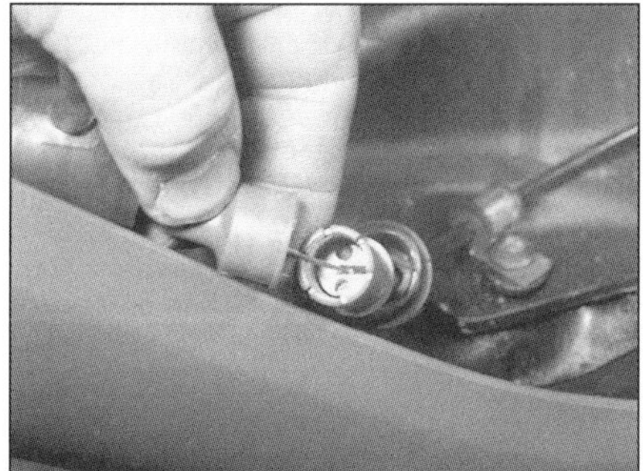

10.8d . . . und ziehen Sie das Gleitstück heraus.

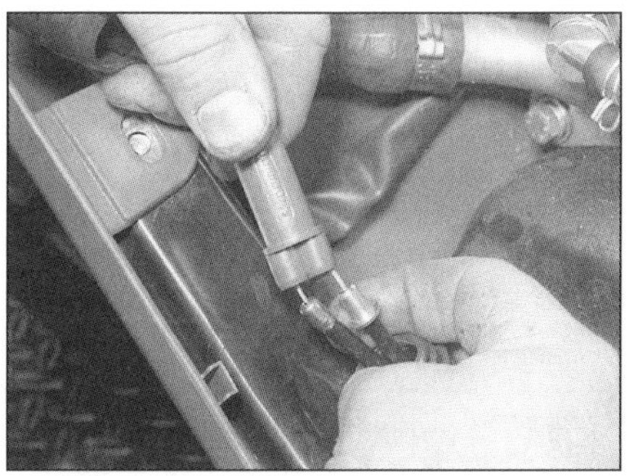

10.8e Positionen der Bowdenzug-Hüllen im Verteiler

10.12a Bei B125-Modellen hält diese Schraube das Gasgriffgehäuse zusammen.

Sie die Betätigungen von ihrer Lagerung, um die Nippel aushängen zu können – merken Sie sich ihre Positionen (siehe Abbildungen).

8 Bei Modellen mit Gleitstück-Verteiler müssen zuerst die Bowdenzüge vom Vergaser und der Ölpumpe getrennt werden (siehe oben). Trennen Sie dann den Halter des Verteilers vom Rahmen, und ziehen Sie die Gummiabdeckungen vom Verteiler (siehe Abbildungen). Entfernen Sie die Kappe vom Verteiler, und ziehen Sie das Gleitstück mithilfe des vom Gasgriff kommenden Haupt-Zuges heraus (siehe Abbildung). Trennen Sie zu ersetzende Bowdenzüge vom Verteiler – merken Sie sich ihre Positionen (siehe Abbildung).

Einbau

9 Der Einbau entspricht der umgekehrten Ausbaureihenfolge – beachten Sie dabei Folgendes:

a) *Schmieren Sie die Bowdenzugnippel mit Mehrzweckfett.*

b) *Die Bowdenzüge müssen korrekt verlegt sein und dürfen sich nicht mit anderen Bauteilen behindern. Sie dürfen nicht geknickt oder in engen Kurven verlegt sein. Bewegen Sie die Lenkung von Anschlag zu Anschlag, um sicherzugehen, dass der Haupt-Bowdenzug nicht die Lenkung behindert.*

c) *Betätigen Sie den Gasgriff – er muss sanft öffnen und sich selbstständig schließen.*

d) *Kontrollieren Sie die Bowdenzug- und Ölpumpen-Einstellungen (siehe Kapitel 1) – diese ist sehr wichtig für die korrekte Ölversorgung des Motors.*

e) *Starten Sie den Motor, und prüfen Sie, ob sich die Standgasdrehzahl nicht verändert, wenn man die Lenkung von Anschlag zu Anschlag bewegt – andernfalls ist ein Bowdenzug nicht korrekt verlegt. Beheben Sie das Problem vor der ersten Fahrt.*

Viertaktmotoren

Ausbau

10 Bei den in diesem Buch beschriebenen Viertakt-Modellen kommen zwei verschiedene Gasgriffe zum Einsatz. Bei manchen Maschinen findet sich ein Motorrad-Gasgriff, bei dem der Nippel des Bowdenzuges direkt in den Drehgriff gehängt wird; bei anderen kommt ein Gleitschuh zum Einsatz, der sich durch eine diagonale Führung innerhalb des Gasgriffes bewegt.

11 Um an den Bowdenzug am Gasgriff zu gelangen, muss die vordere Lenkerverkleidung entfernt werden (siehe Kapitel 7). Um an sein

10.12b Befreien Sie den Bowdenzugnippel aus dem Gasgriff.

10.12c Der Stift des Gehäuses muss in den Lenker greifen.

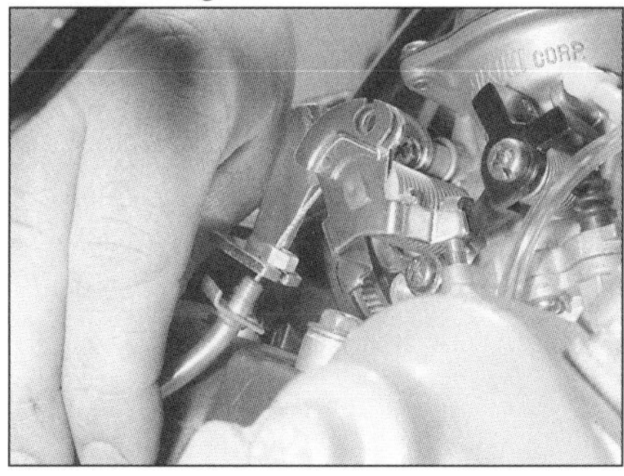

10.14a Trennen Sie die Bowdenzughülle vom Halter, . . .

10.14b . . . und den Nippel von der Betätigung.

4

Vergaser-Ende zu gelangen, sind das Gepäckfach und entsprechende Verkleidungsteile zu entfernen (siehe Kapitel 7).

12 Bei Modellen mit Motorrad-Gasgriff muss die Kontermutter des Bowdenzug-Einstellers gelockert und der Einsteller vollständig in das Gehäuse geschraubt werden (siehe Abbildung 10.3a). Ziehen Sie das Griffgummi zurück, lösen Sie die Schrauben der Drehgriff-Abdeckung, und entfernen Sie diese (siehe Abbildung 10.3b). Befreien Sie den Bowdenzug-Nippel aus seinem Sitz, und entfernen Sie das Winkelstück (siehe Abbildungen 10.3c und d). Drehen Sie jetzt den Einsteller aus dem Gehäuse, und entfernen Sie den Bowdenzug durch den Schlitz im Gehäuse (siehe Abbildung 10.3e). Bei B 125-Modellen besteht das Gasgriffgehäuse aus zwei Hälften. Lockern Sie den Gasbowdenzug-Einsteller, und lösen Sie die Schraube, die die Gehäusehälften zusammenhält, um diese zu trennen (siehe Abbildung). Befreien Sie den Bowdenzug-Nippel aus seinem Sitz, und ziehen Sie den Zug heraus (siehe Abbildung). Beachten Sie, wie der Stift der vorderen Gehäusehälfte in die Bohrung des Lenkers greift (siehe Abbildung).

13 Bei Modellen mit Gleitschuh-Gasgriff wird die Schraube gelockert, die das Ende des Bowdenzuges im Gleitstück sichert, dann wird der Zug herausgezogen (siehe Abbildungen 10.4a und b) – notieren Sie sich als Einbauhilfe, wie weit das Ende hinter der Schraube herausragt. Der Drahtzug selbst ist separat von der Hülle erhältlich. Zum Entfernen des Gleitschuhs muss die Madenschraube entfernt werden, die den Gasgriff am Gehäuse sichert – merken Sie sich, wie die Feder im Gehäuse und dem Gasgriff eingehängt ist (siehe Abbildung 10.4c). Entfernen Sie den Gleitschuh – merken Sie sich, wie er in der Führung im Gasgriff und im Gehäuse liegt (siehe Abbildung 10.4d).

14 Um den Bowdenzug vom Vergaser zu trennen, muss die Mutter gelöst werden, die die Bowdenzughülle in ihrem Halter am Vergaser sichert, und heben Sie die Hülle heraus. Befreien Sie den Bowdenzugnippel aus der Betätigung (siehe Abbildungen). Merken Sie sich genau die Verlegung des Bowdenzuges, und ziehen Sie ihn aus dem Fahrzeug.

Einbau

15 Der Einbau entspricht der umgekehrten Ausbaureihenfolge – beachten Sie dabei Folgendes:

a) Schmieren Sie den/die Bowdenzugnippel mit Mehrzweckfett.

b) Der Bowdenzug muss korrekt verlegt sein und darf sich nicht mit anderen Bauteilen behindern. Er darf nicht geknickt oder in engen Kurven verlegt sein. Bewegen Sie die Lenkung von Anschlag zu Anschlag, um sicherzugehen, dass der Bowdenzug nicht die Lenkung behindert.

c) Betätigen Sie den Gasgriff – er muss sanft öffnen und sich selbstständig schließen.

d) Kontrollieren Sie die Bowdenzug-Einstellungen (siehe Kapitel 1).

e) Starten Sie den Motor, und prüfen Sie, ob sich die Standgasdrehzahl nicht verändert, wenn man die Lenkung von Anschlag zu Anschlag bewegt – andernfalls ist ein Bowdenzug nicht korrekt verlegt. Beheben Sie das Problem vor der ersten Fahrt.

11 Auspuffanlage
Ausbau und Einbau

Anmerkung: *Manche Modelle sind mit einer einteiligen Auspuffanlage ausgerüstet – folgen Sie hier den Anweisungen für den Ausbau der kompletten Anlage.*

Warnung: Wenn der Motor in Betrieb war, ist das Auspuffsystem sehr heiß. Lassen Sie es einige Zeit abkühlen, bevor Sie mit der Arbeit beginnen.

Krümmerrohr – Ausbau

1 Entfernen Sie die Motorabdeckung und nötigenfalls das rechte Verkleidungsseitenteil (siehe Kapitel 7).

2 Lösen Sie die zwei Muttern, die den Krümmer am Zylinder oder Zylinderkopf sichern, sowie die zwei Schrauben oder die Schelle, die den Krümmer am Schalldämpfer sichern (siehe Abbildungen). Entfernen Sie die Dichtungen aus dem Auslasskanal und dem Schalldämpfer-Anschluss – später müssen neue verwendet werden.

Praxis TiPP ***Auspuff-Schrauben neigen zum Korrodieren und Festgehen. Es ist ratsam, sie vor einem Lockerungsversuch mit Kriechöl einzusprühen und dieses eine Weile wirken zu lassen.***

Schalldämpfer – Ausbau

Anmerkung: *Bei allen neueren Modellen sitzt im Schalldämpfer ein Katalysator – behandeln Sie den Schalldämpfer vorsichtig, um Schäden zu vermeiden.*

3 Lösen Sie die zwei Schrauben oder lockern Sie die Schelle, die den Schalldämpfer am Krümmer sichert (siehe Abbildung). Stützen Sie den Schalldämpfer ab, lösen Sie die Schrauben, die ihn am Motor oder Rahmenheck sichern, und entfernen Sie ihn (siehe Abbildungen). Achten Sie gegebenenfalls auf die Federscheibe zwischen dem Auspuffhalter und dem Motorgehäuse (siehe Abbildung). Entfernen Sie ggf. die zwischen dem Schalldämpfer und dem Krümmer sitzende Dichtung (siehe Abbildung) – später muss eine neue verwendet werden.

Komplett-Anlage – Ausbau

4 Entfernen Sie die Motorabdeckung und nötigenfalls das rechte Verkleidungsseitenteil (siehe Kapitel 7). Bei Zweitaktmotoren, die mit einem Sekundärluftsystem ausgerüstet sind (siehe Kapitel 1, Sektion 21), muss die Klemme gelöst werden, die den Schlauch am Stutzen des Krümmers sichert, dann wird der Schlauch abgezogen,

5 Lösen Sie die zwei Muttern, die den Krümmer am Zylinder oder Zylinderkopf sichern, sowie die Schrauben, die den Schalldämpfer am Motor sichern, und manövrieren Sie die Auspuffanlage aus dem Fahrzeug (siehe Abbildungen 11.2a sowie 11.3b bis d). Entfernen Sie die Dichtung aus dem Auslasskanal – später muss eine neue verwendet werden (siehe Abbildung).

Einbau

6 Der Einbau entspricht der entgegengesetzten Ausbaureihenfolge – beachten Sie dabei Folgendes:

a) Beim Einbau des Schalldämpfers oder der Komplett-Anlage müssen die Schalldämpferschrauben zuerst installiert werden, um das Gewicht aufzunehmen – lassen Sie

11.2a Lösen Sie die zwei Muttern . . .

11.2b . . . und die zwei Schrauben.

11.3a Lockern Sie die Schalldämpferschelle.

11.3b Schalldämpferbefestigung – ET4

11.3c Schalldämpferbefestigung – Typhoon

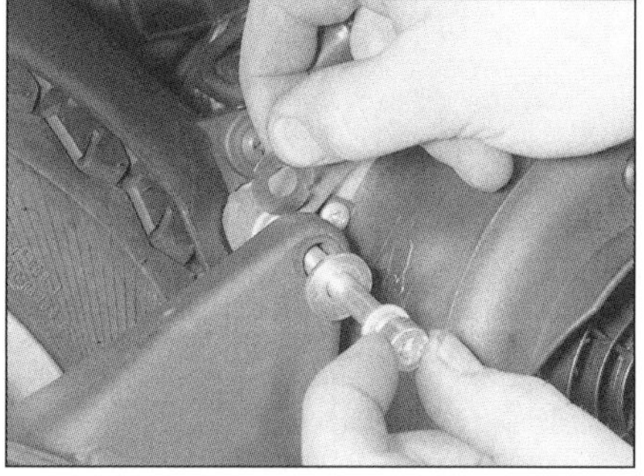

11.3f Beachten Sie die Scheiben hinter der Schalldämpferhalterung.

keine anderen Befestigungen den Schalldämpfer tragen! Vergessen Sie nicht, ggf. die Federscheiben zwischen den Schalldämpferhalter und den Motor zu legen.

b) Drehen Sie alle Befestigungen nur locker an, bis das gesamte System installiert ist, um das Ausrichten zu erleichtern und Spannungen zu vermeiden. Ziehen Sie die Schalldämpferschraube als Letztes an. Bei manchen

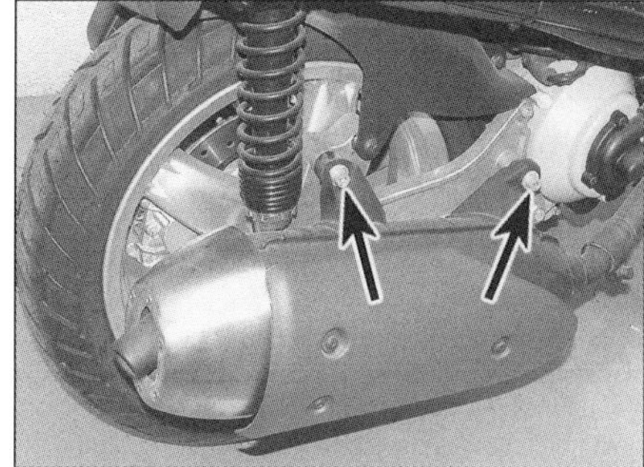

11.3d Schalldämpferbefestigung – X9

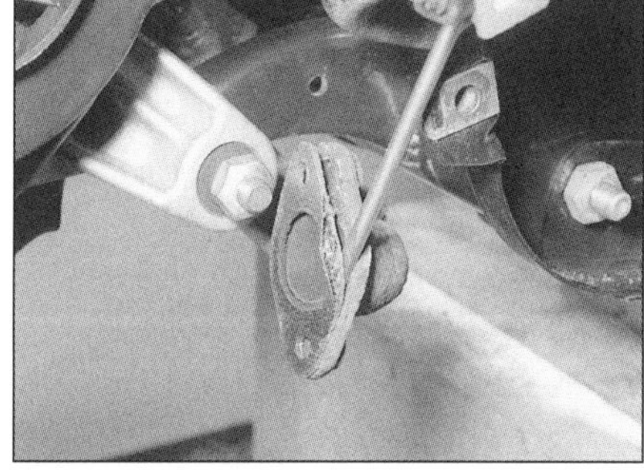

11.3g Die Auspuffdichtung muss später erneuert werden.

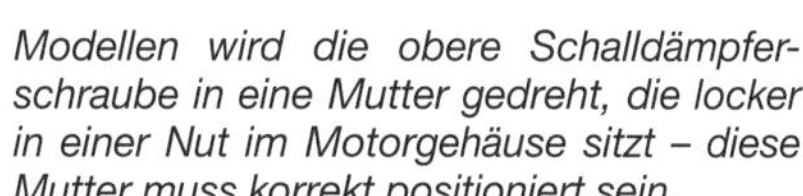

Modellen wird die obere Schalldämpferschraube in eine Mutter gedreht, die locker in einer Nut im Motorgehäuse sitzt – diese Mutter muss korrekt positioniert sein.

c) Rüsten Sie den Auslasskanal und die Verbindung zwischen Krümmer und Schalldämpfer mit neuen Dichtungen aus.

d) Untersuchen Sie bei laufendem Motor den Auspuff auf Undichtigkeiten.

11.3e Entfernen Sie den Schalldämpfer vorsichtig – der Katalysator ist empfindlich.

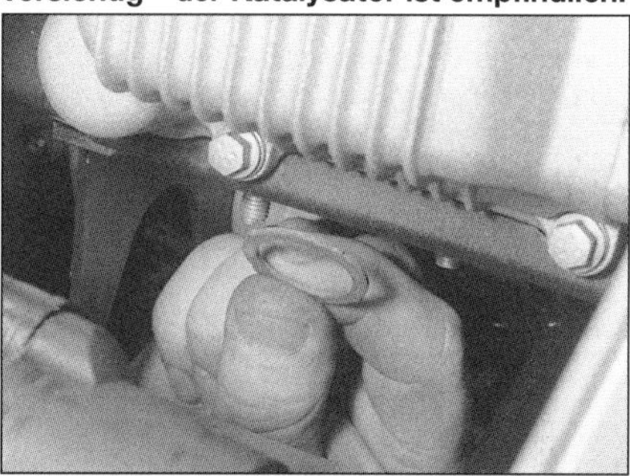

11.5 Entfernen Sie die Auslasskanal-Dichtung.

12 Katalysator
Allgemeine Informationen

1 Um möglichst wenig giftiges Abgas auszustoßen, sind alle Modelle mit HiPer2-, HiPer4- und späteren LEADER-Motoren mit einem im Schalldämpfer sitzenden ungeregelten Katalysator ausgerüstet.

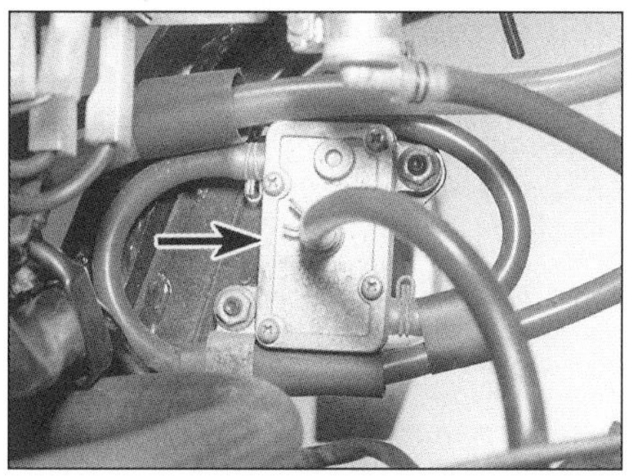

13.2a Benzinpumpe – Hexagon-Modelle

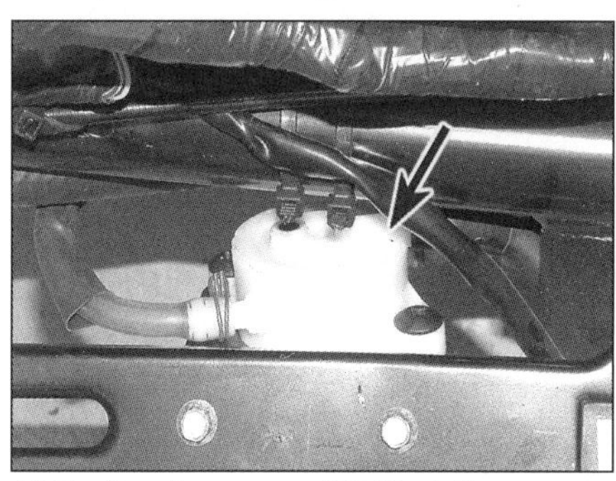

13.2b Benzinpumpe – X9-Modelle

13.2c Benzinpumpe – GT 125-Modelle

4

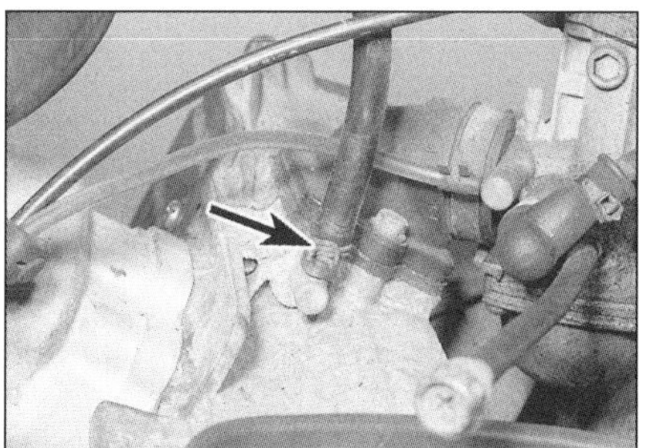

13.4a Kontrollieren Sie den vom Motorgehäuse kommenden Unterdruckschlauch.

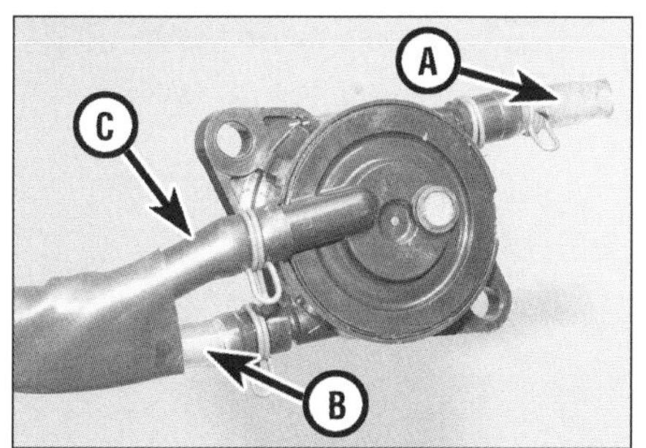

13.4b Schlauch vom Tank (A), Zufuhrleitung zum Vergaser (B), Unterdruckschlauch (C)

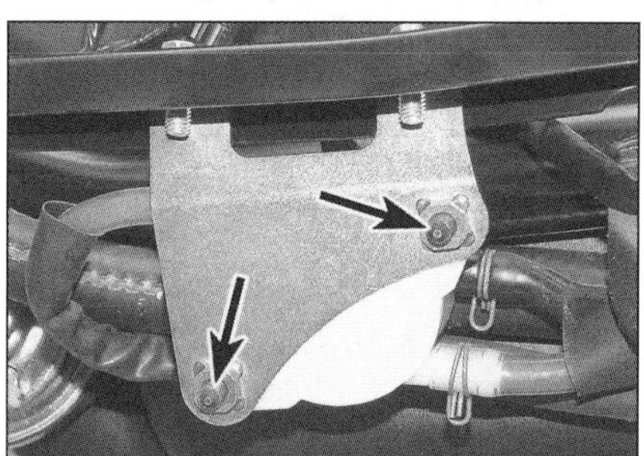

13.7 Die Pumpe ist mit zwei Schrauben am Halter befestigt.

2 Der Katalysator arbeitet mit dem Sekundärluftsystem zusammen, das dafür sorgt, dass in den Auslass gelangte Kraftstoffreste verbrannt werden; das System und seine Filter sind in den entsprechenden Wartungsintervallen zu überprüfen (siehe Kapitel 1, Sektion 21).

3 Der Katalysator ist nicht mit der Zündung oder dem Kraftstoffsystem verbunden und erfordert keine regelmäßige Wartung – allerdings sollten folgende Punkte beachtet werden:

a) *Betreiben Sie den Motor immer mit bleifreiem Benzin – Bleizusätze würden den Katalysator zerstören.*
b) *Benutzen Sie keine Benzin- oder Öl-Additive.*
c) *Halten Sie das Kraftstoff- und Zündsystem in Ordnung – wenn das Kraftstoff-Luftgemisch nicht korrekt zu sein scheint, sollte das Fahrzeug mit einem Abgas-Analysegerät überprüft werden.*
d) *Der Katalysator ist empfindlich gegen Schläge – behandeln Sie einen ausgebauten Schalldämpfer entsprechend vorsichtig.*

13 Benzinpumpe
Kontrolle und Ersetzen

Warnung: Lesen Sie vor Arbeitsbeginn die Sicherheitshinweise in Sektion 1.

Unterdruckpumpe – B 125, X8, X9, GT/GTV 125, GT 200 sowie NRG Power DT und DD

Anmerkung: *Spätere X8-, X9-, Liberty 125-, GTS 125 und S 125-Modelle sind mit einer elektrischen Benzinpumpe ausgerüstet. Informationen darüber finden sich am Ende dieser Sektion.*

Kontrolle

1 Das Kraftstoffsystem steht unter Druck. Die Benzinpumpe arbeitet bei laufendem Motor mit den sich abwechselnden Über- und Unterdrücken im Motorgehäuse, hierbei öffnet und schließt sich eine Membrane in der Pumpe. Bei späteren Zweitakt-Hexagon-Modellen versorgt die Pumpe einen Zwischentank, der die Versorgung des Vergasers sicherstellt, wenn das Fahrzeug längere Zeit gestanden hat. Bei allen anderen Modellen fördert die Pumpe den Kraftstoff direkt in den Vergaser. Der wahrscheinlichste Grund für einen Ausfall der Pumpe ist eine gerissene Membrane.

2 Bei Hexagon-Modellen muss die Sitzbank entfernt werden (siehe Kapitel 7) – die Benzinpumpe sitzt oberhalb des Motors am Rahmen (siehe Abbildung). Bei den Modellen B 125, X8, X9, sowie NRG Power DT und DD muss die Bugverkleidung entfernt werden (siehe Kapitel 7) – die Benzinpumpe sitzt neben dem Tank am Rahmen (siehe Abbildung). Bei GT 125- und 200-Modellen sitzt die Benzinpumpe unterhalb des Kraftstofftanks (siehe Abbildung).

3 Um zu prüfen, ob die Kraftstoffpumpe funktioniert, muss die Schelle gelöst werden, die die Benzinleitung am Vergaser oder Zwischentank sichert, und der Schlauch abgezogen werden, damit er in einen geeigneten Behälter gehalten werden kann. Schalten Sie die Zündung an, und starten Sie den Motor – wenn aus dem Schlauch Benzin austritt, ist die Pumpe in Ordnung. Wenn bei späteren Hexagon-Modellen mit Zweitaktmotoren die Benzinpumpe funktioniert, aber im Vergaser kein Kraftstoff ankommt, muss geprüft werden, ob das Ventilrohr vom Zwischentank zum Vergaser nicht blockiert oder geknickt ist.

4 Wenn aus dem Benzinschlauch kein Kraftstoff austritt, muss zuerst geprüft werden, ob dies nicht auf einen blockierten Filter oder Schlauch zurückzuführen ist oder an einem gerissenen Unterdruckschlauch liegt. Kontrollieren Sie alle Schläuche auf Risse, Brüche und Knicke, und prüfen Sie, ob sie gut auf ihren Stutzen gesichert sind (siehe Abbildung). Sind alle Schläuche in Ordnung, muss die Pumpe ersetzt werden. Bei Zweitakt-Hexagon-Modellen kann die Benzinpumpe zum Reinigen oder Prüfen zerlegt werden. Halten Sie die ausgebaute Membrane gegen das Licht, um Risse oder Löcher zu entdecken; ersetzen Sie ggf. die Pumpe – Einzelteile sind nicht erhältlich.

Ersetzen

5 Entfernen Sie entsprechende Verkleidungsteile, um an die Benzinpumpe zu gelangen (siehe Schritt 2) (siehe Kapitel 7).

6 Lösen Sie an der Pumpe die Schellen der Benzin- und Unterdruckschläuche, und ziehen Sie diese unter Beachtung ihrer Positionen ab – seien Sie auf austretendes Benzin vorbereitet. Die Benzinleitungen müssen mit einer der unten gezeigten Methoden abgeklemmt werden, damit kein weiterer Kraftstoff ausläuft (siehe Werkzeug-Tipps).

7 Lösen Sie bei Hexagon-Modellen die Muttern, um die Pumpe vom Rahmen zu trennen. Lösen Sie bei allen anderen Modellen die Schrauben, um die Pumpe von ihrem Halter zu trennen. Entfernen Sie die Pumpe unter Beachtung ihrer Einbaulage (siehe Abbildung).

8 Installieren Sie die neue Pumpe, schließen Sie die Schläuche an die korrekten Stutzen an, und sichern Sie sie mit den Schellen (verwenden Sie nötigenfalls neue).

Typhoon 80 und 125

Allgemein

9 Diese Modelle sind mit zwei Kraftstofftanks ausgerüstet: dem im Heck sitzenden Haupttank und dem in der Frontverkleidung befindlichen Zusatztank (siehe Abbildungen). Das in den Haupttank eingefüllte Benzin verteilt sich über ein unter der Innenverkleidung laufendes Ausgleichsrohr auf beide Tanks. Ein Belüftungsschlauch verläuft oben vom Zusatztank zum Einfüllstutzen des Haupttanks.

10 Wenn der Pegel im Haupttank so weit abgefallen ist, dass die Tankuhr viertelvoll anzeigt, beginnt eine unter dem Trittbrett liegende Pumpe damit, das im Zusatztank gebunkerte Benzin in den Haupttank zu fördern. Die Pumpe wird vom Motor aus über einen Unterdruckschlauch betätigt.

Anmerkung: *Die Kraftstoffversorgung zum Vergaser steht nicht unter Druck. Wenn die Pumpe ausgefallen ist, kann kein Kraftstoff vom Zusatztank in den Haupttank gefördert werden, doch kann man mit dem im Haupttank befindlichen Benzin fahren, bis dieser leer ist.*

Kontrolle

11 Um die Funktion der Pumpe zu testen, muss der Einfülldeckel des fast leeren Haupttanks ent-

Werkzeug TiPP Eine Flügelmutter-Klemme

Werkzeug TiPP Zwei Steckschlüssel auf einer Gripzange

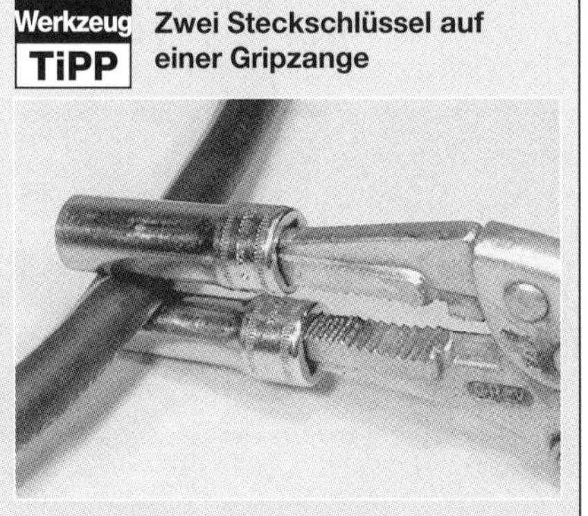

Werkzeug TiPP Dicke Pappe in einer Gripzange

Werkzeug TiPP Eine Bremsleitungsklemme aus dem Autozubehör

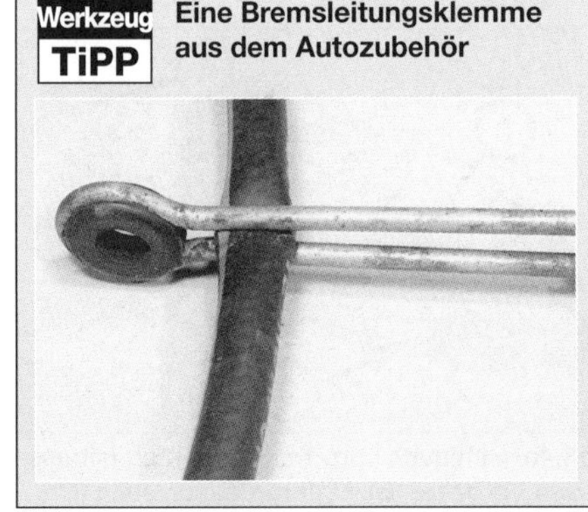

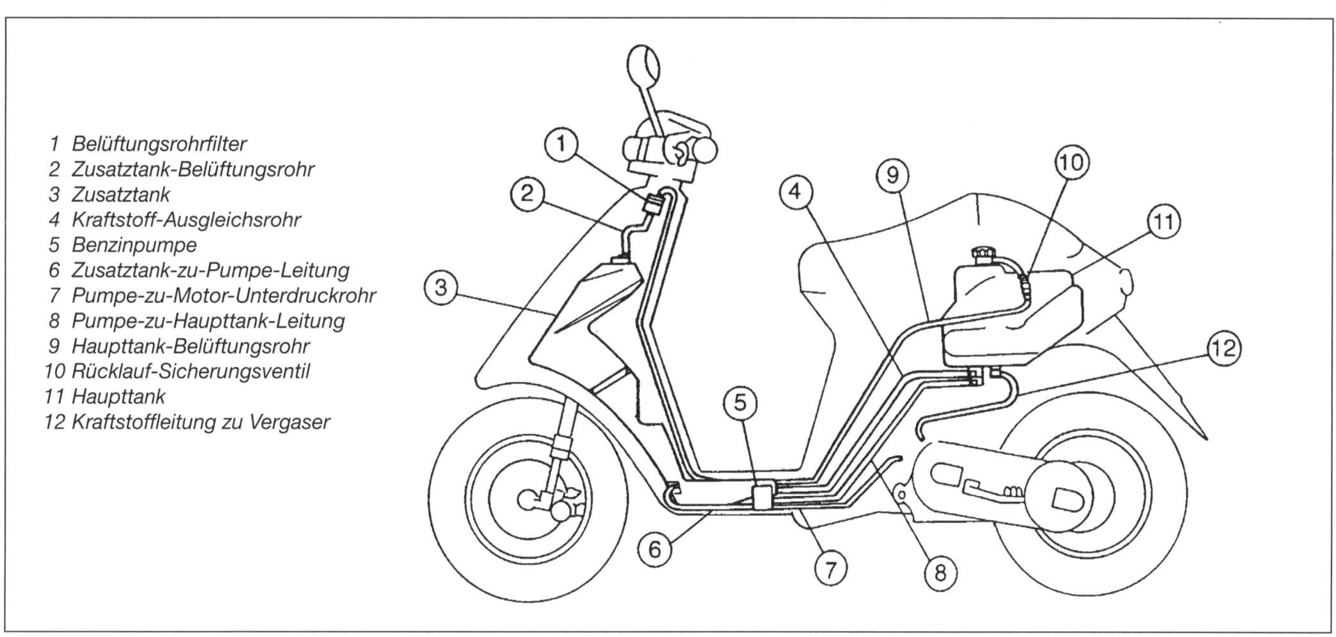

13.9a Bauteile des Kraftstoff-Versorgungssystems – Typhoon 80- und 125-Modelle

fernt werden. Bei laufendem Motor sollte das unten in den Tank geförderte Benzin sichtbar sein.

12 Prüfen Sie, ob unter dem Trittbrett Rohre geknickt oder gequetscht sind. Kontrollieren Sie ebenso den Belüftungsschlauch des Zusatztanks.

13 Kontrollieren Sie den Haupttank-Belüftungsschlauch und sein Ventil. Trennen Sie den Belüftungsschlauch vom Tank. Wenn man vom Tank-Ende in den Schlauch bläst, muss leichter Widerstand fühlbar sein – vom offenen Ende muss man frei in Richtung Tank blasen können.

Elektrische Benzinpumpe – spätere 125er-Modelle

Kontrolle

14 Spätere 125 cm³-Modelle sind mit einer elektrischen Benzinpumpe ausgerüstet, die mithilfe eines Relais gesteuert wird (siehe Abbildungen). Die Funktion der Pumpe ist hörbar: Nach dem Einschalten der Zündung läuft die Pumpe etwa 13 Sekunden, um die Benzinversorgung sicherzustellen; oberhalb von 2000 U/min läuft die Pumpe ständig, darunter mit Unterbrechungen.

15 Ein Benzinfilter sitzt innerhalb des vom Tank zur Pumpe verlaufenden Rohres (siehe Abbildung). Prüfen Sie zunächst die Durchlässigkeit des Filters, bevor die Pumpe auf Schäden untersucht wird.

16 Wenn die Pumpe defekt zu sein scheint, muss geprüft werden, ob am Pumpenrelais Spannung anliegt. Trennen Sie dazu dem Relaisstecker, und ermitteln Sie mit dem Multimeter (Messbereich 0-20 V DC) , ob zwischen dem orangen (+) und dem schwarzen Kabel (–) der Kabelbaumseite 12 bis 13 Volt anliegen. (siehe Abbildung).

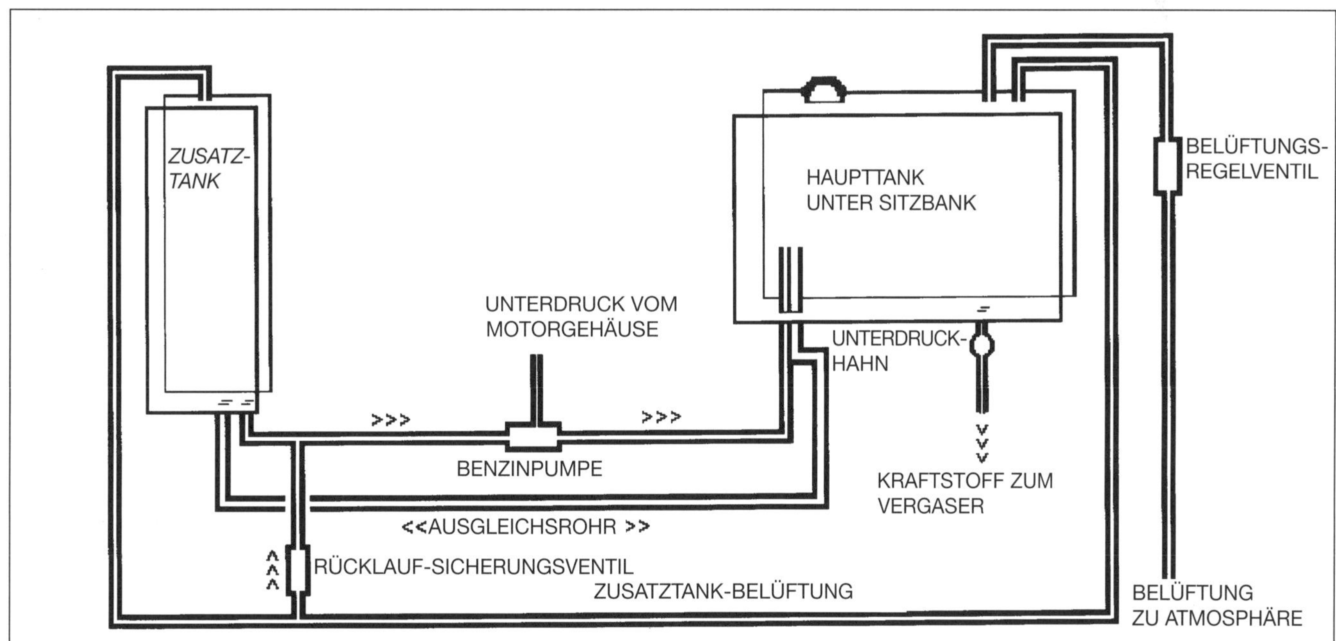

13.9b Funktion des Kraftstoff-Versorgungssystems – Typhoon 80- und 125-Modelle

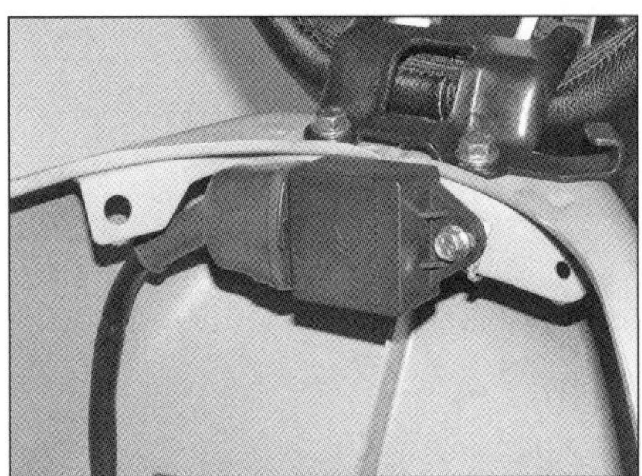

13.14a Benzinpumpenrelais am S 125

13.14b Benzinpumpenrelais am GTS 125

13.15 Der in der Benzinleitung sitzende Benzinfilter

17 Zum Testen muss das Relais ausgebaut werden. Die Relaisanschlüsse sind nummeriert. Verbinden Sie einen Durchgangsprüfer oder ein auf den Ohm-Messbereich geschaltetes Multimeter mit den Relaisanschlüsse 87 und 30 – es darf kein Durchgang festgestellt werden. Verbinden Sie jetzt eine geladene 12-Volt-Batterie mit den Anschlüssen 85 und 86 – wenn jetzt zwischen den Kontakten 87 und 30 Durchgang besteht, ist das Relais in Ordnung.

18 Wenn das Relais in Ordnung ist, aber die Benzinpumpe dennoch nicht arbeitet, müssen die zwei Kabel zwischen dem Relais und der Pumpe auf Durchgang überprüft werden – sind auch sie in Ordnung, muss die Pumpe ersetzt werden.

Ersetzen

19 Die Benzinpumpe sitzt entweder innen am Rahmen oder unterhalb des Tanks (siehe Abbildungen).

20 Trennen Sie den Pumpenstecker. Klemmen Sie die beiden Benzinschläuche ab (siehe Werkzeug-Tipp), lösen Sie ihre Schellen, und ziehen Sie sie von der Pumpe. Befreien Sie die Pumpe aus ihrer Gummihalterung.

21 Prüfen Sie, ob die Benzinleitungen fest auf den Pumpen-Anschlüssen stecken – erneuern Sie sie nötigenfalls samt ihrer Schellen. Generell sollten beim Austausch der Benzinpumpe auch die Benzinleitungen erneuert werden.

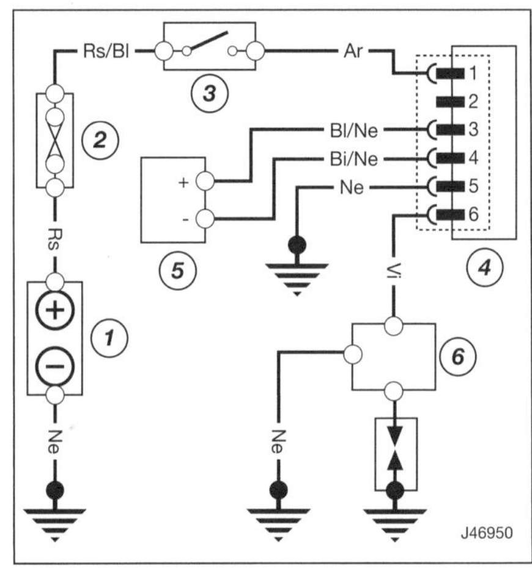

13.16 Benzinpumpen-Schaltplan

1 Batterie	*4 Relais*
2 Sicherung	*5 Benzinpumpe*
3 Zündschloss	*6 Zündspule*

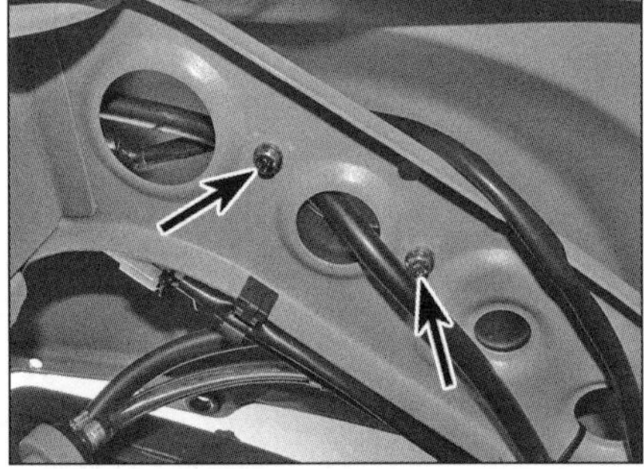

13.19a Lösen Sie beim S 125 die zwei Befestigungsmuttern, . . .

13.19b . . . und manövrieren Sie die Benzinpumpe samt Halter heraus.

13.19c Beim GTS sitzt der Pumpenhalter unten am Tank.

Kapitel 5
Zündsystem

Details zur Modell-Identifikation finden sich am Anfang von Kapitel 1

Inhalt

Schwierigkeitsgrade

Leicht. Für Anfänger mit wenig Erfahrung geeignet 

Relativ leicht. Für Anfänger mit etwas Erfahrung geeignet 

Relativ schwierig. Geeignet für geübte Selbstschrauber 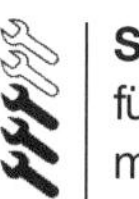

Schwer. Geeignet für Selbstschrauber mit viel Erfahrung 

Sehr schwer. Geeignet nur für Experten und Profis

Technische Daten

Zündkerze

Typ und Kontaktabstand	Siehe Kapitel 1
Widerstand Kerzenstecker	5 Kilo-Ohm

Zündzeitpunkt

Volle Frühzündung	
Sfera 50, Typhoon 50 (bis 2006), Zip	15 bis 17° vor OT bei 4000 U/min
Sfera 50 RST, NRG MC2/MC3, NRG Power DT, ET2, Zip SP/RS, Zip 50, Liberty 50, Fly 50, LX2 50, LXV 50, S 50, Typhoon 50 (ab 2007)	16 bis 18° vor OT bei 4000 U/min
Sfera 80, Typhoon 80	19 bis 21° vor OT bei 4000 U/min
LX4 50	21° vor OT bei 4000 bis 7000 U/min
Fly 50 4T	keine Angaben
Zip 50 4T, Liberty 50 4T, ET4 50	26° vor OT bei 5000 bis 6000 U/min
Zip 100 4T, Fly 100 4T	22° vor OT bei 5000 bis 6000 U/min
Skipper, Typhoon 125	18 bis 20° vor OT bei 4000 U/min
Sfera 125	31 bis 33° vor OT bei 7500 U/min
ET4 125, GT200	31 bis 33° vor OT bei 6000 U/min
Hexagon	21 bis 23° vor OT bei 6000 U/min
Zip 125, Skipper ST	28° vor OT bei 6000 U/min
Liberty 125	27 bis 29° vor OT bei 6000 U/min
Fly 125, LX4 125	keine Angaben
B125, Super Hexagon, X8 125, X9 125, GT125	33 bis 35° vor OT bei 6000 U/min
GTS 125, GTV 125	29° vor OT bei 6750 U/min

Zündstromspule

Spulen-Widerstand	
ET2	850 bis 1050 Ohm
ET4	300 bis 400 Ohm
NRG Power DT und DD, Fly 50 4T, LX4 50, Liberty 50 4T, Zip 50/100 4T, LX4 50	1,0 Ohm
Fly 50, LX2 50	800 bis 1100 Ohm
Sfera 125	330 bis 370 Ohm
Hexagon	122 bis 132 Ohm
Alle Modelle mit LEADER-Motor	0,7 bis 0, 9 Ohm
Alle anderen Modelle	930 bis 1030 Ohm

5

Zündgeberspule

Spulen-Widerstand	
ET2	100 bis 130 Ohm
ET4, Fly 50, LX2 50, LXV 50	90 bis 140 Ohm
NRG Power DT und DD, Fly 50/100 4T, LX4 50, Liberty 50 4T, Zip 50/100 4T	170 Ohm
Sfera 125	105 bis 135 Ohm
Hexagon	102 bis 112 Ohm
Alle Modelle mit LEADER-Motor	105 bis 124 Ohm
Alle anderen Modelle	83 bis 93 Ohm
Spulen-Ausgangsspannung	
Modelle mit LEADER-Motor	weniger als 2 Volt

Zündspule – 125er-Modelle

Primärwicklungs-Widerstand	0,48 bis 0,52 Ohm
Sekundärwicklungs-Widerstand	
Modelle mit LEADER-Motor	2,7 bis 3,3 K Ohm
Alle anderen Modelle	4,6 bis 5,2 K Ohm

Wegfahrsperre

Transponderantennen-Widerstand	7 bis 9 Ohm

1 Allgemeine Informationen

Alle Modelle sind mit einer vollelektronischen Transistorzündanlage ausgerüstet, die durch das Fehlen mechanischer Teile absolut wartungsfrei ist. Die Anlage beinhaltet die Lichtmaschinenspule, den Zündzeitpunkt-Rotor, die Impulsgeberspule, die Zündbox und die Zündspule. Beachten Sie dazu auch die Schaltpläne am Ende von Kapitel 9. Bei 50er- und 80er-Modellen ist die Zündspule in die Zündbox integriert.

Der rechts am Motor in den Lichtmaschinenrotor integrierte Zündrotor erregt magnetisch die Impulsgeberspule, die ein Signal an die Zündbox sendet. Von hier aus wird zur richtigen Zeit die bei 50er-, 80er- und 100er-Modellen integrierte und ansonsten separat liegende mit Strom versorgt, der für einen starken Zündfunken an der Zündkerze hochtransformiert wird.

Die Zündbox beinhaltet eine drehzahlabhängige elektronische Frühzündungsverstellung. Der Zündzeitpunkt kann nicht verstellt werden.

Manche Modelle sind mit einer Zündungs-Unterbrechung als Wegfahrsperre ausgerüstet. Bei neueren Fahrzeugen beinhaltet das Zündsystem einen Sicherheits-Stromkreis, der den Motor nur anspringen lässt, wenn der Seitenständer eingeklappt und eine der Bremsen betätigt ist.

Bauartbedingt können die Teile der Zündanlage zwar kontrolliert, aber nicht repariert werden. Wenn im Zündsystem Probleme auftreten, kann die fehlerhafte Komponente isoliert und durch ein Austauschteil ersetzt werden. Um unnötige Kosten zu vermeiden, sollten Sie absolut sichergehen, dass das fehlerhafte Teil richtig identifiziert worden ist, bevor Sie ein Neuteil kaufen.

2 Zündsystem – Kontrolle

Warnung: Stromstöße aus Zündanlagen haben eine sehr hohe Spannung, die zwar nicht gefährlich, aber sehr unangenehm ist. Daher sollten nie Zündkerzen, -stecker oder -kabel in der Hand gehalten oder Zündspulen und Zündboxen berührt werden, wenn die Zündung angeschaltet oder der Motor per Anlasser gedreht wird. Für das Wohlbefinden des elektronischen Zündsystems ist es zudem wichtig, dass der Motor niemals gestartet wird, wenn der Kerzenstecker abgezogen ist. Stellen Sie sicher, dass beim Zündfunkentest die Kerze gründlichen Kontakt zu Masse hat, da sonst die Zündspule durchschlagen und die Zündbox zerstört werden können.

1 Da das Zündsystem völlig wartungsfrei ist, können Fehlfunktionen nur auf Fehler in den einzelnen Komponenten oder in der Verkabelung zurückgeführt werden. Wahrscheinlicher ist die zweite Ursache. Bei Fehlfunktionen prüfen Sie die Zündungsbauteile in der unten vorgegebenen systematischen Reihenfolge:

2 Ziehen Sie den Zündkerzenstecker ab, und stecken Sie eine erwiesenermaßen gute Ersatzzündkerze hinein. Legen Sie diese mit ihrem Gewinde auf den Motor, halten Sie sie gegebenenfalls mit einem isolierten Werkzeug fest.

Warnung: Nehmen Sie für diese Kontrolle nie die Kerze aus dem Motor, da austretendes Luft/Benzin-Gemisch sich entzünden und zu Verletzungen führen kann.

3 Schalten Sie unter Beachtung der oben gegebenen Warnhinweise die Zündung an, und betätigen Sie den Anlasser. Ist die Zündung in Ordnung, wird an der Zündkerzen-Elektrode ein dicker blauer Funken zu sehen sein. Ist der Funken schwach, geht ins gelbe oder bleibt ganz aus, so muss die Ursache gefunden werden. Vor weiterer Arbeit schalten Sie die Zündung wieder aus.

4 Die Zündanlage muss einen Zündfunken erzeugen können, der in der Lage ist, eine bestimmte Strecke überspringen zu können. Obwohl Piaggio keine Funkenstrecke vorgibt, sollte eine gesunde Zündanlage bei normalem Luftdruck einen Funken von mindestens 6 mm produzieren können. Mit einem einfachen Testgerät kann herausgefunden werden, ob dieser Mindestwert erreicht wird (siehe Werkzeug-Tipp).

5 Verbinden Sie den Kerzenstecker mit der vorstehenden Elektrode am Testgerät, und klemmen Sie das Gerät sicher an Masse am Rahmen oder Motor. Schalten Sie die Zündung an, und drehen Sie den Motor mit dem E-Starter durch. Wenn das System in gutem Zustand ist, springen dicke blaue Funken zwischen den Nägeln über. Wenn der Test positiv ausfällt, kann der Zustand der Zündanlage als gut bezeichnet werden. Wenn der Funken dünn oder gelblich oder gar nicht zu sehen ist, sind weitere Untersuchungen nötig.

6 Fehlfunktionen der Zündanlage können in zwei Kategorien eingeteilt werden: vollständiger Defekt oder zeit- bzw. teilweise Fehlfunktion. Die wahrscheinlichsten Ursachen sind unten aufgeführt, beginnend mit der häufigsten. Arbeiten Sie sich systematisch durch diese Liste, wobei Sie in den jeweiligen Unterpunkten dieses Kapitels nachschauen.

***Anmerkung**: Vor Beginn muss sichergestellt werden, dass die Batterie voll geladen ist und alle Sicherungen in Ordnung sind.*

Ein einfaches Funkenstrecken-Testgerät kann aus einem Holzstück, einer großen Alligator-Klemme und zwei Nägeln gebaut werden. Einer der Nägel sollte so ausgeführt sein, dass der Kerzenstecker oder das blanke Zündkabel daran angeschlossen werden können. Der andere Nagel muss mit der Klemme verbunden sein. Stellen Sie sicher, dass der Abstand zwischen den Nagelspitzen dem minimalen Wert entspricht.

3.1 **Kombinierte Zündbox mit Zündspule bei Typhoon 50-Modellen**

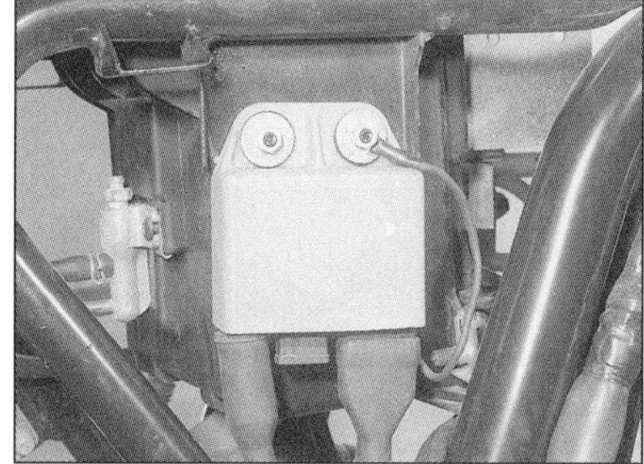
3.2a **Zündbox bei Hexagon-Modellen**

3.2b **Zündspule bei Hexagon-Modellen**

a) Lockere, korrodierte oder beschädigte elektrische Steckverbindungen, gebrochene Kabel der Zündanlage (siehe Kapitel 9)
b) Defektes Zündkabel, -Stecker oder Zündkerze, verschmutzte, verschlissene oder beschädigte Kerzenelektroden oder falscher Elektrodenabstand
c) Defekter Zündschalter (siehe Kapitel 9)
d) Defekte Impulsgeberspule oder beschädigter Auslöser am Lichtmaschinenrotor
e) Defekte Zündbox/Zündspulen-Einheit (50er-, 80er- und 100er-Modelle)
f) Defekte Zündbox oder Zündspule (125er- und 200er-Modelle)

7 Wenn alle oben beschriebenen Möglichkeiten keinen Grund des Problems erkennen lassen, sollten Sie die Zündanlage bei einer Piaggio-Werkstatt testen lassen.

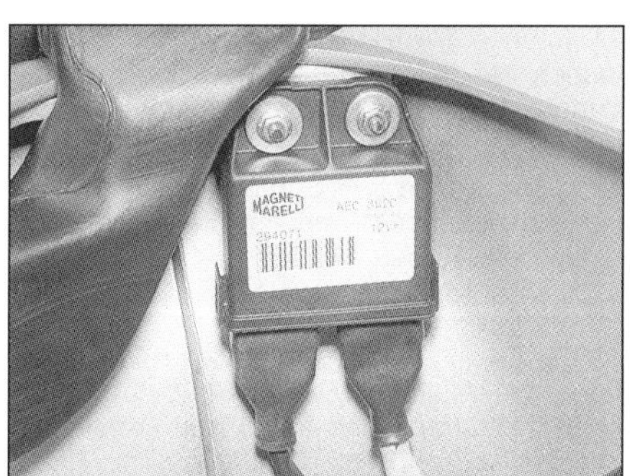

3.2c **Zündbox bei ET4-Modellen**

3.2d **Zündspule bei ET4-Modellen**

3 Zündbox und Zündspule
Kontrolle, Ausbau, Einbau

Kontrolle – 50/80/100 cm³-Modelle

1 Bei diesen Modellen sind die Zündbox und die Zündspule in einer Einheit zusammengefasst (siehe Abbildung) Piaggio gibt für die Einheit keine Prüfdaten an, sodass nur der Austausch gegen eine erwiesenermaßen funktionierende Einheit einen Defekt definitiv ermitteln lässt – funktioniert die Austausch-Einheit, ist das Originalteil schadhaft.

Kontrolle – 125er- und 200er-Modelle

2 Bei diesen Modellen bilden die Zündbox und die Zündspule getrennte Bauteile (siehe Abbildungen). Piaggio gibt für die Zündbox keine Prüfdaten an, sodass nur der Austausch gegen eine erwiesenermaßen funktionierende Box einen Defekt definitiv ermitteln lässt – funktioniert das Austauschteil, ist die originale Zündbox schadhaft.

3 Begutachten Sie die Zündspule auf lockere oder beschädigte Anschlüsse, Brüche und andere Schäden. Mit einem Multimeter können die Widerstände der Primär- und Sekundärstromwicklung gemessen werden. Entfernen Sie dazu die Motorabdeckung oder entsprechende Verkleidungsteile (siehe Kapitel 7). Trennen Sie das Massekabel (–) von der Batterie.

Modelle ohne LEADER-Motor

4 Trennen Sie den Primärstromstecker und das Zündkabel von der Spule.

5 Schalten Sie das Multimeter auf den Ohm x 1-Bereich und messen Sie nun an der Zündspule den Widerstand zwischen dem Anschluss für das Niederspannungskabel und der Spulenhalterung, die an Masse geht (siehe Abbildung). Der abgelesene Wert ist derjenige der Primärwicklung und sollte zwischen 0,48 und 0,52 Ohm liegen – ansonsten ist die Zündspule defekt und muss ersetzt werden.

6 Um den Widerstand der Sekundärwicklung messen zu können, stellen Sie das Messgerät auf den Kilo-Ohm-Bereich. Verbinden Sie eine Klemme mit dem Anschluss des Kerzensteckers und die andere mit der Spulenhalterung, die an Masse geht (siehe Abbildung). Wenn

5

3.2e **Zündspule bei X9-Modellen**

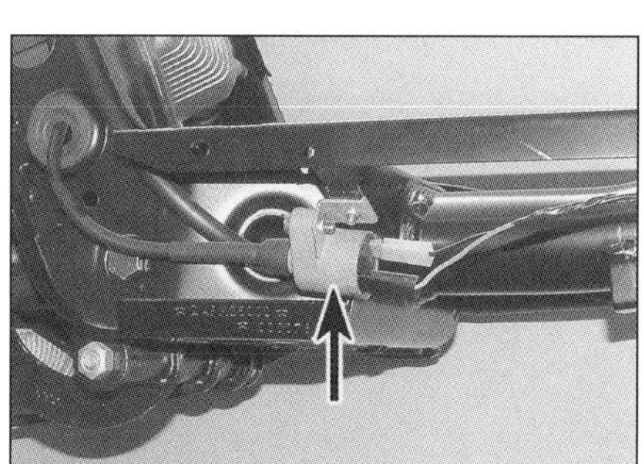
3.2f **Zündspule bei Zip 125-Modellen**

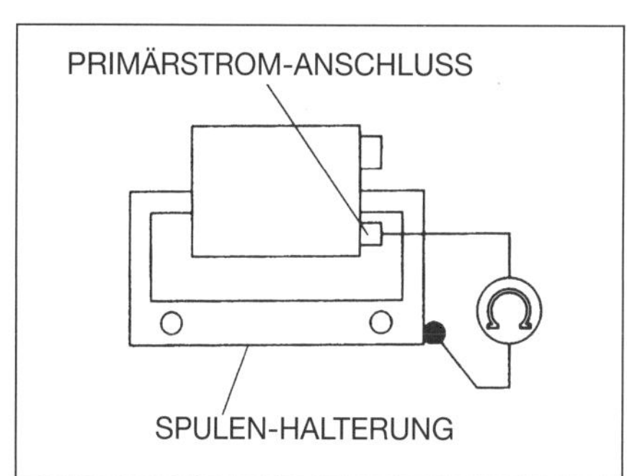

3.5 **Kontrolle der Zündspulen-Primärwicklung – 125er-Modelle**

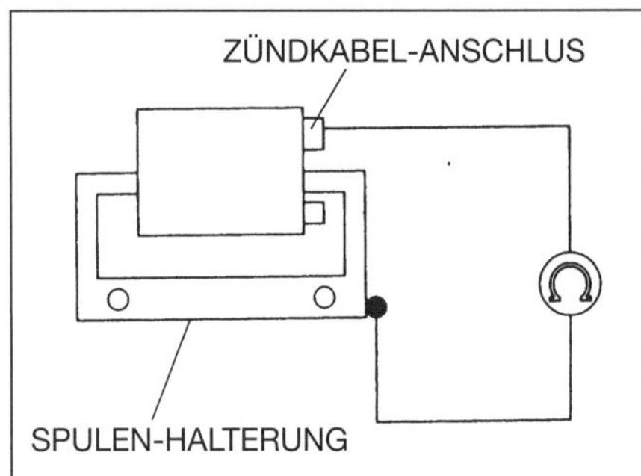

3.6 **Kontrolle der Zündspulen-Sekundärwicklung – 125er Modelle**

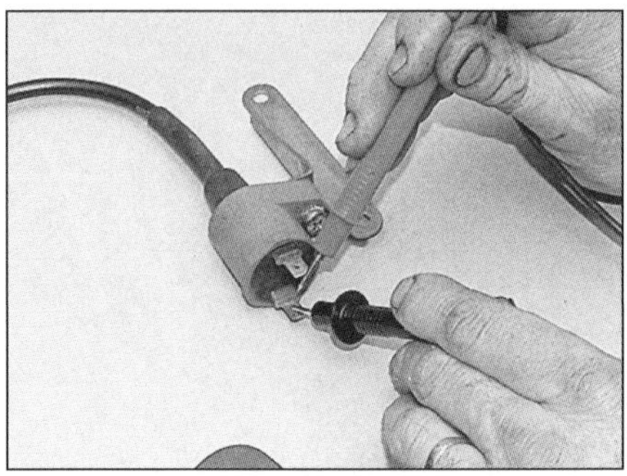

3.8 **Kontrolle der Zündspulen-Primärwicklung – LEADER-Modelle**

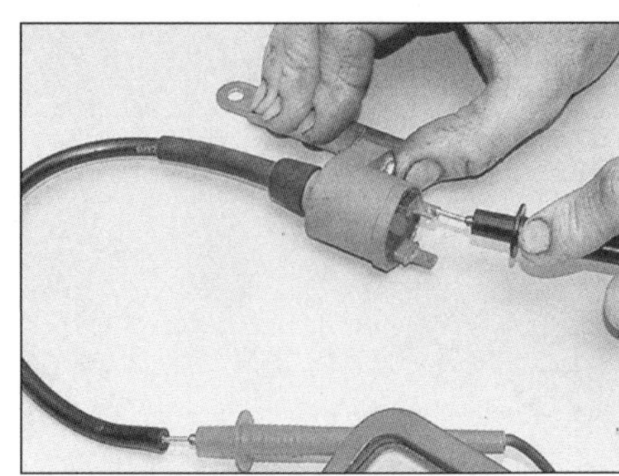

3.9 **Kontrolle der Zündspulen-Primärwicklung – LEADER-Modelle, Kerzenstecker entfernt**

nicht zwischen 4,6 und 5,2 K-Ohm gemessen werden, ist die Zündspule wahrscheinlich defekt und muss ersetzt werden.

Modelle mit LEADER-Motoren

7 Trennen Sie die Primärstromstecker von der Spule – merken Sie sich ihre Positionen. Ziehen Sie den Zündkerzenstecker von der Kerze.

8 Schalten Sie das Multimeter auf den Ohm x 1-Bereich, und messen Sie nun an der Zündspule den Widerstand zwischen den Primärstrom-Anschlüssen der Spule (siehe Abbildung). Der abgelesene Wert ist derjenige der Primärwicklung und muss zwischen 0,48 und 0,52 Ohm liegen – ansonsten ist die Zündspule defekt und muss ersetzt werden.

9 Um den Widerstand der Sekundärwicklung messen zu können, stellen Sie das Messgerät auf den Kilo-Ohm-Bereich. Verbinden Sie eine Klemme mit dem Anschluss innerhalb des Kerzensteckers und die andere mit dem Anschluss des schwarzen Kabels an der Spule (siehe Abbildung). Wenn nicht zwischen 2,7 und 3,3 K-Ohm gemessen werden, wird der Kerzenstecker vom Zündkabel geschraubt und erneut zwischen dem Zündkabel-Kern und dem schwarzen Kabel an der Spule gemessen – ist das Ergebnis immer noch nicht korrekt, wird die Zündspule wahrscheinlich defekt sein und muss ersetzt werden.

Ausbau

10 Entfernen Sie die Motorabdeckung oder entsprechende Verkleidungsteile (siehe Kapitel 7). Trennen Sie das Massekabel (–) von der Batterie.

11 Trennen Sie alle Stecker von der Einheit. Ziehen Sie ggf. den Kerzenstecker von der Zündkerze. **Anmerkung**: *Markieren Sie die Positionen aller Kabel, bevor Sie sie trennen.*

12 Lösen Sie die zwei Schrauben, und entfernen Sie die Einheit – merken Sie sich die Verlegung aller Kabel.

Einbau

13 Der Einbau erfolgt in umgekehrter Reihenfolge des Ausbaus. Gehen Sie sicher, dass alle Primärstrom- und Zündkabel korrekt angeschlossen sind.

Achtung: Wenn bei einem Modell mit Wegfahrsperre die Zündbox ausgetauscht wurde, muss diese von einer Piaggio-Werkstatt neu programmiert werden.

4 Stromspule und Zündgeberspule – Kontrolle, Ausbau und Einbau

Kontrolle

1 Entfernen Sie je nach Modell die Motorabdeckung oder entsprechende Verkleidungsteile (siehe Kapitel 7), und trennen Sie das Massekabel (–) von der Batterie.

Modelle ohne LEADER-Motor

2 Verfolgen Sie die Kabel der Strom- und Zündgeberspulen hinten aus dem Lichtmaschinengehäuse, und trennen Sie ihren Stecker von der Zündbox (siehe Abbildungen). Schalten Sie ein Multimeter auf den Messbereich Ohm x 100, und messen Sie den Stromspulen-Widerstand, indem Sie die Messklemmen mit den Steckerkontakten des grünen und des weißen Kabels verbinden. Messen Sie anschließend den Zündgeberspulen-Widerstand, indem Sie die Messklemmen bei 50er-, 80er- und 100er-Modellen mit integrierter Zündspule mit den Steckerkontakten des roten und des weißen Kabels verbinden – bei 125er- und 200er-Modellen mit separater Zündspule wird der Widerstand zwischen dem roten und dem braunen Kabel ermittelt.

3 Vergleichen Sie die Messergebnisse mit den Angaben in den technischen Daten am Anfang dieses Kapitels – wenn sie stark abweichen oder gar ein Kurzschluss festgestellt wurde (0 Ohm), muss der gesamte Lichtmaschinenstator ausgetauscht werden, da keine Einzelteile erhältlich sind. Prüfen Sie jedoch zuerst, ob der Fehler nicht an einem gebrochenen oder gerissenen Kabel liegt, das repariert werden kann.

Modelle mit LEADER-Motor

4 Zur Kontrolle der Stromspule muss zunächst der Mehrfachstecker der Lichtmaschine getrennt werden (siehe Abbildung). Verbinden Sie das auf den Ohm-Bereich gestellte Multimeter mit den Steckerkontakten der gelben Kabel der Lichtmaschinenseite – es müssen zwischen 0,7 und 0,9 Ohm festgestellt werden. Prüfen Sie auch, ob die einzelnen Kabel Durchgang zu Masse haben – dies darf nicht der Fall sein. Ist hier alles in Ordnung, wird der Lichtmaschinenstecker wieder verbunden und das Kabel zum Regler verfolgt. Trennen Sie den Regler-Stecker, und wiederholen Sie die Messungen zwischen den Steckerkontak-

4.2a Trennen Sie bei Typhoon 50-Modellen das Kabel der Zündgeberspule.

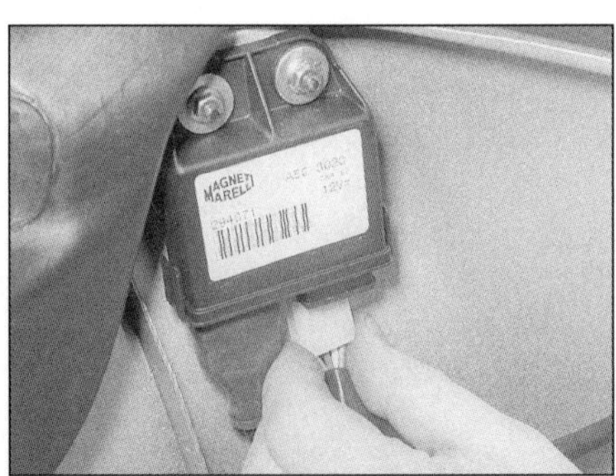

4.2b Trennen Sie bei ET4-Modellen das Kabel der Zündgeberspule.

4.4a Trennen Sie bei X9-Modellen den Lichtmaschinenkabelstecker.

4.4b Trennen Sie den Regler-Stecker, . . .

ten (siehe Abbildungen). Unterscheiden sich die Messergebnisse von den Vorgaben, liegt der Fehler in der Verkabelung zwischen dem Lichtmaschinenstecker und dem Reglerstecker.

5 Zur Kontrolle des Zündgeberspulen-Widerstands muss das Messgerät zwischen das grüne Kabel und Masse geklemmt werden – es müssen 1,5 bis 124 Ohm festgestellt werden. Ist dies der Fall, wird der Lichtmaschinenstecker verbunden und das Kabel zur Zündbox verfolgt. Trennen Sie hier den Stecker, und wiederholen Sie die Messung zwischen dem grünen Kabel des Steckers und dem schwarzen Masseanschluss. Unterscheiden sich die Messergebnisse von den Vorgaben, liegt der Fehler in der Verkabelung zwischen dem Lichtmaschinenstecker und dem Zündboxstecker. Schalten Sie jetzt das Multimeter auf den Gleichspannungs-Bereich (Volt DC), verbinden Sie die Plusklemme

5.4a Statische Zündzeitpunkt-Markierung für Standgas bei ET4-Modellen

5.5 Entfernen Sie den Inspektionsdeckel – wassergekühlte LEADER-Modelle.

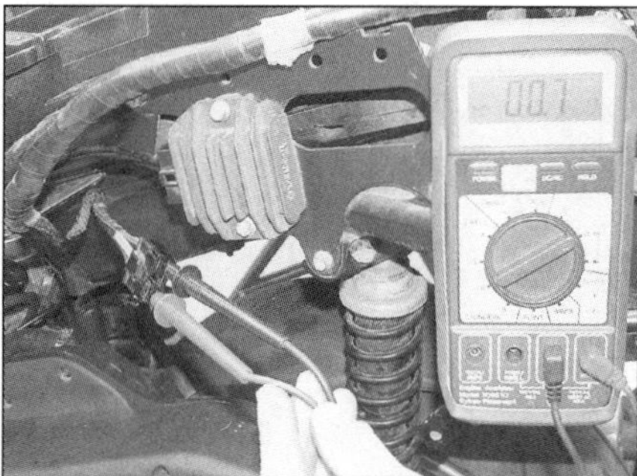

4.4c . . . und kontrollieren Sie den Stromspulen-Widerstand.

mit dem Anschluss des grünen Kabels und die Minusklemme mit dem Anschluss des schwarzen Kabels. Drehen Sie den Motor mithilfe des Anlassers durch, und messen Sie die Spannung der Zündgeberspule – es müssen weniger als 2 Volt festgestellt werden.

6 Weicht eine der Messungen stark von den Vorgaben ab oder wird gar ein Kurzschluss festgestellt (0 Ohm), muss der gesamte Lichtmaschinenstator ausgetauscht werden, da keine Einzelteile erhältlich sind. Prüfen Sie jedoch zuerst, ob der Fehler nicht an einem gebrochenen oder gerissenen Kabel liegt, das repariert werden kann.

Ersetzen

7 Die Stromspule und die Zündgeberspule sind in den Lichtmaschinenstator integriert – wechseln Sie je nach Modell zur Lichtmaschinen-Sektion der Kapitel 2A bis 2F, um den Stator auszutauschen.

5.4b Die Zündzeitpunkt-Markierung am Rotor ist ein Pfeil.

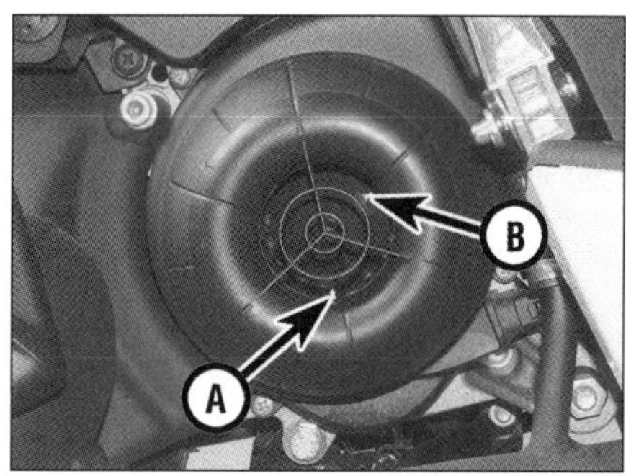

5.7 Statische Markierung (A) am Deckel und Zündzeitpunkt-Markierung (B) am Kühlventilator

5 Zündzeitpunkt – Allgemeine Informationen und Kontrolle

Allgemeine Informationen

1 Da der Zündzeitpunkt nicht eingestellt werden kann und keinem mechanischen Verschleiß unterliegt, werden auch keine Wartungsintervalle über den Zündzeitpunkt angegeben. Werden Fehler wie mangelnde Motorleistung oder Fehlzündungen festgestellt, kann der Zündzeitpunkt jedoch überprüft werden.

2 Der Zündzeitpunkt wird dynamisch (d.h. bei laufendem Motor) mit einer Stroboskoplampe kontrolliert – beschaffen Sie sich eine präzise Xenon-Ausführung. **Anmerkung:** *Benutzen Sie nach Möglichkeit eine Stroboskoplampe, die nicht an der Bordbatterie angeschlossen wird, da dies unter Umständen zu falschen Stroboskopblitzen führen kann.*

Kontrolle

3 Bringen Sie den Motor auf Betriebstemperatur, schalten Sie ihn dann ab.

Modelle ohne LEADER-Motor

4 Zuerst muss die statische Zündmarkierung am Lichtmaschinendeckel identifiziert werden – die Lage variiert je nach Modell und Alter. Manche Modelle haben zwei Markierungen – eine für den Zündzeitpunkt bei Standgasdrehzahl, und eine für den oberen Totpunkt des Motors (die für die Zündung nicht relevant ist) (siehe Abbildung). Bei manchen Modellen – besonders solchen mit Wasserkühlung – gibt es statt einer Markierung eine Inspektionsbohrung im Deckel. Wenn keine Markierung sichtbar ist, muss der Deckel entfernt und der Geber der Zündgeberspule als statische Markierung genommen werden. Die Zündmarkierung ist am Lichtmaschinenrotor angebracht (siehe Abbildung) – entfernen Sie nötigenfalls den Lichtmaschinendeckel und den Kühlventilator, um die Markierung lokalisieren zu können (siehe Kapitel 2A, 2B, 2C oder 2D).

Modelle mit LEADER-Motor

5 Bei allen LEADER-Motoren ist die statische Markierung am Lichtmaschinendeckel angebracht – entfernen Sie bei wassergekühlten Motoren den Inspektionsdeckel, die Markierung sitzt innerhalb der Bohrung (siehe Abbildung). Bei luftgekühlten Motoren ist die Markierung am Ventilator angebracht, bei wassergekühlten Motoren am Pumpenantrieb.

Die Zündmarkierung auf dem Rotor kann zur besseren Erkennung mit weißer Farbe (»Tip-Ex« ist ideal) hervorgehoben werden. Sie ist dann mit der Stroboskoplampe besser zu sehen.

Alle Motoren

6 Verbinden sie die Zündzeitpunktlampe mit dem Zündkabel, wie es in der beigefügten Anleitung beschrieben ist.

7 Starten Sie den Motor, und richten Sie die Lampe auf die statische Zündmarkierung (siehe Abbildung). Wenn die Standgasdrehzahl

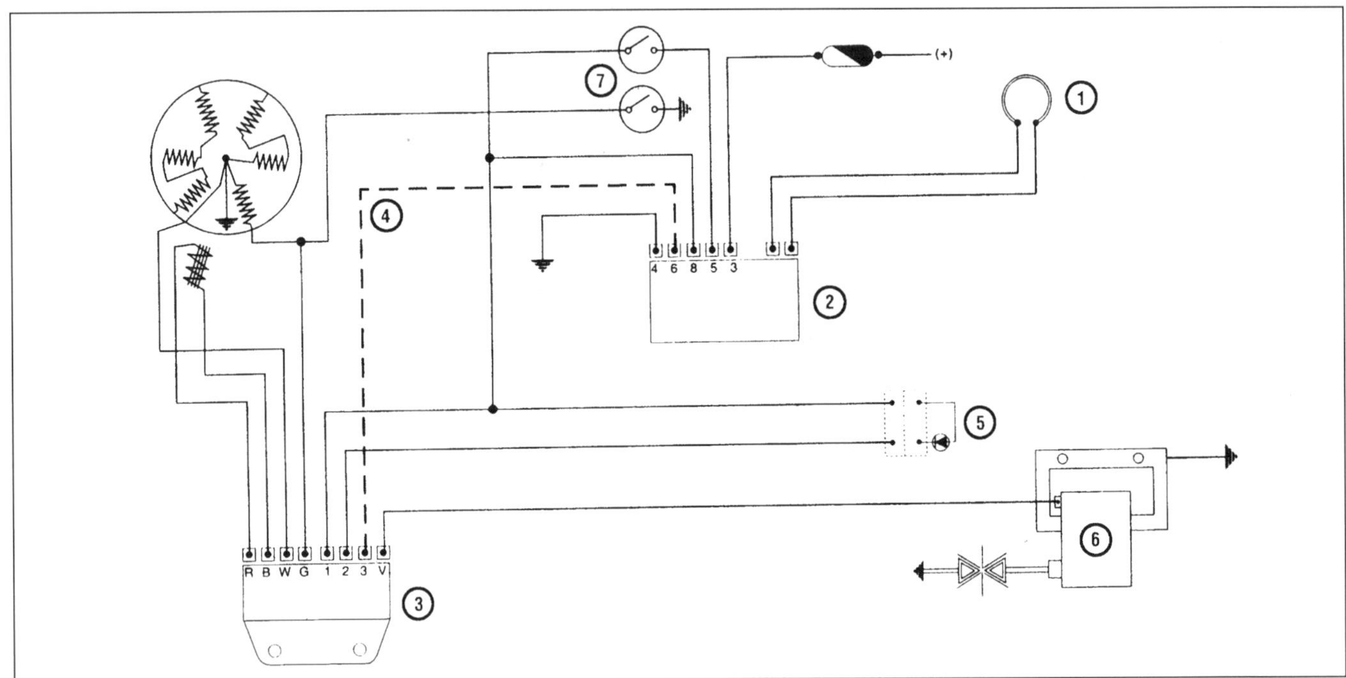

6.1 Wegfahrsperren-Stromkreis (ET4-Modelle)

1 Wegfahrsperren-Transponder-Antenne
2 Decoder-Einheit
3 Zündbox
4 Oranges Übertragungskabel
5 Diagnosetester-Stecker und Diode
6 Zündspule
7 Zündschloss

stimmt, muss es blitzen, wenn die Markierung mit der statischen Markierung fluchtet.

8 Erhöhen Sie langsam die Drehzahl, und beobachten Sie die Zündmarkierung. Sie muss sich gegen den Uhrzeigersinn wegdrehen, und mit steigender Drehzahl, bis die ggf. vorhandene Markierung für volle Frühzündung erreicht ist.

9 Wie bereits bemerkt, gibt es keinen Grund, den Zündzeitpunkt einzustellen. Wenn der Zündzeitpunkt unkorrekt ist oder zu sein scheint, hat eines der Zündungsbauteile einen Defekt und die Anlage muss, wie in den vorhergehenden Sektionen dieses Kapitels beschrieben, getestet werden.

10 Wenn die Kontrolle beendet ist, wird der Lichtmaschinen- oder Inspektionsdeckel installiert.

6 Wegfahrsperre (ET 4) Allgemeine Informationen, Programmieren und Kontrolle

Anmerkung: *Die in dieser Sektion beschriebene Wegfahrsperre findet sich serienmäßig an ET4-Modellen ohne LEADER-Motor. Eine ähnliche Version ist optional für andere Modelle erhältlich.*

Allgemeine Information

1 ET4-Modelle sind mit einer elektronischen Wegfahrsperre ausgerüstet (siehe Abbildung), die mit einem codierten Zündschlüssel betätigt wird.

2 Ein Neufahrzeug wird mit zwei codierten Schlüsseln und einer Code-Karte ausgeliefert, und das System ist bereits mit diesem Code programmiert. Der Zündschlüssel mit der roten Markierung ist der Haupt-Schlüssel und sollte zusammen mit der Code-Karte an einem sicheren Platz aufgehoben werden – wenn dieser Schlüssel verloren geht, wird ein neues Wegfahrsperrensystem benötigt! Der andere Schlüssel ist blau markiert – falls nötig, können bis zu sieben blau markierte Schlüssel programmiert werden.

3 Immer wenn der Schlüssel ins Zündschloss gesteckt wird, schaltet sich die Wegfahrsperre aus (vorausgesetzt, der Code wird akzeptiert). Wenn der Schlüssel abgezogen wird (egal, ob auf OFF oder LOCK), aktiviert sich die Wegfahrsperre automatisch.

4 Lässt sich das Fahrzeug nicht starten, obwohl der Schlüssel in der ON-Position steht, muss die Zündung wieder ausgeschaltet und ein neuer Versuch gestartet werden. Lässt sich der Motor immer noch nicht starten, muss der rot markierte Schlüssel eingesetzt werden – bringt auch dies keinen Erfolg, muss eine Piaggio-Werkstatt konsultiert werden, die über ein spezielles Analysegerät verfügt, mit dem der Fehler lokalisiert werden kann. Es gibt keine Vorgaben oder Anweisungen, um diesen Test ohne dieses Gerät durchzuführen.

5 Wenn der Wegfahrsperren-Decoder (der bei ET4-Modellen hinter der Frontverkleidung liegt) oder die Zündbox gegen Neuteile ausgetauscht werden, muss die Wegfahrsperre neu programmiert werden.

Programmieren

6 Stecken Sie den rot markierten Schlüssel ins Zündschloss, und schalten Sie die Zündung für ein bis drei Sekunden an; schalten Sie sie dann wieder aus, und ziehen Sie den Schlüssel ab.

7 Stecken Sie innerhalb von zehn Sekunden nach dem Entfernen des roten Schlüssels den blau markierten Schlüssel ins Zündschloss, schalten Sie unverzüglich die Zündung für ein bis drei Sekunden an; schalten Sie sie dann wieder aus, und ziehen Sie den Schlüssel ab. Wiederholen Sie diese Prozedur nötigenfalls für weitere blau markierte Schlüssel.

8 Stecken Sie innerhalb von zehn Sekunden nach dem Entfernen des blauen Schlüssels wieder den roten Schlüssel ins Zündschloss, schalten Sie unverzüglich die Zündung für ein bis drei Sekunden an; schalten Sie sie dann wieder aus, und ziehen Sie den Schlüssel ab.

Achtung: Für eine störungsfreie Funktion der Wegfahrsperre ist die Verwendung einer korrekten Zündkerze und eines Entstörsteckers unerlässlich.

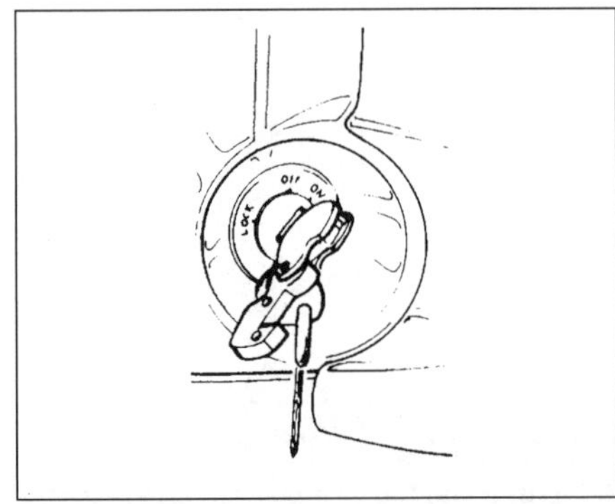

6.9 Wegfahrsperren-Programmierungskontrolle mit rot markiertem Schlüssel

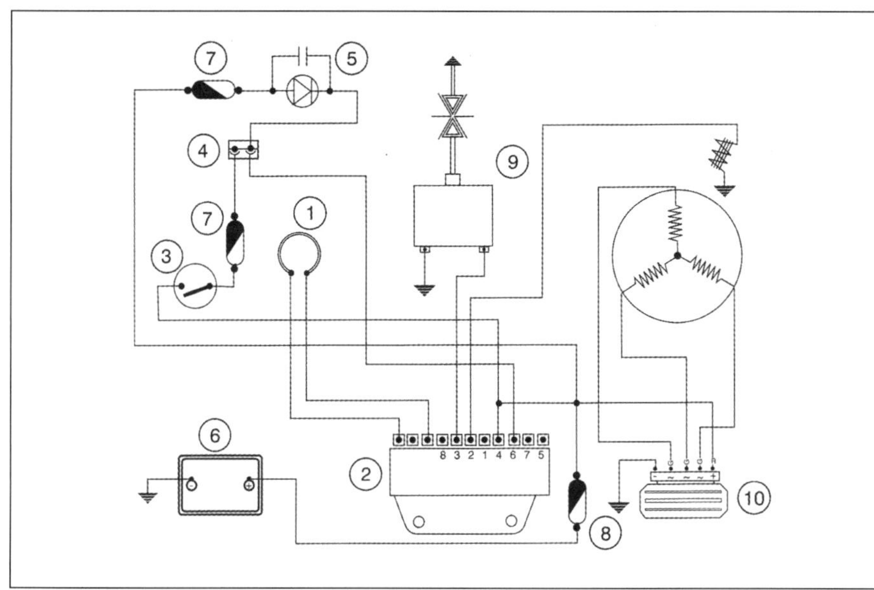

7.1 Wegfahrsperren-Stromkreis (X9-Modelle)

1 Wegfahrsperren-Transponder-Antenne
2 Zündbox
3 Zündschloss
4 Diagnosetester-Stecker
5 Wegfahrsperren-LED
6 Batterie
7 Sicherung (10 A)
8 Sicherung (15 A)
9 Zündspule
10 Regler

Kontrolle

9 Um das System nach dem Programmieren zu testen, wird der rote Zündschlüssel eingesteckt und der bewegliche Teil der Markierung aufgeklappt. Schalten Sie die Zündung ein, und versuchen Sie, den Motor zu starten (siehe Abbildung) – dies sollte nicht möglich sein. Stecken Sie jetzt einen blauen Schlüssel ein – der Motor sollte sich starten lassen.

10 Funktioniert das System nicht wie beschrieben, muss die Programmierung erneut durchgeführt werden – hilft auch dies nichts, muss eine Piaggio-Werkstatt konsultiert werden, die über ein spezielles Analysegerät verfügt, mit dem der Fehler lokalisiert werden kann. Es gibt keine Vorgaben oder Anweisungen, um diesen Test ohne dieses Gerät durchzuführen.

7 Wegfahrsperre (LEADER) Allgemeine Informationen, Programmieren und Kontrolle

Allgemeine Information

1 Alle Modelle mit LEADER-Motoren sind mit einer elektronischen Wegfahrsperre ausgerüstet (siehe Abbildung), die mit einem codierten Zündschlüssel betätigt wird.

2 Ein Neufahrzeug wird mit zwei codierten Schlüsseln und einer Code-Karte ausgeliefert, und das System ist bereits mit diesem Code programmiert. Der Zündschlüssel mit der roten oder braunen Markierung ist der Haupt-Schlüssel und sollte zusammen mit der Code-Karte an einem sicheren Platz aufgehoben werden – wenn dieser Schlüssel verloren geht, wird ein neues Wegfahrsperrensystem benötigt! Der andere Schlüssel ist blau markiert – falls nötig, können bis zu sieben blau markierte Schlüssel programmiert werden.

3 Immer wenn der Schlüssel ins Zündschloss gesteckt wird, schaltet sich die Wegfahrsperre aus (vorausgesetzt, der Code wird akzeptiert). Wenn der Schlüssel abgezogen wird (egal, ob auf OFF oder LOCK), aktiviert sich die Wegfahrsperre automatisch.

4 Lässt sich das Fahrzeug nicht starten, obwohl der Schlüssel in der ON-Position steht, muss die Zündung wieder ausgeschaltet und ein neuer Versuch gestartet werden. Lässt sich der Motor immer noch nicht starten, muss der rot markierte Schlüssel eingesetzt werden – bringt auch dies keinen Erfolg, muss eine Piaggio-Werkstatt konsultiert werden, die über ein spezielles Analysegerät verfügt, mit dem der Fehler lokalisiert werden kann. Wenn der Motor anspringt, aber nicht wesentlich über Standgasdrehzahl drehen will, muss die Wegfahrsperre neu programmiert werden (siehe Schritte 8 bis 10)

5 Die Wegfahrsperren-LED blinkt 48 Stunden und schaltet sich dann aus, um die Batterie zu schonen – das System bleibt aktiv.

6 Die LED muss wieder blinken, sobald die Zündung angeschaltet wird. Bleibt die LED aus, muss an der Zündbox mit einem Multimeter geprüft werden, ob Spannung anliegt – entfernen Sie für den Zugang entsprechende Verkleidungsteile (Kapitel 7). Die Zündung muss ausgeschaltet sein, dann wird der Zündbox-Stecker abgezogen und zwischen dem Kontakt des rot/schwarzen Kabels im Stecker und Masse geprüft, ob Spannung anliegt. Der Test wird zwischen dem Kontakt des rot/schwarzen Kabels und dem Kontakt des schwarzen Kabels wiederholt. Liegt keine Spannung an, muss die Verkabelung zwischen der Zündbox und der Batterie überprüft werden, außerdem ist die 15A-Sicherung zu kontrollieren (beachten Sie die Schaltpläne am Ende von Kapitel 9).

7 Der Notschalter am Lenker muss auf RUN stehen und der Seitenständer eingeklappt sein (falls dieser mit einem Schalter ausgerüstet ist). Dann wird die Zündung eingeschaltet und zwischen den Anschlüssen des hellblauen und des schwarzen Kabels am Zündbox-Stecker gemessen, ob Batteriespannung anliegt – falls nicht, müssen die einzelnen Komponenten des Anlassersystems überprüft werden (siehe Kapitel 9). Liegt Spannung an, kann die Zündbox defekt sein und sollte von einer Piaggio-Werkstatt überprüft werden.

Programmieren

8 Stecken Sie den rot oder braun markierten Haupt-Schlüssel ins Zündschloss, und schalten Sie die Zündung für ein bis drei Sekunden an; schalten Sie sie dann wieder aus, und ziehen Sie den Schlüssel ab.

9 Stecken Sie innerhalb von zehn Sekunden nach dem Entfernen des Haupt-Schlüssels den blau oder schwarz markierten Betriebs-Schlüssel ins Zündschloss, schalten Sie unverzüglich die Zündung für ein bis drei Sekunden an; schalten Sie sie dann wieder aus, und ziehen Sie den Schlüssel ab. Wiederholen Sie diese Prozedur nötigenfalls für weitere Betriebs-Schlüssel.

10 Stecken Sie innerhalb von zehn Sekunden nach dem Entfernen des Betriebs-Schlüssels wieder den Haupt-Schlüssel ins Zündschloss, schalten Sie unverzüglich die Zündung für ein bis drei Sekunden an; schalten Sie sie dann wieder aus, und ziehen Sie den Schlüssel ab. Die Wegfahrsperre ist jetzt programmiert.

Achtung: Für eine störungsfreie Funktion der Wegfahrsperre ist die Verwendung einer korrekten Zündkerze und eines Entstörsteckers unerlässlich.

Fehlfunktions-Codes

11 Die LED muss beim Einschalten der Zündung einmal blinken. Blinkt die LED zweimal und bleibt dann dauerhaft an, zeigt dies einen Zündungs-Defekt an – versuchen Sie, mit dem Haupt-Schlüssel die Zündung einzuschalten; wenn dies funktioniert, hat der Betriebs-Schlüssel sein Programm verloren. Bleibt der Fehler, müssen je nach Modell entsprechende Verkleidungsteile entfernt werden, um Zugang zur Wegfahrsperren-Antenne zu erhalten, die sich hinter dem Zündschloss befindet (siehe Kapitel 7). Verfolgen Sie das Antennenkabel, und trennen Sie es am Stecker. Schalten Sie ein Multimeter auf den Ohm-Bereich, und messen Sie den Widerstand der Antenne – liegt das Ergebnis nicht zwischen 7 und 9 Ohm, muss die Antenne ersetzt werden. Ist die Messung in Ordnung, kann die Zündbox defekt sein und sollte von einer Piaggio-Werkstatt überprüft werden.

12 Blinkt die LED dreimal und bleibt dann dauerhaft an, zeigt dies einen Zündungs-Defekt an – versuchen Sie, mit dem Haupt-Schlüssel die Zündung einzuschalten; wenn dies funktioniert, hat der Betriebs-Schlüssel sein Programm verloren. Bleibt der Fehler, kann die Zündbox defekt sein und sollte von einer Piaggio-Werkstatt überprüft werden.

Notizen

Kapitel 6
Lenkung und Federung

Details zur Modell-Identifikation finden sich am Anfang von Kapitel 1

Inhalt

Schwierigkeitsgrade

Leicht. Für Anfänger mit wenig Erfahrung geeignet 

Relativ leicht. Für Anfänger mit etwas Erfahrung geeignet 

Relativ schwierig. Geeignet für geübte Selbstschrauber 

Schwer. Geeignet für Selbstschrauber mit viel Erfahrung

Sehr schwer. Geeignet nur für Experten und Profis 

Technische Daten

Vorderradgabel

Zip
- Gabelöltyp . . . . 20W Gabelöl
- Gabelöl-Füllmenge
  - Zip, Zip 100 4T . . . . 30 cm³ je Holm
  - Zip 50, Zip 50 4T, Zip 125 . . . . 25 cm³ je Holm

Liberty 50, Liberty 50 4T, Liberty 125, Fly 50, Fly 50 4T, Fly 125
- Gabelöltyp . . . . 20W Gabelöl
- Gabelöl-Füllmenge . . . . 30 cm³ je Holm

X8 125
- Gabelöltyp . . . . 10W Gabelöl
- Gabelöl-Füllmenge . . . . 125 cm³ je Holm

X9 125
- Gabelöltyp . . . . 20W Gabelöl
- Gabelöl-Füllmenge . . . . 90 cm³ je Holm

X9 125 (Euro 3)
- Gabelöltyp . . . . 10W Gabelöl
- Gabelöl-Füllmenge . . . . 133 cm³ (Kayaba-Gabel) bzw. 145 cm³ (Selenia-Gabel) je Holm

B125
- Gabelöltyp . . . . 7.5W Gabelöl
- Gabelöl-Füllmenge . . . . 102 cm³ je Holm

Typhoon, Skipper (1998 bis 2000), Skipper ST und alle NRG
- Fett-Typ . . . . Esso Beacon ET2 oder Tradal Complex 2

Anzugsdrehmomente

Lenkrohrmutter
- Hexagon 125 . . . . 38 Nm
- Liberty 125 . . . . 55 Nm
- X8 125 . . . . 43 bis 47 Nm
- Alle anderen Modelle . . . . 50 bis 550 Nm

Lenkrohrschraube (Zip-Modelle) . . . . 13 bis 16 Nm

Lenkkopflager-Einsteller
- Erstanzug für Modelle mit Kugellagern (siehe Text) . . . . 8 bis 10 Nm
- Erstanzug für Modelle mit Kegelrollenlagern (siehe Text) . . . . 20 bis 25 Nm
- Endanzug für Modelle mit Kegelrollenlagern (siehe Text) . . . . 10 bis 13 Nm

Lenkkopflager-Konterring
- Modelle mit Kegelrollenlagern . . . . 30 bis 33 Nm
- Modelle mit Kugellagern . . . . 40 Nm

Anzugsdrehmomente (Fortsetzung)

Vorderradstoßdämpfer-Haltemuttern	
Sfera, Hexagon, Skipper (1993 bis 1997), Zip SP/RS, ET2, ET4, alle Vespa LX-, S- und GT-Modelle	20 bis 30 Nm
Vorderradstoßdämpfer-Haltebolzen	
Sfera, Hexagon, Skipper (1993 bis 1997), Zip SP/RS, ET2 und ET4	20 bis 25 Nm
alle Vespa LX- S- und GT-Modelle	20 bis 27 Nm
Vorderradstoßdämpfer obere Befestigung	
Super Hexagon 125	30 Nm
Vorderradstoßdämpfer untere Befestigung	
Super Hexagon 125	27 Nm
Upside-Down Telegabel	
Obere und untere Gabelschrauben	8 bis 10 Nm
Konventionelle Telegabel	
Obere Schraube	15 bis 30 Nm
Gabelholm-Klemmschrauben	
X8 125	20 bis 25 Nm
Alle Fly-Modelle	15 bis 20 Nm
Dämpferschraube	
Alle Fly-Modelle	15 bis 20 Nm
Alle anderen Modelle	25 bis 35 Nm
Hinterradstoßdämpfer – obere Aufnahme	
Sfera 125 und ET4	20 bis 27 Nm
B125, X9 125	41 Nm
Alle anderen Modelle	20 bis 25 Nm
Hinterradstoßdämpfer – untere Aufnahme	
Sfera 125 und ET4	20 bis 27 Nm
Alle anderen Modelle	33 bis 41 Nm
Schwingenlagerbolzen	
Sfera 125 und ET4	20 bis 27 Nm
Fly 50, Fly 50 4T, NRG Power DT und DD	64 bis 72 Nm
Alle LX- und S-Modelle	44 bis 52 Nm
X9 125, B125, Fly 125, Liberty 125 (LEADER), X8 125, alle GT-Modelle	64 bis 72 Nm
Alle anderen Modelle	33 bis 41 Nm

1 Allgemeine Informationen

Das Vorderrad wird je nach Modell von einer konventionellen Teleskopgabel, einer Upside-Down-Gabel oder einer gezogenen Einarmschwinge mit Mono-Stoßdämpfer geführt. Die Vorderradfederung ist bei keinem Modell einstellbar. Welches Fahrzeug mit welchem System ausgestattet ist, findet sich in den Modelldaten in Kapitel 1.

Das an der Antriebseinheit sitzende Hinterrad wird mit einem oder zwei ölgedämpften Stoßdämpfer(n) gegen den Rahmen abgestützt. Alle Stoßdämpfer sind in der Federvorspannung einstellbar.

2 Lenker und Hebel
Ausbau und Einbau

Lenker

Ausbau

1 Entfernen Sie die Lenkerabdeckungen (siehe Kapitel 7). Falls nötig, kann der Lenker für den Zugang zu den Lenkkopflagern vom Lenkkopf getrennt werden, ohne dass Bowdenzüge oder Bremsleitungen getrennt werden müssen – in diesem Falle müssen nicht zutreffende Schritte ignoriert werden.

2 Trennen Sie die Kabel von beiden Bremslichtschaltern (siehe Abbildung).

3 Trennen Sie den Gasbowdenzug vom Gasgriff, und ziehen Sie diesen vom Lenker (siehe Kapitel 4).

4 Ist das Fahrzeug mit einer oder zwei hydraulischen Scheibenbremsen ausgerüstet, sind die Klemmschrauben des/der Hauptbremszylinder(s) zu lösen und der/die Zylinder abseits des Lenkers zu lagern, ohne dass die Bremsleitung(en) unter Last gesetzt werden (siehe Abbildung). Stützen Sie den/die Zylinder aufrecht, um keine Bremsflüssigkeit austreten zu lassen.

5 Bei Modellen mit per Bowdenzug betätigter Vorderradbremse wird der Zug vom Hebel getrennt (siehe Kapitel 8), dann wird die Schraube entfernt, die den Bremshebelhalter sichert, und der Halter vom Lenker gezogen (siehe Abbildung).

6 Bei Modellen mit per Bowdenzug betätigter Hinterradbremse wird das linke Griffgummi abgezogen (oder nötigenfalls abgeschnitten), dann wird der Zug vom Hebel getrennt (siehe Kapitel 8) sowie die Schraube entfernt, die

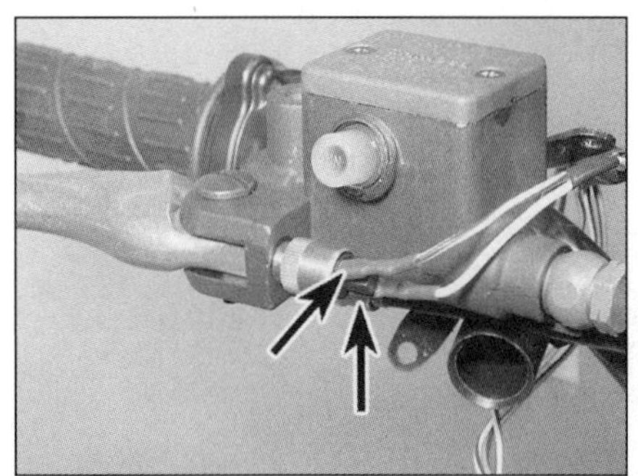

2.2 Trennen Sie die Kabelstecker von beiden Bremslichtschaltern.

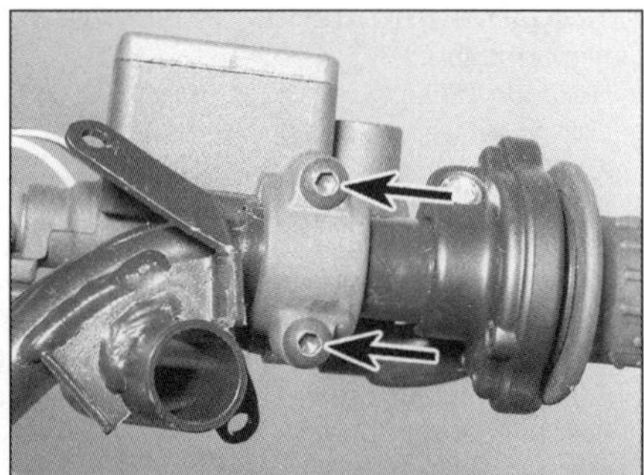

2.4 Klemmschrauben der Handbremszylinder

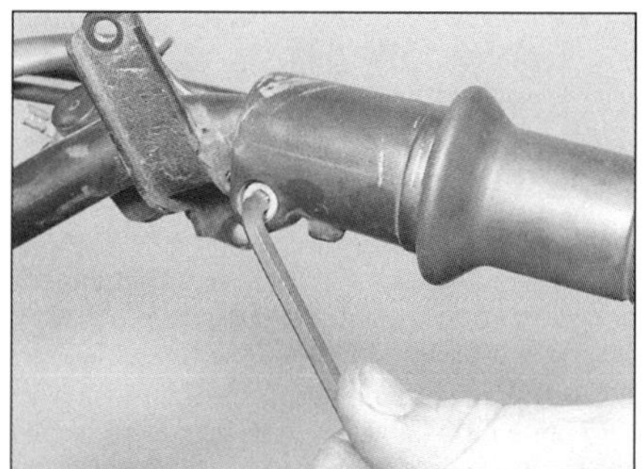
2.5 Lösen Sie die Schraube des Bremshebelhalters.

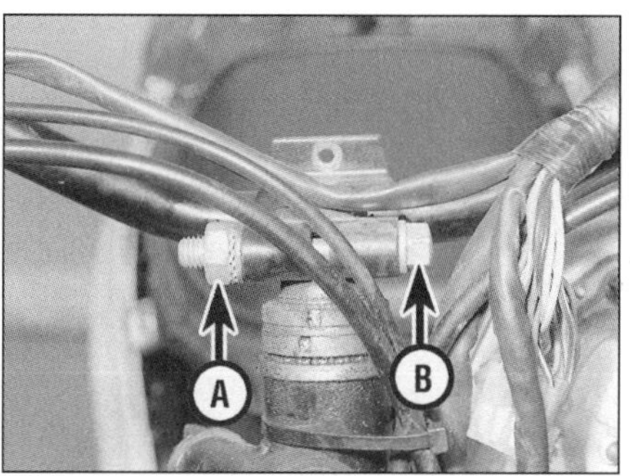

2.7a Lösen Sie die Mutter (A), und ziehen Sie die Klemmschraube (B) heraus.

2.7b Bei Zip-Modellen muss die lange Lenkrohrschraube samt Scheibe entfernt werden.

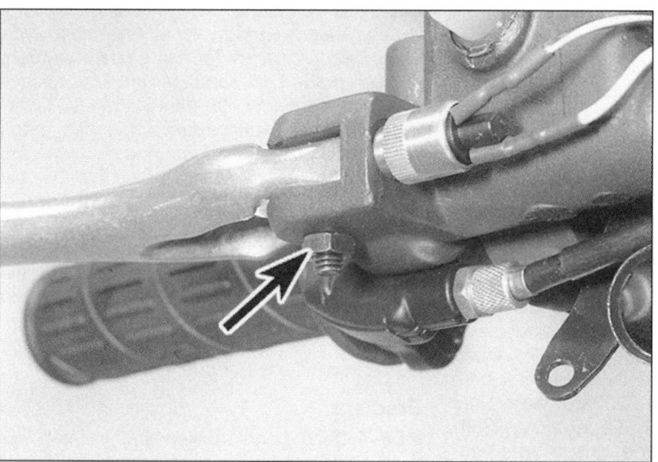
2.9a Lösen Sie die Kontermutter, . . .

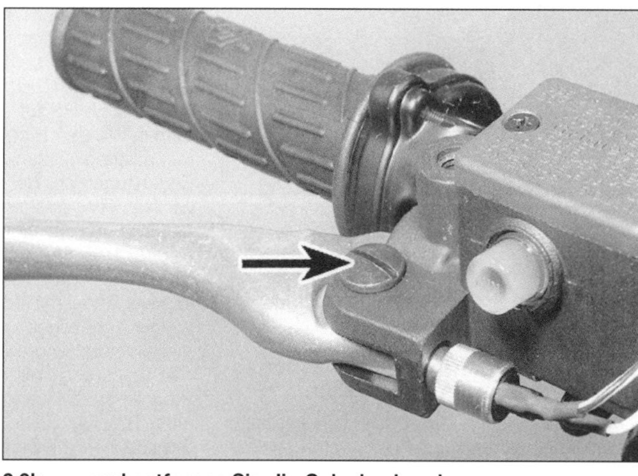
2.9b . . . und entfernen Sie die Gelenkschraube.

den Bremshebelhalter sichert, und der Halter vom Lenker gezogen.

7 Bei Modellen, deren Lenker mit einer Klemmschraube gesichert ist, wird deren Mutter gelöst, um die Schraube herausziehen und den Lenker abheben zu können (siehe Abbildung). Bei Zip-Modellen wird die Schraube einige Umdrehungen gelockert, die durch das Lenkrohr geführt ist, dann wird sie mit einem weichen Hammer heruntergeschlagen, um den Konus innerhalb des Lenkrohrs zu lösen (siehe Abbildung). Heben Sie dann den Lenker ab. Sollen die Armaturen am Lenker verbleiben, muss er so positioniert werden, dass keine Kabel, Züge oder Leitungen unter Last stehen. Soll der Lenker komplett entfernt werden, muss notiert werden, wie Kabel daran befestigt werden.

Einbau

8 Der Einbau entspricht der umgekehrten Ausbaureihenfolge – beachten Sie dabei Folgendes:

a) *Die Mutter der Klemmschraube oder die Lenkrohr-Schraube müssen mit dem in den technischen Daten angegebenen Drehmoment angezogen werden.*

b) *Schließen Sie die Stecker der Bremslichtschalter an.*

c) *Sichern Sie den linken Lenkergriff nötigenfalls mit einem geeigneten Klebstoff am Lenker.*

Bremshebel

Ausbau

9 Lösen Sie die Mutter an der Unterseite des Gelenkbolzens, ziehen Sie diesen heraus, und entfernen Sie den Hebel (siehe Abbildungen). Befreien Sie ggf. den Bremsbowdenzug-Nippel aus dem Hebel.

Einbau

10 Der Einbau entspricht der umgekehrten Ausbaureihenfolge. Fetten Sie den Gelenkbolzen, die Kontaktbereiche zwischen Hebel und Hebelhalter und ggf. den Bowdenzugnippel.

3 Vorderradgabel
Ausbau und Einbau

Ausbau

1 Entfernen Sie das Vorderrad (siehe Kapitel 8) und den Lenker (siehe Sektion 2). Trennen Sie bei Trommelbrems-Modellen deren Bowdenzug (siehe Kapitel 8). Sichern Sie bei Scheibenbrems-Modellen den Bremssattel so, dass die Bremsleitung nicht unter Last steht (siehe Kapitel 8) – die Bremsleitung muss nicht gelöst werden. Lösen Sie bei allen Modellen die Tachowelle oder das Tachometer-Kabel von der Vorderradnabe (siehe Kapitel 9). Es ist ratsam, die Frontverkleidung zu entfernen, um Schäden daran zu verhindern (siehe Kapitel 7).

2 Falls vorhanden, kann die untere Lenkerabdeckung entfernt werden (siehe Abbildung).

3 Lösen und entfernen Sie den Konterring des Lenkkopflager-Einstellers – entweder mit einem passenden Hakenschlüssel oder mit Hammer und Dorn (siehe Abbildung). Entfernen Sie die Scheibe unter Beachtung ihrer Einbaulage. Stützen Sie die Gabel, während Sie den Einstellring lösen – wieder entweder mit einem passenden Hakenschlüssel oder mit Hammer und Dorn. Entfernen Sie den Ring und eventuell vorhandene Distanzscheiben (siehe Abbildung nächste Seite).

4 Senken Sie vorsichtig die Gabel aus dem Lenkkopf (siehe Abbildung). Bei Modellen mit

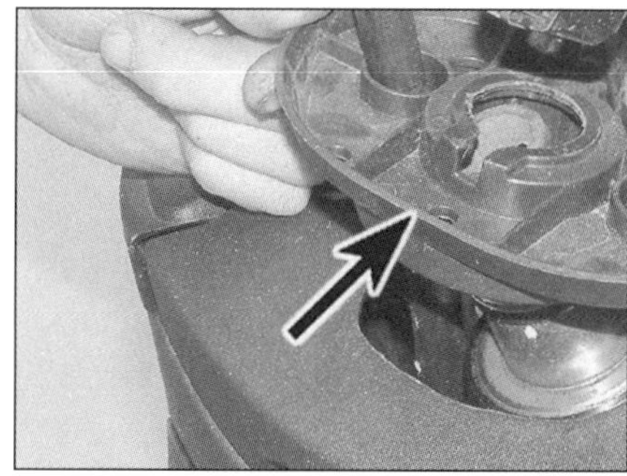
3.2 Heben Sie die untere Lenkerverkleidung ab.

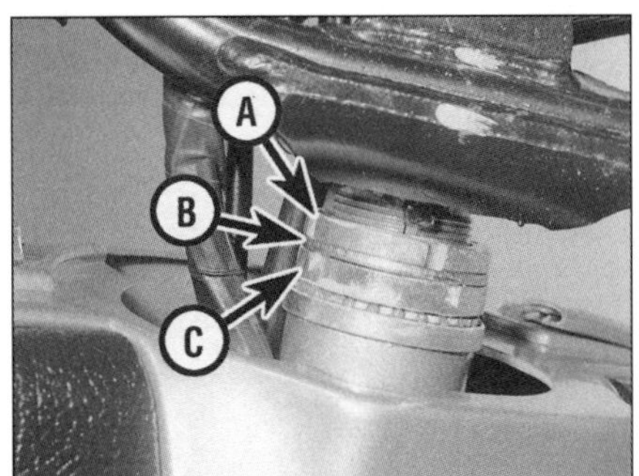

3.3a Kontermutter (A), Scheibe (B), Lager-Einstellring (C)

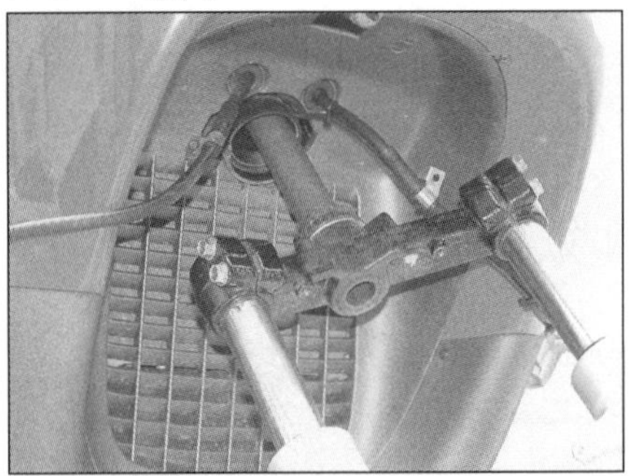

3.4 Ziehen Sie die Gabel aus dem Rahmen.

Vorderradschwinge kann der Kotflügel nötigenfalls vom Lenkrohr geschraubt werden.

5 Falls nötig, kann das obere Lenkkopflager (oder die einzelnen Kugeln) aus dem Lenkkopf genommen werden – das untere Lager wird samt Innenring am Lenkrohr verbleiben. **Anmerkung:** *Bei einigen neueren Modellen handelt es sich beim oberen Lager um ein in den Lenkkopf eingepresstes Käfig-Kugellager, während unten ein Kegelrollenlager sitzt – siehe Sektion 4).* Befreien Sie die Lager von allen Fettresten, und prüfen Sie sie auf Verschleiß und Schäden – siehe Sektion 4. **Anmerkung**: *Der im Lenkkopf sitzende Außenring und der am Lenkrohr sitzende Innenring dürfen nur entfernt werden, wenn sie ersetzt werden sollen.*

Einbau

6 Geben Sie eine ausreichende Menge Mehrzweckfett auf die Lagerschalen und in die Lager, und arbeiten Sie es gut in beide Lager ein. Falls entfernt, muss das untere Lager über den Innenring installiert werden.

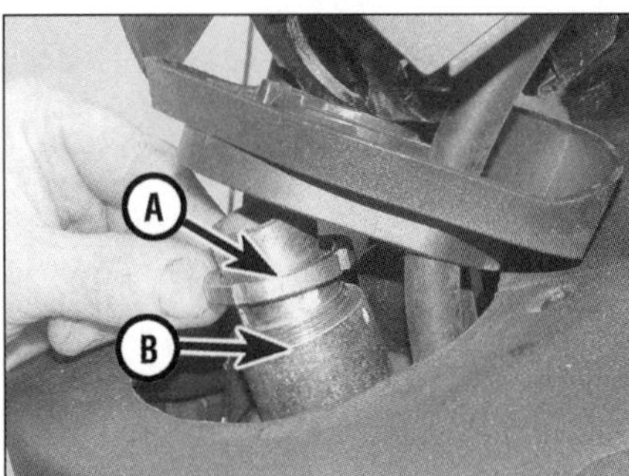

3.3b Entfernen Sie den Einstellring (A) und die Distanzscheibe (B)

7 Heben Sie vorsichtig die Gabel mit dem Lenkrohr in den Lenkkopf. Falls entfernt, installieren Sie das obere Lenkkopflager. Falls vorhanden, wird die Distanzscheibe installiert und der Einstellring auf das Lenkrohr geschraubt. Ziehen Sie den Ring zunächst mit dem in den technischen Daten angegebenen Wert des Erstanzuges an. Bei Modellen mit Kugellagern wird der Ring jetzt etwa eine Viertelumdrehung gelöst und die Einstellung überprüft (siehe Kapitel 1) (siehe Abbildung). Bei Modellen mit Kegelrollenlagern wird der Ring vollständig gelockert, dann mit dem Wert des Endanzuges wieder angezogen und schließlich wieder eine Viertelumdrehung (90°) gelockert. Beim Anziehen muss der Drehmomentschlüssel mit dem Piaggio-Spezialwerkzeug 020055Y oder einer alten Steckschlüsselnuss, die zu einem Stift-Schlüssel modifiziert wurde, ausgerüstet werden. Wenn kein Drehmomentschlüssel angesetzt werden kann, müssen die Lenkkopflager nach der Montage wie in Kapitel 1 beschrieben eingestellt werden.

Achtung: Ziehen Sie die Lager nicht zu fest an, da sie durch zu hohen Druck beschädigt werden.

8 Wenn die Lager korrekt eingestellt sind, werden die Scheibe (deren Lasche in die Nut des Lenkrohrs greift) (siehe Abbildung) und der Konterring installiert. Der Konterring muss wie der Einstellring mit dem korrekten Drehmoment angezogen werden.

9 Bauen Sie die verbliebenen Teile entgegen der Ausbaureihenfolge an. Kontrollieren Sie dann das Lenkkopflagerspiel, wie in Kapitel 1 beschrieben, und stellen Sie es gegebenenfalls ein.

4 Lenkkopflager
Kontrolle und Ersetzen

Kontrolle

1 Entfernen Sie die Gabel (siehe Sektion 3).

2 Entfernen Sie alte Fettreste aus den Lagern und Lagerringen, und kontrollieren Sie alles auf Verschleiß und Beschädigung.

3 Der äußere Lagerring im Lenkkopf muss glatt und ohne Einbeulungen sein. Kontrollieren Sie die Kugeln oder Kegelrollen auf Anzeichen von Verschleiß, Beschädigung und Verfärbung, und begutachten Sie die Lagerkäfige auf Risse und Brüche (siehe Abbildung). Drehen Sie das Lager von Hand – es muss sanft und frei laufen. Wenn irgendwelche Anzeichen von Verschleiß an einem Teil festgestellt werden, müssen beide Lenkkopflager als Satz ausgewechselt werden. Entfernen Sie die im Lenkkopf sitzenden Außenringe sowie den unten am Lenkrohr sitzenden Innenring nur, wenn sie erneuert werden müssen. Setzen Sie niemals demontierte Lagerschalen erneut ein. **Anmerkung**: *Wenn das obere Lager ein Käfig-Kugellager ist, muss es von Hand gedreht werden, um es auf rauen Lauf und eingedrückte Kugeln zu untersuchen. Das Lager ist abgedichtet und kann nicht gereinigt oder neu gefettet werden. Bauen Sie das Lager nur aus, wenn es ersetzt werden soll (siehe Schritte 4, 5 und 6).*

Ersetzen

4 Die äußeren Lagerschalen sind in den Lenkkopf eingepresst und können mit einem geeigneten Treibdorn herausgeschlagen werden (siehe Abbildung). Klopfen Sie kräftig und kreisförmig die Lager heraus, ohne sie dabei zu verkanten – es kann vorteilhaft sein, das Ende des Dornes zu krümmen, um Schäden zu vermeiden.

5 Alternativ können die Schalen mit einem Zughammer ausgebaut werden.

6 Die neuen äußeren Lagerschalen können mit einer Einziehvorrichtung in den Lenkkopf gepresst (siehe Abbildung) oder mit einem entsprechend großen Treibdorn eingeschlagen werden. Achten Sie darauf, dass die Scheibe des Einziehers oder der Rand des Treibers nur den äußeren Rand des Lagers und niemals die Lagerlauffläche berührt. Eine Piaggio-Werkstatt hat für diese Arbeit ein spezielles Einpresswerkzeug.

3.7 Kontrollieren Sie die Lager auf Spiel.

3.8 Die Lasche muss in der Nut des Lenkrohres liegen.

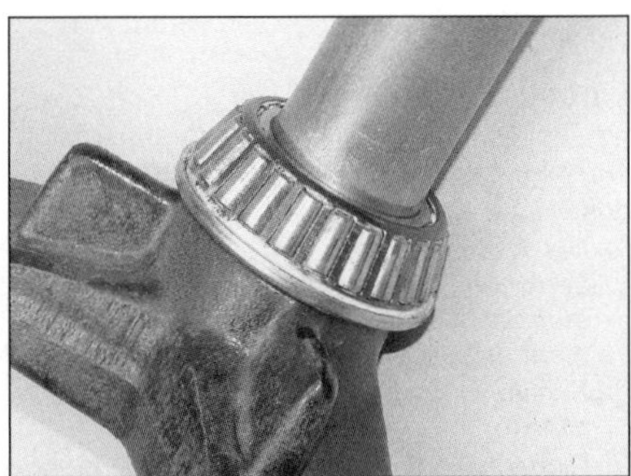

4.3 Begutachten Sie die Lager samt Käfigen – Kegelrollenlager.

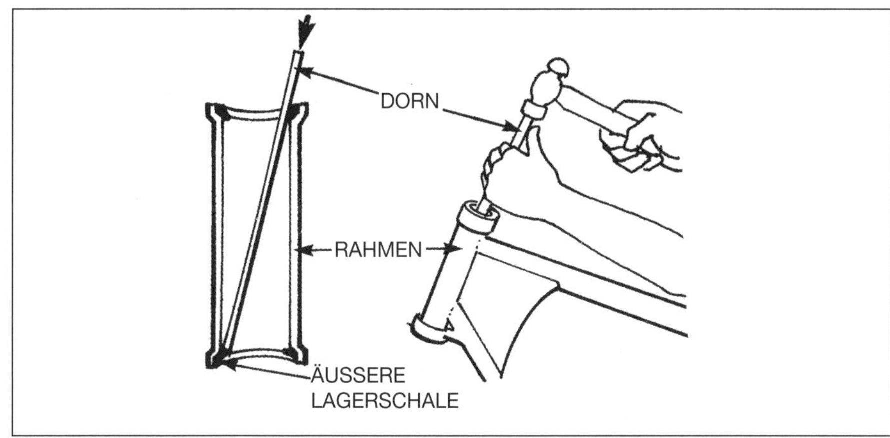

4.4 **Treiben Sie die äußeren Lagerschalen aus dem Lenkkopf.**

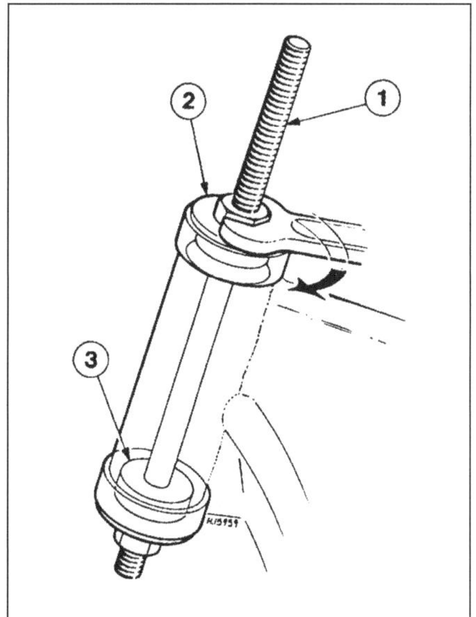

4.6 Einziehvorrichtung für den Einbau der äußeren Lagerschalen in den Lenkkopf

1 Lange Schraube oder Gewindestange
2 Dicke Scheibe
3 Führung für untere Lagerschale

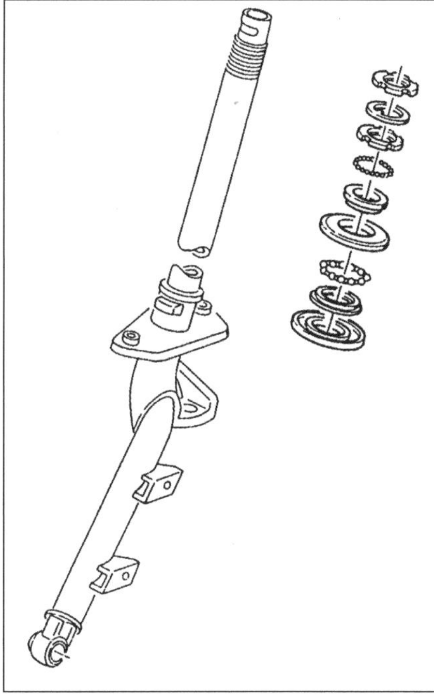

4.8 Bauteile des Lenkkopflagers

Der Einbau neuer Lager kann vereinfacht werden, wenn man sie über Nacht in die Kühltruhe legt. Sie schrumpfen dadurch und lassen sich leichter einbauen. Alternativ kann Kältespray verwendet werden.

7 Der untere Lagerinnenring darf nur demontiert werden, wenn er ausgetauscht werden soll. Um ihn vom Lenkrohr zu entfernen, kann er mit zwei gegenüberliegenden Schraubendrehern abgehebelt werden. Zum Schutz und zur Verbesserung der Hebelwirkung sollten Holzblöcke unterlegt werden. Auch Schläge mit einem Meißel können Wirkung zeigen. Wenn das Lenkrohr dazu auf eine harte Oberfläche gelegt wird, sollte zum Schutz der Gewinde die Mutter aufgedreht werden. Wenn der Ring festsitzt, ist es nötig, einen Abzieher anzusetzen oder, unter extremen Umständen, den Lagerring zu sprengen. Bringen Sie das Lenkrohr nötigenfalls in eine Piaggio-Werkstatt.

8 Setzen Sie ein neues Lager oder einen neuen unteren Innenring über das Lenkrohr, und klopfen Sie es/ihn mit einem geeigneten Rohr in seine Position (siehe Abbildung). Dieses Rohr darf nur auf den inneren Ring und nicht auf die Rollen oder Kugeln drücken.

9 Bauen Sie die Gabel ein (siehe Sektion 3).

5 Vorderradgabel
Zerlegung, Kontrolle und Montage

Einarm-Zugschwinge mit Monostoßdämpfer

Zerlegung

1 Bauen Sie das Vorderrad aus (Sektion 8). Entfernen Sie gegebenenfalls die Abdeckungen der Federung und der Schwinge (siehe Abbildungen).

2 Entfernen Sie die zwei Schrauben, die den Stoßdämpfer unten am Halter sichern – be-

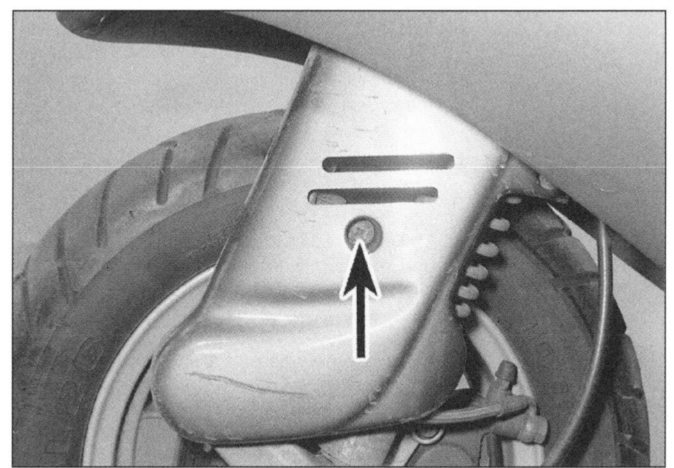

5.1a Schraube der Gabelverkleidung – Hexagon

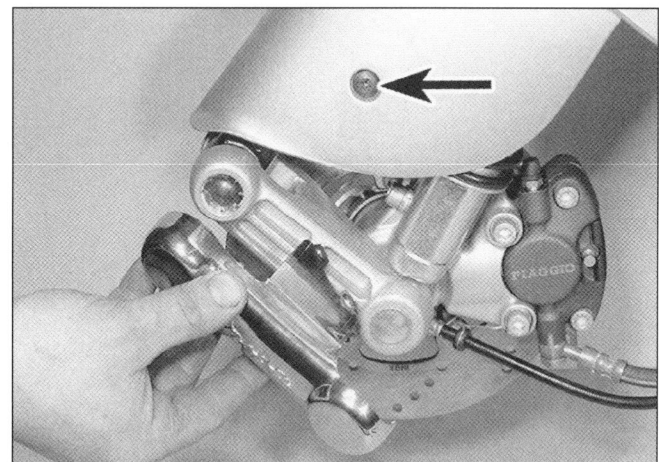

5.1b Schraube der Gabelverkleidung und Abdeckung – ET2 und ET4

6

5.2a Entfernen Sie die zwei Schrauben . . .

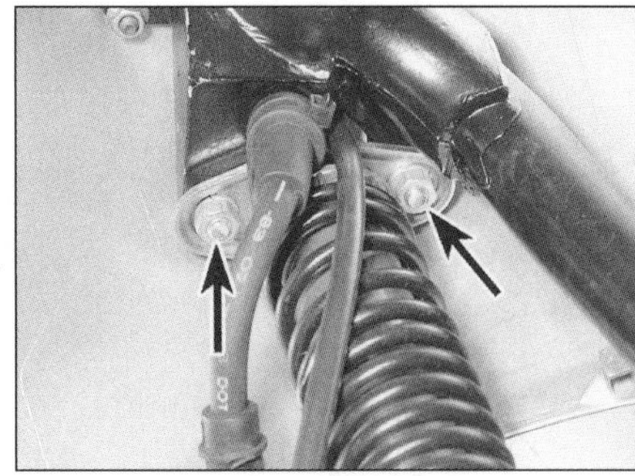

5.2b . . . und die zwei Muttern, . . .

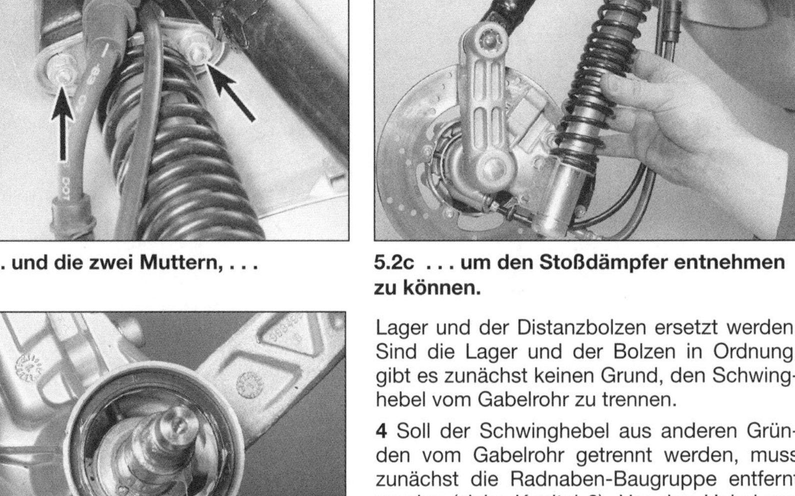

5.2c . . . um den Stoßdämpfer entnehmen zu können.

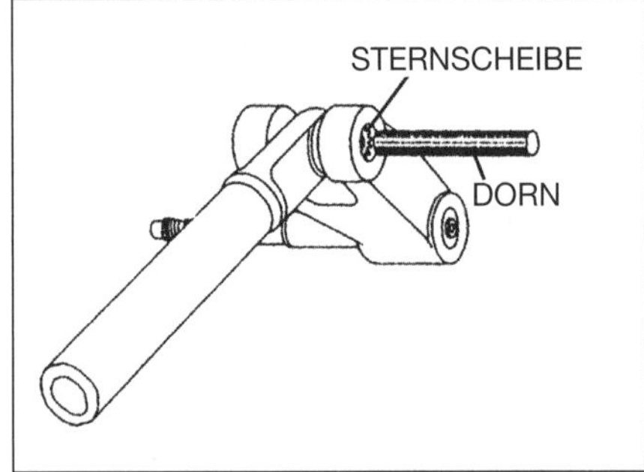

5.4 Ausbau der Sternscheibe mithilfe eines Dorns mit 20 mm Durchmesser

5.6 Entfernen Sie den Seegerring, und ziehen Sie den Halter vom Schwinghebel.

achten Sie die Scheiben –, und lösen Sie die zwei Muttern, die ihn oben am Gabelrohr sichern (siehe Abbildungen).

3 Bevor der Schwinghebel vom Gabelrohr getrennt wird, müssen die Lager geprüft werden, indem der Hebel seitlich zum Lenkrohr bewegt wird – ist Spiel fühlbar, müssen die Lager und der Distanzbolzen ersetzt werden. Bewegt man den Hebel auf und ab, muss er sich sanft und frei bewegen – ansonsten müssen die Lager und der Distanzbolzen ersetzt werden. Sind die Lager und der Bolzen in Ordnung, gibt es zunächst keinen Grund, den Schwinghebel vom Gabelrohr zu trennen.

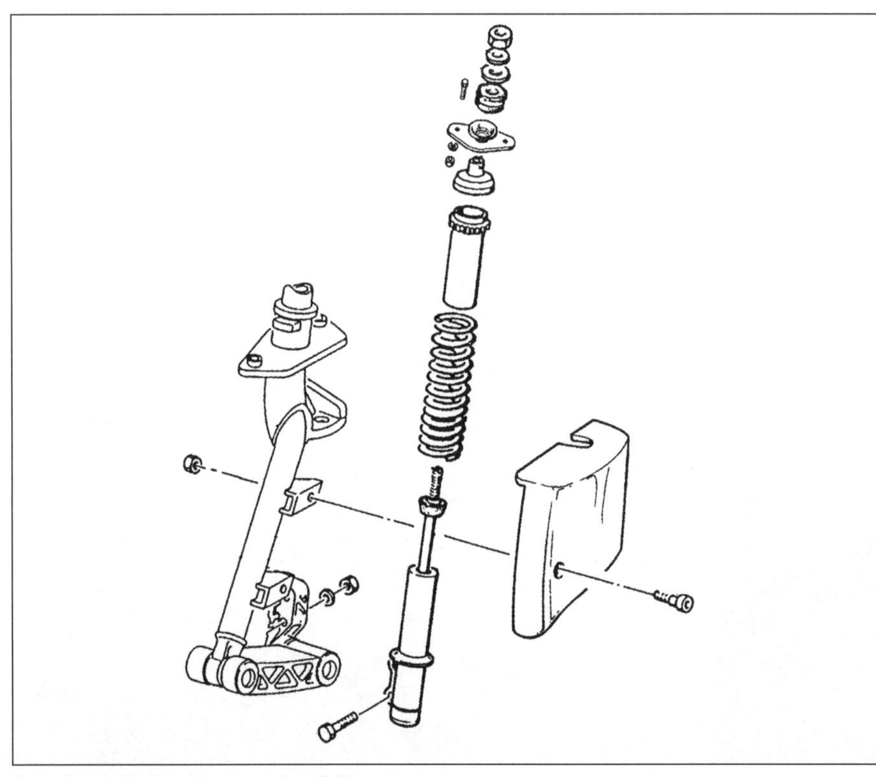

5.11 Bauteile des Vorderradstoßdämpfers

4 Soll der Schwinghebel aus anderen Gründen vom Gabelrohr getrennt werden, muss zunächst die Radnaben-Baugruppe entfernt werden (siehe Kapitel 8). Um den Hebel von der Gabel zu trennen, müssen an beiden Enden die sternförmigen Federscheiben entfernt werden, indem man sie entweder in der Mitte mit einem geeigneten Werkzeug austreibt, das den erhabenen inneren Bereich abdeckt (siehe Abbildung), oder die äußeren Laschen mit einem passenden Schraubendreher hochhebelt. Beide Scheiben müssen später durch Neuteile ersetzt werden.

5 Treiben oder pressen Sie den in der Mitte des Hebels sitzenden Distanzbolzen heraus, und trennen Sie den Arm vom Gabelrohr. Entfernen Sie alle O-Ringe und Staubdichtungen.

6 Kontrollieren Sie die zwei zwischen dem Hebel und dem Halter des Bremssattels und/ oder Stoßdämpfers sitzenden Nadellager wie in Schritt 3 beschrieben auf Spiel. Entfernen Sie nötigenfalls den Seegerring, und ziehen Sie den Halter vom Schwingenhebel – treiben Sie ggf. die Radachse mit einem weichen Hammer durch (siehe Abbildung).

Kontrolle

7 Reinigen und entfetten Sie alle Bauteile sorgfältig, und inspizieren Sie alles auf Riefen, Risse oder Verformung.

8 Begutachten Sie den Stoßdämpfer auf Schäden und die Feder auf lockeren Sitz, Risse und Ermüdung.

9 Inspizieren Sie die Dämpferstange auf Verzug, Ausbrüche und ausgetretenes Öl.

10 Kontrollieren Sie die obere und untere Stoßdämpferaufnahme auf Schäden und Verschleiß.

11 Der Stoßdämpfer kann nötigenfalls zerlegt und repariert werden (siehe Abbildung). Drücken Sie die Feder mithilfe einer Federpresse gerade so weit zusammen, dass der oben liegende Federsitz nicht mehr unter Druck steht. Lösen Sie die obere Mutter, und entfernen Sie die Scheibe, den Puffer, die Halteplatte, den Federsitz und die Hülse. Entspannen Sie dann vorsichtig die Federpresse, und entnehmen Sie die Feder unter Beachtung ihrer Einbaurichtung. Bei einigen früheren Modellen finden

5.23 Ziehen Sie die Stoßdämpferbefestigungen vorschriftsmäßig an.

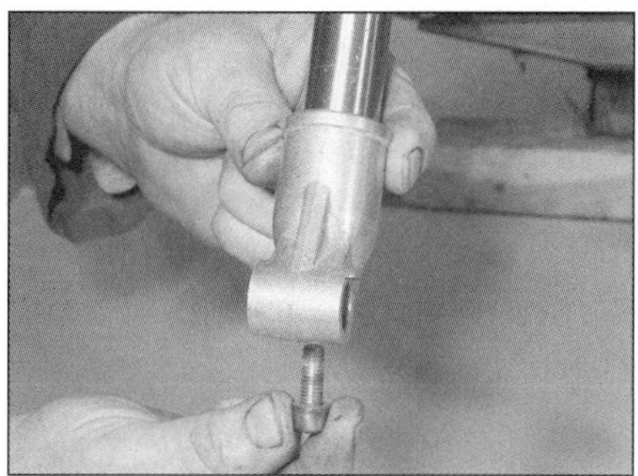

5.26a Entfernen Sie die Schraube, und ziehen Sie die Achsen/Bremssattelaufnahme ab.

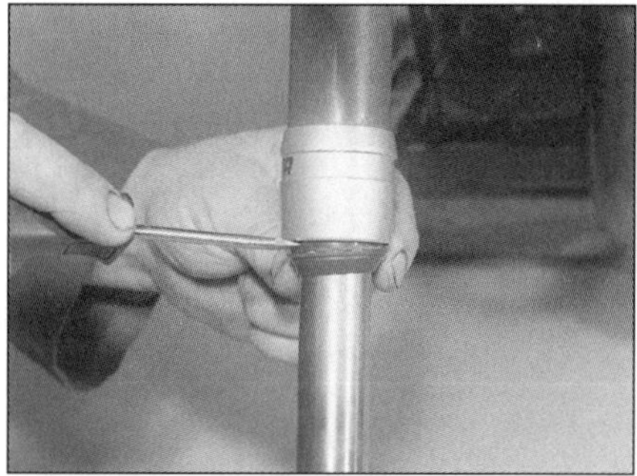

5.26b Hebeln Sie den Dichtring ab, und ziehen Sie ihn vom Gleitrohr.

sich auch unten ein Puffer und eine Hülse, die entfernt werden können. Notieren Sie sorgfältig die Positionen und Einbaurichtungen aller Teile. Ersetzen Sie schadhafte Teile und installieren Sie alles in der umgekehrten Ausbaureihenfolge.

12 Begutachten Sie die Nadellager des Schwinghebels und des Bremssattel/Stoßdämpfer-Halters.

13 Verschlissene Lager können aus ihren Bohrungen getrieben werden – einmal ausgebaute Lager dürfen nicht wiederverwendet werden. Messen oder markieren Sie zuvor ihre Einpresstiefe, um die neuen Lager korrekt installieren zu können. Der Einbau sollte durch Pressen oder Ziehen geschehen – nicht durch Eintreiben. Mangels einer Presse kann eine Einziehvorrichtung gebaut werden:

14 Beschaffen Sie sich eine lange Schraube oder Gewindestange, die etwa 2 cm länger ist als die Gesamtbreite des Schwinghebels samt angesetztem Lager. Zudem werden passende Muttern und zwei große stabile Scheiben benötigt, deren Außendurchmesser größer als der Lagersitz ist. Im Falle der Gewindestange muss diese an einem Ende mit einer Mutter versehen werden, die entweder mit einem Körnerschlag oder einer Kontermutter gesichert wird.

15 Schieben Sie die Stange oder Schraube durch eine der Scheiben und den Hebel sowie das am anderen Ende angesetzte Lager, das zur Erleichterung des Einbaus gefettet sein sollte. Jetzt wird die zweite Scheibe aufgelegt und eine weitere Mutter aufgedreht.

16 Halten Sie das Lager so, dass es senkrecht in seine Bohrung gleiten kann, und ziehen Sie langsam die Mutter an, um es in den Schwinghebel zu ziehen.

17 Sitzt das Lager in seiner Position, wird die Einziehvorrichtung entfernt und die Prozedur mit dem anderen Lager wiederholt.

18 Schmieren Sie die Nadellager mit Molybdänfett.

19 Rüsten Sie die Lager mit neuen Staubdichtungen und O-Ringen aus.

Zusammenbau

20 Schieben Sie den Bremssattel/Stoßdämpfer-Halter auf den Schwinghebel, und sichern Sie ihn mit dem Seegerring, der vollständig in seiner Nut liegen muss (siehe Abbildung 5.6).

21 Schmieren Sie den Distanzbolzen mit Molybdänfett. Richten Sie den Schwinghebel zum Gabelrohr aus, und treiben oder pressen Sie den Bolzen durch beide Teile.

22 Treiben Sie die neuen sternförmigen Federscheiben mit einem Werkzeug, das nur den Bereich zwischen dem inneren Bund und den Laschen berührt, in Position.

23 Installieren Sie den Stoßdämpfer, und ziehen Sie seine Muttern und Schrauben mit den in den technischen Daten angegebenen Drehmomenten an (siehe Abbildung).

24 Montieren Sie die Naben-Baugruppe und das Vorderrad (siehe Kapitel 8) sowie sämtliche Abdeckungen (siehe Abbildungen 5.1a und b).

Upside-Down-Telegabel

Dichtringe erneuern

25 Bauen Sie das Vorderrad aus, und entnehmen Sie ggf. den Bremssattel (Kapitel 8).

26 Entfernen Sie die Inbusschraube unten aus der Gabel, und ziehen Sie die Achs- und Bremssattelaufnahme nach unten ab (siehe Abbildung) – nötigenfalls muss das Teil mit einem Heißluftgebläse erwärmt werden. Hebeln Sie den Dichtring unten aus dem Tauchrohr, und ziehen Sie ihn vom Gleitrohr (siehe Abbildung).

27 Reinigen Sie den unteren Bereich des Gleitrohrs und dessen Sitz in der Aufnahme, und beseitigen Sie alle Korrosionsreste (siehe Abbildung).

28 Versehen Sie den neuen Dichtring innen und außen mit Fett, schieben Sie ihn über das Gleitrohr, und drücken Sie ihn unten in das Tauchrohr (siehe Abbildung).

29 Versehen Sie das Gewinde unten im Gleitrohr mit Loctite 242E oder ähnlicher Schraubensicherung, setzen Sie die Achs- und Bremssattelaufnahme an, und ziehen Sie die Schraube sorgfältig an – sichern Sie die Aufnahme nötigenfalls mit der eingeschobenen Achse vor dem Mitdrehen (siehe Abbildung).

30 Montieren Sie ggf. den Bremssattel und das Vorderrad (siehe Kapitel 8). Prüfen Sie die Funktion der Gabel.

Zerlegen

Anmerkung: *Die inneren Komponenten dieser Gabeln sind mit zahlreichen Spreng- und Seegerringen gesichert, die das Zerlegen schwierig machen. Zudem sind bei manchen Modellen nicht dokumentierte Änderungen vorgenommen worden, sodass sie sich von den beschriebenen Ausführungen unterscheiden. Zum vollständigen Zerlegen ist technisches Verständnis und Erfahrung nötig – im Zweifel sollte die Arbeit einer Piaggio-Werkstatt überlassen werden.*

5.27 Die Gleitrohre neigen zu Korrosion, sodass der Dichtring beschädigt wird.

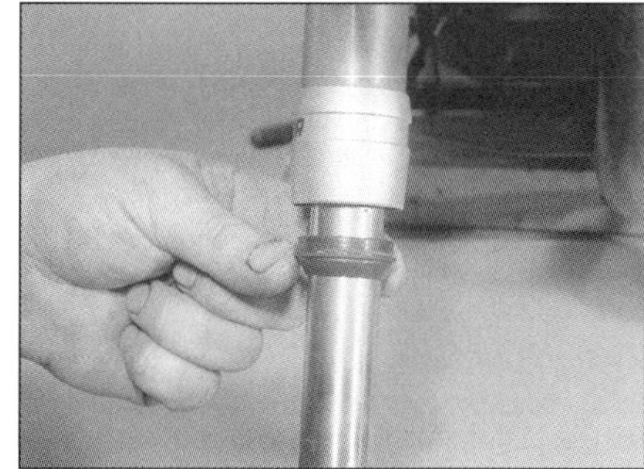

5.28 Drücken Sie den neuen Dichtring nach oben ins Tauchrohr.

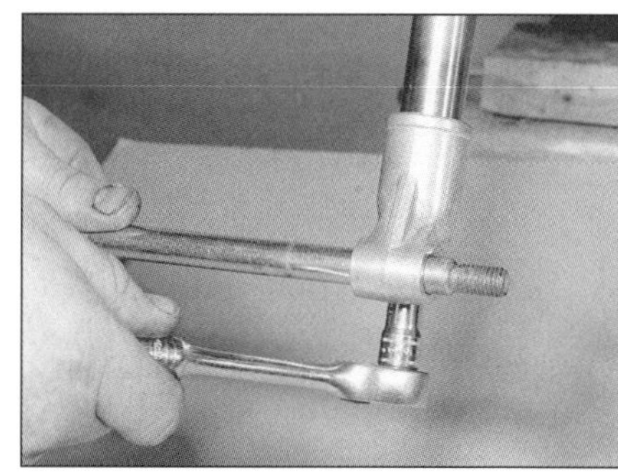

5.29 Blockieren Sie den Halter mit der Achse, um die Schraube anzuziehen.

5.32a Entfernen Sie den Seegerring.

Anmerkung: *Zerlegen Sie die Gabelrohre immer einzeln, um Verwechslungen zu vermeiden, die nach der Montage zu einem erhöhten Verschleiß führen würden. Lagern Sie alle Komponenten in getrennten und markierten Behältern.*

31 Bauen Sie das Vorderrad aus, und entnehmen Sie ggf. den Bremssattel (siehe Kapitel 8). Folgen Sie für die Demontage der Achs- und Bremssattelaufnahme und des Dichtrings den Anweisungen in Schritt 26.

32 Entfernen Sie mit einer Innen-Seegerringzange den Seegerring unten aus dem Tauchrohr (siehe Abbildung). Das Gleitrohr ist mit einem Ring gesichert, der in einer Keilnut im Tauchrohr sitzt – befreien Sie ihn, indem Sie das Gleitrohr heftig herunterziehen; drehen Sie nötigenfalls eine geeignete Schraube in das Gewinde unten im Gleitrohr, und halten Sie diese mit einem Schraubstock – jetzt kann mit einem schweren Hammer unter das Lenkrohr geschlagen werden, um den Sicherungsring zu lösen (siehe Abbildung). **Anmerkung**: *Bei allen NRG-, Skipper- (1998 bis 2000) und Skipper ST-Modellen sitzt im linken Gabelrohr eine Dämpferpatrone, die mit einer Mutter oben im Tauchrohr gesichert ist. Lösen Sie vor dem Zerlegen der Gabel diese Mutter, um die Dämpferstange zu befreien.* Wenn durch den Gabel-Dichtring Wasser eingedrungen ist, wird sich der korrodierte Sicherungsring nur sehr schwer aus der Keilnut befreien lassen.

33 Ziehen Sie das Gleitrohr zusammen mit der unteren Buchse, dem Sicherungsring, der Anschlagfeder, der oberen Buchse, dem Federsitz und der Gabelfeder aus dem Tauchrohr – merken Sie sich die Reihenfolge (siehe Abbildung). Entfernen Sie den unteren Sicherungsring der oberen Buchse, die Buchse selbst und den oberen Sicherungsring vom

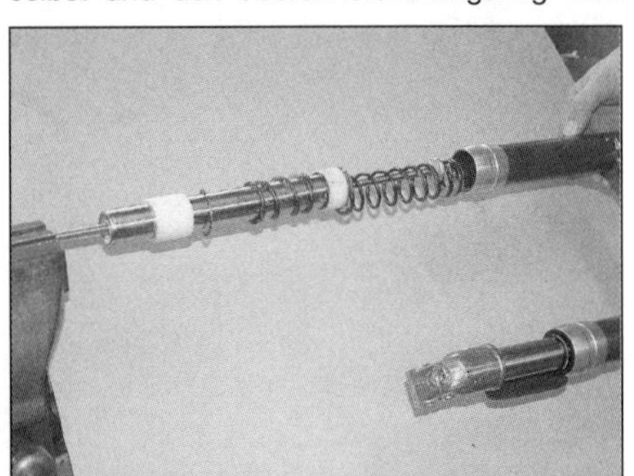

5.33 Ziehen Sie die Gabelrohre auseinander.

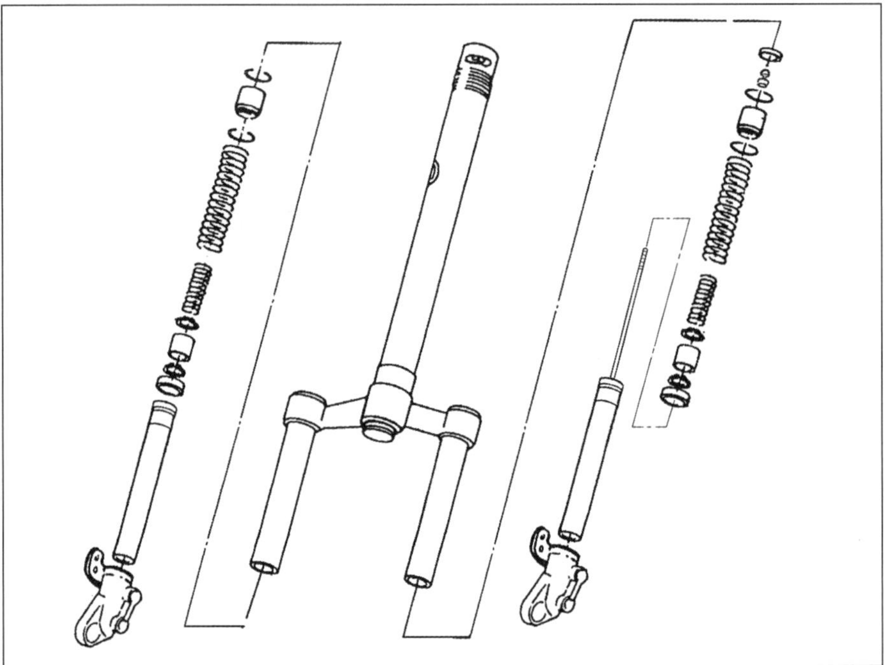

5.32b Bauteile der Upside-Down-Gabel

Gleitrohr – erneuern Sie später korrodierte Sicherungsringe.

Kontrolle

34 Reinigen Sie alle Teile mit Lösungsmittel, und blasen Sie sie möglichst mit Druckluft aus. Kontrollieren Sie die Gleitrohre auf Riefen, Kratzer, abgeplatzten Chrom und übermäßigen Verschleiß. Finden sich in einem der Tauchrohre Beulen, muss das gesamte Gabel-Oberteil ersetzt werden. Prüfen Sie die Funktion des Dämpfers (falls vorhanden); wenn sich die Dämpferstange frei bewegen lässt oder in der Patrone klemmt, muss ein neuer Dämpfer beschafft werden. **Anmerkung:** *Der Dämpfer ist in das Gleitrohr integriert und kann nicht demontiert werden.*

35 Kontrollieren Sie das Gleitrohr mithilfe von Prismenböcken und einer Messuhr auf Biegung. Wenn das Rohr verzogen ist, muss es ersetzt werden.

Warnung: Wenn das Gleitrohr verbogen ist, darf es nicht wieder gerichtet, sondern muss ersetzt werden.

36 Kontrollieren Sie die Federn (die Hauptfeder und die Anschlagfeder) auf Brüche und andere Beschädigungen. Wenn eine Gabelfeder defekt oder ermüdet ist, müssen immer beide ersetzt werden – niemals eine einzeln!

37 Begutachten Sie die Gleitflächen der Buchsen – wenn sie verschlissen oder angefressen sind, müssen sie ersetzt werden.

Zusammenbau

38 Installieren Sie die Bauteile in der entgegengesetzten Ausbaureihenfolge – versehen Sie sie zuvor mit etwas Fett. Stecken Sie das Gleitrohr in das Tauchrohr, und sichern Sie ggf. die Dämpferstange mit der Mutter. Verwenden Sie zum senkrechten Einbau des Sicherungsrings, der unteren Buchse und des unteren Sicherungsrings ein geeignetes Rohr, und stellen Sie sicher, dass die Sicherungsringe in ihren Nuten einrasten.

39 Installieren Sie die Achs- und Bremssattelaufnahme (siehe Schritt 29). Montieren Sie ggf. den Bremssattel und das Vorderrad (siehe Kapitel 8). Prüfen Sie die Funktion der Gabel.

Konventionelle Telegabel mit eingepressten Standrohren

Anmerkung: *Die in diesem Buch behandelten Fahrzeuge sind mit zwei unterschiedlichen Telegabeln ausgerüstet: Beim ersten Typ sind die Standrohre fest mit der Gabelbrücke verbunden (Schritte 40 bis 51), beim zweiten sind sie wie bei Motorrädern in die Gabelbrücke geklemmt und können einzeln demontiert werden (siehe Schritte 52 bis 76).*

Anmerkung: *Zerlegen Sie die Gabelrohre immer einzeln, um Verwechslungen zu vermeiden, die nach der Montage zu einem erhöhten Verschleiß führen würden. Lagern Sie alle Komponenten in getrennten und markierten Behältern. Erkundigen Sie sich vor dem Zerlegen beim Piaggio-Händler nach der Verfügbarkeit von Ersatzteilen und dem Gabelöl-Typ sowie der Füllmengen. Bei manchen Rollern sind die Gabelrohre mit Fett geschmiert.*

Zerlegen

40 Bauen Sie das Vorderrad aus (Kapitel 8).

41 Stellen Sie einen geeigneten Behälter unter die Gabel, und lösen Sie die Schraube unten in der Gabel, um das Gabelöl ablaufen zu lassen – halten Sie dabei das Tauchrohr in Position (siehe Abbildung). Wenn das Öl abgelaufen ist, wird das Tauchrohr nach unten abgezo-

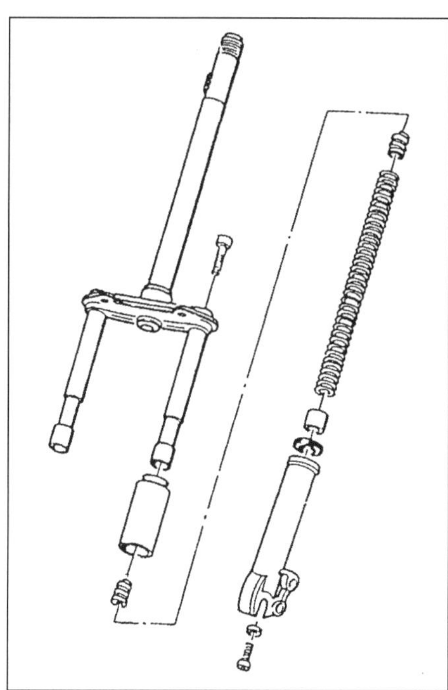

5.41 Konventionelle Gabel mit in die Gabelbrücke eingepressten Standrohren

gen. Soll nur der Dichtring erneuert werden, kann die oben im Standrohr gesicherte Feder in ihrer Position verbleiben. Zwischen der Unterseite der Feder und dem Tauchrohr sitzt ein Gummipuffer – entfernen Sie ihn nötigenfalls.

42 Zum Ausbau des Gabel-Dichtrings muss der darüberliegende Sicherungsring entfernt werden, dann kann der Dichtring entweder mit dem Piaggio-Spezialwerkzeug (Teilenummer 021467/17/18Y) entfernt oder vorsichtig mit einem Schraubendreher herausgehebelt werden (hierbei darf nicht sein Sitz beschädigt werden).

43 Zum Ausbau der Gabelfeder muss diese gehalten werden, während man die Schraube oben im Standrohr löst – dann wird die Feder herausgezogen.

Kontrolle

44 Reinigen Sie alle Teile mit Lösungsmittel, und blasen Sie sie möglichst mit Druckluft aus. Kontrollieren Sie die Standrohre auf Riefen, Kratzer, abgeplatzten Chrom und übermäßigen Verschleiß – ggf. muss das gesamte Gabel-Oberteil ersetzt werden. Finden sich an einem der Tauchrohre Beulen, muss das Rohr ersetzt werden. Inspizieren Sie den Sitz der Gabeldichtung auf Kerben, Riefen oder Kratzer, die zu Undichtigkeiten führen.

45 Kontrollieren Sie die Federn (die Hauptfeder und die Anschlagfeder) auf Brüche und andere Beschädigungen. Wenn eine Gabelfeder defekt oder ermüdet ist, müssen immer beide ersetzt werden – niemals eine einzeln!

Zusammenbau

46 Pressen Sie den neuen Gabeldichtring so weit wie möglich senkrecht in seinen Sitz, klopfen Sie ihn dann mithilfe des Piaggio-Werkzeugs (Teilenummer 040971Y) oder eines

5.54 Lockern Sie Klemmschraube (A), und entfernen Sie Klemmschraube (B).

geeigneten Steckschlüssels oder Rohres in seinen Sitz, bis über ihm die Nut des Sicherungsringes sichtbar ist.

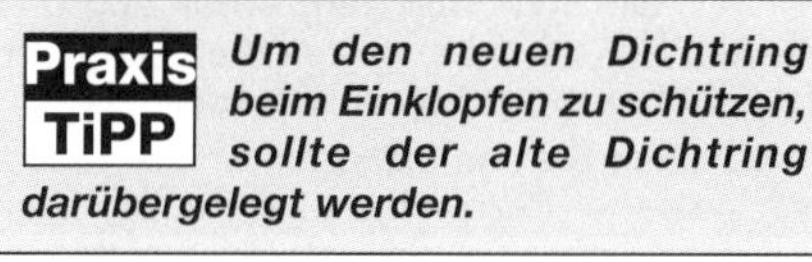

Praxis TiPP ***Um den neuen Dichtring beim Einklopfen zu schützen, sollte der alte Dichtring darübergelegt werden.***

47 Wenn der Dichtring korrekt sitzt, wird der Sicherungsring in das Tauchrohr installiert – achten Sie auf den korrekten Sitz in der Nut.

48 Falls entfernt, wird der Puffer unten in das Tauchrohr gelegt. Prüfen Sie, ob die Feder an beiden Enden mit den Stopfen ausgerüstet ist, und installieren Sie sie in das Tauchrohr. Installieren Sie die Schraube unten in das Tauchrohr, und drehen Sie sie in den Stopfen der Feder – hindern Sie diese dabei am Mitdrehen.

49 Füllen Sie langsam das vorgeschriebene Gabelöl in das Tauchrohr.

50 Schmieren Sie die Dichtlippen des Gabeldichtrings mit Gabelöl, und führen Sie die Feder in das Standrohr ein. Heben Sie das Tauchrohr so an, dass sich der Dichtring senkrecht über das Standrohr schiebt. Wenn die Feder oben anschlägt, wird das Tauchrohr gehalten und die Schraube von oben in den Stopfen der Feder gedreht.

51 Montieren Sie das Vorderrad (Kapitel 8). Prüfen Sie die Funktion der Gabel.

Konventionelle Telegabel mit geklemmten Standrohren

Anmerkung: *Die in diesem Buch behandelten Fahrzeuge sind mit zwei unterschiedlichen Telegabeln ausgerüstet: Beim ersten Typ sind die Standrohre fest mit der Gabelbrücke verbunden (Schritte 40 bis 51), beim zweiten sind sie wie bei Motorrädern in die Gabelbrücke geklemmt und können einzeln demontiert werden (siehe Schritte 52 bis 76).*

Anmerkung: *Zerlegen Sie die Gabelrohre immer einzeln, um Verwechslungen zu vermeiden, die nach der Montage zu einem erhöhten Verschleiß führen würden. Lagern Sie alle Komponenten in getrennten und markierten Behältern. Erkundigen Sie sich vor dem Zerlegen beim Piaggio-Händler nach der Verfügbarkeit von Ersatzteilen und dem Gabelöl-Typ sowie der Füllmengen. Bei manchen Rollern sind die Gabelrohre mit Fett geschmiert.*

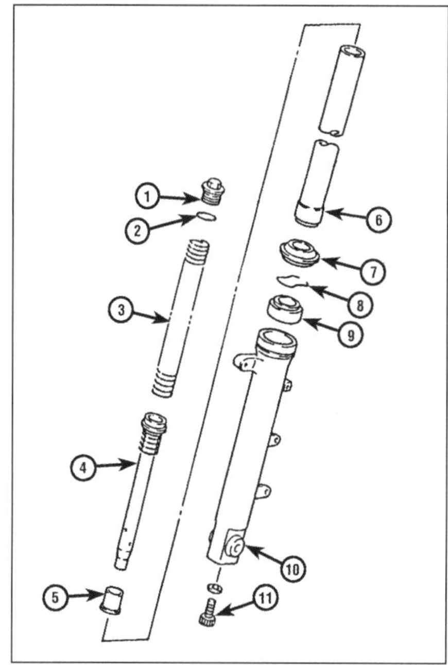

5.57 Bauteile der Motorrad-Gabel

1 Gabelverschluss-schraube	*6 Standrohr*
2 O-Ring	*7 Staubdichtung*
3 Feder	*8 Seegerring*
4 Dämpfer	*9 Dichtring*
5 Dämpfersitz	*10 Tauchrohr*
	11 Dämpferschraube

Zerlegen

52 Bauen Sie das Vorderrad aus, und nehmen Sie den Bremssattel ab (siehe Kapitel 8).

53 Demontieren Sie den Kotflügel und ggf. die Gabel-Abdeckungen (siehe Kapitel 7).

54 Demontieren Sie die Gabelrohre einzeln. Lockern Sie die obere Klemmschraube der Gabelbrücke, und entfernen Sie die untere (siehe Abbildung). Ziehen Sie das Gabelrohr drehend aus der Brücke.

Praxis TiPP ***Sitzt ein Standrohr fest in der Gabelbrücke, muss der Klemmbereich mit Kriechöl eingesprüht werden, das möglichst über Nacht einwirken kann.***

Einbau

55 Reinigen Sie die Gabelrohre und die Gabelbrücke. Schieben Sie zunächst ein Gabelrohr durch die Brücke, bis es bündig zum oberen Rand darin steckt. Die Arretiernut für die untere Klemmschraube muss korrekt ausgerichtet sein. Ziehen Sie beide Klemmschrauben mit dem in den technischen Daten angegebenen Drehmoment an.

56 Installieren Sie die verbliebenen Bauteile in der entgegengesetzten Ausbaureihenfolge. Prüfen Sie die Funktion der Gabel.

Zerlegen

57 Bauen Sie die Gabelrohre aus (Schritte 52 bis 54). Zerlegen Sie immer nur ein Rohr

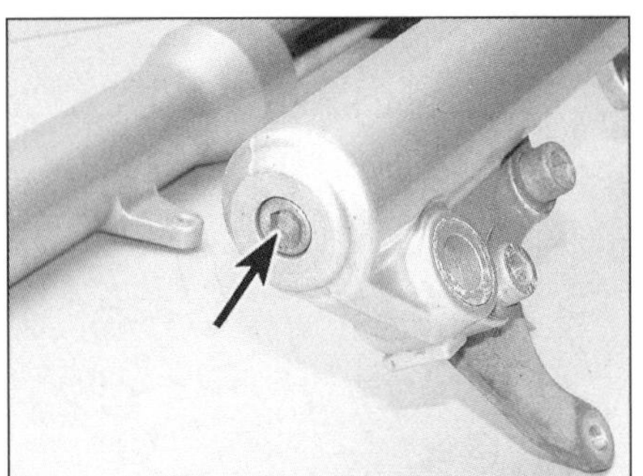

5.58 Lockern Sie die Dämpferschraube.

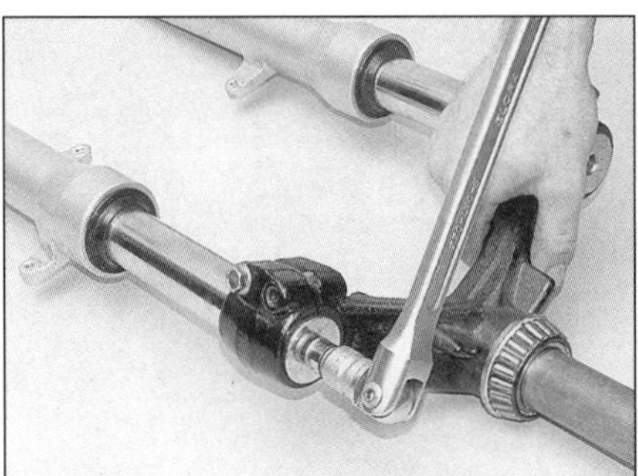

5.59 Klemmen Sie das Gabelrohr ein, um die Verschlussschraube zu lockern.

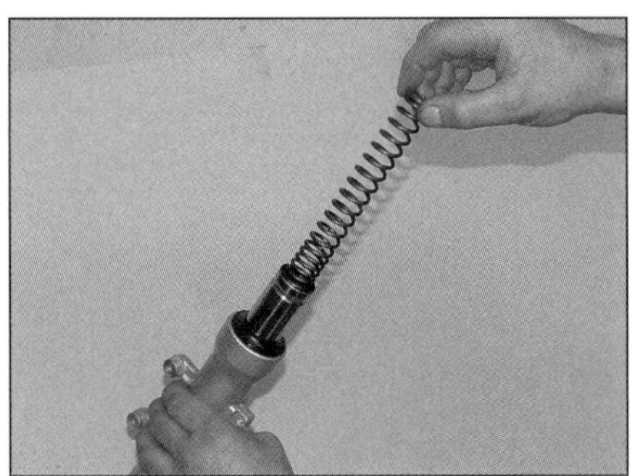

5.61 Drücken Sie die Gabelrohre zusammen, um die Feder zu entfernen.

zurzeit, damit keine Teile vertauscht werden. Lagern Sie alle Bauteile in deutlich markierten Behältern (siehe Abbildung).

58 Zunächst sollte die Dämpferstangenschraube gelockert werden; drehen Sie dazu das Gabelrohr um, und drücken Sie das Tauchrohr über das Standrohr, sodass die Feder maximalen Druck auf den Dämpfer ausübt – jetzt kann die Schraube gelöst werden (siehe Abbildung).

59 Um die Gabelverschlussschraube zu lösen, muss das Standrohr in einen mit weichen Backen ausgerüsteten Schraubstock eingespannt werden; achten Sie darauf, dass das Rohr nicht verdreht und eingekerbt wird, und lösen Sie die Schraube. **Anmerkung:** *Wenn die Gabelbrücke ausgebaut ist, kann das Gabelrohr auch darin eingeklemmt werden – ziehen Sie nur die untere Klemmschraube an (siehe Abbildung).*

60 Entfernen Sie die Gabelverschlussschraube – wenn ihr O-Ring beschädigt ist, muss er später ersetzt werden.

Warnung: Die Gabelfeder übt einen gewissen Druck auf die Verschlussschraube aus. Lösen Sie die Schraube sehr vorsichtig und drücken Sie sie dabei gegen die Gabel, um sie nicht herausspringen zu lassen.

61 Schieben Sie das Standrohr in das Tauchrohr und ziehen Sie die Feder heraus (siehe Abbildung) – merken Sie sich ihre Einbaurichtung.

62 Hebeln Sie vorsichtig die Staubdichtung aus dem Tauchrohr, hebeln Sie dann den Sicherungsring des Gabeldichtrings heraus (siehe Abbildungen).

63 Kippen Sie die Gabel über einem geeigneten Behälter um, und pumpen Sie kräftig, um so viel Öl wie möglich abzulassen.

64 Entfernen Sie die zuvor gelockerte Dämpferstangenschraube und ihre Dichtscheibe von der Unterseite des Tauchrohrs. Entsorgen Sie die Dichtscheibe. Wenn die Dämpferstangenschraube zuvor nicht gelockert wurde, kann der Kopf der Dämpferstange durch das Einführen der Feder und kräftiges Herunterdrücken am Mitdrehen gehindert werden.

65 Ziehen Sie das Standrohr aus dem Tauchrohr.

66 Ziehen Sie den Dämpfer und seinen Sitz aus dem Tauchrohr.

67 Hebeln Sie vorsichtig den Gabeldichtring aus dem Tauchrohr – er und die Staubdichtung müssen später durch Neuteile ersetzt werden.

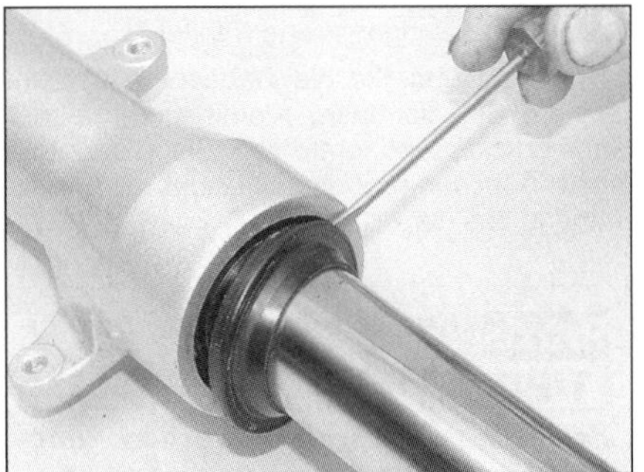

5.62a Hebeln Sie die Staubdichtung . . .

5.62b . . . und den Sicherungsring heraus.

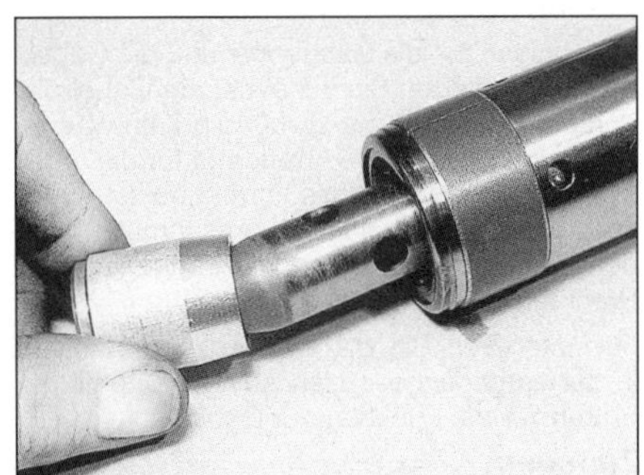

5.69 Rüsten Sie den Dämpfer unten mit seinem Sitz aus.

5.71 Installieren Sie den Dichtring mit der Markierung nach oben.

Kontrolle

68 Folgen Sie den Anweisungen in den Schritte 44 und 45. Sollte eines der Standrohre verbogen sein, müssen sie von einer Piaggio-Werkstatt untersucht werden. Installieren Sie im Zweifel neue Standrohre.

Zusammenbau

69 Schieben Sie den Dämpfer unten in das Standrohr, und installieren Sie den Dämpfersitz (siehe Abbildung).

70 Schmieren Sie das Standrohr mit Gabelöl, und schieben Sie es in das Tauchrohr. Rüsten Sie die Dämpferschraube mit einer neuen Dichtscheibe sowie dauerelastischer Gewindesicherung aus, drehen Sie sie unten in das Tauchrohr, und ziehen Sie sie mit dem in den technischen Daten angegebenen Drehmoment an – dreht sich der Dämpfer dabei mit, muss er wie beim Zerlegen mit der eingedrückten Feder daran gehindert werden (siehe Schritt 64).

71 Schieben Sie das Standrohr vollständig in das Tauchrohr, schmieren Sie die Dichtlippen des neuen Gabeldichtrings mit Gabelöl, und schieben Sie ihn mit der Beschriftung nach oben über das Standrohr (siehe Abbildung). Benutzen Sie ein geeignetes Stück Rohr, um die Dichtung senkrecht in ihren Sitz zu treiben. Dieses Rohr muss so bemessen sein, dass es knapp über das Gleitrohr, aber noch in den Dichtringsitz des Tauchrohres passt. Zerkratzen Sie bei dieser Operation nicht das Gleitrohr; es ist sinnvoll, das Gleitrohr ganz in das Tauchrohr zu schieben, damit eventuell auftretende Beschädigungen nicht die Gleit- und Dichtfläche des Gleitrohres treffen.

72 Installieren Sie den Sicherungsring – er muss vollständig in seiner Nut über dem Dichtring liegen. Schmieren Sie die Innenseite der Staubdichtung, schieben Sie sie über das Standrohr, und drücken Sie sie in ihren Sitz.

6.2a Lösen Sie die Mutter, und ziehen Sie den Bolzen heraus.

6.2b Rechte untere Stoßdämpferaufnahme

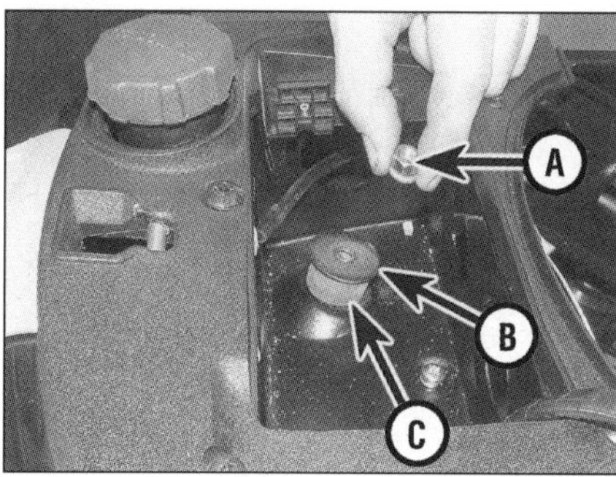

6.3a Lösen Sie die Mutter (A), und entfernen Sie den Bolzen (B) samt Gummibuchse (C).

6.3b Heben Sie den Hinterradstoßdämpfer aus dem Fahrzeug.

6.4 Ziehen Sie die Schraube heraus – beachten Sie die Buchse (Pfeil).

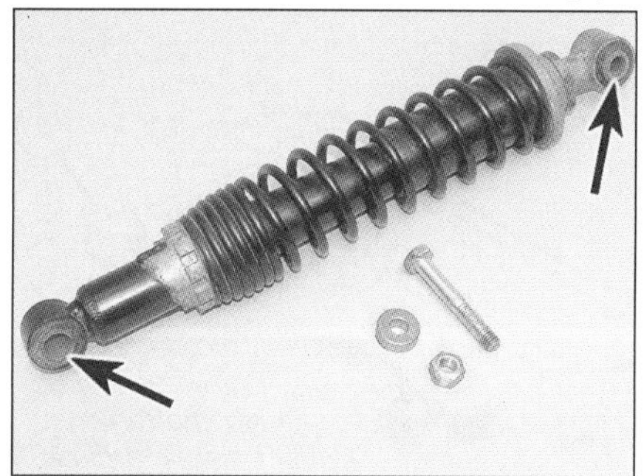

6.7 Kontrollieren Sie die Bolzen und Buchsen (Pfeile) auf Verschleiß.

73 Füllen Sie langsam das vorgeschriebene Gabelöl in das Tauchrohr, pumpen Sie dabei einige Male, um es besser zu verteilen.

74 Ziehen Sie das Standrohr möglichst weit aus dem Tauchrohr, und installieren Sie die Feder.

75 Rüsten Sie die Gabelverschlussschraube nötigenfalls mit einem neuen O-Ring aus. Ziehen Sie die Gabelrohre auseinander, und drehen Sie die Verschlussschraube gegen den Federdruck in das Gabelrohr, ohne sie zu verkanten. **Anmerkung**: *Die Verschlussschraube kann in diesem Stadium angezogen werden, wenn das Gleitrohr zwischen den Backen eines Schraubstocks eingespannt ist, es besteht jedoch das Risiko, das Rohr dadurch zu beschädigen. Besser ist es, die Schraube erst mit dem vorgeschriebenen Drehmoment anzuziehen, wenn das Gabelrohr an die Brücke gebaut und die untere Gabelbrückenklemmschraube angezogen ist.*

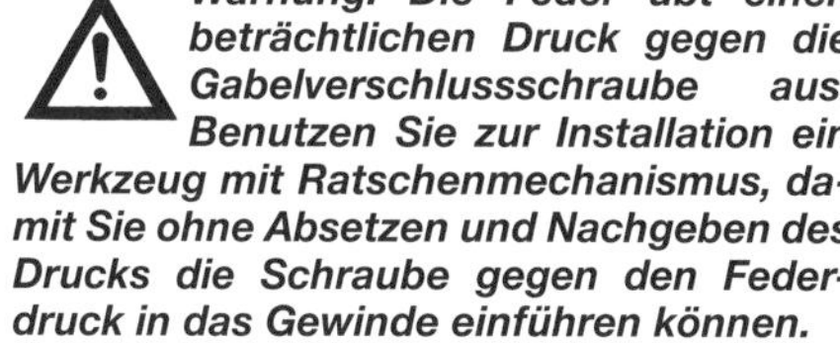

Warnung: Die Feder übt einen beträchtlichen Druck gegen die Gabelverschlussschraube aus. Benutzen Sie zur Installation ein Werkzeug mit Ratschenmechanismus, damit Sie ohne Absetzen und Nachgeben des Drucks die Schraube gegen den Federdruck in das Gewinde einführen können.

76 Montieren Sie das Gabelrohr (Schritte 55 und 56).

6 Hinterradstoßdämpfer
Ausbau, Kontrolle, Einbau

Anmerkung: *Manche Modelle sind mit einem, andere mit zwei Stoßdämpfern ausgerüstet; Ersatzteile sind für Modelle mit zwei Dämpfern nicht erhältlich. Ersetzen Sie ggf. immer beide Stoßdämpfer, auch wenn nur einer schadhaft ist.*

Ausbau

1 Stellen Sie das Fahrzeug auf den Hauptständer. Stützen Sie das Hinterrad ab, damit die Antriebseinheit nach dem Lösen des Stoßdämpfers nicht herunterfällt.

2 Unten ist der Stoßdämpfer am Getriebe, bzw. bei Stereo-Federbeinen an einem Schwingenausleger gesichert. Lösen Sie die Mutter, und entfernen Sie ggf. den Bolzen, um den Dämpfer aus seiner Aufnahme zu ziehen (siehe Abbildungen).

3 Bei Modellen mit einem Stoßdämpfer ist dessen oberes Ende mit einer Mutter am Rahmen gesichert. Je nach Modell muss die Sitzbank geöffnet oder entfernt sowie die Batterie samt Träger ausgebaut werden (siehe Kapitel 7 und 9). Setzen Sie an der Mutter einen Ringschlüssel an, und hindern Sie die Dämpferstange mit einem Schraubendreher am Mitdrehen, um die Mutter zu lösen. Merken Sie sich die Positionen der Scheiben und Gummibuchse, und manövrieren Sie den Stoßdämpfer aus dem Fahrzeug (siehe Abbildungen).

4 Bei Modellen mit zwei Stoßdämpfern müssen entsprechende Verkleidungsteile entfernt werden, um an die obere Stoßdämpferaufnahme zu gelangen (siehe Kapitel 7). Lösen Sie die obere Mutter, stützen Sie den Dämpfer, und ziehen Sie den Bolzen heraus – achten Sie auf Distanzscheiben (siehe Abbildung).

Kontrolle

5 Inspizieren Sie den Stoßdämpfer auf sichtbare Beschädigungen und die Feder auf lockeren Sitz, Risse und Anzeichen von Ermüdung.

6 Begutachten Sie die Dämpferstange auf Anzeichen von Verbiegung, Ausbrüchen und Undichtigkeiten.

7 Kontrollieren Sie die obere und untere Bolzenaufnahme auf Verschleiß und Beschädigung (siehe Abbildung).

8 Einzelteile sind nur für einige Stoßdämpfer

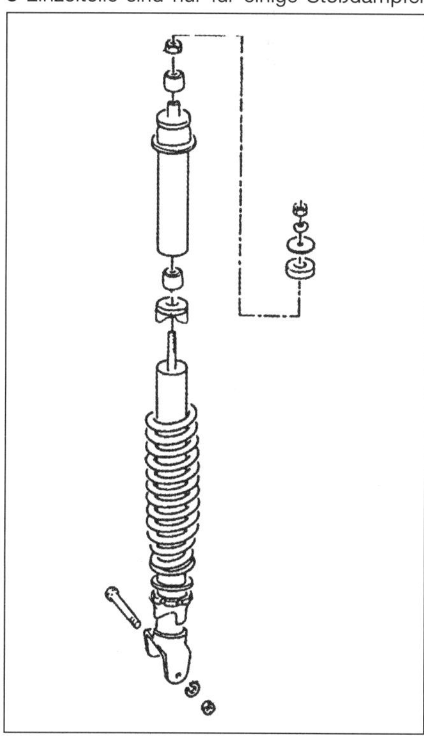

6.8 Bauteile des Hinterradstoßdämpfers

6

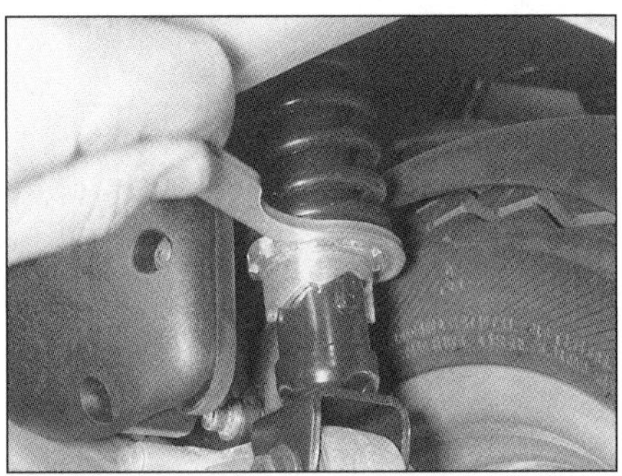

7.1 Einstellung der Hinterradfederung mit dem Schlüssel aus dem Bordwerkzeug

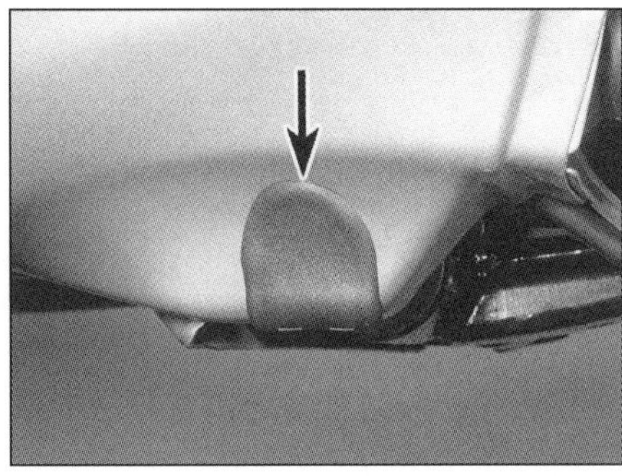

8.1a Entfernen Sie an beiden Seiten die Abdeckung, . . .

8.1b . . . um Zugang zur Mutter und dem Lagerbolzen der Schwinge zu erhalten.

1 Schwinge
2 Motorbolzen
3 Schwingen-lagerbolzen
4 Dämpfergummis

8.2a Einteilige Hinterradschwinge

erhältlich – erfragen Sie dies beim Piaggio-Händler, bevor Sie den Dämpfer zerlegen. Notieren Sie sorgfältig die Positionen und Einbaurichtungen aller Bauteile (siehe Abbildung). Drücken Sie die Feder mithilfe einer Federpresse gerade so weit zusammen, dass der oben liegende Federsitz nicht mehr unter Druck steht. Lösen Sie die obere Mutter, und entfernen Sie die verschiedenen Bauteile. Entspannen Sie dann vorsichtig die Federpresse, und entnehmen Sie die Feder unter Beachtung ihrer Einbaurichtung. Ersetzen Sie schadhafte Teile und installieren Sie alles in der umgekehrten Ausbaureihenfolge.

Einbau

9 Der Einbau entspricht der umgekehrten Ausbaureihenfolge. Ziehen Sie die Stoßdämpferbefestigungen mit den am Anfang des Kapitels angegebenen Drehmomenten an.

7 Hinterradstoßdämpfer – Einstellung der Federvorspannung

1 Die Federvorspannung wird mit einem geeigneten Hakenschlüssel (wie er dem Bordwerkzeug beiliegt) unten am Stoßdämpfer eingestellt (siehe Abbildung). Lassen Sie dabei den Einsteller immer in einer bestimmten Position einrasten. Bei zwei Stoßdämpfern müssen beide in der gleichen Position stehen.

2 Verdrehen Sie den Einsteller gegen den Uhrzeigersinn, um die Vorspannung zu erhöhen, und im Uhrzeigersinn, um sie zu verringern.

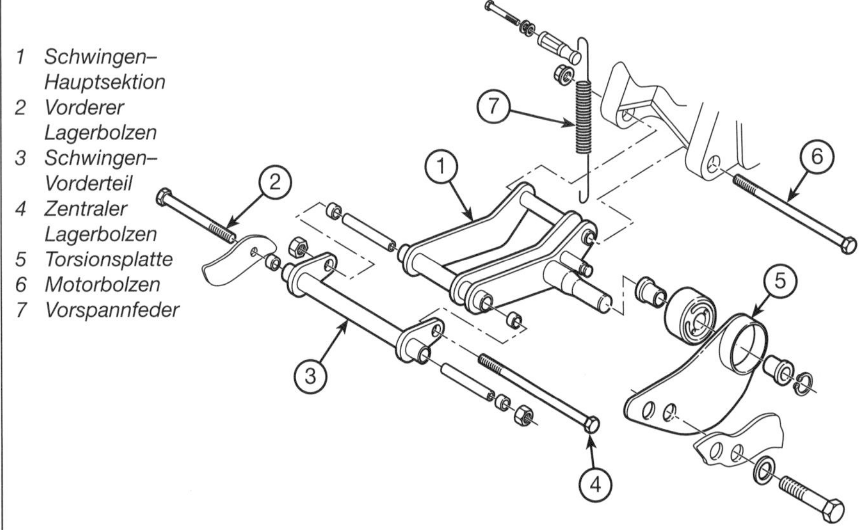

8.2b Bauteile der mehrteiligen Hinterradschwinge

8 Hinterradschwinge – Ausbau, Kontrolle, Einbau

Ausbau

1 Bauen Sie die Antriebseinheit aus (siehe Kapitel 2A, 2B, 2C, 2D, 2E oder 2F). Falls vorhanden, wird die Abdeckung entfernt, die den Zugang zur vorderen Schwingenaufnahme behindert (siehe Abbildungen).

2 Es gibt zwei verschiedene Schwingen-Konstruktionen: Entweder handelt es sich um eine simple einteilige Schwinge oder um eine aus mehreren Teilen bestehende Schwinge mit einer Vorspann-Feder (siehe Abbildungen).

3 Die einteilige Schwinge ist mit dem Schwingenbolzen am Rahmen gesichert. Lösen Sie dessen Mutter, und ziehen Sie den Bolzen heraus, um die Schwinge zu entfernen (siehe Abbildungen).

4 Die mehrteiligen Schwingen sind mit dem vorderen Lagerbolzen und einer oder mehreren Schrauben der Torsionsplattenhalterung am Rahmen befestigt (siehe Abbildungen). Bei manchen Modellen ist der Hauptständer an die Schwinge geschraubt – vor deren Demontage muss der Roller mit Stützen gesichert werden, dann werden die Hauptständer-Schrauben gelöst und dieser unter Beachtung

8.3a Ziehen Sie den Lagerbolzen heraus, . . .

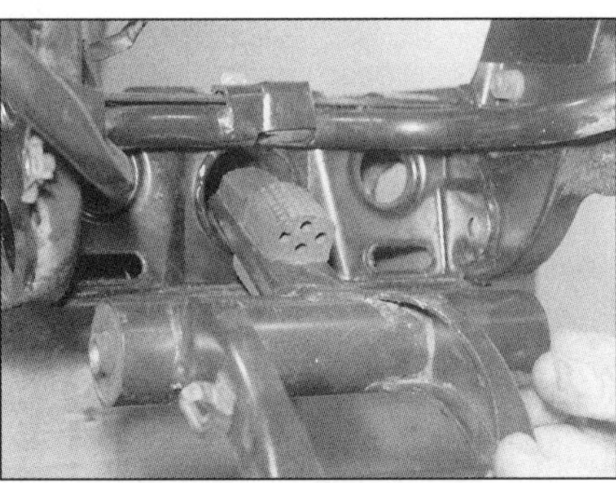

8.3b . . . und entfernen Sie die Schwinge.

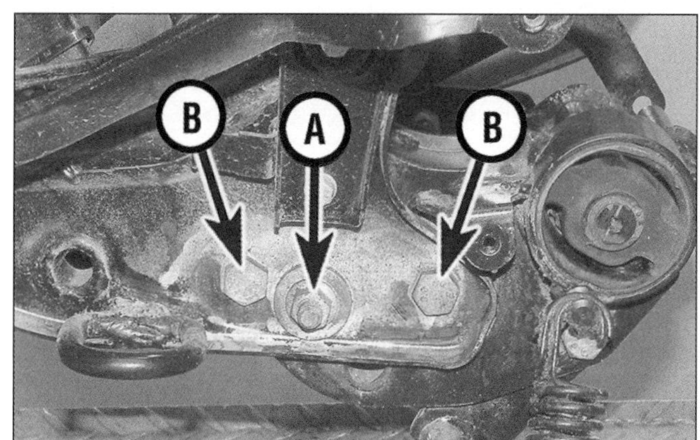

8.4a **Vorderer Lagerbolzen (A) und Torsionsplattenbolzen (B)**

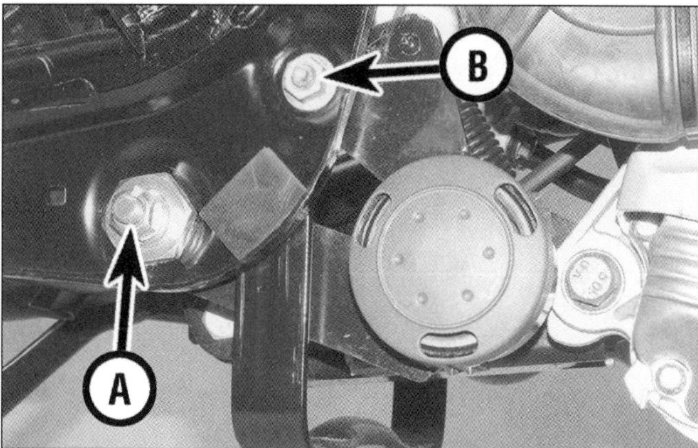

8.4b **Vorderer Lagerbolzen (A) und Torsionsplattenbolzen (B) – X8-Modelle**

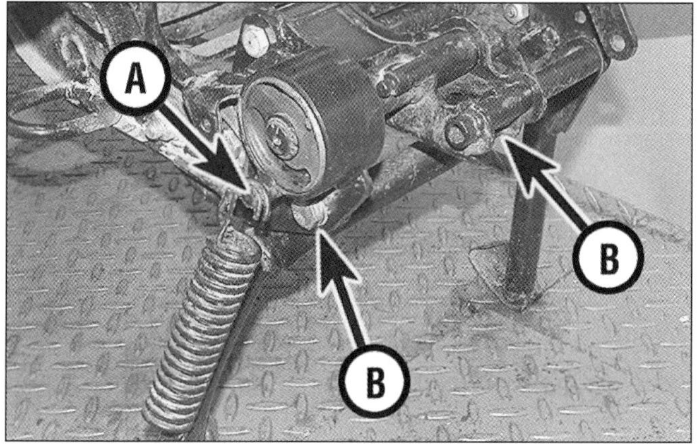

8.4c **Hauptständerfeder-Aufhängung (A) und Lagerbolzen (B)**

8.4d **Entfernen Sie die Schwinge samt Halterung.**

der Positionen seiner Federn abgenommen (siehe Abbildung). Hängen Sie die Vorspann-Feder der Schwinge aus – merken Sie sich ihre Lage –, lösen Sie den vorderen Schwingenbolzen, und ziehen Sie ihn heraus. Lösen Sie die Schrauben der Torsionsplatte, und heben Sie die Schwinge aus dem Fahrzeug (siehe Abbildung).

Kontrolle

5 Reinigen Sie gründlich alle Komponenten, entfernen Sie Schmutz- und Fettreste sowie Korrosion.

6 Heben Sie bei mehrteiligen Schwingen die Torsionsplatte ab, lösen Sie dann den zentralen Schwingenbolzen, und ziehen Sie ihn heraus, um die Schwinge zu zerlegen. Merken Sie sich die Positionen der Lager- und Distanzbuchsen (siehe Abbildung 8.2b).

7 Begutachten Sie sorgfältig alle Bauteile – achten Sie auf Anzeichen von Verschleiß, wie starke Einkerbungen und Risse oder Verbiegungen, die bei einem Unfall entstanden sein können. Alle beschädigten oder verschlissenen Teile müssen ersetzt werden. Fragen Sie beim Piaggio-Händler nach der Verfügbarkeit von Ersatzteilen nach.

8 Kontrollieren Sie den/die Schwingenlagerbolzen und den Motorhaltebolzen auf Verbiegung, indem Sie sie auf einer ebenen Oberfläche, z. B. einer Glasscheibe rollen (nachdem Sie Fettreste entfernt und Korrosion mit feinem Schleifpapier geglättet haben).

9 Inspizieren Sie die verschiedenen Buchsen und Dichtungen auf Risse und Verformungen (siehe Abbildung). Bei einigen Modellen können die Silentblock-Buchsen erneuert werden, obwohl sie sehr fest sitzen – der Wechsel sollte einer Fachwerkstatt überlassen werden. Bei anderen Modellen muss eine neue Schwinge installiert werden.

10 Prüfen Sie ggf. die Schwingen-Dämpfergummis, und ersetzen Sie schadhafte Teile (siehe Abbildung).

Einbau

11 Der Einbau entspricht der umgekehrten Ausbaureihenfolge. Fetten Sie den/die Schwingenlagerbolzen, bevor Sie alles zusammenbauen und den Schwingenlagerbolzen mit den am Anfang des Kapitels angegebenen Drehmoment anziehen. Bei Modellen mit mehrteiligen Schwingen muss die Vorspann-Feder installiert werden.

12 Bauen Sie den Motor ein.

13 Prüfen Sie die Funktion der Hinterradaufhängung, bevor Sie mit dem Roller fahren.

8.9 **Kontrollieren Sie die Buchsen . . .**

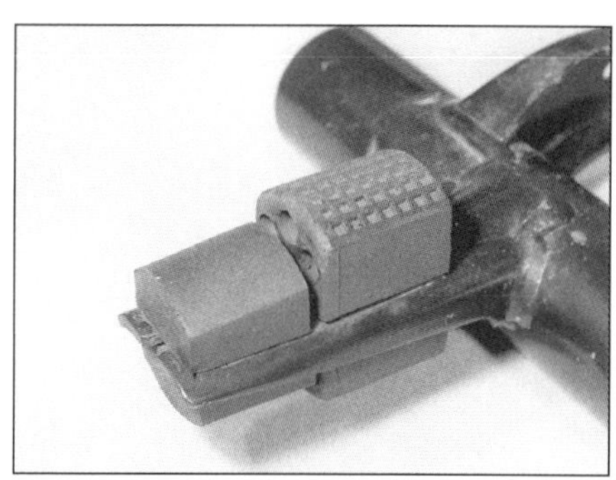
8.10 **. . . und ggf. die Dämpfergummis.**

6

Kapitel 7
Rahmen und Verkleidungsteile

Details zur Modell-Identifikation finden sich am Anfang von Kapitel 1

Inhalt

Schwierigkeitsgrade

Leicht. Für Anfänger mit wenig Erfahrung geeignet 	**Relativ leicht.** Für Anfänger mit etwas Erfahrung geeignet 	**Relativ schwierig.** Geeignet für geübte Selbstschrauber 	**Schwer.** Geeignet für Selbstschrauber mit viel Erfahrung 	**Sehr schwer.** Geeignet nur für Experten und Profis 

1 Allgemeine Informationen

Alle Piaggio-Modelle sind mit einem aus Rohren und Pressteilen bestehenden einteiligen Stahlrahmen ausgerüstet. Vespa-Modelle (ET2, ET4, GT/GTS/GTV, LX/LXV und S) basieren traditionell auf einem selbsttragenden Monocoque-Fahrwerk.

Die als Teil der Hinterradführung fungierende Antriebseinheit ist vorne mit der Schwinge und hinten mit dem/den Stoßdämpfer(n) am Rahmen befestigt.

Alle Modelle sind mit einem Hauptständer ausgerüstet, der entweder am Rahmen oder der Antriebseinheit befestigt ist. Manche Fahrzeuge sind zusätzlich mit einem am Rahmen befestigten Seitenständer ausgerüstet.

Da alle Funktions-Bauteile von Verkeidungsteilen (einschließlich des Trittbretts) bedeckt sind, ist deren Demontage bei den meisten Wartungs- und Reparaturarbeiten unerlässlich. Beachten Sie die Hinweise in Sektion 5, bevor Sie Verkleidungsteile demontieren.

2 Ständer
Ausbau und Einbau

Hauptständer

1 Stützen Sie das Fahrzeug mit geeigneten Hilfsmitteln sicher ab, ohne dass dadurch Verkleidungsteile beschädigt werden.

2 Bei Modellen, deren Hauptständer am Rahmen befestigt ist, werden die Ständerfedern unter Beachtung ihrer Positionen ausgehängt. Lösen Sie die Mutter, und ziehen Sie den La-

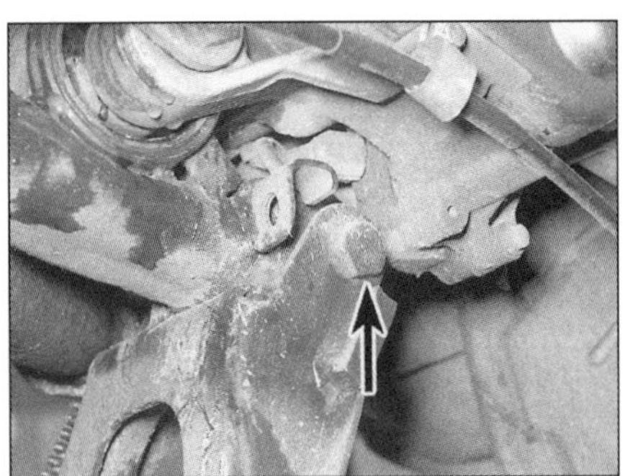
2.2 Hauptständer-Lagerbolzen

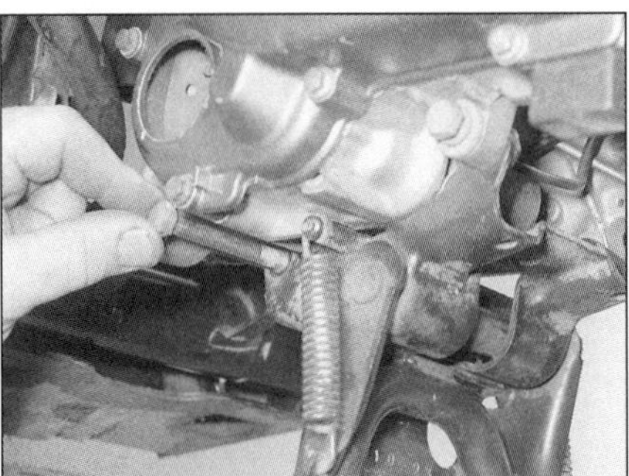
2.3a Ziehen Sie den Bolzen der Ständerhalterung heraus, . . .

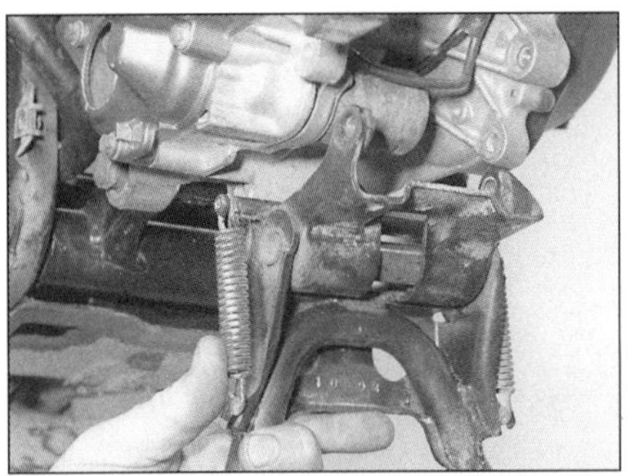
2.3b . . . und entfernen Sie die Ständer-Baugruppe.

2.7 Hängen Sie die Federn aus, und entfernen Sie den Lagerbolzen.

gerbolzen des Ständers heraus, um diesen zu entnehmen (siehe Abbildung). **Anmerkung**: *Bei manchen Modellen gibt es zwei Lagerbolzen.*

3 Bei Modellen, deren Hauptständer mit einem Halter am Motor befestigt ist, werden die Muttern gelöst und die Schrauben herausgezogen, die den Halter unten am Motor sichern, dann wird der Ständer entfernt (siehe Abbildungen).

4 Reinigen und entfetten Sie den Ständer sorgfältig.

5 Schmieren Sie beim Einbau alle Lagerstellen mit Fett, und ziehen Sie die Muttern sorgfältig an. Prüfen Sie, ob die Federn den Ständer sicher im eingeklappten Zustand halten – ein herunterhängender Ständer kann leicht zu einem Unfall führen.

Seitenständer

6 Stellen Sie den Motorroller auf den Hauptständer.

7 Hängen Sie die Ständerfedern aus – merken Sie sich ihre Positionen –, lösen Sie die Mutter, und entfernen Sie den Lagerbolzen, der den Ständer am Rahmen sichert (siehe Abbildung).

8 Reinigen und entfetten Sie den Ständer sorgfältig.

9 Schmieren Sie beim Einbau alle Lagerstellen mit Fett, und ziehen Sie die Mutter sorgfältig an. Prüfen Sie, ob die Federn den Ständer sicher im eingeklappten Zustand halten – ein herunterhängender Ständer kann leicht zu einem Unfall führen.

3 Rückspiegel
Ausbau und Einbau

Ausbau

1 Wenn die Spiegel in am Lenker sitzende Halterungen geschraubt sind, wird die Kontermutter gelockert und der Spiegel herausgedreht (siehe Abbildungen). Bei manchen Rollern müssen die Abdeckungen des Hauptbremszylinders entfernt werden, um Zugang zur Kontermutter zu erhalten.

2 Wenn die Spiegel in am Lenker sitzende Halterungen gesteckt und unten mit Muttern gesichert sind, werden diese gelöst und der Spiegel herausgezogen (siehe Abbildung).

3 Wenn die Spiegel mit Schrauben gesichert sind, werden am Halter die Gummiabdeckung zurückgezogen und die Schrauben gelöst, um den Spiegel abnehmen zu können (siehe Abbildung). Bei X8-Modellen muss die Gummiabdeckung angehoben und die Plastikabdeckung hochgedrückt sowie gelöst werden, um an die vorderen Schrauben zu gelangen (siehe Abbildungen).

4 Bei NRG Power-Modellen muss zuerst der Stopfen aus der Spiegel-Aufnahme entfernt werden, dann wird die Schraube gelöst, die die Aufnahme am Lenkerhalter sichert (siehe Abbildungen).

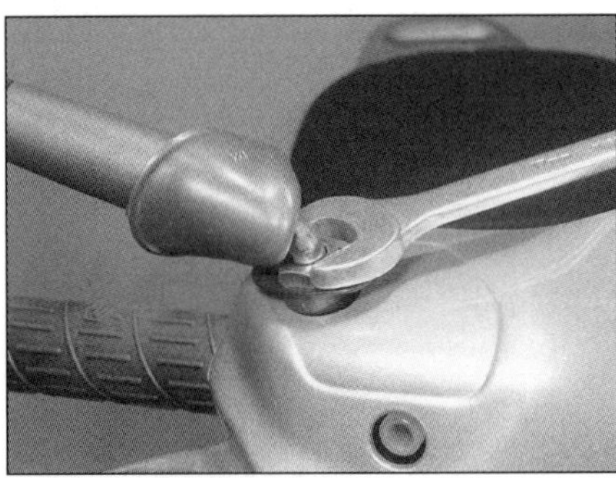
3.1a Lockern Sie die Mutter, . . .

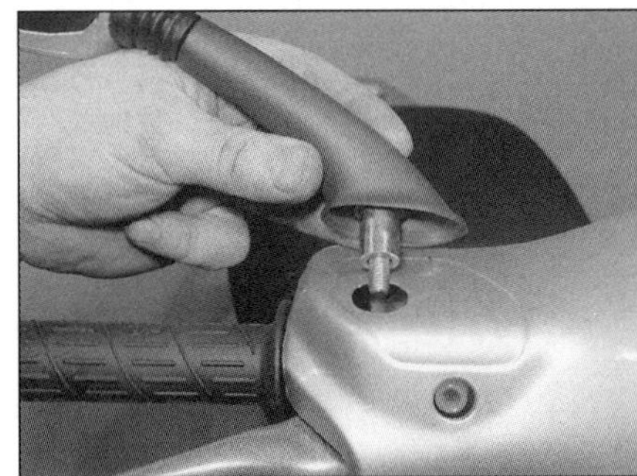
3.1b . . . und schrauben Sie den Spiegel ab.

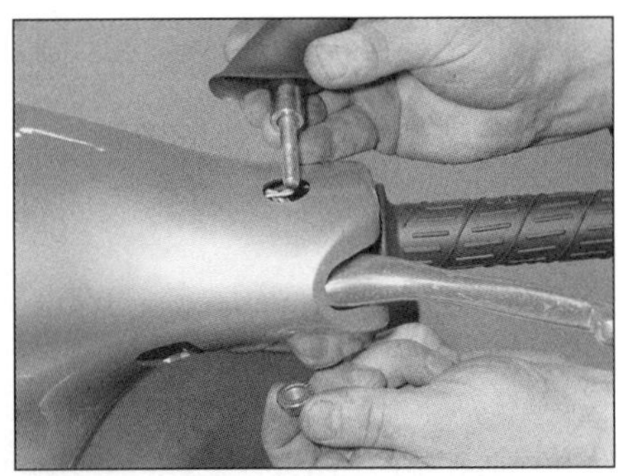
3.2 Entfernen Sie die Mutter unten vom Schaft, und ziehen Sie den Spiegel heraus.

3.3a Ziehen Sie die Gummikappe ab, um die Schrauben zu erreichen, . .

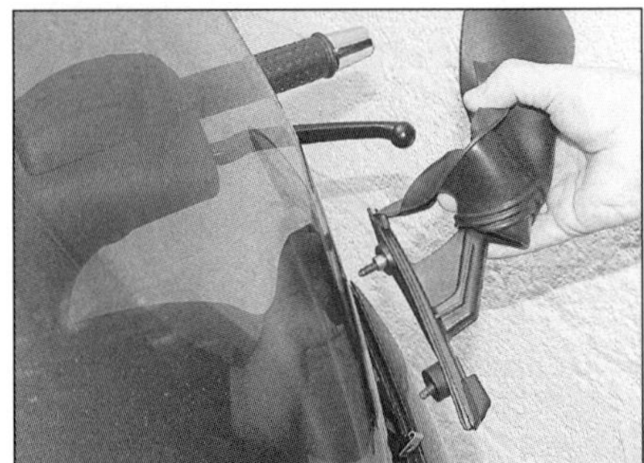
3.3b . . . und heben Sie dann den Spiegel ab.

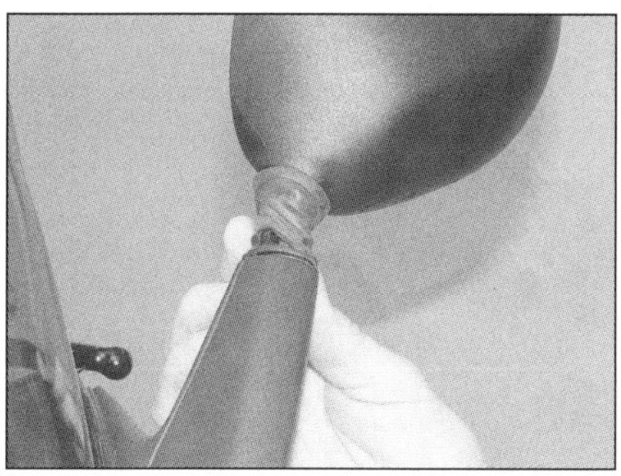

3.3c Ziehen Sie bei X8-Modellen die Gummiabdeckung ab, . . .

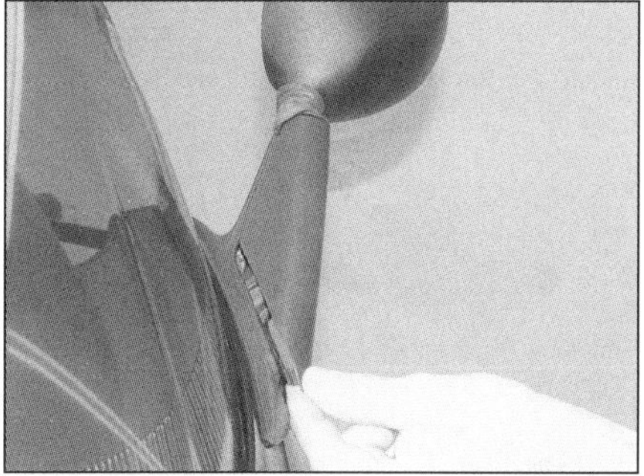

3.3d . . . lösen Sie die Kunststoff-abdeckung, . . .

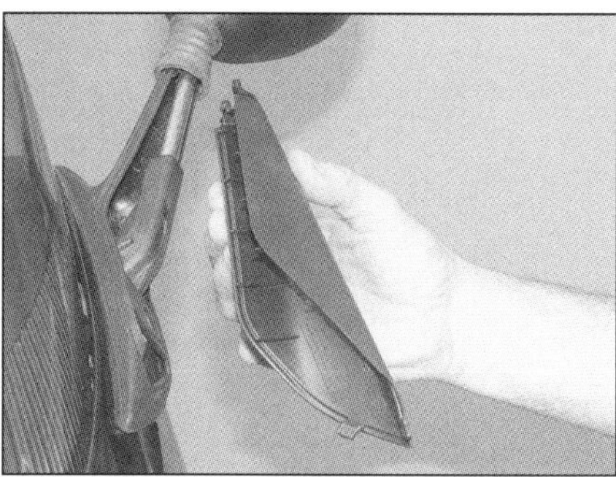

3.3e . . . und heben Sie sie ab.

Einbau

5 Der Einbau entspricht der umgekehrten Ausbaureihenfolge. Stellen Sie den/die Spiegel ein, und ziehen Sie ggf. die Mutter(n) an.

4 Beifahrerfußrasten
Ausbau und Einbau

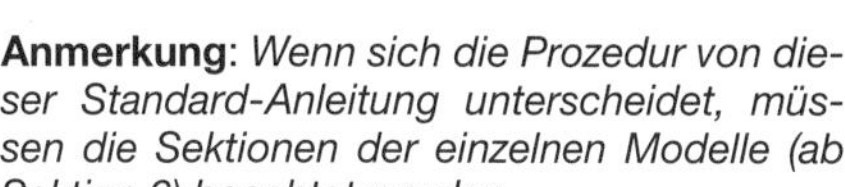

Anmerkung: *Wenn sich die Prozedur von dieser Standard-Anleitung unterscheidet, müssen die Sektionen der einzelnen Modelle (ab Sektion 6) beachtet werden.*

Ausbau

1 Entfernen Sie unten am Fußrasten-Lagerbolzen den Splint samt Scheibe, und ziehen Sie den Bolzen heraus, um die Raste zu entfernen (siehe Abbildung). Beachten Sie die Lage der Arretierplatte sowie ihrer Kugel und Feder – achten Sie darauf, dass nichts wegspringt.

Einbau

2 Der Einbau entspricht der umgekehrten Ausbaureihenfolge.

5 Verkleidungsteile Ausbau und Einbau
Allgemeine Informationen

Wenn die Demontage eines Verkleidungsteils ansteht, sollte es zunächst genau studiert und alle Befestigungen und Anschlüsse beachtet werden, um beim Einbau alles wieder korrekt an seinen Platz zu bekommen. In einigen Fällen kann es nötig sein, einen Assistenten zur Hilfe zu haben, um bei der Demontage Lackschäden zu vermeiden. Wenn alle sichtbaren Befestigungen entfernt worden sind, versuchen Sie die Teile wie beschrieben abzuziehen – aber nicht mit Gewalt. Wenn es sich nicht entfernen lässt, überprüfen Sie, ob alle Befestigungen gelöst sind, und versuchen Sie es noch einmal. Wenn Verkleidungsteile mit Laschen und Schlitzen miteinander verbunden sind, muss darauf geachtet werden, dass diese und die Lackoberfläche nicht beschädigt werden. Denken Sie daran, dass ein Augenblick Geduld eine Menge Geld für den Ersatz beschädigter Teile sparen kann!

3.4a Ziehen Sie den Stopfen heraus, . . .

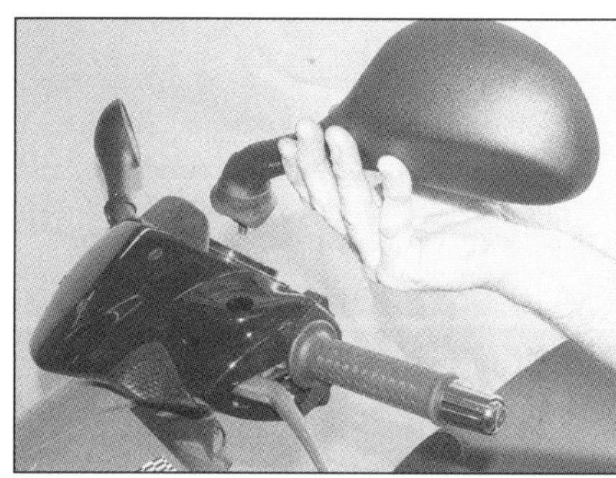

3.4b . . . und schrauben Sie den Spiegel ab.

Beim Anbau von Verkleidungsteilen muss zuvor genau studiert werden, ob alle Befestigungen und angeschlossenen Teile wieder an ihren korrekten Platz gelangen. Achten Sie darauf, dass alle Befestigungen, wie auch alle Gewindeeinsätze, Klemmen und Dämpfergummis in gutem Zustand sind. Alle verschlissenen oder beschädigten Teile müssen ersetzt werden, bevor die Komponente installiert wird. Kontrollieren sie außerdem, dass die Aufnahmen am Fahrzeug nicht verbogen sind, und ersetzen oder reparieren Sie sie, bevor das Verkleidungsteil montiert wird. Wo ein Assistent zum Ausbau nötig war, sollte er auch beim Einbau zur Verfügung stehen.

Ziehen Sie alle Befestigungen sorgfältig an, aber seien Sie vorsichtig, nichts zu überdrehen, da – nicht immer sofort – Belastungsbrüche oder Risse auftreten können. Finden sich so genannte Schnellverschlüsse, müssen diese zum Lösen eine viertel Umdrehung gegen den Uhrzeigersinn gedreht werden – zum Sichern entsprechend im Uhrzeigersinn.

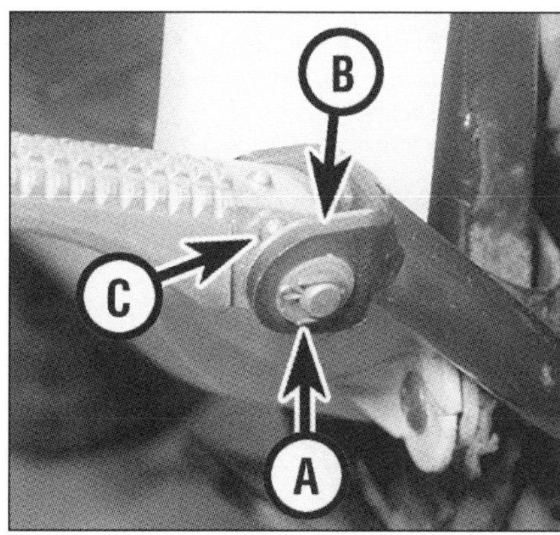

4.1 Entfernen Sie den Splint (A) um den Lagerzapfen zu befreien. Beachten Sie die Arretierplatte (B) und die Kugel (C).

Eine geringe Menge Schmiermittel (z.B. Flüssigseife) reicht aus, Laschen ohne Kraft in Gummiösen setzen zu können.

Im Falle einer Beschädigung der Teile ist es normalerweise üblich, diese Komponenten durch Neu- oder Gebrauchtteile zu ersetzen. Das Material, aus dem die Verkleidungsteile sind, lässt sich mit konventioneller Technik nicht reparieren. Es gibt jedoch einige Spezialisten, die Kunststoff wieder »schweißen« können. Es lohnt sich manchmal, hier Angebote einzuholen, bevor teure Neuteile an alten Motorrädern verbaut werden.

6 Typhoon und NRG Verkleidungsteile
Ausbau und Einbau

Sitz

1 Öffnen Sie mit den Zündschlüssel das Sitzbankschloss, und klappen Sie den Sitz hoch.

2 Entfernen Sie die Schrauben des Sitzbank-Gelenks, und entfernen Sie den Sitz (siehe Abbildung nächste Seite).

3 Der Einbau entspricht der umgekehrten Ausbaureihenfolge.

6.2 Entfernen Sie die zwei Schrauben des Sitzbank-Gelenks.

Motorabdeckung

4 Öffnen Sie mit den Zündschlüssel das Sitzbankschloss, und klappen Sie den Sitz hoch.

5 Entfernen Sie die einzelne Schraube, die unten im Gepäckfach die Abdeckung sichert, und entfernen Sie diese (siehe Abbildung).

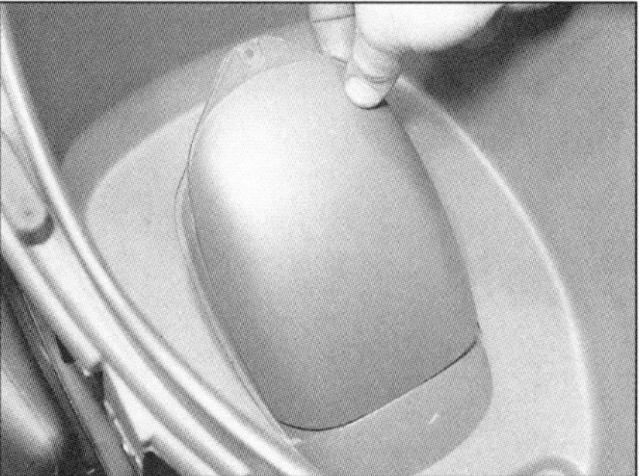

6.5 Entfernen Sie die Motorabdeckung.

6 Der Einbau entspricht der umgekehrten Ausbaureihenfolge.

Motorverkleidung

7 Entfernen Sie die Sitzbank. Lösen Sie die drei Schrauben (eine vorne, je eine seitlich oben), die die Motorverkleidung am Gepäckfach sichern. Befreien Sie die zwei Stifte und die Laschen aus den anderen Verkleidungsteilen, und nehmen Sie die Verkleidung ab (siehe Abbildung).

8 Der Einbau entspricht der umgekehrten Ausbaureihenfolge.

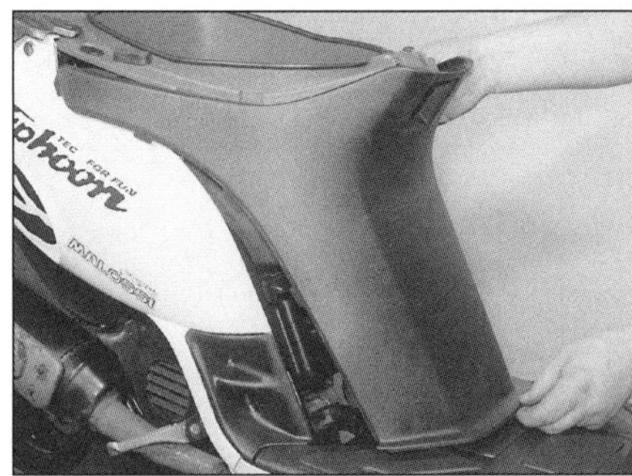

6.7 Entfernen Sie die Motorverkleidung.

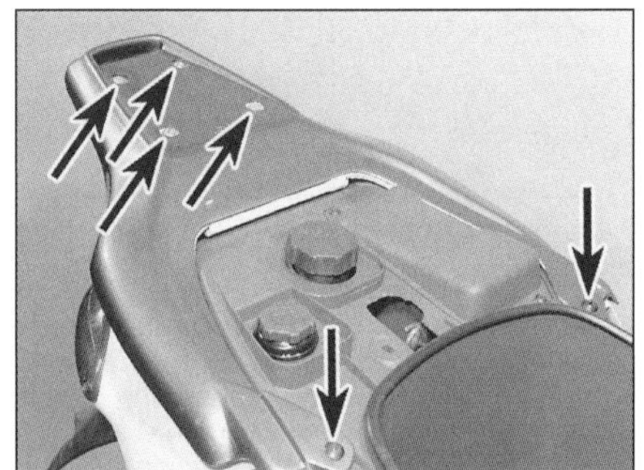

6.10a Entfernen Sie die 6 Schrauben, . . .

Gepäckträger

9 Öffnen Sie mit dem Zündschlüssel das Sitzbankschloss, und klappen Sie den Sitz hoch.

10 Bei früheren Modellen müssen die sechs Schrauben der Gepäckträger-Abdeckung gelöst und diese entfernt werden, dann werden die zwei Schrauben entfernt, die den Träger sichern und dieser samt der Distanzbuchsen abgenommen (siehe Abbildungen). Bei RST-Modellen werden die drei Schrauben (zwei vorne, eine hinten) entfernt, um den Träger abzunehmen (siehe Abbildung).

11 Der Einbau entspricht der umgekehrten Ausbaureihenfolge.

Seitenverkleidungen

12 Entfernen Sie die Motorverkleidung und den Gepäckträger.

13 Lösen Sie die zwei Schrauben der Rücklichtabdeckung, und ziehen Sie diese nach oben ab – merken Sie sich, wie die Laschen in die Seitenverkleidungen greifen (siehe Abbildung).

14 Wenn beide Seitenverkleidungen entfernt werden sollen, müssen die zwei Schrauben gelöst werden, die den Halter der Kennzeichenbeleuchtung sichern, und dieser unter Beachtung seiner Lage unter dem Rücklicht abgenommen (siehe Abbildung). Falls nötig, werden die Kabelstecker getrennt und der Halter entfernt. Wenn nur eine Seitenverkleidung zu entfernen ist, muss nur die entsprechende

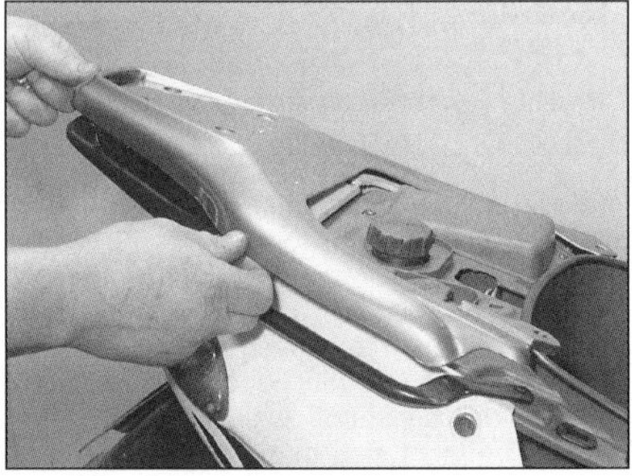

6.10b . . . und die Abdeckung.

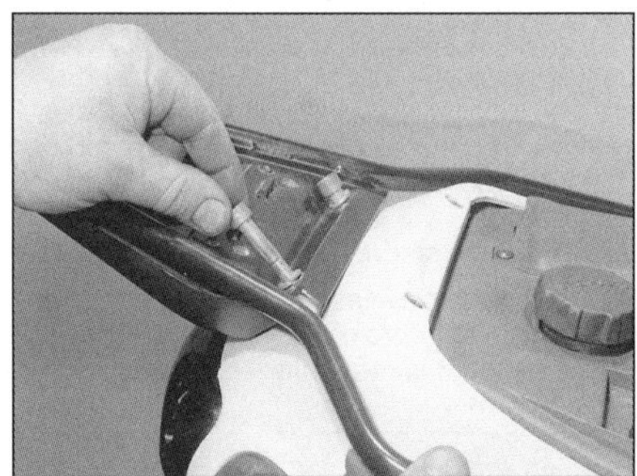

6.10c Entfernen Sie die zwei Schrauben des Gepäckträgers, . . .

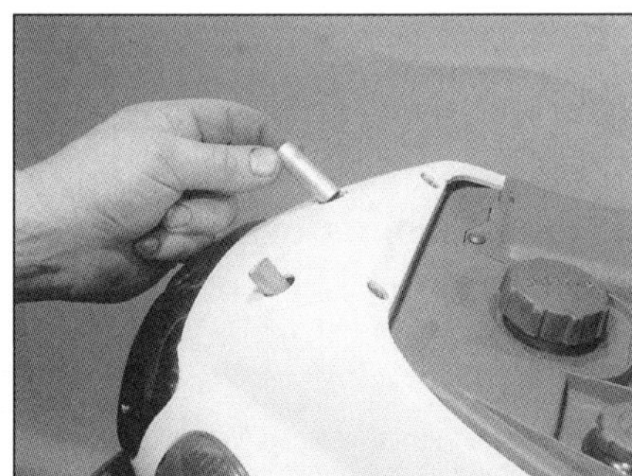

6.10d . . . beachten Sie die Distanzhülsen.

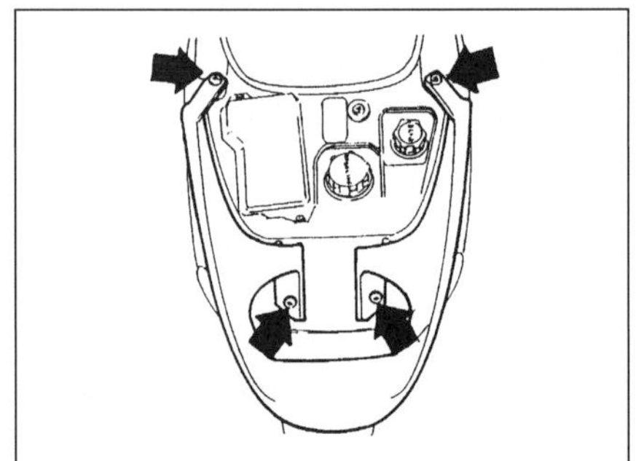

6.10e Gepäckträgerbefestigungen bei früheren Modellen

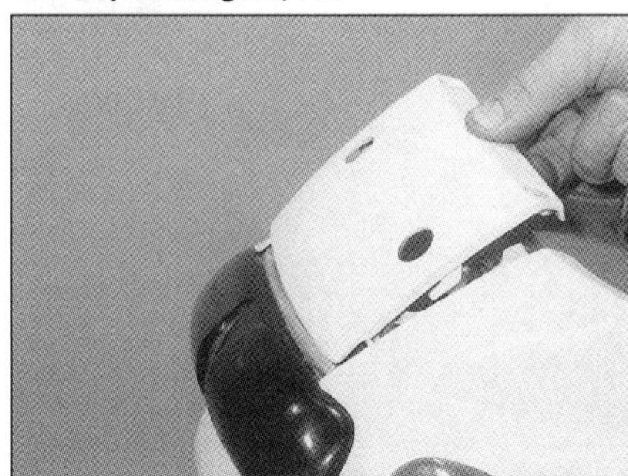

6.13 Schieben Sie die Abdeckung hoch, bis die Laschen befreit sind.

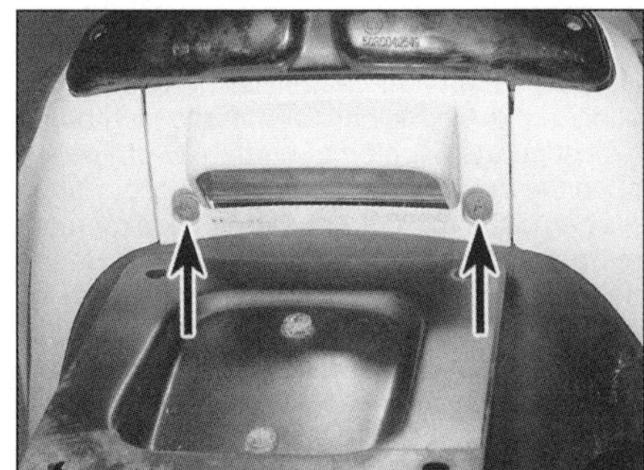

6.14 Der Halter der Kennzeichenbeleuchtung ist mit zwei Schrauben gesichert.

6.15a Entfernen Sie die hinten sitzende Schraube, . . .

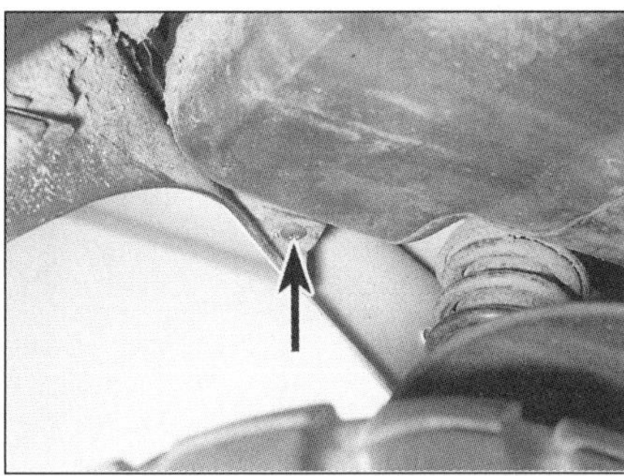

6.15b . . . die Schraube an der Unterseite, . . .

6.15c . . . die Schraube unten, . . .

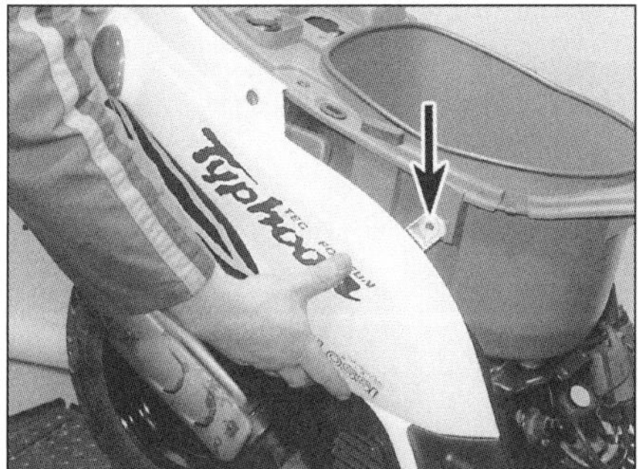

6.15d . . . und die in der Mitte, entnehmen Sie dann die Verkleidung, . . .

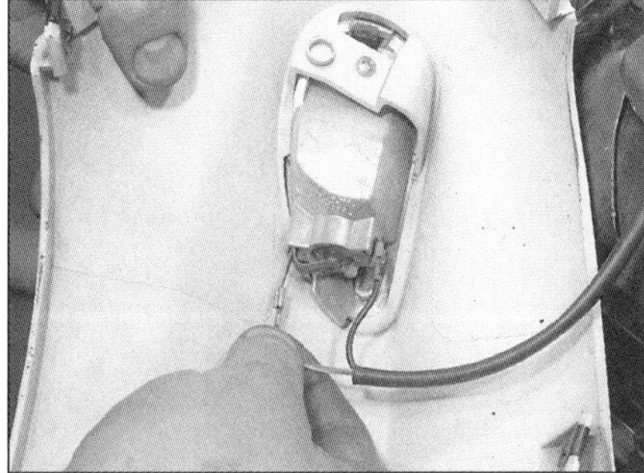

6.15e . . . und trennen Sie die Blinkerstecker.

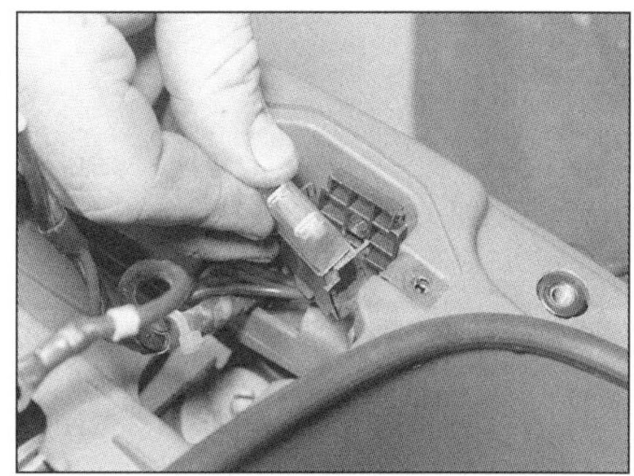

6.20 Befreien Sie den Sicherungsträger, und führen Sie das Kabel durch das Loch.

Schraube des Kennzeichenbeleuchtungs-Halters gelöst werden.

15 Lösen Sie die Schrauben, die die Seitenverkleidung am Rahmen und dem Gepäckfach sichern, und nehmen Sie sie ab – trennen Sie dabei den Stecker des Blinkerkabels, sobald er zugänglich wird (siehe Abbildungen).

16 Der Einbau entspricht der umgekehrten Ausbaureihenfolge.

Gepäckfach

17 Entfernen Sie die Seitenverkleidungen.

18 Bauen Sie die Batterie aus (Kapitel 9).

19 Entfernen Sie die Deckel des Kraftstoff- und Öltanks.

20 Lösen Sie den Sicherungsträger aus seiner Halterung im Batteriefach, und führen Sie ihn sowie die Batteriekabel durch die Bohrung des Fachs (siehe Abbildung).

21 Lösen Sie die Schrauben, die das Gepäckfach am Rahmen sichern, und heben Sie es heraus, ohne dabei die Kabel abzureißen (siehe Abbildung). Beachten Sie, wie die Lasche vorne unten in die Bohrung im Rahmen greift (siehe Abbildung). Sobald das Gepäckfach frei ist, müssen die beiden Tankdeckel aufgesetzt werden.

22 Der Einbau entspricht der umgekehrten Ausbaureihenfolge.

Innenverkleidung

23 Lösen Sie die neun Schrauben der Innenverkleidung – zwei von ihnen sichern auch die Scheinwerfereinheit in der Frontverkleidung (siehe Abbildung). Der lockere Scheinwerfer sollte jetzt mit Klebeband an der Frontverkleidung gesichert werden, wenn diese nicht auch

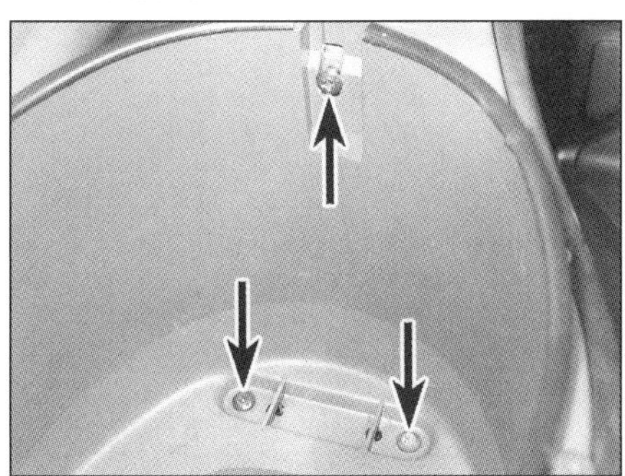

6.21a Entfernen Sie die drei Schrauben, . . .

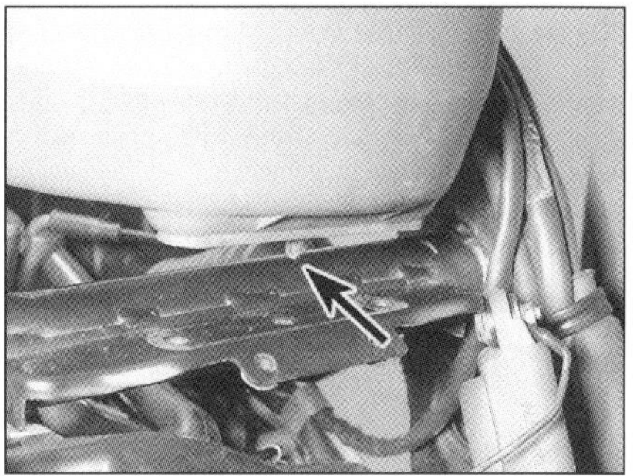

6.21b . . . und heben Sie das Gepäckfach heraus – beachten Sie die Lage der Lasche.

entfernt werden soll (was den Ausbau des Scheinwerfers erfordert – siehe Kapitel 9).

24 Ziehen Sie die Innenverkleidung von der Frontverkleidung ab, bis die Schraube zugänglich wird, die den Ausgleichsbehälter des Vorderrad-Hauptbremszylinders sichert. Lösen Sie die Schraube, entfernen Sie den Behälterdeckel, und ziehen Sie den Behälter vorsichtig durch das Loch der Abdeckung (siehe Abbildung). Setzen Sie den Behälterdeckel wieder auf, und sichern Sie den Behälter mit Draht oder Klebeband aufrecht am Lenkkopf.

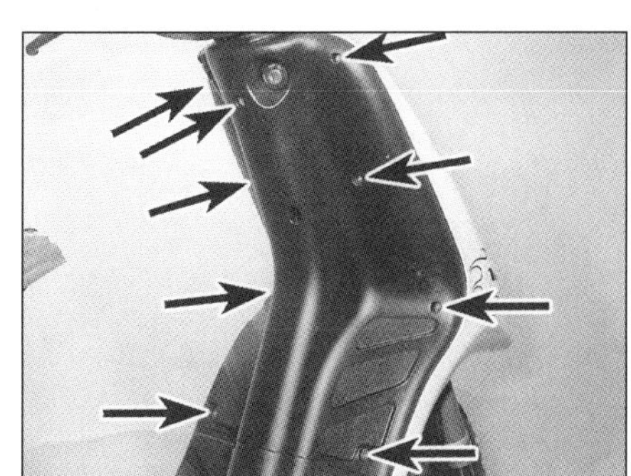

6.23 Entfernen Sie die neun Schrauben, . . .

6.24 . . . und die Behälterschraube sowie den Deckel.

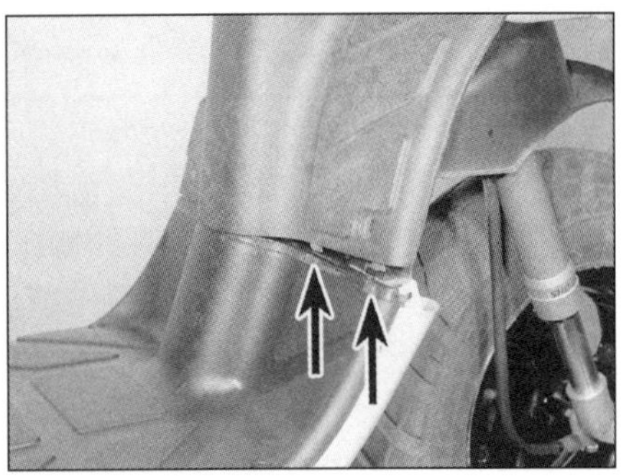

6.25a Beachten Sie die Lagen der Laschen an der Unterseite . . .

6.25b . . . und der Stifte in der Mitte.

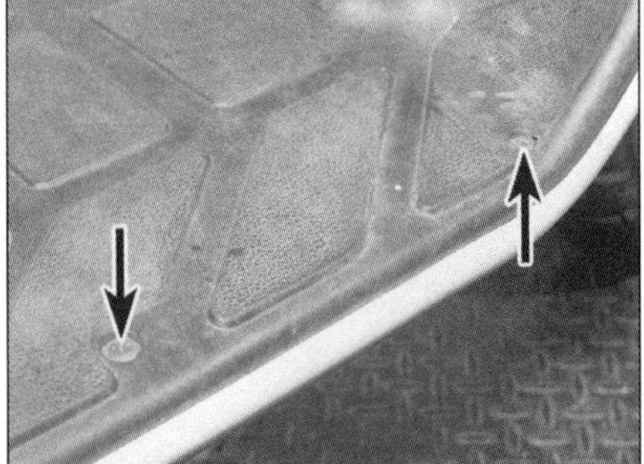

6.28a Entfernen Sie an jeder Seite die zwei Schrauben, . . .

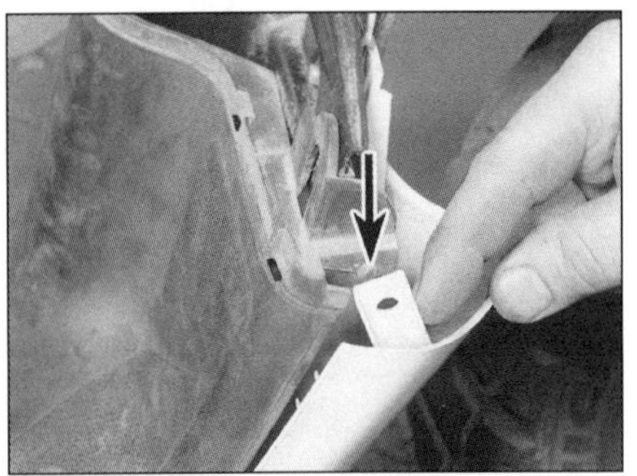

6.28b . . . ziehen Sie dann die Bugverkleidung ab, um die Stifte zu befreien, . . .

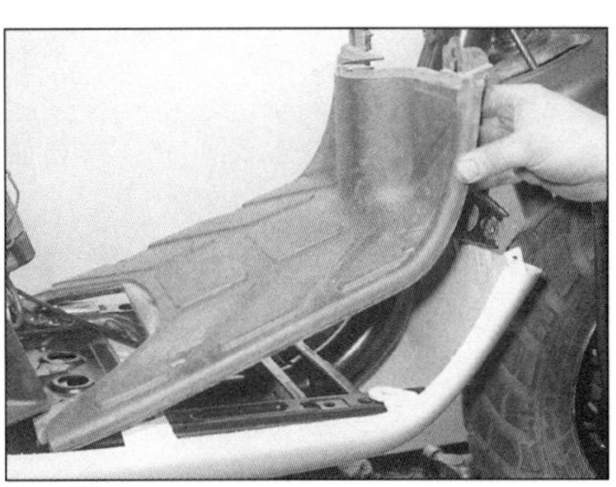

6.28c . . . und entfernen Sie das Trittbrett.

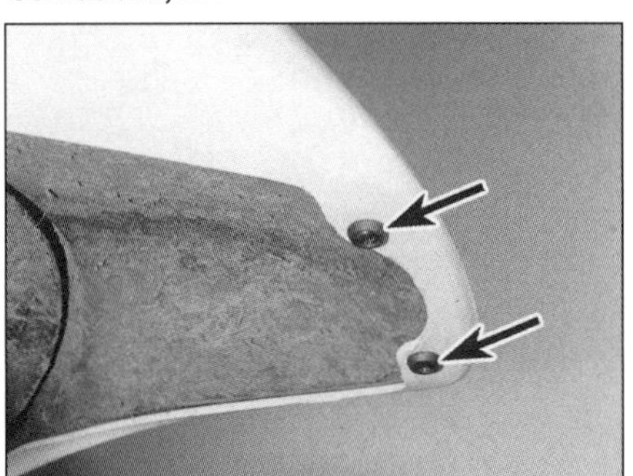

6.31 Die Frontverkleidung ist mit zwei Schrauben am Kotflügel gesichert.

25 Nehmen Sie das Verkleidungsteil aus dem Fahrzeug – merken Sie sich, wie die Laschen an der Unterseite in das Trittbrett und die mittleren Laschen in den Rahmen greifen (siehe Abbildungen).

26 Der Einbau entspricht der umgekehrten Ausbaureihenfolge.

6.34 Kühlergrillschraube

Trittbrett

27 Entfernen Sie die Innenverkleidung.

28 Lösen Sie die vier Schrauben des Trittbretts (siehe Abbildung). Ziehen Sie die beiden vorderen Ecken von der Bugverkleidung ab, um die Laschen des Trittbretts aus den Bohrungen der Bugverkleidung zu befreien und das Trittbrett abheben zu können (siehe Abbildungen).

29 Der Einbau entspricht der umgekehrten Ausbaureihenfolge.

Frontverkleidung

Typhoon

30 Entfernen Sie den Scheinwerfer (siehe Kapitel 9) und die Innenverkleidung.

31 Lösen Sie die zwei Schrauben, die den unteren Bereich der Frontverkleidung am Kotflügel sichern, sowie die zwei Schrauben hinter dem Vorderrad, die die Verkleidung am Rahmen und der Bugverkleidung sichern (siehe Abbildung). Befreien Sie die Laschen der Frontverkleidung aus den Bohrungen der Bugverkleidung, und nehmen Sie die Verkleidung vom Fahrzeug.

32 Der Einbau entspricht der umgekehrten Ausbaureihenfolge.

NRG

33 Entfernen Sie die Innenverkleidung.

34 Lösen Sie die einzelne Schraube des Kühlergrills in der Frontverkleidung, und entfernen Sie diesen (siehe Abbildung).

35 Lösen Sie bei wassergekühlten Modellen die zwei Schrauben, die den Luftschacht an der Innenseite der Frontverkleidung sichern, und entfernen Sie ihn (siehe Abbildung).

36 Lösen Sie die zwei Schrauben im unteren Bereich der Frontverkleidung sowie die zwei Schrauben, die die Verkleidung am Rahmen und der Bugverkleidung sichern (siehe Abbildung).

37 Lösen Sie bei wassergekühlten Modellen die zwei Schrauben, die die Innenseite des

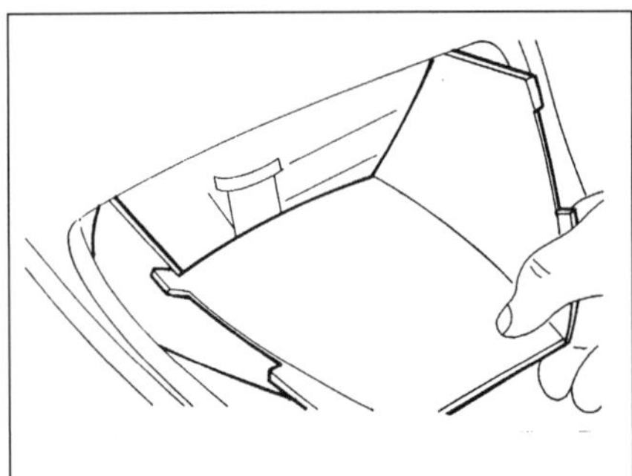

6.35 Entfernen Sie die Luftschächte innen von der Frontverkleidung.

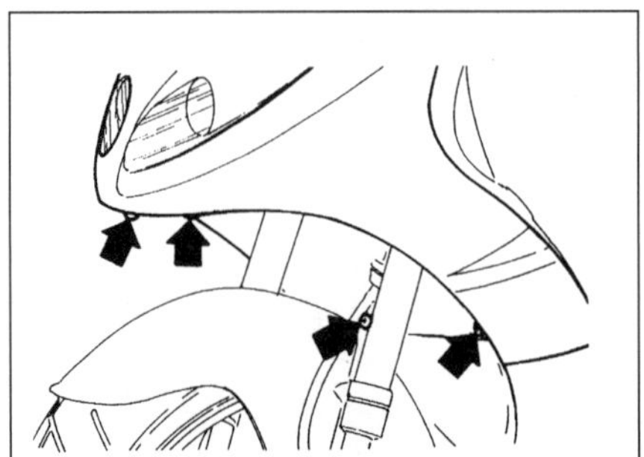

6.36 Entfernen Sie die vier Frontverkleidungs-Schrauben, . . .

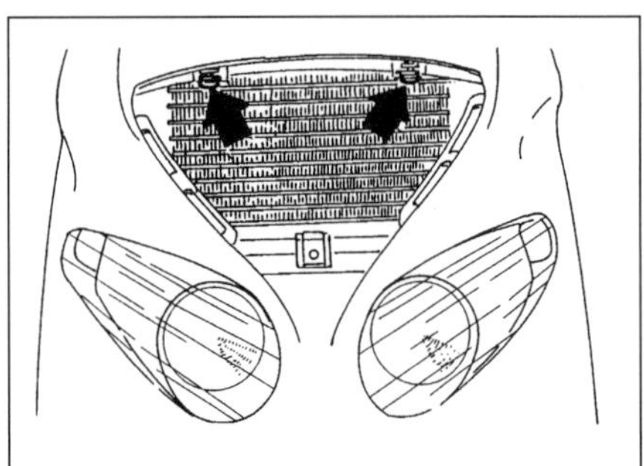

6.37a . . . plus die zwei im Kühlergehäuse, . . .

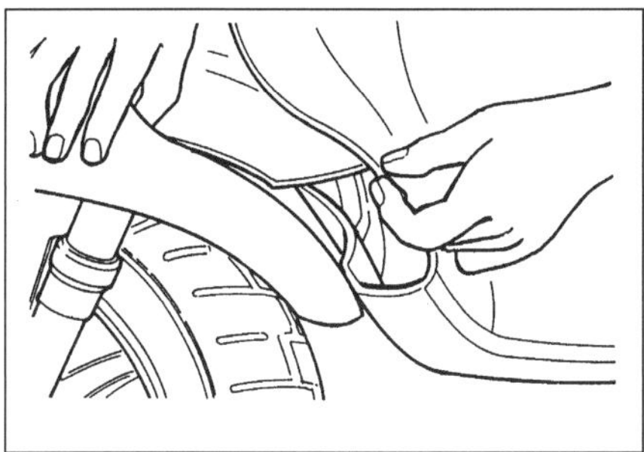

6.37b . . . und befreien Sie die Unterseiten.

Kühlergehäuses oben in der Verkleidung sichern (siehe Abbildung). Hebeln Sie vorsichtig die Frontverkleidung unten ab, um die Laschen zu befreien und die Verkleidung abzunehmen (siehe Abbildung).

38 Der Einbau entspricht der umgekehrten Ausbaureihenfolge.

Lenkerverkleidungen

39 Entfernen Sie die Rückspiegel.

40 Um die vordere Abdeckung zu entfernen, müssen die Schrauben aus der hinteren Abdeckung gelöst werden (siehe Abbildung 10.20a), dann wird vorsichtig der obere äußere Rand der vorderen Abdeckung hochgehebelt, um die Stifte aus den Bohrungen im oberen Rand der hinteren Abdeckung zu befreien (siehe Abbildung). Diese Stifte sitzen relativ fest, sodass etwas Krafteinsatz nötig wird – brechen Sie die Abdeckung aber nicht ab! Sind die Stifte befreit, muss die Frontabdeckung so bewegt werden, dass ihre mittigen Laschen aus der hinteren Abdeckung befreit werden. Soll die vordere Abdeckung vollständig entfernt werden, müssen die Blinkerkabel getrennt werden.

41 Um die hintere Abdeckung zu entfernen, muss zunächst die vordere demontiert werden. Lösen Sie die Schrauben, die die hintere Abdeckung an den Lenker-Haltern sichern (siehe Abbildung). Soll die hintere Abdeckung vollständig entfernt werden, müssen zuvor die Kabelstecker der Instrumente und Lenkerschalter sowie die Tachowelle getrennt werden. Trennen Sie nötigenfalls die Instrumentenkonsole von der Abdeckung (Kapitel 9).

42 Der Einbau entspricht der umgekehrten Ausbaureihenfolge. Alle Kabelstecker müssen korrekt verbunden und gesichert werden. Vor der ersten Fahrt sind die Funktionen aller Lampen und Schalter zu prüfen.

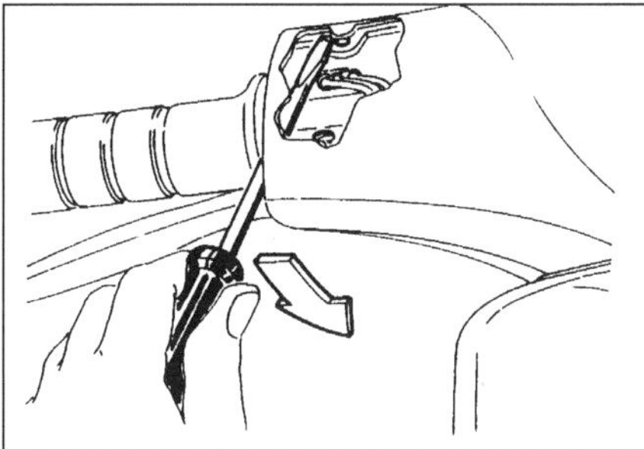

6.40 Befreien Sie vorsichtig die Stifte.

Bugverkleidung

43 Entfernen Sie die Frontverkleidung und das Trittbrett.

44 Lösen Sie die Schraube links unten an der Bugverkleidung, die den innen liegenden Bowdenzugverteiler sichert (siehe Abbildung).

45 Die Bugverkleidung ist mit Schrauben gesichert, die auch andere Verkleidungsteile halten – die meisten sind bereits entfernt. Sind die Seitenverkleidungen nicht entfernt, müssen an beiden Seiten die Schrauben gelöst werden, die Seiten- und die Bugverkeidung gemeinsam am Rahmen sichern (siehe Abbildung 6.15c).

46 Der Einbau entspricht der umgekehrten Ausbaureihenfolge.

Vorderradkotflügel (NRG)

47 Lösen Sie die zwei Schrauben, die an beiden Seiten den Kotflügel an der Gabel sichern, und heben Sie ihn heraus.

48 Der Einbau entspricht der umgekehrten Ausbaureihenfolge.

Hinterradkotflügel

49 Lösen Sie die Schrauben, die den Kotflügel an der Antriebseinheit sichern, und nehmen Sie ihn ab.

50 Der Einbau entspricht der umgekehrten Ausbaureihenfolge.

7 Sfera und Skipper Verkleidungsteile
Ausbau und Einbau

Sitz

1 Öffnen Sie mit dem Zündschlüssel das Sitzbankschloss, und klappen Sie den Sitz hoch.

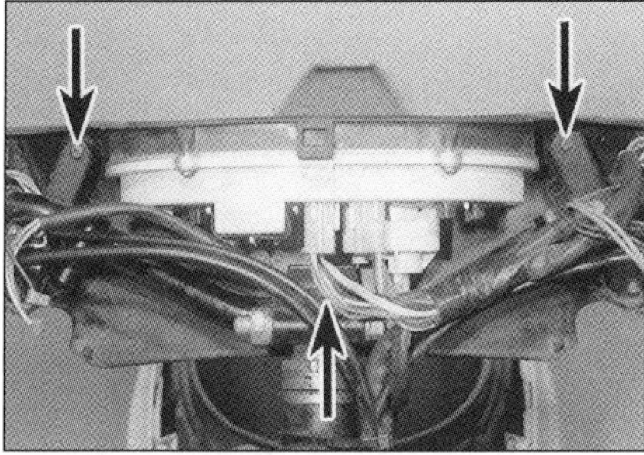

6.41 Die hintere Lenkerverkleidung ist mit drei Schrauben gesichert.

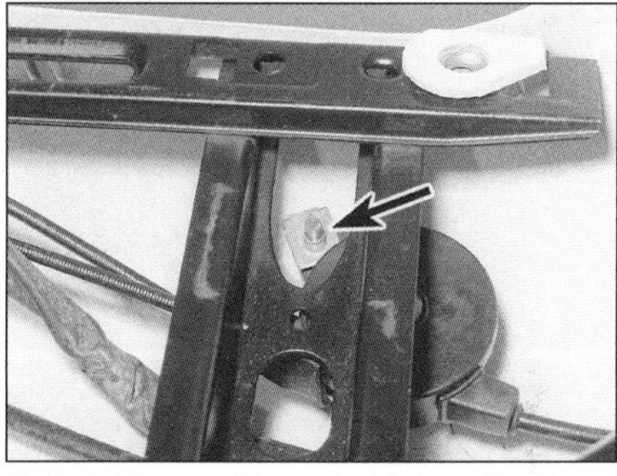

6.44 Entfernen Sie an der Unterseite die Schraube des Bowdenzugverteilers.

2 Entfernen Sie die Schrauben des Sitzbank-Gelenks am Gepäckfach, und entfernen Sie den Sitz.

3 Der Einbau entspricht der umgekehrten Ausbaureihenfolge.

Motorabdeckungen

4 Um die Abdeckung aus der Motorverkleidung zu entfernen, lösen Sie die einzelne Schraube, die sie daran sichert, und entfernen Sie die Abdeckung (siehe Abbildung).

5 Um die Abdeckung aus dem Gepäckfach zu entfernen, öffnen Sie mit dem Zündschlüssel das Sitzbankschloss, und klappen Sie den Sitz hoch. Lösen Sie die einzelne Schraube, die unten im Gepäckfach die Abdeckung sichert, und entfernen Sie diese.

6 Der Einbau entspricht der umgekehrten Ausbaureihenfolge.

Motorverkleidung

7 Entfernen Sie die Sitzbank.

8 Lösen Sie die drei Schrauben, die die Motorverkleidung am Gepäckfach sichern. Befreien

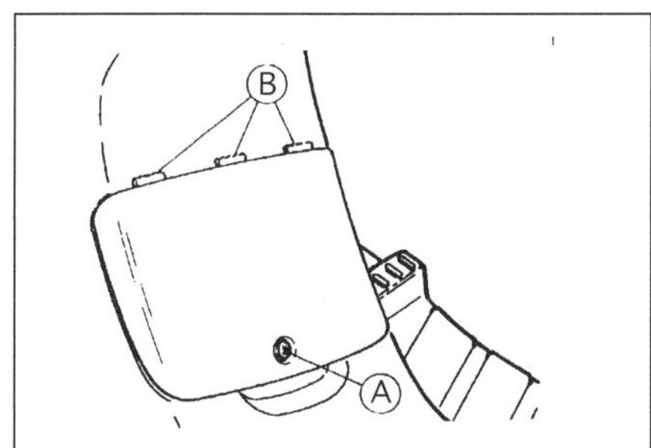

7.4 Motordeckel-Schraube (A) und Haltelaschen (B)

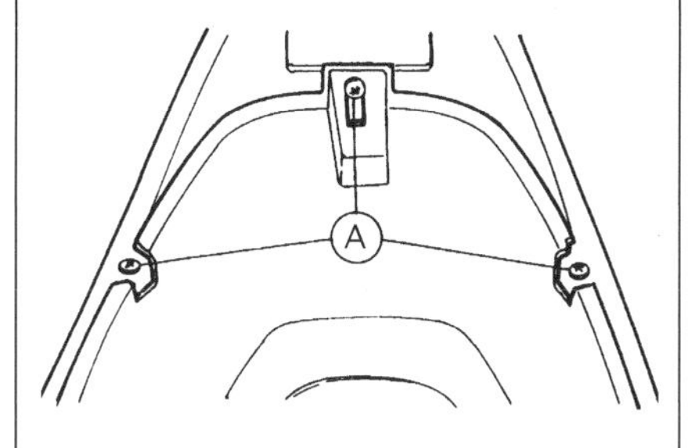

7.8a Entfernen Sie die drei Schrauben (A) vom Gepäckfach, . . .

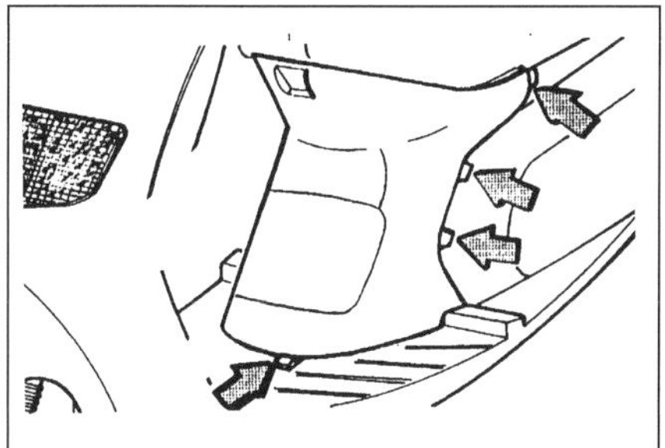

7.8b . . . und befreien Sie die Stifte und Laschen, um den Motordeckel zu entfernen.

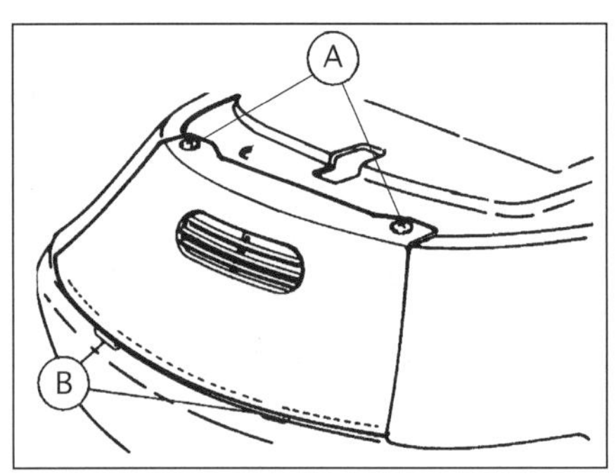

7.14 Schrauben (A) und Laschen (B) der Rücklichtabdeckung

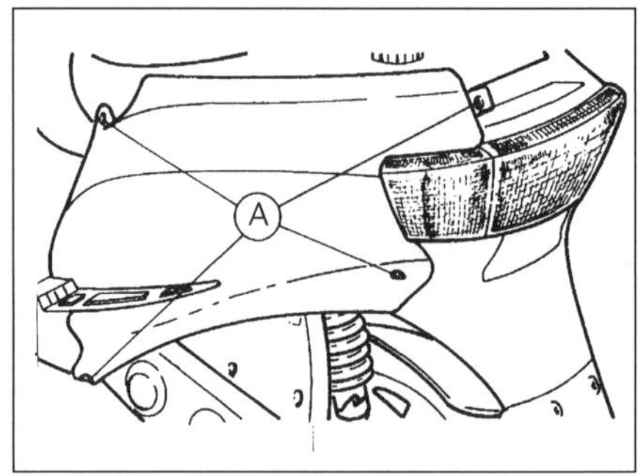

7.15 Seitenverkleidungs-Schrauben (A)

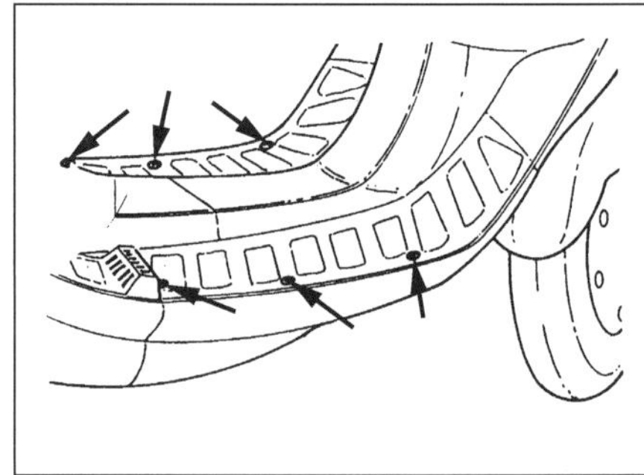

7.23 Trittbrett-Schrauben – entweder vier oder sechs Stück

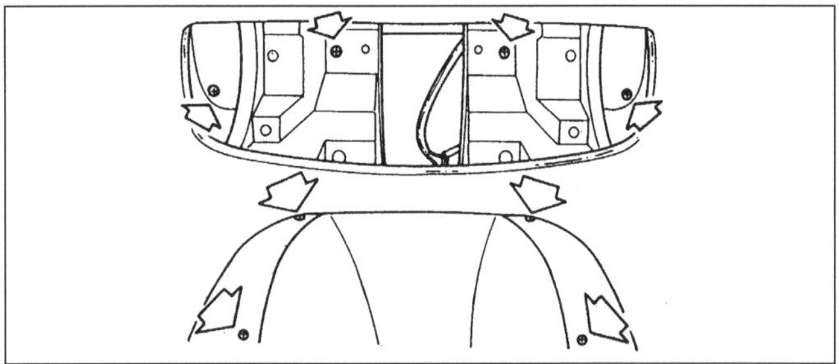

7.26a Die Frontverkleidungs-Schrauben sitzen im Scheinwerfergehäuse, am unteren Rand der Frontverkleidung, . . .

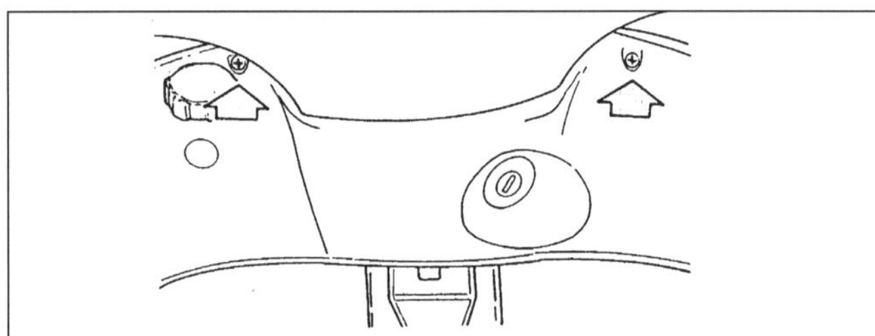

7.26b . . . und oben an der Innenverkleidung.

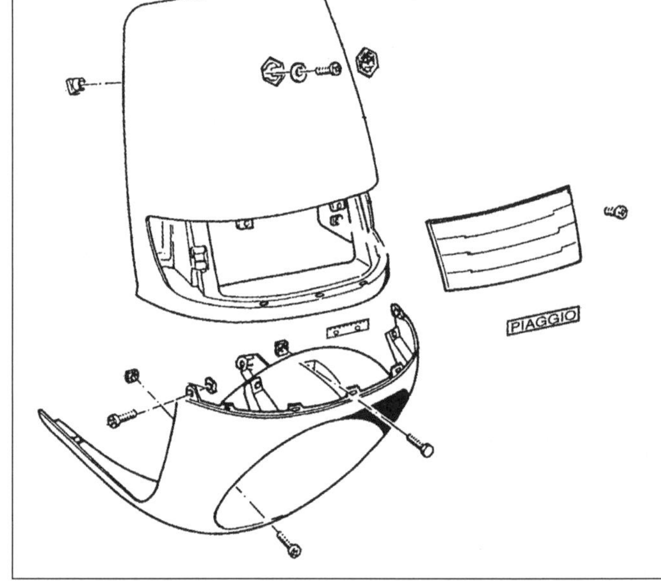

7.27 Frontverkleidung – Skipper

Sie die zwei Stifte und die Laschen aus den anderen Verkleidungsteilen, und nehmen Sie die Verkleidung ab (siehe Abbildungen).

9 Der Einbau entspricht der umgekehrten Ausbaureihenfolge.

Gepäckträger

10 Öffnen Sie mit dem Zündschlüssel das Sitzbankschloss, und klappen Sie den Sitz hoch.

11 Lösen Sie die vier Schrauben, die den Träger sichern, und nehmen Sie ihn ab.

12 Der Einbau entspricht der umgekehrten Ausbaureihenfolge.

Seitenverkleidungen

13 Entfernen Sie die Motorverkleidung und den Gepäckträger.

14 Lösen Sie die zwei Schrauben der Rücklichtabdeckung, und entfernen Sie sie – merken Sie sich, wie die Laschen in die Seitenverkleidungen greifen (siehe Abbildung).

15 Lösen Sie die vier Schrauben, die die Seitenverkleidung am Rahmen und dem Gepäckfach sichern, und nehmen Sie sie ab (siehe Abbildung).

16 Der Einbau entspricht der umgekehrten Ausbaureihenfolge.

Gepäckfach

17 Entfernen Sie die Seitenverkleidungen.

18 Bauen Sie die Batterie aus (Kapitel 9).

19 Entfernen Sie die Deckel des Kraftstoff- und Öltanks (nicht bei Sfera 125 und Skipper ST).

20 Lösen Sie den Sicherungsträger aus seiner Halterung im Batteriefach, und führen Sie ihn sowie die Batteriekabel durch die Bohrung des Fachs (siehe Abbildung).

21 Lösen Sie die Schrauben, die das Gepäckfach am Rahmen sichern, und heben Sie es heraus, ohne dabei die Kabel abzureißen.

22 Der Einbau entspricht der umgekehrten Ausbaureihenfolge.

Trittbrett

23 Lösen Sie die Schrauben des Trittbretts (siehe Abbildung). Heben Sie das Trittbrett ab – merken Sie sich, wie die vorderen Laschen in die Innenverkleidung greifen.

24 Der Einbau entspricht der umgekehrten Ausbaureihenfolge.

Frontverkleidung

25 Entfernen Sie die Schweinwerfer-Blinkereinheit (siehe Kapitel 9).

26 Je nach Modell ist die Frontverkleidung mit unterschiedlich vielen Schrauben gesichert – manche davon sitzen innerhalb des Scheinwerfergehäuses (siehe Abbildung), andere unten an der Verkleidung, zwei oben in der Innenverkleidung (siehe Abbildung); bei früheren Modellen sitzt eine hinter dem Piaggio-Emblem in der Frontverkleidung, das dazu vorsichtig mit einem Schraubendreher abgehebelt werden muss. Wenn alle Befestigungen gelöst sind, wird die Frontverkleidung abgenommen.

27 Bei früheren Modellen, deren Frontverkleidung aus zwei Teilen besteht, ist es zur Demontage des Unterteils nötig, die Gabel auszubauen (siehe Kapitel 6); dann werden die Schrauben des Unterteils gelöst und dies abgenommen (siehe Abbildung).

28 Der Einbau entspricht der umgekehrten Ausbaureihenfolge.

Innenverkleidung

29 Entfernen Sie das Trittbrett und die Frontverkleidung.

30 Lösen Sie die Schrauben der Innenverkleidung (siehe Abbildungen).

31 Bei Modellen mit Front-Scheibenbremse,

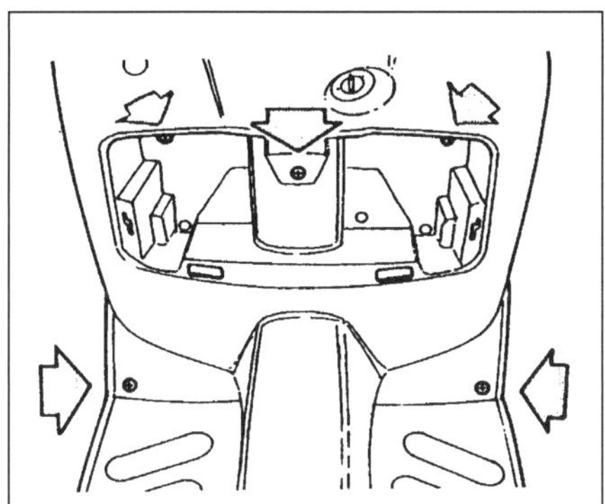

7.30a Innenverkleidungs-Schrauben – spätere Modelle

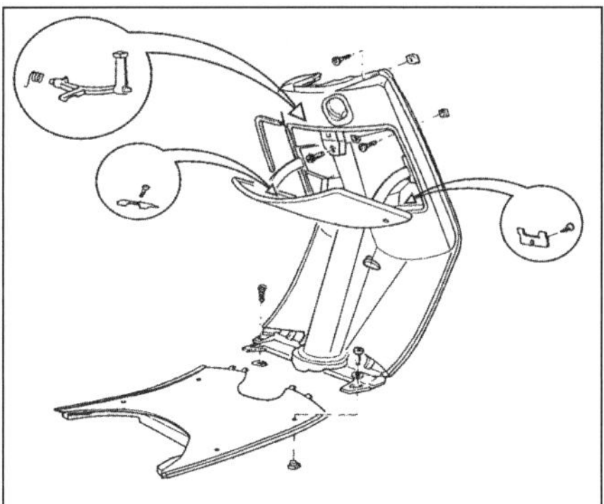

7.30b Innenverkleidung – Skipper

deren Hauptbremszylinder-Ausgleichsbehälter hinter der Innenverkleidung sitzt, muss diese abgezogen werden, bis die Schraube des Behälters zugänglich ist. Lösen Sie die Schraube, entfernen Sie den Behälterdeckel, und ziehen Sie den Behälter vorsichtig durch das Loch der Abdeckung. Setzen Sie den Behälterdeckel wieder auf, und sichern Sie den Behälter mit Draht oder Klebeband aufrecht am Lenkkopf.

32 Heben Sie die Innenverkleidung aus dem Fahrzeug.

33 Der Einbau entspricht der umgekehrten Ausbaureihenfolge.

Lenkerverkleidungen

34 Entfernen Sie die Rückspiegel.

35 Um die vordere Abdeckung zu entfernen, müssen die Schrauben aus der hinteren Abdeckung gelöst werden (siehe Abbildung), dann wird vorsichtig der obere äußere Rand der vorderen Abdeckung hochgehebelt, um die Stifte aus den Bohrungen im oberen Rand der hinteren Abdeckung zu befreien (siehe Abbildung 6.40). Diese Stifte sitzen relativ fest, sodass etwas Krafteinsatz nötig wird – brechen Sie die Abdeckung aber nicht ab! Sind die Stifte befreit, muss die Frontabdeckung so bewegt werden, dass ihre mittigen Laschen aus der hinteren Abdeckung befreit werden. Soll bei Skipper-Modellen die vordere Abdeckung vollständig entfernt werden, müssen die Scheinwerferkabel getrennt werden.

36 Um die hintere Abdeckung zu entfernen, muss zunächst die vordere demontiert werden. Lösen Sie die zwei Schrauben, die die hintere Abdeckung an den Lenker-Haltern sichern (siehe Abbildung). Soll die hintere Abdeckung vollständig entfernt werden, müssen zuvor die Kabelstecker der Instrumente und Lenkerschalter sowie die Tachowelle getrennt werden. Trennen Sie nötigenfalls die Instrumentenkonsole von der Abdeckung (siehe Kapitel 9).

37 Der Einbau entspricht der umgekehrten Ausbaureihenfolge. Alle Kabelstecker müssen korrekt verbunden und gesichert werden. Vor der ersten Fahrt sind die Funktionen aller Lampen und Schalter zu prüfen.

Hinterradkotflügel

38 Lösen Sie die Schrauben, die den Kotflügel an der Antriebseinheit sichern, und nehmen Sie ihn ab.

39 Der Einbau entspricht der umgekehrten Ausbaureihenfolge.

8 Zip und Zip SP Verkleidungsteile
Ausbau und Einbau

Anmerkung: *Richten Sie sich bei den neuen Modellen nach den Anweisungen für Zip 50- und Zip 125-Modelle in Sektion 11.*

Sitz

1 Öffnen Sie mit dem Zündschlüssel das Sitzbankschloss, und klappen Sie den Sitz hoch.

2 Entfernen Sie die Schrauben des Sitzbank-Gelenks am Gepäckfach, und entfernen Sie den Sitz.

3 Der Einbau entspricht der umgekehrten Ausbaureihenfolge.

Motorabdeckungen

4 Um die Abdeckung aus der Motorverkleidung zu entfernen, lösen Sie die einzelne Schraube, die sie daran sichert, und entfernen Sie die Abdeckung.

5 Um die Abdeckung aus dem Gepäckfach zu entfernen, öffnen Sie mit dem Zündschlüssel das Sitzbankschloss, und klappen Sie den Sitz hoch. Lösen Sie die einzelne Schraube, die unten im Gepäckfach die Abdeckung sichert, und entfernen Sie diese.

6 Der Einbau entspricht der umgekehrten Ausbaureihenfolge.

Trittbrett

7 Entfernen Sie die in der Motorverkleidung sitzende Motorabdeckung.

8 Lösen Sie die vier Schrauben des Trittbretts, und heben Sie es ab.

9 Der Einbau entspricht der umgekehrten Ausbaureihenfolge.

Seitenverkleidungen

10 Entfernen Sie die Motorabdeckung aus der Motorverkleidung und das Trittbrett.

11 Jede Seitenverkleidung ist mit vier Schrauben und einem Stift gesichert (siehe Abbildung). Lösen Sie die Schrauben – eine vorne, eine an der Seite, eine hinten und eine innerhalb der Motorabdeckung. Ziehen Sie die Seitenverkleidung vorne ab, um den Stift aus seiner Öse zu befreien; ziehen Sie sie dann etwa einen Zentimeter nach hinten, bis sich die Laschen der Motorverkleidung aus den Nuten der Seitenverkleidung lösen. Vor dem Entfernen der linken Seitenverkleidung muss zunächst der Gasbowdenzug-Verteiler gelöst werden.

12 Der Einbau entspricht der umgekehrten Ausbaureihenfolge.

Gepäckträger

13 Öffnen Sie mit dem Zündschlüssel das Sitzbankschloss, und klappen Sie den Sitz hoch.

14 Lösen Sie die Schrauben, und entfernen Sie den Gepäckträger.

15 Der Einbau entspricht der umgekehrten Ausbaureihenfolge.

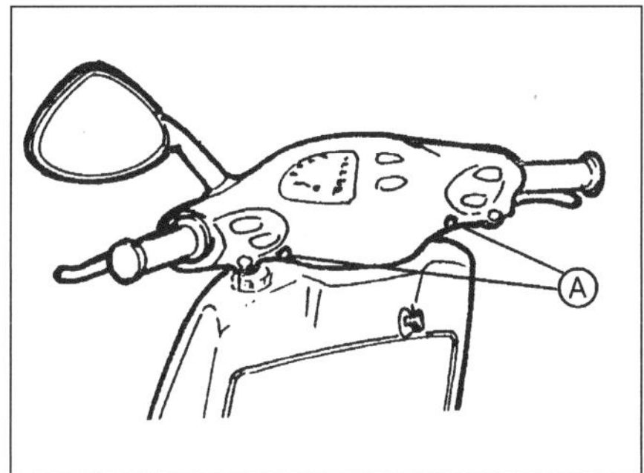

7.35 Lenkerverkleidungs-Schrauben (A)

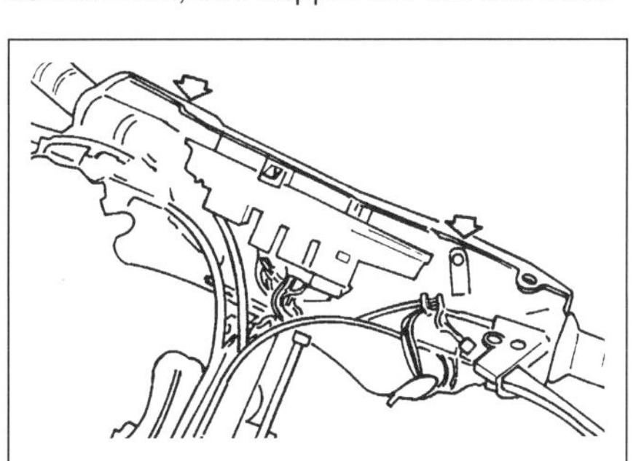

7.36 Lenkerverkleidungs-Schrauben – hinterer Bereich

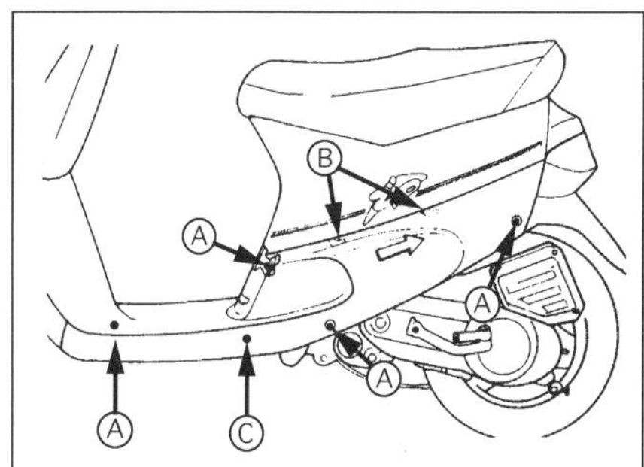

8.11 Seitenverkleidungs-Schrauben (A), Nuten (B) und Stifte (C)

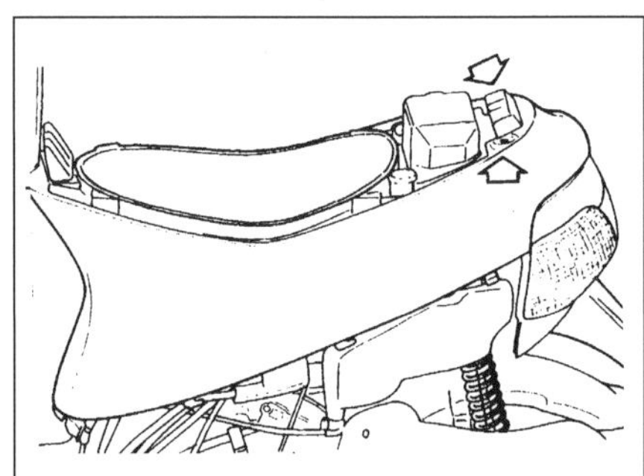

8.17 Motorverkleidungs-Schrauben

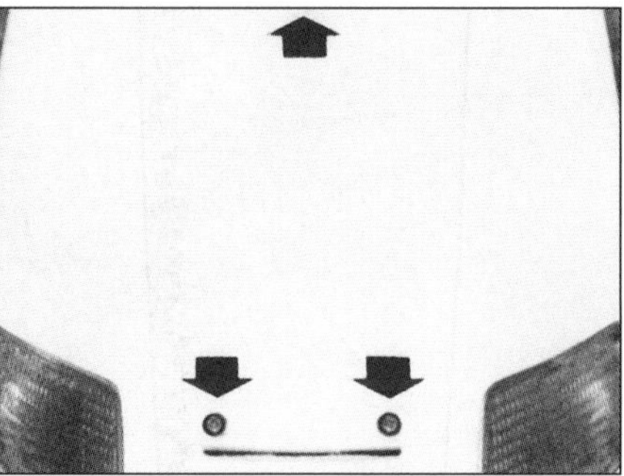

8.25 Vordere Frontverkleidungsschrauben (die obere sitzt hinter dem Emblem)

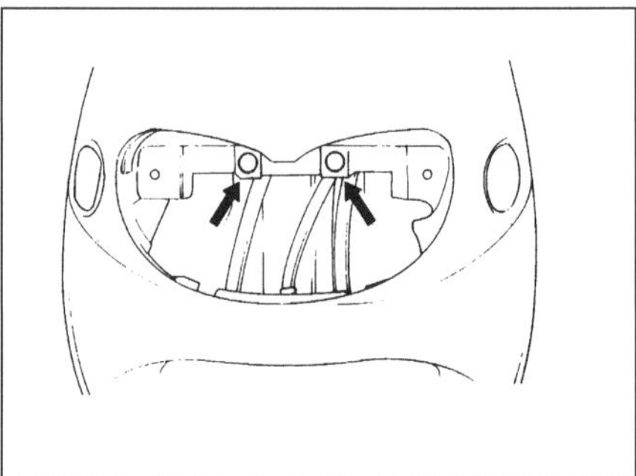

8.29 Schrauben innerhalb des Scheinwerfergehäuses

Motorverkleidung

16 Entfernen Sie die Sitzbank, den Gepäckträger und die Seitenverkleidungen.

17 Lösen Sie die Schrauben der Motorverkleidung, und nehmen Sie diese ab (siehe Abbildung).

18 Der Einbau entspricht der umgekehrten Ausbaureihenfolge.

Gepäckfach

19 Entfernen Sie die Motorverkleidung.

20 Bauen Sie die Batterie aus (Kapitel 9).

21 Entfernen Sie die Deckel des Kraftstoff- und Öltanks.

22 Lösen Sie den Sicherungsträger aus seiner Halterung im Batteriefach, und führen Sie ihn sowie die Batteriekabel durch die Bohrung des Fachs.

23 Lösen Sie die Schrauben, die das Gepäckfach am Rahmen sichern, und heben Sie es heraus, ohne dabei die Kabel abzureißen.

24 Der Einbau entspricht der umgekehrten Ausbaureihenfolge.

Frontverkleidung

Zip

25 Lösen Sie die drei Schrauben vorne aus der Verkleidung – eine sitzt hinter dem Piaggio-Emblem, das dazu vorsichtig mit einem Schraubendreher abgehebelt werden muss (siehe Abbildung).

26 Drücken Sie das Zündschloss ein, um das Handschuhfach zu öffnen und dessen Deckel herunterzuklappen.

27 Lösen Sie die zwei Schrauben innerhalb des Handschuhfachs, um die Blinker aus der Frontverkleidung zu ziehen und ihre Stecker zu trennen (siehe Abbildung 8.33). Lösen Sie die zwei Schrauben oben aus der Innenverkleidung, und nehmen Sie die Frontverkleidung ab.

28 Der Einbau entspricht der umgekehrten Ausbaureihenfolge.

Zip ST

29 Entfernen Sie den Scheinwerfer (siehe Kapitel 9). Lösen Sie die Schrauben innerhalb des Scheinwerfergehäuses (siehe Abbildung).

30 Drücken Sie das Zündschloss ein, um das Handschuhfach zu öffnen und dessen Deckel herunterzuklappen. Lösen Sie die zwei Schrauben innerhalb des Handschuhfachs, um alle Schrauben zu entfernen, die die Frontverkleidung sichern.

31 Lösen Sie die zwei Schrauben, die den oberen Rand der Frontverkleidung sichern, sowie die zwei Schrauben am unteren Rand. Nehmen Sie die Frontverkleidung ab.

32 Der Einbau entspricht der umgekehrten Ausbaureihenfolge.

Innenverkleidung

33 Lösen Sie bei Zip-Modellen die Schrauben der Innenverkleidung (siehe Abbildung) – halten Sie dabei die Blinker, damit sie nicht aus der Frontverkleidung fallen. Entfernen Sie bei Zip SP-Modellen die Frontverkleidung wie oben beschrieben.

34 Entfernen Sie bei allen Modellen das Trittbrett. Lösen Sie an beiden Seiten die Schraube, die den vorderen Bereich der Seitenverkleidung am Trittbrett sichert (siehe Abbildung 8.11 – vordere Schraube A). Entfernen Sie das Trittbrett.

35 Der Einbau entspricht der umgekehrten Ausbaureihenfolge.

Lenkerverkleidungen

36 Entfernen Sie die Rückspiegel.

37 Um die vordere Abdeckung zu entfernen, müssen die zwei Schrauben aus der hinteren Abdeckung und die eine Schraube unten in der vorderen Abdeckung gelöst werden (siehe Abbildung). Soll die vordere Abdeckung vollständig entfernt werden, müssen die Scheinwerferkabel (Zip) bzw. Blinkerkabel (Zip SP) getrennt werden.

38 Um die hintere Abdeckung zu entfernen, muss zunächst die vordere demontiert werden. Lösen Sie die drei Schrauben, die die hintere Abdeckung an den Lenker-Haltern sichern (siehe Abbildung). Soll die hintere Abdeckung vollständig entfernt werden, müssen zuvor die Kabelstecker der Instrumente und Lenkerschalter sowie die Tachowelle getrennt werden. Trennen Sie nötigenfalls die Instrumentenkonsole von der Abdeckung (siehe Kapitel 9).

39 Der Einbau entspricht der umgekehrten Ausbaureihenfolge. Alle Kabelstecker müssen korrekt verbunden und gesichert werden. Vor der ersten Fahrt sind die Funktionen aller Lampen und Schalter zu prüfen.

Hinterradkotflügel

40 Lösen Sie die Schrauben, die den Kotflügel an der Antriebseinheit sichern, und nehmen Sie ihn ab.

41 Der Einbau entspricht der umgekehrten Ausbaureihenfolge.

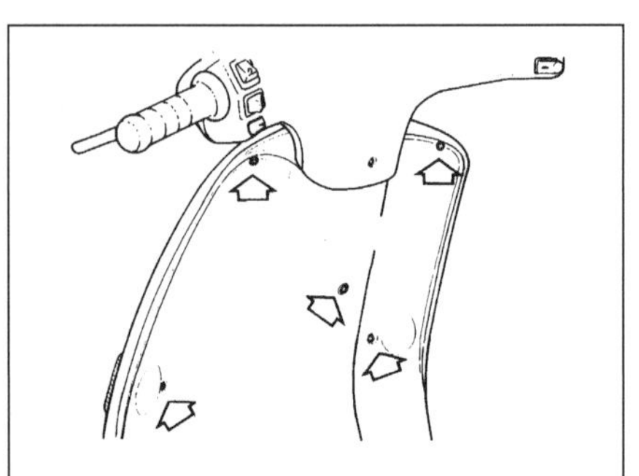

8.33 Innenverkleidungs-Schrauben – Zip

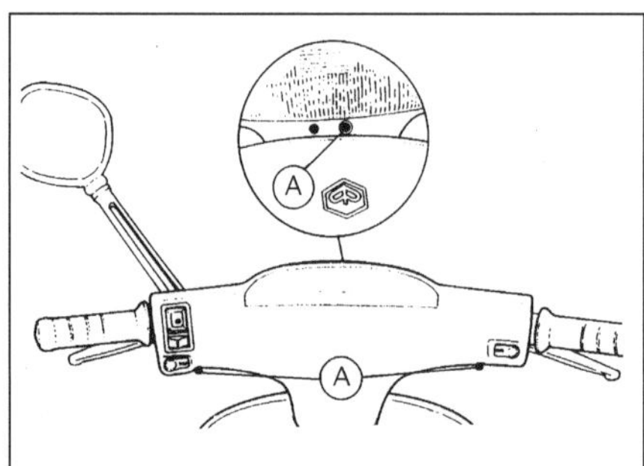

8.37 Schrauben (A) der vorderen Lenkerverkleidung

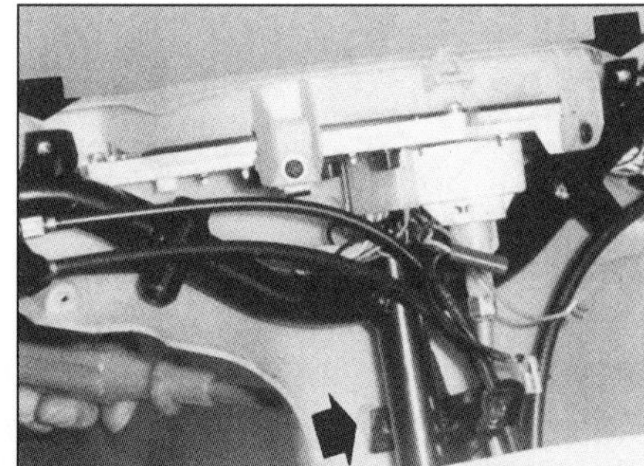

8.38 Schrauben der hinteren Lenkerverkleidung

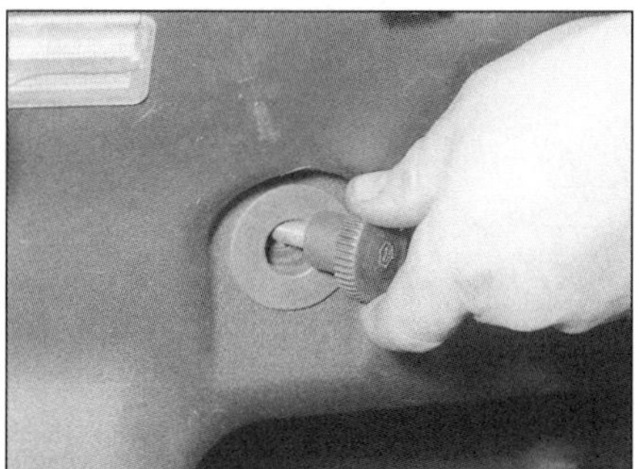

9.2a Lösen Sie den Knopf, . . .

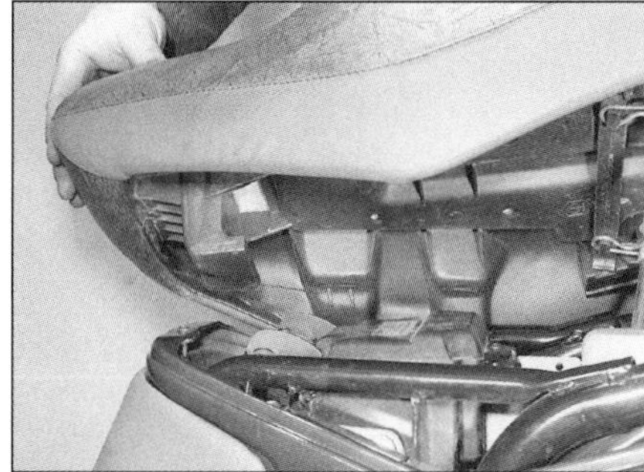

9.2b . . . und entfernen Sie den Sitz.

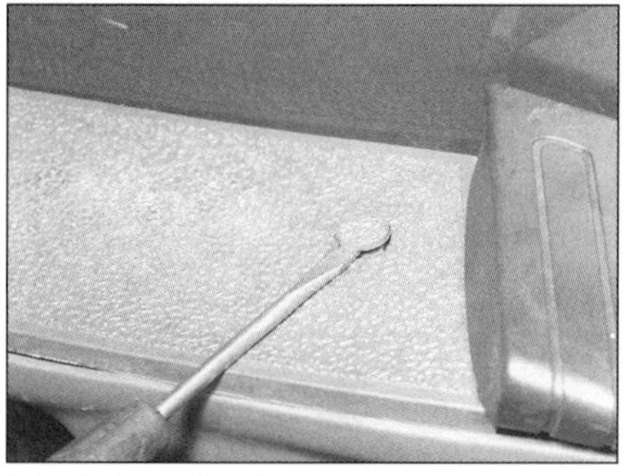

9.6a Hebeln Sie die Zapfen heraus, . . .

9.6b . . . und heben Sie die Matten ab.

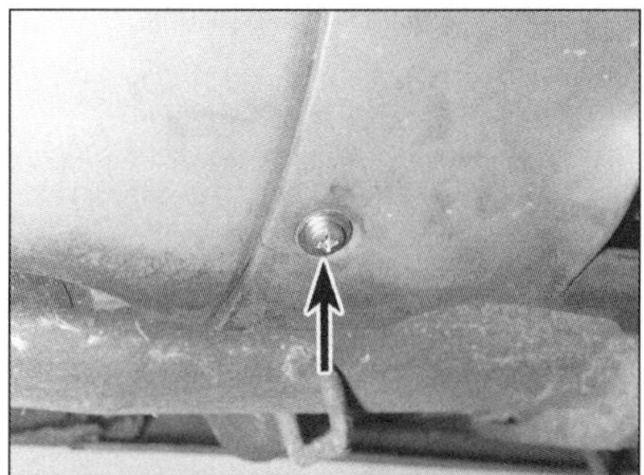

9.7a Die vordere Schraube sitzt an der Unterseite der Verkleidung.

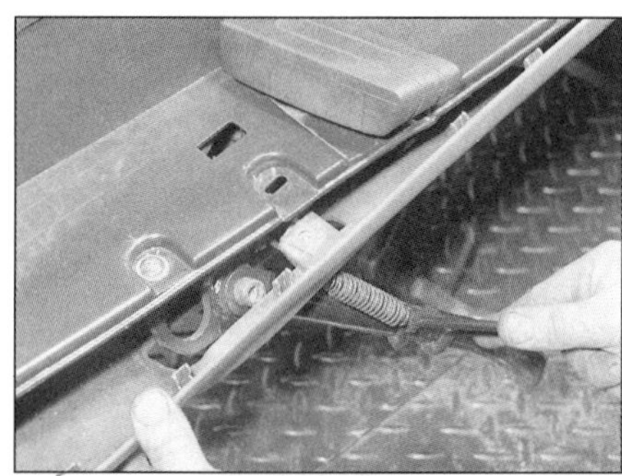

9.7b Ziehen Sie das Verkleidungsteil vorne ab, . . .

9 Hexagon, Super Hexagon Verkleidungsteile
Ausbau und Einbau

Sitz

1 Öffnen Sie mit dem Zündschlüssel die Gepäckfach-Abdeckung, und klappen Sie sie auf.

2 Lösen Sie den Knopf innerhalb der Abdeckung, um die Sitzbank zu lösen, und entfernen Sie den Sitz (siehe Abbildungen).

3 Der Einbau entspricht der umgekehrten Ausbaureihenfolge.

Motorabdeckung

4 Lösen Sie die einzelne Schraube, die vorne unter der Sitzbank die Abdeckung sichert, und entfernen Sie diese.

5 Der Einbau entspricht der umgekehrten Ausbaureihenfolge.

Untere Innenverkleidung

6 Entfernen Sie die Fußmatten, indem Sie ihre Befestigungen mit einem Schraubendreher hochhebeln und sie abziehen (siehe Abbildungen).

7 Jede untere Innenverkleidung ist mit vier Schrauben gesichert; lösen Sie diese – eine vorne unten, zwei im Trittbrett und eine hinten (siehe Abbildung). Ziehen Sie die Verkleidung vorne ab, um die Lasche seitlich aus dem Trittbrett zu befreien; ziehen Sie die Verkleidung dann etwa einen Zentimeter nach vorne, bis sich die Laschen aus den Nuten der Seitenverkleidung lösen (siehe Abbildungen).

8 Der Einbau entspricht der umgekehrten Ausbaureihenfolge.

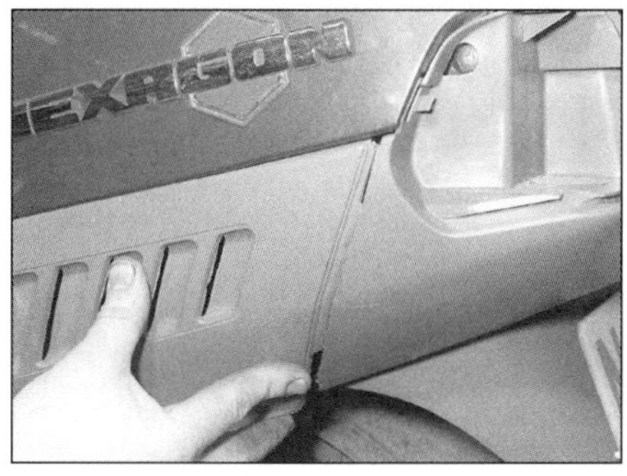

9.7c . . . ziehen Sie es nach vorne, . . .

9.7d . . . und befreien Sie die Laschen.

Seitenverkleidungen

9 Entfernen Sie die unteren Innenverkleidungen.

10 Entfernen Sie die Rücklichteinheit (siehe Kapitel 9).

11 Entfernen Sie die zwei Gummiabdeckungen aus dem Gepäckfach, um Zugang zu den Muttern der Beifahrer-Griffe zu erhalten (siehe Abbildung). Lösen Sie die Muttern und Schrauben der Griffe, und entfernen Sie diese (siehe Abbildung). Entfernen Sie nötigenfalls die Gummis der unteren Halterungen (siehe Abbildung).

12 Entfernen Sie das Rückenpolster, indem Sie es nach oben ziehen und seine Stifte aus der Gepäckfach-Verkleidung entfernen – be-

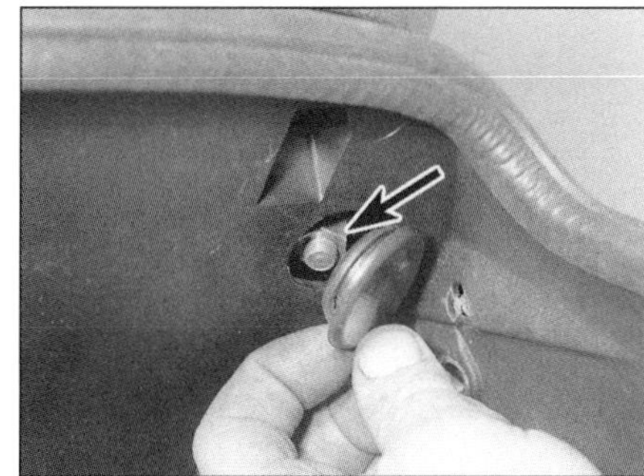

9.11a Entfernen Sie die Abdeckung und lösen Sie die Mutter . . .

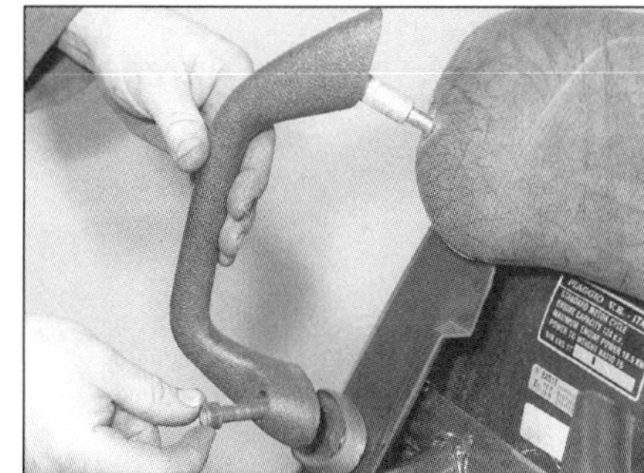

9.11b . . . und die Schraube, um den Haltegriff zu entfernen.

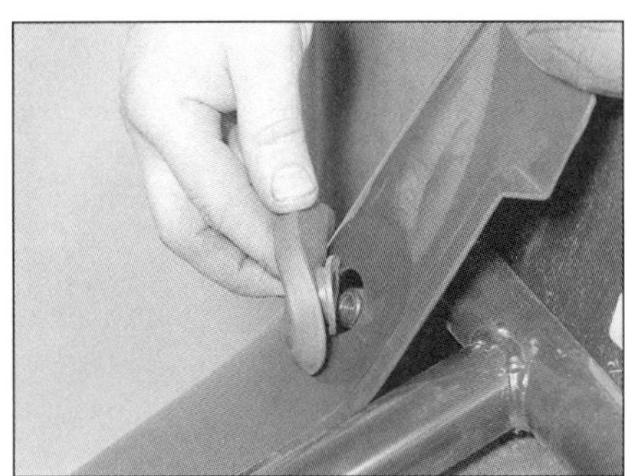

9.11c Entfernen Sie nötigenfalls die Gummikappe.

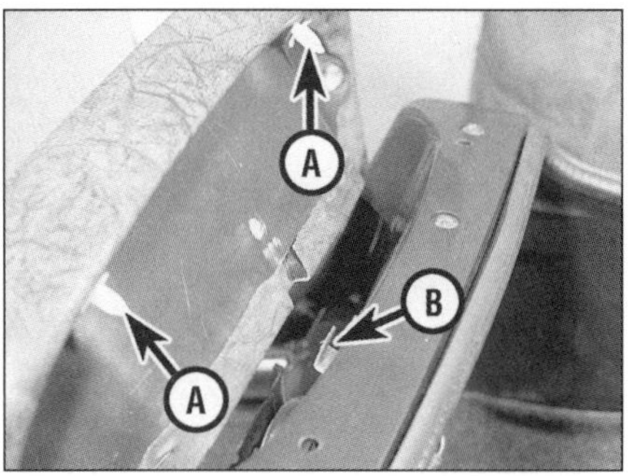

9.12a Befreien Sie die Stifte (A), und heben Sie die Lehne von der Stütze (B).

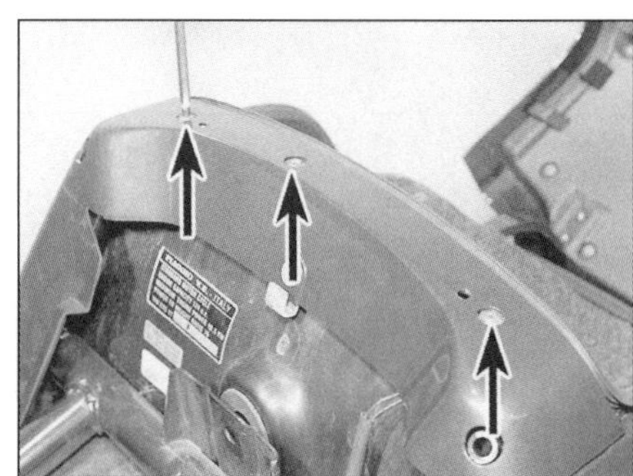

9.12b Entfernen Sie die drei Schrauben, und entnehmen Sie das Bauteil.

achten Sie, wie es in die Lehne greift. Lösen Sie die drei Schrauben der Verkleidung, und entfernen Sie sie (siehe Abbildungen).

13 Entfernen Sie die Gummis der Beifahrerfußrasten – merken Sie sich ihre Einbaurichtung; lösen Sie die Fußrastenschrauben, die mit einem Steckschlüssel durch die Löcher zugänglich sind (siehe Abbildungen).

14 Jede Seitenverkleidung ist mit acht Schrauben gesichert – drei an der Bodenverkleidung, zwei in der Mitte, die die Verkleidungshälften verbinden, zwei am oberen Rand und eine hinten (siehe Abbildungen). Lösen Sie alle Schrauben, und heben Sie die Verkleidungsteile ab.

15 Der Einbau entspricht der umgekehrten Ausbaureihenfolge.

Bodenverkleidung

16 Entfernen Sie die Fußmatten, indem Sie ihre Befestigungen mit einem Schraubendreher hochhebeln und sie abziehen (siehe Abbildungen 9.6a und b).

17 Entfernen Sie die Seitenverkleidungen.

18 Öffnen Sie mit dem Zündschlüssel die Abdeckung des Kraftstoff- und Öltank-Deckels, und klappen Sie sie hoch. Entfernen Sie alle vorhandenen Tankdeckel, nehmen Sie die Abtropfwannen heraus, und installieren Sie den/die Tankdeckel (siehe Abbildungen).

19 Lösen Sie die sechs Schrauben der Einfülldeckel-Abdeckung, und entfernen Sie diese (siehe Abbildung).

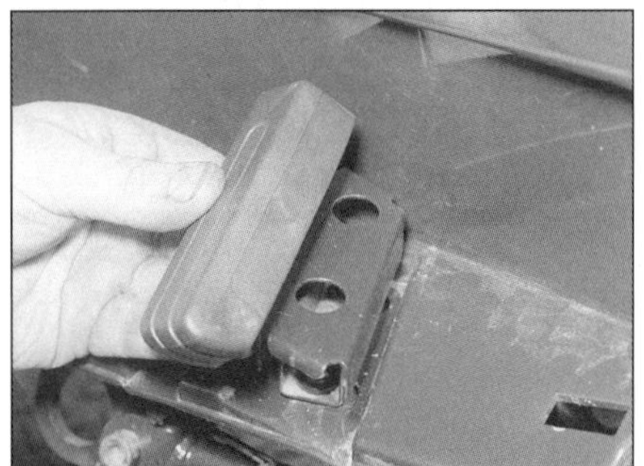

9.13a Entfernen Sie das Beifahrer-Fußrastengummi, . . .

9.13b . . . um Zugang zu den Fußrasten-Schrauben zu erhalten.

9.14a Entfernen Sie die drei Schrauben am Trittbrett, . . .

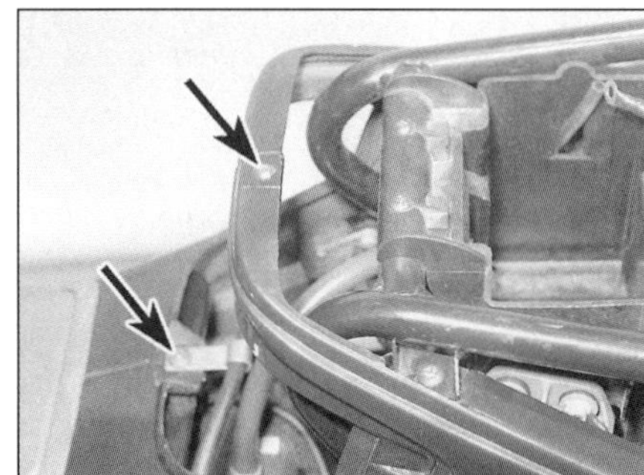

9.14b . . . die zwei in der Mitte, . . .

9.14c . . . die zwei oben . . .

9.14d . . . und die einzelne Schraube hinten.

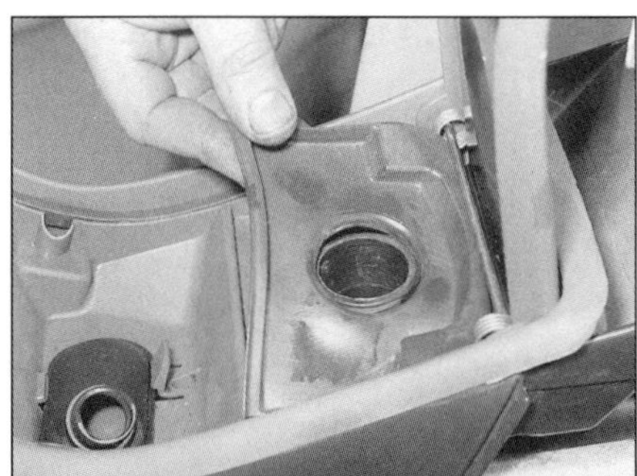

9.18a Entfernen Sie die Kraftstoff- . . .

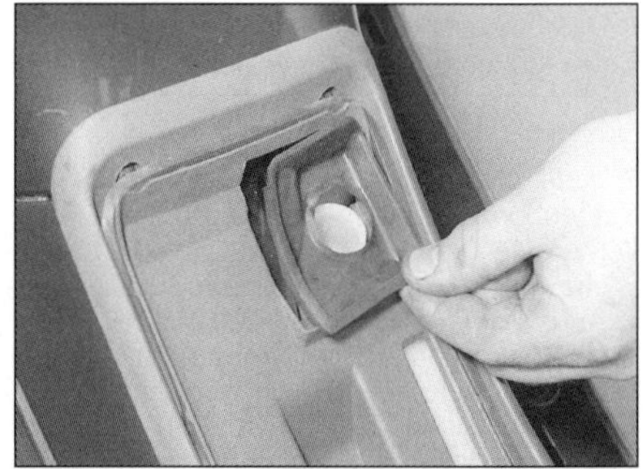

9.18b . . . und die Öltank-Abdeckung, . . .

20 Lösen Sie die vier Schrauben der Bodenverkleidung, und nehmen Sie diese aus dem Fahrzeug (siehe Abbildung).

21 Der Einbau entspricht der umgekehrten Ausbaureihenfolge.

Frontverkleidung

22 Entfernen Sie den Scheinwerfer (Kapitel 9).

23 Die Frontverkleidung ist mit neun Schrauben gesichert – vier im Scheinwerfergehäuse, eine vorne an der Unterseite, zwei oben und je eine seitlich an der Innenverkleidung (siehe Abbildungen). Lösen Sie alle Schrauben, und ziehen Sie die Frontverkleidung vorsichtig nach vorne vom Fahrzeug.

24 Der Einbau entspricht der umgekehrten Ausbaureihenfolge.

Innenverkleidung

25 Entfernen Sie die Frontverkleidung.

26 Lösen Sie die Schraube des Sicherungsträgers, heben Sie ihn aus seinen Nuten, und führen Sie ihn durch die Bohrung der Innenverkleidung (siehe Abbildung). Trennen Sie an der Rückseite der Verkleidung das Kabel des Blink-Summers (siehe Abbildung).

27 Lösen Sie die Schraube des Kühler-Ausgleichsbehälters, und entfernen Sie dessen Deckel samt Gummiumrandung. Heben Sie den Behälter aus seinen Halterungen, und ziehen Sie den Einfüllstutzen aus dem Loch oben in der Innenverkleidung (siehe Abbildung). Sichern Sie den Behälter mit Draht oder Klebeband aufrecht am Lenkkopf.

28 Lösen Sie die zwei Schrauben, die die Innenverkleidung am Rahmen sichern – eine von ihnen sichert auch den Halter des Blinker-

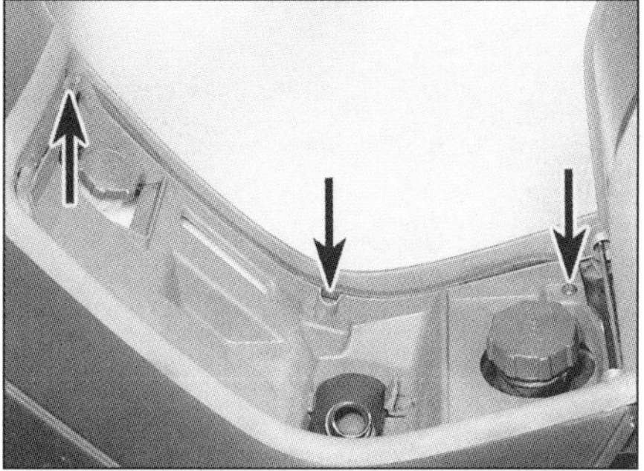

9.19 . . . entfernen Sie dann an jeder Seite die drei Schrauben.

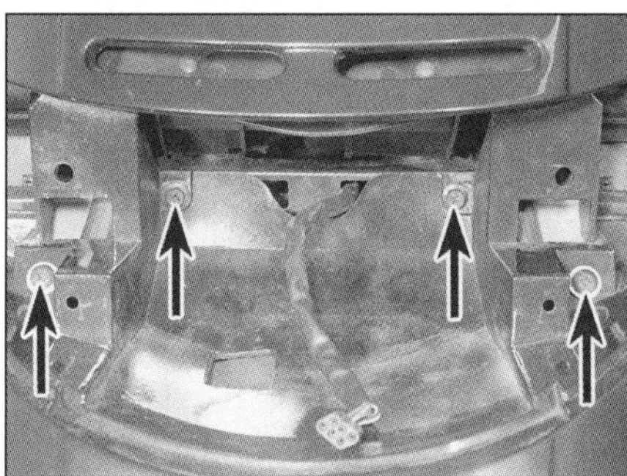

9.23a Entfernen Sie die vier Schrauben im Scheinwerfergehäuse, . . .

Summers, dessen Relais und das Scheinwerfer-Relais (siehe Abbildung).

29 Lösen Sie die zwei Schrauben, die die Innenverkleidung am Kotflügel sichern, und nehmen Sie sie aus dem Fahrzeug (siehe Abbildung).

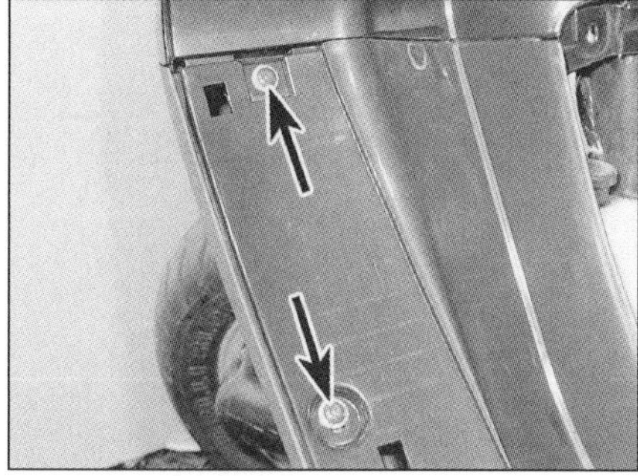

9.20 Die Bodenverkleidung ist an jeder Seite mit zwei Schrauben gesichert.

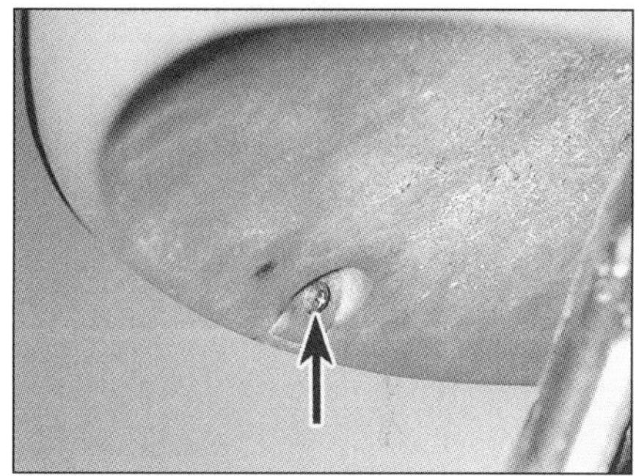

9.23b . . . die Schraube an der Unterseite , . . .

30 Der Einbau entspricht der umgekehrten Ausbaureihenfolge.

Lenkerverkleidungen und Windschutzscheibe

31 Entfernen Sie die Rückspiegel.

32 Um die vordere Abdeckung zu entfernen,

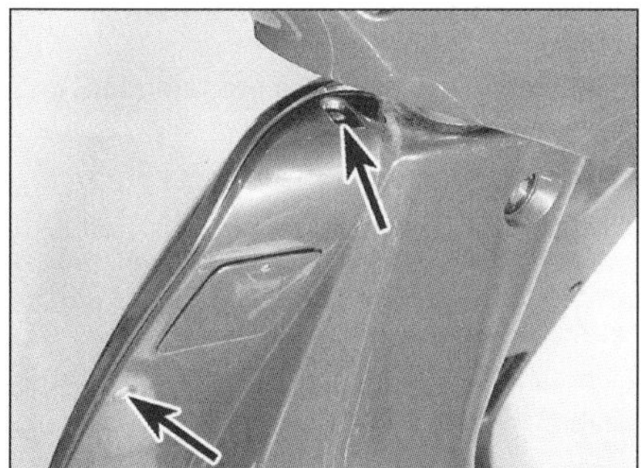

9.23c . . . und die zwei Schrauben an jeder Seite der Innenverkleidung.

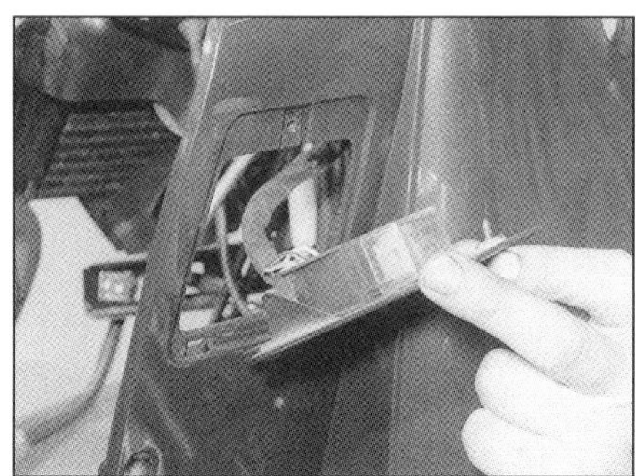

9.26a Lösen Sie den Sicherungshalter, führen Sie ihn durch das Loch, . . .

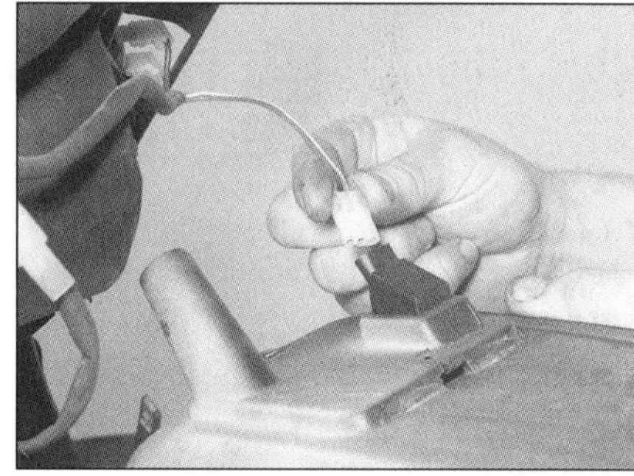

9.26b . . . und trennen Sie das Kabel an der Rückseite des Blinksummers.

9.27 Ziehen Sie den Einfüllstutzen aus der Verkleidung.

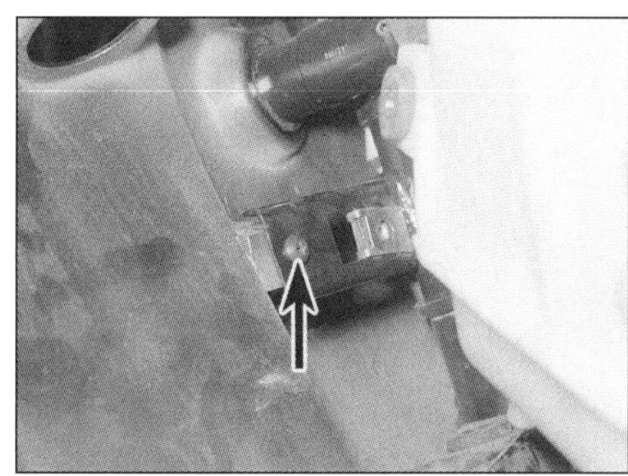

9.28 Entfernen Sie an jeder Seite des Halters die Schraube.

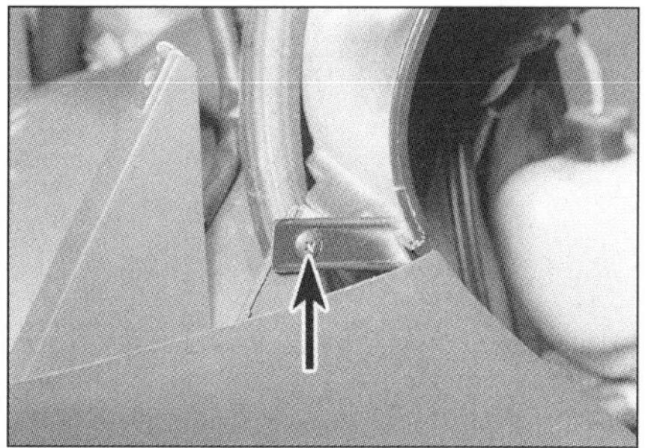

9.29 Entfernen Sie an jeder Seite die Schraube, die das Verkleidungsteil am Kotflügel sichert.

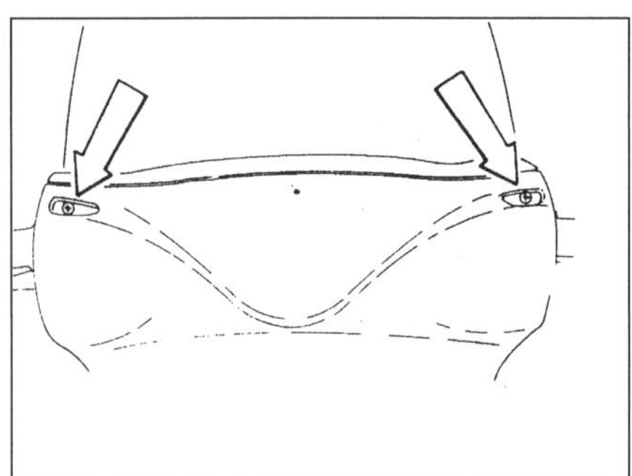

9.32a Die Frontverkleidung ist mit zwei Schrauben vorne . . .

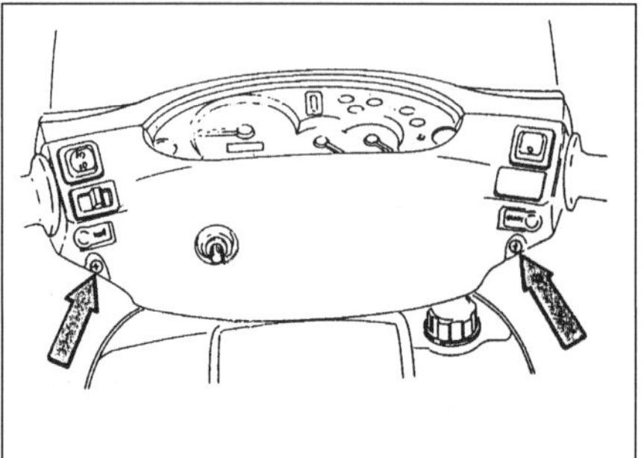

9.32b . . . und zwei Schrauben hinten an der hinteren Lenkerverkleidung gesichert.

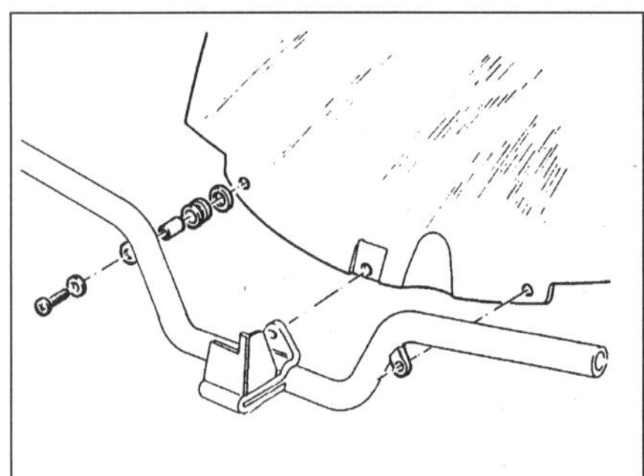

9.33a Windschutzscheiben-Befestigung

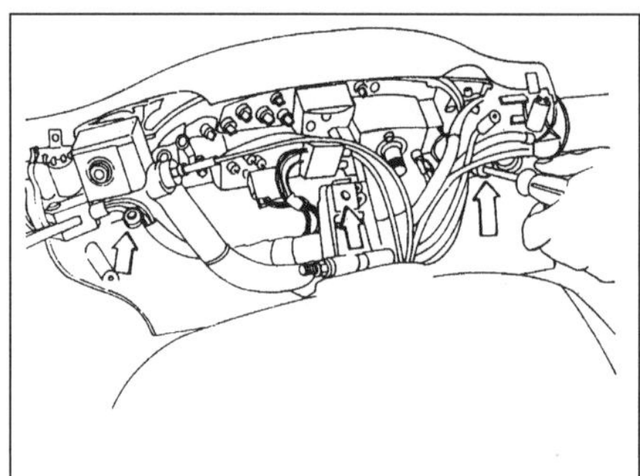

9.33b Befestigungspunkte der hinteren Lenkerverkleidung

müssen die zwei oberen Schrauben unterhalb der Windschutzscheibe sowie die zwei Schrauben unterhalb der Schalter aus der hinteren Abdeckung gelöst werden (siehe Abbildungen).

33 Um die hintere Abdeckung zu entfernen, muss zunächst die vordere demontiert werden. Lösen Sie die Schrauben, die die Windschutzscheibe an den Lenker-Haltern sichern (siehe Abbildung). Lösen Sie die zwei Schrauben vorne an der hinteren Abdeckung und die einzelne Schraube an der Rückseite (siehe Abbildung). Soll die hintere Abdeckung vollständig entfernt werden, müssen zuvor die Kabelstecker der Instrumente und Lenkerschalter sowie die Tachowelle getrennt werden. Trennen Sie nötigenfalls die Instrumentenkonsole von der Abdeckung (siehe Kapitel 9).

34 Der Einbau entspricht der umgekehrten Ausbaureihenfolge. Alle Kabelstecker müssen korrekt verbunden und gesichert werden. Vor der ersten Fahrt sind die Funktionen aller Lampen und Schalter zu prüfen.

Hinterradkotflügel

35 Lösen Sie die Schrauben, die den Kotflügel an der Antriebseinheit sichern, und nehmen Sie ihn ab.

36 Der Einbau entspricht der umgekehrten Ausbaureihenfolge.

10 ET2 und ET4 Verkleidungsteile Ausbau und Einbau

Sitz

1 Öffnen Sie mit dem Zündschlüssel das Sitzbankschloss, und klappen Sie den Sitz hoch.

2 Entfernen Sie die Schrauben des Sitzbank-Gelenks, und entfernen Sie den Sitz.

3 Der Einbau entspricht der umgekehrten Ausbaureihenfolge.

Motorabdeckung

4 Lösen die einzelne Schraube, die unter dem Sitz die Abdeckung sichert, und entfernen Sie diese (siehe Abbildungen).

5 Der Einbau entspricht der umgekehrten Ausbaureihenfolge.

Frontabdeckung

6 Hebeln Sie vorsichtig das Piaggio-Emblem aus der Abdeckung, lösen Sie die dahinterliegende Schraube, und entfernen Sie die Abdeckung (siehe Abbildungen).

7 Der Einbau entspricht der umgekehrten Ausbaureihenfolge.

Innenverkleidung

8 Entfernen Sie die Frontabdeckung, und lö-

10.4a Entfernen Sie die Schraube . . .

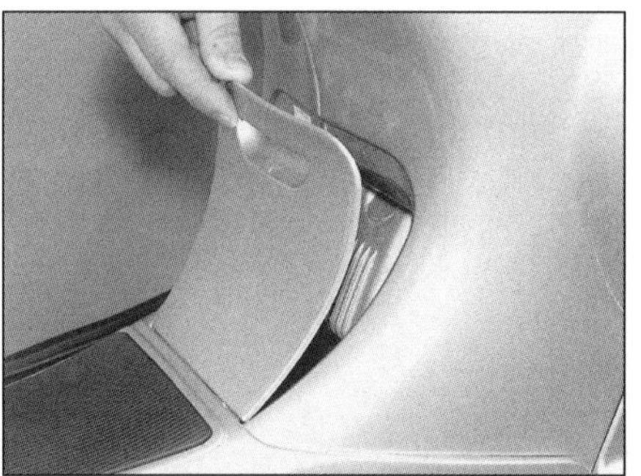

10.4b . . . um die Motorabdeckung zu entfernen.

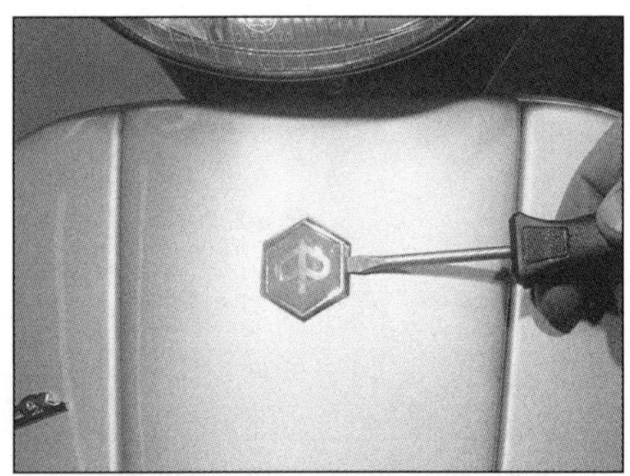

10.6a Hebeln Sie das Emblem ab, . . .

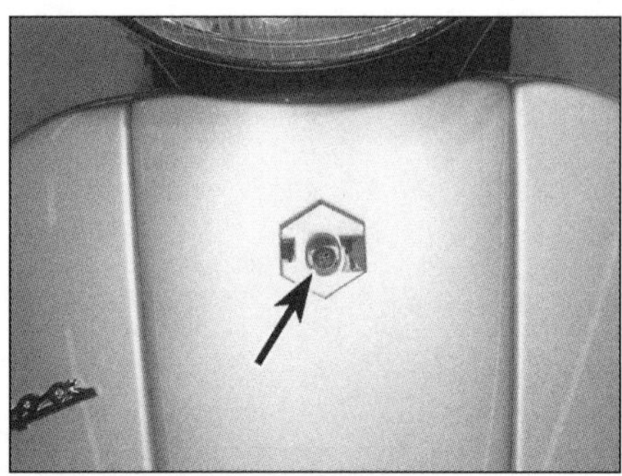

10.6b . . . und entfernen Sie die dahinterliegende Schraube, . . .

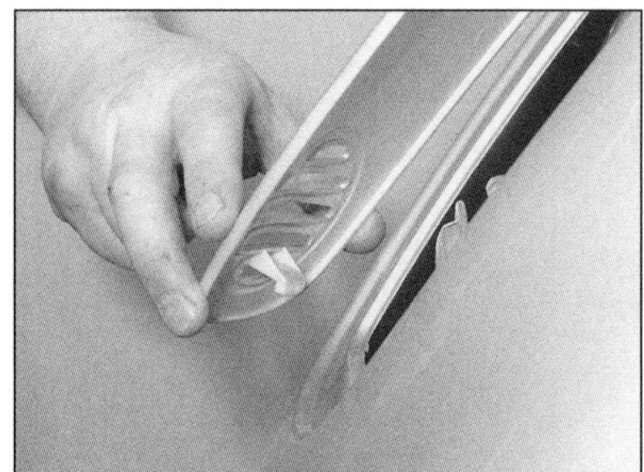

10.6c . . . um die Frontabdeckung zu entfernen.

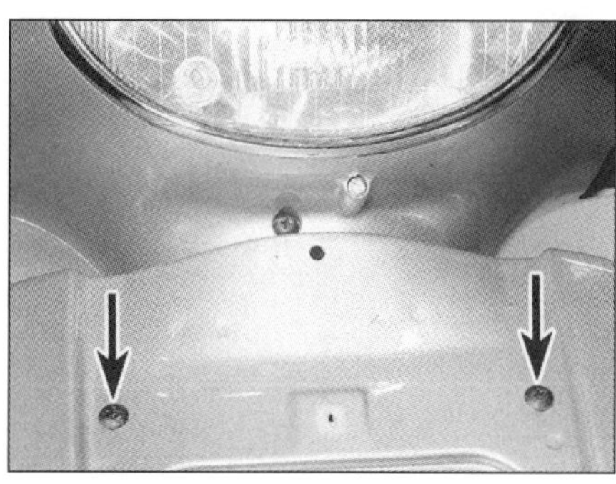

10.8 Entfernen Sie die zwei Schrauben.

10.9a Öffnen Sie das Handschuhfach, . . .

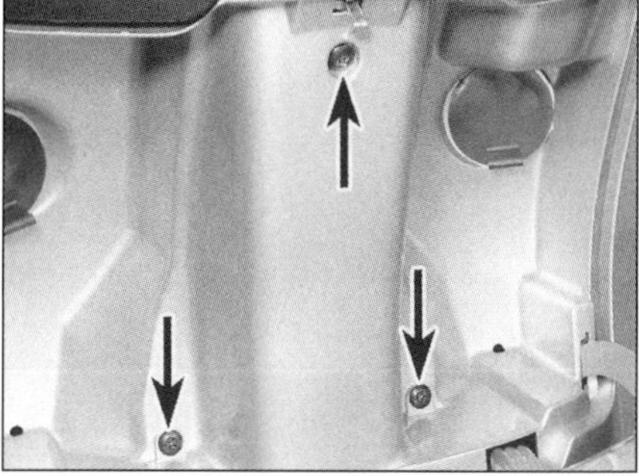

10.9b . . . lösen Sie die Schrauben, . . .

sen Sie die dahinterliegenden zwei Schrauben (siehe Abbildung).

9 Drücken Sie das Zündschloss ein, um das Handschuhfach zu öffnen (siehe Abbildung), lösen Sie die drei Schrauben innerhalb des Fachs, und entfernen Sie die Innenverkleidung (siehe Abbildungen).

10 Der Einbau entspricht der umgekehrten Ausbaureihenfolge.

Trittbrett

11 Entfernen Sie die Innenverkleidung.

12 Entfernen Sie die Bodenmatten, lösen Sie dann die fünf Schrauben der Verkleidung, und entfernen Sie diese – beachten Sie, wie sie hinten in die Seitenverkleidungen greift (siehe Abbildungen).

13 Der Einbau entspricht der umgekehrten Ausbaureihenfolge.

Seitenverkleidungen

14 Heben Sie die Fußmatten hinten an, und

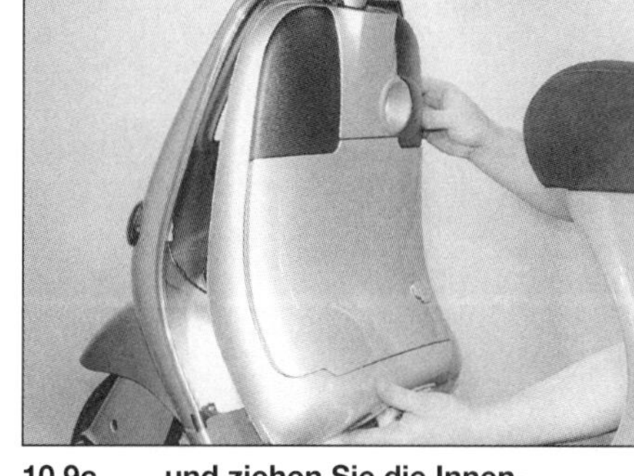

10.9c . . . und ziehen Sie die Innenverkleidung ab.

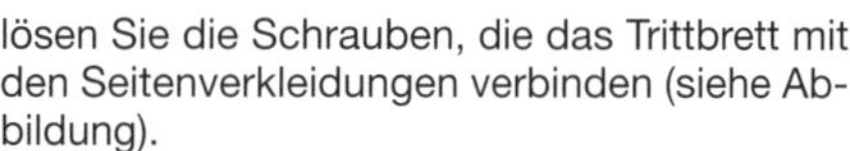

lösen Sie die Schrauben, die das Trittbrett mit den Seitenverkleidungen verbinden (siehe Abbildung).

15 Jede Seitenverkleidung ist mit drei in Gummiösen am Rahmen greifende Stiften sowie Laschen vorne und hinten gesichert. Ziehen

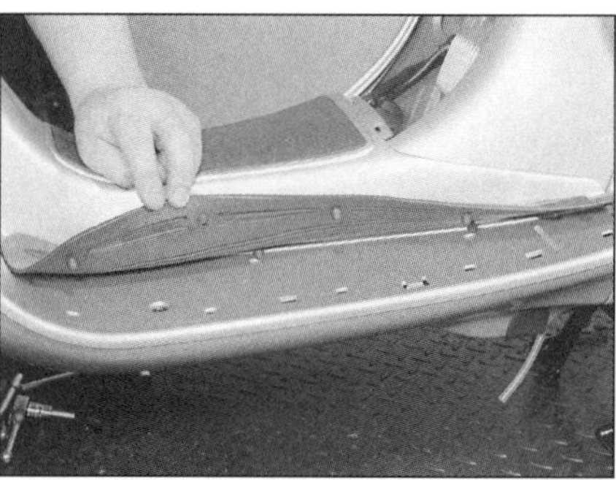

10.12a Ziehen Sie die Trittbrettmatten hoch, . . .

Sie jedes Verkleidungsteil hinten ab, um die Laschen zu befreien, ziehen Sie dann die Stifte aus den Ösen, und manövrieren Sie das Verkleidungsteil nach hinten, um die vordere Lasche zu befreien und es abzunehmen (siehe Abbildungen).

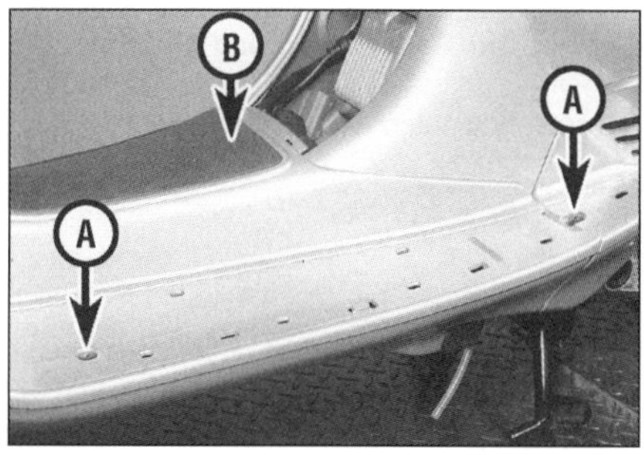

10.12b . . . entfernen Sie an jeder Seite die zwei Schrauben (A) sowie die Schraube unter der mittleren Matte (B) . . .

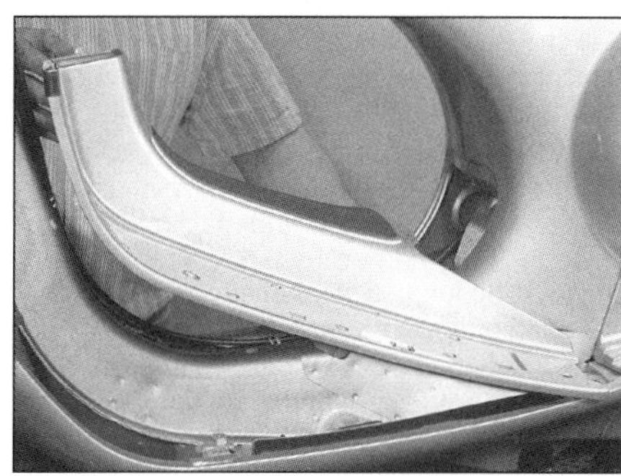

10.12c . . . und heben Sie das Trittbrett vorne an, . . .

10.12d . . . beachten Sie, wie es in die Seitenverkleidung greift.

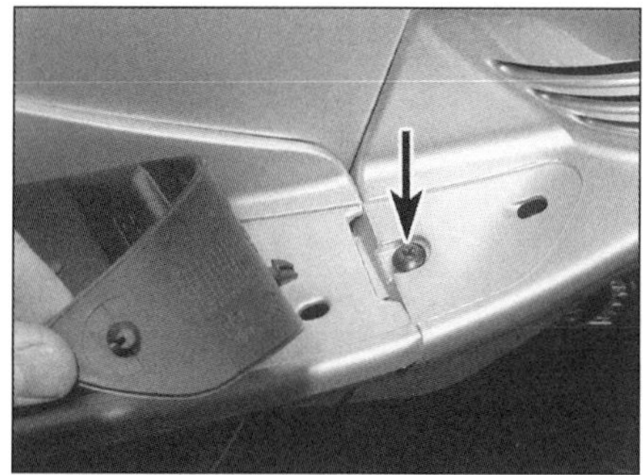

10.14 Heben Sie die Matte hinten an, und entfernen Sie die Schraube.

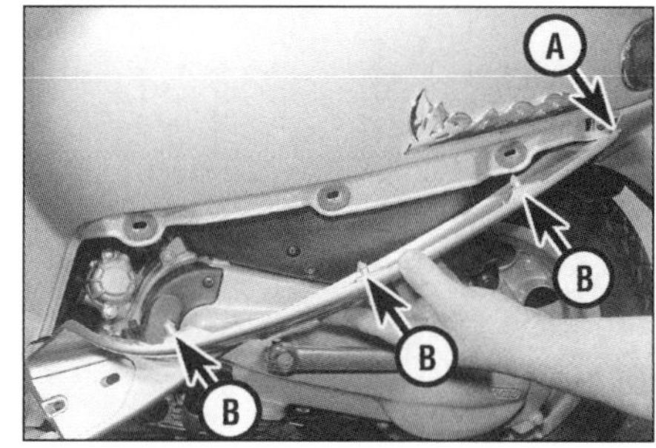

10.15a Ziehen Sie die Verkleidung hinten ab, bis die Lasche (A) frei ist, ziehen Sie dann die Stifte (B) heraus, . . .

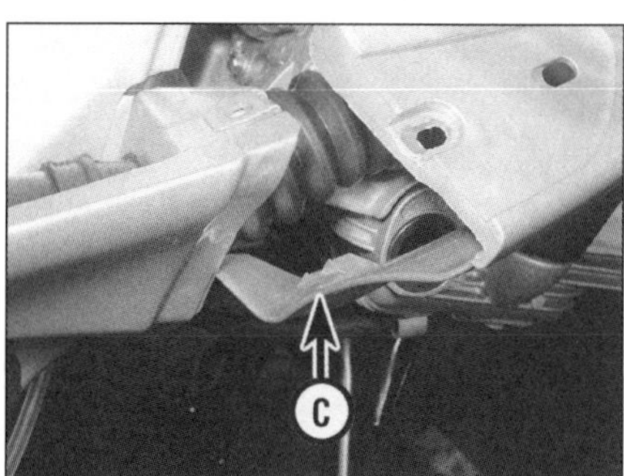

10.15b . . . und befreien Sie die vordere Lasche (C).

10.17 Das Gepäckfach wird einfach herausgehoben.

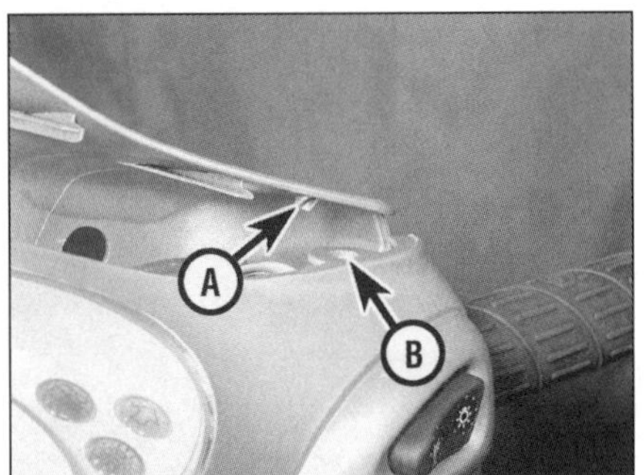

10.20c . . . hebeln Sie die Ränder an, bis der Stift (A) aus der Bohrung (B) befreit ist . . .

16 Der Einbau entspricht der umgekehrten Ausbaureihenfolge.

Gepäckfach

17 Öffnen Sie mit dem Zündschlüssel das Sitzbankschloss, klappen Sie den Sitz hoch, und heben Sie dann das Gepäckfach heraus (siehe Abbildung).

18 Der Einbau entspricht der umgekehrten Ausbaureihenfolge.

Lenkerverkleidungen

19 Entfernen Sie die Rückspiegel.

20 Um die vordere Abdeckung zu entfernen, müssen die Schrauben aus der hinteren Abdeckung sowie die Schraube unterhalb des Scheinwerfers gelöst werden, dann wird vorsichtig der obere äußere Rand der vorderen Abdeckung hochgehebelt, um die Stifte aus den Bohrungen im oberen Rand der hinteren

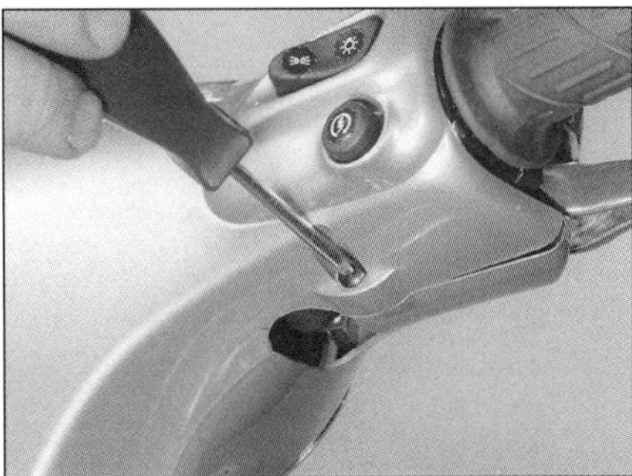

10.20a Lösen Sie die Schrauben in der hinteren Abdeckung . . .

10.20d . . . und die mittleren Laschen der Abdeckung abgezogen werden können.

Abdeckung zu befreien (siehe Abbildungen). Diese Stifte sitzen relativ fest, sodass etwas Krafteinsatz nötig wird – brechen Sie die Abdeckung aber nicht ab! Sind die Stifte befreit, muss die Frontabdeckung so bewegt werden, dass ihre mittigen Laschen aus der hinteren Abdeckung befreit werden (siehe Abbildung). Soll die vordere Abdeckung vollständig entfernt werden, muss der Stecker der Scheinwerferkabel getrennt werden.

21 Um die hintere Abdeckung zu entfernen, muss zunächst die vordere demontiert werden. Lösen Sie die Schrauben, die die hintere Abdeckung an den Lenker-Haltern sichern (siehe Abbildung). Soll die hintere Abdeckung vollständig entfernt werden, müssen zuvor die Kabelstecker der Instrumente und Lenkerschalter sowie die Tachowelle getrennt werden. Trennen Sie nötigenfalls die Instrumentenkonsole von der Abdeckung (Kapitel 9).

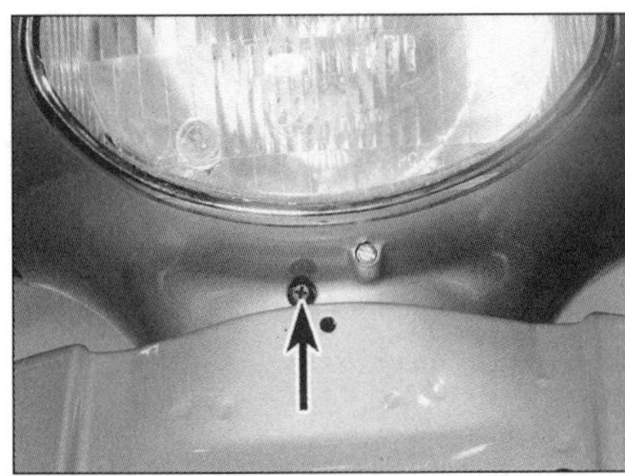

10.20b . . . und die Schraube unterhalb des Scheinwerfers, . . .

22 Der Einbau entspricht der umgekehrten Ausbaureihenfolge. Alle Kabelstecker müssen korrekt verbunden und gesichert werden. Vor der ersten Fahrt sind die Funktionen aller Lampen und Schalter zu prüfen.

Hinterradkotflügel

23 Lösen Sie die Schrauben, die den Kotflügel an der Antriebseinheit sichern, und nehmen Sie ihn ab.

24 Der Einbau entspricht der umgekehrten Ausbaureihenfolge.

11 Zip 50 und Zip 125 Verkleidungsteile
Ausbau und Einbau

Sitz

1 Öffnen Sie mit dem Zündschlüssel das Sitzbankschloss, und klappen Sie den Sitz hoch. Entfernen Sie die Schrauben des Sitzbank-Gelenks am Gepäckfach, und entfernen Sie den Sitz.

2 Der Einbau entspricht der umgekehrten Ausbaureihenfolge.

Motorabdeckungen

3 Um die Abdeckung aus dem Gepäckfach zu entfernen, öffnen Sie mit dem Zündschlüssel das Sitzbankschloss, klappen Sie den Sitz hoch, und entfernen Sie ihn nötigenfalls. Lösen Sie die vier Schrauben, die unten im Gepäckfach die Abdeckung sichern, und entfernen Sie diese.

10.21 Die hintere Abdeckung ist mit drei Schrauben gesichert.

11.4 Entfernen Sie Zündkerzen-Abdeckung.

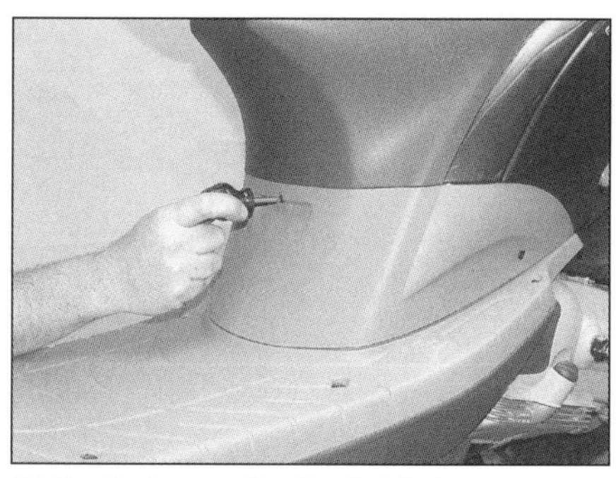
11.5a Entfernen Sie die drei Schrauben, . . .

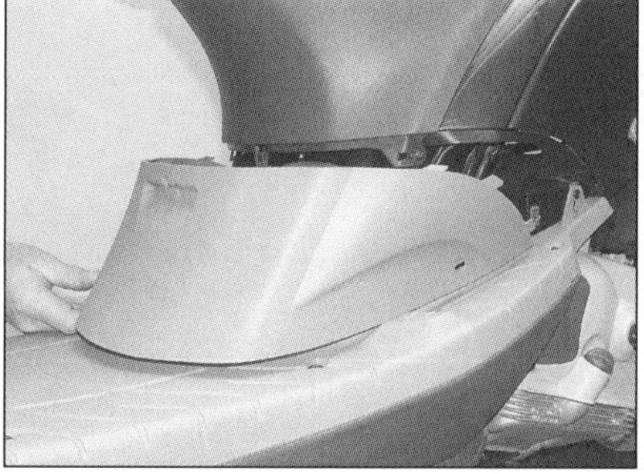
11.5b . . . und ziehen Sie die Verkleidung nach vorne ab.

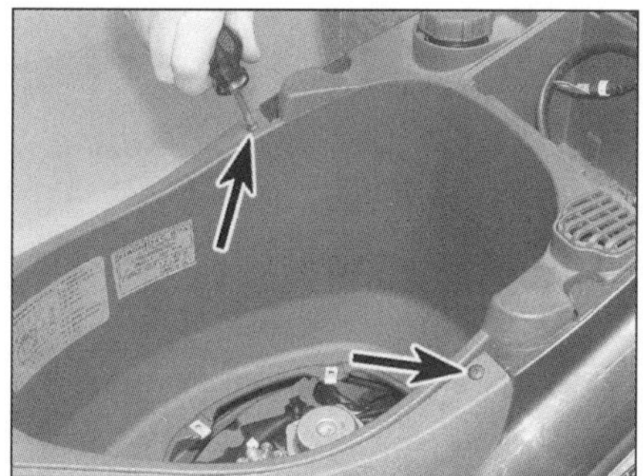
11.7a Entfernen Sie die zwei Schrauben, . . .

4 Um die Zündkerzen-Abdeckung aus der Motorverkleidung zu entfernen, muss zunächst die Abdeckung aus dem Gepäckfach entfernt werden. Lösen Sie den Haken am oberen Rand des Deckels, und ziehen Sie ihn aus der Abdeckung (siehe Abbildung).

5 Um die vordere Motorabdeckung zu entfernen, müssen die drei Schrauben gelöst werden, die sie sichern – dann wird die Abdeckung nach vorne abgezogen (siehe Abbildungen).

6 Der Einbau entspricht der umgekehrten Ausbaureihenfolge.

Verkleidung vorne unter Sitzbank

7 Um das unter dem Sitz liegende Verkleidungsteil zu entfernen, muss zuerst die vordere Motorabdeckung abgenommen werden (Schritt 5). Lösen Sie die zwei Schrauben, die den hinteren oberen Rand des Verkleidungsteils sichern, heben Sie es an, und befreien Sie die Laschen aus dem vorderen Bereich der Sitzverkleidung (siehe Abbildungen).

8 Der Einbau entspricht der umgekehrten Ausbaureihenfolge – die Laschen müssen korrekt in die Sitzverkleidung greifen.

Rücklicht-Verkleidung

9 Lösen Sie die vier Schrauben der Verkleidung – merken Sie sich ihre Positionen, und heben Sie die Distanzhülsen der zwei hinteren Schrauben heraus (siehe Abbildungen).

10 Heben Sie die Verkleidung ab, und trennen Sie den Rücklichtstecker (siehe Abbildung).

11 Der Einbau entspricht der umgekehrten Ausbaureihenfolge – achten Sie auf die Distanzhülsen.

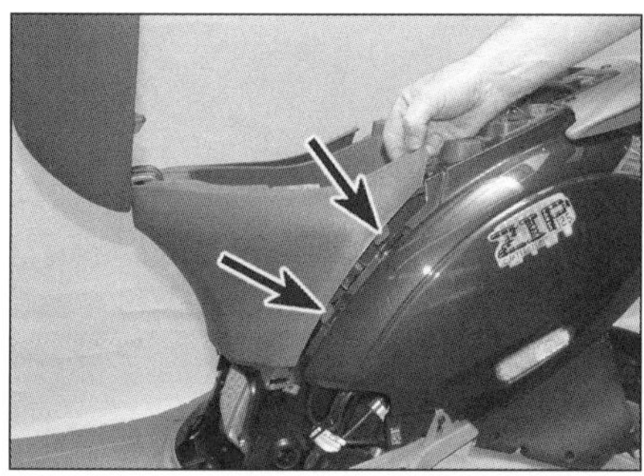

11.7b . . . und befreien Sie die Laschen.

Sitzverkleidung

12 Um die Sitzverkleidung demontieren zu können, müssen zuerst die vordere Motorabdeckung, die Verkleidung unterhalb der Sitzbank und die Rücklichtverkleidung entfernt werden. Lösen Sie die Schrauben, die den Hinterradkotflügel an der Unterseite der Verkleidung halten, sowie die Schrauben, die die Verkleidung am Gepäckfach und der Bodenverkleidung sichern (siehe Abbildungen).

13 Befreien Sie die Seiten der Sitzverkleidung, und ziehen Sie sie ab, um die Blinkerstecker trennen zu können – entfernen Sie sie dann (siehe Abbildung).

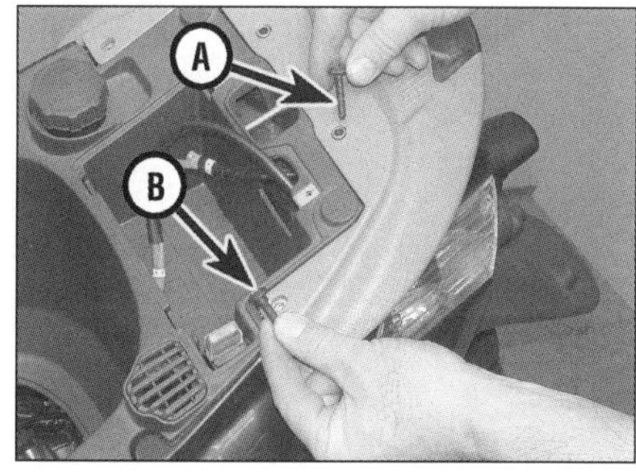

11.9a Die hinteren Schrauben (A) sind länger als die vorderen Schrauben (B).

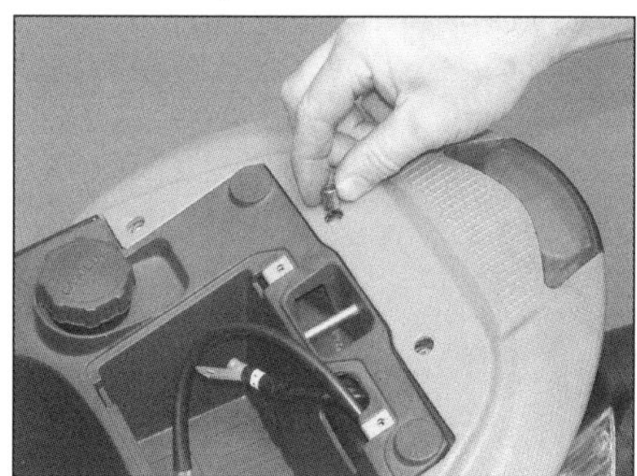
11.9b Heben Sie die Distanzhülsen der hinteren Schrauben heraus.

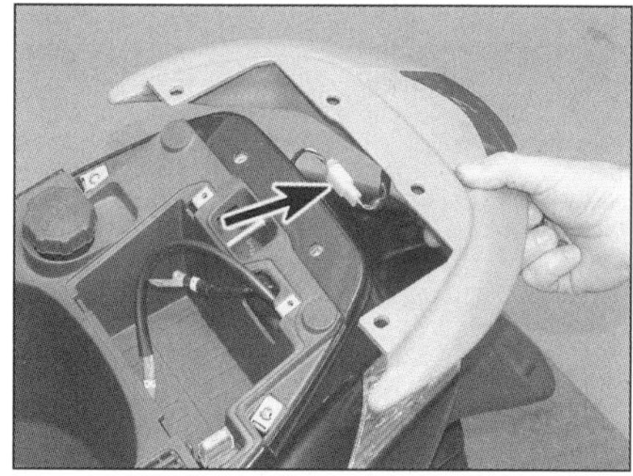
11.10 Trennen Sie den Kabelstecker.

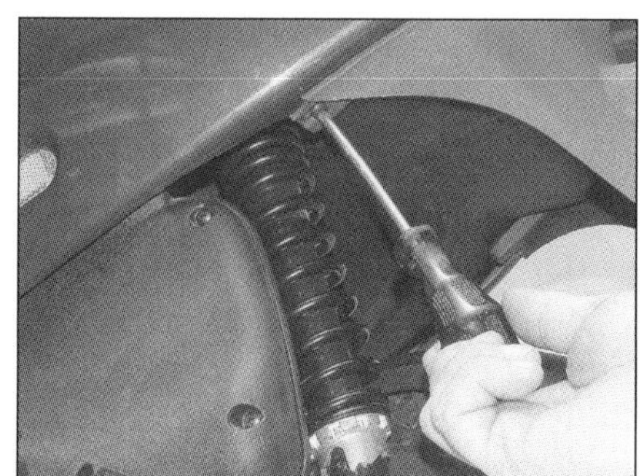
11.12a Der Kotflügel ist an der Unterseite der Sitzverkleidung gesichert.

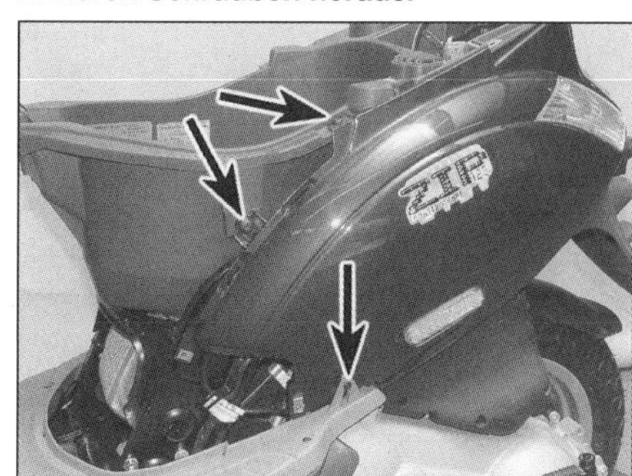

11.12b Die Sitzverkleidung ist am Gepäckfach und am Trittbrett gesichert.

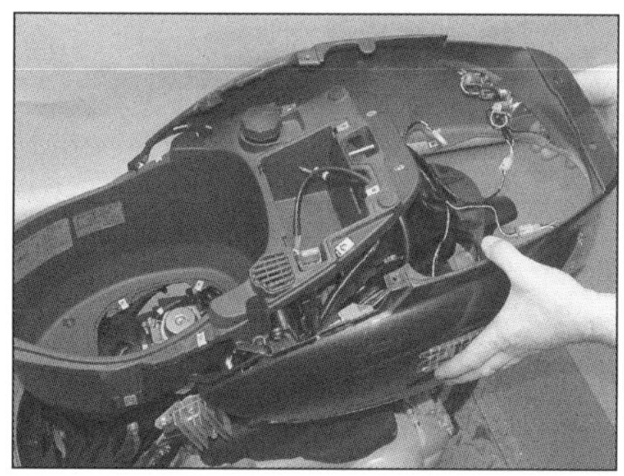
11.13 Heben Sie die Verkleidung ab, und trennen Sie die Kabelstecker.

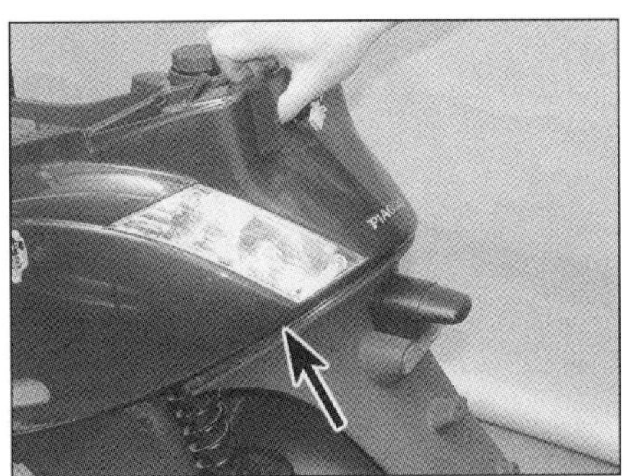

11.14 Die Verkleidung muss in der Nut des Kotflügels liegen.

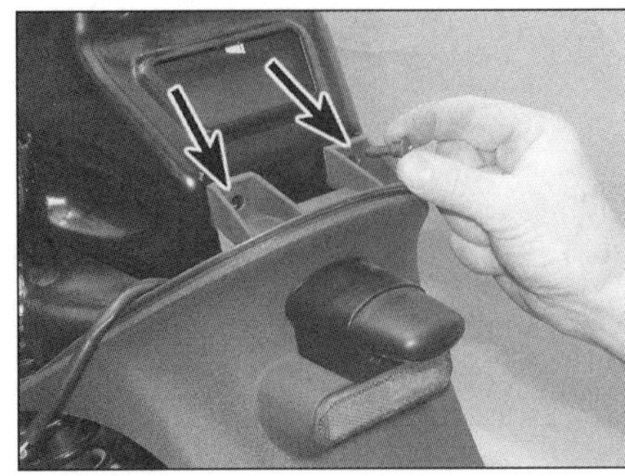

11.15 Entfernen Sie die zwei Schrauben.

11.16a Das Innenschutzblech ist rechts mit einer Schraube . . .

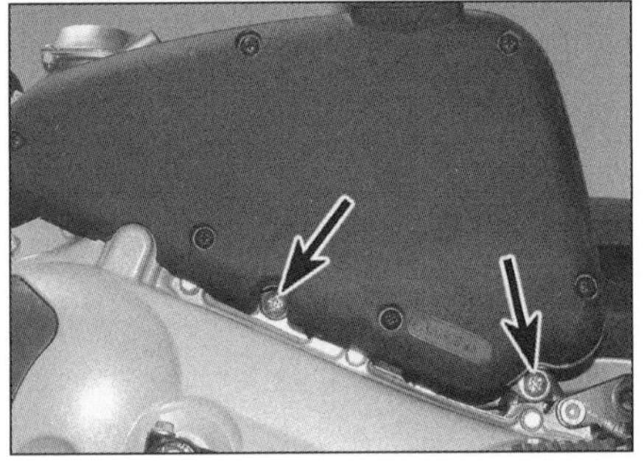

11.16b . . . und unter dem Luftfilter-gehäuse mit zwei Schrauben gesichert.

11.17 Die Schrauben müssen durch das Filtergehäuse greifen.

14 Der Einbau entspricht der umgekehrten Ausbaureihenfolge – die untere hintere Ecke der Verkleidung muss in die Kotflügelnut greifen.

Hinterradkotflügel und Innenschutzblech

15 Entfernen Sie zuerst die Sitzverkleidung, und trennen Sie den Stecker der Kennzeichenbeleuchtung. Lösen Sie die Schrauben, die den Kotflügel am Rahmen sichern, und entfernen Sie ihn (siehe Abbildung).

16 Das Innenschutzblech ist mit einer Schraube an der Rückseite der Antriebseinheit sowie zwei Schrauben, die an der linken Seite auch die Rückseite des Luftfiltergehäuses halten, gesichert (siehe Abbildungen). Lösen Sie diese Schrauben, und entfernen Sie das Teil.

17 Der Einbau entspricht der umgekehrten Ausbaureihenfolge – die Schrauben an der linken Seite müssen durch die Rückseite des Luftfiltergehäuses geführt werden (siehe Abbildung).

Gepäckfach

18 Bauen Sie die Batterie aus, und befreien Sie den Sicherungshalter (siehe Kapitel 9).

19 Entfernen Sie die Sitzverkleidung.

20 Lösen Sie bei Viertaktmodellen die Schraube, die den Luftfilter-Ansaugstutzen seitlich am Gepäckfach sichert (siehe Abbildung). Entfernen Sie die Deckel des Kraftstoff- und bei Zweitaktmodellen des Öltanks.

21 Lösen Sie die Schrauben, die das Gepäckfach unten am Rahmen sichern (siehe Abbildung), und heben Sie es heraus. Installieren Sie den/die Tankdeckel, damit nichts hineinfällt. Lösen Sie nötigenfalls die Schrauben, die das Sitzbank-Gelenk am Fach sichern, und nehmen Sie es ab.

22 Der Einbau entspricht der umgekehrten Ausbaureihenfolge.

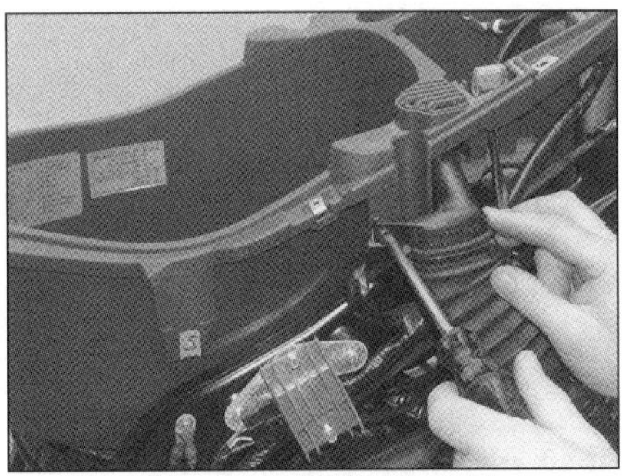

11.20 Entfernen Sie die Lufteinlässe.

11.21 Entfernen Sie die zwei Schrauben.

Innenverkleidung

23 Trennen Sie das Massekabel (–) von der Batterie (siehe Kapitel 9).

24 Lösen Sie die sieben Schrauben der Innenverkleidung (siehe Abbildung).

25 Ziehen Sie die Verkleidung zurück, befreien Sie die Laschen am unteren Rand aus den Nuten der Bodenverkleidung, und trennen Sie die Kabelstecker des Rückstellknopfs und des Sicherungshalters (siehe Abbildungen). Nehmen Sie die Innenverkleidung aus dem Fahrzeug.

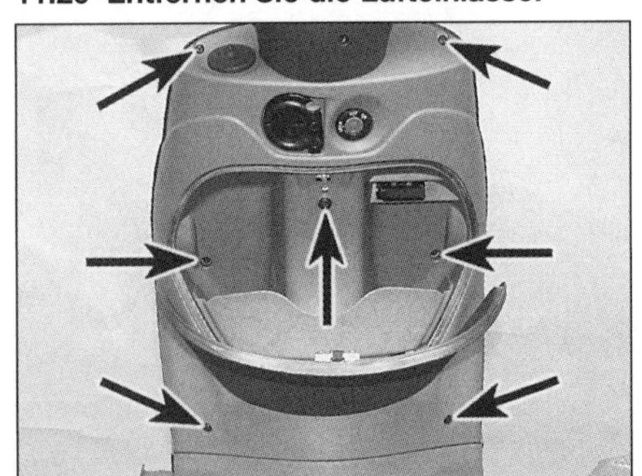

11.24 Entfernen Sie die sieben Innen-verkleidungs-Schrauben.

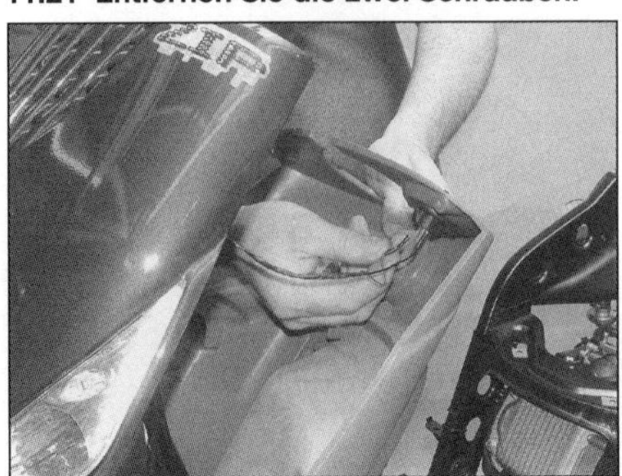

11.25a Trennen Sie das Kabel des Rückstellknopfes, . . .

11.25b . . . und des Sicherungsträgers.

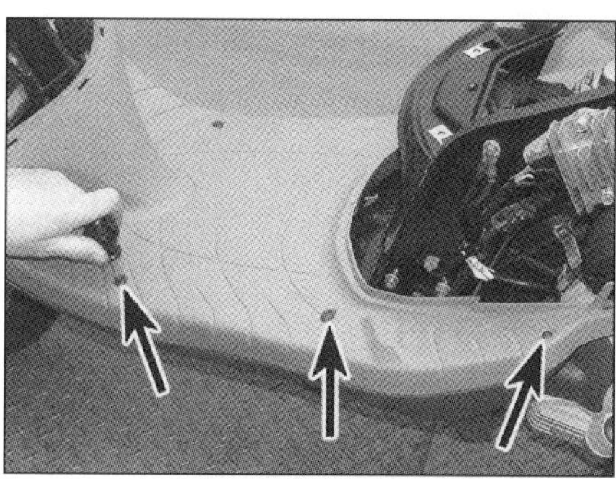

11.28 Das Trittbrett ist an jeder Seite mit drei Schrauben gesichert.

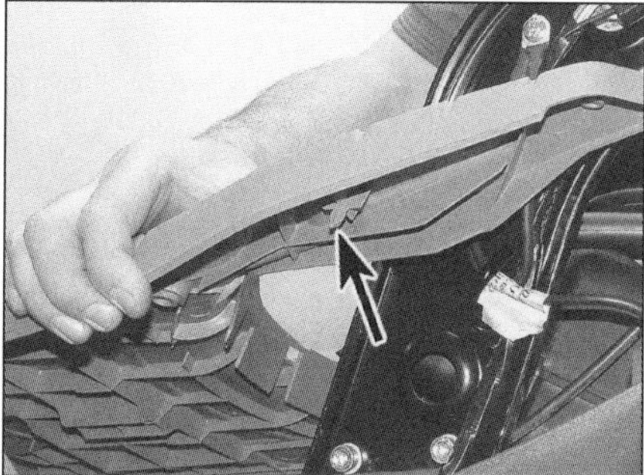

11.29 Passen Sie auf, die Laschen nicht zu beschädigen.

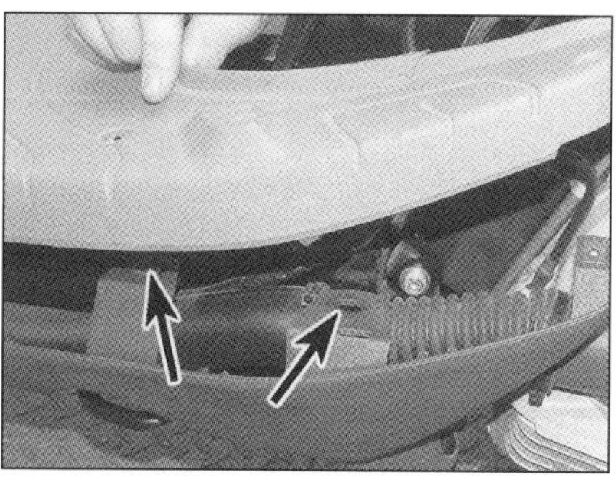

11.30 Die Halter müssen fest am Rahmen sitzen.

26 Der Einbau entspricht der umgekehrten Ausbaureihenfolge – die Kabel müssen sicher verbunden sein und die Laschen müssen korrekt in die Bodenverkleidung greifen. Die Schrauben in den Laschen an der Rückseite der Verkleidung dürfen nicht zu fest angezogen werden.

Trittbrett

27 Entfernen Sie die vordere Motorabdeckung (Schritt 5) und die Innenverkleidung. **Anmerkung**: *Das Trittbrett kann ohne den Ausbau der Innenverkleidung entfernt werden, doch führt dies leicht zu beschädigten Laschen an deren Unterseite.*

28 Lösen Sie die zwei Schrauben, die die Bodenverkleidung an der Sitzverkleidung sichern (siehe Abbildung 11.12b), lösen Sie dann die sechs Schrauben, die sie am Rahmen sichern (siehe Abbildung).

29 Laschen an der Unterseite der Bodenverkleidung greifen in Nuten der Bugverkleidung; heben Sie die Bodenverkleidung vorsichtig an, um sie zu lösen und das Teil zu entfernen (siehe Abbildung).

30 Der Einbau entspricht der umgekehrten Ausbaureihenfolge – die Halterungen an der Bugverkleidung müssen korrekt mit dem Rahmenhalter verbunden sein, bevor die Bugverkleidung und die Bodenverkleidung mit den Laschen zusammen geklippt werden (siehe Abbildung).

Bugverkleidung

31 Entfernen Sie die Bodenverkleidung. Lösen Sie die zwei Schrauben, die links und rechts den unteren Bereich der Frontverkleidung an der Bugverkleidung sichern (siehe Abbildung).

32 Lösen Sie die Schrauben an der Unterseite des Vorderradkotflügels, die ihn an der Gabel sichern, und nehmen Sie ihn heraus. Lösen Sie die zwei Schrauben, die die Frontverkleidung und die Bugverkleidung am Rahmen sichern (siehe Abbildung).

33 Befreien Sie die Laschen der Bugverkleidung aus dem unteren Bereich der Frontverkleidung, heben Sie die Halter der Bugverkleidung von den Halterungen des Rahmens (siehe Abbildung 11.30), und senken Sie das Teil nach unten aus dem Fahrzeug.

34 Der Einbau entspricht der umgekehrten Ausbaureihenfolge.

Vorderradkotflügel

35 Bauen Sie das Vorderrad aus (Kapitel 8).

36 Lösen Sie die Schrauben an der Unterseite des Kotflügels, die ihn an der Gabel sichern, und nehmen Sie ihn heraus. Lösen Sie die Schrauben, die die Klemmstücke der Bremsleitung und der Tachowelle sichern, und entfernen Sie den Kotflügel (siehe Abbildung).

37 Der Einbau entspricht der umgekehrten Ausbaureihenfolge.

Frontverkleidung

38 Entfernen Sie die Innenverkleidung (siehe Schritte 23 bis 25).

39 Lösen Sie die Schrauben, die die Blinker-Standlichtlampeneinheit sichern, und nehmen Sie diese ab – lösen Sie den Blinkerlampensockel und trennen Sie die Stecker der Standlichtlampen (siehe Kapitel 9).

40 Lösen Sie die Schrauben, die den unteren Rand der Frontverkleidung am Rahmen sichern (siehe Abbildung 11.32).

41 Lösen Sie die Schraube in der Mitte des Verkleidungsgrills, senken Sie die Verkleidung über die Gabel ab, und entfernen Sie sie (siehe Abbildung).

42 Der Einbau entspricht der umgekehrten Ausbaureihenfolge.

Lenkerverkleidungen

43 Um die hintere Abdeckung zu entfernen, müssen die drei Schrauben gelöst und das Teil von der vorderen getrennt werden (siehe

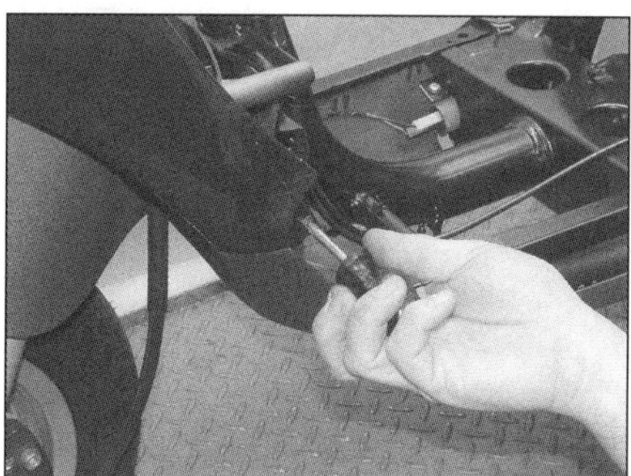

11.31 Entfernen Sie links und rechts die Schrauben.

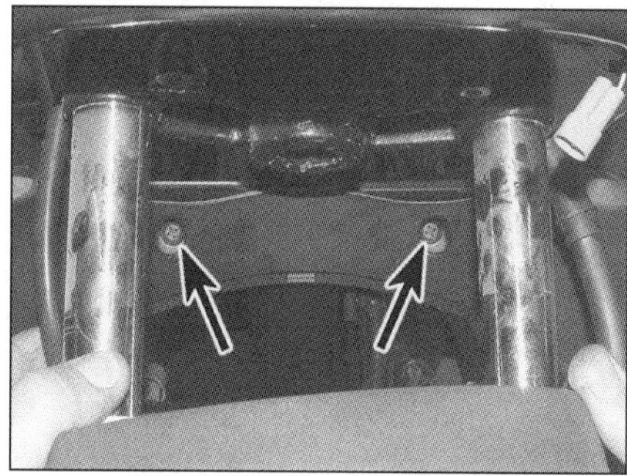

11.32 Entfernen Sie die zwei Schrauben.

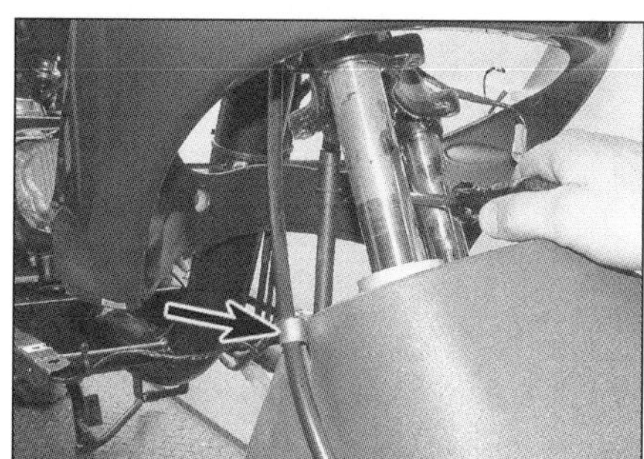

11.36 Nehmen Sie den Kotflügel ab, und befreien die Klemmungen.

11.41 Entfernen Sie die Schraube.

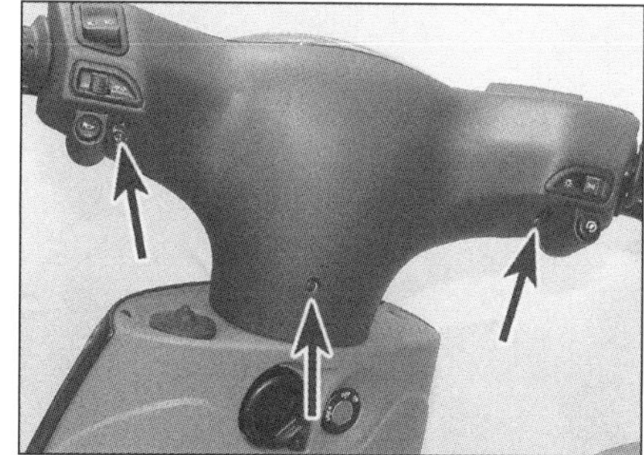

11.43 Entfernen Sie die drei Schrauben.

12.1 **Entfernen Sie die Sitzgelenk-Schrauben.**

12.5 **Lösen Sie die Gepäckträger-abdeckung.**

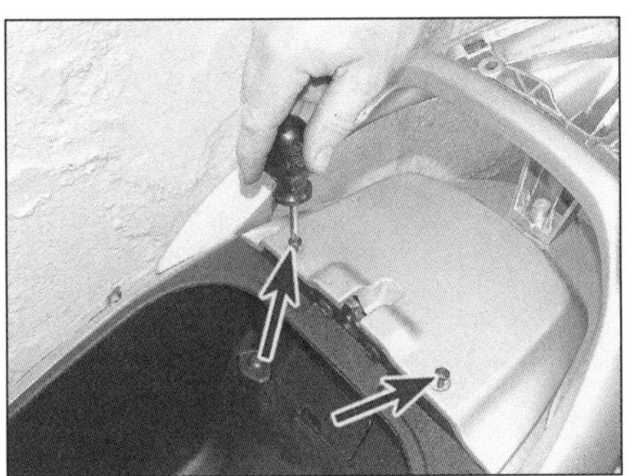
12.6a **Lösen Sie die zwei Schrauben, . . .**

Abbildung). Trennen Sie die Kabelstecker der Lenkerschalter, merken Sie sich deren Lage, und entfernen Sie die Abdeckung.

44 Um die vordere Abdeckung zu entfernen, müssen zunächst die hintere Abdeckung und die Rückspiegel demontiert werden. Lösen Sie dann die drei Schrauben, die die vordere Abdeckung an den Lenker-Haltern sichern, und entfernen Sie sie.

45 Der Einbau entspricht der umgekehrten Ausbaureihenfolge. Alle Kabelstecker müssen korrekt verbunden und gesichert werden. Vor der ersten Fahrt sind die Funktionen aller Lampen und Schalter zu prüfen.

12 B 125 Verkleidungsteile Ausbau und Einbau

Sitz

1 Öffnen Sie entweder mit dem elektronischen Auslöser oder dem linken Hebel im Handschuhfach das Sitzbankschloss, und klappen Sie den Sitz hoch. Lösen die Schrauben des Sitzbank-Gelenks, und entfernen Sie den Sitz (siehe Abbildung).

2 Der Einbau entspricht der umgekehrten Ausbaureihenfolge.

Motorabdeckung

3 Um die im Gepäckfach liegende Abdeckung zu entfernen, muss der Sitz angehoben und nötigenfalls entfernt werden (Schritt 1). Lösen Sie die zwei Schrauben der Abdeckung unten im Gepäckfach, und entfernen Sie diese.

4 Der Einbau entspricht der umgekehrten Ausbaureihenfolge.

Gepäckträger

5 Lösen Sie den Haken vorne an der Abdeckung, und heben Sie diese vorsichtig ab (siehe Abbildung).

6 Lösen Sie die zwei Schrauben der Batterieabdeckung, und heben Sie diese ab (siehe Abbildungen).

7 Lösen Sie die drei Schrauben des Gepäckträgers, und heben Sie ihn ab (siehe Abbildung).

Mittlere Bodenverkleidung

8 Lösen Sie die vier Schrauben, die die Bodenverkleidung an der Innenverkleidung sichern (siehe Abbildung).

9 Entfernen Sie den Tankdeckel, und heben Sie die Dichtung ab (siehe Abbildung).

10 Heben Sie die Verkleidung vorne an, und lösen Sie die hinteren Laschen, trennen Sie dann den Bowdenzug aus dem Hebelmechanismus (siehe Abbildungen).

11 Der Einbau entspricht der umgekehrten Ausbaureihenfolge – der Bowdenzug muss korrekt an den Hebelmechanismus angeschlossen sein, bevor die Schrauben installiert werden.

Seitliche Bodenverkleidungen

Anmerkung: *Die linke und die rechte Boden-*

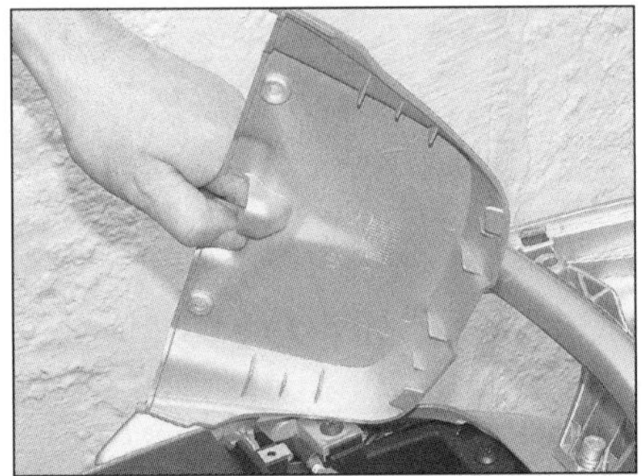
12.6b **. . . und entfernen Sie die Batterie-abdeckung.**

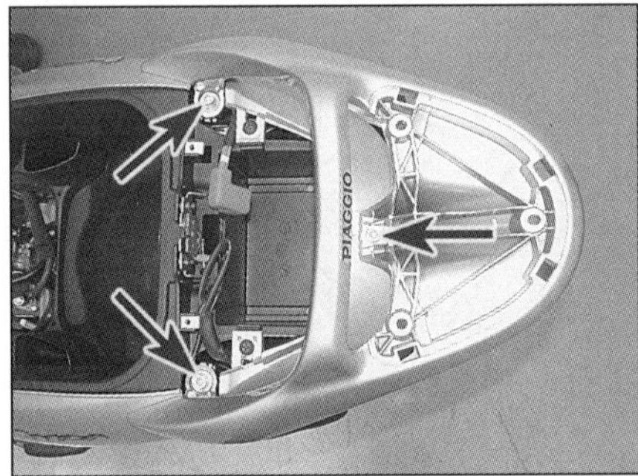

12.7 **Lösen Sie die drei Schrauben.**

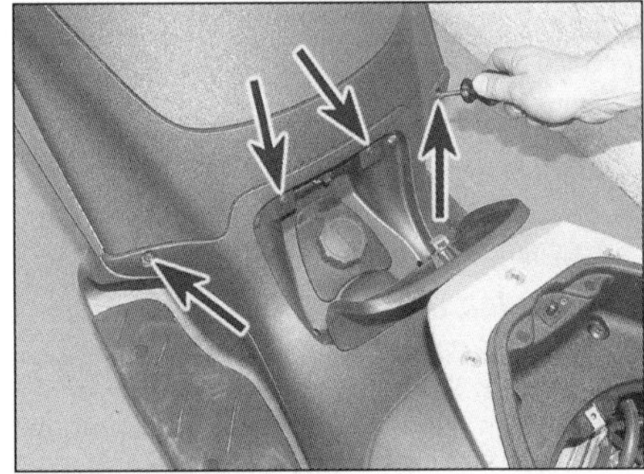
12.8 **Entfernen Sie die vier Schrauben.**

12.9 **Heben Sie die Einfüllstutzen-Abdichtung ab.**

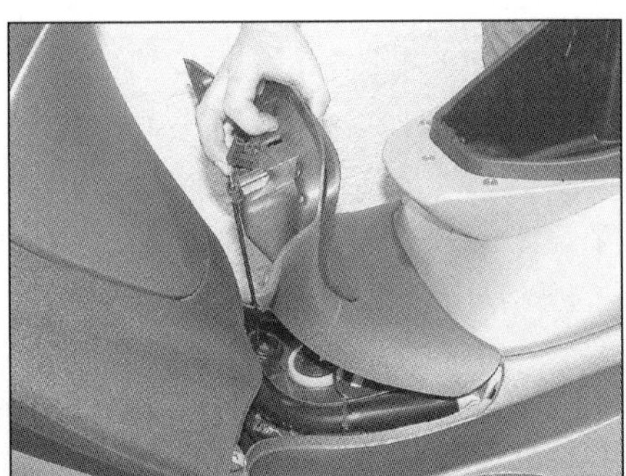
12.10a **Heben Sie das mittlere Verkleidungsteil ab, . . .**

12.10b **. . . und trennen Sie den Bowden-zug vom Öffnermechanismus.**

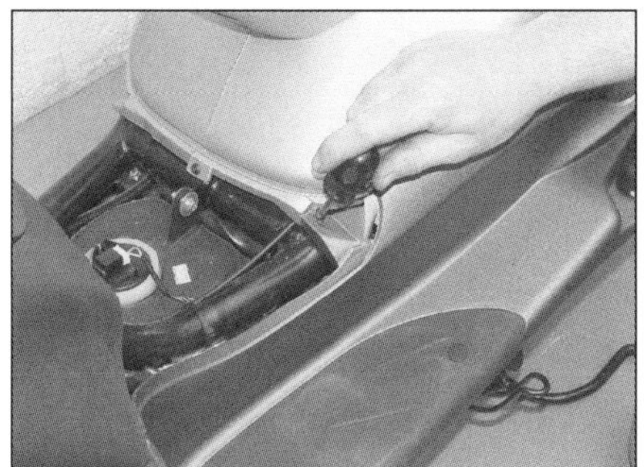

12.12 **Entfernen Sie die Schraube.**

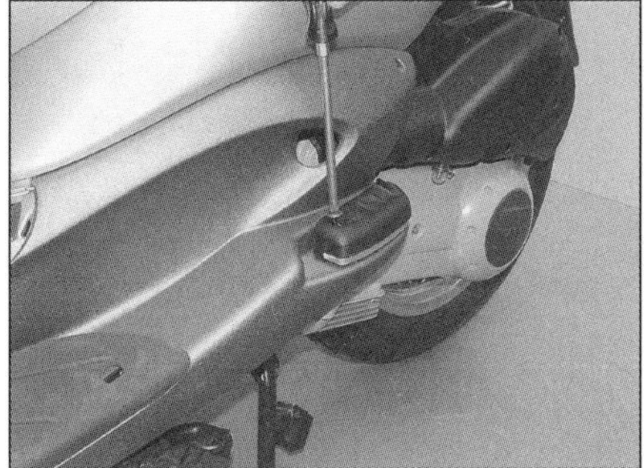

12.13a **Entfernen Sie die Beifahrerfußraste, . . .**

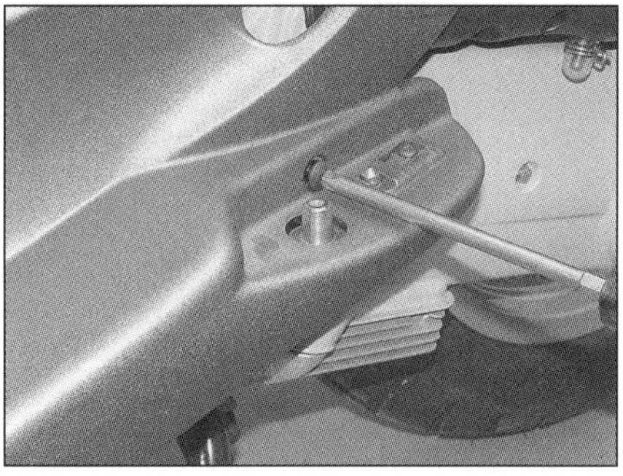

12.13b **. . . und die Verkleidungsschraube dahinter.**

12.14a **Lösen Sie die Schrauben hinten, . . .**

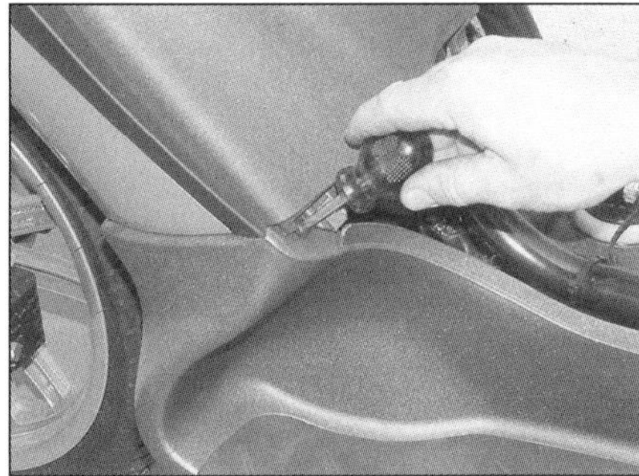

12.14b **. . . am vorderen inneren Rand, . . .**

verkleidung sind einzelne Bauteile, deren Aus- und Einbau sich gleichen.

12 Entfernen Sie die mittlere Bodenverkleidung, und lösen Sie die Schraube der seitlichen Bodenverkleidung (siehe Abbildung).

13 Lösen Sie die Schraube der Beifahrerfußraste, und entfernen Sie diese, lösen Sie dann die Schraube, die die Bodenverkleidung hinten am Rahmen sichert (siehe Abbildungen).

14 Lösen Sie am Rand die vier Schrauben, die die Verkleidung sichern (siehe Abbildungen).

15 Hebeln Sie die Befestigungen der Gummimatte mit einem kleinen Schraubendreher heraus, ziehen Sie die Matte zurück, und lösen Sie die zwei weiteren Verkleidungsschrauben (siehe Abbildungen). Heben Sie die Bodenverkleidung ab (siehe Abbildung).

16 Der Einbau entspricht der umgekehrten Ausbaureihenfolge – alle Befestigungslaschen müssen in die entsprechenden Verkleidungsteile greifen, bevor die Schrauben installiert werden.

Verkleidung vorne unter Sitzbank

17 Um das unter dem Sitz liegende Verkleidungsteil zu entfernen, muss zuerst der Sitz entfernt werden (Schritt 1). Lösen Sie die zentrale Schraube, und heben Sie die Verkleidung ab (siehe Abbildung).

18 Der Einbau entspricht der umgekehrten Ausbaureihenfolge.

Seitenverkleidungen

19 Entfernen Sie den Gepäckträger, alle drei Bodenverkleidungen und die Verkleidung vorne unter der Sitzbank.

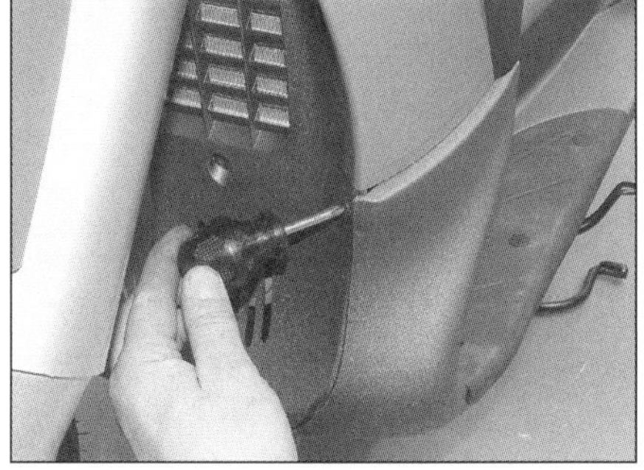

12.14c **. . . am vorderen äußeren Rand, . . .**

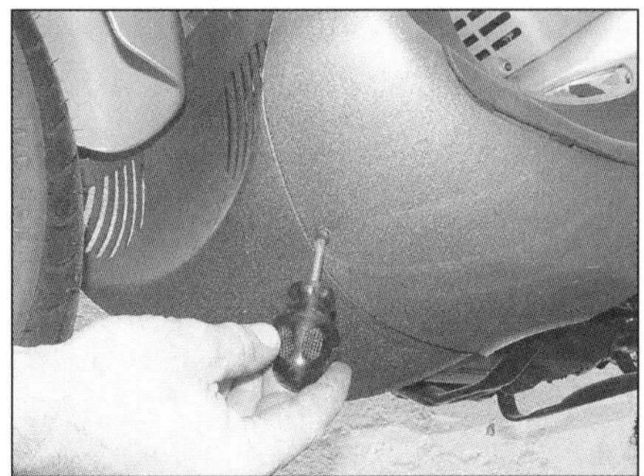

12.14d **. . . und am vorderen unteren Rand der Verkleidung.**

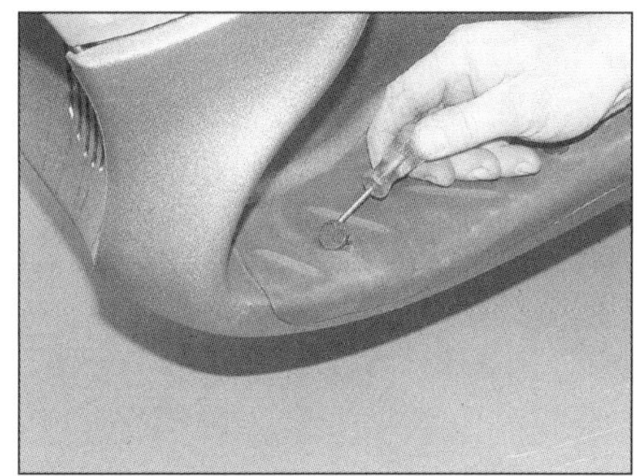

12.15a **Hebeln Sie die Befestigungen der Fußmatte heraus.**

7

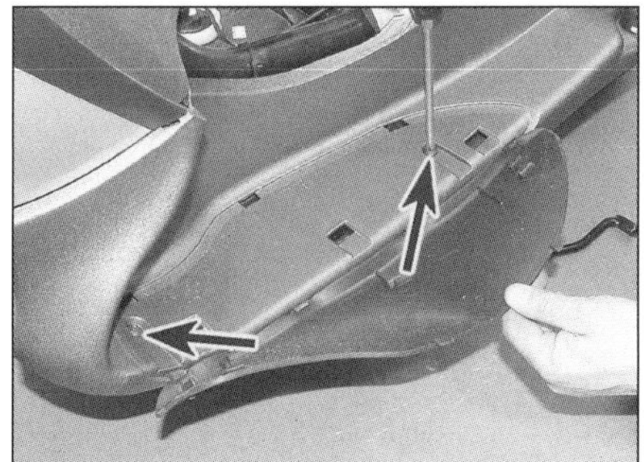

12.15b **Entfernen Sie die zwei Schrauben.**

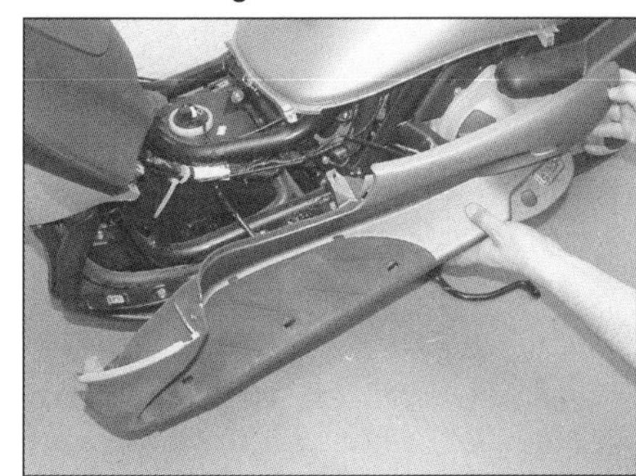

12.15c **Heben Sie das Trittbrett ab.**

12.17 **Entfernen Sie die Schraube.**

12.20a Lösen Sie die Schraube, ...

12.20b ... und entfernen Sie die Abdeckung.

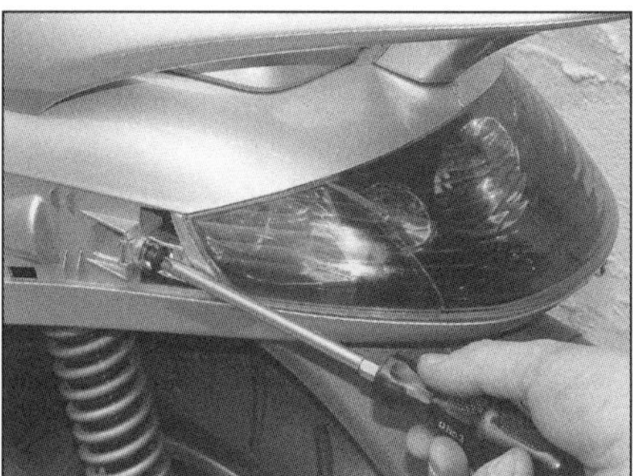
12.21a Die Rücklichteinheit ist an jeder Seite mit einer Schraube ...

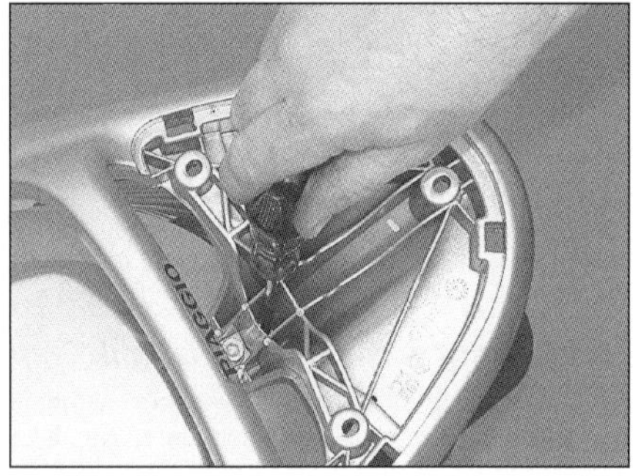
12.21b ... und einer in der Mitte gesichert.

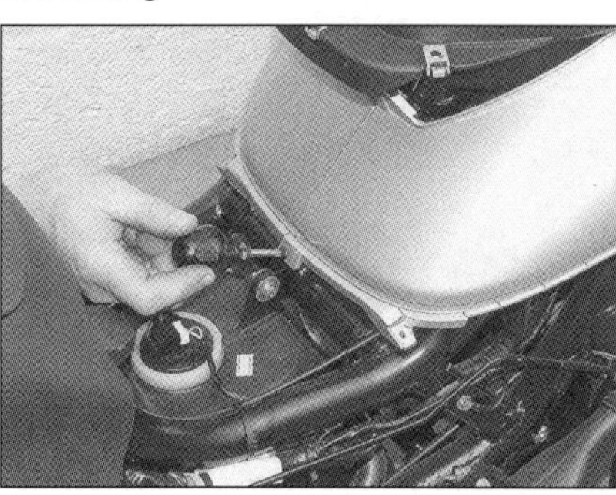
12.22a Lösen Sie die vordere ...

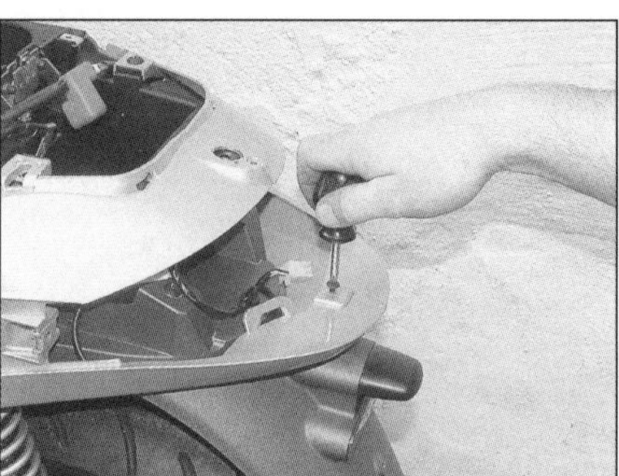
12.22b ... und die hintere Schraube.

20 Lösen Sie die Schrauben der linken und rechten Seitenverkleidungs-Innenteile, und heben Sie diese ab (siehe Abbildungen).

21 Lösen Sie die Schrauben der Rückleuchteneinheit – beachten Sie die Schraube oben in der Einheit (siehe Abbildungen). Ziehen Sie das Rücklicht ab, und trennen Sie seinen Stecker.

22 Die Seitenverkleidungen sind vorne und hinten mit je einer Schraube miteinander verbunden – lösen Sie diese (siehe Abbildungen).

23 Jedes Verkleidungsteil ist oben mit zwei Schrauben am Rahmen befestigt – lösen Sie die Schrauben eines Teils, und heben Sie es vorsichtig ab, ohne die überlappenden Laschen vorne und hinten abzubrechen (siehe Abbildungen).

24 Der Einbau entspricht der umgekehrten Ausbaureihenfolge – alle Befestigungslaschen müssen in die entsprechenden Verkleidungsteile greifen, bevor die Schrauben installiert werden.

Hinterradkotflügel

25 Entfernen Sie zunächst die Seitenverkleidungen.

26 Der Kotflügel ist an jeder Seite mit zwei Schrauben gesichert. Trennen Sie den Stecker der Kennzeichenbeleuchtung, und lösen Sie die Schrauben, um den Kotflügel abzunehmen (siehe Abbildung).

27 Der Einbau entspricht der umgekehrten Ausbaureihenfolge.

12.23a Lösen Sie die Schrauben ...

12.23b ... am oberen Rand.

12.23c Brechen Sie nicht die vorderen ...

12.23d ... und hinteren Laschen ab.

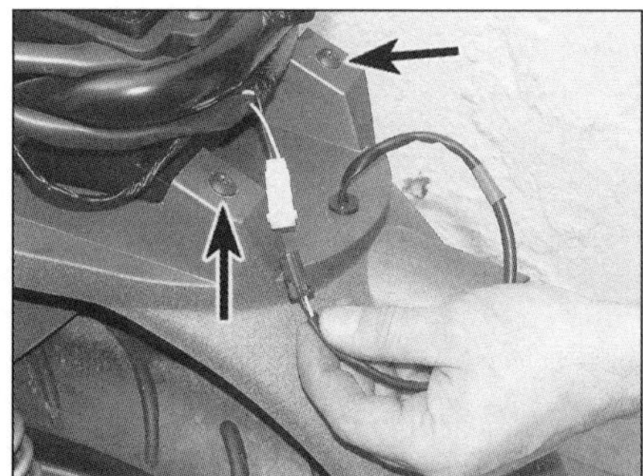
12.26 Trennen Sie den Kabelstecker, und lösen Sie die Schrauben .

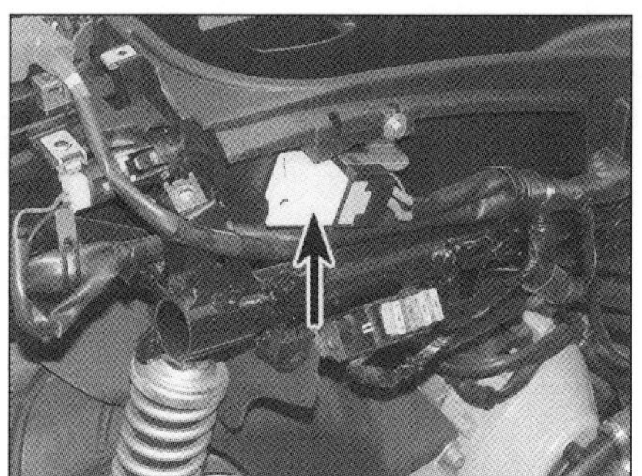

12.29 **Befreien Sie das Anlasserrelais.**

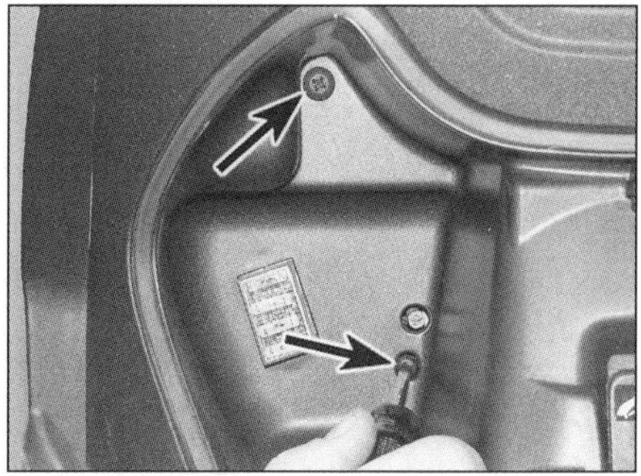

12.32a **Die Scheinwerfereinheit ist an jeder Seite mit einer Schraube gesichert.**

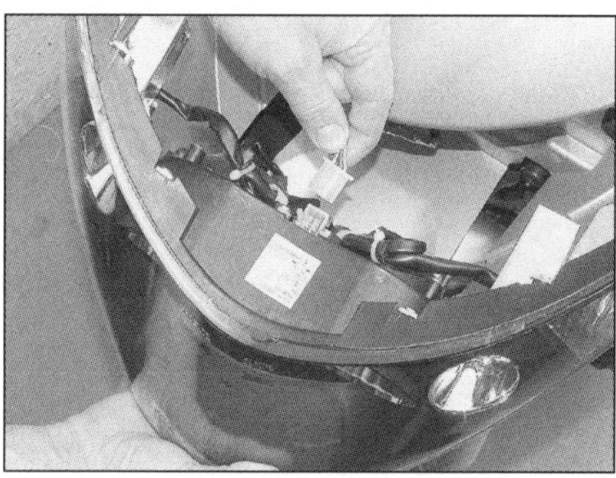

12.32b **Trennen Sie den Scheinwerfer-Stecker.**

Gepäckfach

28 Entfernen Sie die Seitenverkleidungen.

29 Lösen Sie die Schrauben des Anlasserrelais-Halters rechts am Gepäckfach, und nehmen Sie das Relais ab (siehe Abbildung).

30 Lösen Sie die vier Schrauben, die das Gepäckfach unten am Rahmen sichern, und heben Sie es heraus.

31 Der Einbau entspricht der umgekehrten Ausbaureihenfolge.

Frontverkleidung

32 Lösen Sie die vier Schrauben innerhalb des Handschuhfachs, die den Scheinwerfer sichern, nehmen Sie ihn ab, und trennen Sie seinen Kabelstecker (siehe Abbildungen). **Anmerkung**: *Die Schraube rechts direkt unter der obersten Schraube sichert den Kühler-Ausgleichsbehälter und darf noch nicht gelöst werden (siehe Schritt 39).*

33 Lösen Sie die Schraube, die die Abdeckung des Ausgleichsbehälterdeckels sichert, und entfernen Sie diese. Lösen Sie dann die am Einfülldeckel liegende Verkleidungsschraube (siehe Abbildungen).

34 Lösen Sie die Schraube links oben an der Innenverkleidung und die zwei Schrauben vorne unten an der Frontverkleidung (siehe Abbildungen).

35 Hebeln Sie vorsichtig das Piaggio-Emblem aus der Verkleidung, und lösen Sie die dahinterliegende Schraube, um die Frontverkleidung abzuheben (siehe Abbildungen).

36 Der Einbau entspricht der umgekehrten Ausbaureihenfolge.

Innenverkleidung

37 Entfernen Sie die Frontverkleidung.

38 Lösen Sie die Schrauben der Sicherungs-

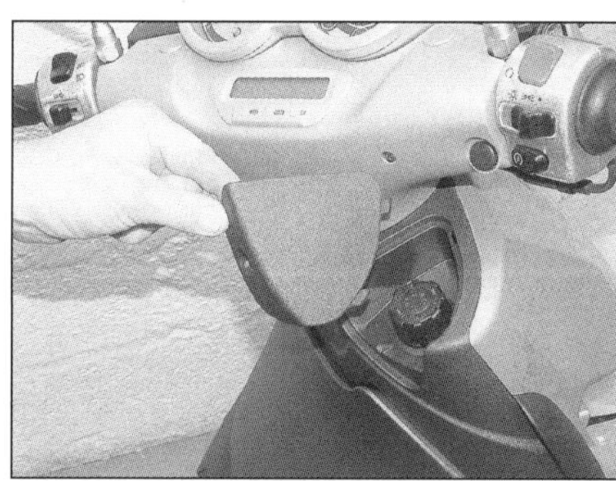

12.33a **Entfernen Sie die Abdeckung, . . .**

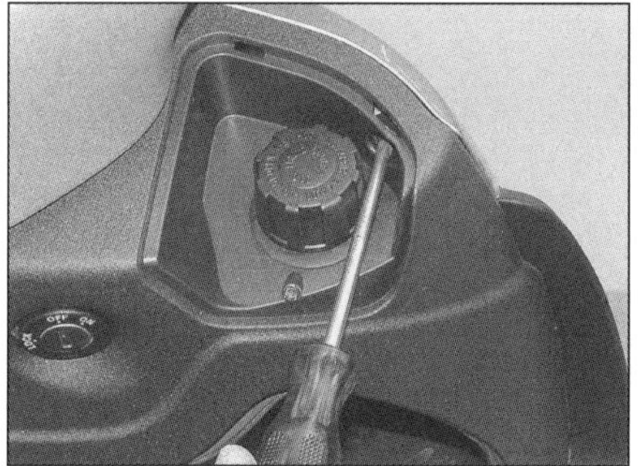

12.33b **. . . und lösen Sie die Frontverkleidungs-Schraube.**

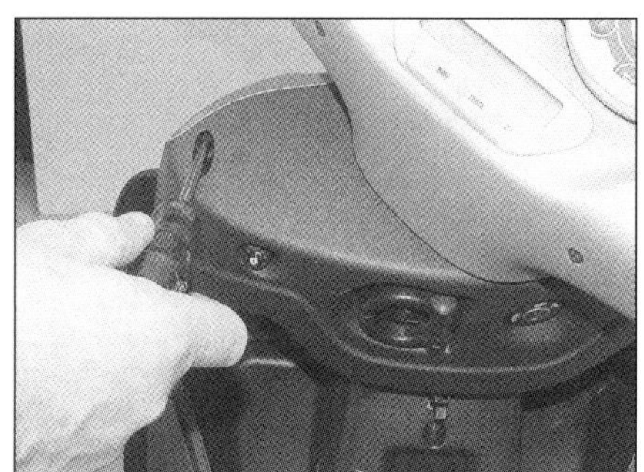

12.34a **Lösen Sie die linke Frontverkleidungs-Schraube . . .**

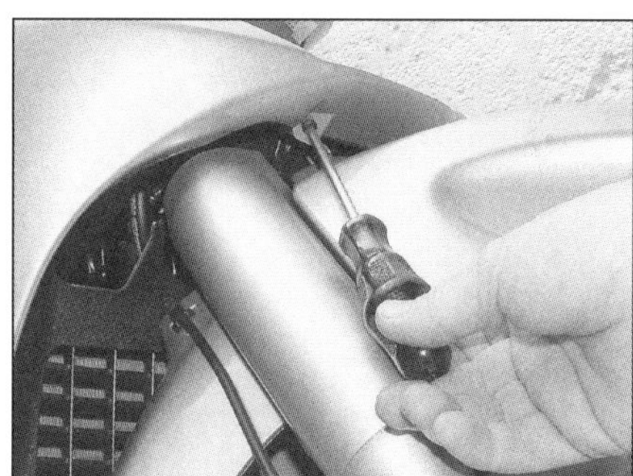

12.34b **. . . und die zwei Schrauben an der Unterseite.**

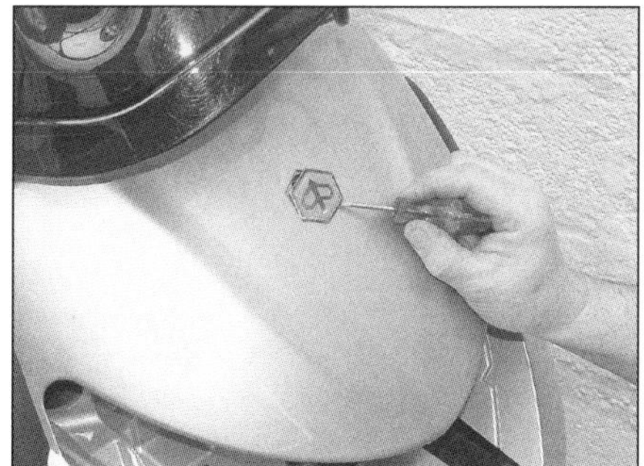

12.35a **Entfernen Sie das Emblem, . . .**

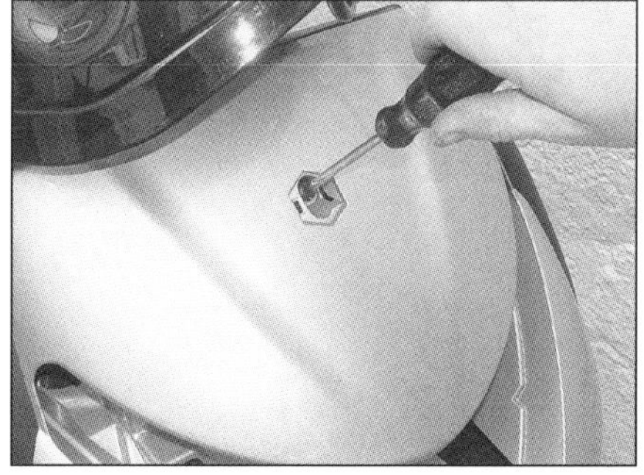

12.35b **. . . und lösen Sie die Verkleidungsschraube, . . .**

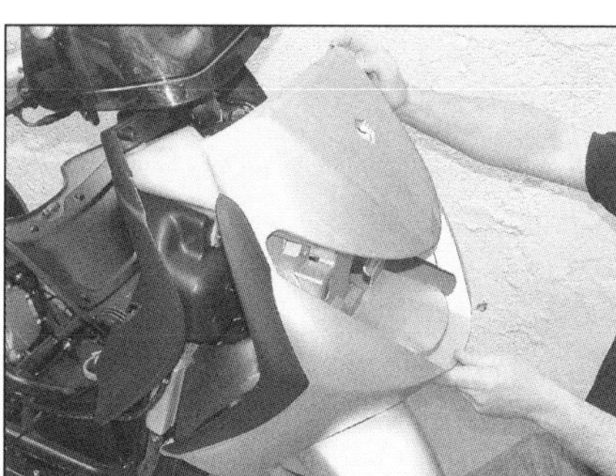

12.35c **. . . heben Sie dann die Frontverkleidung ab.**

12.38a Befreien Sie die Sicherungsbox, . . .

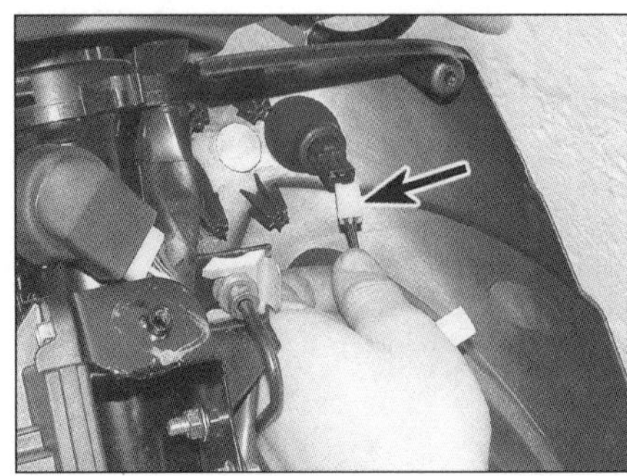
12.38b . . . und trennen Sie das Kabel des Sitzbank-Öffnungsknopfes.

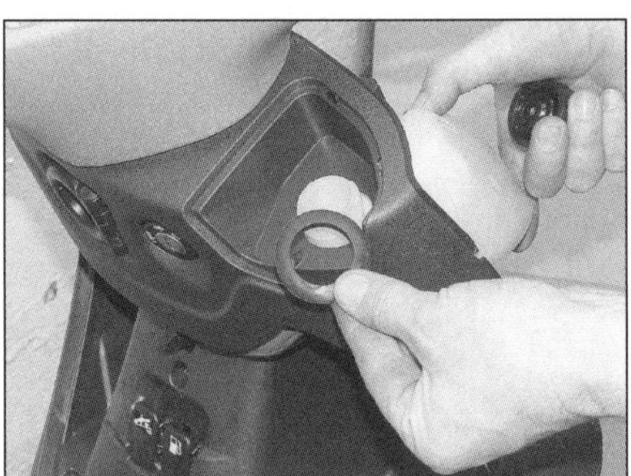
12.39a Entfernen Sie die Umrandung, . . .

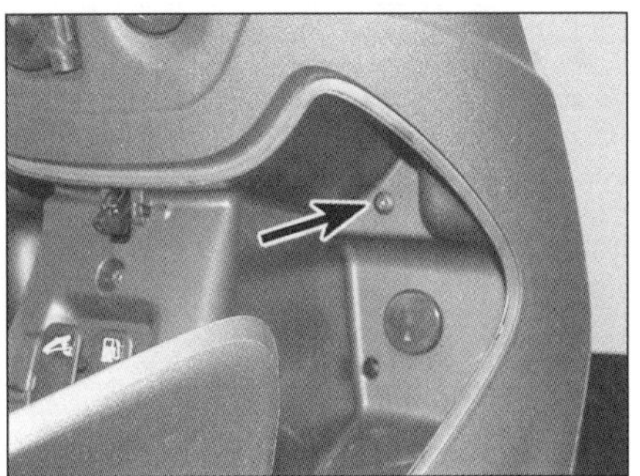
12.39b . . . und lösen Sie die Befestigungs-Schraube . . .

box, und trennen Sie das Kabel des elektronischen Sitzbank-Öffners (siehe Abbildungen).

39 Lösen Sie den Deckel des Kühler-Ausgleichsbehälters, und entfernen Sie dessen Gummiumrandung (siehe Abbildung). Stützen Sie den Behälter, und lösen Sie die Schraube innerhalb des Handschuhfachs, um ihn zu befreien (siehe Abbildungen). Sichern Sie den Behälter aufrecht mit Draht oder Klebeband, um nichts auslaufen zu lassen und den Schlauch nicht unter Last zu setzen.

40 Lösen Sie die Schraube in der Mitte der Innenverkleidung, und hängen Sie die Bowdenzüge des Sitzbankschlosses und der Tankdeckelklappe aus, heben Sie dann das Verkleidungsteil aus dem Fahrzeug (siehe Abbildungen).

41 Der Einbau entspricht der umgekehrten Ausbaureihenfolge – die Bowdenzüge des Sitzbankschlosses (links) und der Tankdeckelklappe (rechts) müssen korrekt an den Hebelmechanismen angeschlossen sein.

Vorderradkotflügel

42 Bauen Sie zunächst das Vorderrad aus (siehe Kapitel 8).

43 Lösen Sie die Schraube der Bremsleitungs-Führung sowie die Schrauben der Gabelverkleidungen, um diese zu entfernen (siehe Abbildungen).

44 Befreien Sie die Tachowellen-Klemme aus dem Kotflügel (siehe Abbildung).

45 Lösen Sie die Schrauben, die den Kotflügel am Halter an der Unterseite der Gabelbrücke sichern, und nehmen Sie ihn ab (siehe Abbildungen).

46 Der Einbau entspricht der umgekehrten Ausbaureihenfolge.

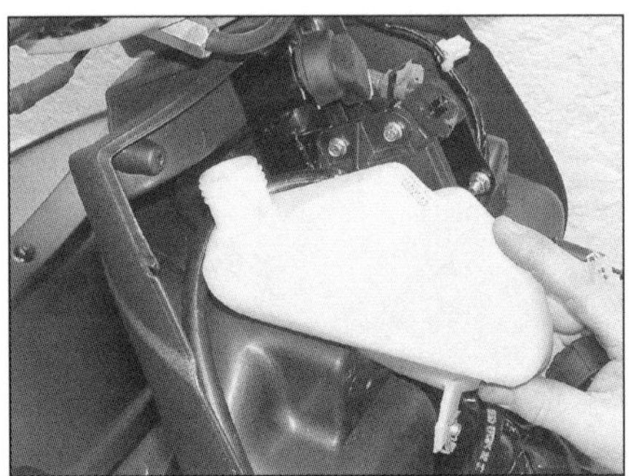
12.39c . . . um den Behälter entnehmen zu können.

12.40a Entfernen Sie die Schraube, . . .

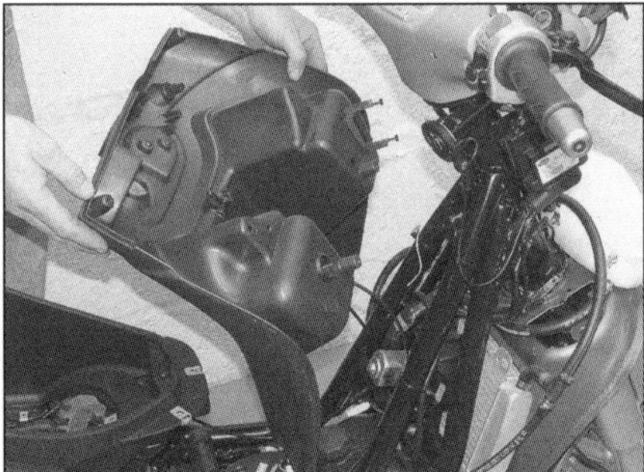
12.40b . . . ziehen Sie die Verkleidung zurück, und trennen Sie die Bowdenzüge.

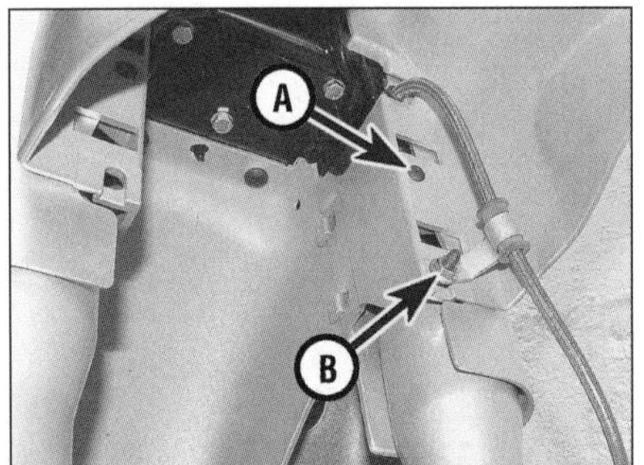

12.43a Schraube (A) der Bremsleitungs-führung, Verkleidungsschraube (B)

12.43b Heben Sie die Gabelverkleidungen ab.

12.44 Befreien Sie den Clip der Tacho-welle.

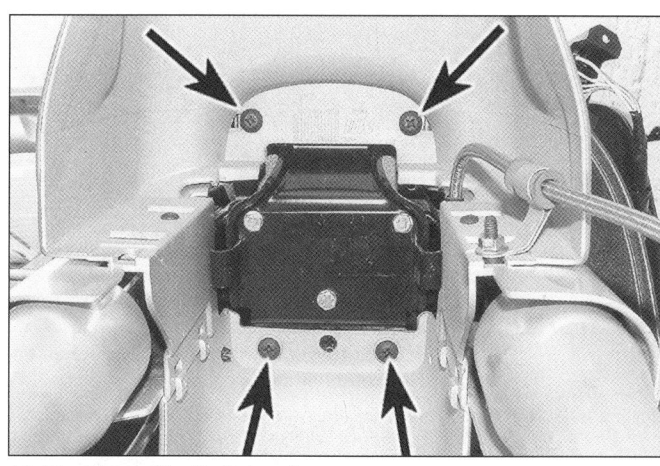
12.45a Lösen Sie die Schrauben, . . .

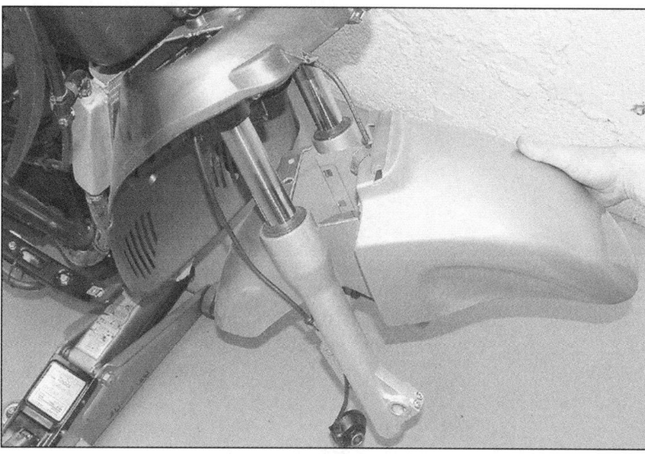
12.45b . . . und heben Sie den Kotflügel ab.

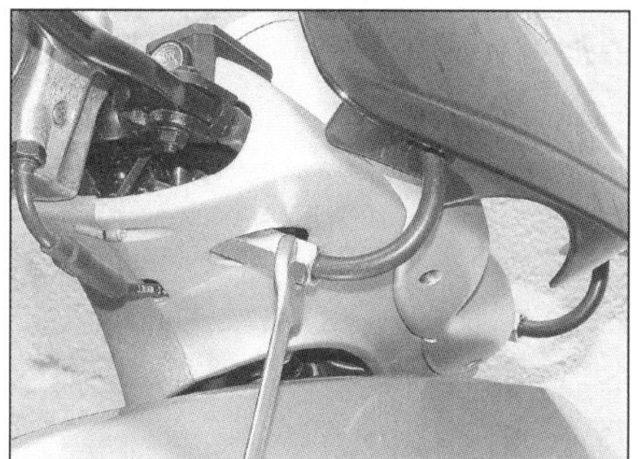
12.47a Lockern Sie die Muttern, . . .

Lenkerverkleidungen

47 Lockern Sie die langen Muttern an den Windschutzscheibenhalterungen, und ziehen Sie die Halter aus den Ösen am Lenker (siehe Abbildungen).

48 Lösen Sie jeweils die zwei Schrauben an der Unterseite der vorderen Abdeckung sowie an der Rückseite der hinteren Abdeckung, um die hintere zu entfernen (siehe Abbildungen).

49 Lösen Sie die zwei Schrauben, die die vordere Abdeckung und die Instrumentenkonsole am Lenker sichern, und entfernen Sie die Abdeckung (siehe Abbildungen).

50 Der Einbau entspricht der umgekehrten Ausbaureihenfolge – der Gasbowdenzug muss korrekt zwischen den beiden Abdeckungen verlegt sein.

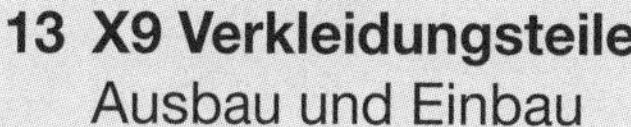

13 X9 Verkleidungsteile
Ausbau und Einbau

Sitz

1 Öffnen Sie mit dem rechten Hebel im Handschuhfach das Sitzbankschloss, und klappen Sie den Sitz hoch.

2 Entfernen Sie den Splint und die Scheibe der Sitzbankstütze, und ziehen Sie den Stift heraus. Lösen Sie dann die Schrauben des Sitzbank-Gelenks am Gepäckfach, und entfernen Sie den Sitz (siehe Abbildungen).

3 Der Einbau entspricht der umgekehrten Ausbaureihenfolge - verwenden Sie einen neuen Splint, und biegen Sie seine Enden sorgfältig um.

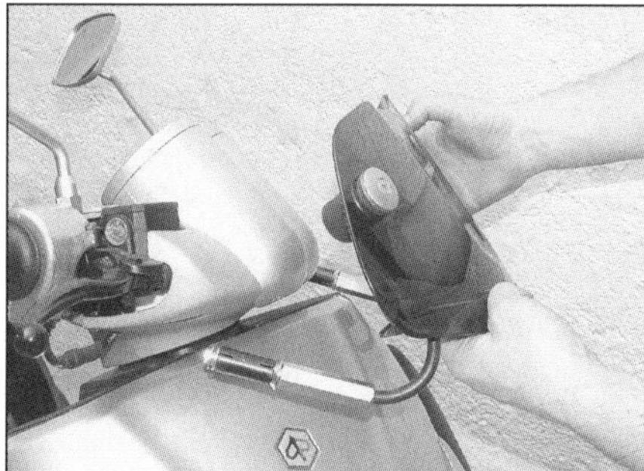
12.47b . . . und ziehen Sie die Windschutzscheibe ab.

12.48a Lösen Sie die zwei Schrauben am unteren Rand, . . .

12.48b . . . und die Schrauben in der hinteren Lenkerverkleidung, . . .

12.48c . . . um diese abzuheben.

12.49a Entfernen Sie die zwei Schrauben der vorderen Verkleidung . . .

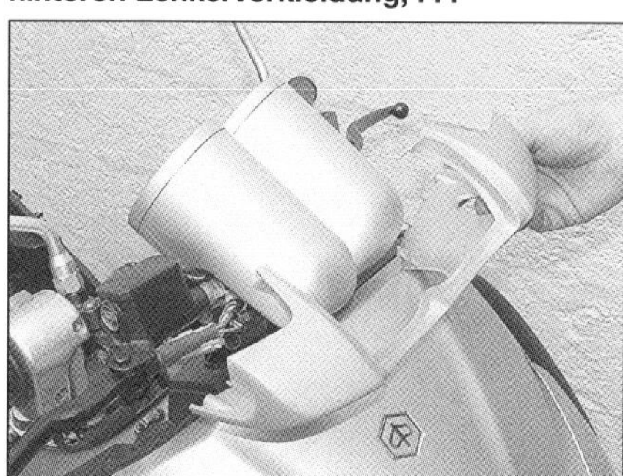
12.49b . . . und heben Sie diese ab.

13.2a Entfernen Sie den Splint samt Scheibe.

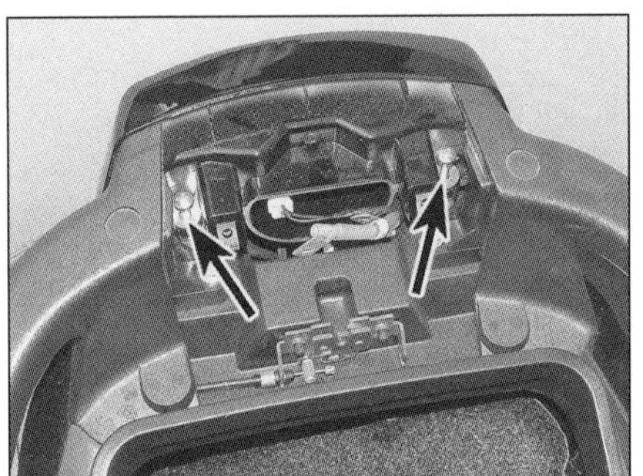
13.7a Entfernen Sie die zwei Schrauben . . .

Motorabdeckung

4 Um die im Gepäckfach liegende Abdeckung zu entfernen, muss der Sitz angehoben werden. Lösen Sie die Schraube der Abdeckung, und entfernen Sie diese.

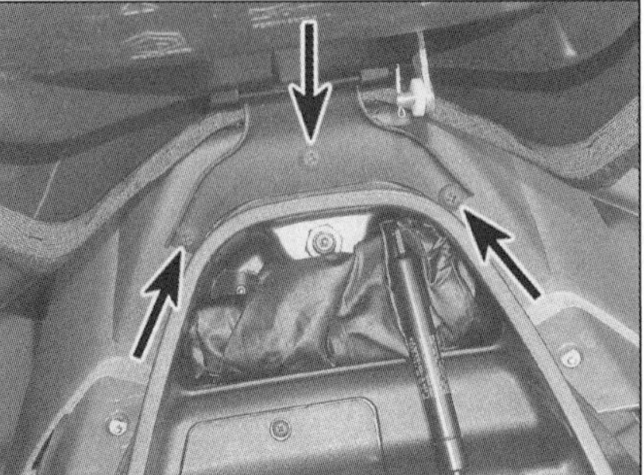
13.2b Entfernen Sie die drei Gelenkschrauben.

5 Der Einbau entspricht der umgekehrten Ausbaureihenfolge.

Bremslicht-Abdeckung

6 Heben Sie den Sitz an, lösen Sie die zwei Schrauben der Heckabdeckung, und entfernen Sie diese (siehe Abbildung).

7 Lösen Sie die zwei Schrauben der Bremslichtabdeckung, und heben Sie diese an, um die Laschen aus den Nuten der Seitenverkleidungen zu befreien; trennen Sie den Bremslicht-Stecker (siehe Abbildungen).

8 Der Einbau entspricht der umgekehrten Ausbaureihenfolge.

Abschlussverkleidung und untere Seitenverkleidungen

9 Entfernen Sie zunächst die Bremslichtabdeckung, und lösen Sie die vier Schrauben der Abschlussverkleidung, um sie zu entfernen (siehe Abbildungen).

10 Lösen Sie die zwei Schrauben jeder Seitenverkleidung, und heben Sie sie ab – achten Sie darauf, wie die Laschen in die anderen Verkleidungsteile greifen (siehe Abbildungen).

13.6 Entfernen Sie die zwei Schrauben der Heckabdeckung.

11 Der Einbau entspricht der umgekehrten Ausbaureihenfolge – alle Befestigungslaschen müssen in die entsprechenden Verkleidungsteile greifen, bevor die Schrauben installiert werden.

Hinterradkotflügel

12 Entfernen Sie zunächst die unteren Seitenverkleidungen. Lösen Sie die Schrauben, die den Kotflügel am Halter sichern, nehmen Sie ihn ab, und ziehen Sie den Sockel der Kennzeichenbeleuchtung aus der Lampe (siehe Abbildungen).

13 Der Einbau entspricht der umgekehrten Ausbaureihenfolge.

Seitenverkleidungen

14 Entfernen Sie zunächst die Abschlussverkleidung und die unteren Seitenverkleidungen.

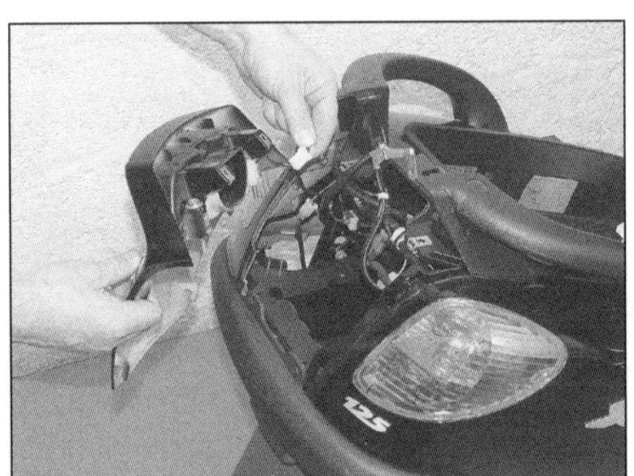
13.7b . . . und heben Sie die Bremslichtabdeckung ab.

13.9a Entfernen Sie an jeder Seite die zwei Schrauben, . . .

13.9b . . . und heben Sie die Abschlussverkleidung ab.

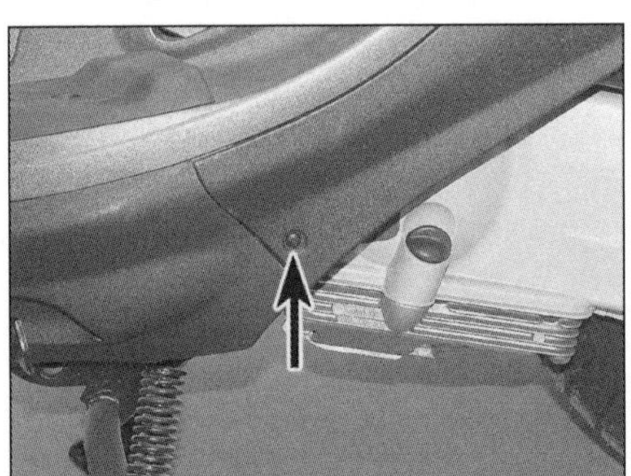
13.10a Entfernen Sie die untere . . .

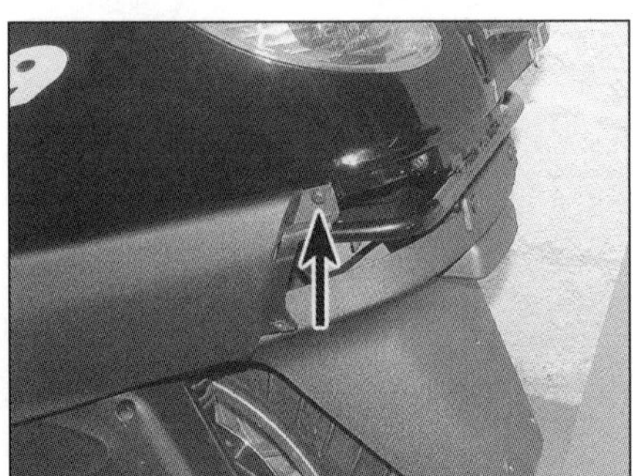
13.10b . . . und die obere Schraube, . . .

13.10c . . . und befreien Sie die Laschen des Verkleidungsteils.

13.12a Entfernen Sie an jeder Seite die zwei Schrauben.

15 Trennen Sie die Rücklicht- und Blinkerstecker.

16 Entfernen Sie die Handgriffe – hebeln Sie dazu die Abdeckung der oberen Schraube ab, und lösen Sie die vier Schrauben, die jeden Griff sichen (siehe Abbildungen).

17 Jedes Verkleidungsteil ist mit drei Schrauben gesichert (siehe Abbildungen) – lösen Sie diese, und heben Sie das Teil unter Beachtung der Laschen hinten in der Bodenverkleidung ab.

18 Der Einbau entspricht der umgekehrten Ausbaureihenfolge – alle Befestigungslaschen müssen in die entsprechenden Verkleidungsteile greifen, bevor die Schrauben installiert werden.

Bodenverkleidungen

19 Entfernen Sie zunächst den Sitz (siehe Schritte 1 und 2).

20 Öffnen Sie die Tankdeckelklappe, und lösen Sie die zwei Schrauben der Abdeckung (siehe Abbildung). Entfernen Sie den Tankdeckel, und heben Sie die Abdichtung ab (siehe Abbildung).

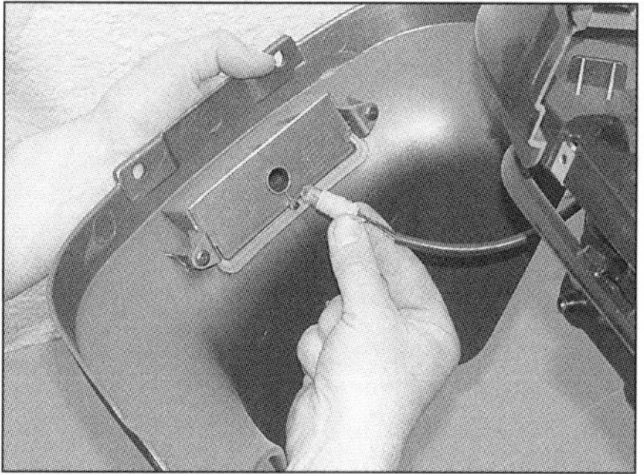

13.12b Ziehen Sie den Sockel der Kennzeichenbeleuchtung heraus.

13.16b Jeder Handgriff ist mit vier Schrauben gesichert.

21 Heben Sie die Verkleidung hinten an, und kippen Sie sie nach vorne, um Zugang zum Verschlussmechanismus der Tankdeckelklappe zu erhalten und den Bowdenzug zu trennen. Heben Sie dann die mittlere Bodenverkleidung ab (siehe Abbildungen).

13.16a Hebeln Sie die Schraubenabdeckung ab.

13.17a Die Seitenverkleidung ist hinten unten mit einer Schraube gesichert, . . .

22 Hebeln Sie die Befestigungen der Gummimatten mit einem kleinen Schraubendreher heraus, und entfernen Sie die Matten – merken Sie sich, wie sie in den Bodenverkleidungen und entlang des äußeren Randes der Bugverkleidung liegen (siehe Abbildungen).

13.17b . . . außerdem vorne unten, . . .

13.17c . . . und vorne oben.

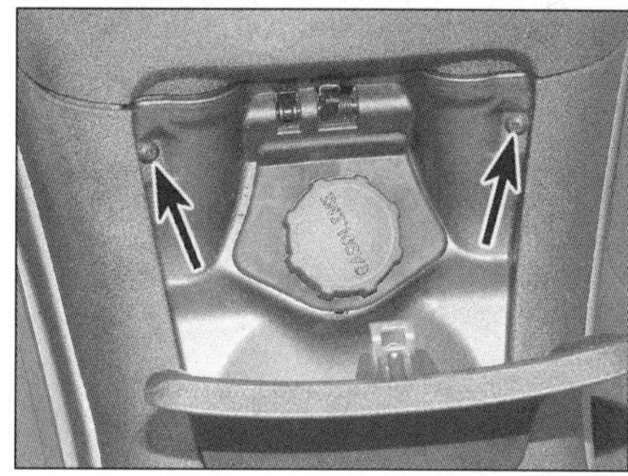

13.20a Entfernen Sie die zwei Schrauben.

13.20b Entfernen Sie die Dichtung.

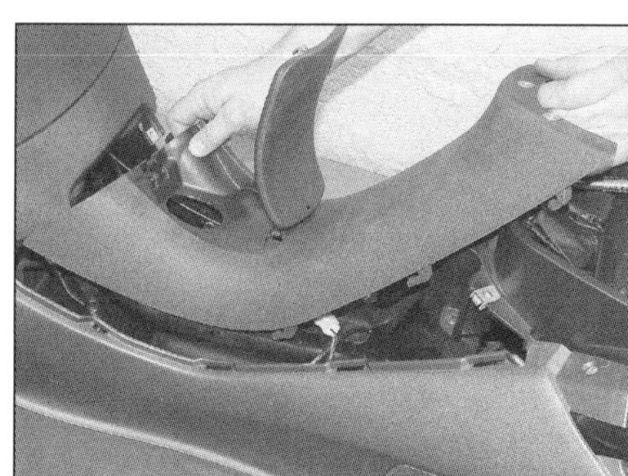

13.21a Kippen Sie die Verkleidung vor, . . .

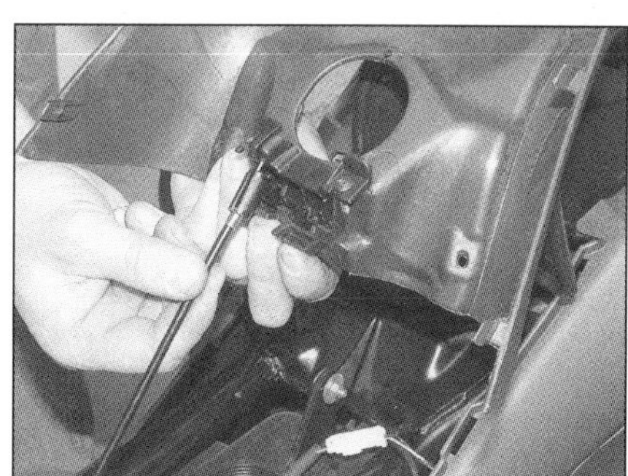

13.21b . . . um den Schließer zu erreichen.

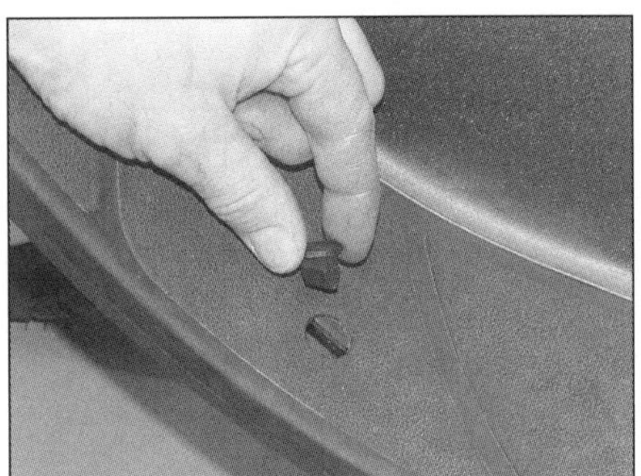

13.22a Hebeln Sie die Zapfen heraus.

13.22b Beachten Sie die Positionen der Matten auf den Trittbrettern . . .

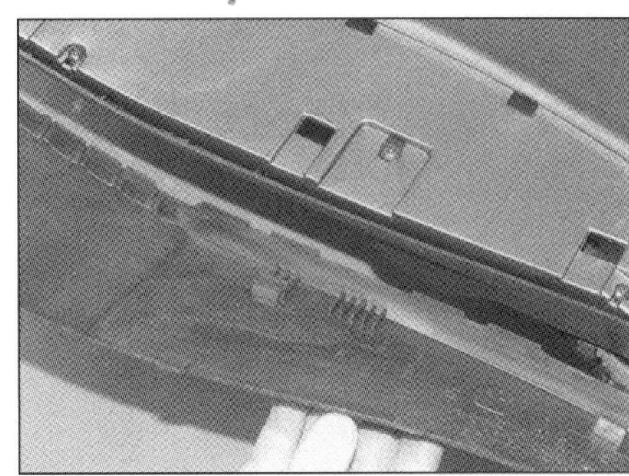

13.22c . . . und entlang der Boden- und Bugverkleidung.

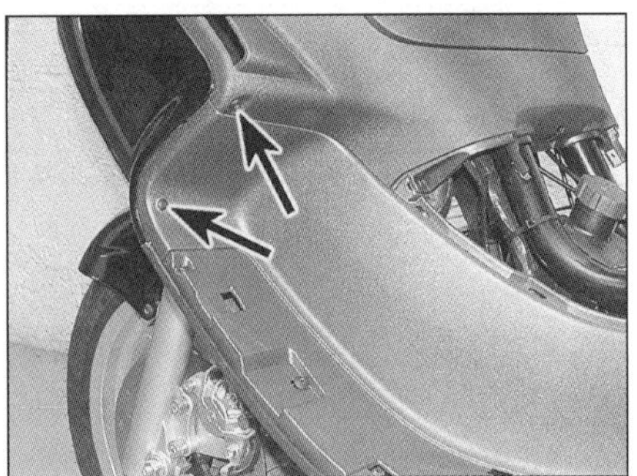

13.23a Entfernen Sie die oberen . . .

23 Lösen Sie die Schrauben, die die Bodenverkleidungen an der Bugverkleidung und dem unteren Rand der Innenverkleidung sichern, lösen Sie außerdem die Schrauben, die sie am Rahmen halten (siehe Abbildungen).

Anmerkung: *Es ist nicht nötig, die Gummis der Beifahrerfußrasten zu entfernen. Heben Sie die Bodenverkleidungen aus dem Fahrzeug.*

24 Der Einbau entspricht der umgekehrten Ausbaureihenfolge – alle Befestigungslaschen müssen in die entsprechenden Verkleidungsteile greifen, bevor die Schrauben installiert werden.

Bugverkleidung

25 Entfernen Sie zunächst die Bodenverkleidungen.

26 Lösen Sie die vier Schrauben, die die Bugverkleidung am Kühlergrill sichern.

27 Lösen Sie die zwei Schrauben, die das hintere Ende der Bugverkleidung am Rahmen sichern (siehe Abbildung).

28 Befreien Sie vorsichtig die Halterungen der Bugverkleidung von den Trägern am Rahmen, und senken Sie die Verkleidung ab (siehe Abbildung).

29 Der Einbau entspricht der umgekehrten Ausbaureihenfolge – alle Befestigungslaschen müssen in die entsprechenden Verkleidungsteile greifen, bevor die Schrauben installiert werden.

Frontverkleidung

30 Entfernen Sie zunächst die Lampenverkleidung und die Scheinwerfereinheit – lösen Sie die fünf Schrauben der Lampenverkleidung, und klappen Sie die Gummiabdeckungen der Rückspiegel-Halterungen zurück, um an zwei dieser Schrauben zu gelangen (siehe Abbildungen).

31 Lösen Sie die drei Schrauben der Scheinwerfereinheit, und ziehen Sie diese nach vorne, um den Stecker zu trennen und die Einheit zu entfernen (siehe Abbildungen).

32 Klappen Sie die Gummiabdeckungen der Rückspiegel-Halterungen zurück, um die

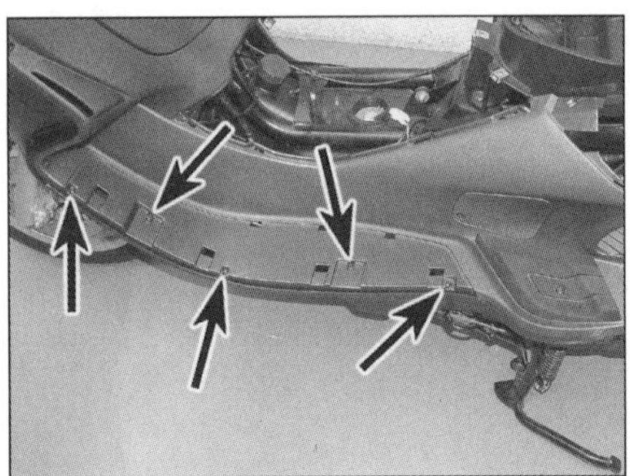

13.23b . . . und die unteren Schrauben.

13.27 Entfernen Sie an jeder Seite die Schraube.

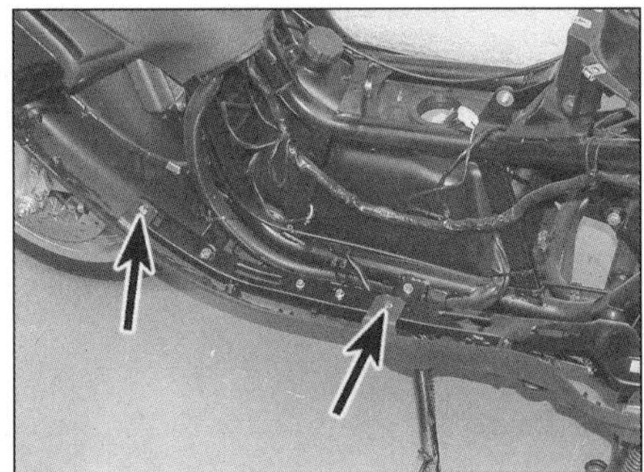

13.28 Befreien Sie die Halterung aus den Befestigungen.

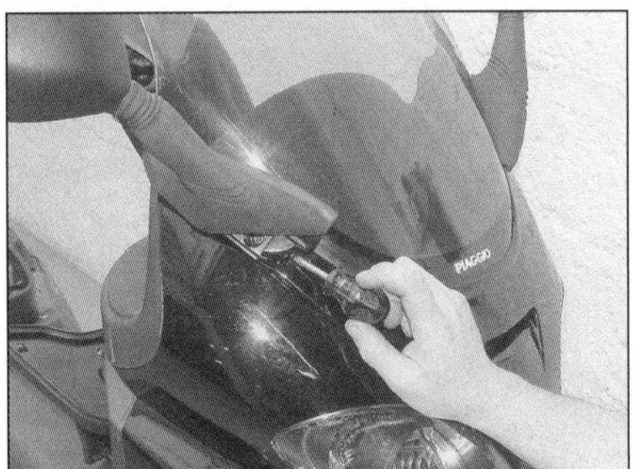

13.30a Lösen Sie die Schrauben unter den Spiegelhalter-Abdeckungen, . . .

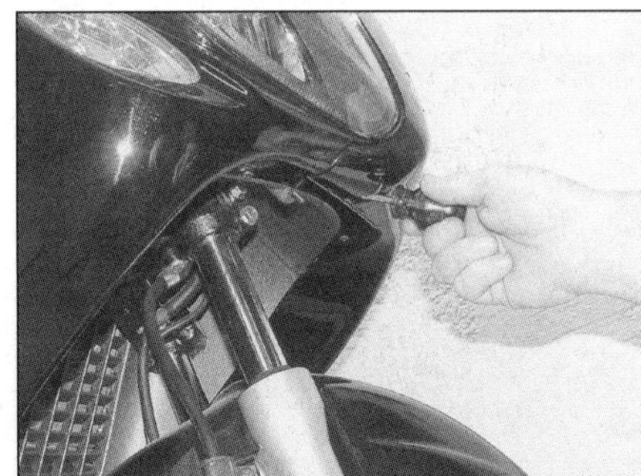

13.30b . . . vorne unten . . .

13.30c . . . und in der Mitte.

13.31a Entfernen Sie die drei Schrauben, . . .

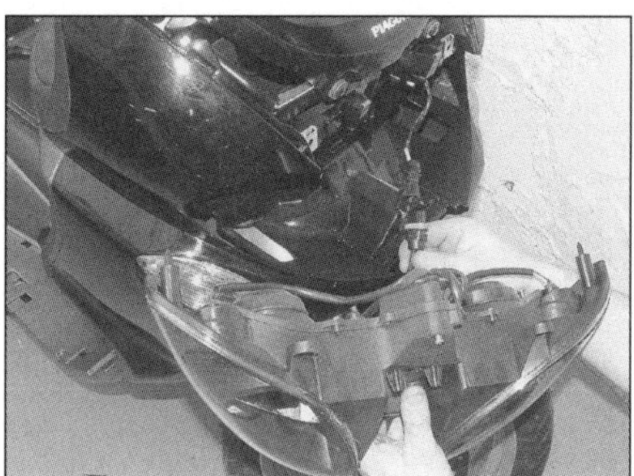

13.31b . . . und trennen Sie den Kabelstecker.

13.32 Entfernen Sie die Rückspiegel.

13.33 Entfernen Sie die Windschutzscheibe.

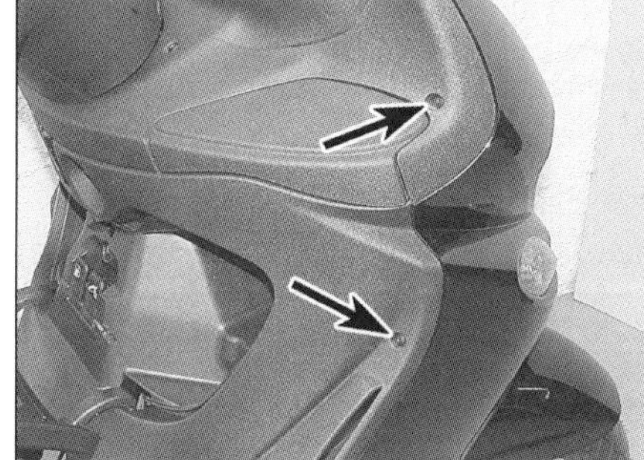

13.34a Entfernen Sie an jeder Seite die zwei oberen Schrauben . . .

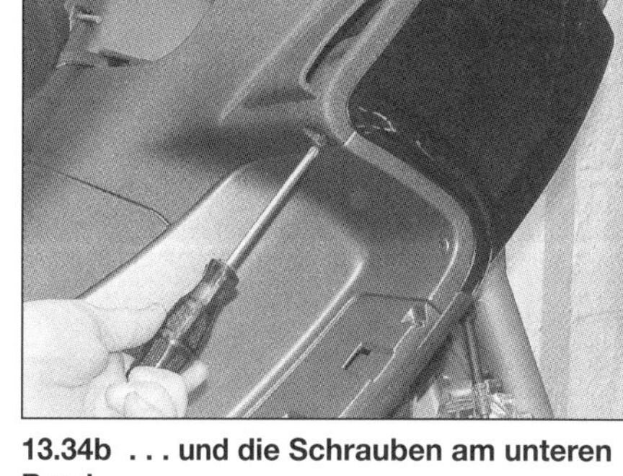

13.34b . . . und die Schrauben am unteren Rand.

Schrauben zu lösen und die Spiegel entfernen zu können (siehe Abbildung).

33 Lösen Sie die Schrauben der Windschutzscheibe, und entfernen Sie diese (siehe Abbildung). Beachten Sie die Positionen der Scheiben und Gummibuchsen an den Schrauben – ersetzen Sie poröse oder verformte Buchsen.

34 Lösen Sie die Schrauben der Innenverkleidung (siehe Abbildungen).

35 Lösen Sie jeweils die Schraube in der Mitte der Rückspiegel-Halter (siehe Abbildung).

36 Lösen Sie die zwei Schrauben unten an der Frontverkleidung (siehe Abbildung).

37 Stützen Sie die Frontverkleidung, und lösen Sie die beiden zentralen Befestigungsschrauben oben und unten (siehe Abbildungen).

38 Ziehen Sie die Verkleidung nach vorne, und befreien Sie die Laschen aus der Innenverkleidung (siehe Abbildungen). Trennen Sie den Stecker der Blinker und des Rückstellknopfes, und heben Sie die Frontverkleidung vom Fahrzeug.

39 Der Einbau entspricht der umgekehrten Ausbaureihenfolge – die Befestigungslaschen an der Rückseite müssen in die Innenverkleidung greifen.

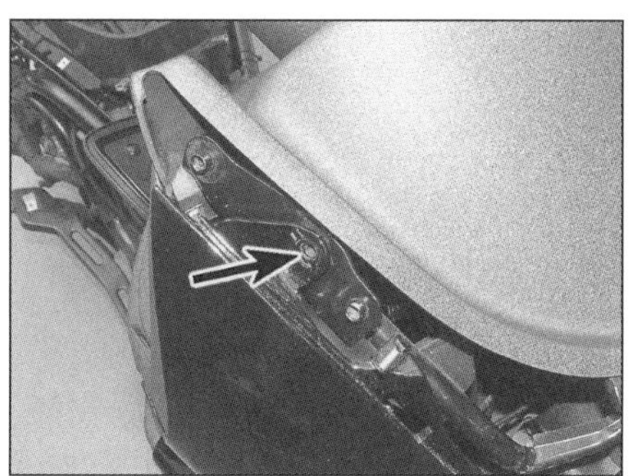

13.35 Entfernen Sie die Schraube in der Mitte des Spiegelhalters.

13.36 Entfernen Sie die zwei Schrauben am unteren Verkleidungsrand.

13.37a Entfernen Sie die obere . . .

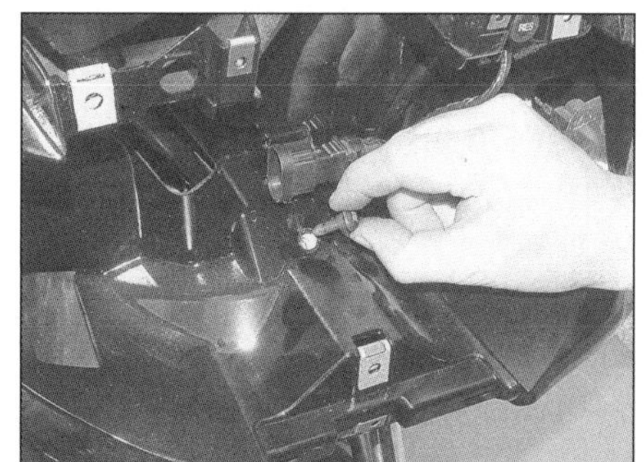

13.37b . . . und die untere zentrale Schraube.

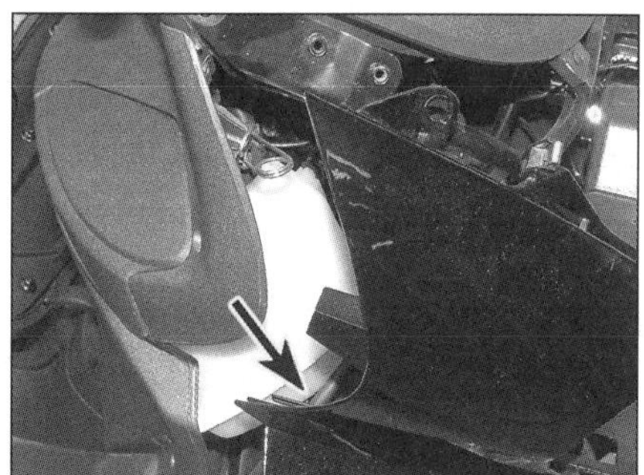

13.38a Befreien Sie die Verkleidungs-Laschen, . . .

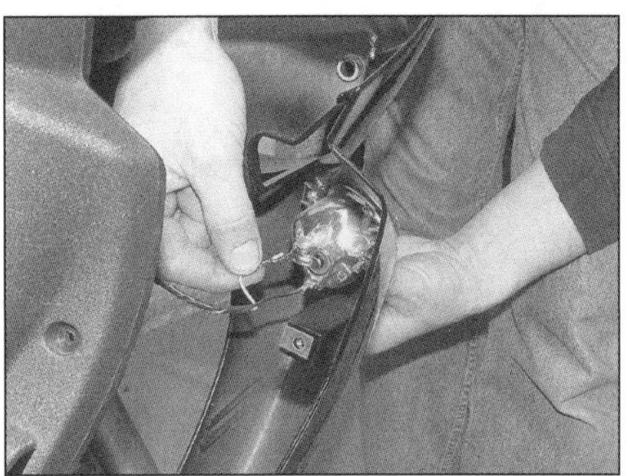
13.38b ... und trennen Sie die Stecker der Blinker ...

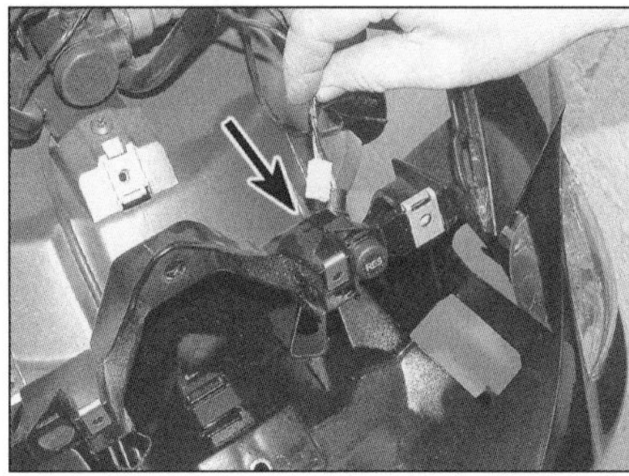
13.38c ... und des Rückstellknopfes.

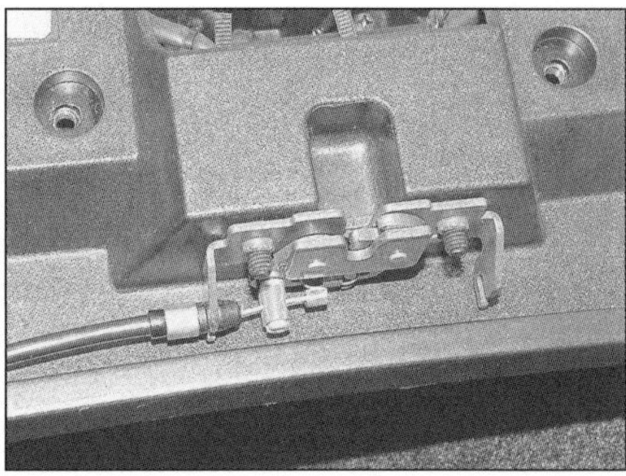
13.41 Befreien Sie den Bowdenzug aus der Sitzbankverriegelung.

13.42 Befreien Sie die Sicherungsbox aus der Innenverkleidung.

Innenverkleidung

40 Entfernen Sie die Bodenverkleidungen und die Frontverkleidung.

41 Trennen Sie den Bowdenzug vom Sitzbankschloss, und befreien Sie ihn aus allen Befestigungen (siehe Abbildung).

42 Lösen Sie die Schrauben der Sicherungsbox, und trennen Sie sie von der Innenverkleidung (siehe Abbildung).

43 Lösen Sie den Deckel des Kühler-Ausgleichsbehälters, und entfernen Sie dessen Gummiumrandung (siehe Abbildung).

44 Lösen Sie die vier Schrauben, die den oberen Rand der Innenverkleidung am Instrumententräger sichern (siehe Abbildung).

45 Lösen Sie die Befestigungsschrauben innerhalb des Handschuhfachs (siehe Abbildung). Heben Sie die Innenverkleidung an, und trennen Sie den Bowdenzug aus dem Hebel.

46 Der Einbau entspricht der umgekehrten Ausbaureihenfolge.

Lenkerverkleidungen

47 Lösen Sie die Schrauben, und entfernen Sie die Abdeckungen der beiden Bremszylinder (siehe Abbildung).

48 Lösen Sie die drei Schrauben, und heben Sie die Instrumentenkonsole an (siehe Abbildungen). Trennen Sie die Kabelstecker, und entfernen Sie die Instrumente.

49 Lösen Sie die zwei Schrauben der vorderen Abdeckung, hängen Sie diese vorsichtig aus der hinteren Abdeckung aus, und entfernen Sie sie (siehe Abbildungen).

50 Die hintere Abdeckung ist mit drei Schrau-

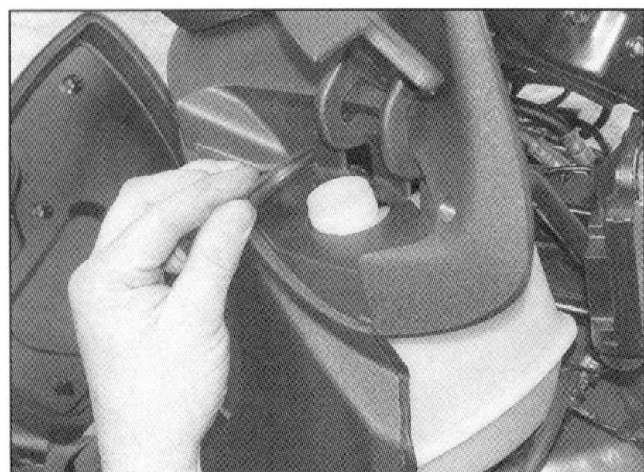
13.43 Entfernen Sie die Umrandung des Kühler-Ausgleichsbehälters.

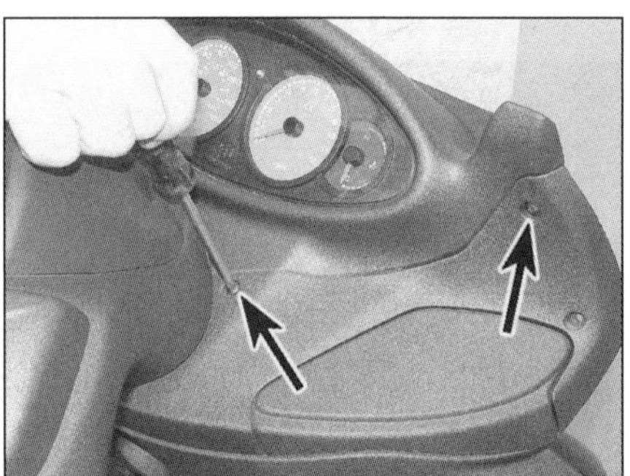
13.44 Entfernen Sie an jeder Seite die zwei Schrauben.

13.45 Entfernen Sie die zentrale Schraube innerhalb des Handschuhfachs.

13.47 Entfernen Sie die Handbremszylinder-Abdeckungen.

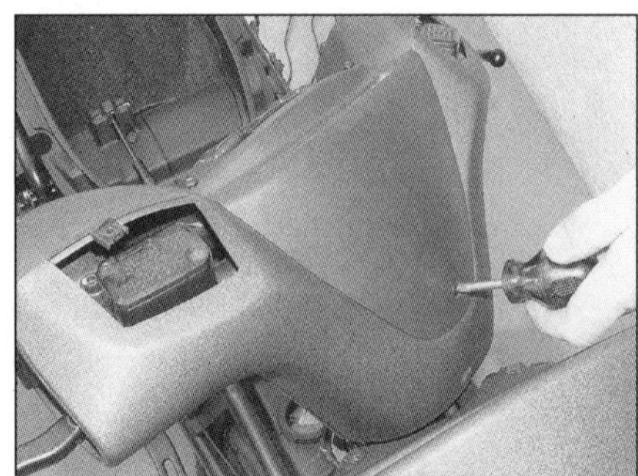
13.48a Entfernen Sie die vordere Schraube der Instrumentenkonsole, ...

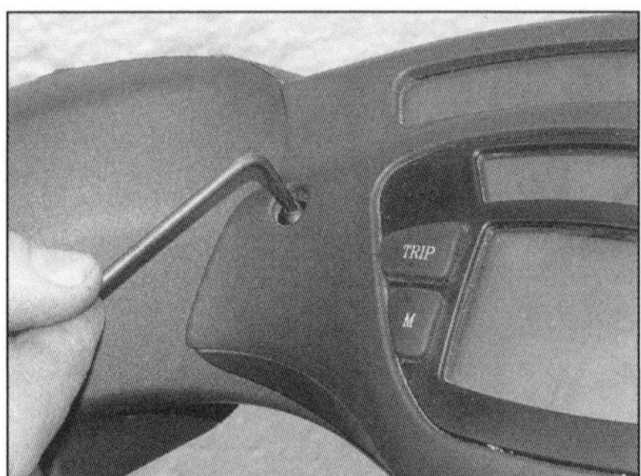

13.48b ... sowie die linke und die rechte Schraube.

13.49a Entfernen Sie an beiden Seiten die unteren Schrauben, . . .

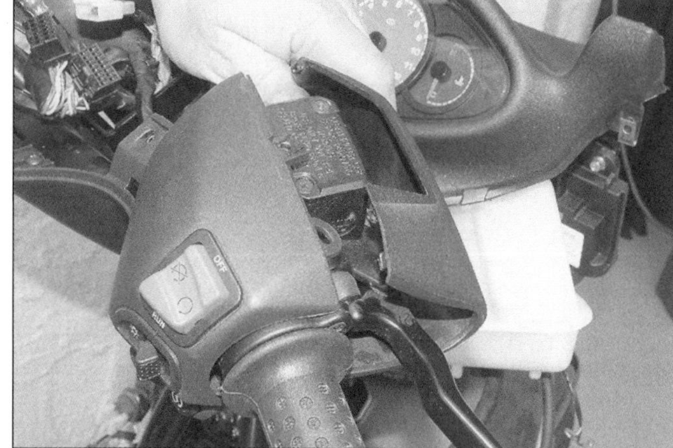

13.49b . . . und heben Sie die vordere Verkleidung ab.

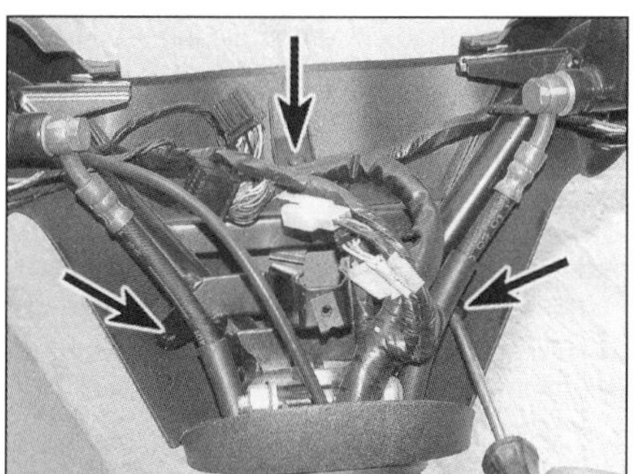

13.50a Entfernen Sie die drei Schrauben.

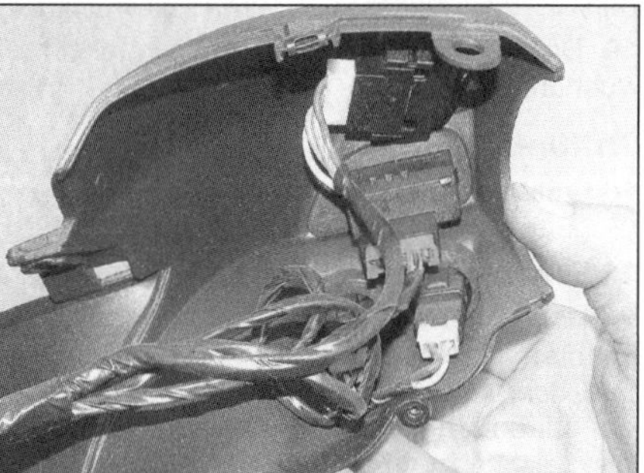

13.50b Trennen Sie die Schalter-Stecker.

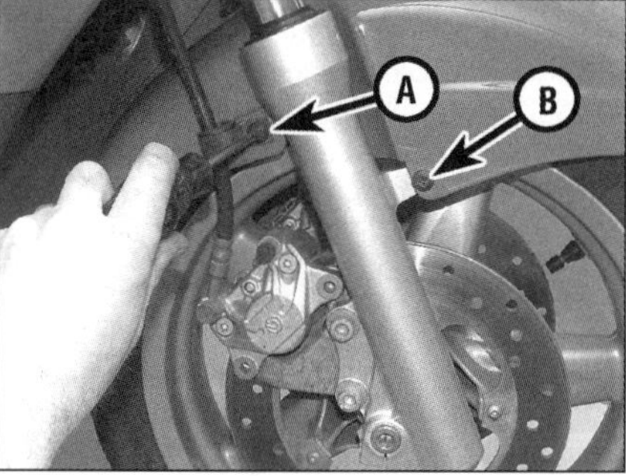

13.52 Lösen Sie die Schrauben der Bremsleitungsführung (A) und des Kotflügels (B).

ben am Lenker befestigt (siehe Abbildung) – lösen Sie diese, und nehmen Sie die Verkleidung ab, trennen Sie dabei die Stecker der Schalter (siehe Abbildung).

51 Der Einbau entspricht der umgekehrten Ausbaureihenfolge. Alle Kabelstecker müssen korrekt verbunden und gesichert werden. Vor der ersten Fahrt sind die Funktionen aller Lampen und Schalter zu prüfen.

Vorderradkotflügel

52 Lösen Sie die Schrauben beider Bremsleitungs-Führungen sowie die Schrauben des Kotflügels, und heben Sie ihn aus der Gabel.

53 Der Einbau entspricht der umgekehrten Ausbaureihenfolge.

14 Liberty Verkleidungsteile Ausbau und Einbau

Sitz

1 Öffnen Sie mit dem Zündschlüssel das Sitzbankschloss, und klappen Sie den Sitz hoch. Lösen Sie dann die Schrauben des Sitzbank-Gelenks am Gepäckfach, und entfernen Sie den Sitz.

2 Der Einbau entspricht der umgekehrten Ausbaureihenfolge.

Motorabdeckung

3 Um die vordere Abdeckung zu entfernen, müssen die zwei Schrauben gelöst werden, die die Abdeckung sichern, dann wird sie nach vorne abgezogen (siehe Abbildung).

4 Der Einbau entspricht der umgekehrten Ausbaureihenfolge.

Gepäckträger

5 Falls vorhanden, wird der Deckel gelöst und vorsichtig angehoben, um die Lasche aus dem Träger zu befreien.

6 Lösen Sie die drei Schrauben des Gepäckträgers, und heben Sie diesen ab (siehe Abbildung).

7 Der Einbau entspricht der umgekehrten Ausbaureihenfolge – alle Befestigungslaschen müssen in den Träger greifen, bevor der Deckel heruntergedrückt wird.

Sitzverkleidung

8 Entfernen Sie zunächst den Sitz, die Motorabdeckung und den Gepäckträger (siehe oben).

9 Lösen Sie die Schrauben, die das Rücklicht und die Blinker sichern, trennen Sie die Kabelstecker, und entfernen Sie die Einheit (siehe Kapitel 9).

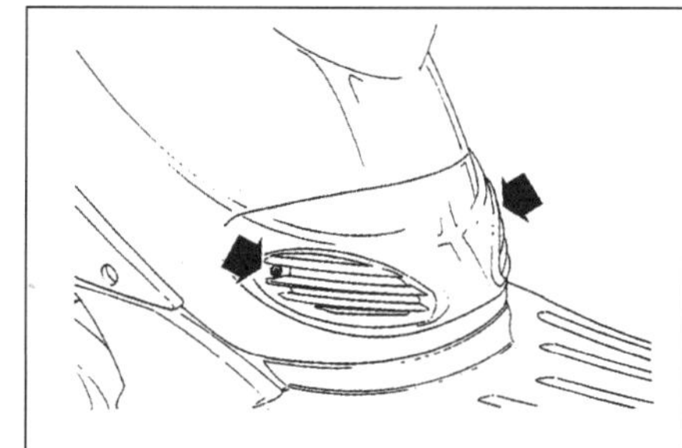

14.3 Entfernen Sie die Verkleidungsschrauben.

10 Die Sitzverkleidung ist an jeder Seite mit einer Schraube sowie zwei Schrauben innerhalb der Motordeckel-Öffnung gesichert (siehe Abbildung). Lösen Sie die Schrauben, und heben Sie vorsichtig die Verkleidung ab – beachten Sie, wie die Laschen vorne in die Bodenverkleidung greifen.

11 Der Einbau entspricht der umgekehrten Ausbaureihenfolge. Prüfen Sie vor der ersten Fahrt die Funktionen des Rücklichts und der Blinker.

Hinterradkotflügel und Innenschutzblech

12 Entfernen Sie zuerst die Sitzverkleidung, und trennen Sie den Stecker der Kennzeichenbeleuchtung. Lösen Sie die Schrauben, die den Kotflügel am Rahmen sichern, und entfernen Sie ihn (siehe Abbildung).

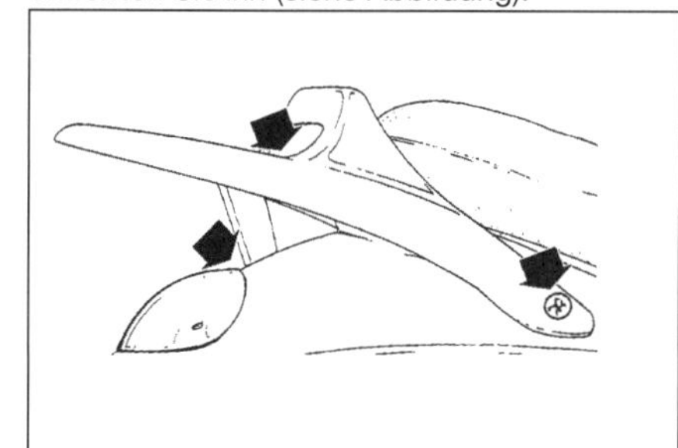

14.6 Der Gepäckträger ist mit drei Schrauben gesichert.

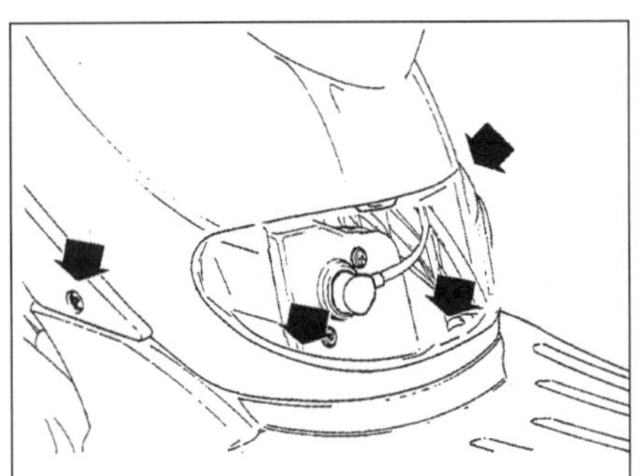

14.10 Die Sitzverkleidung ist mit vier Schrauben gesichert.

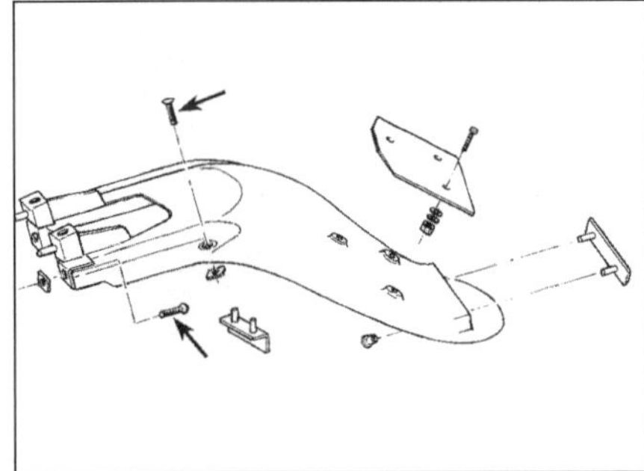

14.12 Der Kotflügel ist an jeder Seite mit zwei Schrauben gesichert.

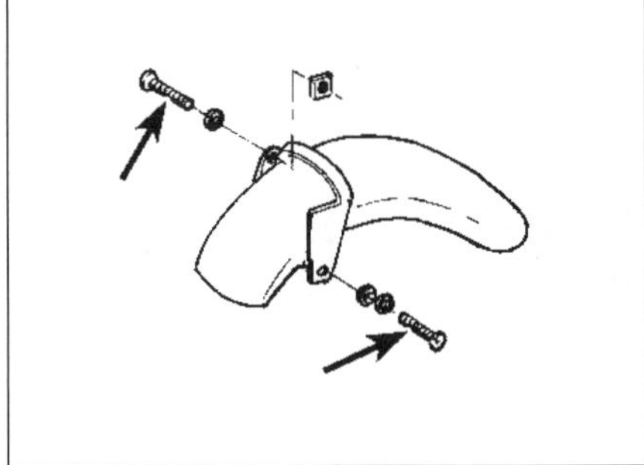

14.13 Das Innenschutzblech wird mit zwei Schrauben gehalten.

13 Das Innenschutzblech ist mit einer Schraube an der Rückseite der Antriebseinheit sowie einer Schraube, die an der linken Seite auch die Rückseite des Luftfiltergehäuses hält, gesichert (siehe Abbildung). Lösen Sie diese Schrauben, und entfernen Sie das Teil.

14 Der Einbau entspricht der umgekehrten Ausbaureihenfolge – die Schraube an der linken Seite muss durch die Rückseite des Luftfiltergehäuses geführt werden.

Gepäckfach

15 Entfernen Sie die Sitzverkleidung.

16 Bauen Sie die Batterie aus, lösen Sie die Schraube, die den Halter des Anlasserrelais rechts am Gepäckfach sichert, und befreien Sie das Relais (siehe Kapitel 9). Lösen Sie die Schraube, die den Ansaugstutzen des Luftfilters seitlich am Gepäckfach sichert.

17 Entfernen Sie die Deckel des Kraftstoff- und bei 50er-Modellen den des Öltanks.

18 Lösen Sie die zwei Schrauben, die das Gepäckfach unten am Rahmen sichern, und heben Sie es heraus (siehe Abbildung). Installieren Sie den/die Tankdeckel, damit nichts hineinfällt.

19 Der Einbau entspricht der umgekehrten Ausbaureihenfolge.

Trittbrett

20 Entfernen Sie zunächst die Sitzverkleidung (Schritte 8 bis 10).

21 Entfernen Sie die Beifahrerfußrasten.

22 Heben Sie die äußeren Gummileisten vom Trittbrett, und lösen Sie die vier darunterliegenden Schrauben (siehe Abbildung). Heben Sie das Trittbrett hinten an, und befreien Sie es aus den Laschen unten an der Innenverkleidung, um es vollständig zu entfernen.

23 Der Einbau entspricht der umgekehrten Ausbaureihenfolge.

Innenverkleidung

24 Entfernen Sie das Trittbrett (siehe oben).

25 Lösen Sie die zwei Schrauben des Gepäckhakens, und entfernen Sie ihn.

26 Öffnen Sie das Handschuhfach, und lösen Sie die zwei Schrauben der Innenverkleidung (siehe Abbildung).

27 Lösen Sie die zwei Schrauben am unteren Rand der Innenverkleidung, befreien Sie die Verkleidung, und entfernen Sie sie aus dem Fahrzeug.

28 Der Einbau entspricht der umgekehrten Ausbaureihenfolge.

Frontverkleidung

Anmerkung: *Die Frontverkleidung kann erst vom Fahrzeug entfernt werden, wenn die Gabel ausgebaut ist (siehe Kapitel 6).*

29 Entfernen Sie zunächst die Innenverkleidung.

30 Hebeln Sie vorsichtig das Piaggio-Emblem aus dem mittleren Verkleidungsteil, lösen Sie die dahinterliegende Schraube, und heben Sie das Mittelteil ab.

31 Lösen Sie (außer bei Sport-Modellen) die Schrauben der vorderen Blinker, trennen Sie deren Stecker, und entfernen Sie die Blinker (siehe Kapitel 9). Trennen Sie bei Sport-Modellen den Scheinwerferstecker, lösen Sie die vier Schrauben, die den Scheinwerfer an der Frontverkleiudng sichern, und entfernen Sie ihn. Entfernen Sie bei allen Modellen innen an der Frontverkleidung die Schrauben und nehmen Sie sie ab.

32 Der Einbau entspricht der umgekehrten Ausbaureihenfolge. Vor der ersten Fahrt ist die Funktion der Blinker zu prüfen.

Bugverkleidung

33 Entfernen Sie zunächst die Innenverkleidungen.

34 Lösen Sie die zwei Schrauben, die die Bugverkleidung vorne am Rahmen sichern (siehe Abbildung).

35 Befreien Sie vorsichtig die Halterungen der Bugverkleidung von den Trägern am Rahmen, und senken Sie die Verkleidung ab.

36 Der Einbau entspricht der umgekehrten Ausbaureihenfolge.

Lenkerverkleidungen

37 Lösen Sie die Schraube unterhalb des

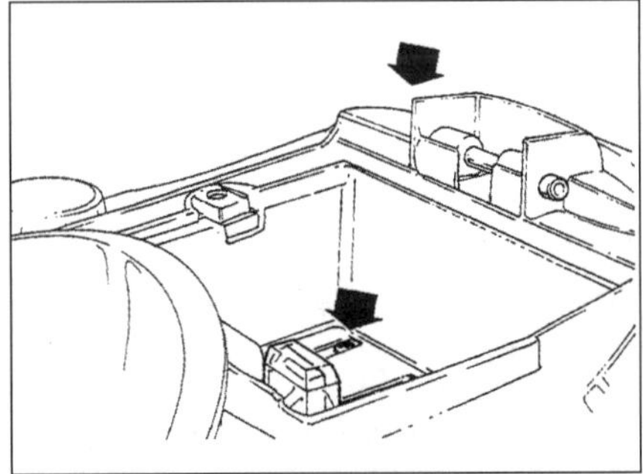

14.18 Lösen Sie die Schrauben, die das Gepäckfach sichern.

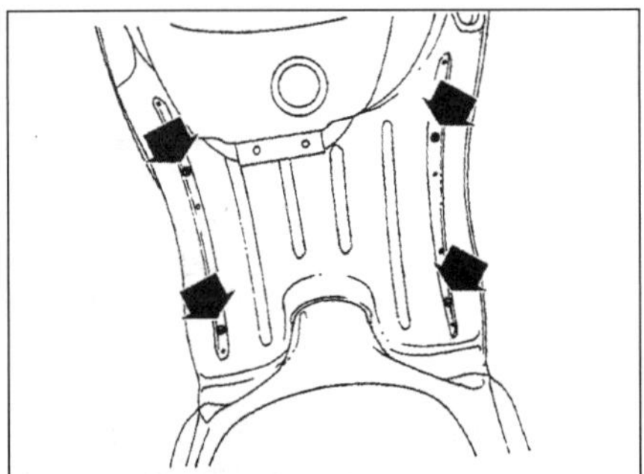

14.22 Die Trittbrettschrauben liegen unter den äußeren Gummistreifen.

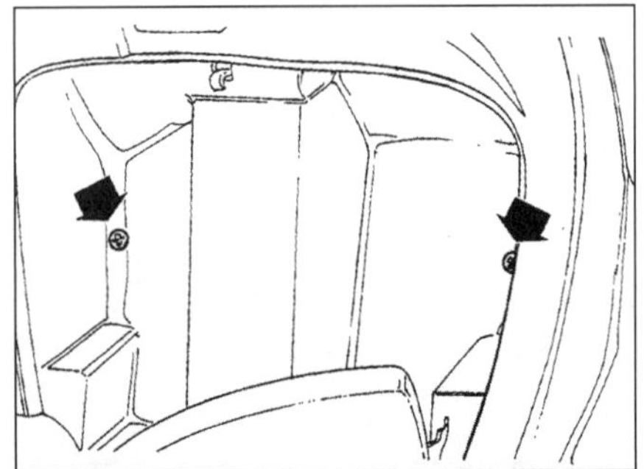

14.26 Entfernen Sie die zwei Schrauben innerhalb des Handschuhfachs.

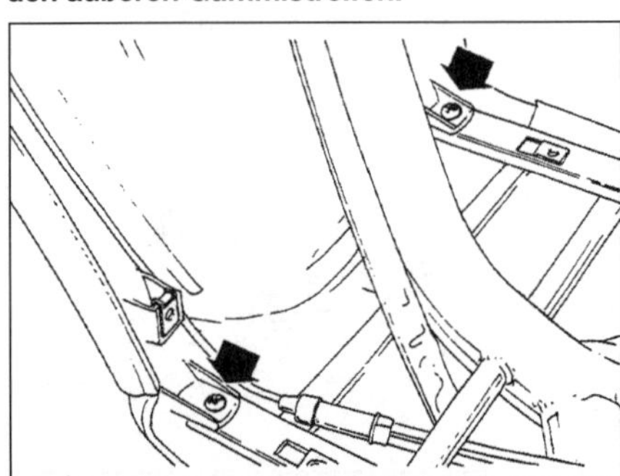

14.34 Lösen Sie die Schrauben am vorderen Rand der Bugverkleidung.

Scheinwerfers sowie die Schrauben, die das vordere Verkleidungsteil am hinteren sichern (siehe Abbildungen). Lösen Sie vorsichtig das vordere Teil vom hinteren, und heben Sie es an; trennen Sie den Scheinwerfer- (Sport: Blinker-) Stecker, und entfernen Sie die Frontabdeckung.

38 Die hintere Abdeckung ist mit drei Schrauben am Lenker befestigt (siehe Abbildung) – lösen Sie diese, und nehmen Sie die Verkleidung ab. Trennen Sie die Tachowelle, die Instrumentenstecker und die Schalterstecker – merken Sie sich ihre Positionen (Kapitel 9).

39 Der Einbau entspricht der umgekehrten Ausbaureihenfolge. Alle Kabelstecker müssen korrekt verbunden und gesichert werden. Vor der ersten Fahrt sind die Funktionen aller Lampen und Schalter zu prüfen.

Vorderradkotflügel

Anmerkung: *Der Vorderradkotflügel kann erst vom Fahrzeug entfernt werden, wenn die Gabel ausgebaut ist (siehe Kapitel 6).*

40 Lösen Sie die Schrauben, die den Kotflügel an der Gabel sichern, und heben Sie ihn ab (siehe Abbildung).

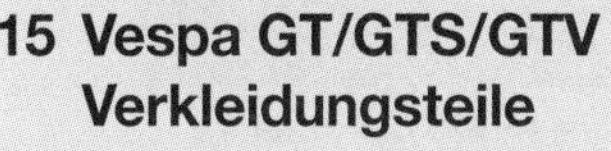

15 Vespa GT/GTS/GTV Verkleidungsteile – Ausbau und Einbau

Sitz

1 Öffnen Sie mit dem elektrischen Öffner in der Innenverkleidung oder dem Hebel im Handschuhfach das Sitzbankschloss, und klappen Sie den Sitz hoch.

2 Lösen Sie dann die Schrauben des Sitzbank-Gelenks, und entfernen Sie den Sitz. Der Einbau entspricht der umgekehrten Ausbaureihenfolge.

3 Bei GTV-Modellen kann der Beifahrersitz nach dem Lösen der vier Schrauben von der Sitzhalterung entfernt werden (siehe Abbildung). Die Sitzabdeckung kann in dem Fach unten an der Sitzhalterung gelagert werden.

Gepäckträger und Motorabdeckung

4 Öffnen Sie die Sitzbank, und heben Sie das Gepäckfach heraus.

5 Der Einbau entspricht der umgekehrten Ausbaureihenfolge.

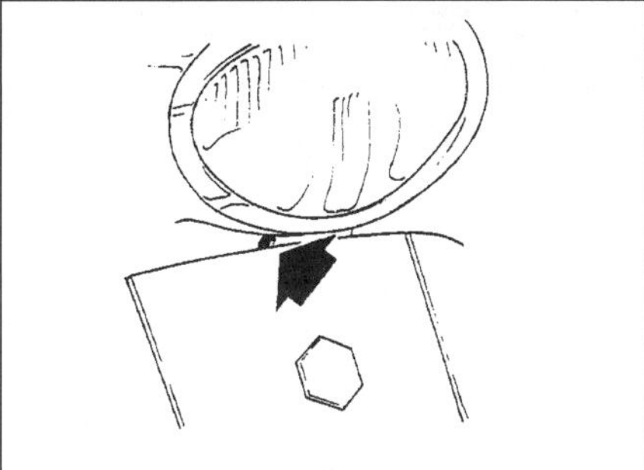

14.37a Entfernen Sie die Schraube unterhalb des Scheinwerfers . . .

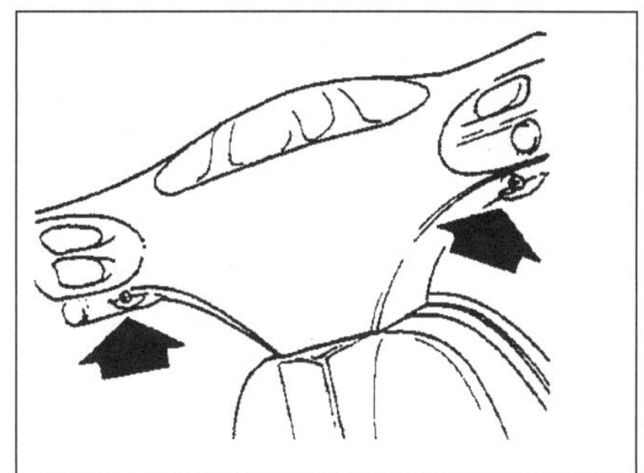

14.37b . . . und die zwei Schrauben an der hinteren Abdeckung.

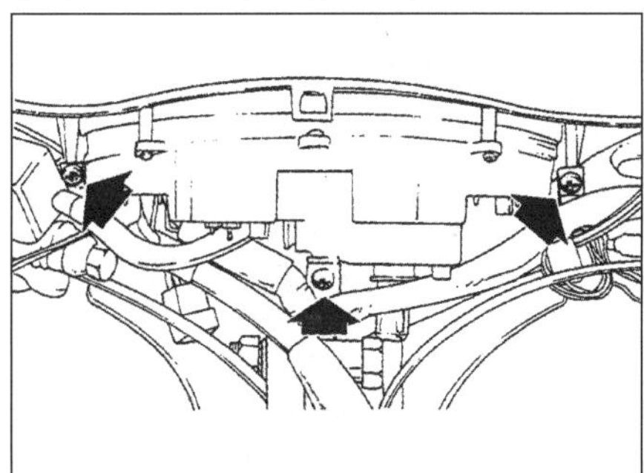

14.38 Die hintere Lenkerverkleidung ist mit drei Schrauben gesichert.

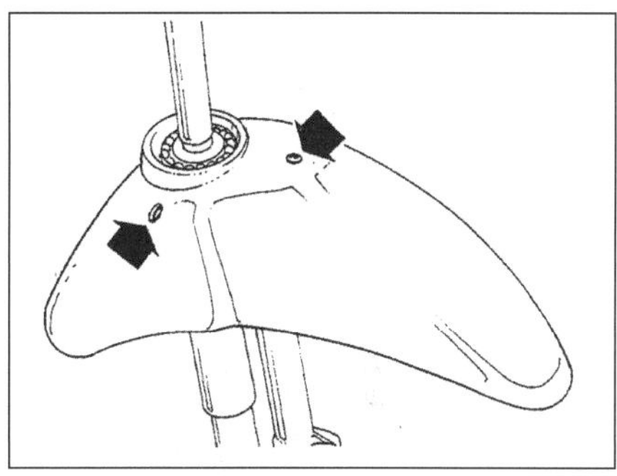

14.40 Lösen Sie die Schrauben, und heben Sie den Kotflügel ab.

Frontabdeckung

6 Hebeln Sie vorsichtig das Piaggio-Emblem aus der Abdeckung, lösen Sie die dahinterliegende Schraube, und heben Sie das Teil ab (siehe Abbildungen). Befreien Sie bei GTV/GTS-Modellen beim Abziehen der Abdeckung das Standlichtlampenkabel.

7 Der Einbau entspricht der umgekehrten Ausbaureihenfolge.

Seitenverkleidungen

8 Lösen Sie bei GT-Modellen vorne und hinten die Schrauben, die das Verkleidungsteil am Fahrzeug sichern (siehe Abbildung). Befreien Sie

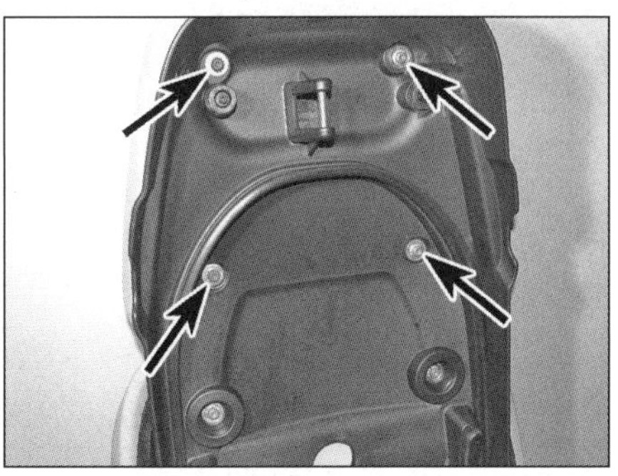

15.3 Beifahrersitz-Befestigungsschrauben

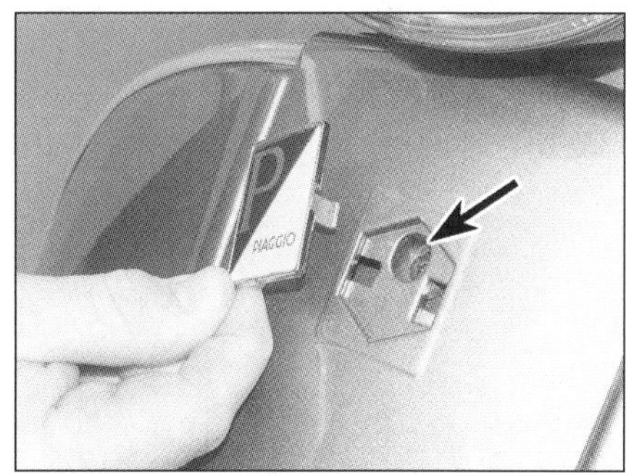

15.6a Entfernen Sie die Schraube hinter dem Emblem, . . .

15.6b . . . und heben Sie die Frontabdeckung ab.

15.8a Lösen Sie die zwei Schrauben.

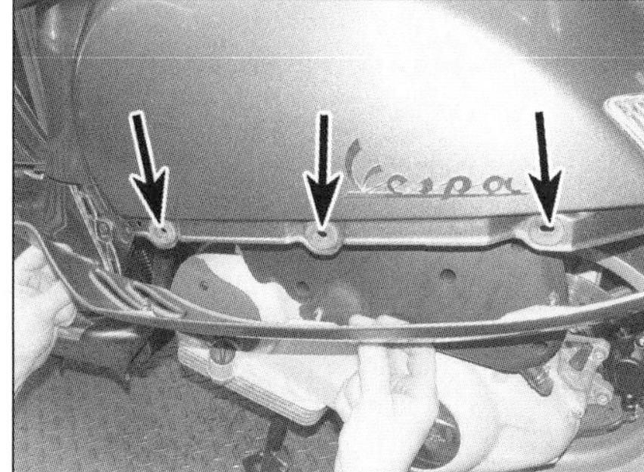

15.8b Beachten Sie, wie die Stifte in den Ösen sitzen.

15.9 Die Abschlussverkleidung ist an jeder Seite mit einer Schraube gesichert.

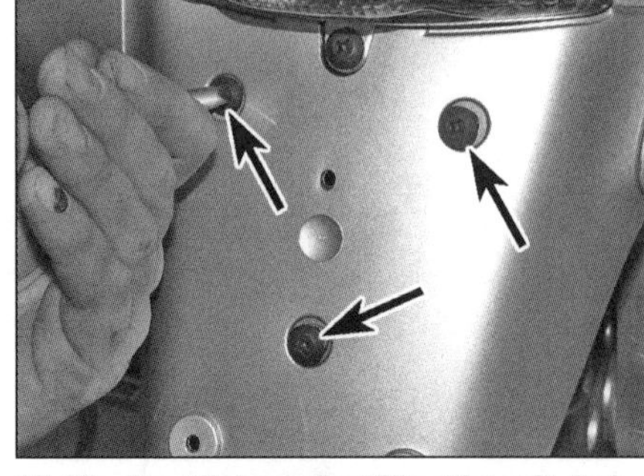

15.10a Der Hinterradkotflügel ist mit drei Schrauben gesichert.

15.10b Die Mutter innen an der Seitenverkleidung . . .

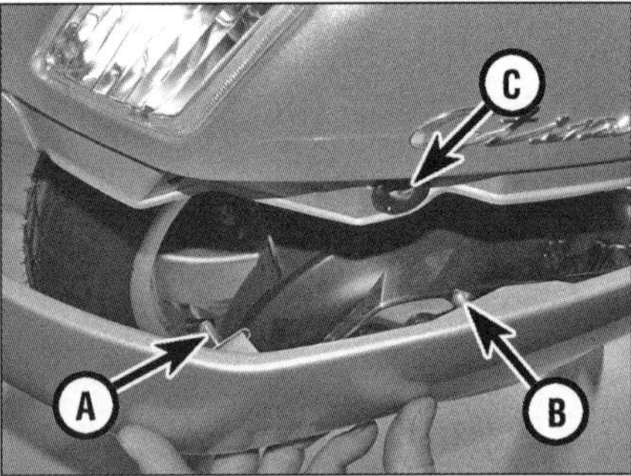

15.10c . . . ist auf den Stehbolzen (A) gedreht. Ziehen Sie die Stifte (B) aus den Ösen (C).

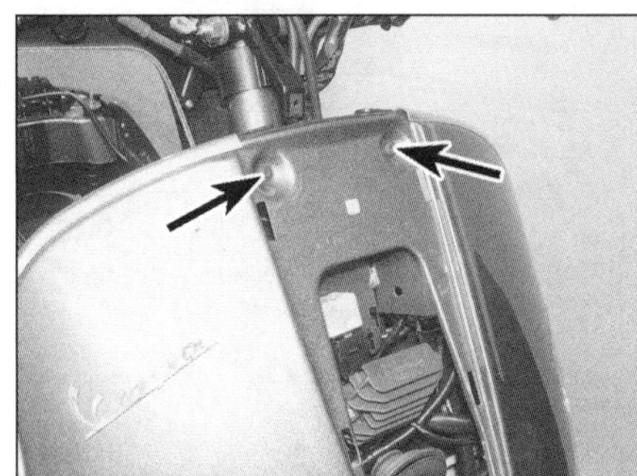

15.12 Entfernen Sie die zwei Schrauben.

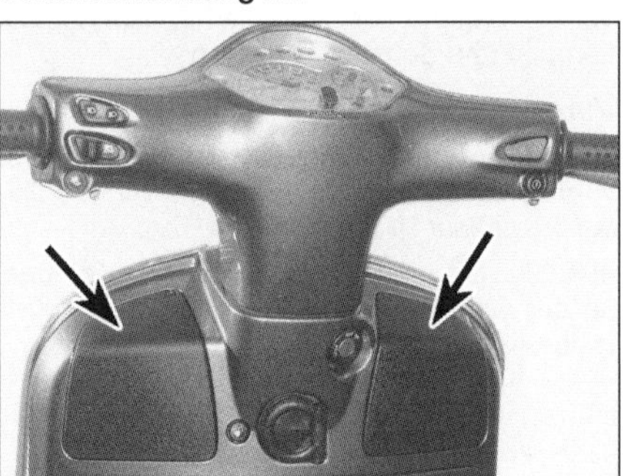

15.13 Entfernen Sie die Innenabdeckungen.

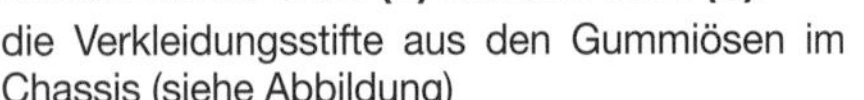

die Verkleidungsstifte aus den Gummiösen im Chassis (siehe Abbildung)

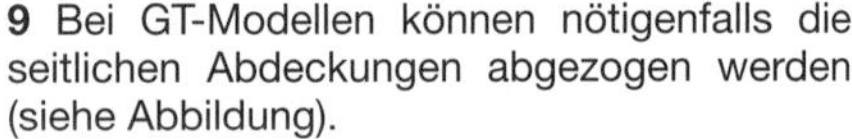

9 Bei GT-Modellen können nötigenfalls die seitlichen Abdeckungen abgezogen werden (siehe Abbildung).

10 Entfernen Sie bei GTS- und GTV-Modellen den Hinterradkotflügel (siehe Abbildung),

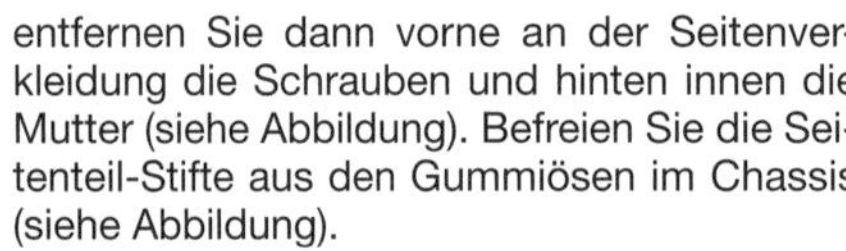

entfernen Sie dann vorne an der Seitenverkleidung die Schrauben und hinten innen die Mutter (siehe Abbildung). Befreien Sie die Seitenteil-Stifte aus den Gummiösen im Chassis (siehe Abbildung).

11 Der Einbau entspricht der umgekehrten Ausbaureihenfolge.

Innenverkleidungen

12 Trennen Sie das Massekabel (–) von der Batterie (siehe Kapitel 9). Entfernen Sie die Frontabdeckung, und lösen Sie die zwei dahinterliegenden Schrauben (siehe Abbildung).

13 Lösen Sie die Schrauben der linken und

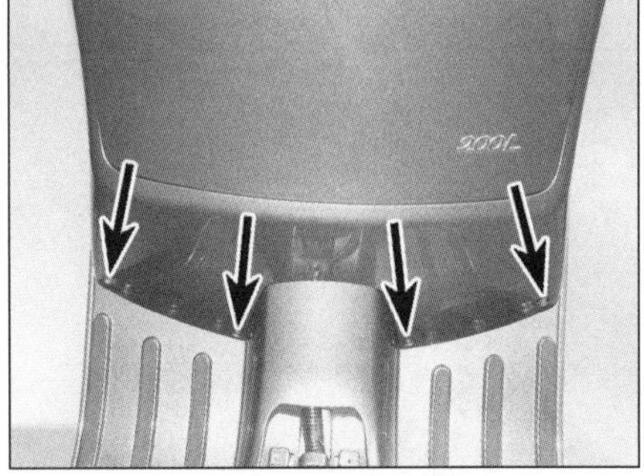

15.14a Lösen Sie die Schrauben entlang der unteren Kante, . . .

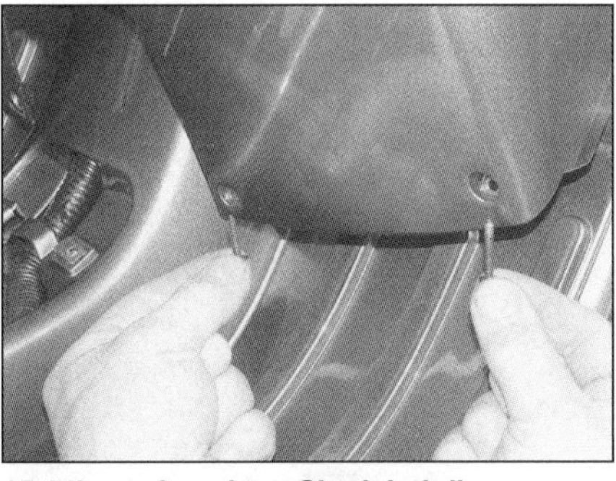

15.14b . . . beachten Sie dabei die unterschiedlichen Längen.

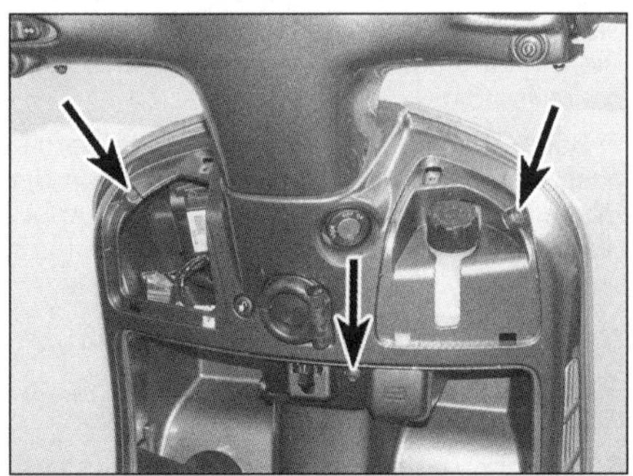

15.15 Lösen Sie die Schrauben wie im Text beschrieben.

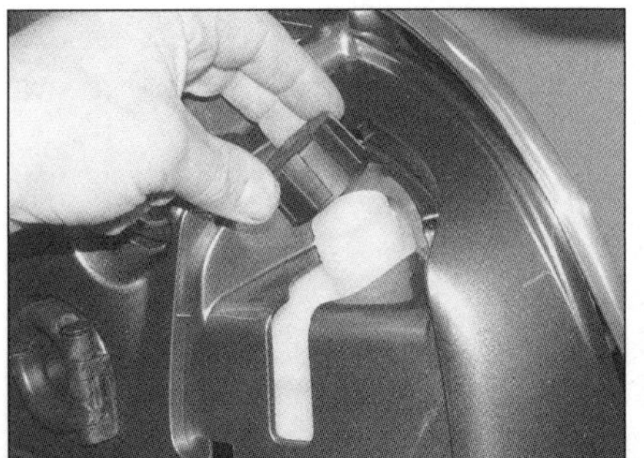

15.16 Entfernen Sie den Einfülldeckel des Kühler-Ausgleichsbehälters.

15.17a Ziehen Sie die Innenverkleidung zurück, . . .

15.17b . . . trennen Sie dabei den Stecker der Sitzbankverriegelung, . . .

15.17c . . . und befreien Sie den Sicherungshalter.

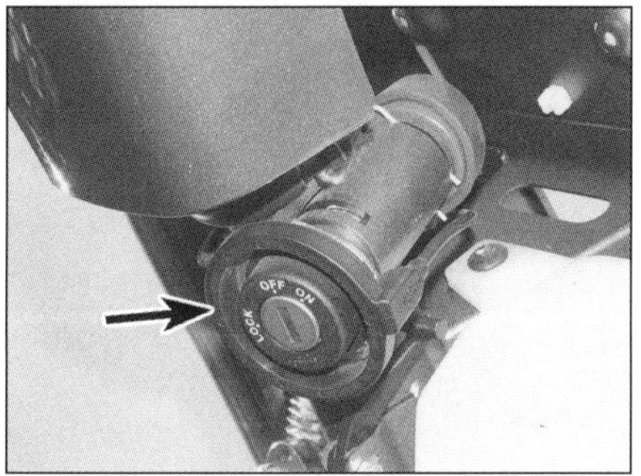

15.19 Beachten Sie die Antenne des Wegfahrsperren-Transponders.

rechten Innenabdeckung, und entfernen Sie diese Teile (siehe Abbildung).

14 Lösen Sie die Schrauben unten an der Innenverkleidung – diese sind länger als die anderen Schrauben dieses Verkleidungsteils (siehe Abbildungen).

15.18a Befreien Sie den Bowdenzug vom Hebel, . . .

15 Drücken Sie das Zündschloss ein, um das Handschuhfach zu öffnen. Lösen Sie die zwei Schrauben oben an der Innenverkleidung und die Schraube innerhalb des Handschuhfachs (siehe Abbildung).

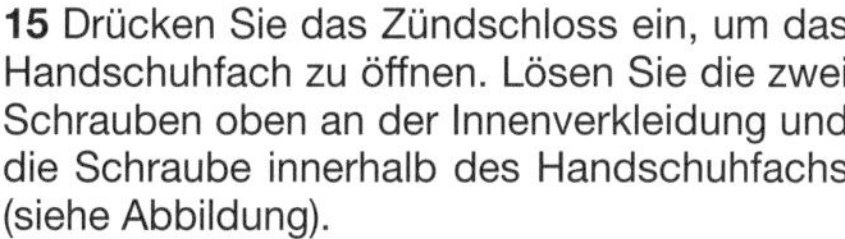

16 Öffnen Sie den Deckel des Kühler-Ausgleichsbehälters (siehe Abbildung).

17 Heben Sie die Innenverkleidung an, um den vorderen Bereich aus der Bodenverkleidung zu befreien, ziehen Sie sie dann nach hinten, um Zugang zum Stecker des Sitz-Öffners zu erhalten – trennen Sie diesen, und lösen Sie den Sicherungshalter an der Rückseite der Innenverkleidung (siehe Abbildungen).

18 Befreien Sie den Sitzbank-Bowdenzug aus dem Hebel im Handschuhfach, und ziehen Sie den Bowdenzug-Anschlag aus der Innenverkleidung (siehe Abbildungen). Merken Sie sich, wie der Schließer des Handschuhfachs in den Mechanismus greift, und heben Sie die Innenverkleidung aus dem Fahrzeug. Installieren Sie übergangsweise den Deckel des Kühler-Ausgleichsbehälters.

15.18b . . . und ziehen Sie seinen Anschlag aus der Verkleidung.

19 Der Einbau entspricht der umgekehrten Ausbaureihenfolge – die Antenne der Wegfahrsperre muss korrekt am Zündschloss positioniert (siehe Abbildung), der Stecker des Sitzbank-Öffners verbunden und der Sicherungshalter installiert sein. Schließen Sie den Bowdenzug des Sitzbank-Öffners an, und prüfen Sie die Funktionen des Sitzbank- und des Handschuhfach-Öffners, bevor Sie die Schrauben installieren.

Trittbrett

20 Entfernen Sie zunächst die Seitenverkleidung und die Boden-Abschlussverkleidungen. Lösen Sie die vier Schrauben, und entfernen Sie die zentrale Fußmatte (siehe Abbildung).

21 Entfernen Sie die Innenverkleidung.

22 Lösen Sie die Schrauben der Beifahrerfuß-

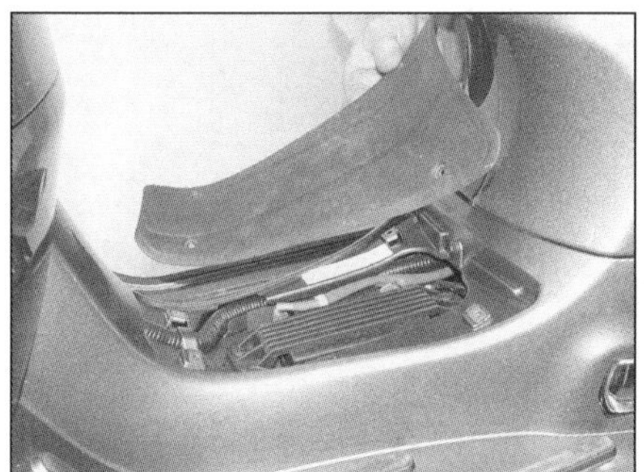

15.20 Entfernen Sie die in der Mitte liegende Fußmatte.

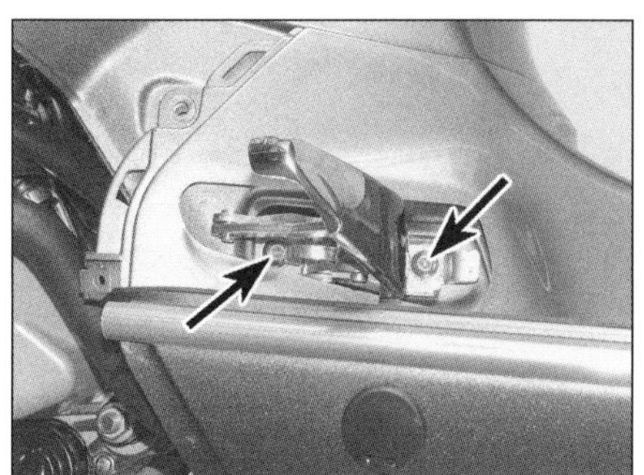

15.22a Lösen Sie die Schrauben, . . .

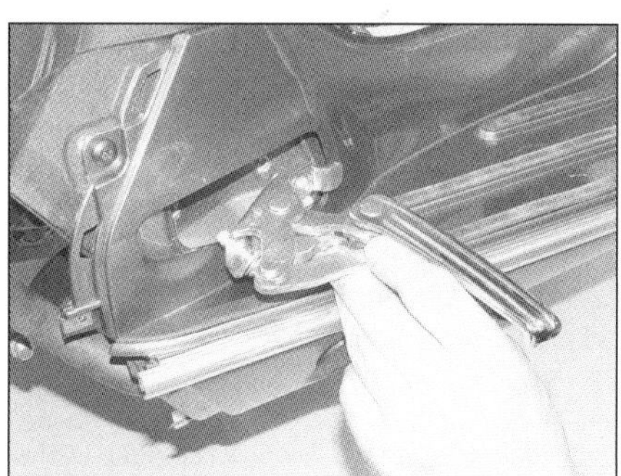

15.22b . . . und entfernen Sie die Beifahrer-Fußrasten.

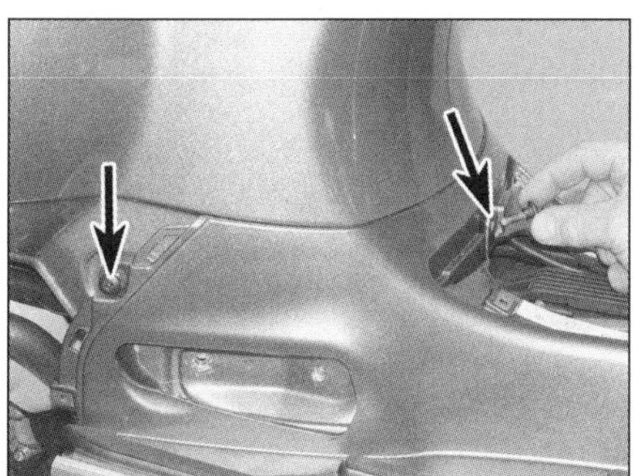

15.23 Entfernen Sie die linke, rechte und zentrale Trittbrett-Schraube.

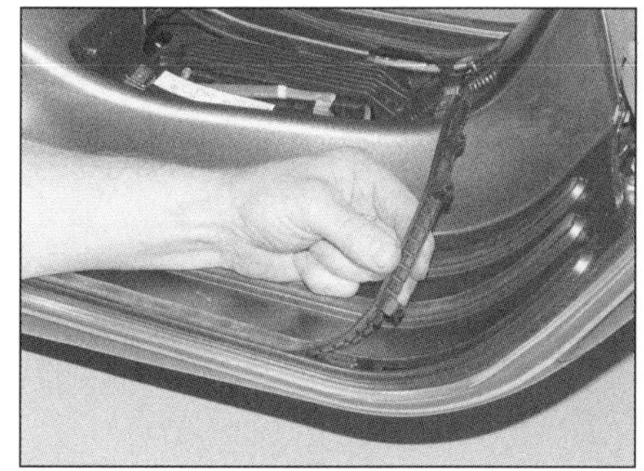

15.24a Ziehen Sie an beiden Seiten die Gummistreifen hoch, . . .

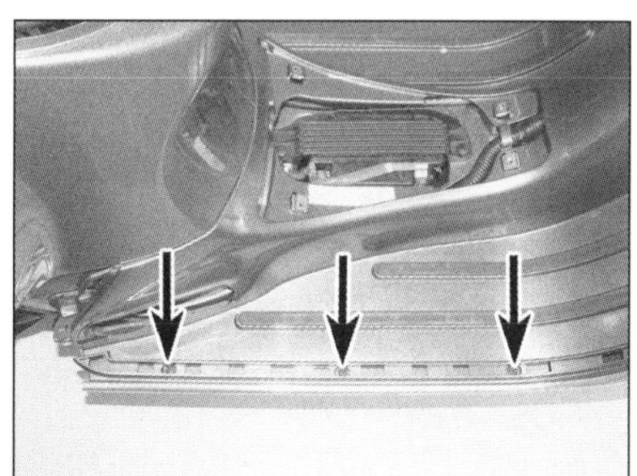

15.24b . . . und lösen Sie die darunterliegenden Schrauben.

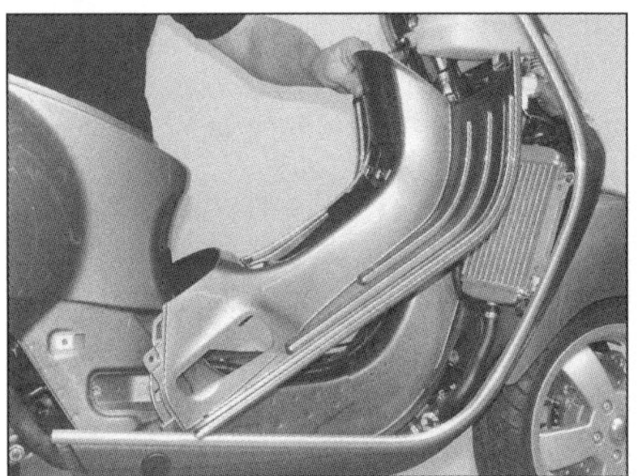

15.25 Manövrieren Sie das Trittbrett heraus.

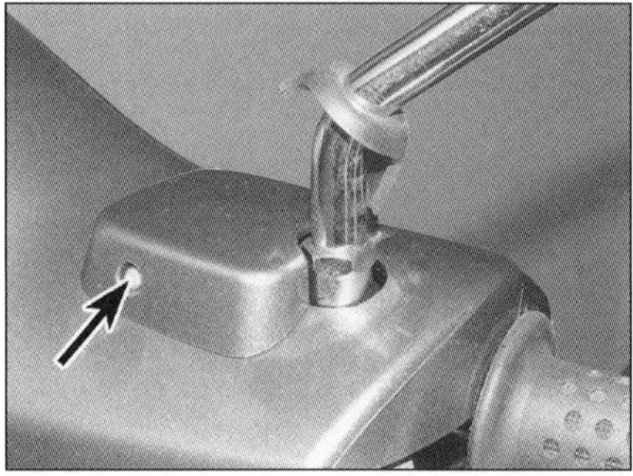

15.27a Jede Abdeckung ist mit einer einzelnen Schraube gesichert.

15.27b Schrauben Sie die Rückspiegel ab.

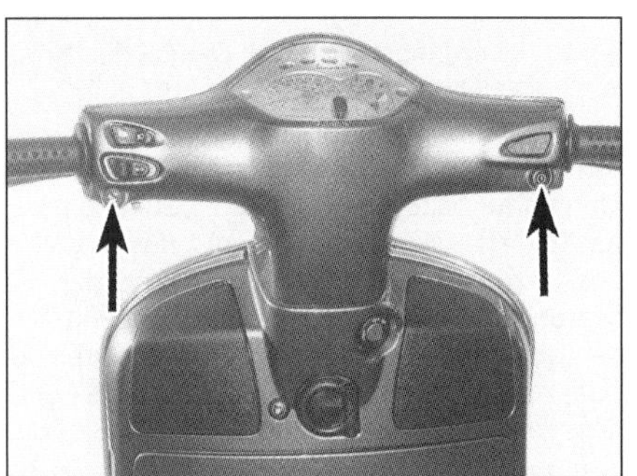

15.28a Lösen Sie die Schrauben unten am hinteren Verkleidungsteil . . .

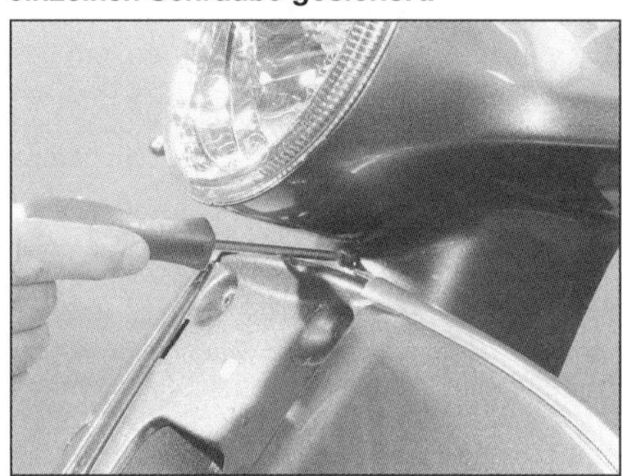

15.28b . . . und die Schraube unterhalb des Scheinwerfers.

15.28c Ziehen Sie die drei Stifte vorsichtig ab.

rasten, und entfernen Sie die Baugruppe (siehe Abbildungen).

23 Lösen Sie die drei Schrauben hinten am Trittbrett – eine rechts, eine in der Mitte und eine links (siehe Abbildungen).

24 Ziehen Sie die äußeren Gummileisten aus ihren Nuten, und lösen Sie die darin liegenden sechs Schrauben (siehe Abbildungen).

25 Heben Sie die Bodenverkleidung vorne an, und manövrieren Sie sie aus dem Fahrzeug (siehe Abbildung).

26 Der Einbau entspricht der umgekehrten Ausbaureihenfolge.

Lenkerverkleidungen – GT- und GTS-Modelle

27 Lösen Sie die Schrauben der Bremszylinder-Abdeckungen, und entfernen Sie diese. Entfernen Sie dann die Rückspiegel (siehe Abbildungen). Entfernen Sie die Frontabdeckung.

28 Um die vordere Abdeckung zu entfernen, müssen die Schrauben an der Unterseite der hinteren Abdeckung und die Schraube unterhalb des Scheinwerfers gelöst werden (siehe Abbildungen). Ziehen Sie die vordere Abdeckung vorsichtig ab, um ihre Laschen aus den Bohrungen der hinteren Abdeckung zu befreien (siehe Abbildung). Diese Stifte sitzen relativ fest, sodass etwas Krafteinsatz nötig wird – brechen Sie die Abdeckung aber nicht ab! Sind die Stifte befreit, müssen die Scheinwerfer-Stecker getrennt werden, um die Abdeckung vollständig entfernen zu können.

29 Um die hintere Abdeckung zu entfernen, muss zunächst die vordere demontiert werden. Lösen Sie die Schrauben, die die hintere Abdeckung an den Lenker-Haltern sichern (siehe Abbildungen). Lösen Sie die Schraube, die die Instrumentenkonsole an ihrem Träger sichert (siehe Abbildung). Soll die hintere Abdeckung vollständig entfernt werden, müssen zuvor die Kabelstecker der Instrumente und Lenkerschalter sowie die Tachowelle getrennt werden. Trennen Sie nötigenfalls die Instrumentenkonsole von der Abdeckung (siehe Kapitel 9).

30 Der Einbau entspricht der umgekehrten Ausbaureihenfolge. Alle Kabelstecker müssen korrekt verbunden und gesichert werden.

15.29a Die hintere Abdeckung ist oben mit zwei Schrauben – einer oben . . .

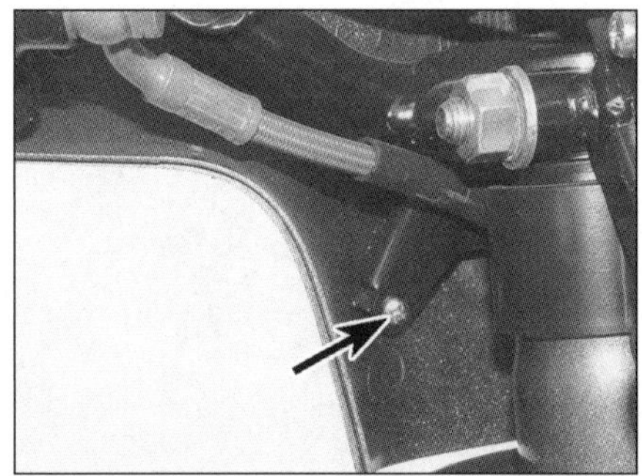

15.29b . . . und einer unten – gesichert.

15.29c Entfernen Sie die Schraube der Lenkerhalterung.

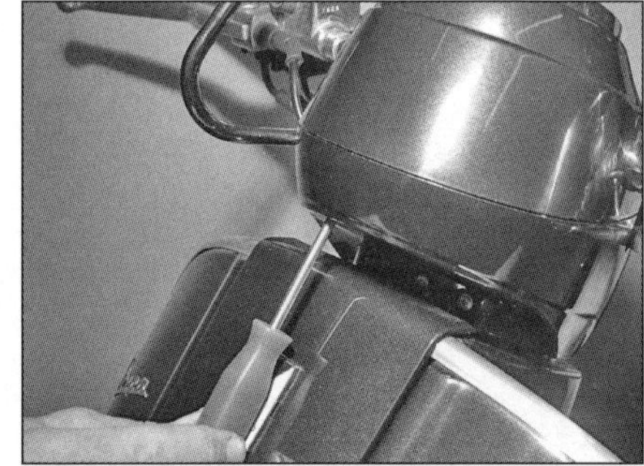

15.31a Entfernen Sie die zwei Schrauben aus der unteren Abdeckung.

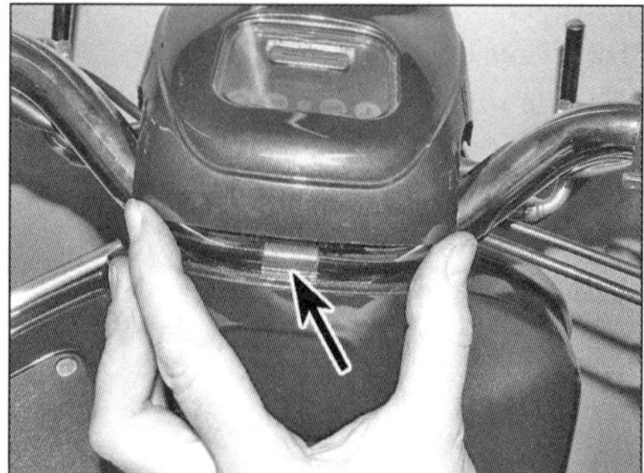
15.31b Drücken Sie die untere Abdeckung hinten zusammen, um die Lasche zu lösen.

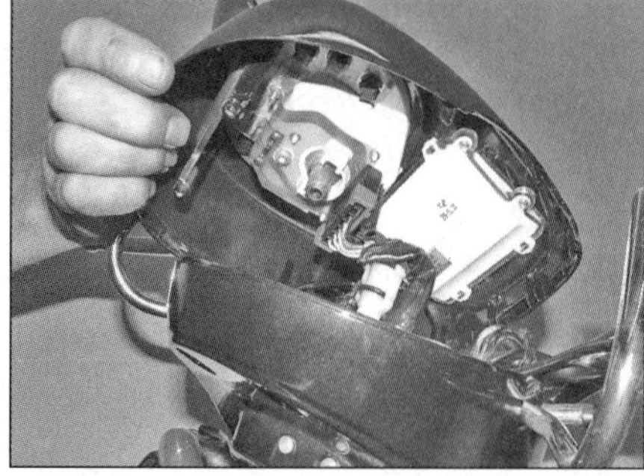
15.31c Lösen Sie die Tachowelle und trennen Sie den Stecker.

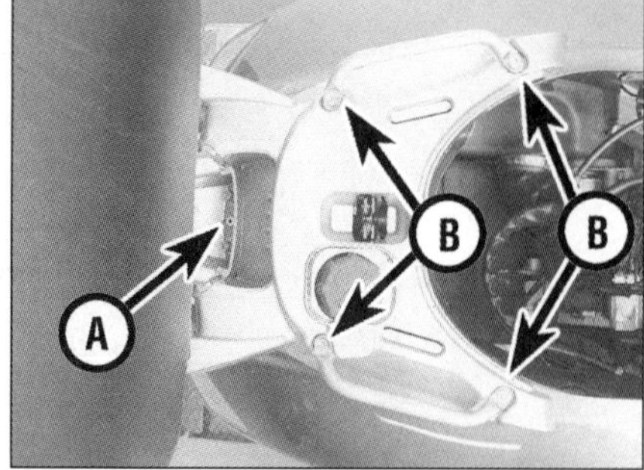

15.35 Entfernen Sie die Schraube (A), die Schrauben (B) sichern die Haltegriffe.

15.36 Entfernen Sie den Dichtring des Tankstutzens.

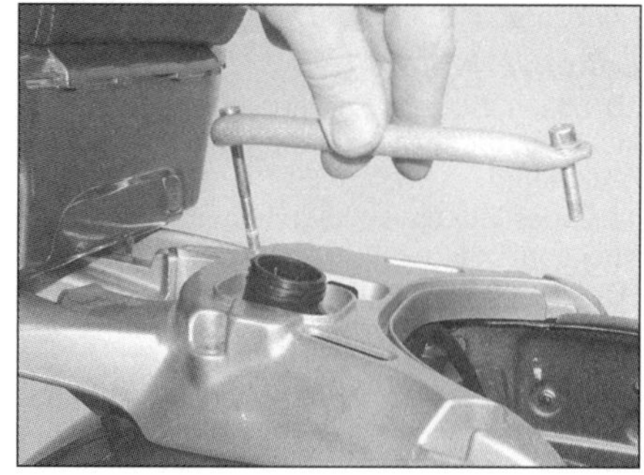
15.37a Entfernen Sie die Haltegriffe, . . .

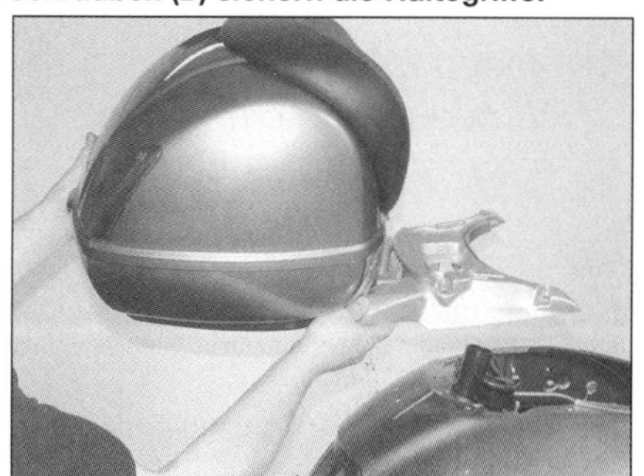
15.37b . . . und heben Sie den Gepäckträger ab.

Vor der ersten Fahrt sind die Funktionen aller Lampen und Schalter zu prüfen.

Lenkerabdeckung/ Instrumentengehäuse - GTV-Modelle

31 Entfernen Sie die Windschutzscheibe, indem Sie die Madenschraube in ihren beiden Befestigungen lösen und die Gummihalterung vom verchromten Halter ziehen (siehe Abbildung). Drücken Sie dann den hinteren Rand der Abdeckung zusammen, um ihre Lasche aus der oberen Abdeckung zu befreien (siehe Abbildung). Ziehen Sie die obere Abdeckung soweit ab, um die Tachowelle lösen zu können – dies erfordert etwas Geschick. Wenn der Mehrfachstecker getrennt und die Schrauben des Kontrolllampenträgers gelöst sind, kann die Abdeckung samt Instrumententräger abgenommen werden (siehe Abbildung).

32 Die untere Abdeckung kann erst nach der Demontage der Lenkerbaugruppe (siehe Kapitel 6) entfernt werden.

Gepäckträger - GT-Modelle

33 Entfernen Sie das Gepäckfach.

34 Falls vorhanden, werden die Schrauben der Gepäckträger-Abdeckung gelöst und diese entfernt.

35 Lösen Sie die Schraube, die den Gepäckträger hinten am Fahrzeug sichert (siehe Abbildung).

36 Öffnen Sie den Tankdeckel, und entfernen Sie den Dichtring (siehe Abbildung).

37 Ist ein Topcase am Gepäckträger montiert, muss der Träger abgestützt werden, während die vier Schrauben der Handgriffe gelöst werden (siehe Abbildung 15.35). Entfernen Sie die Handgriffe – ihre vorderen Schrauben sind kürzer als die hinteren –, und heben Sie den Gepäckträger ab (siehe Abbildungen). Installieren Sie den Tankdeckel.

38 Der Einbau entspricht der umgekehrten Ausbaureihenfolge

Gepäckträger - GTS/GTV-Modelle

39 Entfernen Sie das Gepäckfach.

40 Entfernen Sie den Tankdeckel und den Dichtring des Einfüllstutzens (siehe Abbildung).

41 Lösen Sie die vier Schrauben der Tankabdeckung und heben Sie diese ab (siehe Abbildung).

42 Entfernen Sie die zwei Schrauben, die den Gepäckträger am Chassis sichern(siehe Abbildung).

43 Der Einbau entspricht der umgekehrten Ausbaureihenfolge

Hinterradkotflügel

44 Entfernen Sie die Kennzeichenbeleuchtung und die Rücklichteinheit (siehe Kapitel 9).

45 Entfernen Sie die Seitenverkleidungen.

46 Lösen Sie die Schrauben, die den Kotflügel am Fahrzeug sichern, und heben Sie ihn ab (siehe Abbildung).

47 Der Einbau entspricht der umgekehrten Ausbaureihenfolge. Vor der ersten Fahrt sind die Funktionen aller Lampen zu prüfen.

15.40 Entfernen Sie den Dichtring des Tankstutzens.

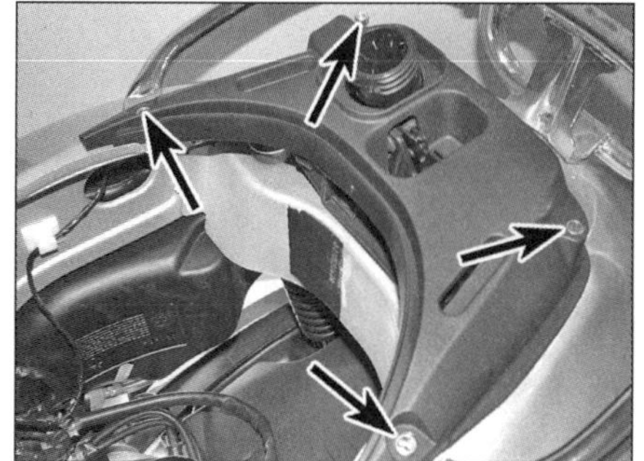
15.41 Die Abdeckung ist mit vier Schrauben gesichert.

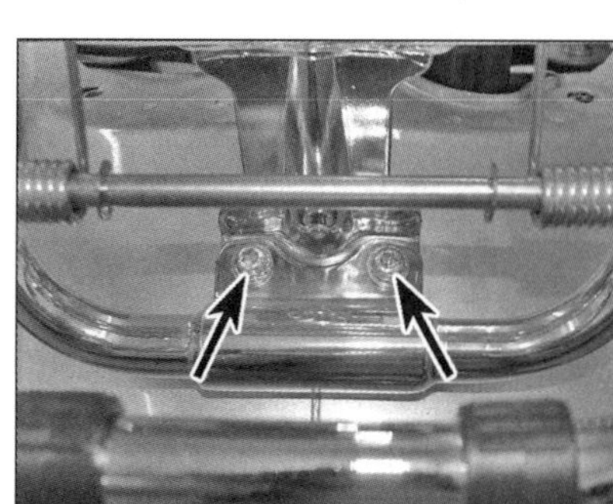
15.42 Der Gepäckträger ist mit zwei Schrauben am Chassis gesichert.

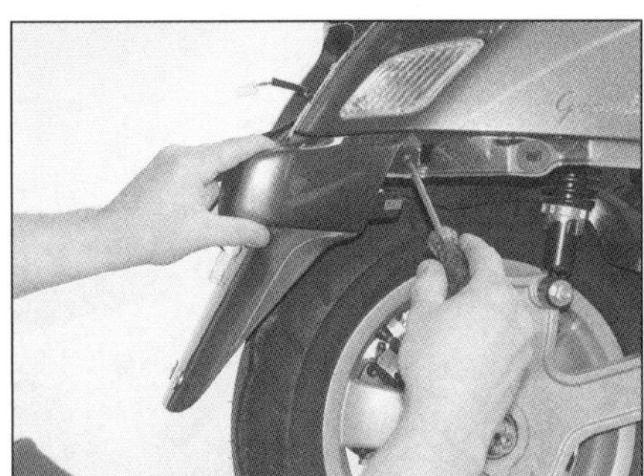

15.46 Entfernen Sie die Kotflügelschrauben.

16 Vespa LX und LXV Verkleidungsteile – Ausbau und Einbau

Sitz

1 Öffnen Sie mit dem Zündschlüssel das Sitzbankschloss, und klappen Sie den Sitz hoch.

2 Lösen Sie dann die Schrauben des Sitzbank-Gelenks, und entfernen Sie den Sitz. Bei LXV-Modellen kann der Beifahrersitz nach dem Lösen der vier Muttern von der Sitzhalterung entfernt werden.

3 Der Einbau entspricht der umgekehrten Ausbaureihenfolge.

Gepäckträger und Motorabdeckung

4 Öffnen Sie die Sitzbank, und heben Sie das Gepäckfach heraus.

5 Der Einbau entspricht der umgekehrten Ausbaureihenfolge.

Vordere Motorabdeckung

6 Lösen Sie die einzelne Schraube der Abdeckung, und entfernen Sie diese (siehe Abbildung).

7 Der Einbau entspricht der umgekehrten Ausbaureihenfolge.

Frontabdeckung

8 Hebeln Sie vorsichtig das Piaggio-Emblem aus der Abdeckung, lösen Sie die dahinterliegende Schraube, und heben Sie das Teil ab (siehe Abbildungen).

9 Der Einbau entspricht der umgekehrten Ausbaureihenfolge.

Seitenverkleidungen

10 Lösen Sie die Schrauben, die das Verkleidungsteil am Fahrzeug sichern (siehe Abbildung).

11 Jedes Seitenverkleidungsteil ist mit zwei in Gummiösen steckenden Stiften sowie einer Lasche hinten gesichert. Ziehen Sie das Verkleidungsteil vorne ab, um die Stifte aus den Ösen zu befreien, ziehen Sie das Verkleidungsteil dann nach hinten, um die hintere Lasche zu lösen (siehe Abbildungen).

12 Der Einbau entspricht der umgekehrten Ausbaureihenfolge.

Innenverkleidungen

13 Entfernen Sie die Frontabdeckung, und lösen Sie die zwei dahinterliegenden Schrauben (siehe Abbildung 10.8).

14 Drücken Sie das Zündschloss ein, um das Handschuhfach zu öffnen. Lösen Sie die drei Schrauben innerhalb des Handschuhfachs (siehe Abbildung 10.9b).

15 Heben Sie die Innenverkleidung an, um sie aus der Frontverkleidung zu befreien – merken Sie sich, wie der Schließer des Handschuhfachs um das Zündschloss greift (siehe Abbildungen).

16 Der Einbau entspricht der umgekehrten Ausbaureihenfolge – prüfen Sie die Funktionen des Handschuhfach-Öffners, bevor Sie die Schrauben installieren.

Trittbrett

17 Entfernen Sie die Innenverkleidung.

18 Entfernen Sie die Motorabdeckung.

19 Lösen Sie an jeder Seite die zwei Schrauben des Trittbretts (siehe Abbildung).

20 Heben Sie die zentrale Fußmatte an, und lösen Sie die darunterliegende Schraube (siehe Abbildung).

21 Lösen Sie an beiden Seiten die Schraube, die unten an der Innenverkleidung die Chromleiste sichert (siehe Abbildung).

22 Ziehen Sie das Trittbrett nach vorne, und manövrieren Sie es aus dem Fahrzeug (siehe Abbildung). Entfernen Sie nötigenfalls die hinteren Abschlüsse, die mit den hinteren Schrauben des Trittbretts gesichert sind (siehe Abbildung).

23 Der Einbau entspricht der umgekehrten Ausbaureihenfolge.

Lenkerverkleidungen – LX-Modelle

24 Entfernen Sie die Rückspiegel und die Frontabdeckung.

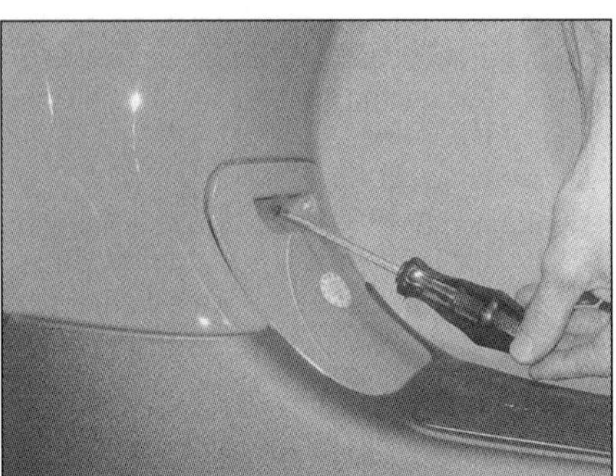

16.6 Die Motorabdeckung ist mit einer einzelnen Schraube gesichert.

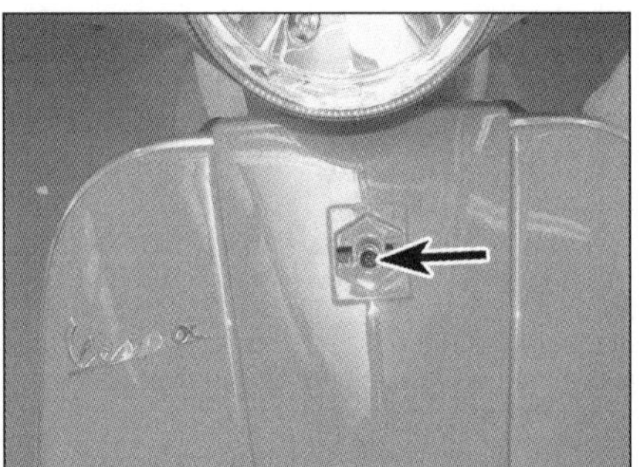

16.8a Entfernen Sie die hinter dem Emblem liegende Schraube, . . .

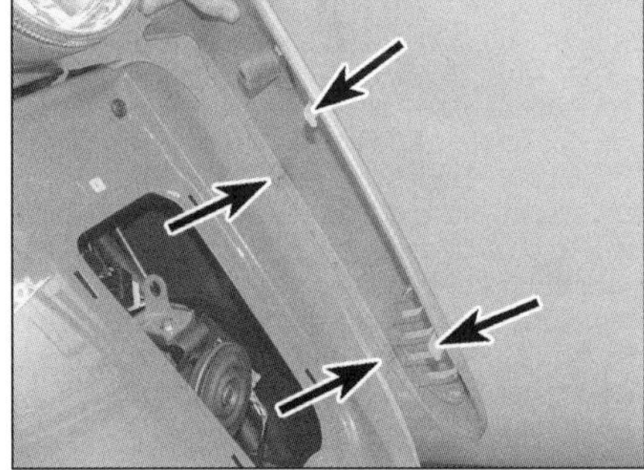

16.8b . . . und heben Sie die Abdeckung ab – beachten Sie die Laschen (Pfeile).

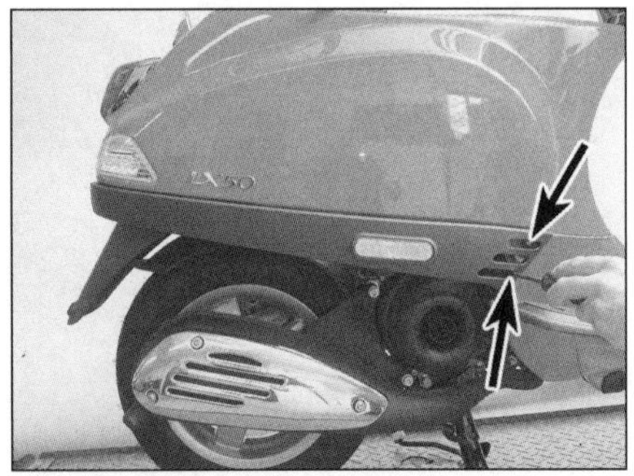

16.10 Lösen Sie die Schrauben.

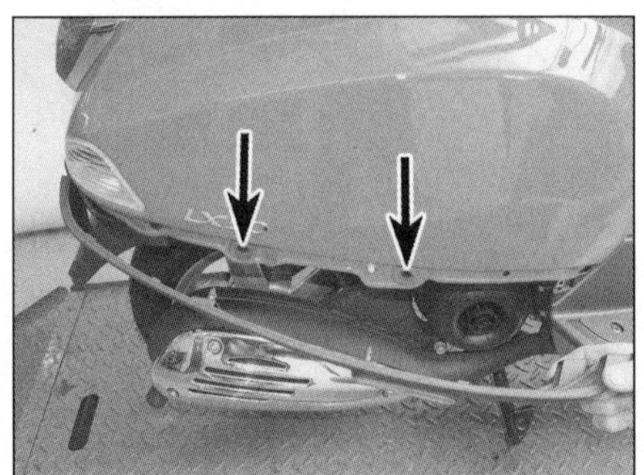

16.11a Befreien die Stifte aus den Gummiösen, . . .

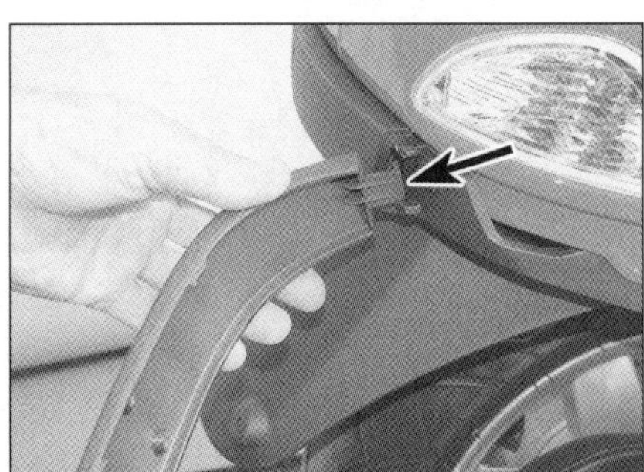

16.11b . . . und die hinten liegende Lasche.

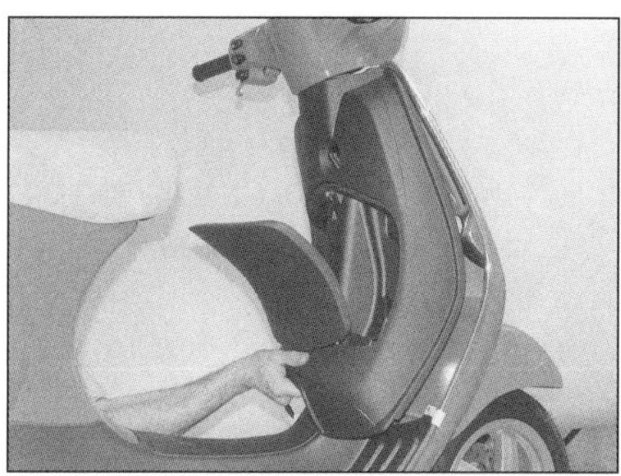

16.15a Ziehen Sie die Innenverkleidung ab, . . .

16.15b . . . achten Sie auf die Ausrichtung des Handschuhfach-Öffners.

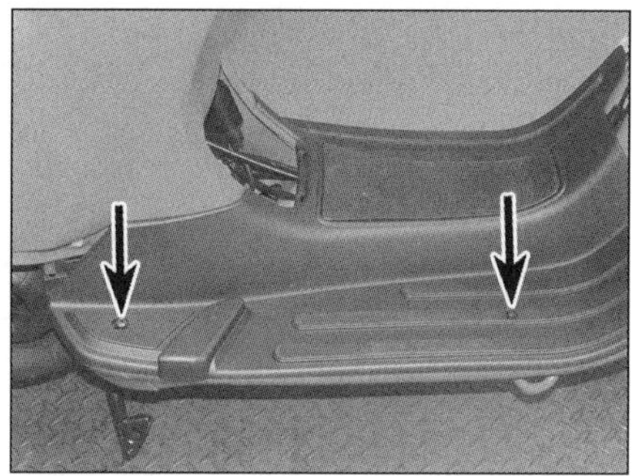

16.19 Das Trittbrett ist an jeder Seite mit zwei Schrauben . . .

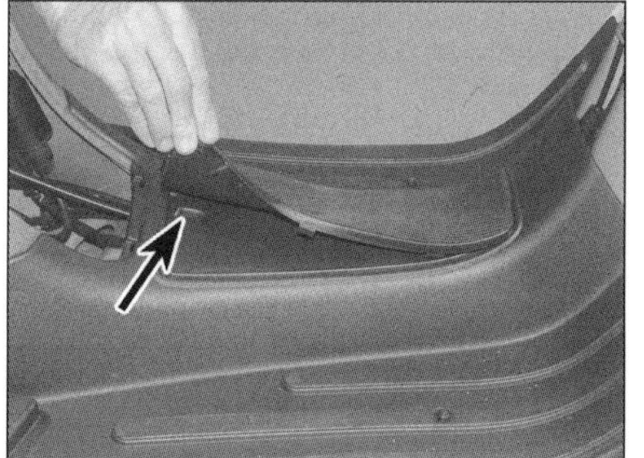

16.20 . . . und einer Schraube unter der Matte gesichert.

16.21 Entfernen Sie die Schrauben der Chromleisten.

25 Um die vordere Abdeckung zu entfernen, müssen die Schrauben an der Unterseite der hinteren Abdeckung und die Schraube unterhalb des Scheinwerfers gelöst werden. Ziehen Sie die vordere Abdeckung vorsichtig ab, um ihre Laschen aus den Bohrungen der hinteren Abdeckung zu befreien (siehe Abbildungen). Diese Stifte sitzen relativ fest, sodass etwas Krafteinsatz nötig wird – brechen Sie die Abdeckung aber nicht ab! Sind die Stifte befreit, müssen die Scheinwerfer-Stecker getrennt werden, um die Abdeckung vollständig entfernen zu können.

26 Um die hintere Abdeckung zu entfernen, muss zunächst die vordere demontiert werden. Lösen Sie die Schrauben, die die hintere Abdeckung an den Lenker-Haltern sichern (siehe Abbildung). Lösen Sie die Schraube, die die Instrumentenkonsole an ihrem Träger sichert (siehe Abbildung). Soll die hintere Abdeckung vollständig entfernt werden, müssen zuvor die Kabelstecker der Instrumente und Lenkerschalter sowie die Tachowelle getrennt werden. Trennen Sie nötigenfalls die Instrumentenkonsole von der Abdeckung (siehe Kapitel 9).

27 Der Einbau entspricht der umgekehrten Ausbaureihenfolge. Alle Kabelstecker müssen korrekt verbunden und gesichert werden. Vor der ersten Fahrt sind die Funktionen aller Lampen und Schalter zu prüfen.

Lenkerverkleidungen – LXV-Modelle

28 Entfernen Sie die Windschutzscheibe, indem Sie die Madenschraube in ihren bei-

16.22a Heben Sie das Trittbrett an.

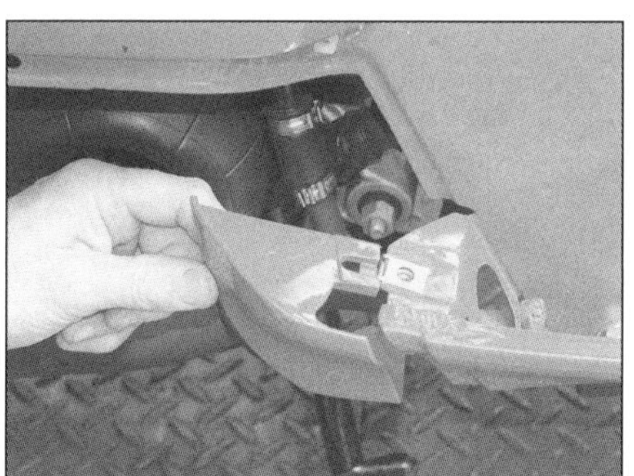

16.22b Merken Sie sich die Positionen der Abschlüsse.

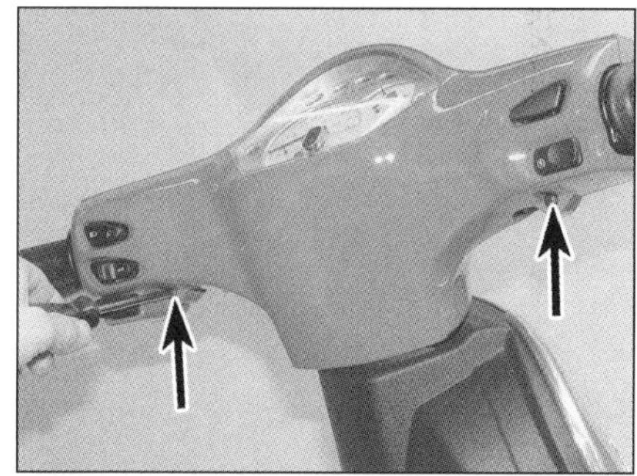

16.25a Lösen Sie die Schrauben der hinteren Lenkerverkleidung, . . .

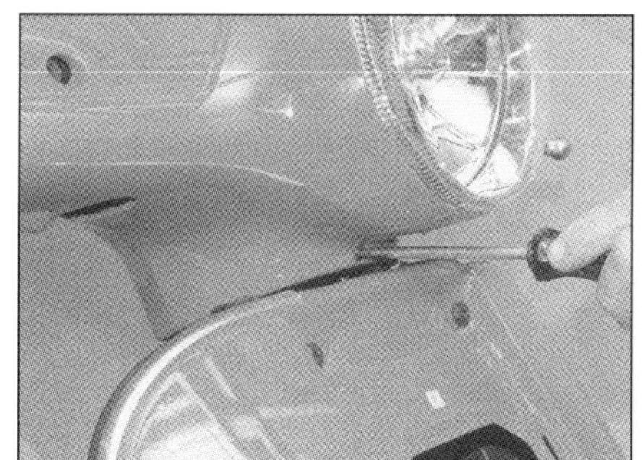

16.25b . . . und die Schraube unterhalb des Scheinwerfers.

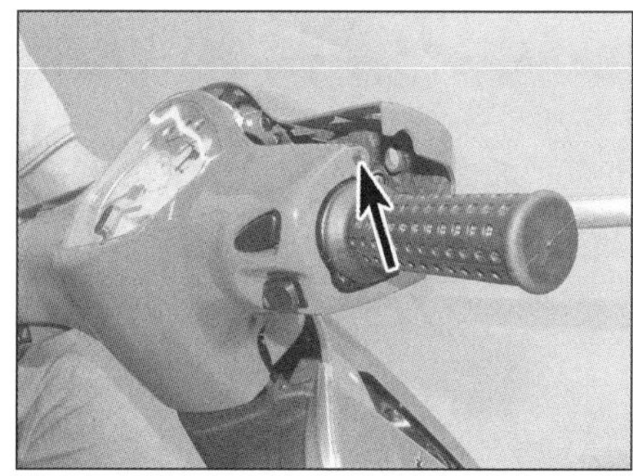

16.25c Stifte finden sich an beiden Seiten der hinteren Verkleidung . . .

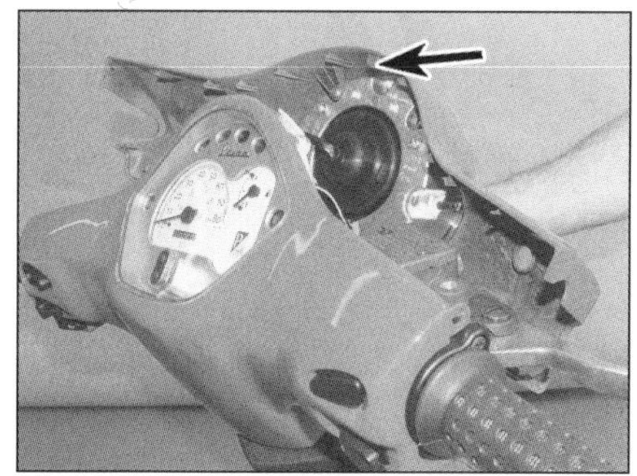

16.25d . . . und in der Mitte am oberen Rand.

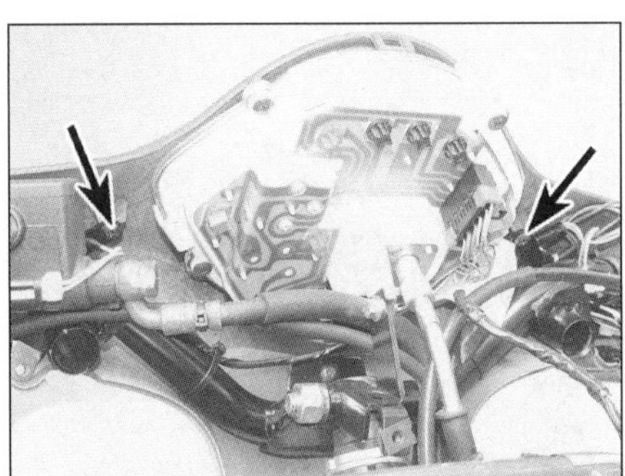
16.26a Die hintere Verkleidung ist mit zwei Schrauben oben . . .

16.26b . . . und einer Schraube am Instrumententräger gesichert.

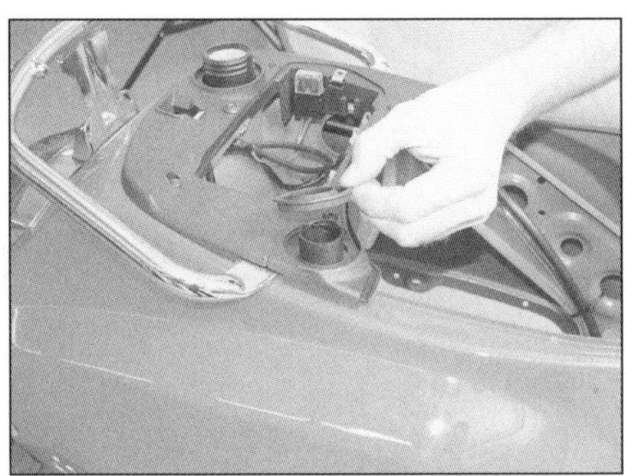
16.29 Entfernen Sie den Dichtring des Öleinfüllstutzens.

den Befestigungen lösen und die Gummihalterung vom verchromten Halter ziehen. Lösen Sie die zwei Schrauben aus der unteren Abdeckung (siehe Abbildung 15.31a). Drücken Sie dann den hinteren Rand der Abdeckung zusammen, um ihre Lasche aus der oberen Abdeckung zu befreien (siehe Abbildung 15.31b). Ziehen Sie die obere Abdeckung soweit ab, um die Tachowelle lösen zu können – dies erfordert etwas Geschick. Wenn der Mehrfachstecker getrennt und die Schrauben des Kontrolllampenträgers gelöst sind, kann die Abdeckung samt Instrumententräger abgenommen werden (siehe Abbildung).

29 Die untere Abdeckung kann erst nach der Demontage der Lenkerbaugruppe (siehe Kapitel 6) entfernt werden.

Batterieabdeckung und Beifahrergriff/ Gepäckträger

28 Entfernen Sie das Gepäckfach. Bauen Sie die Batterie aus (siehe Kapitel 9).

29 Öffnen Sie den Tankdeckel, bei Zweitaktmodellen auch den Öltankdeckel samt Dichtring (siehe Abbildung).

30 Lösen Sie die Schrauben der Batterieabdeckung, und heben Sie sie an, befreien Sie den Sicherungshalter von der Abdeckung, und entfernen Sie diese (siehe Abbildungen). Installieren Sie den/die Tankdeckel.

31 Lösen Sie die Schraube, die die Abdeckung an der Griffhalterung sichert, und entnehmen Sie sie (siehe Abbildungen).

32 Lösen Sie die vier Schrauben des Griffs, und entfernen Sie ihn (siehe Abbildung).

33 Der Einbau entspricht der umgekehrten Ausbaureihenfolge.

Hinterradkotflügel

34 Entfernen Sie beide Seitenverkleidungen

35 Lösen Sie die Schrauben, die den Kotflügel am Fahrzeug sichern, und heben Sie ihn ab (siehe Abbildung).

36 Der Einbau entspricht der umgekehrten Ausbaureihenfolge.

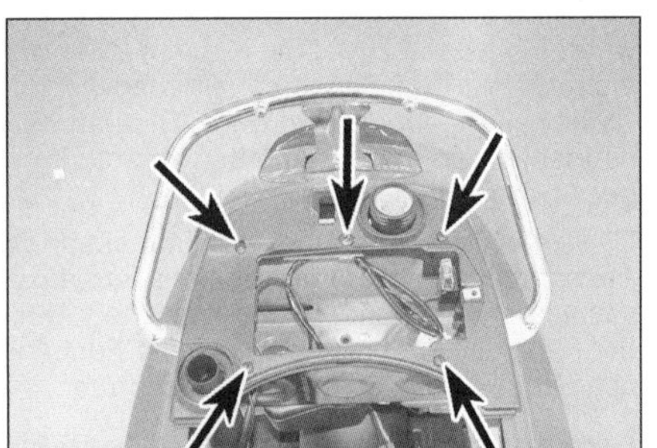
16.30a Entfernen Sie die Schrauben der Batterieabdeckung.

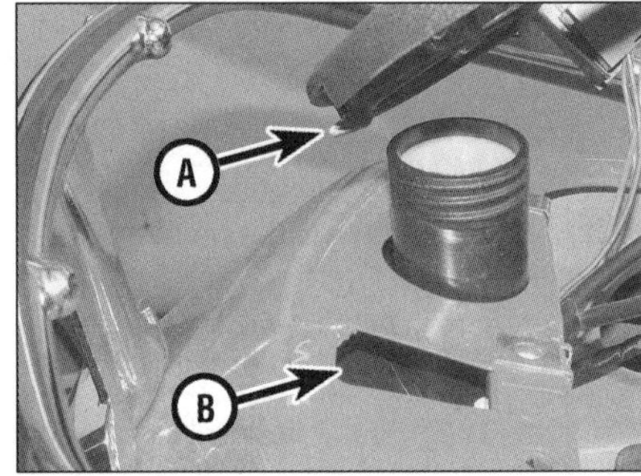

16.30b Beachten Sie, wie Lasche (A) in Nut (B) liegt.

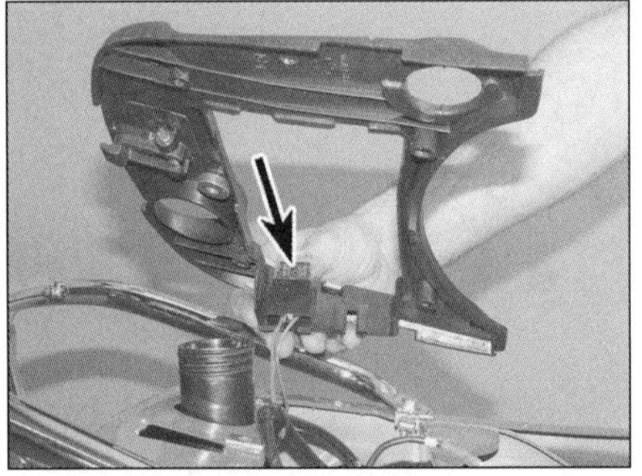
16.30c Befreien Sie den Sicherungshalter.

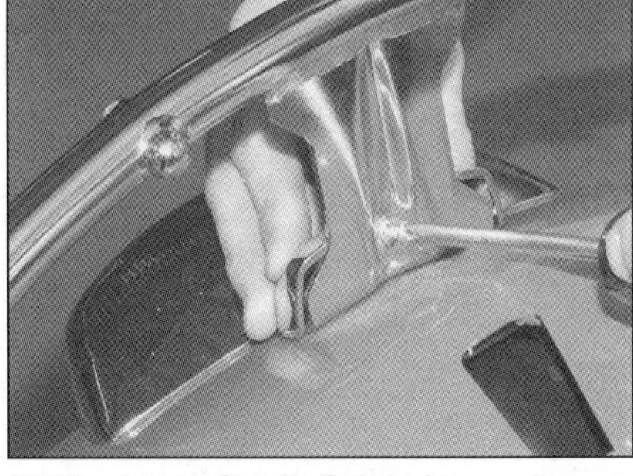
16.31a Lösen Sie die Schraube, . . .

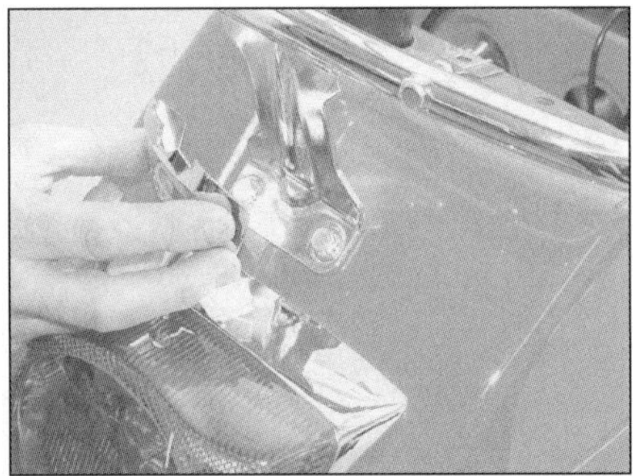
16.31b . . . und entfernen Sie das Emblem.

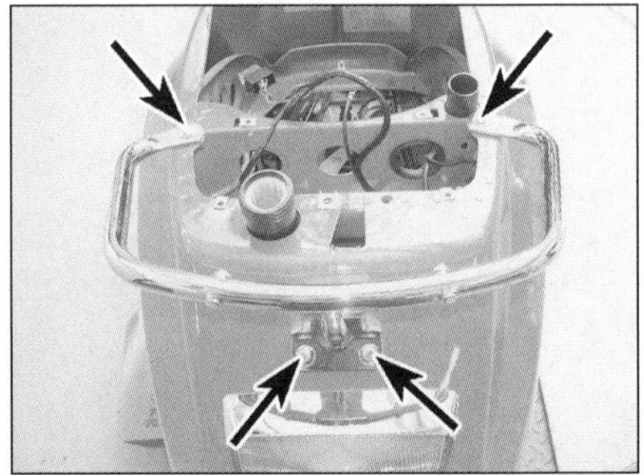
16.32 Der Haltegriff ist mit vier Schrauben gesichert.

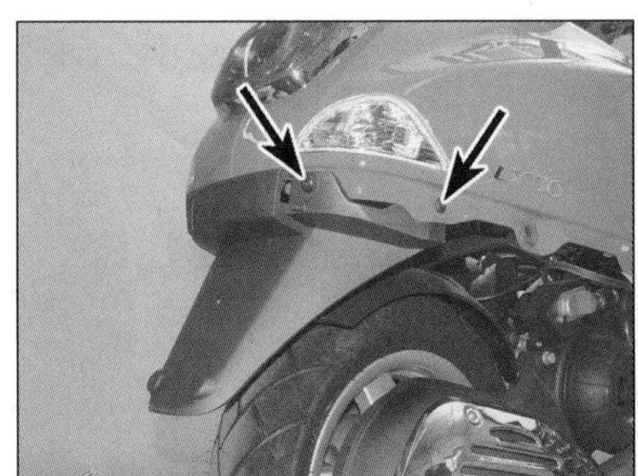
16.35 Der Kotflügel ist an jeder Seite mit zwei Schrauben gesichert.

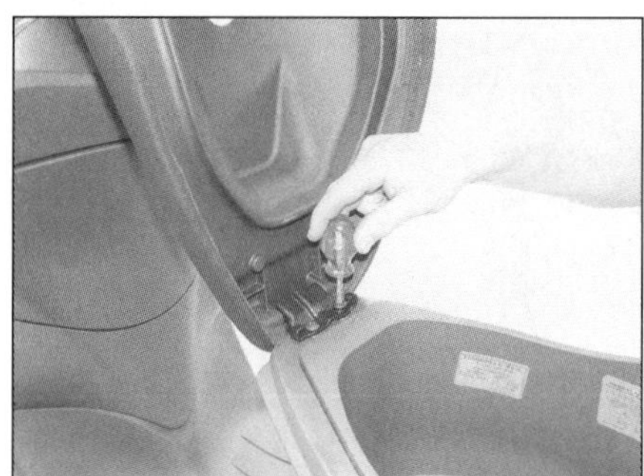

17.1 Entfernen Sie die zwei Schrauben des Sitzbankgelenks.

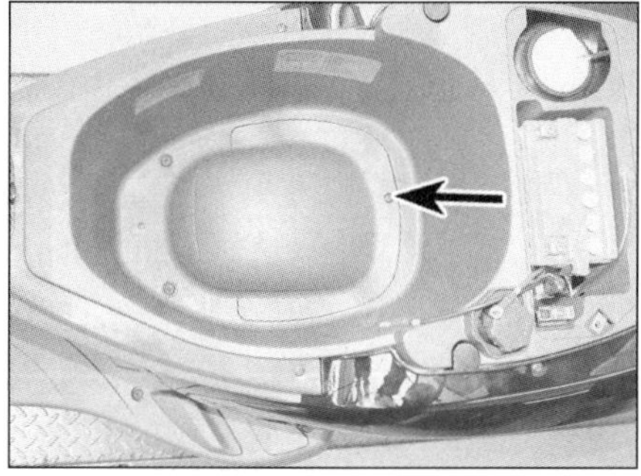

17.3 Entfernen Sie die Schraube, um die Abdeckung öffnen zu können.

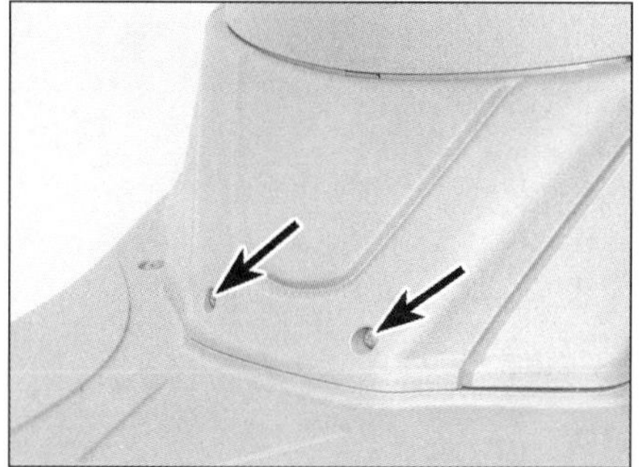

17.4a Lösen Sie die Schrauben, . . .

17 Fly Verkleidungsteile
Ausbau und Einbau

Sitz

1 Öffnen Sie mit dem Zündschlüssel das Sitzbankschloss, und klappen Sie den Sitz hoch. Lösen Sie dann die Schrauben des Sitzbank-Gelenks am Gepäckfach, und entfernen Sie den Sitz (siehe Abbildung).

2 Der Einbau entspricht der umgekehrten Ausbaureihenfolge.

Motorabdeckung

3 Um die im Gepäckfach liegende Abdeckung zu entfernen, muss der Sitz angehoben und nötigenfalls entfernt werden (Schritt 1). Lösen Sie die Schraube der Abdeckung unten im Gepäckfach, und entfernen Sie diese (siehe Abbildung).

4 Um die vordere Motorabdeckung zu entfernen, müssen ihre zwei Schrauben gelöst werden, dann kann das Teil nach vorne abgezogen werden (siehe Abbildungen).

5 Der Einbau entspricht der umgekehrten Ausbaureihenfolge.

Seitenverkleidungen

6 Entfernen Sie die vordere Motorabdeckung.

7 Jede Seitenverkleidung ist mit drei Schrauben gesichert – lösen Sie diese, und ziehen Sie die Verkleidung ab, dabei befreien sich die oberen Laschen aus der Sitzverkleidung (siehe Abbildungen).

8 Der Einbau entspricht der umgekehrten Ausbaureihenfolge.

Verkleidung vorne unter Sitzbank

9 Um das unter dem Sitz liegende Verkleidungsteil zu entfernen, müssen zuerst der Sitz, die vordere Motorabdeckung und beide Seitenverkleidungen entfernt werden.

10 Lösen Sie die zwei Schrauben, die den oberen Rand der Verkleidung sichern, und heben Sie sie ab (siehe Abbildungen).

11 Der Einbau entspricht der umgekehrten Ausbaureihenfolge.

Sitzverkleidung

12 Entfernen Sie zunächst die vorne unter der Sitzbank liegende Verkleidung (siehe oben).

13 Lösen Sie die vier Schrauben des Beifahrergriffs, und entfernen Sie diesen (siehe Abbildung).

14 Lösen Sie die Schrauben der Rücklichteinheit, und entfernen Sie diese, heben Sie dann die beiden hinteren Blinkergehäuse heraus (siehe Kapitel 9, Sektionen 9 und 12) – trennen Sie nötigenfalls die Kabelstecker.

15 Die Sitzverkleidung besteht aus einem linken und einem rechten Teil. Lösen Sie die entsprechende hintere Schraube, dann die oberen Schrauben, die Schraube vorne unten und jene an der Unterseite (siehe Abbildungen). Heben Sie das Verkleidungsteil ab.

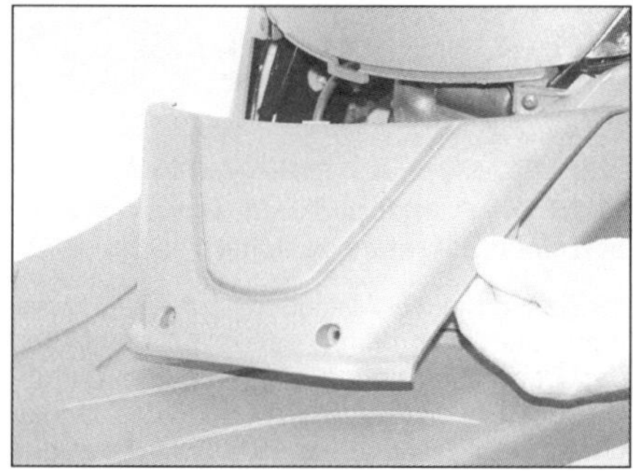

17.4b . . . und heben Sie die Abdeckung ab.

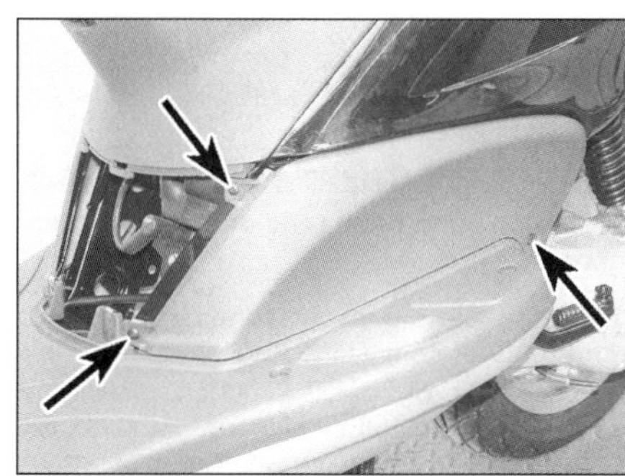

17.7a Jede Seitenverkleidung ist mit drei Schrauben gesichert.

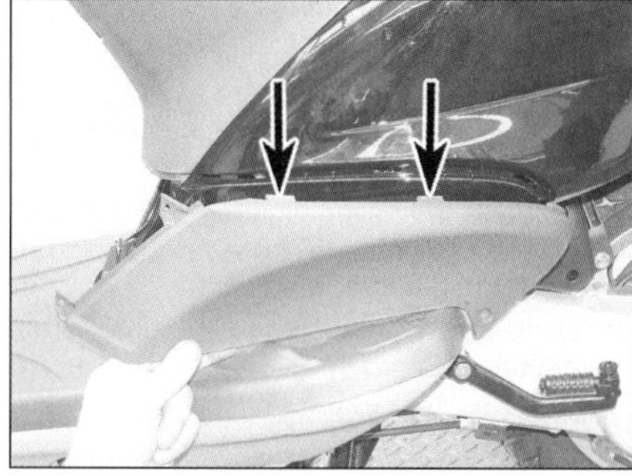

17.7b Beachten Sie die Laschen, die in die Sitzverkleidung greifen.

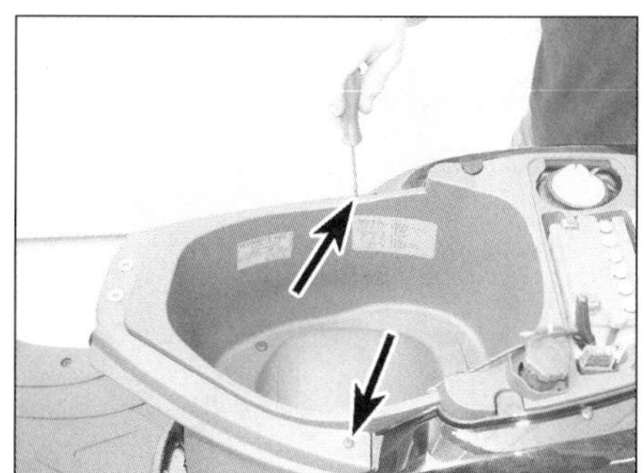

17.10a Lösen Sie die Schrauben, . . .

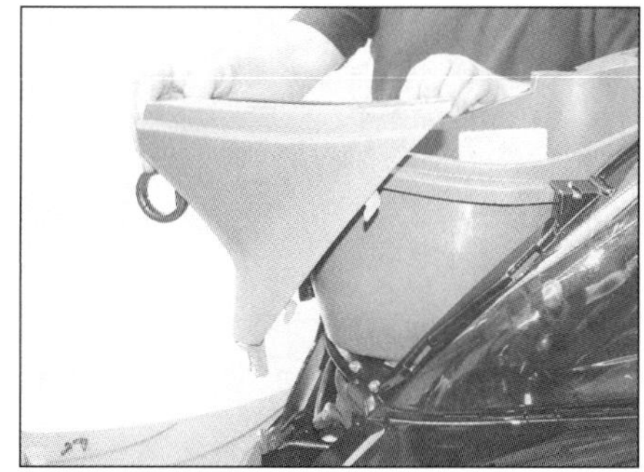

17.10b . . . und heben Sie das Verkleidungsteil ab.

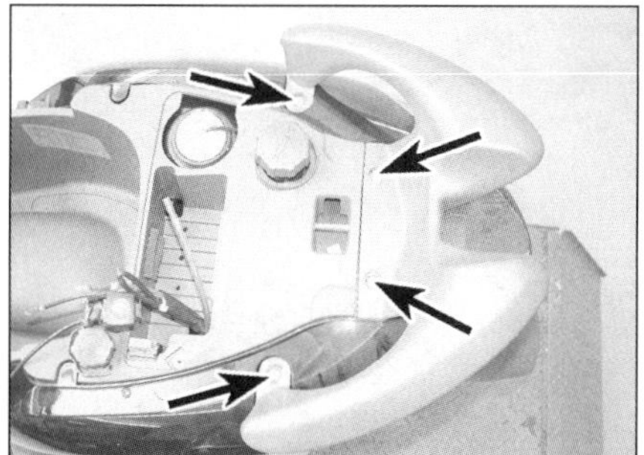

17.13 Der Haltegriff ist mit vier Schrauben gesichert.

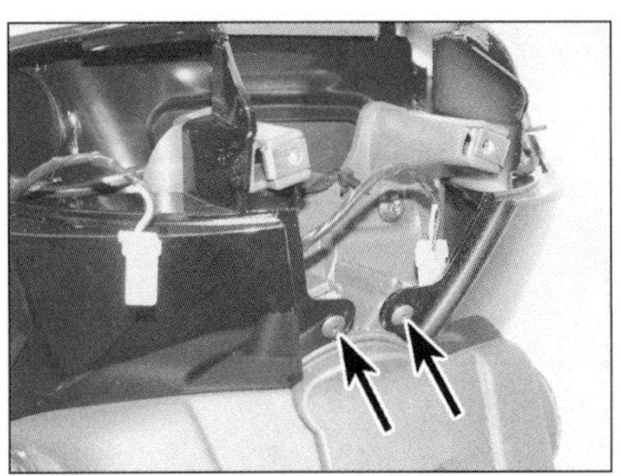

17.15a Die Seitenverkleidungsn sind mit je einer Schraube hinten . . .

17.15b . . . und vier Schrauben an jeder Seite gesichert.

17.18a Lösen Sie die Schrauben, . . .

16 Der Einbau entspricht der umgekehrten Ausbaureihenfolge. Vor der ersten Fahrt sind die Funktionen der hinteren Lampen zu prüfen.

Hinterradkotflügel und Innenschutzblech

17 Entfernen Sie zuerst die Sitzverkleidung

18 Lösen Sie die Schrauben, die den Kotflügel am Rahmen sichern, und entfernen Sie ihn (siehe Abbildungen).

19 Das Innenschutzblech ist mit einer Schraube an der Rückseite der Antriebseinheit sowie zwei Schrauben, die an der linken Seite auch die Rückseite des Luftfiltergehäuses halten, gesichert. Lösen Sie diese Schrauben, und entfernen Sie das Teil.

20 Der Einbau entspricht der umgekehrten Ausbaureihenfolge – die Schrauben an der linken Seite müssen durch die Rückseite des Luftfiltergehäuses geführt werden.

Gepäckfach

21 Bauen Sie die Batterie aus, und befreien Sie den Sicherungshalter (siehe Kapitel 9).

22 Entfernen Sie die Sitzverkleidung.

23 Öffnen Sie den Tankdeckel, bei Zweitaktmodellen auch den Öltankdeckel samt Dichtring.

24 Lösen Sie die zwei Schrauben, die das Gepäckfach unten am Rahmen sichern, und heben Sie es heraus (siehe Abbildungen). Installieren Sie den/die Tankdeckel.

25 Der Einbau entspricht der umgekehrten Ausbaureihenfolge.

Innenverkleidung

26 Lösen Sie die Schraube der Frontabdeckung, und entfernen Sie diese (siehe Abbildung).

17.18b . . . und heben Sie den Kotflügel ab.

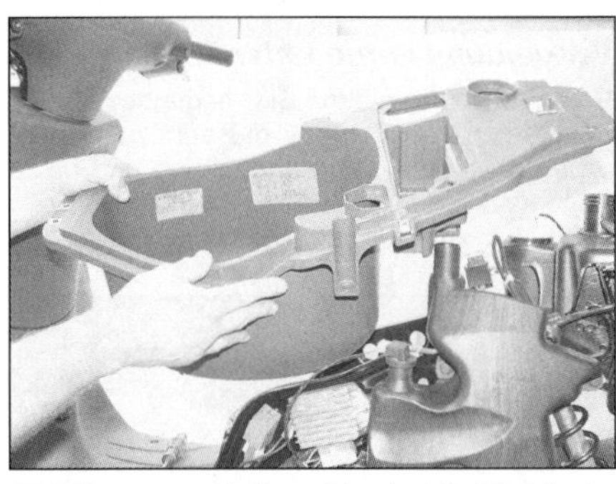

17.24b . . . und heben Sie das Gepäckfach heraus.

27 Lösen Sie die zwei Schrauben innerhalb der Front-Öffnung (siehe Abbildung).

28 Lösen Sie die vier Schrauben, die die Innenverkleidung außen sichern, drücken Sie das Zündschloss ein, um das Handschuhfach zu öffnen, und entfernen Sie die drei darin sitzenden Schrauben (siehe Abbildung).

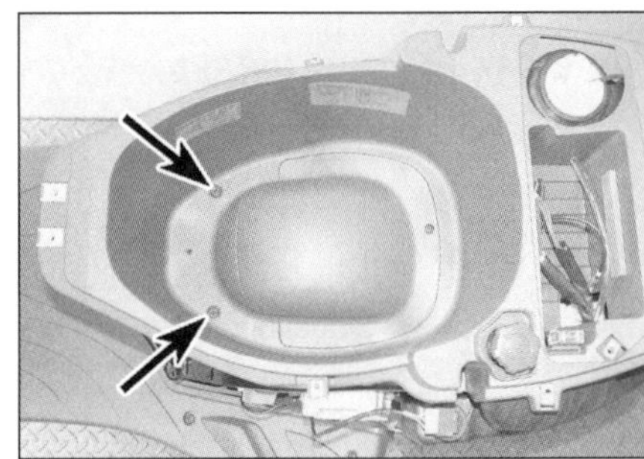

17.24a Lösen Sie die Schrauben, . . .

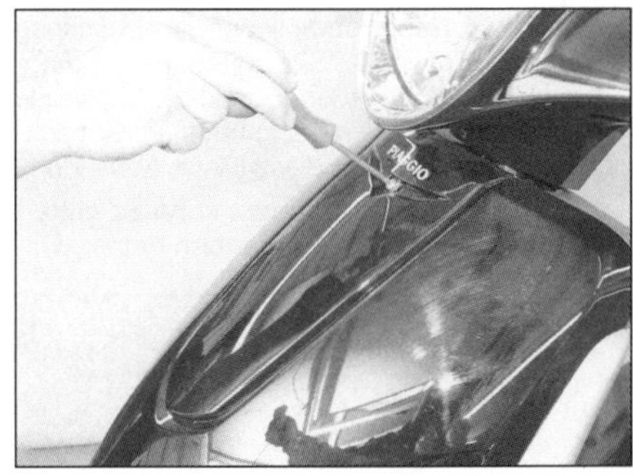

17.26 Die Frontabdeckung ist mit einer einzelnen Schraube gesichert.

29 Ziehen Sie die Verkleidung zurück, und befreien Sie die unteren Laschen aus den Nuten der Bodenverkleidung – achten Sie darauf, wie der Haken des Handschuhfachs in den um das Zündschloss liegenden Mechanismus greift. Entfernen Sie die Innenverkleidung aus dem Fahrzeug (siehe Abbildung).

17.27 Lösen Sie die Schrauben, . . .

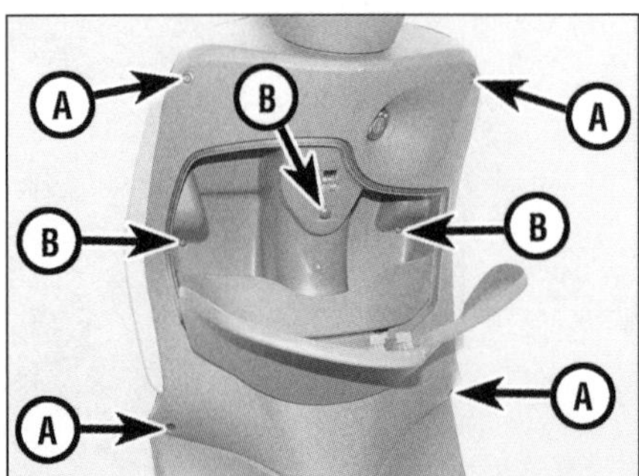

17.28 . . . und entfernen Sie die Schrauben außen (A) sowie im Handschuhfach (B).

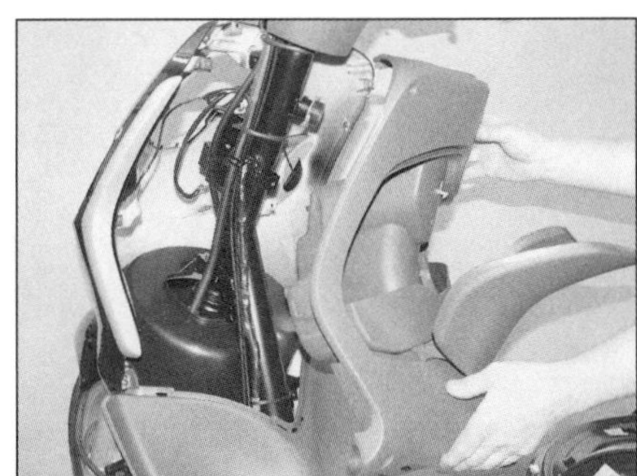

17.29 Entfernen Sie die Innenverkleidung wie beschrieben.

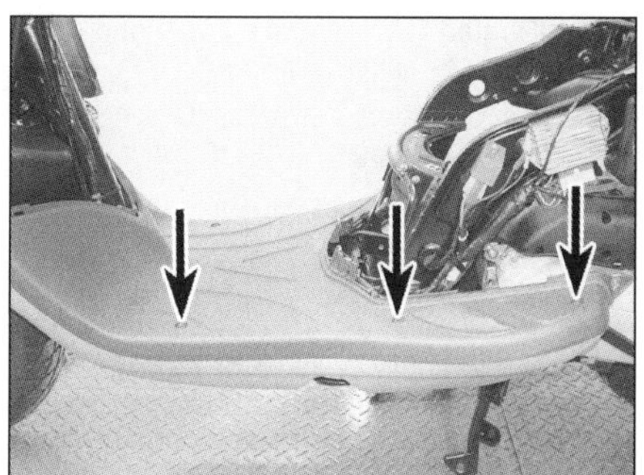

17.32a Oben ist das Trittbrett an jeder Seite mit drei Schrauben . . .

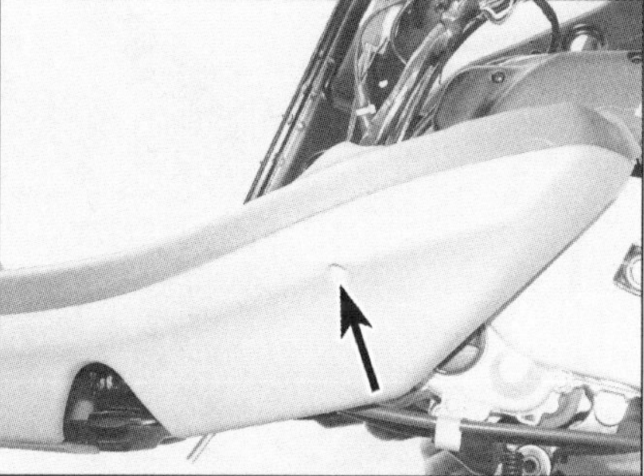

17.32b . . . sowie zwei Schrauben durch die Bugverkleidung gesichert.

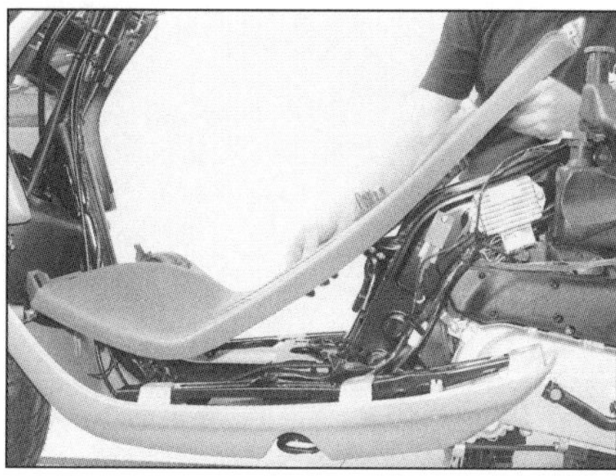

17.33 Heben Sie das Trittbrett ab.

30 Der Einbau entspricht der umgekehrten Ausbaureihenfolge – prüfen Sie die Funktionen des Handschuhfach-Öffners, bevor Sie die Schrauben installieren.

Trittbrett

31 Entfernen Sie zuerst beide Seitenverkleidungsteile und die Innenverkleidung.

32 Lösen Sie die sechs Schrauben, die das Trittbrett von oben am Rahmen sichern, sowie die zwei Schrauben hinten an der Bugverkleidung (siehe Abbildungen).

33 Heben Sie das Trittbrett an, und manövrieren Sie es aus dem Fahrzeug (siehe Abbildung).

34 Der Einbau entspricht der umgekehrten Ausbaureihenfolge – prüfen Sie vor dem Anziehen der Schrauben, ob die Halterungen der Bugverkleidung korrekt an den Aufnahmen des Rahmen sitzen (siehe Abbildung).

Bugverkleidung

35 Entfernen Sie das Trittbrett.

17.34 Beachten Sie die Lage des Bugverkleidungshalters.

36 Lösen Sie die zwei Schrauben, die die Bugverkleidung vorne rechts und links mit der Frontverkleidung verbinden (siehe Abbildung).

37 Lösen Sie die zwei Schrauben, die die Bugverkleidung am Rahmen sichern (siehe Abbildung).

38 Befreien Sie die Halterungen der Bugverkleidung aus den Aufnahmen des Rahmens, und senken Sie sie ab (siehe Abbildung).

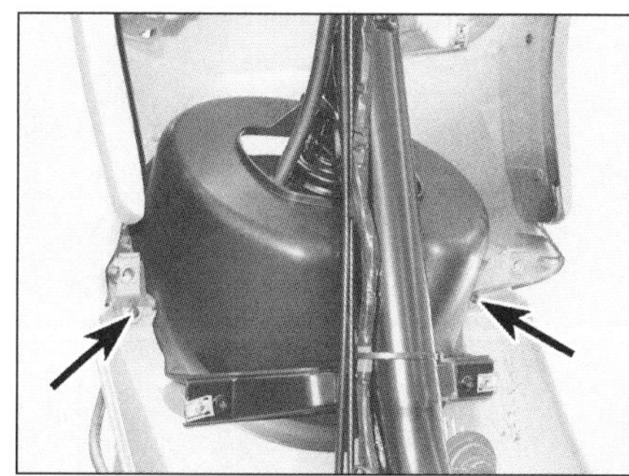

17.36 Lösen Sie die Schrauben innerhalb der Verkleidungen.

39 Der Einbau entspricht der umgekehrten Ausbaureihenfolge.

Frontverkleidung

40 Entfernen Sie das Trittbrett.

41 Trennen Sie die Kabelstecker der vorderen Blinker.

42 Lösen Sie die zwei Schrauben, die links und rechts unten die Frontverkleidung mit der Bugverkleidung verbinden (siehe Abbildung 17.36).

43 Lösen Sie die Schrauben, die die Frontverkleidung unten mit dem Kotflügel verbinden (siehe Abbildung).

44 Lösen Sie die einzelne Schraube in der Mitte der Front-Öffnung, und heben Sie die Verkleidung ab (siehe Abbildungen).

45 Der Einbau entspricht der umgekehrten Ausbaureihenfolge – prüfen Sie vor der ersten Fahrt die Funktion der Blinker.

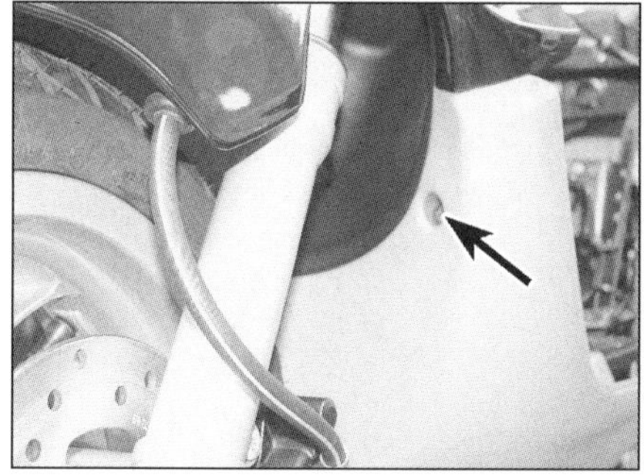

17.37 Entfernen Sie an jeder Seite die einzelne Schraube.

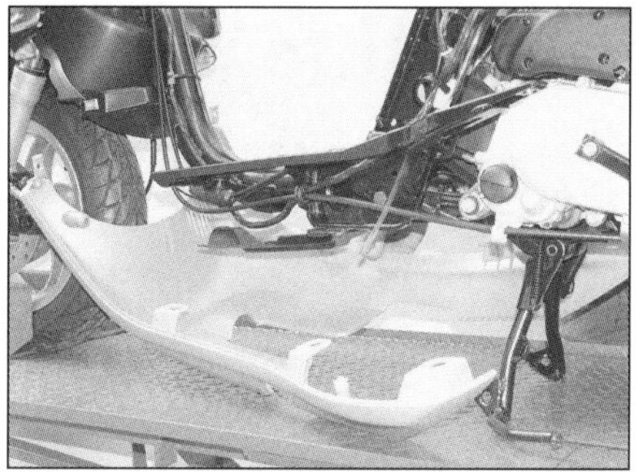

17.38 Senken Sie die Bugverkleidung nach dem Lösen vom Rahmenträger ab.

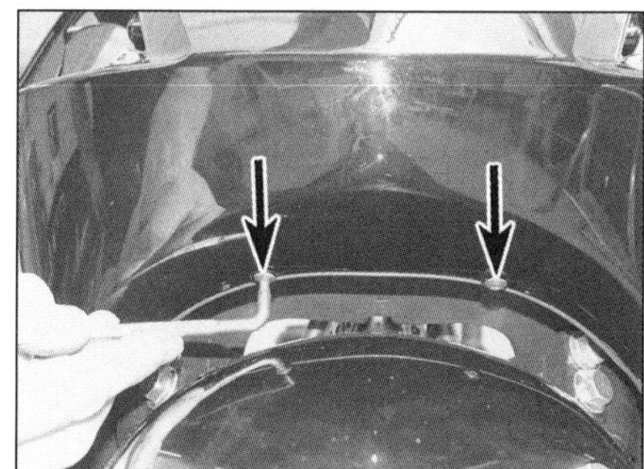

17.43 Lösen Sie die Schrauben an der Unterseite der Frontverkleidung.

17.44a Entfernen Sie die Schraube, . . .

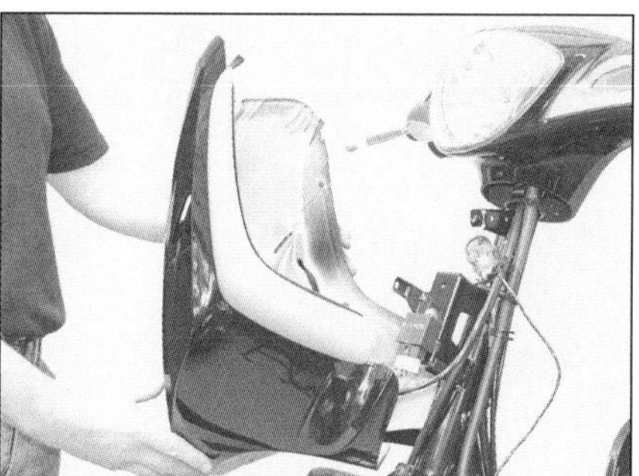

17.44b . . . und heben Sie die Frontverkleidung ab.

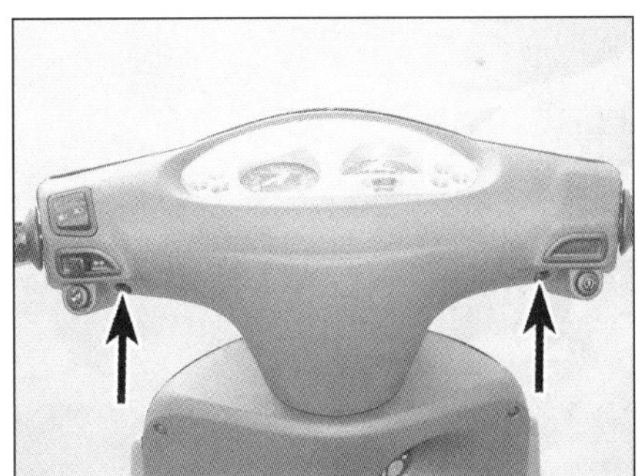

17.47a Lösen Sie die Schrauben der hinteren Lenkerverkleidung, . . .

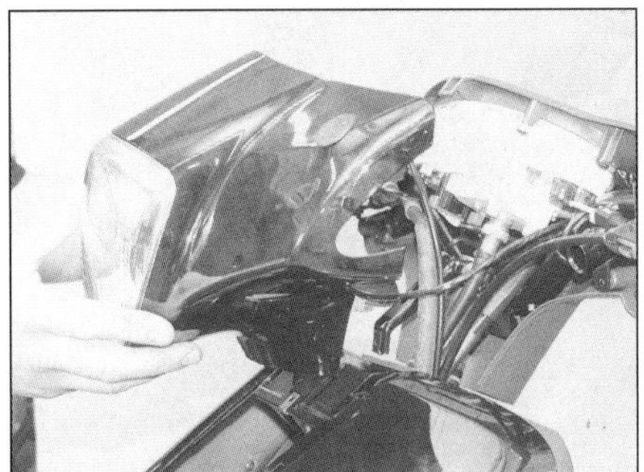

17.47c . . . um die Verkleidung wie beschrieben zu entfernen.

Lenkerverkleidungen

46 Entfernen Sie die Rückspiegel. Entfernen Sie die Frontabdeckung (Schritt 26).

47 Um die vordere Abdeckung zu entfernen, müssen die Schrauben der hinteren Abdeckung und die Schraube unterhalb des Scheinwerfers gelöst werden. Ziehen Sie die vordere Abdeckung vorsichtig ab, um ihre Laschen aus den Bohrungen der hinteren Abdeckung zu befreien (siehe Abbildungen). Diese Stifte sitzen relativ fest, sodass etwas Krafteinsatz nötig wird – brechen Sie die Abdeckung aber nicht ab! Sind die Stifte befreit, müssen die Scheinwerfer-Stecker getrennt werden, um die Abdeckung vollständig entfernen zu können.

48 Um die hintere Abdeckung zu entfernen, muss zunächst die vordere demontiert werden. Lösen Sie die Schrauben, die die hintere Abdeckung an den Lenker-Haltern sichern (siehe Abbildung). Soll die hintere Abdeckung vollständig entfernt werden, müssen zuvor die Kabelstecker der Instrumente und Lenkerschalter sowie die Tachowelle getrennt werden. Trennen Sie nötigenfalls die Instrumentenkonsole von der Abdeckung (Kapitel 9).

49 Der Einbau entspricht der umgekehrten Ausbaureihenfolge. Alle Kabelstecker müssen korrekt verbunden und gesichert werden.

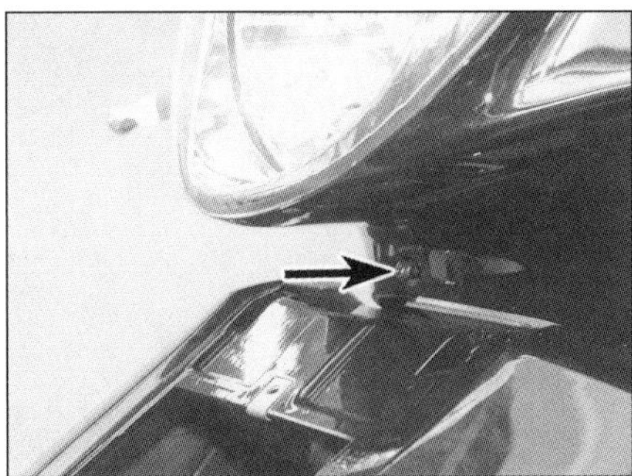

17.47b . . . und die Schraube unterhalb des Scheinwerfers, . . .

17.48 Die hintere Verkleidung ist an jeder Seite mit zwei Schrauben gesichert.

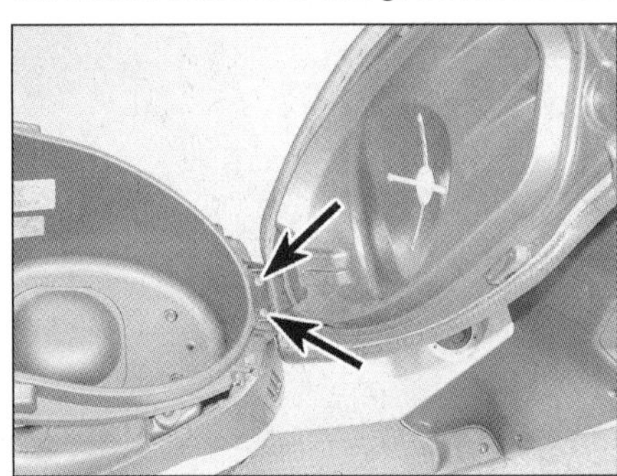

18.1 Entfernen Sie zwei Gelenkschrauben.

Vor der ersten Fahrt sind die Funktionen aller Lampen und Schalter zu prüfen.

18 NRG Power Verkleidungsteile
Ausbau und Einbau

Sitz

1 Öffnen Sie durch Drücken des Zündschlosses das Sitzbankschloss, und klappen Sie den Sitz hoch. Lösen Sie dann die Schrauben des Sitzbank-Gelenks am Gepäckfach, und entfernen Sie den Sitz (siehe Abbildung).

2 Der Einbau entspricht der umgekehrten Ausbaureihenfolge.

Motorabdeckung

3 Um die im Gepäckfach liegende Abdeckung zu entfernen, muss der Sitz angehoben und nötigenfalls entfernt werden (Schritt 1). Lösen Sie die zwei Schrauben der Abdeckung unten im Gepäckfach, und entfernen Sie diese (siehe Abbildungen).

4 Um die vordere Motorabdeckung zu entfernen, müssen ihre vier Schrauben gelöst werden, dann kann das Teil nach vorne abgezogen werden (siehe Abbildungen).

5 Der Einbau entspricht der umgekehrten Ausbaureihenfolge.

Obere Seitenverkleidungen

6 Öffnen Sie die Sitzbank – entfernen Sie sie nötigenfalls (Schritt 1).

7 Lösen Sie die Schrauben des hinteren Verbindungsstücks, und heben Sie es ab – dabei werden hinten die Laschen befreit (siehe Abbildungen).

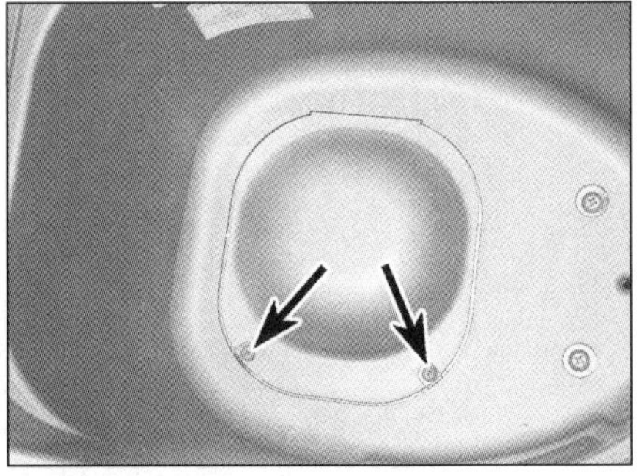

18.3a Lösen Sie die Schrauben, . . .

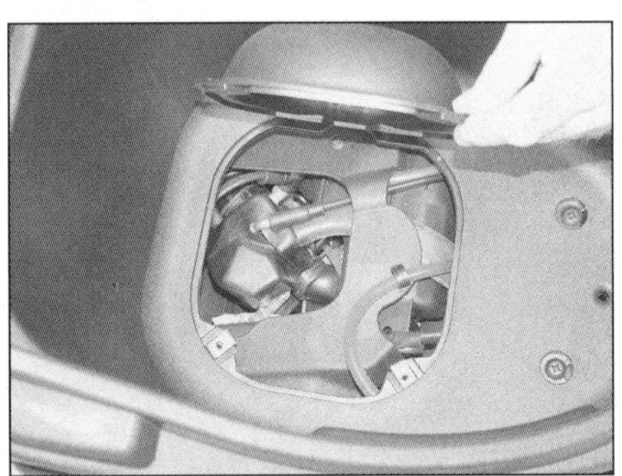

18.3b . . . um die Abdeckung öffnen zu können.

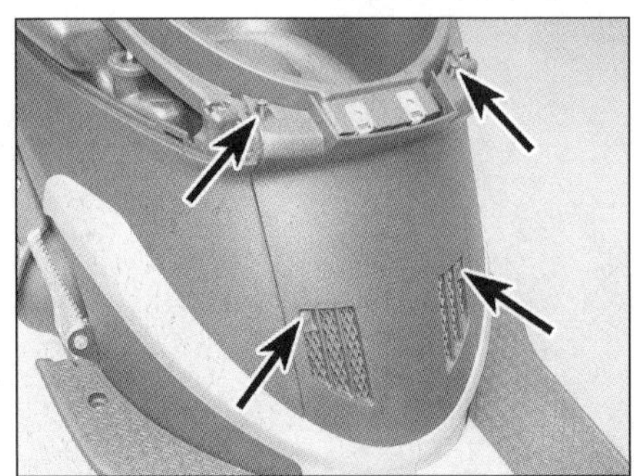

18.4a Lösen Sie die Schrauben, . . .

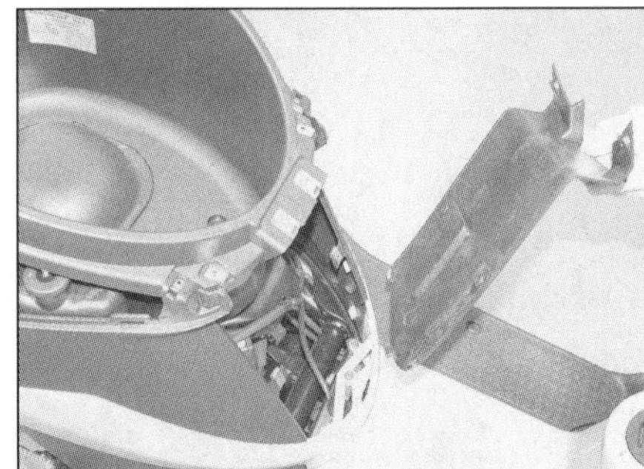

18.4b . . . und heben Sie die Motorabdeckung ab.

18.7a Lösen Sie die Schrauben, . . .

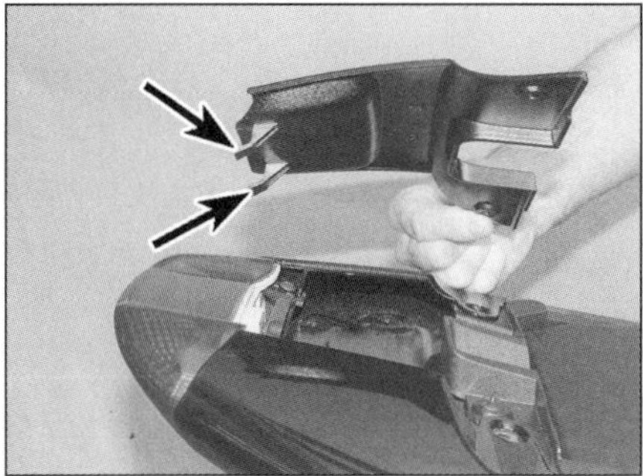

18.7b . . . und heben Sie die Abdeckung unter Beachtung der Laschen ab.

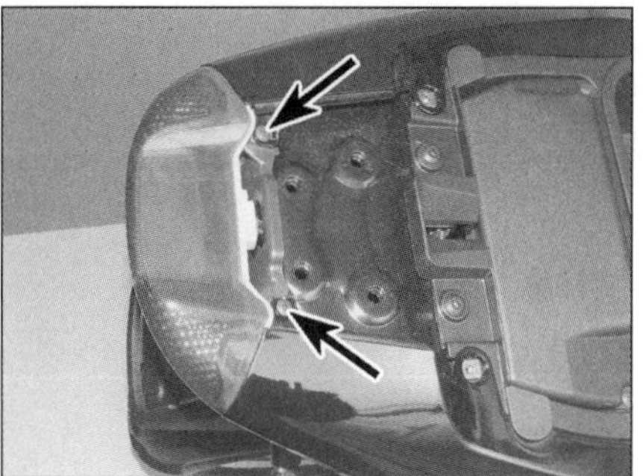

18.8a Entfernen Sie die oberen Schrauben.

18.8b Entfernen Sie die unteren Schrauben.

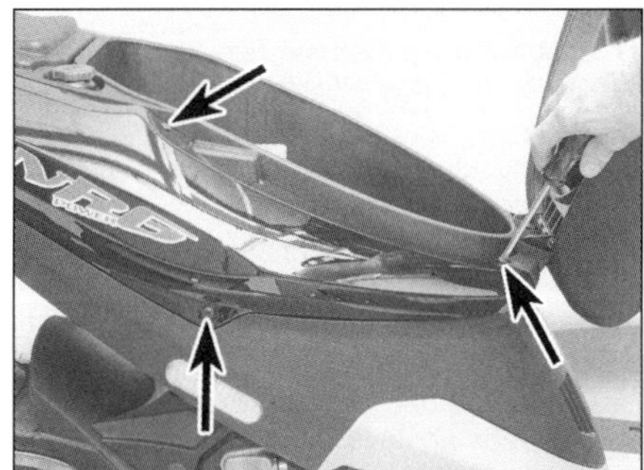

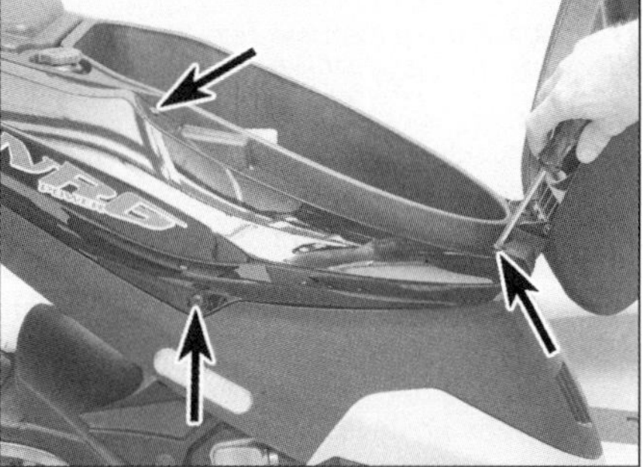

18.9 Entfernen Sie die seitlichen Schrauben.

8 Lösen Sie die oberen beiden Befestigungsschrauben und die zwei Schrauben unterhalb der Rücklichteinheit (siehe Abbildungen).

9 Jedes Verkleidungsteil ist mit drei Schrauben gesichert – lösen Sie diese, und ziehen Sie die Verkleidung ab, dabei befreien sich die unteren Laschen aus der oberen Seitenverkleidung (siehe Abbildung).

10 Der Einbau entspricht der umgekehrten Ausbaureihenfolge.

Untere Seitenverkleidungen

11 Entfernen Sie die obere Seitenverkleidung und die vordere Motorabdeckung.

12 Lösen Sie die Schrauben, die die Verkleidungsteile vorne verbinden (siehe Abbildung).

13 Lösen Sie die Schrauben des Kennzeichenhalters, und ziehen Sie ihn ab. Trennen Sie dann die Rücklicht- und Blinkerkabel-Stecker (siehe Abbildungen) – markieren Sie die Stecker nötigenfalls.

14 Jedes Verkleidungsteil ist mit zwei Schrauben gesichert – lösen Sie diese, und ziehen Sie die Verkleidung ab, dabei befreien sich die Laschen vorne unten aus dem Trittbrett (siehe Abbildungen).

15 Lösen Sie nötigenfalls die Schraube des Kotflügelträgers, und entfernen Sie ihn (siehe Abbildung).

16 Der Einbau entspricht der umgekehrten Ausbaureihenfolge. Prüfen Sie vor der ersten

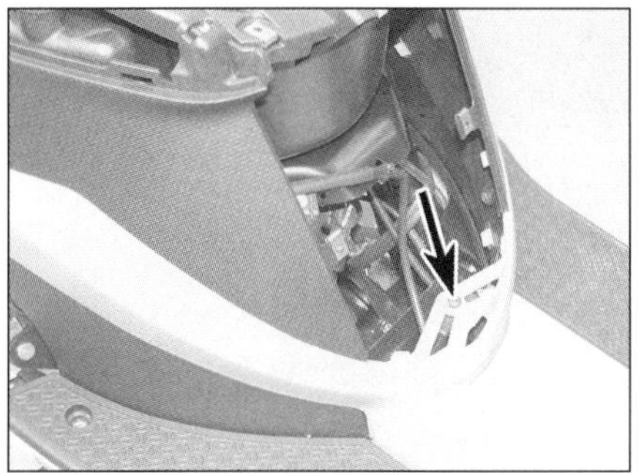

18.12 Entfernen Sie die Verbindungsschraube.

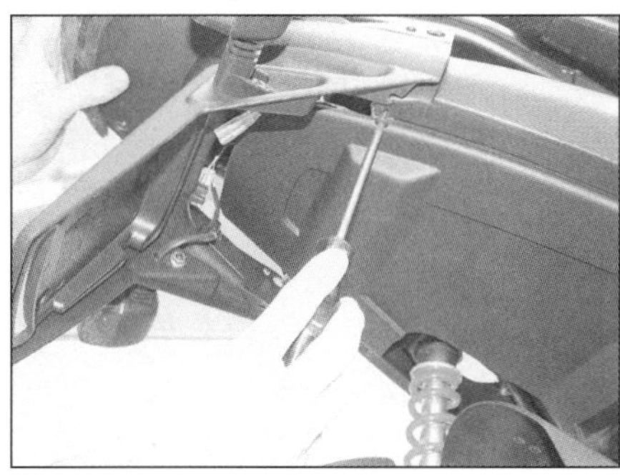

18.13a Lösen Sie die Schrauben unten . . .

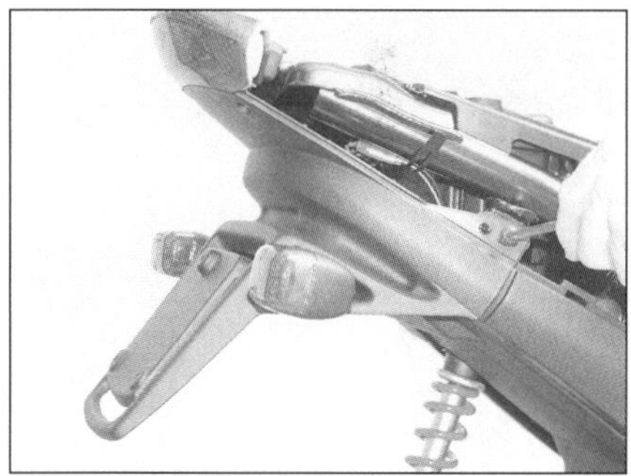

18.13b . . . und an beiden Seiten der Verkleidung, . . .

18.13c . . . und ziehen Sie diese ab, um Zugang zu den Steckern zu erhalten.

18.14a Entfernen Sie die Schrauben, . . .

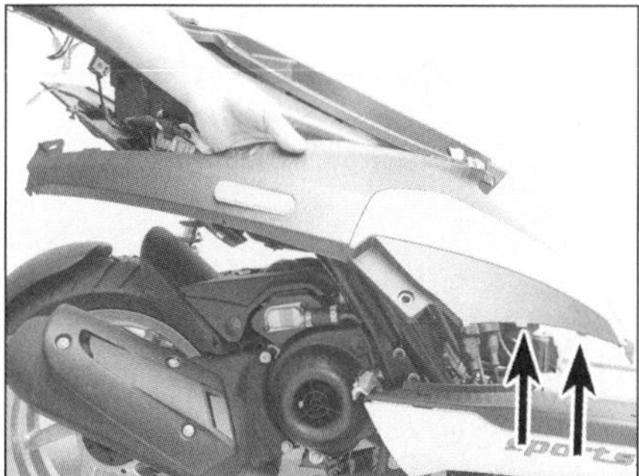

18.14b . . . und heben Sie die Verkleidung unter Beachtung der Laschen ab.

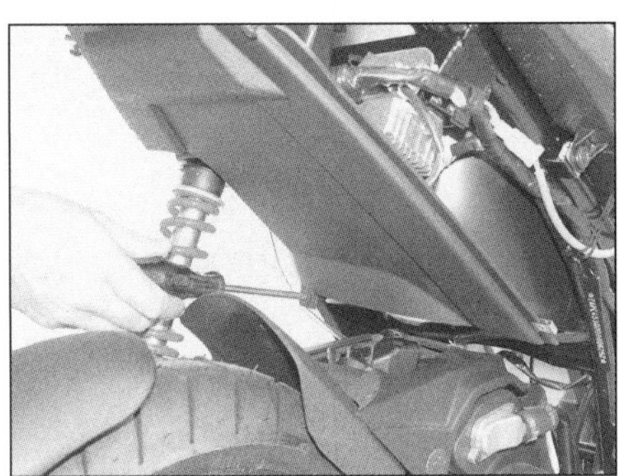

18.15 Lösen Sie die Schraube des Kotflügelträgers.

Fahrt die Funktion des Rücklichts und der Blinker.

Hinterradkotflügel und Innenschutzblech

17 Lösen Sie die drei Schrauben, die den Kotflügel an der Antriebseinheit sichern, und entfernen Sie ihn (siehe Abbildung).

18 Lösen Sie die Schrauben, die die obere Motorabdeckung am Kotflügel sichern (siehe Abbildung).

19 Das Innenschutzblech ist mit einer Schraube an der Rückseite der Antriebseinheit sowie zwei Schrauben, die an der linken Seite auch die Rückseite des Luftfiltergehäuses halten, gesichert (siehe Abbildungen). Lösen Sie diese Schrauben, und entfernen Sie das Teil.

20 Der Einbau entspricht der umgekehrten Ausbaureihenfolge – die Schrauben an der linken Seite müssen durch die Rückseite des Luftfiltergehäuses geführt werden.

18.17 Die Kotflügel-Baugruppe ist mit drei Schrauben gesichert.

Gepäckfach

21 Bauen Sie die Batterie aus, und befreien Sie den Sicherungshalter (siehe Kapitel 9).

22 Entfernen Sie die Sitzbank und die obere Seitenverkleidung. Entfernen Sie die vordere Motorabdeckung.

23 Lösen Sie die zwei Schrauben, die das Gepäckfach unten am Rahmen sichern, sowie die zwei Schrauben, die den hinteren Bereich sichern (siehe Abbildungen).

24 Öffnen Sie den Öltankdeckel, und heben Sie die Dichtung ab (siehe Abbildung).

25 Heben Sie das Gepäckfach heraus (siehe Abbildung). Installieren Sie den Öltankdeckel.

26 Der Einbau entspricht der umgekehrten Ausbaureihenfolge.

Zentrale Bodenverkleidung

27 Entfernen Sie zuerst beide unteren Seitenverkleidungen.

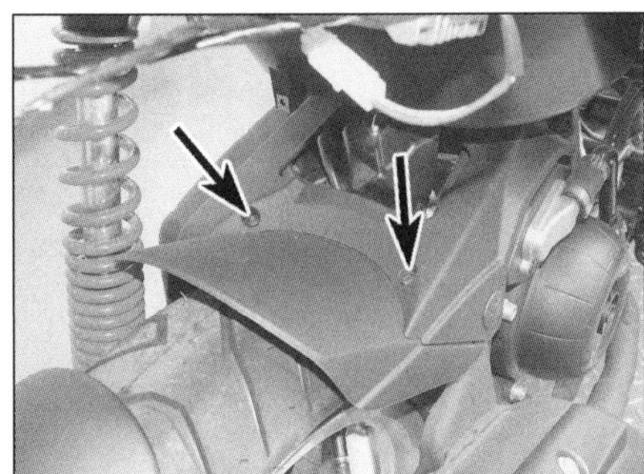

18.18 Lösen Sie die Schrauben.

18.19a Der Innenkotflügel ist rechts mit einer Schraube . . .

28 Lösen Sie die zwei Schrauben, die den hinteren Bereich sichern, lösen Sie dann die drei Schrauben, die das Verkleidungsteil um den Tankdeckel sichern (siehe Abbildung) – nur diese drei der Schrauben sind echt, die anderen sind Attrappen.

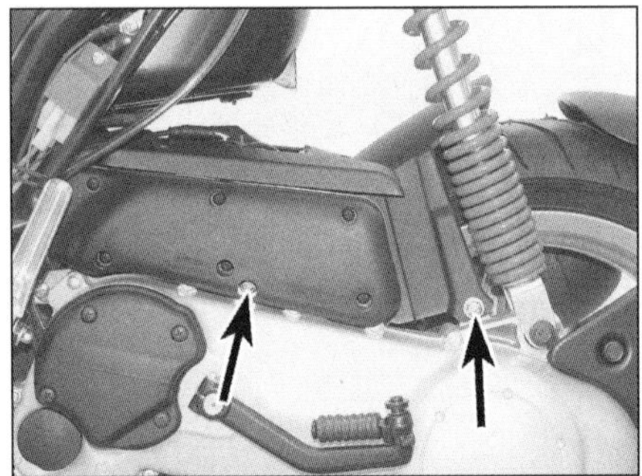

18.19b . . . und links mit zwei Schrauben gesichert.

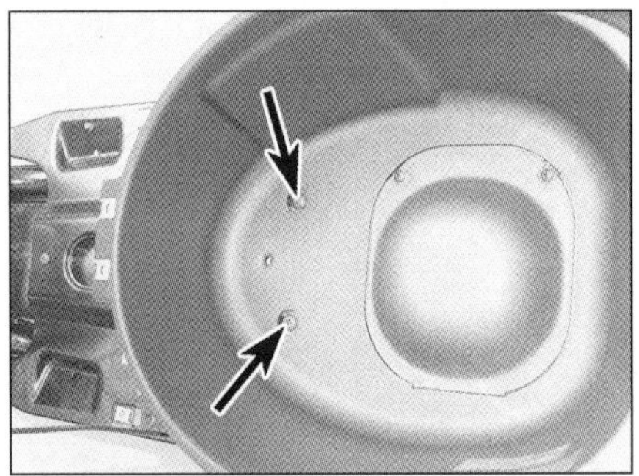

18.23a Entfernen Sie die zwei Schrauben unten im Gepäckfach, . . .

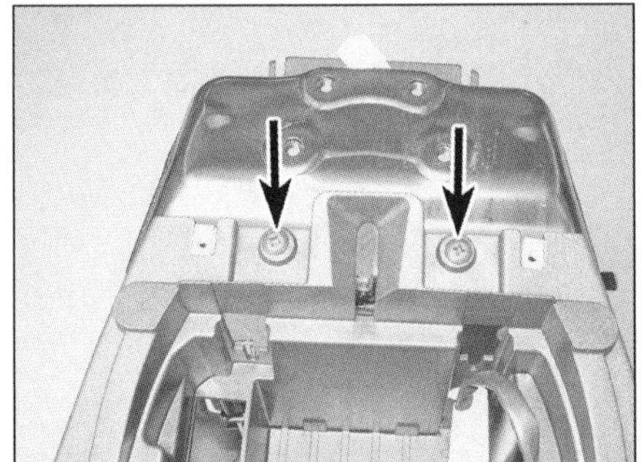

18.23b . . . und die zwei Schrauben hinten.

18.24 Entfernen Sie den Öltankdeckel und den Dichtring.

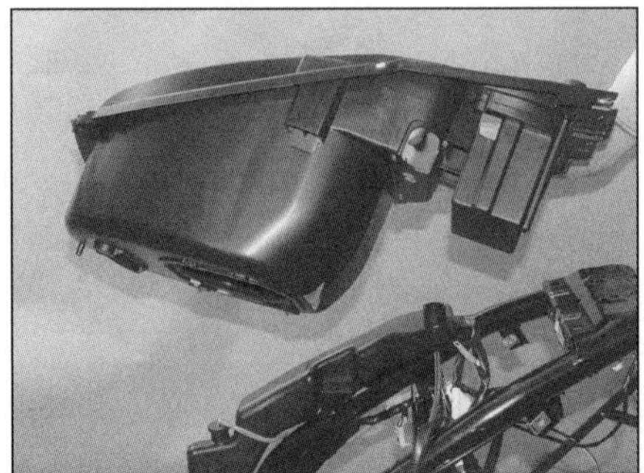

18.25 Heben Sie das Gepäckfach heraus.

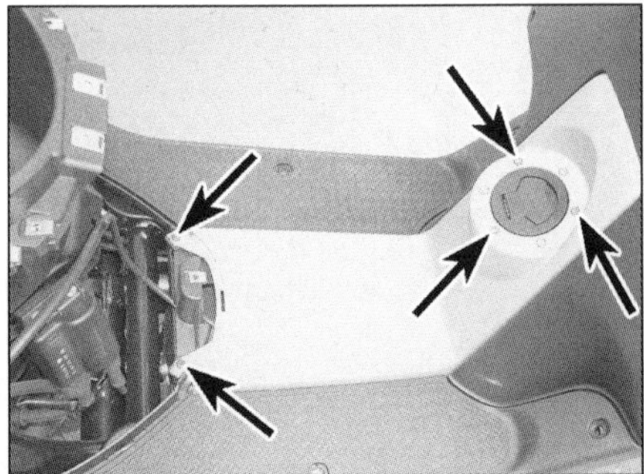

18.28 Lösen Sie die Schrauben hinten und die drei Schrauben am Tankdeckel.

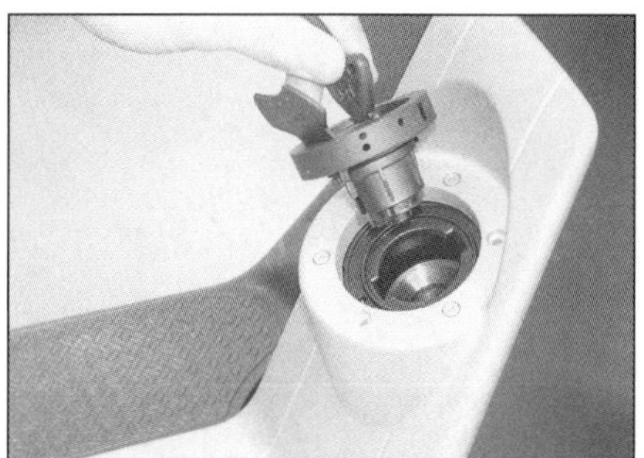

18.29a Entfernen Sie den Tankdeckel,. . .

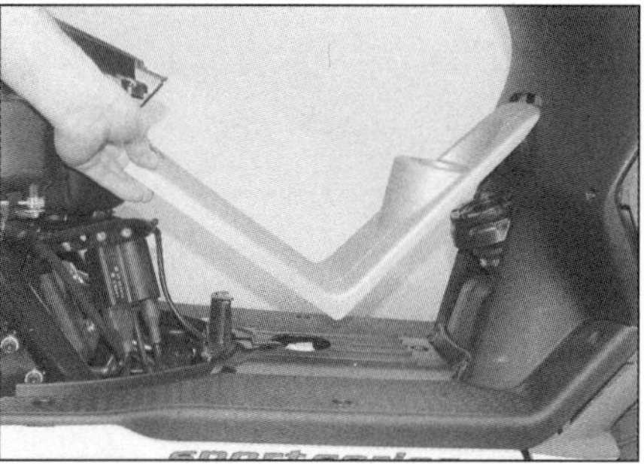

18.29b . . . und heben Sie die Bodenverkleidung ab.

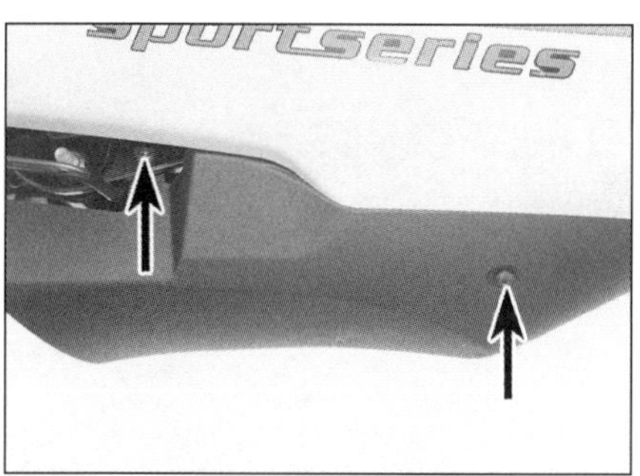

18.31a Die Bugverkleidung ist an jeder Seite mit zwei Schrauben . . .

29 Öffnen Sie den Tankdeckel, und heben Sie die Verkleidung ab (siehe Abbildungen). Installieren Sie den Tankdeckel wieder.

30 Der Einbau entspricht der umgekehrten Ausbaureihenfolge.

Bugverkleidung

31 Die Bugverkleidung ist mit je zwei Schrauben an jeder Seite sowie zwei Schrauben vorne befestigt. Lösen Sie die vorderen Schrauben, halten Sie die Verkleidung, lösen Sie die seitlichen Schrauben, und entfernen Sie das Teil.

32 Der Einbau entspricht der umgekehrten Ausbaureihenfolge.

Trittbrett

33 Entfernen Sie zuerst die zentrale Bodenverkleidung.

34 Trennen Sie den Stecker der Kraftstoffanzeige (siehe Abbildung).

35 Lösen Sie die sechs großen Schrauben, die das Trittbrett von oben am Rahmen sichern, die zwei kleinen Schrauben im unteren Bereich der Innenverkleidung sowie die zwei kleinen Schrauben in der Nähe der Beifahrerfußrasten (siehe Abbildungen).

36 Heben Sie das Trittbrett an, und manövrieren Sie es aus dem Fahrzeug (siehe Abbildung).

37 Der Einbau entspricht der umgekehrten Ausbaureihenfolge – prüfen Sie vor dem Anziehen der Schrauben, ob die Halterungen der Bugverkleidung korrekt an Aufnahmen des Rahmens sitzen.

Seitliche Bodenverkleidungen

38 Entfernen Sie zuerst die Bugverkleidung und das Trittbrett.

39 Lösen Sie die Schraube, die die Verkleidung an der Frontverkleidung sichert, und ziehen Sie das Teil ab (siehe Abbildungen).

40 Der Einbau entspricht der umgekehrten Ausbaureihenfolge.

18.31b . . . und 2 Schrauben vorne gesichert.

18.34 Trennen Sie den Stecker.

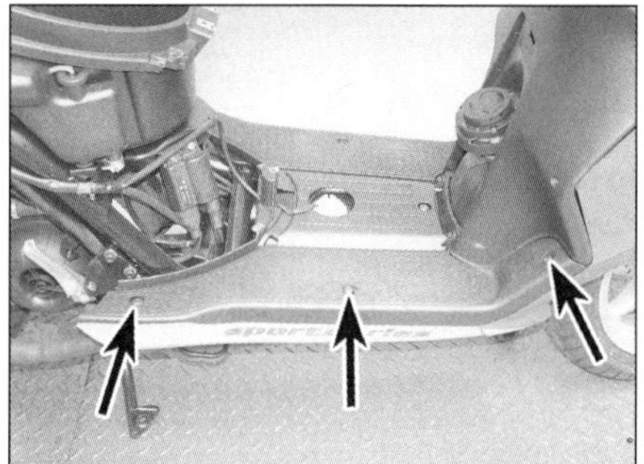

18.35a Das Trittbrett ist an jeder Seite mit drei großen Schrauben . . .

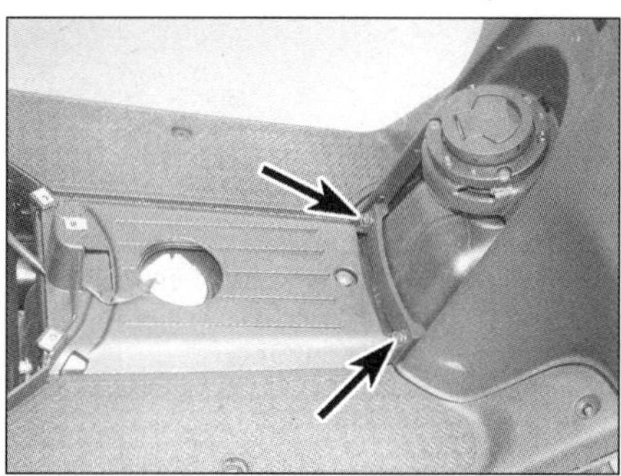

18.35b . . . zwei Schrauben vorne in der Mitte . . .

18.35c . . . und einer Schraube nahe beider Beifahrerfußrasten gesichert.

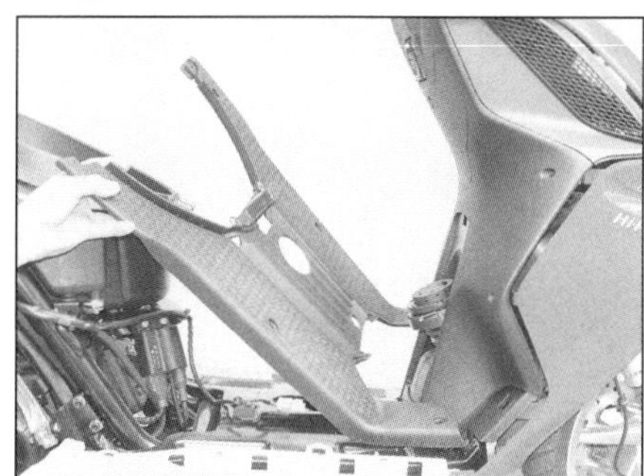

18.36 Heben Sie das Trittbrett ab.

18.39a Entfernen Sie die Schraube, . . .

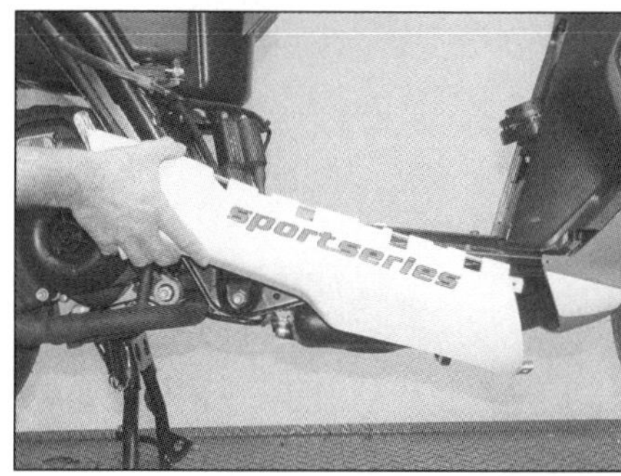

18.39b . . . und heben Sie die Verkleidung ab.

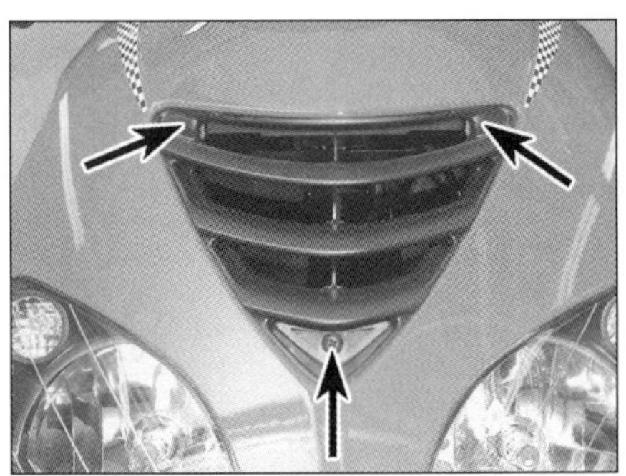

18.41 Die Frontabdeckung ist mit drei Schrauben gesichert.

Frontverkleidung

41 Lösen Sie die drei Schrauben des Frontgitters, und entfernen Sie dies (siehe Abbildung). Lösen Sie die drei hinter dem Grill sitzenden Schrauben.

42 Trennen Sie die Kabelstecker des Scheinwerfers und der vorderen Blinker.

43 Entfernen Sie das Trittbrett und die seitlichen Bodenverkleidungen.

44 Lösen Sie die vier hinter der Gabel und dem Vorderrad sitzenden Schrauben, die die Frontverkleidung mit dem Kotflügel verbinden.

45 Lösen Sie die acht Schrauben, die links und rechts die Frontverkleidung mit der Innenverkleidung verbinden (siehe Abbildung).

46 Heben Sie die Verkleidung ab (siehe Abbildungen).

47 Der Einbau entspricht der umgekehrten Ausbaureihenfolge – prüfen Sie vor der ersten Fahrt die Funktion des Scheinwerfers und der Blinker.

Innenverkleidung

48 Entfernen Sie die Frontverkleidung.

49 Lösen Sie die drei Schrauben der Tankdeckelabdeckung (siehe Abbildung).

50 Lockern Sie die Schlauchschelle, die den Einfüllstutzen am Kraftstofftank sichert, und ziehen Sie den Stutzen ab (siehe Abbildungen). Stopfen Sie einen Lappen in den Tank, um nichts hineinfallen zu lassen.

51 Lösen Sie die unterhalb des Gepäckhakens sitzende Schraube in der Mitte der Innenverkleidung.

52 Lösen Sie die zwei Schrauben, die den unteren Rand der Verkleidung am Rahmen sichern (siehe Abbildung).

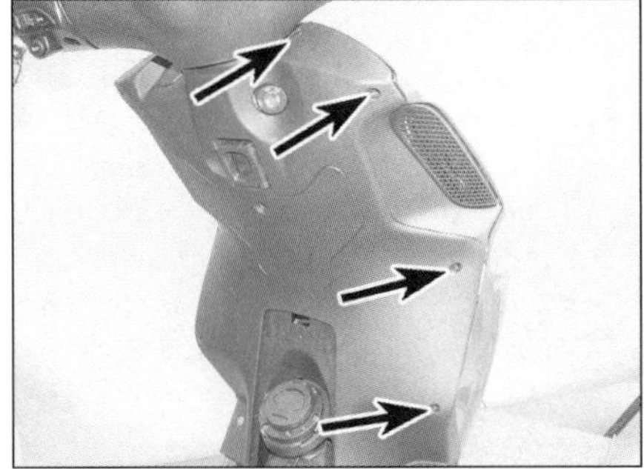

18.45 Entfernen Sie die vier Schrauben an jeder Seite, . . .

18.49 Lösen Sie die Schrauben, . . .

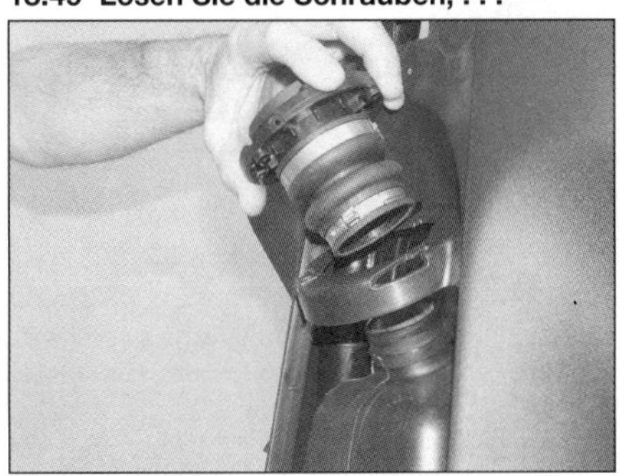

18.50b . . . und ziehen Sie den Einfüllstutzen ab.

53 Ziehen Sie die Innenverkleidung zurück, heben Sie sie unterhalb der Lenkerverkleidungen hervor, und entfernen Sie sie aus dem Fahrzeug (siehe Abbildungen).

54 Installieren Sie übergangsweise den Tankstutzen.

55 Der Einbau entspricht der umgekehrten Ausbaureihenfolge – die Schlauchschelle des Tankstutzens muss sicher angezogen sein (siehe Abbildung).

Lenkerverkleidungen

56 Entfernen Sie die Rückspiegel. Es ist nicht nötig, die kleine Scheibe von der vorderen Verkleidung zu entfernen.

57 Um die vordere Abdeckung zu entfernen,

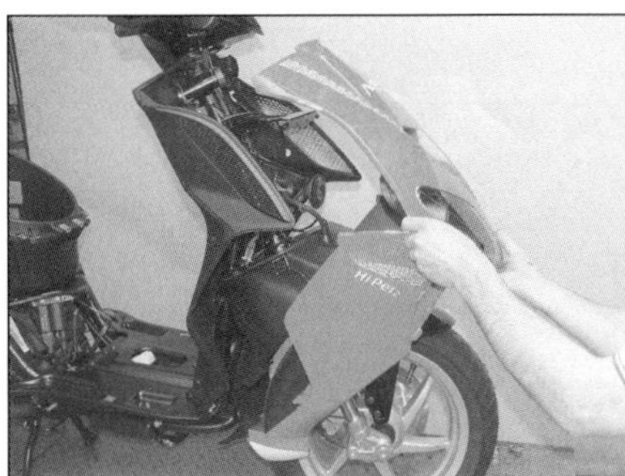

18.46 . . . und heben Sie die Verkleidung ab.

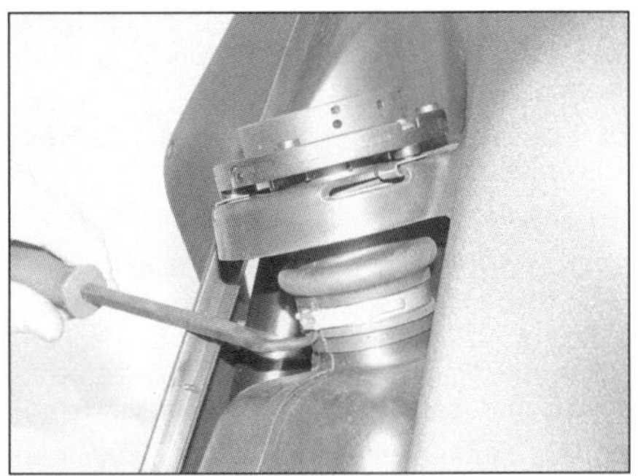

18.50a . . . lockern Sie die Schelle . . .

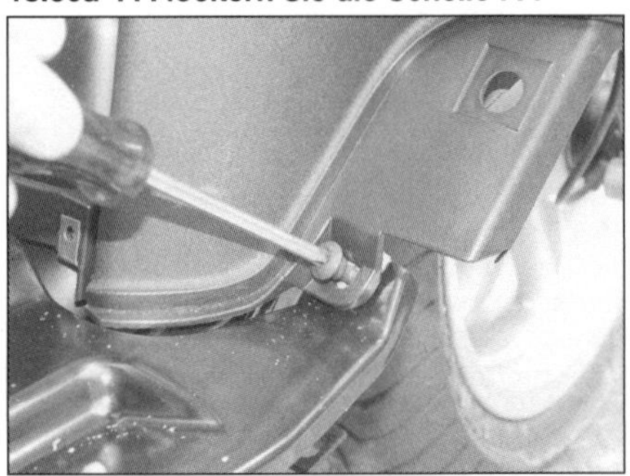

18.52 Entfernen Sie an beiden Seiten die unteren Schrauben.

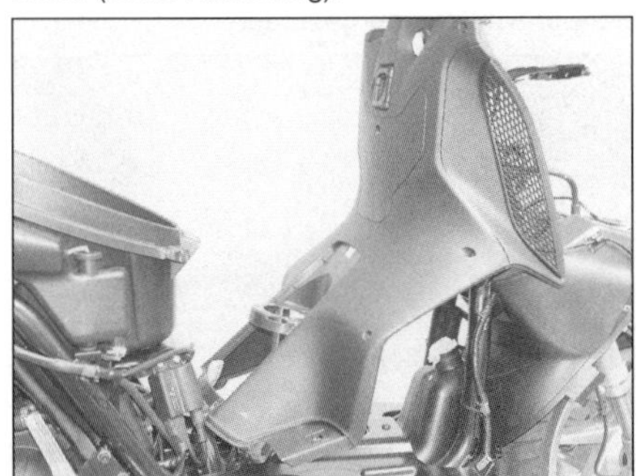

18.53a Ziehen Sie die Verkleidung nach hinten, . . .

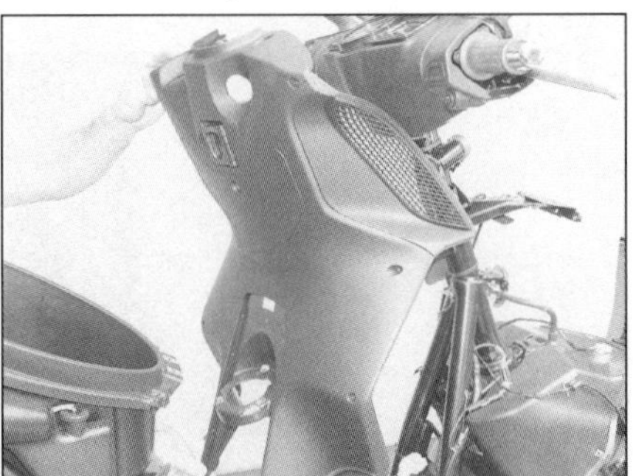

18.53b . . . und befreien Sie sie aus der Lenkerverkleidung.

18.55 Die Schelle muss angezogen oder zusammengequetscht werden.

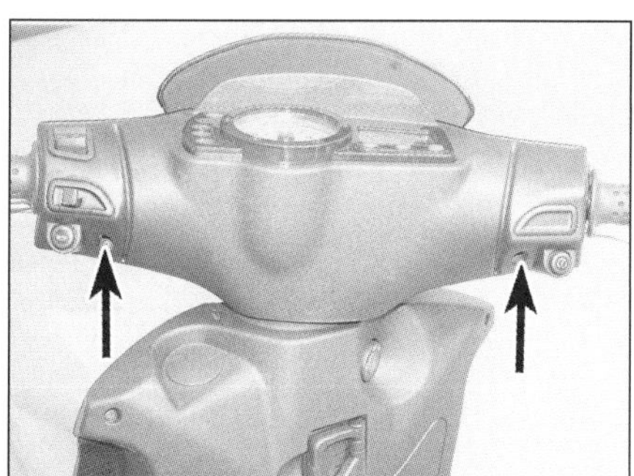

18.57a Lösen Sie die Schrauben der hinteren Lenkerverkleidung.

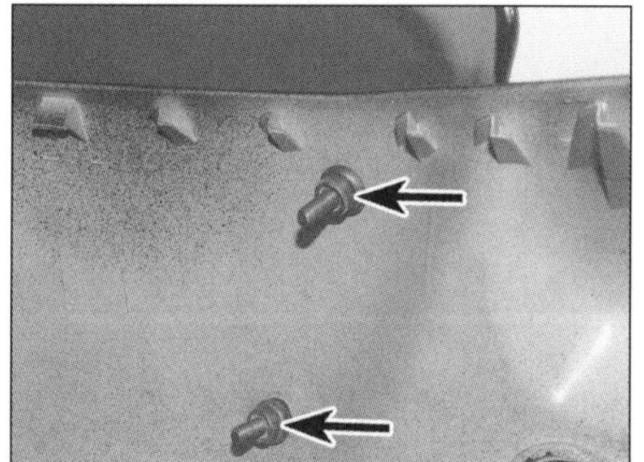

18.58 Die Windschutzscheiben-Schrauben sind mit Ösenmuttern gesichert.

müssen die Schrauben der hinteren Abdeckung und die Schraube unterhalb des Scheinwerfers gelöst werden. Ziehen Sie die vordere Abdeckung vorsichtig ab, um ihre Laschen aus den Bohrungen der hinteren Abdeckung zu befreien (siehe Abbildungen). Diese Stifte sitzen relativ fest, sodass etwas Krafteinsatz nötig wird – brechen Sie die Abdeckung aber nicht ab!

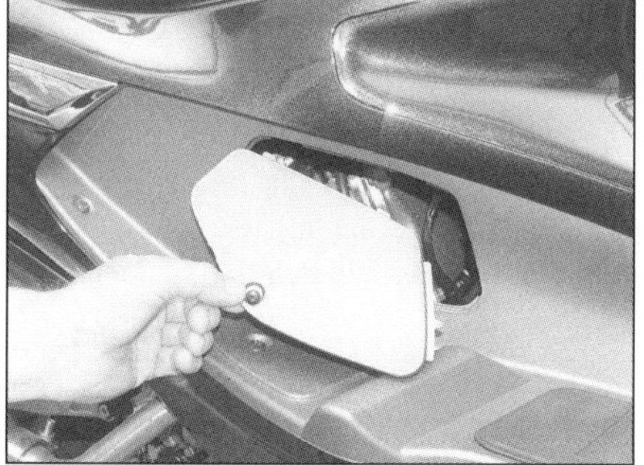

19.4a Rechte Motorabdeckung

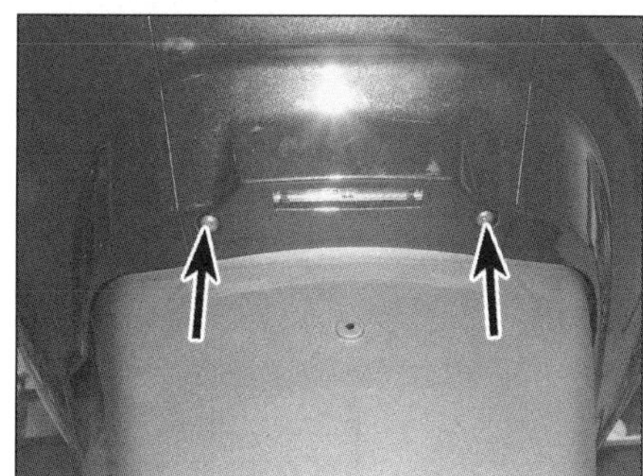

19.6a Lösen Sie die Schrauben, . . .

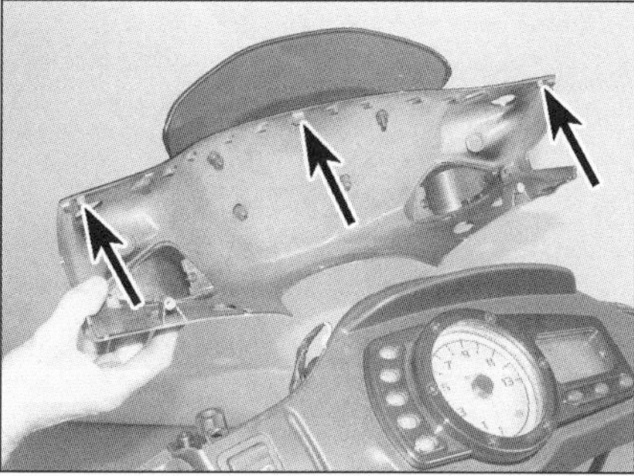

18.57b Beachten Sie, wie die Stifte der vorderen Verkleidung . . .

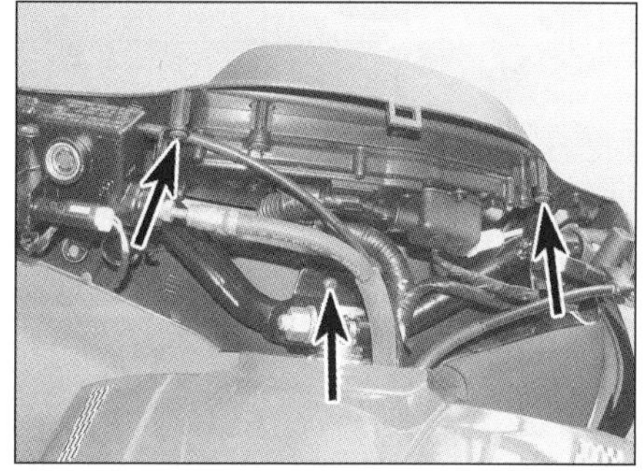

18.59 Die hintere Verkleidung ist mit drei Schrauben gesichert.

58 Die Windschutzscheibe ist mit vier Schrauben und Ösenmuttern gesichert – wenn die Schrauben gelockert sind, können die Ösenmuttern aus der vorderen Abdeckung gezogen werden (siehe Abbildung). Soll die Windschutzscheibe entfernt werden, sollte zunächst die vordere Abdeckung abgenommen werden. Halten Sie vor ihrer Montage die Ösenmuttern, und ziehen Sie die Schrauben an.

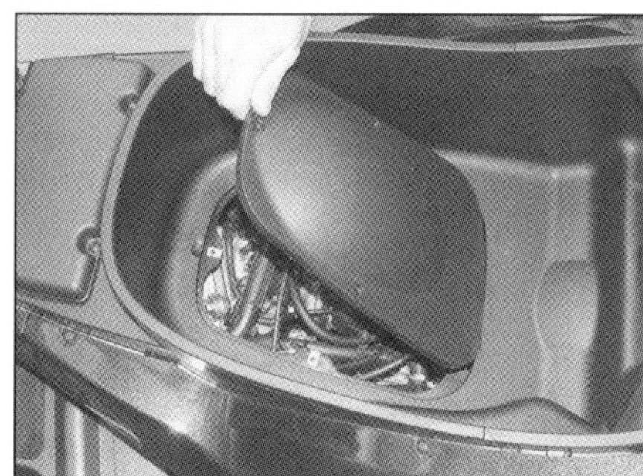

19.4b Motorabdeckung im Gepäckfach

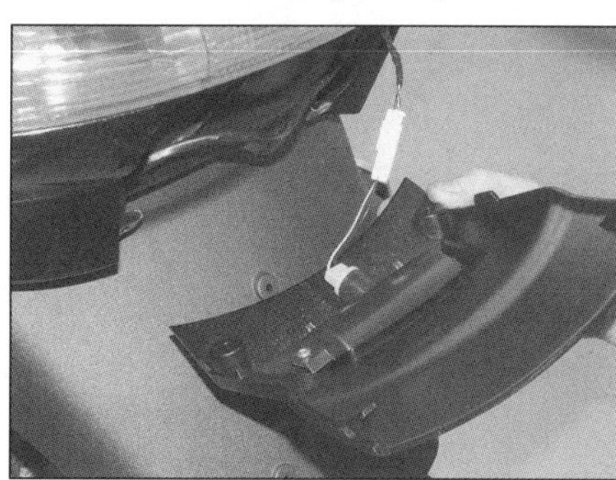

19.6b . . . und ziehen Sie die Abdeckung ab.

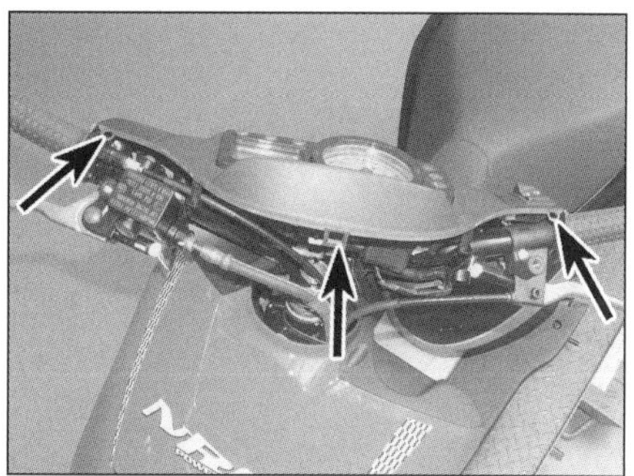

18.57c . . . in die Bohrungen der hinteren greifen.

59 Um die hintere Abdeckung zu entfernen, muss zunächst die vordere demontiert werden. Lösen Sie die Schrauben, die die hintere Abdeckung an den Lenker-Haltern sichern (siehe Abbildung). Soll die hintere Abdeckung vollständig entfernt werden, müssen zuvor die Kabelstecker der Instrumente und Lenkerschalter sowie die Tachowelle getrennt werden. Trennen Sie nötigenfalls die Instrumentenkonsole von der Abdeckung (Kapitel 9).

60 Der Einbau entspricht der umgekehrten Ausbaureihenfolge. Alle Kabelstecker müssen korrekt verbunden und gesichert werden. Vor der ersten Fahrt sind die Funktionen aller Lampen und Schalter zu prüfen.

19 X8 Verkleidungsteile
Ausbau und Einbau

Sitz

1 Öffnen Sie entweder mit dem elektrischen Auslöser links am Lenker oder dem Hebel in der Tankdeckelklappe das Sitzbankschloss, und klappen Sie den Sitz hoch.

2 Lösen Sie die drei Schrauben des Sitzbank-Gelenks, und entfernen Sie den Sitz.

3 Der Einbau entspricht der umgekehrten Ausbaureihenfolge.

Motorabdeckungen

4 Lösen Sie die Schraube der rechts über dem Trittbrett liegenden Abdeckung, und entfernen Sie diese (siehe Abbildung). Um die im Gepäckfach liegende Abdeckung zu entfernen, muss der Sitz angehoben werden. Lösen Sie die drei Schrauben der Abdeckung, und entfernen Sie diese (siehe Abbildung).

5 Der Einbau entspricht der umgekehrten Ausbaureihenfolge.

Kennzeichenbeleuchtung-Abdeckung

6 Lösen Sie die zwei Schrauben der Bremslichtabdeckung, und heben Sie diese an, um die Laschen an der Oberseite zu befreien (siehe Abbildungen).

7 Der Einbau entspricht der umgekehrten Ausbaureihenfolge.

Beifahrergriff

8 Heben Sie die Sitzbank an, und öffnen Sie das Gepäckfach – entweder mit dem elektrischen Öffner rechts am Lenker oder dem Hebel in der Tankdeckelklappe.

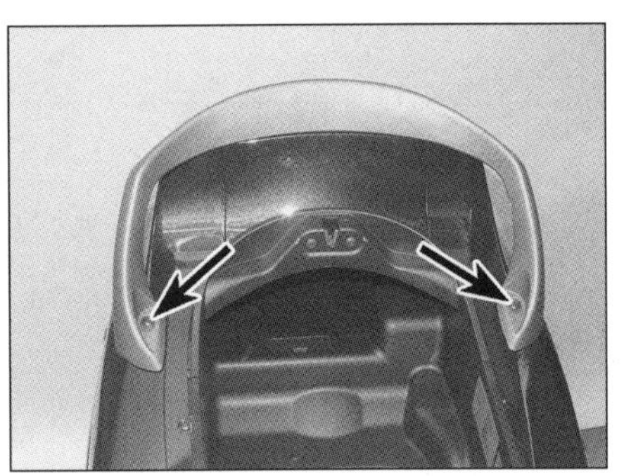

19.9a Lösen Sie die zwei Schrauben, . . .

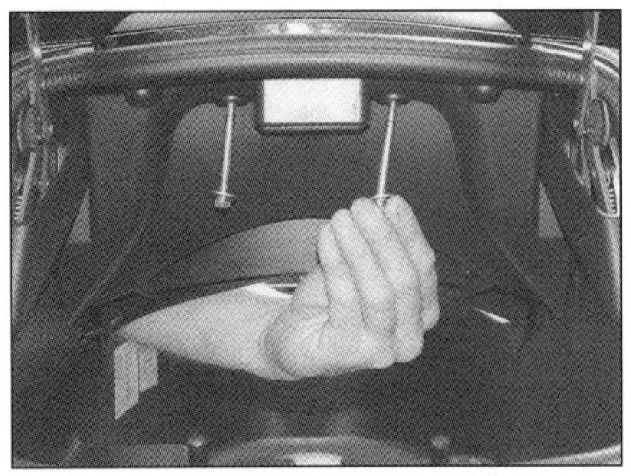

19.9b . . . und die Schrauben innerhalb des Gepäckfachs, . . .

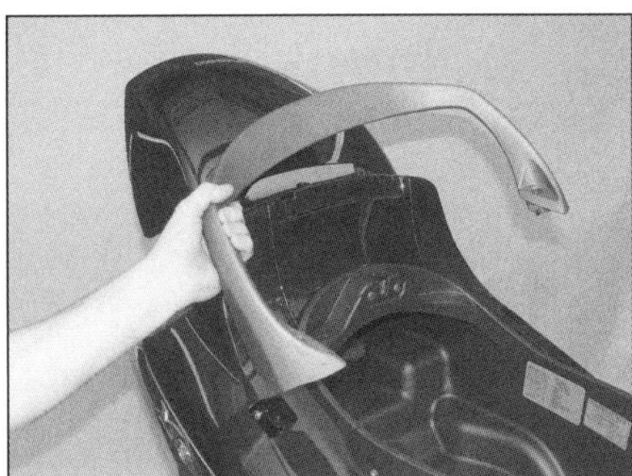

19.9c . . . und heben Sie den Haltegriff ab.

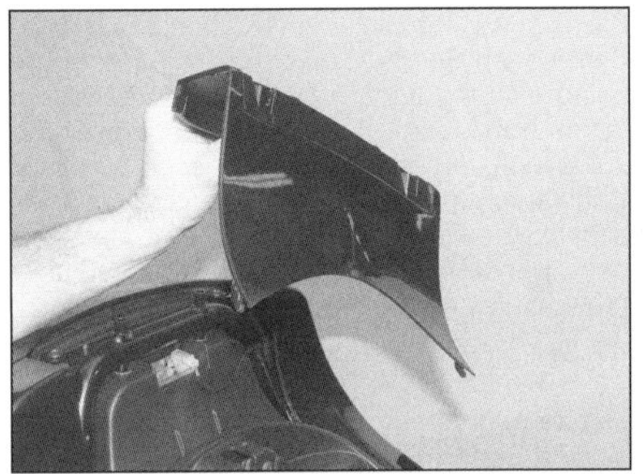

19.12 Entfernen Sie das Verbindungsstück.

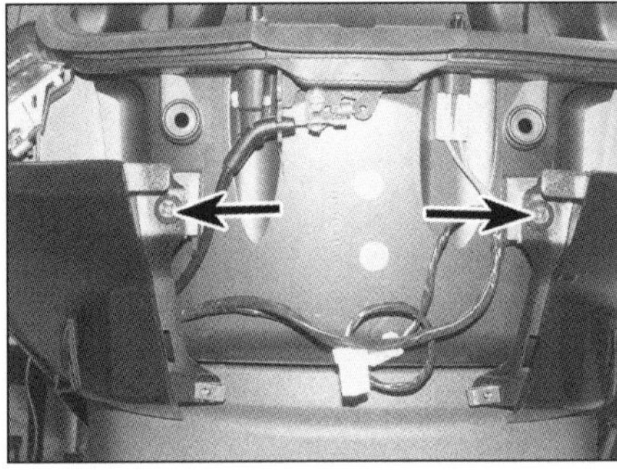

19.13a Lösen Sie die Schrauben hinten . . .

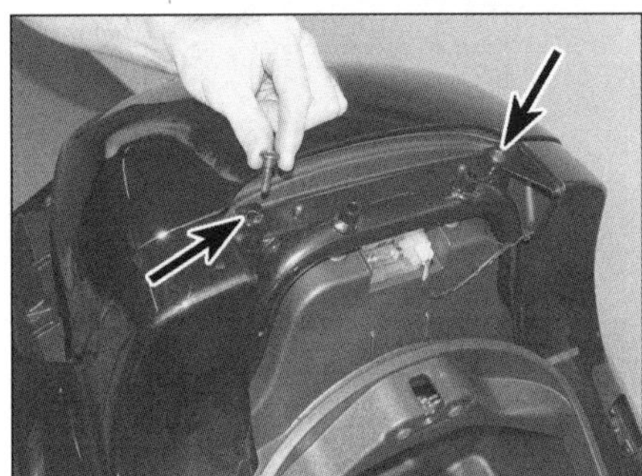

19.13b . . . und am oberen Rand.

9 Lösen Sie jeweils die zwei Schrauben, die den Griff seitlich sowie an der Innenseite des Fachs sichern, und heben Sie den Griff ab (siehe Abbildungen).

10 Der Einbau entspricht der umgekehrten Ausbaureihenfolge.

Seitenverkleidungen

11 Entfernen Sie zunächst das Rücklciht und die Blinker (siehe Kapitel 9). Entfernen Sie die Abdeckung der Kennzeichenbeleuchtung und den Beifahrergriff.

12 Befreien Sie das Verbindungsstück, und heben sie es ab (siehe Abbildung).

13 Lösen Sie die zwei Schrauben hinten an den Verkleidungsteilen sowie die zwei Schrauben am hinteren oberen Rand (siehe Abbildungen).

14 Lösen Sie jeweils die zwei innerhalb des Gepäckfachdeckels liegenden Schrauben (siehe Abbildung).

15 Lösen Sie jeweils die zwei Schrauben oben am Rand, die Schraube hinten am Trittbrett und diejenige am unteren Rand der Seitenverkleidung (siehe Abbildung).

16 Ziehen Sie die Verkleidung ab – beachten Sie, wie die Laschen am oberen vorderen Rand in den hinteren Rand der vorderen Sitzverkleidung greifen, und heben Sie sie vom Fahrzeug (siehe Abbildung).

17 Der Einbau entspricht der umgekehrten Ausbaureihenfolge. Vor der ersten Fahrt sind

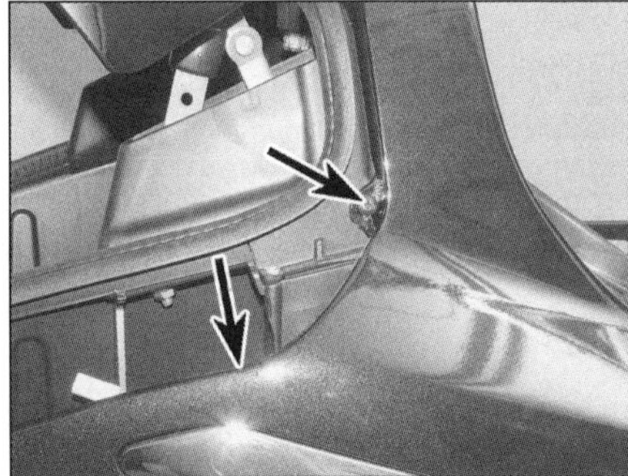

19.14 Lösen Sie an beiden Seiten die Schrauben innerhalb des Gepäckfachs.

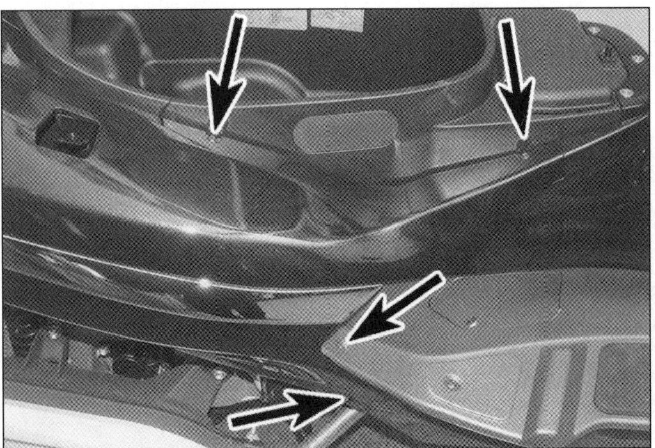

19.15 Lösen Sie an beiden Seiten die vier Schrauben.

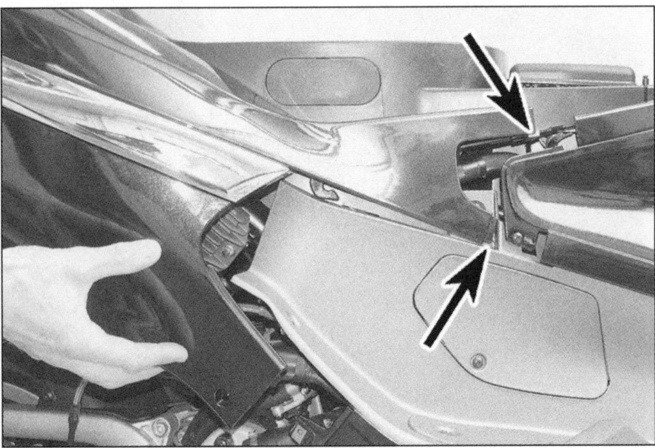

19.16 Beachten Sie die Lagen der Laschen (Pfeile).

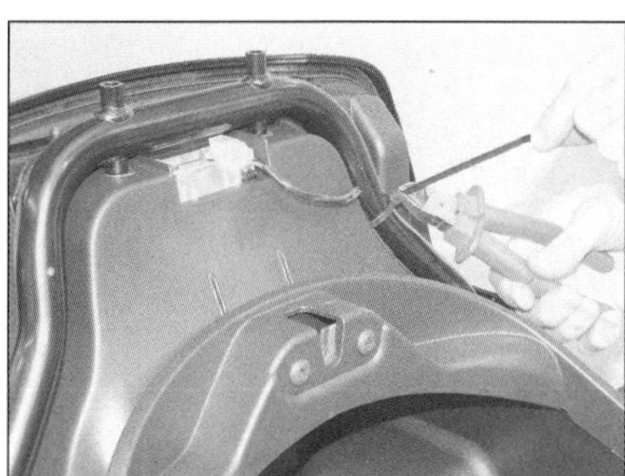
19.19a Trennen Sie den Kabelbinder.

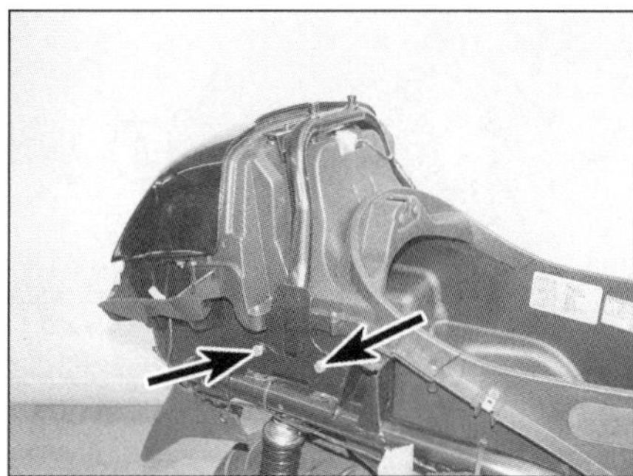
19.19b Lösen Sie an beiden Seiten die Schrauben, . . .

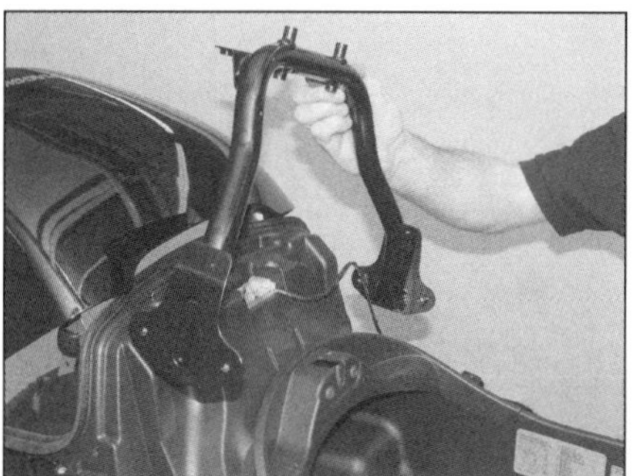
19.19c . . . und heben Sie die Heckstrebe ab.

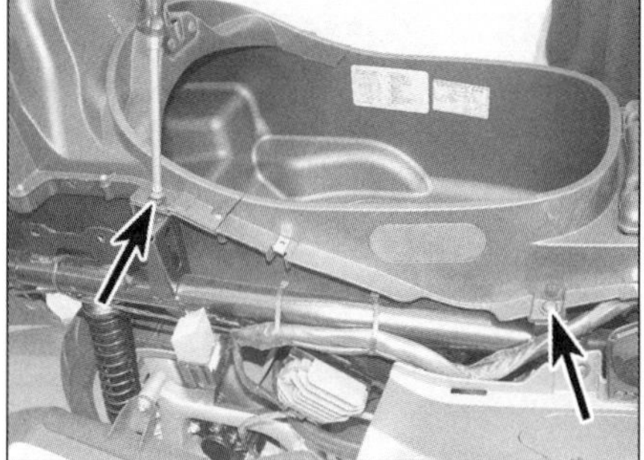
19.20 Lösen Sie an beiden Seiten die Schrauben.

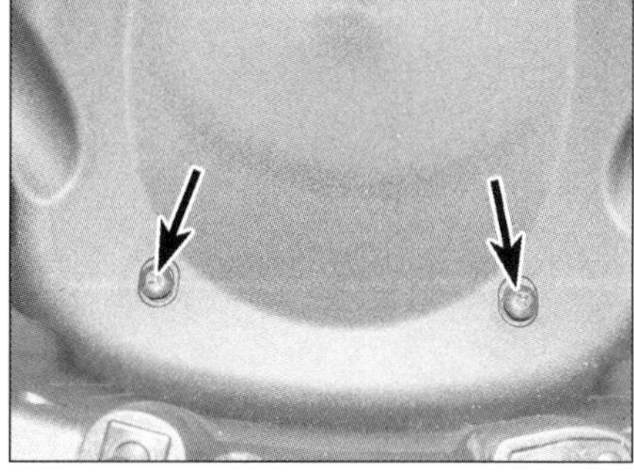
19.21 Lösen Sie die Schrauben innerhalb des Gepäckfachs.

19.22 Lösen Sie an beiden Seiten des Kotflügels die Schraube.

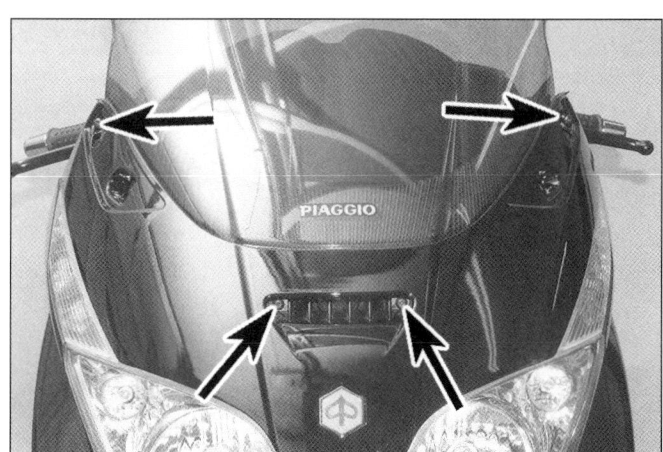

19.26a Lösen Sie die Schrauben, . . .

19.26b . . . und heben Sie die Frontabdeckung ab.

19.23 Manövrieren Sie den Kotflügel wie beschrieben heraus.

die Funktionen des Rücklichts und der Blinker zu prüfen.

Hinterradkotflügel

18 Entfernen Sie die Seitenverkleidungen.

19 Befreien Sie das Kabel der Gepäckraumbeleuchtung von der Heckstrebe, und lösen Sie deren vier Schrauben, um sie vom Rahmen zu lösen (siehe Abbildungen).

20 Lösen Sie an beiden Seiten die zwei Schrauben, die den äußeren Rand des Gepäckfachs am Rahmen sichern (siehe Abbildung).

21 Lösen Sie die zwei Schrauben innerhalb des Gepäckfachs (siehe Abbildung).

22 Lösen Sie an beiden Seiten des Kotflügels die Schraube (siehe Abbildung).

23 Heben Sie das Gepäckfach hinten an, und heben Sie den inneren Rand des Kotflügels über die Rahmen-Stehbolzen, um ihn herauszuziehen (siehe Abbildung).

24 Der Einbau entspricht der umgekehrten Ausbaureihenfolge.

Frontverkleidung

25 Entfernen Sie zunächst die Rückspiegel (Sektion 3).

26 Lösen Sie die vier Schrauben der Frontabdeckung, und entfernen Sie diese (siehe Abbildungen).

27 Entfernen Sie die Blinker und die Scheinwerfereinheit (siehe Kapitel 9).

28 Lösen Sie die vier Schrauben der Wind-

19.28a Lösen Sie die Schrauben, . . .

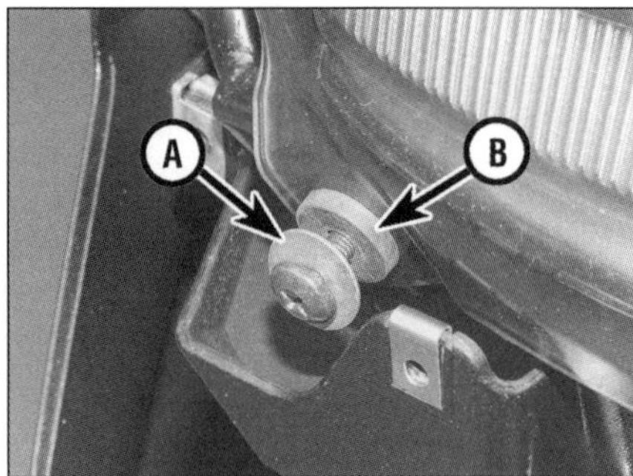

19.28b . . . beachten Sie die Scheibe (A) und die Gummiöse (B), . . .

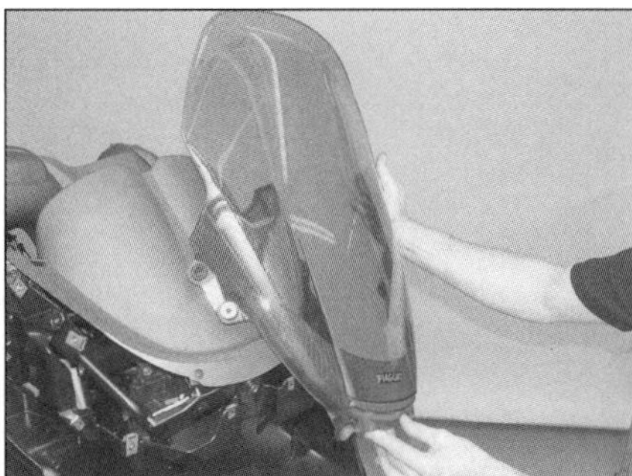

19.28c . . . und heben Sie die Windschutzscheibe ab.

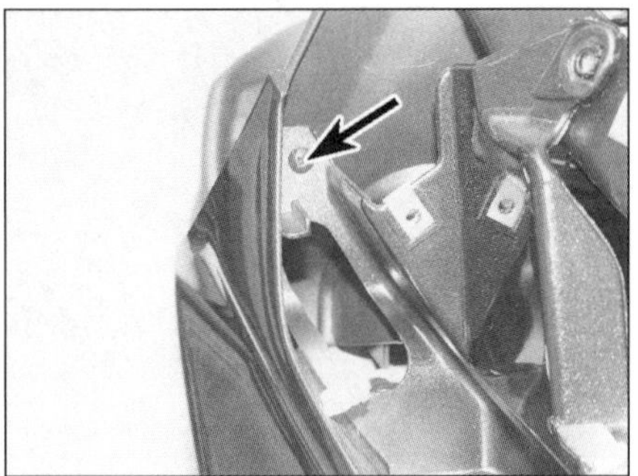

19.29 Lösen Sie an beiden Seiten die Schraube.

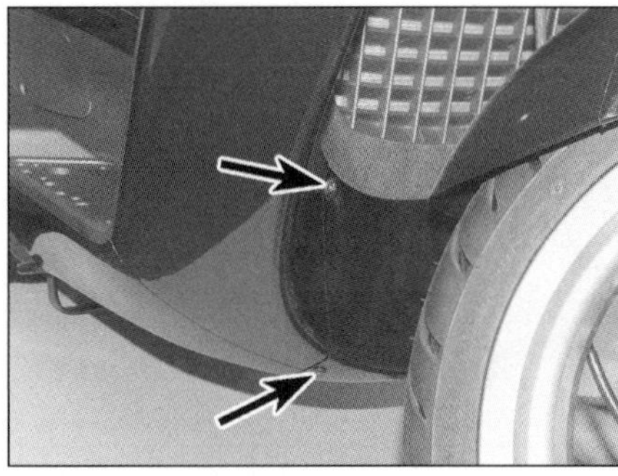

19.30a Lösen Sie an beiden Seiten die zwei Schrauben, . . .

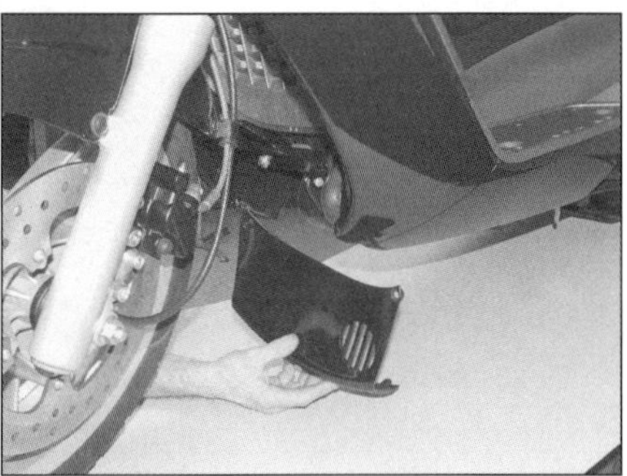

19.30b . . . und entfernen Sie die vordere Bugverkleidung.

schutzscheibe, und entfernen Sie diese (siehe Abbildungen). Beachten Sie die Positionen der Scheiben und Gummibuchsen an den Schrauben – ersetzen Sie poröse oder verformte Buchsen.

29 Lösen Sie auf beiden Seiten die Schraube am oberen Rand (siehe Abbildung).

30 Lösen Sie an beiden Seiten die zwei Schrauben, die die vordere Bugverkleidung an der Frontverkleidung sichern, und entfernen Sie das Teil (siehe Abbildungen).

31 Lösen Sie an beiden Seiten die zwei Schrauben, die die Frontverkleidung an der Kühlerabdeckung sichern (siehe Abbildung).

32 Ziehen Sie die Fußmatte ab, und lösen Sie die darunterliegenden vier Schrauben, die die Frontverkleidung mit der Innenverkleidung verbinden (siehe Abbildungen).

33 Lösen Sie an beiden Seiten die zwei Schrauben, die die Frontverkleidung mit dem Trittbrett verbinden (siehe Abbildung).

34 Befreien Sie den Scheinwerfer-Stecker aus seinem Halter (siehe Abbildung).

35 Lösen Sie die zentrale Befestigungsschraube, und befreien Sie die Laschen der Frontverkleidung aus den Rückspiegel-Halterungen (siehe Abbildungen nächste Seite).

19.31 Lösen Sie an beiden Seiten die zwei Schrauben.

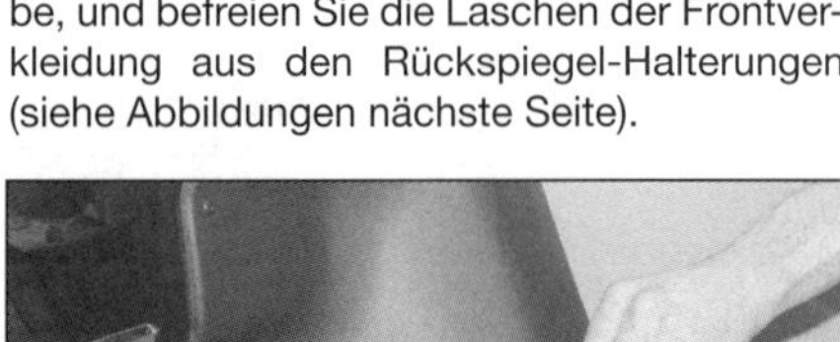

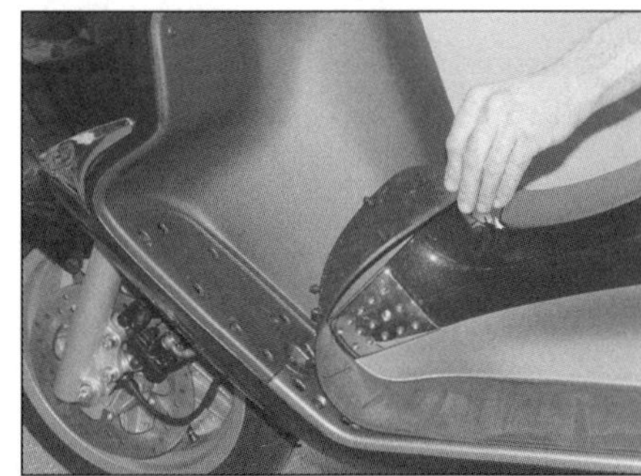

19.32a Ziehen Sie die Fußmatte ab, . . .

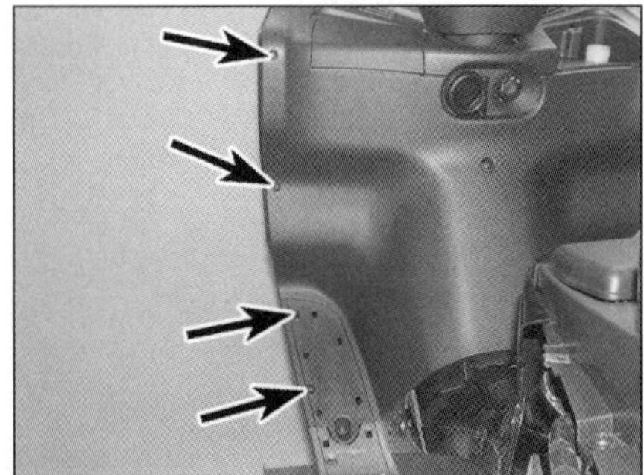

19.32b . . . und lösen Sie an beiden Seiten die vier Schrauben.

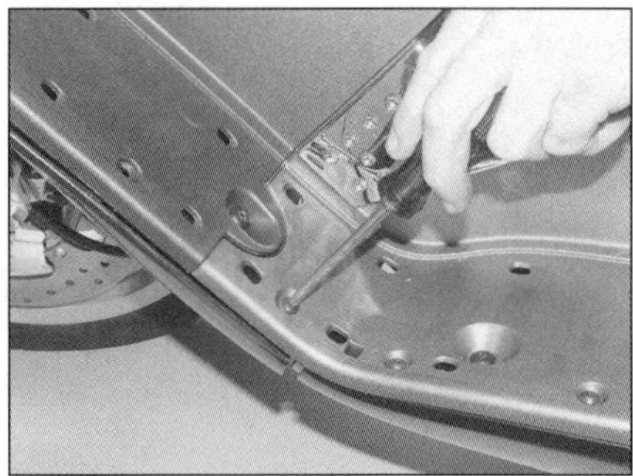

19.33 Lösen Sie an beiden Seiten die Schraube.

19.34 Lösen Sie den Lampenstecker.

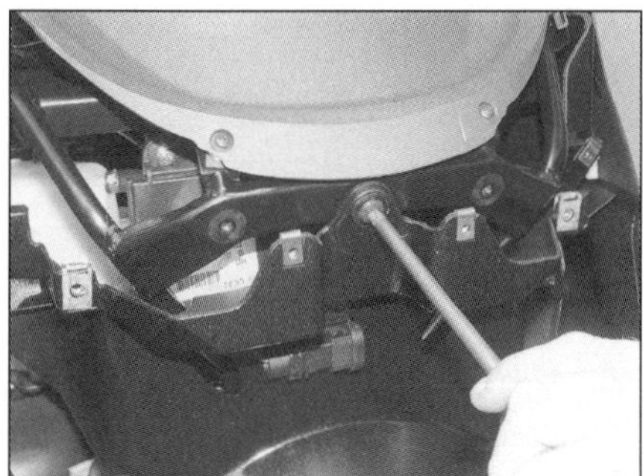
19.35a Lösen Sie die zentrale Befestigungsschraube.

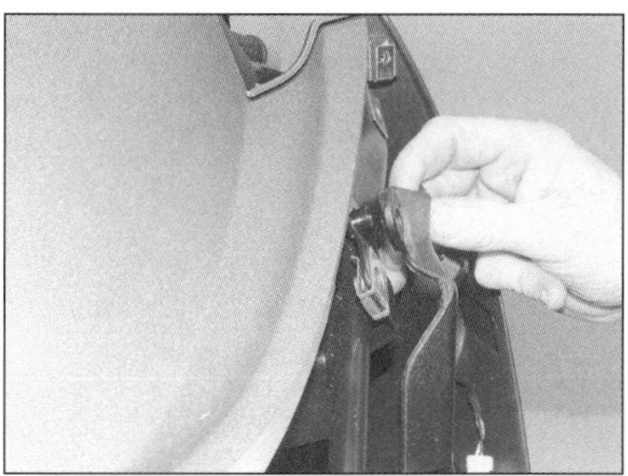
19.35b Befreien Sie die Laschen von den Rückspiegelhalterungen.

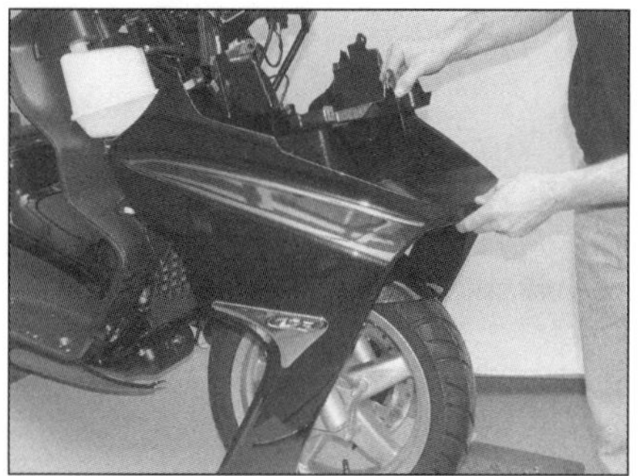
19.36 Manövrieren Sie die Frontverkleidung vom Fahrzeug.

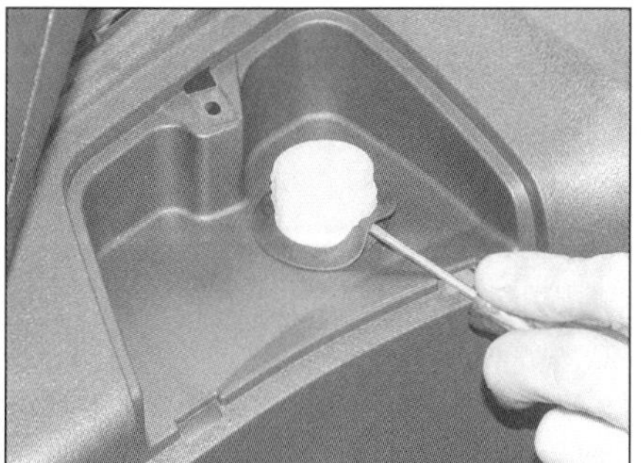
19.39a Entfernen Sie den Dichtring des Ausgleichsbehälter-Einfüllstutzens.

19.39b Entfernen Sie den Halter des Ausgleichsbehälters.

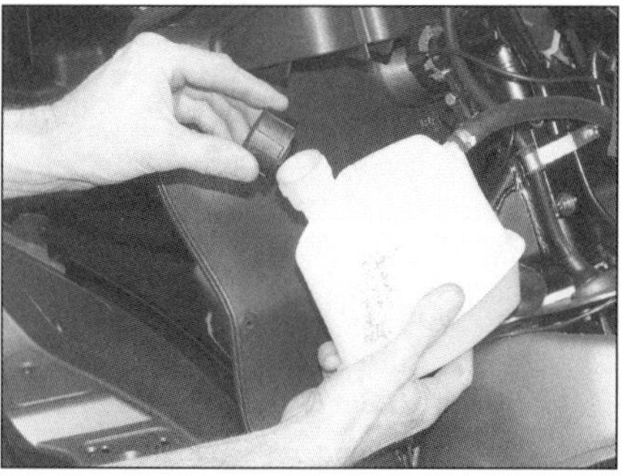
19.39c Sichern Sie den Behälter, und setzen Sie den Deckel auf.

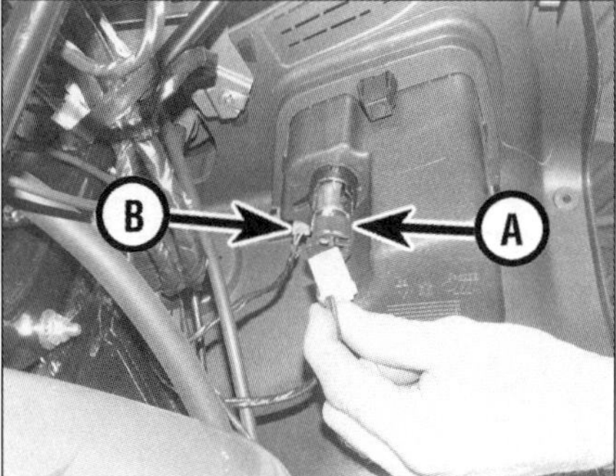

19.40 Trennen Sie den Steckdosen-Anschluss (A) und den Stecker des Uhr-Rückstellknopfes (B).

36 Ziehen Sie die Frontverkleidung nach vorne, und heben Sie sie vom Fahrzeug (siehe Abbildung).

37 Der Einbau entspricht der umgekehrten Ausbaureihenfolge – prüfen Sie vor der ersten Fahrt die Funktion des Scheinwerfers und der Blinker.

Innenverkleidung

38 Entfernen Sie die Sitzbank und die Frontverkleidung. Trennen Sie das Massekabel (–) von der Batterie (siehe Kapitel 9).

39 Öffnen Sie den Deckel des Kühler-Ausgleichsbehälters, und hebeln Sie die Dichtung heraus (siehe Abbildung). Lösen Sie an der Innenseite der Innenverkleidung die Schrauben der Behälter-Halterung, und senken Sie den Behälter ab. Setzen Sie den Deckel auf, und sichern Sie den Behälter mit Draht am Rahmen, um den Schlauch nicht unter Last zu setzen (siehe Abbildungen).

40 Trennen Sie die Kabelstecker der Steckdose und der Uhr-Rückstellung (siehe Abbildung).

41 Lösen Sie an beiden Seiten die zwei Schrauben am oberen Verkleidungsrand (siehe Abbildung).

42 Lösen Sie an beiden Seiten die Schraube der kleinen Chromabdeckung, und entfernen Sie diese (siehe Abbildung).

43 Lösen Sie an beiden Seiten die Schraube, die den unteren Verkleidungsrand an der mittleren Bodenverkleidung, lösen Sie dann an beiden Seiten die Schrauben, die die Verkleidung am Rahmen sichern (siehe Abbildung).

44 Lösen Sie die Schraube in der Mitte der Verkleidung (siehe Abbildung).

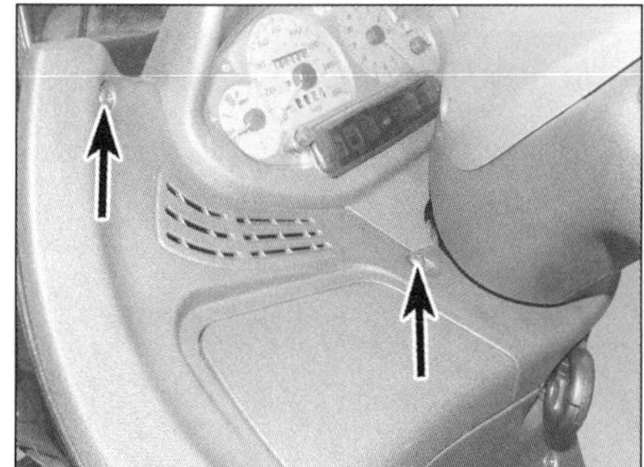
19.41 Lösen Sie an beiden Seiten die zwei Schrauben.

19.42 Die Chrom-Abdeckung ist mit einer Schraube gesichert.

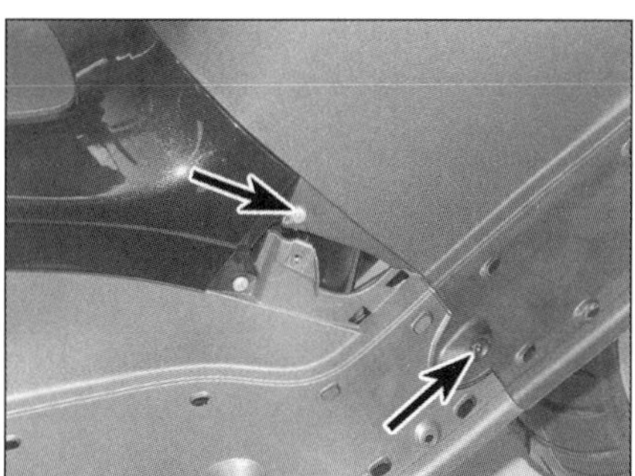
19.43 Lösen Sie wie beschrieben an beiden Seiten die Schrauben.

19.44 **Lösen Sie die Schraube in der Mitte der Verkleidung.**

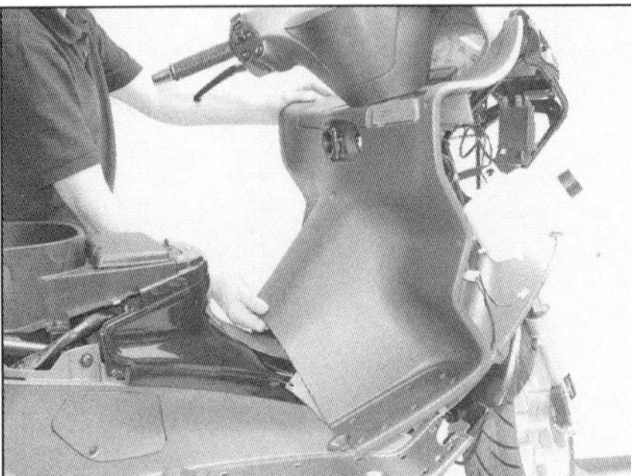

19.45a **Heben Sie den unteren Rand der Innenverkleidung ab, . . .**

19.45b **. . . und manövrieren Sie diese aus dem Fahrzeug.**

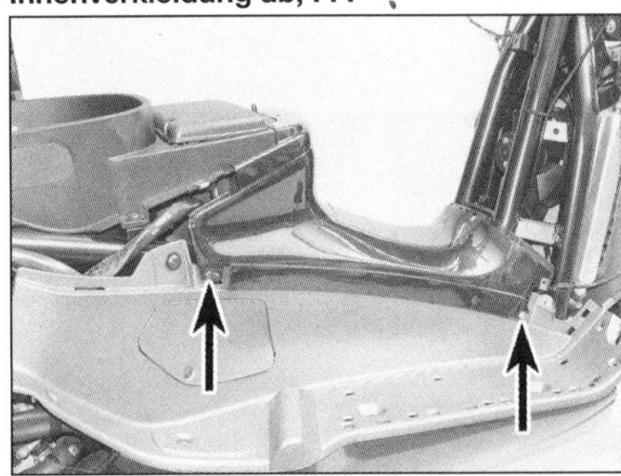

19.48 **Lösen Sie an beiden Seiten die zwei Schrauben.**

19.49a **Entfernen Sie den Tankdeckel, . . .**

19.46 **Beachten Sie die Lage der Wegfahrsperren-Antenne.**

45 Heben Sie die Innenverkleidung an, um die Laschen unten aus der mittleren Bodenverkleidung zu befreien, und manövrieren Sie sie aus dem Fahrzeug (siehe Abbildungen).

46 Der Einbau entspricht der umgekehrten Ausbaureihenfolge – die Antenne der Wegfahrsperre muss korrekt am Zündschloss positioniert sein (siehe Abbildung).

Trittbretter und Bugverkleidung

47 Entfernen Sie zunächst die Seitenverkleidungen und die Innenverkleidung.

48 Lösen Sie an beiden Seiten die zwei Schrauben, die die mittlere Bodenverkleidung an den Trittbrettern sichern (siehe Abbildung).

49 Öffnen Sie die Tankdeckelklappe, entfernen Sie den Tankdeckel, und heben Sie die Abdichtung ab (siehe Abbildungen). Heben Sie das mittlere Verkleidungsteil an, bis es aus den Rändern der Trittbretter befreit ist.

50 Lösen Sie die Schrauben, die die Trittbretter am Rahmen sichern, und heben Sie sie ab (siehe Abbildungen). Beachten Sie, dass eine Hälfte der Bugverkleidung zusammen mit dem Trittbrett entfernt wird: Um die Bugverkleidung abziehen zu können, muss links der Seitenständer ausgeklappt werden.

51 Der Einbau entspricht der umgekehrten Ausbaureihenfolge.

Mittlere Bodenverkleidung

52 Entfernen Sie Trittbretter und Bugverkleidung.

53 Identifizieren Sie die Bowdenzüge, die von den Hebeln in der Bodenverkleidung zu den Betätigungen der Sitzbank (oben) und des Gepäckfachdeckels (unten) verlaufen. Befreien Sie die Bowdenzugnippel aus den Betätigungen und die Hüllen aus den Anschlägen (siehe Abbildung). Befreien Sie die Züge aus allen Befestigungen, mit denen sie am Rahmen gesichert sind (siehe Abbildung).

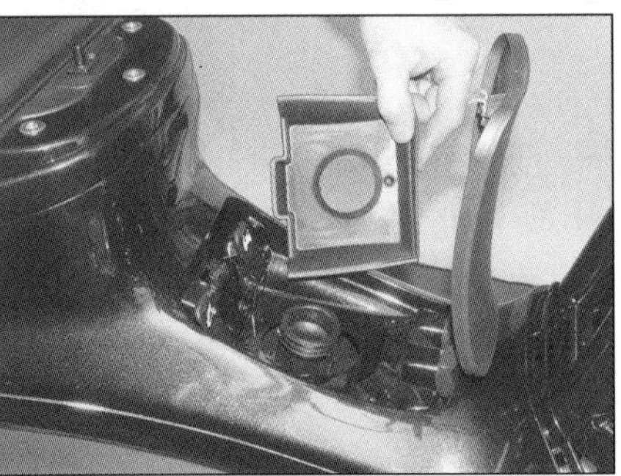

19.49b **. . . und die Dichtung.**

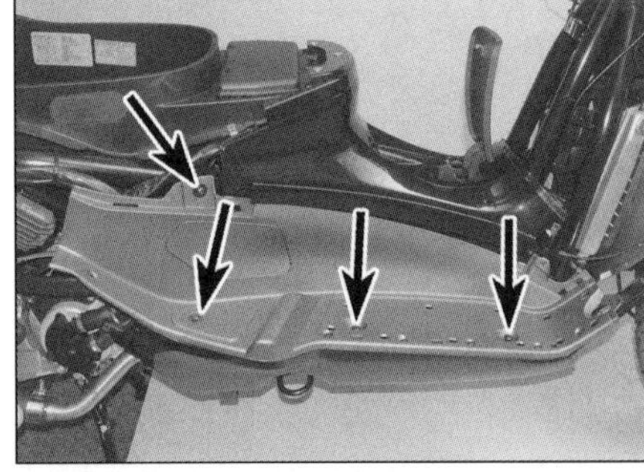

19.50a **Lösen Sie die Schrauben, . . .**

19.50b **. . . und heben Sie das Trittbrett ab.**

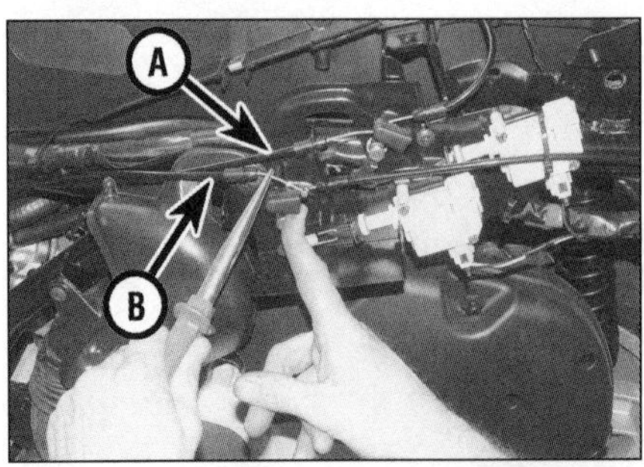

19.53a **Trennen Sie die Züge des Sitzbank- (A) und des Gepäckfachdeckel-Öffners (B).**

19.53b **Befreien Sie die Bowdenzüge aus allen Kabelbindern.**

19.54a Der Schließmechanismus ist nach dem Kippen der Verkleidung erreichbar.

19.54b Befreien Sie den Tankklappen-Bowdenzug, . . .

19.54c . . . und heben Sie die Verkleidung ab.

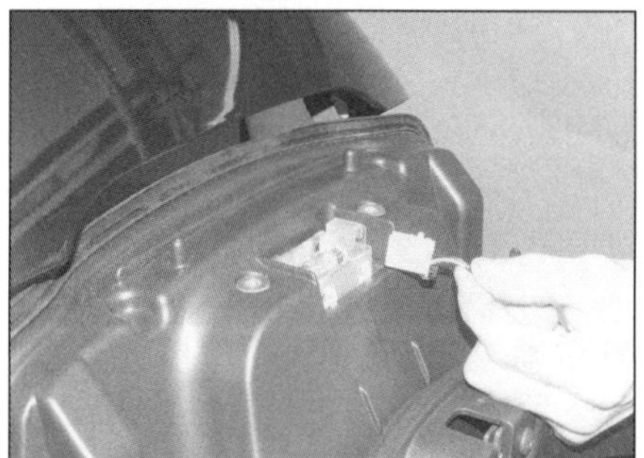

19.59a Trennen Sie den Gepäckfach-Kabelstecker.

19.59b Hebeln Sie die Gepäckfach-Beleuchtung heraus.

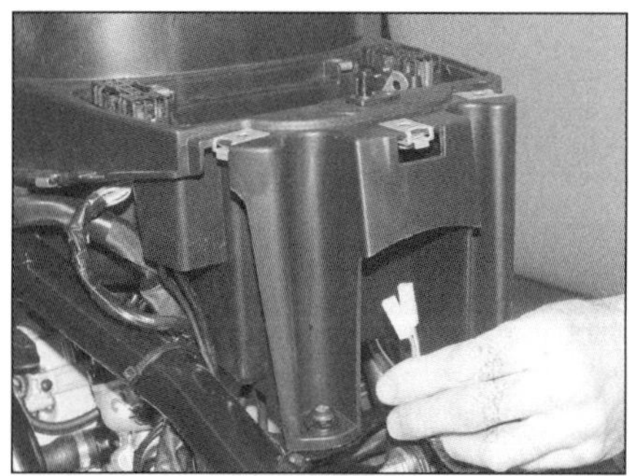

19.60a Trennen Sie die Stecker des Sitzbank- . . .

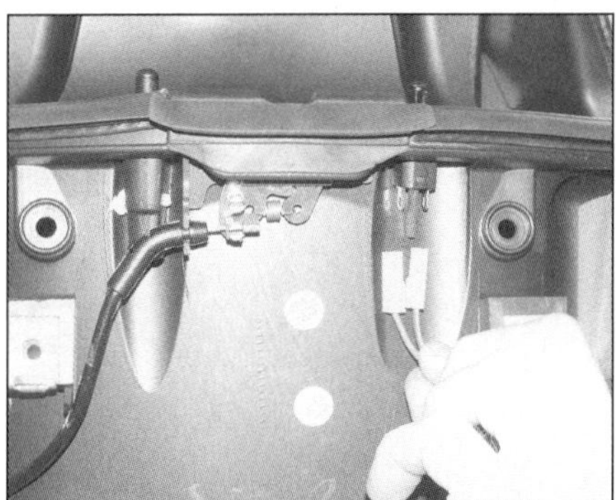

19.60b . . . und des Gepäckfach-Öffner-schalters.

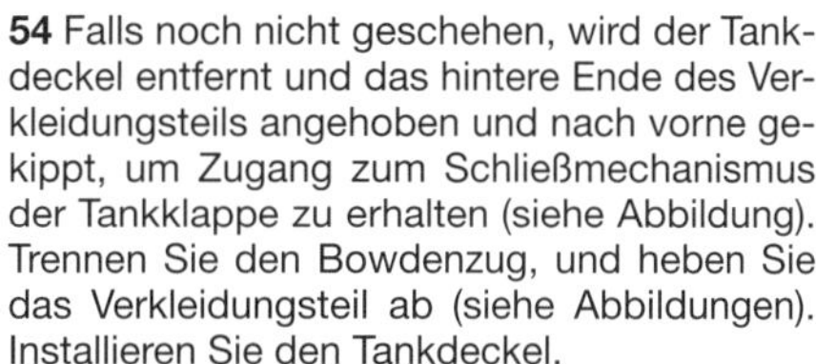

54 Falls noch nicht geschehen, wird der Tankdeckel entfernt und das hintere Ende des Verkleidungsteils angehoben und nach vorne gekippt, um Zugang zum Schließmechanismus der Tankklappe zu erhalten (siehe Abbildung). Trennen Sie den Bowdenzug, und heben Sie das Verkleidungsteil ab (siehe Abbildungen). Installieren Sie den Tankdeckel.

55 Der Einbau entspricht der umgekehrten Ausbaureihenfolge. Prüfen Sie die Funktion der Sitzbank-, Gepäckfach- und Tankklappen-Mechanismen, bevor Sie die Schrauben installieren.

Gepäckfach

56 Entfernen Sie zunächst die Seitenverkleidungen, die Sitzbank und die mittlere Bodenverkleidung.

57 Bauen Sie die Batterie aus (Kapitel 9).

58 Befreien Sie das Kabel der Gepäckraumbeleuchtung von der Heckstrebe, und lösen Sie deren vier Schrauben, um sie vom Rahmen zu lösen (siehe Abbildungen 19.19a bis c).

59 Trennen Sie den Kabelstecker der Gepäckraumbeleuchtung (siehe Abbildung), entfernen Sie die Lampe nötigenfalls (siehe Abbildung).

60 Trennen Sie den Kabelstecker des Sitzbankschalters sowie die Stecker des Gepäckfach-Schalters (siehe Abbildungen).

61 Trennen Sie die Bowenzugnippel aus den Betätigungen der Sitzbank und des Gepäckfachdeckels, und befreien Sie die Hüllen aus den Anschlägen (siehe Abbildung).

62 Lösen Sie an beiden Seiten die zwei Schrau-

19.61 Trennen Sie die Bowdenzüge vom Sitzbankschloss (A) und vom Gepäckfachschloss (B).

19.64 Lösen Sie vorne am Gepäckfach die Schrauben.

19.65a Befreien Sie die Sicherungshalter unten aus dem Gepäckfach, . . .

19.65b . . . und heben Sie dieses aus dem Fahrzeug.

19.65c Beachten Sie die Positionen der Scheiben.

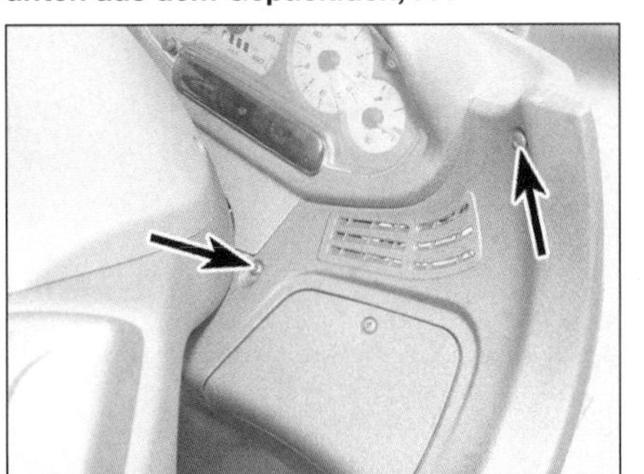

19.68 Lösen Sie an beiden Seiten die Schrauben.

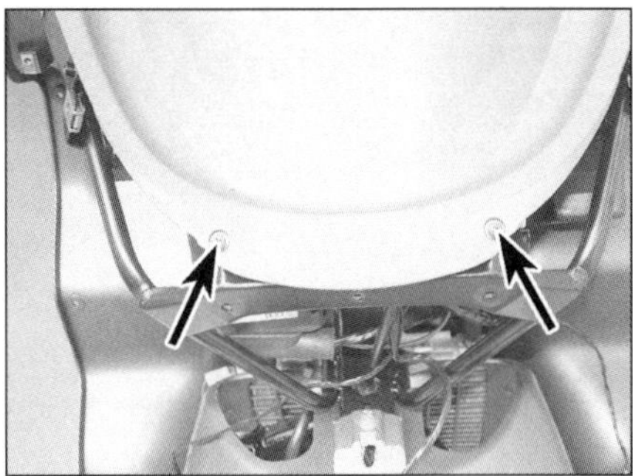

19.69 Lösen Sie vorne die Schrauben.

19.70a Trennen Sie die Tachowelle . . .

ben, die den Außenrand des Gepäckfachs am Rahmen sichern (siehe Abbildung 19.20).

63 Lösen Sie die zwei Schrauben innerhalb des Gepäckfachs (siehe Abbildung 19.21).

64 Lösen Sie die zwei Schrauben, die das Gepäckfach vorne an der Rahmenstrebe sichern (siehe Abbildung).

65 Heben Sie das Gepäckfach vorne an, und befreien Sie den Sicherungshalter, heben Sie dann das Fach aus dem Fahrzeug (siehe Abbildungen) – beachten Sie die Lage der Scheiben an den vorderen Aufnahmen (siehe Abbildung).

66 Der Einbau entspricht der umgekehrten Ausbaureihenfolge. Prüfen Sie die Funktion der Sitzbank- und Gepäckfach-Mechanismen, bevor Sie die Schrauben installieren.

Cockpit-Verkleidung

67 Folgen Sie den Schritten 25 bis 28, um die Blinker, die Scheinwerfereinheit und die Windschutzscheibe zu entfernen.

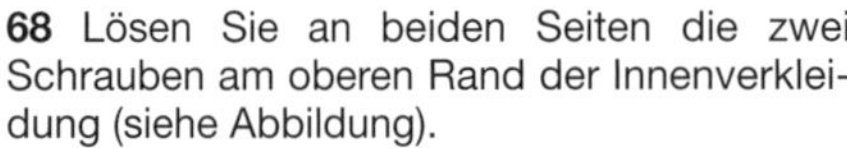

68 Lösen Sie an beiden Seiten die zwei Schrauben am oberen Rand der Innenverkleidung (siehe Abbildung).

69 Lösen Sie die zwei Schrauben vorne an der Cockpitverkleidung (siehe Abbildung).

70 Heben Sie die Verkleidung an, und trennen Sie die Tachowelle und die Instrumentenstecker, um sie entfernen zu können (siehe Abbildungen). Trennen Sie nötigenfalls den Instrumententräger von der Verkleidung (siehe Kapitel 9).

71 Der Einbau entspricht der umgekehrten Ausbaureihenfolge. Prüfen Sie die Funktion der Instrumente und Kontrolllampen.

Lenkerverkleidungen

72 Lösen Sie die Schrauben, und entfernen Sie die mittlere Abdeckung (siehe Abbildungen).

73 Lösen Sie die Schrauben, und entfernen Sie die Abdeckungen der beiden Bremszylinder (siehe Abbildung).

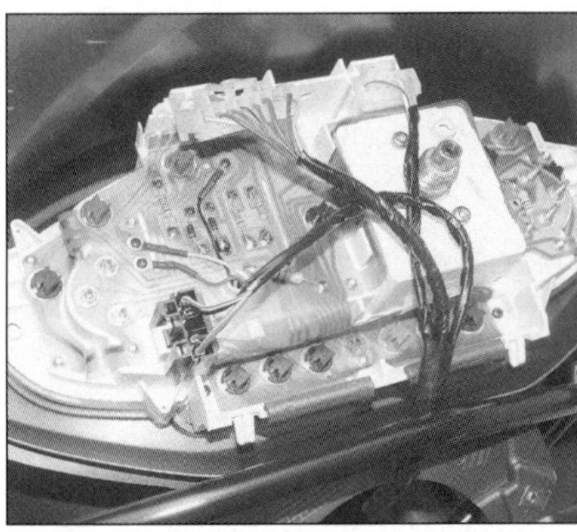

19.70b . . . und die Instrumentenstecker.

74 Lösen Sie an der Unterseite der vorderen Abdeckung die Schrauben, und heben Sie diese an, um die Stifte aus der unteren Abdeckung zu befreien (siehe Abbildungen).

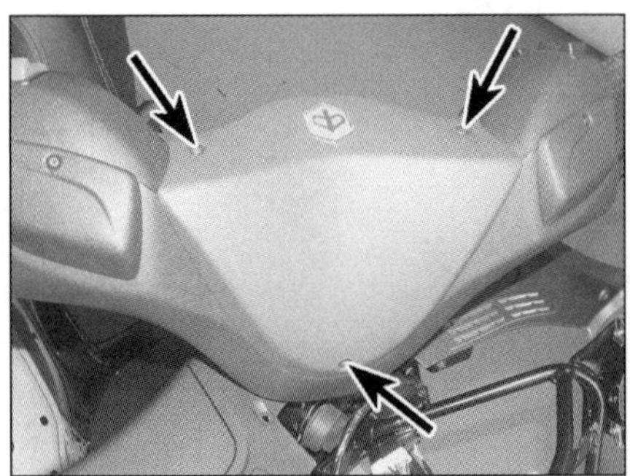

19.72a Lösen Sie die Schrauben, . . .

19.72b . . . und heben Sie die Abdeckung ab.

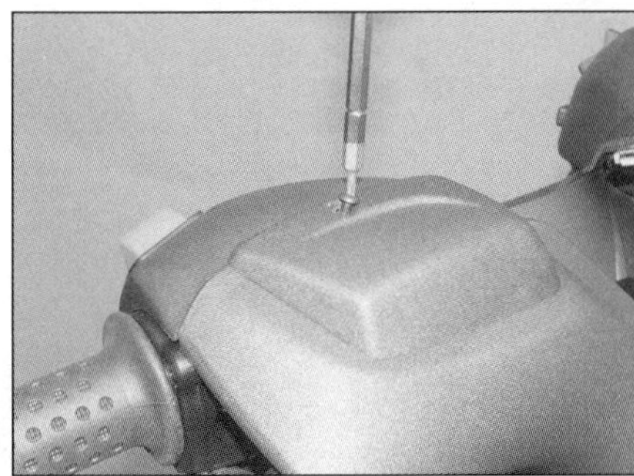

19.73 Die Bremszylinderabdeckungen sind mit einer einzelnen Schraube gesichert.

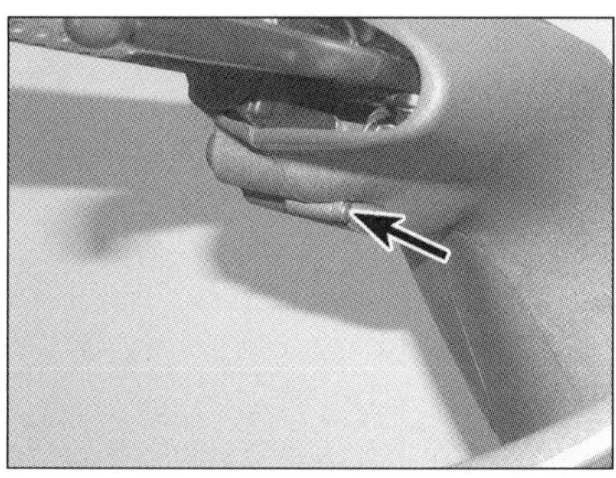
19.74a Lösen Sie an beiden Seiten die Schraube, . . .

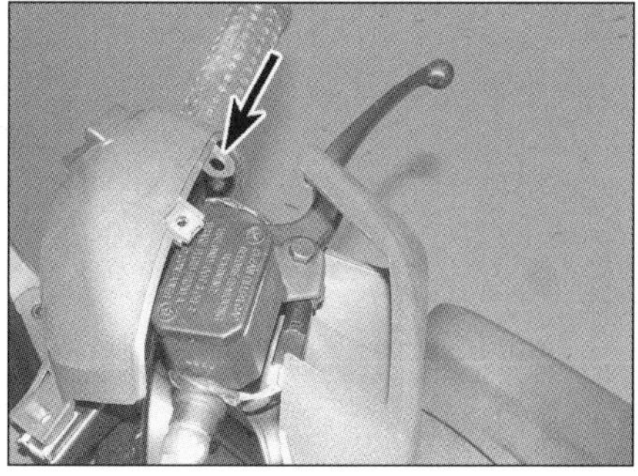
19.74b . . . befreien Sie die Stifte aus den Bohrungen, . . .

19.74c . . . und heben Sie die Verkleidung ab.

75 Die hintere Abdeckung ist mit drei Schrauben am Lenker befestigt (siehe Abbildung) – lösen Sie diese, und nehmen Sie die Verkleidung ab, trennen Sie dabei die Stecker der Schalter (siehe Abbildung).

76 Der Einbau entspricht der umgekehrten Ausbaureihenfolge. Alle Kabelstecker müssen korrekt verbunden und gesichert werden. Vor der ersten Fahrt sind die Funktionen aller Lampen und Schalter zu prüfen.

Vorderradkotflügel

77 Halten Sie die Muttern, und lösen Sie die Schrauben der Tachowellen- und Bremsleitungs-Führungen am Kotflügel (siehe Abbildung). Lösen Sie die vier Schrauben, und heben Sie den Kotflügel aus der Gabel.

78 Der Einbau entspricht der umgekehrten Ausbaureihenfolge.

20 Vespa S Verkleidungsteile – Ausbau und Einbau

Sitz und Gepäckfach – Motor-Zugang

1 Öffnen Sie die Sitzbank, und heben Sie das Gepäckfach heraus (siehe Abbildung).

2 Lösen Sie dann die Schrauben des Sitzbank-Gelenks, und entfernen Sie den Sitz.

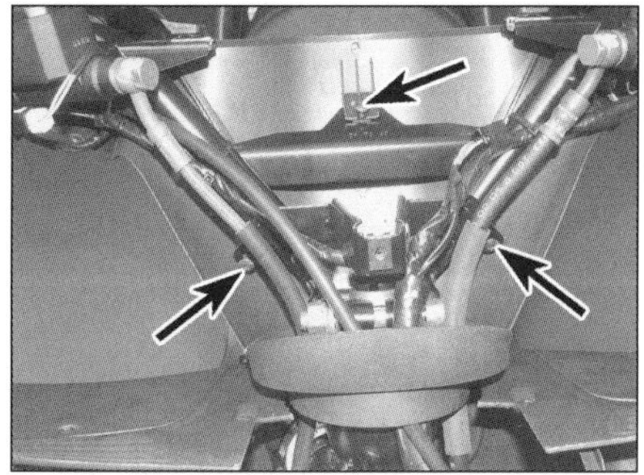
19.75a Die hintere Lenkerverkleidung ist mit drei Schrauben gesichert.

3 Der Einbau entspricht der umgekehrten Ausbaureihenfolge.

Motorabdeckung

4 Entfernen Sie die einzelne Schraube, die unter dem Sitz die Abdeckung sichert, und entfernen Sie diese.

5 Der Einbau entspricht der umgekehrten Ausbaureihenfolge. Richten Sie die Laschen unten an der Abdeckung zu den Nuten der Bodenverkleidung aus (siehe Abbildung).

Vordere Motorabdeckung

6 Hebeln Sie vorsichtig das Piaggio-Emblem ab, und entfernen Sie die Schraube unten an der Abdeckung (siehe Abbildungen). Schie-

19.75b Ziehen Sie die Verkleidung zurück, und trennen Sie die Kabelstecker.

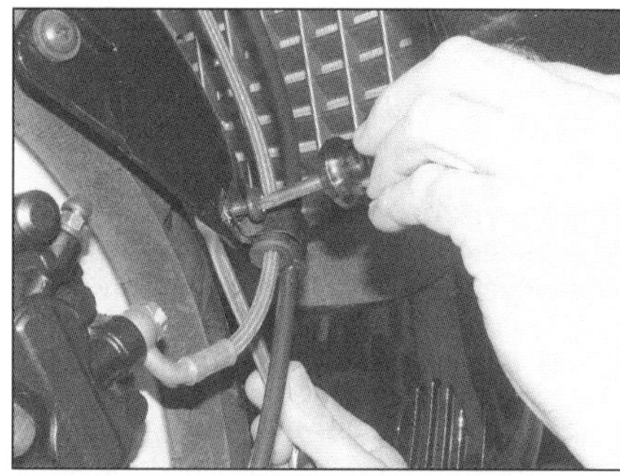
19.77 Befreien Sie die Bremsleitungs- und Tachowellen-Führung aus dem Kotflügel.

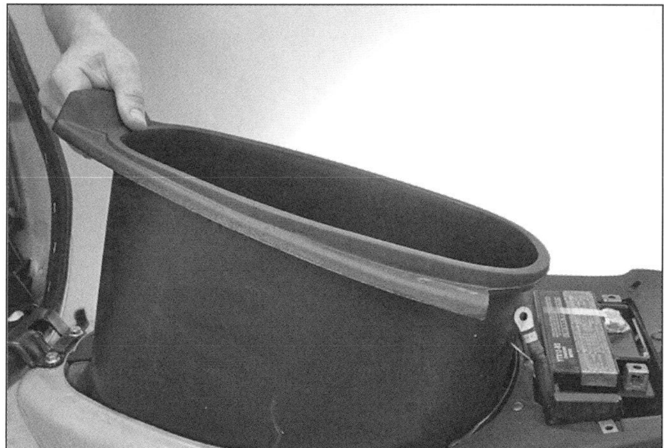
20.1 Nach dem Ausbau des Gepäckfachs sind die Motorkomponenten zugänglich.

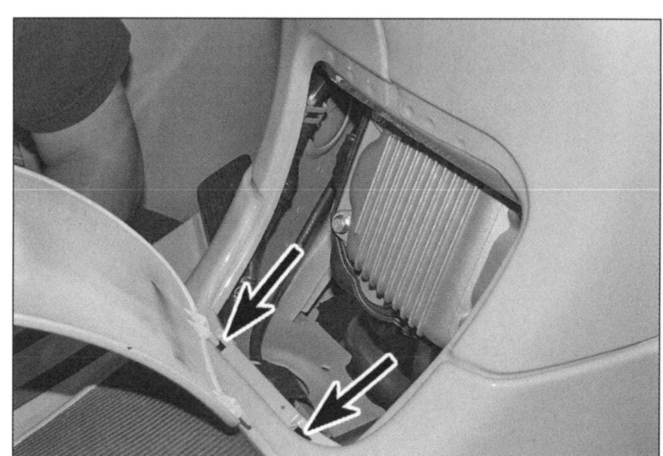
20.5 Die Laschen des Deckels greifen in Nuten der Innenverkleidung.

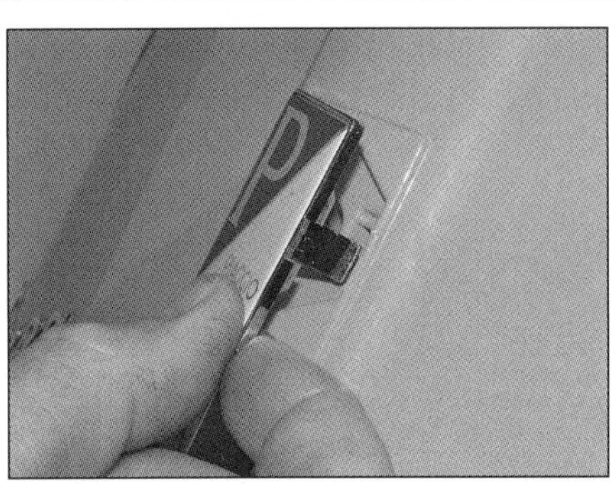
20.6a Beachten Sie die Ausbaunut für das Emblem.

20.6b Lösen Sie die Schraube unterhalb des Emblems . . .

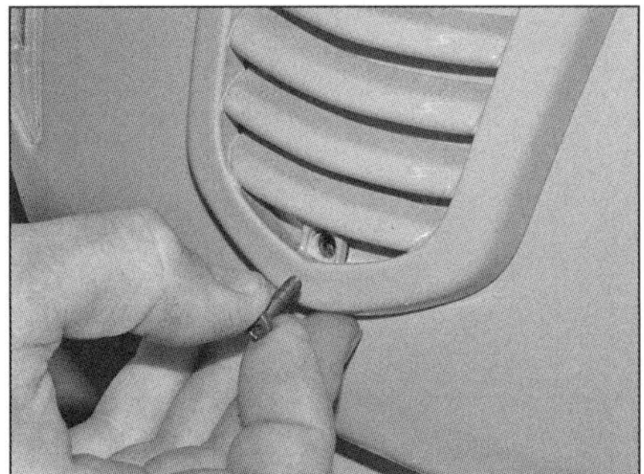
20.6c . . . sowie die Schraube unten am Grill.

20.7 Der Grill ist mit vier Haken an der Hauptverkleidung gesichert.

20.8 Das Seitenverkleidungsteil ist mit zwei Schrauben am Rahmen gesichert

20.9 Hinten greift eine Lasche in eine Nut.

ben Sie den Grill nach oben, und heben Sie ihn ab.

7 Der Einbau entspricht der umgekehrten Ausbaureihenfolge – die vier Haken müssen korrekt in die Frontverkleidung greifen (siehe Abbildung).

Seitenverkleidungen

8 Lösen Sie vorne die zwei Schrauben, die das Verkleidungsteil am Fahrzeug sichern (siehe Abbildung).

9 Das Seitenverkleidungsteil ist mit zwei in Gummiösen steckenden Stiften sowie einer Lasche hinten gesichert (siehe Abbildung).

10 Beachten Sie beim Einbau, dass die Stifte und Laschen korrekt sitzen.

Innenverkleidungen

11 Entfernen Sie die fünf Schrauben (siehe Abbildung), ziehen Sie an beiden Seiten die äußere Gummileiste ab, und entfernen Sie die darunter liegenden Schrauben (siehe Abbildung).

12 Ziehen Sie die Innenverkleidung nach hinten, und entfernen Sie sie – achten Sie darauf, dass die seitlichen Chromleisten nicht beschädigt werden.

13 Der Einbau entspricht der umgekehrten Ausbaureihenfolge.

Trittbrett

14 Entfernen Sie die Innenverkleidung, beide Seitenverkleidungsteile und die Motorabdeckung.

15 Entfernen Sie an beiden Seiten des Trittbretts die vordere Schraube (die auch die Chromleiste sichert), die mittlere Schraube (unter der mittigen Gummileiste) und die hintere Schraube (im der Beifahrer-Fußrastengummi) (siehe Abbildungen). Ziehen Sie die zentrale Fußmatte ab, und entfernen Sie die Schraube in deren hinteren Bereich. Heben Sie das Trittbrett vorne an, und entfernen Sie es.

16 Der Einbau entspricht der umgekehrten Ausbaureihenfolge.

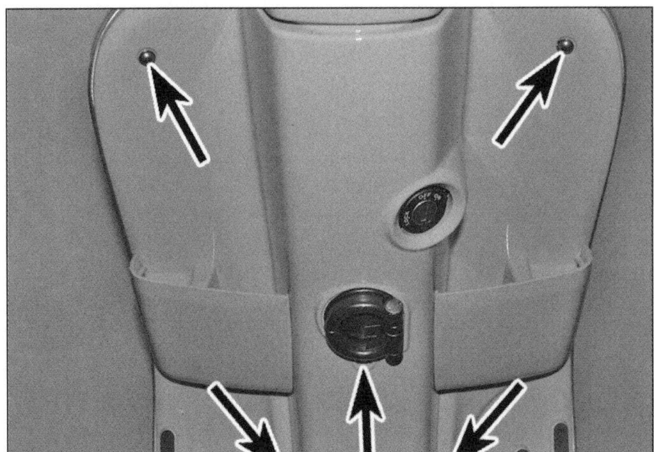
20.11a Entfernen Sie die fünf Schrauben außen an der Innenverkleidung . . .

20.11b . . . und an beiden Seiten die Schraube unter der Gummileiste.

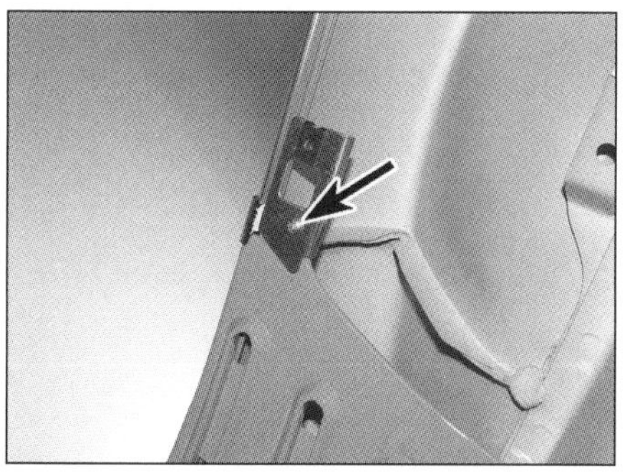
20.15a Das Trittbrett ist an beiden Seiten vorne mit einer Schraube gesichert, . . .

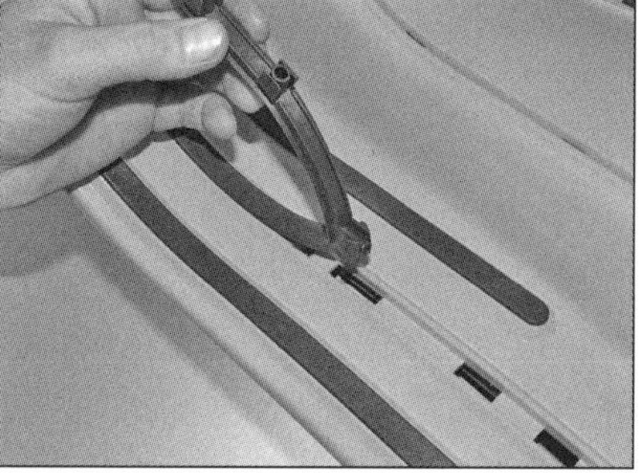
20.15b . . . in der Mitte mit einer Schraube unter der mittigen Gummileiste . . .

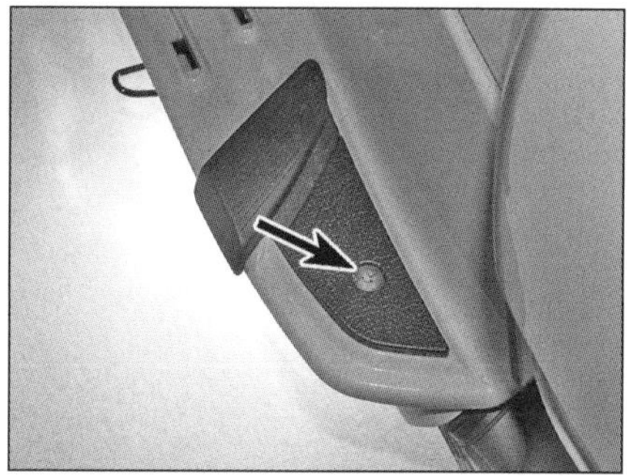
20.15c . . . sowie mit einer Schraube im Beifahrer-Fußrastengummi.

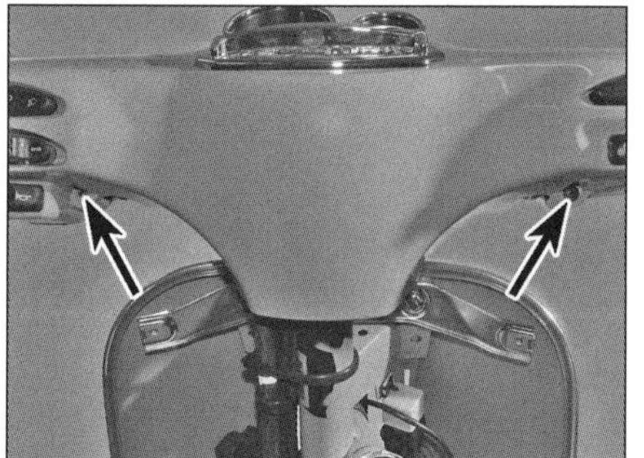
20.18a Entfernen Sie die zwei Schrauben unten an der Lenkerverkleidung . . .

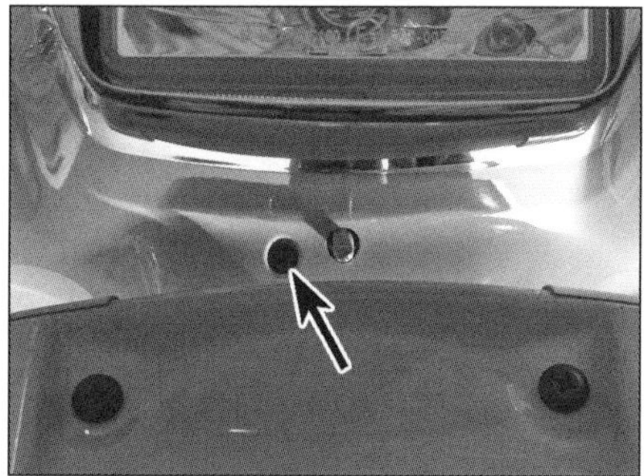
20.18b . . . und die einzelne Schraube vorne unter dem Scheinwerfer, . . .

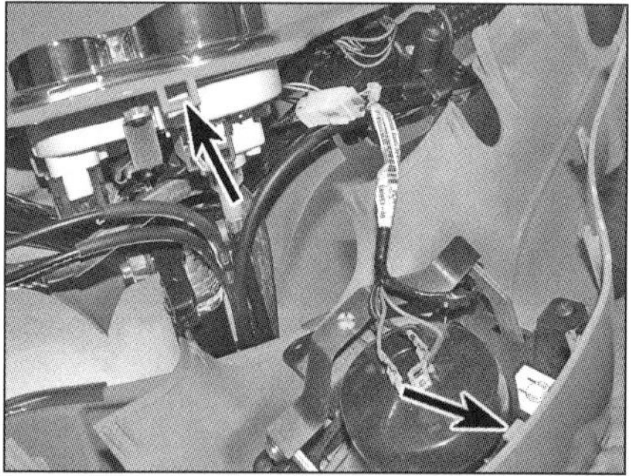
20.18c . . . und trennen Sie die Hälften – die Lasche greift in die Nut (Pfeile) . . .

Lenkerverkleidungen

17 Entfernen Sie die Rückspiegel.

18 Zum Ausbau der vorderen Verkleidungshälfte (und des Scheinwerfers) werden die zwei Schrauben aus der hinteren Abdeckung und die einzelne Schraube unter dem Scheinwerfer entfernt (siehe Abbildungen). Ziehen Sie die vordere Abdeckung ab, lösen Sie die oben sitzende Lasche, und trennen Sie den Scheinwerfer-Kabelstecker (siehe Abbildungen).

19 Zum Ausbau der hinteren Verkleidungshälfte müssen die Tachowelle und die Instrumenenstecker getrennt werden. Lösen Sie die drei Schrauben, und entnehmen Sie die hintere Abdeckung samt Instrumtententräger und Schalter (siehe Abbildung).

20 Der Einbau entspricht der umgekehrten Ausbaureihenfolge. Prüfen Sie die Funktion aller Schalter, der Instrumente und des Scheinwerfers.

Batteriefach

21 Entfernen Sie das Gepäckfach. Bauen Sie die Batterie aus (siehe Kapitel 9).

22 Entfernen Sie den Tankdeckel und bei Zweitaktern den Öltankdeckel. Entnehmen Sie die Tankdeckel-Dichtung(en).

23 Lösen Sie die Schrauben des Batteriefachs und heben Sie es an – beachten Sie, wie es hinten sitzt. Befreien Sie den Sicherungshalter vom Batteriefach (siehe Abbildung). Installieren Sie den/die Tankdeckel.

24 Der Einbau entspricht der umgekehrten Ausbaureihenfolge.

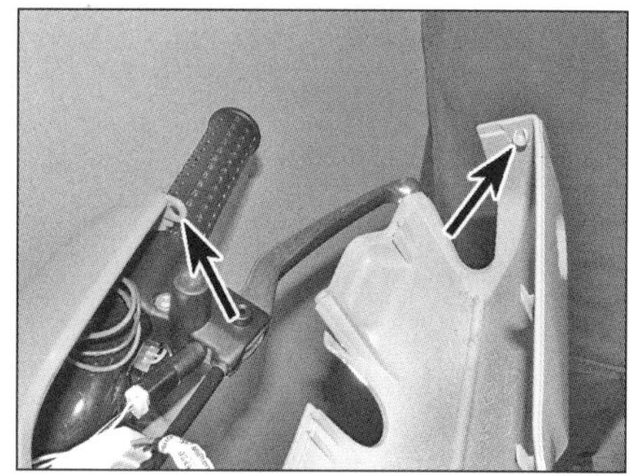
20.18d . . . und an beiden Seiten die Stifte in die Löcher.

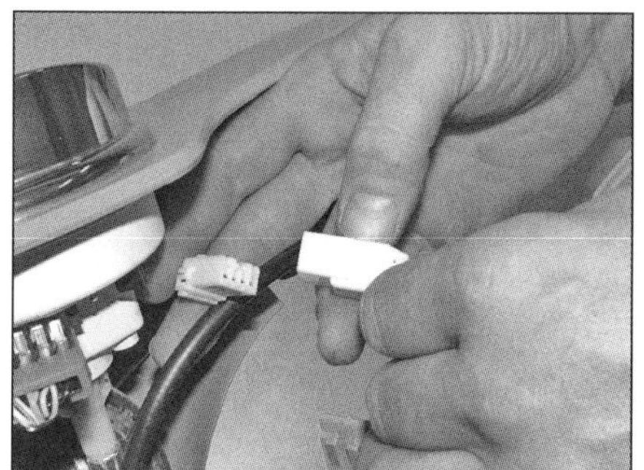
20.18e Trennen Sie die Scheinwerfer-Verkabelung.

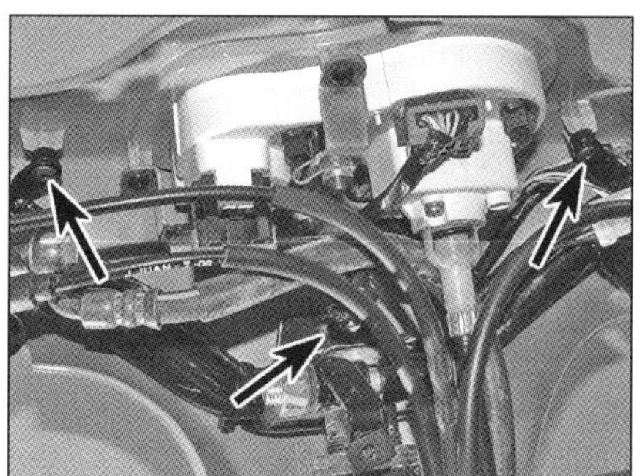
20.19 Halteschrauben der hinteren Abdeckung

20.23 Schrauben der Batterieabdeckung

7

Kapitel 8
Bremsen, Räder und Reifen

Details zur Modell-Identifikation finden sich am Anfang von Kapitel 1

Inhalt

Schwierigkeitsgrade

Leicht. Für Anfänger mit wenig Erfahrung geeignet		**Relativ leicht.** Für Anfänger mit etwas Erfahrung geeignet		**Relativ schwierig.** Geeignet für geübte Selbstschrauber		**Schwer.** Geeignet für Selbstschrauber mit viel Erfahrung		**Sehr schwer.** Geeignet nur für Experten und Profis	

Technische Daten

Scheibenbremsen

Bremsflüssigkeits-Typ . . . . DOT 4
Bremsbelag-Verschleißgrenze. . . . . 1,5 mm
Bremsscheiben-Verzug (max.). . . . . 0,1 mm

Trommelbemsen

Bremsbelag-Verschleißgrenze. . . . . 1,5 mm
Bremshebel-Spiel . . . . 10 bis 15 mm

Räder

Maximaler Verzug (vorne und hinten)
axial (Seitenschlag) . . . . 2,0 mm
radial (Höhenschlag) . . . . 2,0 mm
Maximaler Achsen-Verzug (vorne und hinten). . . . . 0,2 mm

Reifen

Reifendruck und Reifengrößen . . . . siehe Kapitel 1

Anzugsdrehmomente

Vorderrad-Bremsbelagstifte	19 bis 25 Nm
Bremssattel-Befestigungsschrauben	20 bis 25 Nm
Bremsscheiben-Befestigungsschrauben	
Alle LX-, GT- und Zip-Modelle, B 125, X8 und X9	5 bis 6,5 Nm
Alle anderen Modelle	8 bis 10 Nm
Bremsleitungs-Anschlussschrauben	15 bis 25 Nm
Vorderrad-Schrauben (Modelle mit einseitiger Aufhängung)	20 bis 25 Nm
Vorderradnaben-Mutter (Modelle mit einseitiger Aufhängung)	
Super Hexagon 125	85 Nm
Alle anderen Modelle	75 bis 90 Nm
Vorderachsen-Mutter (Modelle mit Teleskopgabel)	40 bis 50 Nm
Vorderachsen-Klemmschrauben	7 Nm
Hinterradnaben-Mutter	104 bis 126 Nm
Alle anderen Modelle	90 bis 110 Nm
Hinterradschrauben (Scheibenbremsen-Modelle)	
B125	34 bis 38 Nm
NRG MC3 DD und Power DD, Hexagon, Super Hexagon, X9 125, alle GT-Modelle	20 bis 25 Nm

1 Allgemeine Informationen

Die Vorderradbremsen unterscheiden sich je nach Modell. Vor allem ältere Modelle sind mit einer per Bowdenzug betätigten Simplex-Trommelbremse ausgerüstet, während andere mit hydraulischen Scheibenbremsen verzögert werden. Unter den Scheibenbremsen-Modellen gibt es folgende Unterschiede: Die meisten Fahrzeuge haben Gegenkolben-Festsättel, andere besitzen einen Einkolben-Schwimmsattel oder einen Zweikolben-Schwimmsattel und X9-Modelle eine Doppelscheibenbremse, die bei früheren Ausführungen mit Gegenkolbensätteln und bei späteren mit Zweikolben-Schwimmsätteln ausgerüstet sind. Bei manchen Scheibenbremsen-Modellen sitzt der Handbremszylinder zusammen mit seinem Ausgleichsbehälter rechts am Lenker, wogegen er bei anderen am Lenkkopf sitzt und mit einem Bowdenzug betätigt wird.

Das Hinterrad wird entweder mit einer per Bowdenzug betätigten Simplex-Trommelbremse oder einer hydraulischen Scheibenbremse verzögert, deren Handbremszylinder zusammen mit seinem Ausgleichsbehälter links am Lenker sitzt. Bei X9-Modellen werden die linke vordere und die hintere Bremsscheibe gemeinsam betätigt.

Alle Modelle sind mit Gussrädern ausgerüstet, die mit schlauchlosen Reifen bestückt werden müssen.

Achtung: Scheibenbremsen-Bauteile erfordern selten eine Demontage. Zerlegen Sie keine Komponenten, wenn es nicht unbedingt nötig ist. Wenn die Wirkung einer Hydraulik-Bremsanlage schwach wird, muss das betreffende System demontiert, entleert, gereinigt und dann sorgfältig gefüllt und entlüftet werden. Innereien der Bremsen dürfen nicht mit Lösungsmitteln gereinigt werden, da hierdurch die Dichtungen quellen und zerstört werden. Verwenden Sie nur Bremsflüssigkeit, Bremsenreiniger oder Alkohol zur Reinigung. Passen Sie beim Arbeiten mit Bremsflüssigkeit besonders auf, diese nicht in die Augen zu bekommen. Auch Lack und Plastikteile sind gefährdet.

2.1a Entfernen Sie die Abdeckung . . .

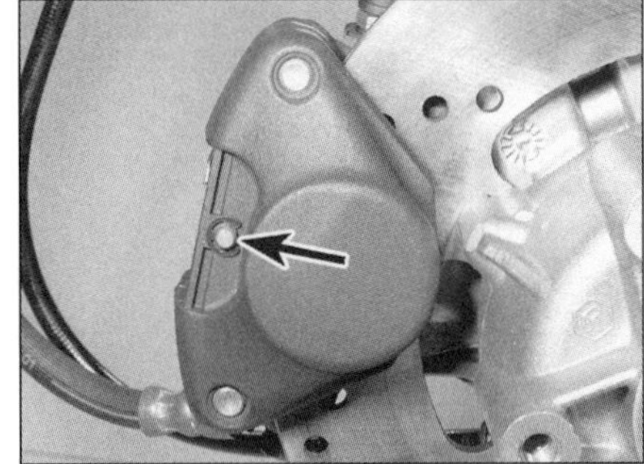

2.1b . . . und den Sprengring.

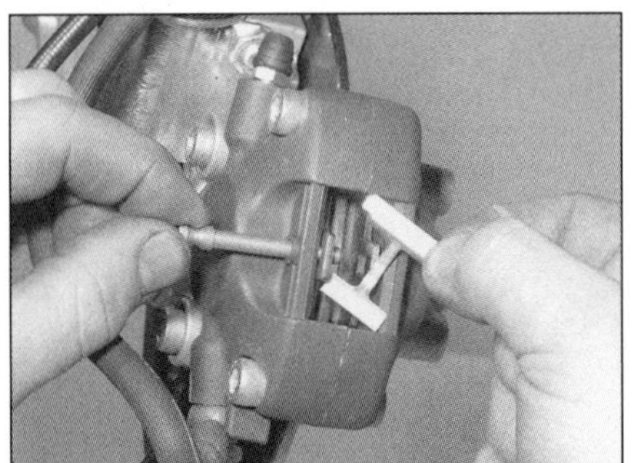

2.1c Ziehen Sie den Belagstift heraus, und entfernen Sie die Feder – Piaggio-Bremse.

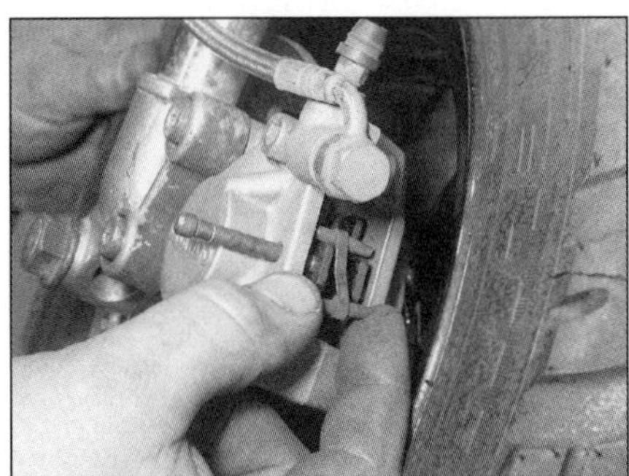

2.1d Ziehen Sie den Belagstift heraus, und entfernen Sie die Feder – Brembo-Bremse.

2 Vorderrad-Bremsbeläge
Ausbau, Kontrolle, Einbau

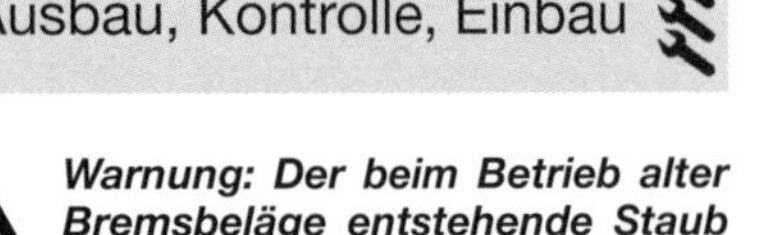

Warnung: Der beim Betrieb alter Bremsbeläge entstehende Staub kann krebserzeugendes Asbest enthalten. Blasen Sie ihn niemals mit Druckluft aus, und atmen Sie ihn nicht ein. Eine geeignete Filtermaske sollte bei Arbeiten an den Bremsen immer getragen werden.

Anmerkung: *Bei manchen Modellen kann es aus Platzgründen nötig sein, entweder den Bremssattel zu demontieren oder das Vorderrad auszubauen, um die Bremsbeläge entfernen zu können.*

Gegenkolben-Festsattel

1 Falls vorhanden, wird die Belagabdeckung vom Bremssattel entfernt (siehe Abbildung). Entfernen Sie den Sicherungsring vom inneren Ende des Belagstiftes, und ziehen Sie diesen aus dem Sattel – er drückt die Belagfeder gegen die Bremsbeläge, die ebenfalls unter Beachtung ihrer Einbaulage entfernt werden muss

2.1e Treiben Sie mit einem Dorn den Stift aus, . . .

(siehe Abbildungen). Treiben Sie den Stift nötigenfalls mit einem Dorn von innen her durch, und ziehen Sie ihn mit einer Zange heraus (siehe Abbildungen). Heben Sie die Bremsbeläge aus dem Sattel (siehe Abbildungen).

2 Kontrollieren Sie die Oberflächen der Beläge auf Verunreinigung, und prüfen Sie, ob das Belagmaterial noch nicht unter 1,5 mm verschlissen ist (siehe Abbildung). Ersetzen Sie alle Beläge immer paarweise, auch wenn nur einer nahe oder unterhalb der Verschleißmarke liegt. Außerdem müssen die Bremsbeläge ersetzt werden, wenn sie mit Öl oder Fett verschmutzt oder stark eingekerbt sind oder durch Schmutz oder Sand beschädigt wurden. Beachten Sie, dass es kaum möglich ist, Bremsbeläge vollständig zu entfetten – wenn sie in irgendeiner Weise verunreinigt sind, müssen sie ersetzt werden.

3 Wenn die Bremsbeläge in gutem Zustand sind, reinigen Sie sie mit einer feinen Drahtbürste, die vollkommen fett- und ölfrei ist. Arbeiten Sie mit einem spitzen Werkzeug eingearbeitete Partikel aus dem Material, schleifen Sie verglaste Stellen mit Schmirgelleinen sauber.

4 Kontrollieren Sie den Zustand der Bremsscheibe (siehe Sektion 4).

5 Befreien Sie den Belagstift von jeglichen Korrosionsresten. Inspizieren Sie den Stift und die Feder auf Verschleiß, und ersetzen Sie die Teile nötigenfalls.

6 Falls nötig, werden die Kolben in den Sattel gedrückt, um Platz für neue Bremsbeläge zu schaffen – dieses sollte per Hand möglich sein; andernfalls können die Kolben mit Holz und das Gehäuse mit Pappe geschützt werden, um eine Zange anzusetzen. Öffnen Sie den Deckel des Ausgleichsbehälters, und achten

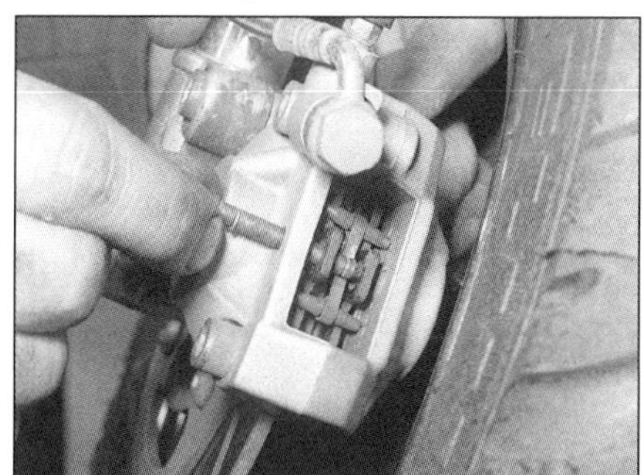

2.8c Einbau des Belagstifts und der Feder – Brembo-Bremssattel

2.1f . . . und ziehen Sie ihn mit einer Zange heraus.

2.2 Prüfen Sie bei jedem Bremsbelag die Stärke des Bremsmaterials.

Sie darauf, wie weit die Bremsflüssigkeit dabei ansteigt – nötigenfalls muss etwas davon mit Haushaltstüchern aufgesogen werden.

7 Schmieren Sie die Seiten und Rückseiten der Bremsbeläge sowie den Belagstift mit Kupferpaste – diese darf nicht auf das Belagmaterial gelangen (siehe Abbildung).

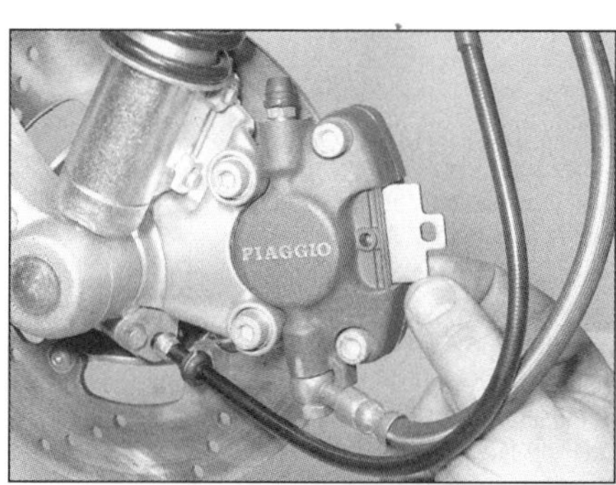

2.8a . . . und installieren Sie die Beläge.

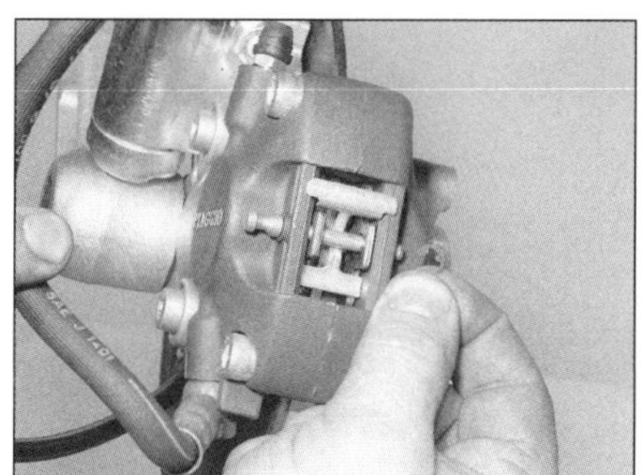

2.8d Rüsten Sie den Stift mit dem Sprengring aus, . . .

2.1g Ziehen Sie die Bremsbeläge aus dem Sattel.

2.7 Versehen Sie die Rückseiten der Beläge mit Kupferpaste, . . .

8 Der Einbau entspricht der umgekehrten Ausbaureihenfolge. Schieben Sie die Beläge so in den Sattel, dass das Belagmaterial gegen die Bremsscheibe liegt. Drücken Sie den Belagstift von außen durch den Sattel und die Bohrung des ersten Belages (siehe Abbildung). Drücken Sie die Feder herunter, und schieben

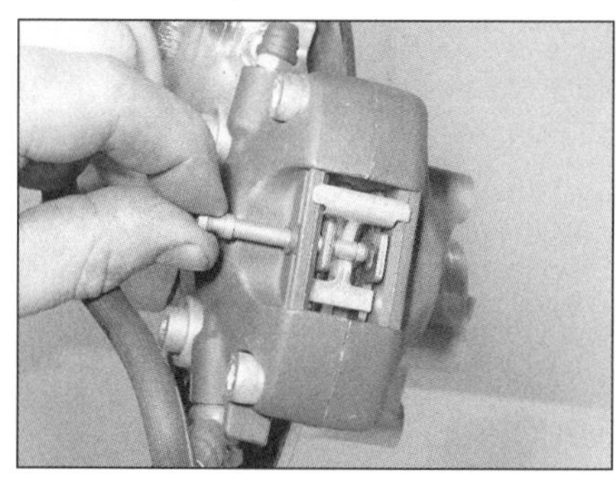

2.8b Einbau des Belagstifts und der Feder – Piaggio-Bremssattel

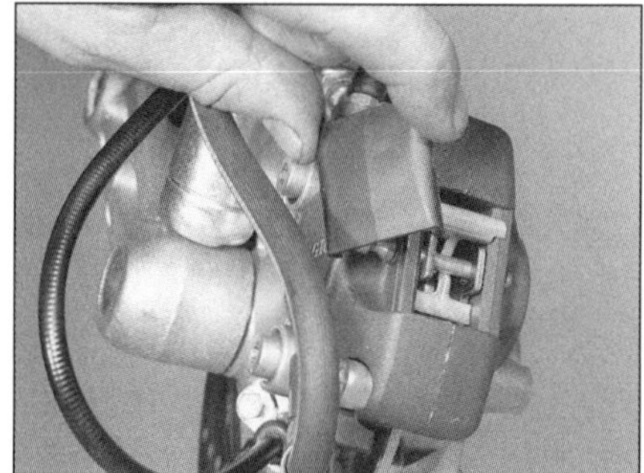

2.8e . . . und setzen Sie den Deckel auf.

2.11a Entfernen Sie die Bremssattel-Befestigungsschrauben, . . .

2.11b . . . und ziehen Sie den Sattel von der Bremsscheibe.

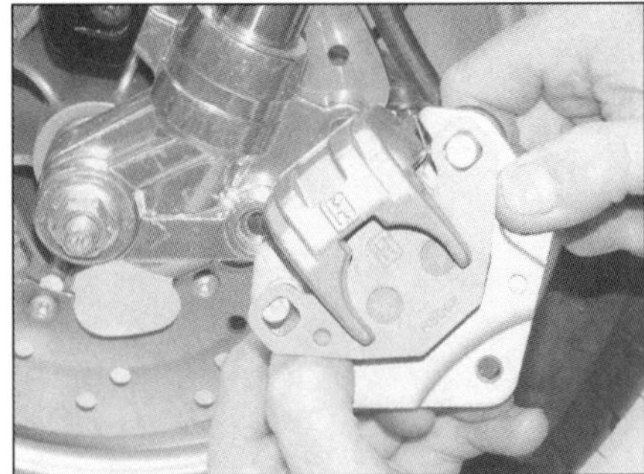

2.12a Drücken Sie den Kolben zurück, . . .

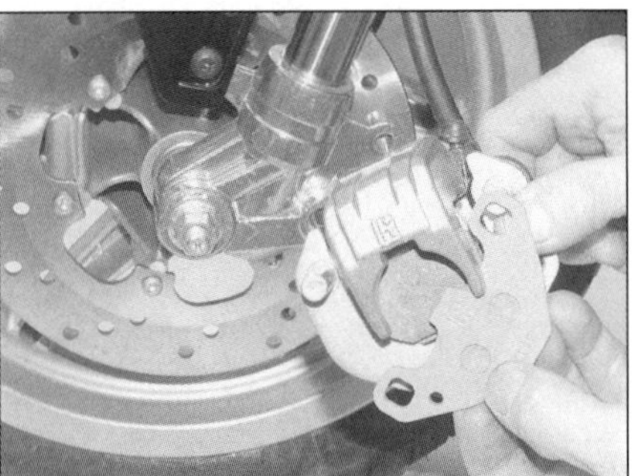

2.12b . . . und entfernen Sie erst den äußeren Bremsbelag, . . .

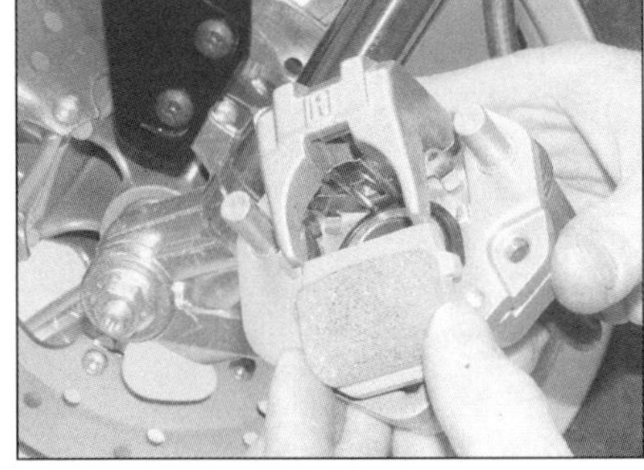

2.12c . . . und dann den inneren Bremsbelag.

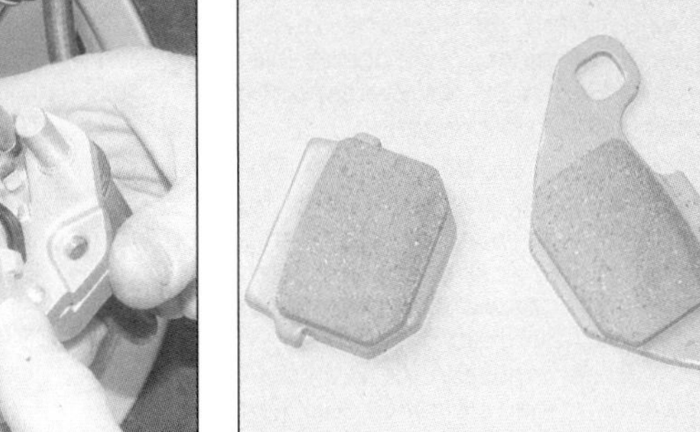

2.13a Inspizieren Sie das Belagmaterial auf Verschleiß und Verunreinigung.

Sie den Stift weiter durch deren Nut und die Bohrung des zweiten Belages. Klopfen Sie ihn anschließend vollständig ein, und installieren Sie den Sicherungsring in die Nut (siehe Abbildung). Falls vorhanden, wird die Belagabdeckung installiert (siehe Abbildung).

9 Füllen Sie nötigenfalls den Ausgleichsbehälter auf (siehe *Tägliche Kontrollen*), und installieren Sie die Manschette sowie den Deckel.

10 Betätigen Sie den Bremshebel mehrmals, um die Beläge an die Scheibe zu drücken. Kontrollieren Sie den Flüssigkeitsstand im Hauptbremszylinder und die Funktion der Bremse, bevor Sie mit dem Motorrad fahren. Wiederholen Sie die Arbeit ggf. am anderen Bremssattel der Vorderradbremse.

Einkolben-Schwimmsattel

11 Lösen Sie die Bremssattel-Befestigungsbolzen, und entfernen Sie sie samt ihrer Scheiben. Ziehen Sie den Sattel von der Bremsscheibe (siehe Abbildungen). Beachten Sie, dass der untere Bolzen länger ist als der obere.

12 Drücken Sie den Kolben so weit wie möglich in den Sattel – dieses sollte per Hand möglich sein; andernfalls können die Kolben mit Holz und das Gehäuse mit Pappe geschützt werden, um eine Zange anzusetzen. Heben Sie dann den äußeren (größeren) Belag von den Belagstiften (siehe Abbildungen). Nehmen Sie anschließend den inneren Belag aus dem Sattel – merken Sie sich ihre Positionen (siehe Abbildung).

13 Folgen Sie den Schritten 2 bis 5, um die Beläge und Bremsenteile zu reinigen (siehe Abbildungen). Prüfen Sie, ob sich der Bremssattel frei auf dem Halter verschieben lässt – falls nicht, muss er abgezogen werden, damit die Belagstifte gereinigt und frisch gefettet werden können (siehe Abbildung). Ersetzen Sie die Gummimanschetten, falls sie porös oder gerissen sind. Schieben Sie anschließend den Halter wieder in den Sattel.

14 Falls nötig, werden die Kolben in den Sattel gedrückt, um Platz für neue Bremsbeläge zu schaffen – dieses sollte per Hand möglich sein; andernfalls können die Kolben mit Holz und das Gehäuse mit Pappe geschützt werden, um eine Zange anzusetzen. Öffnen Sie den Deckel des Ausgleichsbehälters, und achten Sie darauf, wie weit die Bremsflüssigkeit dabei ansteigt – nötigenfalls muss etwas davon mit Haushaltstüchern aufgesogen werden.

15 Schmieren Sie die Seiten und Rückseiten der Bremsbeläge sowie den Belagstift mit Kupferpaste – diese darf nicht auf das Belagmaterial gelangen.

16 Überprüfen Sie, ob die Belagfeder korrekt im Sattel sitzt (siehe Abbildung). Installieren Sie zuerst den kleineren und dann den größeren Belag so, dass das Belagmaterial gegen die Bremsscheibe liegt. Schieben Sie dann den Sattel auf die Bremsscheibe (siehe Abbildung).

17 Installieren Sie die Bremssattelbolzen (den längeren nach unten) samt Scheiben, und ziehen Sie beide mit 20 bis 25 Nm an.

Zweikolben-Schwimmsattel

18 Befreien Sie ggf. die Bremsleitung aus der Halterung am Kotflügel (siehe Abbildung). Lockern Sie vor der Demontage des Sattels die Belagstifte von der Rückseite her (siehe Abbildung).

19 Lösen Sie die Bremssattel-Befestigungsbolzen, und entfernen Sie sie samt ihrer Scheiben. Ziehen Sie den Sattel von der Bremsscheibe (siehe Abbildungen).

20 Entfernen Sie die Belagstifte, und heben

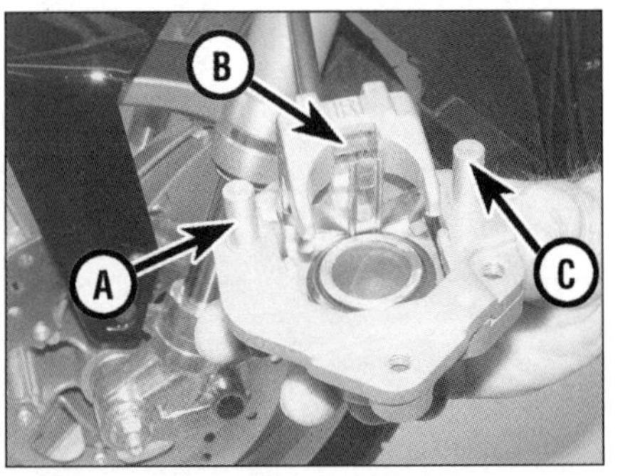

2.13b Inspizieren Sie die Belagstifte (A) und die Feder (B).

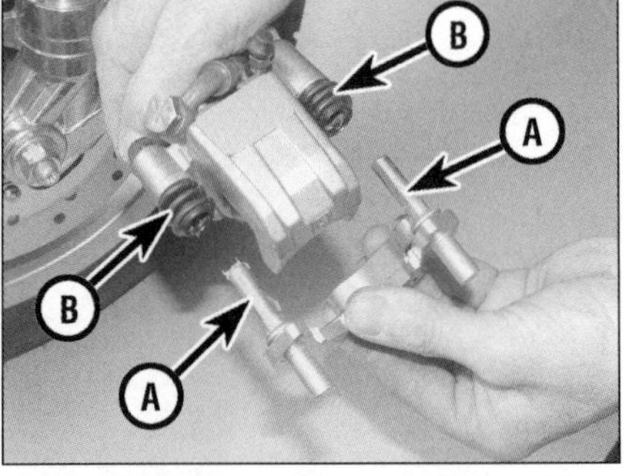

2.13c Begutachten Sie die Gleitstifte (A) und Manschetten (B).

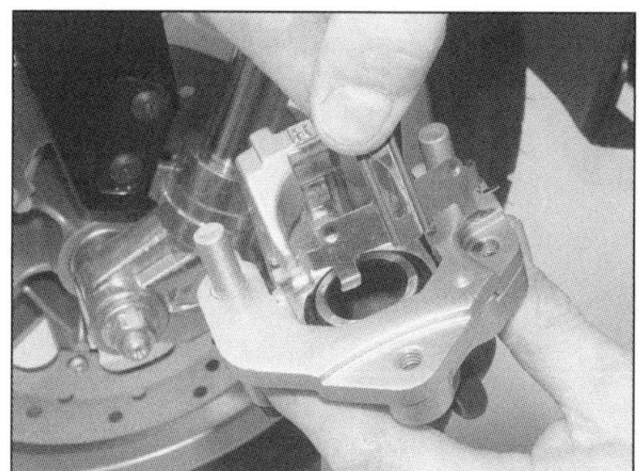
2.16a Prüfen Sie, ob die Belagfeder korrekt installiert ist.

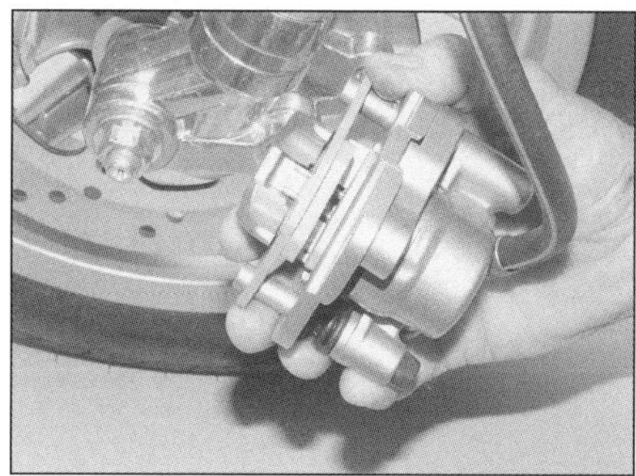
2.16b Installieren Sie die Bremsbeläge wie beschrieben.

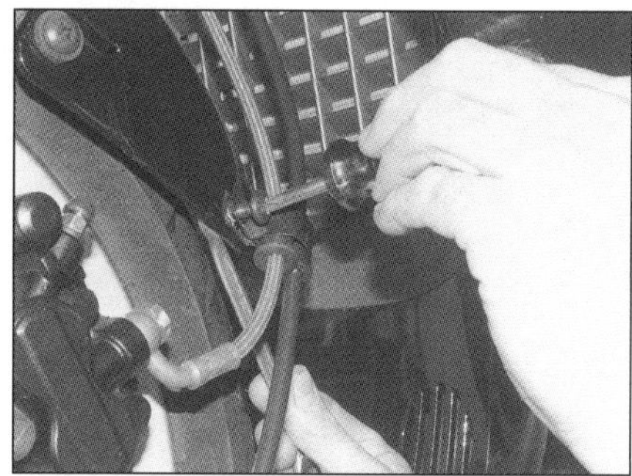
2.18a Befreien Sie die Bremsleitung aus der Führung.

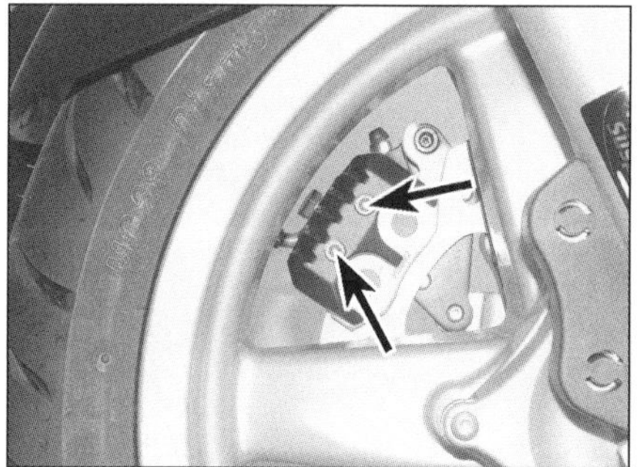
2.18b Lockern Sie die Belagstifte.

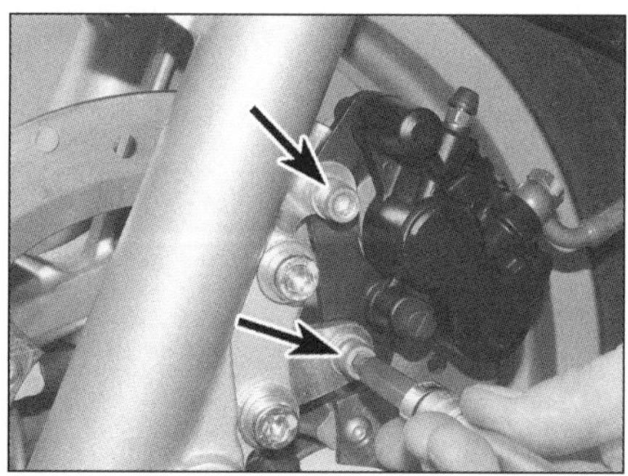
2.19a Entfernen Sie die Bremssattel-Schrauben, . . .

2.19b . . . und ziehen Sie den Sattel ab.

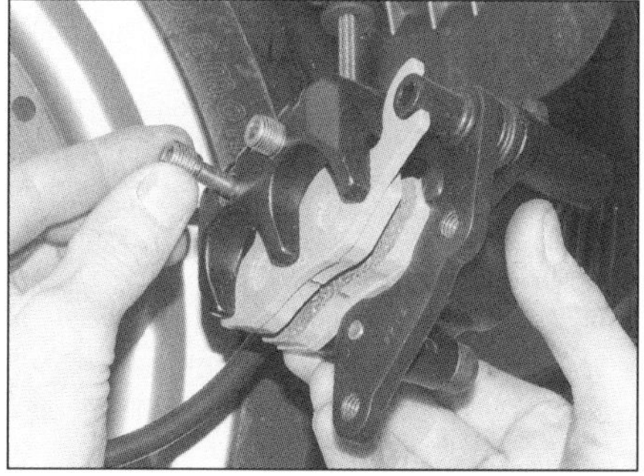
2.20a Entfernen Sie die Belagstifte, . . .

2.20b . . . dann entnehmen Sie erst den äußeren Bremsbelag, . . .

Sie erst den äußeren und dann den inneren Belag aus dem Sattel – merken Sie sich ihre Positionen (siehe Abbildungen). Beachten Sie die Lage der Belagfeder (siehe Abbildung).

21 Folgen Sie den Schritten 2 bis 5, um die Beläge und Bremsenteile zu reinigen (siehe Abbildung). Prüfen Sie, ob sich der Bremssattel frei auf dem Halter verschieben lässt – falls nicht, muss er abgezogen werden, damit die Belagstifte gereinigt und frisch gefettet werden können (siehe Abbildungen) Ersetzen Sie die Gummimanschetten, falls sie porös oder gerissen sind. Schieben Sie anschließend den Halter wieder in den Sattel.

22 Falls nötig, werden die Kolben in den Sattel gedrückt, um Platz für neue Bremsbeläge zu schaffen – dieses sollte per Hand möglich sein; andernfalls können die Kolben mit Hölzern zurück gehebelt werden (siehe Abbildung). Öffnen Sie den Deckel des Ausgleichsbehälters, und achten Sie darauf, wie weit die

2.20c . . . und dann den inneren.

2.20d Beachten Sie die Lage der Belagfeder.

2.21a Inspizieren Sie das Belagmaterial auf Verschleiß und Verunreinigung.

2.21b Ziehen Sie den Halter aus dem Bremssattel, . . .

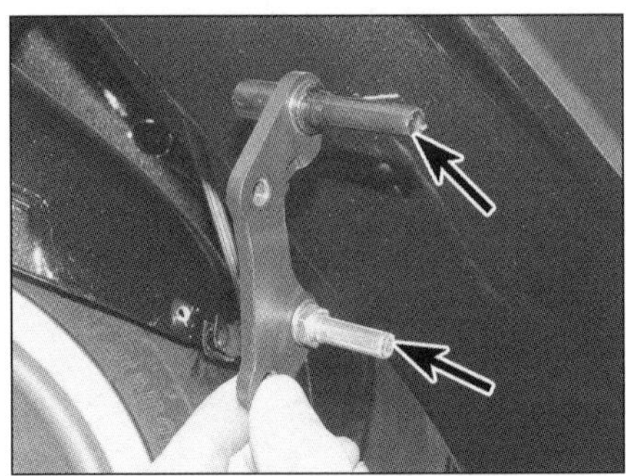

2.21c . . . um die Gleitstifte zu reinigen und zu schmieren.

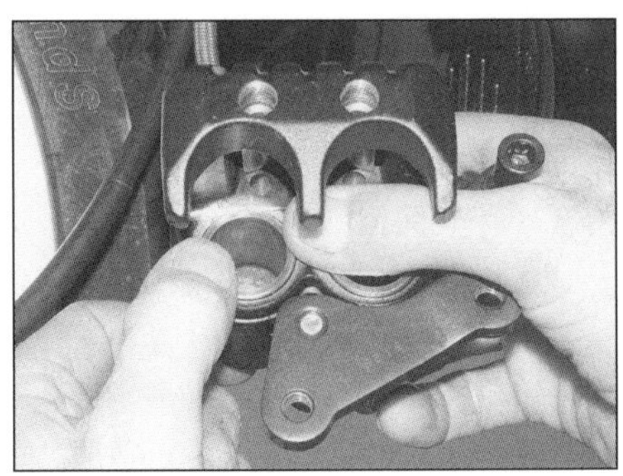

2.22 Drücken Sie die Kolben in den Sattel zurück.

Bremsflüssigkeit dabei ansteigt – nötigenfalls muss etwas davon mit Haushaltstüchern aufgesogen werden.

23 Schmieren Sie die Seiten und Rückseiten der Bremsbeläge sowie den Belagstift mit Kupferpaste – diese darf nicht auf das Belagmaterial gelangen.

24 Überprüfen Sie, ob die Belagfeder korrekt im Sattel sitzt (siehe Abbildung 2.20d). Installieren Sie die Beläge in der umgekehrten Ausbaureihenfolge so, dass das Belagmaterial gegen die Bremsscheibe liegt, und drücken Sie sie gegen die Feder; installieren Sie die Belagstifte (siehe Abbildung), deren Gewinde zuvor mit dauerelastischer Schraubensicherung versehen wurden. Ziehen Sie die Stifte mit 19 bis 25 Nm an – dies kann auch geschehen, nachdem der Sattel befestigt ist.

25 Schieben Sie den Sattel auf die Bremsscheibe. Installieren Sie die Bremssattelbolzen samt Scheiben, und ziehen Sie sie mit 20 bis 25 Nm an.

3 Vorderrad-Bremssattel
Ausbau, Überholung und Einbau

Warnung: Wenn eine Überholung des Bremssattels nötig ist (normalerweise bei Undichtigkeiten oder Funktionsverweigerung), muss jegliche alte Bremsflüssigkeit abgelassen werden. Der beim Betrieb alter Bremsbeläge entstehenden Staub kann krebserzeugendes Asbest enthalten. Blasen Sie ihn niemals mit Druckluft aus und atmen Sie ihn nicht ein. Eine geeignete Filtermaske sollte bei Arbeiten an den Bremsen immer getragen werden. Verwenden Sie keine Lösungsmittel auf Petroliumbasis zum Reinigen von Bremsenteilen. Benutzen Sie saubere Bremsflüssigkeit, Bremsenreiniger oder Spiritus.

Warnung: Seien Sie bei der Arbeit mit Bremsflüssigkeit äußerst vorsichtig – sie kann Ihren Augen schaden und greift Lack und Kunststoff an.

2.24a Installieren Sie die Bremsbeläge wie beschrieben.

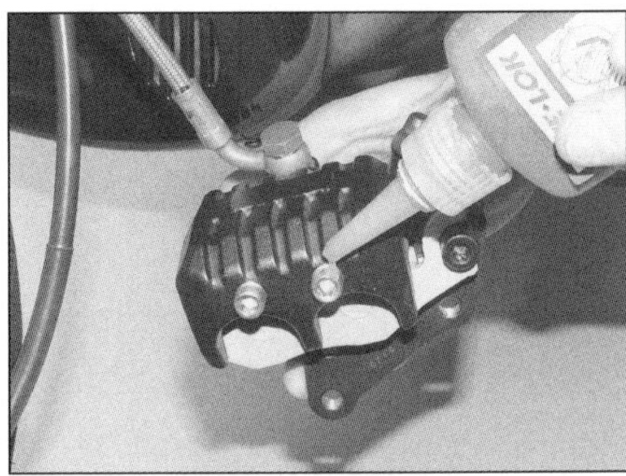

2.24b Versehen Sie die Belagstifte mit Schraubensicherungspaste.

Anmerkung 1: *Es gibt nicht für alle Modelle eindeutige Informationen darüber, ob Ersatzteile und Dichtungssätze erhältlich sind, sodass dies beim Piaggio-Händler geklärt werden muss – ansonsten muss ein kompletter Bremssattel installiert werden.*

Anmerkung 2: *Bei manchen Modellen kann es aus Platzgründen nötig sein, das Vorderrad ausbauen zu müssen, um den Bremssattel demontieren zu können.*

Gegenkolben-Bremssattel

Ausbau

1 Wenn der Bremssattel überholt werden soll (beachten Sie Anmerkung 1), müssen die Bremsbeläge ausgebaut werden (siehe Sek-

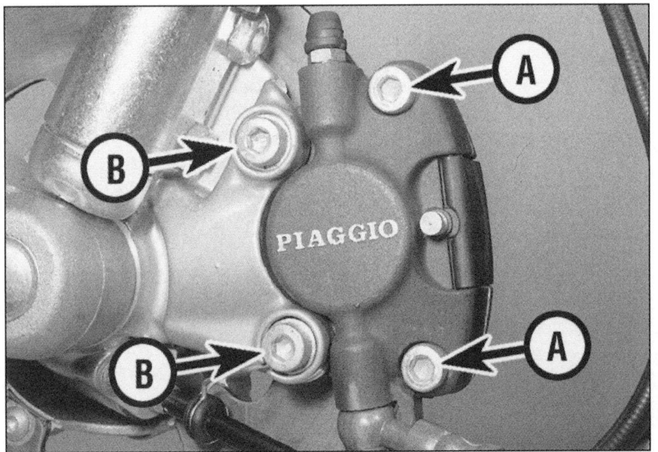

3.1a Bremssattelhälften-Verbindungsschrauben (A). Bremssattel-Befestigungsschrauben (B) – Piaggio-Bremssattel

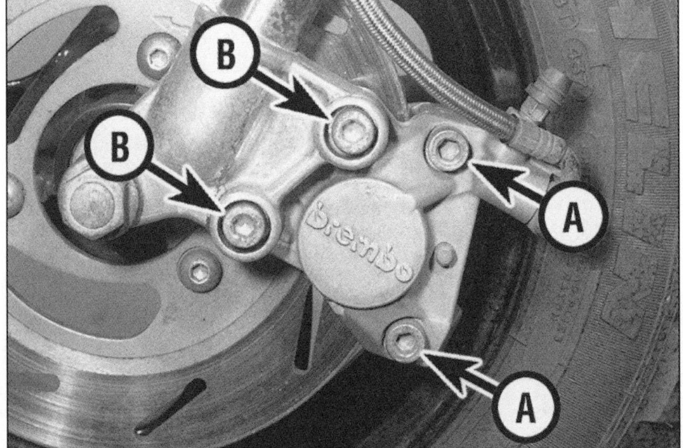

3.1b Bremssattelhälften-Verbindungsschrauben (A). Bremssattel-Befestigungsschrauben (B) – Brembo-Bremssattel

tion 2), dann werden die Gehäuseschrauben gelockert und leicht wieder angezogen (siehe Abbildungen). Soll der Sattel nur abgenommen werden, können die Beläge darin verbleiben, und die Gehäuseschrauben dürfen nicht gelöst werden.

2 Soll der Sattel nur abgenommen, aber nicht zerlegt und überholt werden, kann die Bremsleitung angeschlossen bleiben. Entfernen Sie ansonsten die Anschlussschraube der Bremsleitung, beachten Sie die Ausrichtung auf dem Sattel (siehe Abbildungen). Verstopfen Sie das Anschlussauge entweder mit einem fest darin sitzenden kurzen Schlauch, oder sichern Sie die Bremsleitung mit einem umwickelten Plastikbeutel vor Schmutz und weiterem Abtropfen und dem Eindringen von Schmutz. Entfernen Sie die Dichtscheiben, die auf jeden Fall durch Neuteile ersetzt werden müssen. **Anmerkung**: *Wenn Sie den Sattel überholen wollen und nicht die Möglichkeit haben, mit Druckluft die Kolben herauszudrücken, sollte die Bremsleitung noch nicht gelöst, sondern wieder leicht angezogen werden, damit mit der Bremsenhydraulik die Kolben herausgedrückt werden können, nachdem die Beläge entfernt worden sind. Trennen Sie die Leitung, nachdem die Kolben ausreichend herausgedrückt sind.*

3 Lösen Sie die Bremssattel-Befestigungsschrauben (siehe Abbildungen 3.1a und b), und ziehen Sie den Sattel von der Bremsscheibe (siehe Abbildungen).

Überholung

4 Reinigen Sie den Bremssattel äußerlich mit Spiritus oder Bremsenreiniger.

5 Drücken Sie die Kolben so weit wie möglich aus dem Sattelgehäuse, entweder durch Herauspumpen mit dem Bremshebel oder mithilfe von Druckluft. Bei der Druckluftmethode sollte ein aufgerollter Lappen als Dämpfer über die Kolben gelegt werden. Die Druckluft wird direkt an den Schlauchanschluss des Sattels gelegt und mit wenig Druck die Kolben herausgedrückt. Stellen Sie sicher, dass die Kolben gleichmäßig herauskommen. Wenn der Luftdruck zu hoch ist und die Kolben herausspringen, können Sattel und Kolben beschädigt werden. Lösen Sie die Gehäuseschrauben, und trennen Sie die Bremssattelhälften. Markieren Sie die Kolben und Sattelhälften, damit die Teile beim Zusammenbau wieder in ihre ursprünglichen Positionen gelangen. Der in einer der Hälften liegende Bremssattel-Dichtring muss später durch ein Neuteil ersetzt werden.

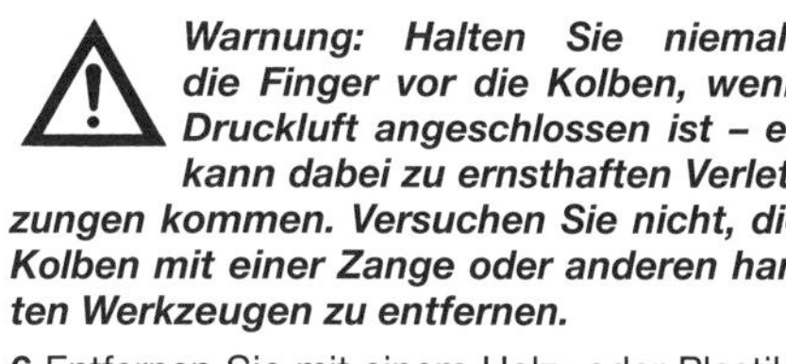

Warnung: Halten Sie niemals die Finger vor die Kolben, wenn Druckluft angeschlossen ist – es kann dabei zu ernsthaften Verletzungen kommen. Versuchen Sie nicht, die Kolben mit einer Zange oder anderen harten Werkzeugen zu entfernen.

6 Entfernen Sie mit einem Holz- oder Plastikwerkzeug die Staubdichtungen von den Sattelbohrungen (siehe Abbildung) – sie müssen später durch Neuteile ersetzt werden. Wird ein Metallwerkzeug verwendet, muss sehr vorsichtig gearbeitet werden, um nicht die Bohrungen zu beschädigen.

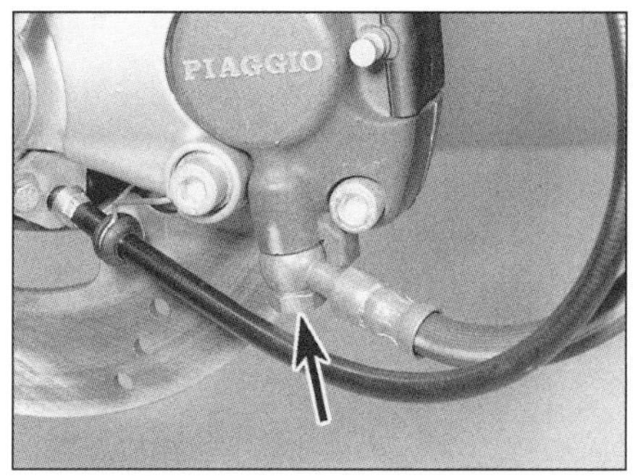

3.2a Bremsleitungs-Ausrichtung und Anschlussschraube – Piaggio-Bremssattel

3.3a Entfernen Sie die Bremssattel-Befestigungsschrauben, . . .

7 Entfernen Sie die Kolbendichtungen auf die gleiche Weise, und entsorgen Sie sie.

8 Reinigen Sie Bohrungen und Kolben mit Spiritus, Bremsenreiniger oder sauberer Bremsflüssigkeit. Ist (gefilterte und ölfreie) Druckluft vorhanden, werden die Teile damit getrocknet.

Achtung: Benutzen Sie auf gar keinen Fall Lösungsmittel auf Petroleumbasis zum Reinigen von Bremsenteilen.

9 Inspizieren Sie die Sattelbohrungen und Kolben auf Anzeichen von Korrosion, Kerben und Schleifspuren sowie Abplatzungen. Wenn defekte Oberflächen vorhanden sind, müssen der Bremssattel und/oder die Kolben ersetzt werden. Wenn der Bremssattel in schlechtem Zustand ist, muss auch der Hauptbremszylinder kontrolliert werden.

10 Schmieren Sie die neuen Kolbendichtungen mit sauberer Bremsflüssigkeit, und setzen Sie sie in die unteren Nuten der Sattelbohrungen.

3.6 Entfernen Sie die Staubdichtung mit einem Plastik- oder Holzwerkzeug, um nichts zu beschädigen.

3.2b Bremsleitungs-Ausrichtung und Anschlussschraube – Brembo-Bremssattel

3.3b . . . und ziehen Sie den Sattel von der Bremsscheibe.

11 Schmieren Sie die neuen Staubdichtungen mit sauberer Bremsflüssigkeit, und setzen Sie sie in die oberen Nuten der Bohrungen.

12 Schmieren Sie die Kolben mit sauberer Bremsflüssigkeit, und setzen Sie sie mit der geschlossenen Seite in die Sattelbohrungen. Drücken Sie sie mit den Daumen senkrecht bis auf den Boden.

13 Rüsten Sie eine der Bremssattelhälften mit einer neuen Dichtung aus, setzen Sie die Hälften zusammen, und ziehen Sie die Gehäuseschrauben an – festgezogen werden können sie nach der Montage des Bremssattels.

Einbau

14 Schieben Sie den Bremssattel so über die Bremsscheibe, dass die Beläge beidseitig dagegen drücken (vorausgesetzt, sie waren nicht demontiert) (siehe Abbildung).

3.14 Schieben Sie den Sattel auf die Bremsscheibe, . . .

15 Installieren Sie die Bremssattelbolzen samt Scheiben, und ziehen Sie sie mit 20 bis 25 Nm an (siehe Abbildung).

16 Wurde der Bremssattel überholt und die Gehäuseschrauben noch nicht sorgfältig angezogen, muss dies jetzt geschehen.

17 Falls entfernt, muss die Bremsleitung mit dem Sattel verbunden werden – benutzen Sie auf beiden Seiten des Anschlusses neue Dichtscheiben. Positionieren Sie die Leitung so, wie beim Ausbau notiert (siehe Abbildung 3.2a und b). Ziehen Sie die Anschlussschraube mit 15 bis 25 Nm an. Füllen Sie den Behälter des Hauptbremszylinders mit DOT 4-Bremsflüssigkeit (siehe *Tägliche Kontrollen*), und entlüften Sie das System (Sektion 8).

18 Falls entfernt, werden die Bremsbeläge installiert (siehe Sektion 2).

19 Achten Sie auf Undichtigkeiten, und testen Sie gründlich die Funktion der Bremse, bevor Sie mit dem Motorroller fahren.

Einkolben-Schwimmsattel

Ausbau

20 Soll der Sattel nur abgenommen, aber nicht zerlegt und überholt werden, kann die Bremsleitung angeschlossen bleiben. Entfernen Sie ansonsten die Anschlussschraube der Bremsleitung, beachten Sie die Ausrichtung auf dem Sattel. Verstopfen Sie das Anschlussauge entweder mit einem fest darin sitzenden kurzen Schlauch, oder sichern Sie die Bremsleitung mit einem umwickelten Plastikbeutel vor Schmutz und weiterem Abtropfen und dem Eindringen von Schmutz. Entfernen Sie die Dichtscheiben, die auf jeden Fall durch Neuteile ersetzt werden müssen. **Anmerkung**: *Wenn Sie den Sattel überholen wollen und nicht die Möglichkeit haben, mit Druckluft den Kolben herauszudrücken, sollte die Bremsleitung noch nicht gelöst, sondern wieder leicht angezogen werden, damit nach dem Ausbau der Beläge mit der Bremsenhydraulik der Kolben herausgedrückt werden kann. Trennen Sie die Leitung, nachdem der Kolben ausreichend herausgedrückt ist.*

21 Wenn der Bremssattel überholt werden soll (beachten Sie Anmerkung 1), müssen die Bremsbeläge ausgebaut, der Sattelhalter abgezogen und die Belagfeder ausgebaut werden (siehe Sektion 2). Soll der Sattel nur abgenommen werden, können die Beläge und der Halter darin und daran verbleiben.

Überholung

22 Reinigen Sie den Bremssattel äußerlich mit Spiritus oder Bremsenreiniger.

23 Drücken Sie den Kolben so weit wie möglich aus dem Sattelgehäuse, entweder durch Herauspumpen mit dem Bremshebel oder mithilfe von Druckluft. Bei der Druckluftmethode sollte ein aufgerollter Lappen als Dämpfer über den Kolben gelegt werden. Die Druckluft wird direkt an den Schlauchanschluss des Sattels gelegt und mit wenig Druck der Kolben herausgedrückt. Wenn der Luftdruck zu hoch ist und der Kolben herausspringt, können Sattel und Kolben beschädigt werden.

Warnung: Halten Sie niemals die Finger vor den Kolben, wenn Druckluft angeschlossen ist – es kann dabei zu ernsthaften Verletzungen kommen. Versuchen Sie nicht, den Kolben mit einer Zange oder anderen harten Werkzeugen zu entfernen.

3.15 . . . installieren Sie die Bolzen, und ziehen Sie sie mit 20 bis 25 Nm an.

24 Entfernen Sie mit einem Holz- oder Plastikwerkzeug die Staubdichtung von der Sattelbohrung (siehe Abbildung 3.6). Die Dichtung muss auf jeden Fall ersetzt werden. Wenn Sie ein Metallwerkzeug verwenden, muss sehr vorsichtig gearbeitet werden, um nicht die Bohrung zu beschädigen.

25 Entfernen Sie die Kolbendichtung auf die gleiche Weise, und entsorgen Sie sie.

26 Reinigen Sie Bohrung und Kolben mit Spiritus, Bremsenreiniger oder sauberer Bremsflüssigkeit. Ist (gefilterte und ölfreie) Druckluft vorhanden, werden die Teile damit getrocknet.

Achtung: Benutzen Sie auf gar keinen Fall Lösungsmittel auf Petroleumbasis zum Reinigen von Bremsenteilen.

27 Inspizieren Sie die Sattelbohrung und den Kolben auf Anzeichen von Korrosion, Kerben und Schleifspuren sowie Abplatzungen. Wenn defekte Oberflächen vorhanden sind, müssen der Bremssattel und/oder der Kolben ersetzt werden. Wenn der Bremssattel in schlechtem Zustand ist, muss auch der Hauptbremszylinder kontrolliert werden.

28 Schmieren Sie die neue Kolbendichtung mit sauberer Bremsflüssigkeit, und setzen Sie sie in die untere Nut der Sattelbohrung.

29 Schmieren Sie die neue Staubdichtung mit sauberer Bremsflüssigkeit, und setzen Sie sie in die obere Nut der Bohrung.

30 Schmieren Sie den Kolben mit sauberer Bremsflüssigkeit, und setzen Sie ihn mit der geschlossenen Seite in die Sattelbohrung. Drücken Sie ihn mit den Daumen senkrecht bis auf den Boden.

Einbau

31 Falls entfernt, werden die Belagfeder, der Bremssattelhalter und die Bremsbeläge installiert (siehe Sektion 2).

32 Schieben Sie den Bremssattel so über die Bremsscheibe, dass die Beläge beidseitig dagegen drücken (siehe Abbildung 2.16b).

33 Installieren Sie die Bremssattelbolzen samt Scheiben, und ziehen Sie sie mit 20 bis 25 Nm an (siehe Schritt 2.17).

34 Falls entfernt, muss die Bremsleitung mit dem Sattel verbunden werden – benutzen Sie auf beiden Seiten des Anschlusses neue Dichtscheiben. Positionieren Sie die Leitung so, wie beim Ausbau notiert (siehe Abbildung 3.2a und b). Ziehen Sie die Anschlussschraube mit 15 bis 25 Nm an. Füllen Sie den Behälter des Hauptbremszylinders mit DOT 4-Bremsflüssigkeit (siehe *Tägliche Kontrollen*), und entlüften Sie das Hydrauliksystem, wie in Sektion 8 beschrieben.

35 Achten Sie auf Undichtigkeiten, und testen Sie gründlich die Funktion der Bremse, bevor Sie mit dem Motorroller fahren.

Zweikolben-Schwimmsattel

Ausbau

36 Soll der Sattel nur abgenommen, aber nicht zerlegt und überholt werden, kann die Bremsleitung angeschlossen bleiben. Entfernen Sie ansonsten die Anschlussschraube der Bremsleitung, beachten Sie die Ausrichtung auf dem Sattel (siehe Abbildung). Verstopfen Sie das Anschlussauge entweder mit einem fest darin sitzenden kurzen Schlauch, oder sichern Sie die Bremsleitung mit einem umwickelten Plastikbeutel vor Schmutz und weiterem Abtropfen und dem Eindringen von Schmutz. Entfernen Sie die Dichtscheiben, die auf jeden Fall durch Neuteile ersetzt werden müssen. **Anmerkung**: *Wenn Sie den Sattel überholen wollen und nicht die Möglichkeit haben, mit Druckluft die Kolben herauszudrücken, sollte die Bremsleitung noch nicht gelöst, sondern wieder leicht angezogen werden, damit mit der Bremsenhydraulik die Kolben herausgedrückt werden können, nachdem die Beläge entfernt worden sind. Trennen Sie die Leitung, nachdem die Kolben ausreichend herausgedrückt sind.*

37 Wenn der Bremssattel überholt werden soll (beachten Sie Anmerkung 1), müssen die Bremsbeläge ausgebaut, der Sattelhalter abgezogen und die Belagfeder ausgebaut werden (siehe Sektion 2). Soll der Sattel nur abgenommen werden, können die Beläge darin verbleiben.

Überholung

38 Reinigen Sie den Bremssattel äußerlich mit Spiritus oder Bremsenreiniger.

39 Drücken Sie die Kolben so weit wie möglich aus dem Sattelgehäuse, entweder durch Herauspumpen mit dem Bremshebel oder mithilfe von Druckluft. Bei der Druckluftmethode sollte ein aufgerollter Lappen als Dämpfer über die Kolben gelegt werden. Die Druckluft wird direkt an den Schlauchanschluss des Sattels gelegt und mit wenig Druck die Kolben

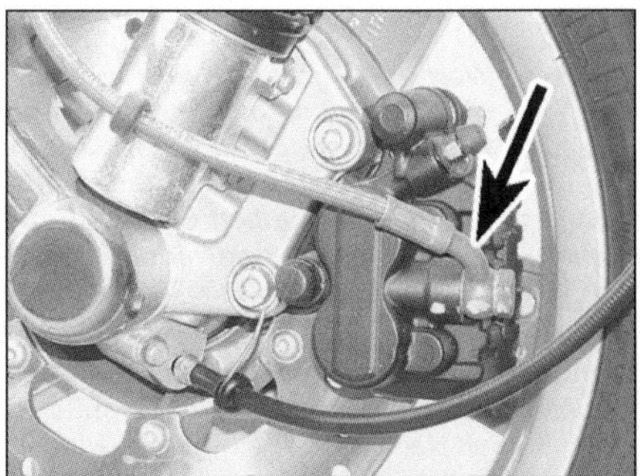

3.36 Beachten Sie die Verlegung der Bremsleitung – gezeigt am GT-Modell.

herausgedrückt. Stellen Sie sicher, dass die Kolben gleichmäßig herauskommen. Wenn der Luftdruck zu hoch ist und die Kolben herausspringen, können Sattel und Kolben beschädigt werden.

Warnung: Halten Sie niemals die Finger vor die Kolben, wenn Druckluft angeschlossen ist – es kann dabei zu ernsthaften Verletzungen kommen. Versuchen Sie nicht, die Kolben mit einer Zange oder anderen harten Werkzeugen zu entfernen.

40 Folgen Sie den Schritten 24 bis 30, um die alten Dichtungen auszubauen, die Kolben sowie die Sattelbohrungen zu überprüfen und neue Dichtungen zu installieren.

Einbau

41 Falls entfernt, werden die Belagfeder, der Bremssattelhalter und die Bremsbeläge installiert (siehe Sektion 2). Vergessen Sie nicht, die Belagstifte mit dauerelastischer Schraubensicherung zu versehen (siehe Abbildung 2.24b).

42 Schieben Sie den Bremssattel so über die Bremsscheibe, dass die Beläge beidseitig dagegen drücken (siehe Abbildung 2.24a).

43 Installieren Sie die Bremssattelbolzen samt Scheiben, und ziehen Sie sie mit 20 bis 25 Nm an (siehe Schritt 2.25).

44 Falls entfernt, muss die Bremsleitung mit dem Sattel verbunden werden – benutzen Sie auf beiden Seiten des Anschlusses neue Dichtscheiben. Positionieren Sie die Leitung so, wie beim Ausbau notiert. Ziehen Sie die Anschlussschraube mit 15 bis 25 Nm an. Füllen Sie den Behälter des Hauptbremszylinders mit DOT 4-Bremsflüssigkeit (siehe *Tägliche Kontrollen*), und entlüften Sie das Hydrauliksystem, wie in Sektion 8 beschrieben.

45 Achten Sie auf Undichtigkeiten, und testen Sie gründlich die Funktion der Bremse, bevor Sie mit dem Motorroller fahren.

4 Vorderrad-Bremsscheibe
Kontrolle, Ausbau, Einbau

Kontrolle

1 Begutachten Sie den Zustand der Bremsscheiben-Oberfläche auf Kerben und andere Beschädigungen. Leichte Kratzer sind nach Gebrauch normal und behindern nicht die Funktion der Bremse – tiefe Nuten und große Kerben reduzieren jedoch die Bremswirkung und erhöhen den Belag-Verschleiß. Wenn eine

4.2 Prüfen Sie mit einer Messuhr bei drehendem Rad den Verzug der Scheibe.

Scheibe stark riefig ist, muss sie geschliffen oder ersetzt werden.

2 Um den Scheibenverzug zu kontrollieren, muss das Fahrzeug auf eine entsprechende Stütze gestellt und so abgestützt werden, dass das Rad nicht den Boden berührt. Befestigen Sie eine Messuhr so an der Gabel, dass der Messdorn die Scheibe etwa 12 mm unter ihrem Außenrand abtasten kann (siehe Abbildung). Drehen Sie das Rad, und beobachten Sie die Messuhr-Nadel. Vergleichen Sie den gemessenen Wert mit der Toleranzgrenze in den technischen Daten. Wenn der Schlag größer als 0,1 mm ist, kontrollieren Sie zunächst das Radlagerspiel (siehe Kapitel 1). Wenn die Lager verschlissen sind, müssen sie ersetzt (siehe Sektion 15) und diese Kontrolle wiederholt werden. Wenn anschließend immer noch starker Verzug vorliegt, muss die Scheibe ersetzt oder von einer Fachwerkstatt überarbeitet werden.

3 Die Scheibe darf nicht zu dünn geschliffen werden oder zu sehr verschlissen sein. Zwar macht Piaggio keine Angaben über die Scheiben-Stärke, doch wenn sie im Bereich der Bremsbeläge offensichtlich verschlissen und eine deutliche Kante fühlbar ist, muss sie ersetzt werden.

Ausbau

4 Bauen Sie das Vorderrad aus (siehe Sektion 13). Entfernen Sie bei Modellen mit Einarmschwinge auch die Radnabe.

Achtung: Legen Sie das Rad nicht auf die Bremsscheibe, da sie sich verziehen kann. Legen Sie es auf Holzblöcke, sodass die Scheibe nicht den Boden berührt.

5 Markieren Sie die Einbaulage der Bremsscheibe am Rad, sodass sie in derselben Position wieder montiert werden kann. Lösen Sie die Bremsscheibenschrauben schrittweise über Kreuz, um ein Verziehen der Bremsscheibe zu vermeiden. Heben Sie die Scheibe vom Rad (siehe Abbildung).

Einbau

6 Bauen Sie die Scheibe so an das Rad, dass der Richtungspfeil in die normale Drehrichtung zeigt (siehe Abbildung). Richten Sie die zuvor angebrachten Markierungen aus, wenn Sie die originale Bremsscheibe installieren.

7 Geben Sie dauerelastische Schraubensicherung auf die Gewinde der Bremsscheibenschrauben, und ziehen Sie sie nach und nach über Kreuz und schließlich bis zum in den technischen Daten angegebenen Drehmoment an. Reinigen Sie die Scheibe mit Azeton oder Bremsenreiniger. Wenn eine neue Bremsscheibe verwendet wird, muss deren Schutzüberzug entfernt werden.

8 Installieren Sie ggf. die Radnabe und das Vorderrad (siehe Sektion 13). Beachten Sie, dass nach dem Einbau neuer Bremsscheiben auch neue Bremsbeläge installiert werden müssen (Sektion 2).

9 Betätigen Sie den Bremshebel mehrmals, um die Beläge an die Scheiben zu drücken. Kontrollieren Sie die Funktion der Bremse, bevor Sie mit dem Motorroller fahren.

5 Vorderrad-Bremszylinder
Ausbau und Einbau

Anmerkung1: *Für keines der in diesem Buch behandelten Modelle sind Bremszylinder-Ersatzteile oder Dichtungssätze erhältlich. Treten am Hauptbremszylinder Undichtigkeiten auf oder wird beim Bremsen ein schwammiges Gefühl festgestellt, bringt Entlüften keinen Erfolg (siehe Sektion 8) und sind die Hydraulikleitungen in Ordnung, muss der Hauptbremszylinder ausgetauscht werden.*

Anmerkung 2: *Wenn der Hauptbremszylinder an den Lenker montiert ist, kann er nötigenfalls samt Hebel und mit angeschlossener Bremsleitung demontiert werden – folgen Sie den Schritten 6 und 8.*

Hauptbremszylinder am Lenker

Ausbau

1 Der Vorderrad-Hauptbremszylinder sitzt rechts am Lenker. Oben am Zylinder sitzt der integrierte Ausgleichsbehälter. Entfernen Sie die Lenkerabdeckungen, um Zugang zu erhalten (siehe Kapitel 7).

2 Lockern Sie am Ausgleichsbehälter die De-

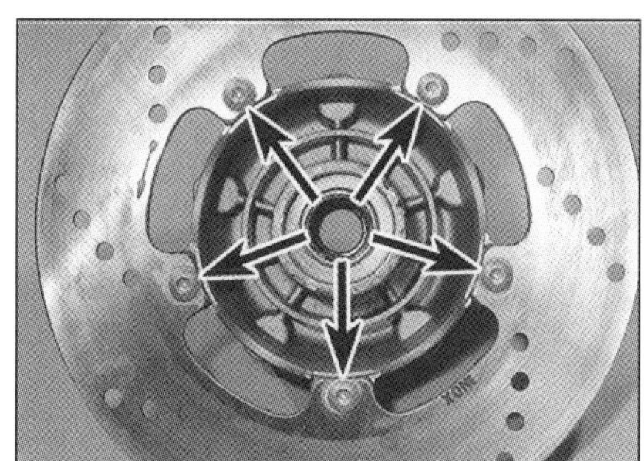

4.5 Bremsscheiben-Befestigungsschrauben

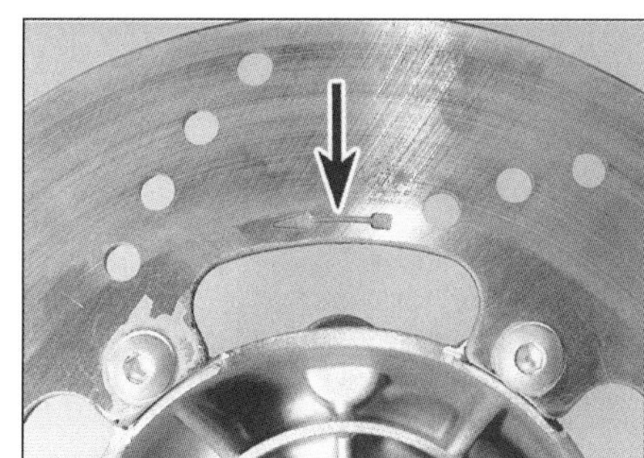

4.6 Drehrichtungs-Pfeil

5.2 Lockern Sie die Deckelschrauben.

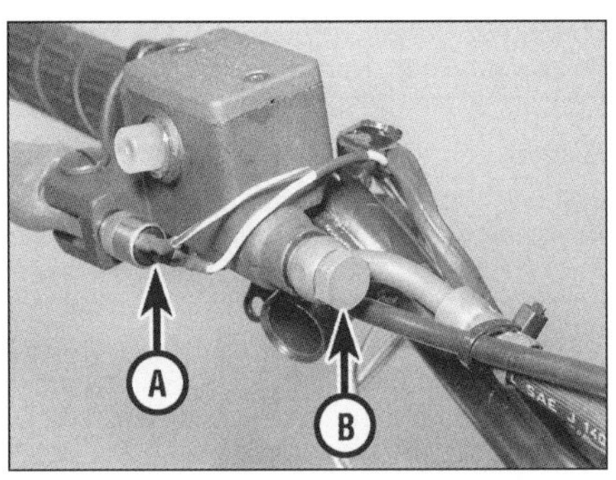

5.4 Bremslichtschalter (A), Bremsleitungs-Anschlussschraube (B)

ckelschrauben, aber entfernen Sie sie noch nicht (siehe Abbildung).

3 Entfernen Sie den Bremshebel (Kapitel 6).

4 Trennen Sie die Kabelstecker des Bremslichtschalters (siehe Abbildung). Entfernen Sie nötigenfalls den Schalter.

5 Lösen Sie die Bremsleitungs-Anschlussschraube, und trennen Sie die Leitung vom Hauptbremszylinder – merken Sie sich ihre Ausrichtung (siehe Abbildung 5.4). Die zwei Dichtscheiben müssen später durch Neuteile ersetzt werden. Verstopfen Sie das Anschlussauge entweder mit einem fest darin sitzenden kurzen Schlauch oder sichern Sie die Bremsleitung mit einem umwickelten Plastikbeutel vor Schmutz und weiterem Abtropfen sowie dem Eindringen von Schmutz.

6 Entfernen Sie die Hauptbremszylinder-Klemmschrauben, und nehmen Sie den Hauptbremszylinder vom Lenker (siehe Abbildung).

7 Entfernen Sie die Schrauben des Ausgleichsbehälter-Deckels, und heben Sie diesen samt

5.16 Entfernen Sie den Sprengring, und ziehen Sie den Stift heraus.

5.18 Lösen Sie die Schelle, und ziehen Sie den Ausgleichsbehälterschlauch ab.

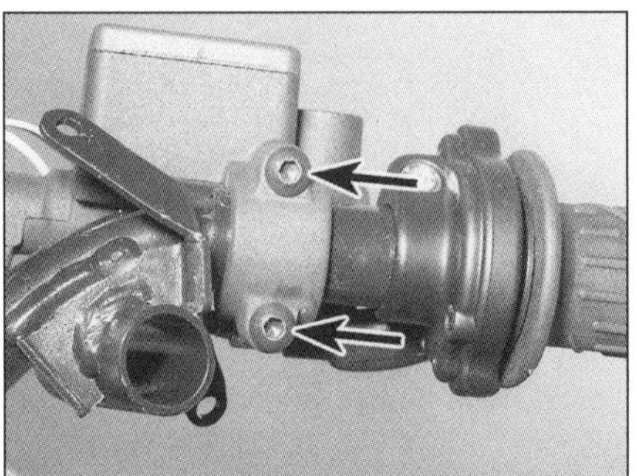

5.6 Bremszylinder-Klemmschrauben

Platte und Manschette ab. Kippen sie die Bremsflüssigkeit in einen geeigneten Behälter. Wischen Sie jegliche Flüssigkeitsreste mit einem sauberen Lappen aus dem Behälter

Einbau

8 Halten Sie den Hauptbremszylinder an den Lenker, setzen Sie das Klemmstück an, und ziehen Sie die Schrauben sorgfältig an (siehe Abbildung 5.6).

9 Verbinden Sie die Bremsleitung mit dem Hauptbremszylinder – benutzen Sie auf beiden Seiten jedes Anschlusses neue Dichtscheiben, und richten Sie die Leitung wie beim Ausbau notiert aus (siehe Abbildung 5.4). Ziehen Sie die Anschlussschraube mit 15 bis 25 Nm an.

10 Installieren Sie den Bremshebel (Kapitel 6).

11 Falls entfernt, wird der Bremslichtschalter montiert; schließen Sie die Bremslichtschalter-Stecker an (siehe Abbildung 5.4).

12 Füllen Sie den Ausgleichsbehälter mit DOT 4-Bremsflüssigkeit auf (siehe *Tägliche Kontrollen*), und entlüften Sie das Hydrauliksystem, wie in Sektion 8 beschrieben.

5.17 Schrauben Sie die Bremsleitung vom Hauptbremszylinder.

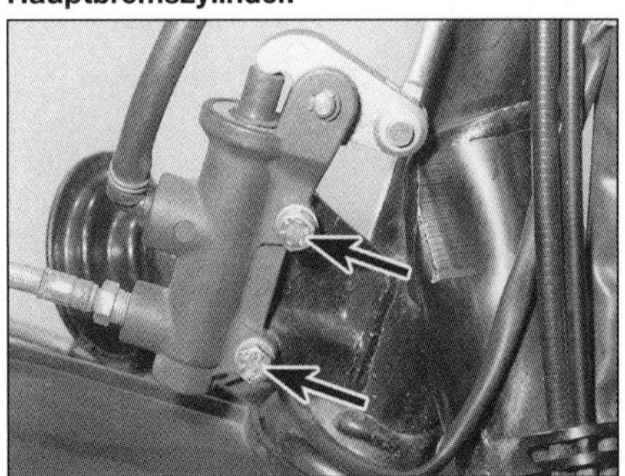

5.19 Hauptbremszylinder-Befestigungsschrauben

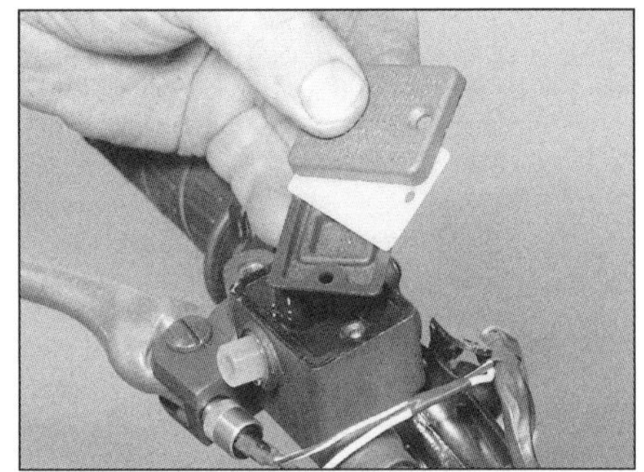

5.13 Installieren Sie die Manschette, die Platte und den Deckel auf den Behälter.

13 Montieren Sie die korrekt gefaltete Gummimanschette, die Platte und den Deckel auf den Ausgleichsbehälter, ziehen Sie die Schrauben sorgfältig an (siehe Abbildung).

14 Kontrollieren Sie die Vorderradbremse auf Undichtigkeiten, und prüfen Sie ausführlich die Funktion der Bremse und des Bremslichtschalters, bevor Sie mit dem Motorroller fahren.

Hauptbremszylinder an Lenkkopf

Ausbau

15 Dieser Vorderrad-Hauptbremszylinder sitzt zentral am Lenkkopf und wird vom Bremshebel aus mit einem Bowdenzug betätigt. Der Ausgleichsbehälter des Bremszylinders befindet sich hinter der Innenverkleidung – entfernen Sie die Frontverkleidung, um Zugang zu erhalten (siehe Kapitel 7).

16 Entfernen Sie den Sprengring vom Stift der Bowdenzug-Aufnahme, und ziehen oder treiben Sie den Stift heraus, um den Zug vom Hebel zu befreien (siehe Abbildung).

17 Lösen Sie die Bremsleitungs-Anschlussschraube, und trennen Sie die Leitung vom Hauptbremszylinder – merken Sie sich ihre Ausrichtung (siehe Abbildung). Sichern Sie die Bremsleitung mit einem umwickelten Plastikbeutel vor Schmutz und weiterem Abtropfen sowie dem Eindringen von Schmutz, und binden Sie sie hoch.

18 Falls noch nicht bei der Demontage der Frontverkleidung geschehen, muss die Schraube des Ausgleichsbehälters gelöst werden, dann wird dessen Deckel entfernt und die Bremsflüssigkeit in einen geeigneten Behälter gekippt. Lösen Sie die Schelle, die den Schlauch am Stutzen des Bremszylinders sichert, und ziehen Sie ihn ab (siehe Abbildung). Wischen Sie jegliche Flüssigkeitsreste mit einem sauberen Lappen aus dem Behälter.

19 Entfernen Sie die Hauptbremszylinder-Schrauben, und nehmen Sie den Hauptbremszylinder vom Lenkkopf (siehe Abbildung).

Einbau

20 Montieren Sie den Hauptbremszylinder an den Lenkkopf, und ziehen Sie die Schrauben sorgfältig an (siehe Abbildung 5.19).

21 Sichern Sie den Ausgleichsbehälter mit der Schraube an der Innenverkleidung. Verbinden Sie den korrekt verlegten Schlauch mit dem

Bremszylinder, und sichern Sie ihn mit der Schelle (siehe Abbildung 5.18). Kontrollieren Sie, ob der Schlauch auch am Ausgleichsbehälter gut gesichert ist – ersetzen Sie schadhafte Schellen.

22 Verbinden Sie die Bremsleitung mit dem Hauptbremszylinder – ziehen Sie sie sorgfältig, aber nicht zu fest an (siehe Abbildung 5.17).

23 Richten Sie das Bowdenzug-Ende zum Hebel des Bremszylinders aus, installieren Sie den Stift, und sichern Sie ihn mit dem (nötigenfalls neuen) Sprengring (siehe Abbildung 5.16).

24 Füllen Sie den Ausgleichsbehälter mit DOT 4-Bremsflüssigkeit auf (siehe *Tägliche Kontrollen*), und entlüften Sie das Hydrauliksystem, wie in Sektion 8 beschrieben.

25 Montieren Sie die Frontverkleidung.

26 Kontrollieren Sie die Vorderradbremse auf Undichtigkeiten, und prüfen Sie ausführlich die Funktion der Bremse, bevor Sie mit dem Motorroller fahren.

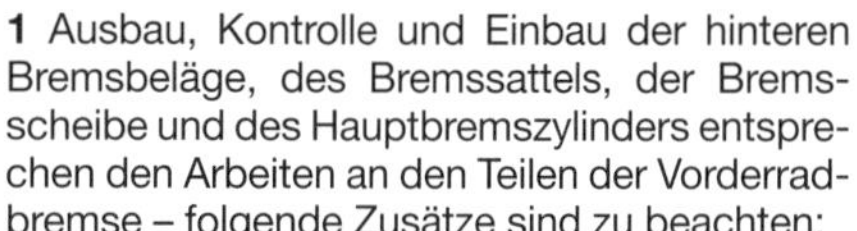

6 Hinterrad-Scheibenbremse Kontrolle, Ausbau, Einbau

1 Ausbau, Kontrolle und Einbau der hinteren Bremsbeläge, des Bremssattels, der Bremsscheibe und des Hauptbremszylinders entsprechen den Arbeiten an den Teilen der Vorderradbremse – folgende Zusätze sind zu beachten:

NRG MC³, DD und Power DD, Hexagon, Beverly, X9 und alle GT-Modelle

2 Bauen Sie das Hinterrad aus (siehe Sektion 14). Entfernen Sie den Splint, und ziehen Sie den Bremsbelagstift heraus – merken Sie sich die Lage der Feder (siehe Abbildungen).

3 Bei manchen Modellen muss der Bremssattel für den Ausbau der Bremsbeläge demontiert werden – diese sind mit einer flexiblen Bremsleitung ausgerüstet. Lösen Sie die Befestigungsschrauben, und ziehen Sie den Sattel von der Bremsscheibe; ziehen Sie dann die Bremsbeläge aus dem Sattel (siehe Abbildungen). Folgen Sie den Schritten 2 bis 10 in Sektion 2, um die Bremsbeläge zu kontrollieren und einzubauen. **Anmerkung**: *Betätigen Sie nicht den Bremshebel, während der Sattel von der Bremsscheibe entfernt ist.* Notieren Sie die Verlegung der Bremsleitung (siehe Abbildungen).

4 Bei Modellen mit einer festen Bremsleitung können die Bremsbeläge oben aus dem montierten Bremssattel entfernt werden.

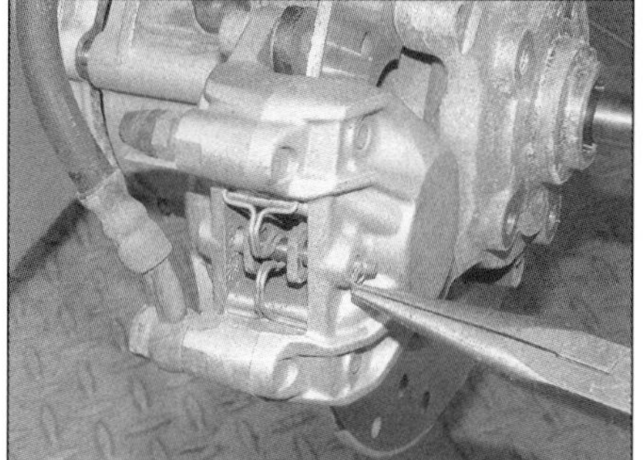

6.2a Entfernen Sie den Sprengring, . . .

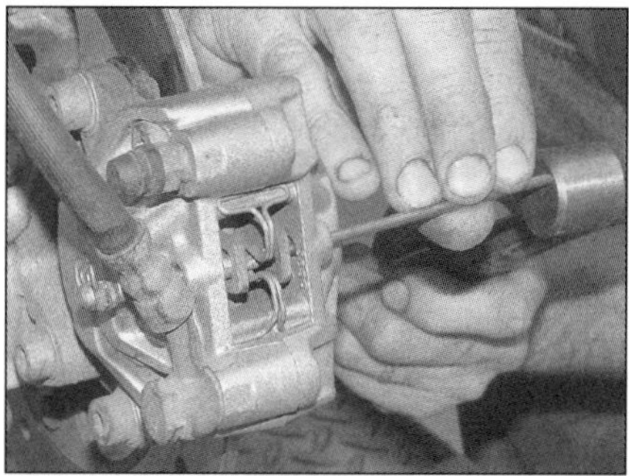

6.2b . . . und treiben Sie den Belagstift aus.

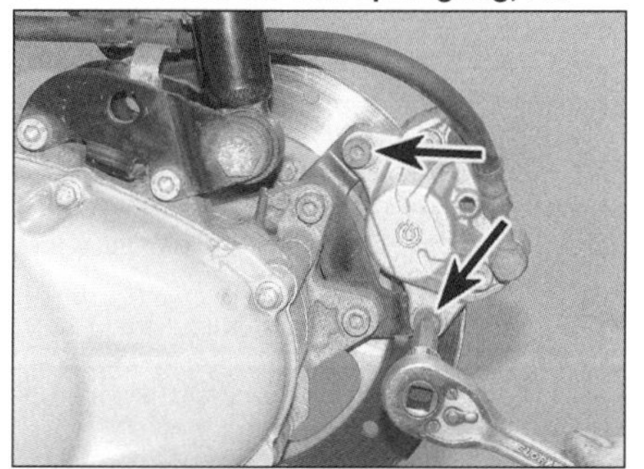

6.3a Lösen Sie die Bremssattelschrauben.

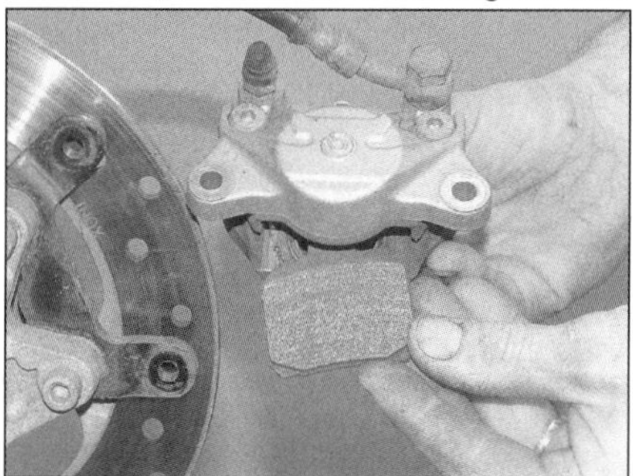

6.3b Entfernen Sie die Bremsbeläge.

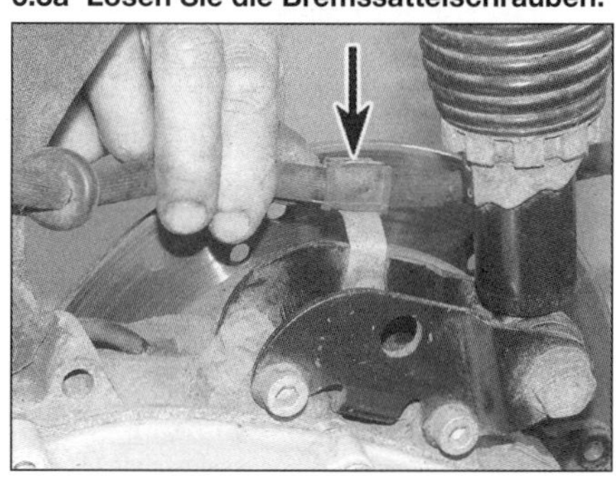

6.3c Die Bremsleitung ist vor dem linken Stoßdämpfer . . .

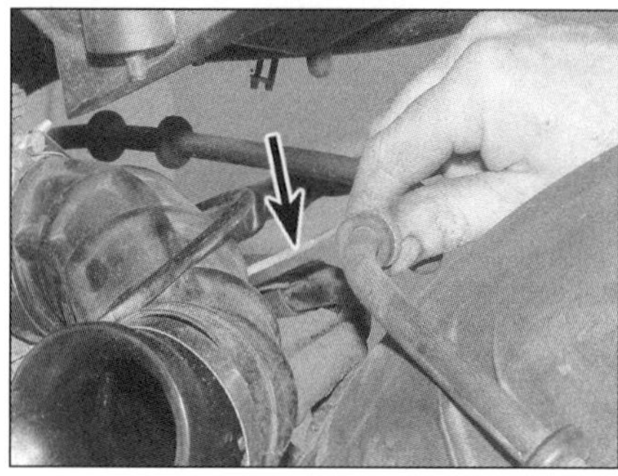

6.3d . . . und vor dem Kotflügel gesichert.

5 Zum Entfernen der Bremsscheibe und der Radnabe muss zunächst der Bremssattel demontiert werden. Bei Modellen mit flexibler Bremsleitung werden die Befestigungsschrauben des Sattels gelöst und dieser von der Bremsscheibe gezogen; dann wird der Sattel (z.B. mit einem Kabelbinder) so am Fahrzeug gesichert, dass die Leitung nicht unter Last steht (siehe Abbildung). Bei Modellen mit einer festen Bremsleitung muss deren Ausrichtung notiert und die Anschlussschraube am Sattel gelöst werden (siehe Abbildung) – die Dichtscheiben müssen später erneuert werden. Lösen Sie die Befestigungsschrauben des Sattels, und ziehen Sie diesen von der Bremsscheibe. **Anmerkung**: *Betätigen Sie nicht den Bremshebel, während der Sattel von der Bremsscheibe entfernt ist.*

6 Ziehen Sie die Radnabe von der Antriebswelle – merken Sie sich ihre Einbaurichtung (siehe Abbildung). Beachten Sie den Richtungspfeil

6.5a Entfernen Sie den Bremssattel.

6.5b Beachten Sie die Ausrichtung der Bremsleitung – gezeigt am GT-Modell.

6.6 Ziehen Sie die Radnabe von der Antriebswelle.

6.8a **Entfernen Sie die Bremssattel-Befestigungsschrauben, . . .**

6.8b **. . . und ziehen Sie den Sattel von der Bremsscheibe.**

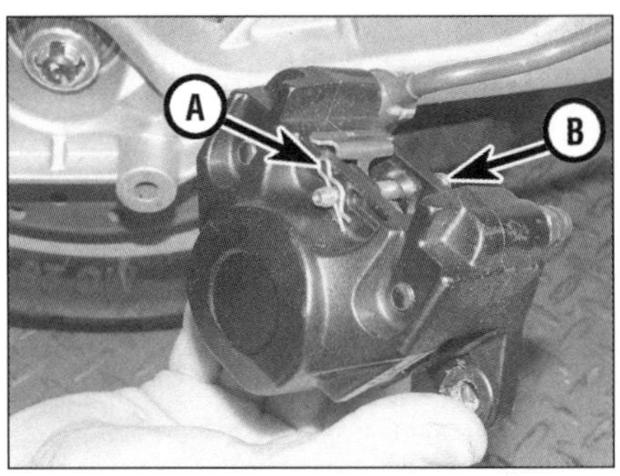

6.9 **Entfernen Sie den Splint (A), und ziehen Sie den Belagstift (B) heraus.**

auf der Bremsscheibe (siehe Abbildung 4.6). Markieren Sie die Position der Bremsscheibe zu ihrer Aufnahme, um sie später in der gleichen Position installieren zu können. Lösen Sie die Bremsscheibenschrauben schrittweise über Kreuz, um einen Verzug der Scheibe zu vermeiden, und nehmen Sie die Bremsscheibe ab (siehe Abbildung 4.5).

X8-Modelle

7 Entfernen Sie den Schalldämpfer (Kapitel 4).

8 Lösen Sie die Befestigungsschrauben, und ziehen Sie den Bremssattel von der Bremsscheibe (siehe Abbildungen). **Anmerkung**: *Betätigen Sie nicht den Bremshebel, während der Sattel von der Bremsscheibe entfernt ist.*

9 Entfernen Sie den Splint, und ziehen Sie den Bremsbelagstift heraus (siehe Abbildung). Heben Sie die Belagfeder heraus, und ziehen Sie die Bremsbeläge aus dem Sattel. Folgen Sie den Schritten 2 bis 10 in Sektion 2, um die Bremsbeläge zu kontrollieren und einzubauen - versehen Sie dabei die Befestigungsbolzen mit dauerelastischer Schraubensicherung.

10 Zum Entfernen der Bremsscheibe muss den Schritten 22 bis 26 in Sektion 14 gefolgt und das Rad ausgebaut werden. Beachten Sie den Richtungspfeil auf der Bremsscheibe (siehe Abbildung 4.6). Markieren Sie die Position der Bremsscheibe zu ihrer Aufnahme, um sie später in der gleichen Position installieren zu können. Lösen Sie die Bremsscheibenschrauben schrittweise über Kreuz, um einen Verzug der Scheibe zu vermeiden, und nehmen Sie die Bremsscheibe ab (siehe Abbildung 4.5).

Alle Modelle

11 Folgen Sie den Schritten 4 bis 13 in Sektion 3, um den Bremssattel zu überholen.

12 Beachten Sie für die Kontrolle der Bremsscheibe die Sektion 4.

13 Beim Montieren muss die Scheibe zunächst korrekt (Pfeil in Drehrichtung, Markierungen ausgerichtet) auf das Rad oder die Nabe gelegt werden.

14 Installieren Sie die Bremsscheiben-Schrauben, und ziehen Sie sie schrittweise und über Kreuz bis zum in den technischen Daten angegebenen Drehmoment an. Reinigen Sie die Scheibe mit Azeton oder Bremsenreiniger. Wenn eine neue Bremsscheibe verwendet wird, muss deren Schutzüberzug entfernt werden.

15 Montieren Sie die verbliebenen Komponenten in der entgegengesetzten Ausbaureihenfolge.

16 Der Hinterrad-Hauptbremszylinder sitzt links am Lenker. Oben am Zylinder sitzt der integrierte Ausgleichsbehälter.

17 Betätigen Sie den Bremshebel mehrmals, um die Beläge an die Scheiben zu drücken. Kontrollieren Sie die Funktion der Bremse, bevor Sie mit dem Motorroller fahren.

7 Bremsleitungen und Anschlüsse
Kontrolle und Ersetzen

Kontrolle

Anmerkung: *Bei Modellen mit Hinterrad-Scheibenbremse muss zur Inspektion der hinteren Bremsleitung das Trittbrett entfernt werden (siehe Kapitel 7).*

1 Der Zustand der Bremsleitungen sollte regelmäßig kontrolliert und die Schläuche entsprechend der Angaben im Wartungsplan ausgewechselt werden (siehe Kapitel 1).

2 Drehen und ziehen Sie die Gummischläuche, um Risse, Ausbauchungen und durchsickernde Flüssigkeit zu entdecken. Begutachten Sie besonders die Verbindungen der Schläuche zu den Anschlussaugen, da hier die meisten Probleme auftreten. Bei Modellen, deren Hauptbremszylinder am Lenkkopf sitzt (Sektion 5), muss für die Kontrolle die Frontverkleidung entfernt werden (siehe Kapitel 7). Bei X9-Modellen kann nach dem Entfernen der Frontverkleidung das Verteilerventil der Integralbremse kontrolliert werden (siehe Abbildung).

7.2 **Anschlüsse am X9 -Kombibremsen-Verteilerventil**

3 Inspizieren Sie die Anschlussaugen der Bremsschläuche auf Rost, Kratzer und Risse, und ersetzen Sie entsprechende Leitungen.

Ersetzen

4 Bedecken Sie umliegende Flächen mit Lappen, und lösen Sie an beiden Seiten der Bremsleitung deren Anschluss – beachten Sie die Ausrichtung. Befreien Sie die Bremsleitung von allen möglichen Befestigungen und Führungen und entfernen Sie sie. Entsorgen Sie die Dichtringe.

5 Setzen Sie die neue Bremsleitung ein, gehen Sie sicher, dass sie nicht verdreht ist oder anderweitig unter Spannung steht, und richten Sie sie nach den Anschlägen oder Notizen aus. Rüsten Sie Anschlussaugen auf beiden Seiten mit neuen Dichtscheiben aus, und setzen Sie die Anschlussschraube ein, ziehen Sie sie mit 15 bis 25 Nm an. Gehen Sie sicher, dass die Anschlüsse richtig liegen und korrekt durch alle beweglichen Teile geführt sind.

6 Füllen Sie die Anlage mit neuer DOT 4-Bremsflüssigkeit auf, spülen Sie die alte Bremsflüssigkeit aus dem System (siehe *Tägliche Kontrollen*) und entlüften Sie es (siehe Sektion 8). Kontrollieren Sie sorgfältig die Funktion der Bremse, bevor Sie mit dem Fahrzeug fahren.

8 Bremssystem entlüften
Scheibenbrems-Modelle

1 Entlüften der Bremse besagt, dass alle Luftblasen aus dem Bremsflüssigkeitsbehälter, der Bremsleitung und dem Bremssattel entfernt werden. Entlüften ist immer notwendig, wenn eine Hydraulik-Verbindung gelöst oder eine Komponente oder Leitung gewechselt wurde. Lecks im System können ebenfalls das Eindringen von Luft ermöglichen, aber sie zeigen auch durch auslaufende Flüssigkeit das Problem an und weisen auf eine dringend notwendige Reparatur hin.

2 Zum Bremsenentlüften werden neue DOT 4-Bremsflüssigkeit, ein durchsichtiger Vinyl- oder Plastikschlauch und ein zum Teil mit sauberer Bremsflüssigkeit gefüllter Behälter benötigt, dazu Lappen und ein Ringschlüssel für das Entlüftungsventil am Bremssattel.

3 Decken Sie alle lackierten Teile ab, die Bremsflüssigkeits-Spritzer abbekommen könnten.

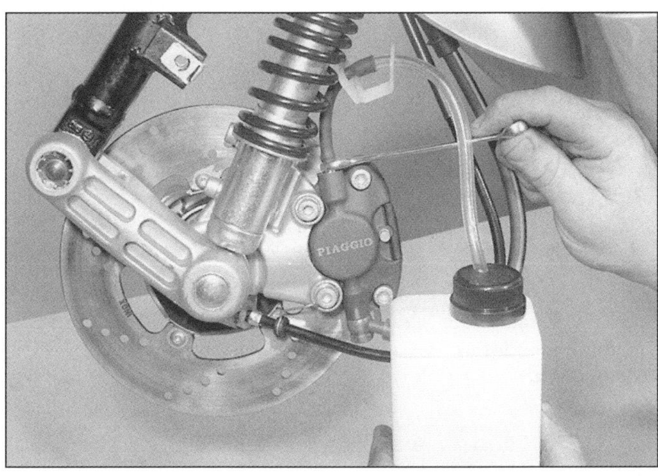

8.6a Zum Bremsenentlüften werden ein Schlüssel, ein Schlauch und ein zur Hälfte mit Bremsflüssigkeit gefüllter Behälter benötigt.

8.6b Entlüftungsventil des X9 Kombi-Bremsverteilers

4 Entfernen Sie entsprechende Verkleidungsteile, um an den Ausgleichsbehälter zu gelangen (siehe Kapitel 7).

5 Entfernen Sie den Ausgleichsbehälterdeckel, die Platte sowie die Gummimanschette, und pumpen Sie langsam einige Male, bis keine aus den Bohrungen am Grund des Behälters aufsteigenden Blasen mehr zu sehen sind. Hierdurch ist das letzte Teil der Linie bereits entlüftet. Setzen Sie den Deckel locker auf den Behälter.

6 Ziehen Sie die Staubkappe vom Entlüfterventil. Stülpen Sie das eine Ende des durchsichtigen Schlauchs auf das Ventil, und stecken Sie das andere Ende in die Bremsflüssigkeit des Sammelbehälters (siehe Abbildung). Bei X9-Modellen sind der Bremssattel vorne links und hinten über ein Verteilerventil verbunden (siehe Abbildung) – entlüften Sie dieses Ventil zuerst, dann den hinteren Sattel und schließlich den vorderen.

7 Nehmen Sie den Behälterdeckel ab, und kontrollieren Sie den Flüssigkeitsstand. Lassen Sie den Pegel während des Prozesses nicht unter die untere Markierung sinken.

8 Pumpen Sie vorsichtig drei- oder viermal mit dem Hebel, und halten Sie ihn gezogen, während das Bremssattelventil geöffnet wird und Bremsflüssigkeit aus dem Sattel durch den Schlauch in den Behälter fließt – der Bremshebel kann jetzt bis zum Griff gezogen werden.

9 Drehen Sie das Entlüfterventil wieder leicht an, und lassen sie den Bremshebel los. Wiederholen Sie diesen Prozess, bis in der ausfließenden Bremsflüssigkeit keine Blasen mehr zu sehen sind und am Hebel ein Druckpunkt zu spüren ist. Zum Schluss wird der Entlüftungsschlauch abgenommen und das Ventil sorgfältig angezogen sowie die Staubkappe aufgesetzt.

Praxis TiPP ***Alte Bremsflüssigkeit ist erheblich dunkler als neue, sodass man deutlich erkennen kann, wann die alte Flüssigkeit aus dem System gespült ist.***

10 Installieren Sie ggf. die Manschette und die Platte, und montieren Sie den Deckel. Wischen Sie verschüttete Bremsflüssigkeit unverzüglich mit einem nassen Lappen ab, und kontrollieren sie das ganze System auf Undichtigkeiten.

Praxis TiPP ***Wenn es nicht möglich ist, im Hebel einen Druckpunkt zu finden, ist die Flüssigkeit aufgeschäumt. Lassen Sie die Bremsflüssigkeit für einige Stunden in der Anlage, damit sie sich beruhigen kann, und wiederholen Sie die Prozedur, wenn die kleinen Bläschen nach oben gestiegen sind. Beschleunigen kann man die Prozedur dadurch, dass man den Bremshebel gegen den Lenker spannt, sodass die Anlage unter Druck steht.***

9 Trommelbremse – Kontrolle und Backen ersetzen

Warnung: Der beim Betrieb alter Bremsbeläge entstehende Staub kann krebserzeugendes Asbest enthalten. Blasen Sie ihn niemals mit Druckluft aus, und atmen Sie ihn nicht ein. Eine geeignete Filtermaske sollte bei Arbeiten an den Bremsen immer getragen werden.

Kontrolle

1 Bauen Sie das Rad aus (Sektion 13 oder 14). Entfernen Sie beim Vorderrad der Zip-Modelle die Bremsankerplatte. Demontieren Sie die Bremsbacken (siehe unten).

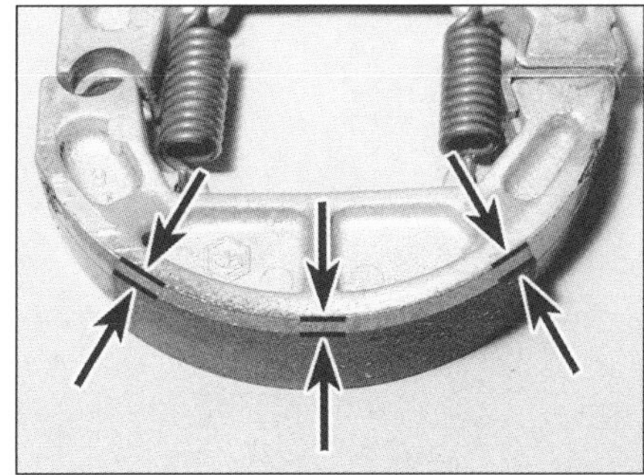

9.2 Prüfen Sie die Bremsbelagstärke jeder Bremsbacke.

2 Prüfen Sie das Belagmaterial der Bremsbacken (siehe Abbildung). Piaggio gibt keine Verschleißgrenze an, doch wenn das Material an der dünnsten Stelle weniger als 1,5 mm stark ist, sollten die Bremsbacken (immer paarweise!) ersetzt werden.

3 Kontrollieren Sie die Oberflächen der Beläge auf Verunreinigung. Außerdem müssen die Bremsbacken ersetzt werden, wenn sie mit Öl oder Fett verschmutzt oder stark eingekerbt sind oder durch Schmutz oder Sand beschädigt wurden. Beachten Sie, dass es kaum möglich ist, Bremsbeläge vollständig zu entfetten – wenn sie in irgendeiner Weise verunreinigt sind, müssen sie als Satz ausgetauscht werden.

4 Wenn die Bremsbacken in gutem Zustand sind, reinigen Sie sie mit einer feinen Drahtbürste, die vollkommen fett- und ölfrei ist. Arbeiten Sie mit einem spitzen Werkzeug eingearbeitete Partikel aus dem Material, schleifen Sie verglaste Stellen mit Schmirgelleinen sauber – beachten Sie die Warnung oben.

5 Kontrollieren Sie die Bremsbacken-Federn, und ersetzen Sie sie, falls sie beschädigt oder ermüdet sind.

6 Reinigen Sie die Bremstrommel innen mit Bremsenreiniger oder Lösungsmittel. Begutachten Sie die Bremsfläche auf Riefen und übermäßigen Verschleiß (siehe Abbildung). Während kleine Kratzer normal sind, beeinträchtigen tiefe Riefen oder Brüche die Brems-

9.6 Kontrollieren Sie die Bremsfläche der Trommel auf Riefen und Verschleiß.

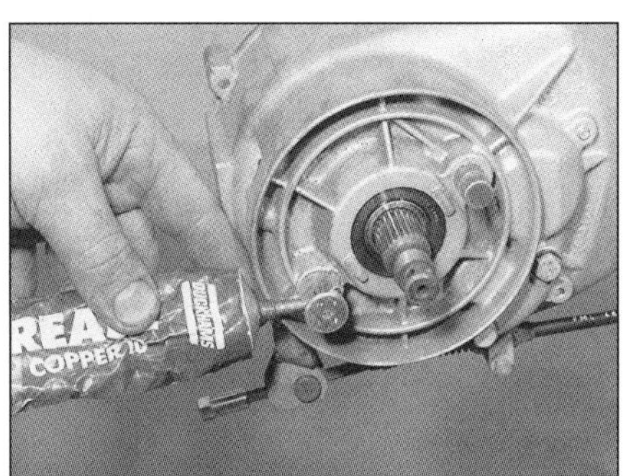

9.11a Versehen Sie den Bremsnocken mit etwas Kupferpaste.

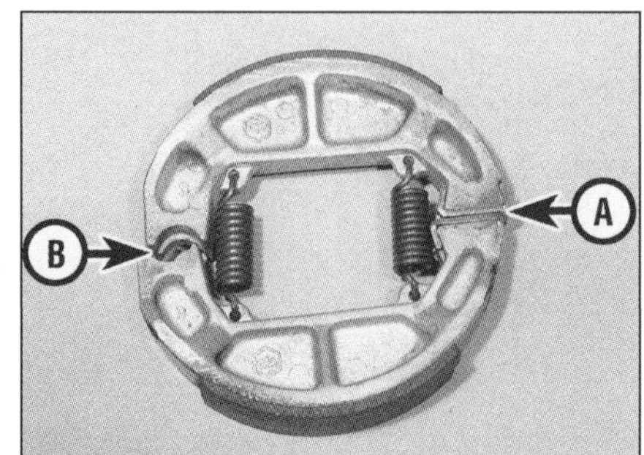

9.11b Richten Sie die flachen Enden (A) der Bremsbacken zum Nocken und die runden Enden (B) zum Zapfen aus.

9.11c Einbau der Bremsbacken

wirkung, sodass das ganze Rad ausgetauscht werden muss.

7 Kontrollieren Sie, ob beim Betätigen der Bremse der Bremsnocken sanft arbeitet. Befreien Sie den Nocken von alten Fettresten. Ist die Gleitfläche des Nockens beschädigt oder verschlissen, muss er ersetzt werden.

Ersetzen der Bremsbacken

8 Bauen Sie das Rad aus (Sektion 13 oder 14). Entfernen Sie beim Vorderrad der Zip-Modelle die Bremsankerplatte.

9 Greifen Sie beide Bremsbacken, und klappen Sie sie zusammen (siehe Abbildung 9.11c) – sie stehen unter Federspannung. Entfernen Sie die Backen unter Beachtung ihrer Einbaulage am Bremsnocken und Zapfen. Hängen Sie die Federn an beiden Backen aus.

10 Kontrollieren Sie die Backen und die Trommel wie oben beschrieben.

11 Versehen Sie die Gleitfläche des Bremsnockens mit Kupferpaste – dies muss sparsam geschehen, damit nichts auf das Belagmaterial gelangt (siehe Abbildung). Installieren Sie die Bremsbacken in der entgegengesetzten Ausbaureihenfolge – hängen Sie die Federn ein, und positionieren Sie die Backen so, dass ihr flaches Ende am Bremsnocken und das runde Ende am Zapfen liegt (siehe Abbildung). Die Enden müssen nach dem Herunterklappen korrekt am Nocken und Zapfen liegen (siehe Abbildung) – betätigen Sie den Bremsen-Hebel, um die Funkton zu prüfen.

12 Bauen Sie das Rad ein. Prüfen Sie vor der ersten Fahrt die Funktion der Bremse.

10 Bremsbowdenzüge
Ersetzen

Vorderrad-Bremsbowdenzug

Zip- und Sfera-Modelle mit Trommelbremse

1 Befreien Sie das untere Ende der Bowdenzughülle aus ihrem Sitz.

2 Drehen Sie am unteren Ende die Einstellmutter vollständig zurück, und ziehen Sie den Bowdenzug-Nippel aus dem Bremsen-Hebel.

3 Entfernen Sie die vordere Lenkerverkleidung (siehe Kapitel 7).

4 Ziehen Sie die Bowdenzughülle aus dem Bremshebel-Halter, und befreien Sie den Bowdenzug-Nippel unten aus dem Bremshebel (siehe Abbildungen 10.17a und b).

5 Befreien Sie den Bowdenzug unter Beachtung seiner Verlegung aus allen Führungen des Fahrzeugs.

6 Installieren Sie den neuen Bowdenzug in der umgekehrten Ausbaureihenfolge. Fetten Sie den oberen Nippel und die Rolle im Bremsen-Hebel. Stellen Sie das Spiel des Bowdenzuges ein (siehe Kapitel 1).

Alle anderen Modelle

7 Entfernen Sie die vorderen Verkleidungsteile (siehe Kapitel 7).

8 Entfernen Sie den Sprengring vom Stift der Bowdenzug-Aufnahme, und ziehen oder treiben Sie den Stift heraus, um den Zug vom Hebel zu befreien (siehe Abbildung 5.16).

9 Lockern Sie die Kontermutter des Einstellers, und drehen Sie diesen aus dem Halter (siehe Abbildung).

10 Entfernen Sie die vordere Lenkerverkleidung (siehe Kapitel 7).

11 Ziehen Sie die Bowdenzughülle aus dem Bremshebel-Halter, und befreien Sie den Bowdenzug-Nippel unten aus dem Bremshebel (siehe Abbildungen 10.17a und b).

12 Befreien Sie den Bowdenzug unter Beachtung seiner Verlegung aus allen Führungen des Fahrzeugs.

13 Installieren Sie den neuen Bowdenzug in der umgekehrten Ausbaureihenfolge. Fetten Sie die Nippel des Zuges. Stellen Sie das Spiel des Bowdenzuges ein (siehe Kapitel 1).

Hinterrad-Bremsbowdenzug

14 Entfernen Sie die Klemmschraube, und befreien Sie die Bowdenzughülle unten aus dem Halter (siehe Abbildung). Bei manchen Modellen ist die Schraube von außen eingeschraubt.

15 Drehen Sie am unteren Ende die Einstellmutter vollständig zurück, und ziehen Sie den Bowdenzug-Nippel aus dem Bremsen-Hebel.

16 Entfernen Sie die vordere Lenkerverkleidung (siehe Kapitel 7).

17 Ziehen Sie die Bowdenzughülle aus dem Bremshebel-Halter, und befreien Sie den Bowdenzug-Nippel unten aus dem Bremshebel (siehe Abbildungen).

18 Entfernen Sie die Innenverkleidung und das Trittbrett (siehe Kapitel 7), um Zugang zu den

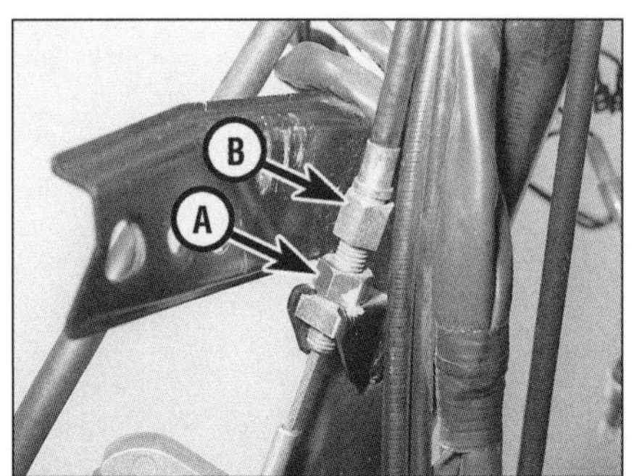

10.9 Lockern Sie die Kontermutter (A), und drehen Sie den Einsteller (B) heraus.

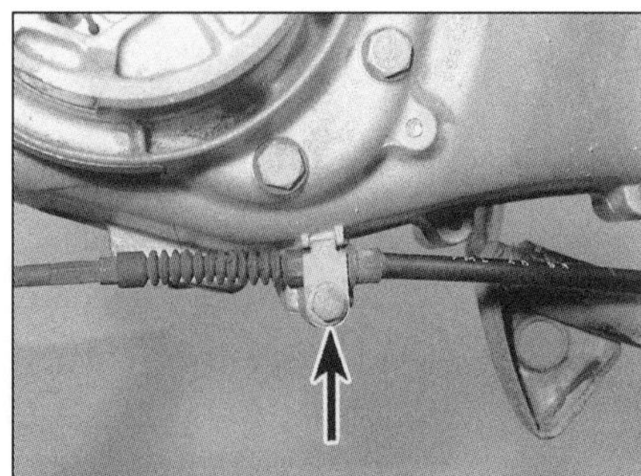

10.14 Lösen Sie die Schraube, entfernen Sie die Klemme, und befreien Sie die Hülle.

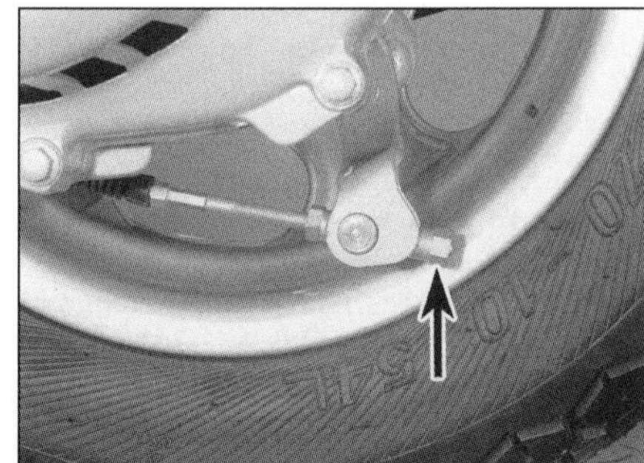

10.15 Lösen und entfernen Sie die Einstellmutter.

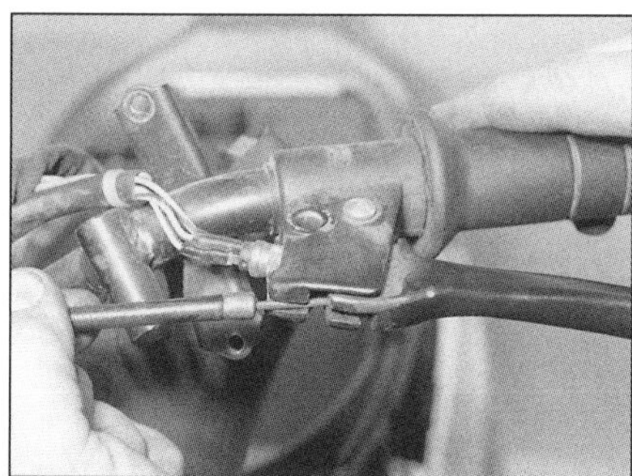

10.17a Ziehen Sie die Bowdenzughülle aus dem Halter, . . .

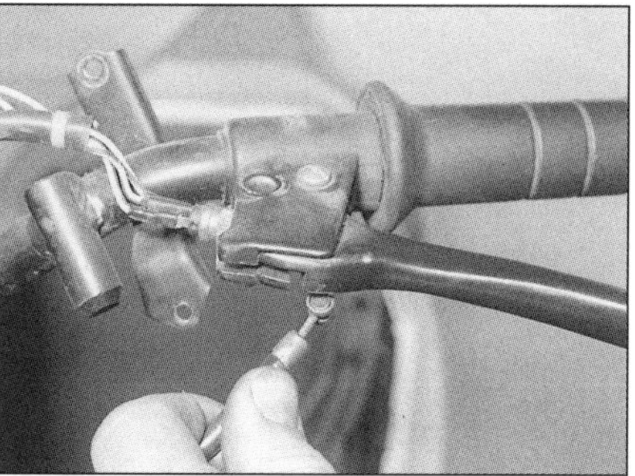

10.17b . . . und befreien Sie den Nippel aus dem Hebel.

Bowdenzugführungen zu erhalten. Ziehen Sie den Zug heraus – merken Sie sich genau die Verlegung.

19 Installieren Sie den neuen Bowdenzug in der umgekehrten Ausbaureihenfolge. Fetten Sie den oberen Nippel und die Rolle im Bremsen-Hebel. Stellen Sie das Spiel des Bowdenzuges ein (siehe Kapitel 1).

11 Räder – Kontrolle und Reparatur

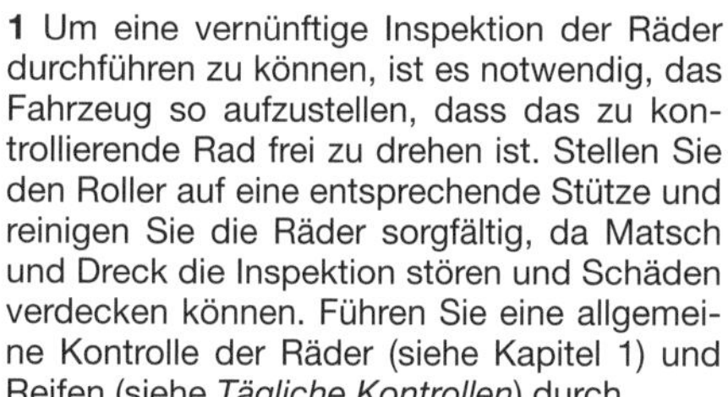

1 Um eine vernünftige Inspektion der Räder durchführen zu können, ist es notwendig, das Fahrzeug so aufzustellen, dass das zu kontrollierende Rad frei zu drehen ist. Stellen Sie den Roller auf eine entsprechende Stütze und reinigen Sie die Räder sorgfältig, da Matsch und Dreck die Inspektion stören und Schäden verdecken können. Führen Sie eine allgemeine Kontrolle der Räder (siehe Kapitel 1) und Reifen (siehe *Tägliche Kontrollen*) durch.

2 Befestigen Sie eine Messuhr an der Gabel oder dem Antriebsgehäuse, und richten Sie den Messstift seitlich gegen die Felge (siehe Abbildung). Drehen sie das Rad langsam, und kontrollieren Sie das Axial- (Seiten-) Spiel. Um das Radial- (Höhen-) Spiel zu messen, müssen das Rad ausgebaut und der Reifen demontiert werden. Mit im Schraubstock eingespannter Achse und einer Messuhr kann ein Höhenschlag ermittelt werden.

3 Eine einfachere – jedoch auch ungenauere – Methode zur Ermittlung des Radialspiels ist durch das Befestigen eines festen Drahtes an der Gabel oder dem Antriebsgehäuse zu erreichen, dessen Ende nahe an den Außenrand der Felge, wo der Reifen aufliegt, gebogen wird. Wenn das Rad in Ordnung ist, wird der Abstand zum Drahtende sich beim Drehen des Rades nicht verändern. **Anmerkung**: *Wenn außergewöhnliche Schläge festzustellen sind, sollten zunächst die Radlager (vorne) oder Antriebswellenlager (hinten) ausgiebig untersucht werden, bevor das Rad ersetzt wird.*

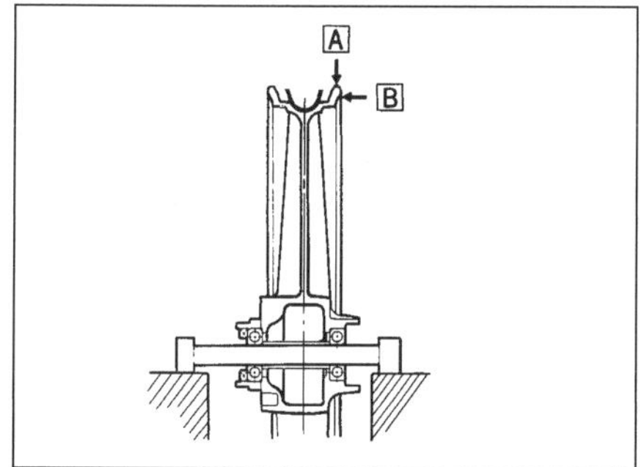

11.2 Prüfen Sie das Rad auf Radialspiel (Höhenschlag) (A) und Axialspiel (Seitenschlag) (B).

4 Die Räder sollten weiterhin auf Risse, Ausbrüche an der Felge und andere Beschädigungen untersucht werden. Achten Sie besonders auf Beulen in dem Gebiet, wo die Reifenflanken an der Felge liegen, da hier Undichtigkeiten auftreten können.

5 Wenn Beschädigungen vorliegen oder ein übermäßiger Schlag (mehr als 2 mm Axial- oder Radialschlag) festgestellt wurde, muss das Rad ersetzt werden – versuchen Sie nicht, es selbst zu richten!

12 Räder Spurkontrolle

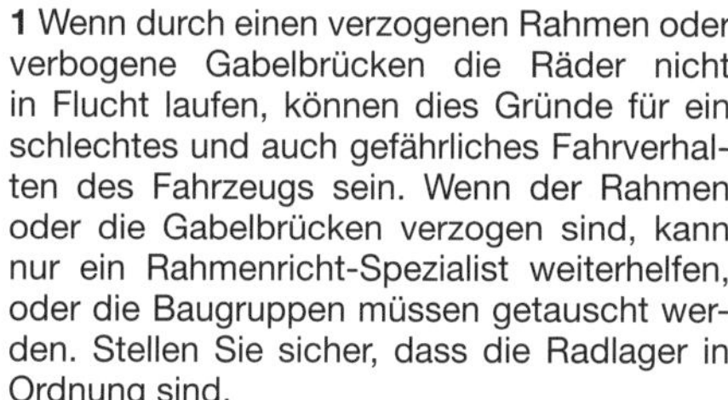

1 Wenn durch einen verzogenen Rahmen oder verbogene Gabelbrücken die Räder nicht in Flucht laufen, können dies Gründe für ein schlechtes und auch gefährliches Fahrverhalten des Fahrzeugs sein. Wenn der Rahmen oder die Gabelbrücken verzogen sind, kann nur ein Rahmenricht-Spezialist weiterhelfen, oder die Baugruppen müssen getauscht werden. Stellen Sie sicher, dass die Radlager in Ordnung sind.

2 Um die Spur kontrollieren zu können, wird neben einem Assistenten ein Seil oder eine absolut gerade Holzlatte und ein Lineal benötigt. Ebenfalls braucht man ein Lot.

3 Zur ordentlichen Kontrolle muss das Fahrzeug auf einer geeigneten Stütze senkrecht ausgerichtet sein. Messen Sie die Breite beider Räder an der dicksten Stelle. Ziehen Sie den Wert des Vorderrades von dem des Hinterrades ab und teilen Sie den Wert durch zwei. Das Ergebnis ist der Wert, der bei den folgenden Messungen auf beiden Seiten der Räder herauskommen sollte.

4 Wenn ein Seil verwendet wird, muss der Assistent das eine Ende auf halber Höhe zwischen Boden und Hinterradachse halten, sodass es die hintere Seitenfläche des Reifens berührt.

5 Halten Sie das andere Ende des Seils am Vorderrad in die gleiche Höhe, und bringen Sie es stramm gespannt in Berührung mit der vorderen Seitenfläche des Hinterrades. Drehen Sie das Vorderrad, bis es parallel mit dem Seil steht. Messen Sie den Abstand der Reifenflanken zum Seil (siehe Abbildung).

6 Wiederholen Sie die Prozedur auf der anderen Seite der Maschine. Der Abstand zwischen Vorderrad und Seil muss auf beiden Seiten gleich sein. Wenn die Reifenbreiten vorne und hinten gleich sind, muss das Seil natürlich direkt den Vorderreifen berühren.

7 Wie erwähnt, kann man die Messung auch mit einer absolut geraden Holzlatte durchführen (siehe Abbildung nächste Seite). Die Ausführung bleibt die gleiche.

13 Vorderrad und Radaufhängung Ausbau und Einbau

Modelle mit Einarmschwinge

Rad – Ausbau und Einbau

1 Stellen Sie das Fahrzeug auf den Hauptständer, und stützen Sie es so ab, dass das Vorderrad frei vom Boden ist. Sorgen Sie dafür, dass die Maschine sicher steht.

2 Bei Sfera 50- und 80-Modellen mit Trommelbremsen ähnelt der Ausbau des Vorderrades dem des Hinterrades – beachten Sie daher Sektion 14. Lösen Sie bei allen anderen Modellen die fünf Schrauben, die das Rad an der

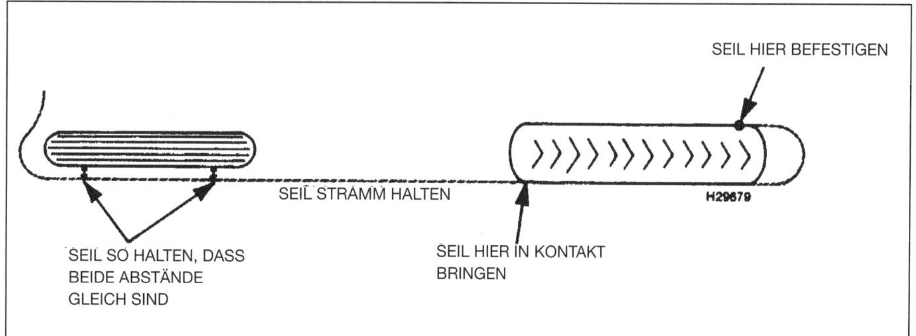

12.5 Spurkontrolle mithilfe eines Seils

Illustriert an einem Fahrzeug mit unterschiedlich breiten Rädern.

ABSTAND ZWISCHEN LATTE UND REIFEN MUSS AN BEIDEN SEITEN VORNE UND HINTEN GLEICH SEIN

ABSOLUT GERADE HOLZLATTEN ODER METALLSTANGEN

LATTEN MÜSSEN VORNE UND HINTEN PARALLEL ZUM HINTERREIFEN SEIN

H29680

12.7 Spurkontrolle mithilfe von Latten
Illustriert an einem Fahrzeug mit unterschiedlich breiten Rädern.

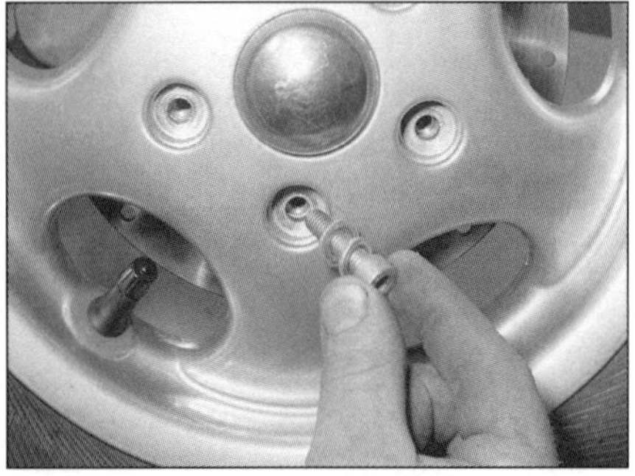

13.3 Vergessen Sie nicht, die Radbolzen mit den Scheiben auszurüsten.

13.6b . . . und die Käfigmutter.

13.2a Lösen Sie die Schrauben, . . .

Nabe sichern, und ziehen Sie das Rad ab – beachten Sie die große Scheibe innerhalb des Rades (siehe Abbildungen).

3 Legen Sie die Scheibe in das Rad, installieren Sie die Schrauben samt Scheiben, und ziehen Sie sie mit 20 bis 25 Nm an (siehe Abbildung).

Radaufhängung – Ausbau

4 Bauen Sie das Vorderrad aus (siehe oben). Trennen Sie die Tachowelle von der Radaufhängung, und entfernen Sie ihren Antrieb (siehe Kapitel 9).

5 Lösen Sie bei Scheibenbremsen-Modellen die Bremssattelschrauben, und ziehen Sie den Sattel von der Bremsscheibe (siehe Sektion 3) – sichern Sie ihn mit einem Seil oder Draht, sodass die angeschlossene Bremsleitung nicht unter Last steht. Es ist nicht nötig, die Bremsleitungen zu trennen. **Anmerkung**: *Betätigen Sie nicht den Bremshebel, wenn der Bremssattel demontiert ist.*

13.6a Entfernen Sie den Splint . . .

13.7 Entfernen Sie die Nabenmutter.

13.2b . . . und entfernen Sie das Rad.

6 Ziehen Sie den Splint aus der Käfigmutter, und entfernen Sie diese (siehe Abbildungen) – der Splint muss später durch ein Neuteil ersetzt werden.

7 Lösen Sie die Nabenmutter (siehe Abbildung).

8 Ziehen Sie die Radaufhängung von der Achse (siehe Abbildung) – wenn sie sich schwer lösen lässt, muss eine stabile Scheibe, deren Außendurchmesser dem Ausschnitt im Rad entspricht und deren Innendurchmesser etwas kleiner als der Außendurchmesser der Achse ist (sodass sie nicht darüber passt), in das Rad gelegt werden (siehe Abbildung); setzen Sie das Rad an, installieren Sie die Schrauben, und ziehen Sie sie schrittweise über Kreuz an, um die Nabe abzuziehen (siehe Abbildung).

9 Kontrollieren Sie die Lager in der Radnabe (Sektion 15) sowie den Dichtring im Gehäuse des Tachoantriebs – hebeln Sie den alten Dichtring nötigenfalls aus, um einen neuen zu installieren (siehe Abbildung).

Radaufhängung – Einbau

10 Der Einbau entspricht der umgekehrten Ausbaureihenfolge – beachten Sie dabei Folgendes:

a) *Versehen Sie die Achse, die Lager und den Tachometerantrieb mit Fett (siehe Abbildung).*
b) *Ziehen Sie die Radnabenmutter mit 85 Nm an (siehe Abbildung).*
c) *Sichern Sie die Käfigmutter mit einem neuen Splint (siehe Abbildung), und biegen Sie dessen Enden korrekt um (siehe Abbildung 13.6a).*

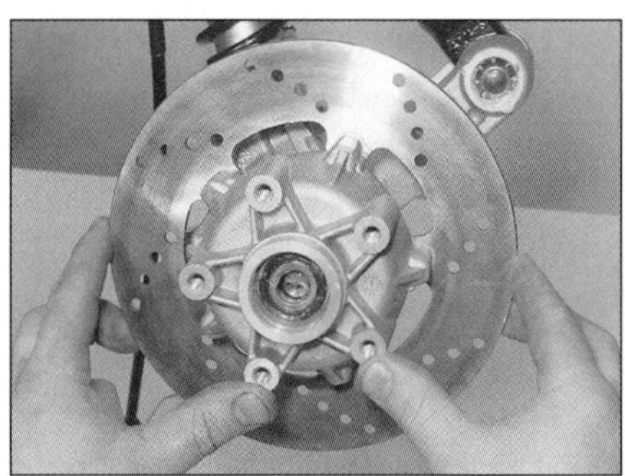

13.8a Ziehen Sie die Naben-Baugruppe von der Achse.

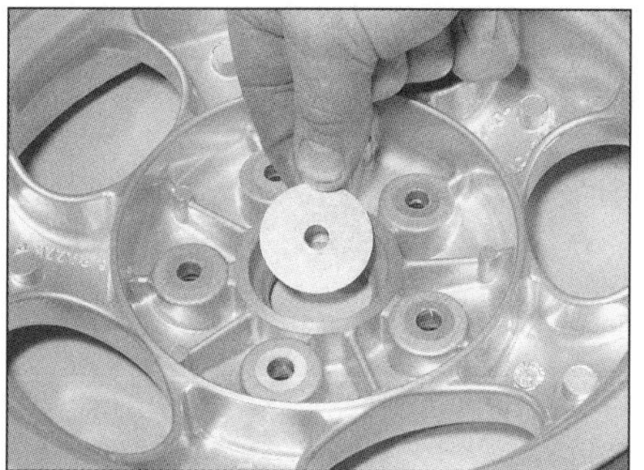

13.8b Legen Sie die Scheibe innen ins Rad, . . .

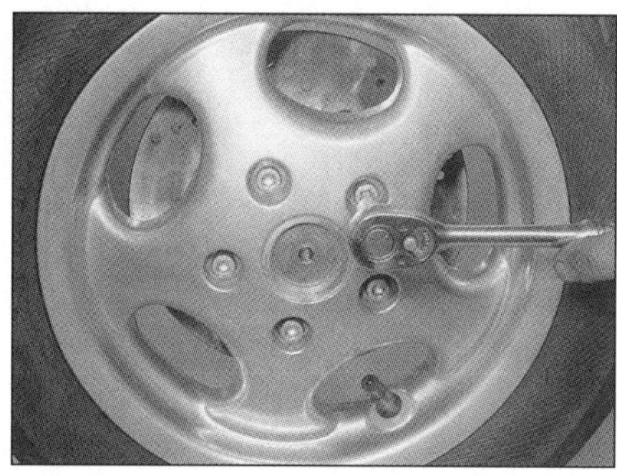

13.8c . . . und ziehen Sie die Bolzen wie beschrieben an.

Modelle mit Teleskopgabel

Rad – Ausbau

11 Stellen Sie das Fahrzeug auf den Hauptständer, und stützen Sie es so ab, dass das Vorderrad frei vom Boden ist. Sorgen Sie dafür, dass die Maschine sicher steht.

12 Bei Zip-Modellen mit Trommelbremsen muss der Bremsbowdenzug ausgehängt werden (siehe Sektion 10). Lösen Sie bei allen anderen Modellen die Bremssattelschrauben, und ziehen Sie den Sattel von der Bremsscheibe (siehe Sektion 3) – sichern Sie ihn mit einem Seil oder Draht, sodass die angeschlossene Bremsleitung nicht unter Last steht. Es ist nicht nötig, die Bremsleitungen zu trennen. **Anmerkung**: *Betätigen Sie nicht den Bremshebel, wenn der Bremssattel demontiert ist.*

13 Ziehen Sie die Gummiabdeckung vom Ende der Tachowelle, lösen Sie den Rändelring, und ziehen Sie die Welle aus dem Antriebsgehäuse. **Anmerkung**: *Manche späteren Modelle sind mit einem elektronischen Tachometer ausgerüstet – versuchen Sie nicht, das Kabel vom Gehäuse des Geschwindigkeitssensors zu trennen (siehe Kapitel 9).*

14 Falls vorhanden, lockern Sie die Achsen-Klemmschrauben (siehe Abbildung). Lösen Sie die Achsmutter, stützen Sie das Rad, und ziehen Sie die Achse heraus (siehe Abbildungen) – treiben Sie sie nötigenfalls heraus. Entfernen Sie das Tacho-Antriebsgehäuse und ggf. die Anlaufscheibe.

Achtung: Legen Sie das Rad nicht auf die Bremsscheibe, da sie sich dadurch verziehen kann. Legen Sie das Rad auf Blöcke, sodass die Scheibe nicht das Gewicht des Rades stützen muss.

15 Kontrollieren Sie die Achse durch Rollen auf einer ebenen Oberfläche, z.B. einer Glasscheibe auf Biegung (wischen Sie zuvor altes Fett ab, und entfernen Sie Rost mit Schmiergelleinen). Wenn die Ausrüstung vorhanden ist, legen Sie die Achse in Prismenböcke, und messen Sie den Verzug. Wenn die Achse mehr als 0,2 mm verbogen ist, muss sie ersetzt werden.

16 Kontrollieren Sie den Zustand der Radlager (siehe Sektion 15).

Rad – Einbau

17 Bringen Sie das korrekt ausgerichtete Rad zwischen den Gabelrohren in Position. Geben Sie etwa Fett an die Innenseite des Tachoantriebs oder Geschwindigkeitssensors, versehen Sie das Teil ggf. mit der Anlaufscheibe, und installieren sie es so an das Rad, dass

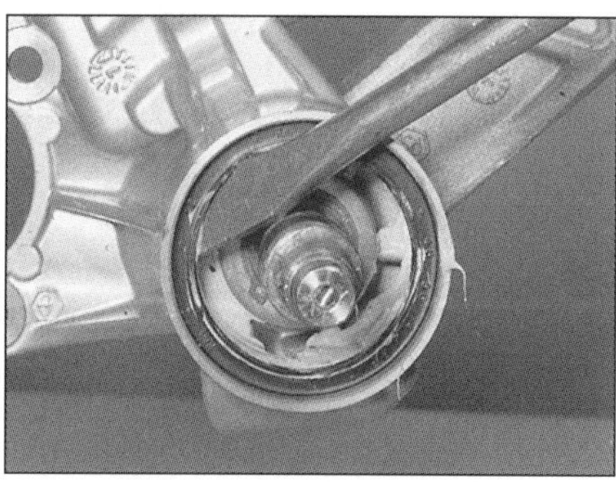

13.9 Hebeln Sie die alte Dichtung mit einem Schraubendreher heraus.

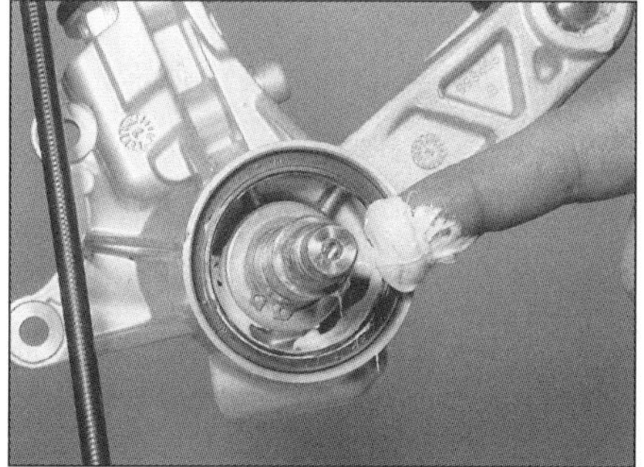

13.10a Versehen Sie die Achse und den Antriebsgehäuse-Dichtring mit Fett.

13.10b Ziehen Sie die Radnabenmutter mit 85 Nm an.

13.10c Sichern Sie die Käfigmutter mit einem neuen Splint.

13.14a Lockern Sie die Achsen-Klemmschrauben.

13.14b Lösen Sie die Achsmutter, . . .

13.14c . . . und ziehen Sie die Achse heraus.

13.17a Rüsten Sie das Rad mit der Anlaufscheibe, . . .

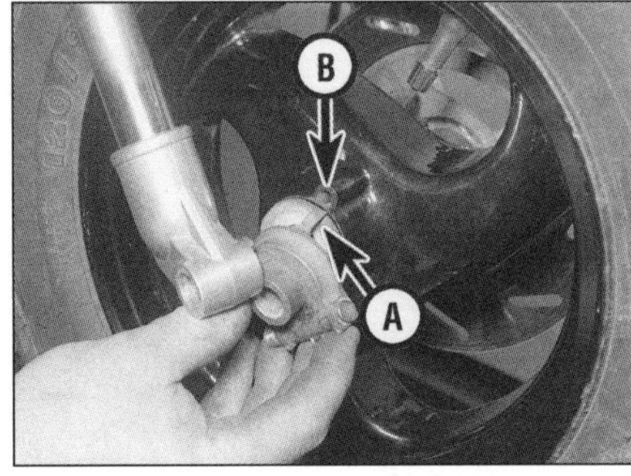

13.17b . . . und dem Tachoantrieb aus, dessen Lasche (A) in das Loch (B) . . .

13.17c . . . oder dessen Laschen zum Antriebsgehäuse ausgerichtet sein müssen.

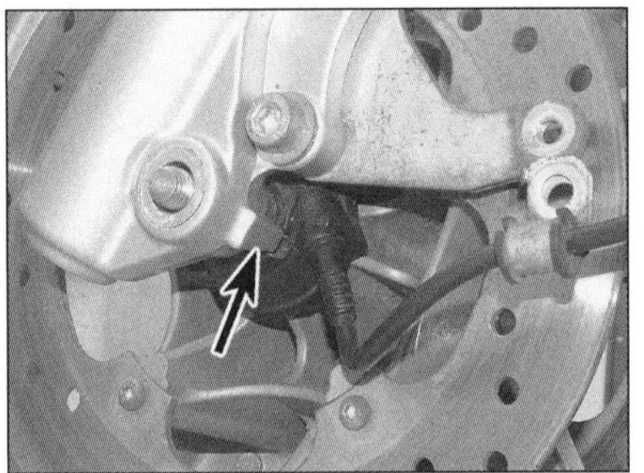

13.18 Das Tacho-Antriebsgehäuse muss gegen den Vorsprung drücken.

13.19a Drehen Sie die Achsmutter auf, . . .

13.19b . . . und ziehen Sie sie mit 40 bis 50 Nm an.

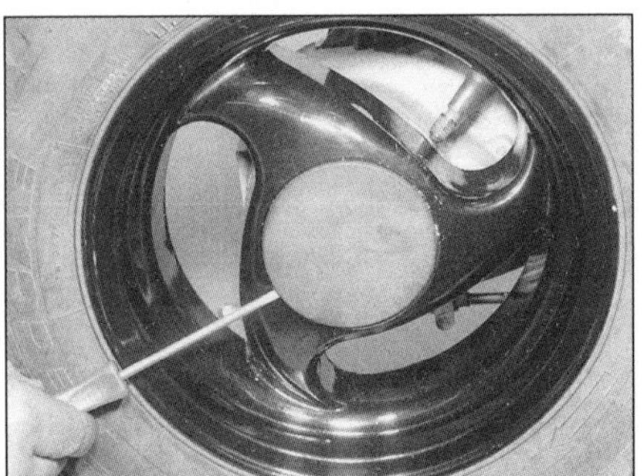

14.2a Hebeln Sie die Abdeckung ab, . . .

14.2b . . . und entfernen Sie den Splint.

die Mitnehmerlasche korrekt ausgerichtet ist (siehe Abbildungen). Schmieren Sie die Achse dünn mit Fett ein.

18 Heben sie das Rad an, achten Sie darauf, dass der Tachoantrieb korrekt gegen den Vorsprung an der Innenseite der Gabel drückt (siehe Abbildung). Installieren Sie die Achse.

19 Drehen Sie die Achsmutter auf, und ziehen Sie sie mit 40 bis 50 Nm an (siehe Abbildungen). Falls vorhanden, werden die Achsklemmschrauben installiert und mit 7 Nm angezogen.

20 Schieben Sie den Bremssattel auf die Scheibe – die Beläge müssen korrekt auf beiden Seiten der Scheibe sitzen (siehe Sektion 3). Ziehen Sie die Bremssattel-Befestigungsschrauben mit 20 bis 25 Nm an.

21 Verbinden Sie ggf. die Tachowelle mit dem Antrieb, und ziehen Sie den Rändelring an. Bei Zip-Modellen mit Trommelbremsen muss der Bowdenzug eingehängt werden (Sektion 10).

22 Betätigen Sie (außer bei Zip-Modellen) den Bremshebel einige Male, bis die Beläge an der Bremsscheibe anliegen. Nehmen Sie das Fahrzeug vom Ständer, ziehen Sie die Bremse, und drücken sie die Telegabel einige Male nach unten, bis sich alle Komponenten gesetzt haben.

23 Kontrollieren Sie die ordnungsgemäße Funktion der Vorderradbremse, bevor Sie mit dem Motorroller fahren.

14 Hinterrad und Nabe
Ausbau und Einbau

Trommelbremsen-Modelle

Ausbau

1 Stellen Sie das Fahrzeug auf den Hauptständer, und stützen Sie es so ab, dass das Hinterrad frei vom Boden ist. Entfernen Sie den Schalldämpfer (siehe Kapitel 4).

2 Hebeln Sie die Achsabdeckung mit einem kleinen Schraubendreher ab (siehe Abbildung). Ziehen Sie den Splint aus der Käfigmutter, und entfernen Sie diese (siehe Abbildung) – der Splint muss später durch ein Neuteil ersetzt werden.

3 Lösen Sie die Radmutter, während Sie mithilfe der Hinterradbremse das Rad blockieren (siehe Abbildung). Entfernen Sie die Scheibe, und ziehen Sie das Rad von der Antriebswelle (siehe Abbildungen).

4 Prüfen Sie die Verzahnungen der Welle und des Rades auf Verschleiß und Schäden – schadhafte Teile müssen ersetzt werden.

Einbau

5 Fetten Sie die Verzahnungen der Welle und des Rades, und schieben Sie das Rad auf (siehe Abbildung 14.3c).

6 Legen Sie die Scheibe auf, und installieren Sie die Radmutter (siehe Abbildungen 14.3b und a) – ziehen Sie sie mit dem am Anfang des

14.3a Lösen Sie die Mutter, . . .

14.3b . . . entfernen Sie die Scheibe, . . .

14.3c . . . und ziehen Sie das Rad von der Antriebswelle.

14.6 Ziehen Sie die Mutter mit dem vorgeschriebenen Drehmoment an.

14.7 Sichern Sie die Käfigmutter mit einem neuen Splint.

14.17 Entfernen Sie die Schrauben des Innenkotflügels.

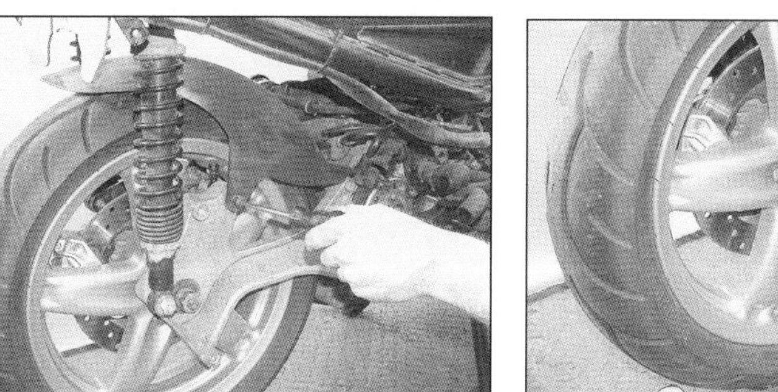

14.18a Lösen Sie die untere Stoßdämpferbefestigung, . . .

Kapitels angegebenen Drehmoment an (siehe Abbildung).

7 Installieren Sie die Käfigmutter, und sichern Sie sie mit dem neuen Splint, dessen Enden um die Mutter herumgebogen werden müssen.

8 Montieren Sie das Hinterrad.

Scheibenbremsen-Modelle mit einseitiger Radaufhängung

Ausbau

9 Stellen Sie das Fahrzeug auf den Hauptständer, und stützen Sie es so ab, dass das Hinterrad frei vom Boden ist. Entfernen Sie den Schalldämpfer (siehe Kapitel 4).

10 Lassen Sie einen Assistenten die Hinterradbremse betätigen, um das Rad am Mitdrehen zu hindern. Lösen Sie dann die Schrauben, die es an der Nabe sichert, um es abzunehmen.

11 Folgen Sie nötigenfalls den Anweisungen in Sektion 6, um die Radaufhängung zu demontieren.

12 Prüfen Sie die Verzahnungen der Welle und des Rades auf Verschleiß und Schäden – schadhafte Teile müssen ersetzt werden.

Einbau

13 Installieren Sie ggf. die Radaufhängung und montieren Sie den Bremssattel (siehe Sektion 6).

14 Fetten Sie die Verzahnungen der Welle und des Rades, und schieben Sie das Rad auf. Lassen Sie den Assistenten die Hinterradbremse betätigen, um das Rad am Mitdrehen zu hindern, und ziehen Sie die Schrauben mit dem am Anfang des Kapitels angegebenen Drehmoment an (siehe Abbildung).

15 Installieren Sie die verbliebenen Teile in der entgegengesetzten Ausbaureihenfolge.

Scheibenbremsen-Modelle mit beidseitiger Radaufhängung

16 Stellen Sie das Fahrzeug auf den Hauptständer, und stützen Sie es so ab, dass das Hinterrad frei vom Boden ist. Entfernen Sie den Schalldämpfer (siehe Kapitel 4).

17 Falls vorhanden, wird die Schraube gelöst, die den Innenkotflügel an der Schwinge sichert (siehe Abbildung).

Ausbau

– Hexagon, B 125, X9 und alle GT Modelle

18 Lösen Sie die Mutter, die den rechten Stoßdämpfer unten an der Schwinge sichert, und schwenken Sie den Dämpfer beiseite; lösen Sie dann die Schrauben, die die Schwinge am Antriebsgehäuse sichern (siehe Abbildungen).

19 Ziehen Sie den Splint aus der Käfigmutter, und entfernen Sie diese (siehe Abbildung) – der Splint muss später durch ein Neuteil ersetzt werden. Lassen Sie einen Assistenten die Hinterradbremse betätigen, um das Rad am Mitdrehen zu hindern. Lösen Sie dann die Radnabenmutter, und entfernen Sie diese samt der großen Scheibe (siehe Abbildung).

20 Heben Sie die Schwinge ab, und ziehen

14.18b . . . und die Schrauben des Schwingenarms.

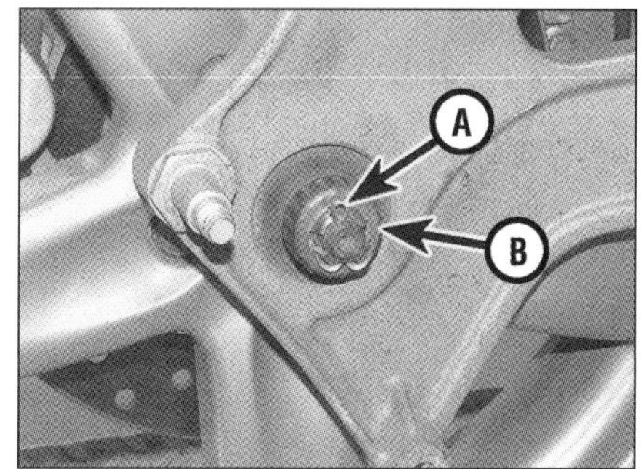

14.19a Entfernen Sie den Splint (A) und die Käfigmutter (B).

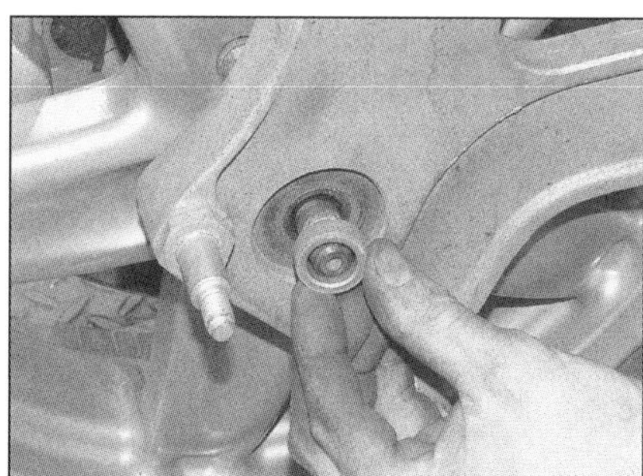

14.19b Beachten Sie die Position der großen Scheibe.

14.20a Entfernen Sie die Schwinge, . . .

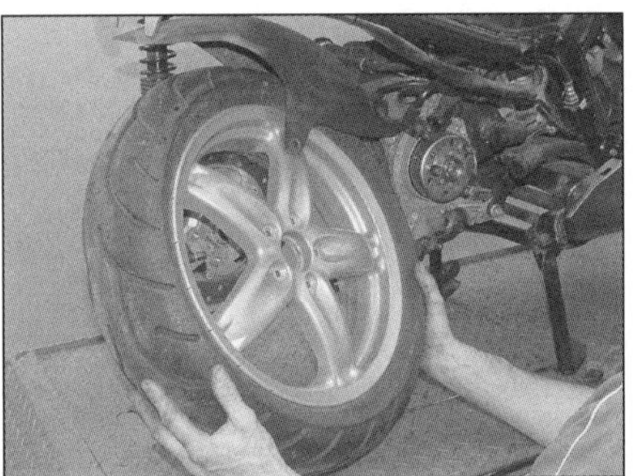

14.21b . . . und heben Sie das Rad ab.

Sie die Distanzbuchse von der Antriebswelle – merken Sie sich ihre Einbaurichtung (siehe Abbildungen).

21 Lösen Sie den Radbolzen, und nehmen Sie das Rad ab (siehe Abbildungen). Folgen Sie nötigenfalls den Anweisungen in Sektion 6, um die Radaufhängung zu demontieren.

14.22b . . . und entfernen Sie die Käfigmutter.

14.24a Entfernen Sie die Bolzen, . . .

14.20b . . . und ziehen Sie die Distanzbuchse von der Antriebswelle.

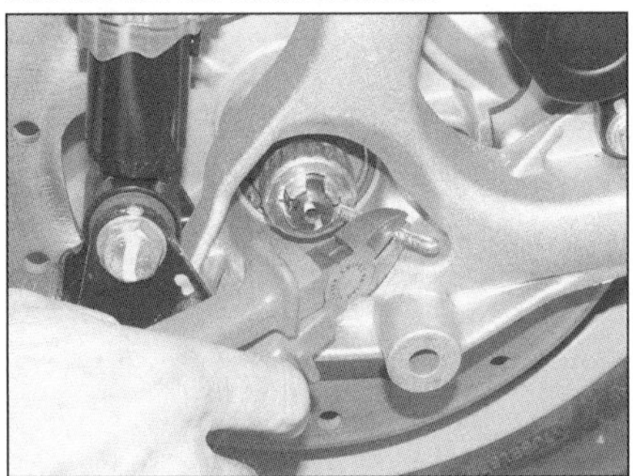

14.22a Ziehen Sie den Splint heraus, . . .

Ausbau – X8-Modelle

22 Ziehen Sie den Splint aus der Käfigmutter, und entfernen Sie diese (siehe Abbildung) – der Splint muss später durch ein Neuteil ersetzt werden. Lassen Sie einen Assistenten die Hinterradbremse betätigen, um das Rad am Mitdrehen zu hindern. Lösen Sie dann

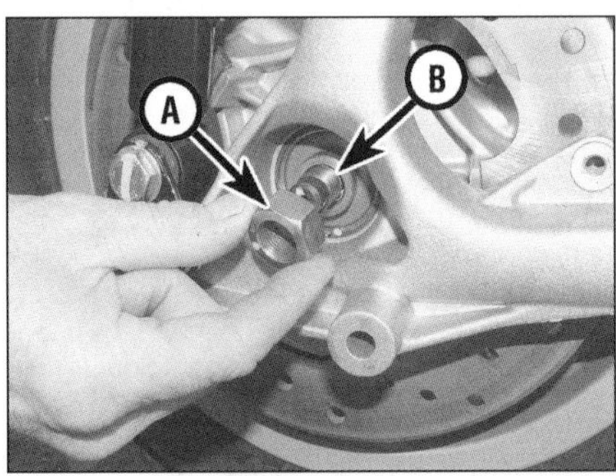

14.22c Entfernen Sie die Radnabenmutter (A) und die Scheibe (B).

14.24b . . . und schwenken Sie den Stoßdämpfer beiseite.

14.21a Lösen Sie die Radbolzen, . . .

die Radnabenmutter, und entfernen Sie diese samt der großen Scheibe (siehe Abbildung).

23 Entfernen Sie die Bremssattel-Befestigungsschrauben, und ziehen Sie den Sattel von der Bremsscheibe (siehe Abbildungen 6.8a und b) – sichern Sie ihn mit einem Seil oder Draht, sodass die angeschlossene Bremsleitung nicht unter Last steht. Es ist nicht nötig, die Bremsleitungen zu trennen. **Anmerkung**: *Betätigen Sie nicht den Bremshebel, wenn der Bremssattel demontiert ist.*

24 Lösen Sie die Mutter, die den rechten Stoßdämpfer unten an der Schwinge sichert, und schwenken Sie den Dämpfer beiseite (siehe Abbildungen).

25 Lösen Sie die Schrauben, die die Schwinge am Antriebsgehäuse sichern, und heben Sie sie ab (siehe Abbildungen).

26 Ziehen Sie die Distanzbuchse von der Antriebswelle – merken Sie sich ihre Einbaurichtung (siehe Abbildung). Ziehen Sie das Rad von der Antriebswelle. Folgen Sie nötigenfalls den Anweisungen in Sektion 6, um die Radaufhängung zu demontieren.

Achtung: Legen Sie das Rad nicht auf die Bremsscheibe, da sie sich dadurch verziehen kann. Legen Sie das Rad auf Blöcke, sodass die Scheibe nicht das Gewicht des Rades stützen muss.

Kontrolle – Alle Modelle

27 Kontrollieren Sie das im Schwingarm sitzende Lager – es ist beidseitig abgedichtet (siehe Sektion 15, Schritt 7). Besteht irgendein Zweifel über seinen Zustand, muss es ersetzt werden. Entfernen Sie den Seegerring (siehe Abbildung), und treiben Sie das Lager von der anderen Seite her aus. Folgen Sie Schritt 14 in

14.25a Lösen Sie die Schrauben, . . .

14.25b . . . und heben Sie den Schwingenarm ab.

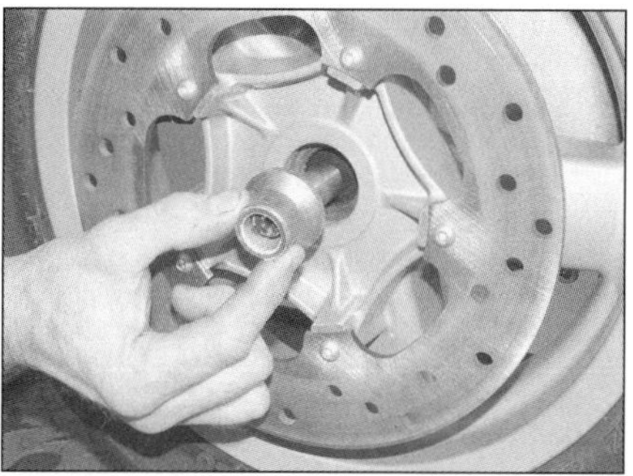

14.26 Ziehen Sie die Distanzbuchse unter Beachtung ihrer Lage ab.

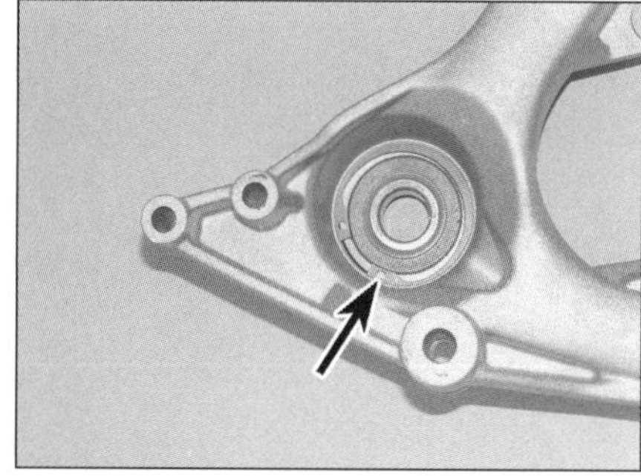

14.27 Das Schwingenlager ist mit einem Seegerring gesichert.

Sektion 15, um das neue Lager einzutreiben.

28 Prüfen Sie die Verzahnungen der Welle und des Rades auf Verschleiß und Schäden – schadhafte Teile müssen ersetzt werden (siehe Abbildungen).

Einbau – Alle Modelle

29 Der Einbau entspricht der umgekehrten Ausbaureihenfolge – beachten Sie dabei Folgendes:

a) *Ziehen Sie die Radschrauben mit dem vorgeschriebenen Drehmoment an.*

b) *Vergessen Sie nicht die zwischen dem Rad und dem Schwingarm liegende Distanzbuchse.*

c) *Vergessen Sie nicht die große Scheibe unter der Radnabenmutter – ziehen Sie diese mit dem vorgeschriebenen Drehmoment an.*

d) *Installieren Sie die Käfigmutter, und sichern Sie sie mit dem neuen Splint, dessen Enden um die Mutter herumgebogen werden müssen.*

15 Radlager – Ausbau, Kontrolle und Einbau

Vorderradlager

Einarmschwinge (außer Sfera mit Trommelbremse)

1 Die Radlager dieser Modelle sitzen in der Radaufhängung. Bauen Sie das Rad aus, und entfernen Sie die Aufhängung (siehe Sektion 13).

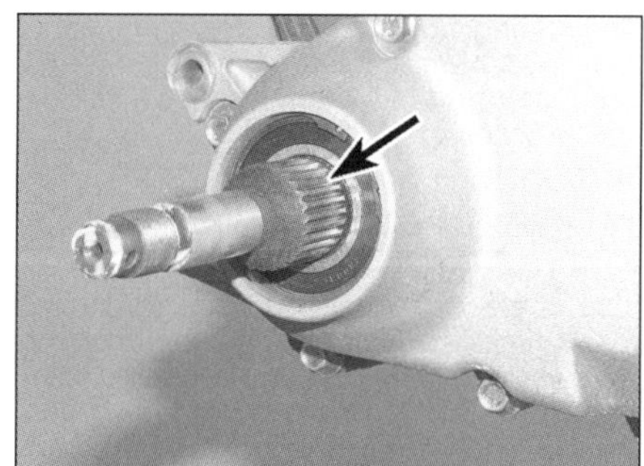

14.28a Prüfen Sie die Mitnehmerverzahnung der Antriebswelle, . . .

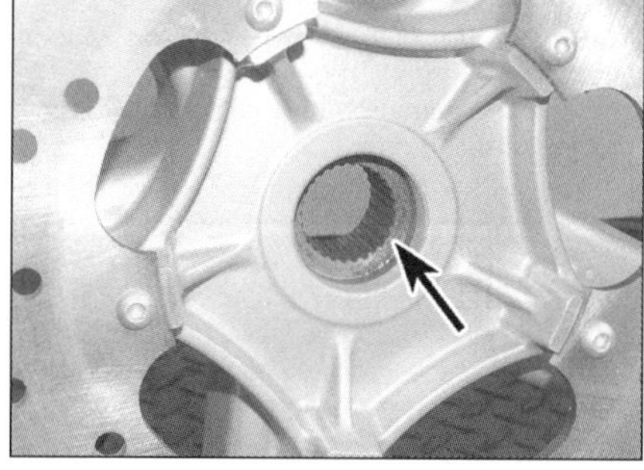

14.28b . . . und die Verzahnung in der Radnabe.

2 Entfernen Sie mit einer Innenseegerringzange den vor dem Kugellager liegenden Seegerring (siehe Abbildung). Entfernen Sie auch den Dichtring.

3 Legen Sie die Radaufhängung auf Holzblöcke, um die Radlager austreiben zu können.

4 Führen Sie ein Metallrohr (oder vorzugsweise einen Austreibdorn) durch das Nadellager, und schlagen Sie kreisförmig auf das untere Kugellager, um es auszutreiben (siehe Abbildung).

5 Legen Sie das Rad auf die andere Seite, sodass das Nadellager unten liegt, und treiben Sie es in gleicher Weise heraus. Das Nadellager darf, das Kugellager sollte nach dem Ausbau nicht wiederverwendet werden – nötigenfalls kann man es kontrollieren:

6 Wenn das Kugellager nicht oder nur an einer Seite abgedichtet ist, kann es mit Lösungsmittel gereinigt werden, dann wird es mit Druckluft getrocknet (lassen Sie es dabei nicht drehen). Geben Sie ein paar Tropfen Öl in das Lager. **Anmerkung**: *Ein beidseitig abgedichtetes Lager kann nicht gereinigt werden.*

7 Halten Sie den Außenring des Lagers, und drehen Sie den Innenring – wenn dies rau ge-

15.2 Entfernen Sie den Seegerring.

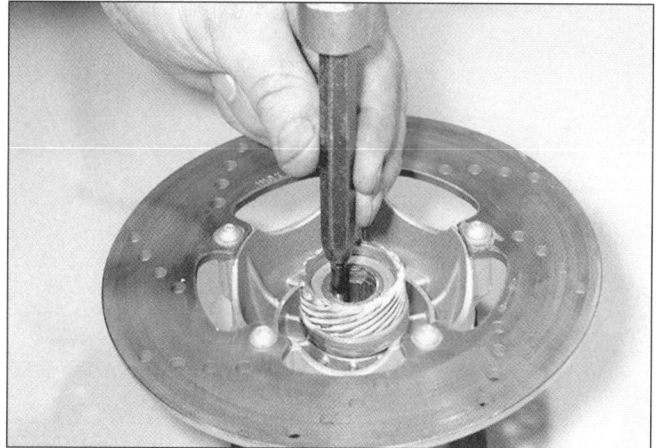

15.4 Treiben Sie das Lager heraus.

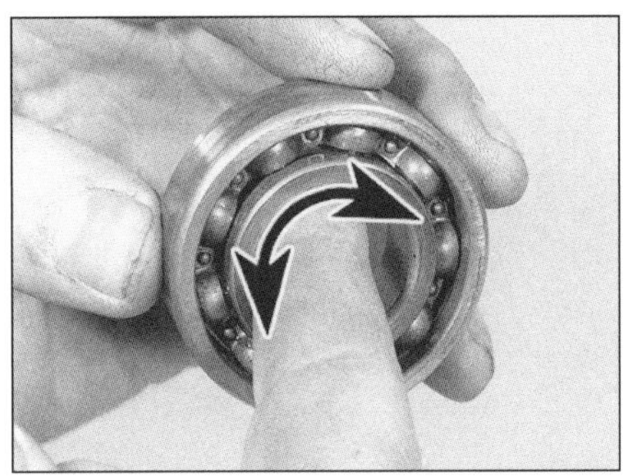

15.7 Halten Sie den Außenring, und achten Sie beim Drehen des Innenrings auf Geräusche.

schieht oder das Lager klemmt, muss es ersetzt werden (siehe Abbildung).

8 Ist das Lager in Ordnung und kann wiederverwendet werden, muss es erneut mit Lösungsmittel gereinigt und anschließend mit Fett versehen werden.

9 Reinigen Sie die Radaufhängung sorgfältig, und installieren Sie die Lager: Fetten Sie dazu zunächst das Nadellager, und pressen Sie es in Position – Eintreiben sollte unterbleiben, um die neuen Lager nicht zu beschädigen. Mangels einer Presse kann eine geeignete Einziehvorrichtung gebaut werden:

10 Beschaffen Sie sich eine lange Schraube oder Gewindestange, die etwa 2 cm länger ist als die Gesamtbreite des Schwinghebels samt angesetztem Lager. Zudem werden passende Muttern und zwei große stabile Scheiben benötigt, deren Außendurchmesser größer als der Lagersitz ist. Im Falle der Gewindestange muss diese an einem Ende mit einer Mutter versehen werden, die entweder mit einem Körnerschlag oder einer Kontermutter gesichert wird.

11 Schieben Sie die Stange oder Schraube durch eine der Scheiben und von der Außenseite durch die Radnabe sowie das am anderen Ende angesetzte Lager, das zur Erleichterung des Einbaus gefettet sein sollte. Jetzt wird die zweite Scheibe aufgelegt und eine weitere Mutter aufgedreht.

12 Halten Sie das Lager so, dass es senkrecht in seine Bohrung gleiten kann, und ziehen Sie langsam die Mutter an, um es in seinen Sitz zu ziehen.

13 Sitzt das Lager in seiner Position, wird die Einziehvorrichtung entfernt und der neue Dichtring in die Nabe installiert.

14 Installieren Sie das Kugellager mit der beschrifteten (abgedichteten) Seite nach außen. Benutzen Sie das alte Lager (wenn ein neues eingesetzt wird) oder einen geeigneten Eintreiber, der nur den Außenrand des Lagers berührt, um es senkrecht in seinen Sitz zu treiben. Installieren Sie den Seegerring in seine Nut.

15 Montieren Sie die Radaufhängung und das Rad (siehe Sektion 13).

Teleskopgabel (und Sfera mit Trommelbremse)

Anmerkung: *Ersetzen Sie Radlager immer paarweise, niemals einzeln. Vermeiden Sie es, den Bereich um die Lager mit einem Dampfstrahler zu reinigen.*

16 Bauen Sie das Rad aus (siehe Sektion 13).

17 Legen Sie das Rad auf Holzblöcke – nicht auf die ggf. vorhandene Bremsscheibe.

18 Um die Dichtringe auszubauen (die aus Metall bestehen und dabei zerstört werden), werden sie entweder mit einem Innenabzieher und einem Zughammer herausgezogen oder von der anderen Seite her mit einem Metallrohr (oder vorzugsweise einem Austreibdorn) ausgetrieben (siehe Abbildungen). Das Werkzeug muss am Bund der hinter der Dichtung liegenden Distanzbuchse anliegen und diese samt des Dichtrings ausziehen oder austreiben. Wenn die Lager ersetzt werden sollen, kann das Werkzeug auch an deren Innenring angesetzt werden. Wird ein Austreiber verwendet, kann aber nur unter Schwierigkeiten an den Bund oder Innenring des unteren Lagers angesetzt werden, muss versucht werden, ihn direkt unter dem oberen Lager oben an der zentralen Distanzbuchse anzusetzen und den Dichtring, das Lager und beide Distanzbuchsen gemeinsam auszutreiben.

Achtung: Wenn der Austreiber oben an der zentralen Distanzbuchse angesetzt wird, muss aufgepasst werden, nicht versehentlich das obere Lager in das Rad zu treiben.

19 Legen Sie das Rad auf die andere Seite, und treiben Sie in gleicher Weise den anderen Dichtring, die Distanzbuchse und das Lager heraus.

20 Wenn das Kugellager nicht oder nur an einer Seite abgedichtet ist, kann es mit Lösungsmittel gereinigt werden, dann wird es mit Druckluft getrocknet (lassen Sie es dabei nicht drehen). Geben Sie ein paar Tropfen Öl in das Lager. **Anmerkung**: *Ein beidseitig abgedichtetes Lager kann nicht gereinigt werden.*

21 Halten Sie den Außenring des Lagers, und drehen Sie den Innenring – wenn dies rau geschieht oder das Lager klemmt, muss es ersetzt werden (siehe Abbildung 15.7).

22 Ist das Lager in Ordnung und kann wiederverwendet werden, muss es erneut mit Lösungsmittel gereinigt und anschließend mit Fett versehen werden.

23 Reinigen Sie die Nabe sorgfältig. Installieren Sie ein Radlager mit der beschrifteten und abgedichteten Seite nach außen. Mit einem alten Lager, einem Eintreiber oder einer Steckschlüssel-Nuss, die groß genug ist, nur den Außenring zu berühren, wird es in seinen Sitz geschlagen (siehe Abbildung).

24 Drehen Sie das Rad um, und setzen Sie den Abstandshalter in die Nabe. Treiben Sie das andere Radlager wie oben beschrieben in seinen Sitz.

25 Versehen Sie das Rad an beiden Seiten mit den Distanzbuchsen, deren Bünde gegen die Lager liegen müssen. Pressen Sie dann die neuen Dichtringe mit einem Eintreiber oder einer Steckschlüssel-Nuss, die groß genug ist, nur den Außenrand zu berühren, in ihre Sitze (siehe Abbildungen).

26 Reinigen Sie ggf. die Bremsscheibe mit Azeton oder Bremsenreiniger, und bauen Sie das Rad ein (siehe Sektion 13).

Hinterradlager

27 Das Hinterrad selbst hat keine Lager – diese sitzen an der Getriebeausgangswelle (siehe Kapitel 2G) und bei Modellen mit zwei Stoßdämpfern im rechten Schwingarm (siehe Sektion 14).

15.18a Entfernen Sie den Dichtring und die Lager mit einem Innen-Auszieher, . . .

15.18b . . . oder treiben Sie sie mit einem geeigneten Dorn aus.

15.23 Treiben Sie die Lager mit einer geeigneten Nuss ein.

15.25a Legen Sie die Distanzbuchse auf das Lager, . . .

15.25b . . . und installieren Sie den Dichtring.

16 Räder – Allgemeine Informationen und Montage

Allgemeine Informationen

1 Auf die an allen Modellen verwendeten Räder müssen schlauchlose Reifen gezogen werden. Die Reifengrößen finden sich in den technischen Daten dieses Kapitels sowie auf einem Aufkleber am Kettenschutz, im Fahrerhandbuch und in den Fahrzeugpapieren.

2 Wechseln Sie zu den *Täglichen Kontrollen* am Anfang dieses Handbuches, um Räder und Reifen zu warten.

Montage neuer Reifen

3 Die Auswahl neuer Reifen wird von den Eintragungen in den Fahrzeugpapieren bestimmt. Achten Sie darauf, dass Vorder- und Hinterreifen zusammenpassen, Größe und Geschwindigkeitsangabe stimmen. Lassen Sie sich von einem Piaggio- oder Reifenhändler beraten.

4 Es ist empfehlenswert, Reifen bei einem Spezialisten wechseln zu lassen. Der Heimwerker ist mit seinen Montiereisen oft überfordert und beschädigt eventuell die Dichtflächen an Reifen und Felgen. Eine Werkstatt ist zusätzlich in der Lage, neue Reifen auszuwuchten.

5 Beachten Sie, dass beschädigte Schlauchlos-Reifen in manchen Fällen repariert werden können. Diese Reparaturen dürfen nur von einem Fachbetrieb ausgeführt werden.

Kapitel 9
Elektrische Anlage

Details zur Modell-Identifikation finden sich am Anfang von Kapitel 1

Inhalt

Schwierigkeitsgrade

Leicht. Für Anfänger mit wenig Erfahrung geeignet 	**Relativ leicht.** Für Anfänger mit etwas Erfahrung geeignet 	**Relativ schwierig.** Geeignet für geübte Selbstschrauber 	**Schwer.** Geeignet für Selbstschrauber mit viel Erfahrung 	**Sehr schwer.** Geeignet nur für Experten und Profis 

Technische Daten

Batterie

Kapazität
- 50 cm³-Zweitaktmodelle . . . . . 12 V, 4 Ah (später 9 Ah)
- 50/100 cm³-Viertaktmodelle . . . . . 12 V, 9 Ah
- 80 cm³-Modelle . . . . . 12 V, 5 Ah
- 125/200 cm³-Modelle
  - Typhoon/Sfera, ET4, Hexagon, Skipper, Skipper ST, Liberty, Zip, Fly LX4 . . . . . 12 V, 9 Ah (Euro 3-Modelle: 10 Ah)
  - Super Hexagon, B125, X8, X9, GT125/200 . . . . . 12 V, 12 Ah (Euro 3-Modelle: 10 Ah)
  - GTS, GTV, S, LXV . . . . . 12 V, 10 Ah

Spezifische Dichte (alle Modelle)
- voll geladen . . . . . 1,26 bis 1,28
- ungeladen 0,84

Laderate (alle Modelle) . . . . . 0,5 A über 6 bis 8 Stunden

Lichtmaschine

Ungeregelte Ausgangsspannung
Typhoon 50/80, Sfera 50/80/125, ET2, ET4, Zip, Zip SP/RS, Zip 50, NRG (alle Modelle), Liberty 50, Liberty 125 (außer LEADER), LX 50, LXV 50, Fly 50, S 50 .... 25 bis 30 V AC (Wechselstrom) bei 3000 U/min
ET4 50, Liberty 50 4T, Zip 50/100 4T, LX4 50, Fly 50/100 4T .... 25 bis 35 V AC (Wechselstrom) bei 3000 U/min
Typhoon 125, Hexagon/Super Hexagon, Skipper, Skipper ST, Zip 125 27 bis 31 V AC (Wechselstrom) bei 2000 U/min
Ladespulen-Widerstand – Liberty 125 (LEADER), B 125, X8, X9, LX 125, LXV 125, Fly 125, S 125 und alle GT-Modelle .... 0,7 bis 0,9 Ohm

Regler/Gleichrichter

Geregelte Ausgangsleistung
Typhoon 50/80, Sfera 50/80/125, ET2, Zip, Zip SP,/RS Zip 50, NRG (alle Modelle), Liberty 50, LX 50, LXV 50, Fly 50, LX4 50, S 50 1,5 bis 2,0 A bei 3000 U/min
ET4 50, Liberty 50 4T, Zip 50/100 4T, Fly 50/100 4T.............. 4,5 A bei 4000 U/min
Skipper ST 125, Liberty 125 (außer LEADER), ET4, Zip 125 .... über 1,8 A bei 3000 U/min
Typhoon 125, Hexagon, Skipper............................ 8,5 A bei 2000 U/min
Geregelte Ausgangsspannung – Liberty 125 (LEADER), B 125, X8, X9, LX 125,LXV 125, Fly 125, S 125 und alle GT-Modelle............. 14,0 bis 15,2 V bei 3000 U/min

Sicherungen

Anmerkung: *Richten Sie sich nach den Informationen auf dem Sicherungsdeckel oder im Handbuch, wenn diese sich von unseren unterscheiden.*
Typhoon 50/80, Sfera 50/80/125, NRG (alle Modelle), . Zip, Zip SP/RS, Zip 50, Liberty 50, ET2, ET4 125, Fly 50, LX2 50, LXV 50, S 50 ..... 7,5 A
Typhoon 125, Skipper, Super Hexagon, Liberty 125, Zip 125, ET4 50, Liberty 50 4T, Zip 50/100 4T, Fly 50, Fly 50/100 4T, LX4 50 . 10 A
Fly 125, LX 125, Liberty 125 (Euro 3) .... 15 A, 7,5 A
B125, X9 .... 15 A, 10 A, 7,5 A, 4 A
B 125 (Euro 3) .... 15 A, 10 A, 7,5 A, 4 A, 3 A
X9 (Euro 3)... 15 A, 10 A, 7,5 A
X8, GT125/200, GTV 125 .... 15 A, 10 A, 7,5 A, 5 A
X8 (Euro 3), GTS 125...................................... 15 A, 10 A, 7,5 A, 5 A, 3 A
Skipper ST... 15 A, 7,5 A, 5A
Hexagon .... 25 A, 10 A, 7,5 A, 4 A

Lampen

Scheinwerfer (Fernlicht/Abblendlicht)
50/89 cm³-Modelle .... 35/35 W
Super Hexagon, B125, X8, X9.............................. 55/55 W
Alle anderen Modelle...................................... 60/55 W
Standlicht
NRG Power DT und DD-Modelle............................. 3 W
Alle anderen Modelle...................................... 5 W
Brems/Rücklicht
Kombinierte Brems-/Rücklichtlampen .... 21/5 W
Separate Brems-/Rücklichtlampen
B 125 .... 10 W und 3 W
X8 .... 10 W und 5 W
X9, GTS und GTV 125 .... 5 W und 2,3 W
NRG Power DT- und DD-Modelle .... LEDs
Kennzeichenbeleuchtung (falls vorhanden)....................... 5 W
Blinkerlampen
X8 vordere Blinker .... 5 W
Alle anderen Modelle .... 10 W
Instrumenten- und Kontrolllampen .... 1,2 und/oder 2,0 W
Gepäckfachbeleuchtung..................................... 5 W

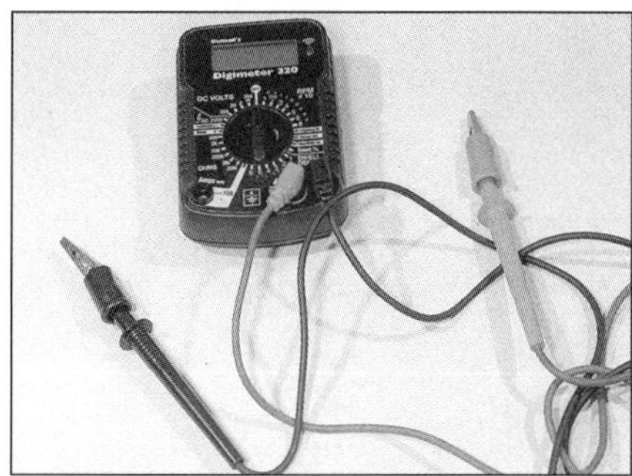

2.5 Mit einem Multimeter können Ohm. Ampere und Volt abgelesen werden.

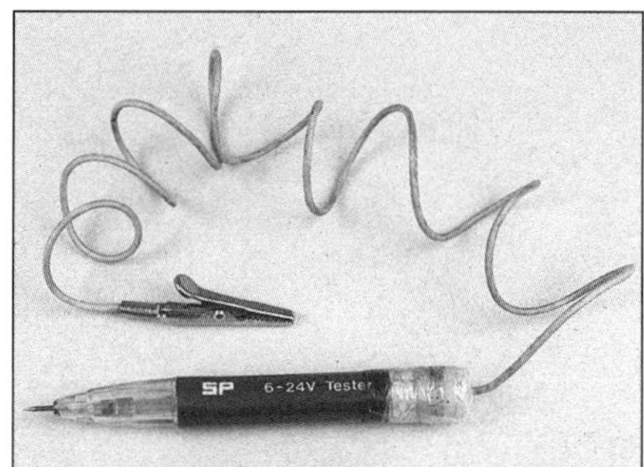

2.6a Für Spannungskontrollen können eine einfache Prüflampe . . .

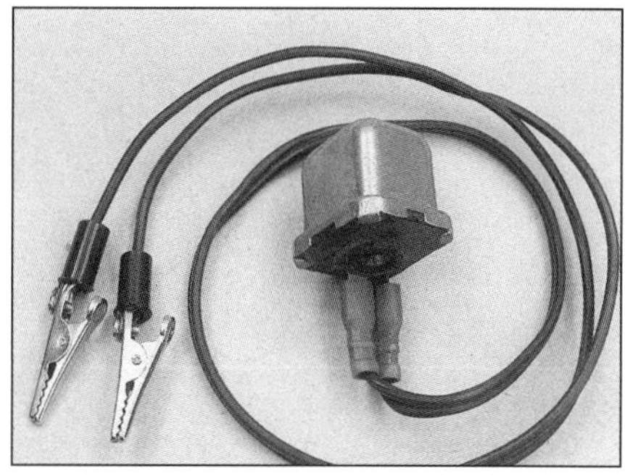

2.6b . . . oder ein Summer verwendet werden.

1 Allgemeine Informationen

Alle Modelle sind mit einer 12-Volt-Elektrik ausgerüstet. Die Baugruppe beinhaltet eine Drei-Phasen-Wechselstrom-Lichtmaschine und eine separate Regler/Gleichrichter-Einheit.

Der Regler begrenzt den Ladestrom, um die Anlage nicht zu überlasten, der Gleichrichter wandelt den in der Lichtmaschine produzierten Wechselstrom in Gleichstrom um, den die Verbraucher und die Batterie benötigen. Der Lichtmaschinenrotor sitzt rechts auf der Kurbelwelle.

Alle Modelle sind mit einem elektrischen Anlasser ausgerüstet. Das Startersystem besteht aus dem Anlassermotor, der Batterie, dem Relais und verschiedenen Kabeln und Schaltern.

Anmerkung: *Beachten Sie, dass Elektroteile – einmal gekauft – normalerweise nicht mehr vom Händler umgetauscht werden. Um unnötige Kosten zu vermeiden, sollte ganz sichergegangen werden, das fehlerhafte Teil genau identifiziert zu haben, bevor ein Ersatzteil gekauft wird.*

2 Elektrische Anlage
Fehlersuche

Warnung: Um das Risiko von Kurzschlüssen zu verhindern, muss die Zündung stets ausgeschaltet und das Massekabel (–) der Batterie getrennt sein, bevor an irgendwelchen elektrischen Komponenten gearbeitet wird. Vergessen Sie nicht nach der Beendigung der Arbeit oder der Durchführung des Tests, die Anschlüsse wieder anzuschließen.

Fehler verfolgen

1 Ein typischer Stromkreis besteht aus einem Verbraucher, entsprechenden Schaltern und Relais sowie Kabeln und Steckern, die das Bauteil mit der Batterie und dem Rahmen (Masse) verbinden. Zur Lokalisierung eines Problems und als Hilfe bei den Kabelfarben müssen die Schaltpläne am Ende des Kapitels beachtet werden.

2 Bevor Sie einen problematischen Stromkreis untersuchen, müssen Sie den Schaltplan genau studieren, um ein vollständiges Bild über die Bestandteile des Stromkreises zu erhalten. Probleme können beispielsweise dadurch eingekreist werden, indem man andere zum Stromkreis gehörende Komponenten auf ihre Funktion überprüft. Wenn mehrere Komponenten eines Stromkreises gleichzeitig ausfallen, ist es sehr wahrscheinlich, dass der Fehler in der Sicherung oder einem defekten Masseanschluss liegt, da mehrere Stromkreise oftmals an derselben Sicherung oder Masse angeschlossen sind.

3 Elektrikprobleme sind oftmals auf Kleinigkeiten wie lockere oder korrodierte Stecker oder eine durchgebrannte Sicherung zurückzuführen. Bevor Sie sich auf die Fehlersuche begeben, sollten Sie stets die Sicherungen, Kabel und Stecker des betroffenen Stromkreises einer Sichtkontrolle unterziehen. Wackelkontakte können besonders frustrierend sein, da der Defekt niemals auftritt, wenn man ihn untersuchen will. In solchen Situationen macht es sich gut, alle Verbindungen des betreffenden Stromkreises unabhängig ihres optischen Zustandes zu reinigen. Wackeln Sie an allen Verbindungen und Kabeln, um lockere Stellen zu finden, die Wackelkontakte hervorrufen können.

4 Wenn Sie Testgeräte einsetzen, müssen Sie anhand des Schaltplans die entsprechenden Anschlüsse auf Fehler untersuchen.

Testausrüstung

5 Zur Grundausstattung einer Elektrik-Fehlersuche gehören eine Batterie, eine Prüflampe samt Kabel, ein Durchgangstester und ein Überbrückungskabel. Als Alternative zu diesen Teilen bietet sich ein Multimeter an, zudem können sich damit Spannungs-, Widerstands- und Stromstärken-Messungen durchführen lassen (siehe Abbildung).

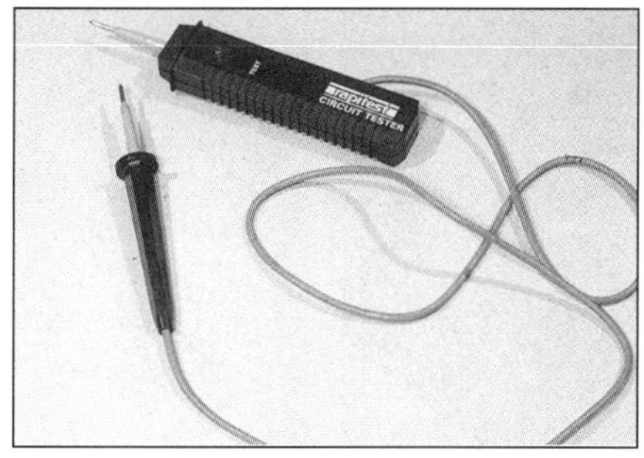

2.8a Durchgang kann mit einem Prüfer mit eigener Stromversorgung . . .

6 Spannungs-Prüfungen müssen durchgeführt werden, wenn ein Stromkreis nicht korrekt funktioniert. Verbinden Sie eine Klemme der Prüflampe oder des Voltmeters mit dem Minus-Anschluss der Batterie oder einer erwiesenermaßen guten Masse (siehe Abbildungen). Die andere Klemme wird möglichst nahe an der Batterie oder der Sicherung mit dem Stecker des zu testenden Stromkreises verbunden. Wenn die Prüflampe leuchtet, erreicht Spannung diese Stelle, sodass der Teil zwischen dem Stecker und der Batterie als problemlos bezeichnet werden kann. Testen Sie den weiteren Verlauf des Stromkreises auf die gleiche Weise. Wird ein Punkt erreicht, an dem keine Spannung anliegt, liegt das Problem zwischen diesem und dem letzten guten Prüfpunkt – meistens aufgrund einer lockeren Verbindung. Bedenken Sie, dass manche Stromkreise nur bei eingeschalteter Zündung unter Spannung stehen.

7 Eine Methode zum Auffinden von Kurzschlüssen liegt im Entfernen der Sicherung und dem Verbinden der Prüflampe oder des Voltmeters mit den Sicherungs-Anschlüssen – es darf keine Spannung anliegen, da der Stromkreis unterbrochen ist. Wackeln Sie am Kabelbaum, während Sie das Prüfgerät beobachten – leuchtet die Lampe auf, besteht irgendwo in der Verkabelung ein Kurzschluss durch eine beschädigte Isolierung. Der gleiche Test kann an anderen Komponenten des Stromkreises – einschließlich des Schalters – durchgeführt werden.

8 Um zu kontrollieren, ob ein Bauteil guten Massekontakt hat, muss eine Masseprüfung durchgeführt werden: Trennen Sie die Batterie, und verbinden Sie eine Klemme eines Durchgangsprüfers oder einer Prüflampe mit eigener

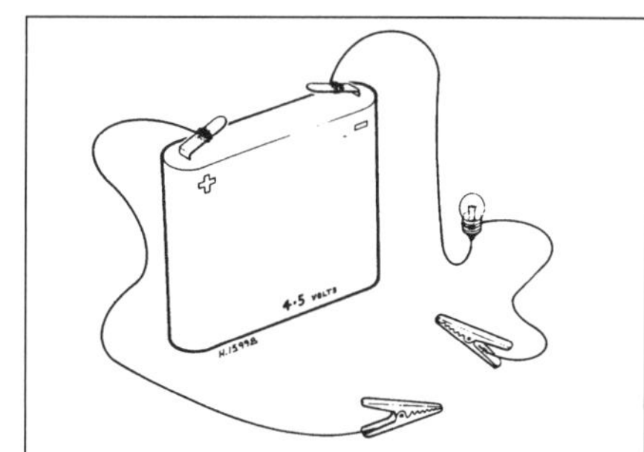

2.8b . . . oder einer Batterie samt Lampe getestet werden.

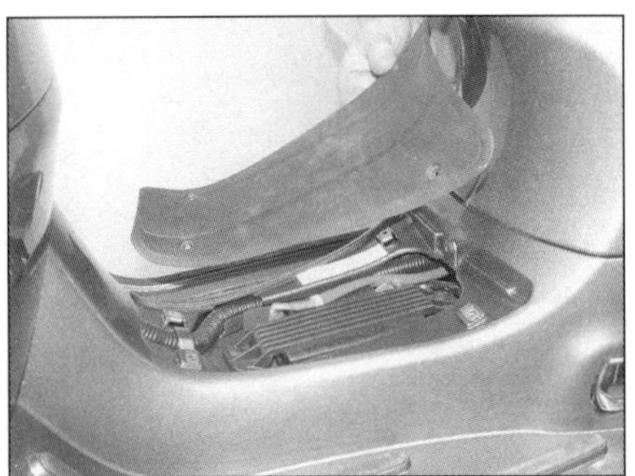

3.1a Bei GT-Modellen muss zunächst die mittige Fußmatte entfernt werden, . . .

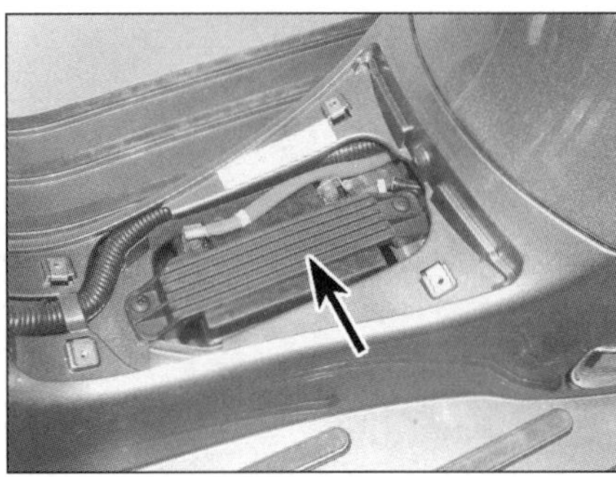

3.1b . . . dann kann die Batterieabdeckung entnommen werden.

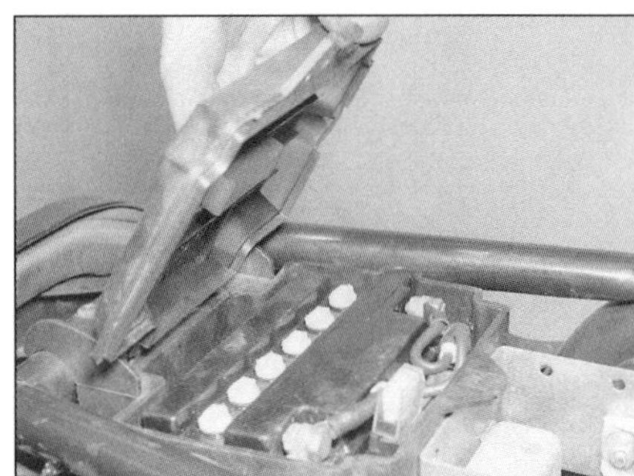

3.1c Demontage der Batterieabdeckung – Hexagon

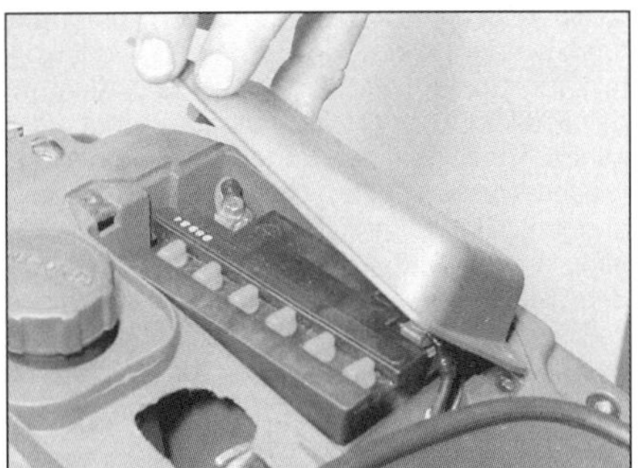

3.1d Demontage der Batterieabdeckung – Typhoon

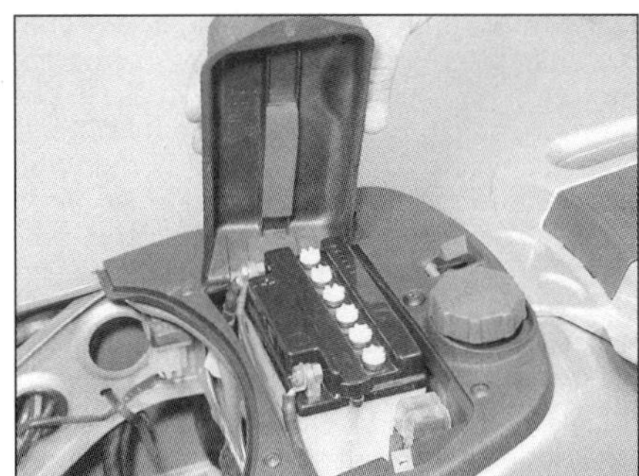

3.1e Demontage der Batterieabdeckung – ET2 und ET4

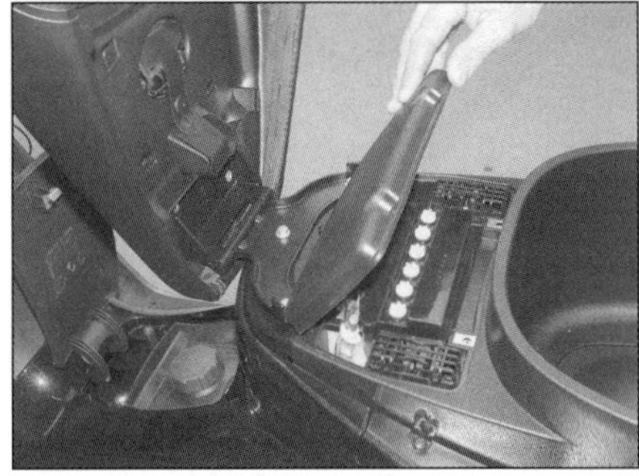

3.1f Demontage der Batterieabdeckung – X8

Stromversorgung mit einer erwiesenermaßen guten Masse (siehe Abbildungen). Verbinden Sie die andere Klemme mit dem zu testenden Kabel oder Masseanschluss. Leuchtet die Lampe, ist die Masse in Ordnung.

9 Um zu kontrollieren, ob ein Stromkreis oder ein elektrisches Bauteil in der Lage ist, Strom hindurchfließen zu lassen, muss eine Durchgangsprüfung ausgeführt werden. Trennen Sie die Batterie, und verbinden Sie die Klemmen eines Durchgangsprüfers oder einer Prüflampe mit eigener Stromversorgung mit den jeweiligen Enden des zu prüfenden Stromkreises. Leuchtet die Lampe, kann Strom durch den Stromkreis fließen. Schalter können auf die gleiche Weise getestet werden.

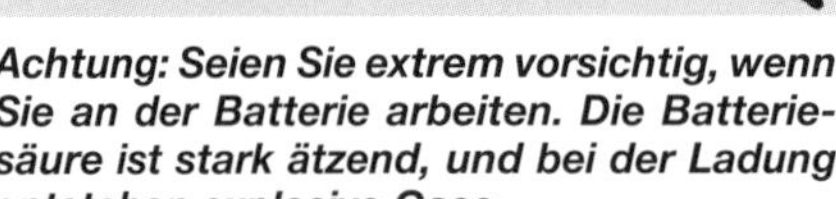

3 Batterie – Ausbau, Kontrolle und Einbau

Achtung: Seien Sie extrem vorsichtig, wenn Sie an der Batterie arbeiten. Die Batteriesäure ist stark ätzend, und bei der Ladung entstehen explosive Gase.

Ausbau und Einbau

1 Bei allen GT-Modellen sitzt die Batterie zwischen dem linken und dem rechten Trittbrett – lösen Sie die vier Schrauben der mittleren Abdeckung, und heben Sie sie ab, lösen Sie dann die Schrauben der Batteriabadeckung, und nehmen Sie diese von der Batterie (siehe Abbildungen). Bei allen anderen Modellen sitzt die Batterie unter der Sitzbank; bei Hexagon-Modellen muss der Sitz demontiert werden (siehe Kapitel 7), bei allen anderen reicht es, die Sitzbank aufzuklappen. Lösen Sie die Schraube(n) der Batterieabdeckung, und entfernen Sie diese von der Batterie (siehe Abbildungen).

2 Lösen Sie zuerst die Schraube des Minusanschlusses (–), und befreien Sie das Massekabel vom Minuspol der Batterie. Lösen Sie dann den Plus-Anschluss (siehe Abbildung). Heben Sie die Batterie aus der Halterung (siehe Abbildung).

3 Reinigen Sie vor dem Anschließen die Batteriepole und Kabelenden mit einer Drahtbürste

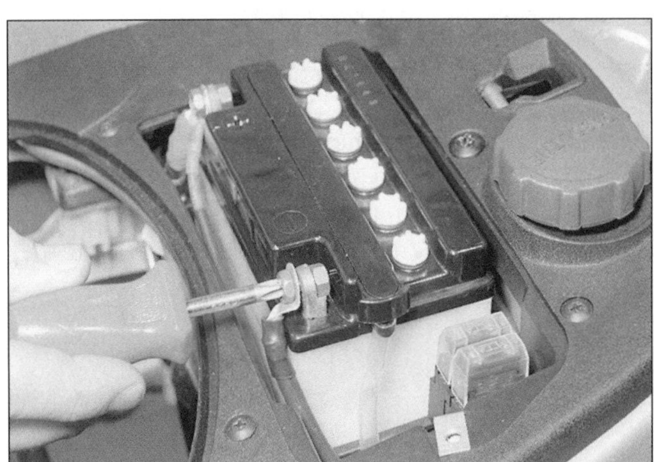

3.2a Trennen Sie zuerst das Massekabel (–) und dann das Pluskabel (+), . . .

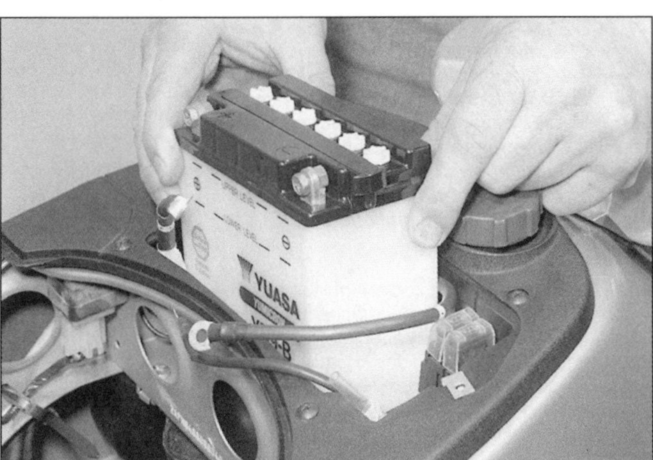

3.2b . . . und bauen Sie die Batterie aus.

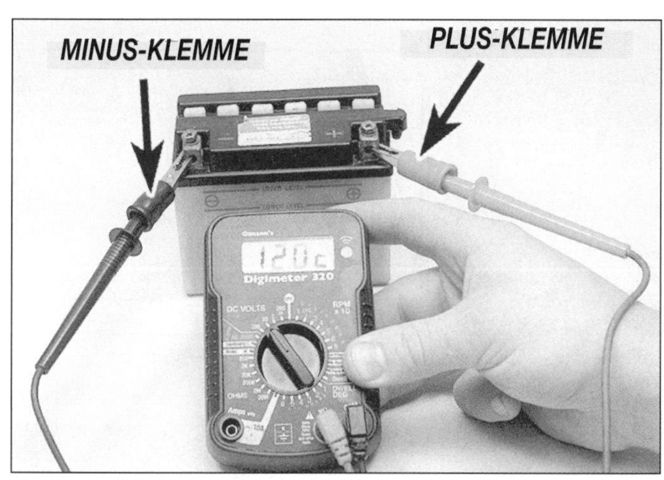

3.11 Messen Sie die Spannung der ausgebauten Batterie.

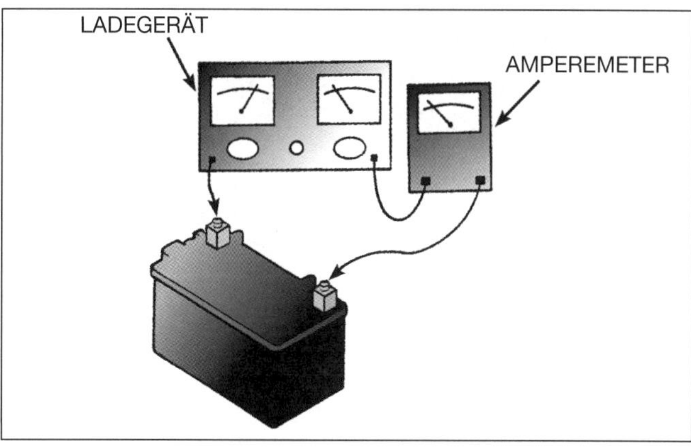

4.2 Ist das Ladegerät nicht mit einem Amperemeter ausgerüstet, muss eines in Reihe angeschlossen werden – klemmen Sie es NICHT zwischen die Batteriepole, es würde dadurch zerstört!

oder einem Messer und Schleifpapier. Schließen Sie beim Anklemmen der Kabel zuerst das Stromkabel (+) an den Pluspol an und dann das Massekabel (–) an den Minuspol.

4 Installieren Sie die Batterieabdeckung, und montieren Sie ggf. die Sitzbank oder die mittlere Abdeckung.

Kontrolle und Wartung

Konventionelle Batterie

5 Diese bei den meisten Modellen serienmäßig verwendeten Blei-Säure-Batterien erfordern neben den hier beschriebenen Wartungsarbeiten eine regelmäßige Kontrolle des Säurepegels (siehe Kapitel 1).

6 Kontrollieren Sie die Batteriepole und Anschlüsse auf Korrosion und Festigkeit. Wenn nötig, lösen Sie die Verbindungen (Minus zuerst!), und reinigen Sie die Anschlüsse mit einer Drahtbürste oder einem Messer und Schleifpapier. Verbinden Sie die Anschlüsse wieder (Plus zuerst!), und schmieren Sie sie dünn mit Polfett ein, um weitere Korrosion zu vermindern.

7 Das Batteriegehäuse muss sauber gehalten werden, um zu vermeiden, dass Kriechströme durch den Schmutz fließen und den Akku über längere Zeit entladen. Waschen Sie die Außenseite des Gehäuses mit einer Lösung aus Wasser und Soda. Spülen Sie die Batterie ordentlich ab, und trocknen Sie sie.

8 Achten Sie auf Risse im Gehäuse und wechseln Sie die Batterie sofort aus, wenn Sie welche entdecken. Wenn Säure auf den Rahmen oder den Batteriehalter gespritzt ist, muss sie sofort mit Sodalauge neutralisiert werden. Trocknen Sie alles ab und bessern Sie Lackschäden aus.

9 Wenn das Fahrzeug für längere Zeit nicht benutzt wird, sollten die Batterieanschlüsse gelöst werden – Masse (–) zuerst. Wechseln Sie zu Sektion 4, und laden Sie die Batterie alle vier bis sechs Wochen auf.

10 Der Ladezustand der Batterie kann durch Messen der Säuredichte ermittelt werden – hierfür ist ein Hydrometer erforderlich. Entfernen Sie die Deckel der Batteriezellen, führen Sie das Hydrometer nacheinander in die Zellen ein, um etwas Säure anzusaugen und anhand des Schwimmerstandes die Säuredichte zu bestimmen – sie sollte zwischen 1,26 und 1,28 liegen. Bauen Sie nötigenfalls die Batterie aus, um sie zu laden (siehe Sektion 4).

11 Der Ladezustand der Batterie kann auch durch Messen der Spannung zwischen den Polen ermittelt werden. Schließen Sie die Plus-Klemme des Voltmeters an den Pluspol des Akkus an, ebenso die Minus-Klemme an den Minuspol (siehe Abbildung). Zwar macht Piaggio keine Angaben, doch sollte eine voll geladene Batterie mehr als 12,5 Volt Spannung haben. Wenn die Voltzahl unter 12 fällt, muss die Batterie ausgebaut und geladen werden, wie in Sektion 4 beschrieben. **Anmerkung**: *Wenn die Batterie geladen wurde (auch während der Fahrt), muss mit der Messung etwa eine halbe Stunde gewartet werden, um brauchbare Ergebnisse zu erzielen.*

Wartungsfreie Batterie

12 Einige Modelle sind mit so genannten wartungsfreien (geschlossenen) Batterien ausgerüstet, deren Säurestand nicht überprüft werden kann. Jedoch sollten die Kontrollen der Schritte 6 bis 9 durchgeführt werden.

13 Es kann zwar keine Messung der Säuredichte durchgeführt werden, doch kann für die Bestimmung des Ladezustand die Spannung gemessen werden (siehe Schritt 11).

4 Batterie
Ladung

Achtung: Seien Sie extrem vorsichtig, wenn Sie an der Batterie arbeiten. Die Batteriesäure ist stark ätzend, und beim Aufladen entstehen explosive Gase.

1 Bauen Sie die Batterie aus (siehe Sektion 3). Verbinden Sie das Ladegerät mit der Batterie – gehen Sie dabei sicher, dass die Anschlüsse nicht verwechselt werden.

2 Piaggio empfiehlt, die Batterie mit maximal 0,5 Ampere über sechs bis acht Stunden zu laden. Stärkere oder längere Ladung kann zu Überhitzung und Verbiegungen der Bleiplatten führen, was die Batterie zerstört. Nur sehr wenige Besitzer haben Zugang zu einem teuren automatischen Ladegerät, normale einfache Ladegeräte sollten nach einem möglicherweise stärkeren Anfangsladestrom auf ein niedriges sicheres Level absinken (siehe Abbildung).

Achtung: Stoppen Sie sofort die Ladung, wenn die Batterie warm wird – weiteres Laden wird zu Beschädigungen führen.

Anmerkung: *In Notfällen kann die Batterie mit einer Stromstärke von rund 3,0 Ampere über eine Stunde geladen werden – jedoch ist dieses nicht empfehlenswert, und die sichere Methode ist immer eine niedrige Ladung.*

3 Beim Laden von wartungsfreien Batterien muss ein geregeltes Ladegerät verwendet werden. Wird ein Gerät mit konstanter Ladespannung eingesetzt, muss sichergestellt sein, dass die Ladespannung 15,2 Volt nicht übersteigt, damit die Batterie nicht beschädigt wird.

4 Wenn die aufgeladene Batterie sich über kurze Zeit wieder entlädt, wird ein innerer Kurzschluss durch physikalische Beschädigung oder starke Sulfatierung vorliegen und es muss eine neue Batterie beschafft werden. Eine gesunde Batterie verliert etwa 1% ihrer Ladung pro Tag.

5 Installieren Sie die Batterie (Sektion 3).

6 Wird das Fahrzeug für längere Zeit nicht benutzt, sollte die Batterie alle vier bis sechs Wochen geladen werden und nicht an das Bordnetz angeschlossen sein.

5 Sicherungen
Kontrolle und Ersetzen

1 Die Bordelektrik ist mit einer einzelnen oder mehreren Sicherungen unterschiedlicher Stärken geschützt (siehe Technische Daten). Bei Fahrzeugen mit nur einer Sicherung sowie ET2- und ET4-Modellen sitzt/sitzen die Sicherung(en) in einem Halter neben der Batterie (siehe Abbildung). Bei den meisten anderen Modellen mit mehreren Sicherungen sitzt die Hauptsicherung in einem Halter neben der Batterie und alle anderen Sicherungen zusammen in einer Box entweder hinter einer Abdeckung rechts in der Innenverkleidung

5.1a Sicherungshalter– ET2 und ET4

5.1b Sicherungshalter (alle außer Hauptsicherung) – Hexagon

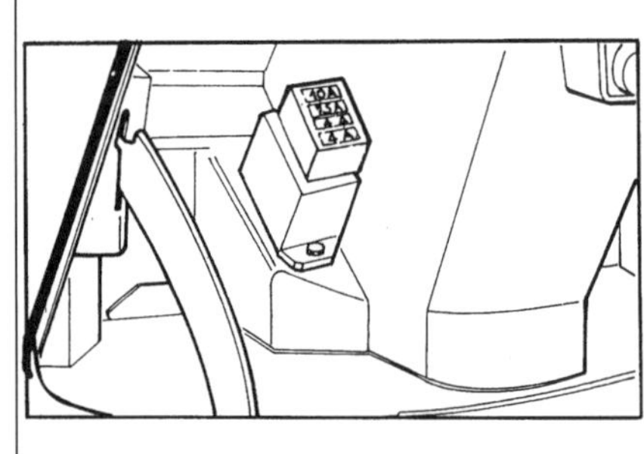

5.1c Sicherungshalter – Skipper

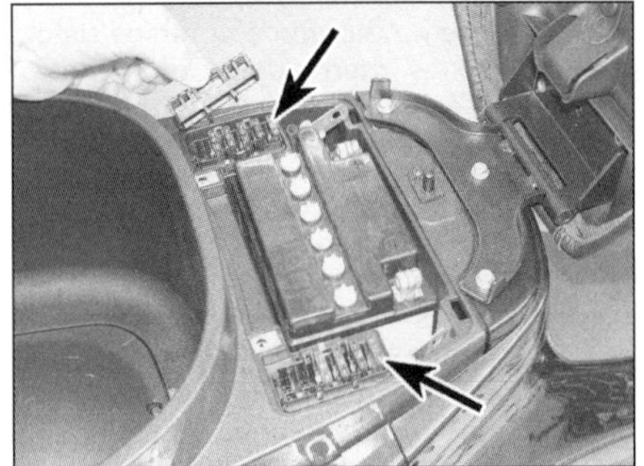

5.1d Sicherungshalter neben der Batterie – X8

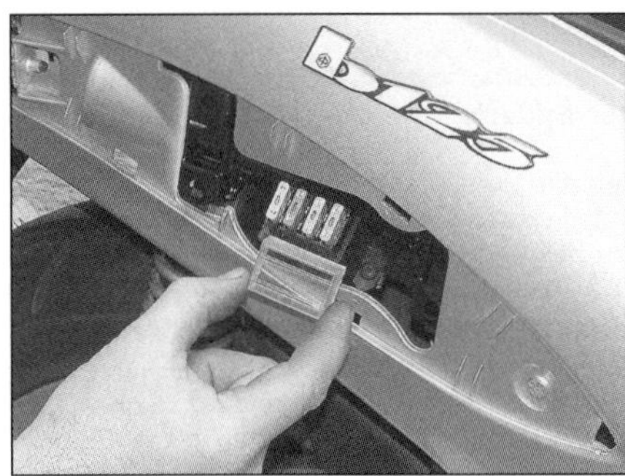

5.1e Sicherungshalter – B125

5.1f Sicherungshalter – X9

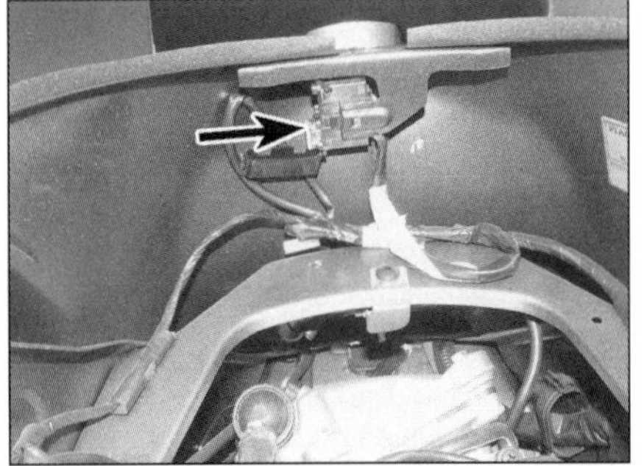

5.1g Lage der Hauptsicherung . . .

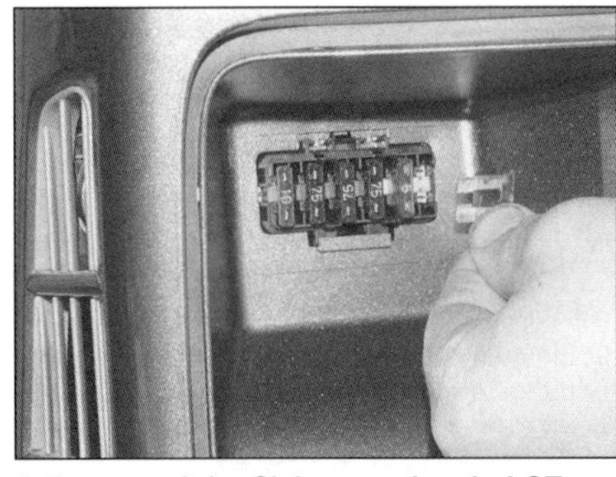

5.1h . . . und der Sicherungsbox bei GT-Modellen

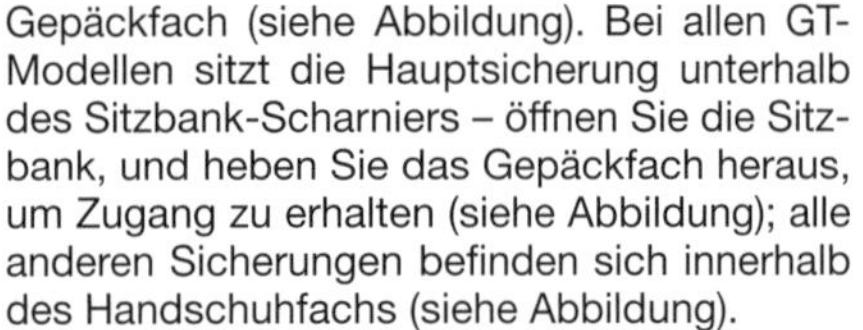

(Typhoon 125), hinter einer Abdeckung links in der Innenverkleidung (Hexagon) (siehe Abbildung), oder im Handschuhfach (Skipper) (siehe Abbildung). Beim X8 sitzen alle Sicherungen in einem Halter neben der Batterie (siehe Abbildung). Beim B 125 sitzen alle Sicherungen innerhalb des Handschuhfachs und hinter der rechten Verkleidungs-Abdeckung (siehe Abbildung). Beim X9 sitzen alle Sicherungen innerhalb des Handschuhfachs und hinten im Gepäckfach (siehe Abbildung). Bei allen GT-Modellen sitzt die Hauptsicherung unterhalb des Sitzbank-Scharniers – öffnen Sie die Sitzbank, und heben Sie das Gepäckfach heraus, um Zugang zu erhalten (siehe Abbildung); alle anderen Sicherungen befinden sich innerhalb des Handschuhfachs (siehe Abbildung).

2 Die Sicherungen können ggf. nach dem Entfernen der Abdeckung ausgebaut und einer Sichtkontrolle unterzogen werden (siehe Abbildungen). Wenn sie sich nicht mit den Fingern entfernen lassen, können sie auch vorsichtig mit einer Spitzzange herausgenommen werden. Eine durchgebrannte Sicherung ist leicht an der Unterbrechung in der Drahtverbindung der beiden Anschlüsse zu erkennen (siehe Abbildung). Jede Sicherung ist deutlich mit dem Wert der maximalen Stromstärke markiert und darf nur durch eine gleich starke ersetzt werden. Es ist ratsam, je eine Ersatzsicherung aller Stärken dabei zu haben.

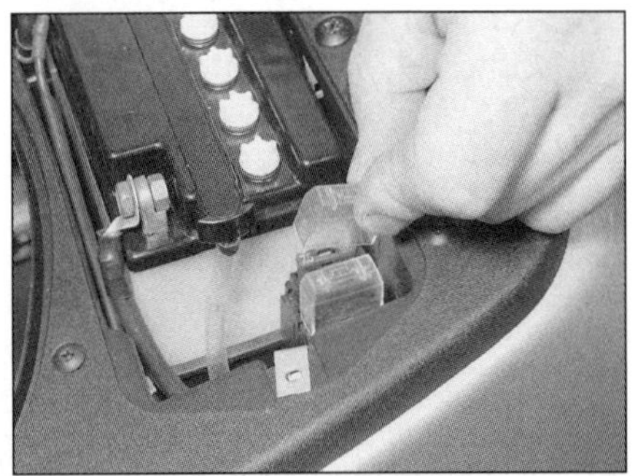

5.2a Entfernen Sie die Abdeckung, . . .

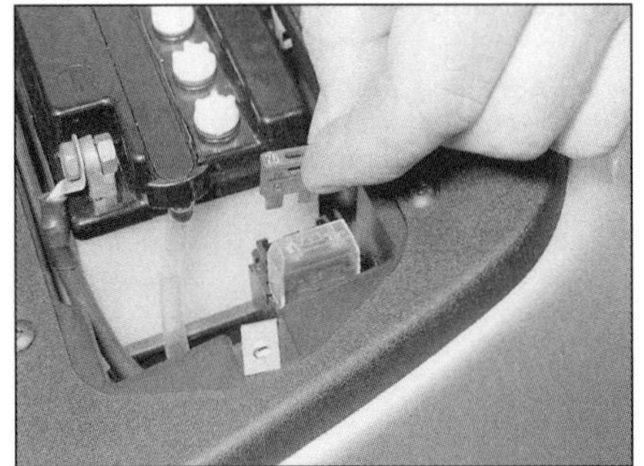

5.2b . . . und ziehen Sie die Sicherung heraus.

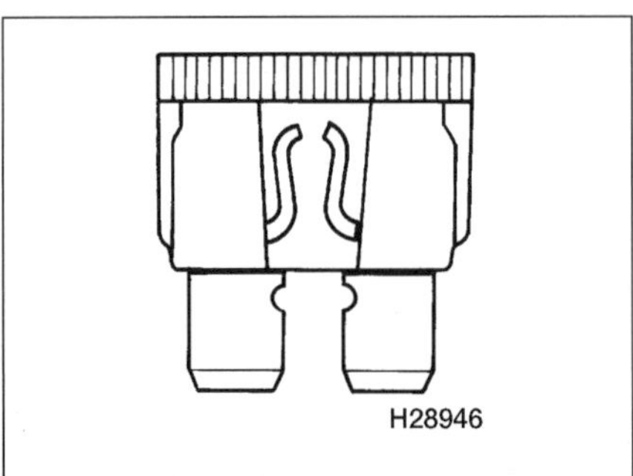

5.2c Eine geschmolzene Sicherung ist am unterbrochenen Draht zu erkennen.

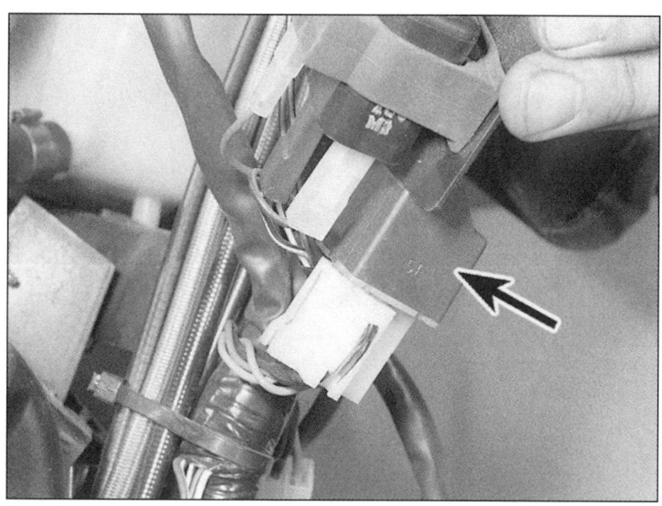

6.3a Scheinwerferrelais – Hexagon

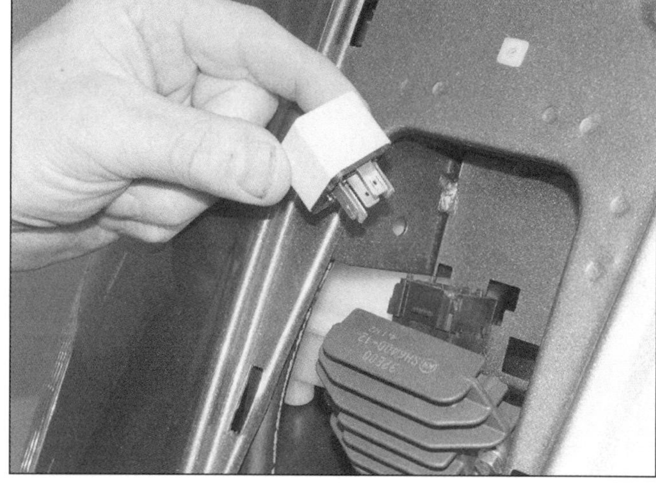

6.3b Scheinwerferrelais – GT-Modelle

Warnung: Setzen Sie niemals eine stärkere Sicherung ein, und überbrücken Sie die Anschlüsse niemals mit Draht oder Ähnlichem, für wie kurz auch immer. Die elektrische Anlage kann stark beschädigt werden oder in Brand geraten.

3 Wenn eine Sicherung durchbrennt, muss der Kabelbaum sorgfältig auf den Grund des Kurzschlusses überprüft werden. Achten Sie auf blanke Leitungen und abgeriebene, geschmolzene oder verbrannte Isolationen. Wenn die Sicherung ersetzt wird, bevor die Ursache gefunden und behoben ist, wird die neue Sicherung ebenfalls sofort durchbrennen.

4 Gelegentlich wird eine Sicherung ohne offensichtlichen Grund durchbrennen oder den Stromkreis unterbrechen. Der Grund hierfür liegt in korrodierten Kontakten der Sicherung oder ihrer Halterung. Entfernen Sie diese Kontaktschwächen mit einer Drahtbürste oder Schleifpapier, und sprühen Sie die Anschlüsse mit Kontakspray ein.

6 Lichtanlage Kontrolle

1 Die Batterie versorgt den Scheinwerfer, das Rück- und Bremslicht, die Blinker sowie die Instrumentenbeleuchtung mit Strom. Wenn gar keines der Lichter funktioniert, muss zunächst die Batterieladung überprüft werden. Eine schwache Batterie kann entweder einen eigenen Schaden oder einen Fehler im Ladesystem bedeuten. Wechseln Sie für die Batteriekontrolle zu Sektion 3 und wegen eines Tests des Ladesystems zu den Sektionen 30 und 31. Kontrollieren Sie ebenfalls den Zustand der Sicherung(en).

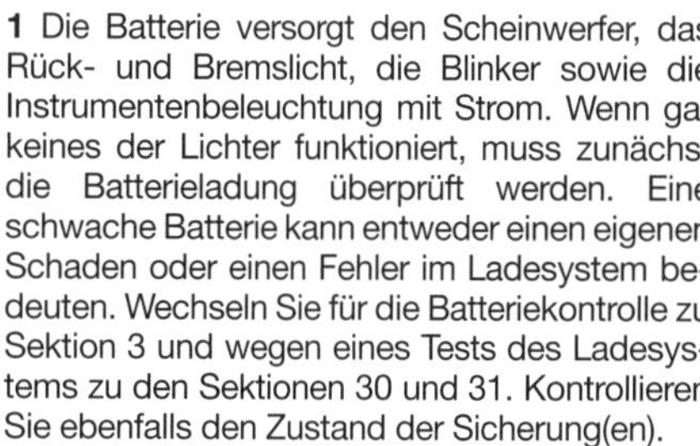

Scheinwerfer

2 Wenn der Scheinwerfer nicht mehr arbeitet, müssen zunächst die Sicherung (siehe Sektion 5) und dann die Lampe (siehe Sektion 7) überprüft werden. Wenn beides in Ordnung ist, liegt der Fehler in den Kabeln, Steckern oder Schaltern des Bordnetzes. Wechseln Sie zum Test der Schalter zu Sektion 21 sowie zu den Schaltplänen am Ende des Kapitels.

3 Hexagon-, B 125-, X8-, X9- und allen GT-Modelle sind mit einem Scheinwerferrelais ausgerüstet, das hinter der Frontverkleidung am Rahmen oder einem Halter sitzt (siehe Abbildungen) – entfernen Sie die Frontverkleidung, um Zugang zu erhalten (siehe Kapitel 7). Für das Relais gibt es keine Prüfdetails – bei Zweifeln über seine Funktion kann es durch ein erwiesenermaßen funktionierendes Teil ersetzt werden, doch sollte zuvor geprüft werden, ob am Eingang und Ausgang Spannung anliegt:

4 Die Eingangsspannung wird geprüft, indem man am Relais-Anschluss Nummer 30 kontrolliert, ob Bordspannung anliegt – ist dies nicht der Fall, muss die Verkabelung zwischen dem Relais und der Sicherung überprüft werden. Sind die Kabel in Ordnung, muss bei eingeschalteter Zündung und angeschaltetem Licht an Anschluss 87 die Spannung gemessen werden – liegt Spannung an, ist das Relais in Ordnung, und der Fehler muss zwischen dem Relais und dem Abblendschalter oder zwischen diesem und dem Scheinwerfer liegen. Liegt an Anschluss 87 keine Spannung an, ist entweder das Relais defekt oder die Verkabelung zwischen dem Relais und dem Lichtschalter oder zwischen dem Lichtschalter und dem Zündschloss ist nicht in Ordnung.

Rücklicht

5 Wenn das Rücklicht ausfällt, kontrollieren Sie zuerst die Lampe und ihren Sockel (Sektion 9). **Anmerkung**: *Bei NRG Power-Modellen bestehen Rück- und Bremslicht aus mehreren LEDs, die in einer versiegelten Einheit sitzen – wenn eine LED ausfällt, kann sie nicht ersetzt werden, der Ausfall einer LED beeinflusst nicht die Funktion der anderen.* Prüfen Sie als Nächstes die Sicherung (Sektion 5) und die Batteriespannung an der Versorgungsleitung des Rücklichts. Liegt Spannung an, muss geprüft werden, ob eine gute Masseverbindung besteht.

6 Liegt keine Spannung an, muss mithilfe des Schaltplans der Rücklicht-Stromkreis kontrolliert werden.

Bremslicht

7 Wenn das Rücklicht ausfällt, kontrollieren Sie zuerst die Lampe und ihren Sockel (Sektion 9), dann die Sicherung (Sektion 5). Prüfen Sie als Nächstes, ob bei gezogener Bremse Batteriespannung an der Versorgungsleitung des Bremslichts anliegt. Liegt Spannung an, muss geprüft werden, ob eine gute Masseverbindung besteht.

8 Liegt keine Spannung an, müssen die Bremslichtschalter kontrolliert werden, dann muss mithilfe des Schaltplans der Bremslicht-Stromkreis kontrolliert werden.

Instrumenten- und Warnlampen

9 Sehen Sie in Sektion 17 nach, um die Instrumenten- und Warnlampen zu ersetzen.

Blinkerlampen

10 Beachten Sie Sektion 11, um eine Kontrolle des Blinker-Stromkreises durchzuführen.

7 Scheinwerfer- und Standlichtlampe – Ersetzen

Anmerkung: *Ist der Scheinwerfer mit einer Halogenlampe ausgerüstet, darf dessen Glas nicht angefasst werden, da Flecken das Leben der Lampe verkürzen. Wenn sie doch einmal berührt worden ist, muss sie (im kalten Zustand) sorgfältig mit einem spiritusgetränkten Lappen abgewischt und vor dem Einbau getrocknet werden.*

Warnung: Lassen Sie die Lampe nach dem Betrieb einige Zeit abkühlen, bevor Sie sie ausbauen!

Scheinwerferlampe

1 Entfernen Sie bei NRG-Modellen die Frontabdeckung und – falls vorhanden – den Luftkanal aus der Frontverkleidung. Bei anderen Modellen, deren Scheinwerfer in der Frontverkleidung sitzen, wird der Scheinwerfer ausgebaut (siehe Sektion 8). Bei Modellen mit lenkerfestem Scheinwerfer müssen die Lenkerverkleidungen demontiert wer-

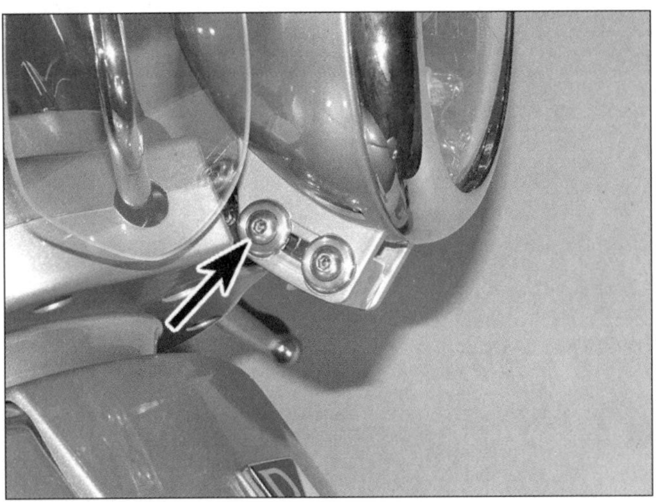
7.1a Entfernen Sie bei LXV-Modellen die hintere Schraube aus der Halterungs-Nut, . . .

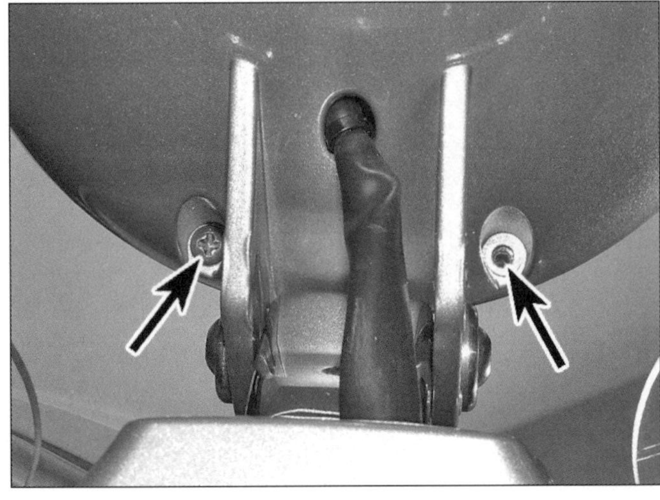
7.1b . . . kippen Sie den Scheinwerfer herunter, um Zugang zu den beiden Lampenring-Schrauben zu erhalten

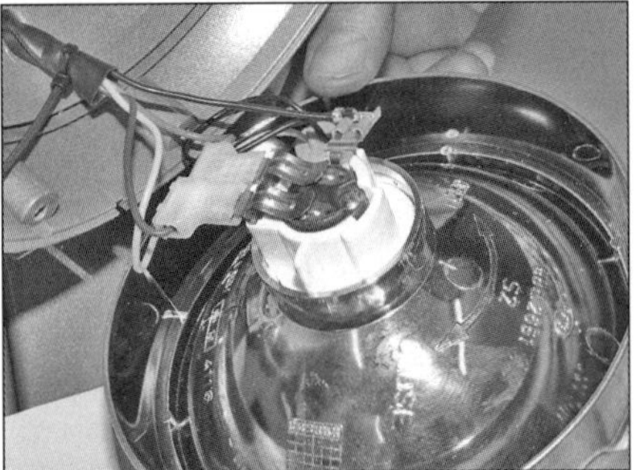
7.1c Trennen Sie die Kabelstecker, um den Reflektor samt Lampenring zu entfernen.

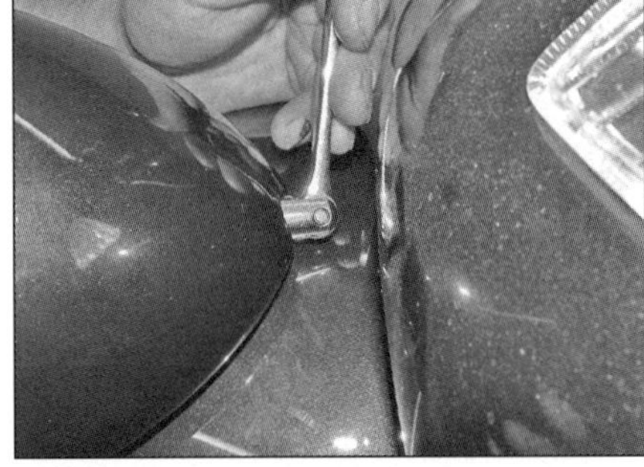
7.1d Lösen Sie bei GTV-Modellen die Hutmutter, . . .

den (Kapitel 7). Bei LXV-Modellen sitzt der Scheinwerfer mit einem Halter am Lenker – entfernen Sie die hintere der beiden Halteschrauben und kippen Sie den Scheinwerfer nach vorne, sodass von unten Zugang zu den beiden Lampenring-Schrauben entsteht (siehe Abbildungen). Halten Sie den Ring und den Reflektor, während die Scheinwerfer- und Standlichtlampen-Stecker getrennt werden (siehe Abbildung). Lösen Sie bei GTV-Modellen (Scheinwerfer auf dem Kotflügel) die Hutmutter, und stellen Sie die hinten in der Lampenschale sitzende Buchse sicher. Ziehen Sie den Scheinwerfer heraus, und trennen Sie den Scheinwerfer- und Standlichtlampen-Stecker (siehe Abbildungen).

2 Falls vorhanden, wird die Gummikappe entfernt und der Kabelstecker von der Lampe gezogen (siehe Abbildung). Drehen Sie die Lampenfassung entweder gegen den Uhrzeigersinn, oder lösen Sie die Lampenklemme, um die Lampe zu entfernen (siehe Abbildung) – beachten Sie ihre Einbaulage.

3 Bei anderen Modellen wird der Lampensockel gegen den Uhrzeigersinn gedreht und herausgezogen, dann wird die Lampe in den Sockel gedrückt und gegen den Uhrzeigersinn gedreht, um sie herauszuziehen (siehe Abbildungen).

4 Installieren Sie die neue Lampe mit der vorgeschriebenen Watt-Stärke (siehe technische

7.1e . . . stellen Sie die Buchse sicher, . . .

7.1f . . . ziehen Sie den Scheinwerfer ab, und trennen Sie die Kabelstecker.

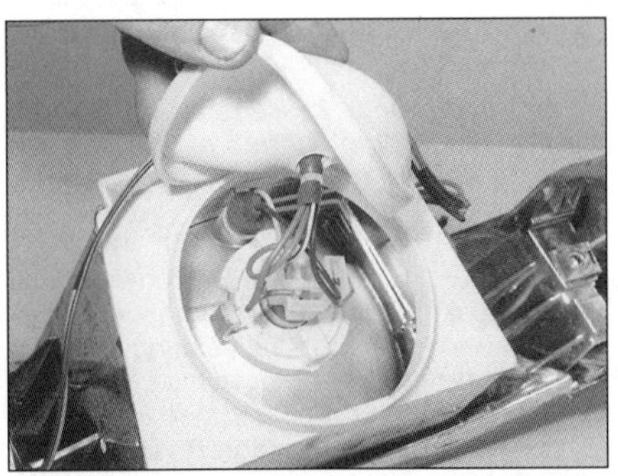
7.2a Stecker und Lampe sitzen unter der Gummiabdeckung.

7.2b Lösen Sie die Drahtklemme.

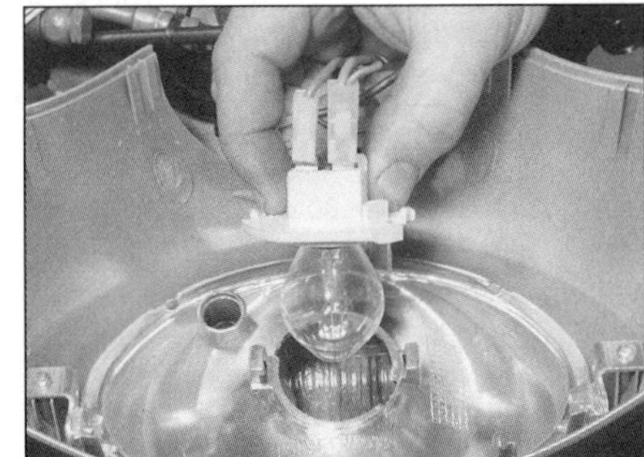
7.3a Entfernen Sie den Lampenhalter . . .

7.3b . . . und dann die Lampe.

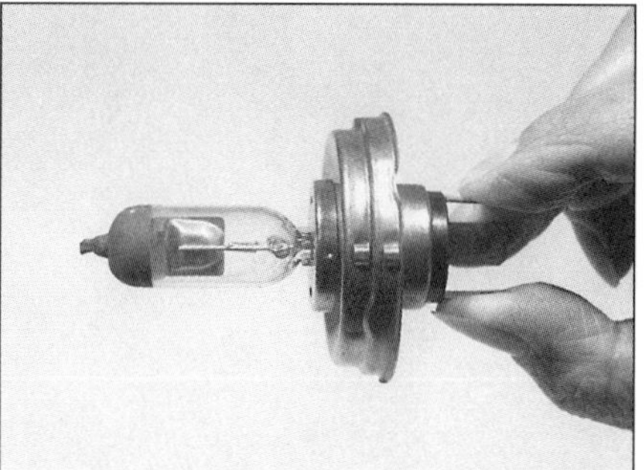

7.4 Halogenlampen dürfen niemals am Glas angefasst werden.

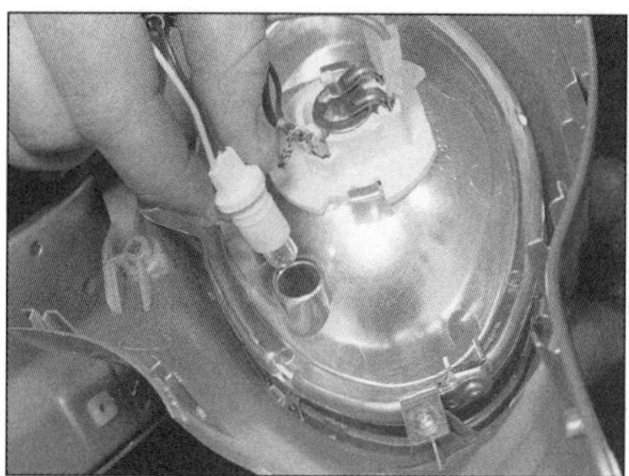

7.8a Entfernen Sie den Standlichtlampen-Sockel, . . .

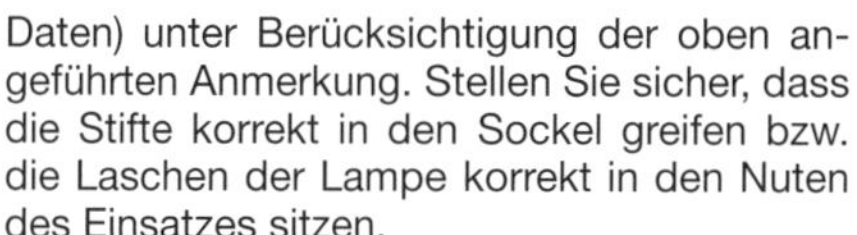

Daten) unter Berücksichtigung der oben angeführten Anmerkung. Stellen Sie sicher, dass die Stifte korrekt in den Sockel greifen bzw. die Laschen der Lampe korrekt in den Nuten des Einsatzes sitzen.

5 Schließen Sie ggf den Scheinwerferstecker an, und installieren Sie die Gummi-Abdeckung (siehe Abbildung).

6 Kontrollieren Sie die Funktion des Scheinwerfers.

Standlichtlampe

7 Entfernen Sie bei NRG-Modellen die Frontabdeckung und – falls vorhanden – den Luftkanal aus der Frontverkleidung. Bei anderen Modellen, deren Scheinwerfer in der Frontverkleidung sitzen, wird der Scheinwerfer ausgebaut (siehe Sektion 8). Bei Modellen mit lenkerfestem Scheinwerfer müssen die Lenkerverkleidungen demontiert werden (Kapitel 7).

8 Ziehen Sie den Lampenhalter aus seiner Halterung, und ziehen Sie die Standlichtlampe vorsichtig heraus (siehe Abbildungen). **Anmerkung**: *Dies gilt für die meistens verwendeten Lampen ohne eigenen Sockel – ist sie damit ausgerüstet, muss sie leicht in den Halter gedrückt, gegen den Uhrzeigersinn gedreht und herausgezogen werden.*

9 Drücken Sie die neue Lampe vorsichtig in

Benutzen Sie unbedingt Taschentücher oder trockene Lappen, wenn Sie die Lampe halten. Hierdurch werden Fettflecken vermieden und die Lebensdauer der Lampe verlängert.

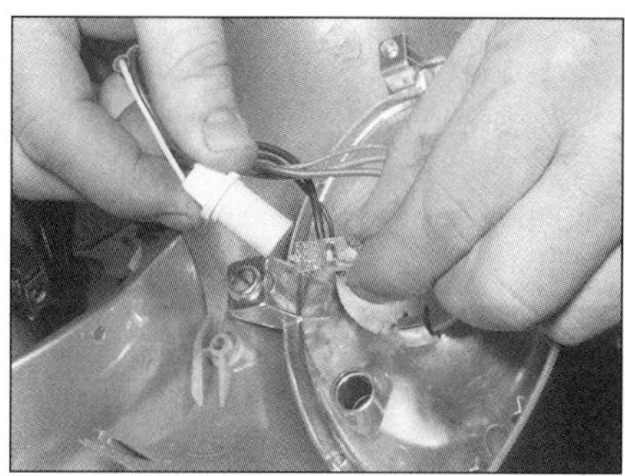

7.8b . . . und ziehen Sie vorsichtig die sockellose Lampe heraus.

den Halter, und drücken Sie diesen in seinen Sitz. Montieren Sie ggf. die Gummikappe.

10 Kontrollieren Sie die Funktion des Scheinwerfers.

8 Scheinwerfereinheit
Ausbau und Einbau

Ausbau

Lenkerfester Scheinwerfer

1 Entfernen Sie die Lenkerverkleidungen (siehe Kapitel 7). Trennen Sie entweder den Scheinwerferstecker, oder entfernen Sie den Lampenhalter (siehe Schritte 2 und 3 in Sektion 7). Ziehen Sie auch den Standlichtlampenhalter heraus (siehe Abbildung 7.8a). Lösen Sie die Schrauben, die den Scheinwerfer in der Abdeckung oder am Lenker sichern, und nehmen Sie ihn ab (siehe Abbildung).

8.1 Entfernen Sie die Schrauben, die den Scheinwerfer in der Verkleidung sichern.

Scheinwerfer in Verkleidung

2 Bei Typhoon-Modellen ist der Scheinwerfer mit zwei Schrauben an der Innenverkleidung gesichert – entfernen Sie diese, und ziehen Sie den Scheinwerfer nach vorne aus der Frontverkleidung (siehe Abbildungen). Bei Sfera- und frühen Zip SP-Modellen ist der Scheinwerfer mit zwei Schrauben im Handschuhfach gesichert, bei Hexagon-Modellen mit je einer Schraube hinter beiden Abdeckungen in der Innenverkleidung – lösen Sie die Schauben, und ziehen Sie den Scheinwerfer nach vorne aus der Frontverkleidung, um dann den Lampenstecker zu trennen, sobald er zugänglich ist (siehe Abbildungen). Trennen Sie bei Sfera- und Hexagon-Modellen nötigenfalls die Blinker vom Scheinwerfer. Bei B 125-Modellen ist der Scheinwerfer mit vier Schrauben im Handschuhfach gesichert (siehe Kapitel 7). Bei Liberty Sport-Modellen muss zuerst die zentrale Abdeckung der Frontverkleidung entfernt wer-

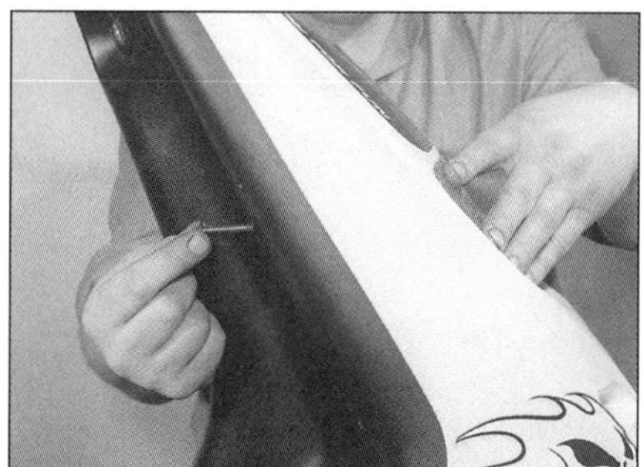

8.2a Entfernen Sie beim Typhoon die Schrauben, . . .

8.2b . . . ziehen Sie den Scheinwerfer heraus, und trennen Sie die Stecker.

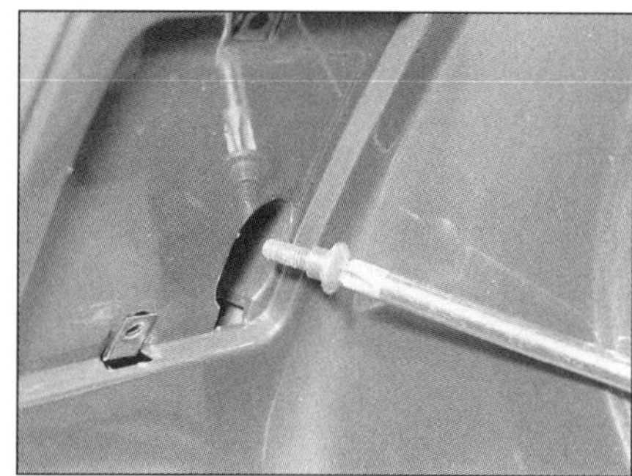

8.2c Entfernen Sie beim Hexagon die Schrauben, . . .

9

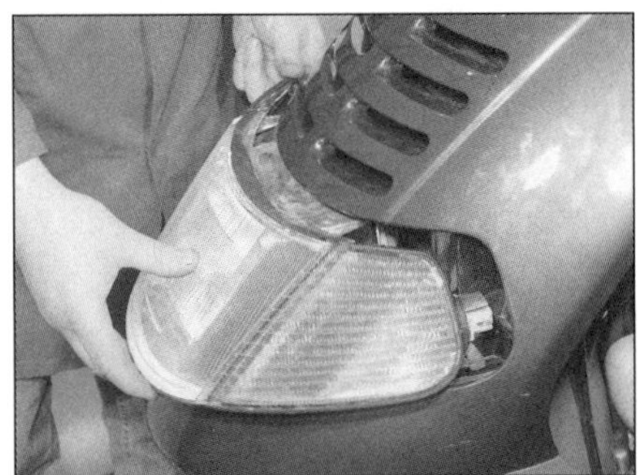
8.2d ... ziehen Sie den Scheinwerfer heraus, ...

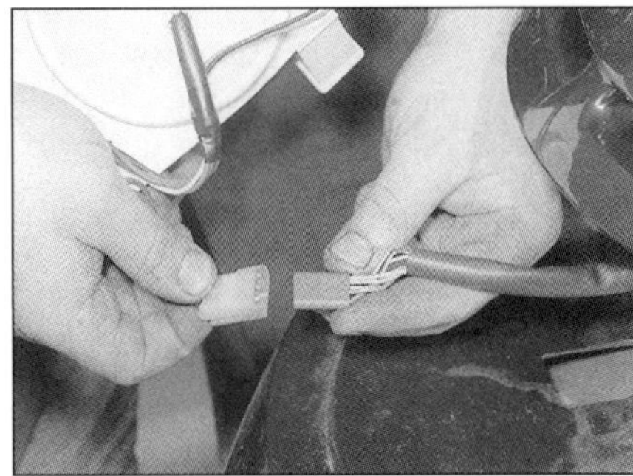
8.2e ... und trennen Sie den Stecker.

den (die Schraube liegt hinter dem Emblem), dann werden die innerhalb des Handschuhfachs sitzenden vier Scheinwerfer-Schrauben entfernt.

3 Bei NRG MC²- und MC³-Modellen wird die Frontverkleidung entfernt, dann werden die Lampenstecker getrennt (siehe Kapitel 7). Lösen Sie entweder die Schrauben, die jeden Scheinwerfer an der Halterung sichern, und entfernen Sie sie einzeln, oder lösen Sie die Schrauben des Halters, und entfernen Sie die komplette Scheinwerfer-Baugruppe. Bei NRG Power DT- und DD-Modellen wird die Frontverkleidung entfernt, dann werden die Lampenstecker getrennt (siehe Kapitel 7). Lösen Sie die Schrauben der Scheinwerfer-Baugruppe, und nehmen Sie diese ab (siehe Abbildung). Bei X8-Modellen muss zunächst die Frontabdeckung entfernt werden (siehe Kapitel 7). Lösen Sie die Schrauben der Blinker-Einheiten, und trennen Sie deren Kabelstecker, um sie zu entfernen (siehe Abbildungen). Lösen Sie die drei Schrauben der Scheinwerfereinheit, und ziehen Sie sie nach vorne heraus, um den Kabelstecker trennen und die Einheit entfernen zu können (siehe Abbildungen). Entfernen Sie bei X9-Modellen die Frontabdeckung (siehe Kapitel 7), um die drei Scheinwerferschrauben erreichen und lösen zu können.

4 Bei GTV 125-Modellen sitzt der Scheinwerfer vorne auf dem Kotflügel. Entfernen Sie den Reflektor aus der Lampenschale (Sektion 7, Schritt 1). Wenn das Scheinwerfergehäuse selbst demontiert werden soll, muss zunächst das Vorderrad ausgebaut werden (siehe Kapitel 8), um Zugang zum Scheinwerfer-Halter zu erhalten.

5 Bei LXV 50/125-Modellen ist der Scheinwerfer am Lenker montiert. Entfernen Sie den Reflektor aus der Lampenschale (Sektion 7, Schritt 1). Wenn das Scheinwerfergehäuse selbst demontiert werden soll, müssen zunächst das Kabel aus seiner Bohrung an der Rückseite geführt und die Befestigungsschraube gelöst werden.

Einbau

6 Der Einbau entspricht der umgekehrten Ausbaureihenfolge. Alle Kabel müssen korrekt angeschlossen und gesichert sein. Kontrollieren Sie vor der ersten Fahrt die Funktion aller Lampen und Blinker. Kontrollieren Sie die Einstellung des Scheinwerfers (siehe Kapitel 1).

9 Brems/Rücklichtlampe
Ersetzen

Anmerkung 1: *Die Stifte kombinierter Rück/ Bremslichtlampen sind höhenversetzt, sodass sie nur in einer Position eingesetzt werden können. Es wird empfohlen, neue Lampen mit einem Tuch anzufassen, um Flecken zu vermeiden und ihre Lebensdauer zu verlängern.*

Anmerkung 2: *Bei NRG Power-Modellen bestehen Rück- und Bremslicht aus mehreren LEDs, die in einer versiegelten Einheit sitzen – wenn eine LED ausfällt, kann sie nicht ersetzt werden, doch der Ausfall einer LED beeinflusst nicht die Funktion der anderen. Sollten mehrere LEDs ausgefallen sein, muss die gesamte Rücklichteinheit ersetzt werden (siehe Schritt 10).*

1 Lösen Sie bei B 125-Modellen die Schrauben der Rücklicht-Blinkereinheit (Kapitel 7). Entfernen Sie die Einheit, und trennen Sie den Kabelstecker (siehe Abbildung). Drücken Sie die Laschen des Lampenhalters ein, und ziehen Sie

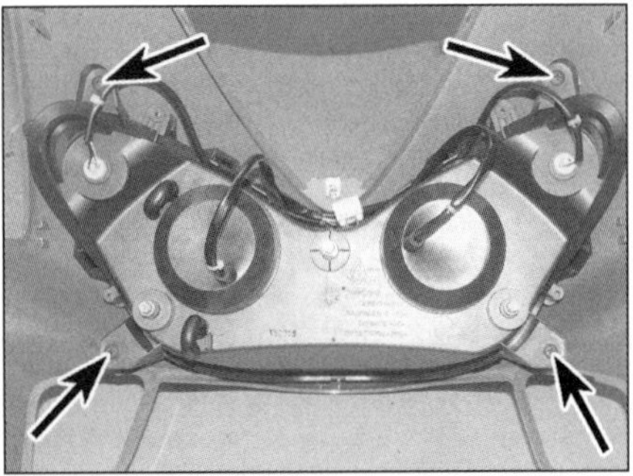
8.3a Die Scheinwerferbaugruppe ist mit vier Schrauben gesichert – NRG Power.

8.3b Entfernen Sie bei X8-Modellen die Schrauben des jeweiligen Blinkers, ...

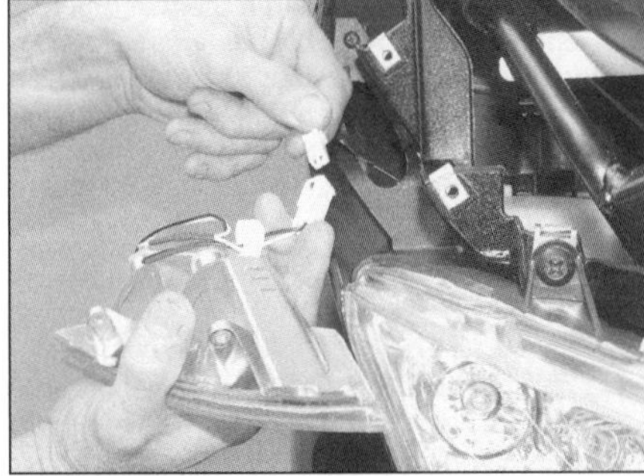
8.3c ... und trennen Sie den Stecker.

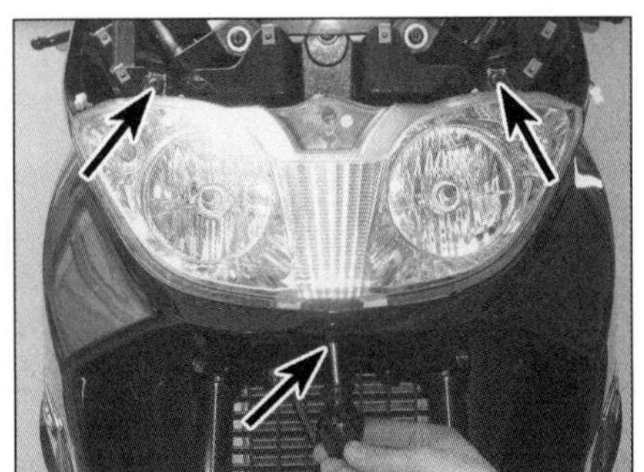
8.3d Entfernen Sie die Schrauben der Scheinwerferbaugruppe, ...

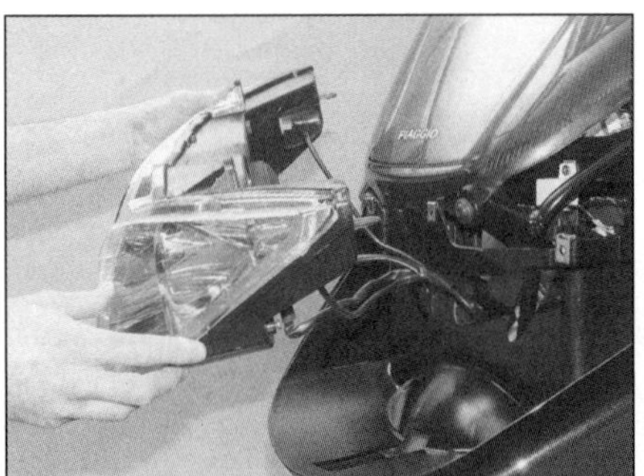
8.3e ... ziehen Sie sie nach vorne, ...

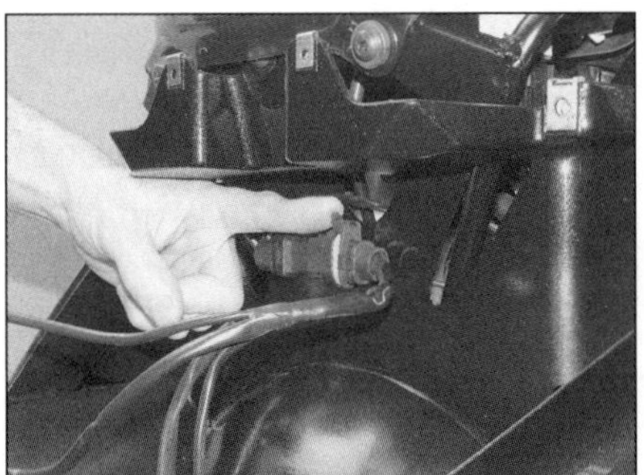
8.3f ... und trennen Sie den Stecker.

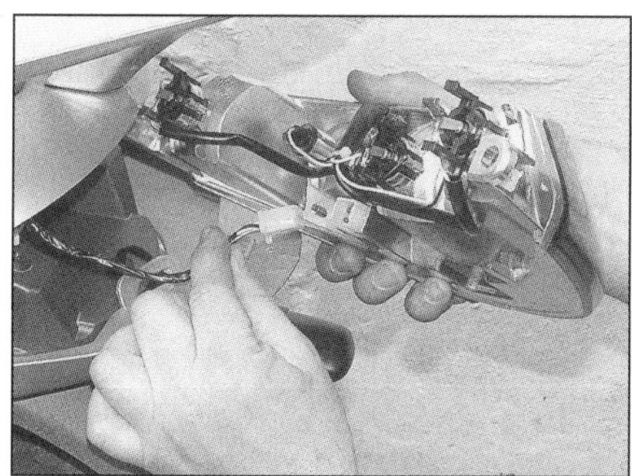

9.1a Trennen Sie den Rücklichtstecker – B125.

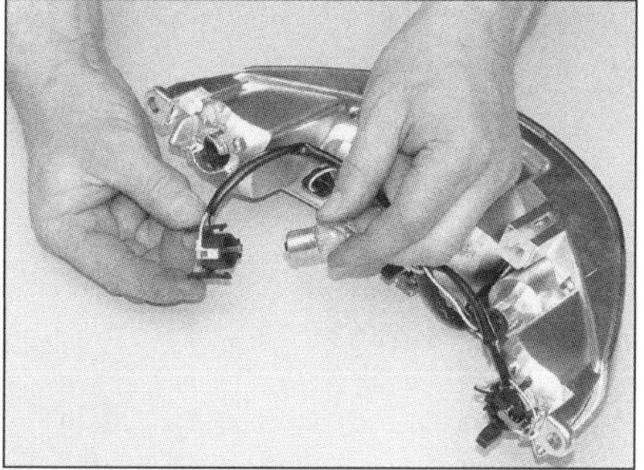

9.1b Entfernen Sie den Lampenhalter und die Lampe wie beschrieben.

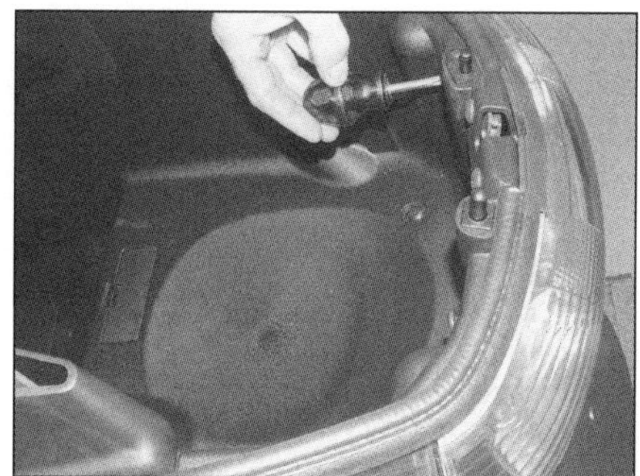

9.2a Lösen Sie die Schrauben, . . .

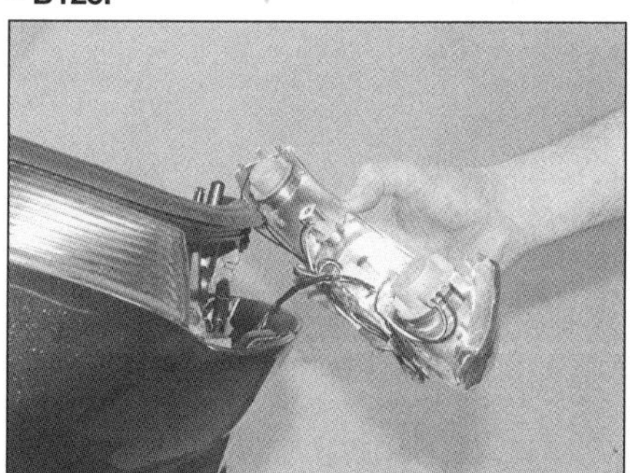

9.2b . . . und ziehen Sie die Rücklichteinheit heraus – X8-Modelle.

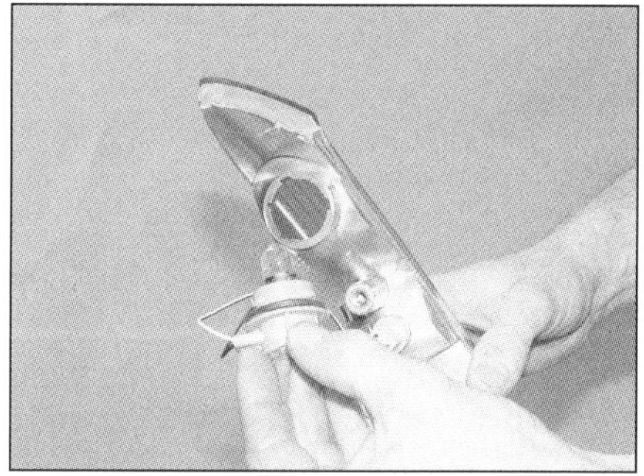

9.2c Entfernen Sie den Lampenhalter und die Lampe wie beschrieben.

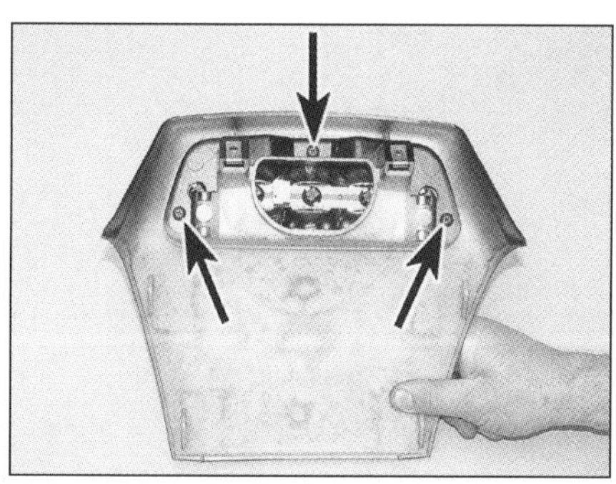

9.3a Die Bremslichteinheit ist mit drei Schrauben gesichert – X9.

ihn aus der Baugruppe, drücken Sie dann die Lampe in den Halter, und verdrehen Sie sie gegen den Uhrzeigersinn, um sie herausziehen zu können (siehe Abbildung). Überprüfen Sie den Sockel auf Korrosion und reinigen Sie ihn gegebenenfalls. Bringen Sie die versetzten Stifte der neuen Lampe mit den korrekten Schlitzen des Sockels in Flucht, drücken Sie die Lampe hinein, und verdrehen Sie sie im Uhrzeigersinn, bis sie in Position sitzt.

2 Bei X8-Modellen muss der Gepäckfachdeckel geöffnet werden, um die Schrauben der Rücklichteinheit zu lösen und die Einheit entfernen zu können (siehe Abbildungen). Die zwei mittleren Lampen sind die Rücklichter – ziehen Sie den Lampenhalter aus der Baugruppe, drücken Sie dann die Lampe in den Halter, und verdrehen Sie sie gegen den Uhrzeigersinn, um sie herausziehen zu können. Die beiden äußeren Lampen sind die Bremslichter, verdrehen Sie die Lampenhalter gegen den Uhrzeigersinn, um sie herausziehen zu können (siehe Abbildung).

3 Bei X9-Modellen muss zuerst die Bremslichtabdeckung entfernt werden (Kapitel 7). Zum Ersetzen der Bremslichtlampen müssen die drei Schrauben der Bremslichteinheit gelöst und diese entfernt werden (siehe Abbildung). Drehen Sie den Lampenhalter gegen den Uhrzeigersinn, und entfernen Sie ihn aus der Einheit, ziehen Sie dann vorsichtig die Lampe heraus (siehe Abbildungen). **Anmerkung**: *Die hier verwendeten Lampen haben keinen Sockel.* Um die Rücklichtlampen entfernen zu können, muss die Schraube der Lichteinheit gelöst und diese mit den Laschen aus den Nuten der Seitenverkleidung befreit werden, um sie entfernen zu können (siehe Abbildungen). Drücken Sie die Laschen des Lampenhalters ein, und ziehen Sie ihn aus der Baugruppe, drücken Sie dann die Lampe in den

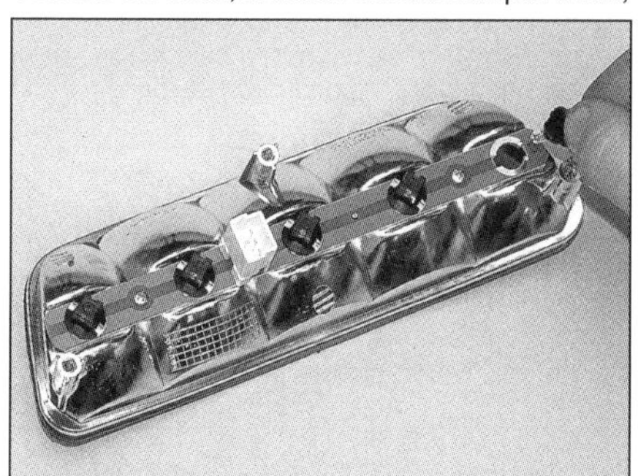

9.3b Entfernen Sie den Lampenhalter, . . .

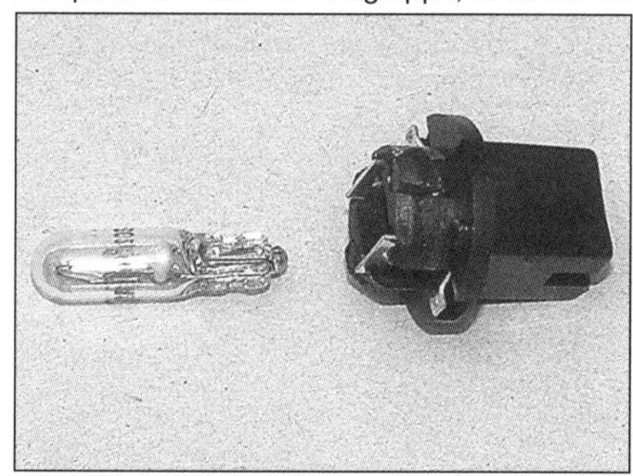

9.3c . . . und ziehen Sie die Lampe heraus.

9.3d Lösen Sie die Schraube der Rücklichteinheit, . . .

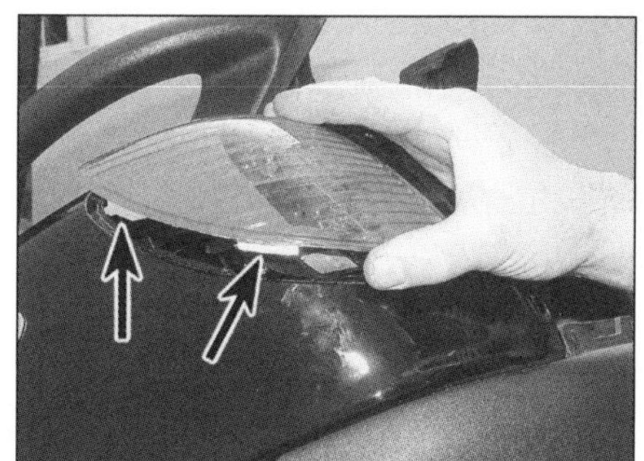

9.3e . . . und befreien Sie ihre Laschen – X9.

9.3f Drücken Sie die Laschen ein, um den Lampenhalter zu befreien.

9.4a Die Kennzeichenbeleuchtung ist mit zwei Schrauben gesichert – GT-Modelle.

9.4b Der Lampenhalter ist in das Bauteil gedrückt.

9.4c Entfernen Sie die Schrauben der Rücklichteinheit, . . .

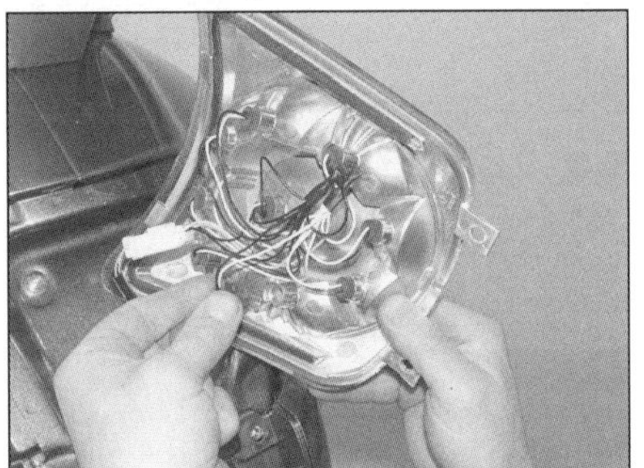

9.4d . . . und ziehen Sie den Lampenhalter vorsichtig heraus.

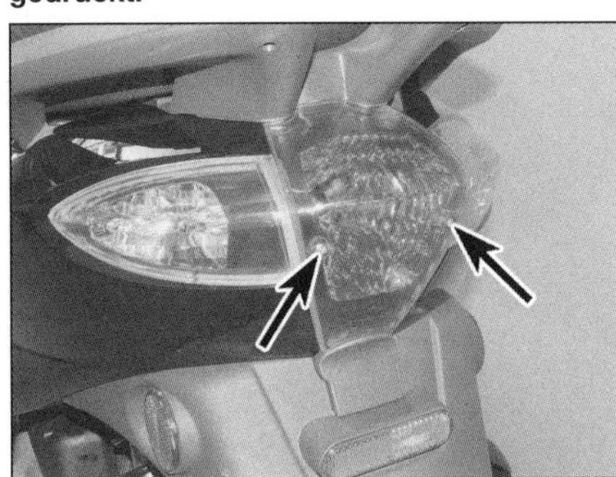

9.6a Lösen Sie bei Fly-Modellen die Schrauben, . . .

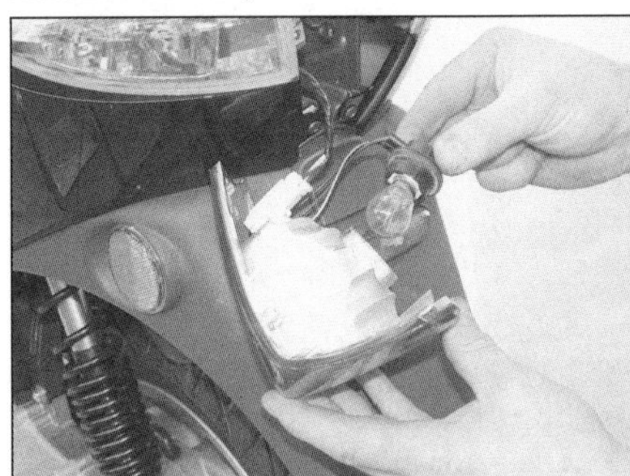

9.6b . . . und entfernen Sie den Lampenhalter.

Halter, und verdrehen Sie sie gegen den Uhrzeigersinn, um sie herausziehen zu können (siehe Abbildung).

4 Lösen Sie bei GT 125/200-Modellen zuerst die Schrauben der Kennzeichenbeleuchtung (siehe Abbildung). Ziehen Sie entweder den Lampenhalter aus der Rücklichteinheit, oder trennen Sie den Kabelstecker, und entfernen Sie die Einheit (siehe Abbildung). Lösen Sie die Schrauben der Rücklichteinheit, und heben Sie sie ab – die Lampenhalter sind darin eingedrückt (siehe Abbildungen). Die hier verwendeten Lampen haben keinen Sockel – ziehen Sie sie vorsichtig aus dem Halter. Um die Rücklichteinheit aus dem Fahrzeug zu bauen, muss der Mehrfachstecker getrennt werden.

5 Bei Skipper-Modellen muss der Sitz angehoben werden, um die zwei Schrauben der oberen Rücklichtabdeckung lösen und die Abdeckung nach oben aus den Nuten ziehen zu können. Lösen Sie die zwei Schrauben des Rücklichts, und ziehen Sie es aus seinem Gehäuse. Entfernen Sie das Rücklichtglas.

6 Bei Fly- und LX-Modellen werden die Schrauben der Rücklichteinheit gelöst und diese abgenommen. Drehen Sie den Lampenhalter gegen den Uhrzeigersinn, um ihn zu entfernen (siehe Abbildungen). Drücken Sie dann die Lampe in den Halter, und verdrehen Sie sie gegen den Uhrzeigersinn, um sie zu herausziehen zu können. Überprüfen Sie den Sockel auf Korrosion und reinigen Sie ihn gegebenenfalls. Bringen Sie die versetzten Stifte der neuen Lampe mit den korrekten Schlitzen des Sockels in Flucht, drücken Sie die Lampe hinein, und verdrehen Sie sie im Uhrzeigersinn, bis sie in Position sitzt.

7 Entfernen Sie bei GTS/GTV 125-Modellen die einzelne Schraube unten am Rücklichtglas, um dieses abzunehmen. Jetzt sind die Rücklichtlampen, die Bremslichtlampe und die Kennzeichenlampe zugänglich.

8 Lösen Sie bei allen anderen Modellen die Schrauben des Rücklichtglases, und entfernen Sie es (siehe Abbildungen). Drücken Sie die Lampe vorsichtig hinein, und verdrehen Sie sie gegen den Uhrzeigersinn, um sie herausziehen zu können (siehe Abbildung). Überprüfen Sie

9.6c Lösen Sie bei LX-Modellen die Schrauben, . . .

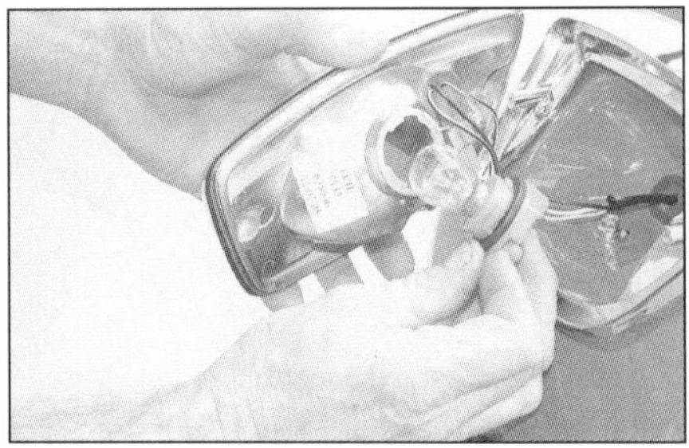

9.6d . . . und entfernen Sie den Lampenhalter.

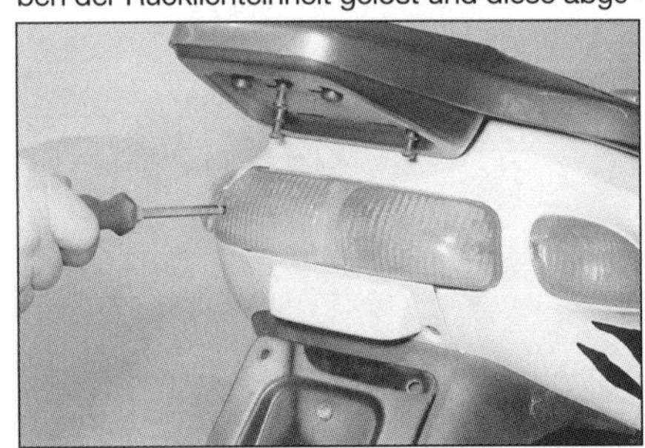

9.8a Entfernen Sie die Schrauben, . . .

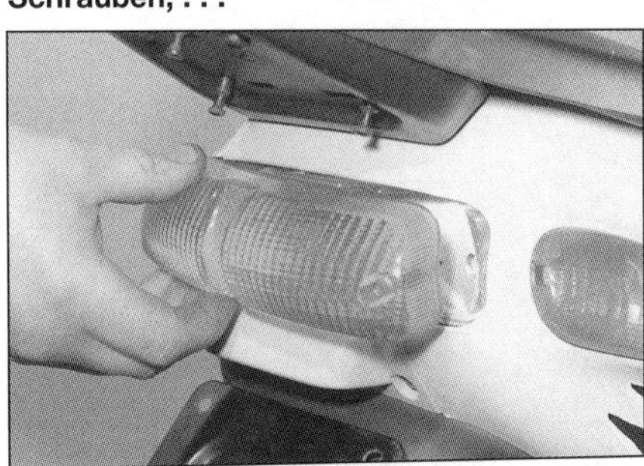

9.8b . . . und befreien Sie das Rücklichtglas.

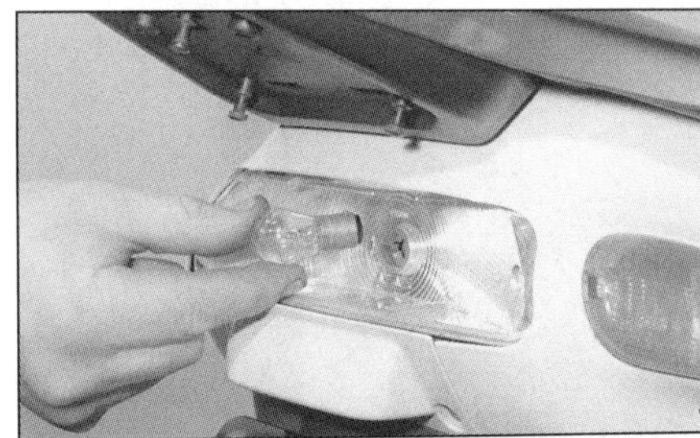

9.8c Drücken Sie den Halter ein, und drehen Sie ihn zum Ausbau nach links.

den Sockel auf Korrosion und reinigen Sie ihn gegebenenfalls. Bringen Sie die versetzten Stifte der neuen Lampe mit den korrekten Schlitzen des Sockels in Flucht, drücken Sie die Lampe hinein, und verdrehen Sie sie im Uhrzeigersinn, bis sie in Position sitzt.

10 Rücklichteinheit
Ausbau und Einbau

Ausbau

1 Folgen Sie bei B 125-, X8-, X9-, GT-, Fly- und LX-Modellen den Anleitungen in Sektion 9, um die Rücklichteinheit zu entfernen. Bei Zip 50- und Zip 125-Modellen wird die Rücklichtabdeckung entfernt (siehe Kapitel 7). Bei NRG Power-Modellen wird die Kennzeichen-Einheit entfernt (siehe Kapitel 7), dann werden die Schrauben gelöst, die das Rücklicht daran sichern.

2 Heben Sie bei Skipper-Modellen den Sitz an, lösen Sie die zwei Schrauben der oberen Rücklichtabdeckung, um sie nach oben aus den Nuten ziehen zu können. Lösen Sie die zwei Schrauben des Rücklichts, ziehen Sie es aus seinem Gehäuse, und trennen Sie den Kabelstecker, sobald er zugänglich ist.

3 Lösen Sie bei allen anderen Modellen die Schrauben des Rücklichtglases, und entfernen Sie es (siehe Abbildungen 9.7a und b). Bei vielen Modellen sichern diese Schrauben den Lampenhalter und Reflektor, sodass sie mit herausgezogen und nach dem Trennen des Kabelsteckers entfernt werden können – andernfalls müssen die Schrauben des Lampenhalters und Reflektors gelöst und der Stecker getrennt werden (siehe Abbildungen). Wo die Blinker in das Rücklicht integriert sind, müssen auch deren Gläser entfernt und Stecker getrennt werden.

Einbau

4 Der Einbau entspricht der umgekehrten Ausbaureihenfolge. Alle Kabel müssen korrekt angeschlossen und gesichert sein. Kontrollieren Sie vor der ersten Fahrt die Funktion aller Lampen und Blinker.

11 Blinkerstromkreis
Kontrolle

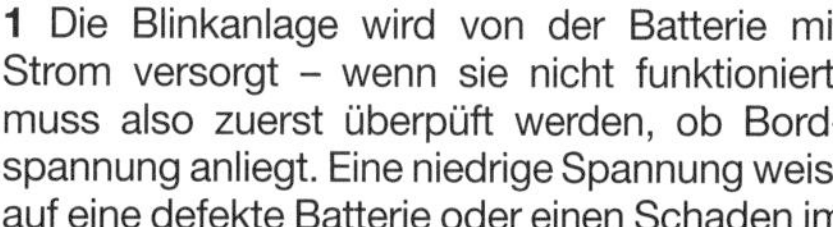

1 Die Blinkanlage wird von der Batterie mit Strom versorgt – wenn sie nicht funktioniert, muss also zuerst überpüft werden, ob Bordspannung anliegt. Eine niedrige Spannung weist auf eine defekte Batterie oder einen Schaden im Ladesystem hin – die Kontrolle der Batterie ist in Sektion 3, die des Ladesystems in Sektion 31 beschrieben. Kontrollieren Sie ebenfalls die Sicherung (Sektion 5) und den Schalter (Sektion 21).

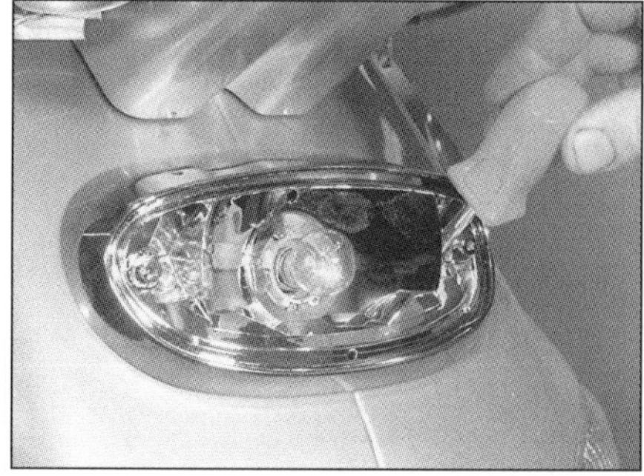

10.3a Entfernen Sie die Schrauben, . . .

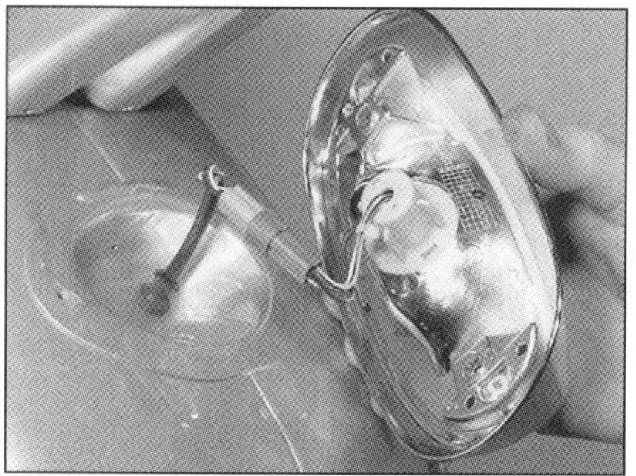

10.3b . . . entnehmen Sie den Lampenhalter samt Reflektor, und trennen Sie den Kabelstecker.

2 Die meisten Blinkerprobleme sind das Resultat einer durchgebrannten Lampe oder korrodierten Fassung – besonders wenn die Anlage auf einer Seite noch funktioniert und auf der anderen nicht. Kontrollieren Sie die Lampen und ihre Sockel (siehe Sektion 12).

3 Einige in diesem Buch behandelten Fahrzeuge besitzen ein konventionelles Blinksystem, bei dem die Blinker von einem separaten Relais gesteuert werden, bei anderen ist das Relais ein Teil der Regler-Gleichrichtereinheit; beachten Sie die Schaltpläne, um herauszufinden, mit welchem System Ihr Motorroller arbeitet und welcher Test entsprechend durchzuführen ist.

Separates Blinkrelais

4 Wenn die Lampen und ihre Aufnahmen in Ordnung sind, muss mit einem auf den Messbereich 0 bis 20 Volt Gleichstrom (DC) geschalteten Multimeter bei eingeschalteter Zündung an Anschluss B des Blinkrelais geprüft werden, ob Spannung anliegt. Schalten Sie nach der Kontrolle die Zündung wieder aus.

5 Liegt am Relais keine Spannung an, müssen die Kabel vom Relais zum Zündschloss auf Durchgang überprüft werden.

6 Liegt am Relais Spannung an, müssen die Kabel zwischen dem Relais, dem Blinkerschalter und den Blinkern auf Durchgang überprüft werden – ist hier alles in Ordnung, muss das Relais ausgetauscht werden.

Blinkrelais in Regler-Gleichrichtereinheit

7 Wenn die Lampen und ihre Aufnahmen in Ordnung sind, muss mit einem auf den Messbereich 0 bis 20 Volt Gleichstrom (DC) geschalteten Multimeter bei eingeschalteter Zündung an Anschluss 5 der Regler-Gleichrichtereinheit geprüft werden, ob Spannung anliegt. Schalten Sie nach der Kontrolle die Zündung wieder aus.

8 Liegt an der Regler-Gleichrichtereinheit keine Spannung an, müssen die Kabel von der Einheit zum Zündschloss auf Durchgang überprüft werden.

9 Liegt am Anschluss 5 der Regler-Gleichrichtereinheit Spannung an, muss bei eingeschalteter Zündung an Anschluss 7 geprüft werden, ob die Spannung um 6 Volt herum pulsiert. Schalten Sie nach der Kontrolle die Zündung wieder aus.

10 Wird an Anschluss 7 der Regler-Gleichrichtereinheit keine Spannung festgestellt, ist die Einheit defekt und muss ersetzt werden. Liegt die gewünschte Spannung an und die Blinker arbeiten nicht, muss der Fehler im Blinkerschalter oder der Verkabelung zwischen Anschluss 7 der Regler-Gleichrichtereinheit und dem Schalter liegen.

12 Blinkerlampen
Ersetzen

1 Um bei Sfera- und Hexagon-Modellen Zugang zu den vorderen Blinkerlampen zu erhalten, muss der Scheinwerfer ausgebaut werden (siehe Sektion 8). Um an die hinteren Blinkerlampen zu gelangen, müssen die Schrauben des Rücklichtglases gelöst werden, um das Glas gefolgt von dem Blinkerglas zu entfernen (siehe Abbildungen).

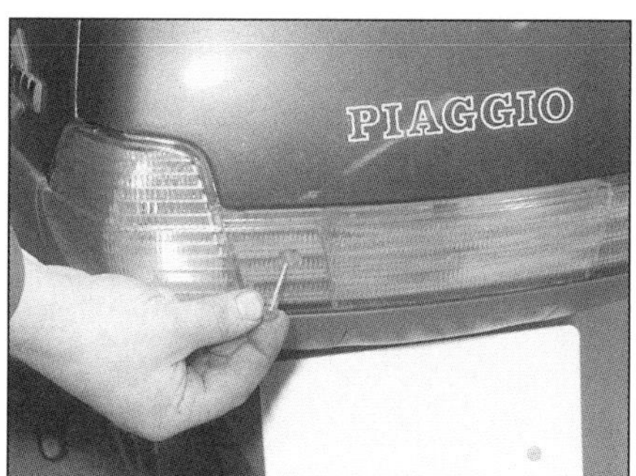

12.1a Entfernen Sie die Schrauben, . . .

12.1b . . . das Rücklichtglas . . .

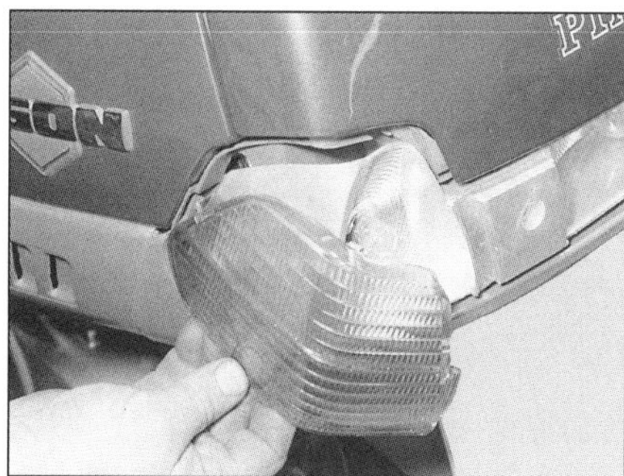

12.1c . . . und das Blinkerglas.

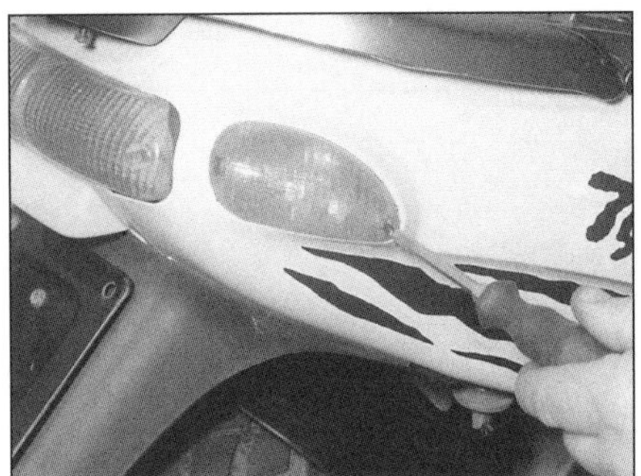

12.2a Entfernen Sie die Schraube, . . .

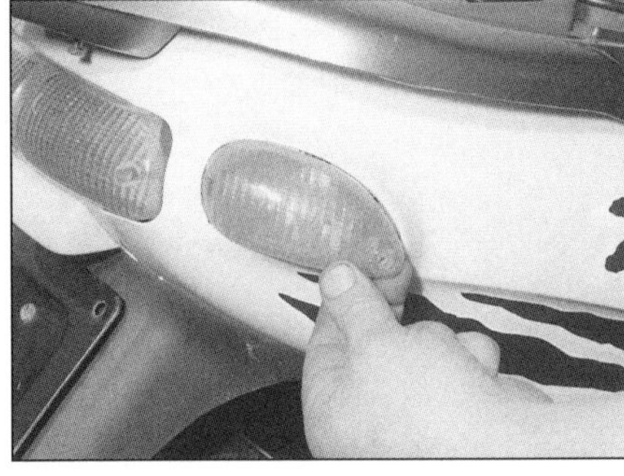

12.2b . . . und nehmen Sie das Blinkerglas ab.

12.3a Öffnen Sie das Handschuhfach, . . .

12.3b . . . und entfernen Sie die Abdeckung.

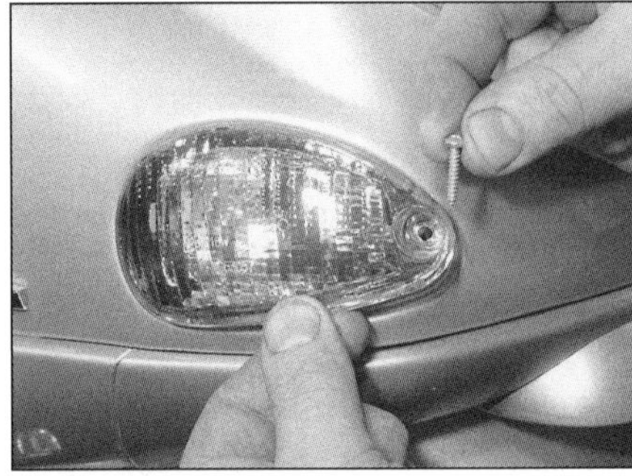

12.3c Entfernen Sie die Schraube, nehmen Sie das Blinkerglas ab. . . .

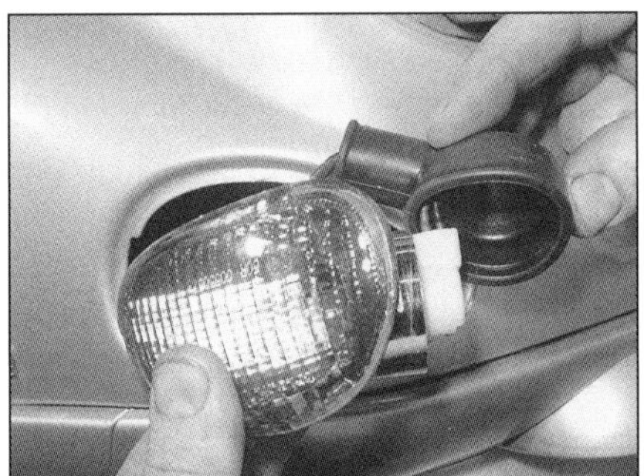

12.3d . . . und ziehen Sie die Kappe ab.

2 Bei Typhoon-, Zip SP/RS-, Zip 50-, Zip 125, Liberty und NRG-Modellen wird die Schraube des Blinkerglases gelöst, um dieses zu entfernen (siehe Abbildungen) – bei Zip 50-Modellen sichert die Schraube hinten auch das Rücklichtglas, das ebenfalls entfernt werden muss.

3 Bei ET2- und ET4-Modellen muss für den Zugang zu den vorderen Blinkern das Handschuhfach geöffnet und die hintere Blinkerabdeckung entfernt werden (siehe Abbildungen). Um an die hinteren Blinkerlampen zu gelangen, ist nach dem Lösen der Schraube(n) das Blinkerglas zu entfernen und die Lampenabdeckung abzuziehen (siehe Abbildungen).

4 Um bei Skipper-Modellen Zugang zu den vorderen Blinkerlampen zu erhalten, müssen die zwei Schrauben der Frontabdeckung gelöst und diese entfernt werden. Lösen Sie dann die Schraube der Blinkereinheit. Um Zugang zu den hinteren Blinkerlampen zu erhalten, müssen die inneren Bereiche der Blinkergläser vorsichtig mit einem kleinen Schraubendreher, der in den Schlitz am Boden gesteckt wird, abgehebelt werden – jetzt hat man Zugang zur Schraube des Blinkers.

5 Um bei B 125-Modellen Zugang zu den vorderen Blinkerlampen zu erhalten, muss die Scheinwerfereinheit entfernt werden (siehe Sektion 8). Für den Zugang zu den hinteren Blinkern muss die Rücklichteinheit demontiert werden (siehe Sektion 10).

6 Um bei X8-Modellen Zugang zu den vorderen Blinkerlampen zu erhalten, muss entsprechend Sektion 8 der Scheinwerfer demontiert werden (siehe Abbildung 8.3a und b). Ziehen Sie den Lampenhalter aus der Baugruppe, und befreien Sie die Lampe aus dem Halter (siehe Abbildung). Für den Zugang zu den hinteren Blinkern muss die Rücklichteinheit demontiert werden (siehe Sektion 9). Lösen Sie die Schraube des Blinkers, und heben Sie ihn ab, ziehen Sie dann die Lampe aus dem Halter (siehe Abbildungen).

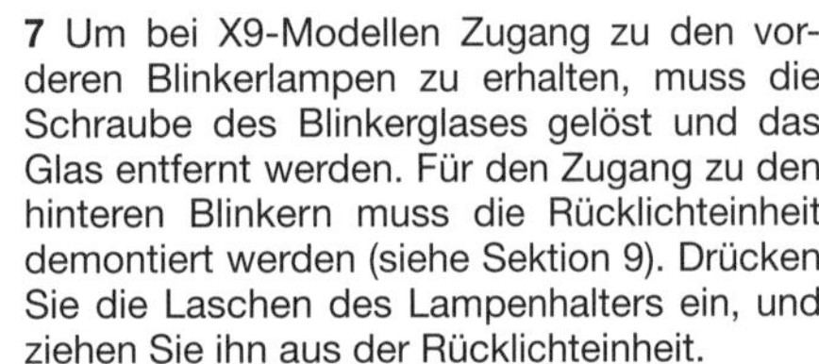

7 Um bei X9-Modellen Zugang zu den vorderen Blinkerlampen zu erhalten, muss die Schraube des Blinkerglases gelöst und das Glas entfernt werden. Für den Zugang zu den hinteren Blinkern muss die Rücklichteinheit demontiert werden (siehe Sektion 9). Drücken Sie die Laschen des Lampenhalters ein, und ziehen Sie ihn aus der Rücklichteinheit.

8 Um bei Fly-Modellen Zugang zu den vorderen Blinkerlampen zu erhalten, muss die Schraube des Blinkers gelöst und dieser entfernt werden. Drehen Sie dann den Lampenhalter gegen den Uhrzeigersinn, und ziehen Sie ihn aus dem Halter (siehe Abbildungen). Für den Zugang zu den hinteren Blinkern muss die Rücklichteinheit demontiert werden (siehe Sektion 9). Drehen Sie dann den Lampenhalter gegen den Uhrzeigersinn, und ziehen Sie ihn aus dem Halter (siehe Abbildung).

9 Um bei NRG Power-Modellen Zugang zu den vorderen Blinkerlampen zu erhalten, muss die Schraube des Blinkers gelöst und

12.6a Ziehen Sie den Lampenhalter aus der Blinkerbaugruppe – X8-Modelle.

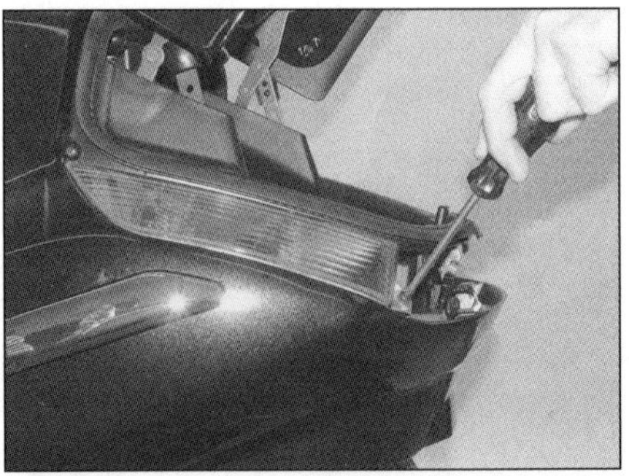

12.6b Entfernen Sie den Blinker, . . .

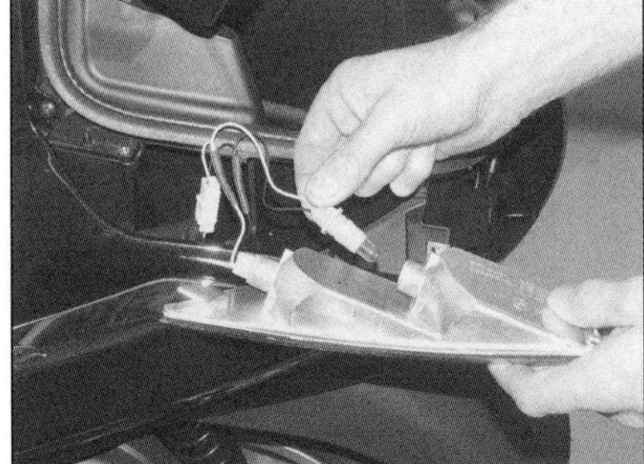

12.6c . . . und ziehen Sie den Lampenhalter heraus.

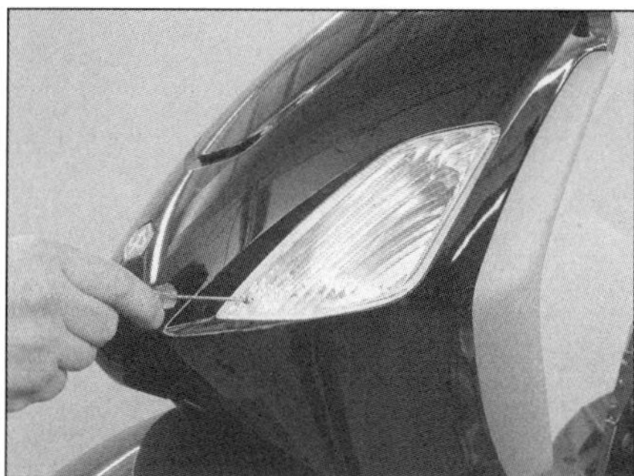

12.8a Lösen Sie bei Fly-Modellen die Schraube, . . .

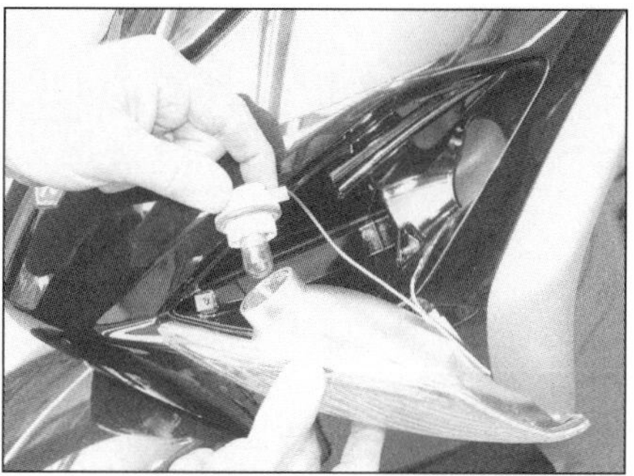

12.8b . . . und entnehmen Sie den Blinker, um die Lampe zu entfernen.

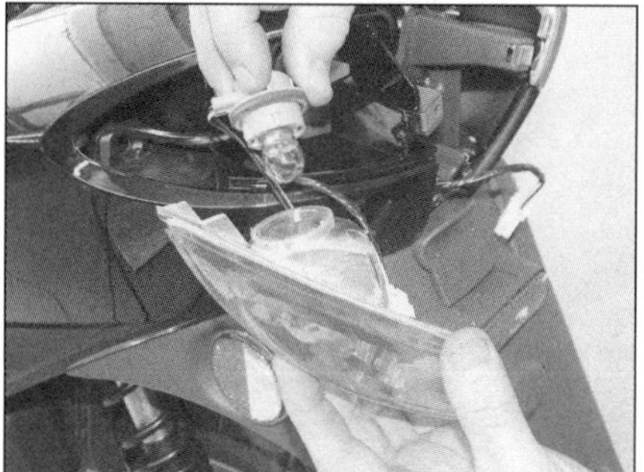

12.8c Drehen Sie den Lampenhalter linksherum, um ihn zu entfernen.

12.9a Bei NRG Power-Modellen wird die Schraube gelöst, . . .

12.9b . . . und der Blinker herausgezogen, um Zugang zur Lampe zu erhalten.

12.9c Hebeln Sie vorsichtig das Blinkerglas heraus, . . .

dieser entfernt werden. Drehen Sie dann den Lampenhalter gegen den Uhrzeigersinn, und ziehen Sie ihn aus dem Halter (siehe Abbildungen). Für den Zugang zu den hinteren Blinkern muss das Blinkerglas vorsichtig mit einem kleinen Schraubendreher abgehebelt und die Abdeckung von der Lampe genommen werden (siehe Abbildungen).

10 Bei allen GT- und LX-Modellen sind sämtliche Blinker mit je einer Schraube gesichert; lösen Sie sie, und heben Sie den Blinker heraus. Drehen Sie den Lampenhalter gegen den Uhrzeigersinn, und ziehen Sie ihn aus dem Halter (siehe Abbildungen).

11 Wenn die Blinkerlampe von hinten erreichbar ist, wird der Lampenhalter gegen den Uhrzeigersinn gedreht und aus dem Halter gezogen (siehe Abbildungen).

12 Drücken Sie die Lampe in den Blinker oder Halter, drehen Sie sie gegen den Uhrzeigersinn, und ziehen Sie sie heraus (siehe Abbildung). Überprüfen Sie den Sockel auf Korrosion, und reinigen Sie ihn gegebenenfalls. Bringen Sie die Stifte der neuen Lampe mit den Schlitzen des Sockels in Flucht, drücken Sie die Lampe hinein, und verdrehen Sie sie im Uhrzeigersinn, bis sie in Position sitzt.

13 Der Einbau entspricht der umgekehrten Ausbaureihenfolge.

12.9d . . . merken Sie sich seine Einbaulage, . . .

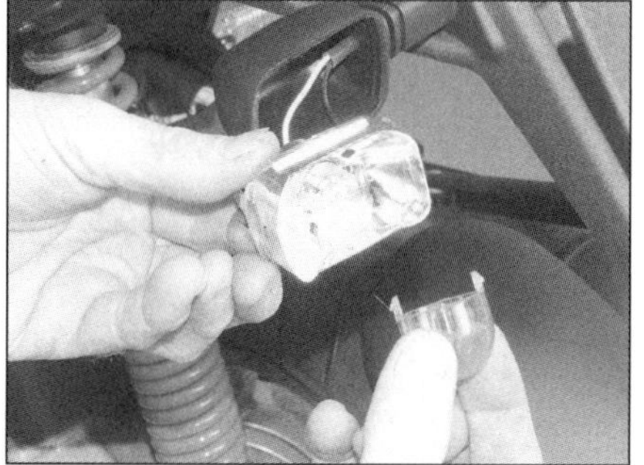

12.9e . . . und befreien Sie die Laschen der Lampenabdeckung.

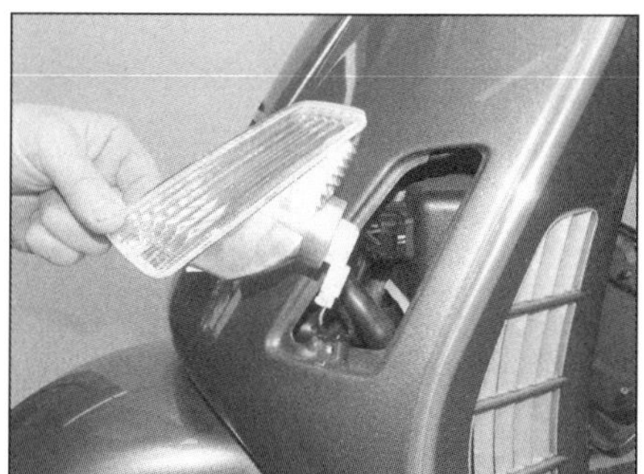

12.10a Ausbau des vorderen Blinkers – GT-Modelle

12.10b Bei LX-Modellen wird die Schraube entfernt, . . .

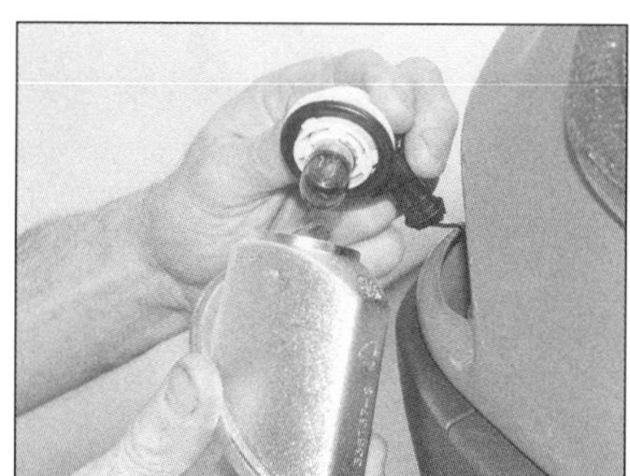

12.10c . . . und der Lampenhalter linksherum gedreht, um ihn auszubauen.

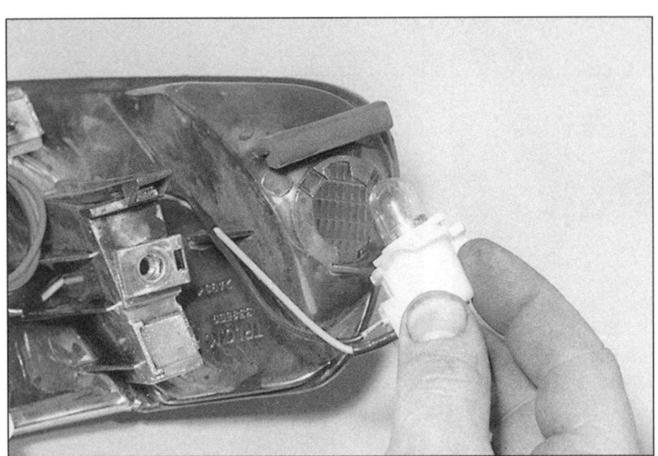
12.11a Ausbau des vorderen Blinkerlampenhalters - Hexagon

12.11b Ausbau des vorderen Blinkerlampenhalters - ET2 und ET4

13 Blinker-Baugruppen
Ausbau und Einbau

Ausbau

1 Bei Modellen, deren Blinker in die Scheinwerfer- oder Rücklichteinheit integriert sind, muss nach Sektion 8 bzw. 10 gewechselt werden, um diese Baugruppe auszubauen. Falls möglich, können die Blinker von der Scheinwerfereinheit getrennt werden.

2 Bei Modellen mit separaten Blinkern muss zur Sektion 12 gewechselt werden, um Zugang zur Lampe zu erhalten, dann werden ggf. die Schraube des Lampenhalters gelöst und/oder der Kabelstecker getrennt. Bei X9-Modellen sitzen die separaten Blinker in der Frontverkleidung - folgen Sie Sektion 13 in Kapitel 7, um diese zu entfernen, lösen Sie die Schraube, und entfernen Sie den Blinker.

Einbau

3 Der Einbau entspricht der umgekehrten Ausbaureihenfolge.

14 Bremslichtschalter
Kontrolle und Ersetzen

Stromkreis-Kontrolle

Anmerkung: *Bei einigen späteren Modellen ist der Bremslichtschalter ein Teil des Sicherheits-Stromkreises, der das Starten des Motors nur zulässt, wenn der Seitenständer eingeklappt und eine Bremse gezogen ist. Ist dieser Stromkreis schadhaft, muss den Schritten 2 und 3 gefolgt werden, um den Schalter zu kontrollieren. Ist der Schalter in Ordnung, müssen das Relais (Sektion 25) und andere Bauteile des Anlasser-Stromkreises überprüft werden. Sind alle Komponenten in Ordnung, müssen die Kabel zwischen den Bauteilen untersucht werden (beachten Sie dazu die Schaltpläne am Ende des Kapitels).*

1 Bevor Sie den Stromkreis kontrollieren, müssen die Lampe (siehe Sektion 9) und die Sicherung (siehe Sektion 5) überprüft werden.

2 Entfernen Sie die Lenkerverkleidungen (siehe Kapitel 7), und trennen Sie die Kabelstecker des Bremslichtschalters (siehe Abbildung). Schließen Sie die Klemmen eines Durchgangstesters an die Steckerkontakte an. Bei betätigter Bremse muss Durchgang bestehen, ansonsten nicht. Bei anderen Ergebnissen muss der Schalter ersetzt werden.

3 Wird bei betätigter Bremse Durchgang festgestellt, ist der Schalter in Ordnung, und der Fehler muss woanders liegen. Prüfen Sie mit einem Multimeter oder einer Prüflampe, ob an einem der Bremslichtschalter-Kabel bei eingeschalteter Zündung Spannung anliegt - ansonsten müssen die Kabel zwischen dem Schalter und dem Zündschloss überprüft werden (beachten Sie dazu die Schaltpläne am Ende des Kapitels).

4 Werden sowohl Durchgang als auch Spannung festgestellt, sind der Schalter und seine Stromversorgung in Ordnung. Kontrollieren Sie jetzt die Kabel zwischen dem Schalter und dem Bremslicht (beachten Sie dazu die Schaltpläne am Ende des Kapitels).

Ersetzen des Bremslichtschalters

5 Der Schalter sitzt am Bremshebel-Halter. Entfernen Sie die Lenkerverkleidungen (siehe Kapitel 7), und trennen Sie die Kabelstecker des Bremslichtschalters (siehe Abbildung 14.2). Drehen Sie den Schalter an der Rändelung (ggf. mit einer Zange) aus dem Halter.

6 Der Einbau entspricht der umgekehrten Ausbaureihenfolge. Der Schalter ist nicht einstellbar.

12.12 Drücken Sie die Lampe ein, und drehen Sie sie für den Ausbau nach links.

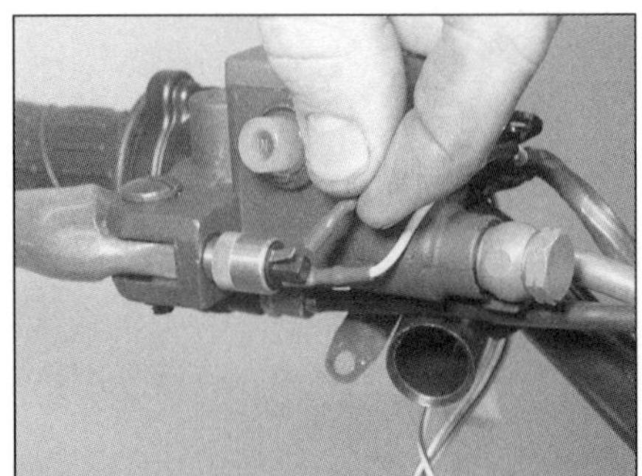
14.2 Trennen Sie die Kabelstecker vom Bremslichtschalter.

15 Instrumentenkonsole
Kontrolle, Ausbau, Einbau

1 Für eine ordentliche Kontrolle des Tachometers sind Spezialinstrumente nötig. Wird ein Defekt vermutet - und liegt dies nicht an einer gebrochenen Tachowelle (siehe Sektion 16) -, muss der Tacho von einer Piaggio-Werkstatt überprüft werden. Wechseln Sie zu Sektion 18, und kontrollieren Sie die Tankanzeige. Einzelne Ersatzteile sind nicht erhältlich, sodass bei einem defekten Instrument die gesamte Konsole ersetzt werden muss.

Ausbau

2 Je nach Modell ist die Instrumentenkonsole an der vorderen oder hinteren Lenkerverkleidung, oben an der Innenverkleidung (X9) oder der Cockpit-Verkleidung (X8) befestigt - wechseln Sie zu der entsprechenden Sektion in Kapitel 7, um das entsprechende Verkleidungsteil zu entfernen.

3 Bei B 125-Modellen ist die Instrumentenkonsole mit den Schrauben der vorderen Lenkerverkleidung am Lenker befestigt. Heben Sie die Konsole ab, und trennen Sie den Kabelstecker (siehe Abbildungen).

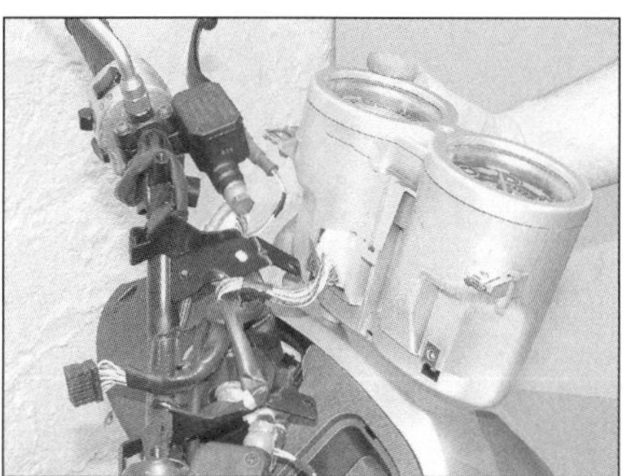
15.3a Heben Sie bei B125-Modellen die Instrumente heraus, . . .

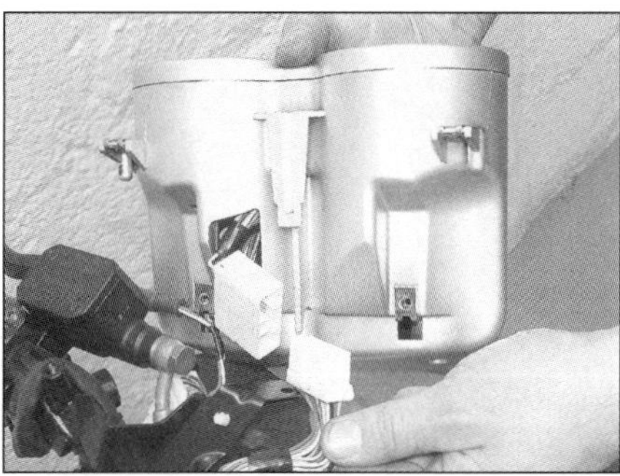
15.3b . . . und trennen Sie den Stecker.

15.4 Trennen Sie die Instrumentenstecker.

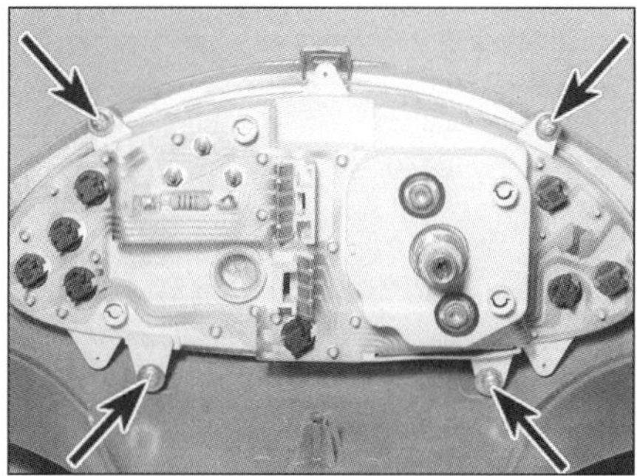
15.5 Entfernen Sie die Schrauben, die die Konsole an der Lenkerverkleidung halten.

4 Falls noch nicht geschehen, werden die Stecker der Instrumentenkonsole getrennt (siehe Abbildung). Lösen Sie auch den Rändelring oder den Clip der Tachowelle hinten am Instrument, und ziehen Sie die Welle heraus (siehe Abbildungen 16.2a und b).

5 Lösen Sie die Schrauben, die die Instrumentenkonsole am Verkleidungsteil sichern, und heben Sie sie vorsichtig ab (siehe Abbildung).

Einbau

6 Der Einbau entspricht der umgekehrten Ausbaureihenfolge. Die Tachowelle und die Kabelstecker müssen korrekt verlegt und angeschlossen sein.

16 Tachowelle
Ersetzen

Anmerkung: *Manche Modelle sind mit einem elektronischen Tachometer ausgerüstet, bei dem ein Kabel die Informationen aus dem Antriebsgehäuse überträgt – dies darf nicht davon getrennt werden.*

Ausbau

1 Entfernen Sie entsprechende Verkleidungsteile, um an die Unterseite der Instrumentenkonsole zu gelangen (siehe Kapitel 7).

2 Lösen Sie den Rändelring oder den Clip der Tachowelle hinten am Instrument, und ziehen Sie die Welle heraus (siehe Abbildungen).

3 Bei Scheibenbremsen-Modellen mit einseitiger Vorderradaufhängung muss zuerst die untere Schraube des Bremssattels gelöst werden, die auch die Wellenführung sichert – beachten Sie die Scheibe dahinter (siehe Abbildung). Lockern Sie jetzt vollständig die Schraube der Wellenhalterung, und ziehen Sie die Welle aus dem Gummi (siehe Abbildungen). Die Halteplatte muss nicht entfernt werden, wenn nicht das Gummi herausgehebelt und das Antriebsrad zum Nachfetten herausgezogen werden soll (siehe Abbildung). Ein schadhaftes oder poröses Gummi muss ersetzt werden.

4 Bei Modellen mit Telegabel wird unten an der Tachowelle die Gummiabdeckung zurückgezogen, dann der Rändelring gelöst und die Welle aus dem Antriebsgehäuse gezogen (siehe Abbildung). Bei Modellen mit elektronischem Tacho darf nicht versucht werden, das Kabel vom Antriebsgehäuse zu trennen (siehe Abbildung).

5 Ziehen Sie die Welle aus ihren Führungen, merken Sie sich die Verlegung, und befreien Sie sie aus dem Fahrzeug.

Einbau

6 Verlegen Sie die Welle durch die Führungen bis zur Instrumentenkonsole.

7 Verbinden Sie das obere Ende mit dem Ta-

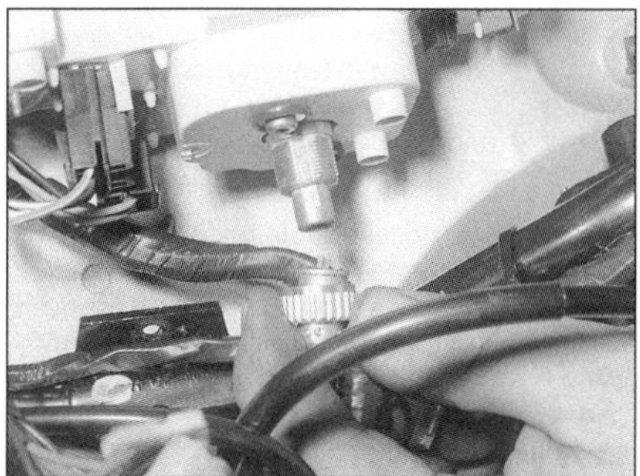
16.2a Schrauben Sie den Rändel ring ab, . . .

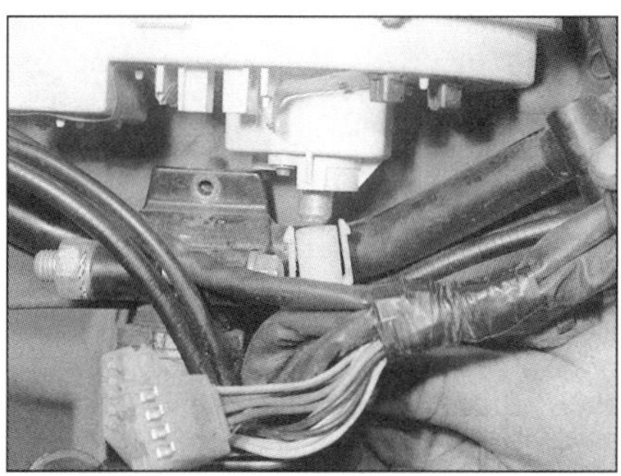
16.2b . . . oder drücken Sie die Clips ein, um die Welle zu befreien.

16.3a Entfernen Sie die untere Bremssattel-Schraube, . . .

16.3b . . . lockern Sie die Halteplatteschraube . . .

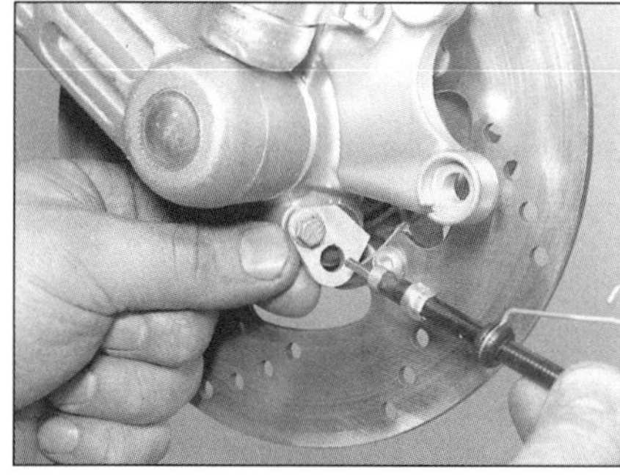
16.3c . . . und ziehen Sie die Tachowelle heraus.

9

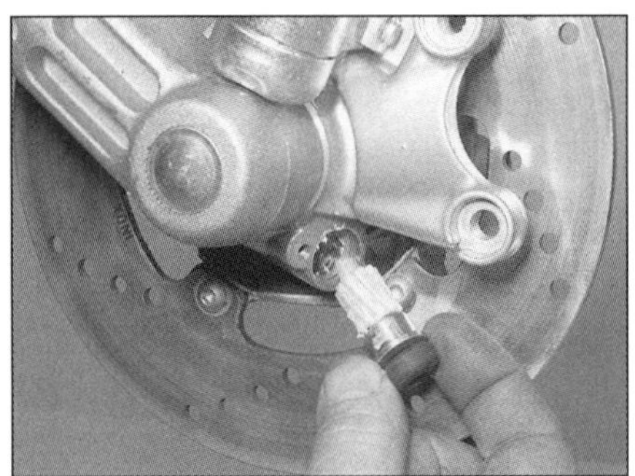

16.3d Entfernen Sie das Antriebsrad, und fetten Sie es.

16.4a Ziehen Sie die Gummikappe zurück, und lösen Sie den Rändelring.

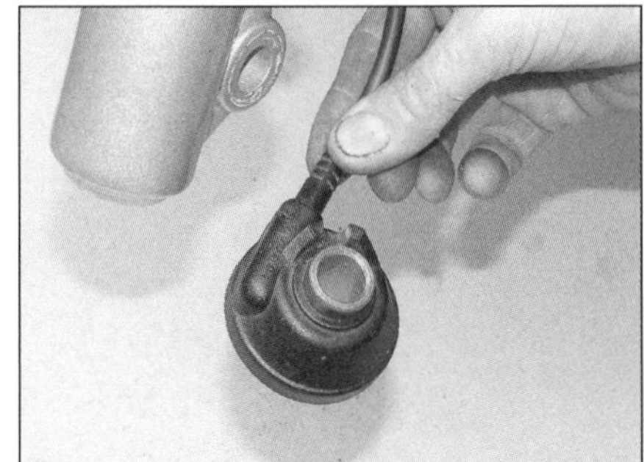

16.4b Antriebsgehäuse für elektronisch gesteuerten Tachometer

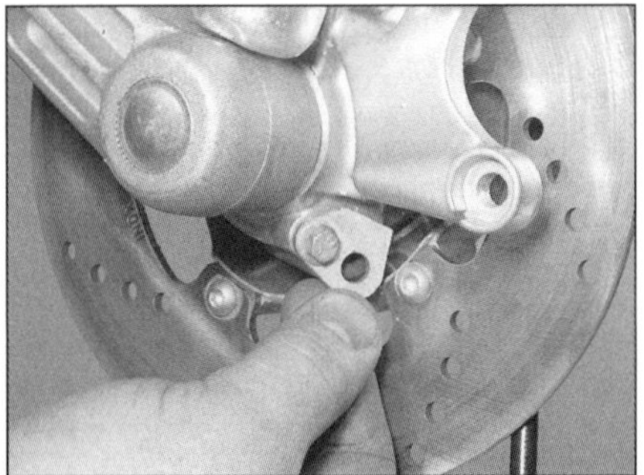

16.8a Installieren Sie die Halteplatte zunächst locker.

16.8b Legen Sie die Scheibe hinter die Tachowellen-Führung.

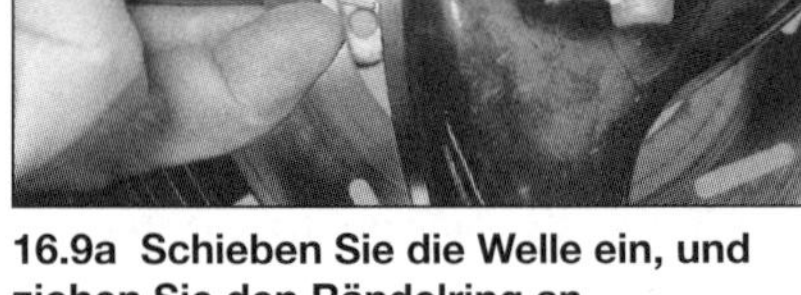

16.9a Schieben Sie die Welle ein, und ziehen Sie den Rändelring an.

chometer, und ziehen Sie den Rändelring an oder drücken Sie den Clip ein (siehe Abbildungen 16.2a oder b).

8 Bei Modellen mit einseitiger Vorderradaufhängung wird ggf. das Antriebsrad neu gefettet und dann samt Buchse und Gummi installiert (siehe Abbildung 16.3d). Legen Sie die Halteplatte auf, und drehen Sie deren Schraube locker ein (siehe Abbildung). Führen Sie das Wellenende durch die Platte in das Gummi, und ziehen Sie die Schraube der Halteplatte an, damit das Gummi gequetscht wird und so die Welle sichert (siehe Abbildung 16.3c). Richten Sie die Wellenführung zur unteren Bremssattelbefestigung aus, installieren Sie die Schraube mit der Scheibe hinter der Führung, und ziehen Sie sie mit 20 bis 25 Nm an.

9 Verbinden Sie bei Modellen mit Telegabel das untere Wellenende mit dem Antriebsgehäuse, und ziehen Sie den Rändelring an (siehe Abbildung). Falls vorhanden, wird die Kappe vom Schmiernippel an der Unterseite des Antriebsgehäuses entfernt und mit einer Fettpresse etwas Fett zugefügt. Installieren Sie dann wieder die Kappe (siehe Abbildungen).

10 Überprüfen Sie, ob die Tachowelle nicht die Lenkung oder andere Bauteile behindert.

11 Montieren Sie entfernte Verkleidungsteile (siehe Kapitel 7).

17 Instrumentenlampen und Uhr-Batterie
Ersetzen

1 Entfernen Sie entsprechende Bauteile, um an die Unterseite der Instrumentenkonsole zu gelangen (Kapitel 7). **Anmerkung**: *Der Zugang zu manchen Lampenhaltern ist beengt, sodass es nötig sein kann, die Instrumentenkonsole demontieren zu müssen (Sektion 15).*

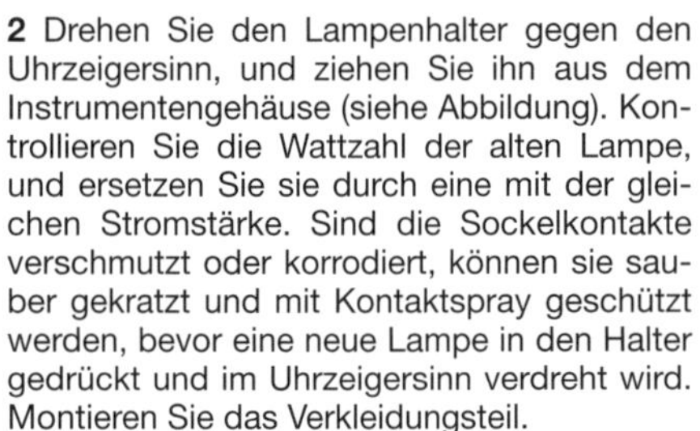

2 Drehen Sie den Lampenhalter gegen den Uhrzeigersinn, und ziehen Sie ihn aus dem Instrumentengehäuse (siehe Abbildung). Kontrollieren Sie die Wattzahl der alten Lampe, und ersetzen Sie sie durch eine mit der gleichen Stromstärke. Sind die Sockelkontakte verschmutzt oder korrodiert, können sie sauber gekratzt und mit Kontaktspray geschützt werden, bevor eine neue Lampe in den Halter gedrückt und im Uhrzeigersinn verdreht wird. Montieren Sie das Verkleidungsteil.

3 Ist der Motorroller mit einer Uhr ausgerüstet, befindet sich an der Rückseite der Instrumentenkonsole hinter einer Kappe eine Batterie. Entfernen Sie den Plastikstopfen, und drehen Sie die Kappe mit einem Schraubendreher gegen den Uhrzeigersinn, um an die Batterie zu gelangen – merken Sie sich ihre Einbaulage (siehe Abbildungen nächste Seite). Installieren Sie die neue Batterie, und sichern Sie sie mit der Kappe und dem Stopfen.

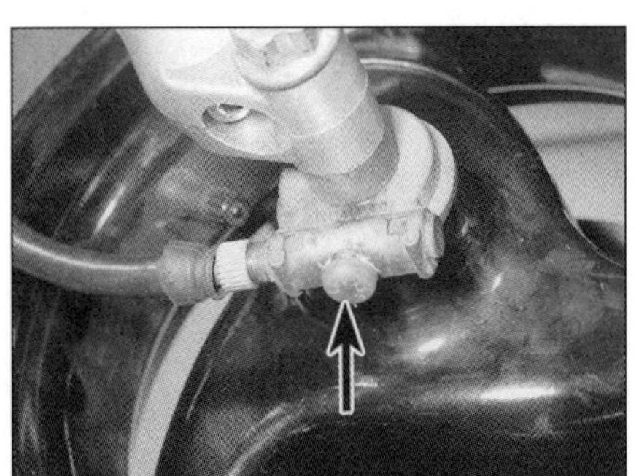

16.9b Entfernen Sie die Kappe, . . .

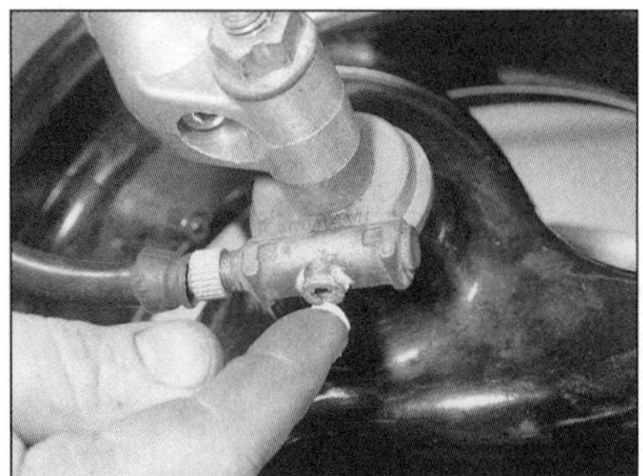

16.9c . . . und pressen Sie etwas Fett ins Gehäuse.

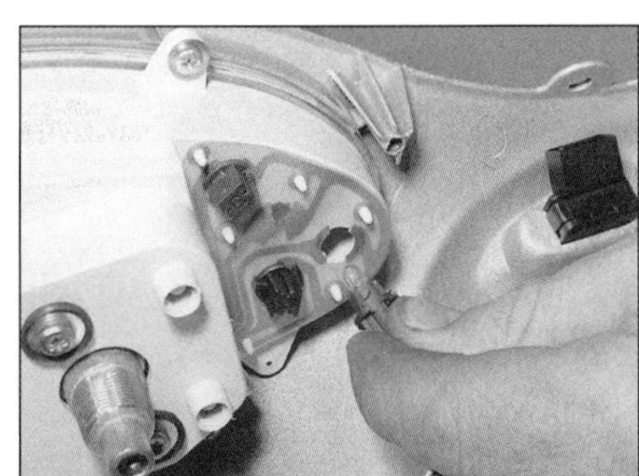

17.2 Drehen Sie den Lampenhalter nach links, und ziehen Sie ihn heraus.

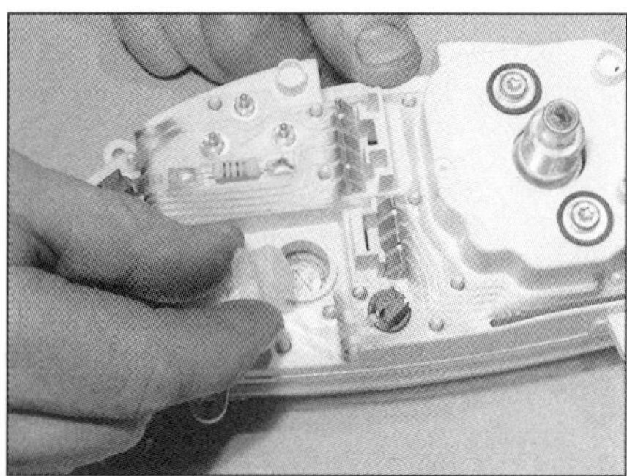
17.3a Entfernen Sie den Stopfen . . .

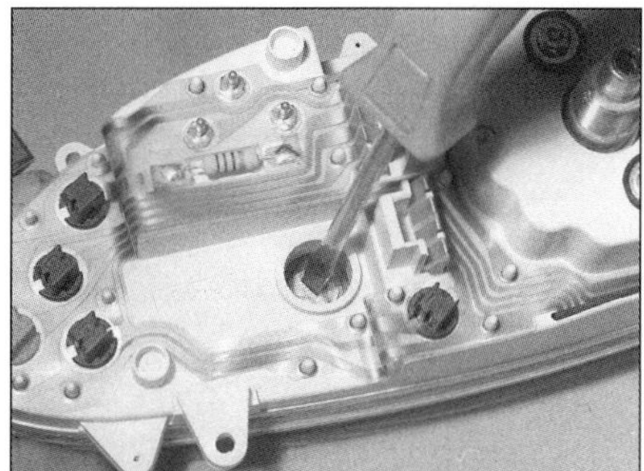
17.3b . . . und die Kappe, um Zugang zur Uhr-Batterie zu erhalten.

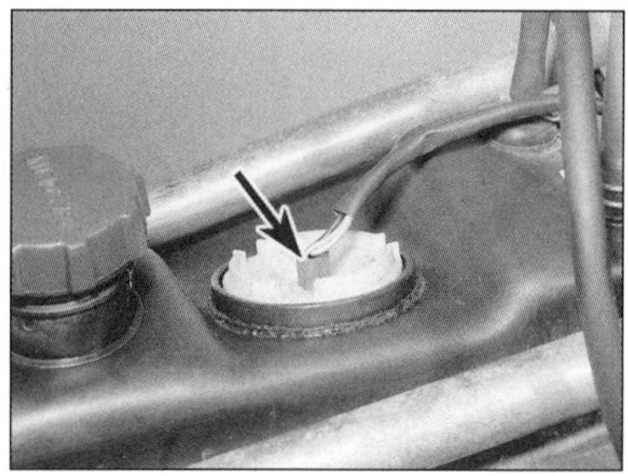
18.1a Stecker des Kraftstoffstandgebers – Hexagon

18 Tankanzeige, Reserve-Warnlampe und Geber
Kontrolle und Ersetzen

Warnung: Benzin ist leicht entflammbar, vor allem in Form von Dampf. Führen Sie Arbeiten am Benzinsystem nur in gut belüfteten Räumen durch. Stellen Sie sicher, dass sich keine offenen Flammen oder Funken (z.B. Zündanlage) in der Nähe befinden, wenn Sie mit Benzin hantieren. Beachten Sie absolutes Rauchverbot für jedermann bei Arbeiten am Benzinsystem. Denken Sie an die Gefahr, die von brennenden Zigaretten ausgeht, und entfernen Sie sich zum Rauchen weit genug vom Arbeitsplatz. Vermeiden Sie Hautkontakt, und suchen Sie einen Arzt auf, wenn Benzin in die Augen gelangt ist oder verschluckt wurde. Tragen Sie immer eine Sicherheitsbrille und haben Sie einen geeigneten Feuerlöscher zur Hand.

Tankanzeige

Kontrolle

1 Entfernen Sie entsprechende Verkleidungsteile, um an die Oberseite des Kraftstofftanks zu gelangen (siehe Kapitel 7). Trennen Sie den Kabelstecker vom Kraftstoffstand-Geber (siehe Abbildungen).

2 Verbinden Sie die Kontakte des weiß/grünen und des schwarzen Kabels mit einem Kabel – bei eingeschalteter Zündung muss die Tankanzeige auf FULL stehen, ansonsten sind die Kabel zwischen dem Stecker und Anzeige sowie die Stromversorgung des Instrumentensteckers zu überprüfen. Sind die Kabel in Ordnung und liegt Spannung an, wird die Tankanzeige defekt sein. Die Stromversorgung der Instrumentenkonsole kann mithilfe der Schaltpläne am Ende des Kapitels identifiziert werden.

Ausbau und Einbau

3 Die Tankanzeige ist in die Instrumentenkonsole integriert. Einzelteile sind nicht erhältlich, sodass bei einem Defekt die gesamte Konsole ersetzt werden muss (siehe Sektion 15).

Kraftstoffstand-Geber

Kontrolle

4 Ist die Tankanzeige in Ordnung, kann der Fehler in der im Tank sitzenden Geber-Einheit liegen. Entfernen Sie entsprechende Verkleidungsteile, um an die Oberseite des Kraftstofftanks zu gelangen (siehe Kapitel 7).

5 Trennen Sie den Kabelstecker vom Kraftstoffstand-Geber (siehe Abbildungen 18.1a und b).

6 Schalten Sie ein Ohmmeter auf den Messbereich Ohm x 100, und verbinden Sie seine Klemmen mit den Anschlüssen des weiß/grünen und des schwarzen Kabels am Geber. Messen Sie die Widerstände bei vollem und bei leerem Tank. Piaggio macht über die Werte keine Angaben, doch muss bei vollem Tank ein niedrigerer Wert ermittelt werden als bei leerem Tank. Es ist auch möglich, den Geber auszubauen und die Messungen durchzuführen, während man den Schwimmer von Hand auf und ab bewegt, um unterschiedliche Pegel zu simulieren.

7 Wenn der Geber in Ordnung ist, müssen die Kabel zwischen ihm und der Tankanzeige mithilfe der Schaltpläne am Ende des Kapitels kontrolliert werden.

Ausbau und Einbau

8 Entfernen Sie entsprechende Verkleidungsteile, um an die Oberseite des Kraftstofftanks zu gelangen (siehe Kapitel 7). Trennen Sie den Kabelstecker vom Kraftstoffstand-Geber (siehe Abbildungen 18.1a und b), und drehen Sie den Geber gegen den Uhrzeigersinn, um ihn aus dem Tank zu ziehen – verbiegen Sie dabei nicht dem Hebel des Schwimmers (siehe Abbildungen). Der Dichtring muss später durch ein Neuteil ersetzt werden.

9 Installieren Sie den Geber in der umgekehrten Ausbaureihenfolge mit einem neuen Dichtring.

Reserve-Warnlampen-Stromkreis – Kontrolle

10 Wenn die Reserve-Lampe in der Instrumentenkonsole trotz niedrigen Kraftstoffpegels nicht aufleuchtet, muss zuerst die Lampe selbst kontrolliert werden (siehe Sektion 17) – ist sie in Ordnung, muss der Geber ausgebaut werden (siehe oben).

11 Verbinden Sie die Klemmen eines Durchgangsprüfers mit den Anschlüssen des gelb/grünen und des schwarzen Kabels am Geber. Beginnen Sie die Messung mit dem Schwimmer in der Voll-Stellung, und senken Sie ihn langsam ab – es darf erst Durchgang bestehen, wenn er sich der Leer-Position nähert. Ist dies nicht der Fall, muss der Geber ersetzt werden.

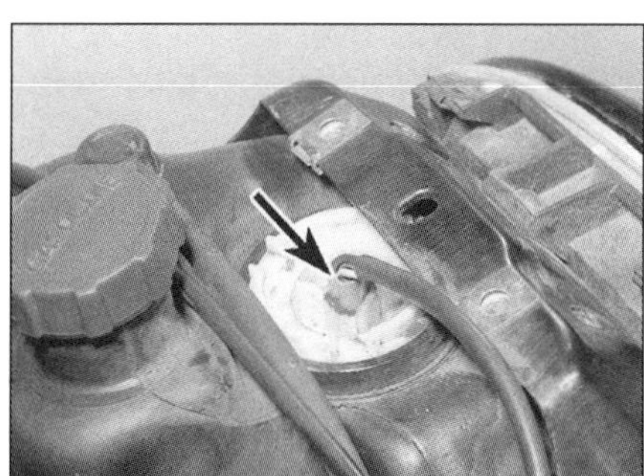
18.1b Stecker des Kraftstoffstandgebers – Typhoon

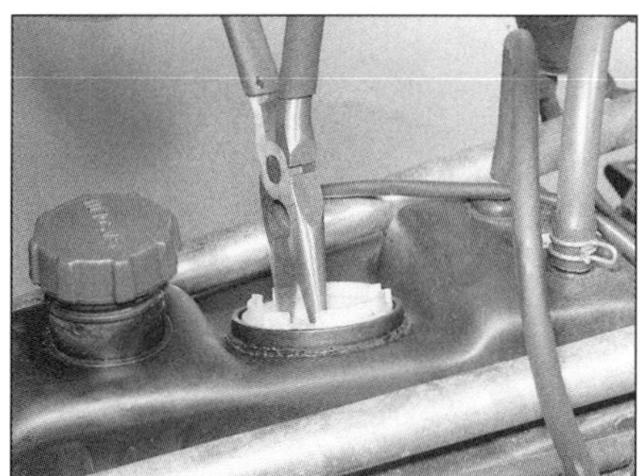
18.8a Drehen Sie den Geber gegen den Uhrzeigersinn, . . .

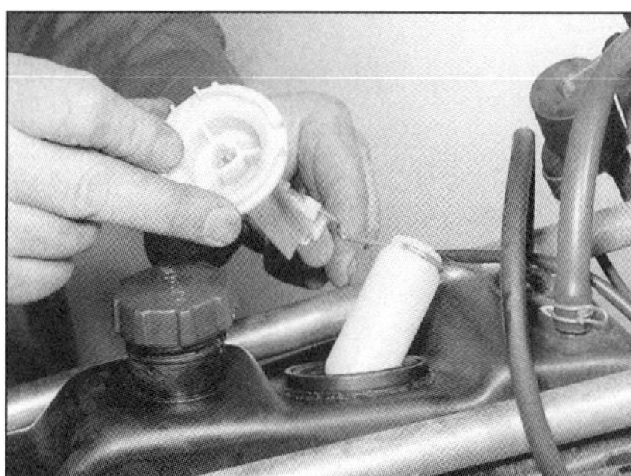
18.8b . . . und ziehen Sie ihn aus dem Tank.

12 Ist der Geber in Ordnung, müssen die Kabel zwischen ihm und der Tankanzeige mithilfe der Schaltpläne am Ende des Kapitels kontrolliert werden.

19 Ölstand-Warnlampen-Stromkreis (Zweitaktmotoren – Kontrolle

Anmerkung: *Der Ölstand-Warnlampen-Stromkreis findet sich bei allen Modellen mit Zweitaktmotor.*

1 Wenn die Ölstand-Lampe in der Instrumentenkonsole trotz niedrigen Ölpegels nicht aufleuchtet, muss zuerst die Lampe selbst kontrolliert werden (siehe Sektion 17) – ist sie in Ordnung, müssen entsprechende Verkleidungsteile entfernt werden, um an die Oberseite des Öltanks zu gelangen (siehe Kapitel 7). Verfolgen Sie die oben aus dem Geber kommenden Kabel, und trennen Sie sie am Stecker (siehe Abbildungen).

2 Verbinden Sie die Klemmen eines Durchgangsprüfers mit den zwei Kabel-Anschlüssen an der Geberseite des Steckers. Beginnen Sie die Messung mit dem Schwimmer in der Voll-Stellung, und senken Sie ihn langsam ab – es darf erst Durchgang bestehen, wenn er sich der Leer-Position nähert. Ist dies nicht der Fall, muss der Geber ersetzt werden.

3 Ist der Geber in Ordnung, müssen die Kabel zwischen ihm und der Instrumentenkonsole mithilfe der Schaltpläne am Ende des Kapitels kontrolliert werden.

4 Der Anlasser-Stromkreis beinhaltet eine Lampen-Kontrollfunktion, die beim Drücken des Anlasserknopfes die Öllampe aufleuchten lässt. Dies stellt sicher, dass die Lampe funktioniert. Sie muss erlöschen, wenn der Anlasserknopf losgelassen wird – ansonsten ist der Öltank fast leer.

20 Zündschloss – Kontrolle, Ausbau und Einbau

Warnung: Um das Risiko eines Kurzschlusses zu vermeiden, muss vor der Kontrolle des Zündschlosses der Masseanschluss (–) von der Batterie getrennt werden.

Kontrolle

1 Entfernen Sie die Frontverkleidung und die Innenverkleidung, bzw. bei ET2- und ET4-Modellen die Abdeckung in der Frontverkleidung (siehe Kapitel 7). Verfolgen Sie das aus dem Zündschloss kommende Kabel, und trennen Sie es am Stecker.

2 Prüfen Sie mithilfe eines Ohmmeters oder Durchgangsprüfers, ob an den Anschlusspaaren des Steckers Durchgang besteht (beachten Sie die Schaltpläne am Ende des Kapitels) – dies muss der Fall sein, wenn der Schalter in der entsprechenden Position steht.

3 Wenn das Zündschloss einen der Tests nicht besteht, muss es ersetzt werden.

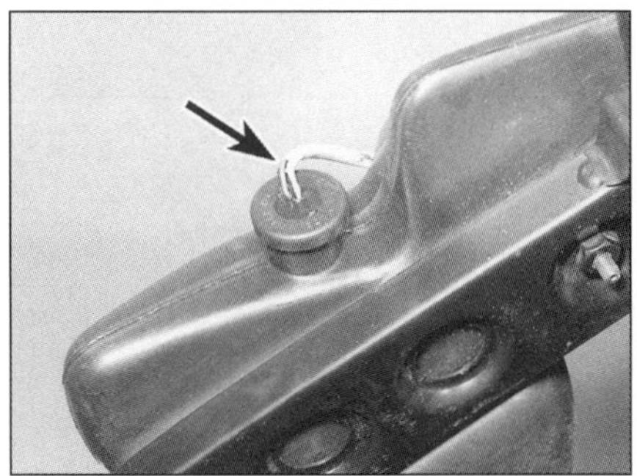

19.1a Verfolgen Sie das Geberkabel, und trennen Sie es am Stecker, . . .

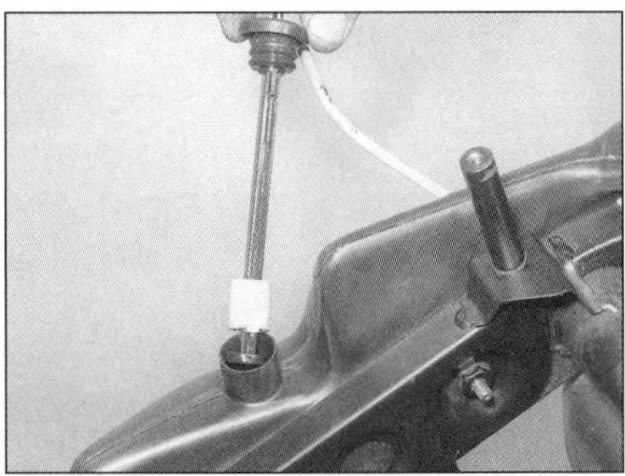

19.1b . . . ziehen Sie dann den Geber aus dem Tank.

Ausbau

4 Um den elektrischen Teil hinten aus dem Zündschloss zu bauen, muss die Gummiabdeckung zurückgezogen und die Federklemme angehoben werden (siehe Abbildungen).

5 Ist das Fahrzeug mit einer Wegfahrsperre ausgerüstet, muss der vorne um das Zündschloss liegende Sensor-Ring entfernt werden – er ist dort eingeklickt (siehe Abbildung). Um den Zylinder des Zündschlosses zu entfernen, muss ein kleiner Schraubendreher in das Loch des Gehäuses hinter der Front des Zündschlosses gesteckt werden, um auf die Sicherungslasche drücken und den Zylinder aus dem Gehäuse ziehen zu können.

Einbau

6 Stecken Sie den Schlüssel ins Zündschloss, und schalten Sie es in die ON-Position. Setzen Sie das Zündschloss so in sein Gehäuse, dass die Sicherungslasche nach unten zeigt. Wenn es etwa zur Hälfte im Gehäuse steckt, wird der Zündschlüssel in die OFF-Position gestellt und das Schloss heruntergedrückt, bis die Lasche fühlbar eingerastet ist.

7 Installieren Sie den elektrischen Teil und ggf. den Ring der Wegfahrsperre, sichern Sie alles mit der Federklemme (siehe Abbildungen 20.4a, b und c sowie 20.5).

8 Wenn alle elektrischen Anschlüsse verbunden sind, kann der Masseanschluss (–) an die Batterie angeschlossen werden.

21 Lenkerschalter Kontrolle

Anmerkung: *B 125-Modelle sind mit motorradähnlichen Lenkerschaltern ausgerüstet – (siehe Schritt 6).*

1 Im Allgemeinen sind die Schalter zuverlässig und fehlerfrei. Wenn Probleme auftreten, liegt

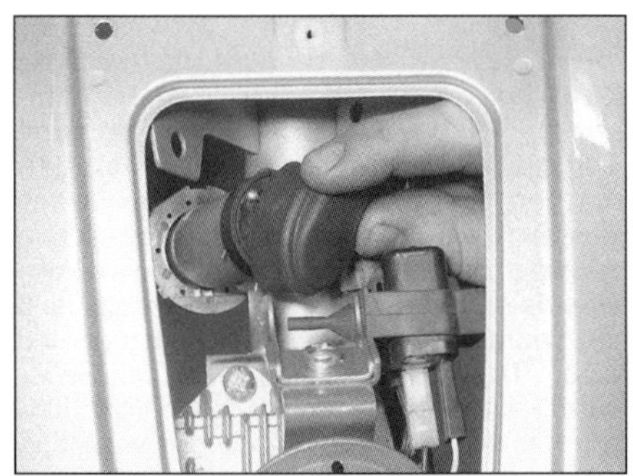

20.4a Ziehen Sie die Gummikappe ab, . . .

20.4b . . . heben Sie die Klemme an, . . .

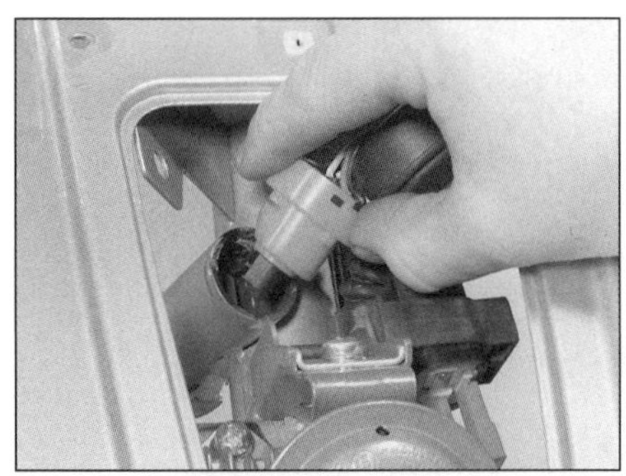

20.4c . . . und ziehen Sie den elektrischen Teil vom Zündschloss.

20.5 Lösen Sie den Wegfahrsperren-Antennenring (falls vorhanden).

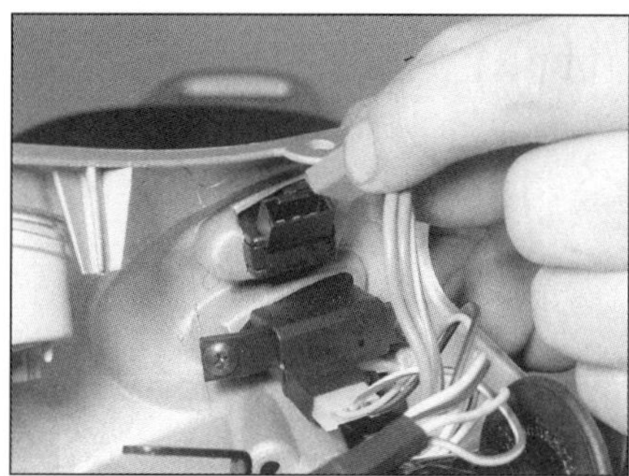

21.3 Ziehen Sie den Stecker vom Schalter.

21.6a Lösen Sie die Schalterschraube, . . .

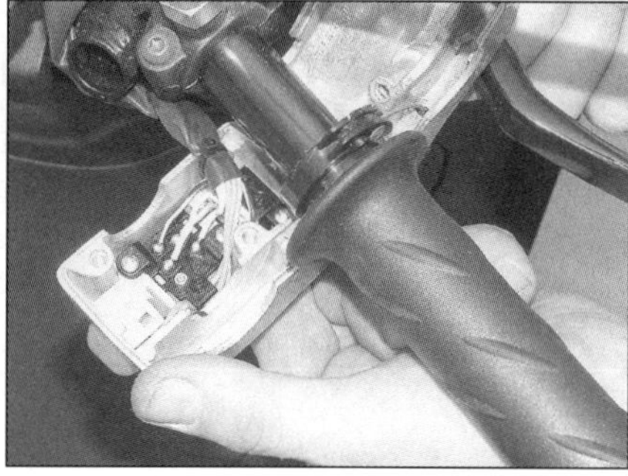

21.6b . . . und trennen Sie die zwei Hälften.

es oft an Schmutz und korrodierten Kontakten, aber auch Verschleiß und Bruch innerer Teile sind Möglichkeiten, die nicht übersehen werden dürfen. Wenn irgendein Defekt auftritt, muss der entsprechende Schalter ersetzt werden, da Einzelteile nicht erhältlich sind.

2 Die Schalter können mit einem Ohm-Meter oder einem Durchgangsprüfer auf Durchgang kontrolliert werden. Der Masseanschluss (–) der Batterie muss dabei immer getrennt werden, um das Risiko eines Kurzschlusses zu vermeiden.

3 Entfernen Sie die vordere Lenkerverkleidung (siehe Kapitel 7). Um den Zugang zu verbessern, kann es nötig sein, auch die hintere Verkleidung zu entfernen, in der die Schalter sitzen. Trennen Sie den Stecker des zu testenden Schalters (siehe Abbildung).

4 Kontrollieren Sie den Durchgang zwischen den Anschlüssen des Schalters bei entsprechender Schalterstellung (d.h. Schalter aus – kein Durchgang, Schalter an – Durchgang) – beachten Sie die Schaltpläne am Ende des Kapitels. Durchgang muss je nach Schalterstellung zwischen den im Schaltplan mit einer dicken Linie verbundenen Anschlüssen bestehen.

5 Wenn die Durchgangsprüfung ein Problem bestätigt, wechseln Sie ggf. zu Sektion 22, um den Schalter zu entfernen, und besprühen Sie ihn mit Kontaktspray. Falls sie zugänglich sind, können die Kontakte mit einem Messer sauber gekratzt oder mit feinem Sandpapier aufpoliert werden. Wenn Schalterelemente beschädigt oder zerstört sind, wird dieses bei der Betätigung offensichtlich.

6 Um bei B 125-Modellen die Schalter zu kontrollieren, muss zuerst die hintere Lenkerverkleidung entfernt und das Kabel des zu testenden Schalters verfolgt werden (siehe Kapitel 7). Trennen Sie den Kabelstecker, und folgen Sie Schritt 4, um den Schalter auf Durchgang zu prüfen. Um die Schalterkontakte zu inspizieren, muss die Schraube gelöst werden, die die beiden Schalterhälften zusammenhält, dann werden sie getrennt und mit Schritt 5 fortgefahren (siehe Abbildungen).

22 Lenkerschalter
Ausbau und Einbau

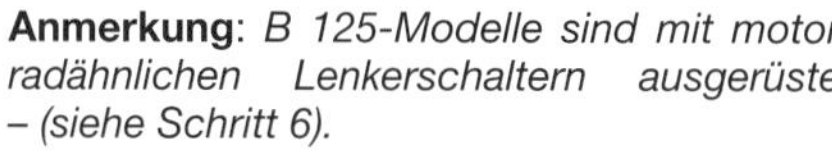

Anmerkung: *B 125-Modelle sind mit motorradähnlichen Lenkerschaltern ausgerüstet – (siehe Schritt 6).*

Ausbau

1 Entfernen Sie die vordere Lenkerverkleidung (siehe Kapitel 7). Um den Zugang zu verbessern, kann es nötig sein, auch die hintere Verkleidung zu entfernen, in der die Schalter sitzen.

2 Trennen Sie den Stecker des zu testenden Schalters (siehe Abbildung 21.3), lösen Sie die Schrauben oder die Clips, die den Schalter an der Verkleidung sichern, und entfernen Sie diesen (siehe Abbildung).

3 Entfernen Sie bei B 125-Modellen zuerst die hintere Lenkerverkleidung, und verfolgen Sie das Kabel des zu testenden Schalters (siehe Kapitel 7). Trennen Sie den Kabelstecker, lösen Sie die Schraube, die die beiden Schalterhälften zusammenhält, und trennen Sie sie (siehe Abbildungen 21.6a und b). Beachten Sie, dass zum Entfernen der rechten vorderen Lenkerverkleidung zunächst der Gasbowdenzug ausgehängt werden muss (siehe Kapitel 4).

Einbau

4 Der Einbau entspricht der umgekehrten Ausbaureihenfolge. Alle Kabelstecker müssen gut gesichert sein.

23 Diode (Zweitakter)
Kontrolle und Ersetzen

Kontrolle

Anmerkung: *Der folgende Test bezieht sich auf Modelle mit Zweitaktmotoren. Beachten Sie die Schaltpläne am Ende des Kapitels, um die Lage der Diode zu ermitteln. Bei einigen Modellen wird die Warnlampen-Kontrollfunktion durch die Regler-Gleichrichtereinheit ausgeführt.*

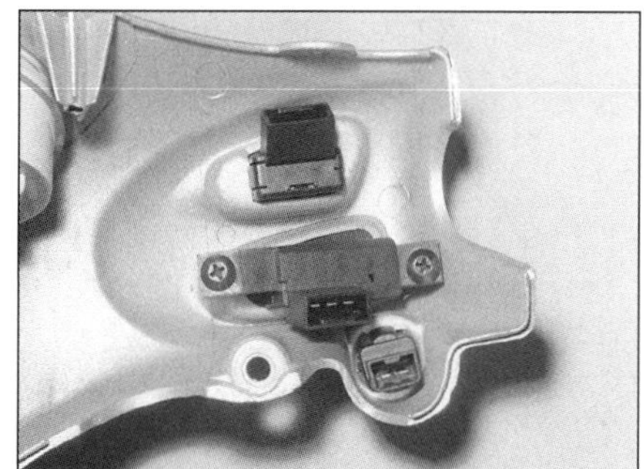

22.2 Die Schalter sind entweder geklemmt oder in die Lenkerverkleidung geschraubt.

1 Die Diode ist ein Teil des Anlasser-Stromkreises, der die Ölpegel-Warnlampe beim Drücken des Anlasserknopfes aufleuchten lässt – bei manchen Modellen auch die Reserve-Warnlampe. Dies stellt eine Kontrolle der Warnlampen dar.

2 Lokalisieren Sie die Diode; nötigenfalls muss das grün/schwarze Kabel aus dem Anlasserrelais verfolgt werden. Trennen Sie den Kabelstecker von den Dioden-Kontakten.

3 Eine Diode erlaubt es Strom nur, in eine Richtung zu fließen, jedoch nicht in die andere – dies ist anhand des Pfeils im Schaltplan zu erkennen.

4 Verbinden Sie die Plusklemme (+) eines Ohmmeters mit dem grün/schwarzen Kabelanschluss der Diode und die Minusklemme (–) mit dem anderen Anschluss (die Farbe unterscheidet sich je nach Modell) – es muss Durchgang bestehen. Tauschen Sie dann die Plus- und Minusklemmen, jetzt darf kein Durchgang gemessen werden. Liegen andere Messergebnisse vor, muss die Diode ausgetauscht werden.

5 Wenn zwei Dioden vorhanden sind, muss die Minusklemme mit dem anderen Anschluss der zweiten Diode verbunden werden.

6 Ist die Diode in Ordnung, müssen die anderen Komponenten des Stromkreises sowie deren Verkabelung geprüft werden (beachten Sie die Schaltpläne am Ende des Kapitels).

Ersetzen

7 Verfolgen Sie das grün/schwarze Kabel aus dem Anlasserrelais zur Diode, trennen Sie den Stecker, und tauschen Sie die Diode aus.

24 Hupe
Kontrolle und Ersetzen

Kontrolle

1 Die Hupe sitzt hinter der Frontverkleidung oder der Bugverkleidung (siehe Abbildungen). Entfernen Sie entsprechende Verkleidungsteile, bzw. bei ET2-, ET4-, S- und allen LX- sowie GT-Modellen die Frontabdeckung (siehe Kapitel 7).

2 Ziehen Sie die Kabelstecker von der Hupe (siehe Abbildung 24.5). Verbinden Sie mit zwei Überbrückungskabeln die Hupe direkt mit der Batterie. Wenn die Hupe funktioniert, kon-

24.1a Lage der Hupe unten am Rahmen – X9

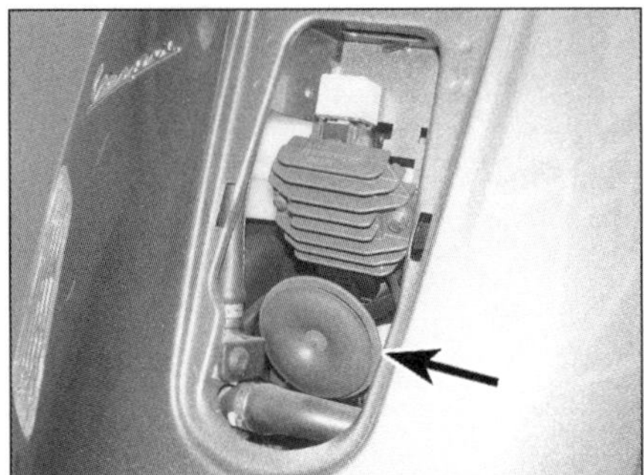

24.1b Lage der Hupe hinter der Frontabdeckung – GT Modelle

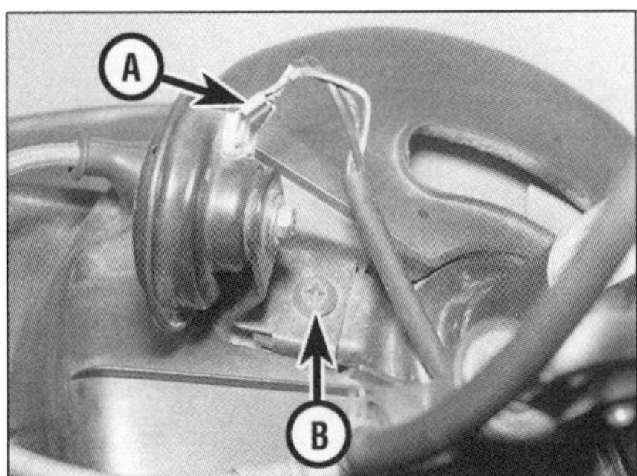

24.5 Hupen-Kabelstecker (A) und Befestigungsschraube (B)

trollieren Sie den Schalter (siehe Sektion 21) sowie die Kabel zwischen der Hupe und dem Schalter (beachten Sie die Schaltpläne am Ende des Kapitels).

3 Wenn die Hupe nicht funktioniert, muss sie ersetzt werden.

Ersetzen

4 Entfernen Sie entsprechende Verkleidungsteile, um Zugang zur Hupe zu erhalten (siehe Kapitel 7).

5 Ziehen Sie die Kabelstecker von der Hupe. Lösen Sie die Schraube, mit der die Hupe gesichert ist, und nehmen Sie sie ab (siehe Abbildung)

6 Bauen Sie die Hupe an, und ziehen Sie die Schraube sorgfältig fest. Verbinden Sie die Kabelstecker.

25.2a Anlasserrelais – Typhoon

25.2b Anlasserrelais – Hexagon

25 Anlasserrelais Kontrolle und Ersetzen

Kontrolle

1 Wenn der Anlasser-Stromkreis fehlerhaft ist, kontrollieren Sie zuerst die Sicherung (siehe Sektion 5). Prüfen Sie zudem, ob die Batterie gut geladen ist (siehe Sektion 3). Wenn zum Anlasser-Stromkreis die Bremslichtschalter gehören, müssen deren Funktion und ihre Verkabelung überprüft werden (siehe Sektion 14). Ist ein Seitenständerschalter vorhanden, muss auch dieser untersucht werden (Sektion 32).

2 Das Anlasserrelais befindet sich am Ende des einen Kabels, das vom Pluspol der Batterie abgeht (das andere führt zum Zündschloss). Auch kann das Kabel vom Anlasser zur Relais zurückverfolgt werden (siehe Abbildungen).

3 Bei Modellen, deren Relaisanschlüsse einzelne Stecker haben, müssen das Batteriekabel (Anschluss 30) und das Anlasserkabel (Anschluss 87) vom Relais getrennt werden (siehe Abbildungen 25.2a und b). Bei eingeschalteter Zündung wird jetzt der Anlasserknopf gedrückt - aus dem Relais muss ein deutliches Klicken zu vernehmen sein. Ist dies nicht der Fall, wird die Zündung abgeschaltet und der folgende Test durchgeführt:

4 Bei Modellen, deren Relais mit einem Mehrfachstecker verbunden ist (siehe Abbildung 25.2c) oder deren Relais genauer untersucht werden soll, müssen der Stecker oder die Kabel getrennt werden, um das Relais auf der Werkbank weiter testen zu können.

5 Stellen Sie ein Multimeter auf den Messbereich Ohm x 1, und klemmen Sie es zwischen den Anlasser- und den Batterie-Versorgungsanschluss des Relais. Verbinden Sie eine geladene Batterie mit dem Anlasserknopf-Anschluss und dem Masseanschluss des Relais (siehe Abbildung). Jetzt muss ein Klicken zu hören sein und das Multimeter 0 Ohm (vollen Durchgang) anzeigen – ist dies der Fall, funktioniert das Relais. Klickt das Relais bei angelegter Batteriespannung nicht und wird kein Durchgang angezeigt, ist das Relais defekt und muss ersetzt werden.

6 Wenn das Relais in Ordnung ist, muss geprüft werden, ob zwischen dem grün/schwarzen Kabel vom Anlasserknopf und dem schwarzen Massekabel bei gedrücktem Anlasser Strom fließt. **Anmerkung**: *Die Kabelfarben können sich zwischen den Modellen unterscheiden – beachten Sie den Schaltplan am Ende des Kapitels.* Kontrollieren Sie die anderen Bauteile des Anlasserstromkreises – sind alle in Ordnung, müssen die Kabel zwischen ihnen untersucht werden.

Ersetzen

7 Trennen Sie die Batteriekabel – Masse (–) zuerst!

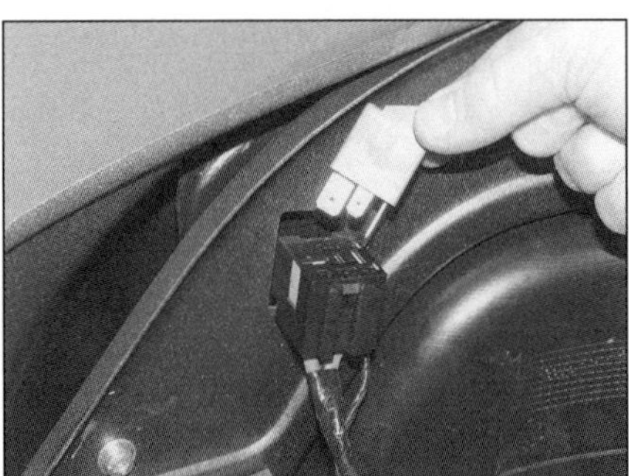

25.2c Anlasserrelais mit Mehrfachstecker – GT-Modell

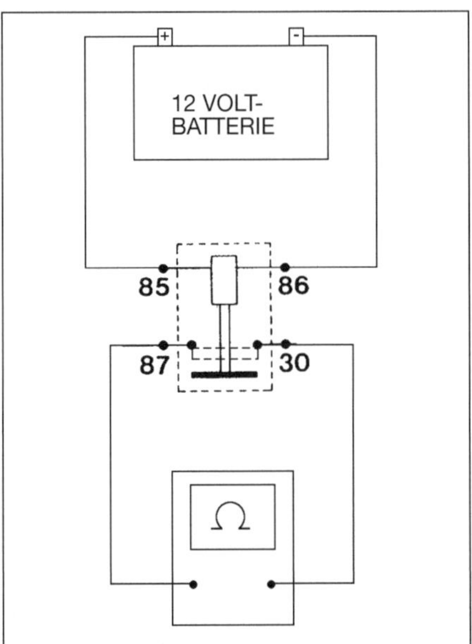

25.5 Anlasserrelais-Test

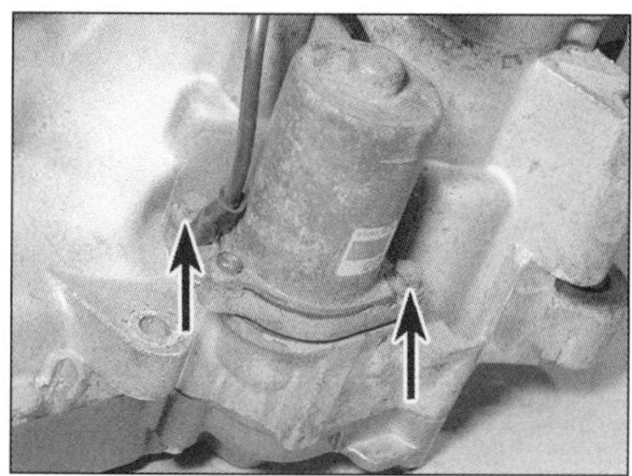
26.2a Entfernen Sie die zwei Schrauben, beachten Sie das Massekabel, . . .

26.2b . . . entfernen Sie den Anlasser, . . .

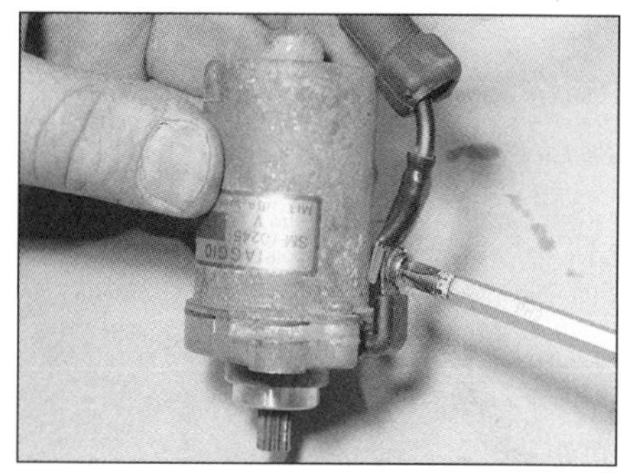
26.2c . . . und trennen Sie das Kabel.

8 Das Anlasserrelais befindet sich am Ende des einen Kabels, das vom Pluspol der Batterie abgeht (das andere führt zum Zündschloss). Auch kann das Kabel vom Anlasser zum Relais zurückverfolgt werden.

9 Notieren Sie ggf., welches Kabel an welchen Relaisanschluss gehört (die Anschlüsse sind nummeriert), trennen Sie dann die Stecker, und entfernen Sie das Relais (siehe Abbildungen 25.2a bis c).

10 Der Einbau entspricht der umgekehrten Ausbaureihenfolge. Verbinden Sie erst das Pluskabel und dann das Massekabel (–) mit der Batterie.

26 Anlasser
Ausbau und Einbau

Ausbau

Zweitaktmotoren

1 Bei Zweitaktmotoren sitzt der Anlasser unten am Motor. Trennen Sie den Masseanschluss (–) von der Batterie.

2 Lösen Sie die zwei Schrauben, die den Anlasser am Antriebsgehäuse sichern – beachten Sie das mit der oberen gesicherte Massekabel (siehe Abbildung). Ziehen Sie den Anlasser aus dem Motor, schieben Sie die Gummiabdeckung des Kabelanschlusses zurück, und lösen Sie die Schraube des Anlasserkabels (siehe Abbildungen). Befreien Sie das Kabel, und entfernen Sie den Anlasser.

Viertaktmotoren

3 Bei Viertaktmotoren sitzt der Anlasser hinter dem Vergaser oben am Motor. Entfernen Sie entsprechende Verkleidungsteile, um Zugang zu erhalten (siehe Kapitel 7).Trennen Sie den Masseanschluss (–) von der Batterie.

4 Ziehen Sie die Gummiabdeckung des Kabelanschlusses zurück, und lösen Sie die Schraube des Anlasserkabels. Befreien Sie das Kabel (siehe Abbildung).

5 Falls vorhanden, werden die zwei Schrauben der Anlasserwellen-Abdeckung gelöst und diese vom Motorgehäuse genommen – beachten Sie die Gummiabdeckung an der Innenseite (siehe Abbildung). Lösen Sie die zwei Schrauben, die den Anlasser am Motorgehäuse sichern – beachten Sie das damit gesicherte Massekabel und die Kabelführung (siehe Abbildung). Entfernen Sie die Schrauben samt der Distanzhülsen, und heben Sie den Anlasser vom Motor (siehe Abbildung).

6 Entfernen Sie den O-Ring vom Ende des Anlassers – er muss später durch ein Neuteil ersetzt werden.

Einbau

7 Der Einbau entspricht der umgekehrten Ausbaureihenfolge. Rüsten Sie bei Viertaktern den Anlasser mit einem neuen O-Ring aus, der eingeölt korrekt in seiner Nut liegen muss (siehe Abbildung).

26.4 Ziehen Sie die Gummikappe ab, und entfernen Sie die Anschlussschraube.

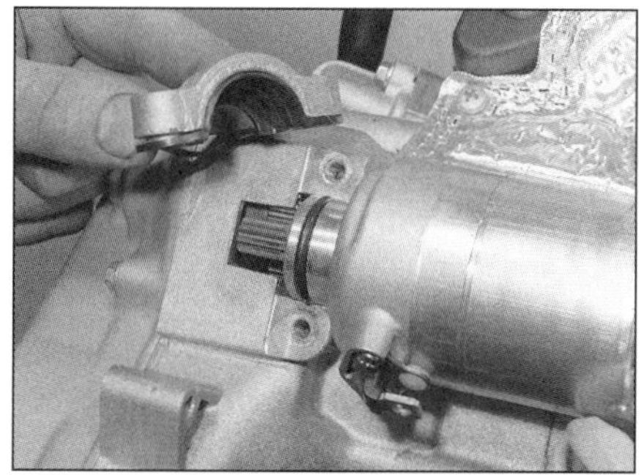
26.5a Entfernen Sie ggf. die Anlasserwellen-Abdeckung, . . .

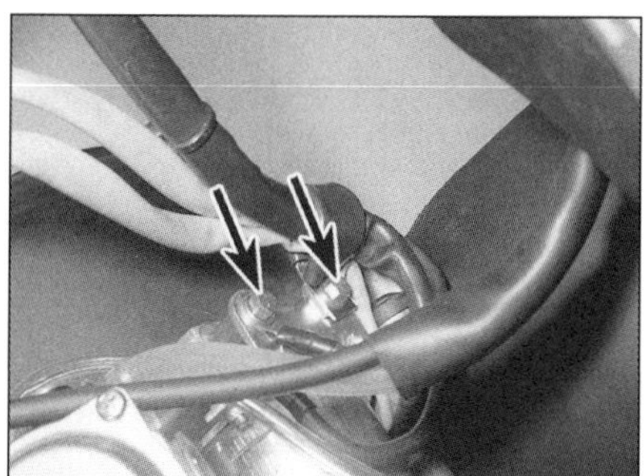
26.5b . . . lösen Sie die zwei Schrauben, . . .

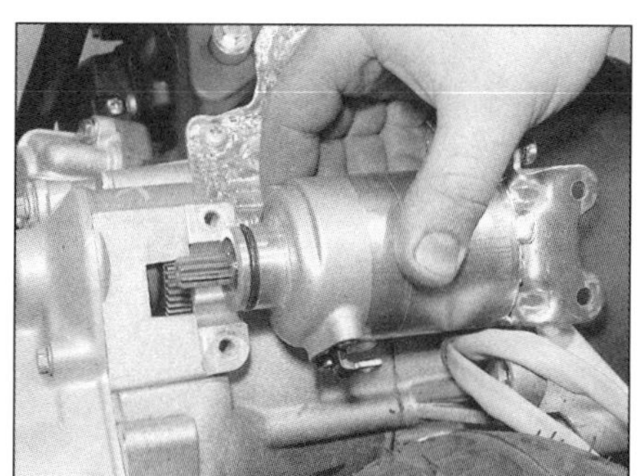
26.5c . . . und heben Sie den Anlasser aus dem Motor.

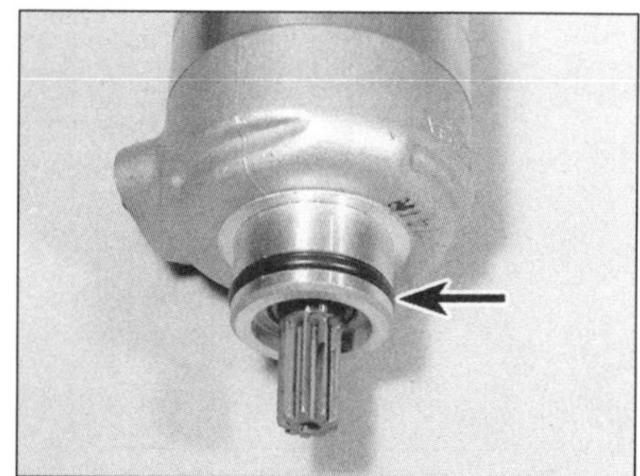
26.7 Rüsten Sie Anlasser von Viertaktmotoren mit einem neuen O-Ring aus.

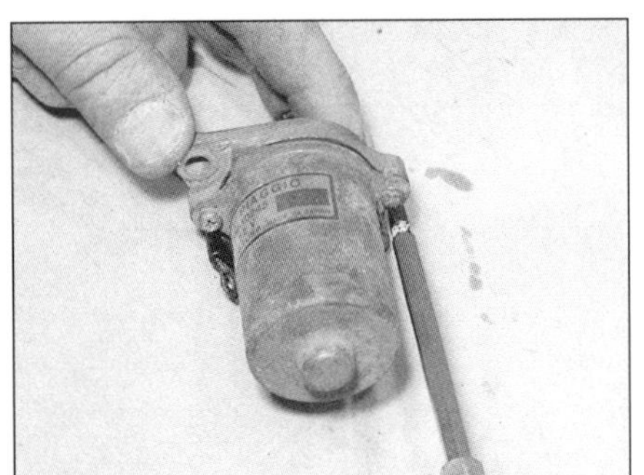

27.3a Entfernen Sie die Anlasser-Gehäuseschrauben, . . .

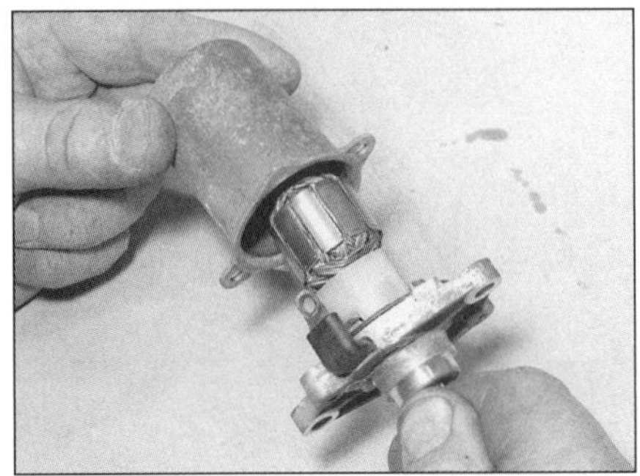

27.3b . . . und ziehen Sie das Gehäuse ab – Typhoon 50.

27.3c Entfernen Sie die Anlasser-Gehäuseschrauben, . . .

27 Anlasser – Zerlegen, Kontrolle und Montage

Zerlegen

Anmerkung: *Die hier beschriebenen Modelle sind mit unterschiedlichen Anlassern ausgerüstet. Beachten Sie vor dem Zerlegen, dass für keine Ausführung Einzelteile erhältlich sind, sodass ein schadhafter Anlasser ersetzt werden muss. Vor dem Kauf eines neuen Anlassers kann es jedoch klug sein, einen Fachbetrieb für Autoelektrik zu konsultieren, da manche Defekte repariert werden können. Notieren Sie beim Zerlegen genau die Positionen aller Bauteile, da die unten stehende Anleitung nur allgemein ist und sich nicht auf jeden speziellen Anlasser bezieht.*

1 Bauen Sie den Anlasser aus (Sektion 26).

2 Beachten Sie die Markierungen an den Übergängen zwischen Hauptgehäuse und dem Deckel, die bei der Montage wieder fluchten müssen. Falls sie schwierig zu erkennen sind, müssen neue angebracht werden.

3 Lösen Sie die Schrauben, die den Deckel am Hauptgehäuse sichern, und ziehen Sie das Gehäuse ab – die Ankerwelle wird dabei im Deckel verbleiben (siehe Abbildungen); es kann nötig sein, das Ende der Welle festhalten zu müssen, damit sie nicht durch die Magnetkräfte im Gehäuse mit herausgezogen wird (in Abbildung 27.3d ist gezeigt, wie sie mit einer Schelle gesichert ist).

4 Ziehen Sie die Ankerwelle aus dem Deckel

27.3d . . . und ziehen Sie das Gehäuse ab – ET4.

– an beiden Enden können Scheiben sitzen. Beachten Sie, wie die Kohlebürsten auf dem Kollektor liegen (siehe Abbildung).

5 Ziehen Sie die Kohlebürsten aus ihren Haltern – beachten Sie, wie sie gegen die Federn drücken (siehe Abbildung).

Kontrolle

6 Die Teile des Anlassers, denen am meisten Aufmerksamkeit geschenkt werden muss, sind die Kohlebürsten. Piaggio macht keine Angaben über die Verschleißgrenzen, doch sind die Bürsten des ET4 im Neuzustand 11 mm lang. Ist eine der Bürsten verschlissen, beschädigt oder so kurz, dass sie nicht mehr in der Führung gleiten kann, sollte sie ersetzt werden – fragen Sie Ihren Piaggio-Händler nach der Verfügbarkeit neuer Bürsten, ansonsten ist der gesamte Anlasser zu ersetzen.

7 Inspizieren Sie die Kollektor-Lamellen der

27.4 Ziehen Sie die Ankerwelle aus der Abdeckung.

Welle auf Kerbung, Kratzer und Verfärbung. Der Kollektor kann vorsichtig mit Schmirgelleinen gereinigt, darf aber nicht mit Schleifpapier bearbeitet werden. Wischen Sie alle Rückstände mit einem mit Spiritus getränkten Lappen ab.

8 Mithilfe eines Ohm-Meters oder eines Durchgangsprüfers wird zwischen den Kollektorlamellen der Widerstand gemessen (siehe Abbildung). Innerhalb des Kollektors muss Durchgang bestehen. Messen Sie den Widerstand zwischen den Lamellen und der Ankerwelle (siehe Abbildung) – hier darf kein Durchgang bestehen (unendlicher Widerstand). Bei anderen Ergebnissen ist die Ankerwelle defekt.

9 Prüfen Sie zwischen der Anschlussschraube und der mit ihr verbundenen Kohlebürste den Durchgang – es muss Durchgang (null Ohm) ermittelt werden. Prüfen Sie, ob zwischen der

27.5 Ziehen Sie die Bürsten aus ihren Haltern.

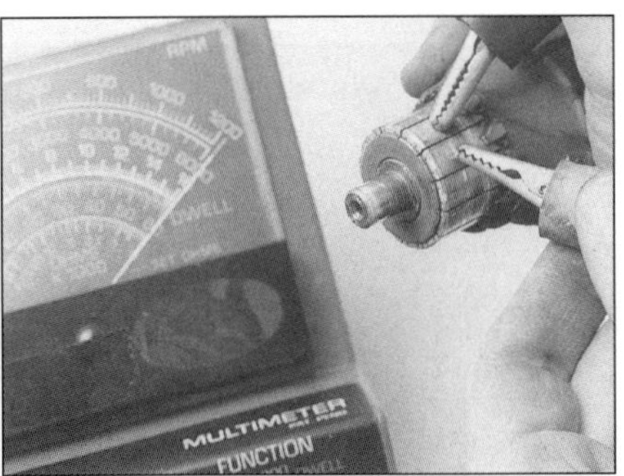

27.8a Zwischen den Kollektor-Lamellen muss Durchgang bestehen.

27.8b Zwischen den Lamellen und der Ankerwelle darf kein Durchgang bestehen.

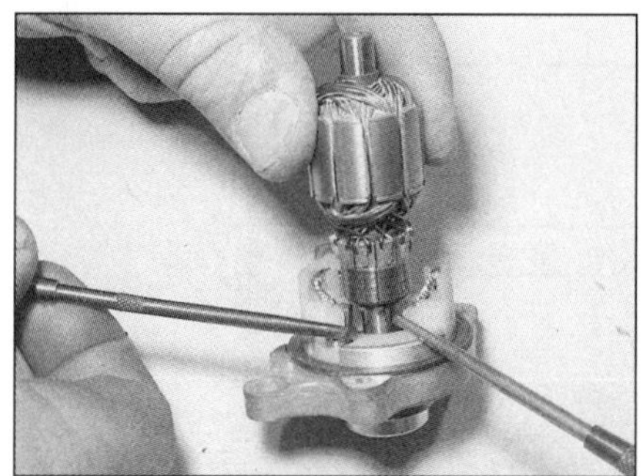
27.14a Drücken Sie die Bürsten gegen die Federn, um die Ankerwelle installieren zu können.

27.14b Hängen Sie die Feder-Enden möglichst über die Bürstenhalter, damit auf die Bürsten kein Druck ausgeübt wird, . . .

27.14c . . . nach dem Einbau der Welle werden sie wieder auf die Bürsten gelegt.

Anschlussschraube und dem Gehäuse Durchgang besteht – dieses darf nicht der Fall sein (unendlicher Widerstand muss gemessen werden).

10 Kontrollieren Sie das vordere Ende der Ankerwelle auf Verschleiß sowie rissige, abgeschliffene oder ausgebrochene Zähne. Wenn die Welle beschädigt oder verschlissen ist, muss die Ankerwelle bzw. der komplette Anlasser ersetzt werden.

11 Kontrollieren Sie den Anlasserdeckel auf Risse und Verschleiß. Inspizieren Sie die Magneten des Gehäuses und das Gehäuse selbst auf Risse.

12 Begutachten Sie die Gleitflächen der Ankerwelle im Deckel und Gehäuse sowie die Deckeldichtung auf Verschleiß und Schäden.

Montage

13 Bauen Sie den Anlasser in der umgekehrten Zerlegungs-Reihenfolge zusammen.

14 Beim Einsetzen der Ankerwelle müssen die Kohlebürsten zurückgedrückt werden – dies kann ohne die Hilfe eines Assistenten schwierig werden. Der Helfer kann die Bürsten mit umgebogenen Nadeln oder Ähnlichem zurückziehen (siehe Abbildung). Bei manchen Modellen können die Enden der Federn oben auf den Bürstenhalter geklemmt werden, sodass die Bürsten nicht mehr unter Vorspannung stehen und in ihre Halter geschoben werden können (siehe Abbildung). Installieren Sie dann die Ankerwelle, und setzen Sie die Federenden wieder auf die Bürsten, sodass sie gegen den Kollektor gedrückt werden (siehe Abbildung). Die unter Federdruck stehenden Bürsten müssen sich in ihren Führungen frei bewegen können.

15 Ersetzen Sie den O-Ring des Deckels, falls er schadhaft ist (siehe Abbildung).

28 Ladesystem – Allgemeine Informationen und Warnhinweise

1 Wenn an der Funktion des Ladesystems Zweifel bestehen, sollte zunächst das System als Ganzes kontrolliert werden, danach die einzelnen Komponenten.

Anmerkung: *Vor dem Beginn der Kontrolle muss sichergestellt werden, dass die Batterie voll geladen ist und alle Verbindungen sauber und fest verbunden sind.*

2 Zur Kontrolle der Ladung und der Funktion der Ladesystemkomponenten wird ein Multimeter (mit Stromspannungs-, Stromstärken- und Widerstands-Messmöglichkeiten) benötigt.

3 Folgen Sie bei der Kontrolle sorgfältig den Hinweisen, um falsche Anschlüsse oder Kurzschlüsse zu vermeiden, die zu Schäden an elektrischen Bauteilen führen können.

4 Wenn kein Multimeter vorhanden ist, sollte die Kontrolle des Ladesystems einer Piaggio-Werkstatt überlassen werden.

29 Ladesystem Kriechstrom- und Ausgangsleistungstest

1 Wenn das Ladesystem fehlerhaft zu sein scheint, müssen folgende Kontrollen durchgeführt werden:

Kriechstrom-Test

Achtung: Schließen Sie das Amperemeter immer in Reihe, niemals parallel zur Batterie an, da es dabei beschädigt wird. Schalten Sie nicht die Zündung an, aber betätigen Sie niemals den Starterknopf, wenn das Messgerät angeschlossen ist – der plötzliche fließende Strom würde das Gerät zerstören.

2 Stellen Sie das Zündschloss auf OFF, und trennen Sie den Masseanschluss (–) von der Batterie.

3 Schalten Sie das Multimeter auf den Ampere-Bereich, und verbinden Sie die Minusklemme mit dem Minus-Pol (–) der Batterie sowie die Plusklemme mit dem getrennten Masse-Anschlusskabel (siehe Abbildung). Schalten Sie das Messgerät immer zunächst auf den höchsten Messbereich und dann schrittweise herunter auf den Milliampere-Bereich (mA), um ein Durchbrennen der Gerätesicherung zu verhindern.

4 Zwar gibt es von Piaggio keine Angaben,

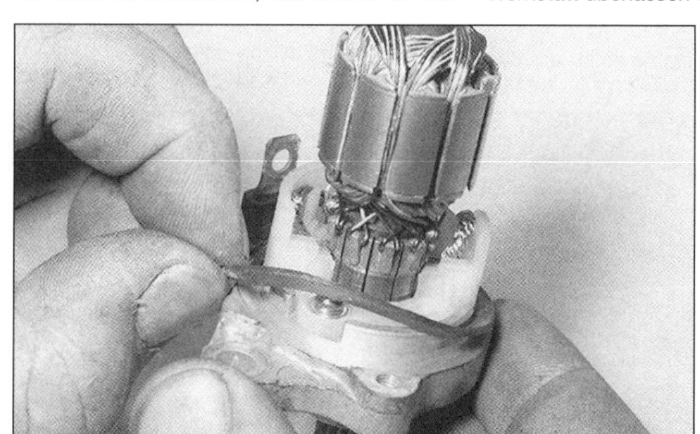
27.15 Ersetzen Sie die Deckeldichtung, wenn sie schadhaft ist.

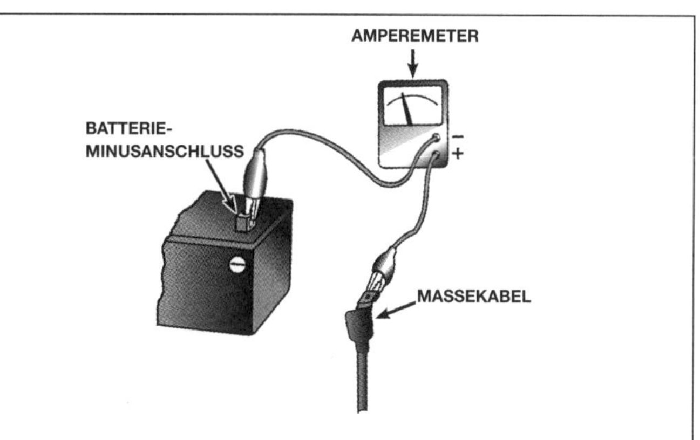

29.3 Kontrolle der Kriechstrom-Rate im Ladesystem – verbinden Sie das Messgerät wie gezeigt.

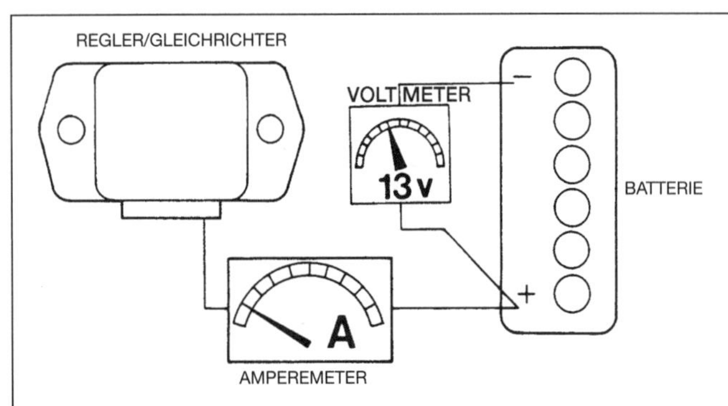

29.9 Kontrolle der geregelten Ausgangsleistung

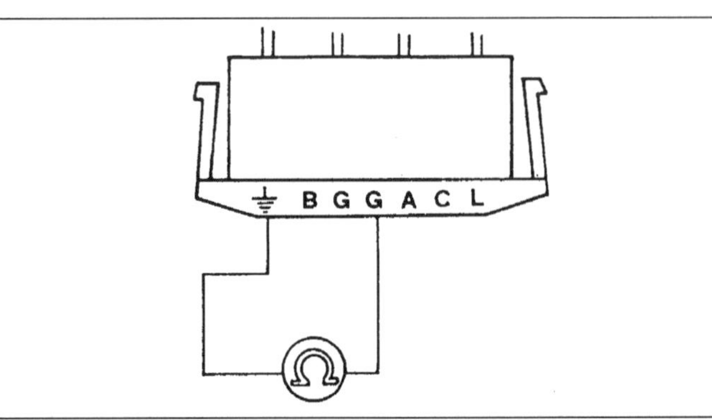

30.2 Kontrolle der Lichtmaschinenspulen-Isolation bei Typhoon, Hexagon und Skipper

doch sollte bei dieser Messung nicht mehr als 0,1 mA Stromstärke abzulesen sein. Wenn das Ergebnis höher ist, liegt irgendwo im elektrischen System ein Kurzschluss vor. Entfernen Sie das Messgerät, und schließen Sie den Masseanschluss (–) der Batterie wieder an.

5 Wird ein Kriechstrom festgestellt, werden unter Verwendung der Schaltpläne am Ende des Kapitels systematisch einzelne elektrische Bauteile getrennt, bis die Kriechstromquelle identifiziert ist.

Ausgangsleistung-Test

6 Um die ungeregelte Ausgangsspannung zu kontrollieren, starten Sie den Motor, und bringen Sie ihn auf Betriebstemperatur. Stoppen Sie den Motor, und schalten Sie die Zündung aus. Stellen Sie das Fahrzeug auf den Hauptständer, sodass das Hinterrad nicht den Boden berührt.

7 Trennen Sie den Stecker des Regler-Kabels (siehe Sektion 31). Verbinden Sie das auf den Messbereich 0-50 Volt Wechselstrom (AC) geschaltete Messgerät mit dem Kabel mit der lila Kappe und Masse (Sfera 50/80, Typhoon 50/80, NRG MC², Zip Zip SP/RS), bzw. mit dem grau/blauen Kabel und Masse (Sfera 125, Liberty 50 4T, Zip 50, Zip 50/100 4T, ET2, ET4 50, ET4 125, LX 50, LX4 50, LXV 50, S 50, Fly 50, Fly 50/100 4T, NRG Power-Modelle) oder mit dem gelben und dem schwarzen Kabel (Typhoon 125, Zip 125, Hexagon, Skipper).

8 Lassen Sie den Motor mit Standgas laufen, und erhöhen Sie je nach Modell die Drehzahl langsam auf 2000 oder 3000 U/min (siehe technische Daten). Die ungeregelte Spannung muss den Angaben in den technischen Daten entsprechen. Schalten Sie die Zündung ab, trennen Sie das Messgerät, und verbinden Sie den Stecker mit dem Regler. Liegt die Spannung innerhalb der Vorgaben, wird die geregelte Ausgangsleistung gemessen (siehe Schritt 9). Bei allen Fahrzeugen mit LEADER-Motoren können auch die Lichtmaschinen-Spulen kontrolliert werden (Sektion 30).

9 Zum Testen der geregelten Ausgangsleistung wird das Pluskabel von der Batterie getrennt und ein auf den Bereich 0-20 Ampere geschaltetes Messgerät in Reihe zwischen das Kabel und den Pluspol der Batterie geklemmt (siehe Abbildung). **Anmerkung**: *Viele Messgeräte sind nur bis 10 Ampere ausgelegt – sie dürfen bei X8-, LX 125-, Fly 125- und GT-Modellen nicht eingesetzt werden!* Verbinden Sie ein weiteres Messgerät, das auf den Bereich 0-20 Volt Gleichstrom (DC) geschaltet ist, mit den beiden Batteriepolen. Starten Sie den Motor, und bringen Sie ihn je nach Modell langsam auf 2000 oder 3000 U/min (siehe technische Daten). Die geregelte Ausgangsleistung muss den Angaben in den technischen Daten entsprechen – die Batteriespannung bei 13 Volt liegen.

10 Liegt die geregelte Ausgangsleistung außerhalb der Vorgaben, obwohl die ungeregelte Spannung aus der Lichtmaschine korrekt ist (siehe Schritte 7 und 8), muss der Regler ersetzt werden (siehe Sektion 31).

30 Lichtmaschinenspulen
Kontrolle (Typhoon 125, Hexagon, Skipper und LEADER)

1 Bei ET2-, ET4-, LX-, S und allen GT-Modellen sitzt die Regler-Gleichrichtereinheit hinter der Frontabdeckung, doch der Zugang ist außer bei GT-Modellen leichter, wenn die Innenverkleidung entfernt ist (siehe Abbildung 31.1a). Bei allen anderen Modellen sitzt sie hinter der Motorabdeckung oder der Seitenverkleidung am Rahmen (siehe Abbildungen 31.1c bis f). Entfernen Sie entsprechende Verkleidungsteile (siehe Kapitel 7).

2 Verbinden Sie eine Klemme eines auf den Bereich Ohm x 10 geschalteten Messgeräts mit einem der gelben Kabel (G) des getrennten Steckers und die andere mit dem schwarzen Massekabel (siehe Abbildung). Wenn die Isolierung des Lichtmaschinenstators in Ordnung ist, darf kein Durchgang (also hoher Widerstand) gemessen werden. Wiederholen Sie die Messung mit dem anderen gelben Kabel und Masse.

3 Verbinden Sie als Nächstes das Messgerät mit den beiden gelben Kabeln – es muss Durchgang (0 Ohm) gemessen werden.

4 Wenn die Messungen andere Ergebnisse bringen, muss dies vor dem Austausch der Lichtmaschine von einer Piaggio-Werkstatt bestätigt werden. Prüfen Sie, ob der Fehler nicht durch ein gebrochenes oder gequetschtes Kabel zwischen der Lichtmaschine und der Regler-Gleichrichtereinheit hervorgerufen wird.

31 Regler/Gleichrichter
Ersetzen

1 Bei ET2-, ET4-, LX, S und allen GT-Modellen sitzt die Regler-Gleichrichtereinheit hinter der Frontabdeckung, doch der Zugang ist außer bei GT-Modellen leichter, wenn die Innenverkleidung entfernt ist (siehe Abbildung). Bei NRG Power-Modellen sitzt die Regler-Gleichrichtereinheit rechts im Batteriefach (siehe Abbildung). Bei allen anderen Modellen sitzt sie hinter der Motorabdeckung oder der Sei-

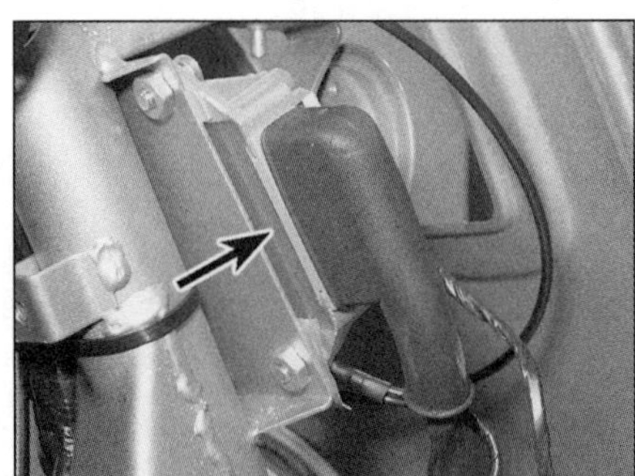

31.1a Lage der Regler/Gleichrichter-Einheit - ET2, ET4 und LX

31.1b Lage der Regler/Gleichrichter-Einheit - NRG Power DT

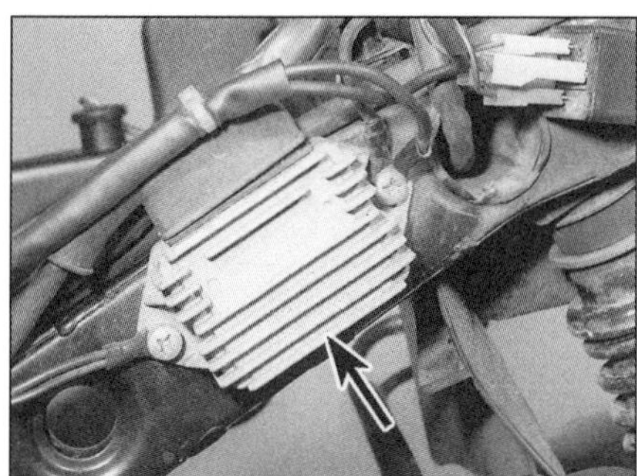
31.1c Lage der Regler/Gleichrichter-Einheit - Typhoon

31.1d Lage der Regler/Gleichrichter-Einheit - Hexagon

31.1e Lage der Regler/Gleichrichter-Einheit - B125

31.1f Lage der Regler/Gleichrichter-Einheit - X9

tenverkleidung am Rahmen (siehe Abbildungen). Entfernen Sie entsprechende Verkleidungsteile (siehe Kapitel 7).

2 Ziehen Sie die Gummiabdeckung vom Kabelstecker, und trennen Sie diesen (siehe Abbildung).

3 Lösen Sie die zwei Schrauben der Regler-Gleichrichtereinheit, und entfernen Sie sie - beachten Sie, dass bei einigen Modellen eine der Schrauben das Massekabel sichert.

4 Installieren Sie die neue Einheit, und ziehen Sie die Schrauben sorgfältig an - vergessen Sie nicht das ggf. vorhandene Massekabel. Schließen Sie den Stecker an, und schieben Sie die Abdeckung auf.

32 Seitenständerschalter
Kontrolle und Ersetzen

Kontrolle

1 Falls das Fahrzeug mit einem Seitenständerschalter ausgerüstet ist, sitzt dieser oben auf dem Ständer-Halter (siehe Abbildung). Der Schalter ist ein Teil des Sicherheits-Stromkreises, der davor schützen soll, dass der Motor bei ausgeklapptem Seitenständer und nicht gezogener Bremse gestartet werden kann. Kontrollieren Sie vor dem Stromkreislauf die Zündungs-Sicherung (siehe Sektion 5).

2 Um Zugang zum Stecker des Schalters zu erhalten, muss das Trittbrett entfernt werden (siehe Kapitel 7). Verfolgen Sie das Kabel vom Schalter, und trennen Sie es am Stecker (siehe Abbildung).

3 Kontrollieren Sie die Funktion des Schalters mit einem Multimeter oder einem Durchgangsprüfer. Verbinden Sie die Klemmen mit den Steckerkontakten der Schalterseite. Bei eingeklapptem Seitenständer muss Durchgang (kein Widerstand) herrschen, bei ausgeklapptem Seitenständer soll die Verbindung unterbrochen sein (unendlicher Widerstand).

4 Bei anderen Ergebnissen ist der Schalter defekt und muss ersetzt werden.

5 Wenn der Schalter in Ordnung ist, müssen das Anlasserrelais (siehe Sektion 25) und andere Bauteile des Anlasser-Stromkreises untersucht werden. Sind alle Bauteile in Ordnung, müssen die entsprechenden Verkabelungen kontrolliert werden (beachten Sie die Schaltpläne am Ende des Kapitels).

Ersetzen

6 Der Seitenständerschalter sitzt oben auf dem Ständer-Halter. Entfernen Sie das Trittbrett, und verfolgen Sie das Kabel vom Schalter, um es am Stecker zu trennen (siehe Abbildung 32.2). Befreien Sie das Kabel aus allen Führungen und Halterungen, und führen Sie es zurück zum Schalter - merken Sie sich seine Verlegung.

7 Entfernen Sie den Seitenständer, und demontieren Sie den Schalter - merken Sie sich seine Einbaulage (siehe Kapitel 7).

8 Installieren Sie den neuen Schalter, und montieren Sie den Seitenständer.

9 Das korrekt verlegte Kabel wird verbunden und gesichert, dann wird die Funktion des Schalters erneut kontrolliert. Montieren Sie das Trittbrett.

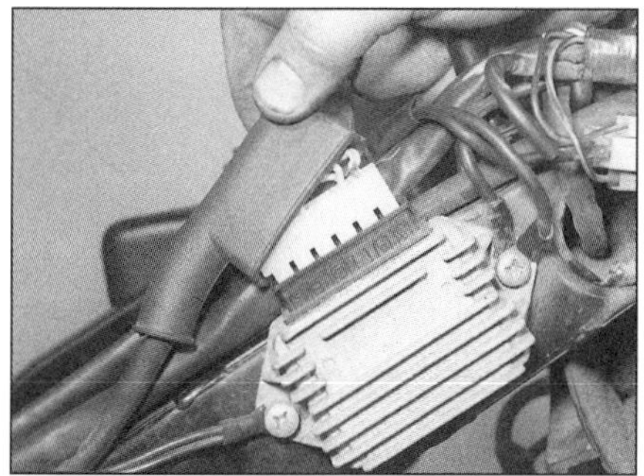
31.2 Heben Sie die Kappe ab, und trennen Sie den Stecker.

32.1 Lage des Seitenständerschalters

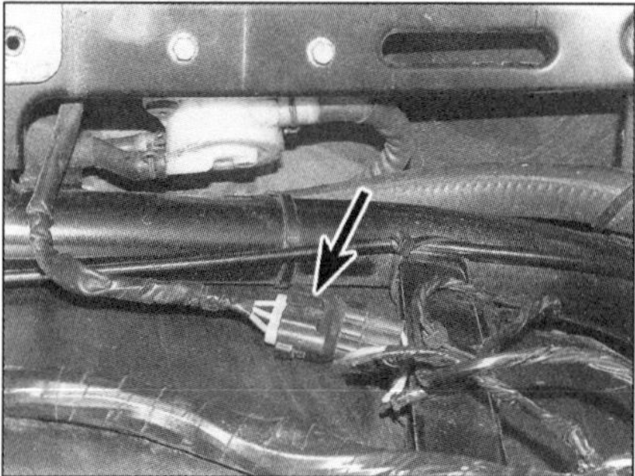
32.2 Lage des Schalter-Steckers

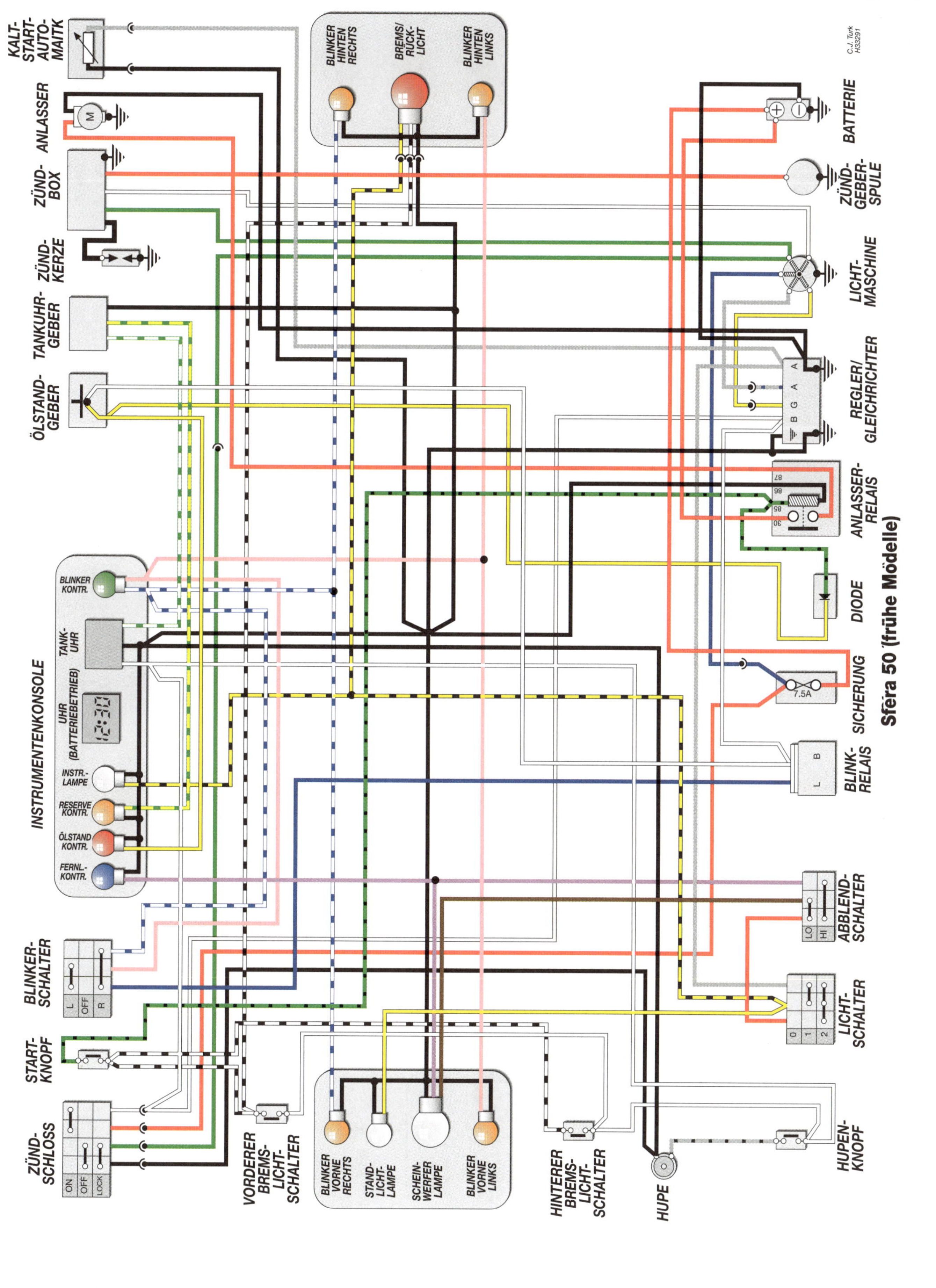

Sfera 50 (frühe Modelle)

KALT-START-AUTO-MAITK
ANLASSER
M
ZÜND-BOX
ZÜND-KERZE
TANKUHR-GEBER
ÖLSTAND-GEBER

INSTRUMENTENKONSOLE
BLINKER KONTR.
TANK-UHR
UHR (BATTERIEBETRIEB)
12:30
INSTR.-LAMPE
RESERVE KONTR.
ÖLSTAND KONTR.
FERNL.-KONTR.

BLINKER-SCHALTER
L
OFF
R
START-KNOPF
ZÜND-SCHLOSS
ON
OFF
LOCK
VORDERER BREMS-LICHT-SCHALTER

BLINKER HINTEN RECHTS
BREMS/RÜCK-LICHT
BLINKER HINTEN LINKS

BLINKER VORNE RECHTS
STAND-LICHT-LAMPE
SCHEIN-WERFER LAMPE
BLINKER VORNE LINKS

HINTERER BREMS-LICHT-SCHALTER
HUPE
HUPEN-KNOPF

BATTERIE
ZÜND-GEBER-SPULE
LICHT-MASCHINE
REGLER/GLEICHRICHTER
A
A
G
B
ANLASSER-RELAIS
87
86
85
30
DIODE
SICHERUNG
7.5A
BLINK-RELAIS
B
L
ABBLEND-SCHALTER
LO
HI
LICHT-SCHALTER
0
1
2

C.J. Turk
H33291

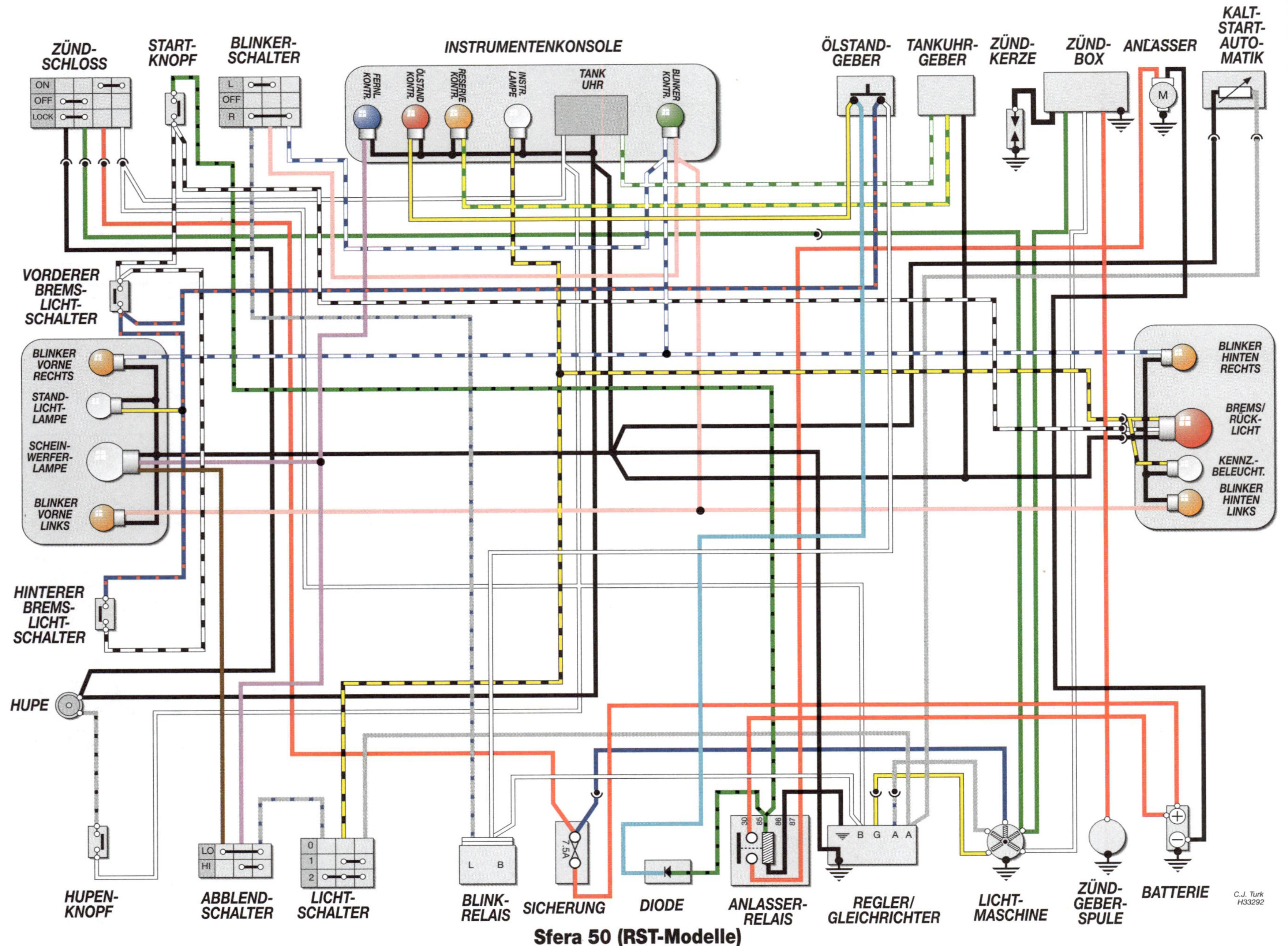
ZÜND-SCHLOSS
ON
OFF
LOCK
START-KNOPF
BLINKER-SCHALTER
L
OFF
R
INSTRUMENTENKONSOLE
FERNL. KONTR.
ÖLSTAND KONTR.
RESERVE KONTR.
INSTR. LAMPE
TANK UHR
BLINKER KONTR.
ÖLSTAND-GEBER
TANKUHR-GEBER
ZÜND-KERZE
ZÜND-BOX
ANLASSER
M
KALT-START-AUTOMATIK
VORDERER BREMS-LICHT-SCHALTER
BLINKER VORNE RECHTS
STAND-LICHT-LAMPE
SCHEIN-WERFER-LAMPE
BLINKER VORNE LINKS
BLINKER HINTEN RECHTS
BREMS/RÜCK-LICHT
KENNZ.-BELEUCHT.
BLINKER HINTEN LINKS
HINTERER BREMS-LICHT-SCHALTER
HUPE
HUPEN-KNOPF
LO
HI
ABBLEND-SCHALTER
0
1
2
LICHT-SCHALTER
L
B
BLINK-RELAIS
7.5A
SICHERUNG
DIODE
30
85
86
87
ANLASSER-RELAIS
B
G
A
A
REGLER/GLEICHRICHTER
LICHT-MASCHINE
ZÜND-GEBER-SPULE
BATTERIE
C.J. Turk
H33292
Sfera 50 (RST-Modelle)

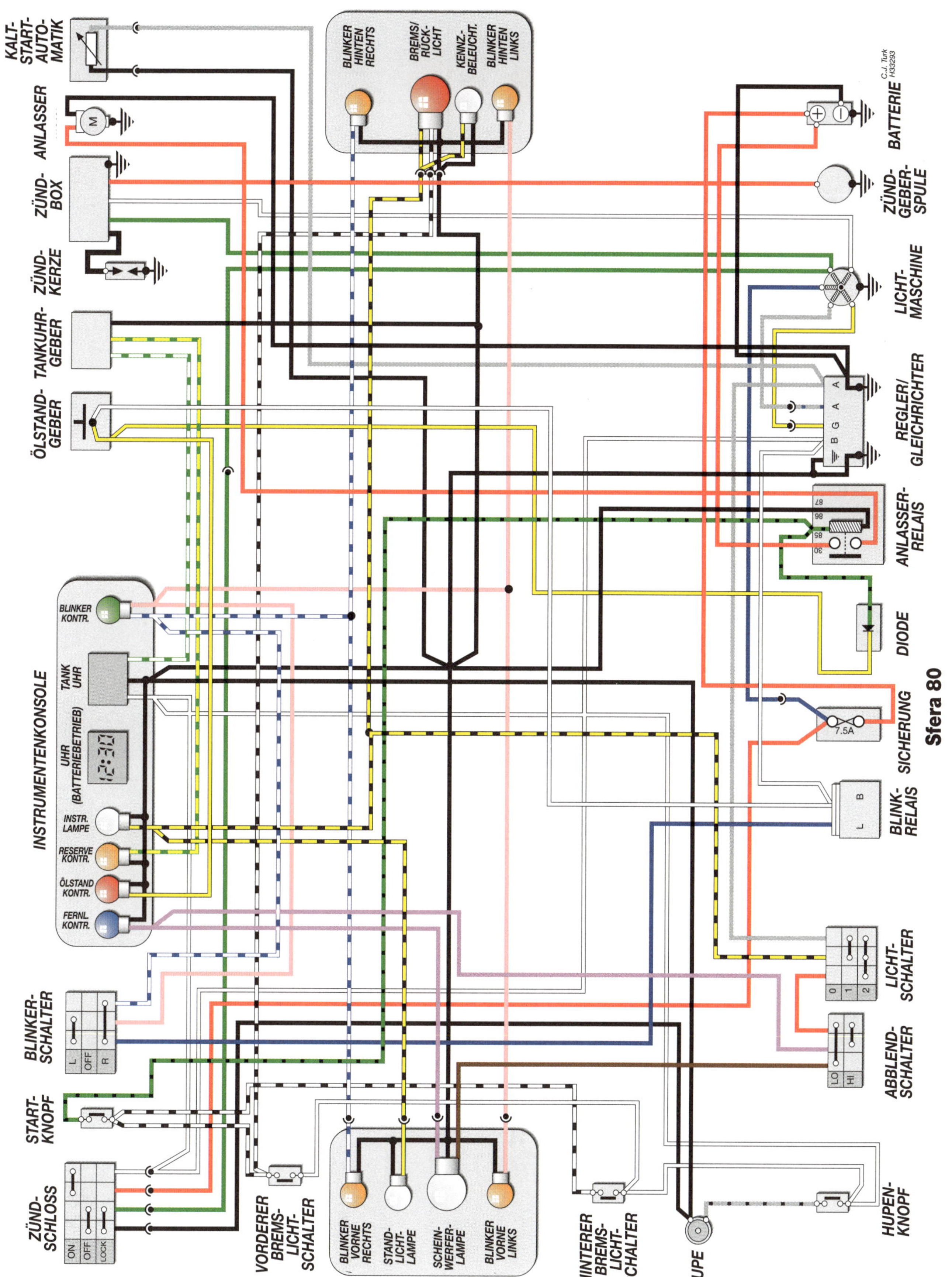
KALT-START-AUTOMATIK
ANLASSER
M
ZÜND-BOX
ZÜND-KERZE
TANKUHR-GEBER
ÖLSTAND-GEBER
INSTRUMENTENKONSOLE
BLINKER KONTR.
TANK UHR
UHR (BATTERIEBETRIEB)
12:30
INSTR. LAMPE
RESERVE KONTR.
ÖLSTAND KONTR.
FERNL. KONTR.
BLINKER-SCHALTER
L OFF R
START-KNOPF
ZÜND-SCHLOSS
ON OFF LOCK
VORDERER BREMS-LICHT-SCHALTER
BLINKER HINTEN RECHTS
BREMS/RÜCK-LICHT
KENNZ.-BELEUCHT.
BLINKER HINTEN LINKS
BLINKER VORNE RECHTS
STAND-LICHT-LAMPE
SCHEIN-WERFER-LAMPE
BLINKER VORNE LINKS
HINTERER BREMS-LICHT-SCHALTER
HUPE
HUPEN-KNOPF
ABBLEND-SCHALTER
LO HI
LICHT-SCHALTER
0 1 2
BLINK-RELAIS
L B
SICHERUNG
7.5A
Sfera 80
DIODE
ANLASSER-RELAIS
30 85 86 87
REGLER/GLEICHRICHTER
A A G B
LICHT-MASCHINE
ZÜND-GEBER-SPULE
BATTERIE
C.J. Turk H33293

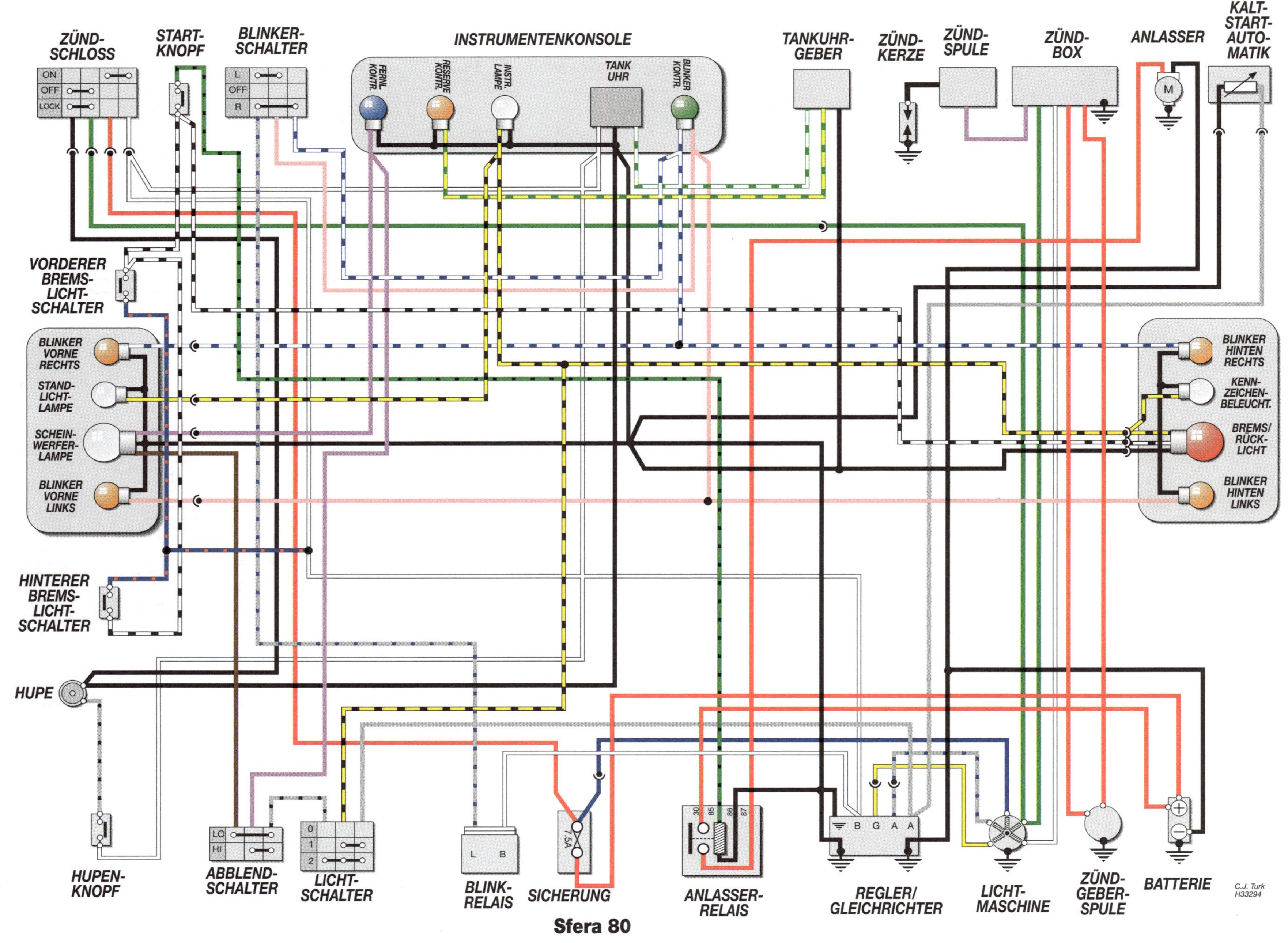
ZÜND-SCHLOSS
ON
OFF
LOCK
START-KNOPF
BLINKER-SCHALTER
L
OFF
R
INSTRUMENTENKONSOLE
FERNL. KONTR.
RESERVE KONTR.
INSTR. LAMPE
TANK UHR
BLINKER KONTR.
TANKUHR-GEBER
ZÜND-KERZE
ZÜND-SPULE
ZÜND-BOX
ANLASSER
KALT-START-AUTO-MATIK
VORDERER BREMS-LICHT-SCHALTER
BLINKER VORNE RECHTS
STAND-LICHT-LAMPE
SCHEIN-WERFER-LAMPE
BLINKER VORNE LINKS
BLINKER HINTEN RECHTS
KENN-ZEICHEN-BELEUCHT.
BREMS/RÜCK-LICHT
BLINKER HINTEN LINKS
HINTERER BREMS-LICHT-SCHALTER
HUPE
HUPEN-KNOPF
LO
HI
ABBLEND-SCHALTER
0
1
2
LICHT-SCHALTER
L
B
BLINK-RELAIS
7.5A
SICHERUNG
30
85
86
87
ANLASSER-RELAIS
B
G
A
A
REGLER/GLEICHRICHTER
LICHT-MASCHINE
ZÜND-GEBER-SPULE
BATTERIE
C.J. Turk
H33294
Sfera 80

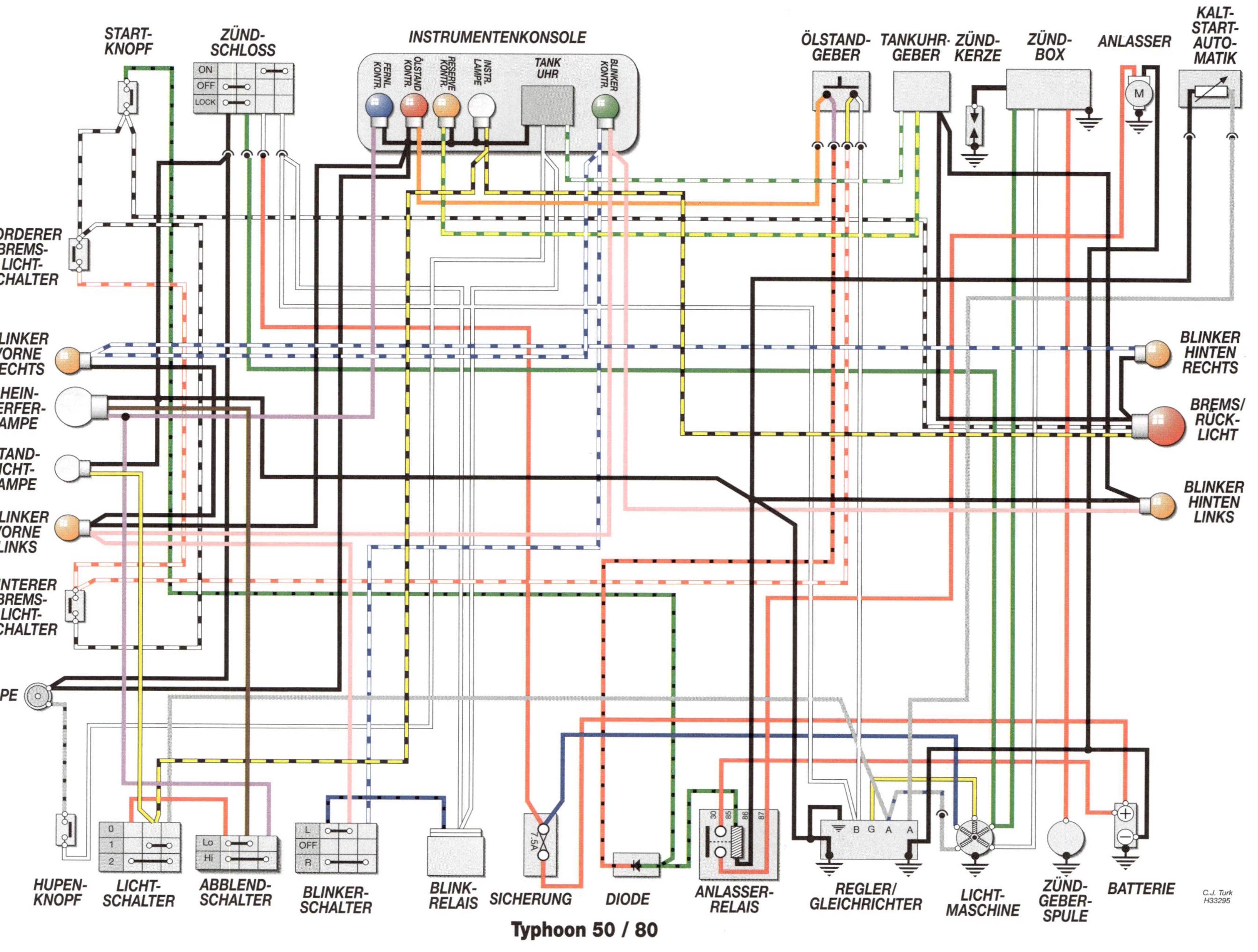

Typhoon 50 / 80

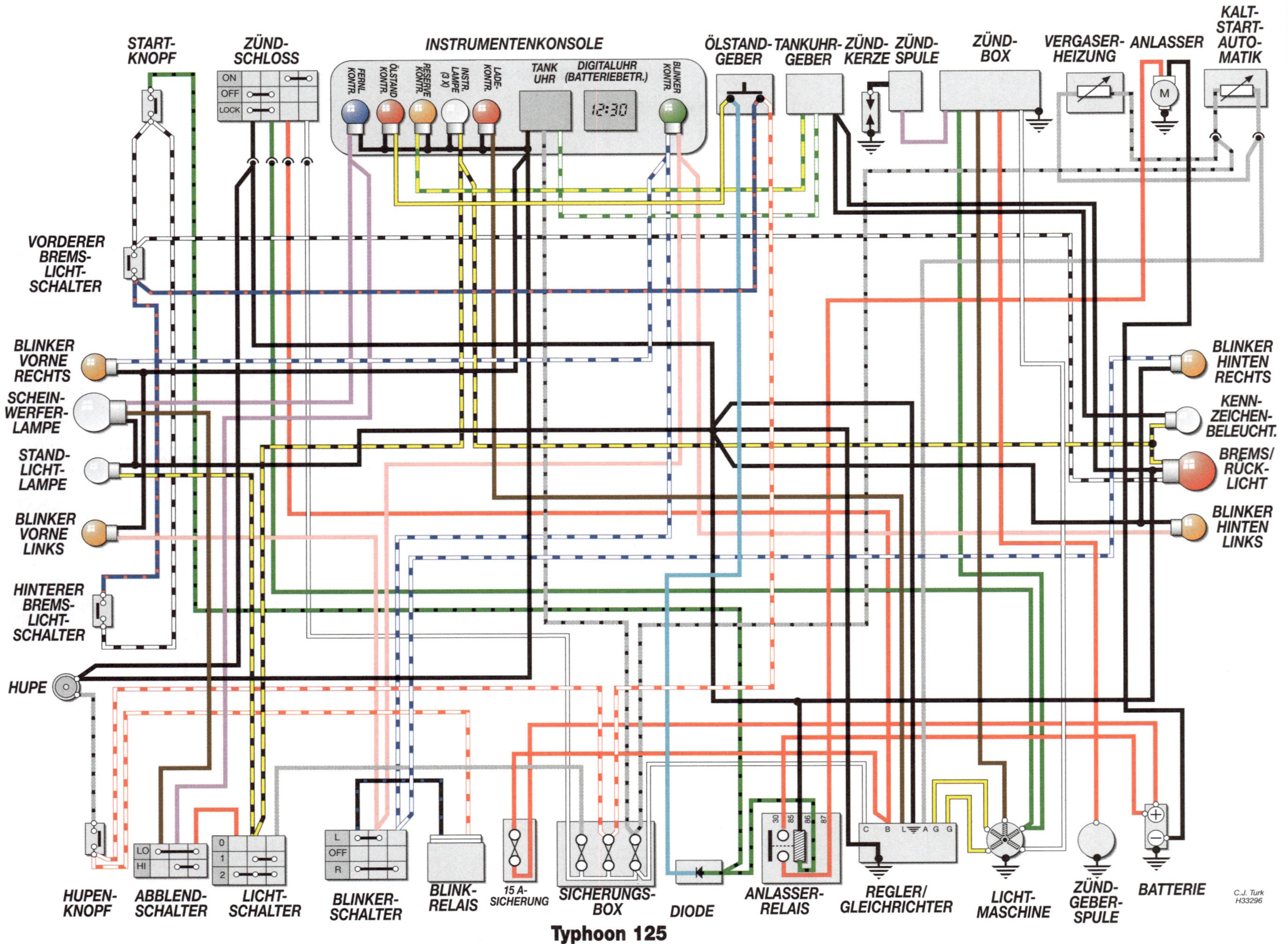

START-KNOPF
ZÜND-SCHLOSS
ON
OFF
LOCK
INSTRUMENTENKONSOLE
FERNL. KONTR.
ÖLSTAND KONTR.
RESERVE KONTR.
INSTR. LAMPE (3 X)
LADE-KONTR.
TANK UHR
DIGITALUHR (BATTERIEBETR.)
12:30
BLINKER KONTR.
ÖLSTAND-GEBER
TANKUHR-GEBER
ZÜND-KERZE
ZÜND-SPULE
ZÜND-BOX
VERGASER-HEIZUNG
ANLASSER
M
KALT-START-AUTOMATIK
VORDERER BREMS-LICHT-SCHALTER
BLINKER VORNE RECHTS
SCHEIN-WERFER-LAMPE
STAND-LICHT-LAMPE
BLINKER VORNE LINKS
HINTERER BREMS-LICHT-SCHALTER
HUPE
BLINKER HINTEN RECHTS
KENN-ZEICHEN-BELEUCHT.
BREMS/RÜCK-LICHT
BLINKER HINTEN LINKS
LO
HI
0
1
2
L
OFF
R
30
85
86
87
C
B
L
A
G
G
HUPEN-KNOPF
ABBLEND-SCHALTER
LICHT-SCHALTER
BLINKER-SCHALTER
BLINK-RELAIS
15 A-SICHERUNG
SICHERUNGS-BOX
DIODE
ANLASSER-RELAIS
REGLER/GLEICHRICHTER
LICHT-MASCHINE
ZÜND-GEBER-SPULE
BATTERIE
C.J. Turk H33296
Typhoon 125

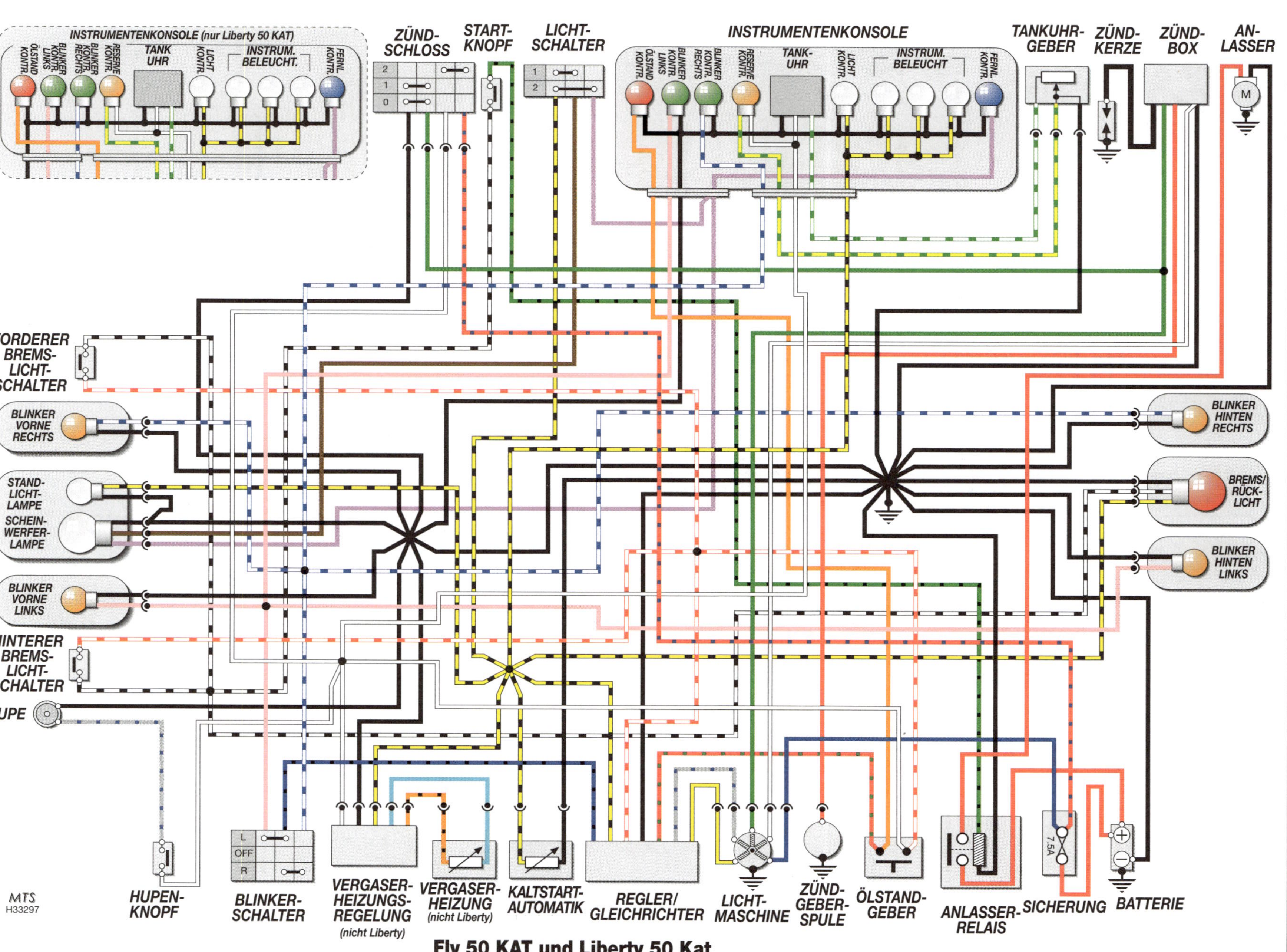

Fly 50 KAT und Liberty 50 Kat

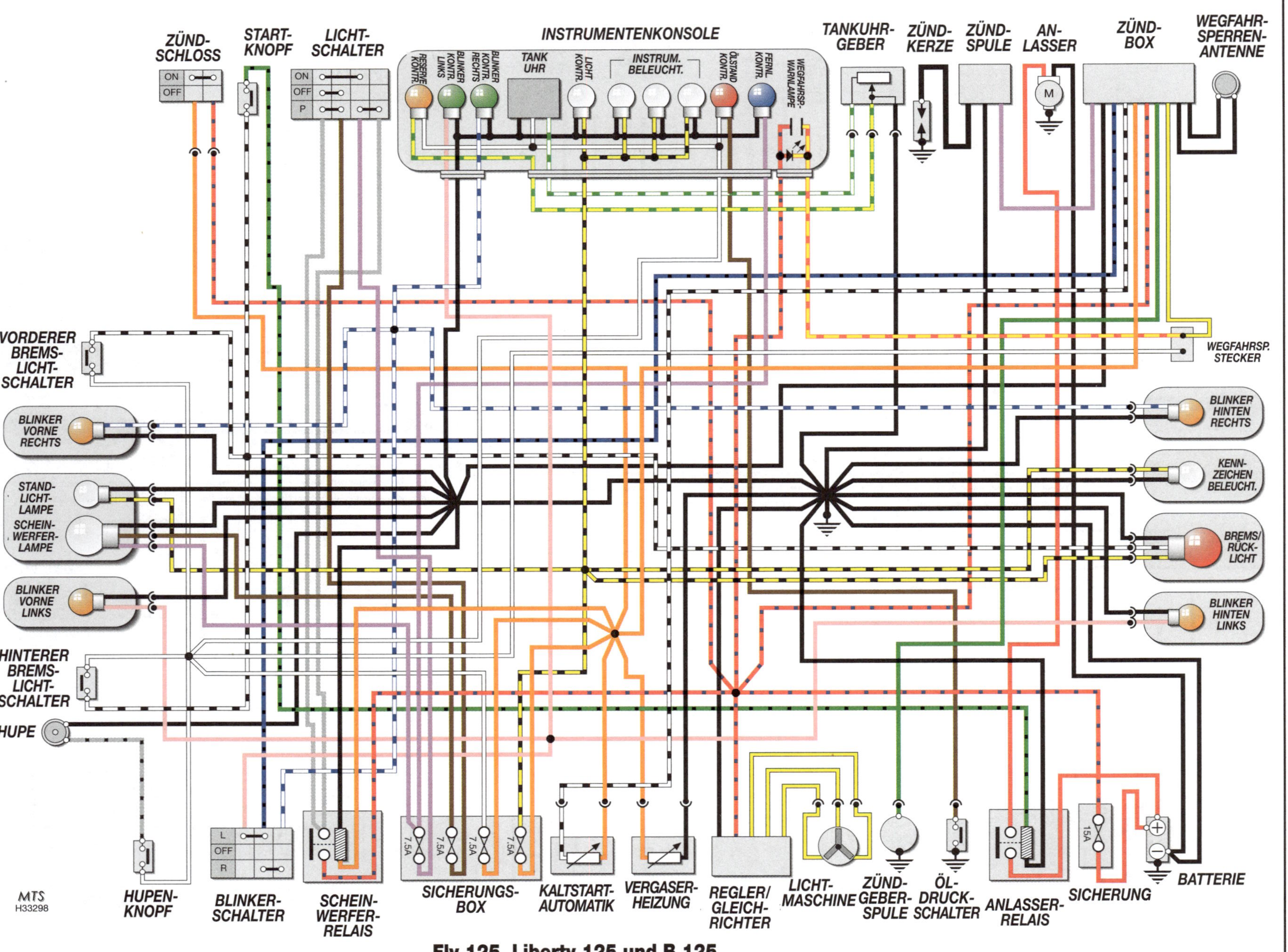

Fly 125, Liberty 125 und B 125

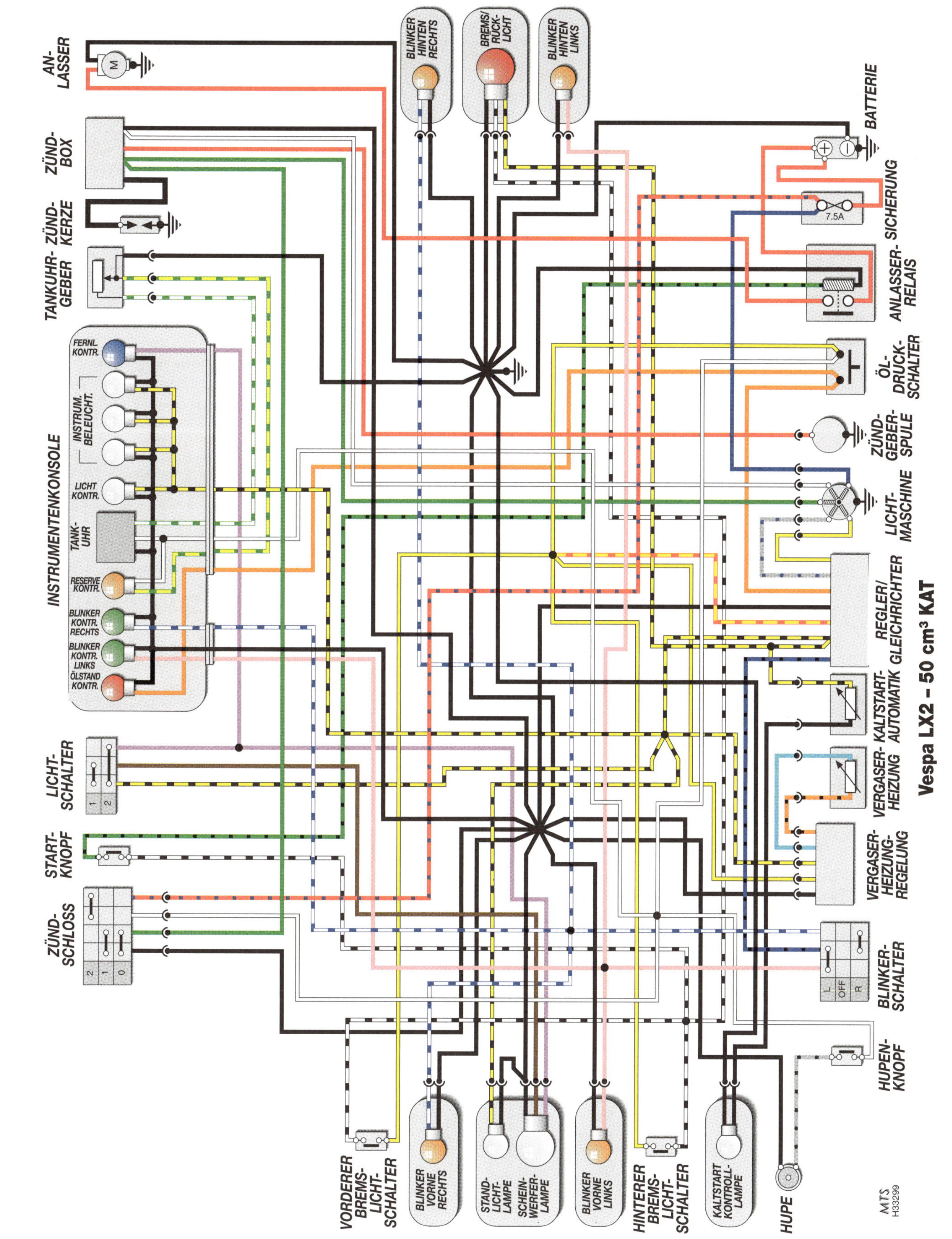

AN-LASSER
ZÜND-BOX
ZÜND-KERZE
TANKUHR-GEBER
INSTRUMENTENKONSOLE
FERNL. KONTR.
INSTRUM. BELEUCHT.
LICHT KONTR.
TANK-UHR
RESERVE KONTR.
BLINKER KONTR. RECHTS
BLINKER KONTR. LINKS
ÖLSTAND KONTR.
LICHT-SCHALTER
START-KNOPF
ZÜND-SCHLOSS
BLINKER HINTEN RECHTS
BREMS/RÜCK-LICHT
BLINKER HINTEN LINKS
BATTERIE
SICHERUNG
7.5A
ANLASSER-RELAIS
ÖL-DRUCK-SCHALTER
ZÜND-GEBER-SPULE
LICHT-MASCHINE
REGLER/GLEICHRICHTER
KALTSTART-AUTOMATIK
VERGASER-HEIZUNG
VERGASER-HEIZUNG-REGELUNG
BLINKER-SCHALTER
HUPEN-KNOPF
VORDERER BREMS-LICHT-SCHALTER
BLINKER VORNE RECHTS
STAND-LICHT-LAMPE
SCHEIN-WERFER-LAMPE
BLINKER VORNE LINKS
HINTERER BREMS-LICHT-SCHALTER
KALTSTART KONTROLL-LAMPE
HUPE

Vespa LX2 - 50 cm³ KAT

MTS
H33299

9

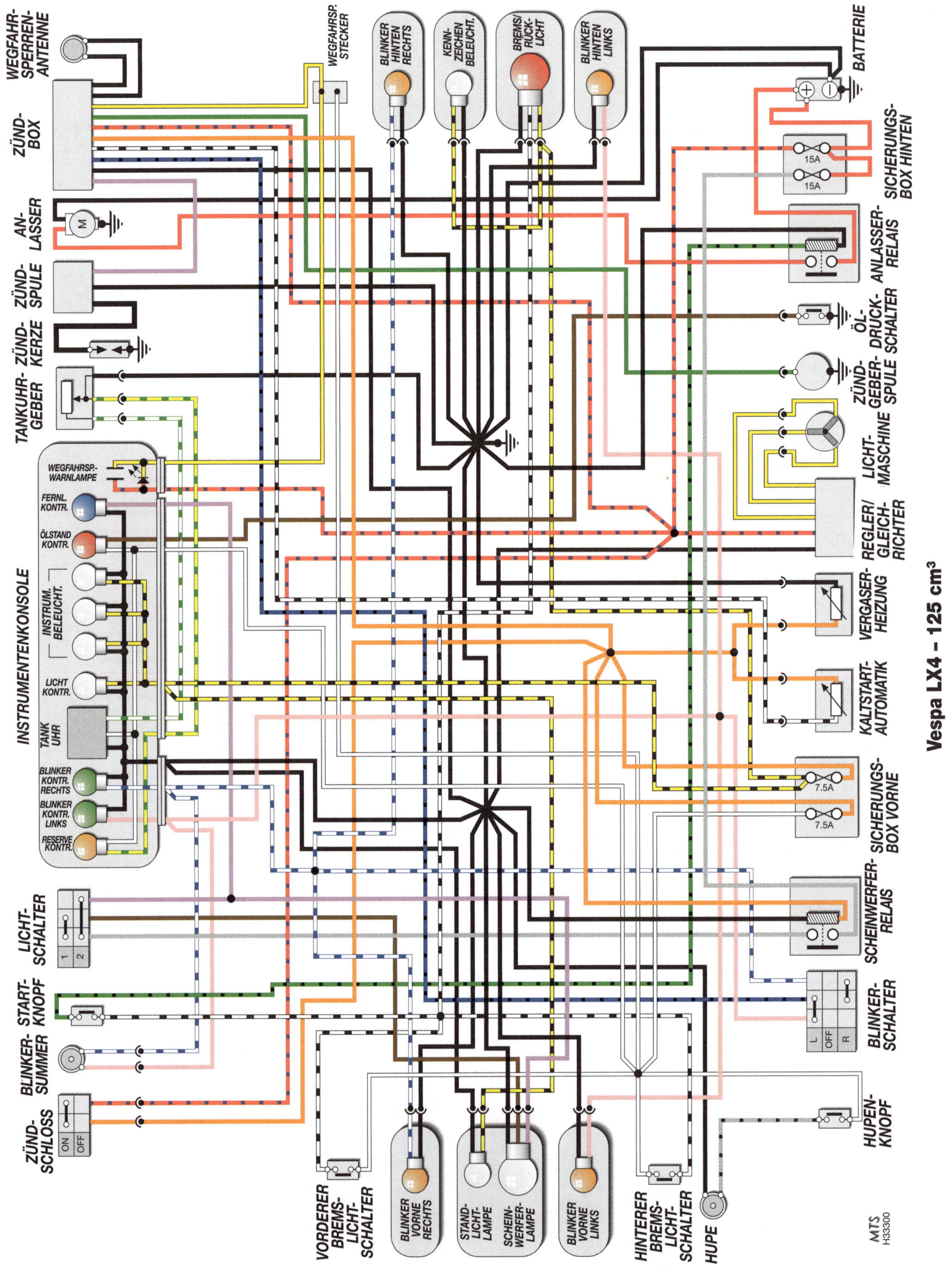

ZÜND-SCHLOSS
ON
OFF
BLINKER-SUMMER
START-KNOPF
LICHT-SCHALTER
1
2
INSTRUMENTENKONSOLE
RESERVE KONTR.
BLINKER KONTR. LINKS
BLINKER KONTR. RECHTS
TANK UHR
LICHT KONTR.
INSTRUM. BELEUCHT.
ÖLSTAND KONTR.
FERNL. KONTR.
WEGFAHRSP.-WARNLAMPE
TANKUHR-GEBER
ZÜND-KERZE
ZÜND-SPULE
AN-LASSER
ZÜND-BOX
WEGFAHR-SPERREN-ANTENNE
VORDERER BREMS-LICHT-SCHALTER
BLINKER VORNE RECHTS
STAND-LICHT-LAMPE
SCHEIN-WERFER-LAMPE
BLINKER VORNE LINKS
HINTERER BREMS-LICHT-SCHALTER
HUPE
WEGFAHRSP. STECKER
BLINKER HINTEN RECHTS
KENN-ZEICHEN BELEUCHT.
BREMS/RÜCK-LICHT
BLINKER HINTEN LINKS
MTS
H33300
HUPEN-KNOPF
L
OFF
R
BLINKER-SCHALTER
SCHEINWERFER-RELAIS
7.5A
7.5A
SICHERUNGS-BOX VORNE
KALTSTART-AUTOMATIK
VERGASER-HEIZUNG
REGLER/GLEICH-RICHTER
LICHT-MASCHINE
ZÜND-GEBER-SPULE
ÖL-DRUCK-SCHALTER
ANLASSER-RELAIS
15A
15A
SICHERUNGS-BOX HINTEN
BATTERIE

Vespa LX4 - 125 cm³

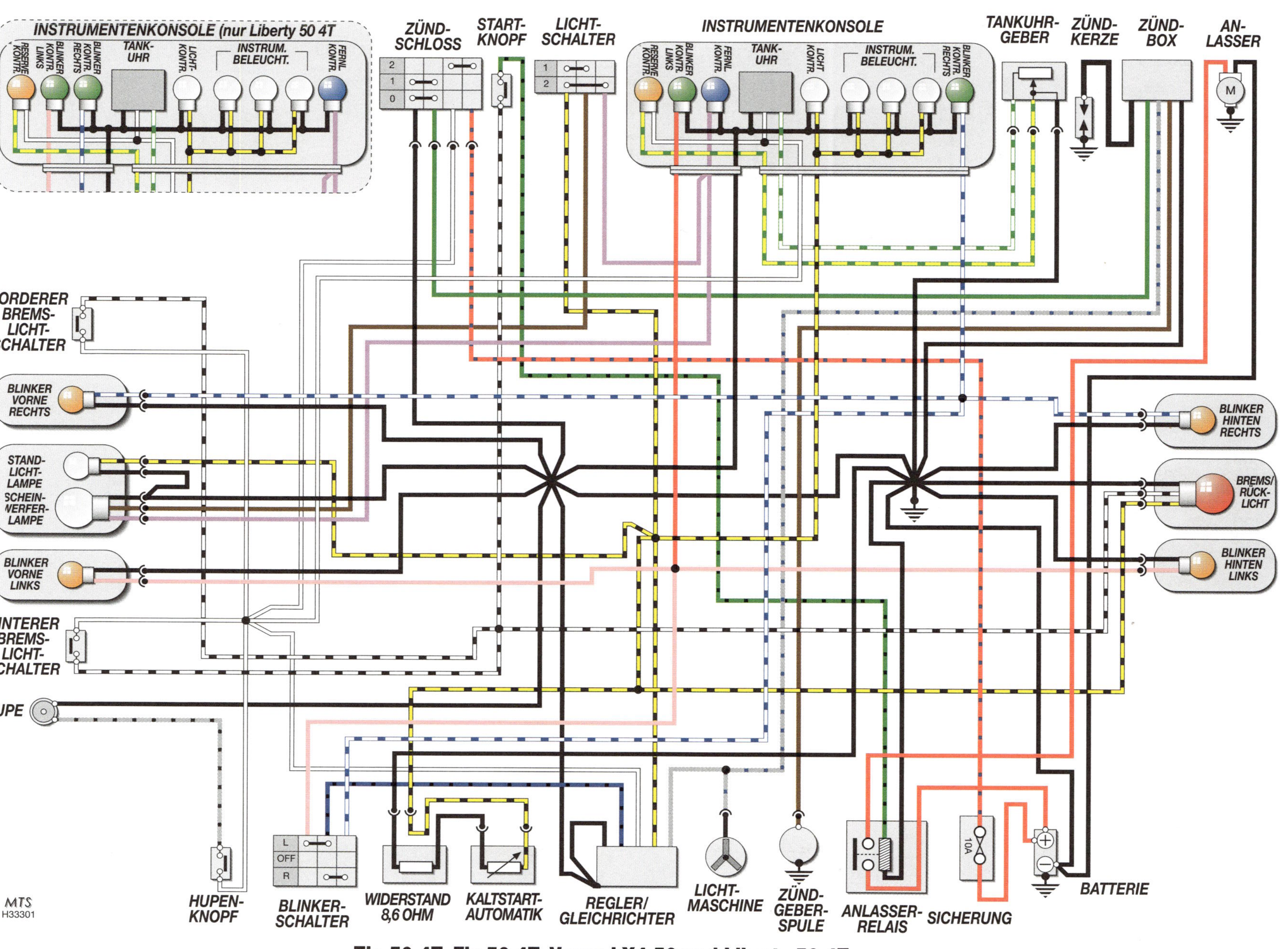

Zip 50 4T, Fly 50 4T, Vespa LX4 50 und Liberty 50 4T

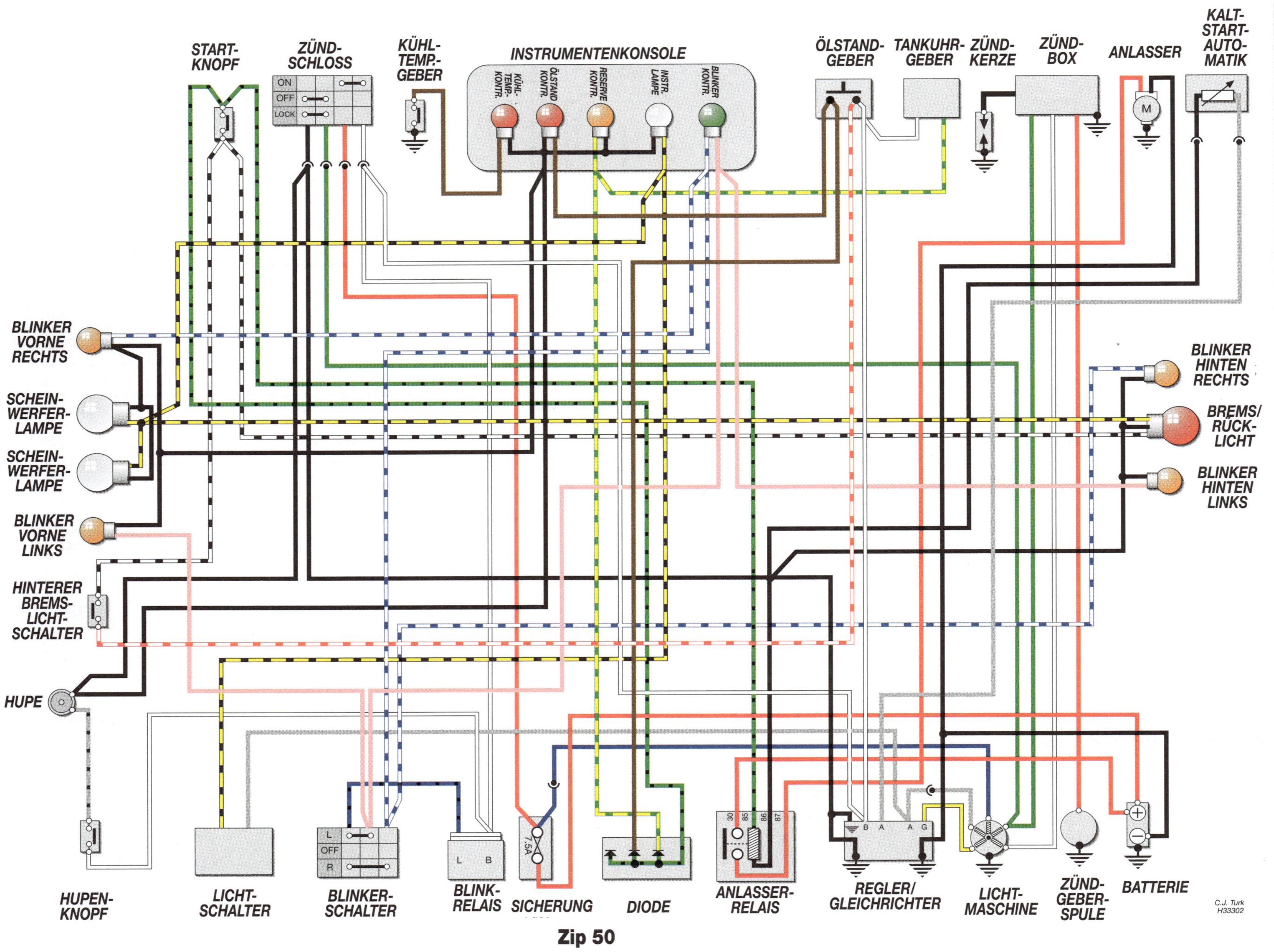
START-KNOPF
ZÜND-SCHLOSS
ON
OFF
LOCK
KÜHL-TEMP.-GEBER
INSTRUMENTENKONSOLE
KÜHL-TEMP.-KONTR.
ÖLSTAND KONTR.
RESERVE KONTR.
INSTR. LAMPE
BLINKER KONTR.
ÖLSTAND-GEBER
TANKUHR-GEBER
ZÜND-KERZE
ZÜND-BOX
ANLASSER
M
KALT-START-AUTO-MATIK
BLINKER VORNE RECHTS
SCHEIN-WERFER-LAMPE
SCHEIN-WERFER-LAMPE
BLINKER VORNE LINKS
HINTERER BREMS-LICHT-SCHALTER
HUPE
BLINKER HINTEN RECHTS
BREMS/RÜCK-LICHT
BLINKER HINTEN LINKS
HUPEN-KNOPF
LICHT-SCHALTER
L
OFF
R
BLINKER-SCHALTER
L
B
BLINK-RELAIS
7.5A
SICHERUNG
DIODE
30
85
86
87
ANLASSER-RELAIS
B
A
A
G
REGLER/GLEICHRICHTER
LICHT-MASCHINE
ZÜND-GEBER-SPULE
BATTERIE
C.J. Turk
H33302
Zip 50

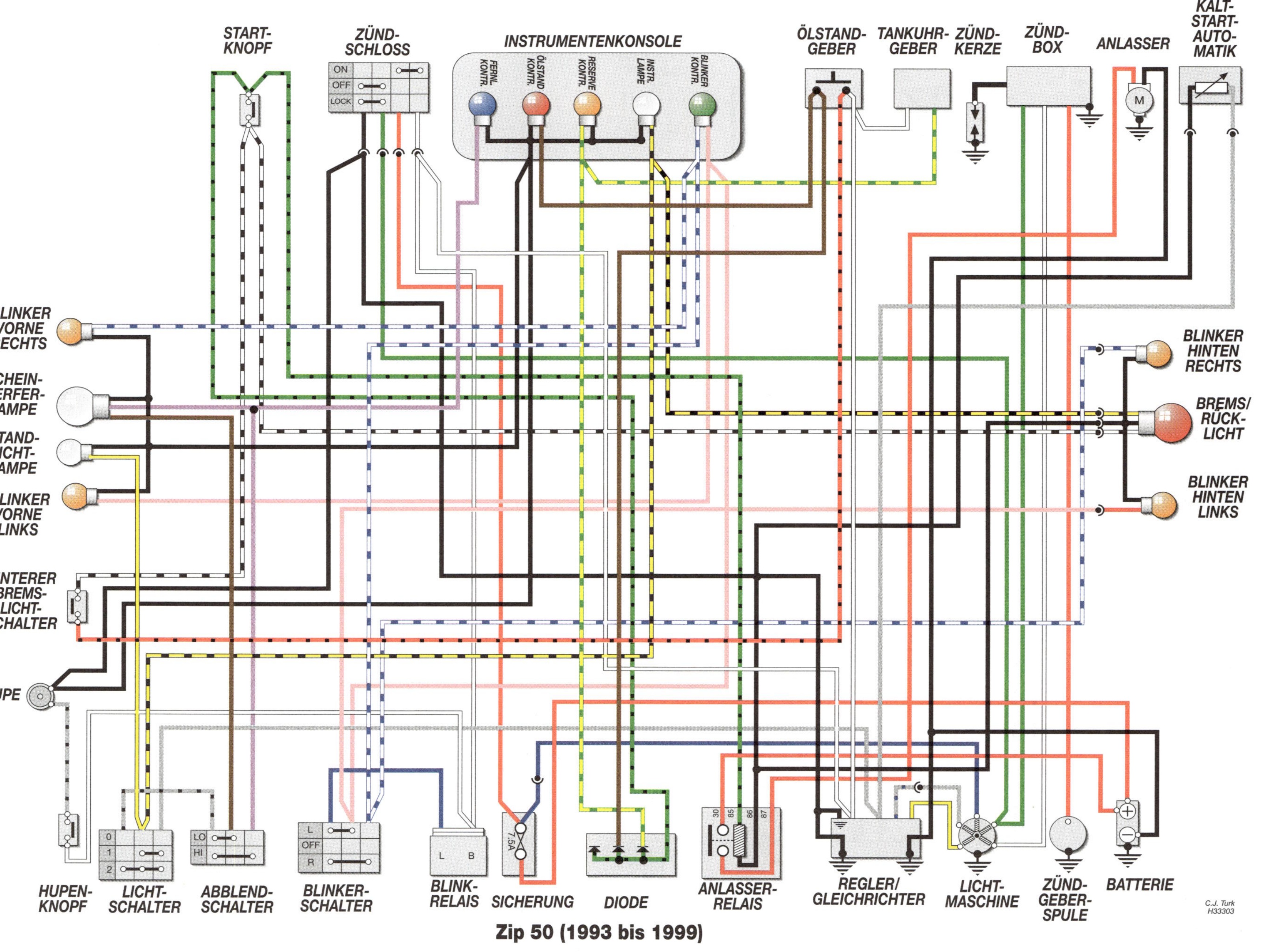

Zip 50 (1993 bis 1999)

9

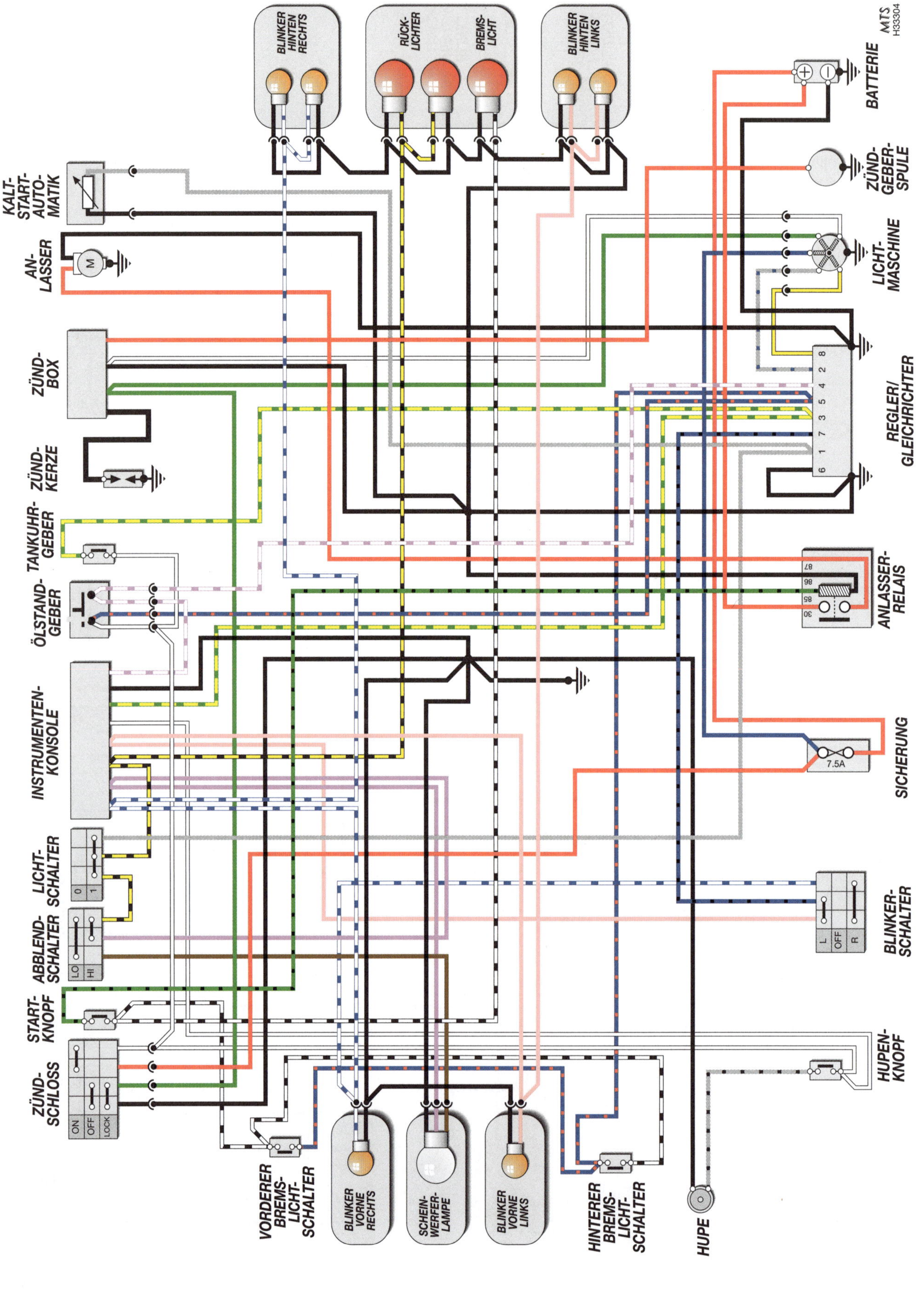

BLINKER HINTEN RECHTS

RÜCK-LICHTER

BREMS-LICHT

BLINKER HINTEN LINKS

MTS
H33304

BATTERIE

ZÜND-GEBER-SPULE

LICHT-MASCHINE

8 2 4 5 3 7 1 6

REGLER/GLEICHRICHTER

87 86 85 30

ANLASSER-RELAIS

7.5A

SICHERUNG

L OFF R

BLINKER-SCHALTER

HUPEN-KNOPF

HUPE

HINTERER BREMS-LICHT-SCHALTER

BLINKER VORNE LINKS

SCHEIN-WERFER-LAMPE

BLINKER VORNE RECHTS

VORDERER BREMS-LICHT-SCHALTER

ON OFF LOCK

ZÜND-SCHLOSS

START-KNOPF

LO HI

ABBLEND-SCHALTER

0 1

LICHT-SCHALTER

INSTRUMENTEN-KONSOLE

ÖLSTAND-GEBER

TANKUHR-GEBER

ZÜND-KERZE

ZÜND-BOX

M

AN-LASSER

KALT-START-AUTOMATIK

Zip 50 KAT (ab 2000)

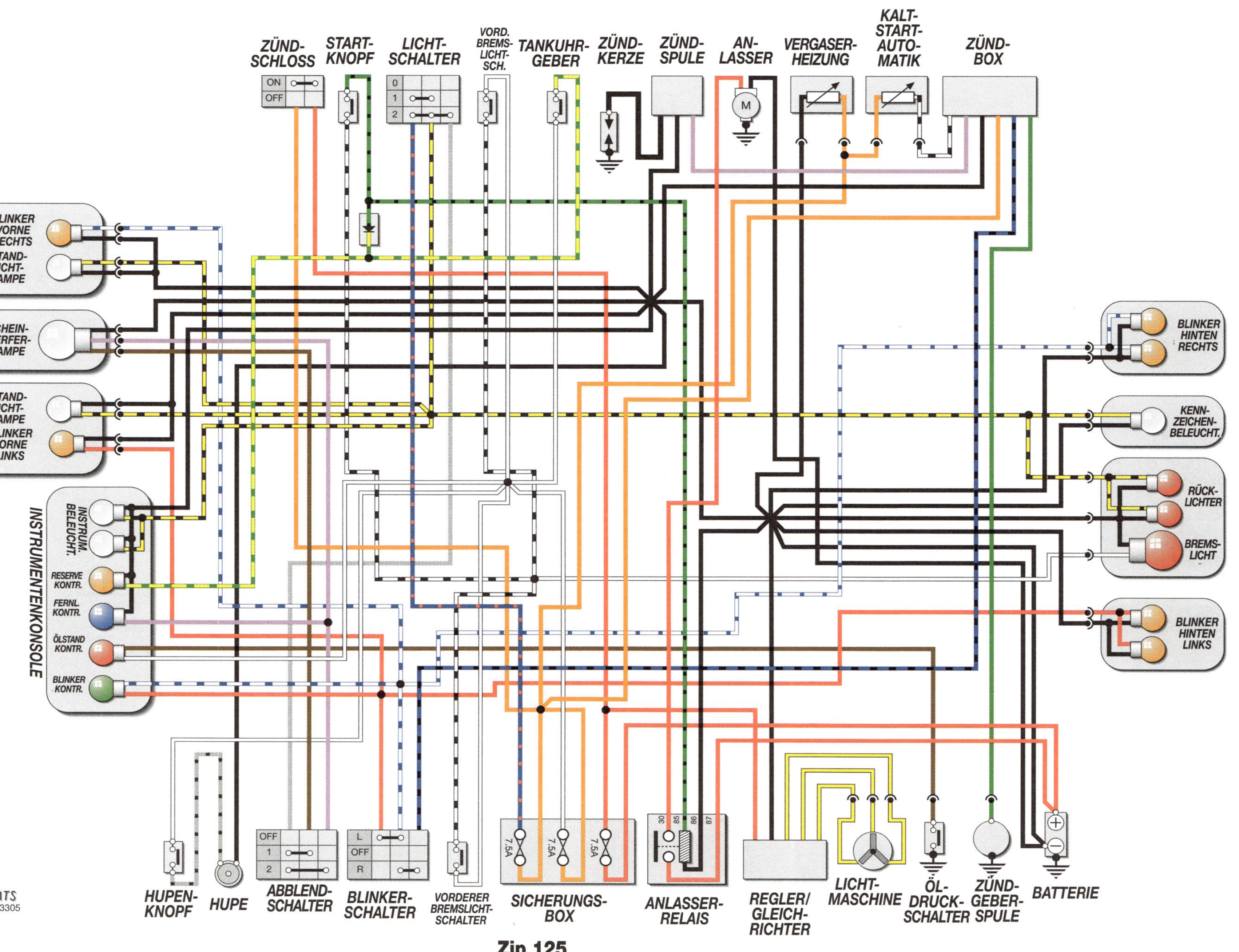
ZÜND-SCHLOSS
ON
OFF
START-KNOPF
LICHT-SCHALTER
0
1
2
VORD. BREMS-LICHT-SCH.
TANKUHR-GEBER
ZÜND-KERZE
ZÜND-SPULE
AN-LASSER
M
VERGASER-HEIZUNG
KALT-START-AUTO-MATIK
ZÜND-BOX
BLINKER VORNE RECHTS
STAND-LICHT-LAMPE
SCHEIN-WERFER-LAMPE
STAND-LICHT-LAMPE
BLINKER VORNE LINKS
INSTRUMENTENKONSOLE
INSTRUM. BELEUCHT.
RESERVE KONTR.
FERNL. KONTR.
ÖLSTAND KONTR.
BLINKER KONTR.
BLINKER HINTEN RECHTS
KENN-ZEICHEN-BELEUCHT.
RÜCK-LICHTER
BREMS-LICHT
BLINKER HINTEN LINKS
OFF
1
2
L
OFF
R
7.5A
7.5A
7.5A
30
85
86
87
HUPEN-KNOPF
HUPE
ABBLEND-SCHALTER
BLINKER-SCHALTER
VORDERER BREMSLICHT-SCHALTER
SICHERUNGS-BOX
ANLASSER-RELAIS
REGLER/ GLEICH-RICHTER
LICHT-MASCHINE
ÖL-DRUCK-SCHALTER
ZÜND-GEBER-SPULE
BATTERIE
Zip 125
MTS
H33305

9

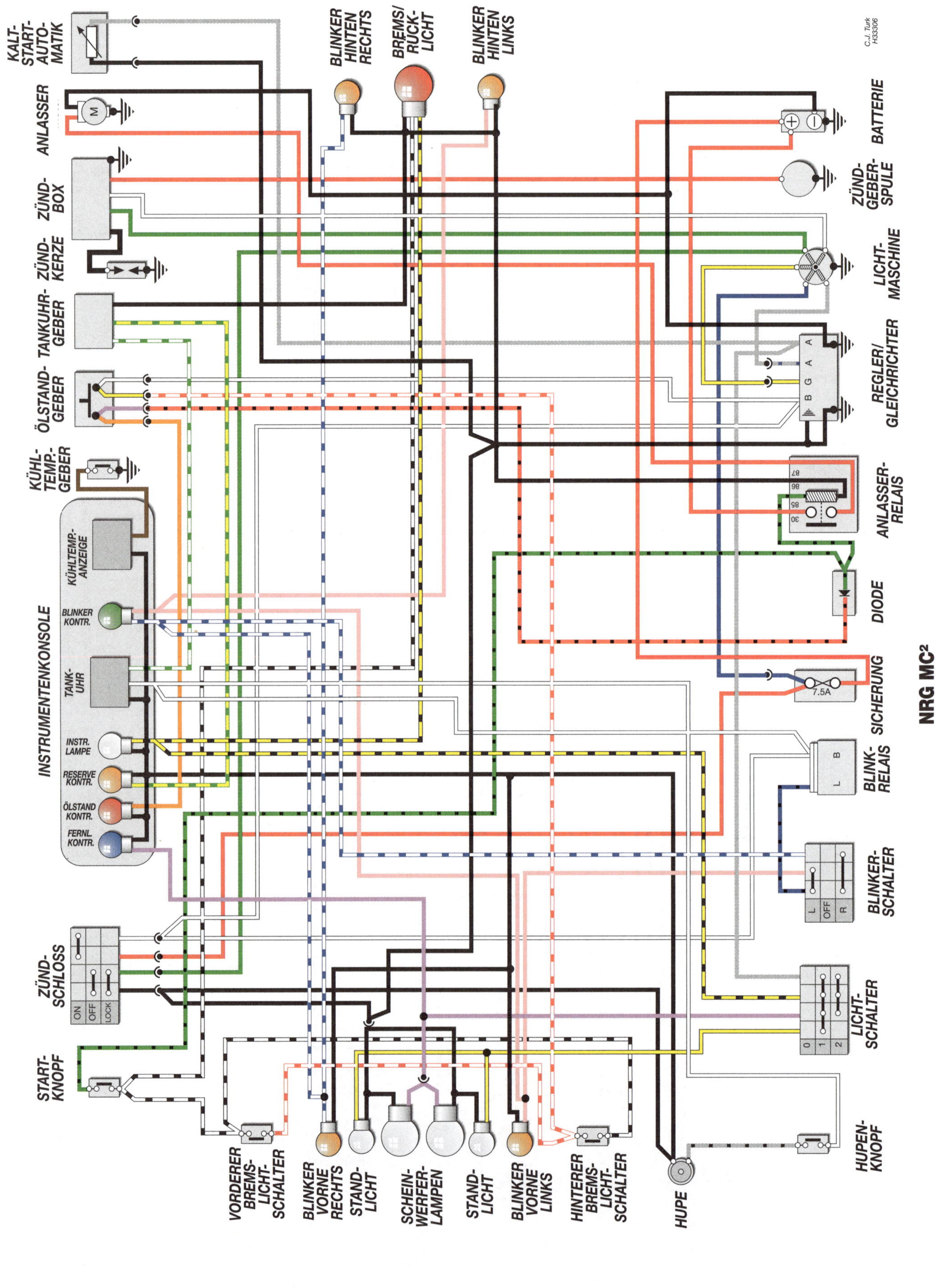

KALT-START-AUTOMATIK
ANLASSER
ZÜND-BOX
ZÜND-KERZE
TANKUHR-GEBER
ÖLSTAND-GEBER
KÜHL-TEMP.-GEBER
INSTRUMENTENKONSOLE
KÜHLTEMP.-ANZEIGE
BLINKER KONTR.
TANK-UHR
INSTR. LAMPE
RESERVE KONTR.
ÖLSTAND KONTR.
FERNL. KONTR.
ZÜND-SCHLOSS
ON
OFF
LOCK
START-KNOPF
VORDERER BREMS-LICHT-SCHALTER
BLINKER VORNE RECHTS
STAND-LICHT
SCHEIN-WERFER-LAMPEN
STAND-LICHT
BLINKER VORNE LINKS
HINTERER BREMS-LICHT-SCHALTER
HUPE
HUPEN-KNOPF
LICHT-SCHALTER
0
1
2
BLINKER-SCHALTER
L
OFF
R
BLINK-RELAIS
L
B
SICHERUNG
7.5A
NRG MC²
DIODE
ANLASSER-RELAIS
87
86
85
30
REGLER/GLEICHRICHTER
A
A
G
B
LICHT-MASCHINE
ZÜND-GEBER-SPULE
BATTERIE
BLINKER HINTEN RECHTS
BREMS/RÜCK-LICHT
BLINKER HINTEN LINKS
C.J. Turk
H33306

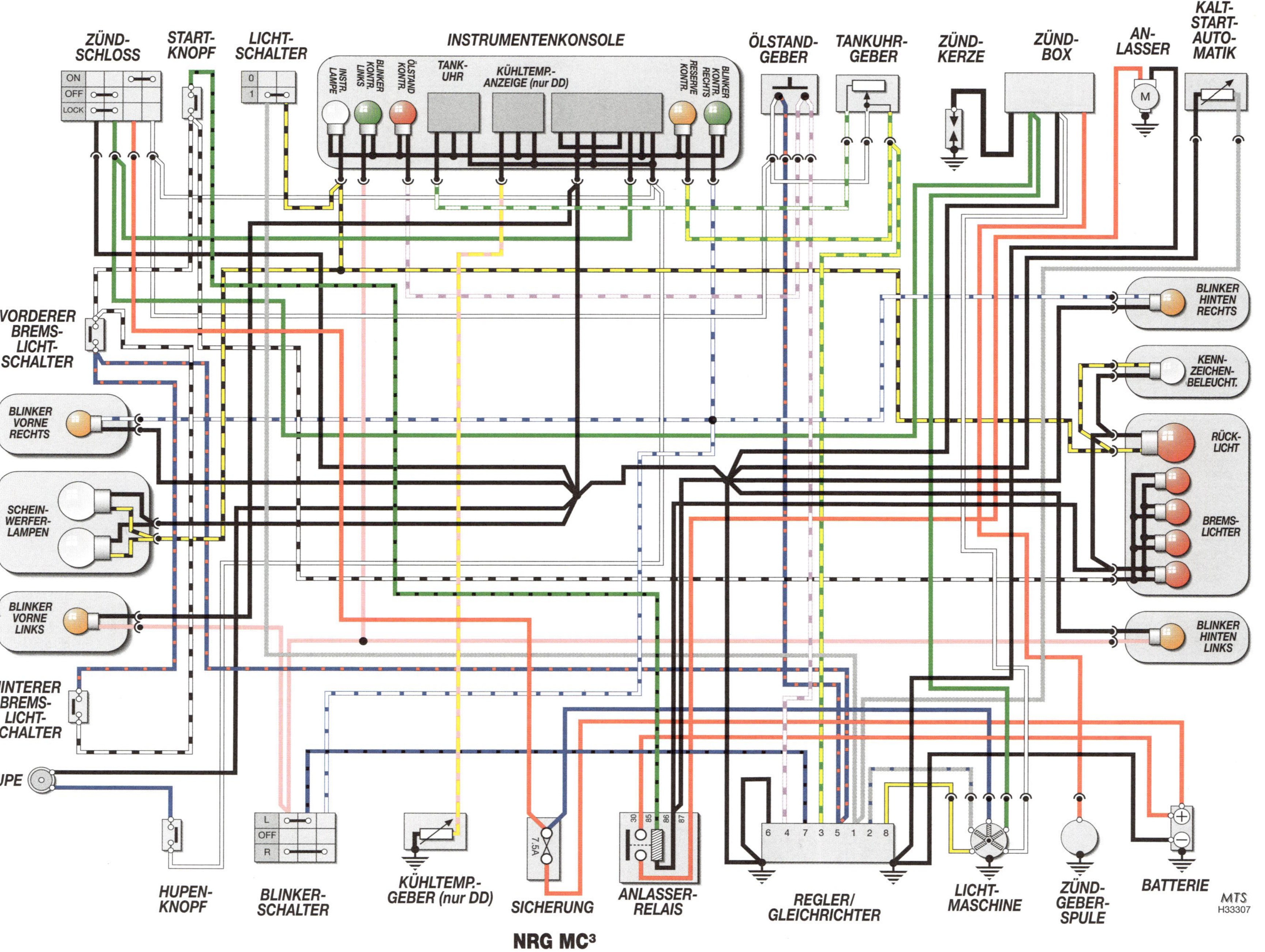
ZÜND-SCHLOSS
ON
OFF
LOCK
START-KNOPF
LICHT-SCHALTER
0
1
INSTRUMENTENKONSOLE
INSTR. LAMPE
BLINKER KONTR. LINKS
ÖLSTAND KONTR.
TANK-UHR
KÜHLTEMP.-ANZEIGE (nur DD)
RESERVE KONTR.
BLINKER KONTR. RECHTS
ÖLSTAND-GEBER
TANKUHR-GEBER
ZÜND-KERZE
ZÜND-BOX
AN-LASSER
M
KALT-START-AUTO-MATIK
VORDERER BREMS-LICHT-SCHALTER
BLINKER VORNE RECHTS
SCHEIN-WERFER-LAMPEN
BLINKER VORNE LINKS
HINTERER BREMS-LICHT-SCHALTER
HUPE
BLINKER HINTEN RECHTS
KENN-ZEICHEN-BELEUCHT.
RÜCK-LICHT
BREMS-LICHTER
BLINKER HINTEN LINKS
HUPEN-KNOPF
L
OFF
R
BLINKER-SCHALTER
KÜHLTEMP.-GEBER (nur DD)
7.5A
SICHERUNG
30
85
86
87
ANLASSER-RELAIS
6
4
7
3
5
1
2
8
REGLER/ GLEICHRICHTER
LICHT-MASCHINE
ZÜND-GEBER-SPULE
BATTERIE
MTS
H33307
NRG MC³

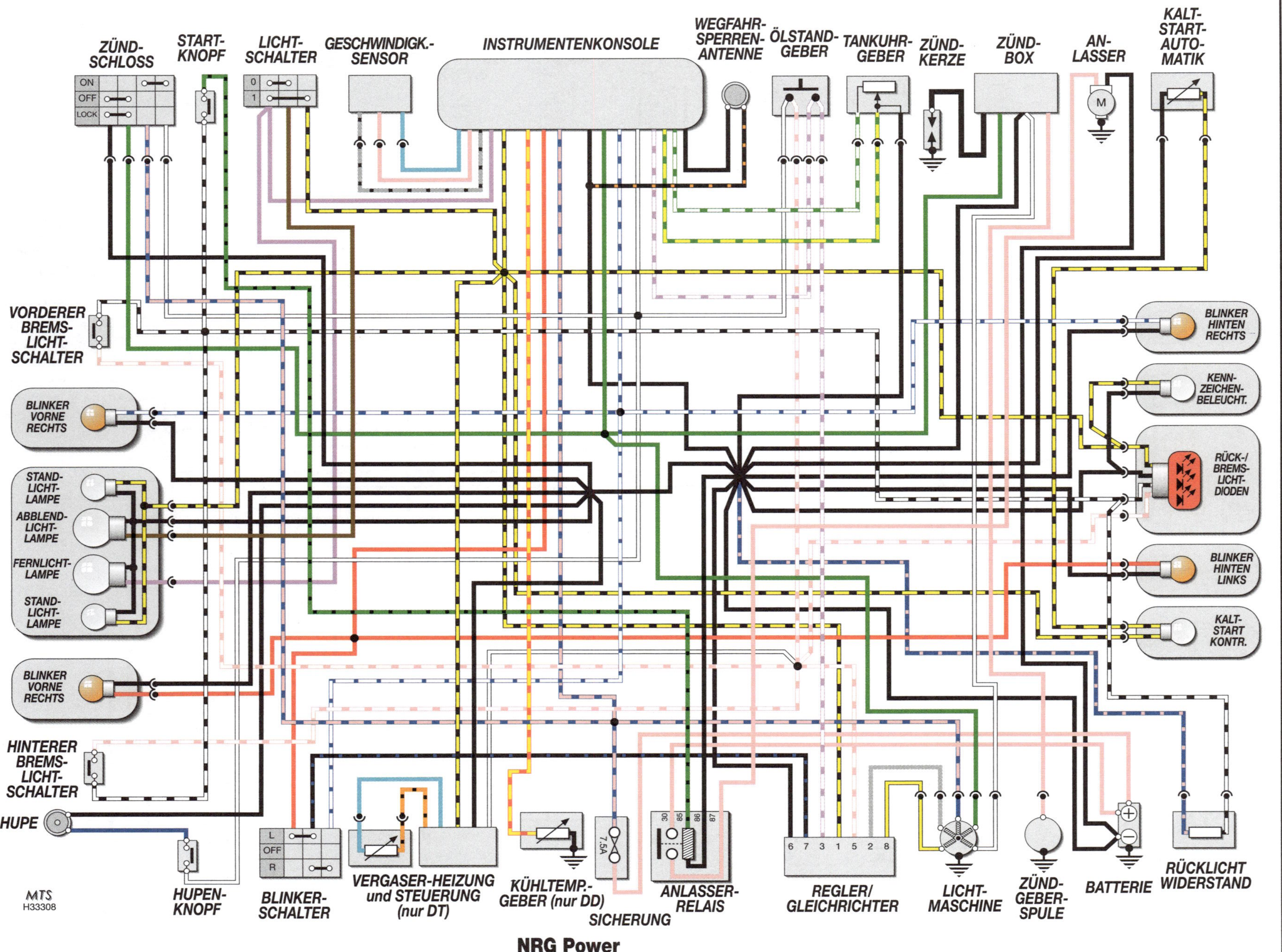
ZÜND-SCHLOSS
ON
OFF
LOCK
START-KNOPF
LICHT-SCHALTER
0
1
GESCHWINDIGK.-SENSOR
INSTRUMENTENKONSOLE
WEGFAHR-SPERREN-ANTENNE
ÖLSTAND-GEBER
TANKUHR-GEBER
ZÜND-KERZE
ZÜND-BOX
AN-LASSER
M
KALT-START-AUTO-MATIK
VORDERER BREMS-LICHT-SCHALTER
BLINKER VORNE RECHTS
STAND-LICHT-LAMPE
ABBLEND-LICHT-LAMPE
FERNLICHT-LAMPE
STAND-LICHT-LAMPE
BLINKER VORNE RECHTS
HINTERER BREMS-LICHT-SCHALTER
HUPE
BLINKER HINTEN RECHTS
KENN-ZEICHEN-BELEUCHT.
RÜCK-/BREMS-LICHT-DIODEN
BLINKER HINTEN LINKS
KALT-START KONTR.
L
OFF
R
7.5A
30
85
86
87
6 7 3 1 5 2 8
MTS
H33308
HUPEN-KNOPF
BLINKER-SCHALTER
VERGASER-HEIZUNG und STEUERUNG (nur DT)
KÜHLTEMP.-GEBER (nur DD)
SICHERUNG
ANLASSER-RELAIS
REGLER/GLEICHRICHTER
LICHT-MASCHINE
ZÜND-GEBER-SPULE
BATTERIE
RÜCKLICHT WIDERSTAND
NRG Power

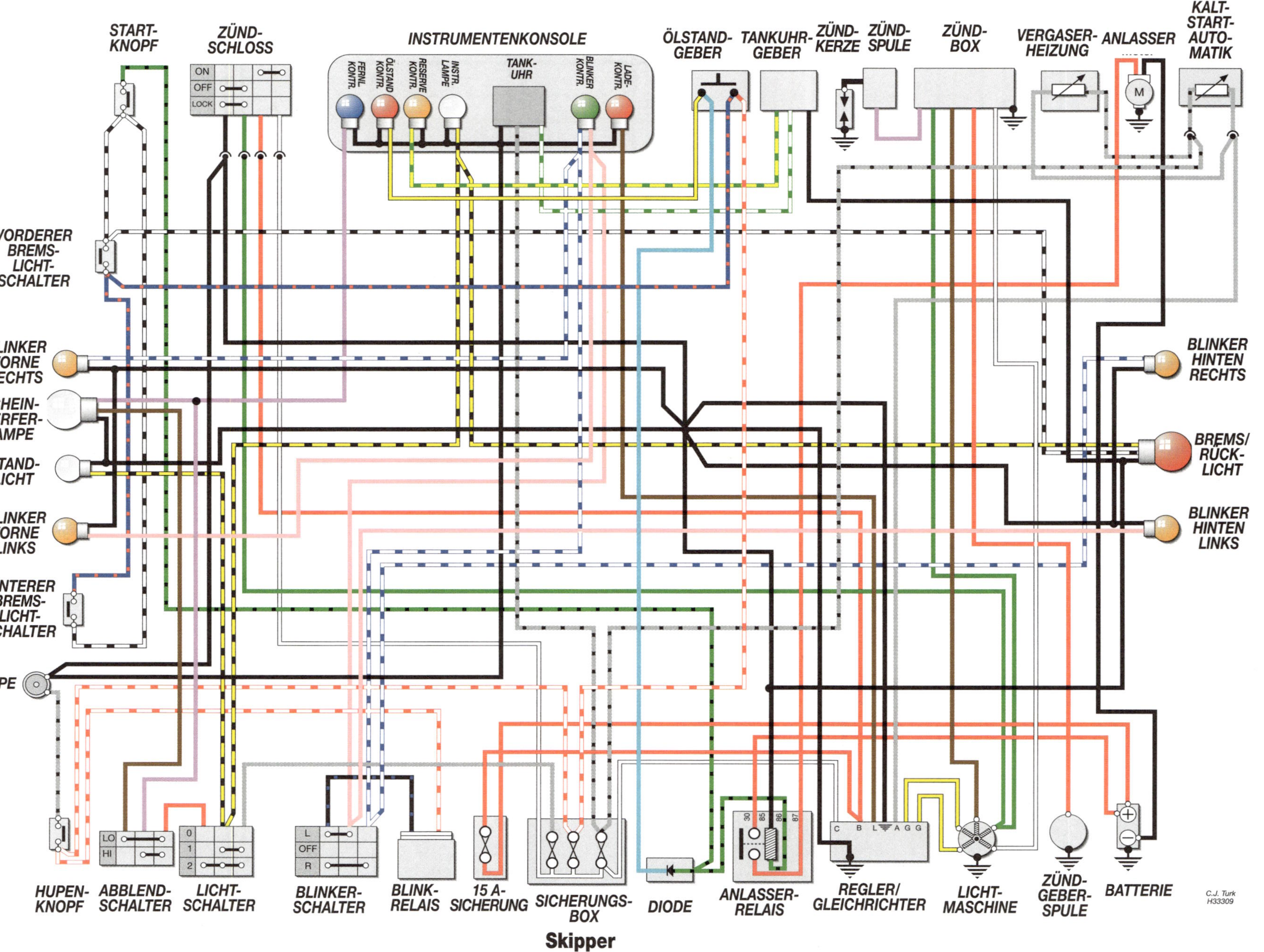
START-KNOPF
ZÜND-SCHLOSS
ON
OFF
LOCK
INSTRUMENTENKONSOLE
FERNL. KONTR.
ÖLSTAND KONTR.
RESERVE KONTR.
INSTR. LAMPE
TANK-UHR
BLINKER KONTR.
LADE-KONTR.
ÖLSTAND-GEBER
TANKUHR-GEBER
ZÜND-KERZE
ZÜND-SPULE
ZÜND-BOX
VERGASER-HEIZUNG
ANLASSER
KALT-START-AUTO-MATIK
VORDERER BREMS-LICHT-SCHALTER
BLINKER VORNE RECHTS
SCHEIN-WERFER-LAMPE
STAND-LICHT
BLINKER VORNE LINKS
HINTERER BREMS-LICHT-SCHALTER
HUPE
BLINKER HINTEN RECHTS
BREMS/RÜCK-LICHT
BLINKER HINTEN LINKS
LO
HI
0
1
2
L
OFF
R
30 85 86 87
C B L A G G
HUPEN-KNOPF
ABBLEND-SCHALTER
LICHT-SCHALTER
BLINKER-SCHALTER
BLINK-RELAIS
15 A-SICHERUNG
SICHERUNGS-BOX
DIODE
ANLASSER-RELAIS
REGLER/GLEICHRICHTER
LICHT-MASCHINE
ZÜND-GEBER-SPULE
BATTERIE
C.J. Turk
H33309
Skipper

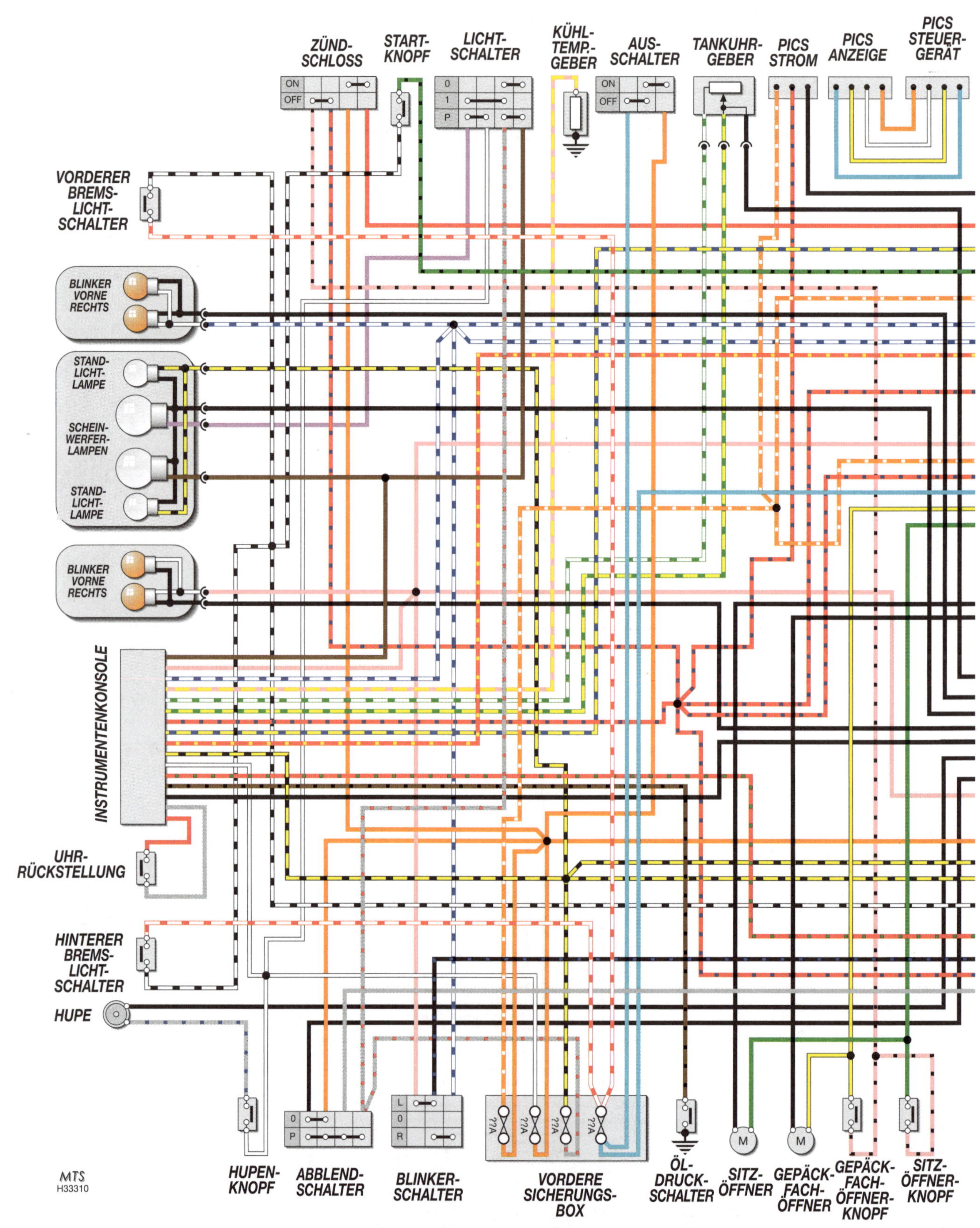

ZÜND-SCHLOSS
ON
OFF
START-KNOPF
LICHT-SCHALTER
0
1
P
KÜHL-TEMP.-GEBER
AUS-SCHALTER
ON
OFF
TANKUHR-GEBER
PICS STROM
PICS ANZEIGE
PICS STEUER-GERÄT
VORDERER BREMS-LICHT-SCHALTER
BLINKER VORNE RECHTS
STAND-LICHT-LAMPE
SCHEIN-WERFER-LAMPEN
STAND-LICHT-LAMPE
BLINKER VORNE RECHTS
INSTRUMENTENKONSOLE
UHR-RÜCKSTELLUNG
HINTERER BREMS-LICHT-SCHALTER
HUPE
L
0
R
M
M
MTS
H33310
HUPEN-KNOPF
ABBLEND-SCHALTER
BLINKER-SCHALTER
VORDERE SICHERUNGS-BOX
ÖL-DRUCK-SCHALTER
SITZ-ÖFFNER
GEPÄCK-FACH-ÖFFNER
GEPÄCK-FACH-ÖFFNER-KNOPF
SITZ-ÖFFNER-KNOPF

X8 - 125 cm³

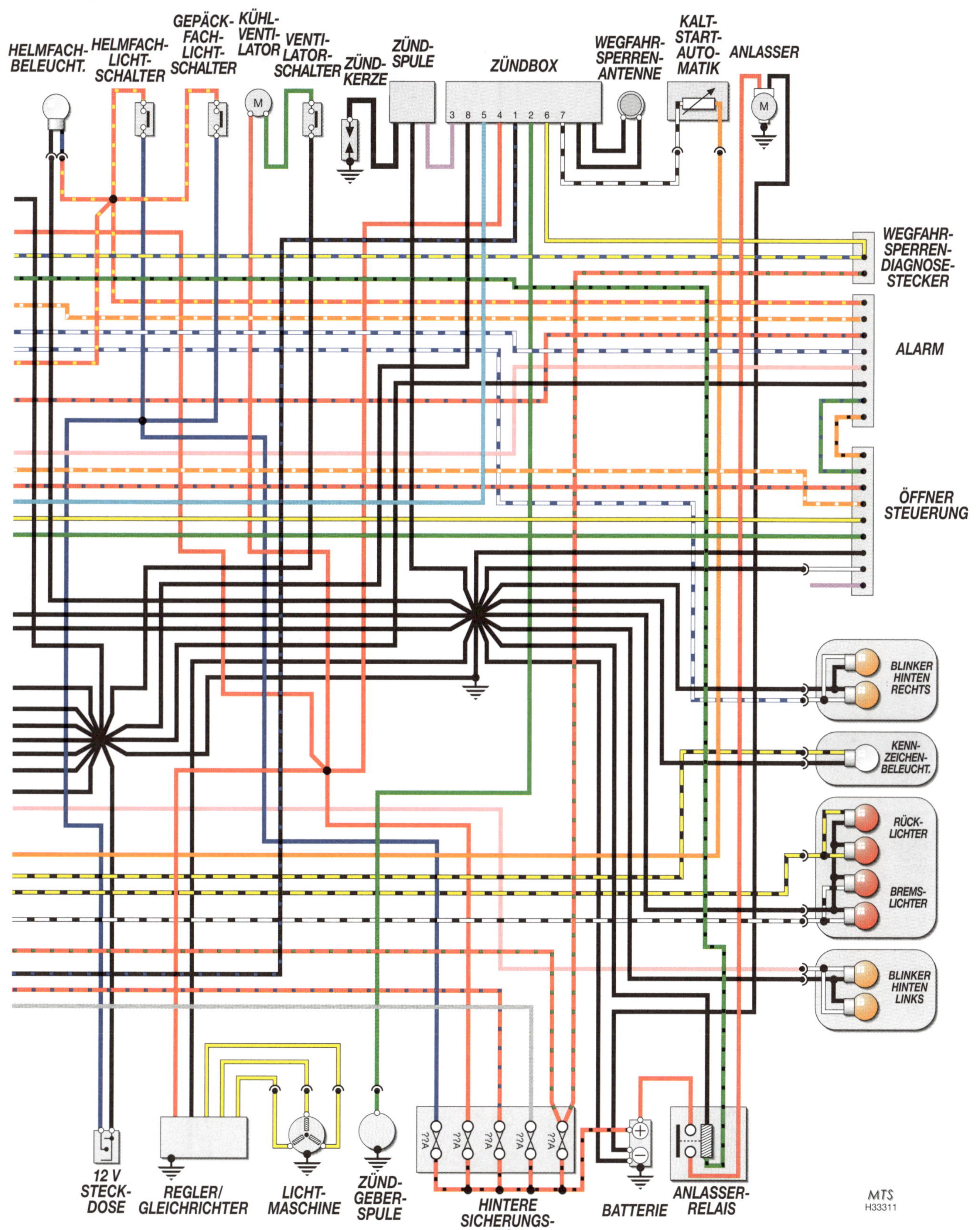

X8 – 125 cm³ (Fortsetzung)

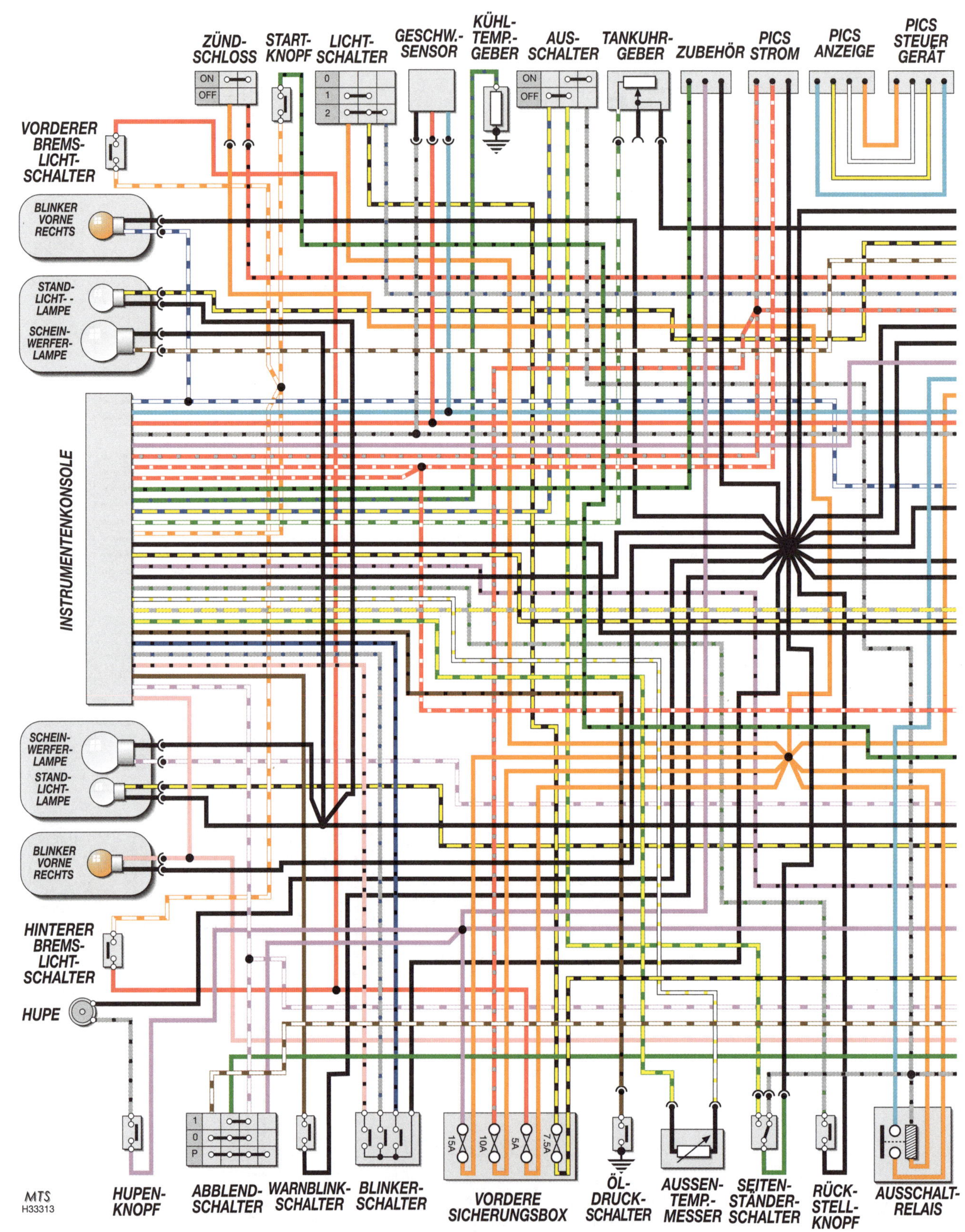
ZÜND-SCHLOSS
START-KNOPF
LICHT-SCHALTER
GESCHW.-SENSOR
KÜHL-TEMP.-GEBER
AUS-SCHALTER
TANKUHR-GEBER
ZUBEHÖR
PICS STROM
PICS ANZEIGE
PICS STEUER GERÄT
ON
OFF
0
1
2
VORDERER BREMS-LICHT-SCHALTER
BLINKER VORNE RECHTS
STAND-LICHT-LAMPE
SCHEIN-WERFER-LAMPE
INSTRUMENTENKONSOLE
HINTERER BREMS-LICHT-SCHALTER
HUPE
P
15A
10A
5A
7.5A
HUPEN-KNOPF
ABBLEND-SCHALTER
WARNBLINK-SCHALTER
BLINKER-SCHALTER
VORDERE SICHERUNGSBOX
ÖL-DRUCK-SCHALTER
AUSSEN-TEMP.-MESSER
SEITEN-STÄNDER-SCHALTER
RÜCK-STELL-KNOPF
AUSSCHALT-RELAIS
MTS
H33313

X9 – 125 cm³

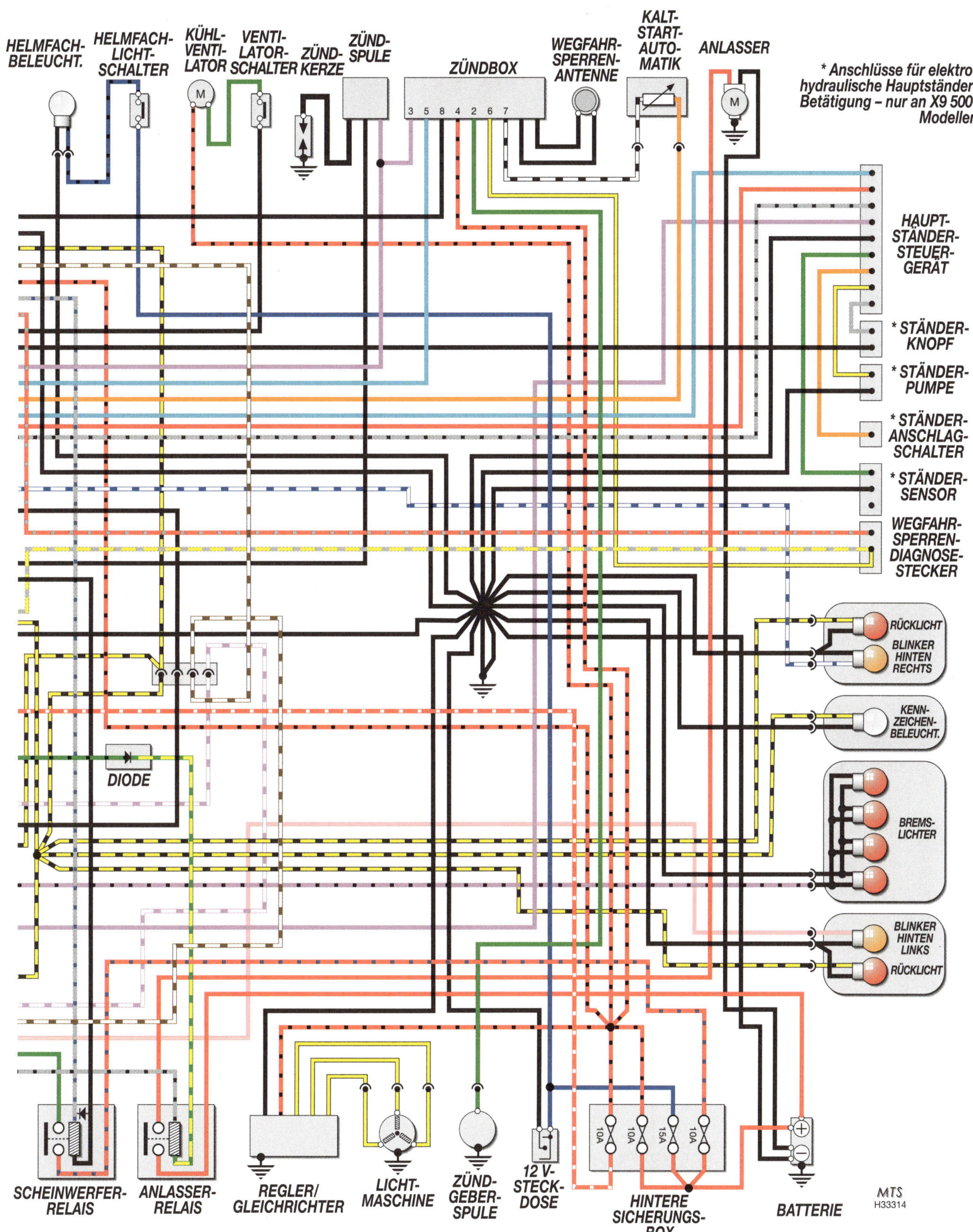

X9 – 125 cm³ (Fortsetzung)

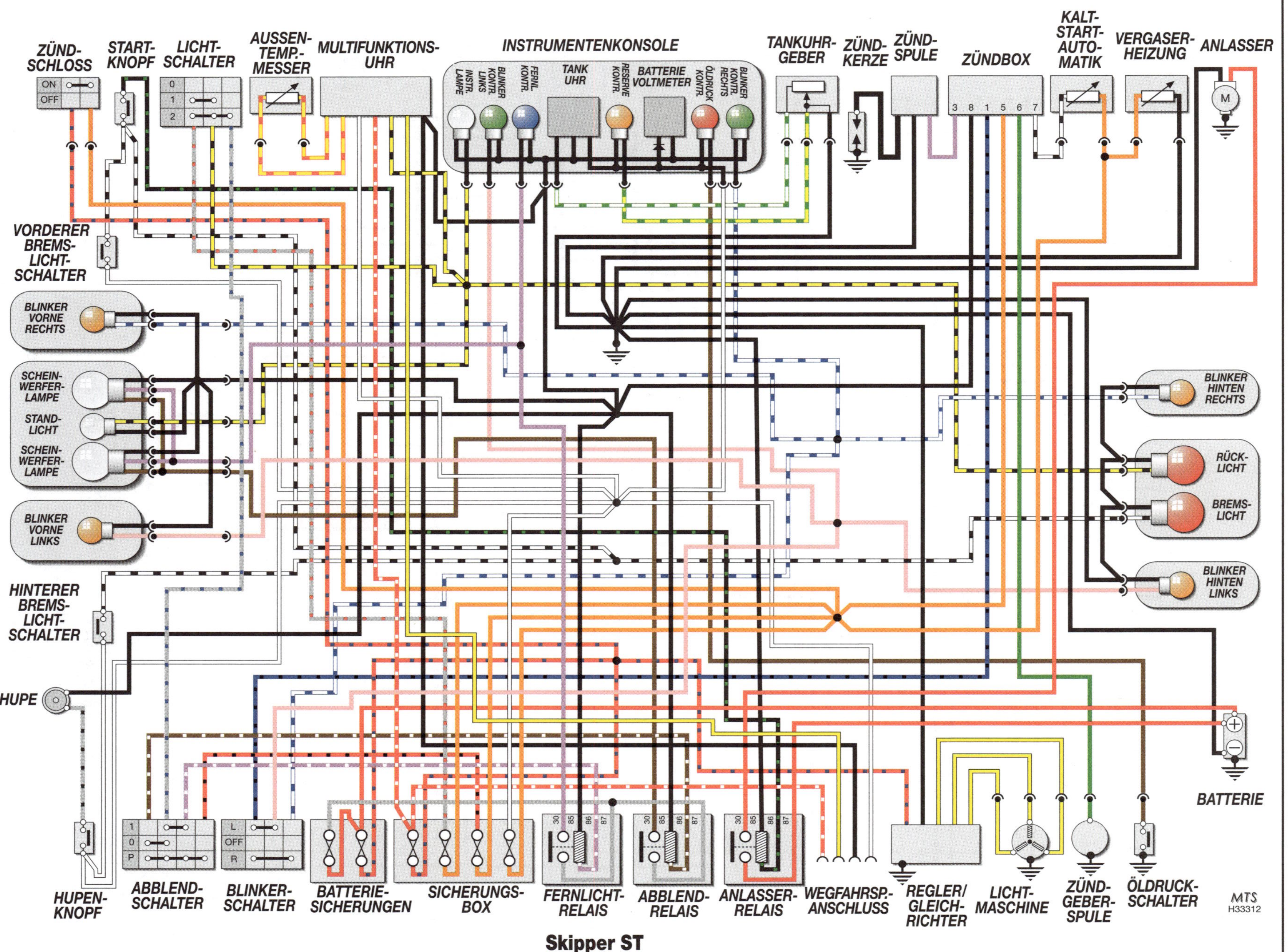
ZÜND-SCHLOSS
ON
OFF
START-KNOPF
LICHT-SCHALTER
AUSSEN-TEMP.-MESSER
MULTIFUNKTIONS-UHR
INSTRUMENTENKONSOLE
INSTR. LAMPE
BLINKER KONTR. LINKS
FERNL. KONTR.
TANK UHR
RESERVE KONTR.
BATTERIE VOLTMETER
ÖLDRUCK KONTR.
BLINKER KONTR. RECHTS
TANKUHR-GEBER
ZÜND-KERZE
ZÜND-SPULE
ZÜNDBOX
KALT-START-AUTOMATIK
VERGASER-HEIZUNG
ANLASSER
VORDERER BREMS-LICHT-SCHALTER
BLINKER VORNE RECHTS
SCHEIN-WERFER-LAMPE
STAND-LICHT
SCHEIN-WERFER-LAMPE
BLINKER VORNE LINKS
HINTERER BREMS-LICHT-SCHALTER
HUPE
BLINKER HINTEN RECHTS
RÜCK-LICHT
BREMS-LICHT
BLINKER HINTEN LINKS
BATTERIE
HUPEN-KNOPF
ABBLEND-SCHALTER
BLINKER-SCHALTER
BATTERIE-SICHERUNGEN
SICHERUNGS-BOX
FERNLICHT-RELAIS
ABBLEND-RELAIS
ANLASSER-RELAIS
WEGFAHRSP.-ANSCHLUSS
REGLER/GLEICH-RICHTER
LICHT-MASCHINE
ZÜND-GEBER-SPULE
ÖLDRUCK-SCHALTER
MTS H33312
Skipper ST

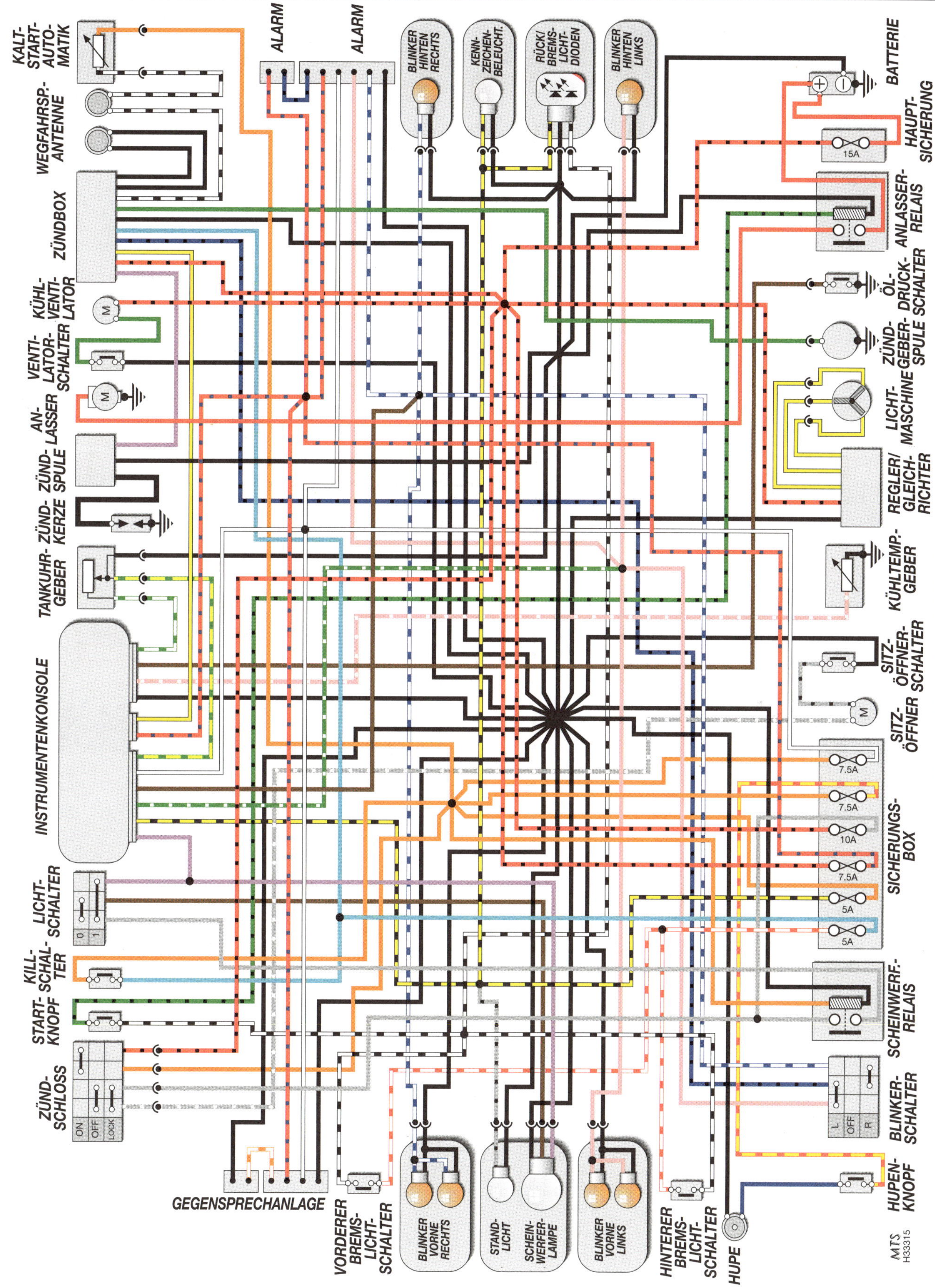

Vespa GT 125 und GT 200

KALT-START-AUTOMATIK
WEGFAHRSP-ANTENNE
ZÜNDBOX
KÜHL-VENTILATOR
VENTILATOR-SCHALTER
ANLASSER
ZÜNDSPULE
ZÜNDKERZE
TANKUHR-GEBER
INSTRUMENTENKONSOLE
LICHT-SCHALTER
KILL-SCHALTER
START-KNOPF
ZÜND-SCHLOSS
ON OFF LOCK
GEGENSPRECHANLAGE
ALARM
ALARM
BLINKER HINTEN RECHTS
KENNZEICHEN-BELEUCHT.
RÜCK/BREMS-LICHT-DIODEN
BLINKER HINTEN LINKS
BATTERIE
HAUPT-SICHERUNG
15A
ANLASSER-RELAIS
ÖL-DRUCK-SCHALTER
ZÜND-GEBER-SPULE
LICHT-MASCHINE
REGLER/GLEICH-RICHTER
KÜHLTEMP-GEBER
SITZ-ÖFFNER-SCHALTER
SITZ-ÖFFNER
7.5A
7.5A
10A
7.5A
5A
5A
SICHERUNGS-BOX
SCHEINWERF.-RELAIS
BLINKER-SCHALTER
L OFF R
HUPEN-KNOPF
HUPE
HINTERER BREMS-LICHT-SCHALTER
BLINKER VORNE LINKS
SCHEIN-WERFER-LAMPE
STAND-LICHT
BLINKER VORNE RECHTS
VORDERER BREMS-LICHT-SCHALTER
MTS H33315

9

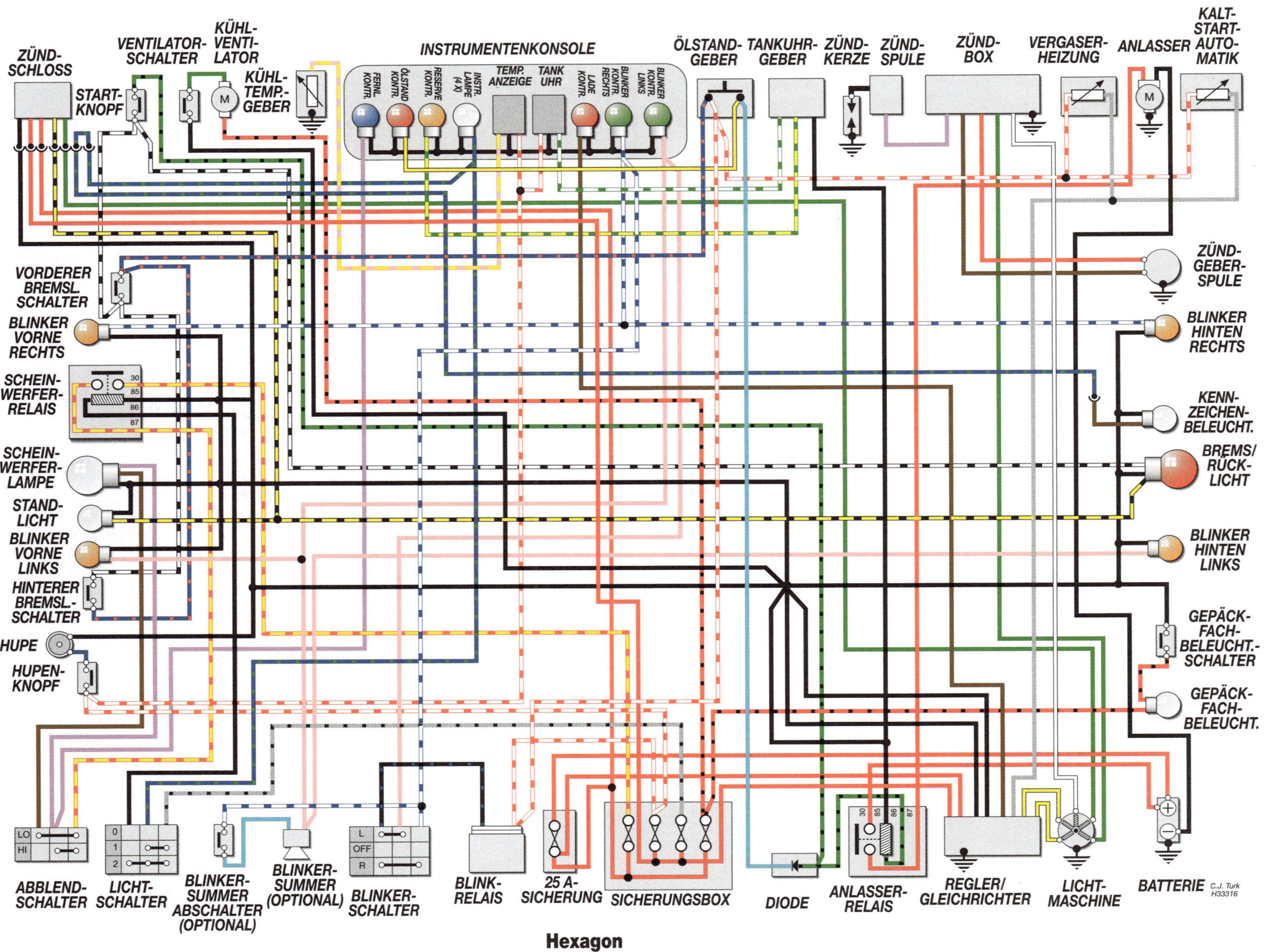
ZÜND-SCHLOSS
VENTILATOR-SCHALTER
KÜHL-VENTI-LATOR
START-KNOPF
KÜHL-TEMP.-GEBER
INSTRUMENTENKONSOLE
FERNL. KONTR.
ÖLSTAND KONTR.
RESERVE KONTR.
INSTR. LAMPE (4 X)
TEMP. ANZEIGE
TANK UHR
LADE KONTR.
BLINKER KONTR. RECHTS
BLINKER KONTR. LINKS
ÖLSTAND-GEBER
TANKUHR-GEBER
ZÜND-KERZE
ZÜND-SPULE
ZÜND-BOX
VERGASER-HEIZUNG
ANLASSER
KALT-START-AUTO-MATIK
VORDERER BREMSL. SCHALTER
BLINKER VORNE RECHTS
SCHEIN-WERFER-RELAIS
30
85
86
87
SCHEIN-WERFER-LAMPE
STAND-LICHT
BLINKER VORNE LINKS
HINTERER BREMSL.-SCHALTER
HUPE
HUPEN-KNOPF
ZÜND-GEBER-SPULE
BLINKER HINTEN RECHTS
KENN-ZEICHEN-BELEUCHT.
BREMS/RÜCK-LICHT
BLINKER HINTEN LINKS
GEPÄCK-FACH-BELEUCHT.-SCHALTER
GEPÄCK-FACH-BELEUCHT.
LO
HI
0
1
2
L
OFF
R
ABBLEND-SCHALTER
LICHT-SCHALTER
BLINKER-SUMMER ABSCHALTER (OPTIONAL)
BLINKER-SUMMER (OPTIONAL)
BLINKER-SCHALTER
BLINK-RELAIS
25 A-SICHERUNG
SICHERUNGSBOX
DIODE
ANLASSER-RELAIS
REGLER/GLEICHRICHTER
LICHT-MASCHINE
BATTERIE
C.J. Turk H33316
Hexagon

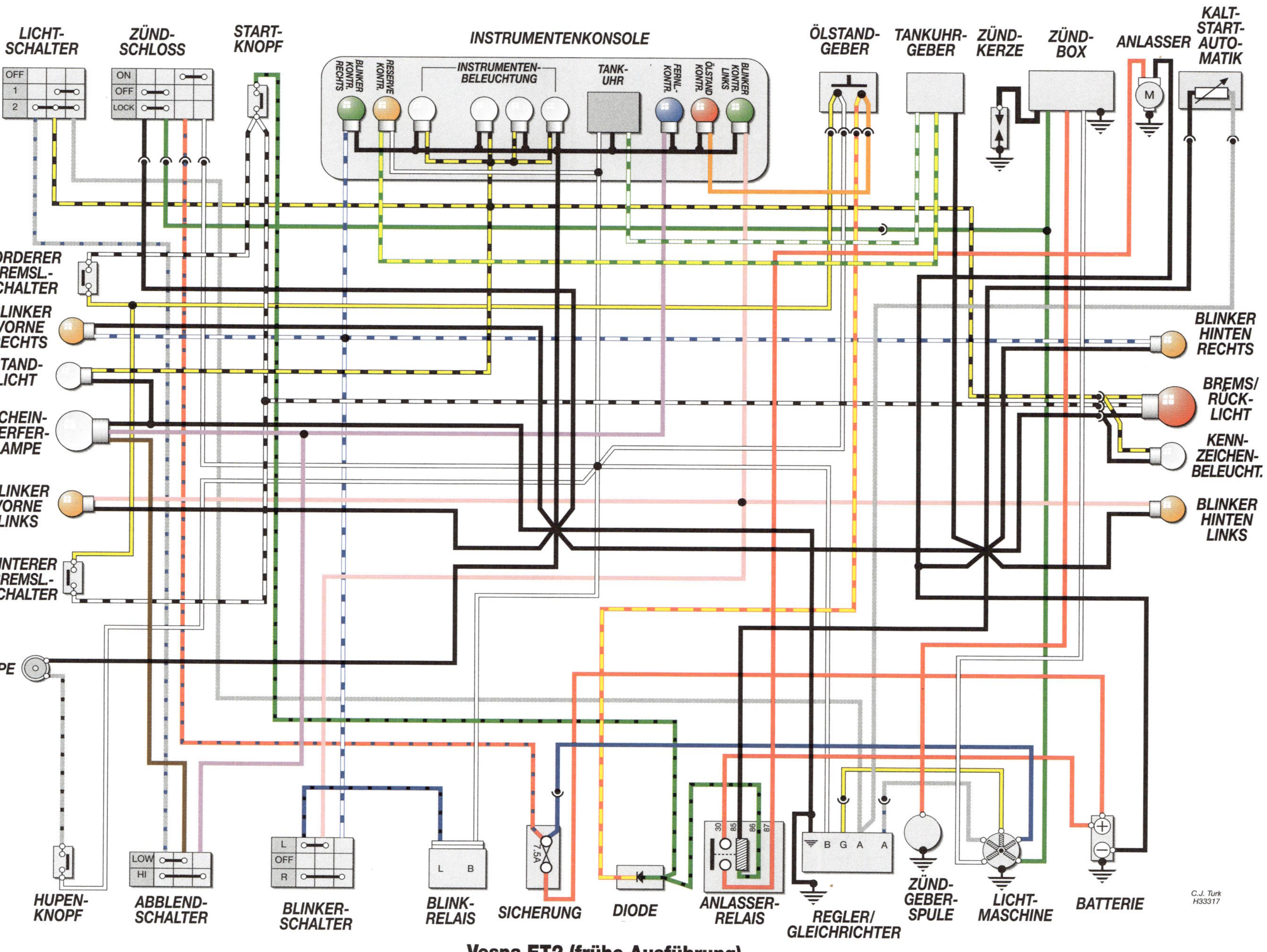

Vespa ET2 (frühe Ausführung)

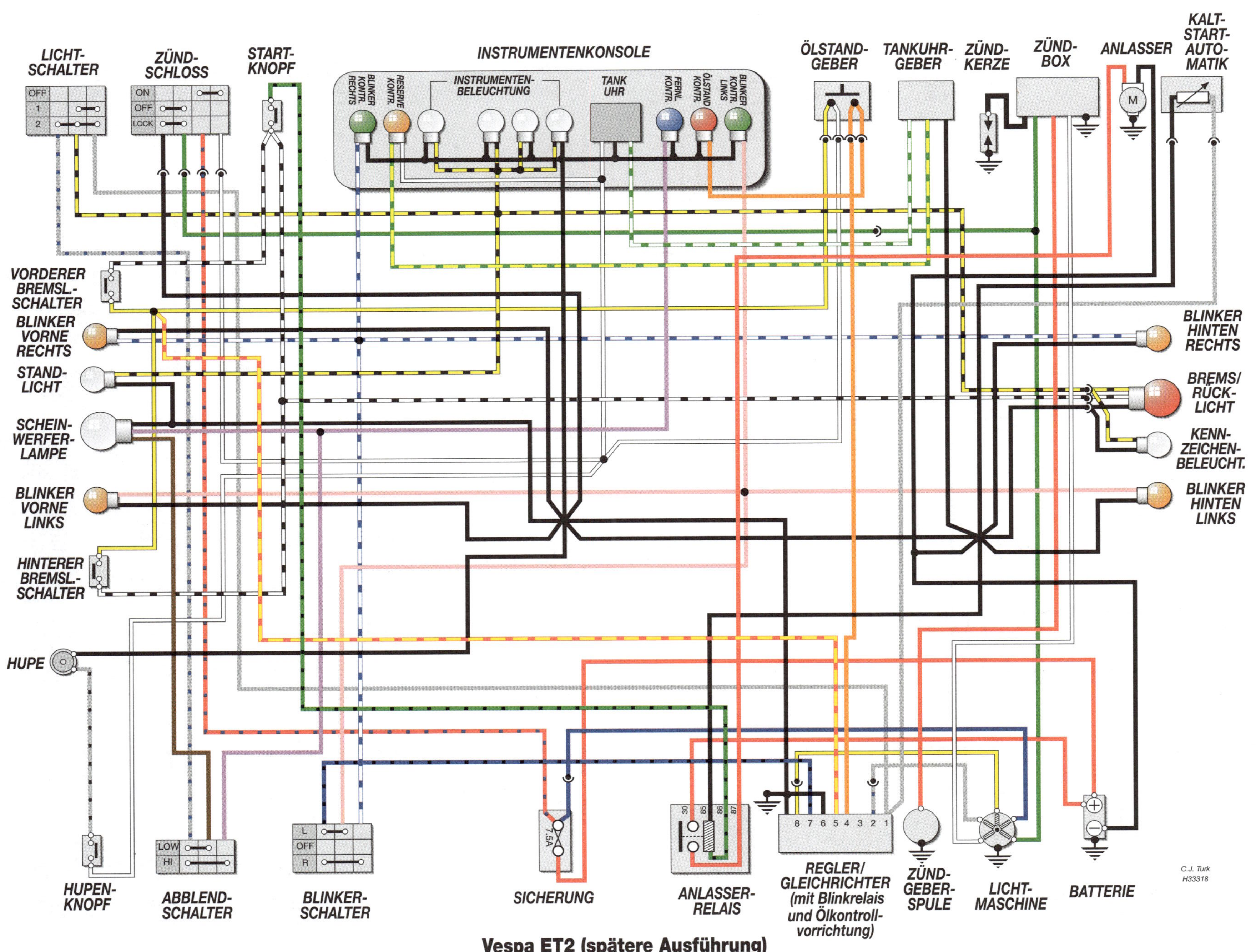

Vespa ET2 (spätere Ausführung)

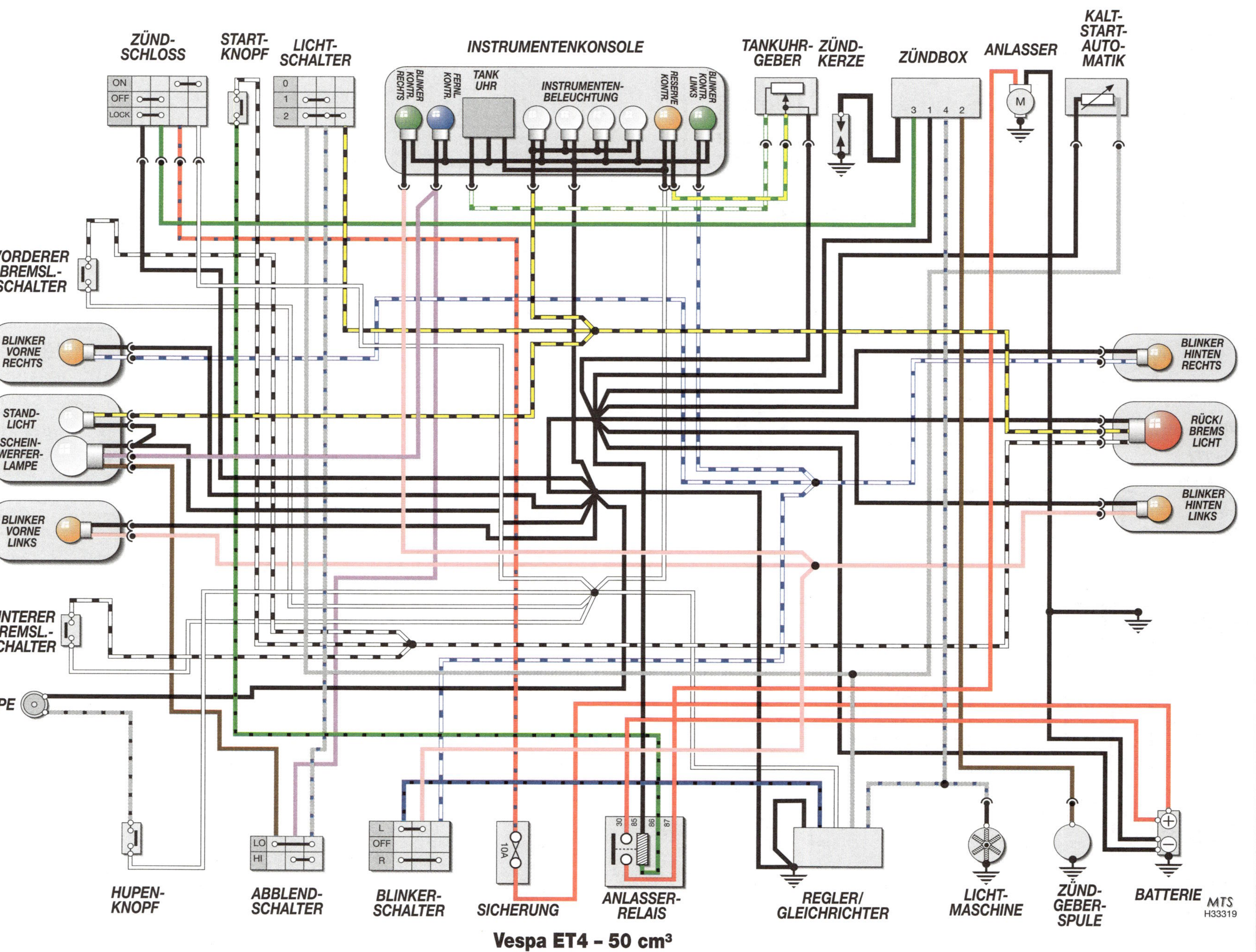
ZÜND-SCHLOSS
ON OFF LOCK
START-KNOPF
LICHT-SCHALTER
0 1 2
INSTRUMENTENKONSOLE
BLINKER KONTR. RECHTS
FERNL. KONTR.
TANK UHR
INSTRUMENTEN-BELEUCHTUNG
RESERVE KONTR.
BLINKER KONTR. LINKS
TANKUHR-GEBER
ZÜND-KERZE
ZÜNDBOX
3 1 4 2
ANLASSER
M
KALT-START-AUTOMATIK
VORDERER BREMSL.-SCHALTER
BLINKER VORNE RECHTS
STAND-LICHT
SCHEIN-WERFER-LAMPE
BLINKER VORNE LINKS
HINTERER BREMSL.-SCHALTER
HUPE
BLINKER HINTEN RECHTS
RÜCK/BREMS LICHT
BLINKER HINTEN LINKS
HUPEN-KNOPF
ABBLEND-SCHALTER
LO HI
BLINKER-SCHALTER
L OFF R
SICHERUNG
10A
ANLASSER-RELAIS
30 85 86 87
REGLER/GLEICHRICHTER
LICHT-MASCHINE
ZÜND-GEBER-SPULE
BATTERIE
MTS
H33319
Vespa ET4 - 50 cm³

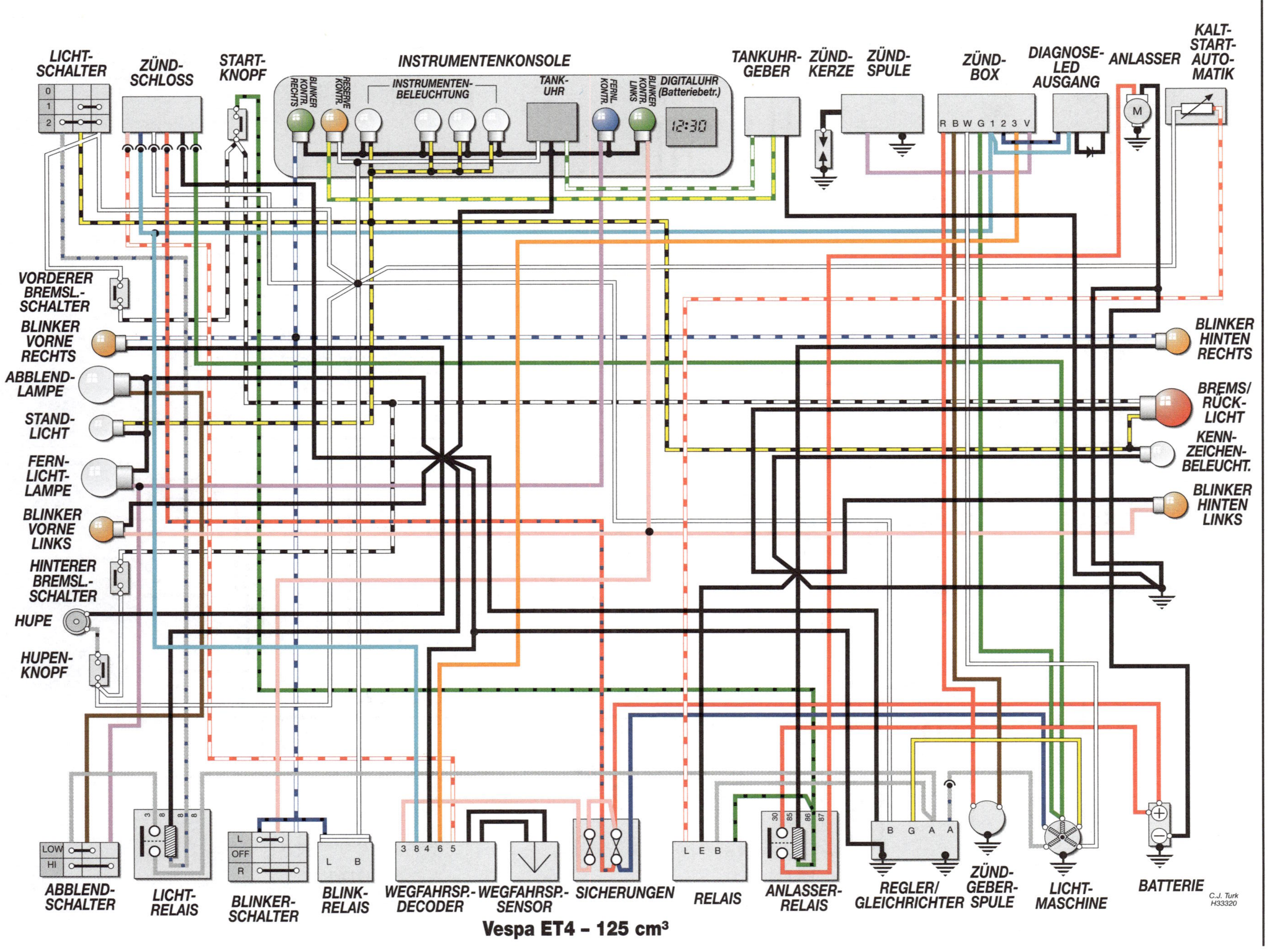
LICHT-SCHALTER
ZÜND-SCHLOSS
START-KNOPF
INSTRUMENTENKONSOLE
BLINKER KONTR. RECHTS
RESERVE KONTR.
INSTRUMENTEN-BELEUCHTUNG
TANK-UHR
FERNL. KONTR.
BLINKER KONTR. LINKS
DIGITALUHR (Batteriebetr.)
TANKUHR-GEBER
ZÜND-KERZE
ZÜND-SPULE
ZÜND-BOX
DIAGNOSE-LED AUSGANG
ANLASSER
KALT-START-AUTOMATIK
VORDERER BREMSL.-SCHALTER
BLINKER VORNE RECHTS
ABBLEND-LAMPE
STAND-LICHT
FERN-LICHT-LAMPE
BLINKER VORNE LINKS
HINTERER BREMSL.-SCHALTER
HUPE
HUPEN-KNOPF
BLINKER HINTEN RECHTS
BREMS/RÜCK-LICHT
KENN-ZEICHEN-BELEUCHT.
BLINKER HINTEN LINKS
ABBLEND-SCHALTER
LICHT-RELAIS
BLINKER-SCHALTER
BLINK-RELAIS
WEGFAHRSP.-DECODER
WEGFAHRSP.-SENSOR
SICHERUNGEN
RELAIS
ANLASSER-RELAIS
REGLER/GLEICHRICHTER
ZÜND-GEBER-SPULE
LICHT-MASCHINE
BATTERIE
C.J. Turk H33320
Vespa ET4 - 125 cm³

Fehlersuche

1 Anlasserprobleme

Anlasser dreht sich nicht:

- ☐ Killschalter umgelegt.
- ☐ Sicherung durchgebrannt. Prüfen Sie die Hauptsicherung am Anlasserrelais.
- ☐ Batterie leer. Prüfung: Zündung einschalten, Fernlicht an und Hupenknopf drücken. Funktioniert alles, so ist die Batterie voll. Wenn nicht, laden bzw. ersetzen.
- ☐ Leerlauf nicht eingelegt.
- ☐ Defekter Leerlauf-, Kupplungshebel- oder Seitenständerschalter. Schalter und Kabel prüfen.
- ☐ Zündschalter defekt. Mit Ohmmeter prüfen.
- ☐ Killschalter oder dessen Kabel defekt. Prüfen Sie beide auf elektrischen Durchgang in der »RUN«-Position.
- ☐ Anlasserknopf defekt. Mit Ohmmeter prüfen.
- ☐ Anlasserrelais defekt. Siehe Beschreibung vorne im Buch.
- ☐ Verkabelung gebrochen oder Kurzschluss. Prüfen Sie den Anlasserstromkreis mit einer Prüflampe durch.
- ☐ Anlasser defekt. Prüfen: Lösen Sie das Plus-Kabel vom Anlasser und schließen daran und an Masse eine Prüflampe an. Zündung einschalten und Anlasserknopf drücken. Leuchtet die Prüflampe auf, so ist der Anlasser defekt.

Anlasser dreht sich, aber Motor nicht:

- ☐ Anlasserfreilauf defekt. Ausbauen und reparieren.

Anlasser will sich drehen, Motor blockiert aber:

- ☐ Motorschaden. Hierfür kann einiges die Ursache sein: Kurbelwellenlager defekt, Kolbenklemmer, Steuerkette übergesprungen, Ventiltrieb defekt u.a.

2 Motor springt nicht an

Kein Benzinfluss zum Vergaser:

- ☐ Kein Benzin im Tank.
- ☐ Benzinhahn steht auf »OFF«.
- ☐ Bei Unterdruck-Benzinhahn: Unterdruck-Schlauch ist defekt oder nicht angeschlossen oder Membran im Hahn ist defekt. Benzinhahn als Notbehelf auf »PRI« stellen.
- ☐ Benzinfilter am Benzinhahn oder am Vergaser verstopft.
- ☐ Bei installierter Benzinpumpe: Pumpe defekt oder bekommt keine Spannung.
- ☐ Tankbelüftung verstopft. Die Belüftung befindet sich oft im Tankdeckel – freiblasen. Manchmal verschließen auch Tankrucksäcke die Belüftung.
- ☐ Benzinleitung verstopft. Das ist sehr unwahrscheinlich, weil ein Filter vorgeschaltet ist. Höchstens kann noch ein Stopfen von einer Reparatur darin stecken.

Kein Benzin im Brennraum:

- ☐ Schwimmerkammer ist leer und Schwimmer klemmt in oberer Stellung. Das kann nach langer Standzeit des Motorrads der Fall sein, wenn das Benzin aus der Schwimmerkammer verdunstet ist und harzige Rückstände zurückgeblieben sind.
- ☐ Düsen des Vergasers verstopft. Freiblasen.
- ☐ Wassertropfen vor der Hauptdüse. Das kann z.B. nach Wäschen oder langer Standzeit (Kondenswasser) vorkommen. Schwimmerkammer entleeren.
- ☐ Benzinpegel in der Schwimmerkammer zu niedrig. Schwimmer verbogen?

Motor »abgesoffen«:

- ☐ Schwimmernadelventil klemmt oder ist defekt. Freiblasen oder ersetzen.
- ☐ Schwimmer klemmt in unterer Stellung.
- ☐ Schwimmer verbogen.
- ☐ Choke-Mechanismus lässt sich nicht ausschalten. Prüfen und reparieren.
- ☐ Verstopfter Lufteinlass. Der Luftfiltereinsatz kann sehr dreckig oder nass sein, ein Lappen vor den Lufteinlass legen oder Ähnliches.

Kein Zündfunke:

- ☐ Zündschalter nicht an.
- ☐ Killschalter auf »OFF«.
- ☐ Sicherung durchgebrannt.
- ☐ Batterie leer.
- ☐ Anlasser verschlissen. Ein verschlissener Anlasser kann beim Starten so viel Strom ziehen, dass die Batteriespannung für einen genügenden Zündfunken nicht mehr ausreicht.
- ☐ Zündkerzen defekt. Dies kann sogar bei neuen Zündkerzen passieren.
- ☐ Zündkerzenkörper feucht und/oder dreckig. Der Zündfunken wandert dann draußen am Zündkerzen-Isolator gegen Masse. Kerze trocknen und säubern, auch den Stecker von innen.
- ☐ Kerzenstecker defekt. Haarrisse im Stecker lassen, vor allem bei feuchtem Wetter, den Funken im Stecker gegen Masse wandern.
- ☐ Zündkabel brüchig. Auch hier können Kriechfunkenstrecken gegen Masse entstehen.
- ☐ Zündkabel lose. Befestigen.
- ☐ Zündspule defekt. Bei einem Mehrzylindermotor ist es allerdings unwahrscheinlich, dass alle Zündspulen gleichzeitig kaputtgehen; er müsste dann zumindest auf einem oder zwei Zylindern zünden.
- ☐ Verkabelung im Zündstromkreis gebrochen oder Kurzschluss.
- ☐ Zündgeberspulen defekt. Spulen wie vorne beschrieben prüfen, evtl. ersetzen.
- ☐ Zündbox defekt. Prüfen – soweit möglich – und evtl. ersetzen.

Schwacher Zündfunke:

- ☐ Viele der vorgenannten Ursachen können auch einen zu schwachen Zündfunken hervorrufen. Beginnen Sie mit der Prüfung an den Kerzen: Elektrodenabstand korrekt?

Fehlende Kompression:

- ☐ Zündkerze(n) lose. Nachziehen bzw. defektes Gewinde im Zylinderkopf reparieren.
- ☐ Zylinderkopfdichtung defekt.
- ☐ Ventil schließt nicht. Das kann an einer falschen Ventileinstellung liegen oder an einem verbrannten oder verklemmten Ventil. Die Steuerkette kann auch übergesprungen sein.
- ☐ Verschleiß von Zylinder, Kolben und Kolbenringen.
- ☐ Kolbenringe klemmen im Kolben (Ölkohle) oder sind gebrochen.
- ☐ Loch im Kolben. Das passiert bei einer falschen Zündkerze mit zu niedrigem Wärmewert oder zu heißem Motor, etwa durch abgemagertes Gemisch.

3 Motor geht nach dem Starten wieder aus

Ursachen:

- ☐ Choke defekt oder falsch justiert. Ohne Choke springt ein kalter Motor unter Umständen an, läuft jedoch nicht weiter. Umgekehrt mag ein warmer Motor mit Choke anspringen, dann aber wegen Überfettung wieder ausgehen.
- ☐ Fehlfunktion der Zündung. Siehe »schwacher Zündfunke«.
- ☐ Vergaser falsch eingestellt. Falsche Leerlaufdrehzahl oder schlecht justierte Leerlaufgemisch- bzw. Leerlaufluftschraube kann die Ursache sein.
- ☐ Motor zieht Nebenluft. Prüfen Sie Ansaugstutzen und Zylinderkopfdichtung auf Risse und lose Teile.
- ☐ Benzinzulauf schlecht. Verstopfte Benzinfilter, Nachrüstfilter oder Wasser können den Benzinzulauf verringern, sodass der Motor nach kurzer Zeit wegen Benzinmangels ausgeht.
- ☐ Lufteinlassquerschnitt stark verringert. Das kann durch einen verstopften Luftfiltereinsatz oder einen vergessenen Lappen geschehen. Das Gemisch überfettet, und der Motor stirbt ab.
- ☐ Tankbelüftung verstopft. Die Belüftung befindet sich oft im Tankdeckel – freiblasen. Manchmal verschließen auch Tankrucksäcke die Belüftung.

4 Schlechter Motorlauf bei Standgas

Schwacher Zündfunke oder Fehlzündungen:

- ☐ Batteriespannung zu schwach. Batterie laden bzw. ersetzen.
- ☐ Defekte Zündkerzen, siehe »kein Zündfunke«.
- ☐ Defekte Kerzenstecker oder Zündkabel.
- ☐ Falscher Wärmewert der Zündkerze. Wird eine Kerze zu heiß, kann es zu Glühzündungen kommen, was oft kapitale Motorschäden nach sich zieht. Achten Sie streng auf den vorgeschriebenen Wärmewert. Siehe auch Zündkerzen-Vergleichstabelle am Schluss des Buches.
- ☐ Falscher Zündzeitpunkt. Prüfen Sie statischen und dynamischen Zündzeitpunkt und die Verstellung bei höheren Drehzahlen.
- ☐ Defekte Zündspule(n). Ein Zündspulendefekt kann nicht nur in totalem Ausfall bestehen, sondern sich auch in Fehlzündungen bemerkbar machen.
- ☐ Defekte Zündgeberspulen. Prüfen Sie sie, wie im Buch beschrieben.
- ☐ Defekte Zündbox. Prüfen durch Messen oder Austausch.

Benzin-Luft-Gemisch falsch:

- ☐ Motor zieht Nebenluft, siehe Punkt 3.
- ☐ Leerlaufgemisch falsch eingestellt. Leerlaufgemisch- bzw. Leerlaufluftschraube justieren.
- ☐ Vergaser nicht synchronisiert. Synchronisation wie vorne im Buch beschrieben.
- ☐ Leerlaufdüse oder Leerlaufsystem des Vergasers verstopft. Freiblasen.
- ☐ Luftfiltereinsatz fehlt oder ist beschädigt. Ersetzen. Achten Sie auch auf den korrekten Sitz des Luftfilterdeckels.
- ☐ Choke defekt oder falsch justiert. Prüfen Sie auch den Choke-Zug auf Leichtgängigkeit und nötiges Spiel.
- ☐ Schwimmerstand zu hoch oder zu niedrig. Einstellen.
- ☐ Benzintank-Belüftung verstopft. Reinigen.
- ☐ Ventilspiel falsch. Ventile neu einstellen (siehe vorne im Buch).

Niedrige Kompression:

- ☐ Siehe unter Punkt 2 »fehlende Kompression«.

5 Schlechte Beschleunigung

Ursachen:

- ☐ Siehe Ursachen unter Punkt 4.
- ☐ Vergaserschieber klemmt.
- ☐ Bremsen klemmen. Prüfen Sie die Freigängigkeit der Räder. Verbogene Radachsen und verzogene Bremsscheiben können die gleiche Wirkung hervorrufen.

6 Schlechter Motorlauf/ wenig Leistung bei hoher Geschwindigkeit

Schwacher Zündfunke oder Fehlzündungen:

☐ Siehe unter Punkt 4.
☐ Bei Fahrzeugen mit Unterbrecherkontaktzündung kann der Unterbrecherkondensator defekt sein. Prüfen durch Austausch.
☐ Isolierung von Zündkerzenstecker oder Zündkabel schlecht. Poröse Stecker und Kabel können bei hoher Drehzahl Kriechströme zur Masse leiten und damit Zündunterbrechungen bzw. Fehlzündungen hervorrufen.

Benzin-Luft-Gemisch falsch:

☐ Alle unter Punkt 4 beschriebenen Ursachen sind möglich außer der zweiten (Leerlaufgemisch falsch) und der vierten (Leerlaufsystem verstopft).
☐ Hauptdüse des Vergasers hat sich losvibriert oder fehlt ganz.
☐ Hauptdüse hat die falsche Größe. Vielleicht hat ein Vorbesitzer eine kleine eingebaut, um vermeintlich Benzin zu sparen. Oder die Hauptdüse ist nach dem Luftdruck im Flachland gewählt, und Sie fahren in den Bergen.
☐ Düsennadel und Nadeldüse sind ausgeschlagen. Ersetzen Sie sie als Satz.
☐ Belüftungsbohrungen des Vergasers verstopft. Reinigen.
☐ Benzinzulauf schlecht. Verstopfte Benzinfilter, Nachrüstfilter oder Wasser können den Benzinzulauf verringern.
☐ Tankbelüftung verstopft. Siehe oben.
☐ Gummimembran am Vergaserschieber eingerissen (nur bei Gleichdruckvergasern). Erneuern.

Niedrige Kompression:

☐ Siehe unter Punkt 2 »fehlende Kompression«.

7 Klopfen und Klingeln

Ursachen:

☐ Ölkohleablagerungen im Brennraum. Nach hoher Laufleistung oder bei defekten Kolbenringen oder Ventilschaftdichtungen kann es dazu kommen. Die Kohle beginnt zu glühen und verursacht unkontrollierte Zündungen. Klopfen, Klingeln und kapitale Motorschäden sind die Folge. Zylinderkopf demontieren und Brennraum reinigen.

☐ Schlechtes Benzin. Benzin mit zu niedriger Oktanzahl kann zu Klopfen und Klingeln führen. Tanken Sie Superbenzin oder – z.B. im Ausland – erhöhen Sie die Oktanzahl durch Zugabe von Benzol.
☐ Wärmewert der Zündkerze falsch. Wird eine Kerze zu heiß, kann es zu Glühzündungen (Klopfen und Klingeln) kommen, was oft kapitale Motorschäden nach sich zieht. Achten Sie streng auf den vorgeschriebenen Wärmewert. Siehe auch Zündkerzen-Vergleichstabelle am Schluss des Buches.
☐ Zu mageres Benzin-Luft-Gemisch. Fehlender Luftfilter(einsatz), Nebenluft, niedriger Schwimmerstand, falsche Nadeldüsenstellung und zu kleine Hauptdüse können das Gemisch mit gefährlichen Folgen abmagern.

8 Überhitzung

Falsche Zündeinstellung:

☐ Defekte Zündkerzen, siehe Punkt 2.
☐ Zündkerzen mit falschem Wärmewert. Wird eine Kerze zu heiß, kann auch der Motor selbst durch Glühzündungen zu heiß werden, was oft kapitale Motorschäden nach sich zieht. Achten Sie streng auf den vorgeschriebenen Wärmewert. Siehe auch Zündkerzen-Vergleichstabelle am Schluss dieses Buches.
☐ Falscher Zündzeitpunkt. Einstellen.

Falsches Benzin-Luft-Gemisch:

☐ Leerlaufgemisch- bzw. Leerlaufluftschraube verstellt. Neu justieren.
☐ Hauptdüse zu klein.
☐ Luftfilter beschädigt oder fehlt.
☐ Motor zieht Nebenluft. Lassen Sie den Motor im Standgas laufen und sprühen dabei Starthilfe-Spray auf die Stellen an Ansaugstutzen und Zylinderkopfdichtung, wo Sie Nebenluft vermuten. Läuft darauf der Motor mit höherer Drehzahl, so zieht er Nebenluft. Ist die Drehzahl unverändert, so sind die Stellen dicht.
☐ Benzinstand im Schwimmergehäuse zu niedrig. Schwimmer nachstellen.
☐ Benzintankbelüftung blockiert.

Mangelnde Schmierung:

☐ Motorölstand zu niedrig. Prüfen und nachfüllen.
☐ Motoröl zu alt. Sehr altes Motoröl verliert seine Schmier- und Kühlwirkung. Wechseln Sie rechtzeitig Öl und Ölfilter.
☐ Motoröl von schlechter Qualität oder falscher Viskosität. Wechseln gegen eines der richtigen Sorte.

Ungewöhnliche Ursachen:

☐ Rippen des Kühlers sind verdreckt. Sehr stark zugesetzte Kühlrippen beeinträchtigen den Wärmetausch zwischen Fahrtwind und Kühler. Das kann zu Überhitzungen führen.

9 Antriebsprobleme

Kein Kraftschluss am Hinterrad:

- ☐ Antriebsriemen gerissen (Kapitel 6).
- ☐ Kupplung rückt nicht ein (Kapitel 6).
- ☐ Kupplung oder Wandler extrem verschlissen (Kapitel 6).

Geräusche oder Vibrationen aus dem Getriebe:

- ☐ Verschlissene Lager oder Wellen. Getriebe muss überholt werden (Kapitel 6).
- ☐ Verschlissene Zahnräder (Pitting) (Kapitel 6).
- ☐ Kupplung und Wandler ungleichmäßig verschlissen (Kapitel 6).
- ☐ Kupplungs- oder Wandlermutter locker (Kapitel 6).

Schwache Fahrleistung:

- ☐ Wandler verschlissen oder verölt (Kapitel 6).
- ☐ Verschlissene oder gebrochene Riemenräder (Kapitel 6).
- ☐ Verschlissene Kupplung (Kapitel 6).
- ☐ Kupplungsbelagmaterial verölt (Kapitel 6).
- ☐ Übermäßig verschlissener Antriebsriemen (Kapitel 6).

Kupplung trennt nicht vollständig:

- ☐ Ermüdete oder gebrochene Kupplungsfedern (Kapitel 6).
- ☐ Standgas-Drehzahl des Motors zu hoch (Kapitel 1).

10 Ungewöhnliche Motorgeräusche

Klopfen und Klingeln:

- ☐ Siehe Punkt 7.

Kolbenklappern:

- ☐ Kolbenspiel zu groß. Das kann mehrere Ursachen haben: Bei einer Reparatur wurden zu kleine Kolben eingesetzt; Verschleiß nach langer Laufzeit; Schrumpfung der Kolben durch Überhitzung. Kolbenklappern ist ein hohes Klappergeräusch, das bei leichter oder gar keiner Last auftritt, vor allem, wenn gerade Gas gegeben wird. Zylinder aufbohren und Übermaßkolben einsetzen.
- ☐ Pleuel verbogen. Mögliche Ursachen: Motor überdreht; Starten des Motors mit Flüssigkeit im Brennraum (übergelaufener Vergaser); Beschädigung der Kurbelwelle bei einer Reparatur. Bei einem verbogenen Pleuel muss die Kurbelwelle ausgebaut und das Pleuel ersetzt werden.
- ☐ Verschleiß von Kolbenbolzen, Bolzenbohrung im Kolben oder oberem Pleuelauge. Ursache: Mangelnde Schmierung oder hohe Laufleistung. Verschlissene Teile ersetzen.
- ☐ Kolbenringe verschlissen, gebrochen oder festgeklemmt. Erneuern nach gründlicher Prüfung von Kolben und Zylinderbohrung.

Ventilklappern:

- ☐ Ventilspiel zu groß. Einstellen.
- ☐ Ventilfeder ermüdet oder gebrochen. Erneuern.
- ☐ Nockenwelle oder Zylinderkopf verschlissen oder beschädigt. Die Lagerstellen der Nockenwelle sind sehr empfindlich gegen mangelnde Schmierung, die bei zu niedrigem Ölstand vorkommen kann, aber auch bei hohen Drehzahlen bei kaltem Motor.
- ☐ Schlepphebel verschlissen. Starker Verschleiß eines Hebels und schnelle Änderung des Ventilspiels weisen auf einen gebrochenen Schlepphebel bzw. auf einen Verschleiß der Oberflächenhärte hin. Meist ist auch der zugehörige Nocken verschlissen. Teile erneuern.
- ☐ Verschlissener Nockenwellenantrieb. Eine lose oder gelängte Steuerkette, verschlissene Zahnräder u.a. können sehr unangenehme Geräusche machen. Erneuern Sie die Teile, bevor größerer Motorschaden die Folge ist.

Andere Geräusche:

- ☐ Pleuelfußlager verschlissen. Ein deutliches Klopfen aus dem Kurbelgehäuse, das schnell lauter wird. Ursache: Mangelnde Schmierung oder sehr hohe Laufleistung. Bei Verdacht auf diesen Fehler sollte der Motor sofort abgeschaltet werden, um noch stärkeren Schaden zu vermeiden (z.B. Pleuel-Abriss).
- ☐ Kurbelwellen-Hauptlager defekt. Dieser Fehler macht sich durch rumpelnde Geräusche und starke Vibrationen bemerkbar. Die Lagerschalen müssen erneuert und die Kurbelwelle eventuell überdreht werden.
- ☐ Kurbelwelle stark unrund. Eine verbogene oder verschränkte Kurbelwelle kann die Folge von Überdrehzahlen oder Schäden im Zylinderkopf sein. Auch ein plötzlich blockierendes Getriebe oder Hinterrad kann Verursacher sein, ebenso wie ein Schlag auf ein Kurbelwellenende, etwa beim Umfallen der Maschine.
- ☐ Motorhalterungen lose. Alle Schrauben und Muttern festziehen.
- ☐ Zylinderkopfdichtung defekt. Das Geräusch ist ein hohes Pfeifen vom Zylinderkopf, es kann aber auch jedes andere Geräusch sein, dass man mit ausströmendem Gas in Verbindung bringt. Meist ist die Leckstelle auch von einem Ölnebel umgeben. Wenn die Dichtung nach innen defekt ist, kann ein Überdruck im Kurbelgehäuse die Folge sein, wodurch einiges Öl aus der Kurbelgehäuseentlüftung gepresst wird. Ursache einer defekten Zylinderkopfdichtung kann sein: sehr hohe Laufleistung; Überhitzung; ungleichmäßiges Anziehen der Zylinderkopfschrauben. Dichtung schnellstmöglich ersetzen.
- ☐ Undichter Auspuff.

11 Ungewöhnliche Getriebe- und Endantriebsgeräusche

Kupplungsgeräusche:

- ☐ Zuviel Spiel in einzelnen Komponenten der Kupplung. Vermessen und nötigenfalls erneuern.
- ☐ Zahnrad des Primärantriebs verschlissen oder beschädigt. Erneuern.

Getriebegeräusche:

- ☐ Lager oder Buchsen verschlissen oder beschädigt. Vermessen und erneuern.
- ☐ Getriebezahnräder verschlissen oder beschädigt. Erneuern.
- ☐ Fremdkörper im Getriebe. Das kann Dreck oder Sand sein, aber auch Metallstücke von beschädigten Motorteilen. Öl ablassen und auf Fremdkörper untersuchen, nötigenfalls Getriebe inspizieren.
- ☐ Getriebe-/Motorölstand zu niedrig. Auffüllen.
- ☐ Schaltmechanismus defekt. Reparieren.

Endantriebsgeräusche:

- ☐ Ritzel lose. Festziehen, wenn Innenverzahnung und Abtriebswellenprofil noch in Ordnung sind. Sonst ersetzen.
- ☐ Abtriebskette zu lose. Eine lose oder stark verschlissene Kette kann beim Lauf an Gehäuse und Hinterradschwinge schlagen. Kette spannen oder ersetzen.
- ☐ Ölstand im Winkeltrieb zu niedrig. Auffüllen (Kardanantrieb).
- ☐ Kegelrad/Tellerrad schlecht justiert. Prüfen und einstellen (Kardanantrieb).
- ☐ Kegelrad/Tellerrad beschädigt oder verschlissen. Stets paarweise auswechseln (Kardanantrieb)!

12 Starker Auspuffrauch

Weißer Rauch:

- ☐ Rein weißer Rauch deutet auf verdampfendes Kondenswasser hin und hört kurz nach dem Kaltstart auf.

Blauer Rauch durch verbranntes Öl:

- ☐ Kolbenringe verschlissen oder gebrochen. Besonders trifft dies auf den Ölabstreifring zu. Kolben, -ringe und Zylinder vermessen und nötigenfalls erneuern.
- ☐ Zylinder riefig oder verschlissen. Auf nächstes Übermaß aufbohren und Übermaßkolben mit neuen Ringen einsetzen.
- ☐ Ventilschaftdichtungen verschlissen, beschädigt oder verhärtet. Erkenntlich an blauem Rauch, wenn der Gasgriff nach dem Beschleunigen schnell geschlossen wird, etwa beim Gangwechsel. Ersetzen.
- ☐ Ventilführungen verschlissen. Vermessen und ersetzen.
- ☐ Ölstand im Motor zu hoch. Messen und ausgleichen.
- ☐ Zylinderkopfdichtung nach innen defekt. Ersetzen.
- ☐ Defektes Rückschlagventil in der Kurbelgehäuseentlüftung. Ventil ersetzen.

Blauer Rauch (Zweitaktmotor):

- ☐ Ölpumpeneinstellung nicht korrekt. Prüfen Sie die Einstellung des Gas- und Ölpumpen-Bowdenzuges (Kapitel 1).
- ☐ Ölansammlung im Auspuff. Wenn das Fahrzeug nur auf Kurzstrecken eingesetzt wird, kondensiert das in den Abgasen enthaltene Öl im Schalldämpfer und sammelt sich dort. Fahren Sie eine ausreichend lange Strecke unter Last, damit das Öl verbrannt wird.

Schwarzer Rauch durch zu fettes Gemisch:

- ☐ Luftfiltereinsatz verstopft oder nass. Erneuern.
- ☐ Hauptdüse zu groß oder lose. Ersetzen bzw. festziehen.
- ☐ Choke-Mechanismus defekt: Choke lässt sich nicht ausschalten. Reparieren.
- ☐ Benzinstand im Schwimmergehäuse zu hoch. Schwimmer nachbiegen.
- ☐ Schwimmernadelventil undicht. Reinigen oder erneuern.

13 Öldrucklampe leuchtet auf

Schmierungsmangel:

- ☐ Ölmangel im Motor. Auffüllen.
- ☐ Öl-Viskosität zu niedrig. Ölwechsel.
- ☐ Ölpumpe defekt. Reparieren.
- ☐ Ölansaugleitung verstopft. Reinigen.
- ☐ Lagerstellen der Nockenwelle verschlissen. Bei zu großen Lagerspalten kann sich kein Öldruck mehr aufbauen, die Lampe leuchtet auf. Nockenwelle und/oder Zylinderkopf ersetzen bzw. reparieren.
- ☐ Kurbelwellenlager verschlissen. Siehe oben. Hier genügt es oft, neue Lagerschalen einzubauen.
- ☐ Rückschlagventil klemmt offen. Dadurch kann sich an den Lagerstellen kein genügender Öldruck aufbauen. Ventil reparieren bzw. erneuern.

Elektrischer Fehler:

- ☐ Öldruckschalter defekt. Durchmessen (siehe vorne) und nötigenfalls erneuern.
- ☐ Verkabelung defekt. Prüfen Sie den Öldruckschaltkreis auf Kurzschlüsse, aufgescheuerte oder geknickte Kabel.

14 Schlechte Fahreigenschaften

Schlechter Geradeauslauf:

- ☐ Lenkkopflager zu straff eingestellt. Das verursacht Pendeln bei niedrigen Geschwindigkeiten. Neu justieren.
- ☐ Lenkkopflager verschlissen oder beschädigt. Nach zu straffem Einstellen oder nach einem Unfall kann dies die Folge sein. Das ist auch der Fall, wenn Strom über die Lenkkopflager fließen muß, etwa Masseleitung der Scheinwerfer. Neue Lager sollten geschmiert werden.
- ☐ Reifenluftdruck zu niedrig. Grundsätzlich gilt: besser zu hoch als zu niedrig.
- ☐ Reifen vorne und/oder hinten verschlissen. Abgefahrene Reifen können sich in Pendeln, instabilem Geradeauslauf und Kippeln bemerkbar machen. – Hinterradschwingenlager verschlissen. Erneuern.
- ☐ Verzogene Hinterradschwinge. Dies wird normalerweise nur nach einem Unfall auftreten. Schwinge richten oder erneuern.
- ☐ Radlager verschlissen oder defekt. Erneuern.
- ☐ Falsche Reifen. Manche Reifentypen oder -kombinationen sind einfach ungeeignet für das Motorrad, auch wenn sie noch reichlich Profil haben.

Motorroller zieht nach links oder rechts:

- ☐ Hinterrad aus der Spur. Ungleichmäßiges Anziehen der Kettenspanner stellt das Hinterrad schräg. Die gleiche Wirkung kann eine verbogene Radachse haben.
- ☐ Räder fluchten nicht. Auch ein verbogener Rahmen, Telegabel oder Hinterradschwinge kann das gleiche Ergebnis haben.
- ☐ Verdrehte Gabelbrücken. Schlaglöcher oder schlechte Wegstrecken können die Gabelbrücken gegeneinander verdrehen. Klemmschrauben der Gabelbrücken, Vorderradachse und Schutzblechhalter lösen, Lenker und Vorderrad gerade stellen und alle Schrauben, von unten beginnend, wieder anziehen.

Lenker vibriert oder schlägt:

- ☐ Reifen abgefahren oder nicht ausgewuchtet.
- ☐ Reifen nicht ordentlich montiert. An den Reifenflanken sind Linien aufvulkanisiert, die bei richtiger Montage überall den gleichen Abstand zum Felgenhorn haben müssen. Wenn nicht, sitzt der Reifen nicht richtig auf der Felgenschulter. Bei Schlauchreifen kann auch der Schlauch eingeklemmt sein.
- ☐ »Bremsplatte«. Nach starken Bremsungen mit blockierendem (Hinter-)Rad kann der Reifen am Aufstandspunkt abradiert sein. Er »hoppelt« dann und gehört ausgewechselt.
- ☐ Felgen verzogen oder beschädigt. Prüfen Sie sie auf Rundlauf.
- ☐ Hinterradschwingenlager verschlissen. Erneuern.
- ☐ Radlager defekt. Erneuern.
- ☐ Lenkkopflager zu lose. Neu einstellen bzw. erneuern.
- ☐ Lose Vorderradführung. Lose Schrauben und Muttern an Gabelbrücken, Schutzblech, Gabelstabilisator und Achse können zu Vibrationen im Lenker führen.
- ☐ Motoraufhängung lose. Ziehen Sie alle Muttern und Schrauben nach.

Schlechte Wirkung der Telegabel:

- ☐ Gabelöl-Pegel falsch. Bei zu geringem Ölstand ist mangelnde Dämpfung die Folge, das Rad schlägt nach. Zu viel Öl kann die Gabel steif machen und zu den Dichtringen herausdrücken.
- ☐ Falsches Gabelöl. Im Gegensatz zum Motoröl kommt es beim Gabelöl stark auf die Viskosität an. Wechseln Sie es im Zweifel gegen eines der vorgeschriebenen Sorte.
- ☐ Dämpfermechanik verschlissen. Dies passiert nur bei sehr hoher Laufleistung oder langer Fahrt mit verschlissenen Dichtringen. Die Gabel muss überholt werden.
- ☐ Weiche oder ermüdete Gabelfedern. Die Gabel taucht beim Bremsen extrem stark ein. Gabelfedern ersetzen.
- ☐ Verbogene oder korrodierte Standrohre. Beides kann zum Festklemmen der Gabel führen. Stand- und eventuell Tauchrohre müssen erneuert werden.
- ☐ Verkantete Gabel. Werden beim Festziehen der Vorderradachse die Gabelfäuste zusammengezogen, verkantet die Gabel und kann nicht mehr einfedern. Klemmfäuste lockern und mit gezogener Bremse Gabel ein paar Mal einfedern, damit sie sich wieder ausrichtet. Danach Klemmfäuste wieder anziehen.
- ☐ Defekt im Anti-Dive-Mechanismus, wenn vorhanden.

Telegabel stuckert beim Bremsen:

- ☐ Zu viel Spiel zwischen Stand- und Tauchrohren. Gabel überholen.
- ☐ Lose Lenkkopflager. Neu einstellen.
- ☐ Verzogene Bremsscheibe(n). Erneuern.

Schlechte Wirkung der Hinterradfederung:

- ☐ Federbeindämpfer verschlissen oder undicht. Erneuern.
- ☐ Weiche oder ermüdete Feder. Das Motorrad sinkt bei Beladung zu tief ein und verliert an Bodenfreiheit. Ersetzen durch stärkere bzw. neue Feder.
- ☐ Hinterradschwingenlager festgefressen. Erneuern.
- ☐ Lager der Umlenkhebel festgefressen. Erneuern.
- ☐ Verbogene Dämpferstange des Federbeins. Erneuern.

15 Ungewöhnliche Rahmen- und Federungsgeräusche

Geräusche von vorne:

- ☐ Gabelöl zu dünn oder zu wenig. Das kann ein »spritzendes« Geräusch verursachen und ist meist mit unkorrektem Gabelverhalten verbunden.
- ☐ Gabelfeder gebrochen. Dies macht ein klickendes oder schabendes Geräusch.
- ☐ Lenkkopflagerschalen gebrochen. Klickende Geräusche.
- ☐ Gabelbrücken lose. Festziehen.
- ☐ Zu viel Spiel zwischen Stand- und Tauchrohren. Klapperndes Geräusch.

Geräusch von hinten:

- ☐ Dämpferöl des Federbeins zu wenig. Das kann ein »spritzendes« Geräusch verursachen.
- ☐ Defektes Federbein mit innerer Beschädigung.

16 Bremsprobleme

Bremsen sind schwammig oder zeigen wenig Wirkung:

- ☐ Luft im Bremssystem. Entlüften.
- ☐ Bremsbeläge abgenutzt. Prüfen Sie die Stärke anhand der Verschleißmarken, und erneuern Sie sie nötigenfalls.
- ☐ Verölte Beläge. Beläge können bereits verölen, wenn sie mit Fingern auf der Belagfläche angefasst werden. Verölte Beläge können nicht mehr entfettet werden, sind unbrauchbar und durch neue zu ersetzen.
- ☐ Verglaste Beläge. Schlechtes Belagmaterial kann bei bestimmten Reibpaarungen verglasen, d.h. es bildet sich eine glasharte Schicht darauf, die nicht mehr bremst. Notbehelf: mit grobem Schmirgel oder Feile Glasschicht entfernen. Besser: Beläge ersetzen.
- ☐ Wasser im Bremssystem. Da Bremsflüssigkeit wasseranziehend ist, enthält sie nach einigen Jahren einen relativ hohen Wasseranteil. Das kann in Extremsituationen zu Dampfblasenbildung und damit nachlassender Bremsleistung führen. Bremsflüssigkeit erneuern.
- ☐ Manschette im Hauptbremszylinder verschlissen. Symptom: Bei leichtem Zug am Hebel ist zunächst ein Druckpunkt spürbar, doch dann gibt der Hebel nach und wandert langsam Richtung Griff. Hauptbremszylinder überholen.
- ☐ Kolbendichtung im Bremssattel undicht. Ersetzen und Sattel überholen.
- ☐ Hebel bzw. Bremspedal falsch eingestellt. Neu justieren.

Bremsen schleifen:

- ☐ Bremsscheibe(n) verzogen. Erneuern.
- ☐ Korrosion in den Bremssätteln: Kolben, Bohrungen, Bremsklötze. Überholen und reinigen.
- ☐ Kolbendichtung im Bremssattel beschädigt oder zu alt. Der Kolben kann klemmen und nicht mehr in die Ausgangsposition zurückkehren. Dichtung ersetzen.
- ☐ Bremsklotz beschädigt. Bruch oder abgelöster Belag verklemmen die Bremse. Erneuern.
- ☐ Radachse verbogen. Erneuern.
- ☐ Bremspedal/Hebel klemmt. Schmieren und leichtgängig machen.
- ☐ Bremse zu straff eingestellt. Das passiert nur bei gestängebetätigter hinterer Trommelbremse. Das Pedalspiel sollte bei normal beladenem Motorrad eingestellt werden, da sich bei Beladung die Bremse zuzieht.
- ☐ Bremssattelhalter verbogen. Das kann bei einem Unfall passieren. Gussteile austauschen, Schmiedeteile lassen sich wieder richten.
- ☐ Fehler im Anti-Dive-System (wenn vorhanden). Hier kann der zweite Hauptbremszylinder defekt oder die Kolbenstange zu lang sein.

Pulsierender Bremshebel/-pedal:

- ☐ Das Fahrzeug ist mit einem Antiblockier-System (ABS) ausgerüstet. Pulsieren ist dann normal.
- ☐ Bremsscheibe(n) verzogen. Erneuern.
- ☐ Radachse verbogen. Erneuern.

Scheibenbremsgeräusche:

- ☐ Bremsen quietschen. Mehrere Ursachen möglich: Schwingungsquietschen kann durch Benetzen der Rückseite der Bremsklötze mit Kupferpaste beseitigt werden; Reibpaarungsquietschen, liegt an der Art des Bremsbelages, neue Bremsklötze ausprobieren; verschmutzte Beläge durch Verglasung, Dreck, Öl u.Ä.
- ☐ Bremsscheibe verzogen. Das kann rhythmische Geräusche wie Quietschen, Schaben oder Klicken verursachen. Bremsscheibe erneuern.
- ☐ Bremsklötze zu klein. Es ist sehr unwahrscheinlich, dass falsche Bremsklötze eingebaut wurden, dennoch würde dies ein Klopfen beim Beginn jedes Bremsens hervorrufen.

Schütteln beim Bremsen:

- ☐ Ausgeschlagene Telegabeln und Lenkkopflager rufen ein Schütteln beim Bremsen hervor. Ursache prüfen und beseitigen.

17 Elektrikprobleme

Batterie schwach oder leer:

- ☐ Batterie zu alt und sulfatiert. Ersetzen.
- ☐ Batterie wurde lange nicht geladen. Tiefentladung, kurzfristig kann die Batterie zwar noch einmal zum Leben erweckt werden, aber ihre Lebensdauer ist drastisch verkürzt. Daher Batterien bei langer Stillstandszeit des Motorrads regelmäßig nachladen oder, noch besser, im PKW parallel zur PKW-Batterie anschließen.
- ☐ Säurestand zu niedrig. Destilliertes Wasser nachfüllen und Batterie nachladen.
- ☐ Pole korrodiert. Leitungen abnehmen, blank schaben, mit Kupferpaste benetzen und wieder anbauen.
- ☐ Batterie ständig entladen. Entweder liegt ein Kriechstrom vor, der auch bei ausgeschalteter Zündung die Batterie entlädt, oder Regler/Lichtmaschine sind defekt. Prüfen und reparieren.
- ☐ Ständige Stadtfahrten. Bei häufigen Fahrten mit niedriger Drehzahl kann es sein, dass die Batterie nicht genügend geladen wird.
- ☐ Verkabelung defekt. Suchen Sie im Ladestromkreis systematisch nach gebrochenen oder gequetschten Kabeln.

Batterie überladen:

- ☐ Regler defekt. Eine überladene Batterie erkennt man an starkem Gasen. Regler prüfen und erneuern.

Totaler Ausfall:

- ☐ Sicherung durchgebrannt. Prüfen Sie die Hauptsicherung und die Ursache für ihr Durchbrennen.
- ☐ Batterie leer. Ursache feststellen und beseitigen.
- ☐ Massekabel der Batterie lose. Prüfen Sie die Befestigung am Batteriepol und am Motor bzw. Rahmen.
- ☐ Zündschalter defekt. Durchmessen und evtl. erneuern.
- ☐ Verkabelung gebrochen. Systematisch mit Prüflampe prüfen.

Starker Lampenverschleiß:

- ☐ Vibrationsverschleiß. Bei starken Vibrationen von Motor oder Fahrwerk leben Birnen nicht lange. Versuchen Sie, durch Aufhängung in Gummilagern die Schwingungen fernzuhalten.
- ☐ Wackelkontakt. Durch einen »Wackler« wird die Lampe ständig an- und ausgeschaltet, was ihre Lebensdauer verringert.
- ☐ Überspannung. Durch einen defekten Regler kann Überspannung entstehen, was die Birnen schnell durchbrennen lässt.
- ☐ Falsche Birne. Eine 6-Volt-Birne in einem 12-Volt-Bordnetz lebt nicht lange.

Motorrad-Schmierstoffe und Chemie

Für Wartung, Pflege und Reparatur sind eine ganze Anzahl von Chemikalien und Schmierstoffen erhältlich. Wir wollen im Folgenden die einzelnen Gruppen vorstellen.

• **Unterbrecher-/Zündkerzen-Reiniger**
Das Lösemittel soll Ölfilm, Schmutz und Oxidation von Unterbrecherkontakten und Zündkerzenelektroden beseitigen. Es ist fett- und rückstandfrei. Es kann ebenfalls zur Reinigung von Vergaserdüsen verwendet werden.

• **Vergaser-Reiniger**
ist dem Unterbrecher/Zündkerzen-Reiniger ähnlich, enthält aber ein stärkeres Lösemittel und hinterlässt in der Regel einen leichten Ölfilm. Der Reiniger eignet sich nicht für elektrische Komponenten.

• **Bremsen-Reiniger**
soll Öl, Fett und Bremsflüssigkeit von Bremsbauteilen entfernen, etwa bei Bremsscheiben. Er hinterlässt keinerlei Rückstände.

• **Schmiermittel auf Silikonbasis**
pflegen und schützen Teile aus Gummi (Schläuche, Stopfen u.a.) und werden zur Schmierung von Schlössern und Scharnieren verwendet.

• **Universal-Fett**
wird überall dort eingesetzt, wo Fett sinnvoller ist als Öl. Manche Ausführungen von Universal-Fett sind weiß und speziell legiert, um widerstandsfähiger gegen Wasser zu sein.

• **Getriebeöl**
ist ein spezielles zähes Öl, das in Getrieben und Hinterradantrieben (bei Kardanwellen) eingesetzt wird und überall dort, wo hohe Reibkräfte und Temperaturen herrschen. Es ist in verschiedenen Viskositäten erhältlich.

• **Motoröl**
wird üblicherweise in Motoren eingesetzt. Es enthält eine Menge Additive wie Schaum- und Korrosionsverhinderer, Verschleißminderer u.a. Die erhältlichen Viskositäten reichen von SAE 5 bis 80 und richten sich nach den zu erwartenden Temperaturen. Mehrbereichsöl (»Multigrade«) deckt verschiedene Viskositätsklassen ab (z.B. SAE 10W 40).

• **Benzinzusätze**
können unterschiedliche Funktionen erfüllen. Der bekannteste und neueste Zusatz ist für Motoren gedacht, die weiche Ventilsitze besitzen und daher eigentlich verbleites Benzin brauchten. Der Bleiersatz verwendet eine Natrium-Basis. Andere Zusätze sollen Ölkohle von Kolben und Ventilen lösen und damit den Motor »innen reinigen« oder die Klopffestigkeit von minderwertigem Benzin erhöhen. Vergaserreiniger-Zusätze sind auch erhältlich, aber in ihrer Wirkung zweifelhaft. Zusätze zu Benzin oder Öl, die laut Werbung Motor-Innenteile mit Teflon (PTFE) beschichten sollen, können dieses Versprechen nicht erfüllen und werden von einigen Motorenherstellern sogar als schädlich eingestuft.

• **Bremsflüssigkeit**
wird auch in hydraulischen Kupplungsbetätigungen eingesetzt und ist eine Hydraulik-Flüssigkeit, die einen sehr hohen Siede- und niedrigen Gefrierpunkt besitzt. Sie greift Gummi nicht, dafür aber Lack und Plastik stark an. Sie ist stark wasseranziehend (hygroskopisch) und altert daher durch Wasseraufnahme aus der Luft. Behälter sollten daher nicht offen stehen gelassen werden. Für den Rennsport ist Bremsflüssigkeit auf Silikonbasis erhältlich, auf die diese Eigenschaft nicht zutrifft, die aber Bremskomponenten aus anderem Material benötigt.

• **Ketten-Schmiermittel**
sind Fette, die extrem gut haften. In Sprayform enthalten sie auch Lösemittel, das sie dünnflüssig macht und in die Spalten der Kette eindringen lässt, wo das Lösemittel verdunstet und das zähe Fett zurücklässt. Das Spray sollte für O-Ring-Ketten geeignet sein, d.h. es enthält säurefreies Fett, das die Gummiringe nicht angreift.

• **Entfetter**
sind starke Lösemittel, um Fett und Ölschmiere zu entfernen. Sie sind in der Regel hochgiftig, können Lack und Kunststoffteile angreifen und sind entzündlich. Manche Lösemittel stehen im Verdacht, Krebs zu erregen. »Kaltreiniger« ist ein sanfter Entfetter auf Petroleumbasis, der wasserlöslich ist und daher abgewaschen werden kann, am besten über dem Ölabscheider einer Selbstwaschanlage.

• **Dichtpaste**
gibt es in verschiedenen Darreichungsformen und für unterschiedliche Einsätze. Verwenden Sie nur Pasten der vorgeschriebenen Art an den vorgeschriebenen Stellen, da es Unterschiede bezüglich der Hitze- und Benzinbeständigkeit, der Grundstoffe und der Konsistenz nach dem Aushärten gibt. Einzig Silikon-Kautschuk ist ein Notbehelf, um Lecks von außen abzudichten. Dabei müssen die Stellen zuvor gründlich entfettet werden.

• **Flüssige Schraubensicherung**
wird tropfenweise auf das entfettete Gewinde einer zu sichernden Schraube gegeben, härtet unter Luftabschluss aus und hindert die Schraube am Drehen durch Vibration. Mit Werkzeug ist die Schraube allerdings wieder lösbar.

• **Kriechöl**
wird oft fälschlich als »Kontaktspray« bezeichnet, weil es auch Wasser verdrängen kann. Es ist zum schnellen Schmieren kleiner Lagerstellen und Konservieren von Maschinenteilen geeignet.

• **Kontaktspray**
soll Oxidation von elektrischen Kontakten entfernen und sie gleichzeitig konservieren. Allerdings funktioniert das nicht, da Oxid nur mit Säure entfernt werden kann (solche Sprays gibt es), die Säure aber ihrerseits wieder das Metall angreift. Die üblichen sogenannten »Kontaktsprays« sind daher lediglich Kriechöle, von denen keine Reinigung der elektrischen Kontakte erwartet werden kann.

• **Wachse und Polituren**
reinigen und konservieren lackierte Teile. Da es unterschiedliche Lackarten gibt, muss ausprobiert werden, ob die jeweilige Politur bzw. das Wachs dazu passt. Für Schutz-Flüssigkeiten, die kein Wachs, sondern Silikon oder Polymere enthalten, verspricht die Werbung einen vielfach längeren Schutz gegenüber Wachsen. In Tests konnte die längere Dauer des Schutzes jedoch nicht nachgewiesen werden.

Diebstahlschutz

Einleitung

Ihr Motorrad kann eher gestohlen sein, als Sie zum Lesen diese Einleitung benötigen. Und es gibt kaum ein schlimmeres Gefühl, als zu der Stelle zurückzukehren, wo einmal Ihr Motorrad stand. Selbst wenn Sie ihre Maschine gegen Diebstahl versichert hatten, werden Sie nach dem ersten Schock noch die Unannehmlichkeiten bei der Polizei und der Versicherung zu spüren bekommen.

Motorraddiebe unterscheiden sich in zwei Kategorien: Professionelle Auftragsdiebe und Gelegenheitsklauer. Profis sind auf bestimmte Marken und Modelle spezialisiert und suchen dann manchmal landesweit, um dieses Motorrad zu beschaffen. Gelegenheitsdiebe schauen dagegen nach leichten Zielen, die mit minimalem Aufwand und Risiko geknackt werden können.

Während es unmöglich ist, die Maschine hundertprozentig gegen Profis zu sichern, kann man gegen die Gelegenheitsdiebe, die etwa die Hälfte aller Maschinen stehlen, einiges unternehmen.

Denken Sie daran, dass diese immer nach Gelegenheiten schauen – wenn also zwei ähnliche Motorräder Seite an Seite parken, werden sie den Blick auf dasjenige richten, welches am wenigsten gesichert ist. Mit etwas Vorsorge kann man hier schon das Risiko eines Diebstahls deutlich reduzieren.

Ausrüstung

Es gibt für Motorräder reichlich spezielle Vorrichtungen zu kaufen, und die folgenden Texte fassen ihre Anwendungen und Plus- sowie Minuspunkte zusammen.

Wenn Sie sich für den für Ihre Zwecke optimalen Typ eines Sicherheitssystems entschieden haben, empfehlen wir Ihnen, einen oder mehrere der regelmäßig in der Motorradpresse durchgeführten Vergleichstests dieser Teile durchzulesen. In diesen Tests werden aktuelle Modelle verschiedener Hersteller in ihrer Sicherheit, ihre Bedienbarkeit und auf ihr Preis-/Leistungsverhältnis verglichen.

Keines dieser Sicherheitssysteme kann einen vollständigen Schutz gewährleisten. Es wird empfohlen, mit zwei oder mehr der unten beschriebenen Vorrichtungen die Sicherheit Ihrer Maschine zu erhöhen (ein Schloss, eine Kette und eine Alarmanlage ist nahezu ideal). Je mehr Sicherheitsmaßnahmen am Motorrad vorhanden sind, desto geringer ist die Wahrscheinlichkeit, dass es gestohlen wird.

Die Kette und das Schloss müssen von guter Qualität und ausreichender Länge sein, um Ihr Motorrad an einen stabilen Gegenstand anschließen zu können.

Schloss und Kette

Plus: *Sehr flexibel einzusetzen; das Motorrad kann an nahezu alle immobilen Objekte angeschlossen werden. Bei manchen Ausführungen kann das Schloss einzeln als Bremsscheibenschloss eingesetzt werden (siehe unten).*

Minus: *Kann sehr schwer und unhandlich auf dem Motorrad zu transportieren sein, doch werden einige Typen mit Transportbeuteln geliefert, die man auf dem Rücksitz festschnallen kann.*

- Schwere Ketten und Schlösser sind eine ideale Sicherheitsvorrichtung (siehe Abbildung 1). Wenn das Motorrad geparkt wird, schließt man es mit der Kette an eine stabile und nicht zu entfernende Vorrichtung wie einen Laternenpfahl oder ein Geländer an. Hierdurch lässt sich die Maschine weder wegfahren noch mit einem Lieferwagen abtransportieren.
- Achten Sie beim Anlegen der Kette darauf, dass sie um den Rahmen oder die Schwinge verläuft (siehe Abbildungen 2 und 3). Legen Sie die Kette niemals nur um ein Rad; ein Dieb kann das Rad lösen und den Rest der Maschine abtransportieren. Versuchen Sie, die Kette so kurz wie möglich zu verlegen, um das Ansetzen von Werkzeugen zu erschweren, und halten Sie sie vom Boden fern, um das Auftrennen mit einem Meißel oder einem Beil zu verhindern. Positionieren Sie das Schloss so, dass der Schließzylinder nach unten zeigt, da es hierdurch für den Dieb schwierig wird, ihn zu erreichen.

Führen Sie die Kette durch den Rahmen und nicht nur durch ein Rad . . .

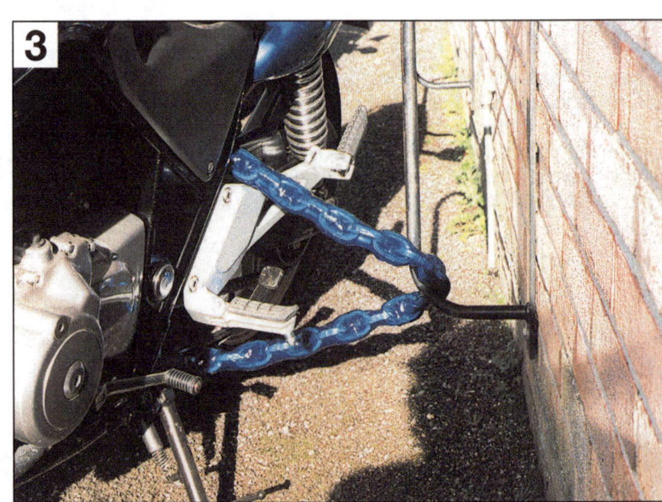

. . . und um einen stabilen Gegenstand.

Bügelschlösser

Plus: *Eine sehr effektive Abschreckung, mit der die Maschine an einem Mast oder Geländer gesichert werden kann. Die meisten Bügelschlösser werden mit einem Halter geliefert, der einen einfachen Transport ermöglicht.*

Minus: *Nicht so flexibel wie ein Kettenschloss.*

- Diese stabilen Schlösser werden ähnlich eingesetzt wie Kettenschlösser. Sie sind leichter als eine Kette samt Schloss, aber nicht so flexibel einzusetzen. Die Länge und die Form des Bügelschlosses beschränken das Einsatzgebiet (siehe Abbildung 4).

Wenn das Bügelschloss lang genug ist, kann die Maschine auch damit an einem festen Gegenstand gesichert werden.

Bremsscheibenschlösser

Plus: *Klein, leicht und sehr leicht zu transportieren. Die meisten Modelle sind im Werkzeugfach unterzubringen.*

Ein typisches Bremsscheibenschloss wird durch eines der Löcher in der Scheibe gesteckt.

Minus: *Schützt nicht vor dem Abtransport des Motorrades mit einem Lieferwagen. Das Vergessen des Schlosses kann beim Losfahren sehr peinlich werden.*

- Diese Schlösser sind dazu konstruiert, in ein Loch in der Bremsscheibe gesteckt zu werden und das Rad beim Drehen zu blockieren (siehe Abbildung 5). Einige Ausführungen sind mit einer Alarmanlage ausgerüstet, die im abgeschlossenen Zustand durch Bewegung aktiviert wird. Diese wirkt nicht nur als Abschreckung gegen Diebe, sondern auch als Erinnerung an den Fahrer, das Schloss vor dem Losfahren herauszunehmen.
- Die Kombination aus einem Bremsscheibenschloss und einem Stück Drahtseil, der um einen Masten oder ein Geländer gelegt wird, bildet ein weiteres Sicherheitsmaß (s. Abb. 6).

Alarmanlagen und Wegfahrsprerren

Plus: *Einmal installiert, ist sie absolut mühelos zu bedienen. Manche Versicherungen bieten bei bestimmten Anlagen (und Auflagen) Rabatte.*

Minus: *Kann teuer und schwierig zu installieren sein. Kein System hindert den Dieb daran, das Motorrad mit einem Lieferwagen abzutransportieren.*

- Elektronische Alarmanlagen und Wegfahrsperren gibt es in unterschiedlichen Preisklassen. Es sind drei unterschiedliche Systeme erhältlich: reine Alarmanlagen, reine Wegfahrsperren und etwas teurere kombinierte Geräte (siehe Abb. 7).
- Eine Alarmanlage ist so konstruiert, dass sie ein Warngeräusch erzeugt, sobald am Motorrad herummanipuliert wird.
- Eine Wegfahrsperre schützt davor, dass das Motorrad ohne Schlüssel und/oder Codierung gestartet werden kann, indem sie die elektrische Anlage blockiert.
- Haben Sie sich für eine Anlage entschieden, sollten Sie die Einbaukosten beachten, wenn Sie die Montage nicht selbst erledigen können. Wenn das Motorrad nicht regelmäßig eingesetzt wird, muss auch der Stromverbrauch berücksichtigt werden, der bei allen Systemen über die Bordbatterie erfolgt. Eine von einer viel Strom verbrauchenden Anlage leer gesogene Batterie sorgt sowohl dafür, dass das Motorrad nicht gestartet werden kann, als auch dafür, dass die Alarmanlage nach einer gewissen Zeit nicht mehr funktioniert.

Ein mit einem Drahtseil kombiniertes Bremsscheibenschloss bietet zusätzlichen Schutz.

Ein typisches Alarm-/Wegfahrsperrensystem

Unverwechselbare Markierungen können überall angebracht werden – stets an einen gut sichtbaren Warnhinweis denken, der sehr abschreckend wirken kann.

Verkleidungsteile können mit eingeätzten Markierungen versehen werden . . .

. . . auch hier stets den Warnhinweis des Herstellers des Diebstahlschutzes gut sichtbar anbringen.

Sicherungsmarkierungen

Plus: *Sehr billige und effektive Abschreckung. Manche Vesicherungen bieten bei Sicherungsmarkierungen Rabatte im Teilkaskobereich.*

Minus: *Schützen nicht vor Gelegenheitsdieben, die einen Ausflug machen wollen.*

- Es gibt viele verschiedene Ausführungen an Sicherungsmarkierungen. Ideal ist es, so viele Teile am Motorrad wie möglich mit einer einzigen Nummer zu markieren (siehe Abbildungen 8, 9 und 10). Mit dem Satz wird ein Formular geliefert, auf dem Ihre persönlichen Daten und die Details des Motorrades eingetragen und in einem Register gespeichert werden. Dieses Register ermöglicht der Polizei, jeden rechtmäßigen Besitzer eines Motorrades oder Bauteils zu identifizieren, auch wenn alle anderen Formen der Identifikation entfernt sind. Bringen Sie immer einen gut sichtbaren Warnaufkleber zur Abschreckung am Motorrad an.

Bodenverankerungen, Radklemmen und Sicherungspfosten

Plus: *Eine exzellente Form der Sicherheit, die auch die entschlossensten Diebe abschrecken wird.*

Minus: *Schwierig zu installieren und evtl. teuer.*

- Während das Motorrad sich zu Hause befindet, ist es eine gute Idee, es sicher am Boden oder an der Wand zu verankern, selbst wenn es in einer gut gesicherten Garage steht. Zu diesem Zwecke werden eine Reihe verschiedener Bodenverankerungen, Radklemmen und Sicherungspfosten angeboten (siehe Abbildung 11). Diese Vorrichtungen werden entweder im Beton oder Stein verankert oder erhalten ein eigenes Fundament.

Zuhause bietet eine solide Bodenverankerung ein hohes Maß an Sicherheit.

Diebstahlschutz zu Hause

Ein großer Anteil der Motorräder werden beim Besitzer zu Hause gestohlen. Einige Dinge sollten beachtet werden, wenn die Maschine an ihrem Heimatstandort steht:

✓ Wenn möglich, sollte das Motorrad immer in der sicheren Garage stehen. Vertrauen Sie niemals dem serienmäßigen Garagenschloss. Bringen Sie am Tor einen zusätzlichen Schließmechanismus an, und denken Sie über eine Alarmanlage nach. Ein von einem Bewegungsmelder aktivierter Scheinwerfer ist auch für den eigenen Nutzen eine gute Investition.

✓ Sichern Sie das Motorrad immer am Boden oder an der Wand, auch wenn es in einer gut gesicherten Garage steht.

✓ Lassen Sie Ihr Motorrad nicht regelmäßig an der Straße stehen, versuchen Sie, es möglichst außer Sichtweite der Straße zu parken, wenn Sie keine Garage besitzen. Decken Sie ein frei stehendes Motorrad mit einer Plane ab, um seine Identität nicht sofort preiszugeben.

✓ Es ist nicht ungewöhnlich, dass ein Dieb einem Motorradfahrer nach Hause folgt, um herauszufinden, wo die Maschine abgestellt wird. Er wird dann später zurückkehren. Wenn Sie vermuten, dass Ihnen jemand folgt, sollten Sie zunächst zu einer Tankstelle, Eisdiele oder sonstigem fahren.

✓ Wenn Sie ein Motorrad verkaufen wollen, sollten Sie in der Anzeige nicht Ihre Adresse oder den Standplatz der Maschine angeben. Vereinbaren Sie mit Interessenten einen Treffpunkt abseits Ihrer Wohnung. Es ist bekannt, dass Diebe als potenzielle Käufer auftraten, um herauszufinden, wo die Maschine steht, und sie dann später »kostenlos« abholten.

Diebstahlschutz unterwegs

Genauso wichtig wie die Sicherheitsausrüstung an Ihrem Motorrad sind einige allgemeine Regeln, die beachtet werden sollten, wenn das Motorrad irgendwo geparkt werden soll.

✓ Parken Sie an einem belebten Platz.

✓ Benutzen Sie einen bewachten Autoparkplatz.

✓ Parken Sie nachts in einem beleuchteten Bereich, vorzugsweise direkt unterhalb einer Straßenlaterne.

✓ Lassen Sie das Lenkschloss einrasten – es bewirkt zwar nicht viel, sorgt aber dafür, dass die Versicherung zahlt.

✓ Sichern Sie das Motorrad mit einem zusätzlichen Schloss an einem stabilen unbeweglichen Gegenstand wie einer Laterne oder einem Geländer. Wenn dieses nicht möglich ist, sollten Motorräder »zusammengebunden« werden.

✓ Belassen Sie niemals Ihren Helm oder Gepäck auf dem Motorrad.

Zündkerzen-Vergleichstabelle

Zündkerzen-Wärmewerte

Bosch			
alt	neu	alt	neu
50	12	170	7
60	12–11	180	7
70	11	190	6
80	10–11	200	6
90	10	210	6
100	9–10	220	5
110	9	230	5
120	9	240	4
130	8	250	4
140	8	260	3
150	8	270	3
160	7	280	3

Zündkerzen-Vergleichstabelle

Gewinde	Bosch alt	Bosch neu	Beru alt	Beru neu	Champion	NGK
18x1,5	M45T1	M12B	45/18	18-128		AB-2
18x1,5	M95T1	M10A	95/18	18-10A	D16 v D16Y	A-6
18x1,5	M145T1	M8A	145/18	18-8A	D14 v D15Y	A-6
18x1,5	M175T1	M7A	175/18	18-7A	K9 v D10	A-6
18x1,5	M225T1	M5A	225/18	18-5A	UK10	A-7
18x1,5	M240T1	M4AC	240/18	18-4A2	K9 v D9	A-7
18x1,5	M260T1	M4AC	260/18	18-4A1	K7 v K8G	A7
14x1,25	W95T1	W10A	95/14	14-10A		B-4H
14x1,25	W145T1	W8A	145/14	14-8A	H88	B5HS
14x1,25	W145T2	W8C	145/14/3	14-8C	N5 v N6	B5ES
14x1,25	W145T30	W8D	175/14/3	14-8D	N5	BP5ES
14x1,25	W145T35	W8B	145/14A	14-8B	L92Y v L95Y	BP5HS
14x1,25	W175T1	W7A	175/14	14-7A	L85 v H88	B6HS
14x1,25	W175T2	W7C	175/14/3	14-7C	N88	B6ES
14x1,25	W175T30	W7D	175/14/3	14-7D	N9Y	BP6ES
14x1,25	W175T35	W7B	175/14A	14-7B	L87Y	BP6HS
14x1,25	W175T7		D175/14	14-7B	L87Y	BP6HS
14x1,25	W190M11S	W6AS	190/14Z	14Z-6A2		B6HV
14x1,25	W200T27		D200/14/3	14-5D	N6Y	BP7ES
14x1,25	W200T30	W6DC	200/14/3A	14-7D	N9Y	BP6ES
14x1,25	W200T35	W6B	200/14A	14-6B		BP6HS
14x1,25	W215T28		D215/14/3		L6Y	BP6ES
14x1,25	W225T1	W5A	225/14	14-7A	L85 v H88	B7HS
14x1,25	W225T2	W5C	225/14/3	14-7C	N4	B7ES
14x1,25	W225T30	W5D	225/14/3A	14-5D	N6Y	BP7ES
14x1,25	W225T35	W5B	225/14/A	14-5B	UL82Y	BP7HS
14x1,25	W225T7		D225/14	14-7B	L87Y	BP6HS
14x1,25	W230T30	W5D1	230/14/3A	14-5D1	N6Y	BP7ES
14x1,25	W240T1	W4A2	240/14	14-5A	L81	B7HS
14x1,25	W240T2	W4C2	240/14/3	14-4CS1	N3	B7ES
14x1,25	W240T28		D240/14/3	14-5D	N6Y	BP7ES
14x1,25	W260T1	W3AC	260/14	14-4A1	L4G	B8HS
14x1,25	W260T2	W3CC	260/14/3	14-4CS1	N3	B8ES
14x1,25	W260T28		D260/14/3	14-4CS1	N3	B8EV

Zündkerzen-Gesichter

(siehe Kapitel 1 Zündkerzen-Wartung)

Kontrollieren Sie regelmäßig die Zündkerzen. Bei Motorproblemen können Kerzengesichter Aufschluss über die Ursache geben. Nach Sichtung einer überhitzten Zündkerze kann man Schritte unternehmen, die teure Motorschäden verhindern. Wechseln Sie auch scheinbar funktionierende Zündkerzen regelmäßig aus – Sie werden merken, dass der Motor besser anspringt, gleichmäßiger läuft und weniger Benzin verbraucht.

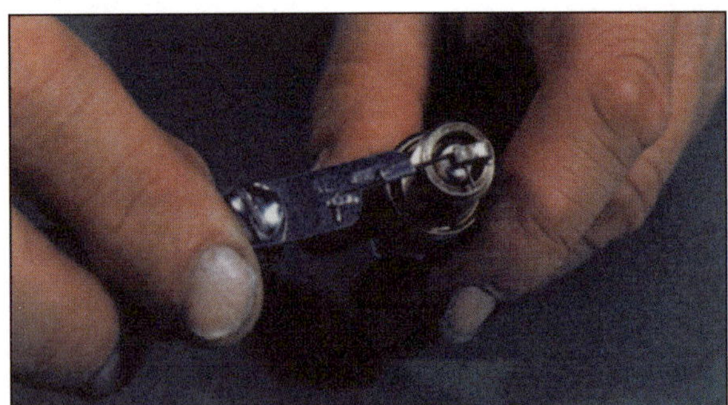

Kontrolle des Elektroden-Abstands – Benutzen Sie besser eine Drahtlehre als eine Fühlerlehre.

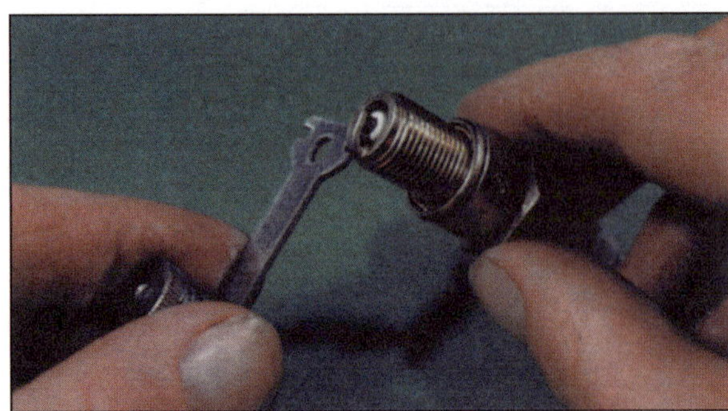

Einstellung des Elektroden-Abstands – Biegen Sie die Masse-Elektrode vorsichtig mit einem geeigneten Werkzeug nach.

Normaler Zustand – Eine hellbraune oder graue Färbung zeigt, dass der Motor in einem guten Zustand und die Zündkerze vom richtigen Typ ist. An den Elektroden ist kein Verschleiß festzustellen.

Asche-Ablagerungen – Hellbraune Ablagerungen an den Elektroden bewirken Fehlzündungen oder Zündaussetzer. Gründe: Eindringen und Verbrennen von Öl oder schlechtes Benzin.

Kohleablagerungen – Schwarze, trockene und rußige Ablagerungen sorgen für Fehlzündungen und schwache Zündfunken. Gründe: falscher Wärmewert der Kerze, fettes Benzin/Luft-Gemisch, ein fehlerhaft arbeitender Choke oder ein stark verschmutzter Luftfilter.

Verölte Kerze – Nasse, schwarze, klebrige Ablagerungen führen zu Fehlzündung und einem schwachen Funken. Gründe: Undichte Kolbenringe oder Ventilführungen (bei Viertaktern) sowie zu fettes Öl/Benzin-Gemisch bei Zweitaktern.

Überhitzung – Weiß gefleckter Isolator und verglaste Elektroden. Gründe: Falscher Wärmewert der Kerze, falsch arbeitende Zündung, minderwertiges Benzin, Kühlprobleme des Motors.

Verschlissene Kerze – Abgebrannte und abgerundete Elektroden, Verschmutzung oder abgeplatzte Isolatoren sorgen für schlechtes Startverhalten, besonders bei schlechtem Wetter, sowie erhöhten Benzinverbrauch.